普通高等教育工程管理和工程造价专业系列教材

建 筑 施 工

主　编　倪国栋
副主编　王文顺　陈　晨　乔亚宁
参　编　石晓波　张文博　乔志春　游建华
主　审　穆静波

机 械 工 业 出 版 社

本书内容主要分为建筑工程施工技术、施工组织与管理、智能化施工三篇。其中，建筑工程施工技术篇包括：土方工程、桩基础工程、混凝土结构工程、预应力结构工程、砌体工程、脚手架工程、装配式结构安装工程、防水工程和装饰工程；施工组织与管理篇包括：施工组织概论、流水施工原理、网络计划技术和施工组织设计；智能化施工篇包括智能化施工技术与管理。为便于教师组织教学和学生学习，每章设有学习目标和思考题，并配有教学课件。

本书可作为高等院校土木工程专业、工程管理专业、工程造价专业以及其他相关专业的教材或教学参考书，也可供工程建设领域从事工程施工技术与管理工作的相关人员参考。

图书在版编目（CIP）数据

建筑施工/倪国栋主编．—北京：机械工业出版社，2023.5
普通高等教育工程管理和工程造价专业系列教材
ISBN 978-7-111-72334-9

Ⅰ.①建…　Ⅱ.①倪…　Ⅲ.①建筑施工—高等学校—教材　Ⅳ.①TU7

中国国家版本馆 CIP 数据核字（2023）第 038532 号

机械工业出版社（北京市百万庄大街 22 号　邮政编码 100037）
策划编辑：林　辉　　　责任编辑：林　辉
责任校对：郑　婕　李　婷　　封面设计：张　静
责任印制：张　博
北京雁林吉兆印刷有限公司印刷
2023 年 8 月第 1 版第 1 次印刷
184mm×260mm · 29.25 印张 · 856 千字
标准书号：ISBN 978-7-111-72334-9
定价：85.00 元

电话服务　　网络服务
客服电话：010-88361066　机　工　官　网：www.cmpbook.com
010-88379833　机　工　官　博：weibo.com/cmp1952
010-68326294　金　书　网：www.golden-book.com
封底无防伪标均为盗版　机工教育服务网：www.cmpedu.com

前 言

建筑施工课程是土木工程、工程管理、工程造价等本科专业的一门主要课程。该课程的主要任务是使学生掌握建筑工程施工的主要施工技术、工艺以及所需的机械设备，了解建筑工程施工中“四新”（新技术、新材料、新工艺、新设备）的发展和应用情况，掌握建筑工程施工组织与管理的方法，具备针对一般建筑工程施工图的看图、识图能力，具备科学合理地组织、管理建筑工程施工的基本素质，具备根据工程实际情况优选施工方案、施工方法，以及编制施工进度计划和资源计划的基本能力。

建筑施工课程内容具有知识面广、实践性强、发展迅速等特点，这对教师教学和教材资源提出了较高的要求。我国建筑业发展迅猛，技术进步速度越来越快，施工相关规范及标准不断修订，智能建造水平持续提高。为进一步提高建筑施工课程的教学质量，有效拓展学生的专业视野，使学生可以更快地适应工作岗位，特编写了本书。

二十大报告指出：“育人的根本在于立德。全面贯彻党的教育方针，落实立德树人根本任务，培养德智体美劳全面发展的社会主义建设者和接班人。坚持以人民为中心发展教育，加快建设高质量教育体系，发展素质教育，促进教育公平。”为了贯彻党的二十大精神，本书推荐了一批将专业知识介绍和思想政治教育有机融合的视频素材（师生可扫描右侧二维码获取视频链接），以培养和增强学生的爱国主义、家国情怀、科学素养、工匠精神、环保意识和创新意识等。

本书的编写特色主要体现在：

（1）采用了新的施工规范和技术规程，对住房和城乡建设部发布的禁止类和限制类施工工艺、设备和材料进行了说明。

（2）结合实际工程，提供了大量辅助性教学资源，如施工过程视频、施工工艺动画、施工现场照片、施工机械图片等，使学生对相关知识有更加感性的认识和深刻的理解，从而可以更好地掌握课程内容。

（3）对《“十四五”建筑业发展规划》《建筑业 10 项新技术》中所推荐的部分“四新”内容进行了介绍。

（4）积极响应建筑产业现代化，对于装配式结构安装工程做了重点介绍。

（5）针对当前智能化施工的发展趋势，增加了智能化施工技术与管理的相关内容。

本书由中国矿业大学力学与土木工程学院组织编写，多所高校和企业参与其中。第 1、6 章由宁夏大学张文博编写，第 2、4、8、14 章由中国矿业大学倪国栋编写，第 3 章由中国矿业大学乔志春和中建三局集团（浙江）有限公司游建华编写，第 5 章由中国矿业大学乔亚宁编写，第 7 章由南通装配式建筑与智能结构研究院陈晨编写，第 9 章由中国矿业大学石晓波编写，第 10~13 章由中国矿业大学王文顺编写。本书由倪国栋统稿。

本书在编写过程中参考了许多经典施工类教材、文献资料、网络图片、视频资料，并得到了业界多位专业人士的热情帮助。另外，中国矿业大学鄢晓非和宁德春、江苏大学沈圆顺和张秀丽、江苏建筑职业技术学院胡海波和孟杰等老师，中国矿业大学高富宁、王静、徐恒、轩健、曹明旭、黄海涛、李怀坤、方亚琦、贺先、郭守江、魏佳恒、张迎琪、周柯、黄香香、翟安缘、高玫玫、戴天宇、李莅等博士或硕士研究生在相关资料收集与整理过程中做了大量工作；北京建筑大学穆静波教授对本书进行了精心的审阅，提出了诸多宝贵修改意见和建议，使本书得到了进一步完善和提高。本书还获得了中国矿业大学"十四五"本科生规划教材首批立项项目（重点教材）的资助。在此一并表示衷心的感谢。

由于编者水平有限，书中难免存在不足之处，诚挚希望广大读者多提宝贵意见，以便再版时修改。

编　者

目录

第2篇 施工组织与管理

第3篇 智能化施工

第1篇

建筑工程施工技术

第1章 土方工程

学习目标：了解土的工程分类、性质以及土方工程的主要内容和施工要点；熟悉场地设计标高的确定方法以及土方工程量计算和土方调配的方法；熟悉土方挖运机械及其工艺；掌握土方边坡工程与土壁支护方法；掌握基坑降排水设计步骤与施工工艺；熟悉土方填筑与压实机械的选择；了解爆破的概念、类型、方法及安全措施。

1.1 概述

1.1.1 土方工程的内容与特点

1. 土方工程的内容

土方工程是建筑工程施工的主要内容之一。土方工程的内容一般包括土方的开挖、运输、填筑、压实等主要施工过程，另外，为避免地下水和土壁不稳定对土方施工过程的影响和危害，还会涉及边坡护坡、土壁支护、基坑排水与降水等施工准备与辅助工程。一般土方工程涉及场地平整、基坑（基槽）或管沟的开挖、岩土爆破、土方运输、土方回填、夯实或压实、景观填土、路基填筑等施工过程。为降低劳动强度、提高生产效率，在土的开挖、运输、装卸及回填压实等过程中会广泛使用土工机械。

2. 土方工程的特点

土方工程除具有面广量大、劳动繁重和施工条件复杂等特点外，土方工程施工还要求标高、断面准确，土体有足够的强度和稳定性，力求做到土方作业量少、工期短、费用省等。因此，在土方工程施工前进行现场调查，详细分析与核对各项技术资料（如地形图，工程地质和水文地质勘查资料，地下管道、电缆和地下构筑物资料，土方工程施工图等），根据现有施工条件，制订出技术可行、经济合理的施工方案。

1.1.2 土的工程分类

土的种类繁多、性质各异，可按土的颗粒组成、级配及塑性指标进行分类。我国现行《土的工程分类标准》（GB/T 50145）将粗粒土按粒度成分分类，细粒土按其塑性指标在塑性图中的位置分类。现行《岩土工程勘察规范（2009年版）》(GB 50021）将粗粒土按颗粒级配分类，细粒土则是按塑性指数分类。

土壤及岩石的分类方式有很多。施工中，土壤及岩石的工程特性会直接影响开挖的难易程度、施工方法的选择、劳动量的消耗和施工费用。现行《房屋建筑与装饰工程工程量计算规范》（GB

50854）对土壤及岩石的分类见表 1-1 和表 1-2。

表 1-1　土壤分类表

土壤分类	土壤名称	开挖方法
一、二类土	粉土、砂土（粉砂、细砂、中砂、粗砂、砾砂）、粉质黏土、弱中盐渍土、软土（淤泥质土、泥炭、泥炭质土）、软塑红黏土、冲填土	用锹，少许用镐、条锄开挖。机械能全部直接铲挖满载者
三类土	黏土、碎石土（圆砾、角砾）混合土、可塑红黏土、硬塑红黏土、强盐渍土、素填土、压实填土	主要用镐、条锄，少许用锹开挖。机械需部分刨松方能铲挖满载者或可直接铲挖但不能满载者
四类土	碎石土（卵石、碎石、漂石、块石）、坚硬红黏土、超盐渍土、杂填土	全部用镐、条锄挖掘，少许用撬棍挖掘。机械须普遍刨松方能铲挖满载者

注：本表土的名称及其含义按《岩土工程勘察规范（2009 年版）》（GB 50021）定义。

表 1-2　岩石分类表（2009 年版）

岩石分类		代表性岩石	开挖方法
极软岩		1. 全风化的各种岩石 2. 各种半成岩	部分用手凿工具，部分用爆破法开挖
软质岩	软岩	1. 强风化的坚硬岩或较硬岩 2. 中等风化-强风化的较软岩 3. 未风化-微风化的页岩、泥岩、泥质砂岩等	用风镐和爆破法开挖
	较软岩	1. 中等风化-强风化的坚硬岩或较硬岩 2. 未风化-微风化的凝灰岩、千枚岩、泥灰岩、砂质泥岩等	用爆破法开挖
硬质岩	较硬岩	1. 微风化的坚硬岩 2. 未风化-微风化的大理岩、板岩、石灰岩、白云岩、钙质砂岩等	用爆破法开挖
	坚硬岩	未风化-微风化的花岗岩、闪长岩、辉绿岩、玄武岩、安山岩、片麻岩、石英岩、石英砂岩、硅质砾岩、硅质石灰岩等	用爆破法开挖

注：本表依据《工程岩体分级标准》（GB 50218）和《岩土工程勘察规范（2009 年版）》（GB 50021）整理。

1.1.3　土的工程性质

土的工程性质是土方施工的直接依据。因此，明确土的工程性质是土方工程的基础工作。土的基本工程性质主要包括：

1. 土的密度

土的密度可分为天然密度和干密度。

1）土的天然密度 ρ 是指土在自然状态下单位体积的质量，它综合反映了土的物质组成和结构特性。对于黏性土，天然密度可用环刀法、蜡封法等方法测得。

2）土的干密度 ρ_d 是指土中的固体颗粒质量与土体总体积的比值。土的干密度越大，说明土越坚实。在工程上常把干密度作为评定土体紧密程度的标准，以控制填土工程的施工质量。

3）土的最大干密度 ρ_{dmax} 是指在击实试验中，当土的含水量较低时，击实后的干密度随着含水量的增加而增大，而当含水量达到某一值时，干密度达到最大值，此时含水量继续增加，干密度反而会减小。干密度的这一最大值称为最大干密度，与它对应的含水量称为最佳含水量 w_{op}。

2. 土的含水量

土的含水量 w 是指土中所含水的质量与其固体颗粒的质量之比，以百分数表示，其公式如下：

$$w = \frac{G_{湿} - G_{干}}{G_{干}} \times 100\% \tag{1-1}$$

式中，$G_{湿}$是含水状态时土的质量（kg）；$G_{干}$是烘干后土的质量（kg）。

工程中常考虑的含水量包括天然含水量和最佳含水量。

土的含水量影响土方施工方法的选择、边坡的稳定和回填土的质量。当含水量超过 20%时，运土汽车就容易打滑、陷车；当土的含水量超过 30%时，机械化施工就难以进行。回填土在达到最佳含水量时，方能夯压密实，获得最大干密度，各类土的最佳含水量和最大干密度参考值见表 1-3。

表 1-3　土的最佳含水量和最大干密度参考值

土的种类	最佳含水量（%）	最大干密度/(g/cm³)
砂土	8~12	1.80~1.88
粉土	16~22	1.61~1.80
亚砂土	9~15	1.85~2.08
亚黏土	12~15	1.85~1.95
重亚黏土	16~20	1.67~1.79
分质亚黏土	18~21	1.65~1.74
黏土	19~23	1.58~1.70

3. 土的密实度

在填土压实作业中，要求土体满足一定的密实度，即土中固体颗粒所占总体积的比值，它反映了土的紧实程度。《建筑地基基础设计规范》（GB 50007）中规定，压实填土的质量以设计规定的土的压实系数 λ_c 的大小作为控制标准，并应根据结构类型、所在部位的压实填土地基压实系数控制值（表 1-4）确定。

$$\lambda_c = \frac{\rho_d}{\rho_{dmax}} \tag{1-2}$$

表 1-4　压实填土地基压实系数控制值

结构类型	填土部位	压实系数 λ_c	控制含水量（%）
砌体承重及框架结构	在地基主要受力层范围内	≥0.97	$w_{op} \pm 2\%$
	在地基主要受力层范围以下	≥0.95	
排架结构	在地基主要受力层范围内	≥0.96	
	在地基主要受力层范围以下	≥0.94	

注：地坪垫层以下及基础底面标高以上的压实填土，压实系数不应小于 0.94。

4. 土的可松性

天然土体经过开挖，其体积因松散而增大，以后虽经过回填压实，仍不能恢复到原有的体积，这种性质称为土的可松性。在施工过程中常用最初可松性系数（K_S）和最终可松性系数（K'_S）表示土的可松性程度。

$$K_S = \frac{V_2}{V_1} \tag{1-3}$$

$$K'_S = \frac{V_3}{V_1} \tag{1-4}$$

式中，V_1 是土在天然状态下的体积（m^3）；V_2 是土经开挖后的松散体积（m^3）；V_3 是土经回填压实后的体积（m^3）。

由于土方工程量是土方挖掘前的天然密实体积，所以在挖填土方时，土的可松性系数是计算土方机械生产率、回填土方量、运输机具数量，进行场地平整规划、竖向设计和土方平衡调配的重要数据。在实际工程中，挖土体积的增加量需结合经验或实际情况进一步确定。例如，黏土、淤泥开挖后体积将增加20%~25%，砂砾和岩石开挖后体积将分别增加40%~50%和50%~80%等。

5. 土的压缩性

填土的自重会导致地基下沉。填土自重使土颗粒之间的孔隙体积减小，土被压密。砂土地基在短时间内就会发生地基下沉，这种现象称为压缩现象。饱和状态的黏性土地基，随孔隙体积减小，间隙水沿土中孔隙排出，地基下沉需要较长时间，这种现象一般称为压密（固结）现象。

在软弱黏性土地基上进行填土施工时，需计算固结沉降量。因此，需通过固结试验求出黏土层的压缩指数 C_c 和固结系数 C_v。C_c 一般取 0.5~1.5，C_v 一般取 100~500cm^2/d。另外，固结屈服应力 p_c 及超固结比 OCR 等参数也非常重要。

6. 土的压实特性

通过不断改变砂土的含水量进行压实试验，可得到图 1-1 所示的压实曲线。砂质土的最佳含水量为10%~15%，黏性土为20%~40%。砂质土的最佳含水量之所以较黏性土小，是因为土体积一定时，砂质土中所存在的土颗粒数较少，在所有土颗粒表面均形成一定厚度的水膜所需的水量较少。

在填土工程和道路土方工程中，将土调整为最佳含水量状态是施工的重点。一般情况下，填土压实需达到土体最大干密度的90%以上。

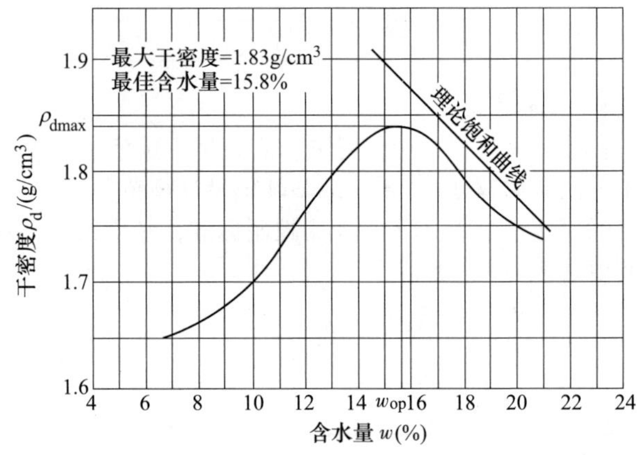

图 1-1　土的压实曲线

7. 土的渗透性

水在土孔隙中渗透流动的性能称为土的渗透性，其难易程度常用渗透系数 K 表示。

$$K = \frac{v}{i} \tag{1-5}$$

式中，K 是渗透系数（cm/s 或 m/d）；v 是渗透速度（cm/s 或 m/d）；i 是水力梯度。

渗透系数 K 直接影响降水方案的选择和涌水量计算的准确性，对土方工程中降水与排水影响较大，是必须重点考虑的因素之一。例如，挡土墙墙后填土要求具有较高的渗透系数以便于排水。表 1-5 列出了部分土的渗透系数经验值。渗透系数大于 1×10^{-3}cm/s 的土透水性较好。土的渗透系数除与土质有关外，还和土颗粒的粒径、孔隙比及饱和度等有关。在实际施工中，一般通过室内渗透试验或现场抽水试验确定土的渗透系数，尤其对于重大工程，宜通过现场抽水试验确定。

表 1-5　部分土的渗透系数经验值

土体名称	渗透系数 K/(m/d)	渗透系数 K/(cm/s)
黏土	<0.001	$<1.2\times10^{-6}$
粉质黏土	0.001~0.01	1.2×10^{-6}~1.2×10^{-5}
粉土	0.01	1.2×10^{-5}
黄土	0.25~0.5	3×10^{-4}~6×10^{-4}
粉砂	0.5~1	6×10^{-4}~1×10^{-3}

（续）

土体名称	渗透系数 K/(m/d)	渗透系数 K/(cm/s)
细砂	1~5	$1\times10^{-3}\sim6\times10^{-3}$
中砂	5~20	$6\times10^{-3}\sim2\times10^{-2}$
均质中砂	35~50	$4\times10^{-2}\sim6\times10^{-2}$
粗砂	20~50	$2\times10^{-2}\sim6\times10^{-2}$
圆砾	50~100	$6\times10^{-2}\sim1\times10^{-1}$
卵石	100~500	$1\times10^{-1}\sim6\times10^{-1}$
无充填物卵石	500~1000	$6\times10^{-1}\sim1$

1.1.4　土方工程的施工要点

1）清理、平整施工场地，做好施工准备。
2）根据施工条件，合理选择施工方案，提高施工效率。
3）合理调配土方，使总施工量最少。
4）做好道路、排水、降水、土壁支撑等准备及辅助工作。
5）注意监测土方施工对基坑及周边建筑物、构筑物的影响。
6）合理安排施工计划，尽量避开雨期施工。
7）采取有力措施保证工程施工质量和安全。

1.2　场地平整

场地平整就是将天然地面改造成工程上所需要的设计平面，尤其是大型建设项目中占地面积较广的工程项目，首要工作就是场地平整。在平整场地的过程中，还必须建设必要的、能够满足施工要求的供水、排水、供电、道路以及临时建筑等基础设施，并给大型土方施工机械提供充足的工作面，从而充分满足施工过程所要求的必要条件。大型工程场地平整前，应首先通过计算确定场地设计标高，然后计算挖填土方量，并进行土方调配，最后拟定施工方案。不同施工方案所对应的工艺流程略有差别，但主要步骤相同。场地平整施工工艺流程为：现场勘查→清除地面障碍物→标定整平范围→设置水准基点→设置方格网→测量标高→计算挖填土方量→平整土方→场地碾压→验收。

1.2.1　场地设计标高的确定

场地设计标高既是场地平整和土方量计算的依据，也是总图规划和进行竖向设计的依据。合理确定场地设计标高，可减少挖填土方量、土方运输量，对于缩短工期、减少施工费用有重要意义。在工程项目建设中，特别是大型建设项目，场地设计标高通常由总图规划设计确定，施工单位可按图施工。当设计文件无规定或设计单位要求建设单位提供场地平整标高时，施工单位可自行设计。

确定场地设计标高时，应满足规划、生产工艺、运输、场地排水及最大洪水水位等要求，并力求做到场地内挖填土方量平衡且土方的总工程量最小。

1. 挖填土方量平衡法

这种方法需要在场地内部做到挖填土方量平衡，即挖方总量等于填方总量。确定场地设计标高的一般流程为：在场地内划分方格网→得出各角点自然地面标高→计算初始设计标高→根据场地泄水坡度对初始设计标高进行调整。

如图 1-2 所示，计算场地设计标高时，首先将场地划分成边长为 a 的方格（a 为 10~40m），并将各角点自然地面标高标注在图上相应位置，如图 1-2a 中的 E_n。自然地面标高可利用地形图上相邻两等高线用插入法求得，也可现场实测。

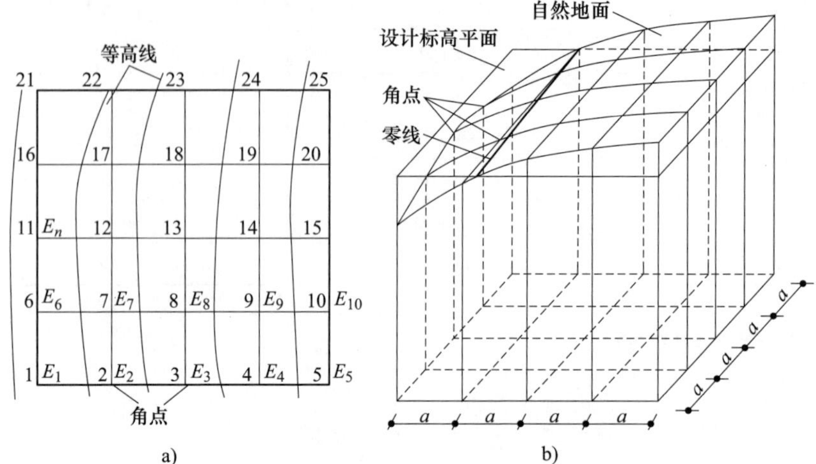

图 1-2　场地设计标高计算示意图

a）在地形图上划分方格网　b）设计标高示意图

根据挖填土方量相等的原则，场地初始设计标高可按下式计算：

$$E_0 \cdot na^2 = \sum_{i=1}^{n}\left(a^2 \frac{E_{i1} + E_{i2} + E_{i3} + E_{i4}}{4}\right)$$

整理得

$$E_0 = \frac{1}{4n}\sum_{i=1}^{n}(E_{i1} + E_{i2} + E_{i3} + E_{i4}) \tag{1-6}$$

式中，E_0是场地初始设计标高（m）；n 是所划分的方格数（个）；a 是场地方格边长（m）；E_{i1}，E_{i2}，E_{i3}，E_{i4}分别是场地第 i 个方格四个角点的自然地面标高（m）。

由图 1-2 可知，1、5、21、25 号角点为一个方格独有，而 2、3、4、6…号角点为两个方格共有，7、8、9、12…号角点则为四个方格共有。利用式（1-6）计算 E_0的过程中，对于共用的角点，在加和计算过程中相应地被多次应用。这种被应用的次数 w，反映了各角点标高对计算结果的影响程度，即统计计算中所谓的权数。为便于计算，引入权数概念将式（1-6）改写成下式的形式：

$$E_0 = \frac{1}{4n}\left(\sum E_{w1} + 2\sum E_{w2} + 3\sum E_{w3} + 4\sum E_{w4}\right) \tag{1-7}$$

式中，E_{w1}是不与其他方格共用的、一个方格独有的角点标高（m）；E_{w2}，E_{w3}，E_{w4}分别是二、三、四个方格所共用的角点标高（m）。

按式（1-7）计算的场地初始设计标高进行场地平整，平整后的场地将处于同一水平面。而实际场地往往有排水要求，即需要一定的泄水坡度。因此，需根据设计文件给定的泄水坡度进行设计标高的调整，若设计文件无要求，一般应沿排水方向做成不小于 2‰的泄水坡度。此时，可根据场地泄水坡度的要求，计算出实际施工时各方格角点的设计标高。

如图 1-3 所示，在已计算出场地初始设计标高 E_0的基础上，考虑泄水坡度后的场地内任意一方格角点的设计标高为

$$E_s = E_0 \pm l_x i_x \pm l_y i_y \tag{1-8}$$

式中，E_s 是考虑泄水坡度的任一方格角点的设计标高（m）；l_x，l_y分别是计算角点沿 x 方向和 y 方向距场地中心的距离（m）；i_x，i_y分别是场地沿 x 方向和 y 方向的泄水坡度；±是由场地中心沿 x 方向和 y 方向指向计算角点时，若其方向与场地泄水坡度方向 i_x、i_y相反时，取“+”号，相同时

取“-”号。

对于图 1-3 所示场地角点 E_{23}，与场地中心点 E_0比较，其在 x 方向与泄水坡度同向，在 y 方向与泄水坡度反向，因此考虑泄水坡度后其设计标高为

$$E_{23} = E_0 - l_x i_x + l_y i_y = E_0 - 0.5a \cdot i_x + 1.5a \cdot i_y$$

显然，当场地为单向泄水时，与泄水方向垂直的中心线上各角点标高均为 E_0。

由以上内容可知，调整后场地内任一角点的设计标高 E_s与自然地面标高 E_n的差值即为该角点的施工高度 H_i，其计算公式为

$$H_i = E_s - E_n \qquad (1\text{-}9)$$

此法也称为确定场地设计标高的一般方法或近似方法，因其概念直观、计算简便、精度满足施工要求，常在实际施工中应用。但此法只采用了加权平均数进行计算，因而不能保证总土方量最小。

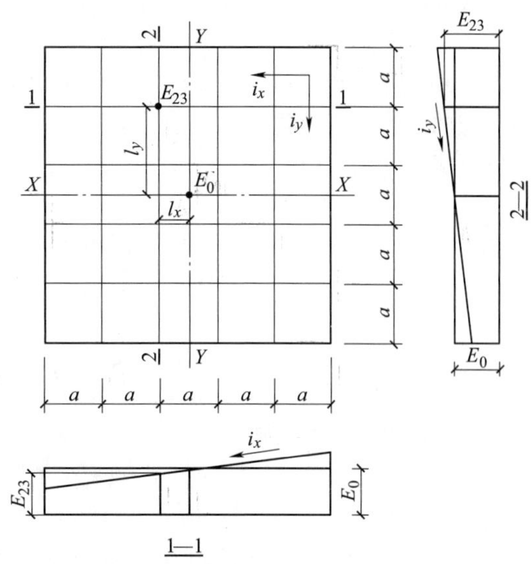

图 1-3　场地泄水坡度（双向泄水）

2. 最佳设计平面法

最佳设计平面法利用最小二乘法原理求出最佳设计平面，不仅可以使场地内挖填土方量平衡，还可以做到挖填土方的总工程量最小，是计算场地设计标高的精确方法。

在图 1-4 所示的空间直角坐标系中，任何一个平面都可以用三个参数 c、i_x和 i_y来确定。在这个平面上的任意一点 i 的标高 E'_i，可由下式表示：

$$E'_i = c + x_i i_x + y_i i_y \qquad (1\text{-}10)$$

式中，c 是原点标高（m）；x_i，y_i分别是 i 点在 x 方向和 y 方向的坐标；i_x，i_y分别是 x 方向和 y 方向的坡度。

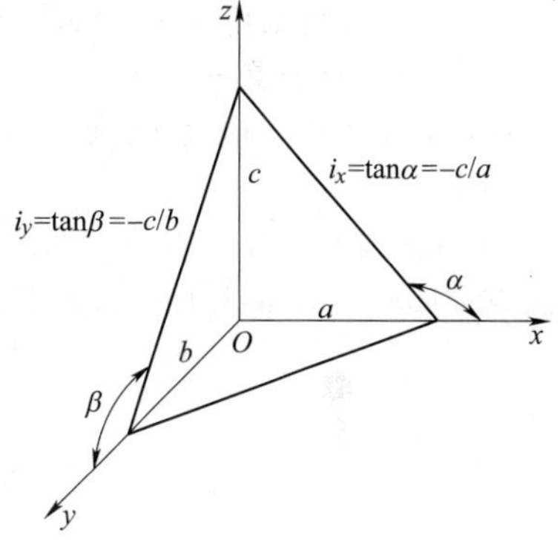

图 1-4　空间直角坐标系中的平面表示

此处依然使用划分方格网法，并如图 1-2a 所示将方格网角点自然地面标高标注在相应位置。如使用式（1-10）的形式表示所求最佳设计平面，则该场地内方格网第 i 个角点的施工高度可由下式表示：

$$H_i = E'_i - E_i = c + x_i i_x + y_i i_y - E_i \qquad (i = 1,2,\cdots,n) \qquad (1\text{-}11)$$

式中，H_i是方格网各角点的施工高度（m）；E'_i是方格网各角点的设计平面标高（m）；E_i是方格网各角点的自然地面标高（m）；n 是方格网角点总个数（个）。

在挖填土方量平衡法中，依据式（1-9）计算所得各角点的施工高度有正有负，当所有角点的施工高度之和为零时，即表明该场地达到了挖填平衡。但此法未涉及挖填方土方量的具体数值。在最佳设计平面法中，为了避免方格网各角点正负施工高度 H_i相互抵消，可把施工高度平方后再相加，利用其总和反映场地内挖填土方量的大小。但要注意，在计算施工高度总和时，应考虑方格网各角点施工高度在计算土方量时应用的次数。各角点施工高度的平方和计算公式如下：

$$\sigma = \sum_{i=1}^{n} w_i H_i^2 \qquad (1\text{-}12)$$

式中，σ 是各角点施工高度的平方和；w_i是角点 i 在计算土方量过程中被应用的次数。

将式（1-11）带入式（1-12），可得

$$\sigma = w_1(c + x_1 i_x + y_1 i_y - E_1)^2 + w_2(c + x_2 i_x + y_2 i_y - E_2)^2 + \cdots + w_n(c + x_n i_x + y_n i_y - E_n)^2 \tag{1-13}$$

若σ值最小，则该设计平面挖填土方工程量最小，同时能保证挖填土方量平衡。为了求得此时所对应的设计平面参数c、i_x、i_y，可采用对式（1-13）中的c、i_x、i_y分别求偏导数，并分别令其为零的方法，计算式如下：

$$\begin{cases} \dfrac{\partial \sigma}{\partial c} = \sum\limits_{i=1}^{n} w_i(c + x_i i_x + y_i i_y - E_i) = 0 \\ \dfrac{\partial \sigma}{\partial i_x} = \sum\limits_{i=1}^{n} w_i x_i(c + x_i i_x + y_i i_y - E_i) = 0 \\ \dfrac{\partial \sigma}{\partial i_y} = \sum\limits_{i=1}^{n} w_i y_i(c + x_i i_x + y_i i_y - E_i) = 0 \end{cases} \tag{1-14}$$

整理后可得到下列准则方程：

$$\begin{cases} [w]c + [wx]i_x + [wy]i_y - [wE] = 0 \\ [wx]c + [wxx]i_x + [wxy]i_y - [wxE] = 0 \\ [wy]c + [wxy]i_x + [wyy]i_y - [wyE] = 0 \end{cases} \tag{1-15}$$

式中，$[w] = w_1 + w_2 + \cdots + w_n$，$[wx] = w_1x_1 + w_2x_2 + \cdots + w_nx_n$，$[wy] = w_1y_1 + w_2y_2 + \cdots + w_ny_n$，$[wxx] = w_1x_1x_1 + w_2x_2x_2 + \cdots + w_nx_nx_n$，$[wxy] = w_1x_1y_1 + w_2x_2y_2 + \cdots + w_nx_ny_n$，其余类推。

对式（1-15）三个方程联立求解，可求得最佳设计平面所对应的三个参数c、i_x、i_y。将它们代入式（1-11）即可求得各角点的施工高度。

3. 场地设计标高的调整

在实际施工中，还应在完成土方量计算后，在考虑以下因素的基础上对计算所得的设计标高进行调整：

1）土的最终可松性将使场地设计标高整体提高，因此为保证实际挖填土方量的平衡，需相应提高设计标高。场地设计标高的增加值Δh可按下式计算：

$$V_T + A_T\Delta h = (V_W - A_W\Delta h)K'_S$$

整理得

$$\Delta h = \frac{V_W(K'_S - 1)}{A_T + A_W K'_S} \tag{1-16}$$

式中，V_W，V_T分别是设计标高调整前的总挖方和总填方体积（m^3），$V_W = V_T$；A_W，A_T分别是设计标高调整前的挖方区和填方区总面积（m^2）；K'_S是土的最终可松性系数。

调整后应在方格网每个角点的设计标高上均增加Δh。

2）设计标高以上的填方工程（如填筑路基等工程用土）而导致的设计标高的降低，或设计标高以下的挖方工程（如开挖水池等的余土）而导致的设计标高的提高。

3）如采用场外取土或弃土等方案更为经济，则应考虑选择此方案所引起的土方量变化，应相应提高或降低场地设计标高。

需要注意的是，如果调整了设计标高，则必须重新计算土方工程量。

1.2.2 土方工程量计算

为确定场地平整过程中挖填土方量的多少，须在上述工作的基础上计算土方工程量。但因场地外形通常不规则，很难做到精确计算，一般采用划分方格网的近似计算方法。计算步骤如下：

1. 计算方格网各角点的施工高度H_i

可依据式（1-9）或式（1-11）进行计算。

2. 确定零线的位置

零线即挖方区和填方区的交界线，该线上的施工高度为零。确定零线的位置有助于了解整个场地中挖填区域的分布。确定零线，首先需要确定零点的位置，然后将场地内所有相邻零点依次相连，即可得零线。零点存在于一个方格中两相邻角点施工高度有正有负的边线上，如图 1-5 所示，可通过插入法求出其具体位置，按下式计算：

$$\begin{cases} x_1 = \dfrac{H_1}{H_1 + H_2} \cdot a \\ x_2 = \dfrac{H_2}{H_1 + H_2} \cdot a \end{cases} \tag{1-17}$$

式中，x_1，x_2 分别是角点 A 和角点 B 至零点的距离（m）；H_1，H_2 分别是角点 A 和角点 B 施工高度的绝对值（m）；a 是方格边长（m）。

3. 方格土方量计算

依据各方格内挖填土方情况差异，一般分两种类型计算：

1）当方格四个角点均为挖方或填方时，如图 1-6 所示，其土方量计算式为

$$V = \frac{\sum H}{4} \cdot a^2 \tag{1-18}$$

式中，V 是挖方或填方的体积（m^3）；$\sum H$ 是方格四个角点的施工高度之和（m），各施工高度均取绝对值计算。

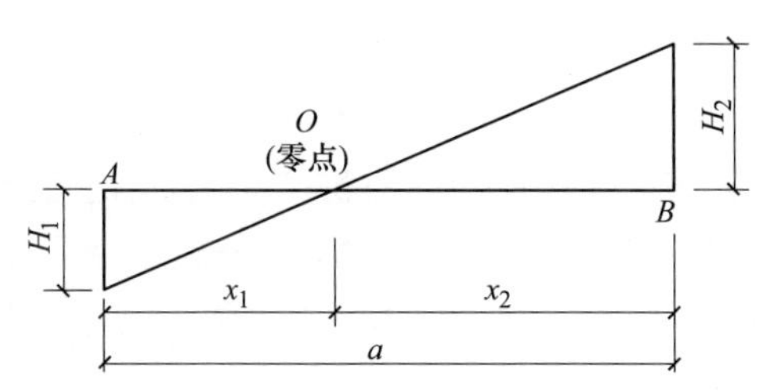

图 1-5　有挖有填方格边线零点计算示意图

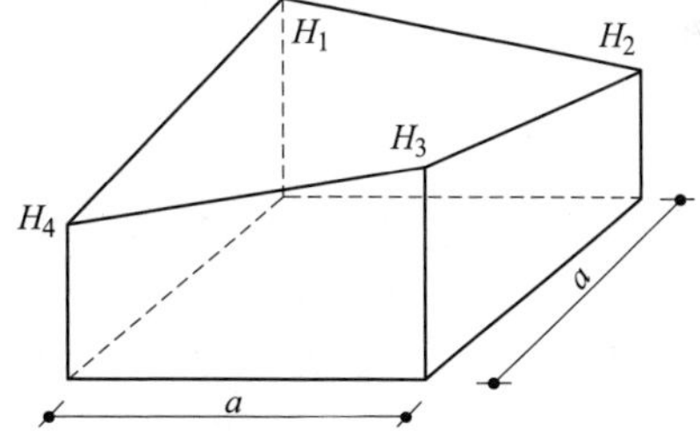

图 1-6　全挖或全填方格

2）当方格四个角点中部分为挖方，部分为填方时，图 1-7 所示的两挖两填和图 1-8 所示的一挖（填）三填（挖）的情况，其土方量计算式为

$$V_{W(T)} = \frac{1}{4} \times \frac{(\sum H_{W(T)})^2}{\sum H} a^2 \tag{1-19}$$

式中，$V_{W(T)}$ 为挖方（填方）的体积（m^3）；$\sum H_{W(T)}$ 为方格角点中挖方（填方）的施工高度之和（m）。

4. 场地边坡土方量计算

为保证场地周边土体稳定，挖填方的边沿应做成有一定坡度的边坡。如图 1-9 所示，边坡的坡度用坡度系数 m 表示，为边坡宽度 b 与边坡高度 h 之比，即 $m=b/h$。

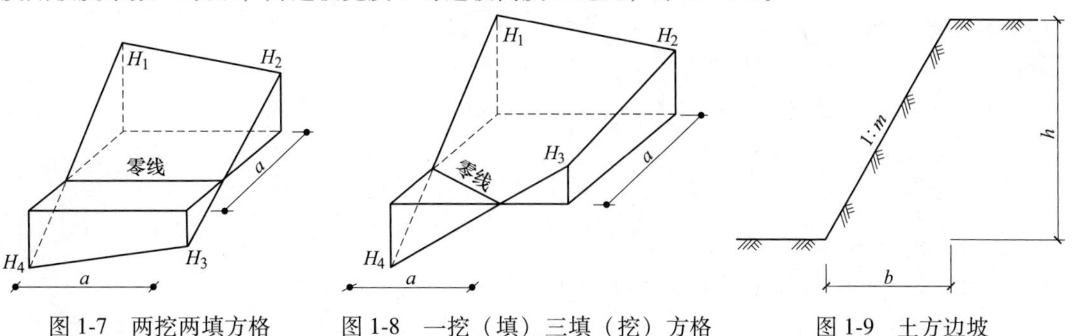

图 1-7　两挖两填方格　　图 1-8　一挖（填）三填（挖）方格　　图 1-9　土方边坡

为方便计算土方量，常将边坡划分成一定的几何形体。如图 1-10 所示，边坡划分成了三棱锥

体（区域①、②等）和三棱柱体（区域④）进行计算。

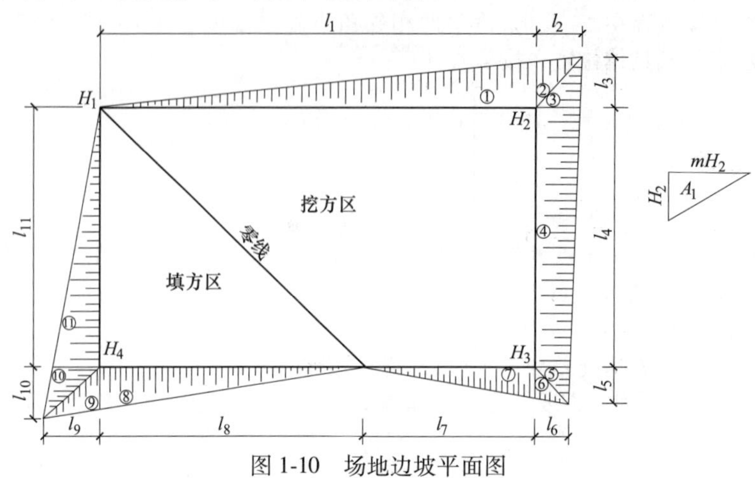

图 1-10　场地边坡平面图

1）三棱锥体土方量 V 的计算式为

$$V=\frac{1}{3}Al \tag{1-20}$$

$$A=\frac{1}{2}h(mh)=\frac{1}{2}mh^2 \tag{1-21}$$

式中，l 是边坡沿所划分区域的长度（m）；A 是边坡端面的横断面面积（m^2）；h 是角点施工高度（m）；m 是边坡坡度系数。

2）三棱柱体土方量 V 的计算式为

$$V=\frac{A_1+A_2}{2}l \tag{1-22}$$

当棱柱体两端面面积相差很大时，使用下式计算：

$$V=\frac{A_1+4A_0+A_2}{6}l \tag{1-23}$$

式中，A_1，A_2，A_0分别是边坡两端面和中间断面的横断面面积（m^2）。

依据以上步骤求得各方格网内和边坡的挖（填）土方量后，对挖方量和填方量分别求和，即可得到整个场地的挖（填）土方总量。由于使用不同计算方法或计算误差，场地内的挖填土方量一般不会绝对平衡，但误差不大。

例 1-1　某 60m×60m 方形广场场地方格网布置如图 1-11 所示，方格边长为 20m，场地泄水坡度 $i_x=0.3\%$，$i_y=0.2\%$。若不考虑土的可松性以及余土加宽边坡等影响，试确定场地设计标高，并计算场地挖填土方量。

解：（1）挖填土方量平衡法求解

1）计算场地初始设计标高 E_0。

$$\begin{aligned}E_0&=\frac{1}{4n}\left(\sum E_{w1}+2\sum E_{w2}+3\sum E_{w3}+4\sum E_{w4}\right)\\&=\frac{1}{4n}[(E_1+E_4+E_{13}+E_{16})+2\times(E_2+E_3+E_5+E_9+E_8+E_{12}+E_{14}+E_{15})\\&\quad+3\times0+4\times(E_6+E_7+E_{10}+E_{11})]\\&=\frac{1}{4\times9}\times(38.37+2\times76.14+4\times37.68)\text{m}=9.48\text{m}\end{aligned}$$

2）根据泄水坡度计算各方格角点的设计标高 E_S。以场地中心点（几何中心 O）为 E_0，依据式（1-8）可得各角点设计标高为

$$E_1 = E_0 - 30\text{m} \times 0.3\% + 30\text{m} \times 0.2\% = (9.48 - 0.09 + 0.06)\text{m} = 9.45\text{m}$$

$$E_3 = E_0 + 10\text{m} \times 0.3\% + 30\text{m} \times 0.2\% = (9.48 + 0.03 + 0.06)\text{m} = 9.57\text{m}$$

$$E_9 = E_0 - 30\text{m} \times 0.3\% - 10\text{m} \times 0.2\% = (9.48 - 0.09 - 0.02)\text{m} = 9.37\text{m}$$

$$E_{11} = E_0 + 10\text{m} \times 0.3\% - 10\text{m} \times 0.2\% = (9.48 + 0.03 - 0.02)\text{m} = 9.49\text{m}$$

其余各角点设计标高如图 1-12 所示。

图例	角点编号	施工高度
	自然地面标高	设计标高

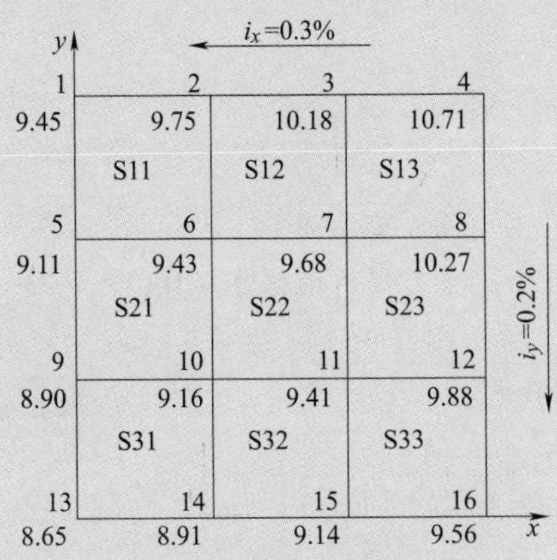

图 1-11　某广场场地方格网布置图

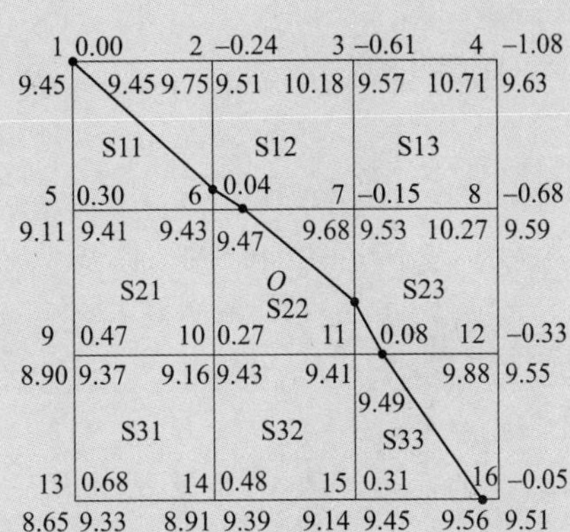

图 1-12　计算土方工程量图

3）计算各角点施工高度。依据式（1-9）可得各角点施工高度如下：

$$H_1 = (9.45 - 9.45)\text{m} = 0.00\text{m}\ ,\ H_3 = (9.57 - 10.18)\text{m} = -0.61\text{m}$$

$$H_9 = (9.37 - 8.90)\text{m} = 0.47\text{m},\ H_{11} = (9.49 - 9.41)\text{m} = 0.08\text{m}$$

其余各角点施工高度如图 1-12 所示。此处，若施工高度为负，说明设计标高低于自然地面标高，需要进行挖方，反之则需填方。

4）确定零线。根据施工高度计算结果，若施工高度有正有负，则其所对应的边线上存在零点，具体位置可由式（1-17）计算得出。

2-6 边线，零点距第 2 角点距离为

$$x_{2\text{-}6} = \frac{0.24}{0.24 + 0.04} \times 20\text{m} = 17.14\text{m}$$

6-7 边线，零点距第 2 角点距离为

$$x_{6\text{-}7} = \frac{0.04}{0.04 + 0.15} \times 20\text{m} = 4.21\text{m}$$

其余零点位置如图 1-12 所示，将所得零点相连，即可得图 1-12 所示零线。

5）计算各方格土方工程量（以“T”表示填方，“W”表示挖方）。

① 全挖方格 S13 和全填方格 S21、S31、S32 的土方量依据式（1-18）进行计算，因计算过程需使用施工高度的绝对值，计算中未考虑施工高度的正负号，下同。

$$V_{S13}^{W} = \frac{H_3 + H_4 + H_7 + H_8}{4} \times (20\text{m})^2 = \frac{20^2}{4} \times (0.61 + 1.08 + 0.15 + 0.68)\text{m}^3 = 252\text{m}^3$$

$$V_{S21}^{T} = \frac{H_5 + H_6 + H_9 + H_{10}}{4} \times (20\text{m})^2 = \frac{20^2}{4} \times (0.30 + 0.04 + 0.47 + 0.27)\text{m}^3 = 108\text{m}^3$$

$$V_{S31}^{T}=\frac{H_9+H_{10}+H_{13}+H_{14}}{4}\times(20m)^2=(47+27+68+48)m^3=190m^3$$

$$V_{S32}^{T}=\frac{H_{10}+H_{11}+H_{14}+H_{15}}{4}\times(20m)^2=(27+8+48+31)m^3=114m^3$$

② 两挖两填方格 S11 和 S33 的土方量依据式（1-19）计算，虽然 S11 方格零点在角点上，此处仍将其视作挖方进行计算。

$$V_{S11}^{W}=\frac{1}{4}\times\frac{(H_1+H_2)^2}{H_1+H_2+H_5+H_6}\times(20m)^2=\frac{(0+24)^2}{0+24+30+4}m^3=9.93m^3$$

$$V_{S11}^{T}=\frac{1}{4}\times\frac{(H_5+H_6)^2}{H_1+H_2+H_5+H_6}\times(20m)^2=\frac{(30+4)^2}{0+24+30+4}m^3=19.93m^3$$

$$V_{S33}^{W}=\frac{1}{4}\times\frac{(H_{12}+H_{16})^2}{H_{11}+H_{12}+H_{15}+H_{16}}\times(20m)^2=\frac{(33+5)^2}{33+5+31+8}m^3=18.75m^3$$

$$V_{S33}^{T}=\frac{1}{4}\times\frac{(H_{11}+H_{15})^2}{H_{11}+H_{12}+H_{15}+H_{16}}\times(20m)^2=\frac{(8+31)^2}{33+5+31+8}m^3=19.75m^3$$

③ 三挖一填方格 S12 和 S23，以及三填一挖方格 S22 的土方量仍依据式（1-19）计算。

$$V_{S12}^{W}=\frac{1}{4}\times\frac{(H_2+H_3+H_7)^2}{H_2+H_3+H_7+H_6}\times(20m)^2=\frac{(24+61+15)^2}{24+61+15+4}m^3=96.15m^3$$

$$V_{S12}^{T}=\frac{1}{4}\times\frac{H_6^2}{H_2+H_3+H_7+H_6}\times(20m)^2=\frac{4^2}{24+61+15+4}m^3=0.15m^3$$

$$V_{S23}^{W}=\frac{1}{4}\times\frac{(H_7+H_8+H_{12})^2}{H_7+H_8+H_{12}+H_{11}}\times(20m)^2=\frac{(15+68+33)^2}{15+68+33+8}m^3=108.52m^3$$

$$V_{S23}^{T}=\frac{1}{4}\times\frac{H_{11}^2}{H_7+H_8+H_{12}+H_{11}}\times(20m)^2=\frac{8^2}{15+68+33+8}m^3=0.52m^3$$

$$V_{S22}^{W}=\frac{1}{4}\times\frac{H_7^2}{H_6+H_7+H_{11}+H_{10}}\times(20m)^2=\frac{15^2}{15+8+27+4}m^3=4.17m^3$$

$$V_{S22}^{T}=\frac{1}{4}\times\frac{(H_6+H_{10}+H_{11})^2}{H_6+H_7+H_{11}+H_{10}}\times(20m)^2=\frac{(8+27+4)^2}{15+8+27+4}m^3=28.17m^3$$

6）将上面计算出的各方格土方量分别按挖、填求和，即可得到场地土方总工程量。

挖方量 $V^{W}=V_{S13}^{W}+V_{S11}^{W}+V_{S33}^{W}+V_{S12}^{W}+V_{S23}^{W}+V_{S22}^{W}=(252+9.93+18.75+96.15+108.52+4.17)m^3=489.52m^3$

填方量 $V^{T}=V_{S21}^{T}+V_{S31}^{T}+V_{S32}^{T}+V_{S11}^{T}+V_{S33}^{T}+V_{S12}^{T}+V_{S23}^{T}+V_{S22}^{T}=(108+190+114+19.93+19.75+0.15+0.52+28.17)m^3=480.52m^3$

挖方量约等于填方量，可认为挖填方基本平衡。

（2）最佳设计平面法求解

确定场地的坐标（图 1-11）及方格网各顶点标高及 w 值。为便于计算准则方程的系数 c、i_x、i_y，可采用列表的方式进行。表 1-6 为最佳设计平面法计算过程表，其中第 1 列为角点编号；第 2~4 列为各角点的坐标，坐标系参照图 1-11；第 5 列为各角点计算过程中的 w 值；第 6~13 列为系数运算部分；各列之和分别写在表中最后一行。

求出各列总和，并将其代入式（1-15），可得到下列准则方程组：

$$36c+1080i_x+1080i_y-341.37=0$$

$$1080c+45600i_x+32400i_y-10467.8=0$$

$$1080c + 32400i_x + 45600i_y - 10446 = 0$$

联立解方程组即可得到设计平面的三个参数：$c=8.501591$，$i_x=0.017174$，$i_y=0.015523$。

将所求得的参数值代入式（1-11），即可得到各方格网角点的施工高度，即

$$H_i = 8.501591 + 0.017174x_i + 0.015523y_i - E_i$$

表1-6的最后一列［wH］值十分接近于零，表明场地内挖填平衡，整个计算过程无误。

表1-6　最佳设计平面法计算过程表

角点编号	x	y	E	w	wx	wy	wE	wxx	wxy	wyy	wxE	wyE	H	wH
1	0	60	9.45	1	0	60	9.45	0	0	3600	0	567	-0.017	-0.017
2	20	60	9.75	2	40	120	19.5	800	2400	7200	390	1170	0.026	0.0529
3	40	60	10.18	2	80	120	20.36	3200	4800	7200	814.4	1221.6	-0.060	-0.1209
4	60	60	10.71	1	60	60	10.71	3600	3600	3600	642.6	642.6	-0.247	-0.247
5	0	40	9.11	2	0	80	18.22	0	0	3200	0	728.8	0.0125	0.025
6	20	40	9.43	4	80	160	37.72	1600	3200	6400	754.4	1508.8	0.036	0.144
7	40	40	9.68	4	160	160	38.72	6400	6400	6400	1548.8	1548.8	0.129	0.518
8	60	40	10.27	2	120	80	20.54	7200	4800	3200	1232.4	821.6	-0.117	-0.234
9	0	20	8.9	2	0	40	17.8	0	0	800	0	356	-0.088	-0.176
10	20	20	9.16	4	80	80	36.64	1600	1600	1600	732.8	732.8	-0.004	-0.018
11	40	20	9.41	4	160	80	37.64	6400	3200	1600	1505.6	752.8	0.089	0.356
12	60	20	9.88	2	120	40	19.76	7200	2400	800	1185.6	395.2	-0.038	-0.075
13	0	0	8.65	1	0	0	8.65	0	0	0	0	0	-0.148	-0.148
14	20	0	8.91	2	40	0	17.82	800	0	0	356.4	0	-0.065	-0.130
15	40	0	9.14	2	80	0	18.28	3200	0	0	731.2	0	0.049	0.097
16	60	0	9.56	1	60	0	9.56	3600	0	0	573.6	0	-0.028	-0.028
合计				36 [w]	1080 [wx]	1080 [wy]	341.37 [wE]	45600 [wxx]	32400 [wxy]	45600 [wyy]	10467.8 [wxE]	10446 [wyE]	合计	1.7×10^{-14} [wH]

由以上步骤求出初步施工高度H后，再通过泄水坡度对施工高度进行修正，即可得到实际施工高度。将所得施工高度代入式（1-18）或式（1-19）中即可计算出各方格挖（V_W）填（V_T）土方量，具体见表1-7。

表1-7　各方格挖填土方量计算

方格号	角点施工高度				V_W	V_T
S11	0.1	0.21	0.18	0.09	0	58.000
S12	0.21	0.18	0.33	0.18	0	90.000
S13	0.18	0.05	0.14	0.33	0	70.000
S21	0.09	0.18	0.1	-0.05	0.595	32.595
S22	0.18	0.33	0.25	0.1	0	86.000
S23	0.33	0.14	0.18	0.25	0	90.000
S31	-0.05	0.1	0	-0.15	13.333	3.333
S32	0.1	0.25	0.05	0	0	40.000
S33	0.25	0.18	0.15	0.05	0	63.000
合计					13.928	532.928

由表（1-7）可知，采用最佳设计平面法所得到的土方量远小于挖填土方量平衡法所得到的土方量。

1.2.3 土方调配

土方调配工作在土方工程量计算之后，内容是确定挖填方区土方的调配方向和数量，目的是使土方总运输量最小或土方施工费用最少。进行土方调配要考虑工程和现场情况、土方施工方法和进度要求、工程分批分期施工安排等，在优化前提下，尽可能做到挖填土方量平衡，力求避免重复挖运和施工混乱。对于土方工程量巨大的场地平整工程，土方的最优调配方案能够缩短工期，降低施工成本。

1. 土方调配原则

1）一般应力求达到挖填土方量基本平衡和总运输量最小，即使挖方量与运距的乘积之和尽可能最小。

2）考虑近期施工和后期利用相结合。当工程分批施工时，先期工程的土方余量应结合后期工程的需要来考虑其利用量和堆放位置，以便就近调配。堆放位置应尽可能为后期工程创造条件，力求避免重复挖运。先期工程有土方欠额时，也可从后期工程地点挖取。

3）注意分区调配与全场调配的协调，并将好土用于回填质量要求较高的填方区。

4）尽可能与大型地下结构的施工相结合，避免土方重复挖填和运输。

2. 土方调配图表的编制

场地土方调配需要制成相应的图表，原则上尽量移挖作填、由近及远，远距离以不超过最大经济运距为宜，编制过程如下：

1）划分调配区。在场地平面图上先画出挖填方区的分界线（即零线），并将挖填方区适当划分成若干调配区，调配区的大小应与方格网及拟建建筑位置相协调，并考虑它们的开工顺序和工程的分期施工顺序，同时还应满足土方及运输机械的技术性能要求，使其功能得到充分发挥。

2）计算各调配区的土方量。

3）计算每组调配区之间的平均运距。平均运距即挖方区与填方区土方重心间的距离，因此需先求出每个调配区的重心。计算时取场地或方格网中的纵横两边为坐标轴（图 1-11），可根据下式分别求出各调配区土方重心在 x 轴和 y 轴上的坐标：

$$\begin{cases} \overline{X} = \dfrac{\sum_{i=1}^{n}(V_i x_i)}{\sum_{i=1}^{n} V_i} \\ \overline{Y} = \dfrac{\sum_{i=1}^{n}(V_i y_i)}{\sum_{i=1}^{n} V_i} \end{cases} \tag{1-24}$$

式中，$\overline{X}$，$\overline{Y}$ 分别是某调配区重心的横坐标和纵坐标（m）；V_i 是所计算调配区内第 i 个方格（单元）的土方量（m^3）；x_i，y_i 分别是所计算调配区内第 i 个方格（单元）土方重心的横坐标和纵坐标（m）；n 是所计算调配区内划分的方格（单元）个数（个）。

当地形复杂时，为简化计算，可假定每个方格上的土方都是均匀分布的，从而用图解法求出形心位置代替重心位置。

每对挖方（$\overline{X}_W$，$\overline{Y}_W$）与填方（$\overline{X}_T$，$\overline{Y}_T$）调配区之间的平均运距 $\overline{L}$ 可由下式近似计算：

$$\overline{L} = \sqrt{(\overline{X}_W - \overline{X}_T)^2 + (\overline{Y}_W - \overline{Y}_T)^2} \tag{1-25}$$

4）土方施工单价的确定。当采用汽车或其他专用运土工具运土时，调配区之间的运土单价可根据预算定额确定。当采用多种机械施工时，需考虑运、填配套机械的施工单价，确定一个综合单价。

5）编制土方挖填平衡调配表（表 1-8），并将上述平均运距或土方施工单价的计算结果填入表内。

表 1-8 土方挖填平衡调配表

挖方区	填方区						挖方量
	T_1	T_2	…	T_j	…	T_n	
W_1	x_{11} c_{11} / c'_{11}	x_{12} c_{12} / c'_{12}	…	x_{11} c_{1j} / c'_{1j}	…	x_{11} c_{1n} / c'_{1n}	a_1
W_2	x_{21} c_{22} / c'_{22}	x_{22} c_{22} / c'_{22}	…	x_{21} c_{2j} / c'_{2j}	…	x_{21} c_{2n} / c'_{2n}	a_2
⋮	⋮	⋮	x_{ef} c_{ef} / c'_{ef}	⋮	x_{eq} c_{eq} / c'_{eq}	⋮	⋮
W_i	x_{i1} c_{i1} / c'_{i1}	x_{i2} c_{i2} / c'_{i2}	…	x_{ij} c_{ij} / c'_{ij}	…	x_{in} c_{in} / c'_{in}	a_i
⋮	⋮	⋮	x_{pf} c_{pf} / c'_{pf}	⋮	x_{pq} c_{pq} / c'_{pq}	⋮	⋮
W_m	x_{m1} c_{m1} / c'_{m1}	x_{m2} c_{m2} / c'_{m2}	…	x_{mj} c_{mj} / c'_{mj}	…	x_{mn} c_{mn} / c'_{mn}	a_m
填方量	b_1	b_2	…	b_j	…	b_n	

6）用显性规划方法建立土方调配数学模型。表 1-8 说明了整个场地划分为 m 个挖方区，即 W_1、W_2、…、W_m，其挖方量应为 a_1、a_2、…、a_m；有 n 个填方区，即 T_1、T_2、…、T_n，其填方量相应为 b_1、b_2、…、b_n；x_{ij}表示由挖方区 i 到填方区 j 的土方调配数，由填挖方平衡，即

$$\sum_{i=1}^{n} a_i = \sum_{j=1}^{n} b_j \tag{1-26}$$

从 W_1 到 T_1 的价格系数（或是平均运距、单位土方运价、单位土方施工费用）为 c_{11}，一般地，从 W_i到 T_j的价格系数为 c_{ij}，于是土方调配问题可以用以下数学模型表达：求一组 x_{ij}的值，使目标函数 $Z = \sum_{i=1}^{n} \sum_{j=1}^{n} c_{ij}x_{ij}$ 为最小值，而且 x_{ij}满足下列约束条件：

$$\sum_{j=1}^{n} x_{ij} = a_i x_{ij} \geqslant 0 \quad (i = 1,\ 2,\ \cdots,\ m) \tag{1-27}$$

$$\sum_{i=1}^{m} x_{ij} = b_j x_{ij} \geqslant 0 \quad (j = 1,\ 2,\ \cdots,\ n) \tag{1-28}$$

根据约束条件可知，变量有 $m×n$ 个，方程数有 $m+n$ 个。由于挖填平衡，故独立方程的数量实际只有 $m+n-1$ 个。由于变量个数多于独立方程个数，因此方程组有无数个解，而我们的目的是要求出一组最优解。显然，这是线性规划中的运输问题，用表上作业法求解较方便。

7）确定土方调配方案。可以根据每对调配区的平均运距，绘制多个调配方案，比较不同方案的总运输量，以总运输量最小者为经济调配方案。土方调配可采用线性规划中的表上作业法，该方法直接在土方平衡表上进行调配，可求得最优调配方案。

8）绘出最优方案的土方平衡表和土方调配图。图 1-13 所示为某矩形广场各调配区土方量及平

均运距，图中有（W_1、W_2、W_3、W_4）四个挖方区，分别填至 T_1、T_2、T_3 三个填方区，各区域中方框内数字代表该调配区内的土方量（m^3），箭杆上的数字代表各调配区间的平均运距（m）。以下大致介绍求解流程。

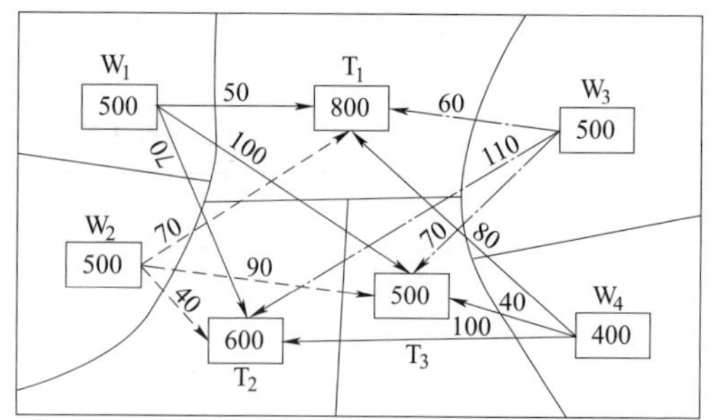

图 1-13　某矩形广场各调配区土方量及平均运距

① 编制初始调配方案。首先将各调配区土方量及平均运距整理至表 1-9 中，并对表中方格进行编号。然后确定土方调配的初始方案。在表 1-9 中找出平均运距 c_{ij}最小的方格，即 $c_{22}=c_{43}=40$，任取其中一个，确定它所对应的调配土方量 x_{ij}。如取 c_{43}，则先确定 x_{43}的值，使其尽可能最大，考虑挖方区 W_4 的最大挖方量为 400，填方区 T_3 最大填方量为 500，则 x_{43}最大值为 400。由此，挖方区 W_4 的土方全部调到了填方区 T_3 中，所以，x_{41} 和 x_{42}均只能为零。将 400 填入 x_{43}所对应的方格中，方格 x_{41}和 x_{42}划“×”以示土方为零。最后在未填数字和“×”号的方格中继续找出 c_{ij}最小的方格，本例中应为 c_{22}方格。重复以上步骤，可依次得到 x_{ij}数值，结果见表 1-10。

表 1-9　各调配区土方量及平均运距 1

挖方区	填方区及挖填方区平均运距/m						挖方量/m^3
	T_1		T_2		T_3		
W_1	x_{11}	50	x_{12}	70	x_{13}	100	500
		c_{11}		c_{12}		c_{13}	
W_2	x_{21}	70	x_{22}	40	x_{23}	90	500
		c_{21}		c_{22}		c_{23}	
W_3	x_{31}	60	x_{32}	110	x_{33}	70	500
		c_{31}		c_{32}		c_{33}	
W_4	x_{41}	80	x_{42}	100	x_{43}	40	400
		c_{41}		c_{42}		c_{43}	
填方量/m^3	800		600		500		$\Sigma=1900$

表 1-10　各调配区土方量及平均运距 2

挖方区	填方区及挖填方区平均运距/m						挖方量/m^3
	T_1		T_2		T_3		
W_1	500	50	×	70	×	100	500
		c_{11}		c_{12}		c_{13}	
W_2	×	70	500	40	×	90	500
		c_{21}		c_{22}		c_{23}	
W_3	300	60	100	110	100	70	500
		c_{31}		c_{32}		c_{33}	
W_4	×	80	×	100	400	40	400
		c_{41}		c_{42}		c_{43}	
填方量/m^3	800		600		500		$\Sigma=1900$

② 最优方案判别。在表上作业法中，最优方案的判别方法有很多。此处介绍通过假想价格系数法求检验数的方法。此方法是设法求得无调配土方方格的检验数 λ_{ij}，判别其是否非负，如所有

检验数均满足 $\lambda_{ij} \geqslant 0$，则此方案为最优方案，否则就需要进行调整。

各方格的检验数 λ_{ij} 可由平均运距 c_{ij} 和位势数 u_i、v_j 求解得到，即

$$\lambda_{ij} = c_{ij} - u_i - v_j \tag{1-29}$$

在表 1-11 中，令 $u_1 = 0$，则可顺次求出位势数，将结果代入式（1-29）即可判定 λ_{ij} 是否非负。由表 1-11 可知，$\lambda_{12} = -30 < 0$，出现了负检验数，说明初始方案不是最优方案，需要进行调整。另外，因我们只关心检验数是否非负，所以在以后计算中，可只标明正负号，不写具体数值。

表 1-11　位势数和检验数计算结果

挖＼填		T_1		T_2		T_3	
		$v_1 = 50$		$v_2 = 100$		$v_3 = 60$	
W_1	$u_1 = 0$	500	50 c_{11}	− (−30)	70 c_{12}	+ (40)	100 c_{13}
W_2	$u_2 = -60$	+ (80)	70 c_{21}	500	40 c_{22}	+ (210)	90 c_{23}
W_3	$u_3 = 10$	300	60 c_{31}	100	110 c_{32}	100	70 c_{33}
W_4	$u_4 = -20$	+ (50)	80 c_{41}	+ (20)	100 c_{42}	400	40 c_{43}

③ 方案调整。选取一个负检验数，一般为最小负检验数（本例中只有 λ_{12}），将其所对应的 x_{12} 作为调整对象。通过找出 x_{12} 的闭回路，将奇数次转角点数字 x_{ij} 中的最小值（本例中为 $x_{32} = 100$）调整到 x_{12} 位置。为保证挖填方仍平衡，其他奇数次转角数字均减去所调整数值（100），偶数次转角数字均增加所调整数值（100）。由此可得调整后的最优方案（表 1-12），所有检验数均为正，故该方案即为最优方案。由此可知，该最优方案的土方总运输量为

$$V = (400 \times 50 + 400 \times 60 + 100 \times 70 + 500 \times 40 + 100 \times 70 + 400 \times 40)\,\mathrm{m^3 \cdot m} = 94000\,\mathrm{m^3 \cdot m}$$

表 1-12　调整后的最优方案

挖＼填	T_1		T_2		T_3		挖方量/m^3
W_1	400	50	100	70	+	100	500
W_2	+	70	500	40	+	90	500
W_3	400	60	+	110	100	70	500
W_4	+	80	+	100	400	40	400
填方量/m^3	800		600		500		$\Sigma = 1900$

④ 绘制土方调配图，如图 1-14 所示。

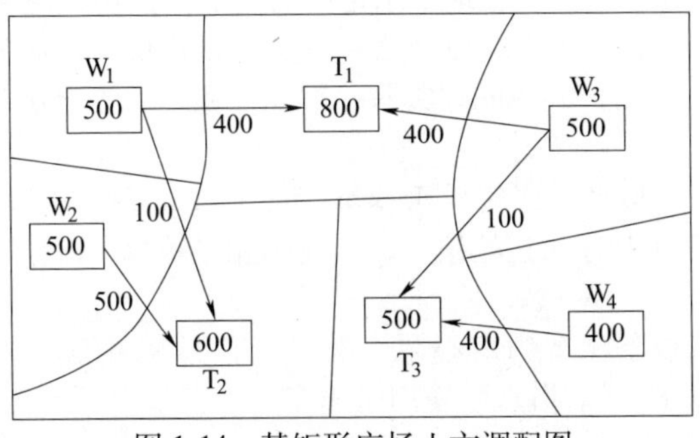

图 1-14　某矩形广场土方调配图

1.3 基坑降水

在基坑土方工程施工过程中，当遇到施工面低于地下水位、雨期施工或基坑下有承压含水层等情况时，都要面临地下水控制的问题，一般需进行基坑降水。当基坑施工面低于地下水位时，由于土的含水层被切断，地下水会不断渗入基坑内。在雨期施工时，地面水也可能流入基坑内。如果不相应采取适当的降水措施，把流入基坑内的水及时排走并降低地下水位，不仅会使施工条件恶化，还容易因地基土被水泡软而造成边坡塌方、地基承载力下降。另外，当基坑下遇有承压含水层时，若不降水减压，基底可能在承压水压力作用下而被冲溃破坏。在实际工程中，因降水不当而产生不利影响的案例不胜枚举，严重的使工程施工中断，甚至危及邻近建筑物与设施的安全。因此，为保证工程质量和施工安全，在基坑开挖前或开挖过程中，必须采取经济合理的措施降低地下水位，以使地基土在开挖和基础施工过程中免受地下水的影响。

降低地下水位的方法一般有集水井降水法和井点降水法。集水井降水法一般适用于降水深度较小且土层为粗粒土层或渗水量小的黏土土层。当基坑开挖较深，又采用刚性土壁支护结构形成止水帷幕时，也多采用集水井降水法。但若降水深度较大，或土层为细砂、粉砂，或在软土地区，采用集水井降水法可能会引发流砂，此时宜采用井点降水法。需要注意的是，无论采用哪种降水方法，均应在基础施工完毕、土方回填结束后才可停止降水。

1.3.1 集水井降水

集水井降水法又称明排水法，是在基坑开挖过程中，在坑底设置若干集水井，并沿坑底周围或中央开挖排水沟，使水流入集水井，然后用水泵抽到基坑外的降水方法，如图 1-15 所示。一般在基坑开挖结束后设置集水井，先沿坑底的周围或中央开挖具有一定泄水坡度的排水沟，并在适当位置设置集水井。如果地下水渗流严重，影响土方开挖，则应逐层开挖，并相应逐层设置。

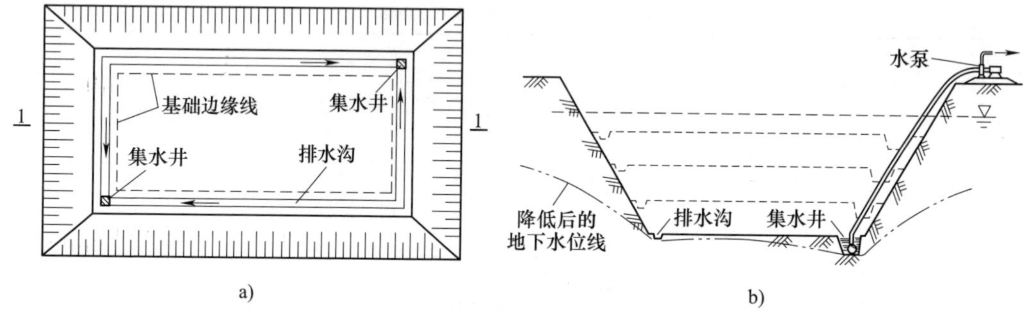

图 1-15 集水井降水法示意图

a）平面图 b）1—1 剖面图

基坑四周的排水沟及集水井应设置在地下水走向的上游，在基础轮廓 0.3m 以外，根据地下水量、基坑平面形状及水泵能力，排水沟断面尺寸一般为（0.3~0.5m）×（0.3~0.5m），坡度为 1‰~5‰。集水井宜设于转角处，间距 20~40m。集水井直径或宽度一般为 0.7~1m，其深度宜比挖土面低 0.7~1m。

当基坑挖至设计标高后，集水井底应低于基坑底面 1~2m，并铺设碎石滤水层（0.3m）或下部砾石（0.1m）上部粗砂（0.1m）的双层滤水层，以免由于抽水时间过长而将泥沙抽出，并防止坑底土被扰动。

集水井降水法所用排水设备主要为离心泵、潜水泵和泥浆泵等。离心泵的安装位置要合理，其最大吸水扬程一般为 3.5~8.5m。潜水泵使用时应完全浸在水中，具有泵体小、质量轻、移动方便、安装简单和离开泵时不需引水等优点，因此在基坑排水及管井井点降水中常被采用。泥浆泵

耐堵塞、耐磨损能力强，有潜水和在水面作业等种类。水泵的排水量宜为基坑涌水量的1.5~2倍。

集水井降水的优点是施工方便，设备简单，应用较广，适用于地下水量不大、土质较好的情况，遇流砂时不宜使用。

1.3.2　流砂

在采用集水井降水法时，当基坑挖深达到地下水位以下，且土质为细砂或粉砂时，基坑底部或基坑边的土会形成流动状态，随地下水涌入基坑，这种现象称为流砂。流砂发生后，土体会边挖边冒，土体完全丧失承载力，造成施工条件恶化，难以继续施工至设计深度。严重时会引起边坡塌方，邻近建筑物也会因地基被掏空而出现开裂、倾斜、下沉甚至倒塌。

动水压力是流砂现象产生的直接原因，地下水流动受到土颗粒的阻力，而水对土颗粒具有冲动力，这个力就是动水压力。当动水压力大于土的浮重度时，土颗粒将处于悬浮状态，往往容易随渗流水一起流动，进而涌入基坑，形成流砂。动水压力与水力梯度（沿渗透途径水头损失与渗透途径长度的比值）成正比，即水位差越大，动水压力越大。另外，当动水压力方向向上且大于土的浮重度时，土颗粒被带出而形成流砂。若动水压力向下，其作用方向与重力相同，将使土体稳定。

为防止基坑开挖过程中流砂的发生，应遵循“治砂必先治水”的原则。防止流砂的主要途径包括减少或平衡动水压力、设法使动水压力向下、截断地下水流。具体措施如下：

1）枯水期施工法。枯水期地下水位较低，可在一定程度上减小基坑内外的水位差，致使动水压力不足以产生流砂。

2）强挖并抛大石块法。选择分段组织开挖，使一个施工段内的挖土速度大于冒砂速度，开挖至设计标高后立即铺竹篾或芦席等并抛大石块，以平衡动水压力，阻止流砂继续发生。此法适用于治理局部或轻微的流砂。

3）止水帷幕法。当基坑底面处于地下水位以下，降水有困难时，基本都需要设置止水帷幕，以防止地下水的渗漏。将连续的止水支护结构（如连续钢板桩、连续搅拌桩等）施工至基坑底面以下一定深度，形成封闭的止水体，从而阻挡地下水从基坑侧壁渗入，地下水只能经由支护结构下端流入基坑内部，渗流路径增加，水力梯度减小，可防止发生流砂。

4）水下挖土法。水下挖土法即不排水施工，使基坑内外水压平衡，不会发生流砂。此法在沉井施工中经常采用。

5）冻结法。采用冻结法将基坑周围或基底土体一定范围内的地下水冻结，一方面可加固和支护土体，另一方面可起到挡水以防止流砂发生的作用。此法常用于竖向矿井，要求专门的设计和施工以及运转设施，造价昂贵，一般基坑工程中不常用。

6）人工降低地下水位法。采用人工降低地下水位法（井点降水法）使基坑及周边一定范围内的地下水位降低至基底以下，由此动水压力方向改为向下，地下水不能渗入基坑，可有效防止流砂的发生。当基底位于不透水层内，而不透水层下方为承压含水层，随着基坑的开挖，坑底不透水层的覆土重力小于承压水的顶托力时，基坑底部容易发生管涌冒砂现象。为防止这种现象的发生，可采用人工降低地下水位法来降低承压含水层的压力水位。

1.3.3　井点降水

井点降水法就是在基坑开挖前，预先在基坑四周（以及基坑内区域）埋设一定数量的滤水管（井），利用抽水设备从中抽水，使地下水位降低到坑底以下。地下水位降低到坑底设计高度以下后，即可开挖基坑，但在开挖过程中，要连续不断地抽水，以保证地下水位稳定在坑底以下，且降水应持续至基坑开挖完毕、基础回填结束。由此，所开挖土体不再受地下水的影响，从根本上避免了动水压力引起的流砂及管涌冒砂，以及由于地下水渗流而引发的边坡塌方。降水后土体相对干燥并能使土壤固结，改善了施工条件的同时增加了地基土的承载力。

井点包括轻型井点、喷射井点和管井井点等。一般根据土的渗透系数、降水深度、设备条件及经济技术条件等因素确定降水方法。各类井点所适用的土层渗透系数和可降低的水位深度见表 1-13。实际工程中轻型井点机具有设备简单，便于基坑施工，在地下水丰富的地段效果显著等优势，应用最为广泛，此处重点介绍轻型井点降水方法。

表 1-13　井点类型及适用条件

井点类型	土层渗透系数/(cm/s)	可降低的水位深度/m
轻型井点	$10^{-5} \sim 10^{-2}$	3~6
多级轻型井点	$10^{-5} \sim 10^{-2}$	6~12
喷射井点	$10^{-6} \sim 10^{-3}$	8~20
管井井管	$>10^{-5}$	>6

1. 轻型井点的概念及其组成

轻型井点是沿基坑四周或一侧将井点管沉入深于基底的含水层内，井点管上部通过弯联管与总管连接，通过总管利用抽水设备将地下水从井点管内不断抽出，使原有地下水位降低到基底以下。轻型井点也称真空井点，如图 1-16 所示。

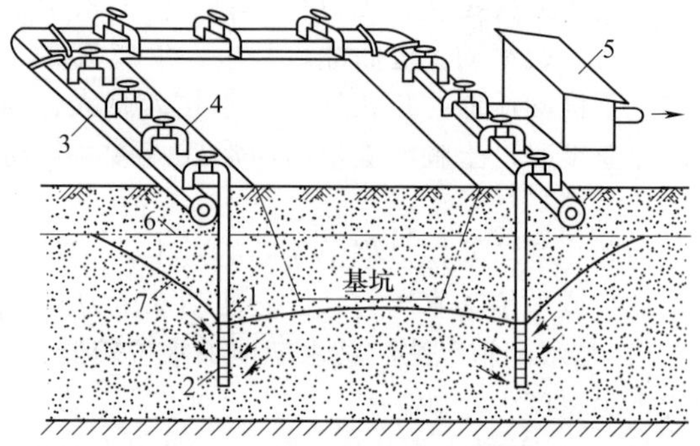

图 1-16　轻型井点降水系统示意图

1—井点管　2—滤管　3—集水总管　4—弯联管　5—泵房　6—原地下水位　7—降低后地下水位

图 1-17 所示为滤管，主要由管路系统和抽水设备组成。

（1）管路系统　管路系统包括滤管、井点管、弯联管和总管。

1）滤管是进水设备，通常采用长 1.0~1.5m、直径 38mm 或 51mm、与井点管同直径的无缝钢管，管壁钻有直径 12~19mm、呈梅花状排列的滤孔，滤孔面积为滤管面积的 15%~25%。滤管外侧用塑料管等螺旋缠绕并包以两层孔径不同的滤网，内层为细滤网，外层为粗滤网，滤网外侧再绕一层铅丝将其包裹牢固。滤管下端开口用铸铁或硬木塞住，上端与井点管相连，可与井点管一体制作或用螺纹套管连接。

2）井点管与滤管直接相连，为直径 38mm 或 51mm、长 6~10m 的钢管，为系统中竖向输水设备。

3）井点管上端通过弯联管与总管相连，弯联管一般采用橡胶软管或透明塑料管。

4）总管一般采用直径为 100~127mm 的无缝钢管，每节长 4m，总管间用橡胶管连接，并将连接处卡紧以防漏水。总管上设有与井点管连接的短接头，间距 0.8m 或 1.2m。

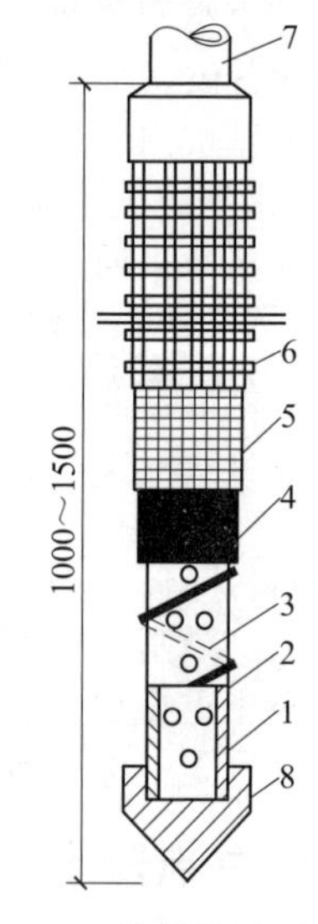

图 1-17　滤管构造示意图

1—钢管　2—滤孔　3—螺旋管　4—细滤网　5—粗滤网　6—粗铅丝保护网　7—井点管　8—下端开口封堵

（2）抽水设备　常用抽水设备有真空泵抽水设备和射流泵抽水设备等。

1）真空泵抽水设备由真空泵、水气分离器和离心泵等组成，其工作原理如图 1-18 所示。因设备在排水时会抽入一部分空气，所以抽水时首先启动真空泵，将水气分离器内抽成真空，管路系统中的水和空气在真空吸力作用下经过滤器后进入水气分离器。当水气分离器中的水达到一定高度后启动离心泵，水气分离器中的水从离心泵排出，空气则从水气分离器顶部排出。这种设备真空度较高，降水深度较大，一套抽水设备能负荷的总管长度为 100~120m，但设备较复杂，耗电较多。

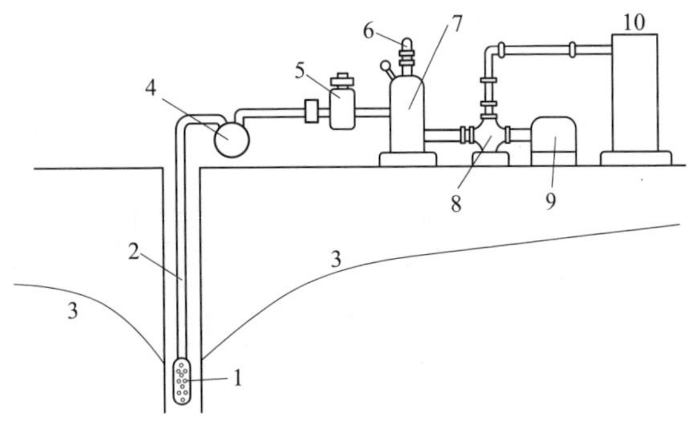

图 1-18　真空泵抽水设备示意图

1—滤管　2—井点管　3—降低后地下水位　4—集水总管　5—过滤器　6—真空泵　7—水气分离器　8—离心泵　9—电动机　10—水箱

2）射流泵抽水设备由射流器、离心泵和循环水箱（罐）组成，如图 1-19 所示。射流泵抽水设备的工作原理是：利用离心泵将循环水箱（罐）中的水变成压力水送至射流器内由喷嘴喷出，由于喷嘴断面收缩而使水流速度骤增，压力骤降，使射流器空腔内产生部分真空，从而把井点管内的气、水吸进循环水箱（罐）。循环水箱（罐）内的水滤清后一部分经由离心泵参与循环，多余部分由循环水箱（罐）上部的泄水口排出。射流泵抽水设备的降水深度可达 6m，但一套设备所带井点管仅 25~40 根，总管长度 30~50m。若采用两台离心泵和两个射流器联合工作，能带动井点管 70 根，总管长度 100m。这种设备具有结构简单、耗电少、使用及检修方便等优点，应用较广。射流泵抽水设备适用于在粉砂、粉土等渗透系数较小的土层中降水。

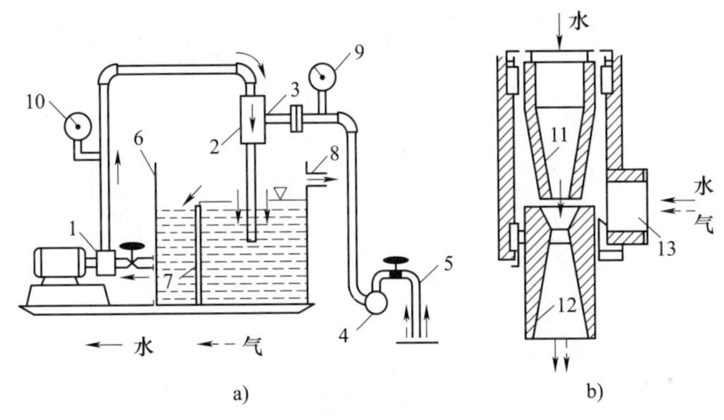

图 1-19　射流泵抽水设备示意图

a）工作简图　b）射流器构造

1—离心泵　2—射流器　3—进水管　4—总管　5—井点管　6—循环水箱（罐）　7—隔板　8—泄水口　9—真空表　10—压力表　11—喷嘴　12—喷管　13—接进水管

2. 轻型井点设计

轻型井点设计包括平面布置、高程布置、涌水量计算、井点管数量和间距计算，以及抽水设备的选用等。设计前要充分掌握含水层厚度、承压或非承压水的变化和流向情况、土质、渗透系数及不透水层的位置等水文地质资料，以及基坑形状、尺寸等工程性质。当在基坑外降水时，需掌握降水范围内的建筑物、构筑物等具体状况，采取相应措施防止降水施工对周边已有设施产生影响。此外，还应了解井点管长度、水泵设备的抽水能力等。

（1）平面布置　根据基坑降水条件和施工安排，轻型井点的平面布置有单排布置、双排布置、环形布置等。单排布置适用于基坑宽度小于 6m，且降水深度不大于 5m 的情况，井点管应布置在基坑地下水上游一侧，为保证基坑端部降水深度，井点管两端延伸长度一般不小于基坑宽度，如图 1-20a 所示。当基坑宽度大于 6m，或土质不良时，宜采用双排布置。环形布置（图 1-21a）适用于大面积基坑，当环形布置影响施工机械作业时，也可采用 U 形布置。若采用 U 形布置，开口部位应在地下水下游一侧。为防止井点管局部密封不严而漏气，井点管埋设位置距基坑上边缘一般在 700~1000mm。井点管间距应根据土质、降水深度、工程性质等经计算或经验确定。在靠近河流及基坑转角部位，井点应适当加密。

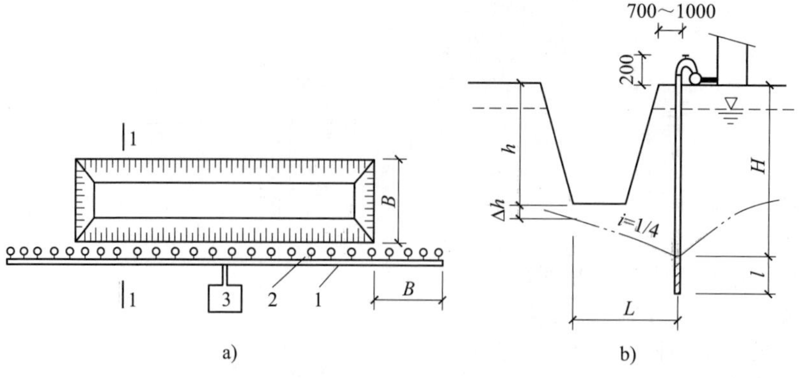

图 1-20　单排井点布置简图

a）单排井点平面布置　b）单排井点高程布置（1—1 剖面）

1—总管　2—井点管　3—泵房

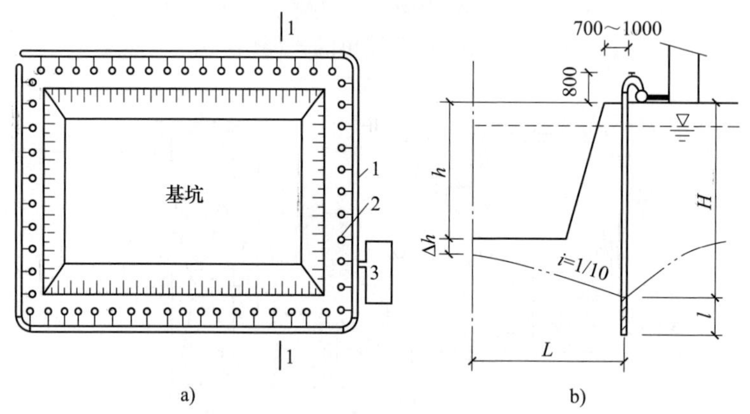

图 1-21　环形井点布置简图

a）环形井点平面布置　b）环形井点高程布置（1—1 剖面）

1—总管　2—井点管　3—泵房

采用多套抽水设备时，井点系统要分段设置，各段长度应大致相等。其分段地点宜选择在基坑角部，以减少总管弯头数量和水流阻力。抽水设备宜设置在各段总管的中部，使两边水流平衡。采用封闭环形总管时，宜装设阀门将总管断开，以防止水流紊乱。对于多套井点设备，应在各套之间的总管上装设阀门，既可独立运行，也可在某套抽水设备发生故障时，开启阀门，借助邻近的泵组来继续抽水。

（2）高程布置　轻型井点的高程布置即确定井点管的埋深。井点管的埋深是指滤管上口至总管平台面的距离，一般不超过 6m。进行高程布置时，主要考虑降低后的地下水位应控制在基坑底面标高以下一定距离，一般为 0.5~1.0m，且应保证滤管埋设在透水层中。

井点管的埋深 H 可按下式计算：

$$H \geqslant h + \Delta h + iL \tag{1-30}$$

式中，h 是总管平台面至基坑底面的距离（m）；Δh 是基坑坑底至降低后地下水位线的最小距离（m），一般取 0.5~1.0m；i 是水力梯度，单排、双排或环形（或 U 形）布置的井点，分别取 1/5~1/4、1/7 和 1/10；L 对于双排、U 形或环形井点，为井点管至基坑中心的水平距离（m），对于单排井点，为基坑对边坡脚的水平距离（m）。

如计算所得井点管的埋深大于井点管长度，或水泵的最大抽吸深度不能达到井点管的埋深时，应考虑降低总管平台面的竖直位置或采用二级轻型井点降水。若采用降低总管平台面竖直位置的

方法，则在总管平台面埋设位置设置集水井降水，但总管平台面降低的位置应保持在原有地下水位线以上。若采用二级轻型井点降水的方法，则应先用上一级井点降水（图 1-22 中的 1 级井点），至水位降低并稳定后，再埋设下一级井点（图 1-22 中的 2 级井点）。

（3）涌水量计算　轻型井点的平面布置和高程确定后，如果能确定井点管的数量和间距，就能完成轻型井点的设计。但确定井点管的数量和间距前，需要进行井点系统涌水量的计算。目前，井点系统的涌水量是根据水井理论确定的。因不同类型的井点系统涌水量计算方式不同，所以需要先对水井进行分类。

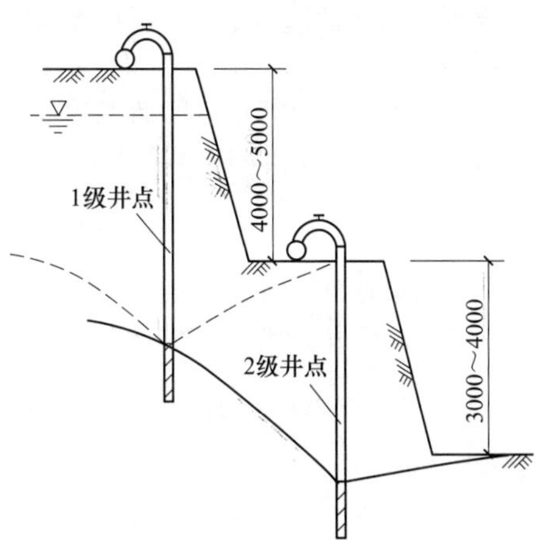

图 1-22　二级轻型井点示意图

根据水井所处深度的地下水是否承压，水井分为无压井和承压井。当水井布置在潜水层中时，地下水表面呈自由水压，此时称之为无压井。当水井布置在两不透水层之间的含水层，即承压水中时，地下水表面具有一定的水压，称为承压井或自流井。根据水井（滤管）底部是否达到不透水层，分为完整井和非完整井。水井底部达到不透水层时称为完整井，否则称为非完整井。由以上叙述可知，水井可分为无压完整井、无压非完整井、承压完整井、承压非完整井四大类（图 1-23）。在进行涌水量的计算过程中，首先要正确判断水井类型，然后才能根据其对应的方法进行计算。

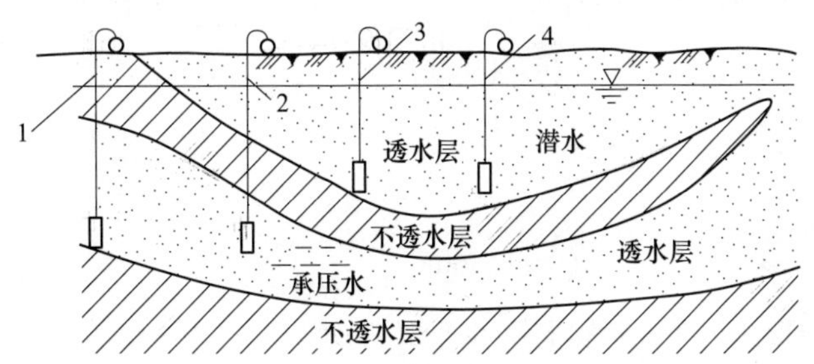

图 1-23　四类水井

1—承压完整井　2—承压非完整井　3—无压完整井　4—无压非完整井

1）无压完整井的涌水量计算。目前有关水井的计算方法都以裘布依的水井理论为基础。对于无压完整井而言，裘布依理论的基本假定是：在水井的抽水影响半径 R 内，从含水层顶面到不透水层之上任意一点的水力梯度是一个恒定值，并与降水时水面的斜率相等；降水前地下水面可认为是水平面，即水力梯度为零；对于潜水适用于井边水力梯度不大于 1/4；地下水为不随时间变化的稳定流；实施降水以后，井内水位逐渐下降，井周围的水面由水平面逐步变成弯曲水面，最后渐趋稳定并形成水位降落漏斗，如图 1-24 所示。

当水位降低至高度 y 时，所对应的过水断面至水井中轴线的距离为 x，将此时的过水断面近似看作一个垂直的圆柱面，则圆柱面的侧表面积可表述为

$$A = 2\pi xy \tag{1-31}$$

式中，A 是过水断面近似圆柱侧表面面积（m^2）；x 是水井中轴线至过水断面的距离（m）；y 是过水断面高度，即距水井中轴线 x 处水位降落的高度（m）。

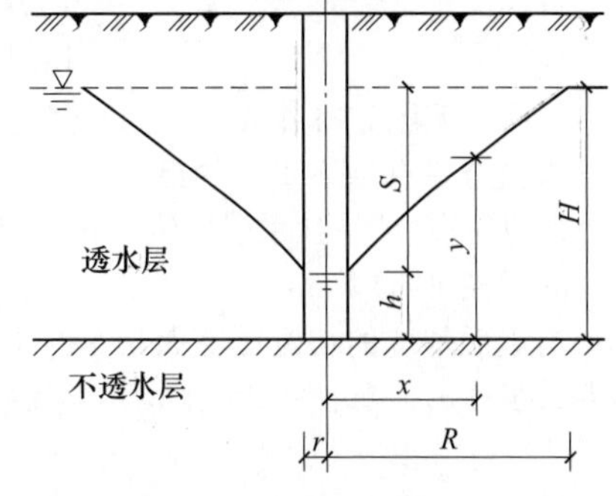

图 1-24　无压完整井（单井）

根据以上基本假定，距水井中轴线 x 处过水断面水流的水力梯度等于该水面处的斜率，并非定值。因此，此处

的水力梯度 i 为

$$i = \frac{dy}{dx} \tag{1-32}$$

根据达西线性渗透定律，可得无压完整井单井的涌水量为

$$Q = KAi \tag{1-33}$$

式中，Q 是无压完整井单井的涌水量（m^3/d）；K 是土的渗透系数（m/d）。

将式（1-31）和式（1-32）代入式（1-33），可得

$$Q = KAi = 2\pi Kxy\frac{dy}{dx} \tag{1-34}$$

当水位降落曲线在 $x=r$ 时，$y=h$；$x=R$ 时，$y=H$。此处，r 和 R 分别表示单井的半径和其抽水影响半径，h 和 H 分别表示水井中的水深和土层的含水层厚度。将式（1-34）分离变量并积分，得

$$\int_h^H 2y\mathrm{d}y = \int_r^R \frac{Q}{\pi K} \cdot \frac{\mathrm{d}x}{x}$$

整理得

$$H^2 - h^2 = \frac{Q}{\pi K}\ln\frac{R}{r}$$

因此，可得单井涌水量计算公式：

$$Q = \pi K\frac{H^2 - h^2}{\ln R - \ln r} \tag{1-35}$$

若以常用对数代替自然对数，可将式（1-35）改写为

$$Q = 1.366K\frac{H^2 - h^2}{\lg R - \lg r} \tag{1-36}$$

设水井内水位降低值为 S，如图 1-24 所示，则有 $h=H-S$，将其代入式（1-36），则可得无压完整井单井涌水量计算公式：

$$Q = 1.366K\frac{(2H - S)S}{\lg R - \lg r} \tag{1-37}$$

需要注意的是，应用式（1-37）进行涌水量计算时，因理论中的假定部分忽略了过水断面处水力梯度的变化，所以会导致计算结果与实际情况有一定出入，但误差较小。

在由多个单井组成的群井系统中，各井点共同工作、同时抽水，各单井之间的水位降落漏斗会互相干扰，即群井共同工作时，每个单井的涌水量要小于单井单独工作时的涌水量。因此，在计算群井系统的涌水量时，不可将单独计算的各井点涌水量简单相加。为便于计算，可将群井系统假想成半径为 x_0 的圆形单井进行分析。

如图 1-25 所示，假设群井外侧的抽水影响半径和单井相同，仍为 R，则假想单井的降水影响半径 $R'=x_0+R$。在此基础上，对式（1-37）分离变数、积分后可得无压完整井群井涌水量计算公式：

$$Q = \pi K\frac{(2H - S)S}{\ln R' - \ln x_0} \text{或} Q = 1.366K\frac{(2H - S)S}{\lg R' - \lg x_0} \tag{1-38}$$

式中，Q 是无压完整井群井的涌水量（m^3/d）；K 是土的渗透系数（m/d）；S 是基底下方降低后的地下水位至原有地下水位的最小距离，即将群井假想为圆形单井后的水位降低值，也称为基坑水位降深（m）；H 是含水层厚度（m）；R' 是群井外侧抽水影响半径（m），$R'=x_0+R$；x_0 是假想圆形单井的半径（m）。

当矩形基坑的长宽比不大于 5 时，可将基坑外侧井点管所包围的面积等效成圆的面积，进而易得其半径 x_0。如图 1-26 所示，若矩形基坑周边井点管所围成的矩形长宽分别为 a 和 b，则有：

$$x_0 = \sqrt{\frac{ab}{\pi}} \tag{1-39}$$

当矩形基坑长宽比大于 5 或基坑宽度大于抽水影响半径的两倍时，需分段计算涌水量，使其符合计算公式的适用条件，最后将计算所得涌水量相加即可得总涌水量。

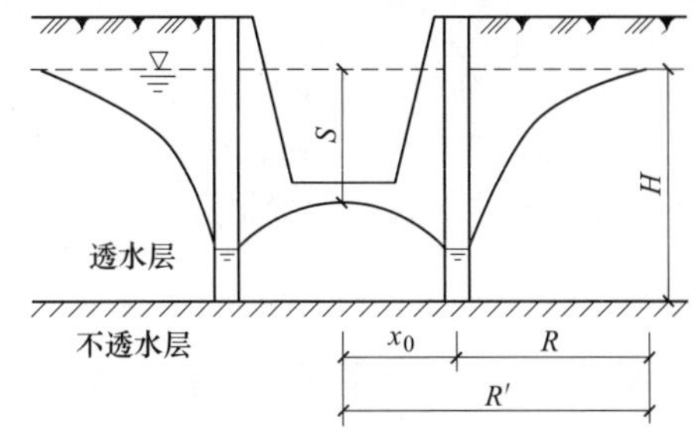

图 1-25　无压完整井（群井）

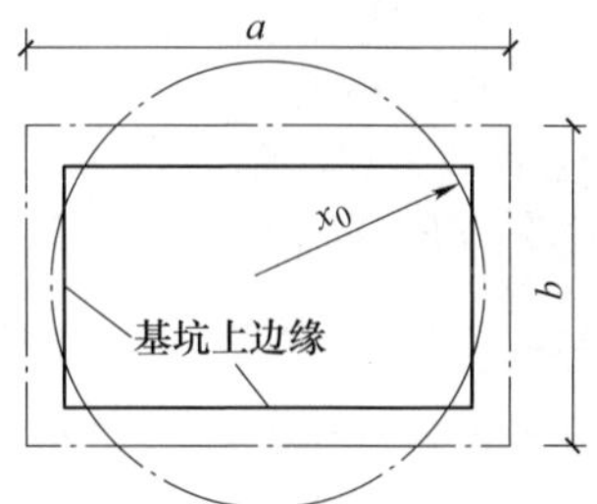

图 1-26　群井等效半径示意图

群井外侧抽水影响半径 R 可近似按下述经验公式计算：

$$R = 1.95S\sqrt{HK} \tag{1-40}$$

渗透系数 K 准确与否，对计算结果影响较大。其测定方法有现场抽水试验和实验室试验两种。对于重大工程，宜采用现场抽水试验，以获得较为准确的渗透系数值。方法是在现场设置抽水孔，并在抽水孔上距离为 x_1 与 x_2 处设两个观测井（三者在同一条直线上），抽水稳定后，根据观测井的深度 y_1 与 y_2 及抽水孔相应的抽水量 Q，可按下式计算 K 值：

$$K = \frac{Q\lg(x_2/x_1)}{1.366(y_2^2 - y_1^2)} \tag{1-41}$$

当缺少试验数据时，可按工程经验确定，见表 1-5 中几种土的渗透系数经验值。

2）无压非完整井的涌水量计算。图 1-27 所示的无压非完整井与无压完整井不同之处在于井点管未到达不透水层，此时，地下水不仅从井的侧面进入，还从水井底部流入，其涌水量比无压完整井要大。在实际工程中也常会遇到无压非完整井的井点系统。因精确计算较为复杂，为简化计算，仍可采用无压完整井的计算方法，但需用有效影响深度 H_0 替代含水层厚度 H。

因此，无压非完整井单井的涌水量计算公式为

$$Q = \pi K\frac{(2H_0 - S)S}{\ln R - \ln r} \text{或} Q = 1.366K\frac{(2H_0 - S)S}{\lg R - \lg r} \tag{1-42}$$

无压非完整井群井的涌水量计算公式为

$$Q = \pi K\frac{(2H_0 - S)S}{\ln R' - \ln x_0} \text{或} Q = 1.366K\frac{(2H_0 - S)S}{\lg R' - \lg x_0} \tag{1-43}$$

有效影响深度 H_0 的含义为：井点降水过程中，在 H_0 深度范围内的地下水将受到降水的影响，而 H_0 深度以下的范围不受降水的影响。

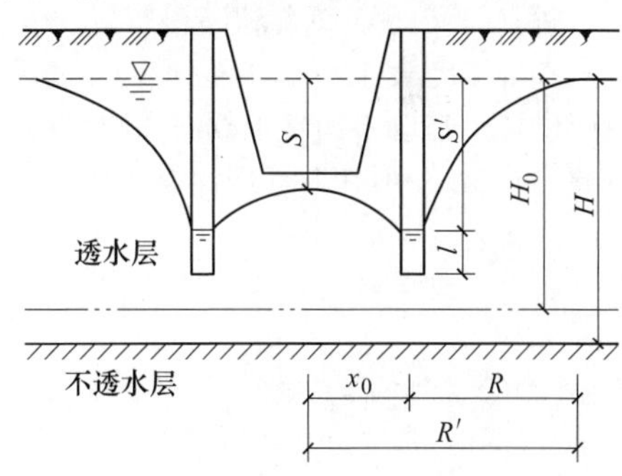

图 1-27　无压非完整井（群井）

H_0 的取值可查表 1-14 确定，对于未给出的 $S/(S'+l)$ 值，可通过插入法求得 H_0。

表 1-14　有效影响深度 H_0 的取值

$S/(S'+l)$	0.2	0.3	0.5	0.8
H_0	$1.3(S'+l)$	$1.5(S'+l)$	$1.7(S'+l)$	$1.85(S'+l)$

注：S' 为单根井点管处的水位降低值（m）；l 为滤管长度（m）。

土的渗透系数 K 对计算结果影响较大，可用现场抽水试验或实验室试验测定。对于重大工程，宜通过现场抽水试验确定。

3）承压井的涌水量计算。因承压井的涌水量计算较为复杂，此处不再重点分析。以下为承压

完整井群井涌水量计算公式：

$$Q = 2.73K\frac{MS}{\lg R' - \lg x_0} \tag{1-44}$$

式中，M 是处于两个不透水层间的承压含水层厚度（m）；其他符号意义同前。

（4）井点管数量和间距计算　通过以上步骤计算出井点系统总涌水量 Q 后，在明确单根井点管的最大出水量 q 的基础上，即可按下式确定井点系统所需井点管的最少根数 n：

$$n = 1.1\frac{Q}{q} \tag{1-45}$$

式中，Q 是井点系统的涌水量（m^3/d）；1.1 是扩大系数，考虑井点管的互相影响即堵塞等因素。

单根井点管的最大出水量 q，可按下式计算：

$$q = 65\pi dl\sqrt[3]{K} \tag{1-46}$$

式中，d 是滤管直径（m）；l 是滤管长度（m）；其他符号含义同前。

在井点管平面布置已确定的前提下，井点管最大埋设间距可由下式计算：

$$D = \frac{L}{n} \tag{1-47}$$

式中，D 是井点管最大埋设间距（m）；L 是总管长度（m）。

实际工程中，在确定井点管埋设间距时，还应考虑井点管互相干扰距离（保证 $D>15d$）、周边地下水补给程度（与河流距离等），以及渗透系数等因素。因此，一般会在计算的基础上增加10%左右的井点管数量，以保证降水效果。另外，实际采用的井点管最大埋设间距 D 要和总管上的接头间距相适应，即尽量采用 0.8m、1.2m、1.6m 或 2.0m 等数值。

（5）抽水设备的选用　抽水设备可根据需要选择真空泵抽水设备或射流泵抽水设备。

例 1-2　某工程基坑坑底平面尺寸为 12m×8m，基坑深 4m，不透水层距地面 9m，地下水位距地面 1.5m，土层渗透系数 5m/d，土方边坡 1∶0.5。采用轻型井点降低地下水位，井点管长 6m，直径 50mm，滤管长 1m。请通过计算确定井点系统的布置方式。

解：（1）平面布置和高程布置

基坑宽度大于 6m，所以平面布置采用环形井点，则水力梯度为 $i = 1/10$（0.1），取井点管埋设位置距基坑上边缘 1.0m，井点管高于自然地面 0.8m。取基坑坑底至降低后地下水位线最小距离为 0.5m，则井点管埋深至少应为

$$H = h + \Delta h + iL = [4 + 0.5 + 0.1 \times (8 \div 2 + 4 \times 0.5 + 1.0)]\text{m} = 5.2\text{m}$$

此时，对应的基坑中心水位降低值为

$$S = (4 + 0.5 - 1.5)\text{m} = 3.0\text{m}$$

因井点管长 6m，所以井点管埋深为

$$H_r = (6 - 0.8)\text{m} = 5.2\text{m}$$

实际降水深度为

$$S_r = S + H_r - H = (3.0 + 5.2 - 5.2)\text{m} = 3.0\text{m}$$

$S_r = S$，满足降水要求。

（2）判断井点类型

因 $9\text{m} - (5.2 + 1.0)\text{m} = 2.8\text{m} > 0$，说明滤管下方未到达不透水层，属无压非完整井。

（3）计算涌水量

1）求有效影响深度 H_0：

为判断井点降水有效影响深度 H_0，首先计算井点管处水位降低值 S'：

$$S' = S + iL = [3.0 + 0.1 \times (8 \div 2 + 4 \times 0.5 + 1.0)]\text{m} = 3.7\text{m}$$

所以，$S/(S' + l) = 3.0 \div (3.7 + 1.0) = 0.64$。

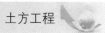

根据表 1-14，用插入法求得所对应的系数后，得

$$H_0 = 1.77(S' + l) = [1.77 \times (3.7 + 1.0)]\text{m} = 8.32\text{m}$$

而实际含水层厚度为

$$H = (9.0 - 1.5)\text{m} = 7.5\text{m}$$

因无压非完整井抽水影响深度不可能超过含水层厚度，因此，取 $H_0 = H = 7.5\text{m}$。

2）求假想圆形单井半径 x_0 和群井外侧抽水影响半径 R：

坑底长宽比 12：8＝3：2<5，可用式（1-39）直接求 x_0。

总管所围成的矩形长：

$$(12 + 2 \times 2 + 2 \times 1)\text{m} = 18\text{m}$$

宽：

$$(8 + 2 \times 2 + 2 \times 1)\text{m} = 14\text{m}$$

则有

$$x_0 = \sqrt{\frac{18 \times 14}{\pi}}\text{m} = 8.96\text{m}$$

根据式（1-40），可得

$$R = 1.95S\sqrt{HK} = 1.95 \times 3.0 \times \sqrt{7.5 \times 5}\text{m} = 35.82\text{m}$$

按式（1-43）可求出基坑涌水量 Q：

$$Q = \pi K \frac{(2H_0 - S)S}{\ln R' - \ln x_0} = 5\pi \times \frac{(2 \times 7.5 - 3.0) \times 3.0}{\ln(8.96 + 35.82) - \ln 8.96}\text{m}^3/\text{d} = 351.45\text{m}^3/\text{d}$$

3）确定井点管数量和间距：

根据式（1-46）可得单根井点管出水量 q：

$$q = 65\pi dl\sqrt[3]{K} = 65\pi \times 0.05 \times 1.0 \times \sqrt[3]{5.0}\text{m}^3/\text{d} = 17.46\text{m}^3/\text{d}$$

根据式（1-45）可求出所需井点管数量 n：

$$n = 1.1\frac{Q}{q} = 1.1 \times \frac{351.45}{17.46}\text{根} = 23\text{根}$$

根据上述计算和式（1-47）可得井点管最大埋设间距为

$$D = \frac{L}{n} = \frac{18 \times 2 + 14 \times 2}{23}\text{m} = 2.78\text{m}$$

取 $D = 2.0\text{m}$。

（4）选用抽水设备

因总管周长为 $2 \times (18 \times 2 + 14 \times 2)\text{m} = 128\text{m}$，考虑到抽水设备负荷能力，选两套抽水设备，在每个总管矩形的长边各布置一套。平面和高程布置图略。

3. 轻型井点施工

轻型井点的施工工艺流程为：施工准备→排放总管→埋设井点管→用弯联管将井点管连接到总管上→安装抽水设备→试运行→井点系统使用→井点系统拆除。

施工准备工作包括井点设备、施工机具、水源、动力系统和必要材料的准备，排水沟的开挖，降水影响范围内建筑物、管线等沉降观测点的设置并制定防止沉降措施。如果现有井点管长度不能满足降水要求，则还涉及降低总管埋设面的施工。此外，为确保降水效果，需选择有代表性的地点设置水位观测孔。

井点管的埋设是井点系统设置中的关键工作，一般常用水冲法，分为冲孔和埋管两个过程，如图 1-28 所示。

冲孔时，将一端连接在高压水泵上的软管与一根特制的钢管相连，钢管端部设有喷水孔。利

用起重设备将冲管吊起后置于井点位置上方，然后开启高压水泵，由操作工人保持钢管竖直稳定的同时，在井点管位置上下左右摆动，松动土层，使钢管不断垂直下沉直至成孔。成孔深度一般比滤管深0.5m左右，冲孔直径300mm左右。

成孔后立即拔出冲管，插入井点管，并在井点管与孔壁之间迅速填入粗砂滤层，以免孔壁坍塌。滤层应保证粗砂洁净，填灌均匀，其高度应至少达到滤管顶以上1.0m，以保证充分过滤地下水中泥沙，避免滤管堵塞。填灌粗砂滤层结束后，需用黏土将井点管上端外侧密封，防止抽水时漏气进而影响降水效果。

每根井点管埋设完成后都应检查其渗水性能。在正常情况下，装填粗砂滤料时井点口应有地下水向外冒出，或从井点管口向管内灌水，如水很快下渗，则说明该管质量优良。

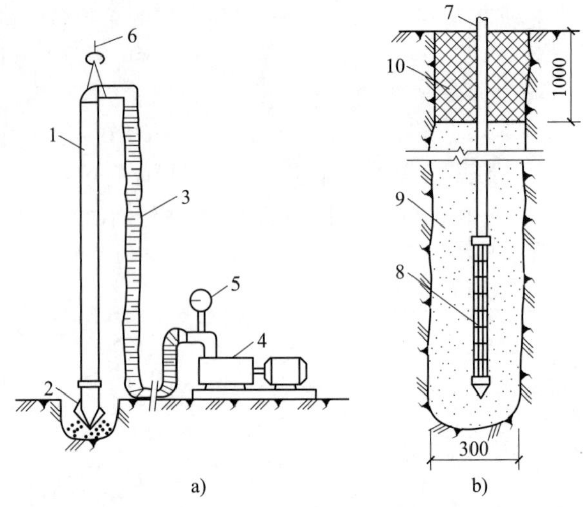

图1-28 井点管的埋设

a）冲孔 b）埋管

1—冲管 2—冲嘴 3—软管 4—高压水泵 5—压力表 6—吊钩 7—井点管 8—滤管 9—滤料 10—黏土封口

井点系统全部安装完毕后，应进行抽水试验，试抽的主要目的是检查接头的质量、井点的出水状况和真空泵的运转情况。如发现漏水、漏气现象，则应及时进行加固或采用黄泥封堵处理。

采用井点降水要求不间断地连续抽水，否则可能造成基坑大面积坍塌或附近建筑物开裂、沉降。在抽水过程中，特别是开始抽水时，应检查有无井点管淤塞的死井，可通过管内水流声、井点管表面是否潮湿等方法进行检查。如死井数量超过10%，则会严重影响降水效果，应及时采取措施，可采用高压水反复冲洗处理。井点降水的正常规律是“先大后小，先浊后清”，在降水过程中，要派专人观测水的流量，对井点系统进行观察维护。当基坑周围有重要建筑物时，在抽水期间，应设置临时沉降观测点每日对建筑物进行一次沉降观测（观测应有观测记录），当发现有沉降异常时，应及时采取措施处理，处理时可在井点管和建筑物之间设回灌井，采用回灌法保证建筑物地基以下水位平衡。

井点系统的拆除必须在基坑回填土结束后进行，拔管后的空洞应进行填塞。

4. 井点降水对周边环境的影响及其应对措施

（1）井点降水对周边环境的影响　如前所述，当群井降水已达设计深度，并进行长期井点降水时，环形井点的水力梯度最小，其值为1/10。如井点管埋深为S（指地下水位以下），则最大的影响半径可达$10S$。若已建建筑物、管线、道路路面和基础设施等位于此影响半径范围内，当井点系统在上层滞水、潜水等无压水条件下降水时，将会形成降水漏斗，降水漏斗内的地下水下降以后，必然会造成地面固结沉降。当井点系统在承压水环境下降水时，会造成承压水头下降，层中有效自重应力增加，同样会引起地基沉降。可能带来的典型危害如下：

1）导致河床下沉进而危及重大水利设施的安全运行。

2）使城市各类管线及重要公路、铁路、桥梁等基础设施产生不均匀沉降。

3）使地表及建筑物不均匀沉陷，建筑物发生倾斜，产生裂缝等。

4）造成地面高程的地形测绘资料等大范围失效。

（2）应对措施

1）减小水力梯度，防止土层中细颗粒被带出。在同样降水深度的前提下，水力梯度越小，影响范围越大，则产生的不均匀沉降越小。因此，要尽量把滤管布置在水平向连续分布的砂性土中，

以获得较小的水力梯度。另外，要根据周围土层情况选用合适的滤网，并重视井点管成孔和回填滤料的质量。

2）减缓降水速度，尽量避免间歇和反复抽水。调小离心泵阀门，缓慢持续降水。若降水间歇、反复，则每次降水都会产生沉降。

3）设置有效的止水帷幕。当施工区周围有湖、河等储水体时，应在井点和储水体间设置止水帷幕，防止降水造成与储水体的贯通。竖向帷幕设置到不透水层为最佳，如含水层较厚，可考虑在坑底以下设置水平止水帷幕。设置止水帷幕常用的方法有高压旋喷法、深层搅拌法、压密注浆法和冻结法等。

4）采用注浆固土技术。井点降水前，在需要控制沉降的建筑物、构筑物的基础周边布置注浆孔，控制注浆压力，以达到挤密土层、降低土的渗透性，从而避免邻近建筑物、构筑物等因水位下降而沉降倾斜。

5）设置回灌系统，形成人为水头边界。回灌井点是在抽水井点6m以外，以间距3~5m插入注水管，向注水管内加压注水形成一道水墙，使注水管外侧保持原有地下水位。这种情况下抽水管应适当增加，以平衡注水。设置回灌系统是防止井点降水影响周围建筑物或构筑物的一种经济有效的方法。

1.4　土方边坡与支护

1.4.1　土方边坡及其稳定

1. 土方边坡

为保证土体稳定，可对一定高度的土壁设置一定的斜面，这个斜面称为土方边坡。土方边坡坡度以其高度 H 与其底宽度 B 之比表示。边坡可做成直线形、折线形或台阶形，如图1-29所示。

$$边坡坡度 = \frac{H}{B} = \frac{1}{B/H} = \frac{1}{m} \tag{1-48}$$

式中，m 是坡度系数，$m=B/H$。

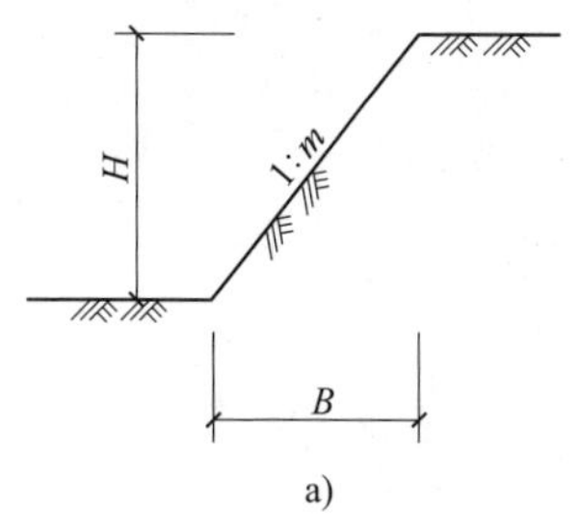

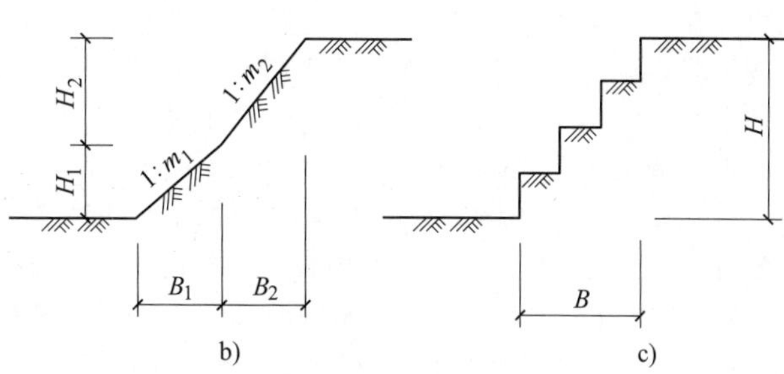

图1-29　土方边坡形式

a）直线形　b）折线形　c）台阶形

边坡坡度应根据不同的挖填高度、土的性质及工程特点而定，既要保证土体稳定和施工安全，又要节省土方。在保证边坡整体稳定的情况下，地质条件良好、土质较均匀、使用时间在一年以上、高度在10m以内的临时性挖方边坡坡度应符合表1-15的规定。

表1-15　临时性挖方边坡坡度值

土的类别		边坡坡度值（高：宽）
砂土（不包括细砂、粉砂）		1：1.25~1：1.50
一般性黏土	硬	1：0.75~1：1.00
	硬、塑	1：1.00~1：1.25
	软	1：1.50或更缓

（续）

土的类别		边坡坡度值（高：宽）
碎石类土	充填坚硬	1∶0.50~1∶1.00
	充填砂土	1∶1.00~1∶1.50

注：1. 使用时间较长的临时性挖方是指使用时间超过一年的临时道路、临时工程的挖方。
2. 挖方经过不同类别的土（岩）层或深度超过 10m，其边坡可做成折线形或台阶形。
3. 当有成熟经验时，可不受本表限制。

当地质条件良好、土质均匀且地下水位低于基坑、沟槽底面标高时，挖方深度在 5m 以内，不加支撑的边坡留设应符合表 1-16 的规定。

表 1-16　深度在 5m 内的基坑（沟槽）、管沟边坡的最陡坡度（不加支撑）

土的种类	边坡坡度		
	坡顶无荷载	坡顶有静载	坡顶有动载
中密的砂土	1∶1.00	1∶1.25	1∶1.50
中密的碎石类土（充填物为砂土）	1∶0.75	1∶1.00	1∶1.25
硬塑的粉土	1∶0.67	1∶0.75	1∶1.00
中密的碎石类土（充填物为黏性土）	1∶0.50	1∶0.67	1∶0.75
硬塑的粉质黏土、黏土	1∶0.33	1∶0.50	1∶0.67
老黄土	1∶0.10	1∶0.25	1∶0.33
软土（经井点降水后）	1∶1.00	—	—

2. 边坡稳定性及其影响因素

保证土壁稳定是土方工程的关键。土壁稳定主要是依靠土体内颗粒间的内摩擦力和黏聚力所构成的土体抗剪力 C 来平衡外荷载 P、q 及土体重力 G 所产生的下滑力 T（图 1-30）。在外力作用下，土体若失去平衡，土壁就会坍塌或滑坡，不仅妨碍土方、基础及地下结构的施工，还可能危及邻近建筑物、道路及地下管线安全，甚至造成伤亡事故。当地质条件较差或周围环境限制而不放坡时，则应设置支护结构。

土方边坡在一定条件下，局部或一定范围内沿某一滑动面向下和向外滑动而丧失稳定性的现象称为边坡失稳现象。边坡失去稳定发生滑动，可以归因为土体内抗剪强度降低或剪应力增加，即 $T>C$，其中 T 为土体下滑力，是下滑土体自重分力及其他竖向荷载分力的合力，除自重还受坡上荷载、雨水、静水压力影响，C 为土体抗剪力，由土质决定，受气候、含水量及动水压力影响。

影响土方边坡稳定的因素很多，一般可归纳为开挖深度、土质条件、水（地下、地表）、周围环境（地上、地下）、施工坡顶荷载（动、静、无）、留置时间六大因素。

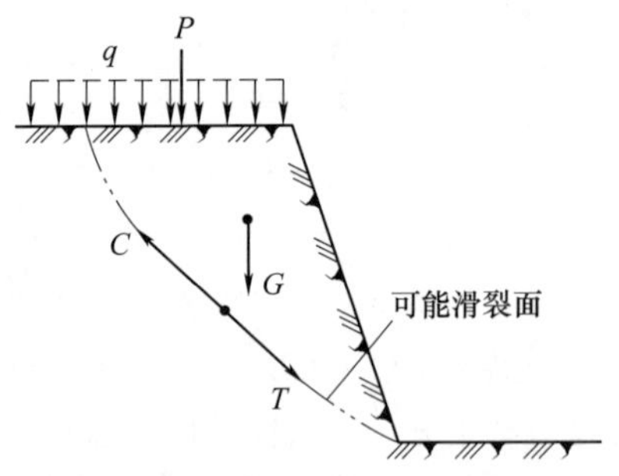

图 1-30　边坡稳定条件示意图

1）引起土体内抗剪强度降低的原因：气候干燥，使土质失水风化；黏土中的夹层因浸水而起到润滑作用；含有饱和水的细砂、粉砂因振动而液化等。

2）引起土体内剪应力增加的原因：高度或深度增加，土体主、被动土压力增加；边坡上增加荷载（静、动）；土体地下水渗流产生的动水压力；土体竖向裂缝中的静水压力。

3）不恰当工程活动：人工挖断坡脚；人工边坡过陡引起牵引式滑坡；在斜坡上部加载过大引起推动式滑坡；破坏自然边坡排水系统、植被，造成地表水集中下渗，软化或泥化了土体。

由于影响土方边坡稳定的因素很多，在一般情况下，开挖深度较大的基坑应对土方边坡做稳定性分析。

1.4.2 土壁支护

开挖基坑（沟槽）时，如地质条件和场地周围环境符合要求，采用放坡开挖是较经济的。但在建筑稠密地区施工，或有地下水渗入基坑（沟槽）时往往不可能按要求的坡度放坡开挖，这时就需要进行基坑（沟槽）支护，以保证施工的顺利和安全，并减少对邻近建筑、管线等的不利影响。基坑（沟槽）支护结构的主要作用是支撑土壁，此外，钢板桩、混凝土板桩及水泥土搅拌桩等维护结构还兼有不同程度的隔水作用。基坑（沟槽）支护结构的形式有多种，根据受力状态不同可分为横撑式支撑结构、板桩式支护结构、重力式支护结构，其中，板桩式支护结构又分为悬臂式和支撑式。

1. 沟槽支护

地下管线工程施工时，常需要开挖沟槽。开挖较窄的沟槽，多用横撑式支撑结构。根据挡土板的设置方向不同，分为水平挡土板支撑和垂直挡土板支撑两类。水平挡土板的布置分为间断式和连续式两种。含水量小的黏性土当挖土深度小于3m时，可采用间断式水平挡土板支撑（图1-31a）；对松散、湿度大的土可采用连续式水平挡土板支撑，挖土深度可达5m；对松散和含水量很大的土，可采用垂直挡土板支撑（图1-31b），随挖随填，其挖土深度不限。

2. 基坑支护

基坑支护必须能够保证基坑周边建（构）筑物、地下管线及道路的安全和正常使用，并满足地下部位施工对空间的要求。设计支护结构时，应按失效后果的严重程度，确定其各个部位的安全等级（分一、二、三级），从而采取相应的支护形式。

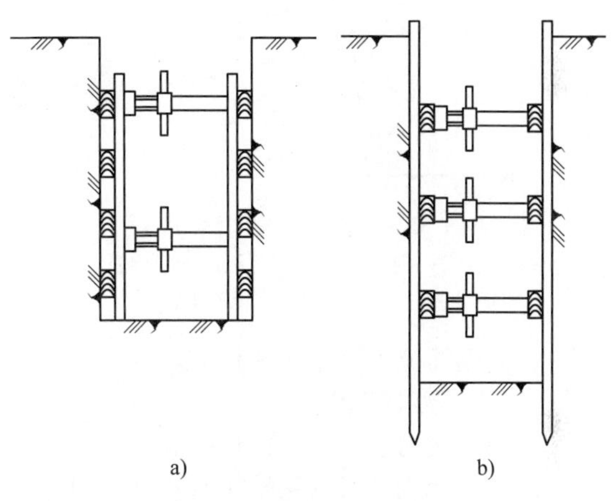

图1-31 挡土板支撑

a）间断式水平挡土板支撑 b）垂直挡土板支撑

常用基坑支护结构按作用原理分为土钉墙、重力式水泥土墙、支挡式结构三大类。选择支护结构时，应根据土的性状、地下水条件、基坑深度、周边环境、地下结构或基础的形式及施工方法、基坑平面性状及尺寸、场地条件、工期，以及经济效益、环保要求等综合考虑。

（1）土钉墙 土钉墙是开挖边坡面通过埋设一定长度和密度的土钉与铺设钢筋网的喷射混凝土面层相结合共同抵抗墙后的土压力，从而保证开挖面的稳定的支护结构。它属于边坡稳定型支护，能有效提高边坡的稳定性，增强土体破坏的延性，对边坡起到加固作用。由于土钉墙施工简单、造价较低，近些年来得到了广泛应用。

1）构造要求。土钉墙支护剖面和立面构造分别如图1-32和图1-33所示，墙面的坡度不宜大于1∶0.2。土钉是在土壁钻孔后插入钢筋，最后注入水泥浆或水泥砂浆而形成的。对难以成孔的砂、填土等，也可打入带有压浆孔的钢管，经压浆而形成管锚。土钉长度宜为基坑深度的1/2~6/5倍，竖向及水平间距宜为1~2m，且呈梅花形布置，与水平面夹角宜为5°~20°。土钉钻孔直径宜为70~120mm，插筋宜采用直径为16~32mm的带肋钢筋，注浆强度不得低于20MPa。墙面板由喷射80~100mm厚、强度等级为C20以上的混凝土形成，墙面板内应配置直径为6~10mm、间距为150~250mm的钢筋网。为使混凝土墙面板与土钉有效连接，应设置承压板或直径为14~20mm的加强筋，与土钉钢筋焊接并压住钢筋网。在土钉墙顶部，墙体应向平面延伸不少于1m，并在坡顶和坡脚设挡、排水设施，坡面上可根据具体情况设置泄水管，以防墙面板后积水。

2）土钉墙的施工。土钉墙的施工顺序为：按设计要求自上而下分层、分段开挖工作面→修整坡面→打入钢管（或钻土打孔→插入钢筋）→注浆→绑扎钢筋网→安装加强筋，并与土钉钢筋焊接→喷射墙面板混凝土。逐层施工，并设置坡顶、坡面和坡脚的排水系统。当土质较差时，可在修整坡面前先喷一层混凝土再进行土钉施工。施工要点如下：

① 基坑开挖应按设计要求分层、分段进行。每层开挖高度由土钉的竖向间距确定，每层挖至土钉以下不大于 0.5m；分段长度按土体能维持不塌的自稳时间和满足施工流程相互衔接的要求而定，一般可取 10~20m。

② 钢管可用液压冲击设备打入。成孔则常采用洛阳铲，也可用螺旋钻、冲击钻或工程钻机钻孔。成孔的允许偏差：孔深为±50mm，孔径为±5mm，孔距为±100mm，倾斜角为±3°。

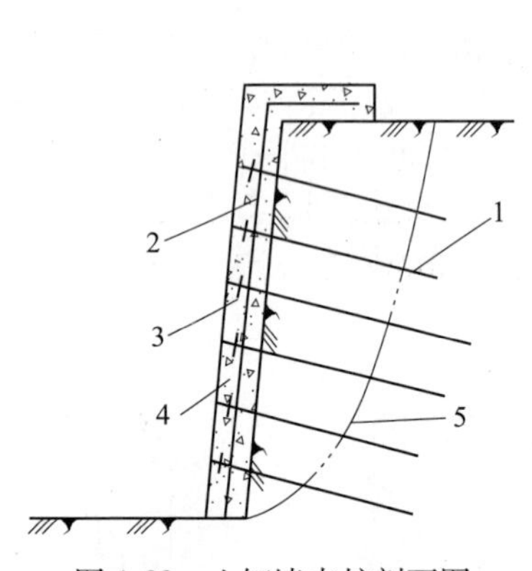

图 1-32　土钉墙支护剖面图

1—土钉　2—钢筋网　3—承压板或加强钢筋
4—混凝土墙面板　5—可能滑坡面

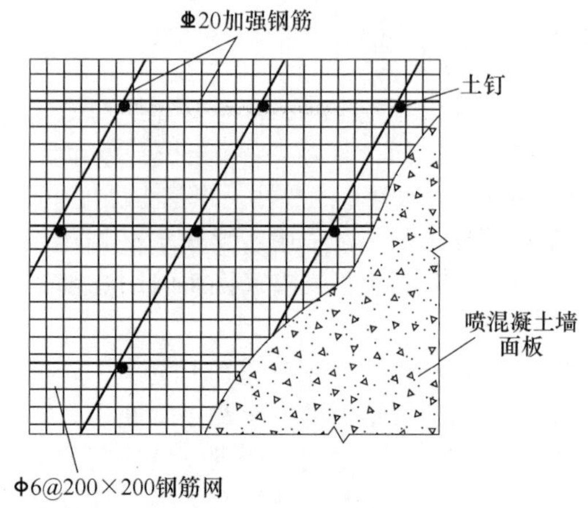

图 1-33　土钉墙立面构造

③ 土钉钢筋应先设置对中定位支架再插入孔内。支架常采用 ϕ6 钢筋弯成船形与土钉钢筋焊接，每点 3 个，互成 120°，每 1.5~2.5m 设置一点。

④ 土钉注浆前应将孔内松土清理干净，注浆材料采用水泥浆或水泥砂浆。水泥浆的水胶比宜为 0.5~0.55；水泥砂浆的灰砂比宜为 0.5~1，水胶比宜为 0.4~0.45，浆体应拌和均匀，随拌随用，并在初凝前用完。注浆时，注浆管应插至距孔底 200mm 内，使浆液由孔底向孔口流动，在拔管时要保证管口始终埋在浆内，直至注满。注浆后，液面如有下降应进行补浆。

⑤ 面板中的钢筋网应在土钉注浆后铺设，也可先喷射一层混凝土后再铺设。钢筋网与土层坡面净距应大于 20mm，钢筋间搭接长度应不小于 300mm。采用双层钢筋网时，第二层钢筋网应在第一层钢筋网被混凝土覆盖后铺设。钢筋网用插入土壁中的钢筋固定，并与土钉钢筋连接牢固，喷射混凝土时不得晃动。

⑥ 喷射混凝土墙面板。优先选用不低于 32.5MPa 的普通硅酸盐水泥，石子粒径不大于 15mm，水泥与砂石的质量比宜为 1：4.5~1：4，砂率宜为 45%~55%，水胶比宜为 0.40~0.45。喷射作业应分段进行，同一分段内喷射顺序应自下而上，一次喷射厚度宜为 30~80mm。喷射混凝土时，喷头与受喷面应保持垂直，距离宜为 0.6~1.0m。喷射混凝土的回弹率不应大于 15%；喷射表面应平整，湿润有光泽，无干斑、流淌现象。混凝土终凝 2h 后，应喷水养护 3~7d。待混凝土达到 70% 设计强度后，方可进行下一层作业面的开挖。

3）特点与适用范围。土钉墙支护具有构造简单、施工方便快捷、节省材料、费用较低等优点，适用于淤泥质土、黏土、粉土、砂土等土质，也适用于无地下水、开挖深度在 12m 以内的基坑。当基坑较深、开挖稳定性差、需要挡水时，可加设锚杆、微型桩、水泥土墙等以构成复合式土钉墙。

（2）重力式水泥土墙　重力式水泥土墙主要是指通过搅拌桩机将水泥与基坑周边土进行搅拌

形成水泥土桩，并相互搭成格栅或实体而构成的重力支护结构，靠其自重和刚度挡土护壁，且具有截水功能。

1）构造要求。重力式水泥土墙的平面布置多采用连续式和格栅形（图 1-34）。当采用格栅形时，水泥的置换率（水泥土面积与格栅总面积之比）为 0.6～0.8，格栅内侧的长宽比不宜大于 2。在软土地区，当基坑开挖深度 $h \leqslant 5\text{m}$ 时，可根据土质情况，取墙体宽度 $B=0.6h$～$0.8h$，嵌入基坑地下的深度 $h_d=0.8h$～$1.3h$。搅拌桩之间的搭接宽度不宜小于 150mm。重力式水泥土墙的顶面宜设置厚度不小于 150mm 的 C15 混凝土连续面板。水泥土的水泥掺入比一般为 12%～14%，采用 42.5 级的普通硅酸盐水泥，可掺外加剂改善水泥的性能和提高早期强度，水泥土的 28d 抗压强度不应低于 0.8MPa。

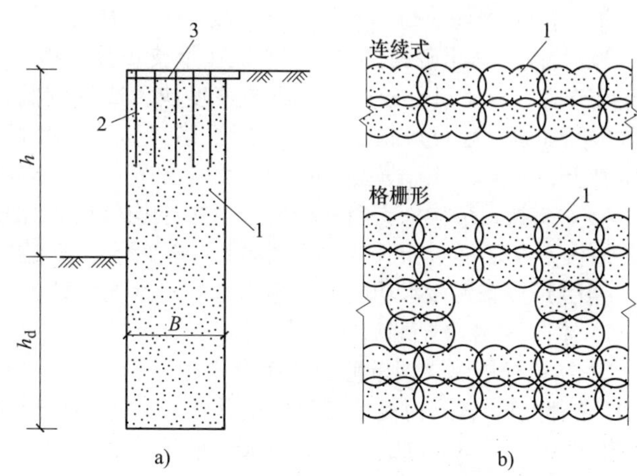

图 1-34　重力式水泥土墙的一般构造

a）水泥土墙剖面　b）常用平面布置形式

1—搅拌桩　2—插筋　3—面板

2）重力式水泥土墙的施工。重力式水泥土墙按施工机具和方法不同，分为深层搅拌法、旋喷法和粉喷法。深层搅拌水泥土墙常采用双轴搅拌桩机和注浆设备作业，其施工常采用“一喷二搅”（一次喷浆、两次搅拌）或“二喷三搅”工艺。当水泥掺入比较小、土质较松时可用前者，反之用后者。一喷二搅的施工流程如图 1-35 所示。当采用二喷三搅工艺时，可在图 1-35e 步骤时再次注浆，之后再重复图 1-35d 和 e 步骤。施工要点如下：

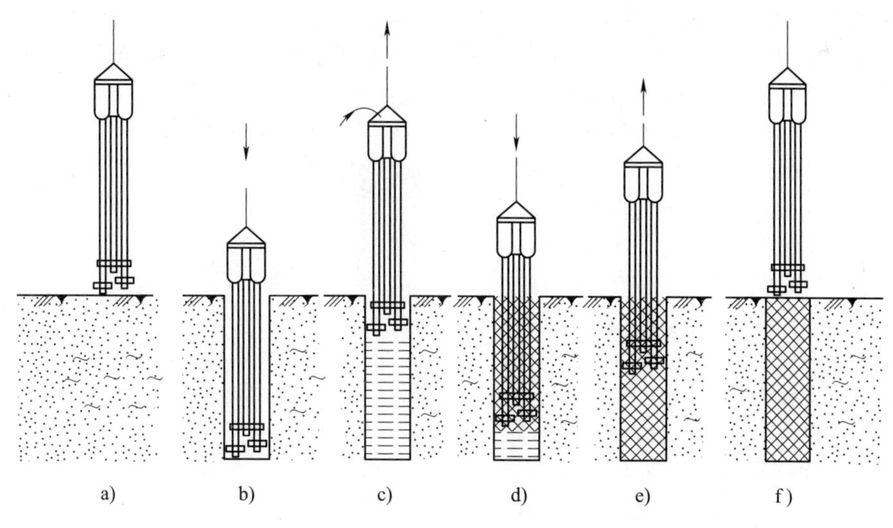

图 1-35　一喷二搅的施工流程

a）定位　b）预搅下沉　c）提升喷浆搅拌　d）重复下沉搅拌　e）重复提升搅拌　f）成桩结束

① 施工前应进行成桩工艺、水泥掺入量或水泥浆掺入量的配合比试验，以确定相应的水泥掺入比和水泥浆水胶比。

② 施工中应控制水泥浆喷射速率与提升速度的关系，保证每根桩的水泥浆喷注量和均匀性，以满足桩身强度。

③ 为保证重力式水泥土墙搭接可靠，相邻桩的施工时间间隔不宜大于12h。施工始末的头尾搭接处，应采取加强措施，消除搭接沟缝。

④ 重力式水泥土墙达到设计强度要求后，方能进行基坑开挖。

3）特点与适用范围。重力式水泥土墙支护具有挡土、截水双重功能，坑内无支撑，便于机械化挖土作业，施工机具较简单，成桩速度快，造价较低，但相对位移较大，当基坑长度大时，要采取中间加墩、起拱等措施，以减少位移。重力式水泥土墙支护适用于淤泥、淤泥质土、黏土、粉质黏土、粉土、具有薄夹层的土、素填土等土层，基坑深度一般为4~6m，最深不宜超过7m。

（3）支挡式结构　支挡式结构是以挡土构件或再加设拉锚、支撑等形成的支护结构。它主要依靠结构本身来抵抗土体下滑并限制自身变形。该支护结构种类较多，属于非重力式。挡土构件（挡墙）按有无截水功能分为透水式和止水式两种。

1）挡土构件（挡墙）。

① 钢板桩挡墙。钢板桩的截面形式有U形、Z形（图1-36）及多种组合形式，由带锁扣或钳口的热轧型钢制成。钢板桩互相连接并被打入地下，形成连续钢板桩墙，既能挡土又能起到止水帷幕的作用，可作为坑壁支护、防水围堰等。它打设方便，承载力较大，可重复使用，有较好的经济效益，但其刚度较小，沉桩时易产生噪声。

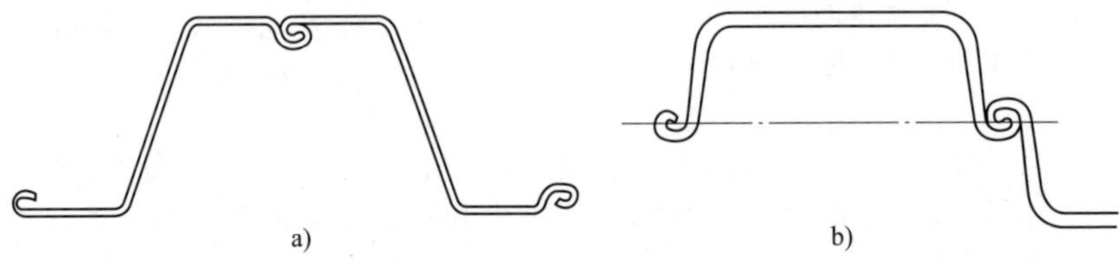

图1-36　常用钢板桩截面形式
a）Z形　b）U形

② 型钢水泥土墙。型钢水泥土墙是在水泥土墙内插入型钢而成的复合挡土隔水结构（图1-37）。型钢承受土的侧压力，而水泥土具有良好的抗渗性能，因此，型钢水泥土墙具有挡土与止水的双重作用。其特点是构造简单，止水性能好，工期短，造价低（型钢可回收），环境污染小。

水泥土墙厚度一般为650~1000mm，水泥土的抗压强度不低于0.5MPa，内部插入（500mm×200mm）~（850mm×300mm）的H型钢。水泥土墙底部应深于型钢0.5~1m。顶部浇筑钢筋混凝土冠梁，其截面高度不小于600mm，宽度比墙厚大350mm以上。

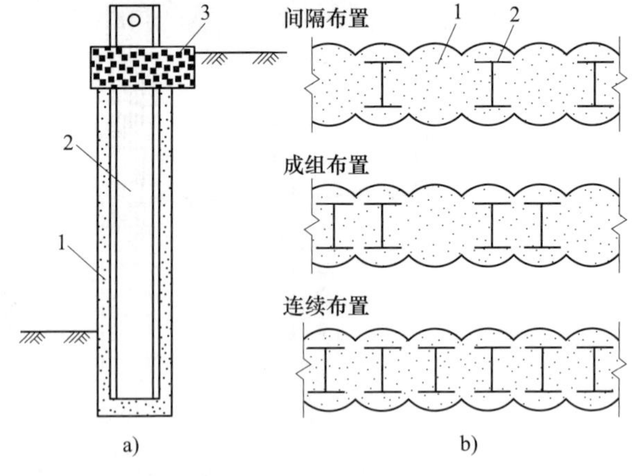

图1-37　型钢水泥土墙构造
a）型钢水泥土墙剖面　b）型钢平面布置形式
1—搅拌桩　2—H型钢　3—冠梁

型钢水泥土墙适用于填土、淤泥质土、黏性土、粉土、砂土、饱和黄土等地层，深度为8~10m，甚至更深的基坑支护。

③ 排桩式挡墙。该类挡墙在开挖前常将钻孔灌注桩、挖孔灌注桩、钢管桩及钢管混凝土桩等，设置于基坑周边形成排桩，并通过顶部浇筑的冠梁等相互联系。它挡土能力强、适用范围广，但一般无截水功能。下面主要介绍钢筋混凝土排桩挡土结构。

钢筋混凝土排桩常用钻机钻孔或人工挖孔，而后下钢筋笼，灌注混凝土成桩（螺旋钻机钻孔可采用压灌混凝土后插筋法施工）。桩的排列形式有间隔式、连续式、交错式和咬合式等，如图1-38所示。

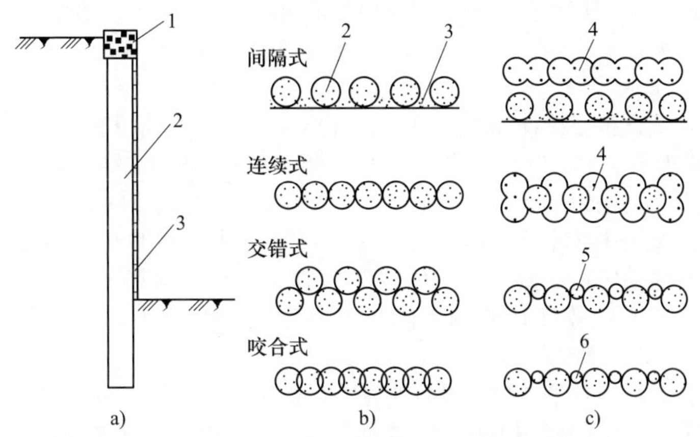

图 1-38　混凝土排桩挡墙形式

a）排桩挡墙剖面　b）桩的排列形式　c）间隔排列的截水措施

1—冠梁　2—灌注桩　3—钢丝网混凝土护面　4—搅拌桩　5—旋喷桩　6—注浆

间隔式设置时，桩间土通过土拱作用将土压传到桩上。为防止表土塌落，宜在桩表面铺设钢筋网或钢丝网，并喷射不少于 50mm 厚的 C20 混凝土进行防护。

排桩式挡墙适宜在黏性土、砂土、开挖面积较大、深度大于 6m 的基坑，以及邻近有建筑物，不允许附近地基有较大下沉、位移时采用。土质较好时，外露悬臂高度可达 7~8m；设置支撑、拉锚时，可用于 10~30m 深基坑的支护。

④ 地下连续墙。地下连续墙是在待开挖的基坑周围，修筑一圈厚度 600m 以上连续的钢筋混凝土墙体，以满足基坑开挖及地下施工过程中的挡土、截水防渗要求，还可用于逆作法施工。其特点是刚度大、整体性好、施工无振动且噪声小，但工艺技术复杂，费用高，常作为地下结构的一部分以降低造价。地下连续墙适用于黏土、砂砾石土、软土等多种地质条件，以及地下水位高、施工场所较小且周围环境限制严格的深基坑工程。

2）挡墙的支护结构选型。挡墙的支护结构形式按构造特点可分为悬臂式、抛撑式、锚拉式、锚杆式、坑内水平支撑五种，如图 1-39 所示。

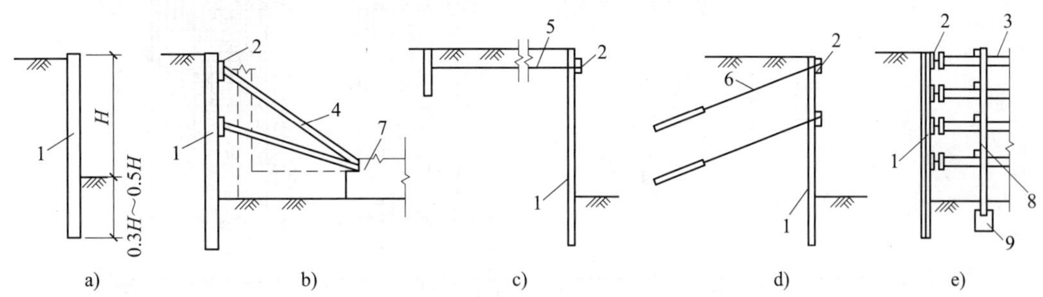

图 1-39　挡墙的支撑结构形式

a）悬臂式　b）抛撑式　c）锚拉式　d）锚杆式　e）坑内水平支撑

1—挡墙　2—围檩（连梁）　3—支撑　4—抛撑　5—拉锚　6—锚杆　7—先施工的基础　8—支承柱　9—灌注桩

① 悬臂式（自立式）。悬臂式支护结构不设支撑或拉锚，依靠足够的入土深度和结构的抗弯能力来维持整体稳定和结构安全，其嵌固能力较差，要求埋深大。悬臂结构所受土压力与开挖深度成正比，其剪力是深度的二次函数，弯矩是深度的三次函数，水平位移是深度的五次函数，所以悬臂式结构对开挖深度很敏感，挡墙承受的弯矩、剪力较大而集中，受力形式差，易变形。悬臂式支护结构适用于土质较好、开挖深度较浅的基坑工程。

② 抛撑式。抛撑式支护挡墙受力较合理，但挡墙根部的土须待抛撑设置后开挖，再补做结构，且对基础及地下结构施工有一定影响，还需要注意做好后期的换撑工作。抛撑式支护适用于土质较差、面积大的基坑。

③ 锚拉式。锚拉式支护由拉杆和锚桩组成，抗拉能力强，挡墙位移小，受力较合理。锚杆长度一般不小于基坑深度的3/10~1/2，其打设位置应距基坑有足够远的距离，因此需要有足够大的场地；且由于拉锚只能在地面附近设置一道，故基坑深度不宜超过12m。

④ 锚杆式。土层锚杆具有较强的锚拉能力，且可根据基坑深度随开挖设置多道，并常施加预应力，以提高土壁的稳定性、减小挡墙的位移和变形，不影响基坑开挖和基础施工，费用较低。锚杆式支撑常用于土质较好且周围无障碍的基坑支护结构中，多道设置时基坑深度可超过30m。

⑤ 坑内水平支撑。坑内水平支撑是设置在基坑内的由钢或混凝土组成的支撑部件。其刚度大、支撑能力强、安全可靠，易于控制挡墙的位移和变形，可根据基坑深度设置多道。但给坑内挖土和地下结构施工带来不便，且需要进行换撑作业，费用也较高。坑内水平支撑适用于深度较大、周围环境不允许设置锚杆或软土地区的深基坑支护。

（4）地下连续墙　地下连续墙是在基础埋深大、地下水位高、土质差、周围环境要求高及施工场地受限的情况下深基础施工的有效手段。地下连续墙可作为防渗墙、挡土墙，也可作为地下结构的边墙和建（构）筑物的基础。它具有刚度大、整体性好、施工时无振动、噪声小等优点，可用于任何土质。利用地下连续墙还可进行逆作法施工，也可通过土层锚杆、坑内水平支撑等与地下连续墙组成支护结构，为深基础施工创造更有利的条件。

地下连续墙的主要施工过程如图1-40所示。在设计位置墙体的两侧先修筑导墙、灌入泥浆，再在泥浆护壁条件下分单元槽段进行开挖、清渣、吊入接头构件及钢筋笼、插入导管并在水下浇筑混凝土，然后间隔施工下一个单元槽段。当用接头管作为接头构件时，应待混凝土初凝后拔出。待邻近两个槽段的混凝土具有足够强度后，施工其间的连接槽段，直至形成整体闭合的连续墙体。

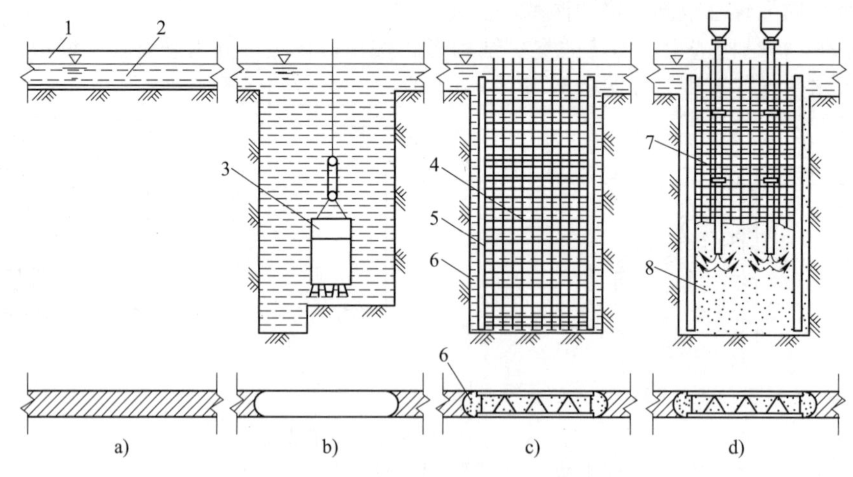

图1-40　地下连续墙的主要施工过程

a）修筑导墙后灌注泥浆　b）单元槽段开挖　c）吊入焊有接头H型钢的钢筋笼　d）水下浇筑混凝土

1—导墙　2—泥浆　3—成槽机　4—钢筋笼　5—H型钢　6—充填苯板及沙包　7—导管　8—浇筑的混凝土

导墙常用现浇钢筋混凝土结构，深度一般为1~2m，每侧形状有r形或C形，顶面高出施工地面，以防止地面水流入槽段。导墙能为连续墙定位、为挖槽导向，并具有保护槽壁、存蓄泥浆等作用。两侧导墙的间距应为地下连续墙的厚度再加40~60mm的施工余量。

一般情况下，地下连续墙单元槽段长度为4~6m。常用的挖槽设备有液压抓槽机、导杆式抓斗、洗槽机和多头钻等。挖槽需要在泥浆护壁下进行（图1-41），泥浆最好使用膨润土，也可就地取用黏土造浆。为增强泥浆的效能，可加入加重剂、增黏剂、防漏剂、分散剂等掺和物。

挖至设计标高后，通过压入新泥浆置换槽内泥浆进行清槽，至泥浆相对密度在1.15以下为止。

清槽后尽快下放钢筋笼、浇筑混凝土，以防槽段塌方。混凝土应比设计强度等级提高一级，坍落度宜为180~200mm，并应富有黏性和良好的流动性。水下浇筑用导管从底部开始，混凝土不断上升而排出泥浆。一个单元槽段至少设置2根导管，同时等速浇筑，且浇筑上升速度不小于2m/h。混凝土需要超浇30~50cm，以便凿去浮浆层后，墙顶标高及混凝土强度满足设计要求。

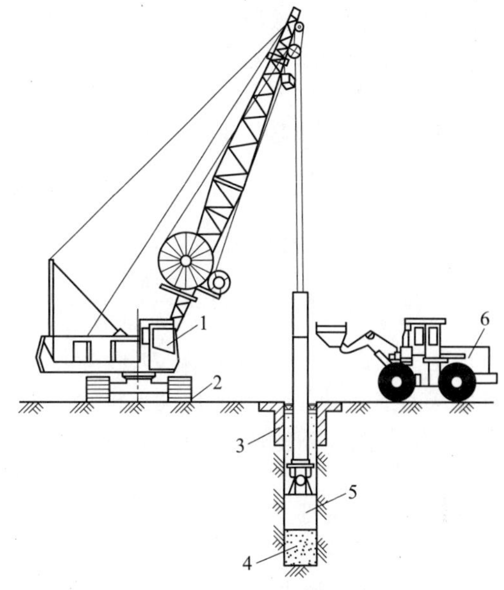

图1-41　挖槽剖面示意图

1—成槽机　2—钢跑板　3—导墙　4—墙槽　5—液压抓斗　6—装载机

1.5　土方工程机械化施工

在大规模土方工程中，为提高效率而采用机械化施工十分普遍。随着机械技术的进步和多功能化发展，其使用范围不断扩展，目前，很多小规模工程也广泛采用机械化施工。正确选择施工机械可缩短施工工期、节约工程费用、大幅减少作业人员。土方工程主要作业种类及其对应的主要机械见表1-17。

表1-17　土方工程主要作业种类及其对应的主要机械

作业种类	主要机械种类
开挖	单斗挖掘机（正铲挖掘机、反铲挖掘机、拉铲挖掘机、抓铲挖掘机）、推土机、破碎机、装载机、裂土机
装载	单斗挖掘机（正铲挖掘机、反铲挖掘机、拉铲挖掘机、抓铲挖掘机）、推土机
运输	推土机、刮板铲土机、带式输送机、自卸卡车
平整场地	推土机、平地机、铲运机
压实	轮胎压路机、羊足碾、振动压路机、静力压路机、振动压实机、夯土机、推土机

1.5.1　土方机械的性能与施工方法

1. 推土机

推土机是一种在拖拉机上装有推土板等工作装置的土方机械，如图1-42所示。推土机常与挖掘机配合使用，应用范围十分广泛。按其规格分类，通常20t级以上的为大型、10~20t级为中型、10t级以下为小型推土机。其行走方式有履带式和轮胎式两种。履带式推土机附着牵引力大，接地比压小（0.04~0.13MPa），爬坡能力强，但行驶速度慢。轮胎式推土机行驶速度快，机动灵活，作业循环时间短，运输转移方便，但牵引力小。推土板的操纵方式有索式（自重切土）和液压式（强制切土）两种。液压式推土机可调整推土角度，灵活性较大。推土机可单独完成切土、推土和卸土工作，适用于场地清理和平整、开挖深度在 1.5m 以内的基坑以及沟槽的回填土等。此外可在其后面加松土装置，还能牵引无动力的土方机械。推土机适用的推运距离为 60m。

图 1-42　推土机

推土机的小时生产率计算公式如下：

$$P_h = 3600\frac{q}{tK_S} = 1800\frac{h^2b}{tK_S\tan\psi} \tag{1-49}$$

式中，P_h是推土机小时生产率（m^3/h）；q 是推土机每一循环完成的推土量（m^3）；t 是推土机每一循环延续的时间（s）；K_S是土的最初可松性系数；h 是推土板高度（m）；b 是推土板宽度（m）；ψ 是土堆自然坡脚。

在此基础上，台班生产率即可由下式计算：

$$P = 8K_BP_h \tag{1-50}$$

式中，P 是推土机台班生产率（m^3/台班）；K_B是工作时间利用系数，一般取 0.72~0.75。

由以上内容可知，推土机的生产率主要取决于推土板的尺寸及其循环时间。为提高推土机的工作效率，常采用以下几种作业方法：

（1）下坡推土法　推土机顺地面坡势进行下坡推土，可以借助机械本身的重力作用，增加切土力量和运土能力（图 1-43），因而可以提高生产效率，在推土丘、回填管沟时，均可采用。

（2）分批集中，一次推送法　当挖方区的土较硬时，可多次切挖，集中后再整批推送到卸土区。此法可提高运土效率，缩短运土时间，提高生产效率 12%~18%。

（3）沟槽推土法　推土机沿第一次推过的原槽推土，前次推土所形成的土埂能有效减少土从铲刀两侧散漏（图 1-44），从而增加推土量。

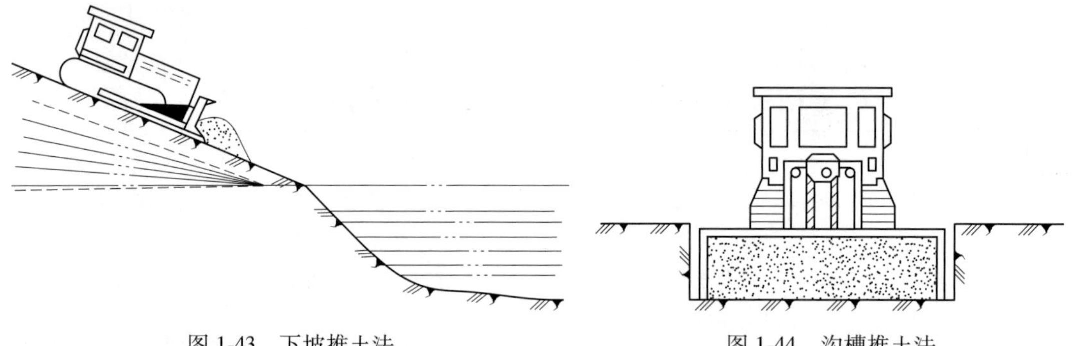

图 1-43　下坡推土法　　图 1-44　沟槽推土法

（4）并列推土法　在大面积场地平整时，可采用多台推土机并列作业。通常两机并列可增大推土量 15%~40%，三机并列可增大推土量 30%~40%。但相邻推土机的铲刀应保持 150~300mm 间距，避免相互影响，且并列不宜超过四台，如图 1-45 所示。

（5）斜角推土法　该法是将回转式铲刀斜装在支架上，与推土机前进方向形成一定倾斜角度进行推土。可减少机械来回行驶，提高效率。该法适于在基槽、管沟回填时使用，如图 1-46 所示。

2. 铲运机

铲运机是一种利用铲斗铲削土壤，并将碎土装入铲斗进行运送的铲土运输机械，能够完成铲土、装土、运土、卸土、分层填土、局部碾实等综合作业。铲运机具有操纵简单，不受地形限制，能独立工作，行驶速度快，生产效率高等优点，适用于一~三类土，当铲削三类以上土壤时，需要预先松土。

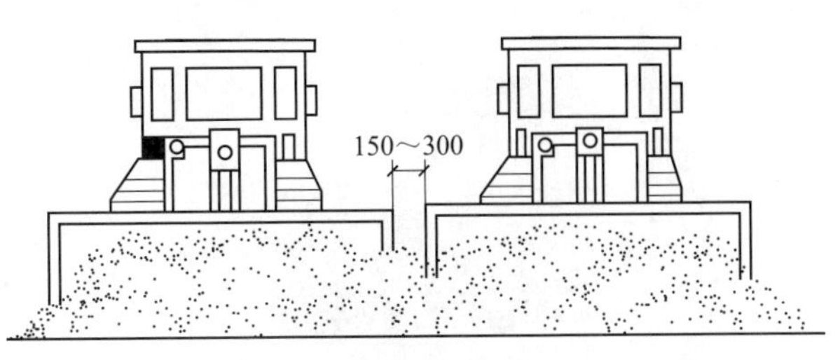

图 1-45　并列推土法

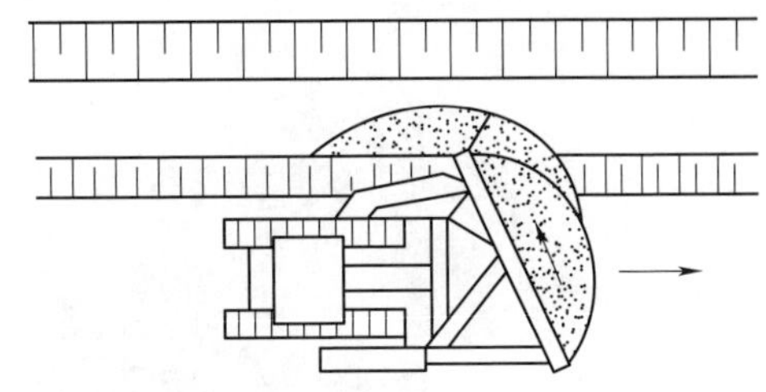

图 1-46　斜角推土法

按行走机构不同，铲运机可分为拖式铲运机和自行式铲运机。图 1-47b 所示为拖式铲运机，在铲土区域将土铲入铲斗后，关闭挡板运土到卸土区域，再开启挡板进行散土。一般铲斗容量在 6～20m³。拖式铲运机的经济运距为 70～500m，自行式铲运机的经济运距为 200～2000m。自行式铲运机的速度为 30～40km/h，较适合长距离运土。铲运机运行路线和施工方法视工程大小、运距长短、土的性质和地形条件等而定。其运行路线可采用环形路线或 8 字形路线，如图 1-48 所示。

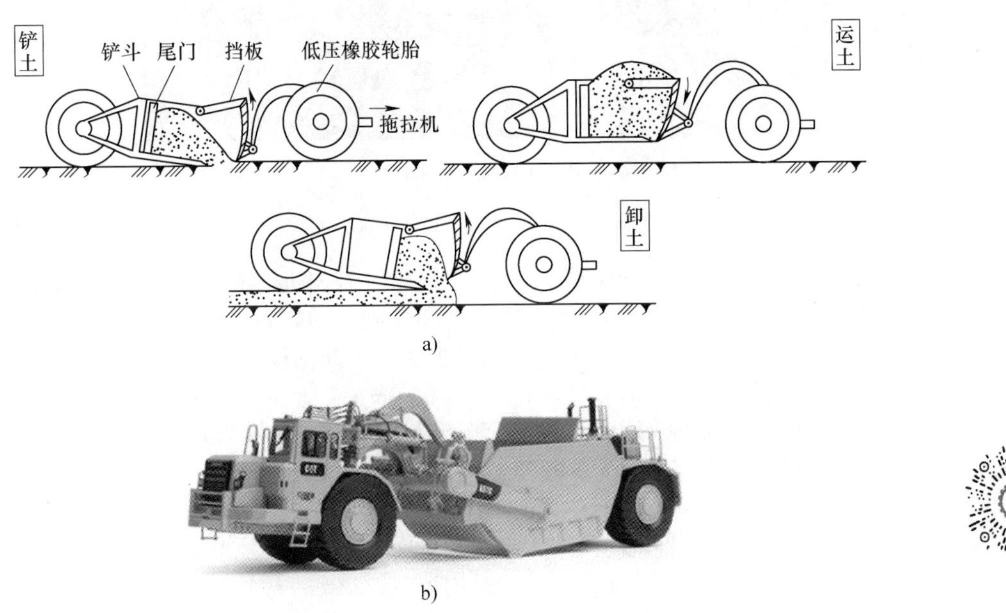

图 1-47　拖式铲运机及其工作原理

a）拖式铲运机作业示意图　b）拖式铲运机实物图

3. 单斗挖掘机

单斗挖掘机（图 1-49）是可进行开挖、装载的土工机械，其斗容量为 0.1～9.5m³。按其行走机构不同可分为履带式和轮胎式，履带式较为常用，在行走条件较好的施工现场轮胎式也较为常见。通过切换机械底盘上的各种配件，如打桩机、挖斗、液压剪等，单斗挖掘机可满足不同的作业需求。按挖斗作业装置不同，单斗挖掘机分为正铲、反铲、抓铲及拉铲

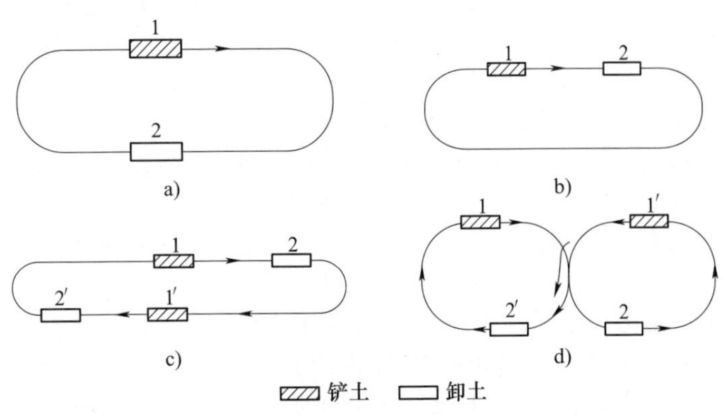

图 1-48　铲运机基本作业路线

a）环形路线 1　b）环形路线 2　c）大环形路线　d）8 字形路线

图 1-49　单斗挖掘机系列

四种。

（1）正铲挖掘机　正铲挖掘机如图 1-50a 所示，是指铲斗和斗杆向机器前上方运动进行挖掘的单斗挖掘机，适用于开挖含水量不大于 27% 的一～四类土和爆破后的岩石和冻土。岩块及冻土块粒径应小于土斗口宽度的 1/3。正铲挖掘机主要用于开挖停机面以上的土方，工作面的高度一般不应小于 1.5m，过低则一次不易装满铲斗，生产效率将降低。其挖土特点是“前进向上，强制切土”。正铲挖掘机开挖应配备一定数量的自卸汽车运土。由于正铲挖掘机不便于转移，一般用于较大型土方工程。

正铲挖掘机根据开挖路线与自卸汽车相对位置的不同，一般有以下几种：

1）正向开挖，侧向装土。正铲挖掘机向前进方向挖土，汽车位于正铲挖掘机的侧面，铲臂卸土时角度在 90°内，且汽车行驶方便，生产率高，一般采用较多。

2）侧向开挖，侧向装土。正铲挖掘机沿侧向挖土，汽车停在正铲挖掘机的侧向装土，铲臂卸土时角度也在 90°内，但自卸汽车要侧行车，生产效率要降低一些。

3）正向挖土，后方装车。正铲挖掘机向前进方向挖土，汽车停在正铲挖掘机的后面。铲臂回转角度较大（180°左右），自卸汽车要侧行，生产效率降低，仅用于开挖工作面狭小且较深的基坑（槽）、管沟和路堑等工程。

正铲挖掘机的挖土方法一般有以下几种：

1）分层挖土。将开挖面按机械的合理挖掘高度分为多层开挖，当开挖面高度不能成为一次挖掘深度的整数倍时，可在挖方的边缘或中部先开一条浅槽作为第一次挖土的运输路线，然后再逐次开挖直至基坑底部。这种方法多用于开挖大型基坑或沟渠。

2）多层挖土。将开挖面按机械的合理挖掘高度分为多层同时开挖，以加快开挖速度，土方可以分层运出，也可分层递送至最上层用汽车运出。这种方法适用于开挖边坡或大型基坑。

3）中心开挖法。正铲挖掘机先在挖土区的中心开挖，然后转向两侧开挖，运输汽车按“八”字形停放装土。挖土区长度宜在 40m 以上，以便汽车靠近正铲挖掘机装车。这种方法适用于开挖较宽的山坡和基坑。

4）顺铲法。铲斗从一侧向另一侧一斗一斗地按顺序开挖，使挖土多一个自由面，以减小阻力，易于挖掘和装满铲斗。这种方法适用于开挖坚硬的土。

5）间隔挖土。在开挖面上第一铲与第二铲之间保留一定距离，使铲斗接触土的摩擦面减小，两侧受力均匀，铲土速度加快，容易装满铲斗，效率提高。

（2）反铲挖掘机　反铲挖掘机如图1-50b所示，是最为常用的挖土设备，适用于开挖一~三类的砂土或黏土，主要用于开挖停机面以下深度不大的基坑（槽）、管沟及含水量大的土，最大挖土深度为4~6m，经济合理的挖土深度为1.5~3.0m。其挖土特点是“后退向下，强制切土”。挖出的土方卸在基坑（槽）、管沟的两边堆放，或用推土机推到远处堆放，或配备自卸汽车运走。

1）沟端开挖法。该方法适用于一次成沟后退挖土，挖出土方随即运走的工程，或就地取土填筑路基或修筑堤坝等，此法采用最广。施工时，反铲挖掘机停于沟端，后退挖土，同时往沟一侧弃土或将土装汽车运走。挖掘宽度可不受机械最大挖掘半径限制，臂杆回转角度仅为45°~90°，同时可挖到最大深度。对较宽基坑，最大一次挖掘宽度为反铲有效挖掘半径的2倍，但汽车须停在机身后面装土，生产效率降低。

2）沟侧开挖法。该方法适用于横挖土体和需要将土方甩到离沟边较远处的工程。施工时反铲挖掘机停于沟侧沿沟边开挖，可用汽车停在机身旁配合运土，也可弃土于沟侧。此法铲臂回转角度小，能将土弃于距沟边较远的地方，但挖土宽度比挖掘半径小，边坡不好控制，同时机身靠沟边停放，稳定性较差。因此，沟侧开挖法只在无法采用沟端开挖或开挖土体不需运走时采用。

除以上两种方法外，还有适用于开挖土质较硬、场地宽度较小的沟角开挖法，以及适用于开挖土质较好、深10m以上的大型基坑、沟槽或渠道的多层接力开挖法等。

（3）拉铲挖掘机　拉铲挖掘机（图1-50c）动臂较长，没有斗杆，靠提升钢索和回拉钢索控制铲斗的位置和倾角，铲斗靠重力切土。其工作特点是“后退向下，自重切土”。其挖土半径和挖土深度较大，适用于开挖停机面以下的一、二类土。工作时，利用惯性将铲斗甩出去，挖得比较远，但不如反铲挖掘机灵活准确，适用于开挖大而深的基坑或水下挖土。拉铲挖掘机在装车时显得不够灵活，精确性也不够，效率相对较低。这限制了其应用范围，目前建筑用拉铲挖掘机主要用来进行水下挖土。拉铲挖掘机的开挖方式有沟端开挖和沟侧开挖两种。

（4）抓铲挖掘机　抓铲挖掘机（图1-50d）的工作特点是“直上直下，自重切土”，借助土斗的自重切土抓取，用以开挖停机面以下的土层。其挖掘力较小，只能直接开挖一、二类土。由于其工作幅度小，移动频繁而影响效率，故一般用于开挖窄而深的独立柱的基坑、沉井等，特别适用于水下挖土。抓铲挖掘机一般由正铲、反铲挖掘机更换工作装置而成，或由履带式起重机改装。其挖掘半径取决于主机型号、动臂长及仰角，可挖深度取决于所用的钢索长度。

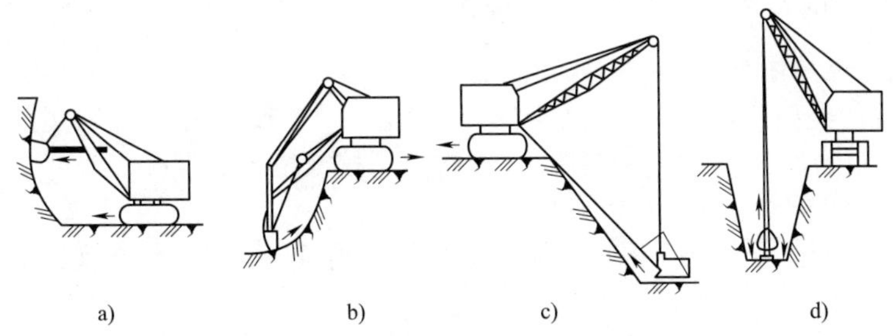

图1-50　单斗挖掘机工作简图

a）正铲挖掘机　b）反铲挖掘机　c）拉铲挖掘机　d）抓铲挖掘机

4. 压路机

压路机是利用机械滚轮的压力使土壤产生永久变形且更加密实的一种压实机械。按滚轮形式不同，压路机可分为钢轮式和轮胎式；按碾压形式不同，压路机可分为平碾、羊足碾和振动碾（图1-51）。平碾压路机施工效率高，但是碾压质量不均匀，不利于上下土层之间的结合，易出现剪切裂缝；羊足碾压路机压强较大，对黏性土压实效果好，但不适宜砂砾土的压实，同时羊足碾压路机需要较大的牵引力；振动碾压路机效能高，比一般压路机效能高1~2倍，节省动力30%，对砂砾料以及含有大量石块的土料的压实效果非常明显，但对黏性土和已经均匀的粉砂土的压实效果较差。

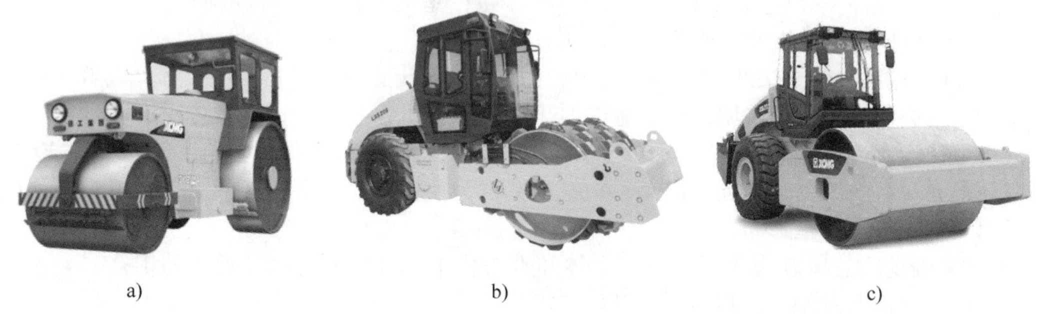

a)　　b)　　c)

图1-51　常用压路机

a）平碾压路机　b）羊足碾压路机　c）振动碾压路机

5. 打夯机

打夯机是利用冲击和冲击振动作用分层夯实回填土的压实机械，主要作为碾压机械的补充。打夯机分为火力打夯机、蛙式打夯机（图1-52）、快速冲击打夯机等。火力打夯机在可燃混合气的燃爆力作用下，朝前上方跃离地面，并在自重作用下，坠落地面夯击土壤，通过夯锤一跃一坠，机身步步前移，适用范围较广；蛙式打夯机是一种结构简单、操作方便、效能较高的夯实机械，由夯头、夯架、传动装置、托盘、操纵手柄、电器设备等组成，夯机的启动开关安装在操纵手柄上，操纵手柄与托盘铰接，可以灵活摆动，因此在工作中仅需控制手柄即可控制打夯机的前进或转向；快速冲击打夯机由电动机经减速器和曲柄连杆机构带动夯锤做快速冲击运动以夯实土，夯实黏性土的效果较佳，但其夯锤面积有限，不宜用于大面积土方的夯实作业。

图1-52　蛙式打夯机

1.5.2　土方机械的选择

1. 土方机械的选择依据

（1）土方工程的类型及规模　不同类型的土方工程，如场地平整、基坑（槽）开挖、大型地下室土方开挖、构筑物填土等施工各有特点，应根据开挖或填筑的断面（深度及宽度）大小、工程范围的大小、工程量多少来选择土方机械。

（2）地质、水文及气候条件　根据地质、水文及气候条件，如土的类型、土的含水量、地下水等条件选择土方机械。

（3）机械设备条件　机械设备条件指现有土方机械的种类、数量及性能。

（4）费用要求　当有多种机械可供选择时，应当进行技术、经济比较，选择效率高、费用低的机械进行施工。一般可选用土方施工单价最小的机械进行施工，但在大型建设项目中，土方工程量很大，而且土方机械种类及数量常受限制，此时必须将所有机械进行最优分配，使施工总费用最少，可应用线性规划的方法来确定土方机械的最优分配方案。

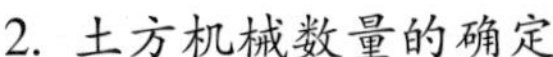

2. 土方机械数量的确定

当挖掘机挖出的土方需用运土车辆运走时，挖掘机的生产率不仅取决于本身的技术性能，而且还取决于所选用的运土车辆是否与之协调。由于施工现场工作面、机械台班费用限制等原因，一般应以挖掘机械为主导机械，运土车辆应根据挖掘机械性能配套选用。

为了使主导机械挖掘机充分发挥生产效力，应使运土车辆的载重量与挖掘机的斗容量保持一定的倍数关系，需有足够数量的车辆以保证挖掘机连续工作。从提高挖掘效率方面考虑，运土车辆的载重量越大越好，可以减少等车待装时间；从运土方面考虑，载重量小，台班费便宜，然而所需运土车辆数量增加，载重量大，台班费贵，但所需运土车辆数量少。一般情况下，运土车辆的载重量宜为挖掘机每斗土重的3~5倍，并需保证足够数量的运土车辆。

(1) 确定挖掘机的数量　如工期确定，则挖掘机的数量应根据工期、土方量、施工安排等因素综合确定：

$$N_S = \frac{Q}{P} \cdot \frac{1}{TCK} \tag{1-51}$$

式中，N_S是挖掘机的数量（台）；Q是工程土方量（m^3）；P是单机台班生产率（m^3/台班）；T是工期；C是每天工作班数；K是单班时间利用系数。

挖掘机的单机台班生产率P可查定额手册或按下式计算：

$$P = \frac{8 \times 3600}{t} \cdot \frac{qK_C}{K_S} \cdot K_B \tag{1-52}$$

式中，t是挖掘机每斗作业循环时间（s），参照表1-18；q是挖掘机铲斗容量（m^3）；K_S是土的最初可松性系数；K_C是土斗的充盈系数，可取0.8~1.1；K_B是工作时间利用系数，汽车配合运土时为0.68~0.72，侧向堆土时为0.78~0.88，开挖爆破后松动岩石时为0.60。

表1-18　单斗挖掘机每斗作业循环时间　（单位：s）

机械种类		正铲挖掘机	反铲挖掘机	拉铲挖掘机	抓铲挖掘机
规格		履带式机械 0.6m^3级	履带式液压 0.3~0.6m^3级	履带式机械 0.6m^3级	履带式机械 0.8m^3级
挖掘难度	容易	14~23	20~29	20~26	30~37
	适中	16~27	23~32	24~31	33~42
	偏困难	19~32	27~36	27~35	37~46
	困难	21~35	31~41	30~39	42~48

由以上可知，若挖掘机数量一定，也可利用式（1-51）来计算工期。

(2) 确定运土车辆的数量　运土车辆一般采用自卸汽车，为保证挖掘机连续工作，自卸汽车的数量可按下式计算：

$$N_T = \frac{T_C}{t_1 + t_2} \tag{1-53}$$

式中，N_T是自卸汽车的数量（台）；T_C是自卸汽车每一工作循环的延续时间（s），由装车、运输、卸车、返回及等待时间组成；t_1是自卸汽车因调头而使挖掘机等待的时间（s）；t_2是自卸汽车装满一车土的时间（s）。

$$t_2 = nt = \frac{10Q_T}{q\dfrac{K_C}{K_S}\gamma} \cdot t \tag{1-54}$$

式中，n是挖掘机装满一辆自卸汽车所需要的装土次数（次）；Q_T是自卸汽车的载重量（t）；q是挖掘机的挖斗容量（m^3）；K_C是土斗的充盈系数，可取0.8~1.1；K_S是土的最初可松性系数；γ是土的重度（kN/m³），一般取 17kN/m³。

1.6 土方填筑与压实

1.6.1 填土选择与填筑

填土应符合设计要求，以保证填方的强度和稳定性。一般填土的选择原则是强度高、压缩性小、水稳定性好、便于施工，且要注重含水量的调节。若设计无要求，填土应符合下列规定：

1）填土可为级配良好的砂土或碎石土。

2）以砾石、卵石、块石或岩石碎屑作为填土时，分层压实时其最大粒径不宜大于 200mm，分层夯实时，其最大粒径不宜大于 400mm。

3）填土可为性能稳定的矿渣、煤渣等工业废料。

4）以粉质黏土、粉土作为填土时，其含水量宜为最优含水量。

5）挖高填低或开山填沟的土石料，应符合设计要求。

6）不得使用淤泥、耕土、冻土、膨胀土及有机质含量大于 5%的土作为填土。

填土应分层填筑、分层压实，尽量采用同类土进行填筑。当采用透水性不同的土进行填筑时，必须将透水性较大的土层置于透水性较小的土层之下，且不同填土不得任意混杂使用。

分层填土的厚度根据土的种类和压实机械而定，每层填土均应经压实达标后才能填筑上一层。

1.6.2 填土的压实方法与机械选择

填土压实施工过程中，根据土质选择压实机械十分重要，表 1-19 为不同土质与压实机械压实效果对应表。对于大型土方回填压实工程，宜事先在现场进行压实试验。

表 1-19 填土土质及不同机械的压实效果

机械种类	填土土质						
	砂/含石子砂质土	砂质土/含石子黏性土	黏土/黏性土	壤土	含卵石砂土	轻石/卵石/石子/软岩/硬岩	高含水量砂土/黏性土
光碾压路机	△	△	×	×	△	△	×
槽碾压路机	△	△	△	×	×	△	×
自走式轮胎压路机	○	○	×	×	△	○	×
牵引式轮胎压路机	△	△	○	×	○	○	△
自走式振动碾	○	△	×	×	△	△	×
牵引式振动碾	△	△	×	×	○	○	×
平板夯	○	○	×	×	○	○	×
冲击夯	△	△	○	○	△	△	○

注：“○”表示该机械压实效果最优，“△”表示该机械压实效果次之，“×”表示该机械不适合压实该填土。

施工中原则上要沿着场地长度方向进行压实，由场地周边向中央依次压实。为达到规定压实度一般要进行 8~20 次压实作业。

填土压实的方法主要有以下三种：碾压法，主要靠机械自重压实填土，适用于大面积填土工程；夯实法，利用夯锤的冲击力压实填土，主要用于小面积填土工程；振动法，靠机械振动压实填土，可提高压实密度、节省动力。

1. *碾压法*

碾压法是利用机械滚轮的压力压实土壤，使之达到所需的密实度。碾压机械有平碾压路

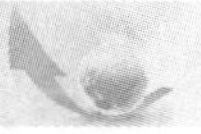

机（光碾压路机）及羊足碾压路机（槽碾压路机）等。平碾压路机是一种以内燃机为动力的自行式压路机，质量为6~15t。羊足碾压路机单位面积的压力比较大，土壤压实的效果好。羊足碾压路机一般用于碾压黏性土，不适于碾压砂性土，因为在砂土中碾压时，土的颗粒受到羊足较大的单位压力后会向四面移动而使土的结构破坏。松土碾压宜先用轻碾压路机压实，再用重碾压路机压实，效果较好。碾压机械压实填方时，行驶速度不宜过快，一般平碾压路机不应超过2km/h，羊足碾压路机不应超过3km/h。

2. 夯实法

夯实法是利用夯锤自由下落的冲击力来夯实土壤，以压缩土体孔隙，使土粒排列得更加紧密。常用的夯实机械有火力打夯机、蛙式打夯机和夯锤等。

蛙式打夯机是常用的小型夯实机械，轻便灵活，适用于小型土方的夯实工作。夯锤是借助起重机将悬挂的重锤提升，使之自由下落，重复夯击填土表面。夯锤锤重1.5~3t，落距2.5~4m。在此基础上还发展出了强夯法，其锤重8~30t，落距6~25m。其强大的冲击能使深层填土得到加固。强夯法适用于黏性土、湿陷性黄土、碎石类填土地基的深层加固。

3. 振动法

振动法是将振动压实机放在土层表面，借助压实机振动结构，使土颗粒发生相对位移而达到紧密状态。振动碾压路机结合了碾压和振动两种外力，对基层中的土颗粒进行振动冲击，边振动边压实，在振动压实过程中，将颗粒之间原始静摩擦状态逐渐转变为动摩擦状态。当振动碾压路机的振动频率与基层颗粒材料的频率一致时，即发生共振，此时颗粒的运动幅度达到最大，摩阻力最小，从而有效提高了材料的最大干密度。振动碾压路机比一般平碾压路机功效高1~2倍，可节省动力30%，为高效能压实机械。振动法适用于振实爆破石渣、碎石类土、杂填土和轻亚黏土等非黏性填土。

1.6.3 影响填土压实的因素

填土压实受很多因素的影响，如填土种类（粒径）、粒度分布、土的含水量、压实功、压实方法（碾压、夯实、振动等），以及每层铺土厚度和压实遍数等。其主要影响因素有压实功、土的含水量、每层铺土厚度。

1. 压实功

图1-53所示为填土压实的密度与压实机械所施加的压实功之间的关系。在其他因素不变，增大压实功的情况下，在开始压实时，土的密度随压实功的增加而快速增加，待接近土的最大密度处，即使不断增加压实功，土的密度增加仍然很少。因此，对于不同的填土应选择合适的机械，合理选择其压实遍数，可得到较好的压实效果，且可保证工作效率。在实际工程中，对松土不宜用重型碾压机械直接滚压，否则土层会有强烈起伏，降低压实效率。此时如选择先用轻碾压实，再用重碾压实则可取得较好的压实效果，并可提高机械工作效率。

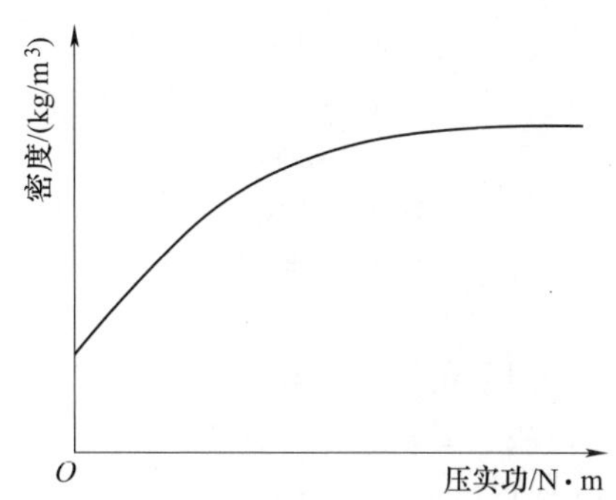

图1-53 土的密度与压实功的关系

2. 土的含水量

填土的含水量直接影响压实质量。对于较为干燥的土，由于土颗粒间摩阻力较大，所以不易压实。当含水量过大时，土的孔隙被水填充而呈饱和状态，压实机械施加的外力一部分作用在不易被压缩的水上，若不排水则难以压实，得不到较好的压实效果。但当填土的含水量为最佳含水量时，土颗粒间的摩阻力减小，水起到润滑作用，土最易被压实。最佳含水量对于制定黏土压实标准、选择施工方法和压实机械都是重要指标。当不能通过击实试验确定土的最佳含水量和最大干密度时，可参考表1-3中的数值。施工中，土的含水量与最佳含水量之差可控制在-4%~2%范围内。

3. 每层铺土厚度

填土在被压实过程中，压应力随填土深度的增加不断减小。因此，铺土厚度应小于机械压实的有效作用深度，此时，还应考虑最优铺土厚度，即既能使填土压实又能使机械耗能最少的铺土厚度。施工时每层土的最优铺土厚度和压实遍数，可根据填土性质、含水量、压实质量要求以及所用压实机械综合确定，也可参考表 1-20。

表 1-20　填土压实的分层厚度和压实遍数

压实机械	分层厚度/mm	每层压实遍数/遍
平碾压路机	250~300	6~8
振动碾压路机	250~350	3~4
柴油打夯机	200~250	3~4
人工打夯	<200	3~4

1.6.4　填土压实的质量检查

《建筑地基基础设计规范》（GB 50007）规定，在填土压实过程中，应对回填土的质量进行分层取样检验。检验点的数量，对于大基坑每 50~100m^2 内不应少于一个检验点，对于基槽每 10~20m 不应少于一个检验点。另外应视施工机械决定取样检测分层土的厚度，一般情况下宜按 200~500mm 分层。

压实填土的质量由压实系数 λ_c 控制，并应根据结构类型和压实填土所在部位按表 1-4 确定。

压实系数 λ_c 为压实填土的控制干密度 ρ_d 与其最大干密度 ρ_{dmax} 的比值。当卵石、碎石、岩石碎屑等作为填土时，其最大干密度可取 2100~2200kg/m^3。

当黏性土或粉土作为填土时，其最大干密度和最佳含水量应通过击实试验确定。当无试验资料时，可按下式计算最大干密度：

$$\rho_{dmax} = \eta \frac{\rho_w d_s}{1 + 0.01 w_{op} d_s} \tag{1-55}$$

式中，ρ_{dmax} 是压实填土的最大干密度（kg/m^3）；η 是经验系数，粉质黏土取 0.96，粉土取 0.97；ρ_w 是水的密度（kg/m^3）；d_s 是土粒相对密度；w_{op} 是最佳含水量（%），对于粉质黏土取 w_p+2%，w_p 为塑限，粉土取 14%~18%。

依据建筑物的结构类型和填土部位确定压实系数 λ_c，并得出填土最大干密度 ρ_{dmax} 后，即可根据下式算出其控制干密度 ρ'_d：

$$\rho'_d = \lambda_c \rho_{dmax} \tag{1-56}$$

一般采用环刀法取样测定压实后土的干密度 ρ_d，如 ρ_d 不小于其控制干密度 ρ'_d，则符合质量要求，可进行上一层的填筑和压实。环刀取样后，称出土的湿密度 ρ_0 并测定其含水量 w 后，即可利用下式计算其干密度 ρ_d：

$$\rho_d = \frac{\rho_0}{1 + 0.01w} \tag{1-57}$$

式中，ρ_0 是土的湿密度（kg/m^3）；w 是土的含水量（%）。

填土压实后的干密度，应有 90%以上符合设计要求，其余 10%的最低值与设计值之差，不得大于 0.8kg/m^3，且应分散，不得集中。

1.7　爆破工程

由表 1-2 可以看出，土的分类中各类岩石均涉及爆破开挖。实际上，除松软岩石可用松土器以凿裂法开挖外，其他岩石一般需要以爆破的方法进行松动、破碎。爆破是开挖石方最有效的手段，作为一种科学技术，广泛应用于岩土爆破、拆除爆破、金属爆破、地震勘探爆破、油气井爆破、水下爆破等诸多领域。在土木、建筑工程中的应用主要是岩土爆破、拆除爆破和水下爆破等。

在铁路建设、路基开挖、隧道掘进等工程中实施岩土爆破，可达到破碎和抛掷岩土的目的，是目前最为普通的爆破技术。拆除爆破是指采取控制有害效应的措施，以拆除地面和地下建筑物、构筑物为目的的爆破作业，如爆破拆除混凝土基础，烟囱、水塔等高耸构筑物，楼房、厂房等建筑物等。拆除爆破的特点是爆区环境复杂、爆破对象复杂、起爆技术复杂，要求爆破作业必须有效地控制有害效应，有效地控制被拆建（构）筑物的坍塌方向、堆积范围、破坏范围和破碎程度等。港口建设、水利水电建设等诸多领域广泛应用水下爆破。由于水下爆破的水介质特性和水域环境与地面爆破条件不同，因此爆破作用特性、爆破物理现象、爆破安全条件和爆破施工方法等与地面爆破有很大差异。水下爆破包括近水面爆破、浅水爆破、深水爆破、水底裸露爆破、水底钻孔爆破、水下硐室爆破及挡水体爆破等。

近年来，爆破技术已经进入精准爆破的阶段，在爆破理论、提高炸药能量的利用率、计算机爆破模拟技术、安全性研究等方面研究和实践十分深入。

1.7.1　爆破的概念及类型

爆破是指利用炸药爆破瞬时释放的能量，破坏其周围的介质，达到开挖、填筑、拆除或取料等特定目标的技术手段。在各种工程建设中爆破工程采用的基本爆破方法有深孔台阶爆破法、浅孔台阶爆破法、药壶爆破法和硐室爆破法等。

炮孔直径是控制炮孔的爆炸能力达到预定爆破标准的一个基本因素，增大炮孔直径不仅能提高炸药的传爆性能，而且炸药威力增大，爆破效率提高，有利于加快施工进度。国外一般露天矿使用的孔径分为小孔（50~100mm）、中孔（100~254mm）、大孔（254~355mm）和特大孔（355~445mm）四种。近年来，所使用的孔径有增大的趋势。

1. 深孔台阶爆破

露天爆破就是在露天条件下，先采用钻孔设备对被爆破体以一定方式、一定尺寸布置炮孔，然后将炸药置于适当位置，按照一定的起爆顺序进行爆破，达到破碎、抛掷等目的。露天爆破通常利用地形或人工创造临空面形成台阶状进行爆破，以便于大型机械凿岩和装运等工作。

台阶爆破又称为阶梯爆破，是指以台阶形式推进的石方爆破方式。通常将孔径不小于50mm、孔深不小于5m的钻孔台阶爆破称为深孔台阶爆破。深孔台阶爆破技术在改善破碎质量（爆破块度均匀、大块率低）、维护爆破稳定、提高装运效率和经济效益等方面有极大的优越性。

随着深孔钻机等机械设备的不断改进，深孔台阶爆破技术在路堑、矿山露天开采、水电闸坝的大型深基坑开挖等工程中得到广泛应用，在石方爆破工程中占有越来越重要的地位。深孔台阶爆破炮孔可以垂直或者倾斜布置。倾斜布置的炮孔与坡面平行，与垂直钻孔相比，爆破后的岩石破碎均匀，留下的残埂少，爆破后的坡面较平整，钻孔施工也较为安全。同时，倾斜钻孔钻凿过程操作复杂，在相同台阶高度情况下钻孔长度更长，且装药时易堵孔。因此，在实际工程中垂直钻孔的应用更为广泛。垂直钻孔深孔台阶爆破的台阶要素如图1-54所示。为了达到良好的深孔爆破效果，必须合理确定图1-54所示台阶要素主要参数。

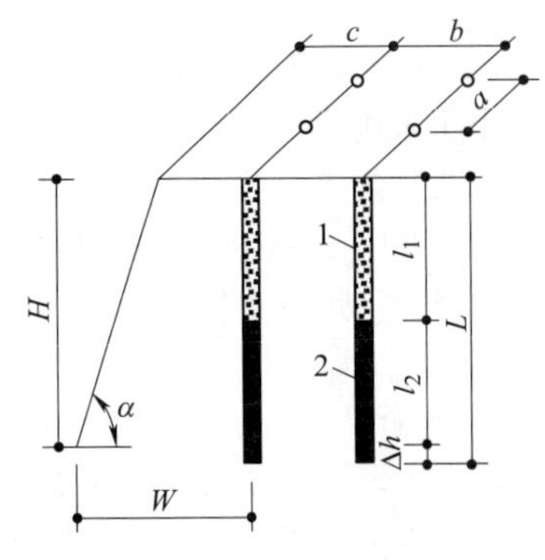

图1-54　台阶要素

1—堵塞物　2—药包

（1）孔径 ϕ　深孔台阶爆破的孔径主要取决于钻机类型、台阶高度和岩石性质。一般来说，钻机类型确定后，钻孔直径就已确定了。国内常用的深孔直径有76~80mm、100mm、150mm、170mm、200mm、250mm和310mm等。

（2）孔深 L 与超深 Δh　孔深由台阶高度 H 和超深 Δh 确定。台阶高度的确定应为钻孔、爆破和铲装创造安全和高效的作业条件，主要取决于挖掘机的铲斗容量和矿岩等开挖的技术条件。目前，我国深孔台阶爆破的台阶高度多为 8~15m。

超深 Δh 是指钻孔超出台阶底盘标高部分的孔深，其作用是降低装药的中心位置，以便有效地克服台阶底部阻力，避免或减少残留根底，以形成平整的底部平盘。超深值一般为前排钻孔底盘抵抗线 W 的 30%。

（3）底盘抵抗线 W　底盘抵抗线是指从第一排装药孔中心到台阶坡脚的最短距离。在深孔台阶爆破中，为避免残留根底和克服底盘的最大阻力，一般采用底盘抵抗线代替最小抵抗线，底盘抵抗线是影响深孔台阶爆破效果的重要参数。过大的底盘抵抗线会造成残留根底多、大块率高、冲击作用大等后果，过小则浪费炸药、增加钻孔工作量，且岩块易抛散并产生飞石、振动和噪声等有害效应。底盘抵抗线同炸药威力、岩石可爆性、岩石破碎要求、钻孔直径和台阶高度以及台阶坡面角 α（60°~75°）等因素有关。实际应用中一般取 30ϕ~40ϕ，但仍需根据具体条件，在实践中不断调整，以便达到最佳的爆破效果。

（4）钻孔间距 a 与排距 b　钻孔间距是指同排相邻两个炮孔中心线间的距离，一般根据抵抗线确定，取值范围为 1.0W~1.25W。对于第一排孔往往由于底盘抵抗线过大，应选用较小的系数，以克服底盘阻力。布孔方式有单排布孔、多排布孔两种，多排布孔又分为方形、矩形和三角形三种。从能量均匀分布的角度来看，以等边三角形布孔最为理想，方形及矩形多用于挖沟爆破。在相同条件下，虽然单排布孔爆破可取得较高的技术经济指标，但为增大一次爆破方量，多采用多排毫秒延时爆破技术，由此可改善爆破质量，增大爆破规模，满足大规模开挖的需要。排距是指在多排布孔爆破时，相邻两排炮孔间的距离。采用等边三角形布孔时，排距 b 的计算式如下：

$$b = a\sin 60° \approx 0.866a \tag{1-58}$$

（5）堵塞长度 l_1　合理的堵塞长度和良好的堵塞质量，对改善爆破效果和提高炸药利用率具有重要作用。合理的堵塞长度应能降低爆炸气体能量损失（堵深）和尽可能增加钻孔装药量（堵浅）。良好的堵塞质量应能尽量增加爆炸气体在孔内的作用时间且应尽可能减少空气冲击波、噪声和飞石的危害。堵塞长度可按 30ϕ~40ϕ 确定。实际应用时，应注意堵塞长度与堵塞质量、当堵塞材料密切相关，当堵塞质量好和堵塞物密度较大时可相应减小堵塞长度。

（6）装药长度 l_2　装药长度取决于每孔炸药量，具体在下一节中详述。

2. 浅孔台阶爆破

孔径小于 50mm、孔深小于 5m 的钻孔台阶爆破，称为浅孔台阶爆破。浅孔台阶爆破与深孔台阶爆破原理相同，工作面都是以台阶的形式向前推进，不同点仅仅是孔径、孔深比较小，爆破规模比较小。浅孔台阶爆破具有打孔简单，操作方便，易于控制爆破岩石块度和破坏范围，对周围环境产生的爆破有害效应较小等优点，但生产效率低，钻孔工作量大，因此，不适合大规模的工程爆破，主要适用于浅层开挖（如渠道、路堑、小型料场、基坑的保护层开挖等）、坚硬土质的预松、复杂地形的石方爆破（不便于大型机械开挖作业）、既有建筑物拆除和地下工程爆破开挖等。

由于采用浅孔凿岩设备，浅孔台阶爆破的孔径多为 36~42mm。其余参数规定为：浅孔爆破底盘抵抗线宜为 30~40 倍的孔径，炮孔间距宜为底盘抵抗线的 1.0~1.25 倍，堵塞长度宜为炮孔最小抵抗线的 80%~100%，台阶高度不宜超过 5m，钻孔超深为台阶高度的 1/10~3/20。浅孔台阶爆破应避免最小抵抗线与炮孔孔口在同一方向，孔深小于 0.5m 的岩土爆破，应采用倾斜孔，倾角宜为 45°~75°。

3. 药壶爆破

药壶爆破是利用集中药包爆破的一种特殊形式，是指在普通浅孔或深孔的孔底装入少量炸药，经一次或多次爆破，先将孔扩大成近似圆球形的药壶，然后再装入一定数量的炸药进行爆破的方法，俗称坛子炮或葫芦炮，如图 1-55 所示。药壶的形成是药壶爆破法的技术关键，除采用上述炸药爆扩法外，还可采用机械扩孔器扩大药壶，或者利用火力凿岩所用的燃烧器来创造药壶，这两种方法在实际工程中很少应用，一般采用爆扩法。药壶爆破有凿岩量小、装药量大等优点，但也存在操作较为复杂、块度不均匀等缺点。药壶爆破属集中药包的中等爆破，适用于露天爆破阶梯高度3~8m的软岩石和中等坚硬岩层，在坚硬或节理发育的岩层中不宜采用。在钻孔设备缺乏的爆破工程中有广泛的应用。

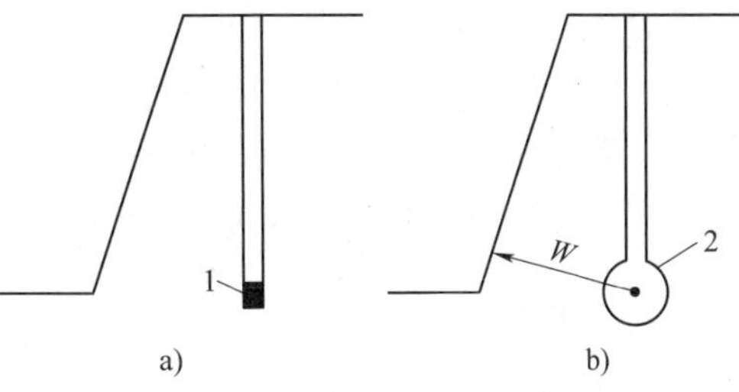

图1-55 药壶爆破法

a）装少量炸药 b）构成的药壶

1—药包 2—药壶

4. 硐室爆破

硐室爆破是指将大量炸药集中装填于按设计预先开挖成的药室中，一次起爆便可完成大量土石方开挖、抛填任务的爆破技术。根据地形条件，一般硐室爆破的药室常用平洞或竖井相连，装药后须按要求将平洞或竖井填塞，以确保爆破施工质量和效果。硐室爆破又称大爆破，根据爆破总装药量把硐室爆破分为四级：装药量大于1000t为A级，装药量在500~1000t之间为B级，装药量在50~500t之间为C级，装药量小于50t为D级。

硐室爆破有以下优点：

1）爆破方量大、施工速度快，尤其是土石方集中的工程，如公路和铁路的高填深挖路基、露天采矿的基建剥离、大规模采石等工程，从导硐和药室开挖到装药爆破，耗时较短，对加快工程建设速度有重大作用。

2）施工简单、适用性强。在交通不便、地形复杂的山区，特别是对于地势陡峻地段、工程量为几千或几万立方米的土石方工程，由于硐室爆破使用设备少，施工准备工作量小，因此施工简单且具有较强的适用性。

3）经济效益显著。对于地形较陡、爆破开挖较深、岩石节理裂隙发育、整体性差的岩石，采用硐室爆破法，人工开挖导硐和药室的费用大大低于深孔爆破的钻孔费用。

硐室爆破的缺点有：人工开挖导硐和药室工作条件差，劳动强度高；爆破块度不均匀，容易产生大块，而导致二次爆破工作量大；爆破作用和振动强度大，对边坡稳定及周围建筑物和构筑物可能造成不良影响。

5. 特种爆破

除上述基本爆破方法外，为了解决工程的特殊要求，如定向要求、切割要求和减震要求等，一些特殊的爆破方法，如定向爆破、预裂爆破和光面爆破等也被广泛应用。

1.7.2 炸药与药量计算

1. 工程炸药的类型

炸药是爆破工程的能源。工程爆破使用的炸药为工业炸药，与一般的起爆炸药或烈性炸药有所不同，其特点是能大量生产，价格便宜，操作使用简便，较为安全，但品种有限。20世纪50年代用TNT（三硝基甲苯）炸药较多，随着爆破研究和实践的增多，炸药也在不断改进，所用炸药的安全性得到提高，品种也较固定。目前，常用的工程炸药类型有起爆炸药、单质猛性炸药和混合猛性炸药等。

1）起爆炸药：是制造起爆材料的炸药，特点是爆力（指破坏能力）和猛度（指粉碎能力）高，对冲击、摩擦、火焰敏感性（指在外力作用下发生爆炸的难易程度）强，化学安定性大，如，雷汞、氮化铅、二硝基重氮酚等。

2）单质猛性炸药：是制造起爆材料的炸药，爆力和猛度都很高，还可以作为提高混合猛性炸药敏感度的敏化材料，这类炸药有梯恩梯、硝化甘油等。

3）混合猛性炸药：是按一定比例将爆炸性和非爆炸性可燃物混合制成的，是应用最广的工程炸药，主要为硝酸铵类炸药（铵梯、铵油、浆状、乳化油等炸药的总称）。

2. 装药量计算

爆破后产生的倒锥形爆坑称为爆破漏斗。如图 1-56 所示，其中，O 点为药包中心，C 点为自药包中心至临空面 AB 的最近点，OC 称为最小抵抗线，用 W 表示，OB 为爆破作用半径，$AC=BC=r$ 为爆破漏斗底部半径，P 为可见漏斗深度，θ 为爆破漏斗的张开角，也叫漏斗顶角。

爆破漏斗半径 r 与最小抵抗线 W 的比值 $n(n=r/W)$ 为爆破作用指数，爆破作用指数 n 在工程爆破中是一个极重要的参数，反映漏斗的形状和大小以及介质被破碎和抛掷的程度。若改变爆破作用指数，则爆破漏斗的大小、岩石的破碎性质和抛掷程度都随之而发生变化。

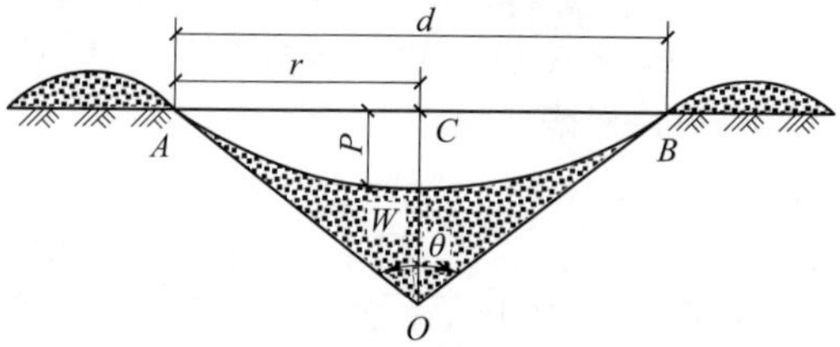

图 1-56　爆破漏斗示意图

工程应用上对爆破作用指数 n 有如下规定：

1）当 $n=1.0$ 时，为标准抛掷爆破漏斗。

2）当 $n>1.0$ 时，为加强抛掷爆破漏斗。

3）当 $0.75<n<1.0$ 时，为减弱抛掷爆破漏斗。

4）当 $n\leqslant 0.75$ 时，为松动爆破，在自由面上只能看到岩石的松动和凸起，实际上不再形成抛掷爆破漏斗。

爆破作用指数不是随着装药量的增大而无限增大的，当 $n=3.0$ 左右时便不再继续增大。因此在工程中，n 值不应超过 3.0。

以下分别介绍不同爆破指数下药量的理论计算方法。

（1）标准抛掷爆破药量计算　单个药包在自由面附近爆炸时形成的爆破漏斗，可由体积公式计算单个药包的装药量，其公式为

$$Q=KV \tag{1-59}$$

式中，Q 是形成爆破漏斗的单孔装药量（kg）；K 是与岩石或土壤性质有关的系数，也称单位炸药消耗量（kg/m^3）；V 是标准抛掷爆破漏斗体积（m^3），$V=\dfrac{1}{3}\pi r^2 W$。

根据标准抛掷爆破漏斗定义 $n=r/W=1.0$，漏斗体积公式可表示为 $V=\dfrac{1}{3}\pi W^3\approx W^3$。

由此可得标准抛掷爆破漏斗的药包药量计算公式为

$$Q=KW^3 \tag{1-60}$$

（2）平坦地面抛掷爆破药量计算　标准抛掷爆破药量是在平地抛掷爆破、所形成爆破漏斗剖面顶角为90°（即 $\theta=90°$）的特殊形式下的药量计算，n 值为 1.0，因此，药量计算公式中未体现 n 这一计算参数。实践证明，在 $n\neq 1.0$ 时，计算药量时必须加入 n 这一参数，因为 n 值与药包药量是函数关系，即 $Q=KW^3f(n)$。关于爆破作用指数 n 的函数，目前有多种计算公式，此处引用俄罗斯常用的计算公式：

$$Q=KW^3f(n) \tag{1-61}$$

式中，$f(n)=0.4+0.6n^3$，为鲍列斯科夫经验公式，需要注意的是，此公式仅适用于平坦地面抛掷爆破药量计算。

（3）斜坡地面抛掷爆破药量计算　在斜坡地面，特别是当地面自然坡度大于30°时，鲍列斯科夫经验公式的计算结果与实际效果有很大差别，需要对公式进行修正才可使用。如图 1-57 所示，在斜坡地形条件下，爆破瞬间形成了一个爆破 AOB 漏斗，但由于坡度存在，甚至形成了倒坡，此时，BOC 部分岩体在重力作用下必然向下坍塌，最后形成底部倾斜的、倒立的圆锥形爆破漏斗。

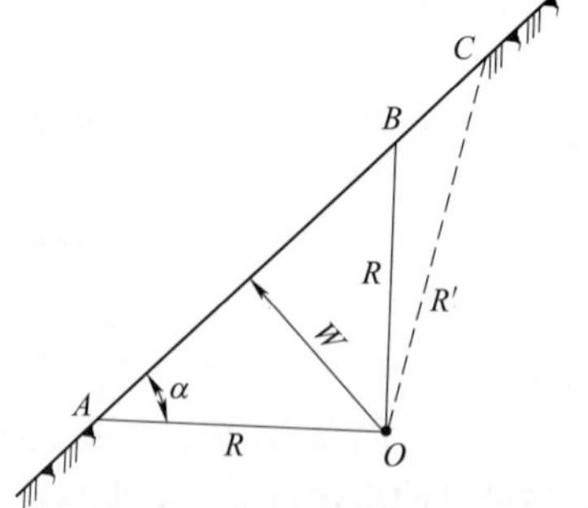

图 1-57　斜坡地面抛掷爆破漏斗示意图

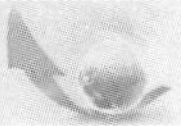

令$f(\alpha)$为斜坡地面爆破漏斗体积的增量系数，则可推导出$f(\alpha)$与地面坡度的关系式：

$$f(\alpha)_{软} = 0.5 + (0.25 + \alpha^3 \times 10^{-5})^{1/2}$$

$$f(\alpha)_{坚} = 0.5 + (0.25 + 4\alpha^3 \times 10^{-6})^{1/2}$$

此时，药包药量Q的计算公式中加入$f(\alpha)$的因素，即

$$Q = KW^3 \frac{f(n)}{f(\alpha)} \tag{1-62}$$

爆破漏斗体积增量函数值见表1-21。

爆破作用指数函数和爆破漏斗体积增量函数比值计算结果见表1-22。

表1-21 爆破漏斗体积的增量函数值

地面坡度	0°	15°	30°	45°	60°	75°	90°
$f(\alpha)_{坚}$	1.0	1.01	1.10	1.28	1.55	1.89	2.28
$f(\alpha)_{软}$	1.0	1.02	1.26	1.58	2.05	2.62	3.25

表1-22 $f(n)/f(\alpha)$ 数值表

地面坡度	$f(\alpha)_{坚}$ 爆破作用指数					$f(\alpha)_{软}$ 爆破作用指数				
	1.0	1.25	1.50	1.75	2.0	1.0	1.25	1.50	1.75	2.0
0°	1.0	1.0	1.57	2.43	3.62	1.0	1.57	2.43	3.62	3.62
15°	1.01	0.99	1.55	2.40	3.60	0.98	1.54	2.38	3.55	3.55
30°	1.10	0.91	1.43	2.21	3.28	0.78	1.25	1.93	2.88	2.88
45°	1.28	0.78	1.22	1.90	2.82	0.63	0.99	1.54	2.30	2.30
60°	1.55	0.65	1.01	1.57	2.34	0.49	0.77	1.18	1.77	1.77
75°	1.89	0.53	0.83	1.28	1.92	0.38	0.60	0.93	1.38	1.38
90°	2.28	0.44	0.69	1.06	1.59	0.31	0.48	0.75	1.13	1.13

（4）正常松动爆破药量计算　采石场、矿山揭开覆盖层和石质比较完整的斜坡堑沟等类工程爆破，要求介质有一定程度的破碎块度，而不致塌散过度，便于挖装机械的施工，宜采用正常松动爆破，计算公式如下：

$$Q=0.44KW^3 \tag{1-63}$$

一般情况下，正常松动爆破的单位炸药消耗量K应在0.5kg/m^{3}左右。

（5）减弱松动爆破药量计算　控制爆破、光面爆破和崩坍爆破等工程要求介质周围不能遭受强烈破坏，特别是和抵抗线相反的背面，最好不被爆破作用所破坏，此时，要采用下式计算减弱松动爆破药量：

$$Q = (0.125 \sim 0.44)KW^3 \tag{1-64}$$

由式（1-64）可以看出，药包药量可以相差3倍之多，故在工程应用时，必须根据工程的设计目的，通过试验选取合适的单位用药量系数。当试验条件不具备时，可按照计算结果的实际单位炸药消耗量来校核和控制该系数的选择范围。例如，控制爆破的单位炸药消耗量不宜大于0.3kg/m^3。

（6）加强松动爆破药量计算　平坦地面、坡度平缓的斜坡地面、石质完整的矿山采场或揭开矿山覆盖层的爆破，应使爆破后的岩石碎块有适当的翻动，甚至可以抛掷一部分，就需采用加强松动爆破方法计算药量。加强松动爆破大多数用于揭开矿山覆盖层或比较完整的石方松动爆破工程中。因此，其药量要比正常松动爆破多，这样才能在爆破后得到较为适当的块度，便于挖装和机械化施工。在加强松动爆破的药量计算中，其单位用药量系数一般为0.44~1.0，即

$$Q = (0.44 \sim 1.0)KW^3 \tag{1-65}$$

各种岩石爆破的 K 值和 q 值见表 1-23。其中，K 为标准抛掷爆破时每爆破 $1m^3$ 岩石所消耗的炸药量，单位为 kg/m^3，q 为松动爆破时每爆破 $1m^3$ 岩石所消耗的炸药量，单位为 kg/m^3，表 1-23 中所述炸药数据以 2 号岩石铵梯炸药为准。对于 K 值的计算，常用的经验公式为

$$K = 0.4 + \left(\frac{\gamma}{2450}\right)^2 \text{ 或 } K = 1.3 + 0.7\left(\frac{\gamma}{1000} - 2\right)^2 \tag{1-66}$$

式中，γ 是岩石的密度（kg/m^3）。

对于 1.7.1 节所述钻孔台阶爆破，若为单排孔爆破（或多排孔的第一排炮孔爆破），则每孔装药量 Q 可按下式计算：

$$Q = qaWH \tag{1-67}$$

式中，q 是松动爆破时单位炸药消耗量（kg/m^3），可参照表 1-23 取值；a 是钻孔孔距（m）；W 是底盘抵抗线（m）；H 是台阶高度（m）。

多排孔爆破时，从第二排起，各排孔的装药量可按下式计算：

$$Q = \lambda qabH \tag{1-68}$$

式中，λ 是考虑受前面各排孔的岩渣阻力作用下增量增加系数，取 1.1~1.2；b 是钻孔排距（m）；其他符号意义同前。

需要说明的是，此处所述为炸药消耗量的理论计算方法，由于岩石强度和岩体性质存在很大差异，所以在实际爆破工程中需通过多次试验调整或长期实践来验证。

表 1-23　各种岩石爆破的 K 值和 q 值

岩石名称	岩体特性	硬度系数 f	K 值	q 值
各种土	松软的	<1.0	1.0~1.1	0.3~0.4
	坚实的	1~2	1.1~1.2	0.4~0.5
土夹石	密实的	1~4	1.2~1.4	0.5~0.6
页岩	风化破碎	2~4	1.0~1.2	0.4~0.5
千枚岩	完整、风化轻微	4~6	1.2~1.3	0.5~0.6
板岩	泥质、薄层、层面张开、较破碎	3~5	1.1~1.3	0.4~0.6
泥灰岩	较完整层面闭合	5~8	1.2~1.4	0.6~0.7
砂岩	泥质胶结、中薄厚或风化破碎者	4~6	1.0~1.2	0.4~0.5
	钙质中厚、中细结构、裂隙不发育	7~8	1.3~1.4	0.5~0.6
	石英质、厚层、裂隙不发育、不风化	9~14	1.4~1.7	0.6~0.7
砾岩	胶结较差、砂岩或不坚硬岩石为主	5~8	1.2~1.4	0.5~0.6
	胶结好、由坚硬砾石组成、未风化	9~12	1.4~1.6	0.6~0.7
白云岩	节理发育、较松散破碎	5~8	1.2~1.4	0.5~0.6
大理石	完整的、坚实的	9~12	1.5~1.6	0.6~0.7
花岗岩	风化严重、节理裂隙很发育	4~6	1.1~1.3	0.4~0.6
	风化较轻、节理不甚发育、均质结构	7~12	1.3~1.6	0.6~0.7
	未风化、完整致密岩体	12~20	1.6~1.8	0.7~0.8
石灰石	中薄层、含泥质、裂隙较发育厚层	6~8	1.3~1.4	0.5~0.6
	完整或含硅质、致密的	9~15	1.4~1.7	0.6~0.7
流纹岩	较破碎的	6~8	1.2~1.4	0.5~0.7
蛇纹岩	完整的	9~12	1.5~1.7	0.7~0.9

（续）

岩石名称	岩体特性	硬度系数 f	K 值	q 值
片麻岩	片理或节理裂隙发育的	5~8	1.2~1.4	0.5~0.7
	完整坚硬的	9~14	1.5~1.7	0.7~0.8
正长岩	较风化、整体性较差的	8~12	1.3~1.5	0.5~0.7
闪长岩	未风化、完整致密的	12~18	1.6~1.8	0.7~0.8
石英岩	风化破碎、裂隙频率大于5条/m	5~7	1.1~1.3	0.5~0.6
	中等坚硬、较完整的	8~14	1.4~1.6	0.6~0.7
	很坚硬完整致密的	14~20	1.7~2.0	0.7~0.9
安山岩	受节理裂隙切割的	7~12	1.3~1.5	0.6~0.7
玄武岩	完整坚硬致密的	12~20	1.6~2.0	0.7~0.9
辉长岩	受节理裂隙切割的	8~14	1.4~1.7	0.6~0.7

1.7.3 起爆方法

起爆方法是指外界施以局部能量，而使炸药起爆的方法。在工程爆破中，按施加能量的形式不同分为电力起爆法、非电力起爆法和其他起爆法三种。电力起爆法包括各种形式的电雷管起爆法。非电起爆法包括火雷管起爆法、导爆索起爆法、导爆管起爆法、气相起爆法等。其他起爆法包括超声波法、电磁起爆法、联合起爆法等。常用的起爆方法有电力起爆法、导火索起爆法、导爆索起爆法、导爆管起爆法。

（1）电力起爆法　电力起爆法是一种利用电能使雷管爆炸，进而起爆炸药的起爆方法。它所需的器材有电雷管、导线和起爆电源等。电爆网路的连接形式要根据爆破方法、爆破规模、工程的重要性、所选起爆电源及其起爆能力等进行选择，基本连接方式有串联、并联、串并联和并串联等。电力起爆法具有较安全、可靠、准确、高效等优点，在国内外仍占有较大比重。在大、中型爆破中，主要是用电力起爆。尤其是在有瓦斯、矿尘的环境中，电力起爆是主要的起爆方法。但电力起爆容易受各种电信号的干扰而发生早爆，因此在有杂散电、静电、雷电、射频电、高压感应电的环境中，不能使用普通电雷管。

（2）导火索起爆法　导火索起爆法是利用导火索传递火焰点燃火雷管进而起爆炸药的方法。这种起爆法所需要的材料有导火索、火雷管和点火材料等。导火索起爆法具有操作简单、灵活，使用方便，成本较低等优点，广泛应用于小型爆破和掘进。但由于导火索的速燃、缓燃等弊病，在爆破中事故所占比重最大。此外，还有不能多处装药同时起爆，不能准确控制爆破时间，一次爆破规模小，爆区的有毒气体增加，在淋水工作面起爆不可靠，无法用仪器检查网路等缺点。

（3）导爆索起爆法　用导爆索直接起爆炸药包的方法叫导爆索起爆法。先用雷管起爆导爆索，导爆索的爆轰波传至炸药包，将炸药引爆。在需要延时分段起爆的地方，将导爆索中接入继爆管，就能达到导爆索毫秒爆破的目的。这种爆破法所需要的起爆材料有雷管、导爆索和继爆管等。导爆索起爆网路常用的连接方式有串联、簇并联、单向分段并联和双向分段并联等。在爆破作业中，从装药、堵塞到连线等施工程序上都没有雷管，在一切准备就绪，实施爆破之前才接上起爆雷管，因此施工安全性好于其他方法。此外，导爆索起爆法还有操作简单，容易操控，节省雷管，不怕雷电和杂电影响，在炮孔内分段装药，爆破简单等优点。

（4）导爆管起爆法　导爆管起爆法是利用导爆管传递冲击波引爆雷管进而起爆炸药的方法。导爆管起爆法从根本上减少了由于各种外来电的干扰造成早爆的爆破事故，起爆网路连接简单，不需要复杂的电阻平衡和网路计算，但起爆网路的质量不能用仪表检查。导爆管起爆法所需要的材料有击发元件（高压电火花、导爆索等）、传爆元件（导爆管）、连接装置、雷管等。导爆管起爆网路常用的连接方式有簇联（将炮孔导爆管集成一束与连接装置相连接的网路）、簇并联（把两组或两组以上的簇联并联到一个连接装置上的连接网路）、簇串联（把几组簇联网路串联起来）等。

1.7.4 爆破安全措施

在各类工程爆破作业中，炸药爆炸后释放的能量利用率只有60%~70%，其余30%~40%为爆炸对周围介质的过粉碎或转化为如飞石、冲击波等有害效应。此有害效应包含两个方面：一是爆破形成的公害造成人员伤亡，建筑物、构筑物破坏；二是爆破作业过程中本身的拒爆事故，产生盲炮（通过引爆而未能爆炸的炮孔或药室）。因此，有必要采取相应安全措施使这些有害效应降低到最低程度。

1. 爆破安全防护措施

在爆破工程中，首先应加强安全教育，制定严格规章制度，杜绝违反爆破安全规程、对爆破安全认识不足等现象的发生。装药过程中要确定装药警戒范围，警戒区边界要设置明显标志并派岗哨。在涉及确定的爆破警戒范围边界，尤其应设有明显标志及派出岗哨。此过程中，应有预警信号、起爆信号和接触信号等提示在场人员。其次，要提高工艺水平，增加技术含量，尽量避免产生盲炮。最后应加强保护措施，防止飞石破坏。爆破时，人、设备和建筑物均要考虑最小安全距离，以便把爆破公害的危害程度控制在所要求范围内，使人员免遭伤亡和扰乱，设备和建筑设施免遭破坏。具体包括爆破地震、爆破冲击波、爆破飞石、爆破噪声、爆破毒气等所对应安全距离。

2. 爆破事故的预防

（1）一般规定　进行爆破的作业人员必须取得爆破员资格。各种爆破都必须编制爆破设计书或爆破说明书，设计书或说明书应有具体的爆破方法、爆破顺序、装药量、点火或连线方法、警戒安全措施等。在爆破过程中，无关人员必须全部撤离。爆破必须按审批的爆破设计书或爆破说明书进行，要严格遵守爆破作业的安全规程和安全操作细则。

（2）爆破材料的运输、储存　爆破材料的运输和储存应有严格的规章制度。雷管和炸药不得同车装运、同库储存。仓库离工厂或住宅区应有一定的安全距离，并严加警卫。

（3）装药、充填　装药前必须对炮孔进行清理和验收，使用竹木棍装药，禁止使用铁棍装药。在装药时，禁止烟火、禁止明火照明。在扩壶爆破时，每次扩壶装药的时间间隔必须大于15min，预防炮眼温度太高导致早爆。除露天爆破外，任何爆破都必须进行药室充填，填塞要十分小心，不得破坏起爆网络和线路。

（4）警戒　爆破前必须同时发出声响和视觉信号，使危险区内的人员都能清楚地听到和看到，地下爆破应在有关的通道上设置岗哨，地面爆破应在危险区的边界设置岗哨，使所有通道都在监视之下。爆破危险区的人员要全部撤离。

（5）点火、连线、起爆　用电雷管起爆时，电雷管必须逐个导通，用于同一爆破网路的电雷管应为同厂、同型号。爆破主线与爆破电源连接之前，必须测全线路的总电阻值，总电阻值与实际计算值的误差需小于±5%，否则，禁止连接。大型爆破必须用复式起爆线路。有煤尘和气体爆炸危险的矿井采用电力起爆时，只准使用防爆型起爆器作为起爆电源。

（6）爆后检查　爆炸后，露天爆破不少于5min，地下爆破不少于15min（还需通风吹散炮烟），确认爆破地点安全，并经爆破指挥部或当班爆破班长同意后，方可发出解除警戒信号，准许人员进入爆破地点。

1.7.5 静力爆破技术

静力爆破技术又称静态爆破技术，是利用静力爆破剂的固化膨胀力来破碎岩体、混凝土等的一种技术。该技术是代替传统爆破的一种新型技术，具有作业时无振动、无冲击、无噪声、无粉尘、立即见效不用等待、不间断重复作业、工作效果显著等特点，常应用于不能使用传统爆破作业并要求产量高、工期紧等技术难度大的石方工程。与传统爆破工艺相比，不需要采取任何安全措施，无危险的飞石，无震动，无噪声，对附近的建筑物影响较小，目前得到了广泛应用。一般操作程序：钻孔→注入静力爆破剂→固化膨胀→破裂。破碎过程一般持续 30~120min，部分可能超过 120min。

静力爆破剂是以特殊硅酸盐、氧化钙为主要原料，配合其他有机、无机添加剂而制成的粉末状物质，典型的化学反应式为

$$CaO + H_2O = Ca(OH)_2 + 6.5 \times 10^4 J$$

当氧化钙经反应变成氢氧化钙时，其晶体结构发生变化，会引起晶体体积的膨胀。在自由膨胀的前提下，反应后的体积可增加 3~4 倍，其表面积也增大近 100 倍，同时还释放出 6.5×10^4J/mol 的热量。如果将其注入炮孔内，其自由膨胀将受到孔壁的约束，压力可上升至 30~50MPa，因此对其周围介质产生径向压缩应力和切向拉伸应力，从而将介质破碎。

静力爆破的施工特点主要包括：

1）安全、易于管理。静力爆破剂为非爆炸危险品，施工时不需要雷管炸药，无须办理常规炸药爆破所需各种许可证，且操作时不需要爆破等特殊工种。另外，爆破剂与其他普通货物一样可以购买、运输和使用。

2）环保无公害。静力爆破剂使用过程中无声、无振动、无飞石、无毒气和粉尘，是无公害的环保材料。

3）施工简单，易于操作。施工时将爆破材料用水搅拌后灌入钻孔即可。

4）使用方便。按破碎要求，设计适当的孔径、孔距和角度能够较好地切割、分裂岩石和混凝土。

5）可用于不便于使用炸药爆破的环境条件下。

6）宜用于建筑基础、局部块体拆除及不宜采用爆破技术拆除的大体积混凝土结构，也可用于石材的开采加工等。

静力爆破的安全措施主要包括：

1）采用具有腐蚀性的静力爆破剂作业时，灌浆人员必须佩戴防护手套和防护眼镜；一旦发生静力爆破剂与人体接触现象，应立即使用清水清洗受侵蚀部位的皮肤。

2）孔内注入静力爆破剂后，作业人员应保持安全距离，严禁在注孔区域行走或停留。

3）静力爆破剂必须放置在防潮、防雨的库房内保存。静力爆破剂严禁和其他材料混放。

4）在相邻的两孔之间，严禁钻孔与静力爆破剂注入同步施工。

5）静力爆破时，发生异常情况，必须停止作业，查清原因并采取相应措施确保安全后，方可继续施工。

思　考　题

1. 土的工程性质有哪些？分别对土方施工有何影响？
2. 如何确定场地的设计标高？
3. 土方调配需要遵循哪些原则？
4. 简述流砂现象产生的原因及主要的防治方法。
5. 简述降低地下水位对周围环境的影响及预防措施。
6. 简述轻型井点的组成及布置要求。
7. 影响边坡稳定的因素主要有哪些？
8. 简述土钉墙支护的原理及施工顺序。
9. 简述单斗挖土机的类型及施工作业的特点。
10. 影响土方压实的因素有哪些？
11. 起爆的方法有哪些？分别具有什么特点？

第 2 章　桩基础工程

学习目标：熟悉桩基础的概念和分类；掌握混凝土预制桩和灌注桩的施工机械和工艺流程；了解承台施工的施工工艺；了解沉井基础的施工工艺；了解水泥粉煤灰碎石桩（CFG 桩）复合地基技术、长螺旋钻孔压灌桩技术、灌注桩后注浆技术。

2.1　概述

对于所在现场地质条件较好的多层建筑物来说，当浅土层能够满足建筑物对地基的变形和承载力的要求时，一般采用天然浅基础，如独立基础、条形基础、筏形基础、箱形基础等，以节省造价、方便施工。当天然浅土层较弱时，可对地基进行加固以形成人工地基，常见的加固方法有机械压实、强夯、堆载预压、深层搅拌、化学加固等。对于深部土层较弱、建（构）筑物的上部荷载较大或对沉降有严格要求的高层建筑来说，则需要采用深基础，以便能够利用下部坚实土层或岩层作为持力层。桩基础是一种常用的深基础形式，广泛应用于高层建筑基础和处于软弱地基中的多层建筑基础，具有承载力大、承载性能好、沉降量小、便于实现机械化施工等特点。当软弱土层较厚，上部结构荷载很大，天然地基的承载力又不能满足设计要求时，采用桩基础可省去大量土方挖填、支撑装拆及降水排水设施布设等工序，因而桩基础具有较好的技术经济效果。

桩基础由桩和承台两部分组成。桩的作用是借其自身穿过松软的压缩性土层，将来自上部结构的荷载全部或部分传递至地基土或岩层上，或者将软弱土层挤压密实，从而提高地基土的承载力，以减少基础的沉降；承台的作用则是将深入土中的各单桩连接成整体，以便群桩共同承受和传递整个上部结构荷载（图 2-1）。

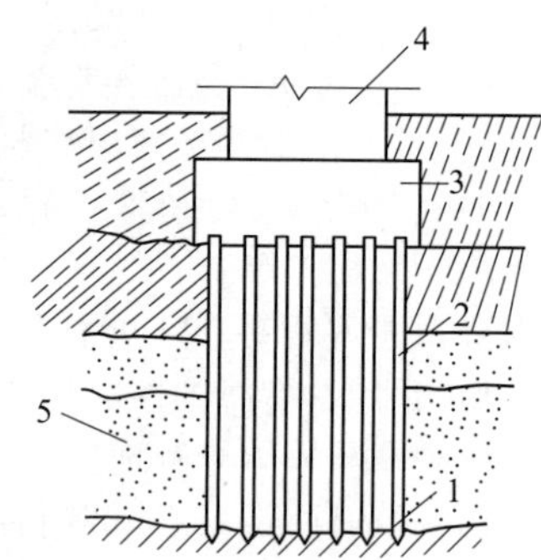

图 2-1　桩基础示意图
1—持力层　2—桩　3—桩基承台
4—上部建筑物　5—软弱层

2.2　桩基础的分类

1. 按桩的承载性状分类

（1）摩擦桩　摩擦桩的桩端无良好持力层，因此在极限承载力状态下，桩顶荷载由桩侧摩阻力承受。

（2）端承摩擦桩　端承摩擦桩的桩端具有比较好的持力层，部分桩顶荷载可由端阻力承受，但在极限承载力状态下，桩顶荷载主要由桩侧摩阻力承受。

（3）端承桩　端承桩是指桩端有非常坚硬的持力层，在桩身不长且受极限承载力状态下，桩顶荷载由桩端阻力承受。

（4）摩擦端承桩　摩擦端承桩是指在极限承载力状态下，桩顶荷载主要由桩端阻力承受。

2. 按桩的使用功能分类

（1）竖向抗压桩　由桩端阻力和桩侧摩阻力共同承受竖向荷载，计算时须验算桩身轴心抗压强度。

（2）竖向抗拔桩　当建筑物因地下水位而有抗浮要求时，基础的一侧会出现拉应力，需验算

桩的抗拔力。承受上拔力的桩，其桩侧摩阻力与抗压桩的方向相反，单位面积的侧摩阻力小于抗压桩，钢筋应通长配置，以抵抗上拔力。

（3）水平受荷桩　水平受荷桩是指以承受水平荷载为主的建筑物桩基础或用于防止土体或岩体滑动的抗滑桩。这类桩的作用主要是抵抗水平力。

（4）复合受荷桩　复合受荷桩是指同时承受竖向荷载和水平荷载作用的桩基础。

3. 按桩身材料分类

（1）混凝土桩　混凝土桩是指由素混凝土、钢筋混凝土或预应力混凝土制成的桩，常见混凝土桩有混凝土方桩和混凝土管桩等，其具有坚固耐用、承载力较大、价格便宜等特点，易于制成各种尺寸和截面形状，且不受地下水位变化的影响，便于施工，因此混凝土桩的应用较为广泛。但桩身强度受材料性能与施工条件的限制，用于超长桩时不能充分发挥地基土对桩的支承能力。

（2）钢桩　钢桩是指采用钢材制成的管桩和型钢桩，其设计灵活性大，桩长容易调节，运输较为方便，且钢材的强度高，可以用于超长桩，还能承受比较大的锤击应力，故可以进入比较密实或坚硬的持力层，获得很高的承载力。但钢桩的耗钢量大，价格昂贵，施工成本高，且钢材耐腐蚀性能较差。

（3）组合材料桩　组合材料桩是指由两种材料组合而成的桩型，以发挥各种材料的特点，获得最佳的技术经济效果，如钢管混凝土桩就是一种组合材料桩。

4. 按桩的挤土效应分类

（1）挤土桩　挤土桩是指打入或压入土中的实体预制桩、闭口管桩（钢管桩或预应力管桩）、沉管灌注桩。这类桩在沉桩或沉入钢套管的过程中，周围土体受到桩体的挤压作用，土中超孔隙水压力增加，土体发生隆起，会对周围环境造成损害。

（2）部分挤土桩　部分挤土桩包括预钻孔打入式预制桩、打入式敞口桩。打入敞口桩管时，土可以进入桩管形成土塞，从而减少挤土的作用，但当土塞的长度不再增加时，会犹如闭口桩一样产生挤土的作用。打入实体桩时，为了减轻挤土作用，可以采取预钻孔的措施，将部分土体取走，这类桩也属于部分挤土桩。

（3）非挤土桩　非挤土桩是指采用干作业法、泥浆护壁法、套管护壁法的钻（冲）孔、挖孔桩。非挤土桩在成孔与成桩的过程中对周围的桩间土没有挤压的作用，不会引起土体中超孔隙水压的增加，因而桩的施工不会危及邻近建筑物的安全。

5. 按桩径大小分类

桩径大小不同，桩的承载性能不同，设计的要求也不同，但更为重要的是施工工艺和施工设备不相同，它们各适用于不同的工程项目和不同的经济条件。一般桩身设计直径小于250mm的桩为小直径桩；直径在250~800mm的桩为中等直径桩；直径大于800mm的桩为大直径桩。

6. 按桩的制作工艺分类

（1）预制桩　预制桩是指在工厂或施工现场制成各种形式的桩，可采用锤击、振动或静压的方法将桩沉至设计标高。

（2）灌注桩　灌注桩是指先在设计桩位用钻、冲或挖等方法成孔，然后在孔中灌注混凝土制成的桩。根据成孔方法的不同分为挖孔灌注桩、钻孔灌注桩、冲孔灌注桩、沉管灌注桩和爆扩桩等。

综上所述，桩基础可按不同的方法进行分类，其综合分类结果见表2-1。不同类型的桩具有不同的承载性能，施工时对环境的影响不同，造价指标也不同，适用于不同的施工条件，因此，在设计和施工中应根据建筑结构类型、承受荷载性质、桩的使用功能、穿越土层、桩端持力层土类、地下水位、施工设备、施工环境、施工经验、制桩材料供应条件等，选择相应的桩型和成桩施工方法，力求经济合理和安全适用。

表 2-1　桩的综合分类结果

桩基础分类方法	桩的类型				
按桩的制作工艺划分	预制桩		灌注桩		
按成桩或成孔工艺划分	锤击桩	静压桩	沉管桩	钻孔桩	挖孔桩
按挤土效应划分	挤土	挤土	挤土	不挤土	不挤土
按桩身材料划分	钢、钢筋混凝土		钢筋混凝土、素混凝土		

2.3　预制桩施工

预制桩主要有混凝土实心方桩、预应力混凝土管桩、钢桩（钢管或型钢）等。预制桩质量易于控制，能承受较大的荷载，坚固耐久，施工机械化程度高，施工速度快，且不受气候条件变化的影响，是广泛应用于实际施工中的桩型。钢桩通常在钢厂中采用钢管或 H 型钢制作，当用于地下水有侵蚀性的地区或腐蚀性土层时，还须做好防腐处理。

预制桩的施工过程主要包括桩的制作、起吊、运输、堆放与沉桩等。常用的沉桩方法有锤击、静压和振动法，特殊情况下可采用射水或预钻孔等与锤击或振动组合的沉桩方法。预制桩的施工应根据工艺条件、土质情况、荷载特点等多种因素综合考虑，在施工前拟定切实可行的施工方法和技术组织措施。

2.3.1　预制桩的制作

1. 混凝土实心方桩

混凝土实心方桩（图 2-2）为正方形断面，断面边长通常不小于 200mm，所以其断面尺寸一般为（200mm×200mm）~（550mm×550mm）。混凝土实心方桩的混凝土强度应不低于 C30，但当采用静力压桩法沉桩时，混凝土强度不宜低于 C20，粗骨料用 5~40mm 碎石或卵石，用机械拌制混凝土，坍落度不大于 60mm，纵向钢筋的保护层厚度不小于 30mm。桩身配筋与沉桩方法有关。锤击沉桩的纵向钢筋配筋率不宜小于 0.8%，静力压桩的纵向钢筋配筋率不宜小于 0.4%，桩的纵向钢筋直径不宜小于 14mm，当桩身宽度或直径大于或等于 350mm 时，纵向钢筋不应少于 8 根。主筋宜采用对焊或电弧焊连接，且主筋接头位置应错开，相邻两根主筋接头的间距应大于 35d（d 为主筋直径），且不小于 500mm。受拉钢筋的主筋接头配置在同一截面内的数量不得超过 50%。钢筋骨架宜用点焊或绑扎，桩顶和桩尖处箍筋应加密，桩尖短钢筋应对正桩身纵轴线，并伸出桩尖外 50~100mm，桩中的钢筋应严格保证位置的准确，桩顶钢筋网片位置也要准确。混凝土保护层厚度要均匀，以确保钢筋骨架受力不偏心，使混凝土有良好的抗裂和抗冲击性能。

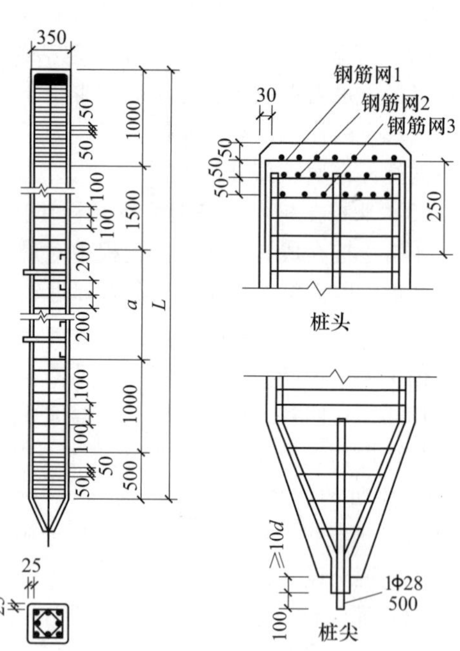

图 2-2　混凝土实心方桩示例

混凝土实心方桩可做成单根桩或多节桩。单根桩的最大长度一般根据桩架高度、制作场地、运输和装卸能力而定，目前单根桩通常在 30m 以内，为便于运输，工厂预制时单根桩长一般在 12m 以内。如需要打设 30m 以上的长桩，则可在施工现场预制，或在预制厂分节制作，在沉桩过程中逐段接桩，但应避免在桩尖接近硬持力层或桩尖处于硬持力层中时接桩，且接头不宜超过 3 个。

混凝土实心方桩通常采用并列法、间隔法、重叠法和翻模法等制作，且为减少模板使用和场地占用，现场多采用重叠间隔的方法（图 2-3）来制作混凝土实心方桩。采用工具式木模板或钢模板，模板应平整牢靠，尺寸准确。可以在制作场地浇筑不少于 60mm 厚的混凝土做底模，防止浸水沉陷和不均匀沉降，以保证底模和场地平整坚实。为使上下层桩及桩与底模间的接触面不黏结，应铺设塑料薄膜、油毡、水泥袋纸或刷废机油、滑石粉隔离剂将层与层隔开，防止拆模时损坏桩棱角。为防止桩顶被击碎，混凝土应由桩顶向桩尖进行连续浇筑，浇筑过程不得中断，要振捣密实，并应防止端部砂浆积聚过多，以保证桩身混凝土有良好的匀质性和密实性。上层桩或邻桩的浇筑，必须待下层桩或邻桩的混凝土达到设计强度的 30%后方可进行，重叠层数取决于地面允许荷载和施工条件，一般不宜超过 4 层。制作完成后应及时浇水养护且不得少于 7d；如用蒸汽养护，在蒸养后，尚应适当自然养护。制作完成的桩应保证表面平整密实、无裂缝，节点弯曲矢高不得大于 1‰桩长和 20mm。

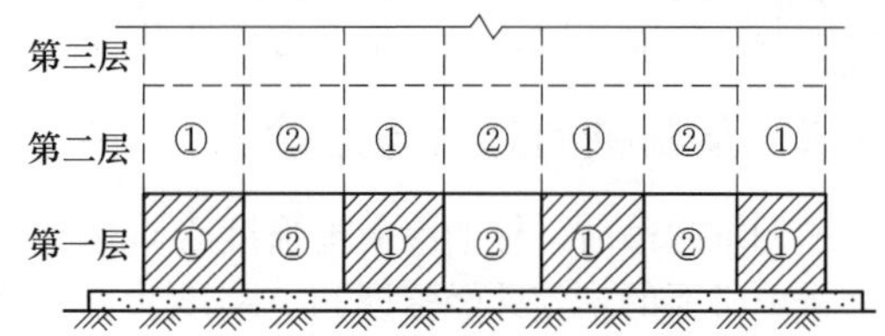

图 2-3　重叠间隔制桩示意图

①—第一批　②—第二批

2. 预应力混凝土管桩

预应力混凝土管桩一般采用成套钢管胎膜在工厂用离心旋转法生产，并采用先张法施加预应力，掺加高效减水剂，采用蒸汽养护工艺。预应力混凝土管桩的直径不小于 300mm，壁厚不少于 70mm，截面形状通常为 300~600mm 的空心圆柱，可以大大减轻桩的自重。目前，相较于混凝土实心方桩，预应力混凝土管桩应用更为广泛。

管桩按照混凝土强度等级主要分为预应力混凝土管桩（PC）、预应力混凝土薄壁管桩（PTC）和预应力高强混凝土管桩（PHC）三大类。PC 桩的混凝土强度等级不低于 C50，PTC 桩的混凝土强度等级不低于 C60，PHC 桩的混凝土强度等级不低于 C80；管桩按抗弯性能或混凝土有效预压应力值分为 A 型、AB 型、B 型和 C 型，其混凝土有效预压应力值分别为 4. 0N/mm^2、6. 0N/mm^2、8. 0N/mm^2、10. 0N/mm^2；管桩按外径分为 300mm、350mm、400mm、450mm、500mm、550mm、600mm、800mm、1000mm 等规格，单根管桩的长度一般为 7~15m。

预应力筋应采用预应力混凝土用钢棒、预应力混凝土用钢丝，其保护层厚度不得小于 25mm。管桩接头宜采用端板焊接，端板的宽度不得小于管桩的壁厚，接头的端面必须与桩身的轴线垂直。骨架成型后，预应力筋间距偏差不得超过±5mm；螺旋筋的螺距偏差不得超过±10mm；架立圈（加强环箍筋）间距偏差不得超过±20mm，垂直度偏差不得超过架立圈直径的 1/40。

混凝土应以碎石为粗骨料，其最大粒径应不大于 25mm，且应不超过钢筋净距的 3/4；细骨料宜采用洁净的天然硬质中粗砂，细度模数为 2. 3~3. 4；采用硅酸盐水泥、普通硅酸盐水泥、矿渣硅酸盐水泥、粉煤灰硅酸盐水泥，水泥的强度等级不低于 42. 5 级。放张预应力筋时，预应力混凝土管桩的混凝土抗压强度不得低于 35MPa，预应力高强混凝土管桩的混凝土抗压强度不得低于 40MPa。

3. 钢桩

我国目前采用的钢桩主要是钢管桩和 H 型钢桩两种。钢管桩直径一般为 250~1200mm，壁厚为 8~20mm，分段长度一般不大于 15m，可采用无缝钢管（直径为 250~300mm）或直缝焊接钢管（直径>300mm）。H 型钢桩常见截面为（200mm×200mm）~（400mm×400mm），翼缘厚度为 12~35mm，腹板厚度为 12~20mm。

钢桩都在工厂生产完成后运至工地使用，制作现场应具备平整的场地与挡风防雨设施，以确保钢桩的加工质量。制作钢桩的材料规格及强度应符合设计要求，并具备出厂合格证和试验报告，桩材表面不得有裂缝、起鳞、夹层及严重锈蚀等缺陷。焊缝的电焊质量除常规检查外，还应做10%的焊缝探伤检查。

钢桩的桩端形式根据桩所穿越的土层、桩端持力层性质、桩的尺寸、挤土效应等因素综合考虑确定。钢管桩的桩端常采用两种形式：带加强箍或不带加强箍的敞口形式以及平底或锥底的闭口形式。H 型钢桩则可采用带端板和不带端板的形式，不带端板的桩端可做成锥底或平底。

钢桩用于地下水有侵蚀性的地区或腐蚀性土层时会发生腐蚀，其在地面以上无腐蚀性气体或腐蚀性挥发介质的环境下的腐蚀速率为 0.05~0.1mm/年，在地面以下为 0.03~0.3mm/年。因此应做好防腐处理，钢桩防腐处理可采取外表面涂防腐层、增加腐蚀裕量及阴极保护等措施。当钢管桩内壁与外界隔绝时，也可不考虑内壁防腐。

2.3.2 预制桩的起吊与运输

预制桩起吊时，桩的混凝土强度必须达到设计强度标准值的 70%，如需提前起吊和沉桩，则必须采取必要的措施并经强度和抗裂度验算合格后方可进行。对于混凝土实心方桩，应根据设计规定的位置设置吊点，当无吊环且设计又无规定时，应按照起吊弯矩最小的原则确定绑扎位置，如图 2-4 所示。在吊索与桩间应加衬垫，并采取措施保护桩身，以保证桩在起吊时平稳上升，防止撞击和振动。

桩运输时的强度应达到设计强度标准值的 100%。长桩运输可采用平板拖车、平台挂车或汽车后挂小炮车运输；短桩运输可采用载重汽车；现场运距较近，可采用轻轨平板车运输，也可用轮式起重机或履带式起重机运输。装载时桩支承应按设计吊钩位置或接近吊钩位置叠放平稳并垫实，支撑或绑扎牢固，以防桩在运输中晃动或滑动。当长桩采用挂车或炮车运输时，桩不宜设活动支座，行车应平稳，并掌控好行驶速度，防止碰撞和冲击。严禁在现场以直接拖拉桩体的方式代替装车运输。

钢管桩在运输过程中，应对两端进行适当保护，设置保护圈，防止桩体因撞击而造成桩端、桩体损伤或弯曲。

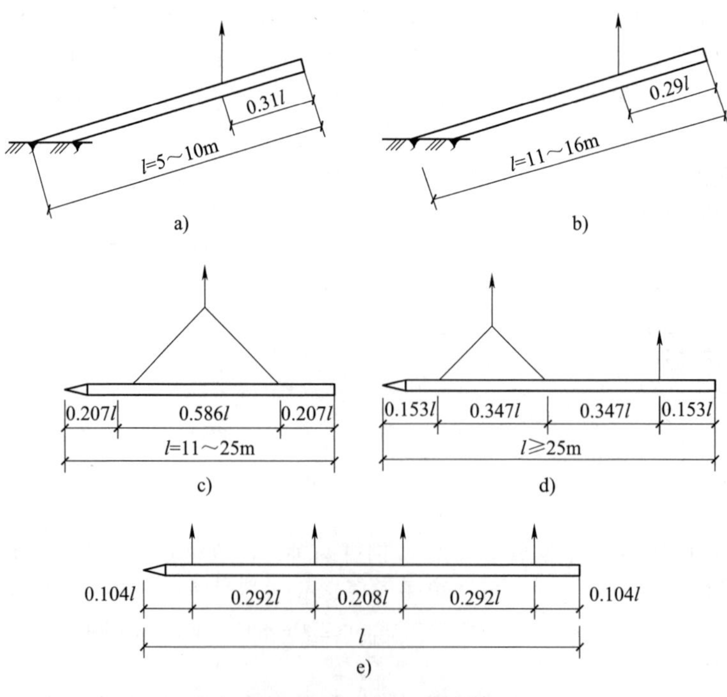

图 2-4 吊点的合理位置

a) 一个吊点 1 b) 一个吊点 2 c) 两个吊点 d) 三个吊点 e) 四个吊点

2.3.3　预制桩的堆放

预制桩应在打桩前运至施工现场或桩架处，宜根据打桩顺序随打随运，以避免二次搬运。桩运到施工现场后，应按不同规格、长度及施工先后顺序将桩分别堆放，以免沉桩时错用。堆放场地应靠近沉桩地点，尽量布置在打桩架附设的起重钩工作半径范围内，并考虑起重方向，避免空中转向，场地地面应平整坚实，设置排水坡度以保证堆放场地的排水畅通。

施工现场桩的堆放层数不宜太多。对于混凝土实心方桩，堆放层数不宜超过4层，各层桩间应置放垫木，垫木的间距可根据吊点位置确定，并应上下对齐，确保各层垫木位于同一垂直线上，如图2-5所示。预应力混凝土管桩堆放层数：当场地条件许可时，宜采用单层堆放，对于外径为300~400mm的管桩，最高可堆放5层，对于外径为500~600mm的管桩不宜超过4层。钢管桩堆放层数：直径为900mm的可放置3层，直径为600mm的可放置4层，直径为400mm的可放置5层，对H型钢桩最多可放置6层。应用木楔将预应力混凝土管桩或钢管桩的底层最外边缘桩的两侧塞紧，防止其滚动。

图2-5　预应力混凝土管桩和混凝土实心方桩堆放图

2.3.4　沉桩准备工作

沉桩前，应调查收集施工现场自然条件、地质状况、附近建筑物及附近地下管线等相关资料，对现场的地质和环境进行深入了解，结合设计图要求来编制相应的施工组织设计，做好以下施工准备工作，确保桩基施工的顺利进行。

1. 清除障碍物

沉桩前应清除桩基周围10m以内存在妨碍施工的高空、地面和地下的障碍物（如地下管线、地上电杆线、既有房基和树木等），同时还必须加固邻近的危房、桥涵等，做好现场清理和准备工作。

2. 平整场地

在建筑物基线以外4~6m范围内的整个区域，或桩机进出场地及移动路线上，应做适当平整压实，满足打桩所需的地面承载力，地面坡度不大于1%，并保证场地排水良好。同时修筑桩机进出、行走道路，做好材料、机具等准备工作，设置供电、供水系统，安装打桩机等。

3. 进行沉桩试验

沉桩前应进行不少于2根桩的沉桩试验，以了解桩的沉入时间、最终贯入度、持力层的强度、桩的承载力，同时提前发现施工过程中可能出现的各种问题和反常情况等，以检验设备和工艺是否符合要求，确保桩基施工方案可行。

4. 抄平、放线与定桩位

施工前还应做好定位放线工作，应在不受打桩影响的区域设置桩基轴线的定位点及水准点，水准点设置不少于2个，在施工过程中可据此检查桩位的偏差以及桩的入土深度。根据建筑物的轴线控制桩，按设计图要求定出桩基础轴线和每个桩位。群桩放样允许偏差为20mm，单排桩放样允许偏差为10mm。定桩位的方法是在地面上用小木桩或撒白灰标出桩位，或采用设置龙门板拉线法定出桩位。龙门板拉线法可避免因沉桩挤动土层而使小木桩移动，故能保证定位准确，同时也可作为在正式沉桩前，对桩的轴线和桩位进行复核之用。

5. 确定沉桩顺序

合理组织沉桩的重要前提是确定沉桩顺序，它不仅与能否顺利沉入、桩位是否准确有关，而且还关系到预制桩的场地堆放布置。所以桩基施工中一般先确定沉桩顺序，后考虑预制桩堆放场地布局。

沉桩施工会使周围土体因挤压而产生位移，从而影响施工本身及附近建筑物，所以挤土效应是确定沉桩顺序时所要考虑的主要因素。挤土效应对施工本身的影响主要体现在：先沉入的桩因被后沉入的桩推挤而发生位移；后沉入的桩因被先沉入的桩挤紧而不能入土。因此，在沉桩施工前应根据桩的密集程度、桩的供应条件、桩的规格、长短和桩架移位是否方便等因素来正确选择沉桩顺序，以保证沉桩工程质量和防止挤压土体对周围建筑物产生影响。当桩的规格、埋深、长度不同时，宜遵循先大后小、先深后浅、先长后短的原则打设；当一侧毗邻建筑物时，由毗邻建筑物处向另一方向打设；当基坑较大时，应将基坑分成数段，而后在各段内分别进行打设。在确定沉桩顺序时，综合考虑以上因素和原则，可以有效减少挤土影响，避免先施工的桩受后施工的桩的挤压而发生桩位倾斜等现象。

打桩顺序一般有逐排打、自中间向两个方向对称打和自中央向四周打三种，如图 2-6 所示。逐排打桩，桩架单向移动，桩的就位与起吊均很方便，故打桩效率较高。但逐排打桩会使土体向一个方向挤压，导致土体挤压不均匀，后面的桩不易打入，最终会引起建筑物的不均匀沉降。逐排打桩一般适用于桩距大于 4 倍桩径的情况，试验证明此时的打桩顺序与土体挤压情况关系不大，所以采取逐排打桩的顺序仍可保证沉桩质量。当桩群面积较大或桩较密集时，即桩的中心距小于 4 倍桩径时，为减少打桩对土体挤压不均匀的影响，宜采用自中间向两个方向对称打或自中央向四周打的顺序，可避免产生桩倾斜或浮桩现象，以有效保证施工质量。

沉桩顺序确定后，还需考虑桩架是往后“退沉桩”还是向前“顶沉桩”。当沉桩地面标高接近桩顶设计标高时，由于桩尖持力层的标高不可能完全一致，而预制桩又不能设计成各不相同的长度，因此桩顶高出地面是不可避免的，在此情况下，桩架只能采取往后“退沉桩”的方法，不能事先将桩布置在地面，只能随沉桩随运桩。如沉桩后桩顶的实际标高在地面以下，则桩架可以采取往前“顶沉桩”的方法，此时只要场地允许，所有的桩都可以事先布置好，避免场内二次搬运。

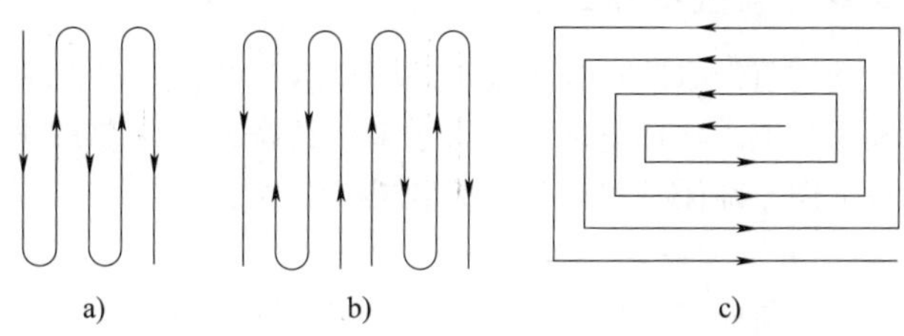

图 2-6　打桩顺序

a）逐排打　b）自中间向两个方向对称打　c）自中央向四周打

2.3.5　预制桩的沉桩

按沉桩设备和沉桩方法不同，预制桩可分为锤击沉桩、振动沉桩、静力压桩、水冲沉桩和预钻孔沉桩等多种方式。

1. 锤击沉桩

锤击沉桩又称打桩，它是利用桩锤产生的冲击机械能克服土体对桩的阻力，将桩沉入土中的一种方法。锤击沉桩具有施工速度快、机械化程度高、适用范围广等优点，但锤击沉桩产生的噪声及振动大，对周围环境影响大，对桩身质量要求也较高。

（1）打桩设备及选用　打桩设备主要包括桩锤、桩架和动力装置三部分，选择时主要考虑桩锤与桩架。桩锤是对桩施加冲击，把桩打入土中的主要机具。桩架的作用是将桩提升就位，并在打桩过程中引导桩的方向，以保证桩锤能沿着所要求的方向冲击桩体。动力装置包括驱动桩锤及卷扬机用的动力设备（发电机、空气压缩机等）、管道、滑轮组和卷扬机等。打桩机的选择与场地土质、工程的大小、桩的种类和现场情况等因素有关，应结合实际合理选择打桩设备，提高施工效率。

1）桩锤。桩锤的种类繁多，一般有落锤、柴油锤、液压锤、电磁锤等，目前应用最多的为柴油锤。

① 落锤。落锤用钢或铁铸成，一般锤重 0.5~2t。其工作原理是先利用人力或卷扬机将锤提升至一定高度，然后使锤自由下落到桩头上，利用产生的冲击力将桩逐渐击入土中（图 2-7）。落锤装置简单、能调整落距、使用方便、费用低，但打桩速度慢（6~20 次/min）、效率低下、贯入能力低且对桩顶的损伤较大，因此适用于施打小直径的钢筋混凝土预制桩或使用其他桩锤不经济的工程中。

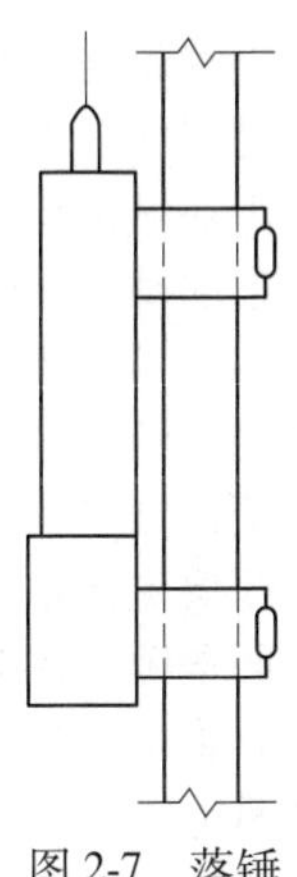

图 2-7　落锤

② 柴油锤。柴油锤是以柴油为燃料，先利用柴油点燃爆炸时膨胀产生的压力将桩锤抬起，然后桩锤自由落下冲击桩顶，同时汽缸中空气压缩，温度骤增，喷嘴喷油，柴油在汽缸内自行燃烧爆发，使气缸上抛，落下时又击桩进入下一循环。如此反复循环运动，把桩打入土中。根据冲击部分的不同，柴油锤可分为导杆式和筒式两种（图 2-8）。导杆式柴油锤的冲击部分是沿导杆上下运动的汽缸，筒式柴油锤的冲击部分则是往复运动的活塞。柴油锤的锤重为 1.3~8t，锤击次数大多为 40~60 次/min。它具有打桩快，机架轻，移动便利，使用方便，附有桩架、动力等设备，不需沉重的辅助设备，也不必从外部供给能源等优点，但有施工噪声大，油滴飞散，排出的废气污染环境等缺点，在城市施工中受到一定的限制。同时不适于在过硬或过软的土层中打桩，在过软的土中往往会由于贯入度过大，燃油不易爆发，桩锤不能反跳，起锤困难，造成工作循环中断。柴油锤常用以打设木桩、钢板桩和长度在 12m 以内的钢筋混凝土桩。

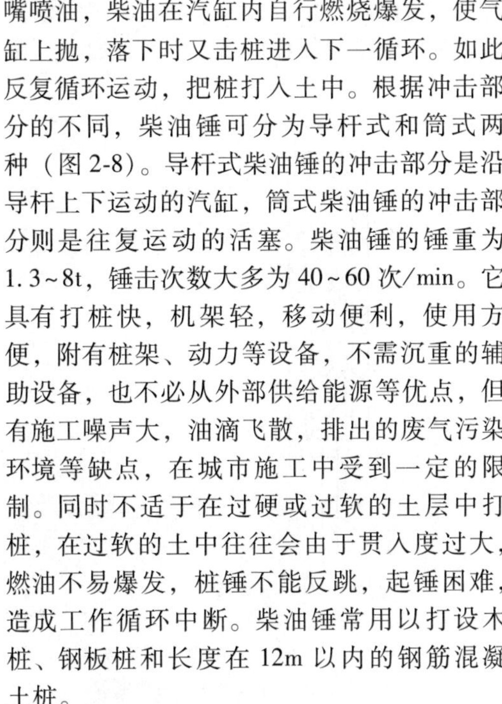

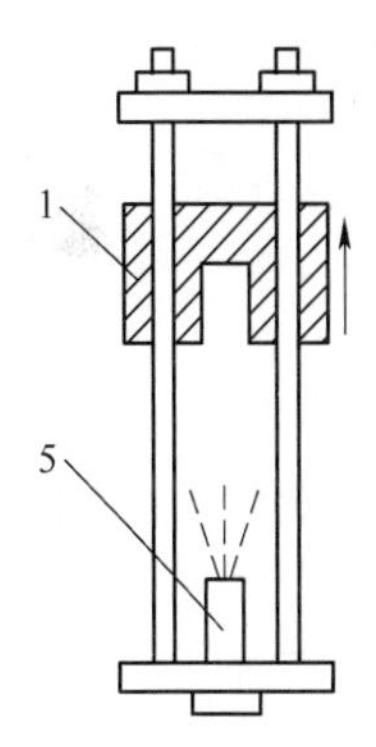

a)

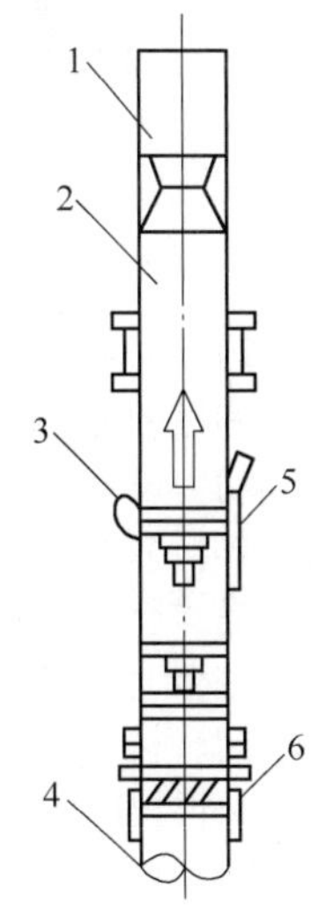

b)

图 2-8　柴油锤图

a）导杆式　b）筒式

1—汽缸　2—活塞　3—排气孔　4—桩　5—燃油泵　6—桩帽

③ 液压锤。液压锤的构造如图 2-9 所示，它是由一个外壳封闭的冲击缸体所组成的，先利用液压油将冲击缸体提升至预定高度后快速释放，并以自由落体的方式或以液压系统施加作用力，使冲击头获得加速度，以增加打击桩体的冲击速度与冲击能量。冲击缸体为内装有活塞和冲击头的中空圆柱体，在活塞和冲击头之间，用高压氮气形成缓冲垫。当冲击缸体下落时，先是冲击头对桩施加压力，然后是通过可压缩的氮气对桩施加压力，如此可以延长施加压力的过程，让每一次锤击都能使桩得到更大的贯入度。同时，形成缓冲垫的氮气还可使桩头受到缓冲和连续打击，从而防止冲击损坏。液压锤

是一种新型打桩设备，不需要外部能源，工作可靠，操作方便，可随时调节锤击力大小，效率高，不易损坏桩头，噪声低（距打桩点30m处为75dB，比柴油锤小20dB），振动小，无废气排出，最适于在城市环保要求高的地区打各类预制桩，但构造复杂，造价高。液压锤对各种桩均适用，软土中起动性比柴油锤有很大改善，可用于拔桩和水下打桩。

④ 电磁锤（图2-10）。电磁锤是由两截相连且固定的等直径圆筒和安装在圆筒内的两块相对面的极性相同、等直径、等长度的永久磁铁组成的。用导磁材料制作的上半截圆筒与电源、开关及变速器串联，而用非磁性材料制成的下半截圆筒的下端则利用螺栓固定在桩顶上，由于筒内上下两块磁铁相对面的极性相同，故始终不会接触在一起而保持一定距离。以上磁铁块作为重锤，接通电源后在上半截圆筒所产生的磁力作用下，进行上下往复运动；下磁铁块的底端固定在桩顶上。施工时接通电源后，上半截圆筒内产生磁力作用，立即将上磁铁块吸引上来。当变速器内开关断电时，上半圆筒内的磁力随即消失，上磁铁块便自由下落。由于上下两磁铁块的相对面的极性相同，因而产生相斥作用，故当下落的上磁铁块降落到圆筒内的一定位置时，便使下磁铁块产生了反作用力，利用该反作用力将桩击入土中。随电源启闭，磁铁块便在筒内上下往复循环，如此逐渐把桩打到设计标高位置。

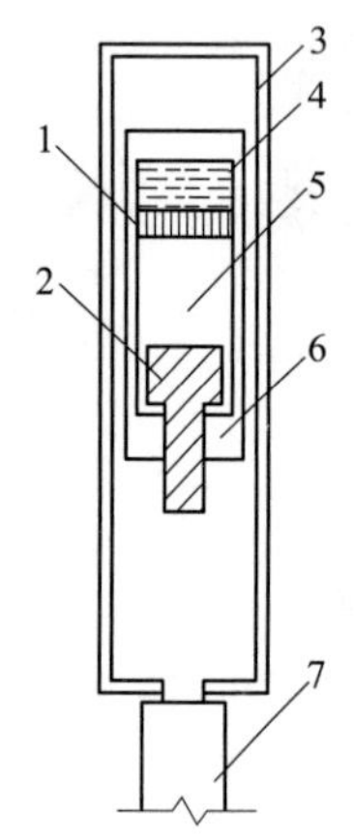

图2-9 液压锤的构造

1—活塞 2—冲击头 3—外壳
4—液压油 5—氮气 6—降落重块锤 7—桩

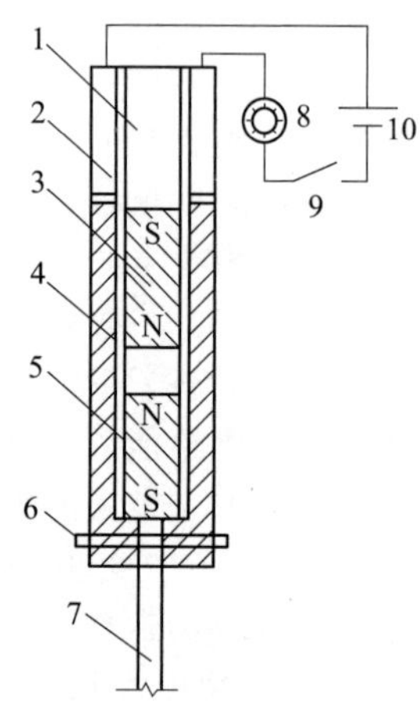

图2-10 电磁锤

1—圆筒空间 2—磁性体圆筒 3—磁性体重锤
4—非磁性体圆筒 5—固定磁体 6—固定螺栓
7—桩 8—变速器 9—开关 10—直流电源

2）桩架。桩架的作用是吊桩就位，固定桩的位置，承受桩锤和桩的质量，在打桩过程中引导桩锤和桩的方向，并保证桩锤能沿着所要求的方向冲击桩体。桩架主要由支架、导向架、起吊设备、动力设备和移动设备等构成。桩架的型式通常有以下四种：塔式打桩架（图2-11）、直式打桩架（图2-12）、悬挂式打桩架（图2-13）和三点支撑式履带行走打桩架（图2-14）。

塔式和直式打桩架的行走移动是依靠附设在桩架底盘上的卷扬机来实现的，将钢丝绳一端固定在桩架上，另一端通过地锚上的导向滑轮连到卷扬机的滚筒上，从而带动两根钢管滚筒在枕木上滚动。它们的优点是稳定性好，起吊能力大，可打较长（≤30m）的桩，但占地面积大，架体笨重，装拆较麻烦，平面转向不灵活，操作复杂。悬挂式打桩架是利用履带式起重机的起重臂来吊住导架（或龙门架）进行打桩的。

三点支撑式履带行走打桩架是以履带式起重机为底盘，在专用履带式车体上配以钢管式导杆和两根后支撑组成的。它是目前最先进的桩架之一，采用全液压传动，履带的中心距可调节，导杆分单导向及双导向两种，它可360°回转。这种打桩架具有垂直度调节灵活，稳定性好，装拆方便，行走迅速，适应性强，施工效率高等一系列优点，适用各种导杆和各类桩锤，可施打各类桩，也可打斜桩。

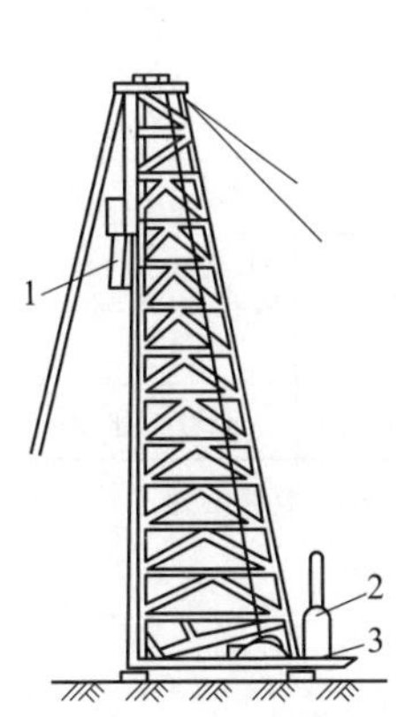

图 2-11　塔式打桩架
1—蒸汽锤　2—锅炉
3—卷扬机

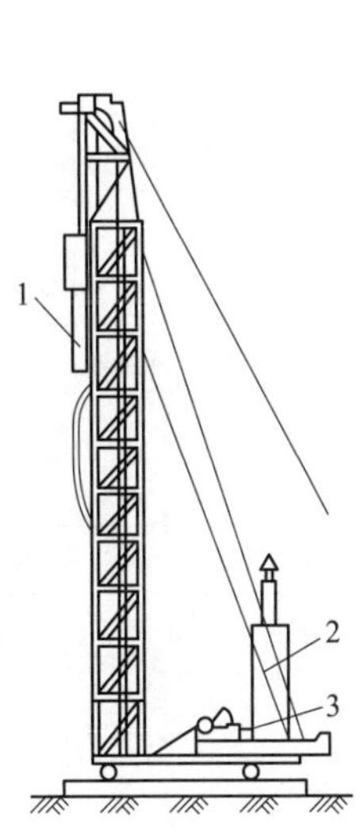

图 2-12　直式打桩架
1—蒸汽锤　2—锅炉
3—卷扬机

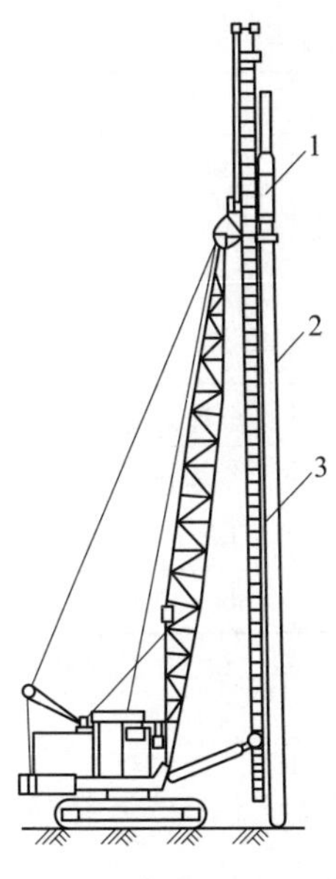

图 2-13　悬挂式打桩架
1—柴油锤　2—桩
3—龙门架

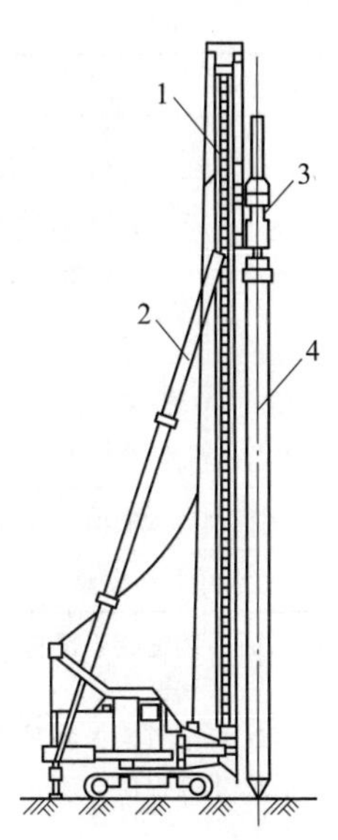

图 2-14　三点支撑式履带行走打桩架
1—导杆　2—支撑
3—柴油锤　4—桩

桩架的选用，首先要满足锤型的需要。其次，选用的桩架还必须符合如下要求：

① 使用方便，安全可靠，移动灵活，便于装拆。

② 锤击准确，保证桩身稳定，生产效率高，能适应各种垂直和倾斜角的需要。

③ 桩架的高度=桩长+桩锤高度+桩帽及锤垫高度+滑轮组高度+起锤工作余地（1~2m）。

3）桩锤的选择。桩锤应根据工程地质条件、桩的类型与规格、桩的密集程度、锤击应力、单桩竖向承载力以及现有施工条件等因素综合考虑后进行选择，其中尤以工程地质条件影响最大。合理选用桩锤是保证桩基施工质量的重要条件，桩锤必须有足够的锤击能量，才能将桩打到设计要求的标高和满足贯入度的要求。当锤重为桩重的 1.5~2 倍时，沉桩效果最好。当桩重大于 2t 时，可采用比桩轻的桩锤，但也不应小于桩自重的 75%。对于钢桩，在不使钢材屈服的前提下，尽量选用重锤。柴油锤锤重选用可参考表 2-2。

表 2-2　柴油锤锤重选用参考表

锤型		18 型	25 型	32 型	40 型	72 型
锤型资料	冲击部分重/t	1.8	2.5	3.2	4.0	7.2
	锤总重/t	4.2	6.5	7.2	9.6	18
锤冲击力/kN		≤2000	1800~2000	3000~4000	4000~5000	6000~10000
常用冲程/m		1.8~2.3				
适用的桩规格	预制方桩、管桩的边长或直径/cm	30~40	35~45	40~50	45~55	55~60
	钢管桩直径/cm	40			60	90
黏性土	一般进入深度/m	1~2	1.5~2.5	2~3	2.5~3.5	3~5
	桩尖可达到静力触探平均值/MPa	30	40	50	>50	>50

（续）

锤型			18 型	25 型	32 型	40 型	72 型
砂土	一般进入深度/m		0.5~1	0.5~1	1~2	1.5~2.5	2~3
	桩尖可达到标准贯入击数		15~25	20~30	30~40	40~45	50
	可贯穿夹砂层（中密）厚度/m		1~1.5	1~2	2~4	3~5	4~5
软质岩石	桩尖可进入深度/m	强风化		0.5	0.5~1	1~2	2~3
		中等风化			表层	0.5~1	1~2
常用控制贯入度值/(cm/10 击)			2~3			3~5	4~8
设计单桩极限承载力/kN			400~1200	800~1600	2000~3600	3000~5000	5000~10000

注：1. 本表适用于预制桩长度 20~40m、钢管桩长度 40~60m，且桩尖进入硬土层一定深度。不适用于桩尖处于软土层的情况。

2. 标准贯入击数为未修正的数值。

3. 本表仅供选锤参考，不能作为设计确定贯入度和承载力的依据。

4）动力装置。打桩设备的动力装置及辅助设备主要根据选定的桩锤种类而定。落锤以电源为驱动力，需配置电动卷扬机、变压器、电缆等；空气锤以压缩空气为驱动力，需配置空气压缩机、内燃机等；柴油锤以柴油为驱动力，桩锤本身有燃烧室，不需配备外部动力设备。

（2）打桩工艺　打桩工艺流程如下：场地平整→测量放线定桩位→桩机就位→第一节桩起吊就位→打第一节桩→第二节桩起吊就位→接桩→打桩至持力层或设计标高→停锤→转到下一桩位。

1）桩机移动就位。按既定的打桩顺序，先将桩架移动至桩位处，桩机应就位准确，桩架垂直，校核无误后将其用缆风绳固定，将桩锤和桩帽吊升过桩顶高度。

2）吊桩就位。将桩运至桩架下，利用桩架上的滑轮组，由卷扬机提升桩至垂直状态。把桩提升送入桩架的龙门导管内，同时把桩尖准确地安放在桩位上，并与桩架导管相连接，为保证打桩过程中桩不发生倾斜或移位，桩尖与桩位的垂直度偏差不得超过 0.5%。桩就位后，为防止损坏桩顶，桩帽与桩周围应有 5~10mm 的间隙，所以一般在桩顶放上弹性垫层，如草袋、废麻袋等。将桩帽或桩箍固定在桩顶，桩帽上再放上垫（硬）木，即可缓冲落桩锤。受到桩的自重和锤重的压力，桩会沉入土中一定深度，待下沉达到稳定状态，再校正桩位及垂直度，此过程称为定桩。经全面检查和校正合格后，即可开始打桩。

3）打桩。混凝土预制桩在施打时，其混凝土强度与龄期均应达到设计要求。对于 H 型钢桩，由于其截面刚度较小，锤重不宜大于 4.2t 级（柴油锤），且锤击过程中在桩架前应设横向约束装置，防止桩的横向失稳。当持力层较硬时，H 型钢桩不宜送桩。对于钢管桩，当锤击有困难时，可在管内取土以助沉桩。打桩开始时，应先轻击数锤至桩入土一定深度。用自由落锤施打时，初始段落距宜为 0.5m 左右，待桩入土深度达到 1~2m 并稳定后，观察桩身与桩架、桩锤是否在同一垂直线上。经检查确认桩尖不发生偏移后，再逐渐增大落距，按正常落距锤击。用落锤或单动汽锤打桩时，最大落距不宜大于 1m。用柴油锤施打时，开始阶段可使柴油锤不发火，用锤重加一定冲击力将预制桩压入一定深度后，再按正常方法施打。打桩有轻锤高击和重锤低击两种方式。这两种方式，如果所做的功相同，实际得到的效果却不同。轻锤高击所得的动量小，桩锤对桩头的冲击大，因而回弹也大，桩头易损坏，大部分能量消耗在桩锤的回弹上，桩难以入土。相反，重锤低击所得的动量大，桩锤对桩头的冲击小，因而回弹也小，桩头不易被打碎，大部分能量都用于克服桩身与土壤的摩阻力和桩尖的阻力，桩能很快入土。此外，由于重锤低击的落距小，桩锤频率较高，对于较密实的土层，如砂土或黏土也能较容易地穿过（但不适用于含有砾石的杂填土），打桩效率也高，所以打桩宜采用重锤低击。实践经验表明：在一般情况下，当单动汽锤的落距≤0.6m，落锤的落距≤1.0m，以及柴油锤的落距≤1.50m 时，能防止桩顶混凝土被击碎或开裂。

4）接桩方法。预制桩的设计长度往往很大，有的长达60m以上，受运输条件和桩架高度限制，因而须将长桩分成若干节预制，分节逐段沉入，在沉桩过程中进行接桩。通常一根桩的接头总数不宜超过3个，接桩时其接口位置以离地面0.8~1.0m为宜。

① 钢筋混凝土预制桩的连接。钢筋混凝土预制桩的接桩可用焊接、法兰盘螺栓连接、硫黄胶泥锚接和机械快速连接（螺纹式、啮合式）等几种方法。

a. 焊接接桩。目前焊接接桩应用最多，混凝土桩的焊接接桩是在上下桩接头处预埋钢帽铁件，上下接头对正后用金属件（如角钢）现场焊牢，预埋钢板宜用低碳钢，焊条宜用E43型焊条。接桩的预埋桩帽表面应清洁，应先将四角点焊固定，然后对称焊接，并确保焊缝质量和设计尺寸。上、下节桩之间如有间隙应用铁片填实焊牢，焊接时焊缝应连续饱满，并采取措施减少焊接变形。接桩时，上、下节桩的中心线偏差不得大于10mm，节点弯曲矢高不得大于1‰桩长。焊接完应使焊缝在自然条件下冷却10min后方可继续沉桩。焊接接桩适用于单桩设计承载力高、细长比大、桩基密集、须穿过一定厚度软硬土层、估计沉桩较困难的桩。焊接接桩构造如图2-15所示。

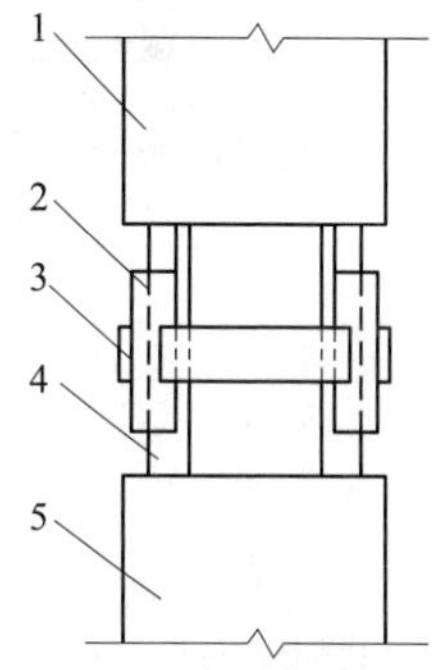

图2-15 焊接接桩构造
1—上节桩 2—连接角钢
3—连接板 4—与主筋连接的角钢 5—下节桩

b. 法兰盘螺栓连接接桩。法兰盘螺栓连接接桩是在上、下节桩接头处预埋带有法兰盘的钢帽预埋件，上、下节桩对正后用螺栓拧紧。法兰盘螺栓连接接桩的适用条件基本上与焊接接桩相同。接桩时上、下节桩之间用石棉或纸板衬垫，拧紧螺母，经锤击数次后再拧紧一次，并焊死螺母。

c. 硫黄胶泥锚接接桩。硫黄胶泥锚接接桩是在上节桩的下端预留伸出锚筋，长度为其直径的15倍，布于方桩的四角，如图2-16所示，下节桩顶端预留垂直锚筋孔，内呈螺纹形，孔径为锚筋直径的2.5倍，一般内径采用50mm，孔深大于锚筋长度50mm。将熔化的硫黄胶泥注满锚筋孔并溢出桩面，迅速落下上节桩头使上、下节桩相互胶结。待其冷却一段时间后即可开始沉桩。该接桩方法一般适用于软土层。

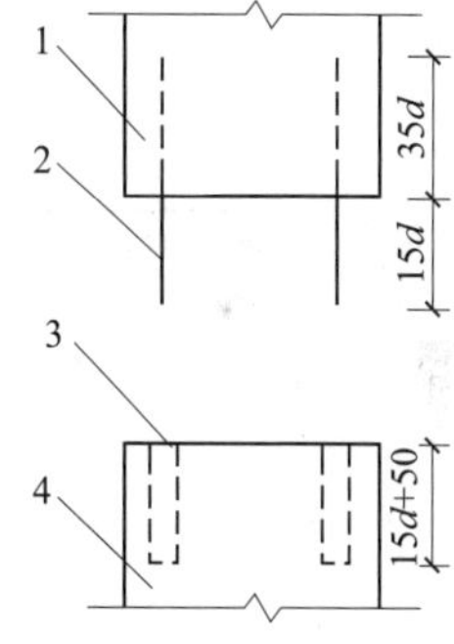

图2-16 硫黄胶泥锚接接头
1—上节桩 2—锚筋
3—锚筋孔 4—下节桩

d. 管桩螺纹机械快速接头。管桩螺纹机械快速接头技术是一项将预埋在管桩两端的连接端盘和螺纹端盘，用螺母快速连接，使两节桩连成整体的新型连接技术。该接头通过连接件的螺纹机械咬合作用连接两根管桩，并利用管桩端面的承压作用，将上一节管桩的力传递到下一节管桩上，不仅能可靠地传递压力，还能承受弯矩、剪力和拉力。螺纹机械快速接头由螺纹端盘、螺母、连接端盘和防松嵌块组成（图2-17a）。在管桩浇筑前，先将螺纹端盘和带螺母的连接端盘分别安装在管桩两端，两端盘平面应和桩身轴线保持垂直，端面倾斜不大于0.2%D（D为管桩直径）。同时为方便现场施工，在浇筑时管桩两端各应加装一块挡泥板和垫板工装（如图2-17b所示）。在第一节桩立桩时，应控制好其垂直度（偏差在0.3%以内）。在管桩连接中，应先卸下螺纹保护装置，松掉螺母中的固定螺钉，两端面及螺纹部分用钢丝刷清理干净，桩上下两端面涂上一层约1mm厚3号钙基润滑脂（俗称黄油），利用构件中的对中机构进行对接，提上螺母按顺时针方向旋紧，再用专用扳手卡住螺母敲紧。若为锤击桩，则应在螺母下方垫上防松嵌块，用螺钉拧紧，以防松掉。

② 钢桩的连接。

a. 钢管桩的连接。钢管桩接头构造如图2-18a所示，其连接用的内衬环（图2-18b）是斜面切开的，比钢管桩内径略小，搁置于挡块上，以专用工具安装，使之与下节钢管桩内壁紧贴。

b. H型钢桩的连接。H型钢桩采用坡口焊对接连接，将上节桩下端做坡口切割，连接时采取

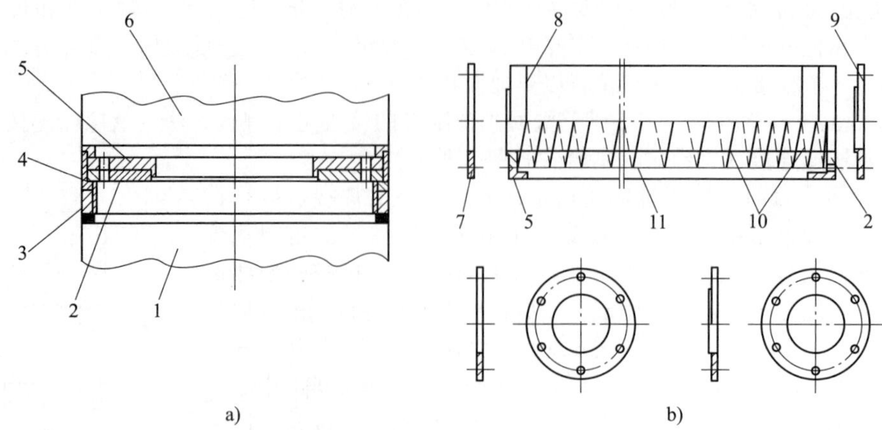

图 2-17　管桩螺纹机械快速接头

a）机械连接组装图　b）管桩浇注中工装示意图

1—下节管桩　2—连接端盘　3—嵌块　4—螺母　5—螺纹端盘　6—上节管桩　7—垫板工装　8—钢裙板　9—挡泥板工装　10—螺旋筋　11—预应力筋

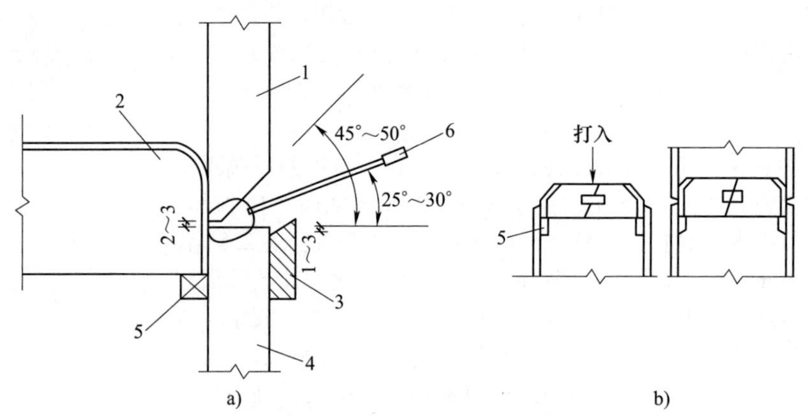

图 2-18　钢管桩连接

a）钢管桩接头构造　b）内衬环安装

1—上节钢管桩　2—内衬环　3—铜夹箍　4—下节钢管桩　5—挡块　6—焊枪

措施（如加挡块）使上下节桩保持 2～3mm 的连接间隙，使之对焊接长。钢桩焊接时若气温低于 0℃或雨雪天，则应采取可靠措施，否则不得进行焊接施工。焊接时，应清除焊接处的浮锈、油污等，桩顶经锤击变形部分应割除。焊接应对称进行，接头焊接完成应冷却 1min 后方可继续锤击。每个焊接接头除按规定做外观检查外，还应按要求做探伤检查。

5）送桩。当桩顶设计标高在地面以下时，需使用送桩器辅助将桩沉送至设计标高。送桩器为一种工具式钢制短桩，它应有足够的强度、刚度和耐打性，长度应满足送桩深度的要求，弯曲度不得大于 1/1000。送桩深度一般不宜大于 2m，否则应采取稳定、加强缓冲等措施。送桩作业时，送桩器与桩头之间应铺设 1～2 层麻袋或硬纸板等衬垫。送桩管与桩的纵轴线应在同一直线上，拔出送桩管后，桩孔应及时回填或加盖。

6）截桩。当桩打完并开挖基坑后，按设计要求的桩顶标高，将桩头多余部分截去。为使桩身和承台连为整体，应保留并剥出足够长度的钢筋以锚入承台。截桩时不得打裂桩身混凝土。

（3）打桩注意事项

1）打桩属隐蔽工程，为确保工程质量、分析处理打桩过程中出现的质量事故和为工程质量验收提供必要的依据，因此打桩时对每根桩的施打都要进行必要的数值测定并做好详细记录。注意

贯入度变化，如遇贯入度剧变，桩身突然倾斜、位移、回弹，桩身严重开裂或桩顶破碎等情况，应暂停施打，与有关单位研究处理后再继续作业。

2）打桩时严禁偏打，因偏打会使桩头某一侧产生应力集中，造成压弯联合作用，易将桩打坏。为此，必须使桩锤、桩帽和桩身轴线重合，衬垫要平整均匀，构造合适。

3）桩顶衬垫弹性应适宜，衬垫弹性合适会使桩顶受锤击的作用时间及锤击引起的应力波波长延长，从而使锤击应力值降低，从而提高打桩效率并降低桩的损坏率。故在施打过程中，对每一根桩均应适时更换新衬垫。

4）打桩入土的速度应均匀，连续施打，锤击间歇时间不要过长。否则继续打桩时会由于土的固结作用而使桩所受阻力增大，不易打入土中。钢管桩或预应力混凝土管桩打设如有困难，可在管内取土助沉。

5）打桩时如发现桩锤的回弹较大且经常发生，则表示桩锤太轻，锤的冲击动能不能使桩下沉，应及时更换重的桩锤。

6）打桩过程中，如桩锤突然有较大的回弹，则表示桩尖可能遇到阻碍。此时须减小锤的落距，使桩缓慢下沉，待穿过阻碍层后，再加大落距并正常施打。如减小落距后，仍存在这种回弹现象，则应停止锤击，分析原因后再行处理。

7）打桩过程中，如桩的下沉突然加大，则表示可能遇到软土层、洞穴，或桩尖、桩身已遭受破坏等。此时也应停止锤击，分析原因后再行处理。

8）若桩顶需打至桩架导杆底端以下或打入土中，则需送桩。送桩时，桩身与送桩的纵轴线应在同一垂直轴线上。

9）若发现桩已打斜，应将桩拔出，查明原因，排除障碍，用砂石填孔后，重新插入施打。若拔桩有困难，则应在原桩附近再补打一桩。

10）打桩时尽量避免使用送桩，因为当送桩与预制桩的截面有差异时，会使预制桩受到较大的冲击力。此外，还会导致预制桩入土时发生倾斜。

（4）打桩质量要求与验收　打桩质量评定主要包括以下几方面：一是能否满足设计规定的贯入度或标高的要求；二是桩打入后的偏差是否在施工规范允许的范围以内；三是桩顶、桩身是否打坏；四是对周围环境有无造成严重危害。

1）贯入度或标高必须符合设计要求。桩端位于坚硬、硬塑的黏性土，碎石土，中密以上的粉土、砂土或风化岩等土层时，应以贯入度控制为主，桩端进入持力层深度或桩尖标高可作为参考；当贯入度已达到而桩端标高未达到时，应继续锤击 3 阵，其每阵 10 击的平均贯入度不应大于设计规定的数值（一般为 30~50mm）；当桩端位于其他软土层时，对于摩擦桩，此时以桩端设计标高控制为主，贯入度可作为参考，按标高控制的桩，桩顶标高的允许偏差为-50~+100mm。斜桩倾斜度的偏差不得大于倾斜角正切值的 15%，倾斜角系桩的纵向中心线与铅垂线间夹角。贯入度大小应通过合格的试桩或试打数根桩后确定，它是打桩质量标准的重要控制指标。而上述所说的贯入度是指最后贯入度，即施工中最后 10 击内桩的平均入土深度，是终止锤击的主要控制指标。最后贯入度的测量应在下列正常条件下进行：桩顶没有破坏、锤击没有偏心、锤的落距符合规定、桩帽与弹性垫层正常、汽锤的蒸汽压力符合规定。打桩时，当桩端达到设计标高而贯入度指标与要求相差较大，或者贯入度指标已满足，而标高与设计要求相差较大时，说明地基的实际情况与勘察报告的数据有较大的出入，属于异常情况，应会同设计单位研究处理，以调整其标高或贯入度控制的要求。

2）平面位置或垂直度必须符合施工规范要求。预制混凝土方桩、管桩、钢管桩在打入或压入后，在平面上与设计位置的偏差应符合表 2-3 的规定，垂直度偏差不得超过 0.5%。因此，吊桩就位时要对准桩位，桩身要垂直；在打桩时，必须使桩身、桩帽和桩锤三者的中心线在同一垂直轴线上，以保证桩垂直入土；短桩接长时，上、下节桩的端面要平整，中心要对齐，如发现端面有间隙，则应用铁片垫平焊牢；打桩完毕基坑挖土时，应制定合理的挖土施工方案，以防因挖土而引起桩的位移和倾斜。

表 2-3　预制桩（钢桩）桩位的允许偏差　（单位：mm）

<table>
<tr><th>项目</th><th colspan="2">桩情况</th><th>允许偏差</th></tr>
<tr><td rowspan="2">1</td><td rowspan="2">盖有基础梁的桩</td><td>垂直基础梁的中心线</td><td>100+0.01H</td></tr>
<tr><td>沿基础梁的中心线</td><td>150+0.01H</td></tr>
<tr><td>2</td><td colspan="2">桩数为 1~3 根桩基中的桩</td><td>100</td></tr>
<tr><td>3</td><td colspan="2">桩数为 4~16 根桩基中的桩</td><td>1/2 桩径或边长</td></tr>
<tr><td rowspan="2">4</td><td rowspan="2">桩数大于 16 根桩基中的桩</td><td>最外边的桩</td><td>1/3 桩径或边长</td></tr>
<tr><td>中间桩</td><td>1/2 桩径或边长</td></tr>
</table>

注：H 为施工现场地面标高与桩顶设计标高的距离。

3）打入桩桩基工程的验收必须符合施工规范要求。打入桩桩基工程的验收通常应按两种情况进行：当桩顶设计标高与施工场地标高相同时，应待打桩完毕后进行；当桩顶设计标高低于施工场地标高需送桩时，则在每一根桩的桩顶打至场地标高，应进行中间验收，待全部桩打完，并开挖到设计标高后，再进行全面验收。工程桩应进行承载力检验，一般采用静载荷试验的方法进行检验，检验桩数不应少于总数的1%，且不应少于3 根，当总桩数少于50 根时，检验桩数不应少于2 根。此外，还应对桩身质量进行检验。桩基工程验收时应提交下列资料：桩位测量放线图、工程地质勘查报告、材料试验记录、桩的制作与打入记录、桩位的竣工平面图、桩的静载和动载试验资料及确定桩贯入度的记录。

4）沉桩的挤土危害以及预防。混凝土预制桩为挤土桩或半挤土桩，在沉桩时，挤土往往会引起桩区及附近地区的土体隆起和水平位移，由于邻桩相互挤压导致先施工的桩桩位偏移，影响桩的垂直度与桩位。当在既有建筑附近施工时，沉桩还可能会引起邻近地下管线、地面道路和建筑物的损坏。因此，当在邻近既有建（构）筑物、地下管线的区域内打桩时或施打大面积密集桩群时，应加强邻近既有建筑物、地下管线等的观测、监护，避免或根据工程条件采取以下措施减小沉桩挤土效应：

① 采用预钻孔沉桩法，在施工桩位上进行预钻孔，孔径比桩径（或方桩对角线）小 50~100mm，深度视桩距和土的密实度、渗透性而定，深度宜为桩长的 1/3~1/2，施工时应随钻随打。采用此法施工的桩架宜具备钻孔和锤击双重性能。

② 设置袋装砂井或塑料排水板，以消除部分超孔隙水压力，减小挤土效应。袋装砂井直径一般为 70~80mm，间距为 1~1.5m，深度为 10~12m。塑料排水板的布置深度、间距等与袋装砂井类似。

③ 设置板桩、地下连续墙或采用水泥土搅拌桩等进行隔离。

④ 开挖地面防震（挤）沟。开挖地面防震（挤）沟可消除部分地面震动与挤土，该方法可与其他措施结合使用，防震（挤）沟沟宽为 0.5~0.8m，深度按土质情况以边坡能自立为准。

⑤ 限制打桩速率也是非常有效的方法，它可以使土中的超孔隙水压力消散，减小挤土效应。

2. 振动沉桩

振动沉桩与锤击沉桩的施工方法基本相同，其不同之处是利用振动桩机代替锤打桩机施工。振动桩机主要由桩架、振动锤、卷扬机和加压装置等组成。

（1）振动锤（图 2-19）　振动锤是振动桩机的主要设备，不但可以进行沉桩，还可借助起重设备进行拔桩作业。振动锤是一个箱体，内装有左右两根水平轴，轴上各有一个偏心块，电动机通过齿轮带动两轴旋转，两轴的旋转方向相反，但转速相同。振动锤按照动力形式分为电动桩锤和液压桩锤。按照振动频率可分为以下三种：

1）超高频振动锤。其振动频率为 100~150Hz，与桩体自振频率一致而产生共振，对土体产生急速冲击，可大大减小摩擦力，以最小功率、最快的速度打桩，对周围环境振动影响小，适合在城市中施工。

2）中高频振动锤。其振动频率为 20～60Hz，适用于松散冲击层、松散及中密的砂石层施工，但不适用于黏土地区。

3）低频振动锤。其适用于大管径桩，多用于桥梁和码头工程，其振幅大且噪声大。

振动锤沉桩的工作原理是：沉桩时，由于偏心块的转动产生离心力，其水平分力相互抵消，垂直分力则相互叠加，形成垂直振动力。振动锤与桩顶刚性固定连接，当振动锤振动时，迫使桩和桩四周的土也处于振动状态（土被扰动），从而使桩表面摩阻力减小，在垂直振动力和桩的自重共同作用下，桩能顺利地沉入土中。

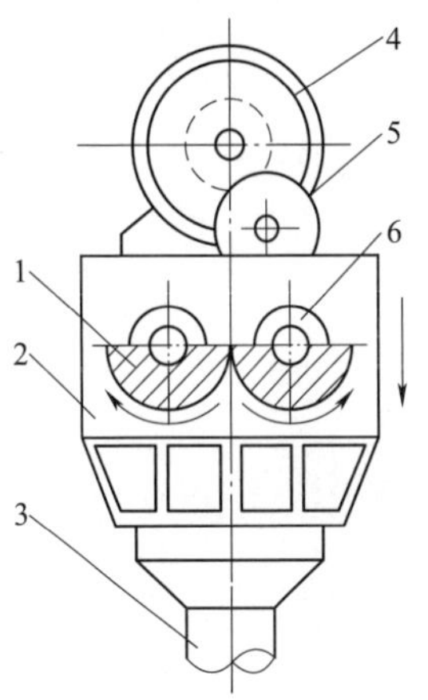

图 2-19 振动锤
1—偏心块 2—箱壳
3—桩 4—电动机
5—齿轮 6—轴

（2）振动沉桩施工方法 在振动桩机就位后，首先将桩吊升并送入桩架导管内，落下桩身使其直立插于桩位中；然后在桩顶扣好桩帽，校正好垂直度和桩位，除去吊钩，把振动锤放置于桩顶上并连接牢固。此时，在桩自重和振动锤重力作用下，桩自行沉入土中一定深度，待其稳定后再次校正桩位和垂直度；最后启动振动锤开始沉桩。振动锤启动后产生振动力，通过桩身将此振动力传递给土壤，使土体产生强迫振动，土体的内摩擦角减小，强度降低，导致土壤颗粒彼此间发生位移，即桩身周围的土体因高频振动而产生液化，因而减小了桩与土壤之间的摩阻力，使桩在自重和振动力共同作用下沉入土中，直到沉至设计要求位置。振动沉桩一般控制最后 3 次振动（每次振动 5min 或 10min），测出每分钟的平均贯入度或控制沉桩深度，当不大于设计规定的数值时即认为符合要求。振动沉桩具有噪声小、不产生废气污染环境、沉桩速度快、施工简便、操作安全、费用低、不伤桩头等优点。振动沉桩法适用于砂质黏土、砂土和软土地区施工，适合打钢板桩、长度不大的钢管桩、钢筋混凝土桩，还常用于沉管灌注桩施工。但不宜用于砂砾石和密实的黏土层施工，当用于砂砾石和黏土层中时，则需配以水冲法辅助施工，打斜桩也不适宜使用该法。沉桩工作应连续进行，以防间歇过久桩难以沉下。

3. 静力压桩

静力压桩是在软土地基上，以静力压桩机的自重和配重作为反作用力，通过其液压装置所产生的静压力将预制桩分节压入土中的一种沉桩方法。该法为液压操作，自动化程度高，行走方便，运转灵活，桩位定点精确，可提高桩基施工质量，具有施工时无噪声、无振动、无污染，施工迅速简便，沉桩速度快（压桩速度可达 2m/min，比锤击沉桩可缩短 1/3 工期）等优点。沉桩采用全液压夹持桩身向下施加压力，而且在压桩过程中可直接从液压表中读出沉桩压力，故可了解沉桩全过程的压力状况和预估单桩竖向承载力（单桩竖向承载力不超过 1600kN），避免打碎桩头，混凝土强度等级可降低 1～2 级，配筋比锤击沉桩可省 40% 左右。静力压桩适用于软弱土层及一般黏性土层，特别适用于在人口稠密、危房附近和环境保护要求较严格的地区沉桩，但当地下存在较多孤石、障碍物或厚度大于 2m 的中密以上砂夹层时，不宜采用静力压桩。

（1）沉桩设备 静力压桩机有机械式和液压式之分，前者只能用于压桩，后者不仅可以压桩还可以拔桩。根据顶压桩的部位不同可分为在桩顶顶压的顶压式压桩机以及在桩身抱压的抱压式压桩机。顶压式压桩机高度较大，需根据单节桩的长度选择。目前使用的多为液压静力压桩机，其主要参数为最大压桩力、最小边桩距、最小压桩力、履靴的接地压强、吊桩能力等。压力可达 6000kN，甚至更大，且桩机高度较小。图 2-20 所示为抱压式液压静力压桩机。

液压静力压桩机主要由夹持机构、底盘平台、行走回转系统、液压系统和电气系统等部分组成，其压桩能力有 80t、120t、150t、200t、240t、320t、400t、500t、600t、800t、1000t 等。夹持机构依靠夹持液压缸的推力，通过液压缸端的夹持盘与桩的表面在压入过程中产生的摩擦力将桩夹

a)

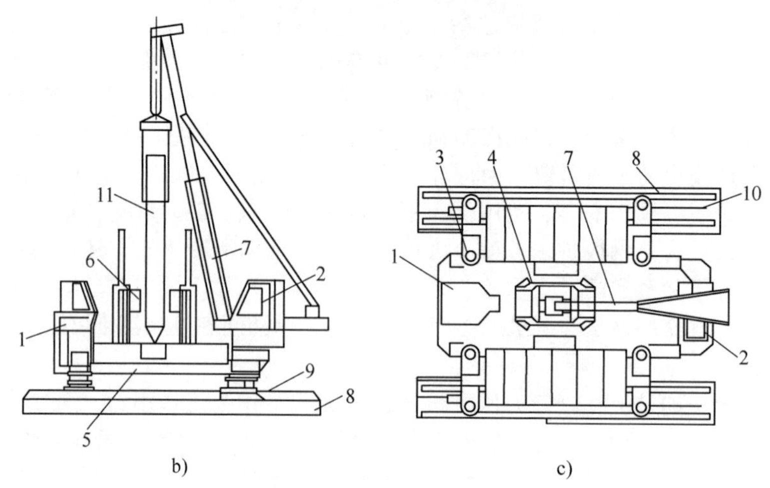

b) c)

图 2-20 抱压式液压静力压桩机

1—压桩操纵室 2—起重机操纵室 3—液压系统 4—导向架 5—配重 6—夹持机构 7—吊桩把杆 8—支腿平台 9—横向行走与回转装置 10—纵向行走装置 11—桩

持住，顶升液压千斤顶通过夹持机构将桩压入土中。底盘平台是整台压桩机的重要承重结构，它除了作为底盘上其他结构与配重的固定台座外，还可作为施工人员的作业面。整台压桩机通过底盘平台组成一个整体，再加一定的配重，成为压桩时贯入阻力的反力。液压静力压桩机的行走系统一般为液压步履式结构，其主要作用是使压桩机能在纵横两个方向行走及回转，解决了压桩机笨重、移动困难的问题，工作效率可以大大提高。液压系统主要由双泵复合液压系统、集成油路系统、手动多路阀、液控单向阀、液压油箱等组成。

（2）压桩工艺 静力压桩施工的一般顺序是：平整场地并使其具有一定的承载力，压桩机安装就位，按额定的总质量配置压重，调整桩架水平度和垂直度，将桩吊入桩机夹持机构中并对中，垂直将桩夹持住，正式压桩。压桩过程中应经常观察压力表，控制压桩阻力，记录压桩深度，做好压桩施工记录。具体压桩顺序为：了解施工现场情况→编制施工方案→场地平整→制桩→压桩→检测压桩对周围土体的影响→测定桩位位移情况→验收。压桩顺序宜根据场地工程地质条件确定，当场地地层中局部含砂、碎石、卵石时，宜先对该区域进行压桩；当持力层埋深或桩的入

土深度差别较大时，宜先施压长桩后施压短桩。

1）桩机移动就位。液压静力压桩机由压拔装置、行走机构及起吊装置等组成。压桩时，压桩机利用行走机构完成就位，包括横向行走（短船行走）、纵向行走（长船行走）和回转机构。把船体当作铺设的轨道，通过横向和纵向液压油缸的伸程和回程使压桩机实现步履式的横向和纵向行走。当横向两油缸一只伸程，另一只回程时，可使压桩机实现小角度回转。

2）吊桩就位。预制桩先用起重机吊运或用汽车运至压桩机附近，再利用压桩机自身设置的起重机将预制桩吊入夹持机构中。起吊预制桩后，应使桩尖垂直对准桩位中心，缓缓插入土中。采用抱压式压桩机时，抱桩压力不应大于桩身允许侧向压力的 1.1 倍，以免桩身受损。采用顶压式压桩机时，应在桩顶垫 100mm 厚的硬木板后，再扣桩帽。

3）压桩。静力压桩对场地地基承载力要求较高，施工前应做好场地的排水及平整、压实工作，使场地的承载力不小于压桩机接地压力的 1.2 倍。压桩机应根据土质情况配足额定质量，压桩机自重及配重之和应大于最大压桩力的 1.1 倍。

施工中，桩帽、桩身和送桩的中心线应重合，以保持轴心受压。夹持油缸将桩从侧面夹紧，压桩油缸伸程，把桩压入土层中。当桩尖插入桩位并压入土中 0.5m 时，再次校正桩的垂直度和平台的水平度，使桩的垂直偏差不超过 0.5%。伸程完后，夹持油缸回程松夹，压桩油缸回程，重复上述动作，可实现连续压桩操作，直至把桩压入预定深度土层中，施压速度不超过 2m/min。

压同一根（节）桩应缩短停顿时间，每根桩宜连续施压，以便于压桩的连续进行。当桩歪斜时，可利用压桩油缸回程，将压入土层中的桩拔出。

压桩时应随时测量桩身的垂直度，当偏差大于 1%时，应找出原因并设法纠正。施工中，应由专人或开启自动记录设备做好施工记录。压桩过程中如遇到下列情况之一，则应暂停压桩作业，并及时与有关单位研究分析原因，采取相应处理措施：初压时，桩身发生较大幅度的移位、倾斜；压入过程中桩身突然下沉或倾斜；桩顶混凝土破坏，桩身出现纵向裂缝或压桩阻力剧变；压桩机出现异常响声或工作状态异常；桩难以穿越具有软弱下卧层的硬夹层；夹持机构打滑或压桩机下陷；压力表读数与勘察报告中的土层性质明显不符。

4）接桩。长桩一般也是分节进行静力压入，逐段接长。如桩长不够，可先将上一节桩压至桩顶离地面 0.5~1.0m，再将下一节桩用硫黄胶泥锚接接上。一般下部桩留 50mm 直径锚孔，上部桩顶伸出锚筋长为 $15d$~$20d$。为保证压桩的连续进行，以防停压后再压桩因阻力增大而压不下去，因此用硫黄胶泥接桩间歇时间不宜过长（正常气温下为 10~18min），接桩面应保持干净，上、下节桩中心线应对齐，偏差不大于 10mm，节点弯曲矢高不得大于 1‰桩长。

5）压桩终压控制原则。静力压桩应根据现场试压桩的试验结果确定终压力标准，终压连续复压次数应根据桩长及地质条件等因素确定，稳压压桩力不得小于终压力，稳定压桩的时间宜为 5~10s。按设计要求终压值及试桩标准确定终止压桩控制。一般摩擦桩以压入深度控制，压桩阻力作为参考；端承桩以压桩阻力控制，压入深度作为参考。终压时应以数次稳压均满足终压值及贯入度要求为准。对于入土深度为 8m 及以上的桩复压 2~3 次；入土深度少于 8m 的桩复压 3~5 次。

（3）压桩施工注意事项

1）施工前应确定好压桩顺序。当面积较大、桩数较多时，可分段压桩。对每群桩，应由中央向四周或从中间向两边施压，以减轻地基挤密不均的程度。

2）压桩机应根据土质情况配足额定质量，场地应平整且有一定承载力。压桩时，桩帽、桩身和送桩的中心线应重合。

3）压桩应连续进行，不得中断，接桩时间应尽量缩短，上、下节桩应在同一轴线上，桩头应平整光滑。

4）当遇有地下障碍物，使桩在压入过程中倾斜时，不能用压桩机行走方式强行纠正，应将桩拔起，待地下障碍物清除后，重新压桩。

5）当桩在压入过程中，夹持机构与桩侧打滑时，不能任意提高液压油缸的压力强行操作，而应找出打滑原因，采取有效措施后方能进行施工。

6）当桩的贯入阻力太大，不能压至标高时，不能任意增加配重，否则将引起液压元件和构件损坏。

7）压桩时如遇砂层，压桩阻力会突然增大，致使压桩机上抬，此时可在最大压桩力作用下维持一定时间，使桩有可能缓慢下沉穿过砂层。当维持定时压桩无效，难以压至设计标高时，可截去桩顶。

4. 水冲沉桩

（1）施工方法　水冲沉桩又称射水法沉桩（图2-21），即将两根射水管对称附在桩身旁侧，并用卡具将射水管与桩身连接，射水管方向平行于桩身，在其下端设喷嘴，沉桩时利用高压水通过射水管喷嘴形成的高压水流束，将桩尖附近的土体冲松液化而流动，减小桩身下沉的阻力。同时射入的水流大部分又沿桩身返回地面，因而减小了土壤与桩身间的摩阻力，使桩在自重或加重的作用下沉入土中。由于该法对土体几乎没有挤密作用，因此摩阻力将减小。

（2）适用范围　水冲沉桩法适用于在砂土和砾石土中沉桩施工，在坚实的砂土中，使用水冲沉桩法可防止将桩打断或桩头打坏，并可提高2~4倍工作效率。在砂质或松软的砾石土中，水冲沉桩与锤击沉桩或振动沉桩结合使用，则更能显著提高工作效率。特别是对于特长的预制桩，当单靠锤击有困难时，也用此法辅助。方法是当桩尖水将桩冲沉至离设计标高1~2m处时，停止射水，改用锤击或振动将桩沉到设计标高。由于水冲可能会引起地基湿陷，当沉桩附近有建筑物时，需采取有效防护措施。

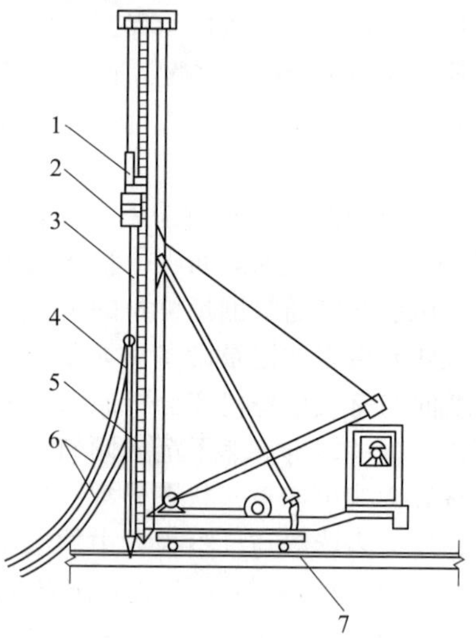

图2-21　水冲沉桩示意图

1—桩锤　2—桩帽　3—桩　4—卡具
5—射水管　6—高压软管　7—轨道

5. 预钻孔沉桩

预钻孔沉桩法又称植桩法，是在设计桩位预先钻孔，再将桩插入，并通过锤击或振动方法将桩沉至设计标高。该法可减轻挤土作用，避免桩头或桩身损坏，加快施工速度，但需增加钻孔设备。预钻孔沉桩法主要用于有较厚的硬土层或为减轻挤土作用以保护邻近建筑物、道路、地下管线等的沉桩工程。

钻孔常采用螺旋钻机。预钻孔直径应比桩径（或方桩对角线）小50~100mm；深度根据土的密实度、渗透性确定，宜为桩总长的1/3~1/2。施工时应随钻随打，避免塌孔。

2.4　混凝土灌注桩施工

混凝土灌注桩（以下简称灌注桩）是一种直接在现场桩位上使用机械或人工成孔，并在孔中灌注混凝土（或先在孔中吊放钢筋笼再灌注混凝土）而成的桩。所以灌注桩的施工过程主要有成孔和混凝土灌注两个施工工序。

与预制桩相比，灌注桩不受土层变化的限制，而且不用截桩和接桩。由于避免了运输、锤击等附加应力的影响，对桩的混凝土强度及配筋的要求相对较低，只要满足设计与使用的要求即可。因此，灌注桩具有节约材料，成本低，施工无振动、无挤压，噪声小等优点，可制作大直径、大深度、大承载力桩，适用于在建筑物密集区使用，应用范围广。但灌注桩施工操作要求严格，施工后混凝土需要一定的养护期，不能立即承受荷载，施工工期较长，质量不易控制，在软土地基

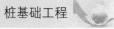

中易出现颈缩、断裂等质量事故。

灌注桩按成孔设备和成孔方法不同，可分为挤土成孔和取土成孔两大类。其中挤土成孔又分为套管成孔和爆扩成孔；取土成孔又分为钻孔成孔和挖土成孔。根据成孔方法的不同，灌注桩可分为钻孔灌注桩、套管成孔灌注桩、挖孔灌注桩、冲孔灌注桩和爆扩成孔灌注桩。

1. 成孔前的准备工作

灌注桩成孔前的准备工作与预制桩施工前的准备工作基本相同，但根据灌注桩施工的特点，在确定灌注桩成孔顺序时应注意以下两点：

1）当成孔对土壤无挤密或冲击作用时，一般可按成孔设备行走最方便路线等现场条件确定成孔顺序。

2）当成孔对土壤有挤密或冲击作用时，一般可结合现场施工条件，采用每隔 1~2 个桩位成孔、在邻桩混凝土初凝前或终凝后成孔、群桩基础中的中间桩先成孔而周围桩后成孔、同一桩基中不同深度的爆扩桩应先爆扩浅孔而后爆扩深孔等方法确定成孔顺序。

2. 成孔控制深度要求

1）当采用套管成孔时，必须保证设计桩长。对于摩擦桩，其桩管入土深度的控制以设计持力层标高为主，并以贯入度（或贯入速度）作为参考；对于端承桩，其桩管入土深度的控制以贯入度（或贯入速度）为主，并以设计持力层标高作为参考。

2）采用钻孔成孔时，必须保证桩孔进入硬土层达到设计规定深度，并清理孔底沉渣。

3. 质量检验方法

灌注桩是在地下成型的，为确保施工质量，必须进行质量检验，检验方法有以下几种：

1）钻芯法。钻芯法是指用钻机钻取芯样以检测桩长、桩身缺陷、桩底沉渣厚度，以及桩身混凝土的强度、密实性和连续性，并判定桩端岩土性状的方法。

2）低应变法。低应变法是指采用低能量瞬态或稳态激振方式在桩顶激振，实测桩顶部的速度时程曲线或速度导纳曲线，通过波动理论分析或频域分析，对桩身完整性进行判定的检测方法。

3）高应变法。高应变法是指用重锤冲击桩顶，实测桩顶部的速度和力时程曲线，通过波动理论分析，对单桩竖向抗压承载力和桩身完整性进行判定的检测方法。

4）声波透射法。声波透射法是指在预埋声测管之间发射并接收声波，通过实测声波在混凝土介质中传播的声时、频率和波幅衰减等声学参数的相对变化，对桩身完整性进行检测的方法。

2.4.1　钻孔灌注桩

钻孔灌注桩是指利用钻孔机械钻出桩孔，并在孔中浇筑混凝土（或先在孔中吊放钢筋笼再浇筑混凝土）而成的桩。根据钻孔机械的钻头是否在土壤的含水层中施工，又分为泥浆护壁成孔和干作业成孔两种施工方法。当桩位处于地下水位以上时，可采用干作业成孔法；当桩位处于地下水位以下时，则可采用泥浆护壁成孔法进行施工。采用这两种成孔方法的灌注桩均具有速度快、无振动、无挤土、噪声小、对周围建（构）筑物的影响小等优点，可在城市及建筑物稠密区使用，适宜于在硬的、半硬的、硬塑的和软塑的黏性土中施工。但是钻孔成孔的灌注桩与其他方法成孔的灌注桩或预制桩相比较，其承载力较低，沉降量也大，施工中有大量土渣或泥浆排出，在软土地基中易出现缩颈、断桩等质量问题。目前，重要工程常在混凝土灌注后，通过设置的注浆管向桩底及桩侧压注水泥浆，以提高承载力、减少沉降量。钻孔灌注桩成孔方法及适用范围见表 2-4。

表 2-4　钻孔灌注桩成孔方法及适用范围

成孔方法		适用范围
干作业成孔	螺旋钻	地下水位以上的黏性土、砂土及人工填土
	钻孔扩底	地下水位以上的坚硬的、硬塑的黏性土及中密以上的砂土
	机动洛阳铲	地下水位以上的黏性土、黄土及人工填土

（续）

成孔方法		适用范围
泥浆护壁成孔	冲转钻、冲击钻、回转钻	地下水位以上的黏性土、粉土、砂土、填土、碎（砾）石土及风化岩层，以及地质情况复杂、夹层多、风化不均、软硬变化较大的岩层
	潜水钻	黏性土、淤泥、淤泥质土及砂土

1. 泥浆护壁成孔灌注桩施工

泥浆护壁成孔灌注桩的施工方法为利用钻孔机械（或人工）在桩位处进行钻孔，待钻孔达到设计要求的深度后，立即进行清孔，并在孔内放入钢筋笼，水下浇筑混凝土成桩。在钻孔过程中，为了防止孔壁坍塌，孔中需要注入一定稠度的泥浆（或孔中注入清水直接制浆）护壁以减小地下水渗流导致孔壁坍塌的可能性，对保证成孔质量十分重要。泥浆护壁成孔灌注桩适用于在地下水位较高的含水黏土层，或流砂夹砂和风化岩等各种土层中的桩基成孔施工，因而使用范围较广，其施工工艺简易流程如图 2-22 所示，详细流程：桩位放线→开挖泥浆池、排浆沟→护筒埋设→钻机就位、孔位校正→成孔（泥浆循环、清除土渣）→第一次清孔→质量验收→下放钢筋笼和混凝土导管→第二次清孔→浇筑水下混凝土（泥浆排出）→成桩。其施工设备布置示意图如图 2-23 所示。

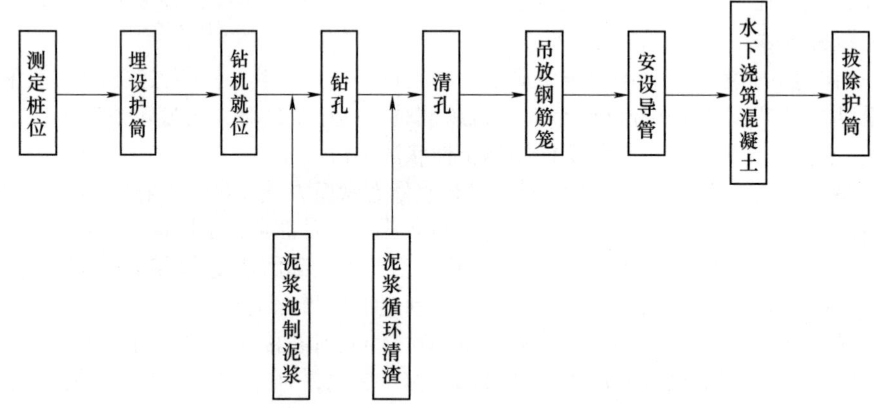

图 2-22　泥浆护壁成孔灌注桩工艺流程图

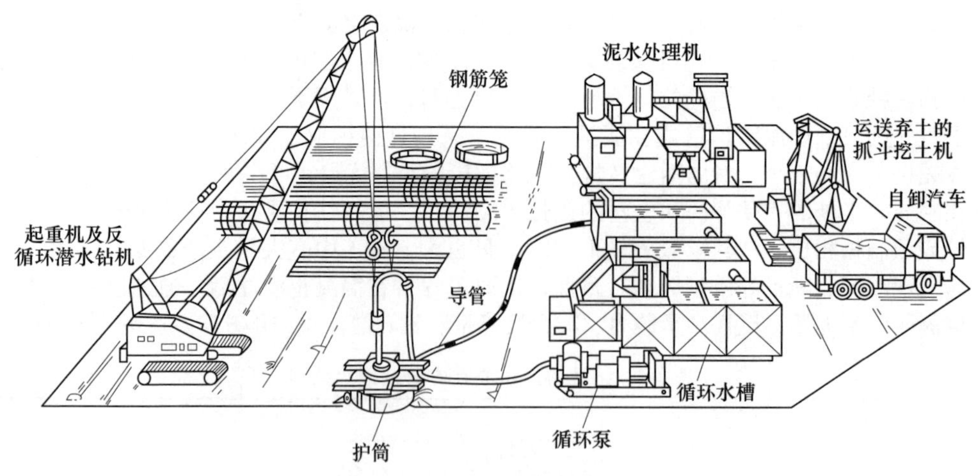

图 2-23　泥浆护壁成孔灌注桩施工设备布置示意图

（1）成孔设备　泥浆护壁成孔灌注桩所用的成孔机械有潜水钻机、回转钻机、冲抓钻机、冲击钻机及旋挖钻机等，其中以回转钻机应用最多。

1）潜水钻机（图2-24）。潜水钻机全称为潜水式电动回转工程钻机，是一种旋转式钻孔机械，由防水电机、减速机构和电钻头等组成，其配套机具设备有机架、卷扬机、泥浆制备系统设备、砂石泵等。防水电机和减速机构装设在具有绝缘和密封装置的电钻外壳内，且与钻头紧密连接在一起，因而能由绳索悬吊潜入孔中地下水位以下进行切削土层成孔。其长度一般不小于钻头直径的3倍，以设置导向装置，保证桩孔垂直。国产的潜水钻机钻孔直径在450~3000mm，最大钻孔深度可达80m，潜水电动机功率一般为22~111kW，适用于黏土、粉土、淤泥、淤泥质土、砂土、强风化岩、软质岩层，尤其适用于在地下水位较高的土层中成孔，不宜用于碎石土、卵石地基。采用潜水钻机循环排渣钻孔在灌注桩工艺中已日趋成熟，泥浆泵压送高压泥浆（或用水泵压送清水），使其从钻头底端射出，与切碎的土颗粒混合形成泥渣，可采用正、反两种循环方式排渣，泥浆还有护壁的作用。潜水钻机优点是以潜水电动机作动力，体积小、质量轻、施工移动方便，工作时动力装置潜在孔底，耗用动力小，钻孔效率高，可钻深孔，电动机防水性能好，运转时温升较小，过载能力强。但设备较复杂，费用较高。

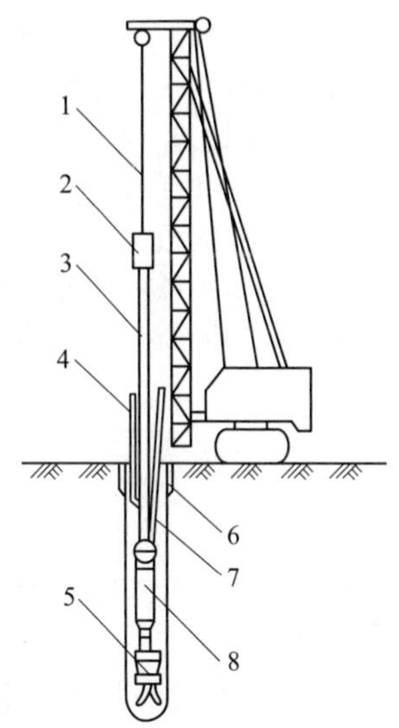

图2-24 潜水钻机示意图
1—钢丝绳 2—滚轮（支点） 3—钻杆 4—软水管 5—钻头 6—护筒 7—电线 8—潜水钻机

2）回转钻机（图2-25）。回转钻机多用于工程地质钻探、石油钻探等工程，由于钻进力大，钻进深，工作较稳定，也被应用于土木工程的基础施工。近些年来，用回转钻机作为钻孔灌注桩的施工机具较为普遍。回转钻机多用于高层建筑和桥梁桩基施工，适用于地下水位较高的碎石类土、砂土、黏性土、粉土、强风化岩、软质与硬质岩层等多种地质条件。回转钻机由机械动力传动，配以笼头式钻头，可多档调速或液压无级调速，带动置于钻机前端的转盘旋转，方形钻杆通过带方孔的转盘被强制旋转，其下安装钻头钻进成孔；以泵吸或气举的反循环或正循环泥浆护壁方式钻进，设有移动装置。回转钻机成孔直径为600~1200mm，最大的钻孔直径可达2500mm，钻进深度可达

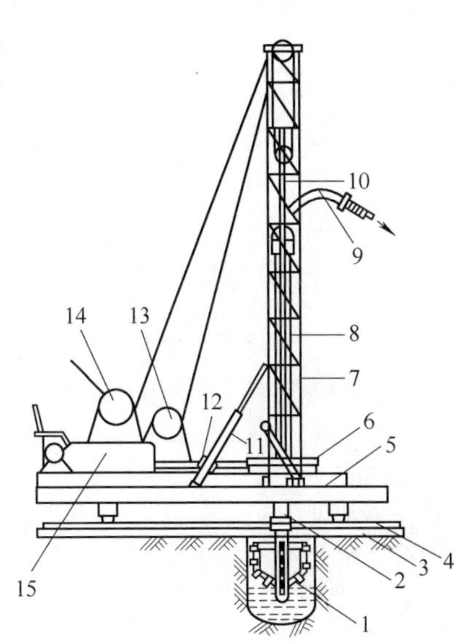

图2-25 回转钻机
1—钻头 2—钻管 3—轨枕钢板 4—轮轨 5—液压移动平台 6—回转盘 7—机架 8—活动钻管 9—吸泥浆弯管 10—钻管 11—液压支杆 12—传力杆方向节 13—副卷扬机 14—主卷扬机 15—变速箱

40~100m，主机功率22~95kW；其优点包括设备性能可靠，噪声和振动小，钻进效率高，护壁效果好，钻孔质量好，机具设备简单，操作方便，费用较低等特点，是国内最为常用和应用范围较广的成桩机具之一；但其成孔用水量大，泥浆排放量大，污染环境，扩孔率难以控制。

3）冲抓钻机（图2-26）。冲抓钻机又称贝诺特钻机，是先将冲抓锥头提升到一定高度，锥头内有压重铁块和活动抓瓣，自由下落并张开抓瓣冲入土石中，然后收紧锥瓣绳，抓瓣便将土抓入锥中，开动卷扬机提升冲抓锥出井孔，开瓣卸土，依次循环成孔。钻孔时采用泥浆护壁，也有配用钢套管全长护壁的。冲抓钻机适用于淤泥、腐殖土、密实黏性土、砂类土、砂砾石和卵石，孔径为1000~2000mm。该种钻机不需钻杆，设备简单，施工方便，经济，适用范围广。

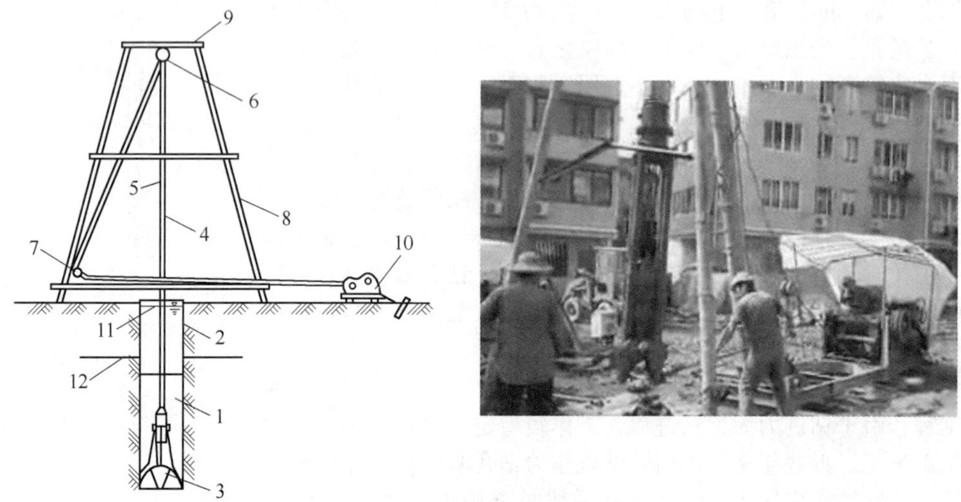

图2-26　冲抓钻机

1—钻孔　2—护筒　3—冲抓锥　4—开合钢丝绳　5—吊起钢丝绳　6—天滑轮　7—转向滑轮　8—钻架　9—横梁　10—双筒卷扬机　11—水头高度　12—地下水位

4）冲击钻机（图2-27）。冲击钻机工作原理为首先用冲击式装置或卷扬机将带钻刃的重钻头提升至一定高度，靠自由下落的冲击力将土石劈裂、劈碎部分挤入壁内，由于泥浆的悬浮作用，钻锥每次都能冲击到孔底土层，冲击一定时间后，用掏渣筒排出碎块；然后继续钻进至设计标高形成桩孔。当采用空心钻锥时，可利用钻锥收集钻渣，不需要掏渣筒清渣。冲击钻机适用于所有土层，采用实心钻锥钻进时，在漂石、卵石和基岩中比其他钻进方法优越，其钻孔直径可达

图2-27　冲击钻机

a）人工操作冲击钻机　b）自动型冲击钻机

2000mm（实心钻锥）或1500mm（空心钻锥），钻孔深度一般为50m以内。冲击钻机施工中需以护筒、掏渣筒、卷扬机及打捞工具等辅助作业，其机架可采用井架式、桅杆式或步履式等，一般均为钢结构。施工时，应根据土层随时调整冲程和泥浆相对密度。冲击钻机具有设备构造简单，适用范围广，操作方便，所成孔壁较坚实、稳定，塌孔少，不受施工场地限制，无噪声和振动影响等特点，因此被广泛采用，但存在掏泥渣较费时、费力，不能连续作业，成孔速度较慢，泥渣污染环境，孔底泥渣难以掏尽，使桩承载力不够稳定等问题。

5）旋挖钻机（图2-28）。旋挖成孔灌注桩施工利用钻杆和斗式钻头的旋转及重力作用来切削孔底土体并使土屑进入斗式钻头，提升斗式钻头出土成孔，人工配制的泥浆在孔内仅起护壁作用。成孔直径最大可达2m，深度60m，是最近几年从国外引进的新工艺。旋挖钻机具有施工速度快，噪声小，孔底沉渣少，适用范围广等优点。为防止塌孔，成孔时应采用跳挖方式，卸土位置距孔口应不小于6m，需要及时清除卸土，根据钻进速度同步补充泥浆。挖孔直径为600~3000mm，成孔深度可达110m以上。旋挖钻机由主机、钻杆和斗式钻头组成。其斗式钻头可分为锅底式（用于一般土层）、多刃切削式（用于卵石、密实砂砾层或障碍物）和锁定式（用于取出孤石、大卵石等）。旋挖钻机配有多种土斗，可根据土质情况选择和更换，适用于填土、黏土、粉土、淤泥、砂土及含有部分卵石、碎石的地层。一般需要进行泥浆护壁，干作业时也可不用泥浆护壁。

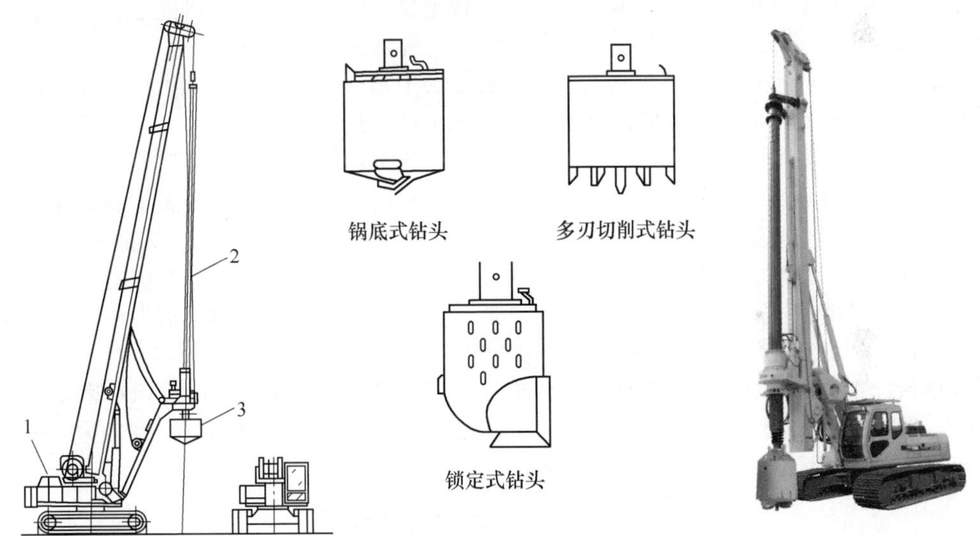

图2-28　旋挖钻机

1—主机　2—钻杆　3—斗式钻头

（2）成孔

1）埋设护筒。钻机钻孔前应做好场地平整，挖设排水沟，设泥浆池制备泥浆，做试桩成孔，设置桩基轴线定位点和水准点，放线定桩位及其复核等施工准备工作。钻孔时，先安装桩架及水泵设备，桩位处挖土埋设孔口护筒，桩架就位后，钻机进行钻孔。地表土层较好、开钻后不塌孔的场地可以不设护筒。但在杂填土或松软土层中钻孔时，应设护筒，护筒具有固定桩孔位置、为成孔导向、保护孔口、增大桩孔内水压、存储泥浆并使其高出地下水位的作用。护筒用4~8mm厚的钢板制作，内径应比钻头直径大100~200mm，埋入土中深度不宜小于1.0（黏土）~1.5m（砂土），其下端0.5m应击入土中；顶部应高出地面400~600mm，并开设1~2个溢流口；护筒与坑壁之间应用无杂质的黏土填实，不允许漏水；护筒中心与桩位中心的偏差应小于或等于50mm。水中施工时，在水深小于3m的浅水处，可适当提高护筒顶面标高，以减少筑岛填土量（图2-29）。如岛底河床为淤泥或软土，宜挖除换以砂土；若排淤换土工作量大，则可用长护筒。将护筒沉入河底土层中，在水深超过 3m 的深水区，宜搭设工作平台（可为支架平台、浮船、钢板桩围堰、木排、浮运薄壳沉井等），下沉护筒的定位导向与下沉护筒如图 2-30 所示。

2）泥浆护壁钻孔。钻孔时应在孔中注入泥浆，并始终保持泥浆液面高于地下水位 1.0m 以上，当受水位涨落影响时，应增至 1.5m 以上。因孔内泥浆的液面高于地下水位，且泥浆的密度比水大，泥浆所产生的液柱压力可平衡地下水压力，并对孔壁有一定的侧压力，成为孔壁的一种液态支撑，并防止地下水的渗入。同时，泥浆中胶质颗粒在泥浆压力下，渗入孔壁表层孔隙中，在孔壁上形成一层透水性很低的泥皮，能避免漏水而保持孔内的水压，对砂土还有一定的黏结效应，可以起到液体支撑的作用，从而可以防止塌孔，保护孔壁。泥浆具有较高的黏性，可将切削下的土渣悬浮起来，并随同泥浆的循环排出孔外，起到携渣排土作用。泥浆除具有护壁、携渣排土作用外，还具有润滑钻头以降低切削阻力、降低钻头发热以减少磨损、减小钻进阻力以提高效率等作用。钻孔前，护壁泥浆一般在现场专门制备，泥浆应根据施工机械、工艺及穿越土层情况进行配合比设计。在钻孔时灌入并随时补充；在灌注混凝土时，将排出的泥浆回收再利用。当在黏土、粉质黏土层中钻孔时，可在孔中注入清水，形成适合的护壁浆液，以原土造浆护壁、排渣。当穿越砂夹层时，为防止塌孔，宜投入适量黏土以加大泥浆稠度；当砂夹层较厚或在砂土中钻孔时，则应采用高塑性黏土或膨润土制备泥浆注入孔内。泥浆主要是膨润土或黏土和水的混合物，并根据需要掺入少量其他物质，如加重剂、分散剂、增黏剂及堵漏剂等。泥浆的黏度应控制适当，黏度大，携带土屑能力强，但会影响钻进速度，黏度小，则不利于护壁和排渣。泥浆的稠度也应合适，虽然稠度大，护壁作用也强，但其流动性变差，还会给清孔和浇筑混凝土带来困难。所以护壁泥浆应达到一定的性能指标（表 2-5），膨润土泥浆的性能指标主要有相对密度、黏度、含砂率等。施工时，一般注入的泥浆相对密度宜控制在 1.1~1.15，排出的泥浆相对密度宜为 1.2~1.4。此外，泥浆的含砂率宜控制在 6%以内，因含砂率大会降低黏度，增加沉淀，使钻头升温，磨损泥浆泵。

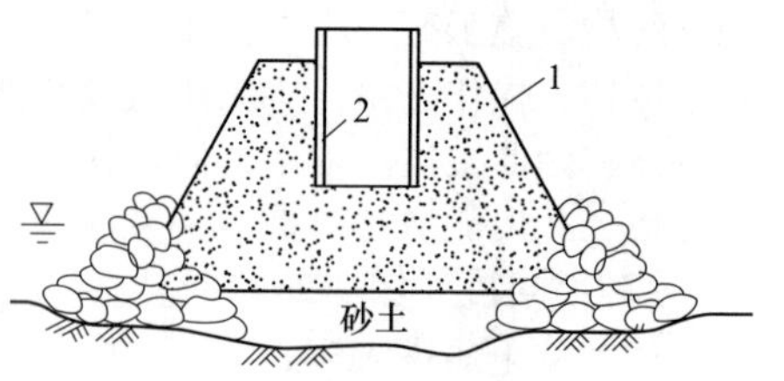

图 2-29　围堰筑岛埋设护筒
1—夯填黏土　2—护筒

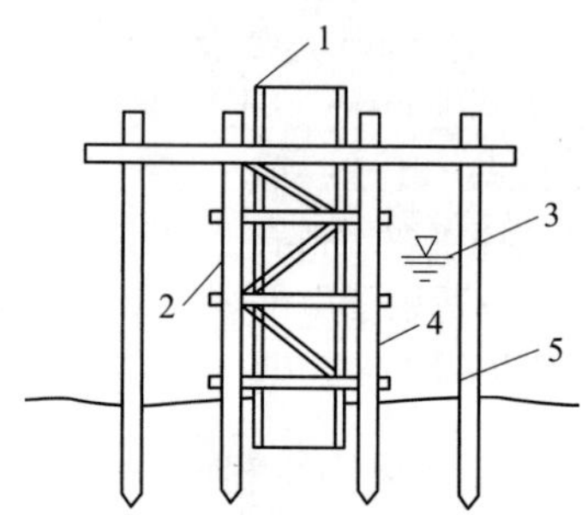

图 2-30　搭设平台固定护筒
1—护筒　2—工作平台　3—施工水位
4—导向架　5—支架

表 2-5　护壁泥浆的性能指标

项次	项目	性能指标	检验方法
1	相对密度	1.1~1.15	泥浆密度计
2	黏度	10~25s	(500/700)mL 漏斗法
3	含砂率	<6%	含砂量计
4	胶体率	>95%	量杯法
5	失水量	<30mL/30min	失水量仪
6	泥皮厚度	1~3mm/30min	失水量仪
7	静切力	2~3Pa/min 5~10Pa/10min	静切力力计
8	稳定性	<0.03g/cm²	
9	pH 值	7~9	pH 试纸

钻孔进尺速度应根据土层类别、孔径大小、钻孔深度和供水量确定。对于淤泥和淤泥质土不

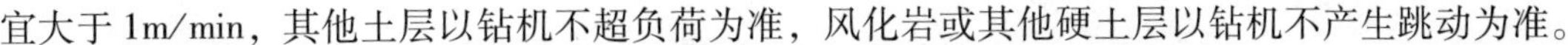

宜大于1m/min，其他土层以钻机不超负荷为准，风化岩或其他硬土层以钻机不产生跳动为准。

3）泥浆循环排渣。钻孔时泥浆不断循环，携带土渣排出桩孔，泥浆循环排渣可分为正循环排渣法和反循环排渣法。

① 正循环排渣法是利用泥浆泵将泥浆由钻杆内腔向下打入、从钻头底部喷出，携带土渣的泥浆沿孔壁向上流动，由孔口将土渣带出，流入沉淀池，经沉淀或除渣处理的泥浆流入泥浆池，再由泵注入钻杆，如此循环，如图2-31a所示。沉淀的土渣用泥浆车运出排放。正循环设备简单，操作方便，但出渣效率较低，孔深大于40m和粗粒土层中不宜使用。

② 反循环排渣法是泥浆由钻杆与孔壁间的环状间隙流入孔内，同时，与钻杆相连的砂石泵通过在钻杆内形成真空，使钻杆下部的土渣连同泥浆由钻杆内腔吸出并排入沉淀池，经沉淀或除渣处理后的泥浆再流入孔内，如图2-31b所示。由于泵吸作用，泥浆的上流速度较快，可以提高排渣能力和成孔效率，故排放渣土的能力强大。其排渣深度可达50m以上，当钻孔深度过大时，还可在钻杆下部通入向上的高压空气，形成气举泵吸反循环，其排渣深度可达到120m，渣土最大粒径30mm以上。

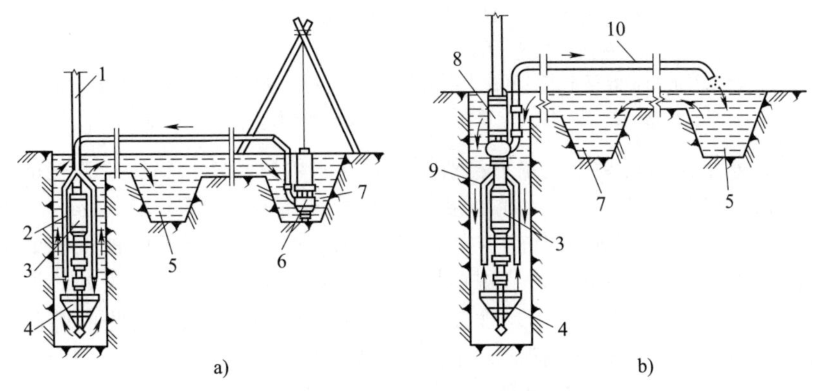

图2-31　潜水钻钻孔循环排渣方法

a）正循环排渣法　b）反循环排渣法

1—钻杆　2—送水管　3—主机　4—钻头　5—沉淀池　6—潜水泥浆泵
7—泥浆池　8—砂石泵　9—抽渣管　10—排渣胶管

4）清孔。钻孔深度达到设计要求后，必须进行清孔。清孔的目的是清除钻渣和沉淀层，同时也为泥浆下浇筑混凝土创造良好条件，确保浇筑质量。以原土造浆的钻孔，可使钻机空转不进，同时射水，待排出泥浆的相对密度降到1.1左右，可认为清孔已合格。注入制备泥浆的钻孔可采用换浆法清孔，在清孔过程中泥浆不断置换，使孔底沉渣排出，沉渣厚度应符合要求，待换出泥浆的相对密度小于1.15时方可认为合格。清孔结束时孔底泥浆沉淀物不可过厚，若孔底沉渣或淤泥过厚，则有可能在浇筑混凝土时被混入桩头混凝土中，导致桩的沉降量增大，而承载力降低。因此，规定要求端承桩的沉渣厚度不得大于50mm，摩擦端承桩和端承摩擦桩的沉渣厚度不得大于100mm，摩擦桩的沉渣厚度不得大于300mm。

（3）混凝土浇筑　桩孔钻成并清孔完毕后，应立即吊放钢筋笼和浇筑水下混凝土。水下浇筑混凝土通常采用导管法，其施工工艺如图2-32所示。

1）吊放钢筋笼，就位固定。当钢筋笼全长超过12m时，钢筋笼宜分段制作，分段吊放，接头处用焊接连接，并使主筋接头在同一截面中数量小于或等于总数量的50%，相邻接头错开距离大于或等于500mm。为增加钢筋笼的纵向刚度和灌注桩的整体性，沿钢筋笼长度方向每隔2m焊一个ϕ12的加强环箍筋，并要保证有60~80mm厚的钢筋保护层（如设置定位钢筋环或混凝土垫块）。吊放钢筋笼前要检查钢筋施工是否符合设计要求。吊放时要轻放，切不可强行下插，以免产生回击落土。吊放完毕并经检查符合设计标高后，将钢筋笼临时固定（如绑在护筒或桩架上），以防移动。

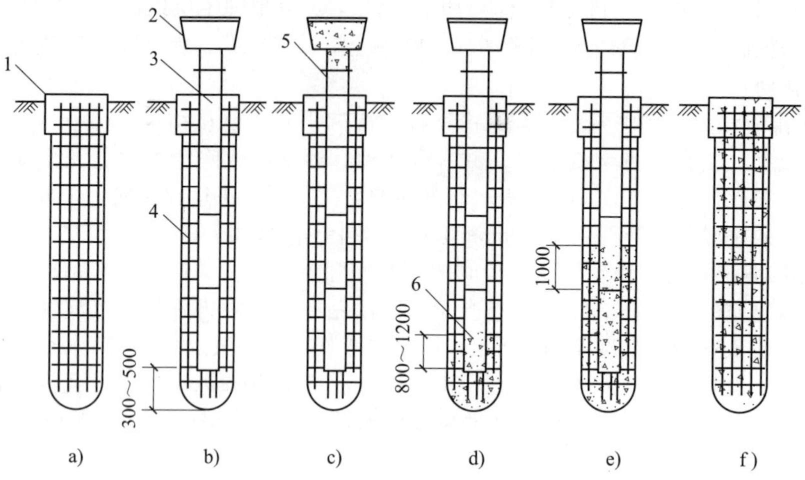

图 2-32　水下浇筑混凝土施工工艺图

a）吊放钢筋笼　b）插下导管　c）漏斗满灌混凝土

d）除去隔水栓，混凝土下落孔底　e）随浇混凝土随提升导管　f）拔除导管成桩

1—护筒　2—漏斗　3—导管　4—钢筋笼　5—隔水栓　6—混凝土

2）吊放导管，水下浇筑混凝土。水下浇筑混凝土通常用导管法，将密封连接的钢管作为水下混凝土的灌注通道，以避免泥浆与混凝土接触。导管的壁厚不宜小于 3mm，直径宜为 200～250mm；其接头处外径应比钢筋笼的内径至少小 100mm，导管的分节长度视工艺要求确定，每节长度 2～3m，底管长度不宜小于 4m。各节用双螺纹方扣快速接头连接，接头处的最大外径应比钢筋笼内径至少小 100mm，以便顺利提出。管提升时，不得挂住钢筋笼，为此可设置防护三角形加劲板或设置锥形法兰护罩。导管使用前应试拼装、试压，试水压力为 0. 6～1. 0MPa。

① 混凝土要求。用于水下浇筑的混凝土，除了其配合比要满足设计强度要求外，还应考虑采用导管法在泥浆中浇筑混凝土的施工特点以及施工方法对混凝土强度的影响。混凝土强度等级不应低于 C25，并应比设计强度提高 5MPa；必须具有良好的和易性，流动性大且缓凝，坍落度一般采用 180～220mm，坍落度降低至 150mm 的时间不宜小于 1h，扩散度宜为 34～80mm。水泥应采用 42. 5 级或 52. 5 级普通矿渣水泥，水泥用量不少于 360kg/m^3；细骨料尽量选用中粗砂，砂率宜为 40%～50%；粗骨料粒径不宜大于 40mm，并不宜大于钢筋最小净距的 1/3 和导管内径的 1/6～1/4；纵筋的混凝土保护层厚度不小于 50mm。混凝土初凝时间应满足浇筑和接头施工工艺的要求，一般为 3～4h。钢筋笼放入桩孔后 4h 内必须浇筑混凝土；水下浇筑混凝土应连续进行并控制在 4～6h 内浇完，以保证混凝土的均匀性，间歇时间一般应控制在 15min 以内，任何情况下不得超过 30min；混凝土实际灌注量不得小于计算体积；同一配合比试块数量每根桩不得少于 1 组。

② 浇筑过程。首先将导管吊入桩孔内，导管顶部连接储料漏斗，在导管内放入隔水栓，用细钢丝悬吊。隔水栓宜采用球胆或预制混凝土块（外套橡胶圈）。为使隔水栓能顺利排出，导管底部至孔底的距离宜为 300～500mm，当桩直径小于 600mm 时可适当加大导管底部至孔底距离。首批混凝土的浇筑量（初灌量）必须经过计算确定，以保证完全排出导管内的泥浆，并能保证首批混凝土下落后能将导管下端埋入混凝土中 0. 8m 以上，防止泥浆卷入混凝土中。混凝土初灌量可按下式计算：

$$V = \frac{h_1 \times \pi d^2}{4} + H_c A \tag{2-1}$$

式中，d 是导管直径（m）；H_c 是首批混凝土要求浇筑深度（m）；A 是钻孔的横截面面积（m^2）；h_1 是孔内混凝土达到 H_c 时，导管内混凝土柱与导管外水压平衡所需要的高度（m），其计算公式为

$$h_1 = \frac{H_w \gamma_w}{\gamma_c} \tag{2-2}$$

式中，H_w是预计浇筑混凝土顶面至钻口的高差（m）；γ_w是孔内泥浆的重度，取12kN/m³；γ_c是混凝土拌和物的重度，取24kN/m³。

然后剪断钢丝，隔水栓下落，混凝土随隔水栓冲出导管下口，并把导管底部埋入混凝土内。连续浇筑混凝土，浇筑时还要保持孔内混凝土面均匀上升，且上升速度不大于2m/h，浇筑速度一般为30~35m³/h。导管提升速度应与混凝土的上升速度相适应，适时提升并逐节拆除导管，但应保证管底始终埋置在混凝土内2~6m，严禁导管提出混凝土面。所以要有专人随时用探锤测量混凝土面的实际标高，计算混凝土上升高度、导管埋深及管内外混凝土面的高差，统计混凝土浇筑量，绘制水下混凝土浇筑记录图（图2-33）。

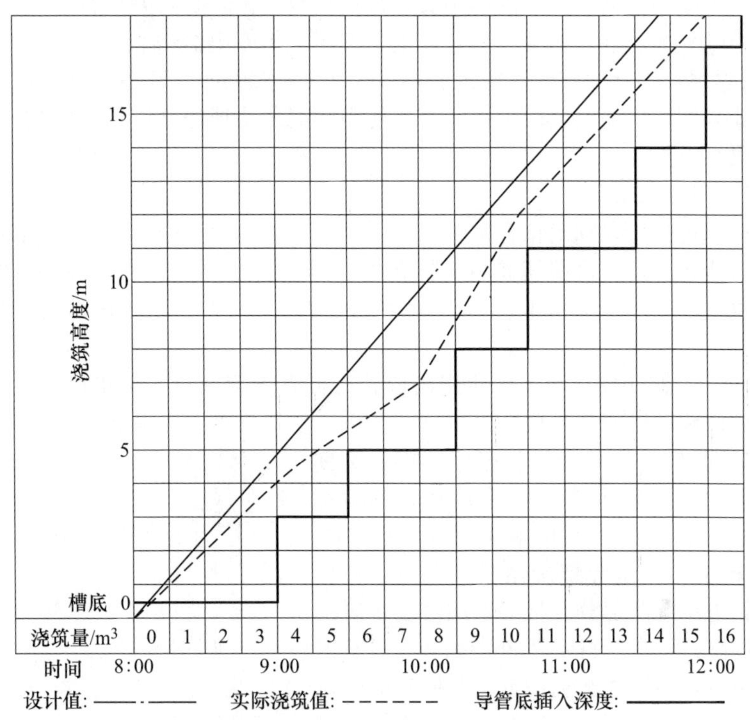

图2-33　水下混凝土浇筑记录图

③ 浇筑完毕，拔除导管。水下混凝土必须连续施工，每根桩的浇筑时间按混凝土的初凝时间控制。控制最后一次灌注量，浇至桩顶时要超灌0.8~1.0m高度，以保证凿除泛浆层后，桩顶混凝土强度满足设计要求。混凝土浇筑至要求高度后，拔除导管，水下浇筑混凝土完成。

（4）施工中常遇问题及处理方法　泥浆护壁成孔灌注桩施工中，常会遇到护筒冒水、孔壁缩颈和塌陷、钻孔倾斜、孔底沉渣过厚等问题，其原因和处理方法简述如下：

1）护筒冒水。施工中发生护筒冒水，如不及时采取防治措施，将会引起护筒倾斜，产生位移，桩孔偏斜，甚至产生地基下沉。护筒冒水的原因是埋设护筒时周围填土不密实，或者起落钻头时碰动护筒。处理方法是，若在成孔施工开始时就发现护筒冒水，则可用黏土在护筒四周填实加固，若在护筒已严重下沉或发生位移时发现护筒冒水，则应返工重埋。

2）孔壁缩颈。在软土地区钻孔，尤其是在地下水位高、软硬土层交界处，极易发生孔壁缩颈现象。施工过程中，当遇钻杆上提或钢筋笼下放受阻现象时，就表明存在局部缩颈。孔壁缩颈的原因有泥浆相对密度不当，桩的间距过密，成桩的施工时间相隔太短，钻头磨损过大等。处理方法是，将泥浆相对密度控制在1.15左右，施工时要跳开1~2个桩位钻孔，成桩的施工间隔时间要超过72h，钻头定时更换等。

3）孔壁塌陷。在钻孔过程中，如发现孔内冒细密水泡或护筒内的水位突然下降，则表明有孔壁塌陷的迹象。塌孔会导致孔底沉淀增加、混凝土灌注量超方和影响邻桩施工。孔壁塌陷的原因是土质松散，泥浆护壁不良（泥浆过稀或质量指标失控），泥浆吸出量过大，护筒内水位高度不够，钻杆刚度不足引起晃动而导致碰撞孔壁或吊放钢筋笼时碰撞孔壁等。处理方法是，当在钻进中出现塌孔时，应保持孔内水位，并可加大泥浆相对密度，减少泥浆泵排出量，以稳定孔壁；当塌孔严重或泥浆突然漏失时，应停钻并在判明塌孔位置和分析原因后，立即回填砂和黏土混合物到塌孔位置以上1~2m，待回填物沉积密实，孔壁稳定后再进行钻孔。

4）钻孔倾斜。钻孔时，钻杆不垂直或弯曲、土质松软不一、遇上孤石或旧基础等都会引起钻孔倾斜。如钻孔时发现钻杆有倾斜，则应立即停钻，检查钻机是否稳定，或地下是否有障碍物，如排除这些因素，可改用慢钻速，并提动钻头进行扫孔纠正，以便削去“台阶”。如用上述方法纠正无效，则应回填砂和黏土混合物至偏斜处以上1~2m，待沉积密实后，重新进行钻孔施工。

5）孔底沉渣过厚。端承型桩的孔底沉渣厚度不得超过50mm，摩擦型桩不超过100mm。成孔时应尽量清理，或采取在钢筋笼上固定注浆管，待灌注混凝土成桩2d后，再向孔底高压注入水泥浆的措施来挤密固结沉渣。

2. 干作业成孔灌注桩施工

干作业成孔灌注桩是指先利用钻孔机械（或人工）在桩位处进行钻孔，待钻孔深度达到设计要求时，立即进行清孔，然后将钢筋笼吊入桩孔内，再浇筑混凝土而成的桩。干作业成孔灌注桩适用于地下水位以上的黏性土、粉土、填土、中等密实以上的砂土、风化岩层，无须护壁即可直接取土成孔。

（1）成孔机械　干作业成孔灌注桩所用的成孔机械有螺旋钻机、钻扩机、机动或人工洛阳铲等。以下主要介绍螺旋钻机和钻扩机。

1）螺旋钻机。螺旋钻机可分为长螺旋钻机（又称全叶螺旋钻机，即整个钻杆上都有叶片）和短螺旋钻机（只是临近钻头2~3m范围内有叶片）两大类。图2-34所示为液压步履式全叶螺旋钻机示意图，包括液压步履桩架和钻进系统两部分。桩架采用液压步履式底盘，自动化程度高，可自行行走及360°回转，设有四条液压支腿及一条行走油缸，在辅助行走及回转的同时增加施工时的整机稳定性，可整机进行运转。立柱为可折叠式箱型立柱，法兰连接，立柱采用两块大厚度蒙板，并且用大型折弯机折弯技术，经两道焊缝焊接而成，同时立柱内部每隔60cm加焊四根加强筋固定，增加立柱抗扭、抗弯性。立柱由两条变幅液压油缸控制其升降。钻进系统包括动力头与钻具，动力头的输出轴与螺旋钻具为中空式，桩机采用长螺旋成孔，可通过钻杆中心管泵送混凝土（或泥浆）。混凝土CFG桩（水泥粉煤灰碎石桩）施工，即能钻孔成孔一机一次完成，也可用于干作业法成孔、注浆置换，改变钻具后还可采用深层搅拌等多种工法进行施工。

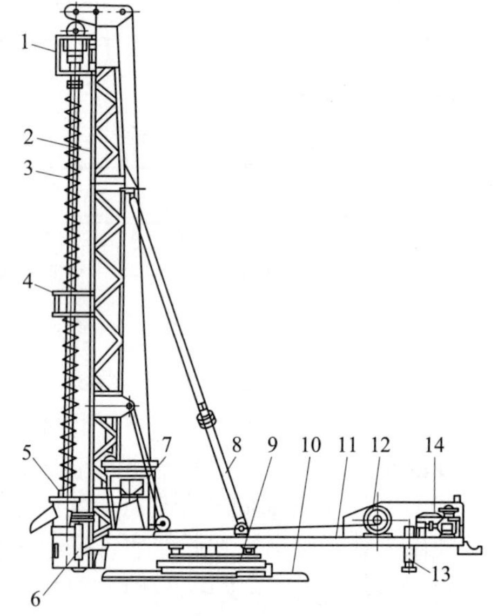

图2-34　液压步履式全叶螺旋钻机
1—减速箱总成　2—臂架　3—钻杆
4—中间导向套　5—出土装置　6—前支腿
7—操纵室　8—斜撑　9—中盘　10—下盘
11—上盘　12—卷扬机
13—后支腿　14—液压系统

螺旋钻机的钻头是钻进取土的关键装置，它有多种类型，分别适用于不同土质，常用的有锥式钻头、平底钻头及耙式钻头（图2-35）。锥式钻头适用于黏性土；平底钻头适用于松散土层；耙式钻头适用于杂填土，其钻头边镶有硬质合金刀头，能将碎砖等硬块切削成小颗粒。

螺旋钻机适用于地下水位以上的黏性土，砂类土，含少量砂砾石、卵石的土。全叶螺旋钻机工作时，利用螺旋钻机的电动机带动钻杆转动，使螺旋钻头旋转切削土体，被切削的土块随钻头旋转，沿螺旋叶片上升排出孔外，成孔直径为300~800mm，深度为12~30m。在软塑土层、含水量大的土层削土时，利用叶片螺距较大的钻杆可提高工作效率。在可塑或硬塑的土层中或含水量较小的砂土中，则应采用叶片螺距较小的钻杆，以便能均匀平稳地钻进土中。短螺旋钻成孔方法与长螺旋钻成孔方法的不同之处是：短螺旋钻成孔，其被切削的土块钻屑只能沿数量不多的螺旋叶片（一般只在临近钻头2~3m处）上升，积聚在短螺旋叶片上，形成土柱，然后靠提钻、反钻、甩土等将钻屑散落在孔周，一般每钻进0.5~1.0m就要提钻一次。

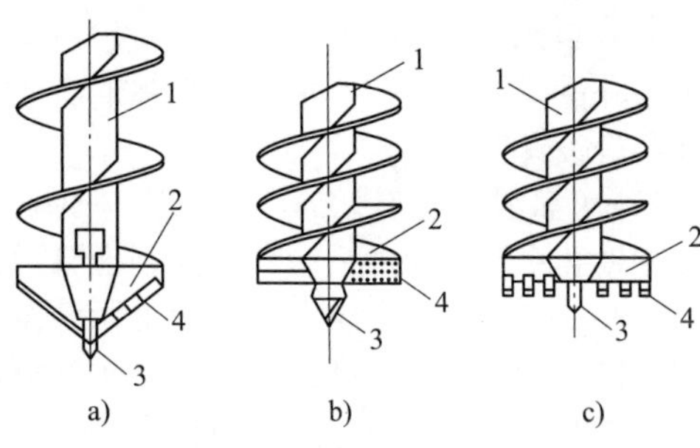

图2-35　螺旋钻机的钻头类型

a）锥式钻头　b）平底钻头　c）耙式钻头

1—螺旋钻杆　2—切削片　3—导向尖　4—合金刀

2）钻扩机。钻扩机（图2-36）是用于钻孔扩底灌注桩中的成孔机械，其主要部分是由两根并列的开口套管组成的钻杆和钻头。作为钻杆的两根套管并列焊成圆筒形整体，每根套管内都装有输运土的螺旋叶片传动轴。钻头和钻杆采用铰连接。钻头上装有钻孔刀和扩孔刀，用液压操纵，可使钻头并拢或张开（均能偏摆30°）。开始钻孔时，钻杆和钻头顺时针方向旋转钻进土中，切下的土由套管中的螺旋叶片送至地面。当钻孔达到设计深度时，操纵液压阀，使钻头徐徐撑开，边旋转边扩孔，切下的土也由套管内叶片输送到地面，直至达到设计要求为止。扩底直径应符合设计要求，最大可达1200mm。孔底虚土厚度，对于摩擦型桩，不得大于300mm；对于端承型桩，不得大于100mm。

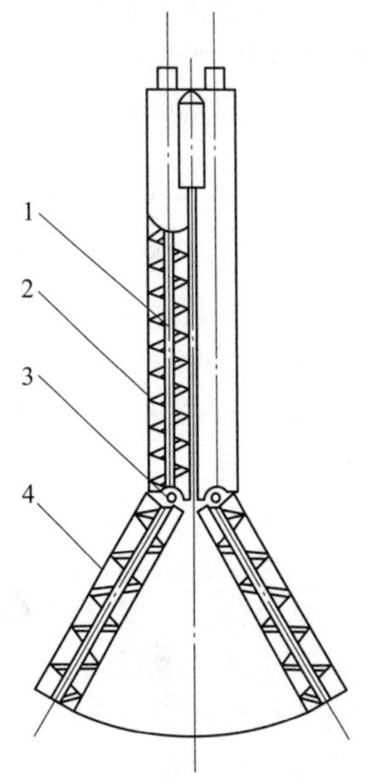

图2-36　钻扩机钻杆与钻头连接示意图

1—外管　2—输土螺旋

3—球形铰　4—钻头

（2）成桩方法

1）传统成桩法。采用全叶螺旋钻机干作业成孔的施工方法是先使钻机就位，钻杆对准桩孔中心点，然后使钻杆往下运动，待钻头刚接触地面土时，立即使钻杆转动。应注意钻机要放置平稳、垫实，并用线锤或水平尺检查钻杆是否平直，以保证钻头沿垂线方向钻进。一节钻杆钻完后，可停机接上第二节钻杆，继续钻进到要求的深度，钻进速度应根据电流值变化及时调整。在钻孔过程中应及时清理孔口积土，当出现钻杆跳动、机架摇晃、钻不进或钻头发出响声时，表明钻机已出现异常情况，或可能遇到孔内坚硬物，应立即停机检查，待查明原因后再作处理；当遇有塌孔、缩孔等异常情况时，也应及时研究解决。要随时注意钻架上的刻度标尺，当钻杆钻孔至设计要求深度时，应先在原处空转清土，然后停钻后提出钻杆弃土。螺旋钻机成孔直径一般为300~500mm，最大可达800mm，钻孔深度为8~12m。灌注桩的桩位偏差，边桩不得大于70mm，中间桩不得大于150mm；孔深偏差为（0±300）mm，垂直度偏差不大于1%。

孔底虚土清理得干净与否，不仅影响桩的端承力和虚土厚度范围内的侧摩阻力，而且还影响孔底向上相当长一段桩的侧摩阻力，因此必须认真对待孔底虚土的清理工作。通常采用加水泥的方法来固结被钻具扰动的孔底虚土，或向孔底夯入砂石混合料，或扩大桩的侧面以增大其与土的接触面等，以提高钻孔灌注桩的承载力。

桩孔经检查合格后，将已绑扎的钢筋笼一次整体吊入孔内，若过长也可分段吊，两端焊接后再慢慢沉入孔内。为防止孔壁坍塌和避免雨水冲刷，应及时浇筑混凝土。当土层较好，没有雨水冲刷时，从成孔至混凝土浇筑的时间间隔也不得超过24h。

混凝土坍落度一般采用80~100mm，混凝土应连续浇筑，分层捣实，每层的高度不得大于

1.50m。混凝土浇筑应适当超过桩顶设计标高，以保证在凿除浮浆层后，桩顶标高和混凝土质量能符合设计要求。

2）压灌混凝土后插筋法。该法是在长螺旋钻机钻孔至设计深度后，利用混凝土泵通过钻杆中心通道，以一定压力将混凝土压灌至桩孔中，钻杆随混凝土上升。混凝土灌注到设定标高以上0.3~0.5m后，移开钻杆，钻机吊钢筋笼就位，借助钢筋笼自重和插筋器（顶部加装振动器的钢管）的振动力，将钢筋笼插入混凝土中至设计标高，再边振动边拔出插筋器而成桩（图2-37）。与传统成桩工艺相比，该方法成桩速度快，单桩承载力高，混凝土密实性好，并可减少塌孔，避免出现缩颈、露筋、桩底沉渣多等质量缺陷，在有少量地下水的情况下仍可成桩。

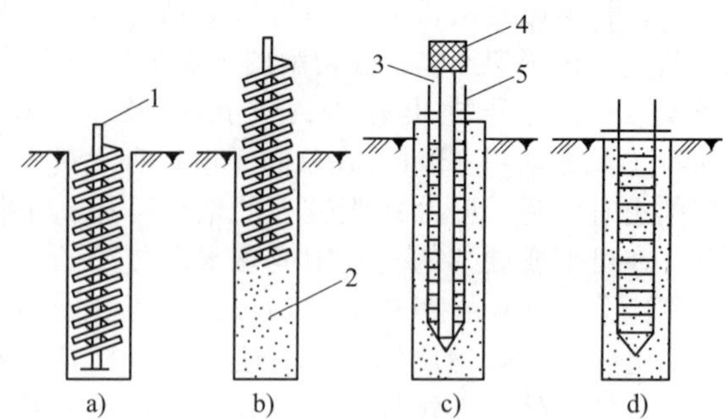

图2-37　压灌混凝土灌注桩施工过程
a）钻孔　b）压灌混凝土并提钻
c）插入钢筋笼　d）拔出插筋器，成桩
1—螺旋钻杆　2—混凝土　3—插筋器
4—振动器　5—钢筋笼

2.4.2　人工挖孔灌注桩

人工挖孔灌注桩（简称人工挖孔桩）是以硬土层作为持力层、以端承力为主的一种基础型式，其直径可达1~3.5m，桩深为60~80m，每根桩的承载力高达6000~10000kN。如果桩底部再进行扩大，则称为大直径扩底灌注桩。

1. 人工挖孔桩施工特点及护壁设计

（1）施工特点　人工挖孔桩是指先采用人工挖掘方式进行成孔，然后安放钢筋笼，浇筑混凝土而成的桩。它的特点是单桩承载力高，受力性能好，既能承受垂直荷载，又能承受水平荷载，无须大型机械设备；无噪声、无振动、无环境污染，对施工现场周围既有建筑物的危害影响小；施工速度快，必要时可各桩同时施工；土层情况明确，可直接观察到地质变化的情况；桩底沉渣能清理干净，沉降量小；施工质量可靠，造价较低，在荷载大的重型结构和超高层建筑深基础中得到广泛应用。但也存在人工耗量大，开挖效率低，危险性高等缺点，特别是井下作业环境恶劣，工人随时有可能受到涌水、涌沙、塌方、毒气、触电、高处坠落、物体打击等的安全威胁，近年来已逐渐被限制使用。为了确保人工挖孔桩施工安全，要有预防孔壁坍塌、流砂、管涌的措施，要有可靠的排水、通风、照明设施。预防孔壁坍塌的措施有采用现浇混凝土护圈、钢套管和沉井三种。现浇混凝土护圈的施工方法是分段开挖（每段为1m），分段浇筑护圈混凝土直至设计深度后，再将钢筋笼放入护圈井筒内，最后浇筑井筒桩身混凝土。

（2）护壁设计　人工挖孔桩施工是综合灌注桩和沉井施工特点的一种施工方法，因而是二阶段施工和二次受力设计。第一阶段为挖孔成型施工，为了抵抗土的侧压力及保证孔内施工安全，把它作为一个受轴侧力的筒形结构进行护壁设计；第二阶段为桩孔内浇筑混凝土施工，为了传递上部结构荷载，将其作为一个受轴向力的圆形实心端承桩进行设计。

桩身截面是根据使用阶段仅承受上部垂直荷载而不承受弯矩进行计算的。桩孔护壁则是根据施工阶段受力状态进行计算的，一般根据地下最深护壁所承受的土侧压力及地下水侧压力（图2-38）确定其厚度，但不考虑施工过程中地面不均匀堆土产生偏压力的影响。护壁厚度t可按下式确定：

$$t \geqslant \frac{pD}{2f_c} \cdot K \tag{2-3}$$

式中，p是土及地下水对护壁的最大侧压力（MPa）；D是人工挖孔桩桩身直径（mm）；K是混凝土轴心受压的安全系数；f_c是混凝土轴心受压的抗压强度（N/mm^2或MPa）。

人工挖孔桩的直径除了要满足设计承载力外，还应考虑人工施工所需的最小尺寸要求。故桩径不宜小于 800mm。

当采用现浇钢筋混凝土护壁时（图 2-39），护壁厚度 t 一般为 $D/10+50$mm（D 为桩径），护壁内等距放置 8 根直径为 6～8mm、长度约 1m 的直钢筋，插入下层护壁内，使上下层护壁有钢筋拉结，以防即使当某段护壁因出现流砂、淤泥，使摩擦力减小时，也不会造成护壁因自重而沉裂的现象发生。

有时也可用喷锚混凝土护壁代替现浇混凝土护壁，这样可省去模板。当深度不大、地下水少、土质也较好时，甚至可利用砖石砌筑护壁。

1）现浇混凝土护壁。采用现浇混凝土护壁进行人工挖孔桩施工，是边开挖土方边构筑混凝土护壁，护壁的结构形式为斜阶形，如图 2-40 所示。混凝土护壁厚度不宜小于 100mm，每节护壁高度为 1.0m 左右。当遇有松散砂卵石层、淤泥质土等土层或地下水渗流较大时，应减小每层护壁高度，护壁厚度和下挖速度视桩径及安全情况而定。混凝土强度等级不得低于桩身混凝土强度等级，且不得低于 C20。采用多节护壁时，上下节护壁宜用钢筋拉结。对于土质较好的地层，护壁可以用素混凝土，土质较差地段应加少量钢筋[环筋($\phi10\sim\phi12$)@200，竖筋($\phi10\sim\phi12$)@400]。

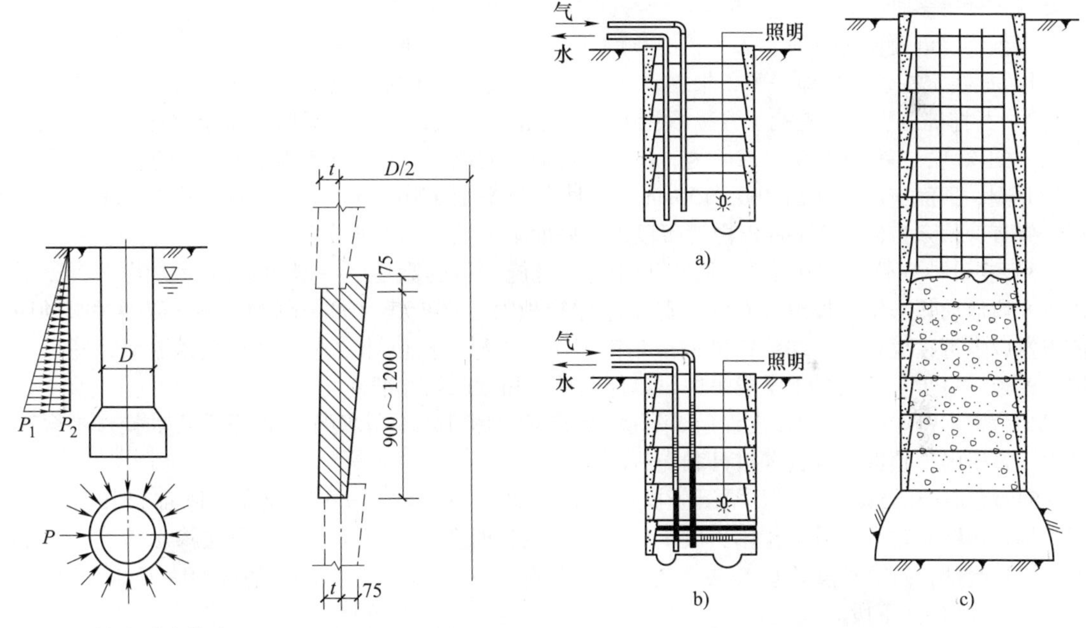

图 2-38　护壁受力状态　图 2-39　钢筋混凝土护壁　图 2-40　现浇混凝土护壁

a）在护壁保护下挖土　b）支模板浇筑混凝土护壁　c）浇筑桩身混凝土

浇筑护壁的模板宜采用工具式钢模板，它多由三块模板以螺栓连接拼成，使用方便。每节护壁要保证同心。第一节护壁应高出地面 150～200mm，上下节护壁的搭接长度不得小于 50mm。每节护壁均应在当日连续施工完毕，护壁混凝土必须保证密实。护壁圈应与土体紧密接触，不得留有空隙。根据土层渗水情况使用速凝剂。护壁模板的拆除宜在 24h 之后进行。当发现护壁有蜂窝、漏水现象时，应及时补强，以防造成事故。同一水平面上的井圈任意直径的差值不得大于 50mm。

2）钢套管护壁。对于流砂地层、地下水丰富的强透水地带或承压水地层，为防止产生管涌、流砂，应采用钢套管护壁，即在桩位测量定位并构筑井圈后，用打桩机将钢套管强行打入土层中，穿越流砂等强透水层，钢套管下端要打入不透水的基岩层一定深度，以截断水流。这样在钢套管保护下，人工挖孔和底部扩孔既安全又可靠。待桩孔挖掘结束，吊下钢筋笼，浇筑混凝土结束后，立即拔出钢套管。拔钢套管可用振动锤和人字拔杆，用振动锤产生振动，减小钢套管壁与土层及混凝土间的摩阻力，并强行将钢套管拔出。在软土层地质有的采用沉井连续下沉方法进行挖孔桩施工。

2. 施工机具及施工工艺

（1）施工机具　人工挖孔桩施工机具可根据孔径、孔深和现场具体情况加以选用，常用的有：

1）电动葫芦和提土桶：用于施工人员上下桩孔，材料和弃土的垂直运输。当孔洞小而浅（深度≤15m）时，可用独脚桅杆、井架或少先式起重机提升土石；当孔洞大而深时，可用塔式超重机或汽车式起重机提升钢筋及混凝土。

2）潜水泵：用于抽出桩孔中的积水。

3）鼓风机和输风管：用于向桩孔中输送新鲜空气。

4）镐、锹和土筐：用于挖土的工具，如遇坚硬土或岩石，还需另备风镐。

5）照明灯、对讲机及电铃：用于桩孔内照明和桩孔内外联络。

（2）施工工艺　人工挖孔桩施工时，为确保挖土成孔施工安全，必须预防孔壁坍塌和流砂现象的发生。施工前应根据地质勘查资料，拟定合理的护壁和降排水方案。护壁方法很多，可以采用现浇混凝土护壁、喷射混凝土护壁、混凝土沉井护壁、砖砌体护壁、钢套管护壁、型钢-木板桩工具式护壁等多种。

当做现浇混凝土护壁时，人工挖孔桩的施工工艺流程如下：

1）放线定桩位。场地平整，根据设计图测量放线，定出桩位及桩径。

2）开挖桩孔土方。桩孔土方采取往下分段开挖的方式，每段挖深取决于土壁保持直立状态而不塌方的深度，一般取0.9~1.2m为一段。开挖面积的范围为设计桩径加护壁的厚度。第一节护壁兼作井圈，顶面应高出地面100~150mm，其壁厚应增加100~150mm，以加强孔口。土壁必须修正、修直，偏差控制在20mm以内，每段土方底面必须挖平，以便支模板。

3）支设护壁模板。模板高度取决于开挖土方施工段的高度，一般每步高为0.9~1.2m，由4块或8块活动弧形钢模板组合而成，支成有锥度的内模（有75~100mm放坡）。一般通过起拱而不需支撑，也可在模板上下端设置槽钢或角钢圈作为支撑。按设计要求绑扎护壁钢筋后，即可安装护壁模板。每步支模均以十字线吊中，以保证桩位和截面尺寸准确。

4）放置操作平台。内模支设后，吊放用角钢和钢板制成的由两个半圆形合成的操作平台于桩孔内，置于内模顶部，以放置料具和浇筑混凝土。

5）浇筑护壁混凝土。环形混凝土护壁厚150~300mm（第一段护壁应高出地面150~200mm），因它具有护壁与防水的双重作用，故护壁混凝土浇筑时要注意捣实。根据土层渗水情况，必要时可使用速凝剂，每节护壁均应在当日连续施工完毕。上下段护壁要错位搭接50~75mm（咬口连接），以便连接上下段。

6）拆除模板继续下段施工。护壁混凝土强度达到1N/mm^2（常温下约经24h）后，拆除模板，开挖下段的土方，再支模浇筑混凝土，如此反复循环直至挖到设计要求的深度。

7）排出孔底积水。桩孔挖到设计深度后，检查孔底土质是否已达到设计要求，再将孔底挖成扩大头。待桩孔全部成型后，用潜水泵抽出孔底的积水。

8）浇筑桩身混凝土。待孔底积水排除后，经隐蔽工程验收合格后，马上封底并立即浇筑混凝土。当混凝土浇筑至钢筋笼的底面设计标高时，再吊入钢筋笼就位，并继续浇筑桩身混凝土而形成桩基。人工挖孔桩的混凝土浇筑方法如下：

① 混凝土水下导管浇筑法。用这种方法浇筑，井内不抽水，用直径200mm或250mm的导管进行水下浇筑。一般水泥用量不小于420kg/m^3，混凝土坍落度为160~180mm，砂率在40%左右。用此法浇筑混凝土能够保证质量。

② 串筒浇筑法。对于桩孔内无水或渗水量小的人工挖孔桩，可用串筒直接进行浇筑。此时混凝土的坍落度多为50~60mm。

③ 直接投料法。对于无水和能疏干的桩孔，在急速排水之后，立即投下数包水泥，然后用混凝土搅

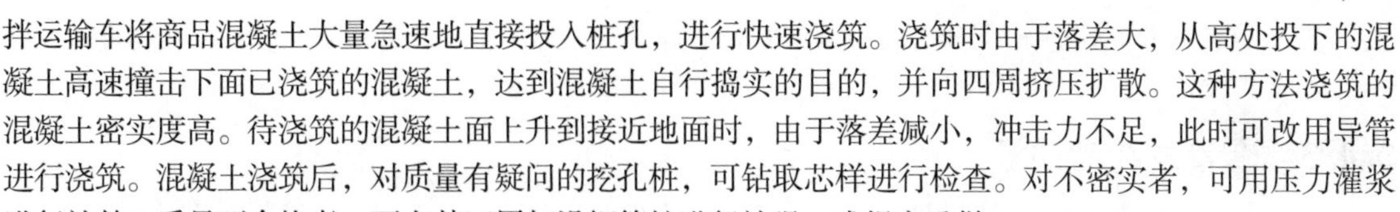

拌运输车将商品混凝土大量急速地直接投入桩孔，进行快速浇筑。浇筑时由于落差大，从高处投下的混凝土高速撞击下面已浇筑的混凝土，达到混凝土自行捣实的目的，并向四周挤压扩散。这种方法浇筑的混凝土密实度高。待浇筑的混凝土面上升到接近地面时，由于落差减小，冲击力不足，此时可改用导管进行浇筑。混凝土浇筑后，对质量有疑问的挖孔桩，可钻取芯样进行检查。对不密实者，可用压力灌浆进行补救。质量不合格者，可在其四周打设钢管桩进行补强，或报废重做。

3. 质量要求及施工注意事项

人工挖孔桩承载力很高，一旦出现问题很难补救，因此施工时必须注意以下几点：

1）必须保证桩孔的挖掘质量。桩孔中心线的平面位置、桩的垂直度和桩孔直径偏差应符合规定。在挖孔过程中，每挖深1m，应及时校核桩孔直径、垂直度和中心线偏差，使其符合设计对施工允许偏差的规定要求。桩孔的挖掘深度应由设计人员根据现场土层的实际情况决定，不能按设计图提供的桩长参考数据来终止挖掘。一般挖至比较完整的持力层后，再用小型钻机向下钻一个深度不小于桩孔直径3倍的深孔取样鉴别，确认无软弱下卧层及洞隙后，才能终止挖掘。

2）注意防止土壁坍落及流砂事故。在开挖过程中，当遇有特别松散的土层或流砂层时，为防止土壁坍落及流砂，可采用钢护套管或预制混凝土沉井等作为护壁。待穿过松软土层或流砂层后，再改为按一般的施工方法继续开挖桩孔。当流砂现象较严重时，应分别在成孔、桩身混凝土浇筑及混凝土终凝前，采用井点法降水。

3）注意清孔及防止积水。孔底浮土、积水是桩基承载力降低甚至丧失的隐患，因此混凝土浇筑前，应清除干净孔底浮土、石渣。混凝土浇筑时要防止地下水的流入，保证浇筑层表面不存有积水层。当地下水量大，无法抽干时，可采用导管法水下浇筑混凝土。

4）必须保证钢筋笼的保护层及混凝土的浇筑质量。钢筋笼吊入孔内后，应检查其与孔壁的间隙，保证钢筋笼有足够的保护层。桩身混凝土坍落度采用100mm左右。为避免浇筑时产生离析，混凝土可采用圆形漏斗帆布串筒下料，连续浇筑，分步振捣，不留施工缝，每步高度不得超过1m，以保证桩身混凝土的密实性。

5）注意防止护壁倾斜。当位于松散回填土中时，应注意防止护壁倾斜。当倾斜无法纠正时，必须破碎并重新浇筑混凝土。

6）桩孔开挖时，若桩净距小于2倍桩径且小于2.5m，则应采用间隔开挖的方法，最小施工净距不得小于4.5m。

7）必须采取切实可行的安全措施。工人在井下作业，劳动条件差，施工中应特别重视流砂、流泥、有害气体等的影响，要严格按操作规程施工，可采取如下可靠的安全措施：

① 孔下施工人员必须戴安全帽，孔下有人时孔口必须有人监护，孔周围设防护栏杆，一般用0.8m高围栏围护，护壁要高出地面150~200mm，以防杂物滚入孔内。

② 孔内必须设置应急软爬梯，供施工人员上下井。使用的电动葫芦、吊笼等应安全可靠，并配有自动卡紧保险装置，不得使用麻绳和尼龙绳或通过脚踏井壁凸缘上下。电动葫芦宜采用按钮式开关，使用前必须检验其安全起吊能力。

③ 每日开工前必须检测井下的有毒有害气体，并应有足够的安全防护措施。桩孔深度超过10m时，应有专门向井下送风的设备，风量不宜小于25L/s。

④ 挖出的土石方应及时运离孔口，不得堆放在孔口四周1m范围内，机动车辆的通行不得对井壁的安全造成影响。

⑤ 施工现场的一切电源、电路的安装和拆除必须由持证电工操作，必须遵守《施工现场临时用电安全技术规范》（JGJ 46）的规定。孔下照明采用安全电压，潜水泵必须设有防漏电装置。

⑥ 当孔内遇到岩层必须爆破时，应进行专门设计，宜采用浅孔松动爆破法，爆破后应先通风排烟15min并经检测无有害气体后方可继续作业。

2021年12月住房和城乡建设部发布的《房屋建筑和市政基础设施工程危及生产安全施工工艺、设备和材料淘汰目录（第一批）》中明确规定，存在下列条件之一的区域不得使用基桩人工挖孔工艺：①地下水丰富、软弱土层、流砂等不良地质条件的区域；②孔内空气污染物超标准；③机械成孔设备可以到达的区域。

2.4.3 套管成孔灌注桩

套管成孔灌注桩是指用锤击或振动的方法，将带有桩尖的钢套管沉入土中，待沉到规定的深度后，立即在管内浇筑混凝土或先在管内放入钢筋笼后再浇筑混凝土，随后拔出钢套管，并利用拔管时的冲击或振动使混凝土捣实而形成桩。

常见的套管成孔灌注桩桩尖有两种形式（图 2-41）：一种是钢筋混凝土预制桩尖，沉管时用桩管套住预制桩尖，沉到预定标高后，桩尖留在桩底土层中；另一种是桩管端部自带的钢活瓣桩尖，沉管时，桩尖活瓣合拢，灌注混凝土并拔钢套管时，活瓣在混凝土压力下打开，这种桩尖必须具有足够的强度和刚度，活瓣开起灵活，合拢后缝隙严密。

套管成孔灌注桩具有施工设备较简单，桩长可随实际地质条件确定，经济效果好，尤其在有地下水、流砂、淤泥的情况下，可使施工工序大大简化等优点。但其单桩承载力低，在软土中易产生缩颈，当在厚度较大、灵敏度较高的淤泥和流塑状态的黏性土等软弱土层中采用时，应采取质量保证措施，并经工艺试验成功后方可实施。

套管成孔灌注桩的施工过程（图 2-42）为：桩机就位→锤击（振动）沉管→上料→边轻击（振动），边拔管，边浇筑混凝土→下钢筋笼→继续拔管、浇筑混凝土→成桩。

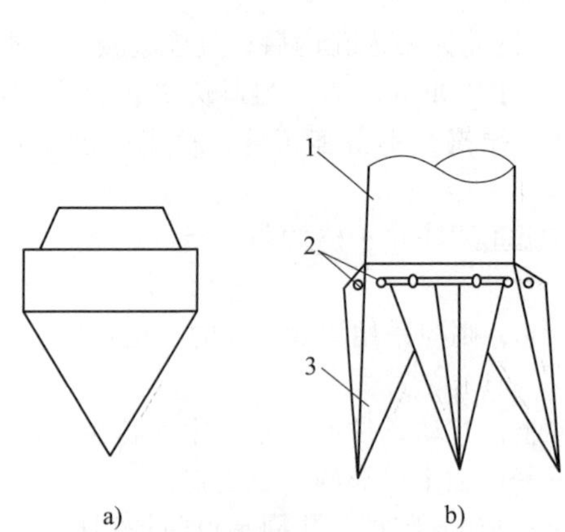

图 2-41 套管成孔灌注桩桩尖

a）钢筋混凝土预制桩尖 b）钢活瓣桩尖

1—钢套管 2—销轴 3—活瓣

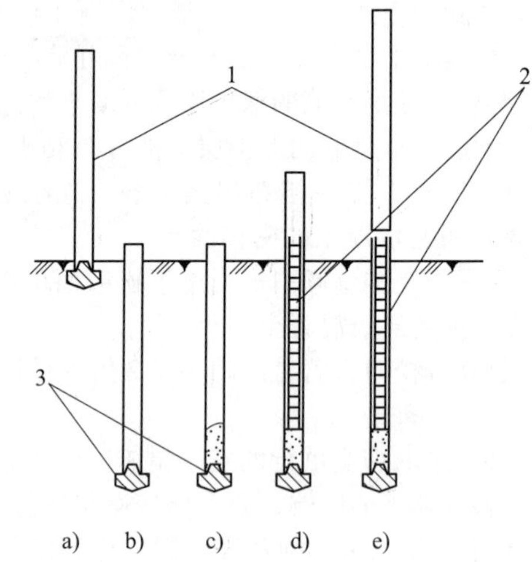

图 2-42 套管成孔灌注桩的施工过程

a）就位 b）沉钢套管 c）灌注混凝土

d）下钢筋笼，继续灌注混凝土 e）拔管成型

1—钢管 2—钢筋笼 3—桩靴

1. 振动沉管灌注桩

（1）机械设备和施工工艺 振动沉管灌注桩是利用激振器或振动冲击锤将钢套管沉入土中成孔的。激振器又称振动锤，由电动机带动装有偏心块的轴旋转而产生振动。振动沉管灌注桩机械设备如图 2-43 所示。振动沉管原理与振动沉桩原理完全相同。

振动沉管灌注桩施工工艺（图 2-44）是先桩机就位，在桩位处用桩架吊起钢套管，并将钢套管下端的钢活瓣桩尖闭合起来，对准桩位后再缓慢地放下钢套管，使钢活瓣桩尖垂直压入土中，勿使其倾斜，然后启动振动锤。钢套管受振后与土体之间摩阻力减小，同时利用振动锤自重在钢套管上加压，使钢套管逐渐下沉。沉管过程中，应经常探测管内有无地下水或泥浆，如发现地下水或泥浆较多，则应拔出钢套管，用砂回填桩孔后重新沉管。如发现地下水和泥浆已进入钢套管，一般在沉入前先在钢套管内灌入 1m 高左右的混凝土或水泥砂浆，封住钢活瓣桩尖缝隙，然后再继续沉入。为了适应不同土质条件，常采用加压方法来调整土的自振频率，桩尖压力改变可利用卷

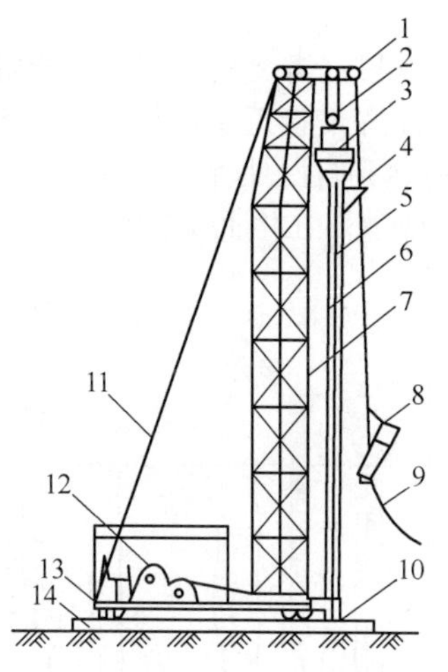

图 2-43 振动沉管灌注桩机械设备

1—导向滑轮 2—滑轮组 3—激振器 4—混凝土漏斗 5—钢套管 6—加压钢丝绳 7—桩架 8—混凝土吊斗 9—回绳 10—桩尖 11—缆风绳 12—卷扬机 13—行驶用钢管 14—枕木

扬机把桩架的部分自重传到钢套管上加压，并根据钢套管沉入速度，随时调整离合器，防止桩架抬起发生事故。当钢套管下沉达到设计要求的深度后，停止振动，立即利用吊斗向钢套管内灌满混凝土，并再次启动振动锤，边振动，边拔管。开始拔管时，应先启动振动锤片刻，再开动卷扬机拔钢套管。采用钢活瓣桩尖时宜慢，用钢筋混凝土预制桩尖时可适当加快。在软弱土层中，拔钢套管速度宜慢，并用吊花探测桩尖活瓣确已张开，混凝土已从钢套管中流出后，方可继续抽拔钢套管。同时在拔管过程中继续向钢套管内浇筑混凝土。如此反复进行，直至钢套管全部拔出地面后即形成混凝土桩身。

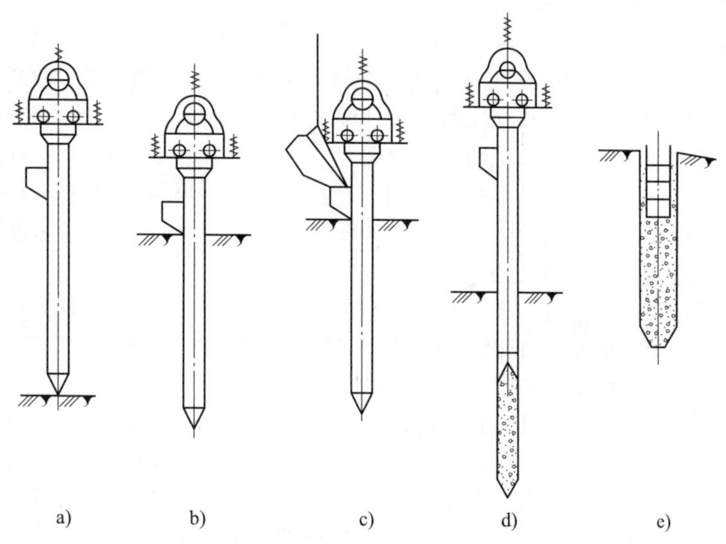

图 2-44 振动沉管灌注桩施工工艺

a）桩机就位 b）沉管 c）第一次浇筑混凝土
d）边拔管，边振动，边继续浇筑混凝土 e）成桩

当桩身配有钢筋骨架时，先浇筑混凝土至钢筋骨架底部标高，然后安放钢筋笼，再继续浇筑混凝土至桩顶标高。

根据地基土层情况和设计要求不同，以及施工中处理所遇到问题的需要，振动沉管灌注桩可采用单打法、复打法和反插法三种施工方法，现分述如下：

1）单打法，即一次拔管成桩。当钢套管沉入土中至设计深度时，暂停振动并待混凝土灌满钢套管之后，再启动振动锤振动。先振动 5～10s，再开始拔管，边振动，边拔管。每拔管 0.5～1.0m，就停拔振动 5～10s，如此反复进行，直至把钢套管全部拔出地面即形成桩身混凝土。当采用钢活瓣桩尖时，拔管速度不宜大于 1.5m/min；当采用钢筋混凝土预制桩尖时可适当加快；在软弱土层中宜控制在 0.6～0.8m/min。单打法施工速度快，混凝土用量少，桩截面可比钢套管扩大

30%，但桩的承载力低，适用于含水量较小的土层。

2）复打法（图2-45）。在同一桩孔内进行再次单打，或根据需要局部复打。成桩后的桩身混凝土顶面标高应不低于设计标高+500mm。全长复打桩的入土深度接近于原桩长，局部复打应超过断桩或缩颈区1m以上。全长复打时，第一次浇筑混凝土应达到自然地坪。复打施工必须在第一次浇筑的混凝土初凝之前完成，应随拔管随清除黏在管壁上或散落在地面上的泥土，应注意前后两次沉管的轴线必须重合。复打后桩截面可比钢套管扩大80%。

3）反插法。当钢套管沉入土中至设计深度时，暂停振动并待混凝土灌满钢套管之后，先振动再开始拔管。每次拔管高度为0.5～1.0m，再把钢套管下沉0.3～0.5m（反插深度不宜超过钢活瓣桩尖长度的2/3）。在拔管过程中应分段浇筑混凝土，保持钢套管内混凝土表面始终不低于地坪表面，或高于地下水位1.0m以上，并应控制拔管速度不得大于0.5m/min。如此反复进行，直至把钢套管全部拔出地面即形成混凝土桩身。反插次数按设计要求进行，在桩尖的1.5m范围内宜多次反插以扩大端部截面。反插法施工的桩的截面可比钢套管扩大50%，能提高桩的承载力，但混凝土用量较大，一般只适用于饱和土层和较差的软土地基。在淤泥层中，当为消除混凝土缩颈、混凝土浇筑量不足、设计有特殊要求时，宜用此法。穿过淤泥夹层时，应当放慢拔管速度，并减小拔管高度和反插深度。在流动淤泥中不宜使用此法。

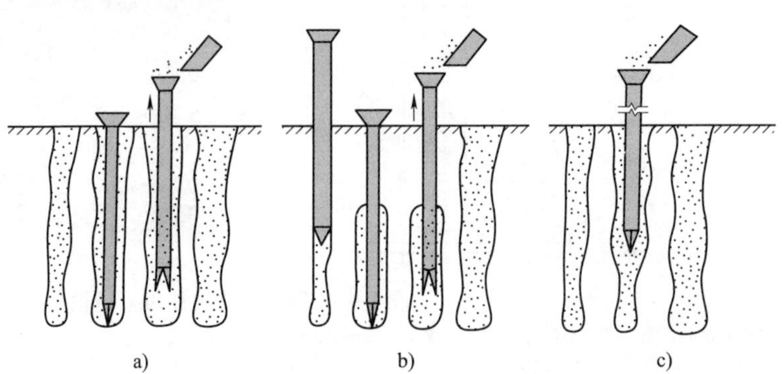

图2-45　复打法示意图
a）全部复打桩　b）复打下部　c）复打上部

（2）质量要求　振动沉管灌注桩桩身配筋时混凝土坍落度宜为80～100mm，当采用素混凝土时宜为60～80mm。钢活瓣桩尖应具有足够大的承载力和刚度，活瓣之间的缝隙应严密。

在浇筑混凝土和拔管时应保证混凝土的质量。测得混凝土确已流出钢套管后，方能再继续拔管，并使钢套管内始终保持不少于2m高的混凝土，以便管内混凝土有足够的压力，防止混凝土在管内阻塞。可用吊陀探测，不足时应及时补灌，以防混凝土中断形成缩颈。混凝土的充盈系数（灌注混凝土体积与桩孔体积之比）不得小于1.0。对于混凝土充盈系数小于1.0的桩宜全长复打。

为保证混凝土桩身免受破坏，当桩的中心距在4倍钢套管外径以内时，应采用跳打法施工。跳打法就是根据设计的桩位布置图，第一根桩施工完成后，跳过一根桩而进行下一根桩的施工，按照这样的规律打完全部的桩。相邻两根桩的施工必须具有足够的时间间隔，应在先施工的桩的混凝土强度达到50%的设计强度后再进行下一根桩的施工。同时为满足桩的承载力要求，必须严格控制最后两个2min的沉管贯入度，其值按设计要求或根据试桩和当地长期的施工经验确定。

振动沉管灌注桩能适应复杂地层，不受持力层起伏和地下水位高低的限制；能用小桩管打出大截面桩，使其具有较高的承载力；对于砂土，可减轻或消除地层的地震液化性能；有钢套管护壁，可防止塌孔、缩孔、断桩，桩质量可靠；振动沉管灌注桩属于低振动幅次、中频振动（700～1200次/min），对附近建筑物的振动影响以及噪声对环境的干扰都比常规打桩机小；能沉能拔，施工速度快，效率高，操作简便、安全，同时费用比较低，相比预制桩可降低工程造价30%左右。但由于振动使土体受到扰动，会大大降低地基承载力，因此当遇到软黏土或淤泥及淤泥质土时，土体至少需养护30d，砂层或硬土需养护15d，才能恢复地基承载力。

2. 锤击沉管灌注桩

锤击沉管灌注桩是指先采用落锤、柴油锤将带钢活瓣桩尖或钢筋混凝土预制桩尖的钢套管沉入土中成孔，然后边浇筑混凝土边用卷扬机拔钢套管成桩。锤击沉管灌注桩宜用于一般黏性土、淤泥质土、砂土和人工填土地基，但不能在密实的砂砾石、漂石层中使用，其锤击沉管机械设备如图2-46所示。

(1) 施工工艺（图2-47） 首先就位桩架，在桩位处用桩架吊起钢套管，对准预先设在桩位处的钢筋混凝土预制桩尖（也称桩靴），钢套管与桩尖接口处垫以稻草绳或麻绳垫圈，以防地下水渗入管内；然后缓缓放下钢套管，套入桩尖压入土中，钢套管上端再扣上桩帽，并检查与校正钢套管的垂直度，使钢套管的偏斜满足小于或等于0.5%的要求；之后起锤打钢套管，开始时先用低锤轻击，经观察无偏移后，再进行正常施打，如沉管过程中桩尖损坏，应及时拔出钢套管，用土或砂填实后另安桩尖重新沉管，把钢套管打到设计要求的贯入度或标高位置时停止锤击，并用吊锤检查管内有无泥浆和渗水情况；最后用吊斗将混凝土通过漏斗灌入钢套管内，尽量减少间隔时间，待混凝土灌满钢套管后，立即开始拔管。钢套管内混凝土要灌满，第一次拔管高度应以能容纳第二次所需要灌入的混凝土量为限，一般应使钢套管内保持不少于2m高度的混凝土，不宜拔管过高。当混凝土灌至钢筋笼底标高时，放入钢筋笼，继续浇筑混凝土及拔管，直到全部钢套管拔完为止。拔管速度要均匀，一般以1m/min为宜，能使钢套管内混凝土保持略高于地面即可；在软弱土层及软硬土层交界处，速度应控制在0.8m/min以内。在拔管过程中应保持对钢套管连续低锤密击，使钢套管不断受振动而振实混凝土。采用倒打拔管的打击次数，对于单动汽锤不得少于50次/min，对于自由落锤不得少于40次/min，在管底未拔到桩顶设计标高之前，倒打或轻击都不得中断。拔管时还要经常探测混凝土落下的扩散情况，如此边浇筑混凝土边拔钢套管，一直到钢套管全部拔出地面为止。

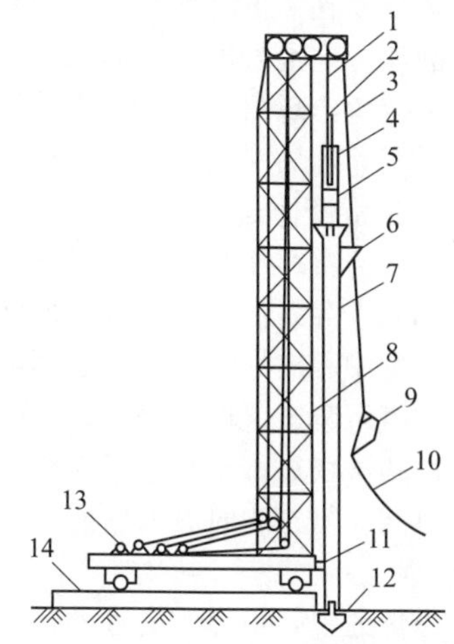

图2-46 锤击沉管灌注桩机械设备
1—钢丝绳 2—滑轮组 3—吊斗钢丝绳 4—桩锤 5—桩帽 6—混凝土漏斗 7—钢套管 8—桩架 9—混凝土吊斗 10—回绳 11—钢管 12—桩尖 13—卷扬机 14—枕木

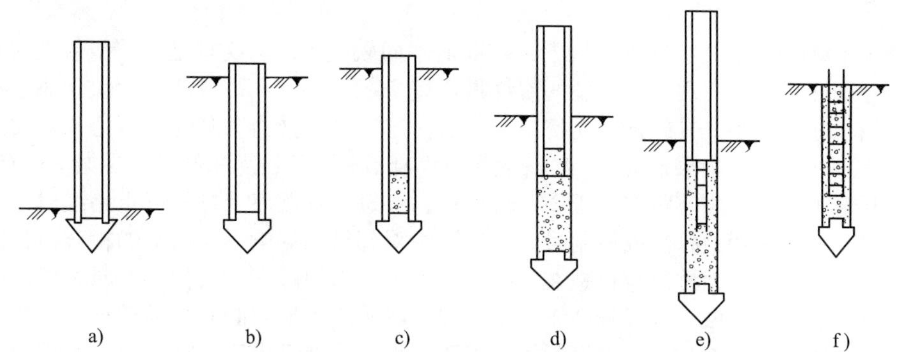

图2-47 锤击沉管灌注桩施工工艺
a）桩架就位 b）沉入钢套管 c）开始浇筑混凝土 d）边拔管，边锤击，边继续浇筑混凝土 e）下钢筋笼，继续浇筑混凝土 f）成桩

混凝土的充盈系数不得小于1.0，对于混凝土充盈系数小于1.0的桩，宜全长复打。当为扩大桩径、提高承载力或补救缺陷时，也可通过复打扩大灌注桩，复打法的要求同振动沉管灌注桩，但以扩大一次为宜。当作为补救措施时，常采用半复打法或局部复打法。其施工顺序为：在第一次灌注桩施工完毕，并拔出钢套管后，清除管外壁上的污泥和桩孔周围地面的浮土，立即在原桩位再预埋钢筋混凝土预制桩尖或合好活瓣桩尖，第二次复打沉管，使未凝固的混凝土向四周挤压

以扩大桩径，然后再浇筑第二次混凝土。拔管方法与初打时相同。施工时要注意：前后两次沉管的轴线应重合；复打施工必须在第一次灌注的混凝土初凝之前进行。复打法第一次灌注混凝土前不能放置钢筋笼，如配有钢筋，应在第二次灌注混凝土前放置。

近年来在锤击沉管灌注桩的基础上发展出了内夯沉管灌注桩。它是先将钢套管沉至设计标高，在每灌注一定混凝土后，插入内夯管，随提升钢套管随对混凝土进行夯压，使桩身密实、直径加大，可避免出现缩颈、断桩和吊脚桩等质量问题。此类桩适用于桩端持力层为埋深不超过20m的中、低压缩性黏性土、粉土、砂土和碎石类土工程。

（2）混凝土浇筑及质量要求　锤击沉管灌注桩桩身混凝土坍落度：当配筋时，宜为80~100mm；当为素混凝土时，宜为60~80mm；碎石粒径不大于40mm。钢筋混凝土预制桩尖应有足够的承载力，混凝土强度等级不得低于C30；钢套管下端与钢筋混凝土预制桩尖接触处应垫置缓冲材料；桩尖中心应与钢套管中心重合。

桩身混凝土应连续浇筑，分层振捣密实，每层高度不宜超过1.5m；浇筑桩身混凝土时，同一配合比的试块每班不得小于1组；单打法时，混凝土从拌制到最后拔管结束，不得超过混凝土的初凝时间；复打法时，前后两次沉管的轴线应重合，且复打必须在第一次浇筑的混凝土初凝之前完成。

当桩的中心距在钢套管外径的5倍以内或小于2m时，钢套管的施打必须在邻桩混凝土初凝之前完成，或实行跳打施工。跳打时中间空出未打的桩，须待邻桩混凝土强度达到设计强度的50%后，方可进行施打，以防止因挤土而使前面的桩桩身断裂。

在沉管过程中，如果地下水或泥浆有可能进入钢套管内时，则应在钢套管内先灌入高1.5m左右的封底混凝土，方可开始沉管。沉管施工时，必须严格控制最后3阵10击的贯入度，其值可按设计要求或根据试验确定，同时应记录沉入每一根钢套管的总锤击次数及沉入最后1m的锤击次数。

锤击沉管灌注桩可用小钢套管打较大截面桩，承载力大，可避免塌孔、缩颈、断桩、移位、脱空等缺陷，可采用普通锤击打桩机施工，机具设备的操作简便，沉桩速度快。

3. 施工中常遇问题和处理方法

锤击沉管灌注桩施工过程中常会遇到断桩、瓶颈桩、吊脚桩和桩尖进水进泥等问题，其发生原因及处理方法如下：

（1）断桩　断桩一般发生在地面以下1~3m的不同软硬土层的交接处，并多数发生在黏性土中，砂土及松土中则很少出现。桩断裂的裂缝贯通整个截面，呈水平或略带倾斜状态。产生断桩的主要原因有：桩距过小，打邻桩时受挤压、隆起而产生水平推力和隆起上拔力；软硬土层间传递水平变形大小不同，产生水平剪力；桩身混凝土终凝不久，其强度尚低时就受振动而产生破坏。避免断桩的措施有：桩的中心距宜大于3.5倍桩径；考虑打桩顺序及桩架行走路线时，应注意减少对新打桩的影响；采用跳打法或控制时间法以减少对邻桩的影响。对断桩的检查，目前常用开挖检查法和动测法检查。动测法检查是在2~3m深度内用木槌敲击桩头侧面，同时用脚踏在桩头上，如桩已断，会感到浮振。也可通过波形曲线和频波曲线图形判断断桩的质量与完整程度。处理方法有：经检查发现有断桩后，应将断桩段拔除，将孔清理干净后，略增大桩的截面面积或加箍筋后，再重新浇筑混凝土补做桩身。

（2）瓶颈桩　瓶颈桩是指桩的某处直径缩小形似瓶颈，其截面面积不符合设计要求。多数发生在黏性大、土质软弱、含水量高，特别是饱和的淤泥或淤泥质软土层中。产生瓶颈桩的主要原因有：在含水量较大的软土层中沉管时，土受挤压便会产生很大的孔隙水压力，待钢套管拔出后，这种水压力便作用到新浇筑的混凝土桩身上；当某处孔隙水压力大于新浇筑混凝土侧压力时，该处就会发生不同程度的缩颈现象；此外，当拔管速度过快，管内混凝土量过小，混凝土出管性差时也会造成缩颈。处理方法有：在施工中经常检查混凝土的下落情况，如发现有缩颈现象，应及时进行复打。

（3）吊脚桩　吊脚桩是指桩的底部混凝土隔空或混进泥沙而形成松散层部分的桩。产生吊脚桩的主要原因有：钢筋混凝土预制桩尖承载力或钢活瓣桩尖刚度不够，沉管时被破坏或变形，因而水或泥沙进入钢套管；钢筋混凝土预制桩尖被打坏而挤入钢套管，拔管时桩尖未及时被混凝土挤出或钢活瓣桩尖未及时张开，待拔管至一定高度时才挤出或张开而形成吊脚桩。处理方法有：如发现有吊脚桩，应将钢套管拔出，填砂后重打。

（4）桩尖进水进泥　桩尖进水进泥常在地下水位高或含水量大的淤泥和粉泥土土层中沉桩时出现。产生桩尖进水进泥的主要原因有：钢筋混凝土预制桩尖与钢套管接合处或钢活瓣桩尖闭合处不紧密；钢筋混凝土预制桩尖被打破或钢活瓣桩尖变形等。处理方法有：将钢套管拔出，清除管内泥沙，修整钢活瓣桩尖变形缝隙，用黄沙回填桩孔后再重打；若地下水位较高，待沉管至地下水位时，先向钢套管内灌入0.5m高度的水泥砂浆作为封底，再灌1m高度混凝土增压，然后再继续下沉钢套管。

2.4.4　爆扩成孔灌注桩

爆扩成孔灌注桩（简称爆扩桩）是由桩柱和扩大头两部分组成的。爆扩桩一般桩身直径 d 为200~350mm，扩大头直径 D 为 $2.5d$~$3.5d$，桩距 l 大于或等于 $1.5D$，桩长 H 为3~6m（最长不超过10m）；混凝土粗骨料粒径不宜大于25mm；混凝土坍落度在引爆前为100~140mm，在引爆后为80~120mm。

爆扩桩的施工工艺（图2-48）为：用钻孔或爆破方法使桩身成孔，孔底放入有引出导线的雷管炸药包；孔内灌入适量起压爆作用的混凝土；通电使雷管炸药引爆，孔底便形成圆球状空腔扩大头，瞬间孔中压爆的混凝土落入孔底空腔内；桩孔内放入钢筋笼，浇筑桩身及扩大头混凝土而成爆扩桩。

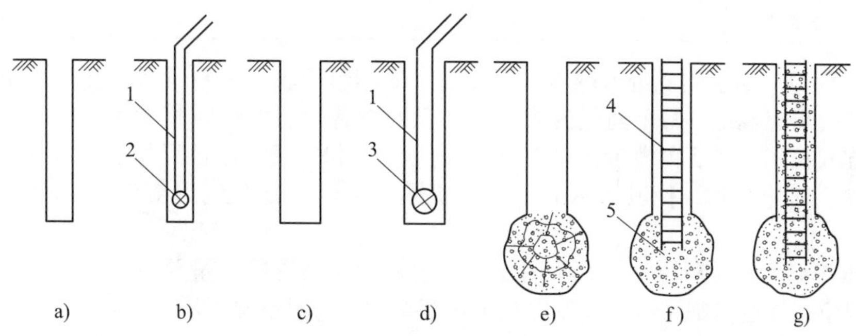

图2-48　爆扩桩的施工工艺

a）钻导孔　b）放炸药条　c）爆扩桩孔　d）放炸药包

e）爆扩扩大头　f）放钢筋笼　g）浇筑混凝土

1—导线　2—炸药条　3—炸药包　4—钢筋笼　5—混凝土

爆扩桩的特点是用爆扩方法使土壤压缩形成扩大头，既增加了地基对桩端的支承面，又提高了地基的承载力。这种桩具有成孔简便、节省劳力和成本低廉等优点。爆扩桩适应性广泛，除软土、砂土和新填土外，在其他各种土层中均可使用，尤其适用于在大孔隙的黄土地区施工。

（1）成孔　爆扩桩成孔的方法可根据土质情况确定，一般有人工成孔（洛阳铲或手摇钻）、机钻成孔、钢套管成孔和爆扩成孔等多种。爆扩成孔的方法是先用洛阳铲或钢钎打出一个直孔，当土质较好时，孔的直径为40~70mm，当土质差且地下水位较高时，孔的直径约为100mm；然后在直孔内吊入玻璃管装的炸药条，管内放置2个串联的雷管，经引爆并清除积土后即形成桩孔。

（2）爆扩扩大头　扩大头的爆扩，宜采用硝铵炸药和雷管进行，且同一工程中宜采用同一种类的炸药和雷管。炸药用量应根据设计所要求的扩大头直径由现场试验确定（表2-6），或参考下式计算：

$$D = K\sqrt[3]{C} \tag{2-4}$$

式中，D是扩大头直径（m）；C是硝铵炸药用量（kg）；K是土质影响系数，见表2-7。

表2-6　爆扩扩大头用药量参考表

扩大头直径/m	0.6	0.7	0.8	0.9	1.0	1.1	1.2
炸药用量/kg	0.30~0.45	0.45~0.60	0.60~0.75	0.75~0.90	0.90~1.10	1.10~1.30	1.30~1.50

注：1. 表内数值适用于地面以下深度为3.5~9.0m的黏性土，土质松软时采用小的数值，坚硬时采用大的数值。
2. 在地面以下2.0~3.0m的土层中爆扩时，炸药用量应较表值减少20%~30%。
3. 在砂类土中爆扩时炸药用量应较表值增加10%。

表2-7　土质影响系数K值

项次	土的类别	变形模量E/MPa	天然地基计算强度R_H/MPa	土质影响系数K
1	坡积黏土	50	0.40	0.7~0.9
2	坡积黏土、亚黏土	14	—	0.8~0.9
3	亚黏土	13.4	—	1.0~1.1
4	冲积黏土	12	0.15	1.25~1.30
5	残积可塑亚黏土	13	0.2~0.25	1.15~1.30
6	沉积可塑亚黏土	24	0.25	1.02
7	沉积可塑亚黏土	8	0.20	1.03~1.21
8	黄土类亚黏土	—	0.12~0.14	1.19
9	卵石层	—	0.60	1.07~1.18
10	松散角砾	—	—	0.04~0.99
11	稍湿亚黏土	—	—	0.8~1.0

（3）安放药包　药包制成近似球体，用能防水的塑料薄膜等材料紧密包扎，并用防水材料封闭，以免受潮后出现盲炮。每个药包内放2个并联的雷管与引爆线路相连接。药包制成后，先用绳子将其吊放入孔底，然后再灌150~200mm厚的砂子，保护药包不被混凝土冲破。如桩孔内有积水，应在药包上绑扎重物，使其沉入孔底。从桩孔中灌入一定量的混凝土后，即进行扩大头的引爆。

（4）灌压爆混凝土及引爆　扩大头引爆前，灌入的压爆混凝土量要适当。量过少会引起压爆混凝土飞溅现象；量过多则又可能导致混凝土拒落事故。一般情况下压爆混凝土应高达2~3m，或约为扩大头体积的一半为宜。混凝土坍落度在黏性土层中宜为10~12cm，在砂土及人工填土中宜为12~14cm，骨料直径不宜大于25mm；压爆混凝土灌注完毕后，应立即进行引爆，时间间隔不宜超过30min，否则容易导致混凝土拒落事故。为保证施工质量，必须严格遵守以下引爆顺序：当相邻桩的扩大头在同一标高时，若桩距大于爆扩影响间距，可采用单爆方式，反之宜用联爆方式；当相邻桩的扩大头不在同一标高时，必须是先浅后深，否则会造成深桩的变形或开裂。扩大头引爆后，压爆混凝土落入空腔底部。应检查扩大头的尺寸，并将扩大头底部混凝土用由软轴接长的振动棒捣实。

（5）灌注桩身混凝土　扩大头底部混凝土振实后，立即将钢筋笼垂直放入桩孔，然后灌注桩身混凝土。混凝土应分层捣实，连续浇筑，不留施工缝。扩大头和桩身混凝土一次灌注完。桩顶加盖草袋，终凝后浇水养护。在干燥的砂类土地区，还要在桩的周围浇水养护。

爆扩桩的平面位置和垂直度的允许偏差与钻孔灌注桩相同。桩孔底面标高允许低于设计标高150mm，扩大头直径允许偏差为±50mm。

2.4.5　灌注桩成孔的质量要求

灌注桩的成桩质量检查主要包括成孔及清孔、钢筋笼制作及安放、混凝土拌制及灌注等三个

工序过程的质量检查。

灌注桩施工中对成孔质量应控制其孔位、孔径、孔深、沉渣厚度等；在钢筋笼制作和沉放时应控制钢筋规格、主筋间距和长度、钢筋笼直径、箍筋间距等；在混凝土浇筑时则应控制桩体质量、混凝土强度、混凝土充盈量、桩顶标高等。

灌注桩成孔的控制深度应符合下列要求：

1）摩擦型桩：摩擦桩应以设计桩长控制成孔深度；端承摩擦桩必须保证设计桩长及桩端进入持力层深度。当采用锤击沉管法成孔时，沉管深度控制应以设计持力层标高为主，以贯入度控制为辅。

2）端承型桩：当采用钻（冲）、挖成孔时，必须保证桩端进入持力层的设计深度满足要求；当采用锤击沉管法成孔时，沉管深度控制应以贯入度为主，以设计持力层标高为辅。

灌注桩成孔施工的允许偏差应满足表 2-8 的要求：

表 2-8　灌注桩成孔施工的允许偏差

成孔方法		桩径偏差/mm	垂直度允许偏差（%）	桩位允许偏差/mm	
				1~3 根桩、条形桩基沿垂直轴线方向和群桩基础中的边桩	条形桩基沿轴线方向和群桩基础的中间桩
泥浆护壁钻、挖、冲孔桩	$d\leqslant 1000$mm	±50	<1	$d/6$ 且不大于 100	$d/4$ 且不大于 150
	$d>1000$mm	±50		100+0. 01H	150+0. 01H
沉管灌注桩（套管成孔灌注桩）	$d\leqslant 500$mm	−20	<1	70	150
	$d>500$ mm			100	150
干作业成孔灌注桩		−20	<1	70	150
人工挖孔桩	现浇混凝土护壁	+50	<0. 5	50	150
	长钢套管护壁	+50	<1	100	200

注：1. 桩径允许偏差的负值是指个别断面。

2. H 为施工现场地面标高与桩顶设计标高的距离；d 为设计桩径。

孔底沉渣厚度直接影响桩的承载力及沉降量，因此沉渣厚度应予以控制。钻孔灌注桩的沉渣厚度对于端承型桩应不大于 50mm，对于摩擦型桩应不大于 100mm，对抗拔、抗水平力桩不大于 200mm。

钢筋笼制作应对钢筋规格、焊条规格、品种、焊口规格、焊缝长度、焊缝外观和质量、主筋和箍筋的制作偏差等进行检查。在灌注混凝土前，应严格检查钢筋笼安放的实际位置，保证钢筋保护层的厚度，钢筋笼主筋保护层允许偏差对于水下浇筑混凝土桩为±20mm，对于非水下浇筑混凝土桩为±10mm。

灌注桩施工后也应进行桩的承载力检测与桩身质量检查，要求一般与预制桩相同。但对于一级建筑桩基和地质条件复杂或成桩质量可靠性较低的桩基工程，还应进行成桩质量检测。桩须做静载试验，其根数不少于总桩数的 1%，且不少于 3 根。桩身完整性检测所用桩的根数一般不少于总桩数的 20%，且不少于 10 根。检测方法还可采用可靠的动测法，对于大直径桩还可采用钻取岩芯、预埋管超声检测法等。

2.5　承台施工

桩基承台一般应按先深后浅顺序施工。承台埋置较深时，应对邻近建筑物、市政设施做好基坑（槽）支护，采取必要的保护措施，并在施工期间进行监测。

承台施工往往需要进行基坑开挖，施工前应对边坡稳定、支护方式、降水措施、挖土方案、

运土路线、堆土位置编制施工方案。打桩全部结束并停顿一段时间待孔隙水压力消散或部分消散后方可开挖。支护方式可采用钢板桩型钢水泥土搅拌墙、排桩、地下连续墙、重力式水泥土墙、土钉墙等支护结构。当地下水位较高需要降水时，可视周围环境情况采取坑内或坑外降水措施或采用截水帷幕等方法。

机械挖土时必须确保基坑内的桩体不受损坏。挖土开挖应分层进行，高差不宜过大，同时，挖出的土方不得堆置在基坑附近，以防止过高的土坡对工程桩产生水平推力，引起桩的位移，造成桩的断裂。软土地区的基坑开挖，基坑内土面高度应保持均匀，高差不宜超过 1m。

承台钢筋在绑扎前必须将灌注桩桩头浮浆去除，并做好桩与基础的连接，确保桩顶嵌入基础的长度及锚固钢筋的锚固长度。抗压桩和抗拔桩的锚筋长度和填芯深度均不相同。

图 2-49 与图 2-50 分别为混凝土预制桩和钢管桩与基础的一些典型的连接方式。

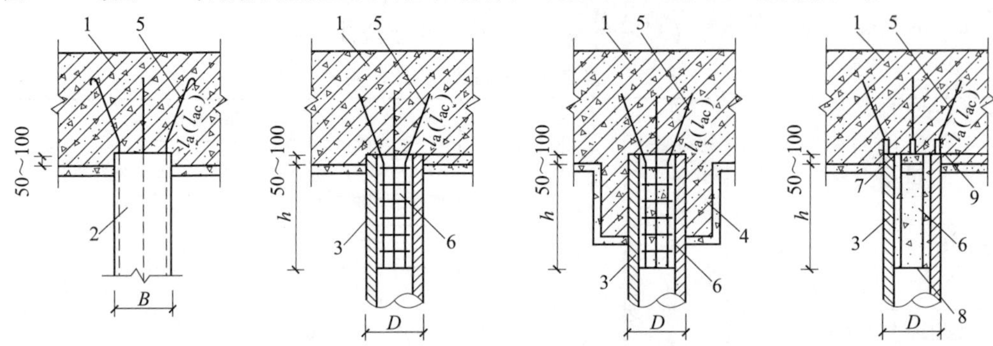

图 2-49　混凝土预制桩与基础的连接方式

1—基础底板或基础梁　2—预制方桩　3—预应力管桩　4—承台
5—锚固钢筋　6—灌芯混凝土　7—端板　8—托板　9—连接钢板

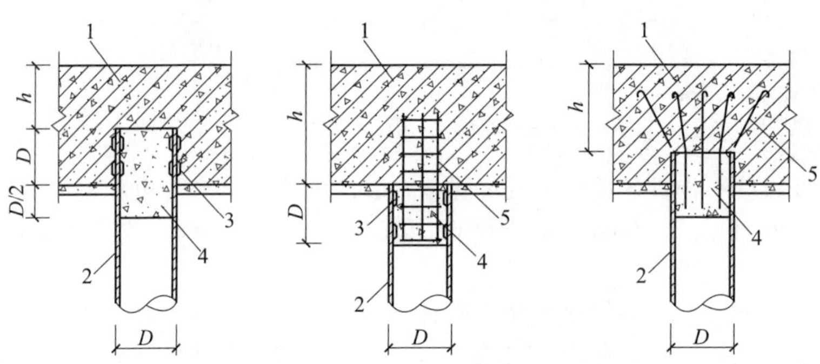

图 2-50　钢管桩与基础的连接方式

1—基础底板或基础梁　2—钢管桩　3—防滑块　4—灌芯混凝土　5—锚固钢筋

承台混凝土应一次浇筑完成，混凝土入槽宜用斜面分层法。大体积承台混凝土施工，还应采取有效措施防止温度应力引起裂缝。

基坑回填前，应排除积水，清除含水量较高的浮土和建筑垃圾，填土应分层压实，对称进行。

2.6　其他深基础施工和地下空间工程新技术

在建筑工程中，通常将桩基础、地下连续墙、墩式基础、沉井基础、沉箱基础等称为深基础。随着工程建设发展的需求，深基础得到了日益广泛的应用。

2.6.1　沉井基础施工

沉井是在施工时先在地面或基坑内制作一个井筒状的钢筋混凝土结构物，待其达到规定强度

后，在井身内部分层挖土运出，随着挖土和土面的降低，沉井井身在其自重及上部荷载或其他措施协助下克服与土壁间的摩阻力和刃脚反力，不断下沉，直至设计标高，最后进行封底的一种施工技术。

沉井既是基础，又是施工时的挡土和挡水结构物，开挖下沉过程中无须另设坑壁支撑或围堰，不但简化了施工，还减少了对邻近建筑物的影响。其缺点是工期较长，施工技术要求高，易发生流沙而造成沉井倾斜或下沉困难等。沉井基础多用于建筑物和构筑物的深基础、地下室、蓄水池、设备深基础、桥墩等工程。

1. 沉井的构造

沉井主要由刃脚、井壁、内隔墙或竖向框架、底板等构成。

1）刃脚。刃脚位于井壁最下端（图2-51），其作用在于沉井下沉时，切割土壁、减小土的阻力。因此，刃脚应足够尖锐，且有一定的强度和刚度，防止挠曲与破坏。

2）井壁。井壁即沉井的外壁，是沉井的主要部分，应有足够的强度，以承受沉井下沉过程中及使用时作用的荷载，同时还要求有足够大的质量，使其在自重作用下能顺利下沉。

3）内隔墙或竖向框架。在沉井井筒内设置隔墙或竖向框架，以满足结构的需求并增加下沉时的刚度，同时，通过隔墙将沉井分隔成多个施工井孔（取土井），可使挖土和下沉较均衡地进行，也便于纠偏。

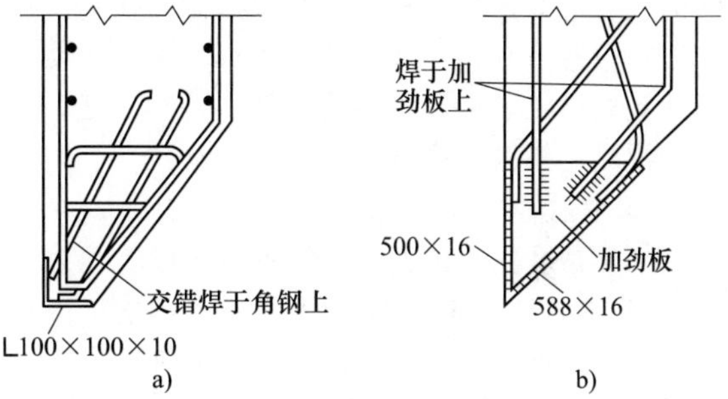

4）底板。待沉井下沉到设计标高后，应将井内土面整平。当采用干封底时，可先铺垫层，然后浇筑钢筋混凝土底板；当采用水下封底时，待水下混凝土达到设计强度时，抽干水后再浇筑钢筋混凝土底板。

图2-51　沉井的刃脚

a）混凝土刃脚　b）钢制刃脚

2. 沉井施工工艺（图2-52）

1）在沉井位置开挖基坑（若在水中则应筑岛），在坑的四周打桩，设置工作平台。

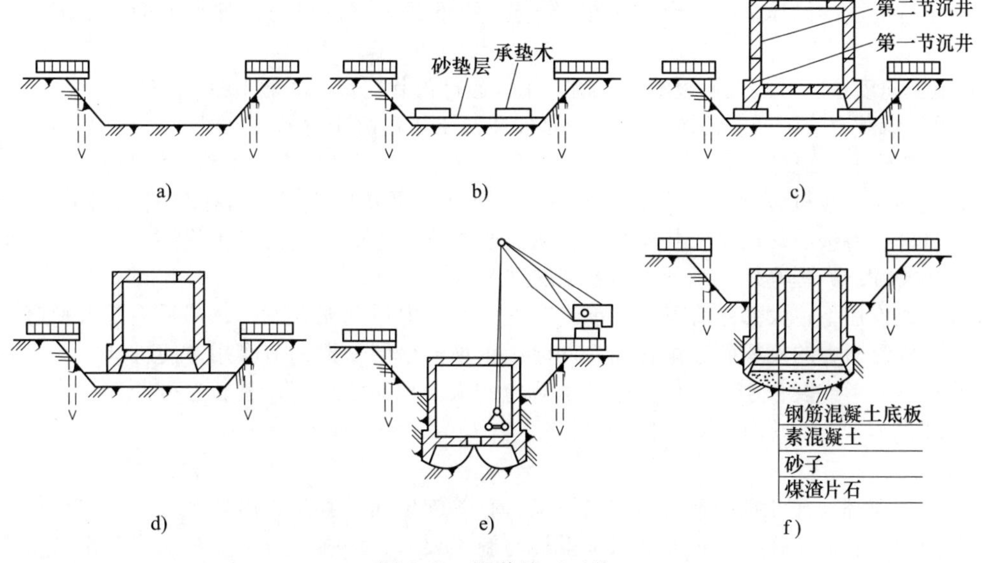

图2-52　沉井施工工艺

a）打桩、开挖、搭台　b）铺砂垫层、承垫木　c）沉井制作

d）抽出承垫木　e）挖土下沉　f）封底、回填、浇筑其他部分结构

2）铺砂垫层，搁置承垫木。

3）制作钢刃脚，并浇筑第一节钢筋混凝土井筒。

4）待第一节井筒的混凝土达到一定强度后，抽出承垫木，并在井筒内挖土（或用水力吸泥），使沉井下沉。要注意均衡挖土、平稳下沉，如有倾斜则应及时纠偏。

5）在沉井下沉的同时继续接高上部的沉井结构，即分节支模、绑扎钢筋、浇筑混凝土，直至其下沉至设计标高。

6）沉井下沉到设计标高后，经过技术检验并对井底清理整平后，用混凝土封底，浇筑钢筋混凝土底板，形成基础或地下结构。

2.6.2 长螺旋钻孔压灌桩

长螺旋钻孔压灌桩是我国近年来开发且应用较广的一种新工艺。该工艺使用的螺旋钻杆中央是贯通的管道，连接混凝土泵的输送管，作为混凝土压送的通道。通过长螺旋钻钻孔至设计标高后，进行空转清孔，并在提钻200mm左右后开始泵送混凝土，管内空气从排气阀排出，待管内混凝土达到充满状态后开始持续提钻、持续泵送，通过螺旋叶将孔中的土钻出，混凝土占据整个钻孔。在混凝土初凝前往桩内插入钢筋笼。

1. 工程特点

长螺旋钻孔压灌桩的工程特点包括以下几方面：

1）适应性强。该桩型适用于黏性土、粉土、填土等各种土质，能在有缩颈的软土、流沙层、砂卵石层、有地下水等复杂地质条件下成桩。

2）施工无噪声、无振动、无排污。

3）钻孔后不需要清理孔底虚土，混凝土（或CFG桩混合料）从钻头尖泵出决定了这种桩无桩底沉渣，从而提高了桩底土的极限端阻。

4）桩身质量好。由于长螺旋钻孔压灌桩的混凝土（或CFG桩混合料）是在连续压力下泵送的，因此桩身完整性好，桩身混凝土与嵌固土层结合紧密，没有断桩、缩颈、孔底沉渣等普通泥浆护壁钻孔桩的质量通病。

5）单桩承载力高。长螺旋钻孔压灌桩通过高压压入桩料，对桩孔周围的土有渗透、挤密作用，提高了桩周土的侧摩阻力，使桩基具有较强的承载力、抗拔力、抗水平力，变形小，稳定性好。

6）施工速度快，可大大缩短施工工期，比普通打预制桩费用降低10%~15%。

7）单位承载力造价低。长螺旋钻孔压灌桩通过泵压混凝土（或CFG桩混合料）成桩，不加钢筋，掺入粉煤灰，充分发挥桩间土的承载能力，因而地基承载力高、工程造价低。

长螺旋钻孔压灌桩复合地基由高强度桩、桩间土、褥垫层组成。钻孔时把桩周围的土挤密，承受荷载时桩、褥垫层、桩间土共同受力，从而改善场地土的承载力（可提高4倍左右，承载力可达300~600kPa），提高地基承载力和基础的刚度。

在外荷载作用下，大部分荷载由桩承受，桩侧摩阻力得到充分发挥，端阻力随着荷载作用时间的延长及桩侧阻力的发挥而逐渐提高。同时，桩顶褥垫层发挥调节作用，使桩间土与桩身进入共同工作状态，形成复合地基。复合地基承载力的大小取决于桩径、桩长、桩距、持力层土质及褥垫层厚度等因素。

2. 工艺流程

（1）施工准备　施工前机械设备材料进场；有关施工人员到岗；由技术人员、安全员组织进行技术与安全交底，使施工作业人员明确设计与施工要求，增强安全生产意识，并由技术人员安排专人负责记录与质检工作。长螺旋钻孔压灌桩采用长螺旋钻，常规使用的长螺旋钻具有ϕ400、ϕ600、ϕ800三种，与普通钻具相比它有以下不同点：

1）该钻具有从中心管内灌注混凝土的功能，且其顶部设有泄气阀，中心管直径大于125mm。

因为一般混凝土输送软管内径为125mm，为了使输送到钻顶中心管中的混凝土能自由下落，并冲开底部的活瓣，同时保证自落后的混凝土将中心管内的空气排到顶部泄出，因此中心管直径需大于125mm，一般为156mm。

2）中心管的底部（即钻头处）有混凝土出口，出口处有两片可开闭的活瓣。钻具开始钻削土体之前，应将活瓣闭合，以防止土、砂或水进入中心管内，泵输送混凝土时将活瓣打开。

3）动力部分为双电机。采用双电机主要是为输送混凝土的中心管预留空间，双电机功率一般分为2×37kW、2×45kW、2×55kW、2×75kW几种。电机功率的大小决定了成孔深度，2×37kW钻机成孔深度为18m，2×75kW钻机成孔深度可达30m。

（2）施工设备安装及调试　长螺旋钻孔压灌桩桩机进场后，应及时进行安装及调试，确保成孔钻机行走平稳，运转正常。在钻机支架立柱上根据深度要求标注控制尺寸标记。

（3）试成桩　施工人员要明确长螺旋钻孔压灌桩的桩径、有效桩长、桩体强度、桩顶标高等设计控制参数，并按确定的参数试成桩。

（4）定位放线　以甲方提供的轴线为基准，由工程技术人员从轴线控制点引放桩位点，经监理工程师验线合格后，方能施工。

（5）钻机就位与成孔　钻机就位后应调整平稳，施工作业人员应从钻机正面与侧面两个相互垂直的方向，采用吊锥线或利用钻机平台用水平尺进行垂直检查，及时调整钻机位置，保证钻具垂直，并将钻头锥尖对准桩位中心。同时检查钻头两侧阀门，阀门应开闭自如，成孔阶段应保证钻头两侧阀门密闭。启动钻机，旋转钻具进行成孔施工。钻孔开始时关闭钻头阀门，向下移动钻杆至钻头触地时，启动电机钻进，先慢后快，同时检查钻孔的偏差并及时纠正。当在成孔过程中发现钻杆摇晃或钻进困难时，应放慢进尺，防止桩孔偏斜、移位或钻具损坏。根据钻机立架支柱上的进尺标记，成孔达到设计标高时停止钻进。成孔作业人员应随时检查钻具成孔时的垂直度，发现偏斜及时进行调整，以保证钻孔的垂直度。成孔深度应满足设计要求，可在钻机立柱上画尺寸标记或采取其他方法进行施工深度控制。对成孔时钻出的土及时清理，以保证场地道路通畅、平整。

（6）制备桩料　长螺旋钻孔压灌桩的施工配合比应以试验报告提供的材料配合比为标准，长螺旋钻孔压灌的混凝土（或CFG桩混合料）采用现场搅拌或商品混凝土（或CFG桩混合料）。作业班组应做好施工记录。

（7）压灌成桩　当钻机钻孔达到要求深度后，停止钻进，同时启动混凝土输送泵向钻具内输送桩料，待桩料输送到钻具底端时将钻具慢慢上提0.1~0.3m，以观察混凝土输送泵压力有无变化，并判断钻头两侧阀门是否已经打开，输送桩料顺畅后，方可开始压灌成桩工作，严禁先提管后泵料。提升速度要与泵送速度相适应，确保中心管内有0.1m^3以上的混凝土，成桩时的拔管速度控制在2~3m/min。压灌成桩时，边泵送桩料边提拔钻具。压灌成桩过程中提钻与输送桩料应自始至终密切配合，钻具底端出料口不得高于孔内桩料的液面。成桩过程应连续进行，压灌成桩必须一次连续灌注完成。现场拌制混凝土时，中间可停止提钻等待搅拌机拌制混凝土，但等待时间应远小于混凝土的初凝时间。若因意外情况出现等待时间大于初凝时间，则应重新钻孔成桩。压灌成桩桩顶标高应高于设计桩顶标高0.5~0.8m。施工时设置专人监测成孔、成桩质量，并逐根做好成桩施工记录，班组长、项目技术负责人应对每班记录的“混凝土（混合料）工程施工记录表”“钻孔压灌桩施工记录表”进行检验，核实无误后签字。当施工成孔时发现地层与勘察资料不符时，应查明情况，会同设计单位采取有效处理措施。

（8）转移钻机　一根桩施工完成后，转移钻机到下一桩位。桩机移机至下一桩位施工时，应根据轴线或周围桩的位置对需要施工的桩位进行复核，以保证桩位正确。

（9）现场试验　对于每车混凝土（或CFG桩混合料），试验人员都要进行坍落度的检测，合格后方可进行混凝土（或CFG桩混合料）的投料。在成桩过程中抽样做试块，每台机械一天应做一组试块，在试块上标明制作日期，并进行标准养护，测定其28d抗压强度。

(10) 质量检验　施工结束后，应对桩顶标高、桩位、桩体质量、地基承载力以及褥垫层的质量进行检查。复合地基检验应在桩体强度符合试验荷载条件时进行，一般宜在施工结束 2~4 周后进行，复合地基承载力宜用单桩或多桩复合地基荷载试验确定。对于高层建筑或重要建筑，可抽取总桩数的 10%进行低应变动力检测，以检验桩身结构的完整性。褥垫层一般由级配碎石与素混凝土组成，铺设范围应超出基础边缘 100mm，虚铺厚度按正压系数计算确定，宜取 100~300mm。褥垫层铺设宜采用静力压实法，当基础底面下桩间土的含水量较小时，也可采用动力夯实法。

3. 施工注意事项

1）为保证泵送混凝土的密实度，一般在混凝土内掺入粉煤灰，用量为每立方米混凝土 70~90kg，坍落度控制在 160~200mm，为防止堵管，粗骨料的粒径不宜大于 30mm。

2）应准确掌握提拔钻杆的时间，不得在泵送混凝土前提钻，以免造成桩端虚土或混凝土的离析。提钻时要连续泵送，防止桩身缩颈或短桩，特别是在饱和砂土、饱和粉土中尤其要重视。

3）钢筋笼在混凝土灌注后采用专用插筋器插入。钢筋笼的端部应做成锥形封闭状，笼内插入插筋器，采用振动锤激振插筋器将钢筋笼插至设计标高。钢筋笼插入施工中应根据具体条件采取措施以保证其垂直度和保护层厚度。

2.6.3 灌注桩后注浆技术

传统钻孔灌注桩施工存在桩侧泥皮及应力松弛、桩底沉渣和持力层扰动、同一场地钻孔灌注桩竖向承载力离散性大以及桩身混凝土质量不易控制等问题。因此，灌注桩的后注浆技术得到了应用和发展。灌注桩后注浆技术是指钻孔灌注桩在成桩后，由预埋的注浆通道用高压注浆泵将一定压力的水泥浆压入桩端土层和桩侧土层，通过浆液对桩端沉渣和桩端持力层及桩周泥皮起到渗透、填充、压密、劈裂、固结等作用来增强桩侧土和桩端土的强度，从而达到提高桩基极限承载力、减小群桩沉降量的一项技术措施。灌注桩后注浆技术的工艺流程如图 2-53 所示。

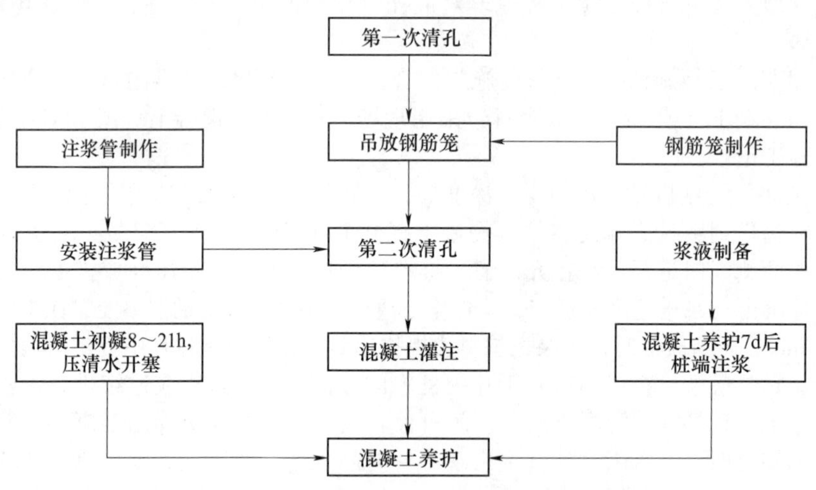

图 2-53　灌注桩后注浆技术的工艺流程

1. 注浆管的制作

注浆管（图 2-54）应采用钢管，且应与钢筋笼加劲筋绑扎固定或焊接。其结构分为三部分：端部花管、中部直管及上部带丝扣的接头。花管段侧壁一般按梅花形设置出浆水孔，孔径通常为 6~7mm。花管段钢管直径可采用 $\phi25$ 或 $\phi30$。对于超长桩，考虑到管内侧摩阻力对压力的影响，可考虑采用 $\phi30$ 或 $\phi38$ 的钢管。同时，花管段一定要用胶带、塑料膜或橡胶膜等包裹好，用钢丝等缠绕扎紧，防止渗漏。

注浆管及注浆阀数量宜根据桩径大小设置。对于直径不大于 1200mm 的桩，宜沿钢筋笼圆周对称设置 2 根；对于直径大于 1200mm 而不大于 2500mm 的桩，宜对称设置 3 根。

2. 注浆管的安装（图 2-55）

将两根注浆管点焊在钢筋笼的内圈上，安装注浆管时必须保证注浆管之间的对接，确保焊缝饱满、连续、密封良好。端部花管、注浆管连接完成后，每节或每段均应当用具有一定压力的自来水灌水检验其是否密封，如存在渗水，应及时返工整改，以防止岩土体、地下水及灌注料进入管内堵塞管路。同时，注浆管安装时还必须保证花管端部与钢筋笼（设计必须是下至孔底）底端齐平，而后管内注满水同钢筋笼一起放入孔内。另外，注浆管顶应低于地面 200~300mm，以防止钻机移位时，碰断注浆管。

图 2-54　注浆管

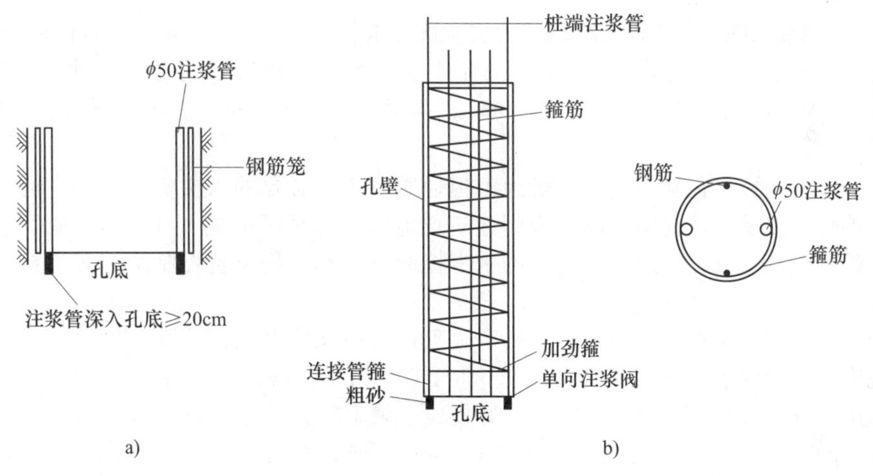

图 2-55　注浆管的安装

a）桩端注浆装置　b）钢筋笼制作

3. 压水试验

压水试验是注浆工艺中的一个环节，它的作用是预压及疏通注浆通道，以检查注浆管的可灌性与联通性，为注浆做好准备工作。成桩后 3~7d 用高压水压通注浆通道，压水量一般控制在 0.2~0.6m^3，压水时间 3~5min，压水压力 0.5~1.0MPa。

4. 注浆施工

注浆作业宜于成桩 2d 后开始。注浆作业与成孔作业点的距离不宜小于 8~10m，桩群注浆顺序宜先外围、后内部。采用复式注浆施工，在饱和土中注浆顺序宜先桩侧后桩端；对于非饱和土宜先桩端后桩侧，桩侧、桩端注浆间隔时间不宜少于 2h；多断面桩侧注浆应先上后下。桩端注浆应对同一根桩的各注浆管依次实施等量注浆。

注浆过程要着重控制好注浆压力、浆液水灰比、注浆量这三个指标。注浆压力并不是一个固定的指标，应根据压水试验结果，结合土的类别、土的饱和度、地层岩土性状、桩的长度等因素适当调整，并通过现场试注浆最终确定。通常以压水压力作为注浆的起始压力，注浆终压应为初压的 2~3 倍。浆液水灰比控制原则是一般先用稀浆，再用中等浓度浆液，最后注浓浆。水灰比控制：地下水位以下（0.45∶1）~（0.7∶1）为宜；地下水位以上（0.7∶1）~（0.9∶1）为宜。注浆时应根据桩端持力层的岩土性状和沉渣量等因素，事先计算所需注浆量。注浆结束的标准是注浆压力达到终压，此时吸浆量逐步变小并稳定吸浆 5~15min，完成设计的注入浆液体积，终压稳定条件下达到大于设计要求的浆液注入量。当满足下列条件之一时可终止注浆：注浆总量和注浆压力均达到设计要求；注浆总量已达到设计值的75%，且注浆压力超过设计值。当注浆压力长时间低于正常值，或地面出现冒浆，或周围桩孔串浆时，应改为间歇注浆，间歇时间宜为30~60min，或调低浆液水灰比。

注浆施工过程中，应经常对注浆的各项工艺参数进行检查，发现异常应采取相应处理措施。当注浆量等主要参数达不到设计值时，应根据工程具体情况采取相应措施。

2.6.4 水泥粉煤灰碎石桩（CFG桩）复合地基技术

水泥粉煤灰碎石桩（CFG桩）复合地基是由水泥、粉煤灰、碎石、石屑或砂加水拌和形成的高黏结强度桩，通过在基底和桩顶之间设置一定厚度的褥垫层以保证桩、土共同承担荷载，使桩、桩间土和褥垫层一起构成复合地基，是地基处理桩型中的一种。桩端持力层应选择承载力相对较高的土层。CFG桩复合地基适用于黏性土、粉土、砂土和已自重固结的素填土等地基。对于淤泥质土应按地区经验或通过现场试验确定其适用性。CFG桩复合地基具有承载力提高幅度大、地基变形小、适用范围广等特点。

CFG桩桩径宜取350~600mm，桩端持力层应选择承载力相对较高的地层，桩间距宜取3~5倍桩径。桩身混凝土强度应满足设计要求，通常不小于C15。褥垫层宜用中砂、粗砂、碎石或级配砂石等，不宜选用卵石，最大粒径不宜大于30mm，厚度为150~300mm，夯填度不大于0.9。

1. 施工准备

施工前应准备的资料包括：建筑物场地工程地质报告和必要的水文资料；CFG桩布桩图，并应注明桩位编号，以及设计说明和施工说明建筑场地邻近的高压电缆、电话线、地下管线、地下构筑物及障碍物等调查资料；建筑物场地的水准控制点和建筑物位置控制坐标等资料。此外，施工前应具备“三通一平”条件。

施工前应具备的施工技术措施包括：确定施工机具和配套设施；编制材料供应计划，标明所用材料的规格、质量要求和数量（试成孔应不少于2个），以复核地质资料以及设备、工艺是否适宜，核定选用的技术参数；按施工平面图画好桩位；确定施打顺序及桩机行走路线；施工单位画好CFG桩的轴线定位点及测量基线，并由监理、业主复核；在施工机具上做好进尺标志。

2. 施工工艺

CFG桩复合地基技术采用的施工方法有：长螺旋钻孔灌注成桩，长螺旋钻孔、管内泵压混合料灌注成桩，振动沉管灌注成桩等。本书以振动沉管灌注成桩为例介绍CFG桩复合地基工艺（图2-56）。

CFG桩复合地基施工过程中应注意以下几个方面的问题：

1）施工前应按设计要求由试验室进行配合比试验，施工时按配合比配制混合料。振动沉管灌注成桩的混凝土坍落度宜为30~50mm，振动沉管灌注成桩后桩顶浮浆厚度应小于200mm。

2）桩机就位，调整沉管与地面垂直，确保垂直度偏差不大于1%。对于条形承台，桩位偏差不应大于1/4桩径；对于单排布桩桩位，偏差不应大于60mm；对于满堂布桩基础，桩位偏差不应大于2/5桩径。

3）控制沉管入土深度，确保桩长偏差在+100mm范围内。

4）振动沉管灌注成桩施工拔管速度应按匀速控制，拔管速度应控制在1.2~1.5m/min，如遇淤泥质土，拔管速度可适当放慢。

5）施工时，桩顶标高应高出设计标高，高出长度应根据桩距、布桩形式、现场地质条件和施打顺序等综合确定，一般不应小于0.5m。

6）成桩过程中，抽样做混合料试块。每台机械一天应做一组试块，标准养护，测定其立方体28d抗压强度。

7）清土和截桩时，不得造成桩顶标高以下桩身断裂和扰动桩间土。

8）褥垫层是在桩顶和建筑物基础垫层之间铺设的一层粒状散体材料，用于调整建筑物在桩和

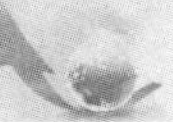

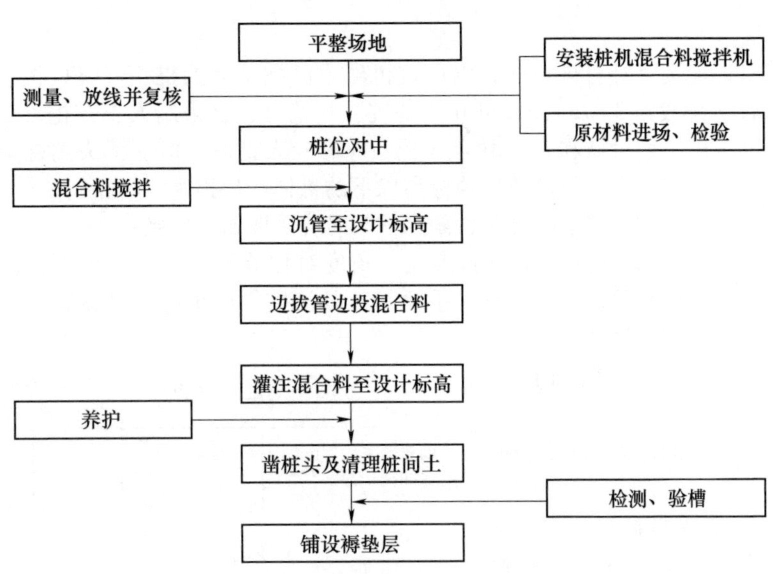

图 2-56 CFG 桩复合地基工艺

桩间土上的荷载分配。褥垫层材料宜选用中砂、粗砂、碎石或级配碎石等，最大粒径不宜大于30mm，不宜选用卵石，这是因为卵石咬合力差，施工扰动容易使褥垫层厚度不均匀。褥垫层厚度为200mm，材料采用土石屑，夯填度一般取 0.87~0.90。虚铺完成后采用静力压实法压至设计厚度。当基础底面下桩间土的含水量较小时，也可采用动力夯实法。对于较干的砂石材料，虚铺后可先适当洒水再进行碾压或夯实。

3. 质量标准

CFG 桩中的水泥、粉煤灰、砂及碎石等原材料应符合设计要求。

施工中应检查桩身混合料的配合比、坍落度和提拔钢套管速度、成孔深度、混合料的灌入量等指标。

施工结束后，应对桩顶标高、桩位、桩体质量、地基承载力以及褥垫层的质量做检查。CFG 桩复合地基的质量检验标准应符合表 2-9 的规定。

表 2-9 CFG 桩复合地基质量检验标准

项目	序号	检查项目	允许偏差或允许值		检查方法
			单位	数值	
主控制项目	1	原材料	设计要求		查产品合格证书或抽样送检
	2	桩径	mm	-20	用钢尺量或计算填料量
	3	桩身强度	设计要求		查 28d 试块强度
	4	地基承载力	设计要求		按规定的办法
一般项目	1	桩身完整性	按《建筑桩基检测技术规范》(JGJ 106)		按《建筑桩基检测技术规范》(JGJ 106)
	2	桩位偏差		满堂布桩不大于 0.40d 条基布桩不大于 0.25d (d 为桩径)	用钢尺量
	3	桩垂直度	%	≤1.5	用经纬仪测钢套管
	4	桩长	mm	+100	测钢套管长度或用垂球测孔深
	5	褥垫层夯填度	≤0.9		用钢尺量

注：1. 夯填度指夯实后的褥垫层厚度与虚体厚度的比值。

2. 桩径允许偏差负值是指个别断面。

4. 成品保护

CFG 桩施工时，应调整好打桩顺序，以免桩机碾压已施工完的桩头。CFG 桩施工完毕，待桩体达到一定强度后（一般为 3~7d），方可开挖基坑。开挖时，宜采用人工开挖，当基坑较深、开挖面积较大时，可采用小型机械和人工联合开挖，应有专人指挥，保证铲头离桩边有一定的安全距离，同时应避免扰动桩间土和对设计桩顶标高以下的桩体产生损害。

挖至设计标高后，应剔除多余的桩头，剔除桩头时应采取如下措施：

1）找出桩顶标高位置，在同一水平面按同一角度对称放置 2 个或 4 个钢钎，用手锤同时击打，将桩头截断。桩头截断后，再用钢钎、手锤等工具沿桩周向桩心逐渐剔除多余的桩头，直至设计桩顶标高，并在桩顶上找平。

2）不可用重锤或重物横向击打桩体。

3）桩头剔至设计标高后，桩顶表面应凿至平整。

4）当桩头剔至设计标高以下时，必须采取补救措施。如断裂面距桩顶标高不深，可接桩至设计标高，方法如图 2-57所示，同时保护桩间土不受扰动。

桩头清除至设计标高后，应尽快进行褥垫层的施工，以防桩间土被扰动。

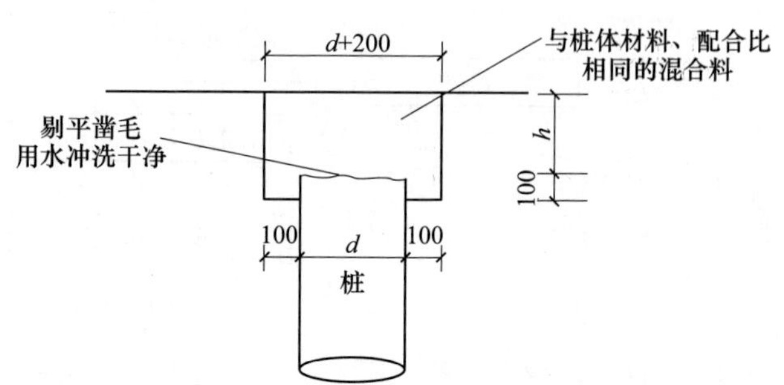

图 2-57　桩头剔至设计标高以下的补救措施

思　考　题

1. 简述钢筋混凝土预制桩的制作、起吊、运输、堆放等环节的主要工艺要求。
2. 打桩有几种方式，分别具有什么特点？
3. 沉桩过程中的挤土效应有哪些危害？如何预防？
4. 简述泥浆护壁成孔灌注桩施工工艺流程，施工过程中的常见问题及处理方法。
5. 套管成孔灌注桩施工中常见的质量问题有哪些？如何处理？
6. 预制桩和灌注桩的特点及各自的适用范围是什么？
7. 人工挖孔灌注桩施工过程中需要注意哪些问题？
8. 简述 CFG 桩的施工工艺流程。

第 3 章 混凝土结构工程

学习目标：熟悉混凝土结构工程的主要内容；掌握钢筋连接、加工的机械和工艺；掌握模板体系的种类、设计要点和装拆工艺；掌握混凝土的性质、运输方式、浇筑方法、成型与养护方式和质量检查方法。

3.1 概述

混凝土结构是房屋建筑中占主导地位的结构，对于整个施工过程中的人力、物力消耗，质量，成本，安全和工期等各方面都有很大影响。

混凝土结构工程的主要内容包括钢筋工程、模板工程和混凝土工程，其具体工艺流程如图 3-1 所示。

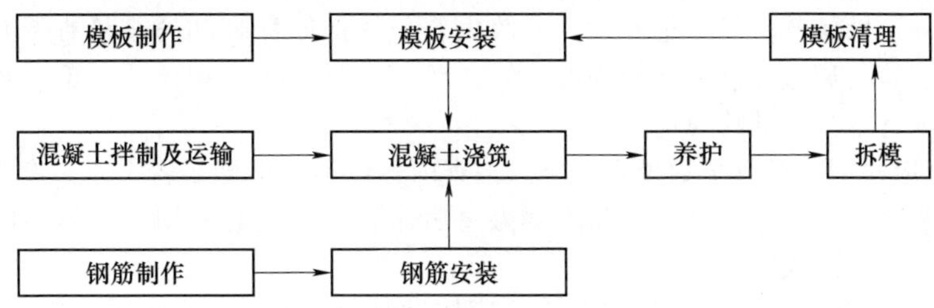

图 3-1 混凝土工程施工工艺流程图

3.2 钢筋工程

3.2.1 钢筋的种类与验收

1. 钢筋的种类

混凝土结构用钢筋按照生产工艺分为热轧钢筋、余热处理钢筋、冷轧带肋钢筋和冷轧扭钢筋。

（1）热轧钢筋　热轧钢筋依据其外形又分为热轧光圆钢筋和热轧带肋钢筋。热轧光圆钢筋的牌号（强度等级）为 HPB300（直径 6~14mm）。热轧带肋钢筋分为普通热轧钢筋和细晶粒热轧钢筋。普通热轧钢筋分为 HRB335（直径小于 16mm 的将逐步被淘汰）、HRB400、HRB500、HRB600（新增）四个牌号；细晶粒热轧钢筋分为 HRBF400、HRBF500 两个牌号。

（2）余热处理钢筋　余热处理钢筋的牌号为 RRB400，RRB500。

（3）冷轧带肋钢筋　混凝土结构用冷轧带肋钢筋按其性能分为冷轧带肋钢筋和高延性冷轧带肋钢筋两种：冷轧带肋钢筋包括 CRB550、CRB650、CRB800 三个牌号；高延性冷轧带肋钢筋包括 CRB600H、CRB680H、CRB800H 三个牌号。CRB550 、CRB600H 为普通钢筋混凝土用钢筋；CRB650、CRB800、CRB800H 为预应力混凝土用钢筋；CRB680H 既可以作为普通钢筋混凝土用钢筋，也可以作为预应力混凝土用钢筋。

（4）冷轧扭钢筋　冷轧扭钢筋是由低碳钢经冷轧扭工艺制成的，具有较高的强度和塑性，与混凝土黏结性能优异，一般用于预制钢筋混凝土圆孔板、叠合板中的预制薄板以及现浇钢筋混凝土楼板。

按照现行《混凝土结构设计规范（2015 年版）》（GB 50010）和《混凝土结构工程施工质量验收规范》（GB 50204）的规定，混凝土结构的钢筋应按下列规定选用：

1）纵向受力普通钢筋可采用 HRB400、HRB500、HRBF400、HRBF500、HRB335、RRB400、

HPB300 钢筋；梁、柱和斜撑构件的纵向受力普通钢筋宜采用 HRB400、HRB500、HRBF400、HRBF500 钢筋。

2）箍筋宜采用 HRB400、HRBF400、HRB335、HPB300、HRB500、HRBF500 钢筋。

3）HRB335 级钢筋主要用于中、小跨度楼板配筋以及剪力墙的分布筋配筋，还可用于构件的箍筋与构造配筋。

4）HPB300 级光圆钢筋主要用于小规格梁、柱的箍筋及其他混凝土构件的构造配筋。

5）考虑地震作用的框架梁、框架柱、支撑、剪力墙边缘构件的纵向受力钢筋宜选用 HRB400、HRB500 热轧带肋钢筋，箍筋宜选用 HPB300、HRB335、HRB400、HRB500 热轧钢筋；抗震等级为一、二、三级时，混凝土结构构件［如框架梁、框架柱、斜撑（包括楼梯）等］，其纵向受力钢筋应采用 HRB400E、HRB500E、HRB335E（逐步淘汰）、HRBF400E、HRBF500E 钢筋。纵向受力普通钢筋应满足下列要求：钢筋的抗拉强度实测值与屈服强度实测值的比值不应小于 1.25；钢筋的屈服强度实测值与屈服强度标准值的比值不应大于 1.30；钢筋最大拉力下的总伸长率实测值不应小于 9%。

2. 钢筋验收

（1）钢筋的进场验收　钢筋运到工地时，应有产品合格证和出厂检验报告，每捆（盘）都应有标牌，并按品种、批号及直径分批验收。验收内容包括钢筋标牌和外观检查，并按有关规定取样进行力学性能试验（屈服强度、抗拉强度、伸长率、弯曲性能）和单位长度质量偏差检验，检验结果必须符合现行相关标准的规定。

1）外观检查应对钢筋进行全数外观检查。检查内容包括：钢筋是否平直、有无损伤，表面是否有裂纹、油污及锈蚀等，弯折过的钢筋不得敲直后作为受力钢筋使用，钢筋表面不应有影响钢筋强度和锚固性能的锈蚀或污染。

2）力学性能检验和单位长度质量偏差检验应按批进行验收。每批由同一牌号、同一炉罐号、同一规格的钢筋组成。每批质量通常不大于 60t。超过 60t 的部分，每增加 40t（或不足 40t 的余数），增加一个拉伸试验试样和一个弯曲试验试样。检验时，从每批钢筋中任选 2 根，每根取 2 个试件分别进行拉伸试验（包括屈服强度、极限强度和断后伸长率的测定）和弯曲试验。力学性能检验时如有一项试验结果不符合现行规范规定（表 3-1），则应从同一批钢筋另取双倍数量的试件重做各项试验，如果仍有一个试件不合格，则该批钢筋为不合格品，不得使用。经产品认证符合要求的钢筋及同一工程、同一厂家、同一牌号、同一规格的钢筋、成型钢筋，连续 3 次进场检验均一次检验合格者，其检验批容量可扩大一倍。测量钢筋质量偏差时，试样应从不同根钢筋上截取，且数量不少于 5 支，每支试样长度不小于 500mm。长度应逐支测量，应精确到 1mm；测量试样总质量时，应精确到不大于总质量的 1%。钢筋单位长度质量允许偏差见表 3-2。

表 3-1　部分热轧钢筋的力学性能

牌号	符号	公称直径 d/mm	屈服强度标准值 f_{yk} /(N/mm^2)	极限强度标准值 f_{stk} /(N/mm^2)	断后伸长率 A (%)	弯曲试验（180°）弯心直径（d 为钢筋直径）
HPB300	Φ	6~14	300	420	25	d
HRB335	Φ	6~14	335	455	17	$3d$
HRB400	Φ	6~50	400	540	16	$4d$
HRBF400	Φ^F				15	$5d$
RRB400	Φ^R				14	$6d$
HRB500	Φ	6~50	500	630	15	$6d$
					14	$7d$
HRBF500	Φ^F				13	$8d$

表 3-2　钢筋单位长度质量允许偏差

公称直径 d/mm	实际质量与理论质量的偏差（%）
6~12	±6
14~20	±5
22~50	±4

钢筋在加工使用中如发现焊接性能或力学性能不良，还应进行化学成分分析或其他专项检验，检验有害成分如硫（S）、磷（P）的含量是否超过规定范围。

（2）钢筋的堆放验收　当钢筋运进施工现场后，必须严格按批次分等级、牌号、直径、长度挂牌分别堆放，并注明数量，不得混淆。钢筋应尽量堆入仓库或料棚内。当条件不具备时，应选择地势较高，土质坚实，较为平坦的露天场地存放。在仓库或场地周围挖排水沟，以利泄水。堆放时钢筋下面要加垫木，离地不宜少于 200mm，以防钢筋锈蚀和污染。钢筋成品要分工程名称和构件名称，按号码顺序存放。同一项工程与同一构件的钢筋要存放在一起，按号挂牌排列，牌上注明构件名称、部位，钢筋类型、尺寸、钢号、直径、根数，不能将几项工程的钢筋混放在一起。同时不要和产生有害气体的车间靠近，以免污染和腐蚀钢筋。

3.2.2　钢筋翻样与配料

为了确保钢筋配筋和加工的准确性，应事先根据结构施工图画出相应的钢筋翻样图并填写钢筋配料单。

1. 钢筋翻样图

建筑结构的钢筋翻样图按照结构配筋图绘制。一般把混凝土结构分解成柱、梁、墙、楼板、楼梯等构件，根据构件所在的结构层次，以一种构件为主，画出其配筋，并把分散于建筑、结构和水电施工图中的对该构件钢筋的配筋、连接和安装等要求都集中反映到该构件的翻样图上。在钢筋翻样图中，构件的各种钢筋均应编号，标明其数量、牌号、直径、间距、锚固长度、接头位置以及搭接长度等。对于形状复杂的钢筋和结构节点密度大的钢筋，在钢筋翻样图上还应该画出其细部加工图和细部安装图。

2. 钢筋配料单

钢筋配料是指根据结构施工图计算构件中各种钢筋的直线下料长度、数量和质量，编制钢筋配料单，作为钢筋备料加工的依据。

结构施工图中标注的钢筋尺寸一般是指钢筋的外包尺寸，即从钢筋外皮到外皮量得的尺寸。在钢筋加工时，如果下料长度按照钢筋的外包尺寸的总和来计算，那么凡是带弯曲的钢筋在加工后的尺寸将大于施工图要求的外包尺寸而造成浪费。这是因为钢筋在弯曲时其中轴线的长度不变，而外皮会伸长、内皮会缩短，如图 3-2 所示。只有按照钢筋的轴线尺寸下料加工，才能保证加工后的钢筋形状、尺寸符合施工图的要求。

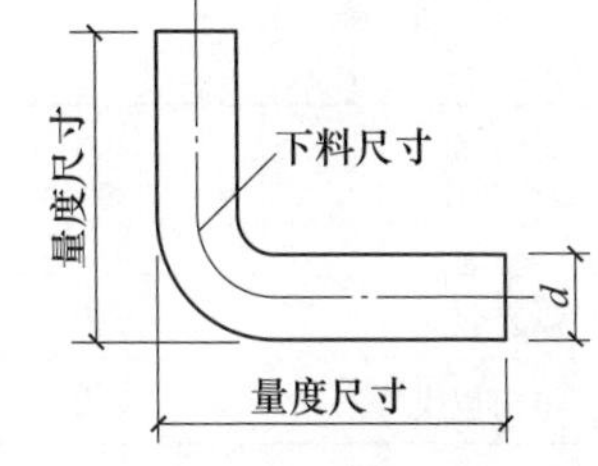

图 3-2　钢筋弯曲时量度方法

钢筋的外包尺寸与轴线尺寸之间的这种差值称为量度差值。显然，直线钢筋的外包尺寸与其轴线尺寸相等，不存在量度差值；而弯曲部分的外包尺寸大于其轴线尺寸，二者存在量度差值。因此，钢筋下料时的下料长度应为钢筋各段外包尺寸之和减去弯曲部分的量度差值，如果钢筋两端带弯钩，则应加上其增长值，即

$$钢筋下料长度=\sum 外包尺寸-\sum 量度差值+\sum 弯钩增长值$$

（1）钢筋弯曲的量度差值　钢筋弯曲处的量度差值与钢筋的弯心直径 D 和弯曲角度 α 有关，如图 3-3 所示。

$$量度差值=外包尺寸-轴线尺寸$$

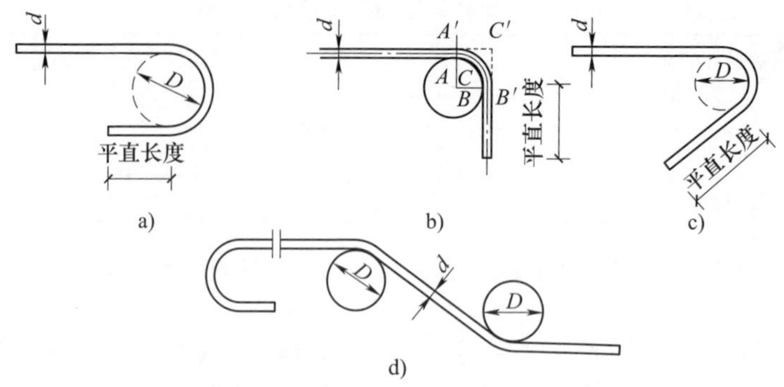

图 3-3 钢筋末端弯折及中间段弯曲计算示意图

a）弯 180° b）弯 90° c）弯 135° d）弯 45°

常用钢筋弯曲时不同弯曲角度下的量度差值见表 3-3。

表 3-3 钢筋弯曲时不同弯曲角度下的量度差值

弯曲角度	30°	45°	60°	90°	135°
量度差值	0.35d	0.5d	0.85d	2.0d	2.5d

（2）钢筋末端带弯钩时的下料长度增长值 按照规范规定，HPB300 级钢筋端部应做 180°弯钩，其弯心直径≥2.5d，平直长度≥3d，钢筋长度应增加 6.25d（图 3-3）。

（3）箍筋的下料 箍筋的末端应做弯钩，其形式应符合设计要求；无设计要求时，弯折角度要求不小于 90°；对于有抗震要求的结构，箍筋应做 135°弯钩，如图 3-4 所示。

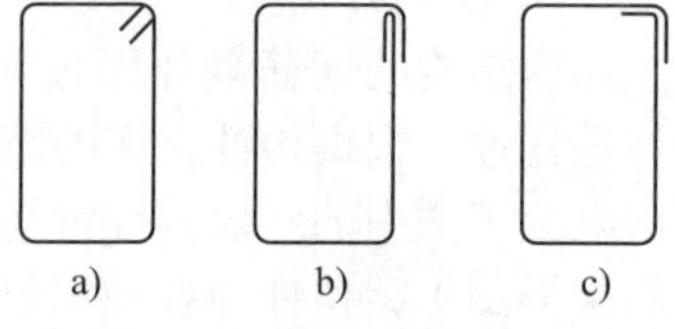

图 3-4 箍筋末端弯钩形式

a）135°/135° b）90°/180° c）90°/90°

箍筋弯钩的弯心直径不小于受力钢筋的直径；在弯折 135°弯钩时，对于 HRB335、HRB400 级钢筋，不应小于钢筋直径的 4 倍。箍筋弯钩后平直长度，当有抗震要求时，不应小于箍筋直径的 10 倍；对于一般结构，不应小于箍筋直径的 5 倍。

箍筋下料长度可用外包尺寸或内包尺寸来计算。为方便计算，一般先按外包尺寸或内包尺寸计算出箍筋的周长，再加上一个调整值（调整值包括 3 个 90°弯折和 2 个端部弯钩在内，见表 3-4）。

表 3-4 箍筋下料长度调整值

箍筋量度方法	箍筋直径/mm				
	5	6	8	10	12
量外包尺寸	40	50	60	70	80
量内包尺寸	80	100	120	150	170

钢筋下料长度计算完成后，即可编制钢筋配料单（表 3-5），作为钢筋准备和加工的依据。

表 3-5 某梁钢筋配料单

构件名称	钢筋编号	简图	直径/mm	钢筋代号	下料长度/mm	单位数量/根	合计数量/根	总重/kg

3.2.3 钢筋的代换

在建筑工程施工过程中，经常会遇到钢筋的品种或规格与设计图不符的情况。此时，在办理

设计变更手续后可进行钢筋代换。

1. 钢筋代换原则

1）等承载力代换：当构件受承载力控制时，钢筋可按承载力相等原则进行代换，即不同强度等级的钢筋在代换后其承载力应大于或等于代换前的承载力，通常也称为等强度代换。

2）等面积代换：当构件按最小配筋率配筋时，钢筋可按面积相等的原则进行代换，即同强度等级的钢筋按钢筋面积相等的原则代换。

3）当构件受裂缝宽度或挠度控制时，代换后应进行裂缝宽度或挠度验算。

4）代换后的钢筋应满足构造要求和设计要求。

2. 钢筋代换方法

（1）等面积代换　当钢筋强度相同而直径不同时，按等面积代换。

（2）等强度代换　当钢筋强度不同时，按等强度代换。代换后的钢筋根数按下式计算：

$$n_2 \geqslant \frac{n_1 d_1^2 f_{y1}}{d_2^2 f_{y2}} \tag{3-1}$$

式中，n_2 是代换钢筋数量（根）；n_1 是原设计钢筋数量（根）；d_2 是代换钢筋直径（mm）；d_1 是原设计钢筋直径（mm）；f_{y2} 是代换钢筋抗拉强度设计值（N/mm^2）；f_{y1} 是原设计钢筋抗拉强度设计值（N/mm^2）。

3. 钢筋代换后构件截面承载力复核

对于矩形截面受弯构件，可按下式复核截面承载力：

$$M_{u2}=A_{s2}f_{y2}\left(h_{02}-\frac{A_{s2}f_{y2}}{2f_c b}\right) \geqslant M_{u1}=A_{s1}f_{y1}\left(h_{01}-\frac{A_{s1}f_{y1}}{2f_c b}\right) \tag{3-2}$$

式中，A_{s1} 是原设计钢筋的截面面积（mm^2）；A_{s2} 是代换钢筋的截面面积（mm^2）；h_{01} 是原设计截面有效高度（mm）；h_{02} 是代换后截面有效高度（mm）；b 是构件截面宽度（mm）。

4. 代换注意事项

1）钢筋代换时，必须充分了解设计意图和代换材料性能，并严格遵守《混凝土结构设计规范（2015 年版）》（GB 50010）的各项规定。凡重要结构中的钢筋代换，均应征得设计单位同意。

2）对某些重要构件，如起重机梁、薄腹梁、桁架下弦等，不宜用 HPB300 级光圆钢筋代替 HRB335 和 HRB400 级带肋钢筋。

3）钢筋代换后，除应符合设计要求的构件承载力、最大力下的总伸长率、裂缝宽度验算以及抗震规定以外，尚应满足最小配筋率、钢筋间距、保护层厚度、钢筋锚固长度、接头面积百分率及搭接长度等构造要求。

4）同一截面内，可同时配有不同种类和直径的代换钢筋，但每根钢筋的拉力差不应过大（如同品种钢筋的直径差值一般不大于 5mm），以免构件受力不匀。

5）梁的纵向受力钢筋与弯起钢筋应分别代换，以保证正截面与斜截面承载力。

6）偏心受压构件（如框架柱、有起重机的厂房柱、桁架上弦等）或偏心受拉构件进行钢筋代换时，不取整个截面配筋量计算，应按受力面（受压或受拉）分别代换。

7）当构件受裂缝宽度控制时，如以小直径钢筋代换大直径钢筋，强度等级低的钢筋代替强度等级高的钢筋，则可不作裂缝宽度验算。

8）构件中的钢筋可采用并筋的配置形式。直径 28mm 及以下的钢筋并筋数量不应超过 3 根；直径 32mm 的钢筋并筋数量宜为 2 根；直径 36mm 及以上的钢筋不应采用并筋。并筋应按单根等效钢筋进行计算，等效钢筋的等效直径应按截面面积相等的原则换算确定。

3.2.4 钢筋的加工

钢筋的加工主要包括钢筋调直、钢筋切断和钢筋弯曲三种。

1. 钢筋调直

对于成盘到场的小直径钢筋在使用前首先要调直，其作用主要是将盘条调直成直钢筋，同时也可将钢筋表面的浮锈除掉。钢筋调直一般采用钢筋调直机进行，调直不应具有延伸功能。目前使用比较普遍的是同时具有调直和切断功能的数控钢筋调直切断机。图 3-5 所示是数控钢筋调直切断机的原理图，该机能够准确控制钢筋的断料长度，并且自动计数。

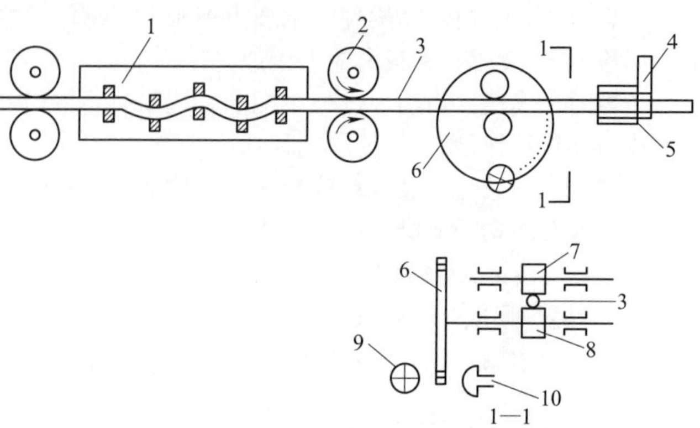

图 3-5　数控钢筋调直切断机原理图

1—调直装置　2—牵引轮　3—钢筋　4—上刀口　5—下刀口
6—光电盘　7—压轮　8—摩擦轮　9—灯泡　10—光电管

2. 钢筋切断

对于大直径的钢筋，进场时都是直条，直接根据需要的长度切断即可。钢筋切断一般使用钢筋切断机进行，应先断长料，后断短料，这样可以减少损耗。

3. 钢筋弯曲

钢筋弯曲是钢筋加工现场的重要工作，是将钢筋弯曲成施工图要求的尺寸和形状，现场一般采用钢筋弯曲机进行。钢筋弯曲机既可以完成受力筋、架立筋的弯曲，也可以对箍筋进行弯曲。少量的箍筋弯曲工作也可以采用手工摇板弯制。

3.2.5　钢筋的连接

在混凝土中，当纵向受力钢筋的长度不能满足设计或构造要求时，可以对钢筋进行连接。受力钢筋的连接接头宜设在受力较小处；在同一根受力钢筋上宜少设接头；在结构的重要构件和关键传力部位的纵向受力钢筋不宜设置连接接头。

钢筋连接常用的方法有：绑扎连接、焊接连接和机械连接三种。

1. 绑扎连接

绑扎连接是指将两根钢筋搭接规定的长度，用钢丝将搭接部分的中心和两端采用 20 号、22 号钢丝或镀锌钢丝（铅丝）扎牢的连接方式。

轴心受拉和小偏心受拉构件的纵向受力钢筋禁止采用绑扎连接；其他构件中的钢筋采用绑扎连接时，受拉钢筋的直径不宜大于 25mm，受压钢筋的直径不宜大于 28mm。

同一构件中相邻纵向钢筋的绑扎连接接头宜相互错开。纵向受力钢筋绑扎连接接头的连接区段的长度为 1.3l_l（l_l为搭接长度），凡搭接中心点位于该连接区段长度内的连接接头均属于同一连接区段，如图 3-6 所示。同一连接区段内纵向受力钢筋的搭接接头面积百分率为该区段内有搭接接头的纵向受力钢筋与全部纵向受力钢筋截面面积的比值。当直径不同的钢筋搭接时，按直径较小的钢筋计算。

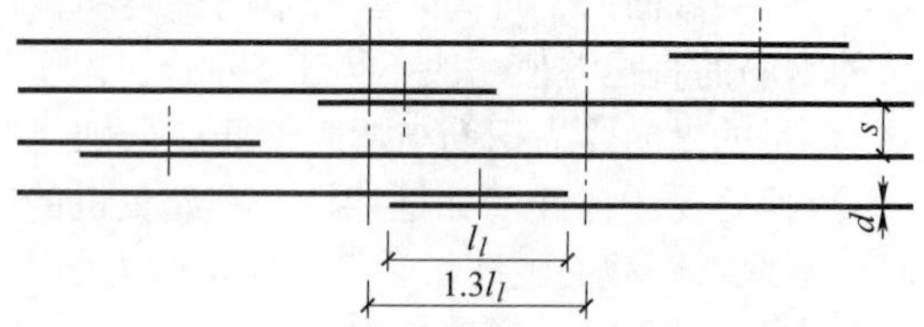

图 3-6　同一连接区段纵向受拉钢筋绑扎搭接接头

注：图中所示的连接区段内的同直径搭接钢筋为 2 根，搭接接头面积百分率为 50%。

位于同一连接区段内，纵向受拉钢筋绑扎搭接接头面积百分率应符合下列规定：

1）梁、板类构件不宜超过 25%。

2）柱类构件，不宜超过 50%。

3）当工程中确有必要增大接头面积百分率时，对于梁类构件，不应大于 50%；对其他构件，

可根据实际情况适当放宽。

4）并筋采用绑扎搭接连接时，应按每根单筋错开搭接的方式连接。接头面积百分率应按同一连接区段内所有的单根钢筋计算。并筋中钢筋的搭接长度应按单筋分别计算。

当纵向受拉钢筋的绑扎搭接接头面积百分率为25%时，纵向受拉最小搭接长度应满足表3-6的要求。

表3-6　纵向受拉钢筋最小搭接长度

钢筋级别	混凝土强度等级								
	C20	C25	C30	C35	C40	C45	C50	C55	C60
300级	49*d*	41*d*	37*d*	35*d*	31*d*	29*d*	29*d*	—	—
335级	47*d*	41*d*	37*d*	35*d*	31*d*	29*d*	27*d*	27*d*	25*d*
400级	55*d*	49*d*	43*d*	39*d*	37*d*	35*d*	33*d*	31*d*	31*d*
500级	67*d*	59*d*	53*d*	47*d*	43*d*	41*d*	39*d*	39*d*	37*d*

注：1. *d* 为受拉钢筋直径。

2. 2根直径不同钢筋的搭接长度，以较细钢筋的直径计算。

当纵向受拉钢筋绑扎搭接接头面积百分率大于25%，但不大于50%时，其最小搭接长度应按表3-6中的数值乘以系数1.2取用；当接头面积百分率大于50%时，应按表3-6中的数值乘以系数1.35取用。

纵向受拉钢筋的最小搭接长度可按下列规定进行修正：

1）当带肋钢筋的直径大于25mm时，其最小搭接长度应按相应数值乘以系数1.1取用。

2）对于环氧树脂涂层的带肋钢筋，其最小搭接长度应按相应数值乘以系数1.25取用。

3）当在混凝土凝固过程中受力钢筋易受扰动时（如滑模施工），其最小搭接长度应按相应数值乘以系数1.1取用。

4）对末端采用机械锚固措施的带肋钢筋，其最小搭接长度可按相应数值乘以系数0.6取用。

5）当带肋钢筋的混凝土保护层厚度大于搭接钢筋直径的3倍，且配有箍筋时，其最小搭接长度可按相应数值乘以系数0.8取用。

6）有抗震要求的受力钢筋的最小搭接长度，对一、二级抗震等级应按相应数值乘以系数1.15采用；对三级抗震等级应按相应数值乘以系数1.05采用。

7）第4）、第5）不应同时考虑。在任何情况下，纵向受拉钢筋的搭接长度不应小于300mm。

纵向受压钢筋绑扎搭接时，其最小搭接长度应根据受拉钢筋的最小搭接长度的规定确定相应数值后，乘以系数0.7取用。在任何情况下，纵向受压钢筋的搭接长度不应小于200mm。

2. 焊接连接

结构钢筋常用的焊接方法有：闪光对焊、电弧焊、电渣压力焊和气压焊等。钢筋骨架和钢筋网片的交点焊接应采用电阻点焊；钢筋与钢板（预埋件）的T型连接，宜采用埋弧压力焊或电弧焊。

（1）闪光对焊　钢筋闪光对焊是利用对焊机将两根钢筋端面轻微接触，通以低电压的强电流，利用接触点产生的电阻热使接触点金属熔化，产生强烈闪光和飞溅，迅速施加轴向顶锻力，形成镦粗节点的一种压焊方法。钢筋闪光对焊机原理图及实物图如图3-7所示。

常用的钢筋闪光对焊工艺有：连续闪光焊、预热闪光焊和闪光-预热闪光焊三种。对于RRB400级和HRB500级钢筋，由于焊接性能较差，有时在焊接后进行通电热处理。钢筋闪光对焊适用于钢筋的纵向连接及预应力筋与螺纹端杆的焊接。

1）连续闪光焊首先将钢筋夹入对焊机的两极中，闭合电源，使两根钢筋的端面轻微接触。由于钢筋端面不平，接触面很小，电流通过时电流密度和电阻都很大，接触点很快熔化，产生金属

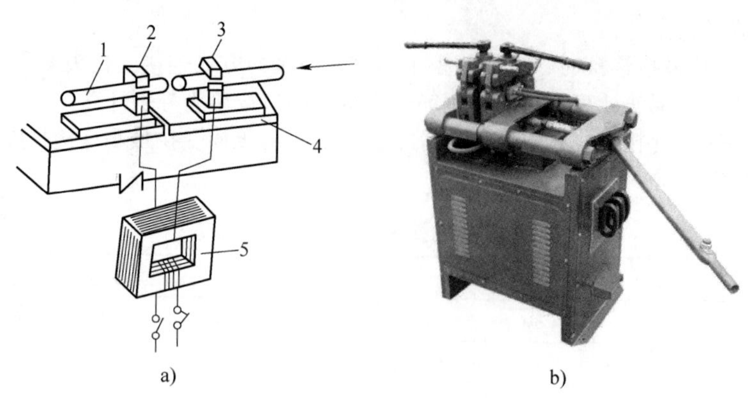

图 3-7　钢筋闪光对焊机

a）原理图　b）实物图

1—钢筋　2—固定电极　3—可动电极　4—机座　5—焊接变压器

火花飞溅，形成闪光现象；然后徐徐移动钢筋，形成连续闪光；在钢筋熔化规定长度后，施加轴向压力迅速进行顶锻，使两根钢筋焊牢，形成对焊接头。此种工艺适用于直径较小的钢筋，具体按表 3-7 选用。

表 3-7　连续闪光焊钢筋上限直径

对焊机容量/kVA	钢筋牌号	钢筋上限直径/mm
160	HPB300、HRB335	22
	HRB400、HRBF400	20
	HRB500、HRBF500	20
100	HPB300、HRB335	20
	HRB400、HRBF400	18
	HRB500、HRBF500	16
80	HPB300	16
	HRB335	14
	HRB400、HRBF400	12

注：对于钢筋牌号后面加 E 的钢筋，可参照同级别钢筋进行闪光对焊。

2）预热闪光焊。预热闪光焊是指在连续闪光之前增加一个预热时间，将大直径钢筋预热后，再连续闪光、顶煅，适用于直径较大、端面比较平整的钢筋。

3）闪光-预热闪光焊。闪光-预热闪光焊是指在预热闪光焊前增加一个连续闪光过程，使钢筋端面熔化平整，然后对钢筋预热，再连续闪光、顶煅，适用于端面不平整的大直径钢筋。

（2）电弧焊　电弧焊是利用电弧焊机使焊条和焊件之间产生高温电弧，将焊条和电弧范围内的焊件熔化，熔化的金属焊件凝固后形成焊接接头。电弧焊广泛应用于钢筋的接长、钢筋骨架焊接、装配式结构钢筋接头焊接、钢筋与钢板焊接等。钢筋电弧焊的主要接头形式有：搭接焊、帮条焊、坡口焊、熔槽帮条焊和窄间隙焊。

1）搭接焊、帮条焊接头。钢筋搭接焊接头（图 3-8a）适用于 HPB300、HRB335、HRB400、HRB500 级钢筋。焊前应将钢筋适当预弯，以保证两根钢筋的轴线在同一条直线上。钢筋帮条焊接头（图 3-8b）适用于 HPB300、HRB335、HRB400、HRB500 级钢筋，帮条宜采用与主筋同牌号、同直径的钢筋制作。搭接焊、帮条焊宜采用双面焊；当不能进行双面焊时，方可采用单面焊，但其焊缝长度应增加一倍。搭接长度和帮条长度应满足表 3-8 的要求。搭接焊和帮条焊在焊接时，其焊缝厚度应不小于 0. 3d，焊缝宽度应不小于 0. 8d。

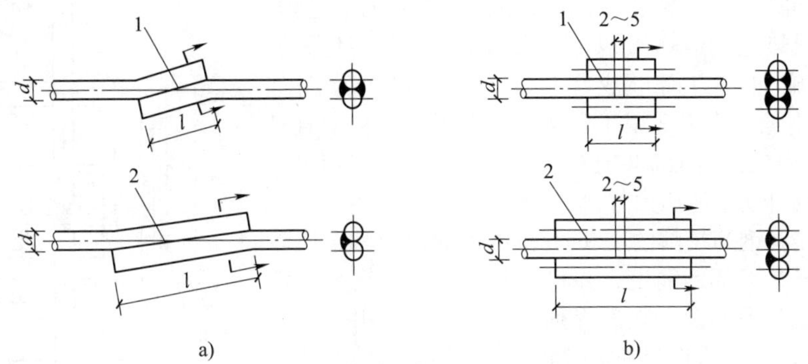

图 3-8　钢筋搭接焊与帮条焊接头

a）搭接焊接头　b）帮条焊接头

1—双面焊　2—单面焊

表 3-8　搭接长度与帮条长度要求

钢筋牌号	焊缝形式	搭接长度/帮条长度
HPB300	单面焊	≥8d
	双面焊	≥4d
HRB335、HRB400、HRBF400、HRB500、HRBF500、RRB400	单面焊	≥10d
	双面焊	≥5d

注：d 为主筋直径单位为 mm。

2）坡口焊接头。坡口焊分为平焊和立焊（图 3-9），适用于装配式框架结构节点钢筋的连接。施焊前需将钢筋端部制成坡口，并要求坡口面平顺，切口边缘不得有裂纹、钝边和缺棱。钢垫板厚度宜为 4～6mm，长度宜为 40～60mm，宽度为钢筋直径加 10mm（平焊）或等于钢筋直径。平焊采用 V 型坡口，坡口角度为 55°～65°，坡口根部间隙为 4～6mm，下垫钢垫板；立焊采用半 V 型坡口，坡口角度为 35°～45°，坡口根部间隙为 3～5mm，侧立钢垫板。

3）其他形式接头。

① 熔槽帮条焊接头如图 3-10 所示，焊接时需要加角钢作为垫板，适用于直径 20mm 及以上钢筋在施工现场的安装焊接。

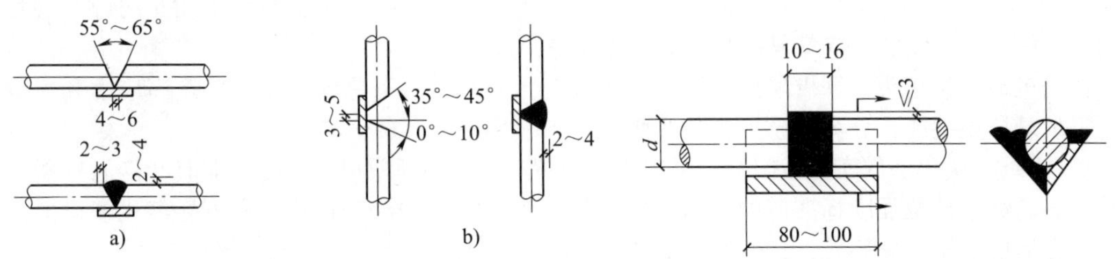

图 3-9　钢筋坡口焊接头

a）坡口平焊　b）坡口立焊

图 3-10　熔槽帮条焊接头

② 窄间隙焊接头如图 3-11 所示，适用于直径 16mm 及以上钢筋的现场水平连接。焊接时，两根钢筋端部置于 U 型铜模中，并留出一定间隙，用焊条连续焊接，熔化钢筋端面，使熔敷金属填充间隙，形成接头。

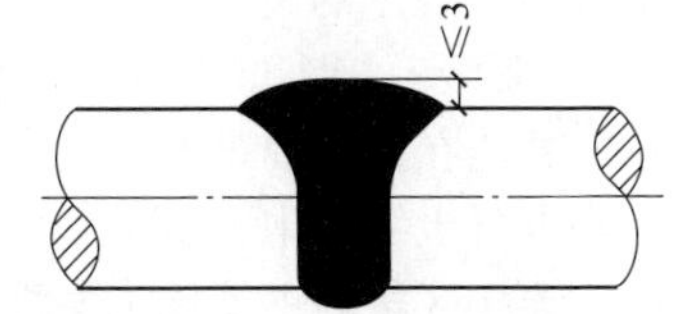

图 3-11　窄间隙焊接头

（3）电渣压力焊　电渣压力焊是指将两根钢筋安放成竖向或

斜向（倾斜度在4∶1范围内）对接形式，利用焊接电流通过两根钢筋端面间隙，在焊剂层面下形成电弧过程和电渣过程，产生电弧和电阻热达到2000℃以上高温熔渣，均匀熔化钢筋被焊接头，再施加压力而形成焊接接头，焊接示意图如图3-12所示。电渣压力焊适用于现浇钢筋混凝土结构中直径在12～40mm竖向或斜向钢筋的连接。电渣压力焊可采用手动电渣压力焊机或自动电渣压力焊机。

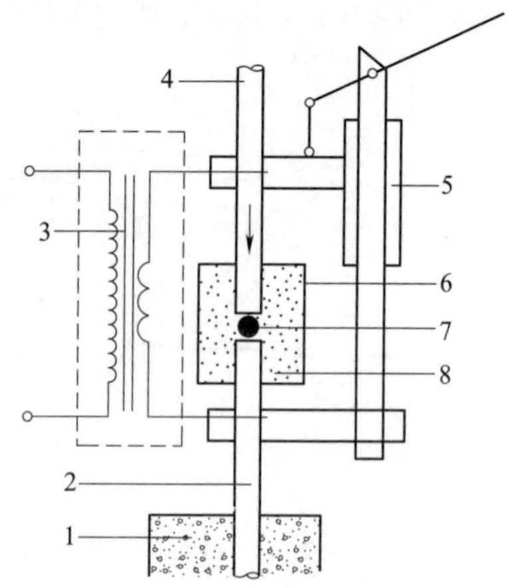

图3-12　钢筋电渣压力焊示意图
1—混凝土　2—下钢筋　3—焊接电源
4—上钢筋　5—焊接夹具　6—焊剂盒
7—钢丝圈　8—焊剂

施焊前，先将钢筋端部约120mm范围内的铁锈和杂质除尽，将夹具夹牢在下部钢筋上，并将上部钢筋扶直夹牢于活动电极中；再装上焊剂盒，装满焊剂，接通电路，用手柄将电弧引燃（引弧）；然后稳定一定时间，使之形成渣池并使钢筋熔化（稳弧），随着钢筋的熔化，用手柄将上部钢筋缓缓下送；当稳弧达到规定时间后，在断电同时用手柄进行加压顶锻（顶锻），以排除夹渣和气泡，形成接头；待冷却一定时间后，即可拆除焊剂盒，回收焊剂，拆除夹具和清除焊渣；引弧、稳弧、顶锻三个过程连续进行；焊接完成后的接头被包围在渣壳中，像马蜂窝球，此时应让接头在常温下保持半小时左右，待冷却后敲去渣壳，露出带金属光泽的鼓包接头。

电渣压力焊焊接参数包括焊接电流、焊接电压和通电时间。不同直径钢筋焊接时，钢筋直径相差宜不超过7mm，上下两根钢筋轴线应在同一直线上，焊接接头处上下钢筋轴线偏差不得超过2mm。

（4）气压焊　钢筋气压焊是指利用氧-乙炔混合气体（或液化石油气）燃烧形成的火焰对两根钢筋端部进行加热，使其达到熔化状态，然后施加轴向压力形成牢固接头的焊接方法，如图3-13所示。气压焊的设备主要包括供气设备、多嘴环管加热器、加压器和焊接夹具等。

气压焊可用于钢筋在垂直位置、水平位置或倾斜位置的对接焊接。气压焊按加热温度和工艺方法的不同，可分为固态气压焊和熔态气压焊两种，各有特点，施工时可根据设备等情况进行选择。气压焊按加热火焰所用燃烧气体的不同，主要分为氧-乙炔气压焊和氧-液化石油气气压焊两种。

3. 机械连接

钢筋机械连接是指通过钢筋与连接件或其他介入材料的机械咬合作用或钢筋端面的承压作用，将一根钢筋中的力传递至另一根钢筋的连接方法。钢筋机械连接接头具有接头质量可靠、现场操作简单、施工速度快、不受气候影响、适应性强等特点。

钢筋机械连接接头根据极限抗拉强度、残余变形、最大力下总伸长率，以及高应力和大变形条件下反复拉压性能，分为Ⅰ级、Ⅱ级、Ⅲ级三个等级。

1）Ⅰ级：接头试件实测极限抗拉强度不小于被连接钢筋极限抗拉强度标准值（钢筋拉断）或不小于钢筋极限抗拉强度标准值的1.10倍（连接件破坏），残余变形小，并能在经受规定的高应力和大变形反复拉压循环后，其极限抗拉强度仍符合规定。

2）Ⅱ级：接头试件实测极限抗拉强度不小于被连接钢筋极限抗拉强度标准值，残余变形小，并能在经受规定的高应力和大变形反复拉压循环后，其极限抗拉强度仍符合规定。

3）Ⅲ级：接头试件实测极限抗拉强度不小于被连接钢筋屈服强度标准值的1.25倍，残余变形小，并能在经受规定的高应力和大变形反复拉压循环后，其极限抗拉强度仍符合规定。

在混凝土结构中，要求充分发挥钢筋强度或对延性要求高的部位应选用Ⅱ级或Ⅰ级接头；当在同一连接区段内钢筋接头面积百分率为100%时，应选用Ⅰ级接头；钢筋应力较高但对延性要求不高的部位可选用Ⅲ级接头。

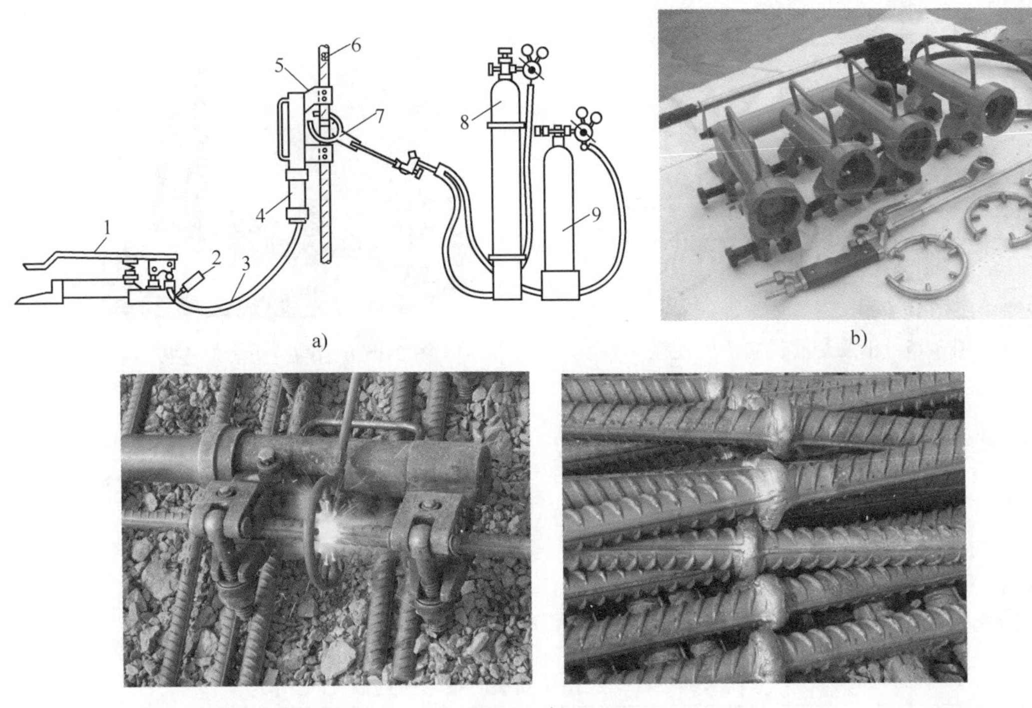

图 3-13　气压焊

a）原理图　b）设备实物图　c）焊接接头

1—手动液压加压器　2—压力表　3—油管　4—活动液压油缸　5—夹具　6—被焊钢筋　7—焊炬　8—氧气瓶　9—乙炔瓶

位于同一连接区段内的钢筋机械连接接头面积百分率应符合下列规定：

① 机械连接接头宜设置在结构构件受拉钢筋应力较小部位，在高应力部位设置接头时，同一连接区段内Ⅲ级接头的接头面积百分率不应大于 25%，Ⅱ级接头的接头面积百分率不应大于 50%，Ⅰ级接头的接头面积百分率可不受限制。

② 接头宜避开有抗震设防要求的框架梁端、柱端箍筋加密区；当无法避开时，应采用Ⅱ级接头或Ⅰ级接头，且接头面积百分率不应大于 50%。

③ 受拉钢筋应力较小部位或纵向受压钢筋，接头面积百分率可不受限制。

④ 对于直接承受反复荷载的结构构件，接头面积百分率不应大于 50%。对于直接承受重复荷载的结构，接头应选用包含疲劳性能的型式检验报告的认证产品。

常用的钢筋机械连接种类有挤压套筒连接、锥螺纹套筒连接和直螺纹套筒连接。

（1）挤压套筒连接　挤压套筒连接是指在常温下利用挤压设备，通过挤压力使套筒产生塑性变形，与带肋钢筋紧密连接在一起，形成连接接头，如图 3-14 所示。挤压分轴向挤压和径向挤压。由于在施工现场轴向挤压实施困难，目前常用的是径向挤压（图 3-15）。钢筋挤压套筒连接的主要设备是液压钢筋压接钳和高压油泵，如图 3-16 所示。

图 3-14　钢筋挤压套筒连接实例

（2）锥螺纹套筒连接　钢筋锥螺纹套筒连接是指通过钢筋端部的锥形螺纹和锥螺纹套筒，按照规

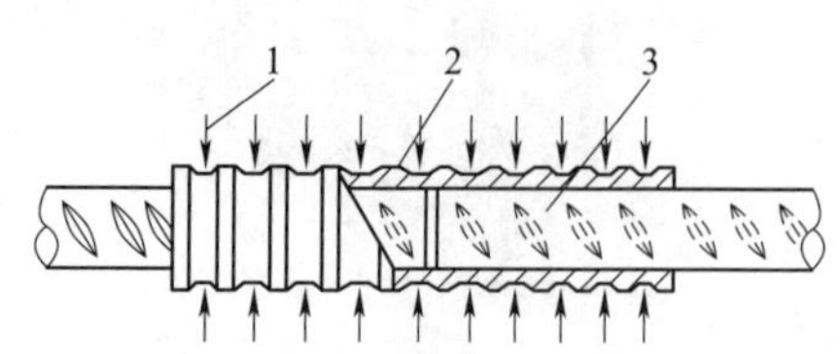

图 3-15　钢筋套筒径向挤压连接
1—压痕　2—钢套筒　3—带肋钢筋

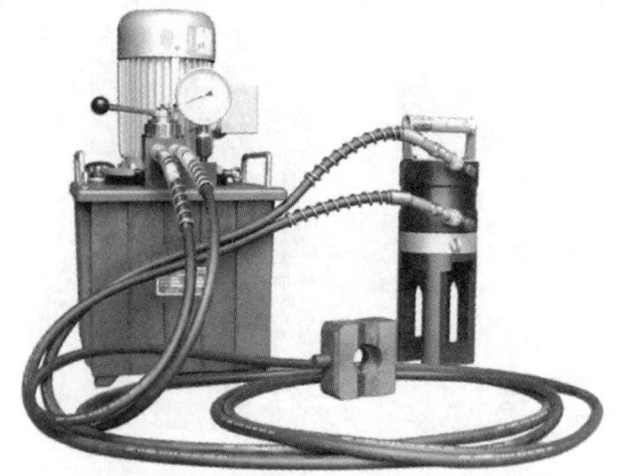

图 3-16　钢筋挤压套筒连接设备

定的力矩将两根钢筋连接在一起，形成连接接头，如图 3-17 所示。钢筋端部的锥形螺纹在套丝机上加工，锥螺纹套筒在工厂专用机床上加工。施工时，先徒手旋入钢筋，再用扭力扳手按规定的扭矩值拧紧，拧紧扭矩值应满足表 3-9 的要求。

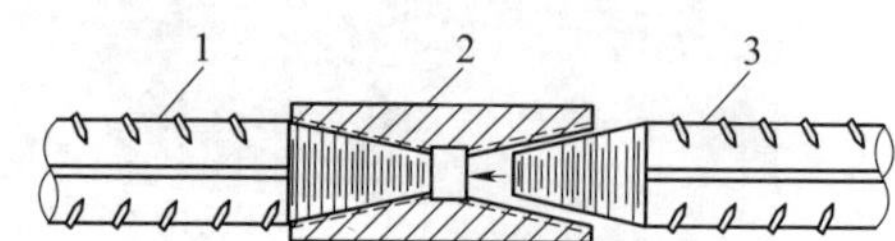

图 3-17　钢筋锥螺纹套筒连接
1—已连接的钢筋　2—锥螺纹套筒；3—未连接的钢筋

表 3-9　锥螺纹接头安装时拧紧扭矩值

钢筋直径/mm	≤16	18～20	22～25	28～32	36～40	50
拧紧扭矩/N · m	100	180	240	300	360	460

（3）直螺纹套筒连接　钢筋直螺纹套筒连接是指通过钢筋端部的直螺纹和直螺纹套筒，按照规定的力矩将两根钢筋连接在一起，形成连接接头，如图 3-18 所示。钢筋端部的直螺纹按加工工艺分为镦粗直螺纹和滚轧直螺纹两类。镦粗直螺纹又分为冷镦粗直螺纹和热镦粗直螺纹两种。钢筋滚轧直螺纹是将钢筋端部用滚轧工艺加工成直螺纹。接头安装后应用扭力扳手校核拧紧扭矩，最小拧紧扭矩值应符合表 3-10 的规定。

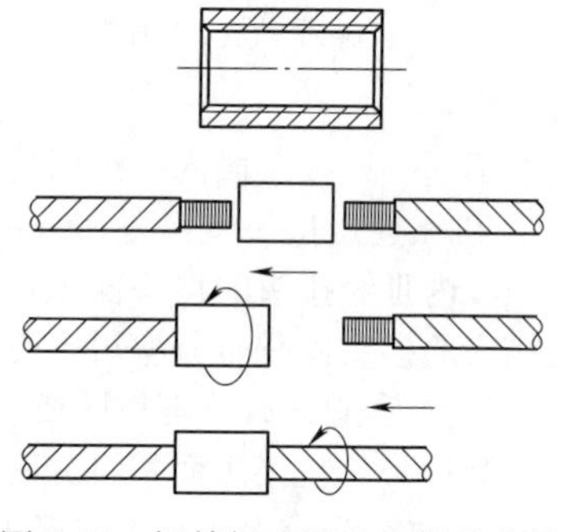

图 3-18　钢筋标准滚轧直螺纹连接

4. 钢筋连接接头质量检验与评定验收

为确保钢筋连接接头的质量，在施工完成后需要按照相关的规定进行质量检验与评定验收。

表 3-10　直螺纹连接接头安装时最小拧紧扭矩值

钢筋直径/mm	≤16	18～20	22～25	28～32	36～40	50
拧紧扭矩/N · m	100	200	260	320	360	460

（1）焊接接头　按照现行规范和规程的相关规定，焊接接头除检查外观质量外，还必须进行拉伸或弯曲试验。

1）检验批划分。

① 闪光对焊接头应分批进行外观检查和力学性能检验，按下列规定作为一个检验批：在同一台班内，由同一个焊工完成的 300 个同牌号、同直径钢筋焊接接头应作为一批；当同一台班内焊接的接头数量较少，可在一周之内累计计算，累计仍不足 300 个接头时，应按一批计算；力学性能检验时，应从每批接头中随机切取 6 个接头，其中 3 个做拉伸试验，3 个做弯曲试验，异径接头可只做拉伸试验。

② 电弧焊接头应分批进行外观检查和力学性能检验，按下列规定作为一个检验批：在现浇混凝土结构中，应以 300 个同牌号钢筋、同型式接头作为一批；在房屋结构中，应在不超过两楼层中 300 个同牌号钢筋、同型式接头作为一批，每批随机切取 3 个接头，做拉伸试验；在装配式结构中，可按生产条件制作模拟试件，每批 3 个，做拉伸试验；钢筋与钢板电弧搭接焊接头可只进行外观检查。在同一批中若有几种不同直径的钢筋焊接接头，应在最大直径钢筋接头和最小直径钢筋接头中分别切取 3 个试件进行拉伸试验。

③ 电渣压力焊接头应分批进行外观检查和力学性能检验，按下列规定作为一个检验批：在现浇钢筋混凝土结构中，应以 300 个同牌号钢筋接头作为一批；在房屋结构中，应在不超过两楼层中 300 个同牌号钢筋接头作为一批；当不足 300 个接头时，仍应作为一批。每批随机切取 3 个接头试件做拉伸试验。

④ 气压焊接头应分批进行外观检查和力学性能检验，按下列规定作为一个检验批：在现浇钢筋混凝土结构中，应以 300 个同牌号钢筋接头作为一批；在房屋结构中，应在不超过两楼层中 300 个同牌号钢筋接头作为一批；当不足 300 个接头时，仍应作为一批；在柱、墙的竖向钢筋连接中，应从每批接头中随机切取 3 个接头做拉伸试验；在梁、板的水平钢筋连接中，应另切取 3 个接头做弯曲试验；异径气压焊接头可只做拉伸试验。在同一批中，若有几种不同直径的钢筋焊接接头，应在最大直径钢筋的焊接接头和最小直径钢筋的焊接接头中分别切取 3 个接头进行拉伸、弯曲试验。

2）钢筋焊接接头拉伸试验要求。钢筋闪光对焊接头、电弧焊接头、电渣压力焊接头、气压焊接头质量合格应符合以下条件：3 个试件均断于钢筋母材，延性断裂，抗拉强度大于或等于钢筋母材抗拉强度标准值；或 2 个试件断于钢筋母材，延性断裂，抗拉强度大于或等于钢筋母材抗拉强度标准值，1 个试件断于焊缝，或热影响区，脆性断裂，或延性断裂，抗拉强度大于或等于钢筋母材抗拉强度标准值。当出现下列情况时应进行复验：2 个试件断于钢筋母材，延性断裂，抗拉强度大于或等于钢筋母材抗拉强度标准值，1 个试件断于焊缝，或热影响区，呈脆性断裂，或延性断裂，抗拉强度小于钢筋母材抗拉强度标准值；或 1 个试件断于钢筋母材，延性断裂，抗拉强度大于或等于钢筋母材抗拉强度标准值，2 个试件断于焊缝，或热影响区，呈脆性断裂，抗拉强度大于或等于钢筋母材抗拉强度标准值；或 3 个试件全部断于焊缝，或热影响区，呈脆性断裂，抗拉强度均大于或等于钢筋母材抗拉强度标准值。复验时，应再切取 6 个试件。复验结果：当仍有 1 个试件的抗拉强度小于钢筋母材的抗拉强度标准值，或有 3 个试件断于焊缝或热影响区，呈脆性断裂时，应判定该批接头为不合格品。

3）钢筋焊接接头弯曲试验要求。钢筋闪光对焊接头、气压焊接头进行弯曲试验时，焊缝应处于弯曲中心点，弯心直径和弯曲角度应符合表 3-11 的规定。

表 3-11　钢筋焊接接头弯曲试验指标

钢筋牌号	弯心直径	弯曲角度/(°)
HPB300	$2d$	90
HRB335	$4d$	90
HRB400、HRBF400、RRB400	$5d$	90
HRB500、HRBF500	$7d$	90

注：1. d 为钢筋直径。

2. 直径大于 25mm 的钢筋焊接接头，弯心直径应增加 d。

试验合格的条件：

① 当试件弯至 90°，有 2 个或 3 个试件外侧（含焊缝和热影响区）未发生破裂时，应评定该批接头合格。

② 当有 2 个试件发生破裂时，应进行复验。复验时，应再切取 6 个试件。若复验结果仅有 1~2 个试件发生破裂，则应评定该批接头为合格品。

③ 若有 3 个试件发生破裂，则一次判定该批接头为不合格品。

注：当试件外侧横向裂纹宽度达到 0.5mm 时，应认定已经破裂。

（2）机械连接接头　按照现行规范和规程的相关规定，机械连接的接头除检查外观质量外，还必须进行拉伸试验。

1）检验批划分。同钢筋生产厂、同强度等级、同规格、同类型和同型式接头应以 500 个为一个检验批进行检验与验收，不足 500 个也应作为一个检验批。对于每一个检验批，应在工程结构中随机切取 3 个接头试件做极限抗拉强度试验，按设计要求的接头等级进行评定。当同一接头类型、同型式、同强度等级、同规格的现场检验连续 10 个检验批抽样试件抗拉强度试验一次合格率为 100%时，可将检验批接头数量扩大为 1000 个。

2）接头拉伸试验要求。当 3 个试件的极限抗拉强度均符合设计规定的相应等级对应的强度要求时，该检验批应评定为合格。当仅有 1 个试件的极限抗拉强度不符合要求时，应再取 6 个试件进行复检。复检中若仍有 1 个试件的极限抗拉强度不符合要求，则该检验批应评定为不合格。

3）接头安装检验要求。接头安装应符合下列规定：螺纹接头安装后应按规定的检验批进行检验，每个检验批抽取其中 10%的接头进行拧紧扭矩校核，当拧紧扭矩值不合格数超过被校核接头数的 5%时，应重新拧紧全部接头，直到合格为止。套筒挤压接头应按检验批抽取 10%接头，压痕直径应为原套筒外径的 80%~90%；挤压后套筒长度应为原套筒长度的 1.10~1.15 倍，且挤压后的套筒不应有可见裂纹；钢筋插入套筒深度应满足产品设计要求，当检查不合格数超过 10%时，可在本批外观检验不合格的接头中抽取 3 个试件做极限抗拉强度试验，当 3 个试件的极限抗拉强度均符合设计规定的相应等级的强度要求时，该检验批应评定为合格。当仅有 1 个试件的极限抗拉强度不符合要求时，应再取 6 个试件进行复检。复检中若仍有 1 个试件的极限抗拉强度不符合要求，则该检验批应评定为不合格。

5. 钢筋安装要求

1）钢筋连接方式应根据设计要求和施工条件选用。

2）钢筋的接头宜设置在受力较小处。同一纵向受力钢筋不宜设置 2 个或 2 个以上的接头。接头末端至钢筋弯起点的距离不应小于钢筋公称直径的 10 倍。

3）钢筋机械连接接头的混凝土保护层厚度宜符合现行国家标准《混凝土结构设计规范（2015 年版）》（GB 50010）中受力钢筋最小保护层厚度的规定，且不得小于 15mm，接头之间的横向净距不宜小于 25mm。

4）当纵向受力钢筋采用机械连接接头或焊接接头时，设置在同一构件内的接头宜相互错开。每层柱第一个钢筋接头位置距楼地面高度不宜小于 500mm、柱高的 1/6 及柱截面长边（或直径）的较大值；连续梁、板的上部钢筋接头位置宜设置在跨中 1/3 跨度范围内，下部钢筋接头位置宜设置在梁端 1/3 跨度范围内。

5）纵向受力钢筋机械连接接头及焊接接头连接区段的长度应为 35d（d 为纵向受力钢筋的较大直径）且不应小于 500mm，凡接头中点位于该连接区段长度内的接头均应属于同一连接区段。同一连接区段内，纵向受力钢筋接头面积百分率为该区段内有接头的纵向受力钢筋截面面积与全部纵向受力钢筋截面面积的比值。

同一连接区段内，纵向受力钢筋的接头面积百分率应符合下列规定：

① 在受拉区不宜超过 50%，但装配式混凝土结构构件连接处可根据实际情况适当放宽。受压接头可不受限制。

② 接头不宜设置在有抗震要求的框架梁端、柱端的箍筋加密区，当无法避开时，对于等强度高质量机械连接接头，不应超过 50%。

③ 在直接承受动力荷载的结构构件中，不宜采用焊接接头，当采用机械连接接头时，不应超过 50%。

6）同一构件中相邻纵向受力钢筋的绑扎搭接接头宜相互错开。绑扎搭接接头中钢筋的横向净

距 s 不应小于钢筋直径，且不应小于 25mm。纵向受力钢筋绑扎搭接接头的最小搭接长度应符合表 3-12 的规定。

表 3-12 纵向受力钢筋绑扎搭接接头的最小搭接长度

钢筋类型		混凝土强度等级								
		C20	C25	C30	C35	C40	C45	C50	C55	≥60
光面钢筋	强度等级 300MPa	48d	41d	37d	34d	31d	29d	28d	—	—
带肋钢筋	强度等级 400MPa	—	48d	43d	39d	36d	34d	33d	31d	30d
	强度等级 500MPa	—	58d	52d	47d	43d	41d	39d	38d	36d

注：d 为钢筋直径。

7）钢筋安装位置的允许偏差和检验方法应符合表 3-13 的规定。

表 3-13 钢筋安装位置的允许偏差和检验方法

项目			允许偏差/mm	检验方法
绑扎钢筋网	长、宽		±10	钢尺检查
	网眼尺寸		±20	钢尺量连续三档，取最大值
绑扎钢筋骨架	长		±10	钢尺检查
	宽、高		±5	钢尺检查
纵向受力钢筋	锚固长度		负偏差不大于 20	钢尺检查
	间距		±10	钢尺量两端、中间各一点，取最大值
	排距		±5	
	保护层厚度	基础	±10	钢尺检查
		其他	±5	
绑扎箍筋、横向钢筋间距			±20	钢尺量连续三档，取最大值
钢筋弯起点位置			20	钢尺检查
预埋件	中心线位置		5	钢尺检查
	水平高差		+3，0	钢尺和塞尺检查

注：1. 检查预埋件中心线位置时，应沿纵、横两个方向测量，并取其中偏差的较大值。
2. 表中梁类、板类构件上部纵向受力钢筋保护层厚度的合格率应达到 90%及以上，且不得有超出表中数值 1.5 倍的尺寸偏差。

8）普通钢筋的混凝土保护层厚度应满足下列要求：

① 构件中受力钢筋的保护层厚度不应小于钢筋的公称直径 d。

② 设计使用年限为 50 年的混凝土结构，最外层钢筋的保护层厚度应符合表 3-14 的规定；设计使用年限为 100 年的混凝土结构，最外层钢筋的保护层厚度不应小于表 3-14 中数值的 1.4 倍。

表 3-14 混凝土保护层的最小厚度 （单位：mm）

环境类别	板、墙、壳	梁、柱、杆
一	15	20
二 a	20	25
二 b	25	35
三 a	30	40
三 b	40	50

注：1. 混凝土强度等级不大于 C25 时，表中保护层厚度数值应增加 5mm。
2. 钢筋混凝土基础宜设置混凝土垫层，基础中钢筋的混凝土保护层厚度应从垫层顶面算起，且不应小于 40mm。

3.3 模板工程

模板工程是指支撑新浇筑混凝土的整个系统，包括模板和支撑两部分。模板是使新浇筑的混凝土成型并养护，使之达到一定强度以承受自重的模型板或面板，包括支撑面板的主楞和次楞。支撑是保证模板形状和位置并承受模板、钢筋、新浇筑混凝土的自重以及施工荷载的临时性结构，包括模板背侧的支承架和连接件。模板在现浇混凝土结构施工中使用量大而面广，每立方米混凝土工程模板用量高达 45m^2，其工程费用占现浇混凝土结构造价的 30%~35%，劳动用工量占 40%~50%。因此正确选择模板的材料、类型和合理组织施工，对于保证工程质量、提高劳动生产率、加快施工速度、降低工程成本和实现文明施工，都具有十分重要的意义。对模板及支架的基本要求如下：

1）要保证结构和构件的形状、尺寸、位置的准确，且便于钢筋安装和混凝土浇筑、养护。

2）具有足够的承载力、刚度和稳定性。

3）构造简单，装拆方便，能多次周转使用。

4）板面平整，接缝严密。

5）选材合理，用料经济。

3.3.1 模板材料的种类

模板工程的材料种类有很多，常用的有木模板、钢模板、钢框木（竹）胶合模板、胶合板模板、铝合金模板、塑料与玻璃钢模板等，甚至混凝土本身也可以作为模板材料。

1. 木模板

木材是最早被用作模板的材料，其主要优点是制作拼装方便，特别适用于外形复杂且数量不多的混凝土结构构件。另外，由于木材的热导率低，在冬期施工时，木模板还具有一定的保温养护作用。木模板的主要缺点是容易受潮变形，无法多次周转使用。木模板的基本元件是木拼板（图 3-19），由板条和拼条钉成。

2. 钢模板

钢模板的主要优点是板面不易变形，可以多次周转使用。组合钢模板由钢模板及配件两部分组成，配件包括支撑件和连接件。钢模板可由厚度为 2.5mm、2.75mm、3.0mm 的薄钢板压轧成型。钢模板采用模数制设计，板块的宽度以 100mm 为基础，按 50mm 进级（宽度超过 600mm，以 150mm 进级）；长度以 450mm 为基础，按 150mm 进级（长度超过 900mm，以 30mm 进级）。组合钢模板配板设计的时候以选用大规格的钢模板为主规格，遇有不合 50mm 进级的模数尺寸，空隙部分可用木模填补。组合钢模板板块主要有平面模板、阳角模板、阴角模板和连接角模等通用板块（图 3-20）。常用的组合钢模板规格见表 3-15。

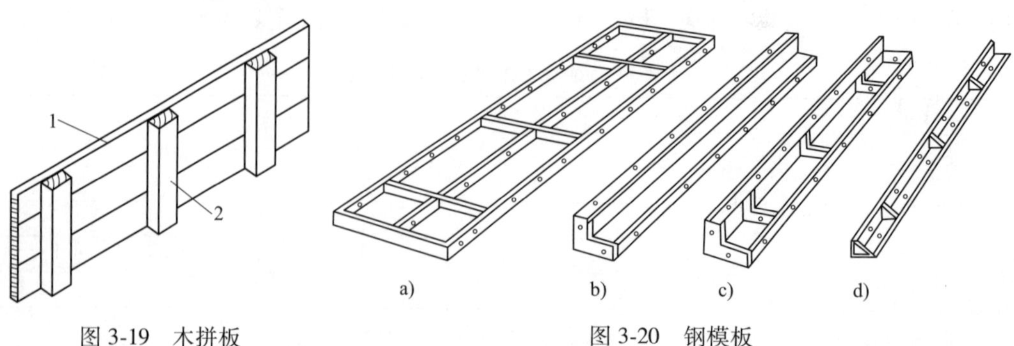

图 3-19 木拼板

1—板条 2—拼条

图 3-20 钢模板

a）平面模板 b）阳角模板 c）阴角模板 d）连接角模

表 3-15　常用组合钢模板规格　（单位：mm）

名称	宽度	长度	肋高
平面模板（代号 P）	900、750、600、550、500、450、400、350、300、250、200、150、100	2100、1800、1500、1200、900、750、600、450	55
阴角模板（代号 E）	150×150、100×150		
阳角模板（代号 Y）	100×100、50×50		
连接角模（代号 J）	50×50		

为了便于板块之间的连接，边框上有连接孔，长向和短向的孔距均为 150mm，以便板块横向、竖向均可拼装。板块的连接件有 U 形卡、L 形插销、钩头螺栓和坚固螺栓。为保证模板的刚度和整体性，在模板的背面用钢楞（圆形钢管、矩形钢管、槽钢等）加固。钢楞与钢模板用 3 形扣件和对拉螺栓连接（图 3-21）。

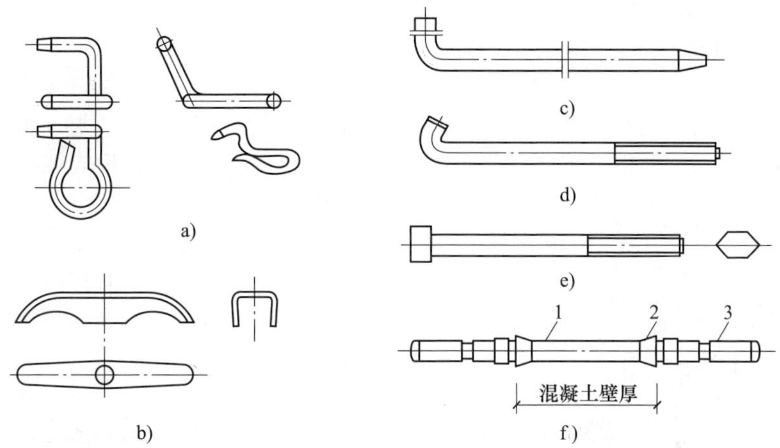

图 3-21　钢模板的连接件

a）U 形卡　b）3 形扣件　c）L 形插销　d）钩头螺栓　e）坚固螺栓　f）对拉螺栓

1—内拉杆　2—顶帽　3—外拉杆

3. 钢框木（竹）胶合模板

钢框木（竹）胶合模板由钢边框内镶可更换的木胶合板或竹胶合板组成。胶合板两面涂塑，并经树脂覆膜处理，其所有的边缘和孔洞均经有效的密封材料处理，以防吸水受潮变形。

4. 胶合板模板

胶合板模板是建筑工程施工中应用较广的模板材料，常用的木胶合板由 5、7、9 或 11 层单板经热压固化而胶合成型，其主要优点是幅面大、自重较轻、锯截方便、不翘曲、不开裂、开洞容易等，除木胶合板外，还有竹胶合板和竹芯木面胶合板等。

5. 铝合金模板

铝合金模板是由铝合金板按模数制作设计，经专用设备挤压后制作而成的，由铝面板、支架和连接件三部分系统所组成。铝合金模板能组合拼装成不同尺寸的或外形复杂的整体模架，装配化、工业化施工的系统模板，弥补了以往传统模板存在的缺陷，大大提高了施工效率。

6. 塑料与玻璃钢模板

塑料模板用改性聚丙烯或增强聚乙烯为主要原料注塑成型。玻璃钢模板用玻璃纤维布为增强材料，不饱和聚酯树脂为胶黏剂黏结而成。

塑料模板是一种节能型和绿色环保产品，是继木模板、组合钢模板、钢框竹（木）胶合模板、全钢大模板之后又一新型换代产品，能完全取代传统的钢模板、木模板，节能环保，摊销成本低。

塑料模板周转次数能达到30次以上，且允许回收再造，温度适应范围大，规格适应性强，可锯、钻，使用方便。塑料模板表面的平整度、光洁度超过了现有清水混凝土模板的技术要求，有阻燃、防腐、抗水及抗化学品腐蚀的功能，有较好的力学性能和电绝缘性能，能满足各种长方体、正方体、L形、U形的建筑支模的要求，但缺点是模板刚度小。

3.3.2 基本构件的模板构造

1. 基础模板

基础模板（图3-22）安装时，应采取措施保证在浇筑混凝土时上、下模板不发生相对位移。

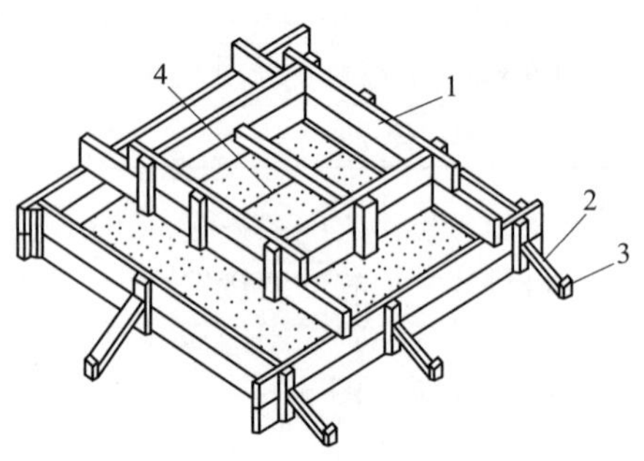

图3-22 阶梯形基础模板

1—拼板 2—斜撑 3—木桩 4—钢丝

2. 柱模板

柱模板主要由侧模、柱箍、底部固定框、清理孔四部分组成，如图3-23所示。

3. 梁、板模板（图3-24）

梁模板由底模和侧模组成，底模较厚用以承受垂直荷载，侧模承受浇筑混凝土时产生的侧压力。梁底模下有支架（或桁架）支撑。支架根据现场需要可调节高度，支架底部应支撑在坚实的地面或楼面上，下垫木楔。板模板多用定型模板或胶合板放置在格栅上，格栅支撑在梁侧模板外侧的横楞上。

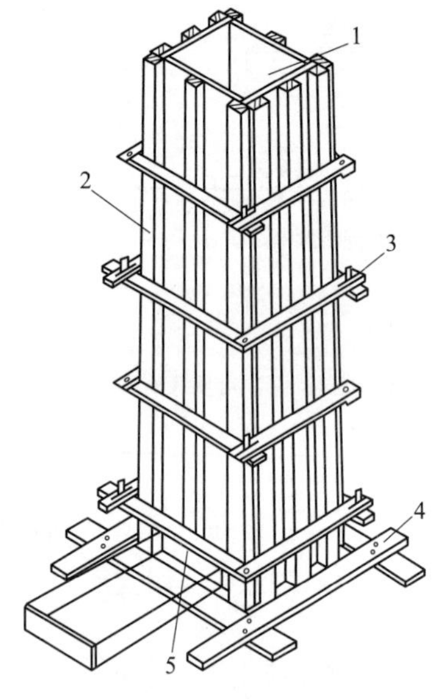

图3-23 矩形柱模板

1—内拼板 2—外拼板 3—柱箍
4—底部固定框 5—清理孔

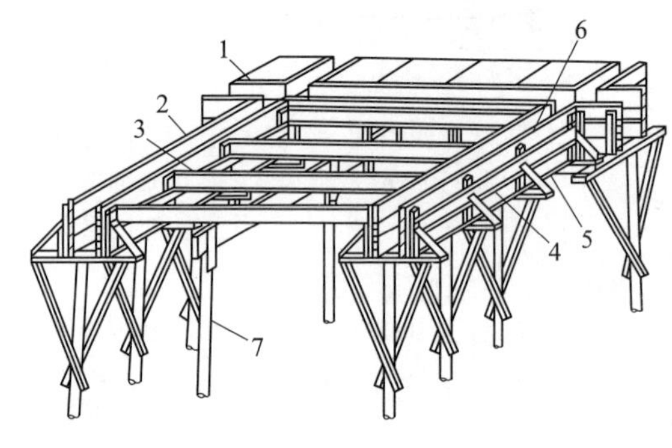

图3-24 梁、板模板

1—楼板模板 2—梁侧模板 3—格栅
4—横楞 5—夹条 6—次肋 7—支撑

4. 墙模板

墙模板主要用来保证墙体的垂直度以及抵抗新浇筑混凝土的侧压力。墙模板由侧模、内楞、外楞、斜撑、对拉螺栓及撑块六个基本部分组成。侧模（面板）用来支撑新浇筑混凝土直至其硬化；内楞用来支撑侧模；外楞用来支撑内楞和加强模板；斜撑用来保证模板垂直和承受施工荷载及风荷载等；对拉螺栓及撑块，当混凝土侧压力作用到侧模上时，用它来保持两片侧模间的距离。

墙模板的侧模可采用胶合模板、组合钢模板、钢框木（竹）胶合模板等。图3-25所示为采用胶合板模板以及组合钢模板的典型墙模板构造。内外楞可采用方木、内卷边槽钢、圆钢管或矩形钢管等。

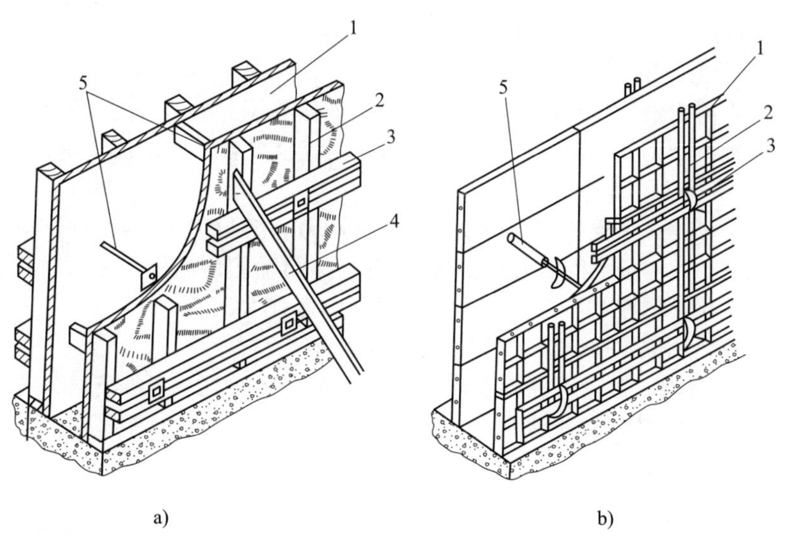

图 3-25 墙模板

a）胶合板模块 b）组合钢模板

1—侧模 2—内楞 3—外楞 4—斜撑 5—对拉螺栓及撑块

3.3.3 模板设计

模板设计与施工的基本要求是模板和支架应具有足够的承载力、刚度和稳定性，保证结构和构件的形状、尺寸、位置的准确，便于钢筋安装和混凝土浇筑及养护。此外，还应使其装拆方便，能多次周转使用，接缝严密不漏浆。

模板系统的设计内容包括选型、构造设计、荷载计算、结构计算、拟定制作安装和拆除方案、绘制模板图。一般模板都由面板、次肋、主肋、对拉螺栓、支撑系统等几部分组成，作用于模板的荷载传递路线一般为面板→次肋→主肋→对拉螺栓（或支撑系统）。设计时可根据荷载作用状况及各部分构件的结构特点进行计算。

1. 模板设计荷载

模板设计中参与组合的永久荷载包括模板及支架自重（G_1）、新浇筑混凝土自重（G_2）、钢筋自重（G_3）及新浇筑混凝土作用于模板的最大侧压力（G_4）等。参与组合的可变荷载包括施工人员及施工设备生产的荷载（Q_1）、泵送混凝土及倾倒混凝土等因素产生的荷载（Q_2）及风荷载（Q_3）等。

（1）模板及支架自重标准值 G_{1k} 模板及支架的自重可按图样或实物计算确定，或参考表 3-16。

表 3-16 模板及支架自重标准值 （单位：kN/m^2）

项目名称	木模板	组合钢模板	钢框木（竹）胶合模板
无梁楼板模板及小楞	0.30	0.50	0.40
有梁楼板模板（包括梁模板）	0.50	0.75	0.60
楼板模板及支架（楼层高度 4m 以下）	0.75	1.10	0.95

（2）新浇筑混凝土自重标准值 G_{2k} 普通混凝土为 $24kN/m^3$，其他混凝土根据实际重力密度确定。

（3）钢筋自重标准值 G_{3k}　根据设计图确定。一般梁板结构，楼板的钢筋自重标准值可取 $1.1kN/m^3$，梁的钢筋自重标准值可取 $1.5kN/m^3$。

（4）新浇筑混凝土作用于模板的最大侧压力标准值 G_{4k}　振捣新浇筑的混凝土，将原来的凝聚结构破坏解体，使混凝土液体化，对模板产生近似于液体静压力的侧压力。影响新浇筑混凝土侧压力的主要因素有混凝土密度、混凝土初凝时间、混凝土浇筑速度、混凝土坍落度以及有无外加剂等。

混凝土的浇筑速度是一个重要影响因素，最大侧压力一般与其成正比。但当其达到一定数值后，再提高浇筑速度，则对最大侧压力的影响不再明显。混凝土的温度会影响混凝土的凝结速度，温度低，凝结慢，混凝土的有效压头高度大，最大侧压力就大，反之，最大侧压力就小。模板情况和构件厚度影响拱作用的发挥，因此对侧压力也有影响。

当采用内部振动器时，新浇筑混凝土作用于模板的最大侧压力标准值 G_{4k} 可按式（3-3）和式（3-4）计算，并应取其中的较小值：

$$G_{4k}=0.43\gamma_c t_0 \beta V^{\frac{1}{4}} \tag{3-3}$$

$$G_{4k}=\gamma_c H \tag{3-4}$$

式中，G_{4k} 是新浇筑混凝土作用于模板的最大侧压力标准值（kN/m^2）；γ_c 是混凝土的重力密度（kN/m^3）；t_0 是新浇筑混凝土的初凝时间（h），可按实测确定，当缺乏试验资料时，可按 $t_0=200/(T+15)$ 计算，T 为混凝土的温度（℃）；β 是混凝土坍落度（S）影响修正系数，当坍落度为 $50mm<S\leqslant 90mm$ 时，β 取 0.85，当坍落度为 $90mm<S\leqslant 130mm$ 时，β 取 0.9，当坍落度为 $130mm<S\leqslant 180mm$ 时，β 取 1.0；V 是混凝土的浇筑高度（厚度）与浇筑时间的比值，即浇筑速度（m/h）；H 是混凝土侧压力计算位置处至新浇筑混凝土顶面的总高度（m），混凝土侧压力分布图如图 3-26 所示，其中从模板内浇筑面到最大侧压力处的高度 h 称为有效压头高度，$h=G_{4k}/\gamma_c$。

（5）施工人员及施工设备荷载标准值 Q_{1k}　可按实际情况计算，可取 $3.0kN/m^2$。

（6）施工中泵送混凝土、倾倒混凝土等未预见因素产生的水平荷载标准值 Q_{2k}　可取模板上混凝土和钢筋重力的 2% 作为标准值，并应以线荷载形式作用在模板支架上端水平方向。

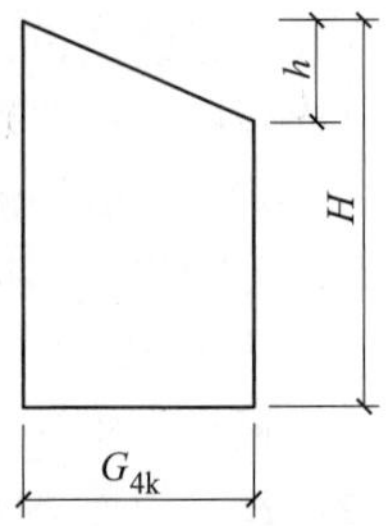

图 3-26　混凝土侧压力分布图

（7）风荷载标准值 Q_{3k}　可按现行国家标准《建筑结构荷载规范》（GB 50009）的有关规定计算，基本风压不小于 $0.2kN/m^2$。

$$Q_{3k}=\beta_z \mu_s \mu_z w_0 \tag{3-5}$$

式中，Q_{3k} 是风荷载标准值；β_z 是高度 z 处的风振系数，对于模板支架，可取 1；μ_s 是风荷载体型系数，对于梁侧模，取 1.3；μ_z 是风压高度变化系数；w_0 是基本风压。

2. 模板及支架的荷载基本组合的效应设计值

模板及支架的荷载基本组合的效应设计值可按下式计算：

$$S_d=1.35\sum_{i\geqslant 1} S_{G_{ik}}+1.4\psi_{cj}\sum_{j\geqslant 1} S_{Q_{jk}} \tag{3-6}$$

式中，$S_{G_{ik}}$ 是第 i 个永久荷载标准值产生的荷载效应值；$S_{Q_{jk}}$ 是第 j 个可变荷载标准值产生的荷载效应值；ψ_{cj} 是第 j 个可变荷载的组合值系数，宜取 $\psi_{cj}\geqslant 0.9$。

3. 荷载最不利的效应组合

混凝土水平构件的底模板及支架、高大模板支架、混凝土竖向构件或水平构件的侧模板及支架，宜按表 3-17 的规定确定最不利的作用效应组合。承载力验算应采用荷载基本组合，变形验算应采用荷载标准组合。

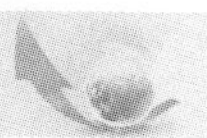

表 3-17　最不利的作用效应组合

模板结构类别	最不利的作用效应组合	
	承载力验算	变形验算
混凝土水平构件的底模板及支架	$G_1+G_2+G_3+Q_1$	$G_1+G_2+G_3$
高大模板支架	$G_1+G_2+G_3+Q_1$	$G_1+G_2+G_3$
	$G_1+G_2+G_3+Q_2$	
混凝土竖向构件或水平构件的侧模板及支架	G_4+Q_3	G_4

注：1. 对于高大模板支架，表中（$G_1+G_2+G_3+Q_2$）的组合用于模板支架的抗倾覆验算。

2. 混凝土竖向构件或水平构件的侧模板及支架的承载力计算效应组合中的风荷载 Q_3 只用于模板位于风速大和离地高度大的场合。

3. 表中的“+”仅表示各项荷载参与组合，而不表示代数相加。

4. 模板及支架的变形验算

模板及支架的变形验算应符合下列要求：

$$a_{fk} \leqslant a_{f,lim} \tag{3-7}$$

式中，a_{fk}是采用荷载标准组合计算的构件变形值；$a_{f,lim}$是变形极限。

模板及支架的变形极限 $a_{f,lim}$应符合下列规定：

1）对结构表面外露的模板，挠度不得大于模板构件计算跨度的 1/400。

2）对结构表面隐蔽的模板，挠度不得大于模板构件计算跨度的 1/250。

3）清水混凝土模板，挠度应满足设计要求。

4）支架的轴向压缩变形值或侧向弹性挠度值不得大于计算高度或计算跨度的 1/1000。

3.3.4　模板的安装与拆除

1. 模板安装

模板安装是混凝土结构工程施工的一个重要内容，既要保证满足混凝土构件的形状、截面尺寸和标高的要求，同时还要保证模板系统的强度、刚度和稳定性。因此，模板安装要注意以下几个方面的问题：

1）支架立柱和竖向模板安装在基土上时，应符合下列规定：

① 应设置具有足够强度和支撑面积的垫板，且应中心承载。

② 基土应坚实，并应有排水措施；对于湿陷性黄土，应有防水措施；对于冻胀性土，应有防冻融措施。

③ 对于软土地基，当需要时可采用堆载预压的方法调整模板面安装高度。

2）竖向模板安装时，应在安装基层面上测量放线，并应采取保证模板位置准确的定位措施。对于竖向模板及支架，安装时应有临时稳定措施。安装位于高空的模板时，应有可靠的防倾覆措施。应根据混凝土一次浇筑高度和浇筑速度，采取合理的竖向模板抗侧移、抗浮和抗倾覆措施。

3）对于跨度不小于 4m 的梁、板，其模板应起拱，高度宜为梁、板跨度的 1/1000~3/1000。

4）采用扣件式钢管做高大模板支架的立杆时，支架搭设应完整，并应符合下列规定：钢管规格、间距和扣件应符合设计要求；立杆上应每步设置双向水平杆，水平杆应与立杆扣接；立杆底部应设置垫板。

2. 模板安装的技术措施

1）施工前应认真熟悉设计图、有关技术资料和构造大样图；进行模板设计，编制施工方案；做好技术交底，确保施工质量。

2）模板安装前应根据模板设计图和施工方案做好测量放线工作，准确地标定构件的标高、中心轴线和预埋件等位置。

3）应合理地选择模板的安装顺序，保证模板的强度、刚度及稳定性。一般情况下，模板应自下而上安装。在安装过程中，应设置临时支撑使模板安全就位，待校正后方进行固定。

4）模板的支柱必须坐落在坚实的基土和承载体上。安装上层模板及其支架时，下层楼板应具有承受上层荷载的承载能力，否则应加设支架。上、下层模板的支柱应在同一条竖向中心线上。

5）模板安装应注意解决与其他工序之间的矛盾，并应互相配合。模板的安装应与钢筋绑扎、各种管线安装密切配合。对于预埋管、预埋线和预埋件，应先在模板的相应部位画出位置线做好标记，然后将它们按设计位置进行装配，并应加以固定。

6）模板在安装全过程中应随时进行检查，严格控制垂直度、中心线、标高及各部位尺寸。模板接缝必须紧密。

7）楼板模板安装完毕后，要测量标高。梁模板应测量中央一点及两端点的标高；平板模板测量支柱上方点的标高。梁底模板标高应符合梁底设计标高；平板模板板面标高应符合模板底面设计标高。如有不符，可通过支柱下的木楔加以调整。

8）浇筑混凝土时，要注意观察模板受荷后的情况，如发现位移、鼓胀、下沉、漏浆、支撑颤动、地基下陷等现象，应及时采取有效措施加以处理。

3. 模板拆除

现浇混凝土成型后，经过一段时间的养护，达到一定的强度要求，便可以拆除模板。模板的拆除时间，取决于混凝土的凝结硬化速度、模板的用途、结构的性质、混凝土凝结的温度和湿度条件等。及时拆模，可以提高模板的周转率，也可以为后续工作创造条件，加快施工进度。但如果拆模过早，混凝土未达到需要的强度，就会因不能承受自重或外力作用而发生变形甚至断裂，造成重大安全事故。

整体式结构的模板拆除时间，应按设计规定执行；如设计无规定，应满足下列要求：

1）侧模板：混凝土强度应达到其表面及棱角不至于因拆模而受损时，方可拆除。

2）底模：应在混凝土强度达到表 3-18 中所规定的强度时，才能拆除。

表 3-18　底模拆除时对混凝土强度的要求

项次	结构类型	结构跨度/m	按设计混凝土立方体抗压强度标准值的百分率（%）
1	板	≤2	≥50
		>2，≤8	≥75
		>8	≥100
2	梁、拱、壳	≤8	≥75
		>8	≥100
3	悬臂构件	—	≥100

3.3.5　工具式模板

1. 大模板

大模板是一种大尺寸的工具式模板，如建筑工程施工中一个墙面可用一块模板。由于其面积和质量都较大，安装和拆除必须使用起重机械。因此，大模板施工的机械化程度高，可减少用工量并缩短工期，在剪力墙结构和筒体结构施工中应用较多。一块大模板由面板、次肋、主肋、支撑桁架、稳定机构和附件组成（图 3-27）。

大模板的板面要求平整、刚度大，可用钢板或胶合板制作。钢面板大模板的厚度根据次肋的间距不同而不同，一般为 3~5mm。钢面板一般可重复使用 200 次以上。胶合板大模板一般用 7 层或 9 层胶合板，板面用树脂处理，可重复使用 50 次以上。

大模板的平面布置有多种，常见的有平模布置、小角模布置和大角模布置（图 3-28），其中小角模布置的使用较广泛，它适应性强，便于模板的平面位置与垂直度的校正。平模与小角模间通过偏心压块使接缝紧密（图 3-29）。

相对的两块平模一般通过对拉螺栓连接，顶部的对拉螺栓也可用卡具代替。建筑物外墙外侧的大模板通常支撑在附壁式支承架上（图 3-30）。

大模板在安装和拆除过程中，严禁冲撞墙体；堆放时要防止倾倒伤人，应将板面后倾一定角度；在高空作业时应有防止被大风吹倒的措施。安装前，在大模板上应喷涂脱模剂以便于脱模，不得使用废机油作脱模剂。

2. 滑升模板

滑升模板用于浇筑高耸构筑物和建筑物的竖向结构，如烟囱、水塔、筒仓、电视台、桥墩和竖井状的多、高层建筑等。其工作原理是：在构筑物或建筑物的底部，沿其墙、柱、梁等构件的周边一次性组装高度为 1.2m 左右的滑动模板，随着向模板内不断地分层浇筑混凝土，用液压提升设备使模板不断地向上滑动，直到需要浇筑的高度为止。用滑升模板施工，可节约模板和支撑材料，加快施工进度和保证结构的整体性。但滑升模板一次投资大、耗钢量多，对建筑的立面造型和构件断面变化有一定的限制，且滑升速度控制不好易拉裂混凝土。滑升模板装置主要由模板系统、操作平台系统、液压系统和施工精度控制系统四个部分组成（图 3-31）。

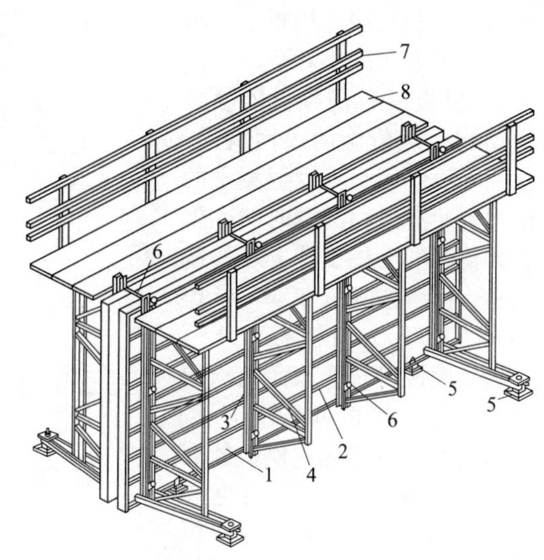

图 3-27　大模板构造

1—面板　2—次肋　3—主肋　4—支撑桁架　5—调整螺栓　6—对拉螺栓　7—栏杆　8—脚手板

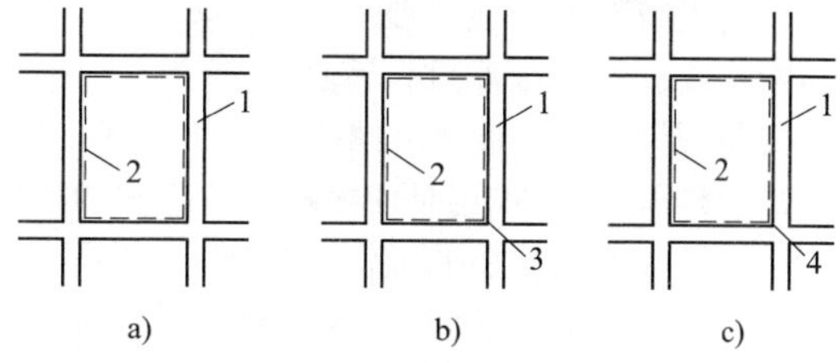

图 3-28　大模板的平面布置

a）平模布置　b）小角模布置　c）大角模布置

1—墙体　2—平模　3—小角模　4—大角模

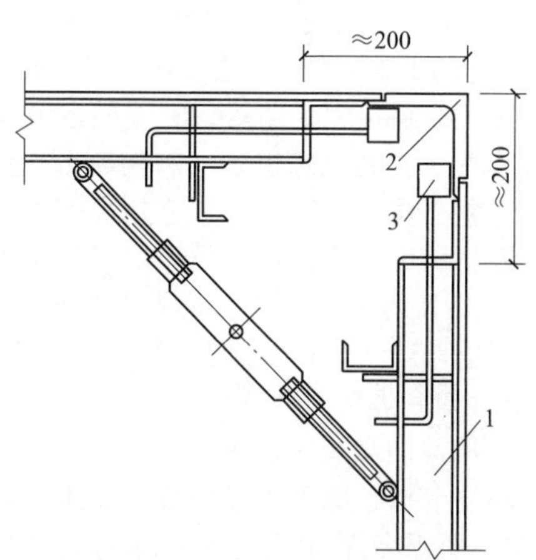

图 3-29　平模与小角模的连接

1—平模　2—小角模　3—偏心压块

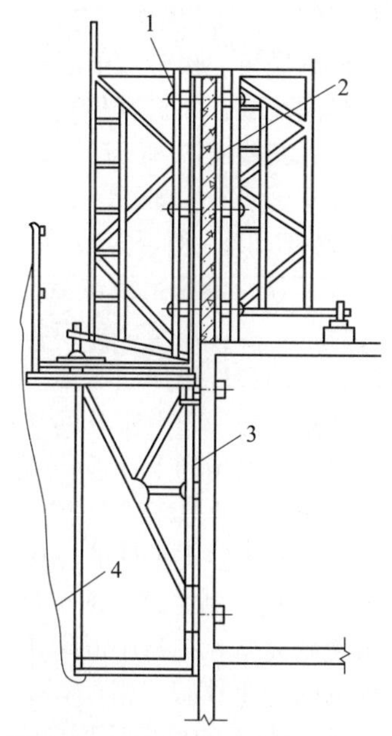

图 3-30　外墙外侧大模板的安装

1—外墙外模　2—外墙内模　3—附壁式支承架　4—安全网

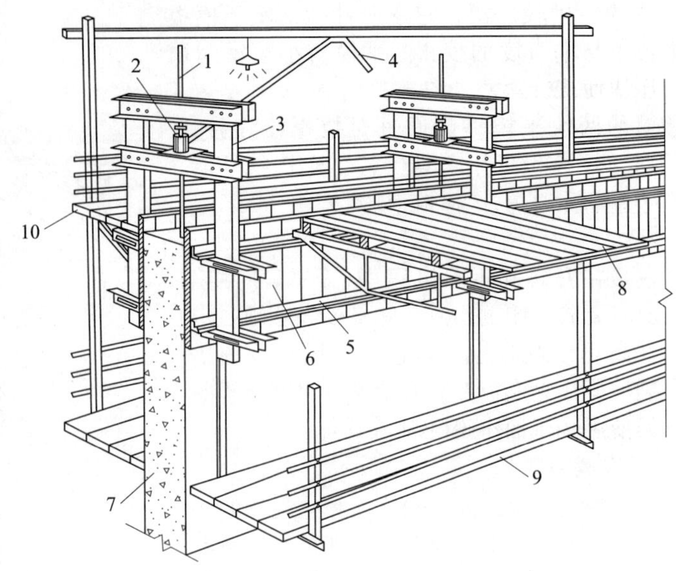

图 3-31 滑升模板

1—支撑杆 2—液压千斤顶 3—提升架 4—油管 5—围檩 6—模板 7—混凝土墙体 8—操作平台桁架 9—内吊脚手架 10—外吊脚手架

(1) 模板系统 模板系统包括模板、腰梁和提升架等。

1) 模板又称围板，依赖腰梁带动其沿混凝土的表面滑动。模板的主要作用是承受混凝土的侧压力、冲击力和滑升时的摩阻力，并使混凝土按设计要求的截面成型。模板按其所在部位及作用不同，可分为内模板、外模板、堵头模板以及变截面结构的收分模板等。模板可采用钢材、木材或钢木混合制成，模板的宽度一般为 200~500mm，高度一般为 0.9~1.2m。安装好的模板应上口小、下口大，单面倾斜度宜为高度的 0.2%~0.5%；模板高 1/2 处的净距离应与结构截面等宽。模板倾斜度可通过改变腰梁间距，或改变模板厚度，或在提升架与腰梁之间加设调节螺栓等方法实现。

2) 腰梁的主要作用是使模板保持组装的平面形状，并将模板与提升架连接成一个整体。工作时，承受模板传来的水平荷载、滑升时的摩阻力和操作平台传来的竖向荷载，并将其传给提升架。通常在侧模板背后设置上下各一道闭合式腰梁，其间距一般为 500~700mm，采用高度为 70~80mm、腰厚为 8~10mm 或 I10 的型钢制作。上腰梁距上口不宜大于 250mm，下腰梁距下口不宜大于 300mm，使模板具有一定弹性，便于模板滑升。模板一般挂在腰梁上。当采用横卧工字钢作为腰梁时，可用双爪钩将模板与腰梁钩牢，并使用顶紧螺栓调节位置。

3) 提升架又称千斤顶架，它是安装千斤顶并与腰梁、模板连接成整体的主要构件。提升架的主要作用是控制模板、腰梁由于混凝土的侧压力和冲击力而产生的向外变形；同时承受作用于整个模板上的竖向荷载，并将其传递给千斤顶和支承杆。提升架一般分单横梁式与双横梁式两种，多用型钢制作，其截面按框架计算确定。

(2) 操作平台系统 操作平台系统包括操作平台（内操作平台、外操作平台和上辅助平台）、吊脚手架（内吊脚手架和外吊脚手架）、料台、随升垂直运输设施的支撑结构等，是施工操作的场所。

(3) 液压系统 液压系统包括千斤顶、支承杆、液压控制台和油路等，它是使滑升模板向上滑升的动力装置。千斤顶是带动模板滑动的核心动力装置，它的形式很多，按其动力不同，分为手动、电动、气动和液压传动四类。其中，液压传动的穿心式单作用千斤顶应用最普遍。支承杆又称爬杆，既是千斤顶向上爬升的轨道，又是滑升模板的承重支柱，它承受作用于千斤顶的全部荷载。其规格应与选用的千斤顶相适应。额定起重量为 30kN 的滚珠式卡具液压千斤顶的支承杆一般采用直径为 25mm 的 Q235 圆钢制作。使用楔块式卡具液压千斤顶时，也可用直径为 25~28mm 的螺纹钢作为支承杆。支承杆的连接方式有螺纹连接、榫接和焊接三种。

(4) 施工精度控制系统 施工精度控制系统包括千斤顶同步控制装置、建筑物轴线和垂直度等的控制与观测设施等。千斤顶同步控制装置可采用限位卡挡、激光水平扫描仪、水杯自动控制装置、计算机同步整体提升装置等。模板滑动过程中，要求各千斤顶的相对标高之差不得大于 40mm，相邻两个提升架的千斤顶的升差不得大于 20mm。垂直度观测可使用激光铅直仪、自动安平激光铅直仪、经纬仪、全站仪和线锤等。房屋建筑结构滑模施工的垂直度允许偏差为：

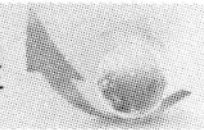

① 层高小于或等于 5m 时，层高垂直度允许偏差为 5mm；层高大于 5m 时，层高垂直度允许偏差为层高的 0.1%。

② 全高高度小于 10m 时，全高垂直度允许偏差为 10mm；全高高度小于或等于 10m 时，全高垂直度允许偏差为高度的 0.1%，并不得大于 30mm。

3. 爬升模板

爬升模板是在下层墙体混凝土浇筑完毕后，先利用提升装置将模板自行提升到上一个楼层后浇筑上一层墙体的垂直移动式大模板；它将大模板工艺和滑升模板工艺相结合，既保持了大模板施工混凝土墙面平整的优点，又保持了滑升模板能够自行提升而不需要起重机运送的优点。爬升模板适用于高层建筑墙体、电梯井壁混凝土施工。

爬升模板工艺包括模板与爬架互爬（有爬架提升）、模板与模板互爬（无爬架提升）和模板与爬架连体爬升三种工艺。

（1）模板与爬架互爬　爬升模板由模板、爬架和爬升设备组成。爬升模板采用整片式大平模，模板由面板及肋组成，其高度一般为标准层层高加 100~300mm（增加的部分为模板与下层已浇筑墙体的搭接高度，可以使模板底部定位和固定），宽度可以是一个开间、一片墙或是一个施工宽度。模板不需要支撑系统，能利用爬升设备自行爬升。施工时，当模板爬升至规定标高并精确调整后，以爬架为横向支撑，用校正螺杆校正和固定支撑模板的上下端。爬架作为模板的支承架，可用型钢组成格构式桁架，由支承架和附墙架组成。施工时，爬架下部附墙架用连接螺栓附着于下层已具有一定强度的钢筋混凝土墙上（墙上需要预留螺栓孔），爬架通过爬升设备支撑模板。当爬架本身爬升时，爬架以模板为支撑，利用爬升设备爬升。由于模板和爬架交替支撑，因此爬架的总高度应不小于 3 个标准层的高度。爬升设备是提升模板或提升爬架的动力装置，可采用电动螺杆提升机、液压千斤顶或导链等。图 3-32 所示为利用液压千斤顶为爬升装置的外墙面爬升模板示意图。

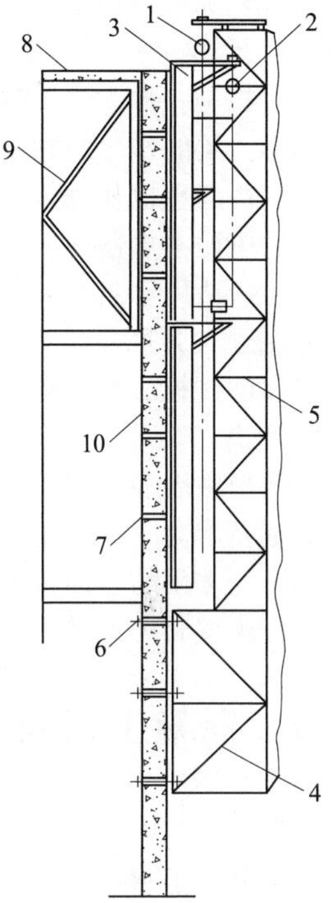

图 3-32　外墙面爬升模板
1—提升模板的动力装置
2—提升爬架的动力装置
3—外模板　4—爬架的附墙架　5—爬架的支承立柱
6—附墙螺栓　7—预留孔
8—楼面模板　9—楼面模板支撑　10—混凝土墙体

（2）模板与模板互爬　模板与模板互爬取消了爬架，模板由 A、B 两种类型组成，A 型模板为窄板，宽度为 0.9~1.0m，高度大于两个层高，B 型模板宽度为 2.4~3.6m，具体宽度依建筑物外墙面而定，高度略大于层高，与下层墙体稍有搭接，用以固定模板，避免漏浆和错台。两种模板交替布置，A 型布置在内外墙交接处和较长墙面的中间，如图 3-33 所示。爬升时两类模板互为依托，通过爬升设备使两类相邻模板交替爬升。内外模板用对拉螺栓拉结固定。

爬升装置由三角爬架、爬杆和液压千斤顶组成，如图 3-34所示。三角爬架插在模板上口两端的套筒内，套筒与背楞连接，三角爬架可以自由回转，用以支撑爬杆。爬杆为直径 25mm 的圆钢，上端固定在三角爬架上。每块模板上都装有两台液压千斤顶，B 型模板装在模板上口两端，A 型模板装在模板中间偏上处。

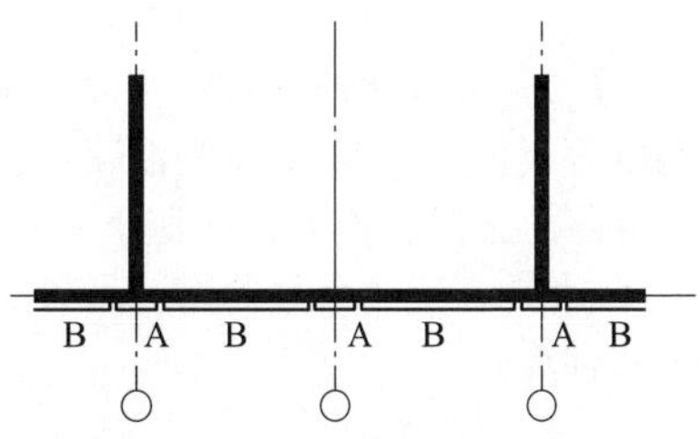

图 3-33　爬升模板布置示意图

爬升时，放松穿墙螺栓，使墙体外侧的 A 型模板与混凝土墙面脱离。调整 B 型模板上三角爬架的角度，装上爬杆。爬杆下端穿入 A 型模板中间的液压千斤顶中，然后拆除 A 型模板的穿墙螺栓，利用千斤顶将 A 型模板爬升至预定高度，待 A 型模板爬升结束并固定后，再用 A 型模板爬升 B 型模板。

（3）模板与爬架连体爬升　这种工艺是将大模板安放在爬架架体上，使其随架体一起爬升。

该系统由大模板系统和液压爬升系统两部分组成。大模板系统主要包括面板、工字梁和背部围檩。液压爬升系统主要包括多个操作平台、悬挂爬升靴、爬升导轨、爬升挂架和液压油缸等。在施工过程中，外侧液压爬升系统可以连带大模板系统同步爬升。

4. 台模

台模是一种大型工具式模板，主要用于浇筑平板式或带边梁的水平结构，在施工中可以整体脱模和转运，利用起重机从浇筑完的楼板下吊出，转移至上一楼层，中途不再落地，所以也称飞模。

台模适用于各种结构的现浇混凝土楼板的施工，既适用于大开间、大进深的楼板，又适用于小开间、小进深的楼板。台模整体性好，混凝土表面平整、施工进度快。

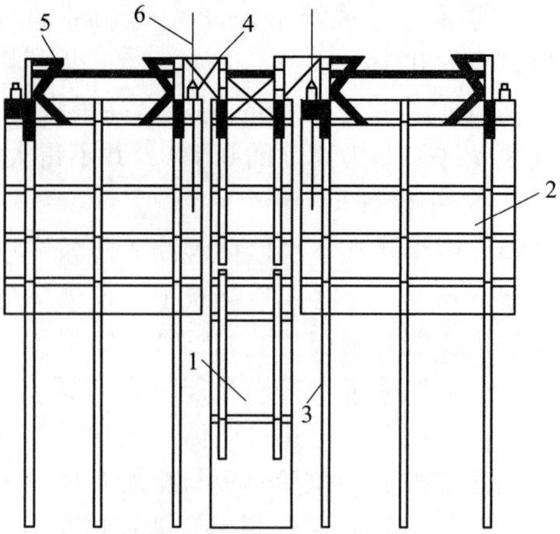

图 3-34　爬升模板立面示意图
1—A 型模板　2—B 型模板　3—背楞
4—液压千斤顶　5—三角爬架　6—爬杆

台模由台面、支架（立柱）、支腿、调节装置、走道板及配套附件等组成。台面是直接接触混凝土的部件，表面应平整光滑，并具有较高的强度和刚度。常用的台面板有钢板、胶合板、铝合金板、工程塑料板和木板等。

台模按其支架结构类型分为立柱式台模、桁架式台模和悬架式台模等。

3.4　混凝土工程

混凝土是由胶结材料、粗骨料、细骨料和水按一定比例拌和，在一定条件下硬化而成的工程材料。混凝土施工过程包括配料、拌和、运输、浇筑、振捣和养护等。各个施工过程相互联系、相互影响，任一施工过程处理不当，都将影响混凝土的最终质量。

3.4.1　混凝土的制备

1. 混凝土的配制强度

混凝土配合比是根据结构设计要求、组成材料的质量、施工方法等因素，在实验室通过试验计算及试配后确定的。所确定的设计配合比应使拌和出的混凝土达到结构设计所要求的强度等级，并符合施工和易性的要求，同时还应合理使用材料，节约水泥。

混凝土的实际施工强度随现场生产条件的不同而上下波动，因此，混凝土的配制强度应比设计的混凝土强度提高一个数值，并有 95%的强度保证率。

1）当混凝土的设计强度等级小于 C60 时，配制强度应按下式计算：

$$f_{cu,0} \geqslant f_{cu,k} + 1.645\sigma \tag{3-8}$$

式中，$f_{cu,0}$是混凝土施工配制强度（MPa）；$f_{cu,k}$是混凝土立方体抗压强度标准值，这里取设计混凝土强度等级值（MPa）；σ 是混凝土强度标准差（MPa）。

混凝土强度标准差应按照下列规定确定：

① 当具有近 3 个月的同一品种、同一强度等级混凝土的强度资料时，混凝土强度标准差 σ 应按下式计算：

$$\sigma = \sqrt{\frac{\sum_{i=1}^{n} f_{cu,i}^2 - n m_{f_{cu}}^2}{n-1}} \tag{3-9}$$

式中，$f_{cu,i}$是第 i 组试件的强度（MPa）；$m_{f_{cu}}$是 n 组试件的强度平均值（MPa）；n 是试件组数，应大于或等于 30。

对于强度等级不大于 C30 的混凝土，当 σ 计算值不小于 3.0MPa 时，应按式（3-9）计算结果取值；当 σ 计算值小于 3.0MPa 时，σ 应取 3.0MPa。对于强度等级大于 C30 且小于 C60 的混凝土，当 σ 计算值不小于 4.0MPa 时，应按式（3-9）计算结果取值；当 σ 计算值小于 4.0MPa 时，σ 应取 4.0MPa。

②当没有近期的同一品种、同一强度等级混凝土的强度资料时，混凝土强度标准差 σ 可按表 3-19 取值。

表 3-19　混凝土强度标准差取值

混凝土强度等级	≤C20	C25~C45	C50~C55
σ/MPa	4.0	5.0	6.0

2）当混凝土的设计强度等级大于或等于 C60 时，配制强度应按下式计算：

$$f_{cu,0} \geqslant 1.15 f_{cu,k} \quad (3\text{-}10)$$

2. 混凝土的施工配合比

（1）施工配合比计算　混凝土的设计配合比是在实验室根据完全干燥的砂、石材料确定的，但在施工中使用的砂、石材料都含有一些水分，而且含水量随天气的改变而变化。所以，在拌制混凝土前应测定砂、石材料的实际含水量，并根据测试结果将设计配合比换算成施工配合比。若混凝土的设计配合比为水泥：砂：石 = 1：S：G，水胶比为 W/C，而现场实测砂的含水量为 W_s，石的含水量为 W_g，则换算后的配合比为 1：$S(1+W_s)$：$G(1+W_g)$。1kg 水泥需要净加水量为 $W-SW_s-GW_g$。

例 3-1　已知混凝土设计配合比为 C：S：G：W=436：568：1215：194（每立方米混凝土材料用量），经测定砂的含水量为 5%，石的含水量为 2%，计算每立方米混凝土材料的实际用量。

解：

水泥用量 C'=436kg。

砂子用量 $S' = S(1+W_s) = 568 \times (1+5\%)\text{kg} = 596\text{kg}$。

石子用量 $G' = G(1+W_g) = 1215 \times (1+2\%)\text{kg} = 1239\text{kg}$。

净加水量 $W' = [194 - (568 \times 5\% + 1215 \times 2\%)]\text{kg} = 141\text{kg}$。

故施工配合比为 C'：S'：G'=436：596：1239，每立方米混凝土搅拌时需要净加水量为 141kg。

（2）施工配料　求出混凝土施工配合比后，还需要根据工地现有搅拌机的出料容量计算出材料的每次投料量，进行配比。

例 3-2　若选用 JZC350 型双锥自落式搅拌机，其出料容量为 0.35m^3，计算每搅拌一盘混凝土的投料数量。

解：

水泥用量=436×0.35kg=152.6kg，实用 150kg（3 袋水泥）。

砂子用量=596×150÷436kg=205.0kg。

石子用量=1239×150÷436kg=426.3kg。

水用量=141×150÷436kg=48.5kg。

（3）混凝土的拌制

1）混凝土搅拌机的选择。混凝土搅拌机按其搅拌原理分为自落式搅拌机和强制式搅拌机两类。根据搅拌机构造的不同，又可分为若干种。自落式搅拌机主要利用材料和重力机理进行工作，适用于搅拌塑性混凝土和低流动性混凝土；强制式搅拌机主要利用剪切机理进行工作，适用于搅拌干硬性混凝土和轻骨料混凝土。混凝土搅拌机一般以出料容积标定其规格，常用的有 250L、

350L、500L 型等。在混凝土施工现场普遍采用商品混凝土，现场搅拌的很少。

2）搅拌制度的制定。为了获得均匀优质的混凝土拌合物，除合理选择搅拌机的型号外，还必须正确地制定搅拌制度，包括搅拌时间、投料顺序、进料容量和原材料计量等。

① 搅拌时间。从原材料全部投入搅拌筒内起，至混凝土拌合物卸出所经历的全部时间称为搅拌时间，它是影响混凝土质量的重要因素之一。若搅拌时间过短，则混凝土拌和不均匀，其强度会降低；若搅拌时间过长，则不仅会降低生产效率，而且会使混凝土的和易性降低或产生分层离析现象。搅拌时间的确定与搅拌机型号、骨料的品种和粒径、混凝土的和易性等有关。混凝土搅拌的最短时间可按表 3-20 采用。

表 3-20　混凝土搅拌的最短时间

混凝土坍落度/mm	搅拌机类型	搅拌机出料容量/L		
		<250	250~500	>500
≤30	强制式	60s	90s	120s
	自落式	90s	120s	150s
>30	强制式	60s	60s	90s
	自落式	90s	90s	120s

注：掺有外加剂时，搅拌时间应适当延长。

搅拌强度等级为 C60 及以上的混凝土时，搅拌时间应适当延长。对自落式搅拌机，搅拌时间宜延长 30s。当采用其他形式的搅拌设备时，搅拌时间也可按设备说明书的规定或经试验确定。

② 投料顺序。投料顺序应从提高搅拌质量、减少叶片和衬板的磨损、减少拌合物与搅拌筒黏结、减少水泥飞扬、改善工作环境等方面综合考虑确定。常用的有一次投料法和分次投料法两种，一次投料法应用最普遍。采用分次投料法时，应通过试验确定投料顺序、材料含量及分段搅拌时间等工艺参数。掺合料宜与水泥同步投料，液体外加剂宜滞后于水和水泥投料，粉状外加剂宜溶解后再投料。根据投料顺序的不同，常用的投料方法有：先拌水泥净浆法、先拌砂浆法、水泥裹砂法和水泥裹砂石法等。先拌水泥净浆法是指先将水泥和水充分搅拌成均匀的水泥净浆后，再加入砂子和石子搅拌成混凝土。先拌砂浆法是指先将水泥、砂和水投入搅拌筒内进行搅拌，成为均匀的水泥砂浆后，再加入石子搅拌成均匀的混凝土。水泥裹砂法是指先将全部砂子投入搅拌筒中，并加入总拌和水量 70%左右的水（包括砂子的含水量），搅拌 10~15s 后，再投入水泥搅拌 30~50s，最后投入全部石子、剩余的水及外加剂，再搅拌 50~70s 后出料。水泥裹砂石法是指先将全部的石子、砂子和 70%的水投入搅拌机，拌和 15s，使骨料湿润，再投入全部水泥搅拌 30s 左右，然后加入剩余的水再搅拌 60s 左右即可。

③ 进料容量。施工中应考虑搅拌机的容积 V_0（搅拌筒可容纳配合料的体积）、进料容量 V_1（装进搅拌筒而未经搅拌的干料体积）、出料容量 V_2（卸出搅拌筒的成品混凝土体积）以及捣实后的混凝土体积 V_3的关系，从而控制投料数量。工程中以出料容量作为搅拌机的额定容量，它是搅拌机的主要参数。若任意超载（进料容量超过 10%），就会使材料在搅拌筒内没有充分的空间进行搅拌，影响混凝土拌合物的均匀性。反之，若装料过少，则不能充分发挥搅拌机的效能。

搅拌机的出料容量 V_2与进料容量 V_1的关系为：

$$\frac{V_2}{V_1}=0.65\sim0.7 \tag{3-11}$$

搅拌机的容积 V_0 与进料容量 V_1之比用 h_1表示，称为出料系数：

$$h_1=\frac{V_0}{V_1}=2\sim4 \tag{3-12}$$

搅拌机出量容量 V_2与捣实后的混凝土体积 V_3 之比用 h_2表示，称为压缩系数，它的大小与混凝

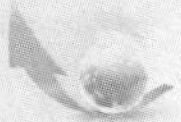

土的性质有关（表 3-21）。

表 3-21 混凝土的性质与压缩系数的关系

混凝土的性质	压缩系数 h_2
流动性混凝土、大流动性混凝土	1.0~1.04
塑性混凝土	1.11~1.25
低塑性混凝土	1.26~1.45

④ 原材料计量。混凝土搅拌时应对原材料用量准确计量，原材料的计量应按质量计，水和外加剂溶液可按体积计，其允许偏差应符合表 3-22 的规定。

表 3-22 混凝土原材料计量允许偏差 （%）

原材料品种	水泥	细骨料	粗骨料	水	掺合料	外加剂
每盘计量允许偏差	±2	±3	±3	±2	±2	±2
累计计量允许偏差	±1	±2	±2	±1	±1	±1

注：1. 现场搅拌时原材料计量允许偏差应满足每盘计量允许偏差的要求。
2. 累计计量允许偏差是指每一运输车中各盘混凝土的每种材料计量和的偏差。该项指标仅适用于采用计算机控制计量的搅拌站。
3. 骨料含水量应经常测定，雨雪天施工应增加测定次数。

3.4.2 混凝土的运输

1. 基本要求

混凝土由搅拌地点运往浇筑地点的运输过程中应满足下列要求：

1）混凝土应保持原有的均匀性，不离析、不分层，组成成分不发生变化。

2）混凝土运至浇筑地点时，应满足设计规定的坍落度。

3）混凝土从搅拌机卸出运至浇筑地点入模必须在初凝前完成。从卸出到入模的延续时间不宜超过表 3-23 的规定。

表 3-23 混凝土从卸出到入模的延续时间 （单位：min）

条件	气温	
	≤25℃	>25℃
不掺外加剂	90	60
掺外加剂	150	120

2. 运输机械

混凝土的运输分为水平运输和垂直运输。混凝土结构施工主要采用集中预拌混凝土，常用的运输机械有混凝土搅拌运输车和混凝土泵。

（1）混凝土搅拌运输车 混凝土搅拌运输车（图 3-35）用于混凝土的水平运输。使用时应符合下列规定：

1）接料前，搅拌运输车应排净罐内积水。

2）在运输途中及等候卸料时，应保持搅拌运输车罐体正常转速，不得停转。

3）卸料前，搅拌运输车罐体宜快速旋转搅拌 20s 以上再卸料。

（2）混凝土泵 混凝土泵是一种高效的混凝土输送和浇筑机械，它以泵为动力，沿管道输送混凝土，能够一次完成水平及垂直运输，将混凝土直接输送到浇筑地点。混凝土泵有气压泵、活塞泵和挤压泵等几种类型，目前应用较多的是活塞泵。活塞式混凝土泵一般采用液压驱动。液压活塞式混凝土泵的工作原理如图 3-36 所示。它利用活塞的往复运动，将混凝土吸入和压出。将搅拌好的混凝土装入泵的料斗内，此时排出端垂直片阀关闭，吸入端水平片阀开启，在液压作用下，活塞向液压缸方向移动，混凝土在自重及真空吸力作用下进入混凝土管内；然后活塞向混凝土缸体方向移动，吸入端水平片阀关闭，排出端垂直片阀开启，混凝土被压入管道中，输送到浇筑地点。由于有两个缸体交替进料和出料，因而能连续稳定地出料。

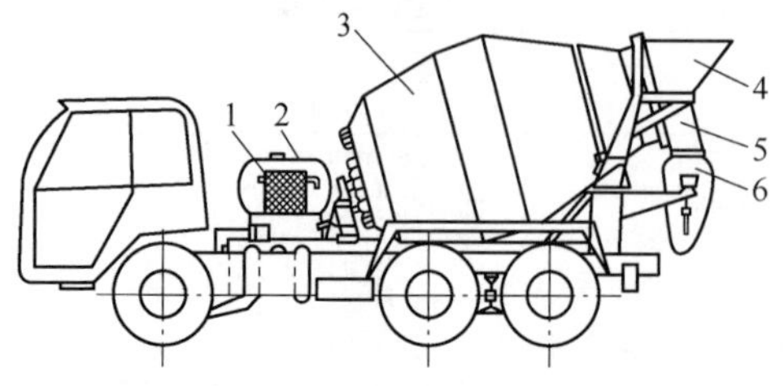

图 3-35　混凝土搅拌运输车

1—水阀　2—外加剂箱　3—搅拌筒　4—进料斗

5—固定卸料溜槽　6—活动卸料溜槽

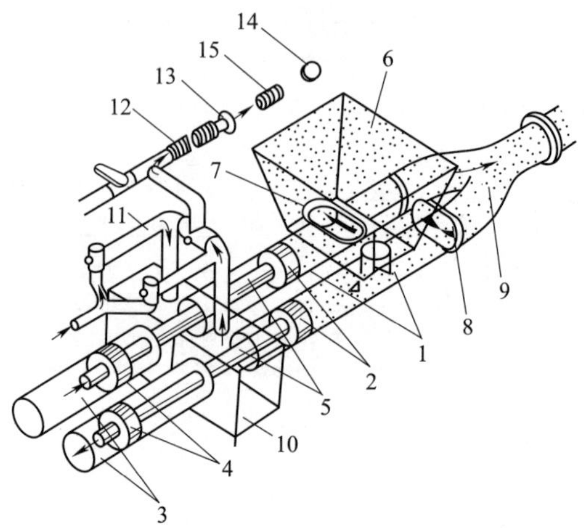

图 3-36　液压活塞式混凝土泵工作原理图

1—混凝土缸　2—混凝土活塞　3—液压缸

4—液压活塞　5—活塞杆　6—进料斗

7—吸入端水平片阀　8—排出端垂直片阀

9—Y 型输送管　10—水箱　11—水洗装置换向阀

12—水洗用高压软管　13—水洗用法兰

14—海绵球　15—清洗活塞

泵送结束后，应用水及海绵球将残存的混凝土挤出并清洗管道。将混凝土泵装在汽车底盘上，组成混凝土泵车（图 3-37），转移方便、灵活，可将混凝土直接送到浇筑地点。

3.4.3　混凝土的浇筑

将混凝土浇筑到模板内并振捣密实是保证混凝土工程质量的关键环节。对于现浇钢筋混凝土结构工程施工，应根据其结构特点合理组织施工；并应根据所需的混凝土量和现场的具体情况确定每个工作班的工程量；根据每个工作班的工程量和现有设备条件，合理选择施工机械的种类和数量，以确保混凝土工程质量。

1. 混凝土浇筑前的准备工作

1）模板、支架、钢筋和预埋件应进行检查并做好记录，符合要求后方可浇筑混凝土。检查的主要内容有：

① 模板和支架：模板的尺寸、位置（轴线和标高）、垂直度和平整度是否正确，接缝是否严密以及起拱情况；

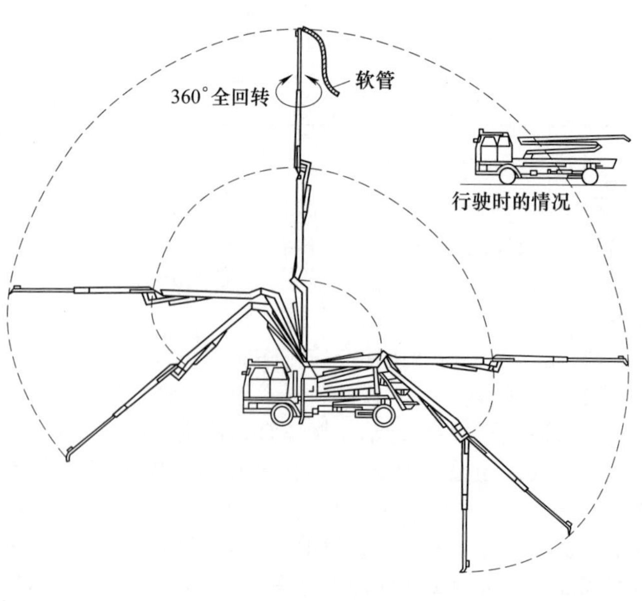

图 3-37　带布料杆的混凝土泵车

支架是否牢固稳定。

② 钢筋：纵向受力钢筋的品种、规格、数量、位置等；钢筋的连接方式、接头位置、接头面积百分率等；箍筋和横向钢筋的品种、规格、数量和间距等。

③ 预埋件：规格、数量和位置。

2）在地基上浇筑混凝土，应清除淤泥和杂物，并有排水和防水措施；对于干燥的非黏性土，应用水湿润；对于未风化的岩石，应用水清洗，但其表面不得留有积水。

3）浇筑混凝土前，模板内的垃圾、泥土要清除干净；木模板要浇水湿润，但不应有积水；钢筋上有油污时，应清除干净；现场环境温度高于35℃时宜对金属模板进行洒水降温，洒水后不得留有积水。

4）准备和检查材料、机具，检查运输道路。

5）做好施工组织工作和安全、技术交底。

2. 混凝土浇筑过程注意事项

混凝土浇筑应保证混凝土的均匀性和密实性。混凝土宜一次连续浇筑；当不能一次连续浇筑时，可留设施工缝或后浇带分块浇筑。混凝土浇筑时应注意以下几点：

（1）混凝土自由下落高度　为了避免发生离析现象，混凝土自高处倾落的自由下落高度不应超过2m。当自由下落高度超过2m时，应使用溜槽或串筒，以防混凝土产生离析。串筒用薄钢板制成，分节组成（每节约700mm），用钩环连接，筒内设有缓冲挡板（图3-38a）。溜槽一般用木板制作，表面包铁皮（图3-38b）。使用时其水平倾角不宜超过30°。

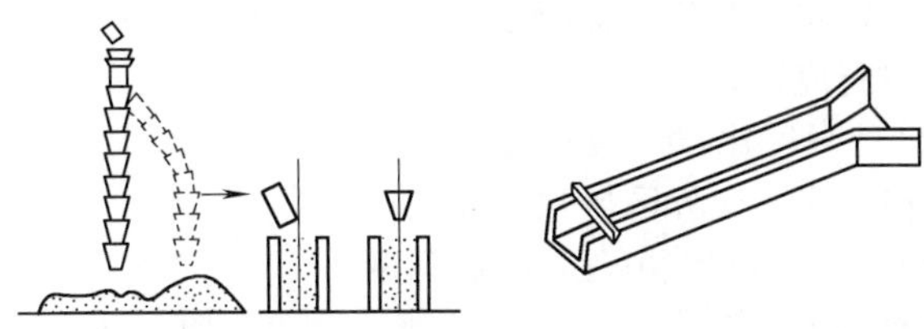

a)

b)

图3-38　串筒与溜槽

a）串筒　b）溜槽

（2）混凝土分层浇筑　为了使混凝土能够振捣密实，浇筑混凝土时应分层浇灌、振捣，并在下层混凝土初凝前，将上层混凝土浇筑完毕，以防已凝结的混凝土遭到破坏。混凝土分层浇筑时每层混凝土厚度应符合表3-24的规定。

（3）竖向结构混凝土浇筑　竖向结构（柱、墙等）浇筑混凝土前，应先在底部填50~100mm厚与混凝土配合比相同的去石混凝土（砂浆）。浇筑时不得发生离析现象。当浇筑高度超过3m时，应采用串筒、溜槽或振动串筒下落。

表 3-24 混凝土浇筑层的厚度

振捣方法		浇筑层的厚度/mm
插入式振捣		振捣器作用部分长度的 1.25 倍
表面振捣		200
人工振捣	在基础、无筋混凝土或配筋稀疏的结构中	250
	在梁、墙板、柱结构中	200
	在配筋较密的结构中	150
轻骨料混凝土	插入式振捣	300
	表面振捣（振动需要加载）	200

（4）梁、板混凝土浇筑　在一般情况下，梁、板混凝土应同时浇筑。当梁截面高度大于 1m 时，可单独浇筑。对于与柱、墙连成整体的梁板结构，应在柱、墙浇筑完毕后停歇 1~1.5h，使其初步沉实后，再继续浇筑梁板。

（5）构件节点处不同强度等级混凝土的浇筑　在混凝土结构中，常常出现设计的柱、墙混凝土强度等级高于梁、板混凝土强度等级的情况。此时，必须保证节点处的混凝土满足高强度等级的要求。因此，混凝土浇筑应符合下列规定：

1）柱、墙混凝土设计强度比梁、板混凝土设计强度高一个等级时，柱、墙位置梁、板高度范围内的混凝土经设计单位同意，可采用与梁、板混凝土设计强度等级相同的混凝土进行浇筑。

2）柱、墙混凝土设计强度比梁、板混凝土设计强度高两个等级及以上时，应在交界区域采取分隔措施。分隔位置应在低强度等级的构件中，且距高强度等级构件边缘不应小于 500mm（图 3-39）。

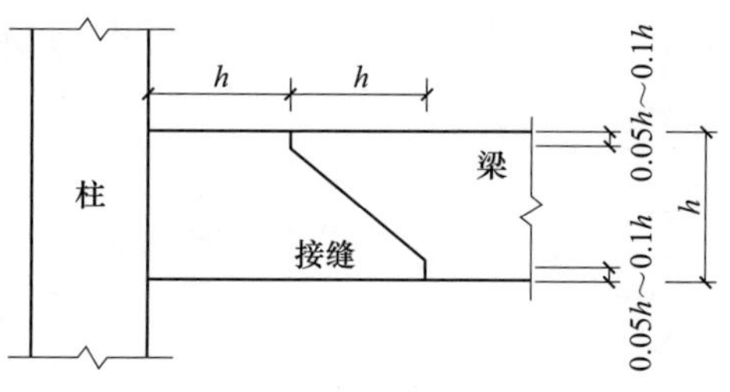

图 3-39　不同强度等级混凝土的梁柱施工接缝

3）宜先浇筑高强度等级混凝土，后浇筑低强度等级混凝土。

3. 混凝土浇筑后工作

混凝土浇筑后，在混凝土初凝前和终凝前宜分别对混凝土裸露表面进行抹面处理。

4. 混凝土的振捣

由于骨料间的摩阻力和水泥浆的黏结作用，混凝土入模后呈松散状态，存在很多空洞和气泡。只有通过振捣才能将混凝土内部的气泡和部分游离水排挤出来使混凝土充满模板的各个边角，让混凝土密实、表面平整，从而保证混凝土的各项指标满足设计文件和相关规范规定的质量要求。

混凝土的振捣方法有人工和机械两种。人工振捣是用人为的冲击（夯或插捣）使混凝土密实成型，这种方式一般在缺少机械等特殊情况下才采用，且只能将坍落度较大的塑性混凝土振捣，因此在施工现场使用最多的是机械振捣成型方法。

（1）振捣密实原理　机械振动将具有一定频率和振幅的振动力传递给混凝土，使其产生强迫振动。混凝土在这种振动力作用下，颗粒之间的黏结力和摩阻力大大减小，同时，流动性增加。此时，粗骨料在重力作用下下沉，水泥浆均匀分布填充骨料空隙，气泡逸出，孔隙减少，游离水分被挤压上涨，使原来松散的混凝土充满模板，密实度提高。振动停止后，混凝土重新恢复其凝聚状态，逐渐凝结硬化。

（2）振捣设备　混凝土振捣设备按其传递振动方式的不同分为内部振动器、表面振动器、附着式振动器和振动台（图 3-40）。在施工现场主要使用内部振动器和表面振动器。

1）内部振动器。内部振动器又称插入式振动器、振动棒（图 3-41），多用于振捣现浇混凝土

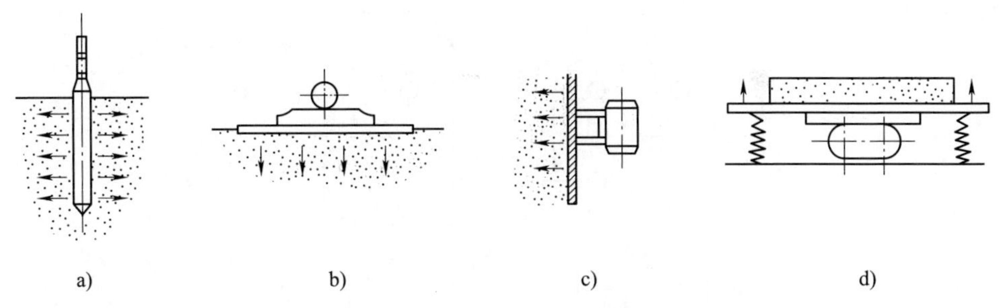

图 3-40　混凝土振动机械示意图

a）内部振动器　b）表面振动器　c）附着式振动器　d）振动台

基础、柱、梁、墙等结构构件。其工作部分是一个棒状空心圆柱体，内部装有偏心振子，在电动机带动下高速旋转而产生高频谐振。

2）表面振动器。表面振动器又称平板振动器（图 3-42），它由带偏心块的电动机和平板（木板或钢板）等组成，其作用深度小，适用于楼板或板式构件的振捣。

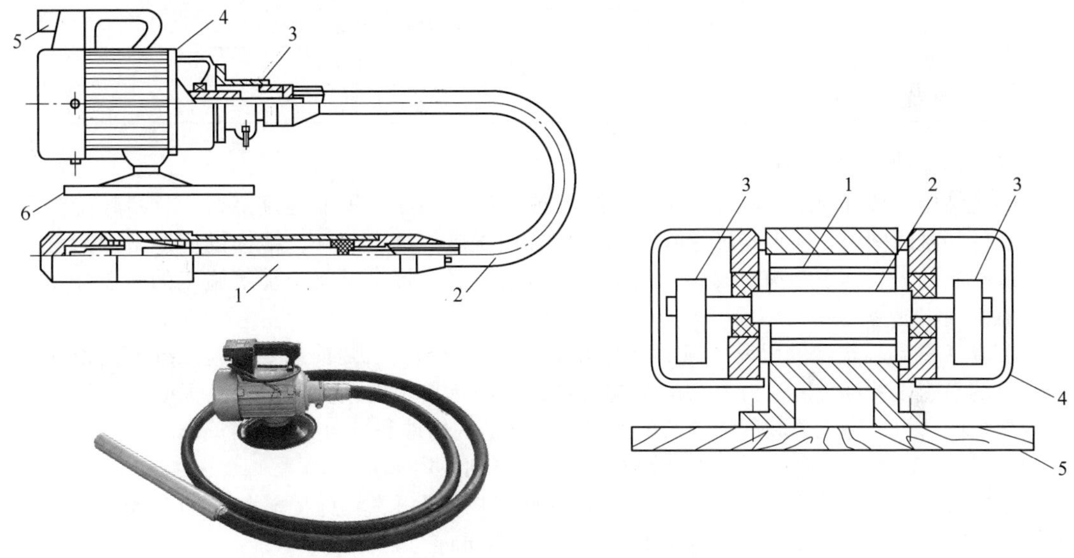

图 3-41　电动软轴行星式内部振动器

1—振动棒　2—软轴　3—防逆装置
4—电动机　5—电器开关　6—支座

图 3-42　表面振动器

1—电动机　2—电机轴　3—偏心块
4—护罩　5—平板

（3）振动器作业

1）内部振动器振捣混凝土应符合下列规定：

① 应按分层浇筑厚度分别进行振捣，内部振动器的前端应插入前一层混凝土中，插入深度不应小于 50mm。

② 内部振动器应垂直于混凝土表面并快插慢拔均匀振捣。当混凝土表面无明显塌陷、有水泥浆出现、不再冒气泡时，可结束该部位振捣。

③ 内部振动器与模板的距离不应大于内部振动器作用半径的一半。振捣插点的分布有行列式和交错式两种（图 3-43），振捣插点间距不应大于内部振动器的作用半径 R 的 1.4 倍。应避免碰撞钢筋、模板、吊环和预埋件等。

2）表面振动器振捣混凝土应符合下列规定：表面振动器振捣应覆盖振捣平面边角；表面振动器移动间距应覆盖已振实部分混凝土边缘；倾斜表面振捣时，应由低处向高处进行振捣。

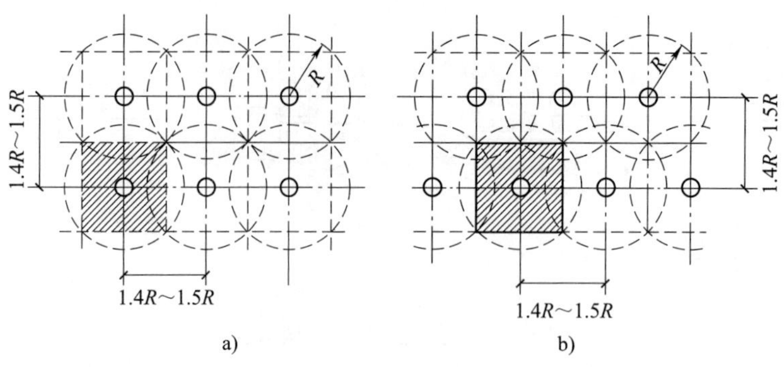

图 3-43 振捣插点的分布
a）行列式 b）交错式

混凝土分层振捣的最大厚度应符合表 3-25 的规定。

表 3-25 混凝土分层振捣的最大厚度

振捣方法	混凝土分层振捣最大厚度
内部振动器	振动棒作用部分长度的 1.25 倍
表面振动器	200mm
附着式振动器	根据设置方式，通过试验确定

5. 施工缝与后浇带的施工

混凝土结构一般都要求整体浇筑。当因技术或组织上的原因不能连续浇筑，且停顿的时间超过混凝土的初凝时间时，应事先确定在适当的位置设置施工缝。此外，结构设计经常因为沉降或温度裂缝控制的需要，在结构中设置后浇带。施工缝和后浇带是混凝土浇筑施工的重要环节，应特别注意其施工质量。

（1）施工缝与后浇带的留设 施工缝的留设应在混凝土浇筑之前确定。施工缝宜留设在结构剪力小且容易施工的部位。受力复杂的结构构件或有防水要求的结构构件，施工缝的留设位置应经设计单位的认可。施工缝和后浇带的留设界面应与结构构件和纵向受力钢筋垂直。

1）水平施工缝。水平施工缝的留设位置应符合下列规定：

① 柱、墙施工缝可留设在基础、楼层结构顶面（图 3-44），柱施工缝与结构上表面的距离宜为 0~100mm，墙施工缝与结构上表面的距离宜为 0~300mm。

② 柱、墙施工缝也可留设在楼层结构底面（图 3-44），施工缝与结构下表面的距离宜为 0~50mm，当板下有梁托时，可留设在梁托下 0~20mm。

③ 高度较大的柱、墙、梁以及厚度较大的基础可根据施工需要在其中部留设水平施工缝。必要时，可对配筋进行调整，并应征得设计单位认可。

④ 特殊结构部位留设水平施工缝应征得设计单位同意。

2）垂直施工缝和后浇带。垂直施工缝和后浇带的留设位置应符合下列规定：

① 有主次梁的楼板施工缝应留设在次梁跨度中间的 1/3 范围内（图 3-45）。

② 单向板施工缝应留设在平行于板短边的任何位置。

③ 楼梯梯段施工缝宜留设在梯段板跨度端部的 1/3 范围内。

④ 墙的施工缝宜留设在门洞口过梁跨中 1/3 范围内，也可留设在纵横交接处。

⑤ 后浇带留设位置应符合设计要求。

⑥ 特殊结构部位留设垂直施工缝应征得设计单位同意。

（2）施工缝和后浇带的处理 施工缝或后浇带处浇筑混凝土应符合下列规定：

1）结合面应采用粗糙面，且应清除浮浆、疏松石子、软弱混凝土层，并应清理干净。

2）结合面处应采用洒水的方法进行充分湿润，并不得有积水。

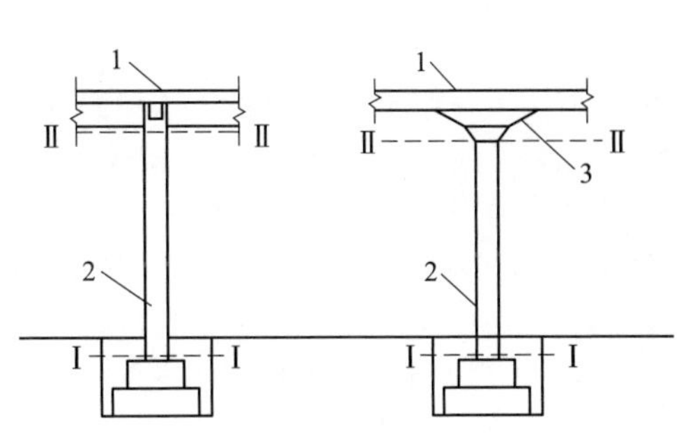

图 3-44　柱施工缝位置图

1—楼板　2—柱　3—柱帽

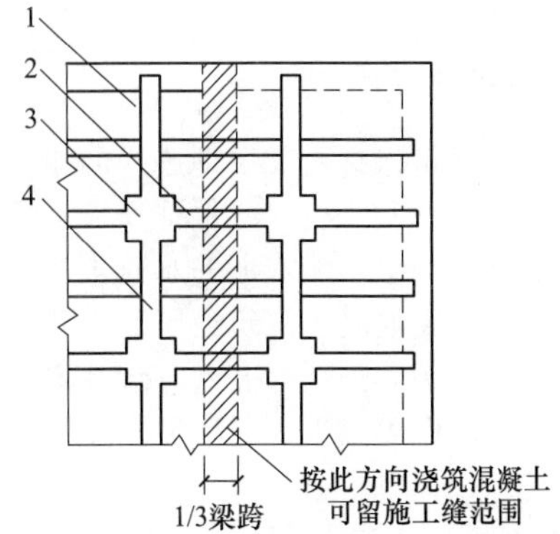

图 3-45　主次梁楼板的施工缝位置图

1—板　2—次梁　3—柱　4—主梁

3）施工缝处已浇筑混凝土的强度不应小于 1.2MPa。

4）柱、墙水平施工缝水泥砂浆接浆层厚度不应大于 30mm，接浆层水泥砂浆应与混凝土浆液同成分；

5）后浇带混凝土强度等级及性能应符合设计要求；当设计无要求时，后浇带强度等级宜比两侧混凝土提高一级，并宜采取减少收缩的技术措施进行浇筑。

6. 大体积混凝土施工

大体积混凝土是指混凝土结构物实体最小几何尺寸不小于 1m 的大体量混凝土，或预计会因混凝土中胶凝材料水化引起的温度变化和收缩而导致有害裂缝产生的混凝土。

大体积混凝土施工应合理选用混凝土配合比，宜选用水化热低的水泥，并宜掺加粉煤灰、矿渣粉和高性能减水剂，控制水泥用量，应加强混凝土养护。

1）大体积混凝土浇筑宜采用整体分层连续浇筑施工（图 3-46）或推移式连续浇筑施工（图 3-47）。

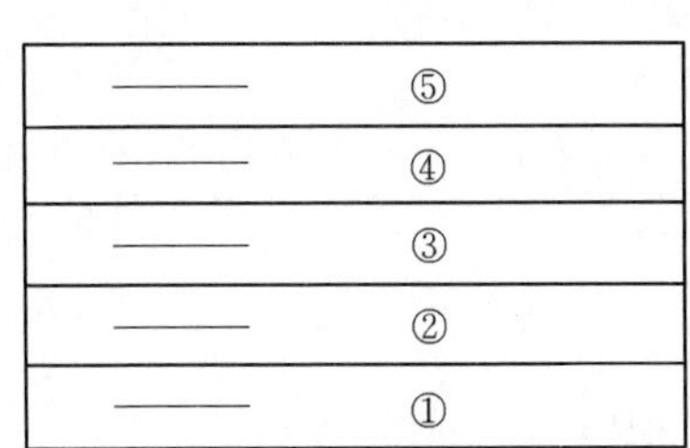

图 3-46　整体分层连续浇筑施工

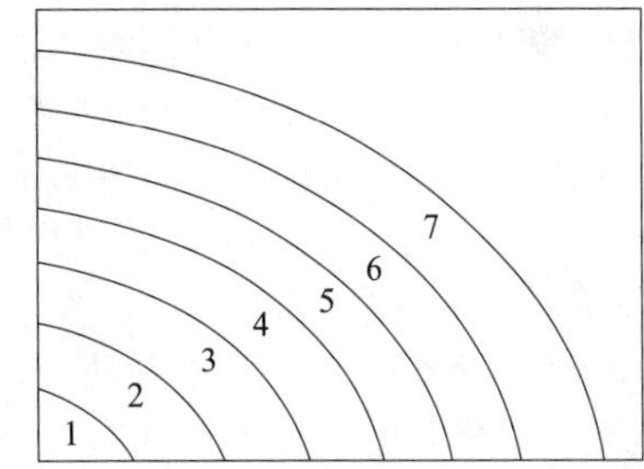

图 3-47　推移式连续浇筑施工

2）混凝土的浇筑厚度应根据所用振动器的作用深度及混凝土的和易性确定，整体连续浇筑时宜为 300~500mm。

3）整体分层连续浇筑或推移式连续浇筑，应缩短间歇时间，并在前层混凝土初凝之前将次层混凝土浇筑完毕。层间最长的间歇时间不应大于混凝土的初凝时间。混凝土的初凝时间应通过试验确定。当层间间歇时间超过混凝土的初凝时间时，层面应按施工缝处理。

4）混凝土浇筑宜从低处开始，沿长边方向自一端向另一端进行。当混凝土供应量有保证时，也可多点同时浇筑。

5）混凝土宜采用二次振捣工艺。

6）当大体积混凝土施工留设水平施工缝时，除应符合设计要求外，还应根据混凝土浇筑过程中温度裂缝控制的要求、混凝土的供应能力、钢筋工程的施工、预埋管件安装等因素确定其间歇时间。

3.4.4 混凝土的养护

混凝土经浇筑振捣密实后即进入静置养护期，使其中的水泥逐渐与水起水化作用而增长强度。为使水泥的水化顺利进行，应保证反应所需要的温度和湿度。温度的高低主要影响水泥的水化速度，而湿度条件则会影响水泥的水化能力。因此，混凝土浇筑完毕后的12h内应对其加以覆盖并保湿养护；高强度混凝土浇筑完毕后即覆盖养护或立即喷洒或涂刷养护剂养护。保湿养护可采用洒水、覆盖、喷涂养护剂等方式。选择养护方式时应考虑现场条件、环境温湿度、构件特点、技术要求、施工操作等因素。混凝土强度达到1.2N/mm^{2}前，不得在其上踩踏、堆放荷载、安装模板及支架。

1. 混凝土养护时间的规定

1）采用硅酸盐水泥、普通硅酸盐水泥或矿渣硅酸盐水泥配制的混凝土，养护时间不应少于7d；采用其他品种水泥时，养护时间应根据水泥性能确定。

2）采用缓凝型外加剂、大掺量矿物掺合料配制的混凝土，养护时间不应少于14d。

3）抗渗混凝土、强度等级C60及以上的混凝土，养护时间不应少于14d。

4）后浇带混凝土的养护时间不应少于14d。

5）地下室底层墙、柱和上部结构首层墙、柱宜适当增加养护时间。

6）基础大体积混凝土养护时间应根据施工方案确定。

2. 洒水养护的规定

1）洒水养护宜在混凝土裸露表面覆盖麻袋或草帘后进行，也可采用直接洒水、蓄水等养护方式。洒水养护应保证混凝土处于湿润状态。

2）洒水养护用水应与搅拌用水相同。

3）当日最低温度低于5℃时，不应采用洒水养护。

3. 覆盖养护的规定

1）覆盖养护宜在混凝土裸露表面覆盖塑料薄膜、塑料薄膜加麻袋、塑料薄膜加草帘进行。

2）塑料薄膜应紧贴混凝土裸露表面，塑料薄膜内应保持有凝结水。

3）覆盖物应严密，覆盖物的层数应根据施工方案确定。

4）基础大体积混凝土裸露表面应采用覆盖养护方式。当混凝土表面以内40~80mm位置的温度与环境温度的差值小于25℃时，可结束覆盖养护。当覆盖养护结束但尚未达到养护时间要求时，可采用洒水养护方式直至养护结束。

4. 大体积混凝土施工温度控制的规定

1）混凝土入模温度不宜大于30℃。混凝土最大绝热温升不宜大于50℃。

2）混凝土结构构件表面以内40~80mm位置处的温度与混凝土结构构件内部的温度差值不宜大于25℃，且与混凝土结构构件表面温度的差值不宜大于25℃。

3）混凝土降温速率不宜大于2.0℃/d。

5. 基础大体积混凝土测温点设置的规定

1）宜选择具有代表性的两个竖向剖面进行测温，竖向剖面宜通过中部区域，竖向剖面的周边及内部应进行测温。

2）竖向剖面的周边及内部测温点宜上下左右对齐；每个竖向位置设置的测温点不应少于3处，间距不宜大于1.0m；每个横向位置设置的测温点不应少于4处，间距不应大于10m。

3）竖向剖面的中部区域应设置测温点；竖向剖面周边测温点应布置在基础表面内40~80mm的位置。

4）覆盖养护层底部的测温点宜布置在有代表性的位置，且不应少于2处。

5）环境温度测温点不应少于2处，且应离开基础周边一定的距离。

6）对于基础厚度不大于1.6m、裂缝控制技术措施完善的大体积混凝土可不进行测温。

6. 柱、墙、梁大体积混凝土测温点设置的规定

1）当柱、墙、梁结构实体最小尺寸大于2m，且混凝土强度等级不小于C60时，宜进行测温。

2）测温点宜设置在高度方向上的两个横向剖面中。横向剖面中的中部区域应设置测温点，测温点设置不应少于2处，间距不宜大于1.0m。横向剖面周边的测温点宜设置在距结构表面内40~80mm位置处。

3）环境温度测温点设置不宜少于1处，且应离开浇筑的结构边一定距离。

4）可根据第一次测温结果，完善温度控制技术措施，后续工程可不进行测温。

7. 大体积混凝土测温的规定

1）宜根据每个测温点被混凝土初次覆盖时的温度确定各测点部位混凝土的入模温度。

2）结构内部测温点、结构表面测温点、环境测温点的测温，应与混凝土浇筑、养护过程同步进行。

3）应按测温频率要求及时提供测温报告，测温报告应包含各测温点的温度数据、温度变化曲线、温度变化趋势分析等内容。

4）混凝土结构表面以内40~80mm位置的温度与环境温度的差值小于20℃时，可停止测温。

8. 大体积混凝土测温频率的规定

1）第一天至第四天，每4h不应少于一次。

2）第五天至第七天，每8h不应少于一次。

3）第七天至测温结束，每12h不应少于一次。

3.4.5　混凝土结构施工质量检查

混凝土结构施工质量检查可分为过程控制检查和拆模后的实体质量检查。过程控制检查应在混凝土施工全过程中，按施工段划分和工序安排及时进行；拆模后的实体质量检查应在混凝土表面未做处理和装饰前进行。

1. 混凝土在拌制、浇筑和养护过程中的质量检查

1）首次使用的混凝土配合比应进行开盘鉴定，其原材料、强度、凝结时间、稠度应满足设计配合比的要求。开始生产时应至少留置一组标准养护试件做强度试验，以验证配合比。

2）混凝土组成材料的用量，每工作班至少抽查两次，要求每盘称量偏差在允许范围之内。

3）每工作班混凝土拌制前，应测定砂、石含水量，并根据测试结果调整材料用量，提出施工配合比。

4）混凝土的搅拌时间应随时检查。

5）在施工过程中，应对混凝土运输、浇筑及间歇的全部时间，施工缝和后浇带的位置，养护制度进行检查。

2. 混凝土强度检查

（1）混凝土试块的留置　结构混凝土的强度等级必须满足设计要求。用于检查结构构件混凝土强度的标准养护试件，应在混凝土的浇筑地点随机抽取。试件取样和留置应符合下列规定：

1）每拌制100盘且不超过100m^3的同一配合比混凝土，取样不得少于一次。

2）每工作班拌制的同一配合比的混凝土不足100盘时，取样不得少于一次。

3）每次连续浇筑超过1000m^3时，同一配合比的混凝土每200m^3取样不得少于一次。

4）每一楼层、同一配合比混凝土，取样不得少于一次。

5）每次取样应至少留置一组试件。

（2）混凝土强度的验收评定　混凝土强度应分批进行验收评定。同一检验批的混凝土应由强度等级相同、龄期相同以及产生工艺条件和配合比基本相同的混凝土组成。每一检验批的混凝土强度，应以同批内全部标准试件的强度代表值来评定。每组（3个试块）试块应在同盘混凝土中

取样制作，其强度代表值应符合下列规定：

1）取3个试块试验结果的平均值作为该组试块的强度代表值。

2）当3个试块中的最大值或最小值与中间值之差超过中间值的15%时，取中间值作为该组试块的强度代表值。

3）当3个试块中的最大值和最小值与中间值之差均超过中间值的15%时，该组试块的强度不应作为评定的依据。

根据混凝土的生产情况，其强度验收评定的方法有两种：统计方法评定和非统计方法评定。

1）统计方法评定。当连续生产的混凝土，生产条件在较长时间内保持一致，且同一品种、同一强度等级混凝土的强度变异性保持稳定时，按下面规定评定：

① 一个检验批的样本容量应为连续的3组试块，其强度应同时满足式（3-13）和式（3-14）：

$$m_{f_{cu}} \geqslant f_{cu,k} + 0.7\sigma_0 \tag{3-13}$$

$$f_{cu,min} \geqslant f_{cu,k} - 0.7\sigma_0 \tag{3-14}$$

式中，$m_{f_{cu}}$是同一检验批混凝土立方体抗压强度的平均值（N/mm^2）；$f_{cu,k}$是混凝土立方体抗压强度标准值（N/mm^2）；σ_0是检验批混凝土立方体抗压强度的标准差（N/mm^2），当计算值小于$2.5N/mm^2$时，取$2.5N/mm^2$；$f_{cu,min}$是同一检验批混凝土立方体抗压强度的最小值（N/mm^2）。

检验批混凝土立方体抗压强度的标准差按下式计算：

$$\sigma_0 = \sqrt{\frac{\sum_{i=1}^{n} f_{cu,i}^2 - nm_{f_{cu}}^2}{n-1}} \tag{3-15}$$

式中，$f_{cu,i}$是前一个检验期内同一品种、同一强度等级的第i组混凝土试块的立方体抗压强度代表值（N/mm^2），该检验期不应少于60d，也不得大于90d；n是前一个检验期内的样本容量，在该期间的样本容量不应少于45组。

② 当混凝土强度等级不高于C20时，其强度的最小值还应满足下式要求：

$$f_{cu,min} \geqslant 0.85 f_{cu,k} \tag{3-16}$$

③ 当混凝土强度等级高于C20时，其强度的最小值还应满足下式要求：

$$f_{cu,min} \geqslant 0.90 f_{cu,k} \tag{3-17}$$

④ 当样本容量不少于10组时，其强度应同时满足式（3-18）和式（3-19）：

$$m_{f_{cu}} \geqslant f_{cu,k} + \lambda_1 \cdot S_{f_{cu}} \tag{3-18}$$

$$f_{cu,min} \geqslant \lambda_2 \cdot f_{cu,k} \tag{3-19}$$

式中，$S_{f_{cu}}$是同一检验批混凝土立方体抗压强度的标准差（N/mm^2）；当其计算值小于$2.5N/mm^2$时，应取$2.5N/mm^2$；λ_1，λ_2分别是合格评定系数，按表3-26取用。

同一检验批混凝土立方体抗压强度的标准差应按下式计算：

$$S_{f_{cu}} = \sqrt{\frac{\sum_{i=1}^{n} f_{cu,i}^2 - nm_{f_{cu}}^2}{n-1}} \tag{3-20}$$

式中，n是本检验期内的样本容量。

表3-26 混凝土强度的合格评定系数（统计方法评定）

试块组数/组	10~14	15~19	≥20
λ_1	1.15	1.05	0.95
λ_2	0.90	0.85	

2）非统计方法评定。当零星生产的混凝土，其用于评定的样本容量小于10组时，应采用非

统计方法评定。此时，混凝土强度应同时满足式（3-21）和式（3-22）：

$$m_{f_{cu}} \geqslant \lambda_3 \cdot f_{cu,k} \tag{3-21}$$

$$f_{cu,min} \geqslant \lambda_4 \cdot f_{cu,k} \tag{3-22}$$

式中，λ_3，λ_4是合格评定系数，按表 3-27 取用。

表 3-27　混凝土强度的合格评定系数（非统计方法评定）

混凝土强度等级	<C60	≥C60
λ_3	1.15	1.10
λ_4	0.95	

3. 现浇结构的外观检查

混凝土结构缺陷可分为尺寸偏差缺陷和外观缺陷。尺寸偏差缺陷和外观缺陷可分为一般缺陷和严重缺陷。当混凝土结构尺寸偏差超出规范规定，但尺寸偏差对结构性能和使用功能未构成影响时，应属于一般缺陷；而当尺寸偏差对结构性能和使用功能构成影响时，应属于严重缺陷。

（1）外观缺陷　混凝土现浇结构的外观质量根据缺陷类型和缺陷程度分类，主要外观质量缺陷见表 3-28。

表 3-28　现浇结构主要外观质量缺陷

名称	现象	严重缺陷	一般缺陷
露筋	构件内钢筋未被混凝土包裹而外露	纵向受力钢筋有露筋	其他钢筋有少量露筋
蜂窝	混凝土表面因缺少水泥砂浆而造成石子外露	构件主要受力部位有蜂窝	其他部位有少量蜂窝
孔洞	混凝土中孔穴深度和长度均超过保护层厚度	构件主要受力部位有孔洞	其他部位有少量孔洞
夹渣	混凝土中夹有杂物且深度超过保护层厚度	构件主要受力部位有夹渣	其他部位有少量夹渣
疏松	混凝土中局部不密实	构件主要受力部位有疏松	其他部位有少量疏松
裂缝	缝隙从混凝土表面延伸至混凝土内部	构件主要受力部位有影响结构性能或使用功能的裂缝	其他部位有少量不影响结构性能或使用功能的裂缝
连接部位缺陷	构件连接处混凝土有缺陷及连接钢筋、连接件松动	连接部位有影响结构传力性能的缺陷	连接部位有基本不影响结构传力性能的缺陷
外形缺陷	缺棱掉角、棱角不直、翘曲不平、飞边凸肋等	清水混凝土构件有影响使用功能或装饰效果的外形缺陷	其他混凝土构件有不影响使用功能的外形缺陷
外表缺陷	构件表面麻面、掉皮、起砂、沾污等	具有重要装饰效果的清水混凝土构件有外表缺陷	其他混凝土构件有不影响使用功能的外表缺陷

（2）尺寸偏差缺陷　现浇结构尺寸允许偏差应符合表 3-29 的规定。

表 3-29　现浇结构尺寸允许偏差和检验方法

项目			允许偏差/mm	检验方法
轴线位置	整体基础		15	经纬仪及尺量检查
	独立基础		10	经纬仪及尺量检查
	柱、墙、梁		8	尺量检查
垂直度	柱、墙层高	≤5m	8	经纬仪或吊线、尺量检查
		>5m	10	经纬仪或吊线、尺量检查
	全高（H）		H/1000 且≤30	经纬仪及尺量检查
标高	层高		±10	水准仪或拉线、尺量检查
	全高		±30	水准仪或拉线、尺量检查

（续）

项目		允许偏差/mm	检验方法
截面尺寸		+8，-5	尺量检查
电梯井	中心位置	10	尺量检查
	长、宽尺寸	+25，0	尺量检查
	全高（H）垂直度	H/1000 且≤30	经纬仪及尺量检查
表面平整度		8	2m 靠尺和塞尺检查
预埋件中心位置	预埋板	10	尺量检查
	预埋螺栓	5	尺量检查
	预埋管	5	尺量检查
	其他	10	尺量检查
预留洞、预留孔中心位置		15	尺量检查

注：检查轴线、中心位置时，应沿纵、横两个方向测量，并取其中偏差较大值。

3.4.6 混凝土缺陷修整

施工过程中发现混凝土结构缺陷时，应认真分析缺陷产生的原因。对于严重缺陷，施工单位应制定专项修整方案，方案应经论证审批后再实施，不得擅自处理。清水混凝土的外观严重缺陷，宜在水泥砂浆或细石混凝土修补后用磨光机械磨平。混凝土结构尺寸偏差一般缺陷，可采用装饰修整方法修整。混凝土结构尺寸偏差严重缺陷，应会同设计单位共同制定专项修整方案，结构修整后应重新检查验收。

1）混凝土结构外观一般缺陷修整应符合下列规定：

① 对于露筋、蜂窝、孔洞、夹渣、疏松、外表缺陷，应凿除胶结不牢固部分的混凝土，并清理表面，洒水湿润后应用（1∶2）~（1∶2.5）水泥砂浆抹平。

② 应封闭裂缝。

③ 连接部位缺陷、外形缺陷可与面层装饰施工一并处理。

2）混凝土结构外观严重缺陷修整应符合下列规定：

对于露筋、蜂窝、孔洞、夹渣、疏松、外表缺陷，应凿除胶结不牢固部分的混凝土至密实部位，清理表面，支设模板，洒水湿润，涂抹混凝土界面剂，采用比原混凝土强度等级高一级的细石混凝土浇筑密实，养护时间不应少于 7d。

3）混凝土结构开裂缺陷修整应符合下列规定：

① 对于民用建筑的地下室、卫生间、屋面等接触水介质的构件，均应注浆封闭处理，注浆材料可采用环氧、聚氨酯、氰凝、丙凝等；对于民用建筑不接触水介质的构件，可采用注浆封闭、聚合物砂浆粉刷或其他表面封闭材料进行封闭。

② 对于无腐蚀介质工业建筑的地下室、屋面、卫生间等接触水介质的构件以及有腐蚀介质的所有构件，均应注浆封闭处理，注浆材料可采用环氧、聚氨酯、氰凝、丙凝等；对于无腐蚀介质工业建筑不接触水介质的构件，可采用注浆封闭、聚合物砂浆粉刷或其他表面封闭材料进行封闭。

3.4.7 混凝土冬期施工

根据当地多年气象资料统计，当室外日平均气温连续 5d 稳定低于 5℃时，应采取冬期施工措施；当室外日平均气温连续 5d 稳定高于 5℃时，可解除冬期施工措施。当混凝土未达到受冻临界强度而气温骤降至 0℃以下时，应按冬期施工的要求采取应急防护措施。

1. 混凝土搅拌

1）冬期施工混凝土搅拌前，原材料的预热应符合下列规定：

① 宜加热拌和水。当仅加热拌和水不能满足热工计算要求时，可加热骨料。拌和水与骨料的加热温度可通过热工计算确定，加热温度不应超过表 3-30 的规定；

② 水泥、外加剂、矿物掺合料不得直接加热，应事先于暖棚内预热。

表 3-30　拌和水及骨料最高加热温度　（单位:℃）

水泥强度等级	拌和水	骨料
42.5 以下	80	60
42.5、42.5R 及以上	60	40

2）冬期施工混凝土搅拌应符合下列规定：

① 液体防冻剂使用前应搅拌均匀，由防冻剂溶液带入的水分应从混凝土拌和水中扣除。

② 当采用蒸汽法加热骨料时，应加大对骨料含水量测试频率，并应将由骨料带入的水分从混凝土拌和水中扣除。

③ 混凝土搅拌前应对搅拌机械进行保温或采用蒸汽进行加热，搅拌时间应比常温搅拌时间延长 30~60s。

④ 混凝土搅拌时应先投入骨料与拌和水，预拌后再投入胶凝材料与外加剂。胶凝材料、引气剂或含引气组分的外加剂不得与 60℃以上热水直接接触。

3）混凝土拌合物的出机温度不宜低于 10℃，入模温度不应低于 5℃；对于预拌混凝土或需要远距离输送的混凝土，混凝土拌合物的出机温度可根据运输和输送距离经热工计算确定，但不宜低于 15℃。大体积混凝土的入模温度可根据实际情况适当降低。

2. 混凝土运输

应对混凝土运输、输送机具及泵管采取保温措施。当采用泵送工艺浇筑时，应采用水泥浆或水泥砂浆对泵和泵管进行润滑、预热。混凝土运输、输送与浇筑过程中应进行测温，温度应满足热工计算的要求。

3. 混凝土浇筑

混凝土浇筑前，应清除地基、模板和钢筋上的冰雪和污垢，并应进行覆盖保温。

混凝土分层浇筑时，分层厚度不应小于 400mm。在被上一层混凝土覆盖前，已浇筑层的温度应满足热工计算要求，且不得低于 2℃。

4. 混凝土受冻临界强度

冬期浇筑的混凝土的受冻临界强度应符合下列规定：

1）当采用蓄热法、暖棚法、加热法施工时，采用硅酸盐水泥、普通硅酸盐水泥配制的混凝土，不应低于混凝土强度等级设计值的 30%；采用矿渣硅酸盐水泥、粉煤灰硅酸盐水泥、火山灰质硅酸盐水泥、复合硅酸盐水泥配制的混凝土时，不应低于混凝土强度等级设计值的 40%。

2）当室外最低气温不低于-15℃时，采用综合蓄热法、负温养护法施工的混凝土受冻临界强度不应低于 4.0MPa；当室外最低气温不低于-30℃时，采用负温养护法施工的混凝土受冻临界强度不应低于 5.0MPa。

3）强度等级等于或高于 C50 的混凝土，不宜低于混凝土强度等级设计值的 30%。

4）对有抗冻耐久性要求的混凝土，不宜低于混凝土强度等级设计值的 70%。

5. 混凝土养护

混凝土结构工程冬期施工养护应符合下列规定：

1）当室外最低气温不低于-15℃时，对地面以下的工程或表面系数（表面积/体积）不大于 $5m^{-1}$ 的结构，宜采用蓄热法养护，并应对结构易受冻部位采取加强保温措施。

2）当采用蓄热法不能满足要求时，对表面系数为 $5\sim15m^{-1}$ 的结构，可采用综合蓄热法养护。采用综合蓄热法养护时，混凝土中应掺加具有减水、引气性能的早强剂或早强型外加剂。

3）对于不易保温养护，且对强度增长无具体要求的一般混凝土结构，可采用掺防冻剂的负温养护法进行施工。

4）当1)~3）不能满足施工要求时，可采用暖棚法、蒸汽加热法、电加热法等方法进行养护，但应采取降低能耗的措施。

6. 注意事项

1）冬期施工配制混凝土宜选用硅酸盐水泥或普通硅酸盐水泥。采用蒸汽养护时，宜选用矿渣硅酸盐水泥。

2）冬期施工混凝土的粗、细骨料中，不得含有冰、雪冻块及其他易冻裂物质。

3）冬期施工混凝土用外加剂应符合国家的现行规定。

4）冬期施工混凝土配合比应根据施工期间环境气温、原材料、养护方法、混凝土性能要求等经试验确定，并宜选择较小的水胶比和坍落度。

5）混凝土浇筑后，对裸露表面应采取防风、保湿、保温措施，对边、棱角及易受冻部位应加强保温。在混凝土养护和越冬期间，不得直接对负温混凝土表面浇水养护。

6）模板和保温层应在混凝土达到要求强度，且混凝土表面温度冷却到5℃后再拆除。对墙、板等薄壁结构构件，宜延长模板拆除时间。当混凝土表面温度与环境温度之差大于20℃时，拆模后的混凝土表面应立即进行保温覆盖。

7）当混凝土强度未达到受冻临界强度和设计要求时，应继续进行养护。工程越冬期间，应编制越冬维护方案并进行保温维护。

8）采用加热方法养护现浇混凝土时，应考虑加热产生的温度应力对结构的影响，并应合理安排混凝土浇筑顺序与施工缝留设位置。

思考题

1. 钢筋进场需要验收哪些项目？
2. 钢筋有哪些连接方法，要求是什么？
3. 试述闪光对焊工艺质量检验的内容与要求。
4. 钢筋代换的原则以及方式有哪些？
5. 不同部位的模板拆除前，混凝土强度需要满足哪些条件？
6. 混凝土运输的基本要求有哪些？
7. 混凝土浇筑时有哪些注意事项？
8. 常见的混凝土质量问题有哪些？原因可能是什么？如何对其进行修整？
9. 混凝土冬期施工时，在搅拌、运输、浇筑及养护过程中需要注意哪些问题？

第4章 预应力结构工程

学习目标：了解预应力结构工程的概念、特点、应用、分类和材料；掌握后张法预应力施工的工艺流程、施工设备与要点；掌握先张法预应力施工的工艺流程、施工设备与要点；了解预应力钢结构施工工艺流程和施工设备。

4.1 概述

预应力结构是指在结构承受外荷载之前，预先对其在外荷载作用下的受拉区施加压应力，用于调控结构的应力和变形，以改善结构使用性能的结构形式。目前预应力结构不仅用于混凝土工程中，在钢结构工程中也有应用。在混凝土结构或构件上施加预应力即为预应力混凝土工程施工，在钢结构或构件上施加预应力即为预应力钢结构工程施工。

在荷载作用下，当普通钢筋混凝土构件中受拉钢筋应力为20~30MPa时，其相应的拉应变为$1.0\times10^{-4}\sim1.5\times10^{-4}$，这大致相当于混凝土的极限拉应变，此时受拉混凝土可能会产生裂缝。但在正常使用荷载下，受拉钢筋应力一般在150~200MPa，此时受拉混凝土不仅早已开裂，而且裂缝已开展较大宽度，另外构件的挠度也会比较大。因此，为限制截面裂缝宽度、减小构件挠度，往往需要对普通钢筋混凝土构件施加预应力。

对混凝土构件受拉区施加预应力的方法，一般是通过预应力筋或锚具，将预应力筋的弹性收缩力传递到混凝土构件上，并产生预应力。预应力的作用可部分或全部抵消外荷载产生的拉应力，从而提高结构的抗裂性。对于在使用荷载下出现裂缝的构件，预应力也会起到减小裂缝宽度的作用。

预应力混凝土按施加预应力方式不同可分为先张法预应力混凝土、后张法预应力混凝土和自应力混凝土。按预应力筋的黏结状态不同可分为有黏结预应力混凝土、无黏结预应力混凝土和缓黏结预应力混凝土。按施工方法不同又可分为预制预应力混凝土、现浇预应力混凝土和叠合预应力混凝土等。按预应力筋在体内与体外位置的不同，预应力混凝土可分为体内预应力混凝土与体外预应力混凝土两类。

与非预应力结构相比，预应力结构具有如下特点：改善结构的使用性能，提高结构的耐久性；减小构件截面高度，减轻自重；充分利用高强度钢材；具有良好的裂缝闭合性能与变形恢复性能；提高抗剪承载力；提高抗疲劳强度。此外，虽然预应力混凝土施工要增添专用设备，技术含量高，操作要求严，相应的工程成本高，但在跨度较大的结构中，或在一定范围内代替钢结构使用时，其综合经济效益较好。

因此，预应力结构在世界各国的土木工程领域中得到广泛应用，具有广阔的应用和发展前景。除广泛用于生产屋架、吊车梁、空心板等大中小型预应力混凝土构件外，现已把预应力技术成功地用于多高层建筑、大型桥梁、电视塔、筒仓、水池、大跨度薄壳、水工结构、海洋工程、核电站等工程结构中。另外，预应力技术还可用于结构加固、旧房改造、土坡支护等。

预应力混凝土结构所采用的混凝土应具有高强、轻质和耐久性的性质。一般要求混凝土的强度等级不低于C30，在一些重要预应力混凝土结构中，已开始采用C50~C60的高强混凝土，最高混凝土强度等级已达到C80。随着预应力结构跨径的不断增加，自重也随之增大，结构的承载能力将大部分用于平衡自重。追求更高的强度/自重比是混凝土材料发展的目标之一。此外要求预应力混凝土具有快硬、早强的性质，可尽早施加预应力，加快施工进度，提高设备以及模板的利用率。

近年来，高强度钢材及高强度等级混凝土的出现，不仅促进了预应力混凝土结构的发展，还进一步推动了预应力混凝土施工工艺的成熟和完善。预应力钢结构是发展较快的预应力结构工程的一个分支。在钢结构的承重结构体系中通过张拉钢索等手段引入与荷载应力相反的预应力以改善结构的承重特性与稳定性，调控结构变形，增加结构刚度，减轻自重。

本章主要阐述预应力筋、锚（夹）具、张拉设备、预应力施工工艺等基本内容。

4.2 预应力筋与锚（夹）具

预应力混凝土结构或构件的预应力来自于预应力筋的回弹力，因此对预应力筋的基本要求是高强度，较好的塑性性能、黏结性能，耐腐蚀。目前满足塑性性能要求的钢材极限强度可达1800~2000MPa。近年来，预应力筋和非金属预应力筋有了很大的发展，以碳纤维、纤维增强树脂等为材料的非金属预应力筋开始探索性使用。

预应力筋按材质不同划分为金属预应力筋和非金属预应力筋两类。常用的金属预应力筋可分为高强钢筋（螺纹钢筋、钢棒和钢拉杆等）、钢丝和钢绞线三类，非金属预应力筋主要是指纤维增强复合材料（FRP）预应力筋。

预应力筋又可分为有黏结预应力筋和无黏结预应力筋。有黏结预应力筋是指和混凝土直接黏结的或是在张拉后通过灌浆与混凝土黏结的预应力筋；无黏结预应力筋是指用油脂、塑料等涂包预应力筋后制成的，可以布置在混凝土构件体内或体外，且不能与混凝土黏结的预应力筋，这种预应力筋的拉力只能通过锚具和变向装置传递给混凝土。

预应力钢丝是采用优质高碳钢盘条经酸洗或磷化后冷拔制成的。根据深加工的要求不同，可分为冷拉钢丝、消除应力钢丝、刻痕钢丝等；根据表面形状的不同，可分为光圆钢丝和螺旋肋钢丝等。预应力钢绞线一般是用7根冷拉钢丝在绞线机上以一根钢丝为中心，其余6根钢丝围绕其进行螺旋状绞合，并经消除应力、回火处理制成的。钢绞线的整根破断力大，柔性好，施工方便，是预应力混凝土工程的主要材料。预应力混凝土用高强钢筋中的螺纹钢筋，也称精轧螺纹钢筋，是一种热轧成带有不连续的外螺纹的直条钢筋，可直接用配套的连接器接长和螺母锚固。这种钢筋具有锚固简单、无须冷拉焊接、施工方便等优点。

预应力张拉锚固体系是预应力混凝土结构施工的重要组成部分，完善的预应力张拉锚固体系包括锚具、夹具、连接器及锚下支承系统等。预应力筋用锚具是指在后张法预应力结构或构件中为保持预应力筋的拉力并将其传递到构件或结构上所用的永久性锚固装置。预应力筋用夹具是先张法预应力混凝土构件施工时为保持预应力筋拉力并将其固定在张拉台座（设备）上的临时锚固装置，或在后张法预应力混凝土结构或构件施工时，在张拉千斤顶或设备上夹持预应力筋的临时性锚固装置。连接器是将多段预应力筋连接形成一条完整预应力锚束的装置。锚下支承系统是指与锚具配套的布置在锚固区混凝土中的锚垫板、螺旋筋或钢丝网片等。

锚具按锚固方式不同分为夹片式锚具、支承式锚具、锥锚式锚具和握裹式锚具。夹片式锚具主要有单孔和多孔锚具等；支承式锚具主要有镦头锚具、螺杆锚具等；锥锚式锚具主要有钢质锥形锚具、冷（热）铸锚具等；握裹式锚具主要有挤压锚具、压接锚具、压花锚具等。锚具应具有可靠的锚固能力，并不超过预期的内缩值，此外，锚具还应具有使用安全、构造简单、加工方便、价格低、全部零件互换性好等特点。

先张法施工中钢丝张拉与钢筋张拉均需要用夹具夹持钢筋并临时锚固，后张法有时也需要用夹具临时锚固钢筋。钢丝及钢筋张拉所用夹具不同。夹具本身必须具备自锁和自锚能力。自锁能力即锥销、齿板或楔块打入后不会反弹脱出的能力；自锚能力即预应力筋张拉时能可靠地锚固而不被从夹具中拉出的能力。夹具和工具锚还应具有多次重复使用的性能。

连接器是用于连接预应力筋的装置。此外，还有预应力筋与锚具等组合装配而成的受力单元，如预应力筋-锚具组装件、预应力筋-夹具组装件、预应力筋-连接器组装件等。用于不同预应力筋的连接器有不同的形式。钢绞线束连接器，按使用部位不同可分为锚头连接器与接长连接器。锚头连接器设置在构件端部，用于锚固前端钢绞线束，并连接后段束。锚头连接器的构造如图 4-1 所示，其连接体是一块增大的锚板。锚板中部的锥形孔用于锚固前段束，锚板外周边的槽口用于挂住后段束的挤压头。连接器外包喇叭形白铁护套，并沿连接体外圆绕打包钢条一圈，用打包机打紧钢条固定挤压头。接长连接器设置在孔道的直线区段，用于接长预应力筋。接长连接器与锚头连接器的不同之处是将锚板上的锥形孔改为孔眼，两段钢绞线的端部均用挤压锚具固定。张拉时连接器应有足够的活动空间。接长连接器的构造如图 4-2 所示。精轧螺纹钢筋的连接器用于连接钢筋使之成为一体共同受力，其构造如图 4-3 所示。

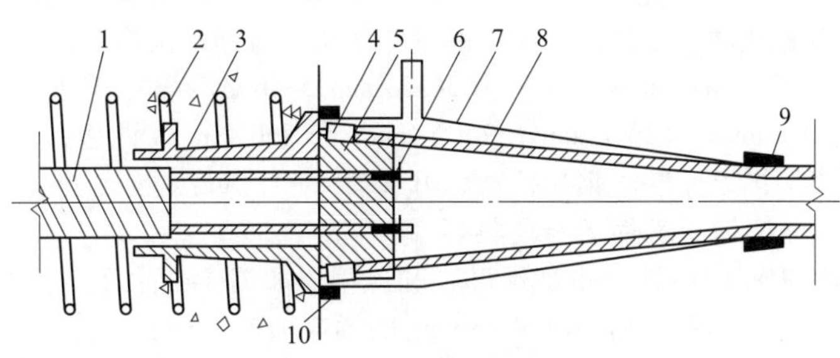

图 4-1　锚头连接器的构造

1—波纹管　2—螺旋筋　3—铸铁喇叭管　4—挤压锚具　5—连接体
6—夹片　7—白铁护套　8—钢绞线　9—钢环　10—打包钢条

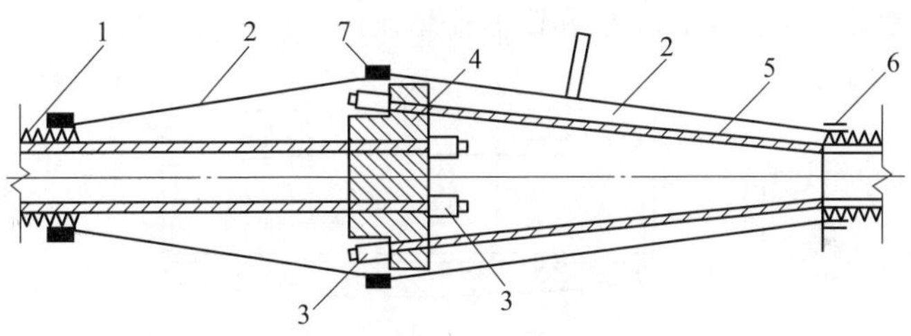

图 4-2　接长连接器的构造

1—波纹管　2—白铁护套　3—挤压锚具　4—锚板
5—钢绞线　6—钢环　7—打包钢条

4.2.1　钢筋及其锚具

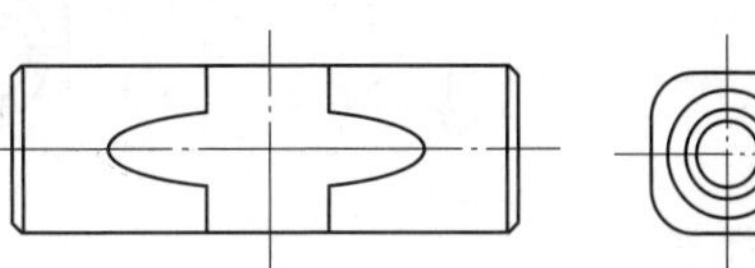

图 4-3　精轧螺纹钢筋连接器构造图

1. 预应力筋

（1）预应力混凝土用螺纹钢筋　预应力混凝土用螺纹钢筋，也称精轧螺纹钢筋，是一种用热轧方法在整根钢筋表面上轧出不带纵肋而横肋为不连续的梯形螺纹的直条钢筋。该钢筋强度较高，可直接用配套的连接器接长和螺母锚固，无须冷拉焊接，施工方便，主要作为中等跨度的变截面连续梁桥和系杆拱桥的竖向预应力束，以及其他构件的直线预应力筋。预应力混凝土用螺纹钢筋表面热轧成不连续的外螺纹，可用带有内螺纹的套筒连接或螺母锚固，其直径有 18mm、25mm、32mm、40mm 和 50mm 五种，常用直径为 25mm 和 32mm；屈服强度分为 785N/mm^2、830N/mm^2、930N/mm^2 和 1080N/mm^2 四级；抗拉强度分为 980N/mm^2、1030N/mm^2、1080N/mm^2 和 1230N/mm^2 四级；最大力下总伸长率为 3.5%；断后伸长率为 6%～7%；1000h 后应力松弛率≤3%。其质量检验可参照国家标准《预应力混凝土用螺纹钢筋》（GB/T 20065）执行。

（2）预应力混凝土用钢棒　预应力混凝土用钢棒是由低合金钢盘条热轧而成的，其横截面形式有光圆、螺旋槽、螺旋肋和带肋等几种，主要用于先张法构件。预应力混凝土用钢棒直径为 6~16mm；其抗拉强度分为 1080N/mm^2、1230N/mm^2、1420N/mm^2 和 1570N/mm^2 四级，规定非比例延伸强度分别不小于 930N/mm^2、1080N/mm^2、1230N/mm^2 和 1420N/mm^2 四级；最大力下总伸长率为 2.5%~3.5%；断后伸长率为 5%~7%；松弛率为 4.5%（低松弛）~9.0%（普通松弛）；直径小于或等于 10mm 的光圆和螺旋肋钢棒在规定弯曲半径反复弯曲 180°时的次数不少于 4 次，小于 16mm 的光圆和螺旋肋钢棒在弯心直径为 10 倍钢棒公称直径时弯曲 160°~180°后弯曲处无裂纹，其质量检验可参照国家标准《预应力混凝土用钢棒》（GB/T 5223.3）执行。

（3）钢拉杆　钢拉杆的杆体是由碳素结构钢、优质碳素结构钢、低合金高强度结构钢和合金结构钢等材料构成的光圆钢棒，主要应用于大跨度空间预应力钢结构等领域。

钢拉杆直径为 20~210mm；屈服强度分为 345N/mm^2、460N/mm^2、550N/mm^2 和 650N/mm^2 四级；抗拉强度分为 470N/mm^2、610N/mm^2、750N/mm^2 和 850N/mm^2 四级；断后伸长率为 15%~21%。其质量检验可参照国家标准《钢拉杆》（GB/T 20934）执行。

2. 预应力混凝土螺纹钢筋用锚具和连接器

预应力混凝土螺纹钢筋用锚具（也称螺母）和连接器如图 4-4 所示，锚具由螺丝端杆（简称螺杆）、螺母和垫板三部分组成，适用于 18~36mm 的预应力筋，锚具长度一般为 320mm，当为一端张拉或预应力筋的长度较长时，螺杆的长度应增加 30~50mm。预应力混凝土螺纹钢筋的外形为无纵肋而横肋不相连的螺扣，螺母与连接器的内螺纹应匹配，防止钢筋从中拉脱。

螺母分为平面螺母和锥形螺母两种。锥形螺母可通过锥体与锥形孔的配合，保证预应力筋正确对中。开缝的作用是增强螺母对预应力筋的夹持作用。螺母材料采用 45 钢，调质热处理硬度为 220~253HBW，垫板也相应分为平面垫板和锥形孔垫板。

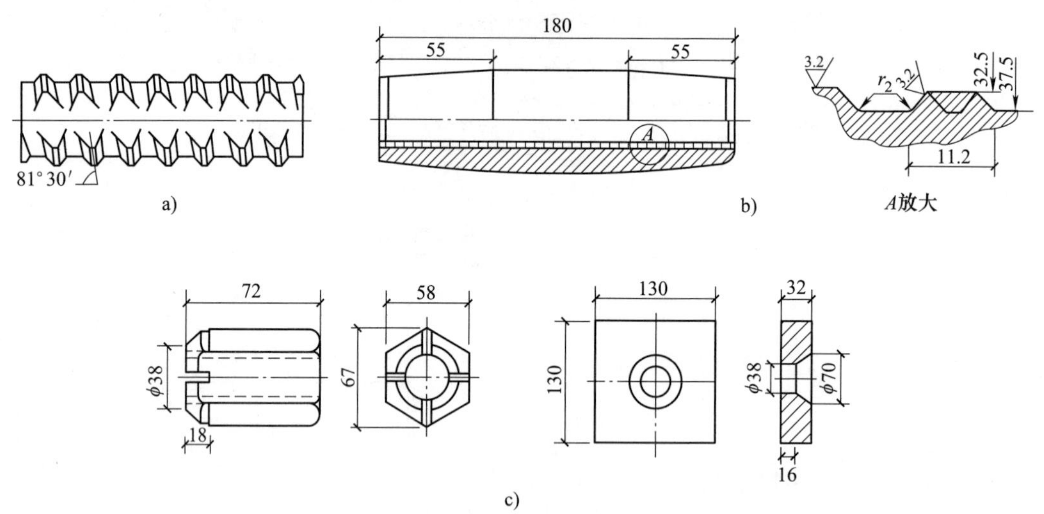

图 4-4　精轧螺纹钢筋锚具与连接器

a）精轧螺纹钢筋外形　b）连接器　c）锥形螺母与垫板

3. 钢拉杆锚具

钢拉杆锚具是一个组装件（图 4-5），由两端耳板、拉杆钢棒、调节套筒、锥形锁紧螺母等组成。耳板与结构支承点连接，调节套筒既是连接器又是锚具，内有正反牙。钢拉杆张拉时，收紧调节套筒，使钢拉杆建立预应力。

4. 钢筋夹具

钢筋锚固时多用螺母锚具、镦头锚具和销片夹具等。张拉时可用连接器与螺母锚具连接，或

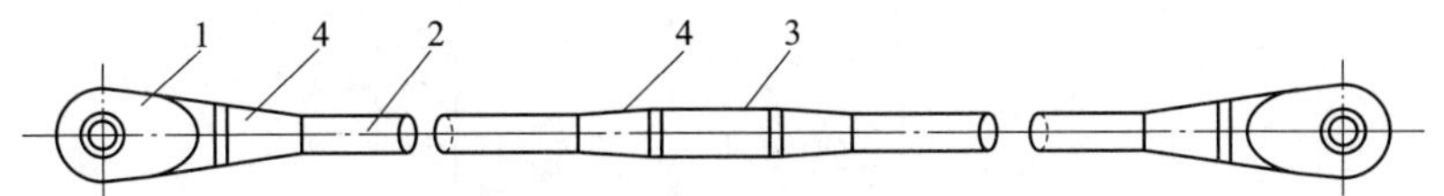

图 4-5　钢拉杆组装件
1—耳板　2—拉杆钢棒　3—调节套筒　4—锥形锁紧螺母

用销片夹具等。销片夹具由圆套筒和圆锥形销片组成，套筒内壁呈圆锥形，与销片锥度吻合，销片有两片式（图 4-6）和三片式，钢筋就夹紧在销片的凹槽内。

先张法用夹具除应具备静荷载锚固性能外，还应具备下列性能：在预应力夹具组装件达到实际破断拉力时，全部组装件均不得出现裂缝和破坏；应有良好的自锚性能；应有良好的放松性能。需大力敲击才能松开的夹具，必须证明其对预应力筋的锚固无影响，且对操作人员安全不构成威胁。

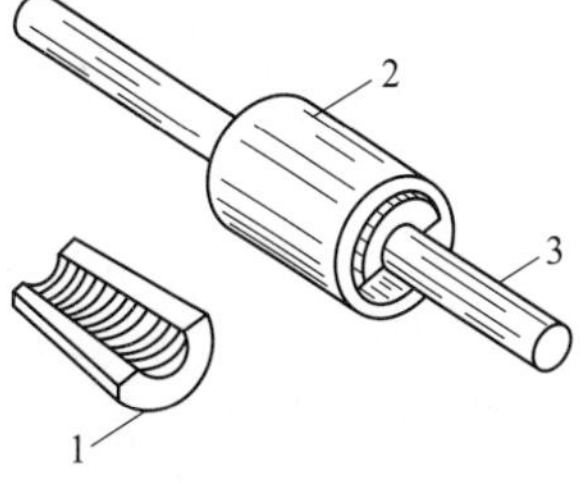

图 4-6　两片式销片夹具
1—销片　2—套筒　3—预应力筋

4.2.2　钢丝及其锚具

1. 预应力钢丝

预应力钢丝也称高强钢丝，具有强度高、综合性能好、用途广的特点。

预应力钢丝主要品种有冷拉钢丝和消除应力钢丝两类。冷拉钢丝是采用优质高碳钢盘条多次通过拔丝模冷拔而成的钢丝，仅用于压力管道；消除应力钢丝是对冷拉钢丝继续进行稳定化处理而成的低松弛钢丝。稳定化处理是指将承受 40%～50%公称抗拉强度的轴向拉力的冷拉钢丝进行 350～400℃的短时回火处理。消除应力钢丝消除了钢丝冷拔过程中产生的残余应力，大大降低应力松弛率，提高了钢丝的抗拉强度、屈服强度和弹性模量并改善塑性，同时具有良好的伸直性。我们常说的预应力钢丝指的就是消除应力钢丝。

预应力钢丝公称直径为 4.0～12.0mm；公称抗拉强度分为 1470N/mm^2、1570N/mm^2、1670N/mm^2、1770N/mm^2 和 1860N/mm^2 五级；其最大力下总伸长率不小于 3.5%（标距 200mm）；比例极限一般不小于抗拉强度的 80%；规定非比例延伸力（名义屈服拉力）应不小于最大拉力的 88%；反复弯曲次数不少于 3 次；弹性模量值取（205±10）GPa。目前最常用的是公称直径为 5.00mm、抗拉强度为 1860N/mm^2 的预应力光圆钢丝。预应力钢丝的技术指标可参照国家标准《预应力混凝土用钢丝》（GB/T 5223）。

在先张法预应力混凝土构件中，为了增强钢丝与混凝土的握裹力，预应力钢丝的表面应加工成具有规则间隔肋条的螺旋肋或具有规则间隔压痕的刻痕。

在桥梁或房屋预应力钢结构的拉索中，为提高预应力钢丝的防腐性，可将钢丝加工成热镀锌钢丝，每平方米镀层的质量一般不小于 300g，强度级别比非镀锌的低一个等级。

2. 钢质锥形锚具

钢质锥形锚具由锚环和锚塞组成，如图 4-7 所示，用于锚固钢丝束。锚环采用 45 钢，锥度约为 5°，调质热处理硬度为 251～283HBW。锚塞也采用 45 钢，与锚环的锥度一致，表面刻有细齿，夹紧钢丝防止滑动，热处理硬度为 55～60HRC。

钢制锥形锚具的尺寸较小，便于分散布置。缺点是易产生单根滑丝现象，钢丝回缩量较大，所引起的应力损失也大，并且滑丝后无法重新张拉和接长，应力损失很难补救。此外，钢丝锚固时呈辐射状，弯折处受力较大。

为防止预应力钢丝在锚具内卡伤或卡断，锚环两端出口处必须有倒角，锚塞小头还应有 5mm 无齿段。钢质锥形锚具适用于锚固 12Φ^P～24Φ^P5 钢丝束。

钢制锥形锚具应满足自锁和自锚条件。自锁就是使锚塞在顶压后不致弹回脱出，如图 4-8a 所

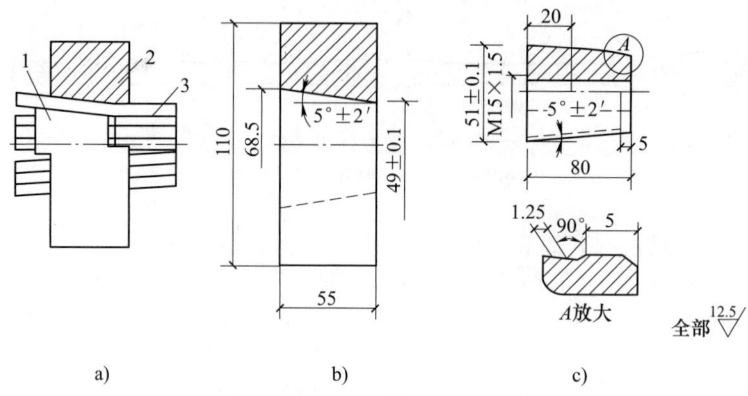

图 4-7　钢质锥形锚具

a）组装图　b）锚环　c）锚塞

1—锚塞　2—锚环　3—钢丝束

示。取锚塞为脱离体，自锁条件为

$$N\sin\alpha < \mu_1 \cdot N\cos\alpha$$

整理得

$$\tan\alpha \leqslant \mu_1 \tag{4-1}$$

式中，α 是锥角（°）；μ_1 是锚塞与钢丝间的摩擦系数；N 是正压力（N）。

一般情况下，α 值较小，锚塞的自锁易满足。

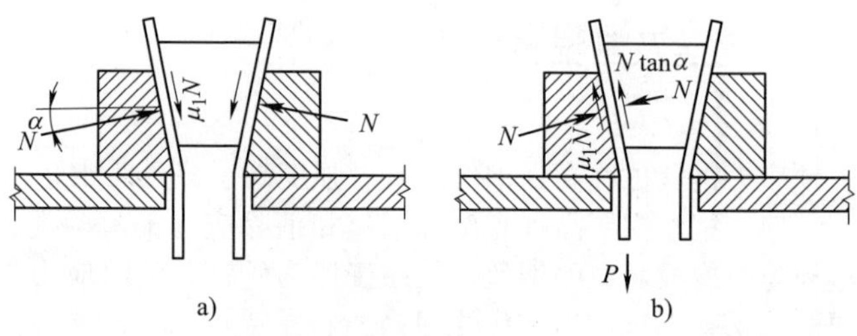

图 4-8　钢质锥形锚具受力分析

a）锚具自锁　b）锚具自锚

自锚就是使钢丝在拉力作用下带着锚塞楔紧而不发生滑移，如图 4-8b 所示。取钢丝为脱离体，略去钢丝在锚环口处角度变化，平衡条件为

$$P = \mu_2 N + N\tan\alpha$$

阻止钢丝滑动的最大阻力 F_{max} 为

$$F_{max} = \mu_1 N + \mu_2 N$$

自锚系数 K 为

$$K = \frac{F_{max}}{P} = \frac{\mu_1 N + \mu_2 N}{\mu_2 N + N\tan\alpha} = \frac{\mu_1 + \mu_2}{\mu_2 + \tan\alpha} \geqslant 1 \tag{4-2}$$

式中，P 是钢丝拉力（N）；μ_2 是钢丝与锚环间的摩擦系数。

从式（4-2）可知，当 α 、μ_2 值减小，μ_1 值越大，则 K 值越大，自锚性能越好。但 α 值也不宜过小，否则锚环承受的环向张力过大，易导致锚具失效。

钢质锥形锚具一般用锥锚式三作用千斤顶进行张拉。使用时，应保证锚环孔中心、预留孔道中心和千斤顶轴线三者同心，以防止压伤钢丝或造成断丝。锚塞的预压力宜为张拉力的 50%~60%。

3. 锥形螺杆锚具

锥形螺杆锚具用于锚固 14~28 根直径为 5mm 的钢丝束，由锥形螺杆、套筒、螺母等组成（图 4-9）。锥形螺杆锚具与 YL-60、YL-90 拉杆式千斤顶配套使用，也可与

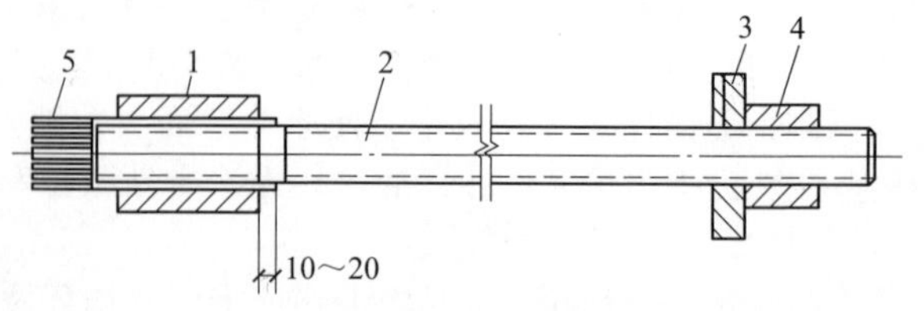

图 4-9　锥形螺杆锚具

1—套筒　2—锥形螺杆　3—垫板　4—螺母　5—钢丝束

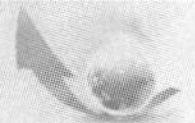

YC-60、YC-90 穿心式千斤顶配套使用。

4. 镦头锚具

镦头锚具是利用钢丝两端的镦粗头来锚固预应力钢丝的一种锚具。镦头锚具加工简单，张拉方便，锚固可靠，成本较低，但对钢丝束的等长要求较严，否则在张拉时会因各钢丝受力不均匀而发生断丝现象。镦头锚具可根据张拉力大小和使用条件设计成多种形式和规格，能锚固任意根数的钢丝。

镦头锚具的工作原理是将预应力筋穿过锚环的蜂窝眼后，用专门的镦头机将钢筋或钢丝的端头镦粗，将镦粗头的预应力束直接锚固在锚环上，待千斤顶拉杆旋入锚环内螺纹后即可进行张拉，当锚环带动钢筋或钢丝伸长到设计值时，将螺母沿锚环外的螺纹旋紧顶在构件表面，螺母通过支承垫板将预压力传到混凝土上。

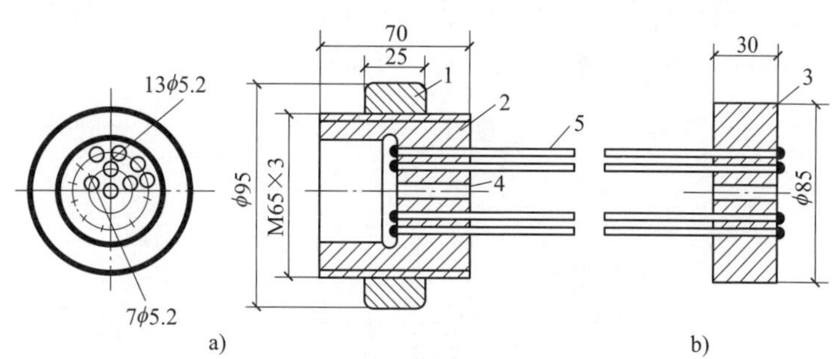

图 4-10　镦头锚具

a）张拉端锚杯与螺母　b）固定端锚板

1—螺母　2—锚杯　3—锚板　4—排气孔　5—钢丝

常用的镦头锚具有锚杯、螺母（张拉端用）、锚板（固定端用），如图 4-10 所示。锚具采用 45 钢，锚杯与锚板调质热处理硬度为 251 ~ 283HBW。锚杯底部（锚板）的锚孔沿圆周分布，锚孔间距：对于$\Phi^{P}5$钢丝，大于或等于 8mm；对于$\Phi^{P}7$ 钢丝，大于或等于 11mm。

多孔锚板的受力情况比较复杂。从试验情况看危险截面发生在沿最外圈钢丝孔洞的圆柱截面上，主要是剪切破坏。锚板的厚度 H_0 可按下式近似计算：

$$H_0 \geqslant \frac{N-0.5N_n}{\tau(\pi d_n - md)} \tag{4-3}$$

式中，N 是镦头锚具的设计拉力（N），$N=f_{ptk}A_p$，其中，f_{ptk} 为钢丝抗拉强度标准值（N/mm^2），A_p 为钢丝的总截面面积（mm^2）；N_n 是最外圈钢丝拉力（N）；d_n 是最外圈钢丝排列的直径（mm）；m 是最外圈钢丝的根数（根）；d 是锚孔直径（mm）；τ 是抗剪容许应力（N/mm^2），$\tau=0.7f_y$。

钢丝镦头可采用液压冷镦器（图 4-11）。镦头器型号、镦头压力与镦头尺寸见表 4-1。镦头的头型直径不宜小于钢丝直径的 1.5 倍，高度不宜小于钢丝直径；头形圆整，不偏歪，镦头的头部不应出现横向裂纹，颈部母材不受损伤。

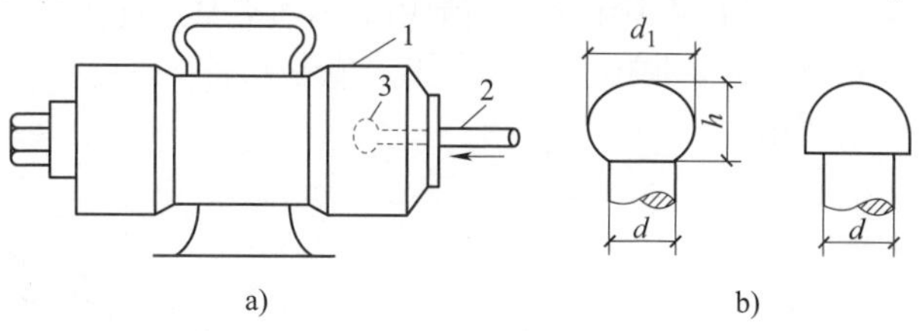

图 4-11　钢丝镦头

a）液压冷镦器　b）头型

1—冷镦器　2—钢丝　3—镦头

表 4-1　镦头器型号、镦头压力与镦头尺寸

钢丝直径 d/mm	镦头器型号	镦头压力/（N/mm^2）	镦头尺寸/mm	
			d_1	h
5	LD-10	32~36	≥1.5d	≥d
7	LD-20	40~43		

钢丝通过冷镦后理论上应与原钢丝等强，但限于镦头设备与操作条件，镦头强度可能会稍低

于原钢丝强度。《混凝土结构工程施工质量验收规范》（GB 50204）规定："镦头强度不得低于钢丝强度标准值的98%"。

镦头锚具用 YC-60 穿心式千斤顶或拉杆式千斤顶张拉。

5. 冷（热）铸锚

斜拉桥索以及预应力钢结构工程中的拉索，由多根镀锌钢丝组成索段，其端部的锚固方式通常有以下两种：

1）将钢丝索股插入锥形套筒，钢丝插入分丝板并镦头，以增大单根钢丝的抗滑移阻力。在套筒锥形空腔内部用环氧钢砂等冷铸材料填充，形成冷铸锚（图 4-12a）。

2）将钢丝索股插入锥形套筒并散开略弯折，在锥形套筒的空腔中浇铸锌铜合金，浇铸温度控制在 460℃以下，形成热铸锚（图 4-12b）。

冷（热）铸锚套筒的锥度 β 一般符合 $\tan\beta = \frac{1}{12} \sim \frac{1}{8}$ 的条件。对冷铸锚取小值，对热铸锚取大值。

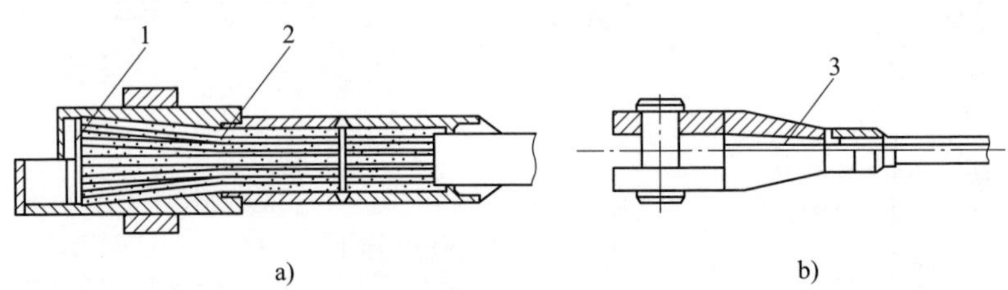

图 4-12　冷（热）铸锚

a）冷铸锚　b）热铸锚

1—分丝板　2—环氧钢砂　3—锌铜合金

6. 钢丝的夹具

先张法中钢丝的夹具分两类：一类是将预应力筋锚固在台座或钢模上的锚固夹具；另一类是张拉时夹持预应力筋用的夹具。锚固夹具与张拉夹具都是重复使用的工具。夹具的种类繁多，图 4-13 和图 4-14 所示为一些常用的钢丝夹具。此类夹具主要用于直径较小、抗拉强度较低的钢丝或者钢筋，随着张拉应力的增加，预应力筋直径减小，目前已较少使用，主要在部分钢筋冷拉环节有所使用。

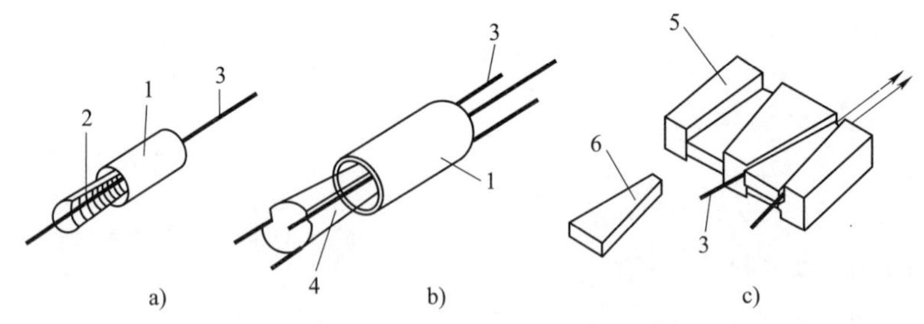

图 4-13　钢丝用锚固夹具

a）圆锥齿板式　b）圆锥槽式　c）楔形

1—套筒　2—齿板　3—钢丝　4—锥塞　5—锚板　6—楔块

4.2.3　钢绞线及其锚具

1. 钢绞线

钢绞线是用多根冷拉钢丝在绞线机上捻制，并连续进行稳定化处理而成的低松弛钢绞线。钢

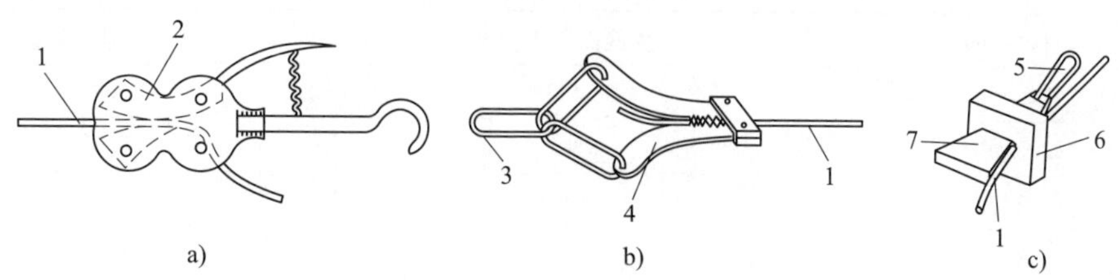

图 4-14　钢丝用张拉夹具

a）钳式　b）偏心式　c）楔形

1—钢丝　2—钳齿　3—拉钩　4—偏心齿条　5—拉环　6—锚板　7—楔块

绞线的强度高（极限抗拉强度为 1570~1960MPa），柔性较好，施工方便，应用极为广泛。对于钢绞线的捻向，国家标准规定为左捻，捻距为钢绞线公称直径的 12~16 倍。钢绞线按结构不同可分为 1×2、1×3、1×7、1×19（图 4-15）；按抗拉强度不同可分为 1470N/mm^2、1570N/mm^2、1670N/mm^2、1860N/mm^2 等级别，最高可达 1960N/mm^2；比例极限不小于抗拉强度的 80%；规定非比例延伸力应在整根钢绞线实际最大拉力的 88%~95%范围内。

1×7 钢绞线是由 6 根外层钢丝围绕一根中心钢丝（直径增加量大于或等于 2.5%）绞缠而成。其面积较大、柔软、施工定位方便，适用于先张法和后张法预应力结构与构件，是目前国内外应用最多的一种钢绞线。1×19 钢绞线是由外层 2 圈各 9 根钢丝围绕一根中心钢丝绞缠而成，或由最外层 12 根、次层 6 根钢丝围绕一根中心钢丝绞缠而成（图 4-15e），直径为 17.8~28.6mm。1×19 钢绞线用于制作缓黏结预应力筋较为理想。

1×2 钢绞线直径为 5.00~12.00mm；1×3 钢绞线直径为 6.20~12.90mm；1×2 和 1×3 钢绞线主要应用于先张法预应力混凝土构件。为增加钢丝与混凝土的握裹力，还可以用 3 根刻痕钢丝捻制成的 1×3 刻痕钢绞线和外周用 6 根刻痕钢丝捻制成的 1×7 刻痕钢绞线。

(1×7)C 模拔钢绞线是 7 根钢丝捻制后又经模拔的钢绞线（图 4-15f）。模拔钢绞线内各根钢丝间为面接触，使钢绞线的密度提高约 18%。在相同公称直径 D 的情况下，该钢绞线的公称横截面面积增大，承载能力提高约 15%，且钢绞线表面与锚具夹片的接触面增大，易于锚固。

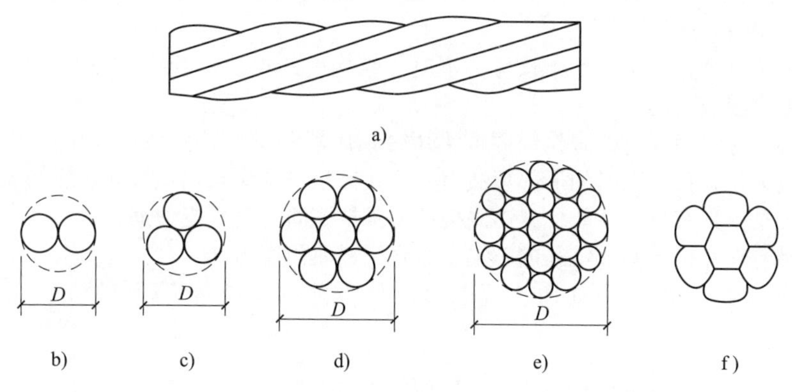

图 4-15　钢绞线

a）钢绞线外形　b）1×2　c）1×3　d）1×7　e）1×19　f）(1×7) C 模拔钢绞线

直径为 15.2mm、抗拉强度为 1860N/mm^2 的 1×7 钢绞线，是后张法预应力工程中最常用的钢绞线。部分 1×7 钢绞线公称截面面积与理论质量参见表 4-2，钢绞线的质量检验可参照国家标准《预应力混凝土用钢绞线》（GB/T 5224）执行。

表 4-2　1×7 钢绞线的公称截面面积与理论质量

公称直径/mm	公称截面面积/mm^2	理论质量/(kg/m)
9.5	54.8	0.430
12.7	98.7	0.775
15.2	140.0	1.101
17.8	191.0	1.500
21.6	285.0	2.237

整根钢绞线的破断力大，柔性好，施工方便，是预应力工程的主要材料。为了提高钢绞线的耐腐蚀性，需对其进行涂层处理，根据涂层不同分为镀锌钢绞线和环氧涂层钢绞线。

钢绞线根据加工要求不同可分为标准型、刻痕和模拔等形式。标准型钢绞线由冷拉光圆钢丝捻制而成，是常用的低松弛钢绞线，其力学性能优异、质量稳定、价格适中，是用途最广、用量最大的一种预应力筋。刻痕钢绞线由刻痕钢丝捻制而成，与混凝土的握裹力强，其力学性能与低松弛钢绞线相同。模拔钢绞线是捻制成型后，再经模拔处理制成的。钢绞线的钢丝在模拔时被挤压，各钢丝通过面接触，使钢绞线的密度提高约 18%，在相同截面面积的情况下，其外径更小，可减小所需孔道直径，或在相同直径径孔道内可增加钢绞线的数量，且与锚具的接触面较大，锚固效率高。

2. 单孔夹片锚具

单孔夹片锚具由锚环和夹片组成，如图 4-16 所示。锚环的锥角约为 7°，采用 45 钢或 20Cr 钢，调质热处理硬度不应小于 225HBW（或 20HRC）。夹片有三片式与二片式两种，三片式夹片按 120°铣分，二片式夹片的背面有一条弹性槽，以提高锚固性能。夹片的齿形为锯齿形细齿。为了使夹片达到齿芯软、齿面硬，采用 20Cr 钢，化学热处理表面硬度不应小于 57HRC（或 79.5HRA）。

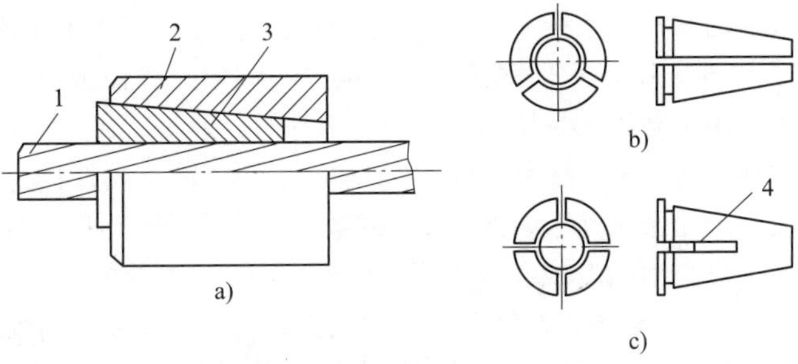

图 4-16　单孔夹片式锚具

a）组装图　b）三夹片　c）二夹片

1—钢绞线　2—锚环　3—夹片　4—弹性槽

单孔夹片式锚具主要用于无黏结预应力混凝土结构中的单根钢绞线的锚固，也可用作先张法构件中锚固单根钢绞线的夹具。

单孔夹片锚具应采用限位器张拉锚固或采用带顶压器的千斤顶张拉后顶压锚固。为使混凝土构件能承受预应力筋张拉锚固时的局部承载力，单孔夹片锚具应与锚垫板和螺旋筋配套使用。

单孔夹片锚具应具有自锚性能，其锚固机理为张拉锚固时，预应力筋在拉力的作用下带着夹片进入锚环锥孔内越锚越紧直至锚住预应力筋。

单孔夹片锚具的受力分析如图 4-17 所示。取夹片为脱离体（三夹片），得

$$H\tan(\alpha+\beta)=\frac{P}{3}N=H$$

自锚条件为

$$N\tan\varphi \geqslant \frac{P}{3}$$

整理得

$$\tan\varphi \geqslant \tan(\alpha+\beta) \tag{4-4}$$

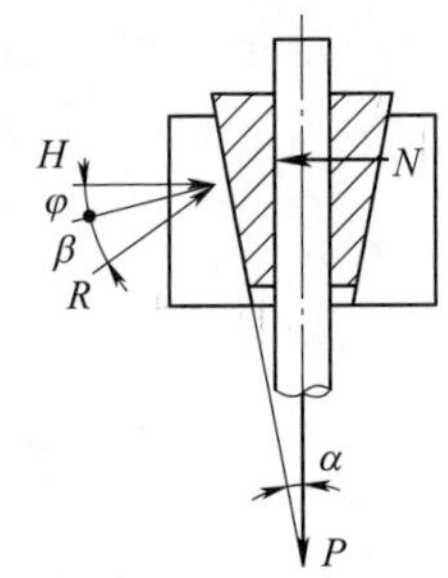

图 4-17　单孔夹片式锚具受力分析

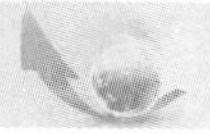

式中，α 是锥角（°）；φ 是夹片与钢绞线之间的摩擦角（°）；β 是夹片与锚环之间的摩擦角（°）。

为了提高锚固性能，φ 应尽量增大，β 应适当减小，α 取小值。

单孔夹片锚具应具有连续反复张拉的功能，利用行程不大的千斤顶经多次张拉锚固后，可张拉任意长度的预应力筋。

单孔夹片锚具用作先张法夹具时，锚环表面硬度不应小于 251HBW（或 25HRC），夹片表面硬度不应小于 81HRA。在夹片与锚环之间垫塑料薄膜或涂石墨、石蜡等，以便张拉后容易松开锚具重复使用。

3. 多孔夹片锚具

多孔夹片锚具也称群锚，由多孔的锚板（图 4-18）与夹片（图 4-16b、c）组成。在每个锥形孔内安装一副夹片，夹持一根钢绞线。这种锚具的优点是：每束钢绞线的根数不受限制；任何一根钢绞线锚固失效，都不会引起整束预应力筋锚固失效。多孔夹片锚具在有黏结后张法预应力混凝土结构中应用最广。

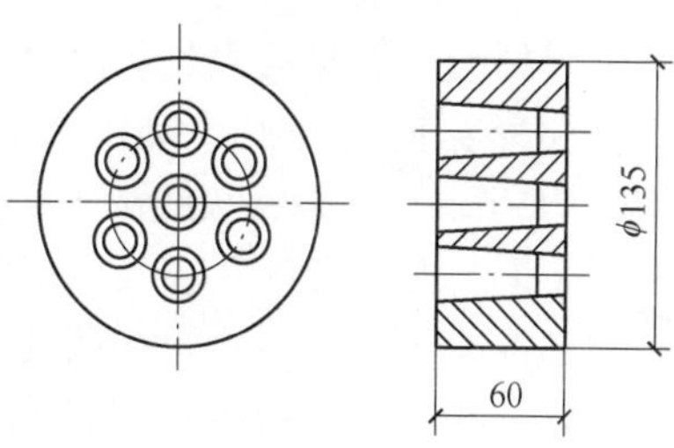

图 4-18　7 孔夹片锚具

锚板的材料及锚孔的布置与单孔夹片锚具的锚环相同。锚孔沿圆周排列，其间距：对于直径为 15.20mm 的钢绞线，间距大于或等于 33mm，对于直径为 12.70mm 的钢绞线，间距大于或等于 30mm。锚孔可做成直孔或倾角为 1∶20 的斜孔，前者加工方便，但锚口有摩擦损失（也称锚口损失），后者张拉后须顶压。多孔锚与单孔锚的夹片可通用。

为使混凝土构件能承受预应力筋张拉锚固时的局部承载力，多孔夹片锚具应与锚垫板和螺旋筋配套使用，用于预应力钢结构时，端部应进行局部承压验算。

对于多孔夹片锚具，应采用相应吨位的千斤顶整束张拉，只有在特殊情况下，才可采用小吨位千斤顶逐根张拉锚固。

为降低梁的高度，有时采用扁形锚具，与之对应的留孔材料采用扁形波纹管，常用来锚固 2~5 根钢绞线。

4. 挤压锚具

挤压锚具是利用液压挤压机将套筒挤紧在钢绞线端头上的一种锚具，如图 4-19 所示。套筒采用 45 钢，套筒内衬有在挤压力下极易脆断的异形钢丝衬圈。锚具下设有锚垫板与螺旋筋。这种锚具适用于构件端部的设计应力较大或端部尺寸受到限制的情况。

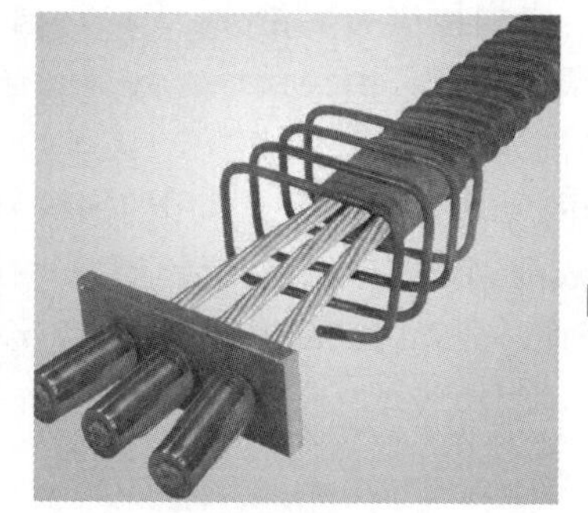
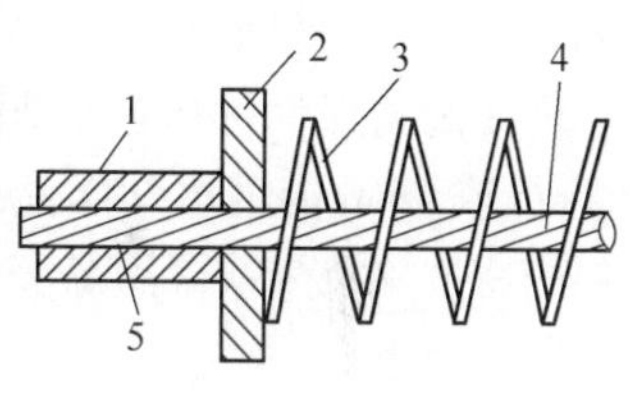

a)

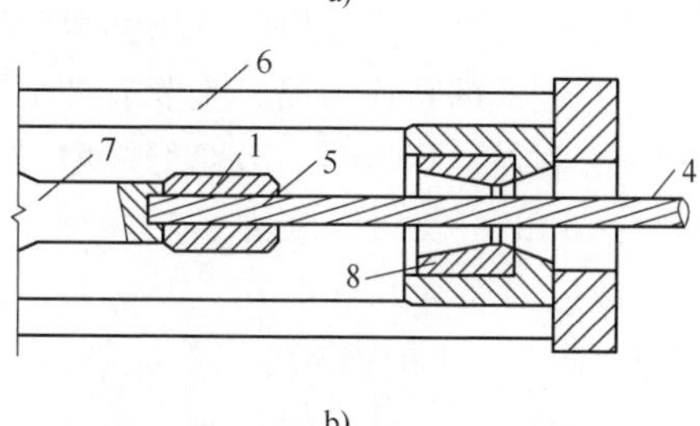

b)

图 4-19　挤压锚具及其成型工艺

a）挤压锚具　b）成型工艺

1—挤压套筒　2—锚垫板　3—螺旋筋　4—钢绞线　5—异形钢丝衬圈　6—挤压机机架　7—活塞杆　8—挤压模

挤压锚具组装时，挤压机的活塞杆推动挤压套筒通过喇叭形挤压模，使挤压套筒受挤压变细，异形钢丝衬圈脆断，咬入钢绞线表面夹紧钢绞线，形成挤压头。挤压机的工作推力应符合有关技术规定，常为 350~400kN。挤压后钢绞线外端露出挤压套筒不应少于 1.0mm。

异形钢丝衬圈脆断后，一半嵌入挤压套筒，一半压入钢绞线，从而增加挤压套筒与钢绞线之间的机械咬合力和摩阻力，挤压套筒与钢绞线之间没有任何空隙，紧紧夹住。挤压锚具的锚固性能可靠，适宜用于内埋式固定端，也可安装在结构之外，对有黏结钢绞线预应力筋和无黏结钢绞线预应力筋都适用，应用范围较广。

5. 压花锚具

压花锚具是利用液压压花机将钢绞线端头压成梨形散花状的一种握裹锚具，仅适用于固定端空间较大且有足够黏结长度的情况，成本较低。梨形头的尺寸对于 ϕ15 钢绞线不小于 ϕ95mm×150mm。多根钢绞线梨形头应分排埋置在混凝土内。为提高压花锚具四周混凝土及散花头根部混凝土抗裂强度，在散花头的头部配置构造筋，在散花头的根部配置螺旋筋，压花锚距构件截面边缘不小于 30cm。第一排压花锚的锚固长度，对于 ϕ15 钢绞线不小于 95cm，每排相隔至少 30cm。多根钢绞线压花锚具如图 4-20 所示。

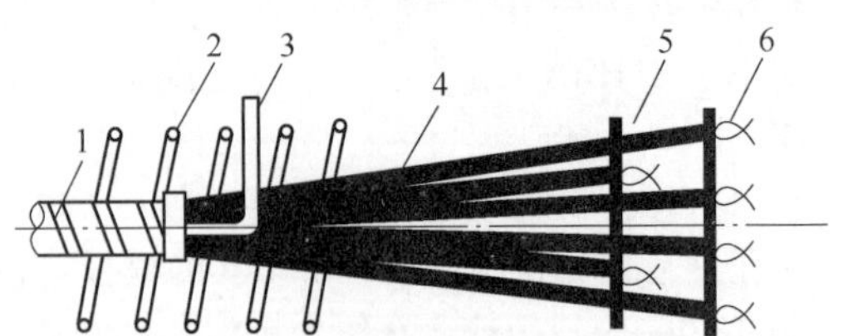

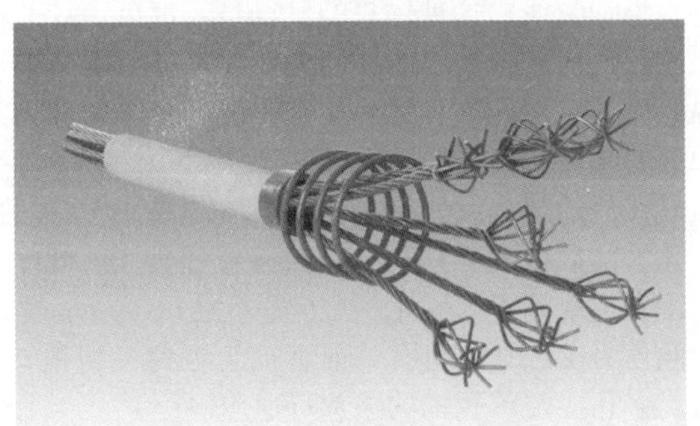

图 4-20 多根钢绞线压花锚具

1—波纹管 2—螺旋筋 3—灌浆管 4—钢绞线 5—构造筋 6—压花锚

6. 无黏结预应力筋

无黏结预应力筋是一种在施加预应力后沿全长与周围混凝土不黏结的预应力筋，由预应力钢材、涂层和包裹层组成（图 4-21）。无黏结预应力筋的高强钢材和有黏结的要求完全一样，常用的钢材为 7 根直径 5mm 的碳素钢丝束及由 7 根 5mm 或 4mm 的钢丝绞合而成的钢绞线。无黏结预应力筋的制作，通常采用一次挤塑成型工艺，外包高密度聚乙烯或聚丙烯套管，套管内涂防腐建筑油脂，经挤压成型，塑料包裹层裹覆在钢绞线或钢丝束上。

4.2.4 非金属预应力筋

非金属预应力筋主要是指用纤维增强复合材料（FRP）制成的预应力筋，主要有玻璃纤维增强复合材料（GFRP）、芳纶纤维增强复合材料（AFRP）及碳纤维增强复合材料（CFRP）预应力筋等几种形式。但由于玻璃纤维强度偏低，且容易发生徐变断裂，不宜作为预应力筋，因此非金属预应力筋宜采用碳纤维筋和芳纶纤维筋。常用的纤维筋应满足表 4-3 的力学性能要求：

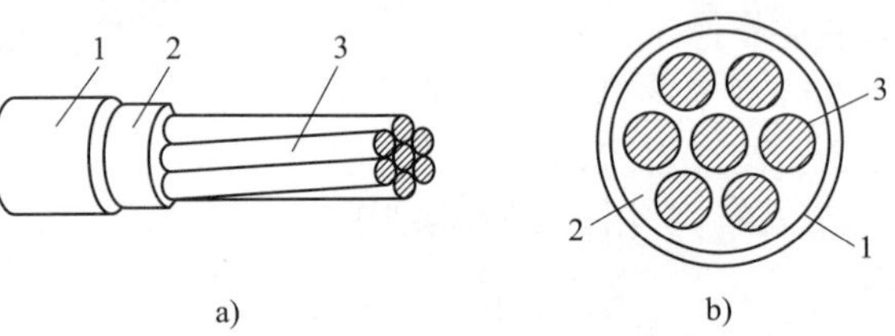

图 4-21 无黏结预应力筋

a）无黏结预应力筋 b）截面示意

1—聚乙烯套管 2—保护油脂 3—钢绞线或钢丝束

表 4-3 常用纤维筋主要力学性能

纤维筋类型	抗拉强度标准值/（N/mm²）	弹性模量/（N/mm²）	断后伸长率（%）
碳纤维筋	≥1800	≥1.40×10⁵	≥1.50
芳纶纤维筋	≥1300	≥0.65×10⁵	≥2.00

4.2.5　预应力筋锚固体系性能检验

预应力筋锚固体系是否安全可靠，不仅要看锚（夹）具各部件的质量是否合格，而且要看预应力筋-锚具组装件的锚固性能是否满足结构要求。

1. 锚固性能要求

预应力筋-锚具组装件的静载锚固性能用锚具效率系数 η_a 表示。η_a 定义为预应力筋-锚具组装件的实测极限拉力与预应力筋的实际平均极限抗拉力之比。考虑到预应力筋中各根钢材的应力-应变性能不完全相同，首先出现断裂的钢材是延性最差的一根钢材。因此，预应力筋的实际平均极限抗拉力小于各根预应力钢材强度之和，此降低值用预应力筋的效率系数 η_p 表示。锚具效率系数 η_a 可按下式计算：

$$\eta_a = \frac{F_{apu}}{\eta_p F_{pm}} \tag{4-5}$$

式中，F_{apu} 是预应力筋-锚具组装件的实测极限拉力（kN）；η_p 是预应力筋的效率系数，当预应力筋-锚具组装件中钢绞线为1~5 根时，$\eta_p=1$，当为6~12 根时，$\eta_p=0.99$，当为13~19 根时，$\eta_p=0.98$，当为20 根以上时，$\eta_p=0.97$；F_{pm} 是预应力筋的实际平均极限抗拉力（kN），按 $F_{pm}=f_{pm}A_p$ 计算，其中，f_{pm} 为试验用预应力钢材的实测抗拉强度平均值（N/mm^2），A_p 为预应力筋-锚具组装件中各根预应力钢材公称截面面积之和（mm^2）。

为保证所锚固的预应力筋在破坏时有足够的延性，总应变也必须满足《混凝土结构工程施工质量验收规范》（GB 50204）规定，预应力筋-锚具组装件的静载锚固性能应同时满足下列两项要求：

$$\begin{cases}\eta_p \geqslant 0.95 \\ \varepsilon_{apu} \geqslant 2\% \end{cases} \tag{4-6}$$

式中，ε_{apu} 是预应力筋-锚具组装件达到实测极限拉力时的总应变。

预应力筋-锚具组装件须满足循环次数为200 万次的疲劳性能试验；抗震结构中，还应满足循环次数为50 次的低周荷载试验。

2. 锚固性能试验

预应力筋-锚具组装件的静载锚固性能试验，应在锚具各零件检查合格后进行。试件应由锚具的全部零件和预应力钢材组成。组装时不得在锚具零件上添加影响锚固性能的物质（如金刚砂、石墨等），各根预应力钢材应等长平行，其受力长度：单孔夹片锚具不应小于0.8m；多孔夹片锚具不应小于3m；连接器在挤压锚具连接端不应小于1.5m。

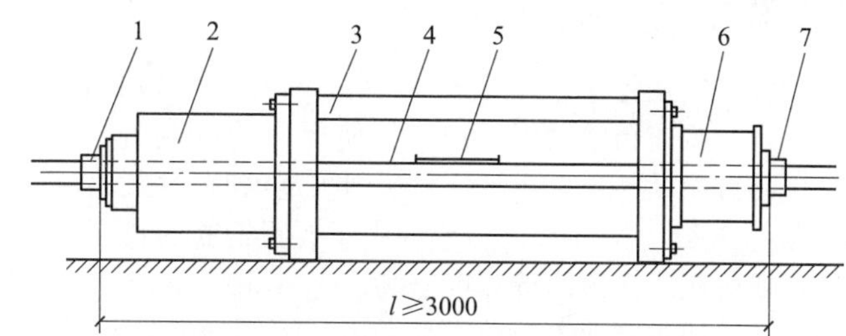

图4-22　预应力筋-锚具组装件静载试验装置

1—张拉端试验锚具或夹具　2—加载用千斤顶　3—承力台座　4—预应力筋　5—测量总应变的量具　6—荷载传感器　7—固定端试验锚具或夹具

试验工作应在无黏结状态下将试件置于专门的试验台上进行（图4-22），一组为3 束。加载前必须先将预应力钢材的初应力调匀。正式加载步骤：用张拉设备按20%、40%、60%、80%四级等速张拉至预应力钢材抗拉强度标准值的80%，锚固持荷1h 后，再用试验设备逐步加载至极限拉力。对支承式锚具，也可先安装锚具，直接用试验设备加载。

试验过程中应观察和测量：预应力钢材与锚具之间的相对位移，锚具零件之间的相对位移，组装件的极限拉力和达到极限拉力时的总伸长率，破坏荷载，破坏部位及破坏形态等。

全部试验结果均应做出记录，并据此计算 η_a 和 ε_{apu}。

4.3 预应力筋张拉设备

施加预应力用的张拉设备可分为电动张拉机和液压张拉机两类。前者仅用于先张法单根钢丝张拉，后者广泛用于各类预应力筋张拉。张拉设备应由专人使用和保管，并定期维护和标定。此外，预应力张拉还常采用液压千斤顶，并使用悬吊、支撑、连接等配套组件。预应力张拉机构由预应力用液压千斤顶、高压油泵和外接油管三部分组成。张拉设备应装有测力仪器，以准确建立预应力值。

锚具、夹具和连接器的选用应根据钢筋种类、结构要求、产品技术性能和张拉施工方法等选择，张拉机械应与锚具配套使用。因此选用千斤顶型号与吨位时，应根据预应力筋的张拉力和所用的锚具形式确定。特别是在后张法施工中，锚具及张拉机械的合理选择十分重要，工程中可参考表 4-4。

表 4-4　预应力筋、锚具及张拉机械的配套使用

预应力筋品种	锚具形式			张拉机械
	固定端		张拉端	
	安装在结构之外	安装在结构之内		
钢绞线及钢绞线束	夹片锚具 挤压锚具	压花锚具 挤压锚具	夹片锚具	穿心式千斤顶
钢丝束	夹片锚具 镦头锚具 挤压锚具	挤压锚具 镦头锚具	夹片锚具	穿心式千斤顶
			镦头锚具	拉杆式千斤顶
			锥塞锚具	锥锚式千斤顶、拉杆式千斤顶
精轧螺纹钢筋	螺母锚具		螺母锚具	拉杆式千斤顶

4.3.1 电动张拉机

电动张拉机按传动方式可分为电动螺杆张拉机和电动卷筒张拉机。电动螺杆张拉机（图 4-23）由电动机通过减速箱驱动螺母旋转，使螺杆前进或后退。螺杆前端连接弹簧测力计和张拉夹具。测力计上装有微动开关，当张拉力达到预定值时，可以自锁停车。张拉行程为 1000mm，额定张拉力为 10kN、30kN。对于长线台座，由于放置钢筋的长度较大，张拉时伸长值也较大，一般电动螺杆张拉机或液压千斤顶的行程难以满足，故张拉小直径的钢筋可用电动卷筒张拉机。电动卷筒张拉机由电动机通过减速箱带动一个卷筒，将钢丝绳卷起进行张拉。钢丝绳绕过张拉夹具尾部的滑轮，与弹簧测力计连接。张拉行程与额定张拉力同电动螺杆张拉机。

4.3.2 液压张拉机

液压张拉机包括液压千斤顶、油泵与压力表、限位板、工具锚等。液压千斤顶是液压张拉机的主要设备，包括如下几类：

1. 普通液压千斤顶

先张法施工中常常会进行多根钢筋的同步张拉，当钢台模以机组流水法或传送带法生产构件进行多根张拉时，可采用普通液压千斤顶。张拉时

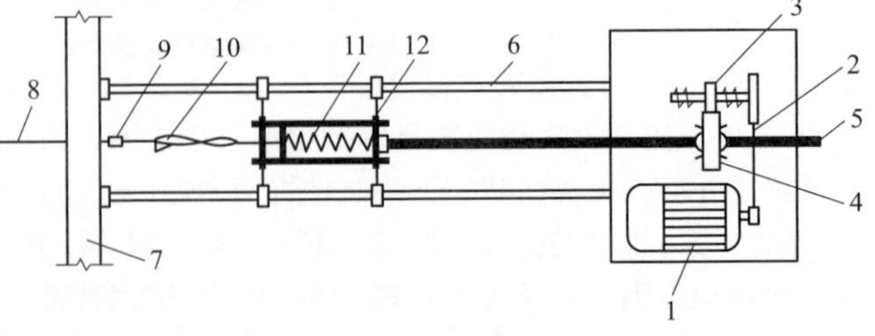

图 4-23　电动螺杆张拉机

1—电动机　2—皮带　3—齿轮　4—齿轮螺母　5—螺杆　6—承力杆　7—台座横梁　8—钢丝　9—锚固夹具　10—张拉夹具　11—弹簧测力计　12—滑动架

要求钢丝的长度基本相等，以保证张拉后各钢筋的预应力相同，为此，事先应调整钢筋的初应力。图 4-24 所示为用液压千斤顶进行成组张拉的示意图。

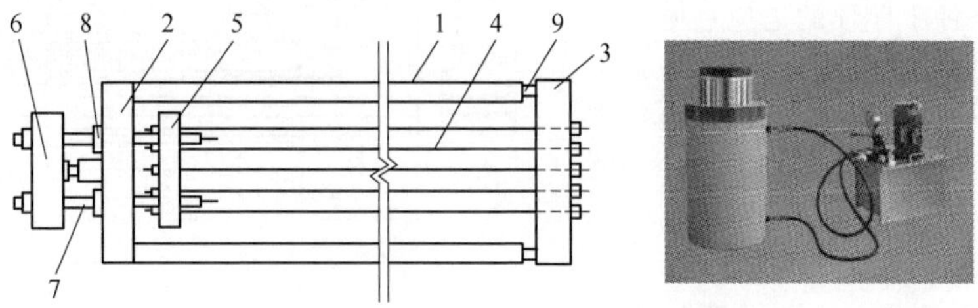

图 4-24　液压千斤顶成组张拉

1—钢台模　2—前横梁　3—后横梁　4—钢筋　5—拉力架横梁 1　6—拉力架横梁 2
7—大螺杆　8—液压千斤顶　9—放松装置

2. 拉杆式千斤顶

拉杆式千斤顶（图 4-25），用于螺母锚具、钢质锥形锚具、镦头锚具等。它由主油缸、主缸活塞、回油缸、回油活塞、连接器、传力架、活塞拉杆等组成，是利用单活塞杆张拉预应力筋的单作用千斤顶。张拉前，先将连接器旋在预应力筋的螺杆上，相互连接牢固。千斤顶由传力架支撑在构件端部的钢板上。张拉时，高压油进入主油缸，推动主缸活塞及活塞拉杆，通过连接器和螺杆，预应力筋被拉伸。千斤顶拉力的大小可由油泵压力表的读数直接显示。当张拉达到规定值时，拧紧螺杆上的螺母，此时张拉完成的预应力筋被锚固在构件的端部。锚固后回油缸进油，推动回油活塞工作，千斤顶脱离构件，主缸活塞、活塞拉杆和连接器回到原始位置。最后将连接器从螺杆上卸掉，卸下千斤顶，张拉结束。

目前常用的千斤顶是 YL-60 拉杆式千斤顶。另外，还有 YL-400 型和 YL-500 型千斤顶，其张拉力分别为 4000kN 和 5000kN，主要用于张拉张拉力较大的钢筋。

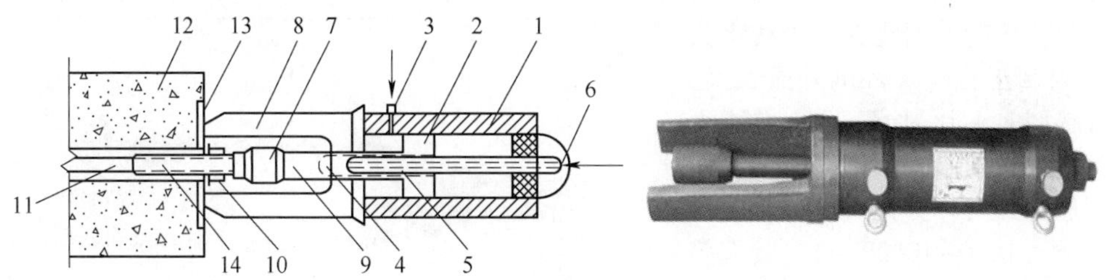

图 4-25　拉杆式千斤顶

1—主油缸　2—主缸活塞　3—进油孔　4—回油缸　5—回油活塞
6—回油孔　7—连接器　8—传力架　9—活塞拉杆　10—螺母　11—预应力筋
12—混凝土构件　13—预埋钢板　14—螺杆

3. 穿心式千斤顶

(1) 双作用穿心式千斤顶　双作用穿心式千斤顶由张拉油缸、顶压油缸（即张拉活塞）、顶压活塞和回程弹簧等组成，是利用双液缸张拉预应力筋和顶压锚具的双作用千斤顶，如图 4-26 所示。双作用穿心式千斤顶适用于张拉各种形式的预应力筋，是目前我国预应力张拉施工中应用最广泛的一种张拉机具。其工作原理是：张拉预应力筋时，张拉油缸油嘴进油、顶压油缸油嘴回油，顶压油缸带动撑脚右移顶住锚杯；张拉油缸带动工具锚左移张拉预应力筋。顶压锚固时，在保持张拉力稳定的条件下，顶压油缸油嘴进油，顶压活塞右移将夹片强力顶入锚杯内；此时张拉油缸油嘴回油、顶压油缸油嘴进油、张拉油缸液压回程。最后，张拉油缸、顶压油缸油嘴同时回油，顶压活塞在弹簧力作用下回程复位。

YC-60穿心式千斤顶张拉力为600kN，张拉行程为150mm，顶压力为300kN，顶压行程为50mm。这种千斤顶的适应性强，既可张拉用夹片锚具锚固的钢绞线束，也可张拉用钢质锥形锚具锚固的钢丝束。新型YCW60B-200轻型化千斤顶，取消顶压功能后整机质量仅33kg，而张拉行程却可达200~250mm。

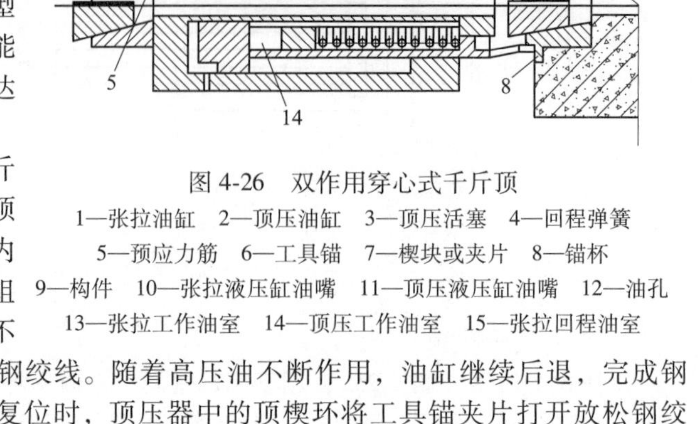

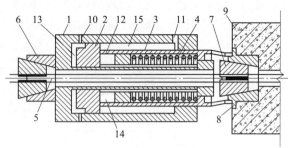

图4-26　双作用穿心式千斤顶

1—张拉油缸　2—顶压油缸　3—顶压活塞　4—回程弹簧　5—预应力筋　6—工具锚　7—楔块或夹片　8—锚杯　9—构件　10—张拉液压缸油嘴　11—顶压液压缸油嘴　12—油孔　13—张拉工作油室　14—顶压工作油室　15—张拉回程油室

YDCQ型前置内卡式（前卡式）千斤顶（图4-27），是将工具锚安装在千斤顶顶部的一种小型穿心式千斤顶，由外缸、内缸、活塞、前后端盖、顶压器、工具锚组成。在高压油作用下，顶压器、活塞杆不动，油缸后退，从而工具锚夹片自动夹紧钢绞线。随着高压油不断作用，油缸继续后退，完成钢绞线张拉工作。千斤顶张拉后，油缸回油复位时，顶压器中的顶楔环将工具锚夹片打开放松钢绞线，千斤顶退出。这种千斤顶的张拉力为180~250kN，张拉行程为160~200mm，千斤顶轻巧，适用于张拉单根钢绞线。但钢绞线张拉工作长度短（约250mm）。张拉时既可自锁锚固，也可顶压锚固。

（2）大孔径穿心式（群锚）千斤顶　大孔径穿心式（群锚）千斤顶（图4-28），是一种具有大穿心孔径的单作用千斤顶，主要用于群锚钢绞线束的整体张拉。千斤顶的前端安装顶压器（液压、弹簧）或限位板，尾部安装工具锚。限位板的作用是在钢绞线束张拉过程中限制工作锚夹片的外露长度，以保证在锚固时夹片内缩一致，并不大于预期值。工具锚是专用的，能多次使用，锚固后拆卸夹片方便。这种千斤顶的张拉力大（1000~10000kN），具有多种型号，穿心孔径为72~280mm，外形尺寸为（ϕ200mm×300mm）~（ϕ720mm×900mm），每次张拉行程200mm。不但张拉力大，且构造简单、不顶锚、操作方便，但要求锚具具有良好的自锚性能，广泛用于大吨位钢绞线束张拉。

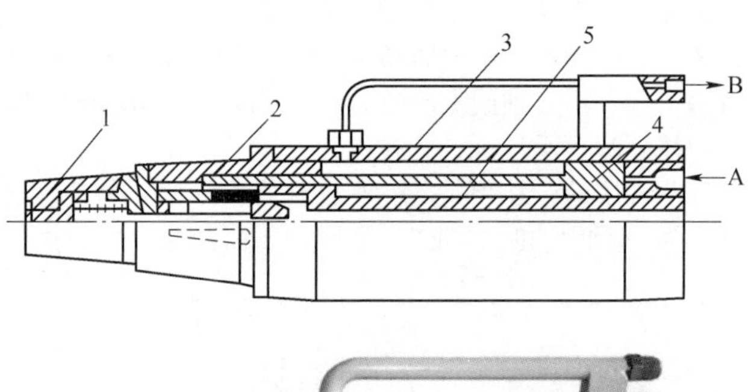

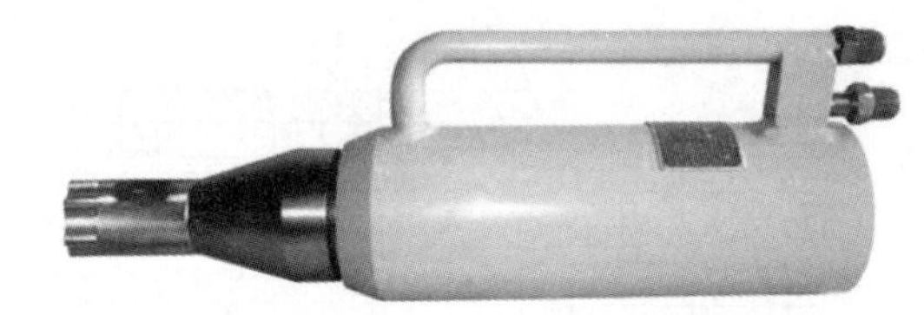

图4-27　YDCQ型前置内卡式千斤顶

1—顶压器　2—工具锚　3—外缸　4—活塞　5—拉杆

A—进油　B—回油

张拉群锚的内置式千斤顶（图4-29），不但质量轻、使用方便，而且预应力筋所需要的张拉工作长度较短，可以节约大量的钢绞线，具有较好的经济效益。

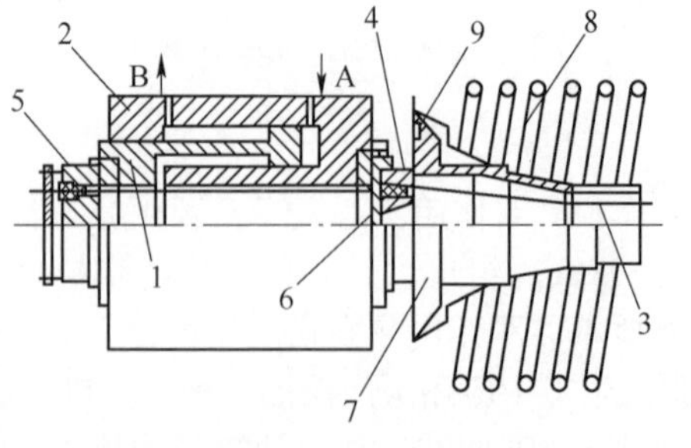

图4-28　大孔径穿心式（群锚）千斤顶

1—千斤顶活塞　2—千斤顶缸体　3—钢绞线　4—工作锚　5—工具锚　6—限位板　7—锚垫板　8—螺旋筋　9—灌浆孔

A—进油　B—回油

4. 锥锚式千斤顶

锥锚式千斤顶是具有张拉、

顶锚和退楔功能的千斤顶，专门用于张拉带锥形锚具的钢丝束。系列产品有 YZ-38、YZ-60 和 YZ-85 型千斤顶。

锥锚式千斤顶由张拉油缸、顶压油缸、退楔装置、楔形卡环、退楔翼片等组成（图 4-30）。其工作原理是当张拉油缸进油时，张拉油缸被压移，使固定在其上的钢筋被张拉。钢筋张拉后，改由顶压油缸进油，随即由副缸活塞将锚塞顶入锚圈中。张拉油缸、顶压油缸同时回油，在弹簧的作用下复位。

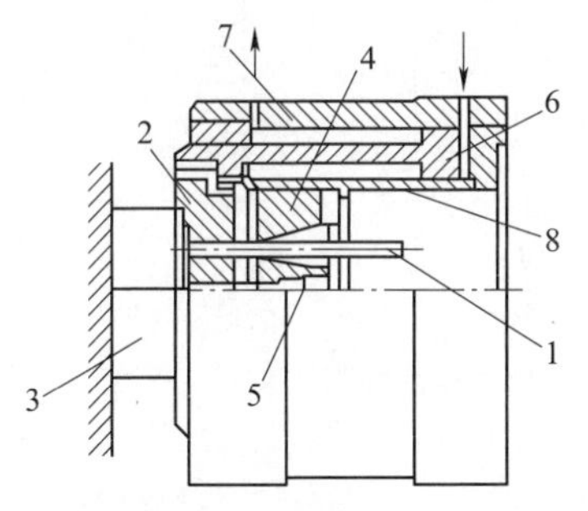

图 4-29 内置式千斤顶

1—钢绞线 2—限位板

3—工作锚 4—工具锚 5—夹片

6—活塞 7—外缸 8—穿心套

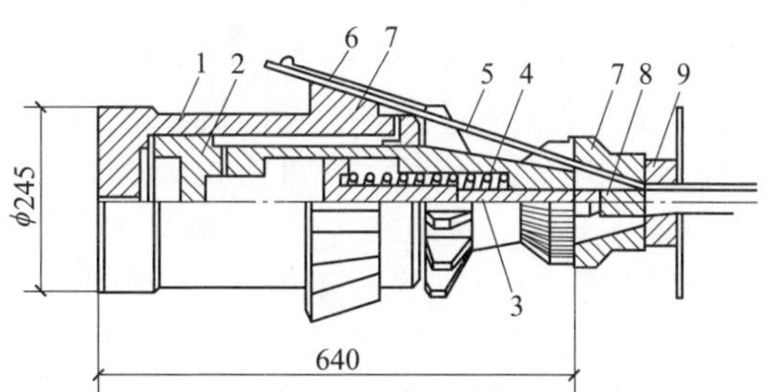

图 4-30 锥锚式千斤顶

1—张拉油缸 2—顶压油缸（张拉活塞） 3—顶压活塞

4—弹簧 5—预应力筋 6—楔块 7—对中套

8—锚塞 9—锚环

4.3.3 高压油泵

高压油泵主要与各类千斤顶配套使用，是向千斤顶各个油缸供油，使其活塞按照一定速度伸出或回缩的主要设备。油泵的额定压力应等于或大于千斤顶的额定压力。

高压油泵的类型比较多，性能不一。高压油泵分手动和电动两类，目前常使用的有 ZB-4/500 型、ZB-10/320~ZB-4/800 型、ZB-0.8/500 与 ZB-0.6/630 型等几种，其额定压力为 40~80MPa。

用千斤顶张拉预应力筋时，张拉力的大小是通过高压油泵上的压力表的读数来控制的。压力表的读数表示千斤顶张拉油缸活塞单位面积的油压力。在理论上，若已知张拉力 N、活塞面积 A，则可求出张拉时压力表的相应读数 p（即 $p=N/A$）。但实际张拉力往往比理论计算值小，其原因是一部分张拉力被油缸与活塞之间的摩阻力所抵消。而摩阻力的大小受多种因素的影响又难以计算确定，为保证预应力筋张拉应力的准确性，应定期校验千斤顶，确定张拉力与压力表读数的关系。校验期一般不超过 6 个月。校正后的千斤顶与压力表必须配套使用。当使用过程中出现反常现象时或在千斤顶维修后，也应重新标定。

4.3.4 液压千斤顶标定

为了准确地获得实际张拉力值，应采用标定方法直接测定千斤顶的实际张拉力与压力表读数之间的关系。绘制出千斤顶标定曲线（图 4-31），供施工时使用。

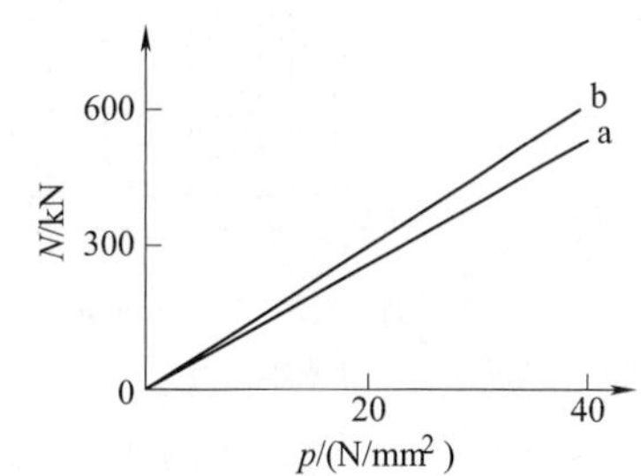

图 4-31 千斤顶标定曲线

a—主动状态 b—被动状态

张拉设备应配套标定以减少累积误差。压力表的精度不宜低于 1.5 级；标定张拉设备用的试验机或测力计的不确定度不应大于 1.0%。《混凝土结构工程施工质量验收规范》（GB 50204）强调标定千斤顶时，千斤顶活塞的运动方向应与实际张拉工作状态一致，即张拉时应采用千斤顶顶试验机（主动状态）的方法标定千斤顶。而在测定预应力筋孔道摩擦损失时用于固定端的千斤顶，其工作状态正好与张拉状态相反，应采用试验机压千斤顶（被动状态）的方法标定千斤顶。当千斤顶顶试验机校验时，活塞与缸体之间的摩阻力小且为一个常数；当千斤顶被试验机压时，活塞与缸体之间的摩阻力大且为一个变数，并随张拉力增大而增大。这说明千斤顶的活塞正反运行的摩阻力是不相等的。

1. 用试验机标定

当用试验机标定千斤顶时，将千斤顶放置于试验机上、下压板之间，千斤顶进油，顶紧试验机压板，千斤顶缸体的运行方向与实际张拉时的方向一致（图 4-32）。根据力的平衡得

$$N = pA - f \qquad (4\text{-}7)$$

式中，N 是试验机被动工作时的表盘读数（kN）；p 是千斤顶主动出力时压力表的读数（N/mm^2）；f 是千斤顶主动出力时缸体与活塞之间的摩阻力（kN）；A 是千斤顶张拉活塞面积（mm^2）。

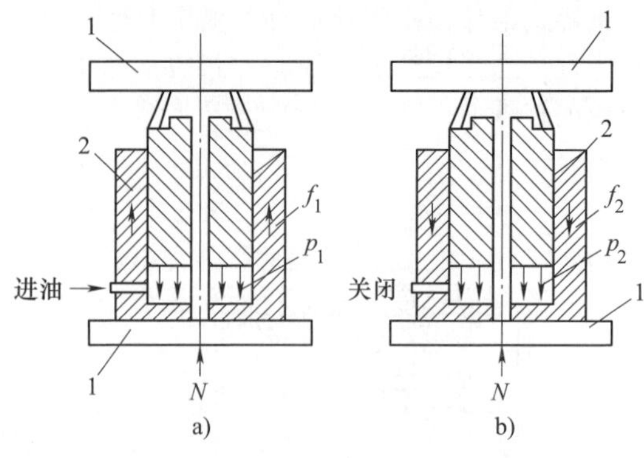

图 4-32　在试验机上标定千斤顶

a）千斤顶试验机（主动）　b）试验机压千斤顶（被动）

1—试验机的上、下压板　2—穿心式千斤顶

根据液压千斤顶标定方法的试验研究，得出以下结果：

1）用油膜密封的试验机，由于摩阻力非常小，其主动工作与被动工作时的表盘读数基本一致，因此，张拉力 N 可直接取试验机主动工作时的表盘读数。

2）用密封圈密封的千斤顶，其摩阻力不是常数，并随着密封圈做法、缸壁与活塞的表面状态、液压油的黏度等变化。因此，不能直接用式（4-7）计算，必须用标定方法得出 N 与 p 之间的关系。

此外，由千斤顶立放标定与卧放标定的对比试验结果可知，立放与卧放时的摩阻力差异很小，因此，可采用立放标定，卧放使用。

2. 用标准测力计标定

常用的测力计有压力传感器、弹簧测力环、水银压力计等，标定装置如图 4-33 所示。这种标定方法简单可靠，准确度较高。

当两台千斤顶卧放，用标准测力计标定时（图 4-34），如千斤顶 A 进油，千斤顶 B 关闭，读出的两组数据是 N-p_A 主动关系与 N-p_B 被动关系；反之，若千斤顶 B 进油，千斤顶 A 关闭，则可得到 N-p_B 主动关系与 N-p_A 被动关系。

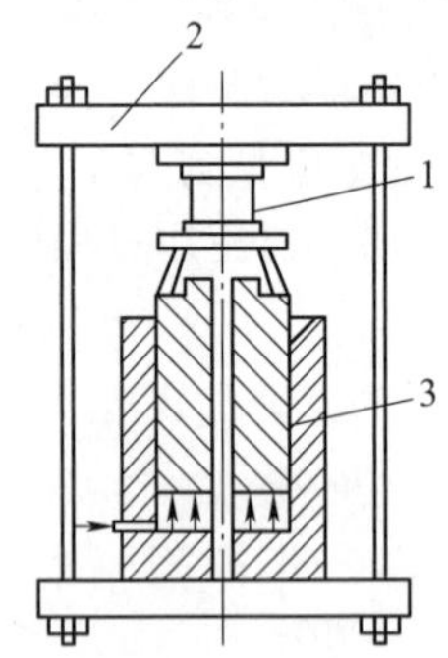

图 4-33　用压力传感器（或水银压力计）标定

1—压力传感器（或水银压力计）　2—反力架　3—千斤顶

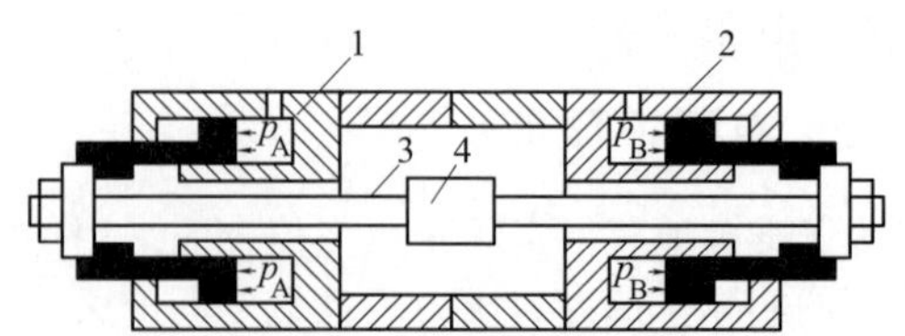

图 4-34　千斤顶卧放标定

1—千斤顶 A　2—千斤顶 B　3—拉杆　4—测力计

4.4　预应力混凝土结构施工

4.4.1　后张法施工

后张法是在构件混凝土达到一定强度之后，直接在构件或结构上张拉预应力筋并用锚具永久

固定，使混凝土产生预压应力的施工。该法不需要台座，灵活性大，但锚具需要留在结构体上，费用较高，工艺复杂。它是现场进行预应力混凝土结构施工的必用方法，也是构件厂制作大型预应力构件的主要方法。后张法预应力施工可分为有黏结预应力施工、无黏结预应力施工和缓黏结预应力施工三类，广泛应用于大型预制预应力混凝土构件和现浇预应力混凝土结构工程。

后张法预应力施工的特点是直接在构件或结构上张拉预应力筋，混凝土在张拉过程中受到预压应力而完成弹性压缩，因此，混凝土的弹性压缩不直接影响预应力筋有效预应力值的建立。

后张法除可作为一种预加应力的工艺方法外，还可以作为一种预制构件的拼装手段。大型构件（如拼装式大跨度屋架）可以预制成小型块体，在运至施工现场后，通过预加应力的手段拼装成整体；或各种构件安装就位后，通过预加应力手段，拼装成整体预应力结构。后张法预应力的传递主要依靠预应力筋两端的锚具，锚具作为预应力筋的组成部分，永远留置在构件上，不能重复使用，因此，后张法预应力施工需要耗用的钢材较多，锚具加工要求高，费用昂贵。另外，后张法工艺本身要预留孔道、穿筋、张拉、灌浆等，故施工工艺比较复杂，整体成本也比较高。其基本施工工艺流程如下：

1）有黏结预应力施工：安装钢筋→预留孔道→浇筑混凝土→养护至规定强度→预应力筋穿入孔道→张拉预应力筋→孔道灌浆→切割封锚。

2）无黏结和缓黏结预应力施工：安装钢筋→安装无黏结（缓黏结）预应力筋→浇筑混凝土→养护至规定强度→张拉预应力筋→切割封锚。

1. *有黏结后张法预应力施工*

有黏结后张法预应力结构的主要施工工序为：首先浇筑好混凝土构件，并在构件中预留孔道，待混凝土达到预期强度后（一般不低于混凝土设计强度的75%），将预应力筋穿入孔道；然后利用构件本身作为受力台座进行张拉（一端锚固、一端张拉或两端同时张拉），在张拉预应力筋的同时，使混凝土受到预压应力。张拉完成后，在张拉端用锚具将预应力筋锚住；最后在孔道内灌浆使预应力筋和混凝土构成一个整体，形成有黏结后张法预应力结构，如图4-35所示。这种施工方法提高了结构或构件的整体性、锚固的可靠性与耐久性，广泛用于主要承重构件或结构。

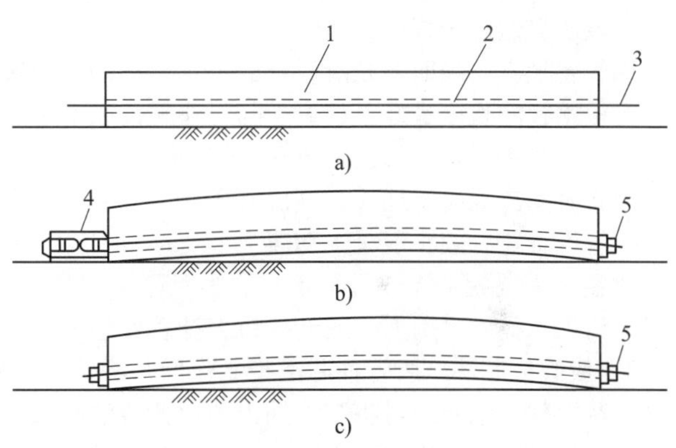

图4-35　有黏结后张法预应力施工工艺流程
1—混凝土构件　2—预留孔道　3—预应力筋
4—张拉千斤顶　5—锚具

（1）孔道留设　孔道留设是有黏结预应力后张法构件制作中的关键工作。预应力筋孔道成型可采用钢管抽芯法、胶管抽芯法和预埋波纹管法，孔道形状有直线、曲线和折线三种，其中预埋波纹管法只用于曲线孔道。

预应力筋孔道应按设计要求起拱，当设计无具体要求时，起拱高度宜为跨度的1/1000，并随构件同时起拱。孔道内径应比预应力筋外径或需穿过孔道的锚具（连接器）外径大6~15mm；孔道面积宜为预应力筋面积的3~4倍。

在预制构件中，孔道之间的水平净间距不宜小于50mm，且不宜小于粗骨料最大粒径的1.25倍；孔道至构件边缘的净间距不宜小于30mm，且不宜小于孔道外径的50%。

在现浇混凝土梁中，预应力束孔道在竖直方向的净间距不应小于孔道外径，在水平方向的净间距不宜小于孔道外径的1.5倍，且不应小于粗骨料最大粒径的1.25倍。从孔道外壁至构件边缘的净间距，梁底不宜小于50mm，梁侧不宜小于40mm，裂缝控制等级较高时再增加10mm。

在孔道的端部或中部应设置灌浆孔，其孔距不宜大于12m（抽芯成型）或30m（波纹管成型），并在构件两端各设一个排气孔。曲线孔道的高差大于或等于300mm时，在孔道峰顶处应设置泌水孔，泌水孔外接管伸出构件顶面长度不宜小于300mm，泌水孔可兼作灌浆孔。

对孔道成型的基本要求是：孔道的尺寸与位置应正确，其控制点竖向位置的允许偏差应满足表4-5的要求，预应力筋曲线起点与张拉锚固点之间的直线段最小长度应符合表4-6的规定，孔道的线形应平顺，接头不漏浆等。孔道端部的预埋钢板应垂直于孔道中心线，首片钢筋网片或螺旋筋的首圈钢筋距锚垫板的距离不宜大于25mm。孔道成型的质量直接影响到预应力筋的穿入与张拉的质量，应严格把关。

表4-5　预应力筋控制点竖向位置允许偏差

截面高（厚）度/mm	$h \leqslant 300$	$300 < h \leqslant 1500$	$h > 1500$
允许偏差/mm	±5	±10	±15

表4-6　预应力筋曲线起点与张拉锚固点之间的直线段最小长度

预应力筋张拉力/kN	$N \leqslant 1500$	$1500 < N \leqslant 6000$	$N > 6000$
直线段最小长度/mm	±5	±10	±15

1）钢管抽芯法。预先将钢管埋设在模板内的孔道位置处，在混凝土浇筑过程中和浇筑之后，每隔10~15min慢慢转动钢管，使之不与混凝土黏结，在混凝土初凝后、终凝前抽出钢管，即形成孔道。该法只适用于直线孔道。

钢管要平直，表面要光滑，安放位置要准确。一般用间距不大于1m的钢筋井字架固定钢管位置。每根钢管的长度最好不超过15m，外露长度不少于0.5m，以便于旋转和抽管，较长构件则用两根钢管，接头处可用长度为300~400mm的铁皮套管连接。钢管的两端旋转方向要相反。

抽管时间与混凝土性质、气温和养护条件有关。恰当掌握抽管时间很重要，过早会坍孔，过晚则抽管困难。一般在混凝土初凝后、终凝前，以手指按压混凝土不黏浆又无明显印痕时即可抽管（常温下为混凝土浇筑后3~6h）。为保证顺利抽管，混凝土的浇筑顺序要密切配合。抽管顺序宜先上后下，抽管可用人工或卷扬机，抽管要边抽边转，速度均匀，与孔道成一条直线。

2）胶管抽芯法。胶管抽芯法指制作后张法预应力混凝土构件时，在预应力筋的位置预先埋设胶管，待混凝土结硬后再将胶管抽出的留孔方法，胶管有布胶管和钢丝网胶管两种。选用5~7层帆布夹层的布胶管，用间距不大于0.5m（曲线段应适当加密）的钢筋井字架固定位置。胶管两端应有密封装置，使用时先在胶管内充入压力为0.6~0.8MPa的压缩空气或压力水，使胶管直径增大（约3mm左右），密封后浇筑混凝土。待混凝土达到一定强度后拔管，拔管时应先放气或水，待管径缩小与混凝土脱离，即可拔出。钢丝网胶管质硬，具有一定弹性，留孔方法与钢管一样，只是浇筑混凝土后不需要转动，因其有一定弹性，抽管时在拉力作用下其断面缩小而易于拔出。抽管宜先上后下，先曲后直。此法可适用于直线孔道或一般的折线与曲线孔道。

3）预埋波纹管法。预埋波纹管成孔时，波纹管直接埋在构件或结构中不再取出，这种方法特别适用于留设曲线孔道。按材料不同，波纹管分为金属波纹管和塑料波纹管。

① 金属波纹管。波纹管也称螺旋管，按照每两个相邻的折叠咬口之间（即钢带宽度内）凸出的数量分为单波与双波；按照截面形状分为圆波纹管和扁波纹管（图4-36）；按照表面处理情况分为镀锌管和不镀锌管；按照钢带厚度分为普通型和增强型。

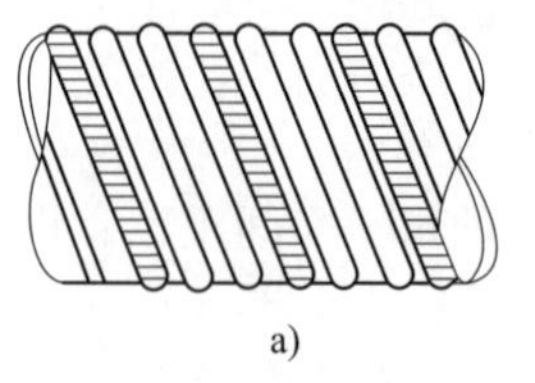

a)

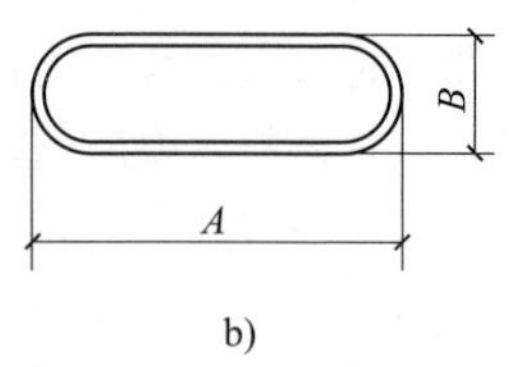

b)

图4-36　金属波纹管外形

a）双波圆形金属波纹管　b）扁形金属波纹管

金属波纹管是由薄钢带（厚0.28~0.60mm）经压波后螺旋咬合而成的。它具有质量轻、刚度好、弯折方便、连接简单、摩阻系数较小、与混凝土黏结良好等优点，可做成各种形状的孔道。镀锌双波波纹管是后张法预应力筋孔道成型用的理想材料。

圆形金属波纹管型号以内径为准，型号以 $\phi40$ 为起点，每级按 5mm（$\leqslant\phi95$）或 6mm（$\phi96$）递增，最大可达 $\phi132$。金属波纹管波纹高度为 2.5（$\leqslant\phi95$）~3.0mm（$>\phi95$）。由于运输关系，波纹管每根长为 4~6m。当波纹管用量大时，可带卷管机到现场生产，管长不限且减少损耗。

对金属波纹管的基本要求：一是在外荷载的作用下，有抵抗变形的能力；二是在浇筑混凝土过程中，水泥浆不得渗入管内，试验方法可参照《预应力混凝土用金属波纹管》（JG/T 225）的要求执行。

波纹管采用大一号同型波纹管连接，接头管长度可取其直径的 3 倍，且不宜小于 200mm，两端旋入长度宜大致相等。两端用塑料热塑管或防水胶带封裹接口部位，如图 4-37 所示。

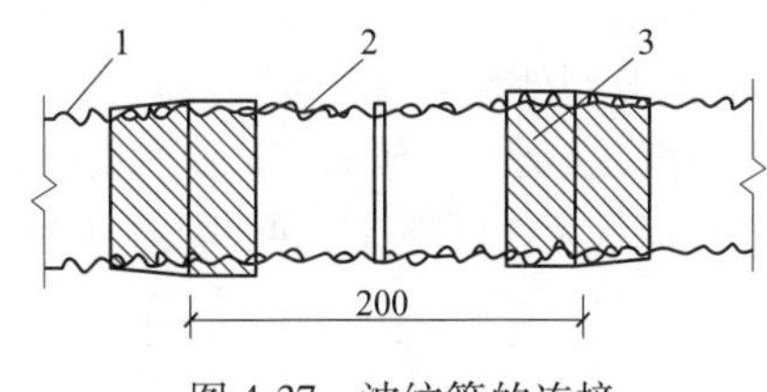

图 4-37 波纹管的连接

1—波纹管 2—接头管 3—密封胶带

波纹管安装时，应根据预应力筋的曲线坐标在箍筋上画线，以波纹管底为准。波纹管预埋在构件中，浇筑混凝土后不再抽出，预埋时可采用直径不小于 10mm 的钢筋支架固定（图 4-38），间距：对于圆形金属波纹管不宜大于 1.2m，对于扁形金属波纹管不宜大于 1.0m。钢筋支架应固定在箍筋上，箍筋下面要用垫块垫实。波纹管安装就位后，必须用钢丝将波纹管与钢筋支架扎牢，以防浇筑混凝土时波纹管上浮而引起的质量事故。

波纹管安装时接头位置宜错开，就位过程中应尽量避免波纹管反复弯曲，以防管壁开裂，同时，还应防止电焊火花灼伤管壁。

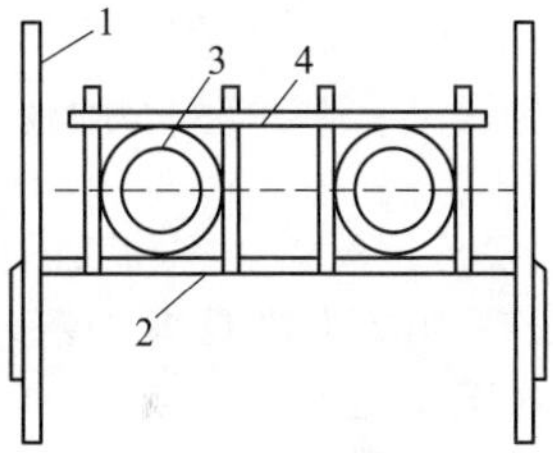

灌浆孔与波纹管的连接如图 4-39 所示。其做法是在波纹管上开洞，覆盖海绵垫片与带嘴的塑料弧形压板，并用钢丝扎牢，再用增强塑料管插在嘴上，将其引出梁顶面不小于 300mm。

图 4-38 波纹管固定

1—箍筋 2—钢筋支架

3—波纹管 4—后绑的钢筋

② 塑料波纹管。塑料波纹管具有强度高、刚度大、摩擦系数小、不导电和防腐蚀性能好等特点，适宜用于曲率半径小、密封性能以及抗疲劳要求高的孔道，配合真空辅助灌浆效果更好。

塑料波纹管是以高密度聚乙烯（HDPE）或聚丙烯（PP）塑料为原料，采用挤塑机和专用制管机经热挤定型而成的。管道外表面的螺旋肋与周围的混凝土具有较强的黏结力，从而能将预应力传递给管道外的混凝土。

塑料波纹管也有圆形塑料波纹管和扁形塑料波纹管两类（图 4-40）。圆形塑料波纹管供货长度一般为 6m、8m 和 10m；扁形塑料波纹管可成盘供货，每盘长度可根据工程需要和运输情况而定。

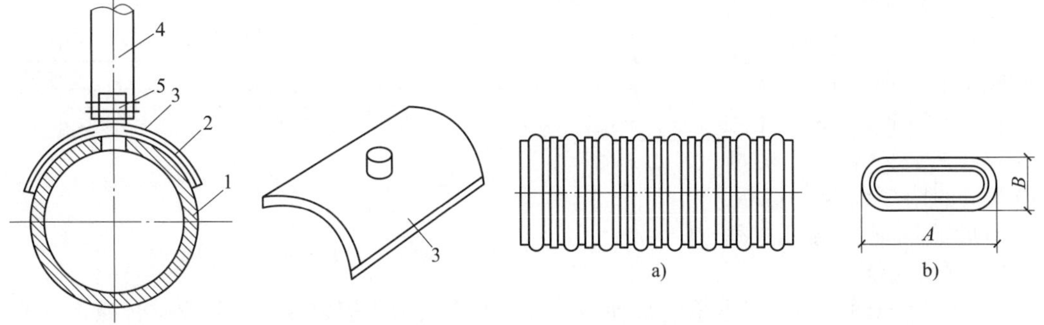

图 4-39 灌浆孔与波纹管的连接

1—波纹管 2—海绵垫片 3—塑料弧形压板

4—增强塑料管 5—钢丝绑扎

图 4-40 塑料波纹管

a）圆形塑料波纹管 b）扁形塑料波纹管

塑料波纹管应满足环向刚度、局部横向荷载、柔韧性和不圆度等基本要求，试验方法可参照《预应力混凝土桥梁用塑料波纹管》（JT/T 529）的要求执行。

安装时，塑料波纹管的钢筋支托间距不大于0.8~1.0m。塑料波纹管的连接可采用塑料焊接机通过热熔焊接或采用专用连接管。塑料波纹管与锚垫板通过高密度聚乙烯套管连接。

（2）预应力筋制作　预应力筋的制作，主要根据所用的预应力钢材品种、锚具形式及生产工艺等确定。

1）高强度螺纹钢筋。高强度螺纹钢筋的制作一般包括下料、连接等工序。

高强度螺纹钢筋的下料长度 L 按下式计算（图4-41）：

$$L = l_1 + l_2 + l_3 + l_4 \tag{4-8}$$

式中，l_1 是构件的孔道长度（mm）；l_2 是固定端外露长度（mm），包括螺母、垫板厚度、预应力筋外露长度，不小于150mm；l_3 是张拉端锚具垫板和螺母所需长度（mm），不小于110mm；l_4 是张拉时千斤顶与高强度螺纹钢筋间连接器所需的长度（mm），不应小于 l_2。

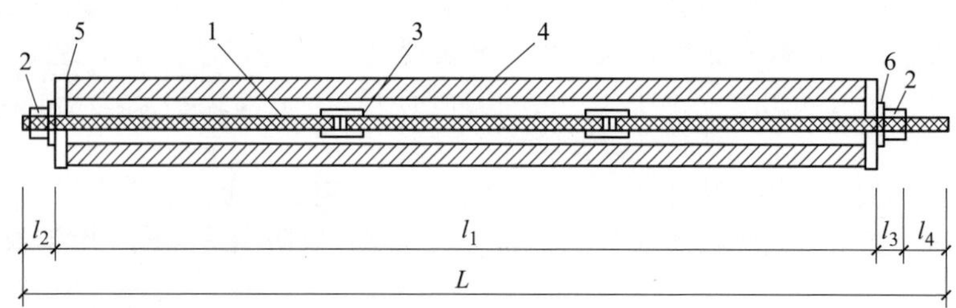

图4-41　高强度螺纹钢筋下料长度计算简图

1—高强度螺纹钢筋　2—螺母　3—连接器　4—构件　5—端部钢板　6—锚具垫板

2）钢丝束。钢丝束的制作一般包括下料、镦头、编束等工序。

采用镦头锚具时，钢丝的下料长度 L 按照钢丝张拉后螺母位于锚杯中部的原则以下式计算（图4-42）：

$$L = l + 2h + 2\delta - K(H - H_1) - \Delta l - C \tag{4-9}$$

式中，l 是孔道长度（mm），按实际量测；h 是锚杯底厚或锚板厚度（mm）；δ 是钢丝镦头预留量，取10mm；K 是系数，一端张拉时取0.5，两端张拉时取1.0；H 是锚杯高度（mm）；H_1 是螺母厚度（mm）；Δl 是钢丝束张拉伸长值（mm），由计算确定；C 是张拉时构件混凝土弹性压缩值（mm）。

采用镦头锚具时，同束钢丝应等长下料，其相对极差不应大于钢丝长度的1/5000，且不应大于5mm。当成组张拉长度不大于10m的钢丝时，同组钢丝的极差不得大于2mm。钢丝下料宜采用限位下料法，并用钢丝切断机（镦头机的附属装置）切断，钢丝切断后的端面应与母材垂直，以保证镦头质量。

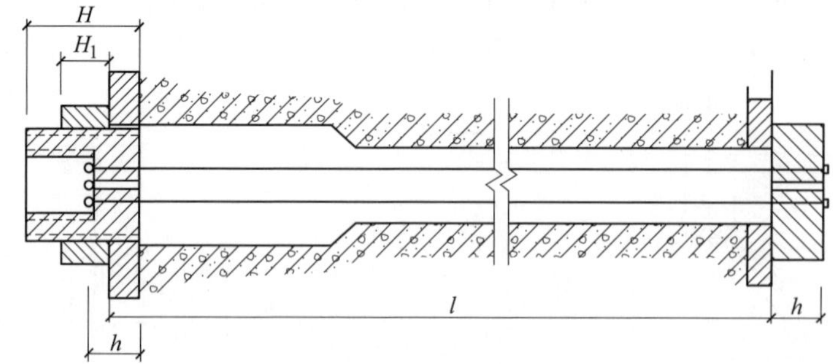

图4-42　钢丝束下料长度计算简图

钢丝束镦头锚具的张拉端应扩孔，以便钢丝穿入孔道后伸出固定端一定长度进行镦头。扩孔长度一般为500mm，两端张拉时另一端宜取100mm。

钢丝编束与张拉端锚具安装可同时进行。钢丝一端先穿入锚杯镦头，在另一端用细钢丝将内外圈钢丝按锚杯处相同的顺序分别编扎，然后将整束钢丝的端头扎紧，并沿钢丝束的整个长度适

当编扎几道。

采用钢质锥形锚具时，钢丝下料方法同钢绞线束。

3）钢绞线束。钢绞线的质量大、盘卷小、弹力大，为了防止在下料过程中钢绞线紊乱并弹出伤人，事先应制作一个简易的铁笼。下料时，将钢绞线盘卷装在铁笼内，从盘卷中逐步抽出。

钢绞线束的下料长度 L，当一端张拉另一端固定时可按下式计算：

$$L = l + l_1 + l_2 \tag{4-10}$$

式中，l 是孔道的实际长度（mm）；l_1 是张拉端钢绞线外露的工作长度（mm），应考虑工作锚厚度、千斤顶长度和工具锚厚度等，一般取 600~900mm；l_2 是固定端钢绞线的外露长度（mm），一般取 150~200mm。

钢绞线的切割，宜采用砂轮锯；不得采用电弧切割，以免影响材质。钢绞线编束宜用 20 号钢丝绑扎，间距 2~3m。编束时应先将钢绞线理顺，并尽量使各根钢绞线松紧一致。如钢绞线单根穿入孔道，则不编束。

（3）预应力筋穿入孔道　根据穿束与浇筑混凝土之间的先后关系，可分为后穿束法和先穿束法。

后穿束法即在浇筑混凝土后将预应力筋穿入孔道。此法可在混凝土养护期间内进行穿束，不占工期。穿束后即进行张拉，预应力筋不易生锈，应优先采用，但对波纹管质量要求较高，在混凝土浇筑时必须对成孔波纹管进行有效的保护，否则可能会引起漏浆、瘪孔以致穿束困难。

先穿束法即在浇筑混凝土之前穿束。此法穿束省力，但穿束占用工期，预应力筋的自重引起的波纹管摆动会增加孔道摩擦损失，束端保护不当易生锈。

根据一次穿入数量，可分为整束穿和单根穿。钢丝束应整束穿入，钢绞线可整束也可单根穿入孔道。穿束可采用人工穿入，当预应力筋较长，穿束困难时，也可采用卷扬机和穿束机进行穿束。

人工穿束可利用人工或起重设备将预应力筋吊起，工人站在脚手架上将预应力筋逐步穿入孔内。预应力筋的前端应扎紧并裹胶布，以便顺利通过孔道。对于多波曲线束，宜采用特制的牵引头，工人在前头牵引，后头推送，用对讲机保持前后两端同时出力。对长度不大于 60m 的二跨曲线束，人工穿束较为方便。

当预应力筋长 60~80m 时，也可采用人工先穿筋，但要在梁的中部留设约 3m 长的穿筋助力段。助力段的波纹管应加大一号，在穿筋前套接在原波纹管上留出穿筋空间，待预应力筋穿入后再将助力段波纹管旋出接通，该范围内的箍筋暂缓绑扎。

对于长度大于 80m 的预应力筋，宜采用卷扬机穿筋。钢绞线与钢丝绳间用特制的牵引头连接。每次牵引 2~3 根钢绞线，穿筋速度快。

用穿束机穿筋适用于大型桥梁与构筑物单根穿钢绞线的情况。穿束机有两种类型：一是由油泵驱动链板夹持钢绞线传送，速度可任意调节，穿筋可进可退，使用方便；二是由电动机经减速箱减速后由两对滚轮夹持钢绞线传送，进退由电动机正反转控制。穿筋时，钢绞线前头应套上一个子弹头形壳帽。

穿入孔道后应对预应力筋进行有效的保护，以防外力损伤和锈蚀。对于采用蒸汽养护的预制混凝土构件，预应力筋应在蒸汽养护结束后穿入孔道。

（4）预应力筋张拉　预应力筋张拉前，构件端部预埋钢板与锚具接触处的焊渣、毛刺、混凝土残渣等应清除干净。

高空张拉预应力筋时，还应搭设可靠的操作平台。张拉操作平台应能承受操作人员与张拉设备的质量，并装有防护栏杆。为了减轻操作平台的负荷，张拉设备应尽量移至就近的楼板上，无关人员不得停留在操作平台上。

锚具进场后应经过检验合格，方可使用；张拉设备应事先配套校验。对于钢绞线束夹片锚固体系，安装锚具时应注意工作锚板或锚环对中，夹片均匀打紧并外露一致；千斤顶上的工具锚孔位与构件端部工作锚板的孔位排列要一致，以防钢绞线在千斤顶穿心孔内打叉。对于钢丝束锥形锚固体系，安装钢质锥形锚具时必须严格对中，钢丝在锚环周边应分布均匀。对于钢丝束镦头锚固体系，由于穿束关系，其中一端锚具要后装并进行镦头。安装张拉设备时，对于直线预应力筋，应使张拉力作用线与孔道中心线重合；对于曲线预应力筋，应使张拉力作用线与孔道中心线末端的切线重合。

1）张拉时间。预应力筋张拉时，构件的混凝土强度应符合设计要求，且同条件养护的混凝土抗压强度不应低于设计强度等级的75%，也不得低于所用锚具局部承压所需的混凝土最低强度等级。现浇结构张拉预应力筋时，混凝土的最小龄期：对于后张楼板不宜小于5d，对于后张框架梁不宜小于7d。

对于拼装的预应力构件，其拼缝处混凝土或砂浆强度当设计无要求时，不宜低于块体混凝土设计强度等级的40%，且不低于15MPa。为防止现浇混凝土出现早期裂缝，所施加的预应力可不受此限制，但混凝土强度应满足张拉时端部锚具局部承压的要求。后张法构件为了搬运需要，可提前施加一部分预应力，使构件建立较低的预应力值以承受自重荷载，但此时混凝土的立方体强度不应低于设计强度等级的60%。当工程所处环境温度低于-15℃时，不宜进行预应力筋张拉。

2）预应力损失。预应力混凝土在施工中引起预应力损失的原因很多，产生的时间也先后不一。在进行预应力筋的应力计算与施工时，一般应考虑由下列因素引起的预应力损失：

① 锚具变形、预应力筋内缩和分块拼装构件接缝压密引起的预应力损失 σ_{l1} 。

② 预应力筋与孔道之间摩擦引起的预应力损失 σ_{l2} 。

③ 混凝土加热养护时，预应力筋和张拉台座之间的温差引起的预应力损失 σ_{l3} 。

④ 预应力筋松弛引起的预应力损失 σ_{l4} 。

⑤ 混凝土收缩和徐变引起的预应力损失 σ_{l5} 。

⑥ 环形结构中螺旋式预应力筋对混凝土的局部挤压引起的预应力损失 σ_{l6} 。

⑦ 混凝土弹性压缩引起的预应力损失 σ_{l7} 。

后张法施工中对以上第②、③、④、⑦项导致的预应力损失在张拉时应予以注意。此外，当采用多层叠浇法施工时，还应考虑构件之间摩阻力的影响。

3）张拉力计算。预应力筋的张拉力 P 可按下式计算：

$$P = \sigma_{con} A_p \tag{4-11}$$

式中，A_p 是预应力筋的截面面积（mm^2）；σ_{con} 是张拉控制应力（N/mm^2），应根据设计图或预应力工程施工方案确定，并满足表4-7的要求。

施工中为了部分抵消松弛、摩擦等上述应力损失，可进行超张拉，即将表4-7中数值适当提高，但最大不得超过 $0.05f_{ptk}$ 或 $0.05f_{pyk}$ ，其中，f_{ptk} 是预应力钢丝和钢绞线的抗拉强度标准值（N/mm^2），f_{pyk} 是预应力螺纹钢筋的屈服强度标准值（N/mm^2）。

表4-7　预应力筋张拉控制应力值　　（单位：N/mm^2）

预应力钢材	张拉控制应力 σ_{con}	
	一般情况	调整后的最大应力限值
消除应力钢丝和钢绞线	$\leqslant 0.75f_{ptk}$	$0.80f_{pyk}$
中强度预应力钢丝	$\leqslant 0.70f_{ptk}$	$0.75f_{pyk}$
预应力螺纹钢筋	$\leqslant 0.85f_{pyk}$	$0.90f_{pyk}$

注：消除应力钢丝、钢绞线、中强度预应力钢丝的张拉控制应力值不应小于 $0.4f_{ptk}$ ；预应力螺纹钢筋的张拉控制应力值不宜小于 $0.5f_{pyk}$ 。当要求提高构件在施工阶段的抗裂性能而在使用阶段受压区内设置的预应力筋，或要求部分抵消由于应力松弛、摩擦、钢筋分批张拉、预应力筋与张拉台座之间的温差等因素产生的预应力损失时，张拉控制应力可以适当提高 $0.05f_{ptk}$ 或 $0.05f_{pyk}$ 。

预应力筋张拉锚固后实际建立的预应力值与设计规定检验值的相对偏差不应超过±5%。

设计图上对夹片式锚具所标明的张拉控制应力一般是指锚下控制应力，即千斤顶拉力的折算应力扣除锚固装置（锚具、锚垫板等）所产生的锚口损失后在预应力筋端部所实际持有的应力。一般情况下，端部既有锚具又有锚垫板时的锚口损失率不宜超过6%，该应力损失应加到张拉控制应力内，但仍不得超过式（4-11）限值。

4）张拉程序。目前所用的钢丝和钢绞线都是低松弛的，因此张拉程序可采用 $0\to\sigma_{con}$；对于普通松弛的预应力筋，当在设计中预应力筋的松弛损失取大值时，则张拉程序为 $0\to\sigma_{con}$ 或按设计要求采用。

预应力筋采用钢筋体系或普通松弛预应力筋时，采用超张拉方法可减少预应力筋的应力松弛损失。对于支承式锚具其张拉程序为 $0\to1.05\sigma_{con}$（持荷2min）$\to\sigma_{con}$；对于楔紧式（如夹片式）锚具其张拉程序为 $0\to1.03\sigma_{con}$。以上两种超张拉程序是等效的，可根据构件类型、预应力筋、锚具、张拉方法等选用。

预应力筋张拉时，宜分级加载，即 $0\to0.2\sigma_{con}$（量伸长初读数）$\to0.60\sigma_{con}\to1.0\sigma_{con}$，塑料波纹管内的预应力筋，张拉力达到张拉控制应力后宜持荷2~5min。当预应力筋长度较大，千斤顶张拉行程不够时，应采取分级张拉、分级锚固。第二级初始油压为第一级最终油压。预应力筋张拉到规定油压后，持荷校核伸长值，合格后进行锚固。

5）张拉顺序。预应力筋张拉顺序的选择，应以使混凝土不产生超应力、构件不扭转与侧弯、结构不产生不利变位、预应力损失最小等为依据，同时，还应考虑尽量减少张拉设备的移动次数。因此，对称张拉是一条重要原则，对称张拉是为避免张拉时构件截面处于过大的偏心受压状态。

当同一构件有多束预应力筋时应分批张拉，后批预应力筋张拉对混凝土或钢结构所产生的弹性压缩会对先批张拉的预应力筋造成预应力损失，影响较小时可忽略不计，如果影响较大，应在先批张拉的预应力筋张拉力内补足该构件弹性压缩所引起的预应力损失值，但任何情况下的超张拉，其张拉控制应力都不应超过式（4-11）的限值。

图4-43a所示为混凝土屋架下弦杆预应力筋的对称张拉顺序。直线预应力筋采用一端张拉方式，4束预应力筋需分两批张拉，用两台千斤顶分别张拉对角线上的2束，然后张拉另一对角线上的2束。由分批张拉引起的混凝土弹性压缩预应力损失，统一增加到每束张拉力内。

现浇预应力混凝土楼盖，宜先张拉楼板、次梁的预应力筋，后张拉主梁的预应力筋。现浇预应力单向框架梁，当断面尺寸较大、楼面整体性好时，可按图4-43b所示顺序张拉。

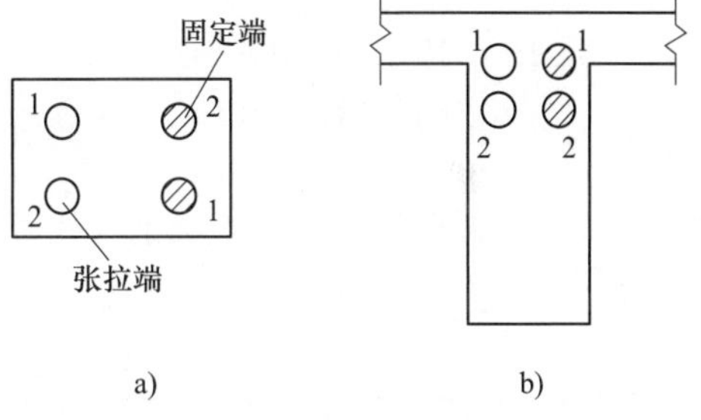

图4-43　预应力筋的张拉顺序
a）屋架下弦杆　b）框架梁

为防止张拉时构件受拉区混凝土应力过大而设置的预应力筋应先张拉。

对较长的多跨连续梁可采用分段张拉方式；在后张传力梁等结构中，为了平衡各阶段的荷载，可采用分阶段张拉的方式；为达到较好的预应力效果，也可采用在早期预应力损失基本完成后再进行张拉的补偿张拉方式等。

6）张拉方法。预应力筋张拉方式应根据设计要求和施工方案采用一端张拉或两端张拉。一般情况，有黏结预应力筋长度不大于20m时可采用一端张拉，大于20m时宜两端张拉。预应力筋为直线形时，一端张拉的长度可放宽至35m。采用两端张拉时，可两端同时张拉，也可一端先张拉锚固，另一端补张拉。当同一截面中多根预应力筋采用一端张拉时，张拉端宜分别设置在结构的两端。对同一束预应力筋，宜采用相应吨位的千斤顶整束张拉。

关于曲线预应力筋是否需要采取两端张拉，分析如下：曲线预应力筋张拉时，由于孔道摩擦引起的预应力损失（简称孔道摩擦损失）沿构件长度方向逐步增大；曲线预应力筋锚固时，由于锚具内缩引起的预应力损失（简称锚固损失）受孔道反摩擦的影响在张拉端最大，沿构件长度方向逐步减至零。孔道摩擦损失简化为直线变化，并假定正反摩擦损失斜率 m 相等。

第一种情况（图 4-44a）：当锚固损失 σ_{l1} 的影响长度 $L_f < L/2$ 时，张拉端锚固后预应力筋的应力（$\sigma_{con}-\sigma_{l1}$）大于固定端的应力 σ_a。这种情况一般是在曲线预应力筋弯起角度较大、孔道摩擦系数较大、锚具内缩值较小时发生。采用两端张拉可有效地提高固定端的应力，但对跨中应力没有影响。

第二种情况（图 4-44b）：当锚固损失 σ_{l1} 的影响长度 $L_f \geqslant L/2$ 时，跨中应力受锚具内缩的影响而减小，张拉端锚固后预应力筋的应力小于固定端的应力。这种情况一般是在曲线预应力筋弯起角度不大、孔道摩擦损失较小、锚具内缩值较大时发生，采用一端张拉较为有利。

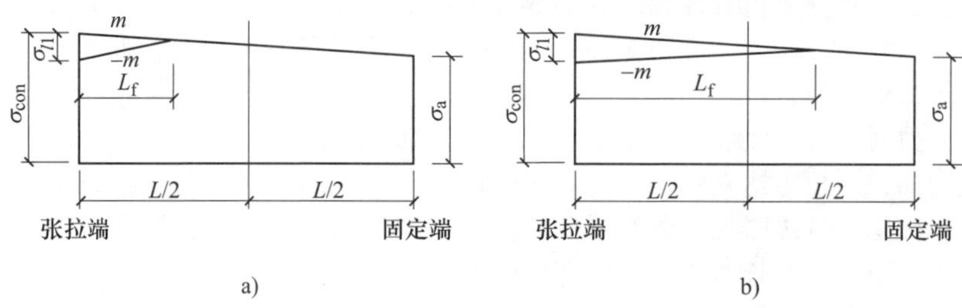

图 4-44　张拉锚固阶段曲线预应力筋的应力变化

a）$L_f<L/2$ 情况　b）$L_f \geqslant L/2$ 情况

锚固损失及其影响长度对单一曲率的预应力筋，可按下列两式计算：

$$L_f = \sqrt{\frac{aE_S}{m}} \tag{4-12}$$

$$\sigma_{l1} = 2mL_f \tag{4-13}$$

式中，a 是张拉端锚固时预应力筋的内缩量；E_S 是预应力钢材弹性模量（N/mm^2）；m 是孔道摩擦损失斜率，$m=\dfrac{\sigma_{con}(\kappa L+\mu\theta)}{L}$，其中 L 为从张拉端至计算截面的孔道长度（m），κ 为每米孔道局部偏差对摩擦的影响系数；μ 为预应力筋与孔道的摩擦系数（表 4-8）；θ 为从张拉端至计算截面曲线孔道部分切线的夹角（rad）。

表 4-8　预应力筋与孔道的摩擦系数 μ

管道成型形式		μ
预埋金属波纹管		0.25
预埋钢管		0.30
橡皮管或钢管抽芯成型		0.55
无黏结筋	$7\phi^P5$ 钢丝	0.10
	ϕ^P15 钢绞线	0.12

锚固阶段张拉端锚具变形和预应力筋的内缩量应符合设计要求，当设计无具体要求时，张拉端预应力筋的内缩量应符合表 4-9 的规定，必要时可实测确定。

表 4-9　张拉端预应力筋的内缩量限值　（单位：mm）

锚具类别		内缩量限值
支承式锚具（镦头锚具等）	螺帽缝隙	1
	每块后加垫板的缝隙	1
夹片式锚具	有顶压	5
	无顶压	6~8

锚固阶段张拉端锚具变形和预应力筋的内缩量由锚具和垫板变形量、螺帽缝隙变形量、夹片式锚具夹片跟进量所组成。预应力筋的内缩量过大，势必会引起预应力筋的锚固损失过大，影响预应力值的建立；内缩量过小，对于夹片式锚具不但会刮伤钢绞线，还会引起预应力筋锚固损失过大，产生更大的预应力损失，甚至使钢丝断裂。影响夹片式锚具内缩量的主要因素是锚具夹片的外露量、钢绞线外径和限位板的限位距离等，因此在张拉前应根据所用锚具和钢绞线等准确测定限位板的限位距离。

7）叠层构件张拉。后张法预应力混凝土屋架等构件一般在施工现场平卧叠层制作，重叠层数为3~4层，预应力筋张拉时宜先上后下逐层进行。例如，预制混凝土屋架等平卧叠浇构件，上层构件的质量产生的水平摩阻力以及叠层之间的黏结力、咬合力会阻止下层构件在预应力筋张拉时混凝土弹性压缩的自由变形。预应力筋锚固后，叠层之间的摩阻力逐渐减小，直至上层构件起吊后完全消失。摩阻力的消失会增加混凝土弹性压缩的自由变形，从而引起预应力损失。该损失值随构件形式、隔离层效果和张拉方式的不同而不同。如果隔离层的隔离效果好，也可采用相同的张拉应力值。

为弥补该项预应力损失，可根据隔离效果，逐层加大约1.0%的张拉力予以解决，但底层超张拉值不得比顶层张拉力大5%（钢丝、钢绞线），且不得超过最大超张拉值的限值。克服叠层摩阻损失的超张拉值与减少松弛损失的超张拉值（$0\rightarrow1.05\sigma_{con}\rightarrow$持荷2min$\rightarrow\sigma_{con}$）可以结合起来，不必叠加。

8）张拉伸长值校核。用应力控制方法张拉时，应校核预应力筋张拉伸长值。张拉伸长值的校核可以综合反映张拉力是否足够，孔道摩阻损失是否偏大，以及预应力筋是否有异常现象。因此，对张拉伸长值的校核要特别重视。《混凝土结构工程施工质量验收规范》（GB 50204）规定，实际伸长值与计算伸长值的相对允许偏差为±6%。施工现场如超出允许范围应暂停张拉，在采取措施予以调整后，方可继续张拉。

预应力筋的计算伸长值ΔL应分段计算后累计，每段伸长值可按下式计算：

$$\Delta L=\frac{P_m l}{A_p E_S} \tag{4-14}$$

式中，P_m是预应力筋的平均张拉力（kN），取起始端拉力与计算截面处扣除孔道摩擦损失后拉力的平均值；A_p是预应力筋的截面面积（mm^2）；l是预应力筋的长度（mm）；E_S是预应力筋的弹性模量（N/mm^2）。

预应力筋的实际伸长值宜在初应力为张拉控制应力的10%左右时开始测量，但必须加上初应力以下的推算伸长值；对于后张法，尚应扣除混凝土构件在张拉过程中的弹性压缩值。其实际伸长值$\Delta L'$可按下式计算：

$$\Delta L'=\Delta L_1+\Delta L_2-C \tag{4-15}$$

式中，ΔL_1是从初应力至最大张拉力之间的实测伸长值（mm）；ΔL_2是初应力以下的推算伸长值（mm）；C是实际量测时不可避免的非应力所致的附加伸长值（mm），包括后张法预应力构件的弹性压缩值（其值微小时可略去）、张拉过程中锚具楔紧引起的内缩量、张拉设备内预应力筋的张拉伸长值等。

初应力取值宜为$10\%\sigma_{con}\sim20\%\sigma_{con}$（对于曲线束取上限）。初应力以下的推算伸长值$\Delta L_2$可根据弹性范围内张拉力与伸长值成正比的关系用图解法（或计算法）确定。

图解法（图4-45）是以伸长值为横坐标，张拉力为纵坐标，将各级张拉力的实测伸长值标在图上，绘成张拉力与伸长值关系线ABC。然后延长此线与横坐标交于O_1点，则OO_1段即为推算伸长值。

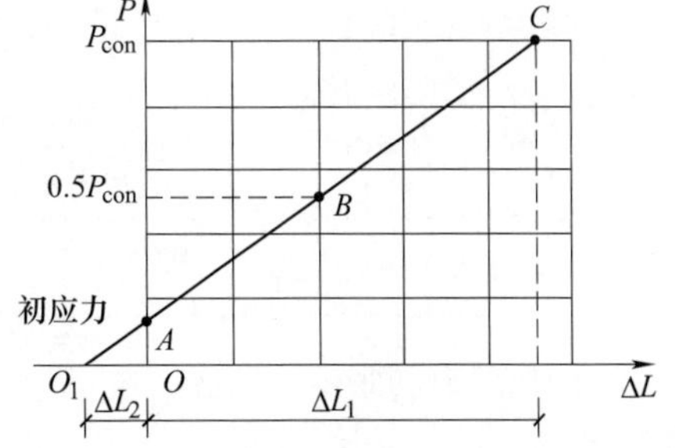

图4-45　预应力筋张拉力-伸长值关系

此外，在锚固时应检查张拉端预应力筋的内缩量，以免由于锚固引起的预应力损失超过设计值。如实测的预应力筋内缩量大于或小于规定限值，则应查明原因，采取更换限位板、改善操作工艺或采用超张拉方法等措施。

张拉过程中应避免预应力筋断裂或滑脱。后张法预应力混凝土结构构件一旦发生断裂或滑脱，严禁其断裂或滑脱的数量超过同一截面预应力筋总根数的3%，且每束不超过一根钢丝，对于多跨连续双向板和密肋梁，同一截面应按开间计算。

9）最大张拉应力的控制。在预应力筋张拉时，往往需采取超张拉的方式来弥补多种预应力的损失，此时预应力筋的张拉应力较大，有时会超过规定值。例如，多层叠浇的最下一层构件中的先张拉钢筋，既要考虑钢筋的松弛，又要考虑多层叠浇的摩阻力影响，还要考虑后批张拉钢筋的张拉影响，往往张拉应力会超过规定值，此时，可采取分两阶段建立预应力的方法解决，即预应力筋张拉到一定应力值（如90%）后，再第二次张拉至控制值。

10）张拉注意事项。在预应力作业中，当工程所处环境温度低于-15℃时，不宜进行预应力筋张拉，要特别注意安全，因为预应力筋持有很大的能量，万一预应力筋被拉断或锚具与张拉千斤顶失效，巨大能量急剧释放，有可能造成很大的危害，因此，张拉时，在任何情况下作业人员都不得站在预应力筋的两端，同时在张拉千斤顶的后面应设立防护装置。

例4-1 某工程为双跨2×18m预应力混凝土框架结构体系。梁截面尺寸为400mm×1100mm，框架边柱尺寸为400mm×800mm，混凝土强度等级为C40。预应力筋配置2束7Φ^P15.20钢绞线束，张拉程序为0→σ_{con}（锚固），布置如图4-46所示。

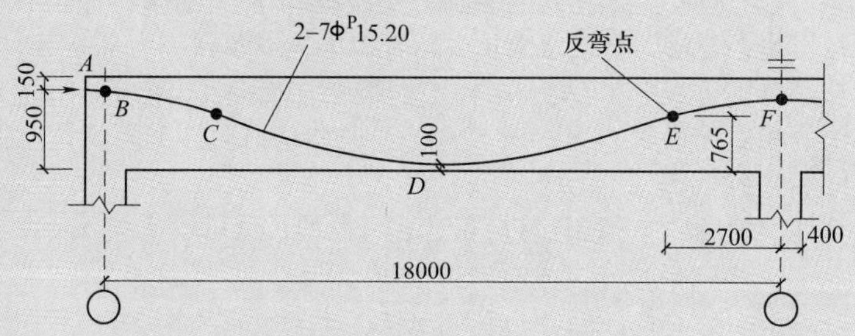

图4-46 双跨框架梁预应力筋布置

解：

预应力筋抗拉强度标准值f_{ptk} =1860N/mm²，张拉控制应力σ_{con} =0.70f_{ptk}，单根钢绞线面积为140mm²，钢绞线的弹性模量取1.95×10⁵N/mm²。

预应力筋孔道采用预埋内径为70mm的金属波纹管成型，κ =0.0015，μ =0.25。预应力筋用7孔夹片式群锚锚固，YCW-150B型千斤顶两端张拉，标定记录见表4-10，每端工作长度取700mm，张拉端锚固时预应力筋内缩量a =7mm。

表4-10 YCW-150B型千斤顶标定记录（千斤顶试验机）

试验机表盘读数/kN	0	200	400	600	800	1000	1200	1400
YCW-150B，1号千斤顶 1号压力表/MPa	0	6.5	13.5	20.0	26.0	33.0	39.5	46.5
YCW-150B，2号千斤顶 2号压力表/MPa	0	7.5	14.5	21.0	28.0	34.5	41.0	47.5

① 预应力筋张拉控制应力：

$$\sigma_{con} = 0.7\times1860\text{N/mm}^2 = 1302\text{N/mm}^2$$

每束预应力筋的张拉力为

$$P_{con}=1302\times140\times7N=1275960N=1276kN$$

② 预应力筋孔道为抛物线形，其夹角可近似按下式分段计算（图4-47）：

$$\frac{\theta}{2}=\frac{4H}{L} \tag{4-16}$$

式中，θ 是从计算段起点至计算截面处曲线部分切线的夹角（rad）；H 是抛物线的矢高（mm）；L 是抛物线的水平投影长度（mm）。

AB 段：因是平直段，所以 $\theta_{AB}=0°$。

BC 段 C 点矢高：$H_C=(950-765)mm=185mm$。

$$L=2700\times2mm=5400mm$$

$$\theta_{BC}=\frac{\theta}{2}=\frac{4H}{L}=\frac{4\times185}{5400}rad=0.137rad$$

同理：$\theta_{EF}=\theta_{BC}=0.137rad$；$\theta_{CD}=\theta_{DE}=0.211rad$。

张拉端至预应力筋中部（即内支座）的夹角之和为

$$(0.137+0.211)\times2rad=0.696rad$$

③ 计算孔道的曲线长度。孔道曲线长度可近似按下式分段计算（图4-47）：

$$L_T=\left(1+\frac{8H^2}{3L^2}\right)L_{ij} \tag{4-17}$$

式中，L_T 是从计算段起点至计算截面处的孔道曲线长度（mm）；L_{ij} 是从计算段起点至计算截面处的水平投影长度（mm）。

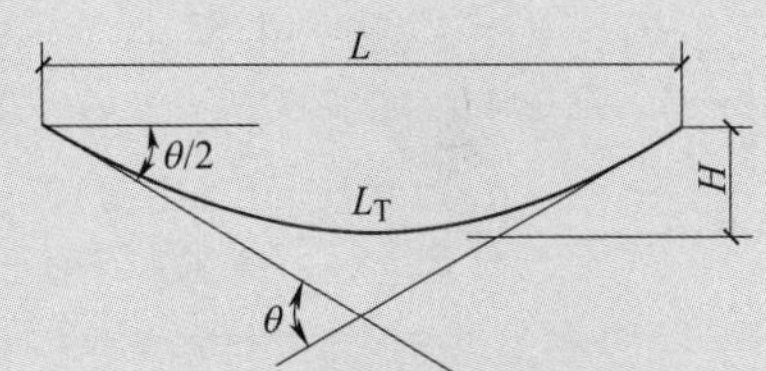

图4-47　抛物线的几何尺寸

AB 段：因是平直段，所以 $L_{AB}=800\times0.5mm=400mm$。

BC 段：$H_C=185mm$，$L=5400mm$，$L_{BC}=2700mm$。

$$L_{TBC}=\left(1+\frac{8\times185^2}{3\times5400^2}\right)\times2700mm=(1+0.0031)\times2700mm=2708mm$$

同理：$L_{TEF}=L_{TBC}=2708mm$；$L_{TCD}=L_{TDE}=6347mm$。

张拉端至预应力筋中部的曲线长度：$[400+(2708+6347)\times2]mm=18.51m$

预应力筋的下料长度为 $L'=l+l_1+l_2=(18.51+0.70)\times2mm=38.42m$

④ 预应力筋任意截面 i 处的应力按下式计算：

$$\sigma_i=\sigma_h\cdot e^{-(\kappa x+\mu\theta)} \tag{4-18}$$

式中，σ_h 是计算段起点截面处的应力，在张拉端处即为控制应力；κ 是每米孔道局部偏差对摩擦的影响系数，一般取0.0015~0.003，本例取0.0015；μ 是预应力筋与孔道的摩擦系数，一般取0.15~0.3，本例取0.25。

预应力筋关键点的参数见表4-11。

表4-11　预应力筋关键点的参数

线段	x /m	θ /rad	$\kappa x+\mu\theta$	$e^{-(\kappa x+\mu\theta)}$	至关键点应力 /(N/mm²)	张拉伸长值/mm
AB	0.40	0.000	0.001	0.999	1301	2.7
BC	2.70	0.137	0.038	0.962	1252	17.7
CD	6.30	0.211	0.062	0.940	1177	39.5

（续）

线段	x /m	θ /rad	$\kappa x+\mu\theta$	$e^{-(\kappa x+\mu\theta)}$	至关键点应力 /(N/mm²)	张拉伸长值/mm
DE	6.30	0.211	0.062	0.940	1106	37.1
EF	2.70	0.137	0.038	0.962	1064	15.1
$\sum$	18.40	0.696	—	—	—	112.1

注：张拉伸长值按曲线长度计算。

⑤ 正反抛物线形预应力筋影响长度 L_f 和锚固损失（略去端部平直段的影响）可按下列两式计算：

$$L_f=\sqrt{\frac{aE_S-m_1L_1^2}{m_2}+L_1^2} \tag{4-19}$$

$$\sigma_{l1}=2m_1L_1+2m_2(L_f-L_1) \tag{4-20}$$

式中，m_1 是第一段曲线孔道摩擦损失斜率（Pa/mm），本例中可参考表 4-10 中各关键点的应力计算，$m_1=\frac{\sigma_B-\sigma_C}{L_1}=\frac{1301-1252}{2700}\text{Pa/mm}=0.0181\text{Pa/mm}$；$m_2$ 是第二段曲线孔道摩擦损失斜率（Pa/mm），本例中 $m_2=\frac{\sigma_C-\sigma_D}{L_2}=\frac{1252-1177}{9000-2700}\text{Pa/mm}=0.0119\text{Pa/mm}$；$L_1$，$L_2$ 是相应曲线段的投影长度。

$$L_f=\sqrt{\frac{aE_S-m_1L_1^2}{m_2}+L_1^2}=\sqrt{\frac{7\times195000-0.0181\times2700^2}{0.0119}+2700^2}\text{m}=11.97\text{m}$$

由于预应力筋锚固损失的影响长度 $L_f=11.97\text{m}<L/2=18.0\text{m}$，本例采用两端张拉是合理的。端部锚固损失

$$\sigma_{l1}=2m_1L_1+2m_2(L_f-L_1)=[2\times0.0181\times2700+2\times0.0119\times(11970-2700)]\text{N/mm}^2=318\text{N/mm}^2$$

端部锚固后的应力

$$\sigma_{A0}=\sigma_{con}-\sigma_{l1}=(1302-318)\text{N/mm}^2=984\text{N/mm}^2$$

张拉与锚固阶段曲线预应力筋沿长度方向建立的应力如图 4-48 所示。

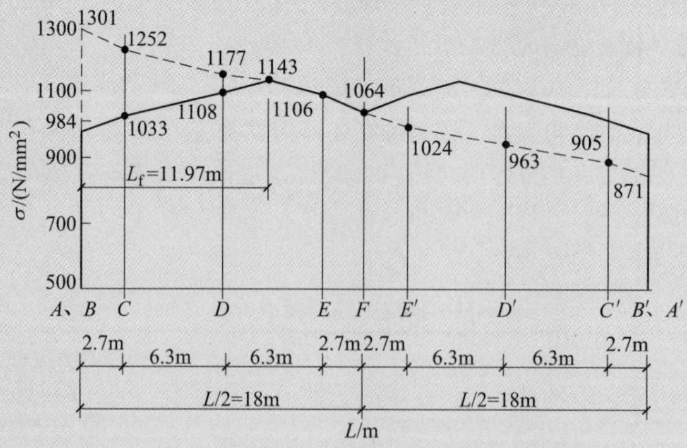

图 4-48 张拉与锚固阶段曲线预应力筋沿长度方向建立的应力

⑥ 预应力筋的张拉伸长值。

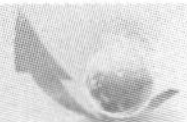

从 C 点到 D 点段的预应力筋伸长值：

$$\Delta L_{CD}=\frac{P_{\mathrm{m}}\cdot L_{CD}}{A_{\mathrm{p}}\cdot E_{\mathrm{S}}}=\frac{\sigma_{\mathrm{m}}\cdot L_{CD}}{E_{\mathrm{S}}}=\frac{(1252+1177)\times 6347}{2\times 1.95\times 10^{5}}\mathrm{mm}=39.5\mathrm{mm}$$

注：实线为两端张拉；虚线为一端张拉

其他各段的预应力筋伸长值见表 4-10。

采用两端同时张拉时，预应力筋的总伸长值为 224mm，每台千斤顶张拉速度宜同步，使两端张拉伸长值基本一致。若先在一端张拉锚固后再在另一端补拉，补拉时的张拉伸长值应是两者之差，本例补拉时伸长值为 21mm（计算略）。

⑦ 预应力筋张拉伸长值的控制。

量测张拉伸长值是在预应力筋建立初应力之后，曲线预应力筋的初应力宜取 20% σ_{con}，则实际采用的张拉程序为：$0\rightarrow 0.2\sigma_{\mathrm{con}}$（量测初读数）→（量测终读数）。张拉时实际伸长值应与计算伸长值进行校核，其相对偏差应控制在±6%范围内，合格点率应达到 95%，且最大偏差不应超过±10%。

预应力筋从 $0.2\sigma_{\mathrm{con}}$ 张拉至 σ_{con} 时实际量测的伸长值为

最大值（+6%）：$224\times(1-0.2)\times(1+6\%)+C=190+C$

最小值（-6%）：$224\times(1-0.2)\times(1-6\%)+C=168+C$

若量测的伸长值超出此允许值应暂停张拉，分析原因并采取措施予以调整后，方可继续张拉。

设：预应力筋从 $0.2\sigma_{\mathrm{con}}$ 张拉至 σ_{con} 时实际量测伸长值 $\Delta L_1=198\mathrm{mm}$，$C=8\mathrm{mm}$（设工具锚夹片内缩和千斤顶内钢绞线伸长各为 2mm）。

则实际伸长 ΔL 值可按下式计算

$$\Delta L=\frac{\Delta L_1-C}{k_2-k_1}\tag{4-21}$$

式中，k_1 是初应力占控制应力的比例，本例初应力为 $0.2\sigma_{\mathrm{con}}$，$k_1=0.2$；k_2 是终应力占控制应力的比例，本例终应力为 $1.0\sigma_{\mathrm{con}}$，$k_2=1.0$。

$$\Delta L=(198-8)\mathrm{mm}\div(1.0-0.2)=237.5\mathrm{mm}$$

相对偏差：$(237.5-224)\div 224\times 100\%=+6.0\%$（满足，趋近最大值）

⑧ 确定限位板的限位距离。

预应力筋的内缩量由限位板的限位距离确定，限位距离的测试方法是将工程所用钢绞线、锚具和张拉设备在台座上拉至张拉力，锚固后观察夹片的外露量 B，则限位距离可按下式计算（图 4-49）。

$$\delta=\alpha+\beta\tag{4-22}$$

本例要求 $\alpha=7.0\mathrm{mm}$，设张拉锚固后夹片的外露量 β 为 3mm。则限位距离 $\delta=\alpha+\beta=(7+3)\mathrm{mm}=10\mathrm{mm}$。

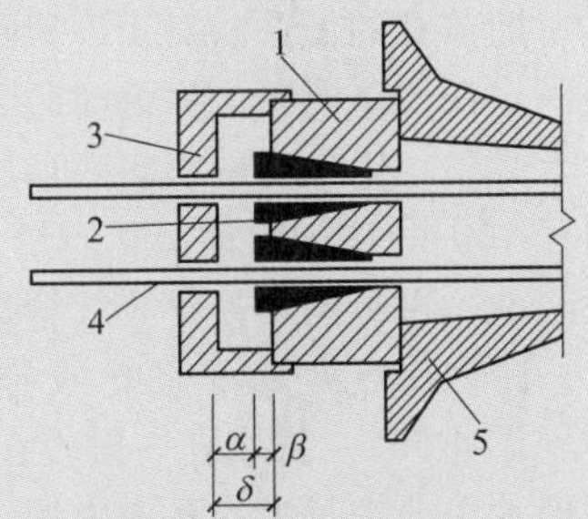

图 4-49 限位距离计算示意

1—工作锚具 2—夹片 3—限位板 4—预应力筋 5—锚垫板

⑨ 计算预应力筋张拉时的油压表读数（表 4-12）。

表 4-12 YCW-150B 型千斤顶油压表读数

张拉程序	0	$0.2\sigma_{\mathrm{con}}$	$0.6\sigma_{\mathrm{con}}$	$1.0\sigma_{\mathrm{con}}$
张拉力/kN	0	255	766	1276
YCW-150B，1#千斤顶 1#压力表/MPa	0	8.4	25.0	42.2
YCW-150B，2#千斤顶 2#压力表/MPa	0	9.4	26.8	43.5

（5）孔道灌浆与端头封裹　预应力筋张拉验收合格后，利用灌浆机械将水泥浆压入预应力筋孔道，其作用一是保护预应力筋，以免腐蚀；二是使预应力筋与构件混凝土有效地黏结成形，以控制使用阶段的裂缝间距和宽度并减轻端部锚具的负荷。因此，必须重视孔道灌浆的质量。

预应力筋在高应力状态下极易生锈，张拉后孔道应尽快灌浆。预应力筋穿入孔道后至孔道灌浆的时间间隔：当环境相对湿度大于60%或处于近海环境时不宜超过14d；当环境相对湿度不大于60%时不宜超过28d；当实际情况确实不能满足上述规定时，宜对预应力筋采取防锈措施。

1）灌浆材料。孔道灌浆用水泥浆由水泥、水及外加剂组成，其质量要求应符合国家现行有关标准的规定。灌浆宜用强度等级不低于42.5号的普通硅酸盐水泥调制的水泥浆，对空隙大的孔道，水泥浆中可掺适量的细砂，但水泥浆和水泥砂浆的强度等级不宜低于M30。水泥浆应采用机械搅拌，以确保拌和均匀。拌和用水和掺加的外加剂中不应含有对预应力筋或水泥有害的成分，外加剂与水泥应通过配合比试验来确定各自的用量。

孔道灌浆用水泥浆应具有足够的流动性、较小的干缩性与泌水性、强度高、黏结力大等特点。水泥浆水胶比不应大于0.45，掺加减水剂后水胶比可减至0.40以下。水泥浆的稠度：采用普通灌浆工艺时宜控制在12~20s；采用真空灌浆工艺时宜控制在18~25s。水泥浆的自由泌水率宜为0，且不应大于1%，泌水应在24h内全部被水泥浆吸收。

水泥浆内掺入适量灌浆专用外加剂，能使水泥浆在整个水化硬化的不同阶段产生适度的微膨胀，以补偿水泥浆体的干燥收缩和自身体积收缩，并使其具有适度缓凝和保持良好流动性的能力。采用普通灌浆工艺时，自由膨胀率不应大于10%；采用真空灌浆工艺时，自由膨胀率不应大于3%。为使孔道灌浆密实，可在灰浆中掺入0.05%~0.1%的铝粉或0.25%的木质素磺酸钙。

搅拌好的水泥浆必须过滤（过滤网网眼不大于5mm）置于贮浆桶内，并不断搅拌以防止沉淀。

孔道灌浆用水泥浆制成6个边长为70.7mm的立方体水泥浆试块，经28d标准养护后的抗压强度不应低于30MPa。

2）灌浆施工。在浇筑混凝土之前需设置灌浆孔、排气孔与泌水管。灌浆孔或排气孔一般设置在构件两端及跨中处，也可设置在锚具或铸铁喇叭管处，孔距不宜大于12m，孔径应能保持浆液畅通，一般不宜小于20mm。灌浆孔用于灌进水泥浆，排气孔是为了保证孔道内气流通畅以及水泥浆充满孔道，不形成死角。

灌浆孔的做法：对于一般预制构件，可采用木塞留孔。木塞应抵紧钢管、胶管或波纹管，并应固定，严防混凝土振捣时脱开。现浇预应力结构金属波纹管留孔作法如图4-39所示，是在波纹管上开口，用带嘴的塑料弧形压板与海绵垫片覆盖并用钢丝扎牢，再接增强塑料管（外径20mm，内径16mm）。为保证留孔质量，金属波纹管上可先不开孔，在外接塑料管内插一根钢筋，待孔道灌浆前，再用钢筋打穿波纹管。

跨内高点处的灌浆孔或排气孔应设置在孔道上侧方，在跨内低点处的应设置在孔道下侧方（图4-50）。排水孔一般设在每跨曲线孔道的最低点，开口向下，主要用于排除灌浆前孔道内冲洗用水或养护时进入孔道内的水分。泌水管应设在每跨曲线孔道的最高点处，开口向上，露出梁面的高度一般不小于500mm，其间距不大于30m，可兼做灌浆孔和排气孔。泌水管用于排除孔道灌浆后水泥浆的泌水，并可用来二次补充水泥浆。泌水管一般与灌浆孔统一设置。

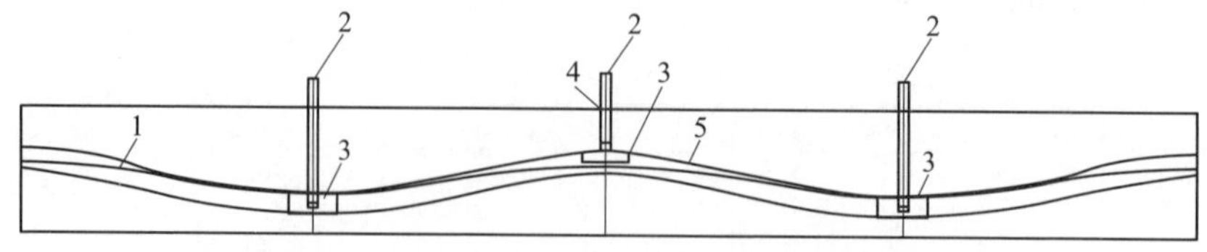

图4-50　排气孔设置及做法

1—预应力筋　2—排气孔　3—弧形压板　4—塑料管　5—波纹管孔道

灌浆设备包括砂浆搅拌机、灌浆泵、贮浆桶、过滤网、橡胶管和喷浆嘴等。灌浆泵应根据灌浆高度、长度、形态等选用，并配备计量校验合格的压力表。

灌浆前应全面检查构件孔道及灌浆孔、泌水孔、排气孔是否通畅。对抽芯管道可用压力水冲洗和润湿；对预埋管孔道可采用压缩空气清孔。灌浆前应采用水泥浆或水泥砂浆封闭锚具缝隙，待封堵材料的抗压强度大于10MPa后方可灌浆。灌浆用的水泥浆宜采用高速制浆机（转速不小于1000r/min）制浆。搅拌时间不宜超过5min；灌浆前应经过网孔不大于1.2mm×1.2mm筛网过筛，在灌浆过程中应不断搅拌，以免沉淀析水。制成后的成浆宜在30min内用完。因故停止灌浆时，应用压力水将孔道内的水泥浆冲洗干净。

水泥浆的可灌性以稠度表示，一般采用流锥仪测定，如图4-51所示。测试前应先用水湿润流锥仪内壁并用手指按住底部出料口，注入已拌制的水泥浆至规定刻度，打开秒表同时松开手指，测定水泥浆不间断全部流完的时间，即为水泥浆的稠度。

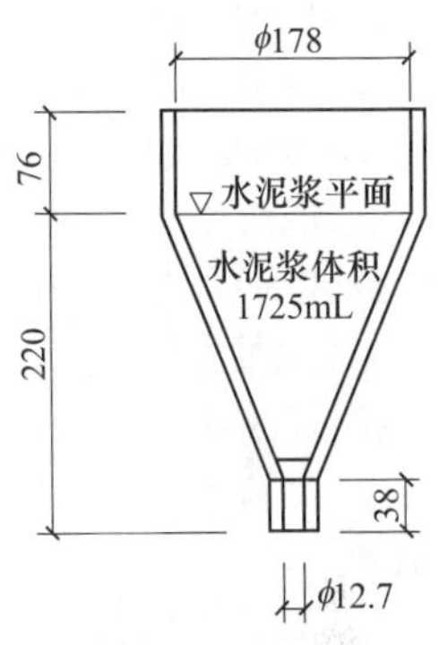

图4-51 流锥仪

灌浆过程中，可用电动或手动灰浆泵进行灌浆，水泥浆应均匀缓慢地注入。灌浆工作应连续进行，灌浆压力不应小于0.5N/mm^2，并应排气通顺。灌浆顺序宜先灌下层孔道，后灌上层孔道，以免堵塞漏浆；竖向孔道灌浆应自下而上进行，并应设置阀门。在灌满孔道并封闭排气孔后，宜继续加压0.5~0.7MPa，稳压1~2min，以确保孔道灌浆的密实性，稍后再关闭阀门，当灌浆浆体初凝后卸下阀门，清理后周转使用。对不掺加外加剂的水泥浆，可采用两次灌浆法来提高灌浆的密实性。

直线孔道灌浆，应从构件的一端灌到另一端；曲线孔道灌浆宜由最低点注入水泥浆，至最高点排气孔排尽空气并溢出浓浆为止。

曲线孔道灌浆后（除平卧构件），水泥浆由于重力作用下沉，少量水分上升，造成曲线孔道顶部的空隙较大。为了使曲线孔道顶部灌浆密实，在曲线孔道的上曲部位设置泌水管通过人工补浆。

当孔道直径较大且水泥浆不掺微膨胀剂或减水剂时，灌浆可采取二次压浆法或重力补浆法。超长孔道、大曲率孔道、扁管孔道、腐蚀环境的孔道等可采用真空辅助灌浆。当日平均温度连续5d低于5℃时，为防止浆体冻胀引起混凝土沿孔道方向产生纵向裂缝，尽量不要进行灌浆，否则必须采取抗冻保温措施。当工程所处环境温度高于35℃时，也不宜灌浆，尽量安排在夜间降温后进行，否则应采取专门的质量保证措施。

采用连接器连接的多跨连续预应力筋的孔道灌浆，应在连接器分段处预应力筋张拉后随即进行，不得在各分段全部张拉完毕后一次连续灌浆。

孔道灌浆后，应检查孔道上凸部位灌浆密实性，如有空隙，应采取人工补浆措施。对孔道阻塞或孔道灌浆密实情况有疑问时，可局部凿开或钻孔检查，但以不损坏结构为前提，否则应采取加固措施。

3）真空辅助灌浆。真空辅助灌浆是在预应力筋孔道的一端采用真空泵抽吸孔道中的空气，使孔道内形成负压为0.8~1.0MPa的真空度，然后在孔道的另一端采用灌浆泵进行灌浆。

采用真空辅助灌浆，孔道内的空气、水分以及混在水泥浆中的气泡在负压作用下大部分被排除，增加了孔道内浆体的密实度；孔道在真空状态下，减小了由于孔道高低弯曲而使浆体自身形成的压头差，便于浆体充盈整个孔道，尤其是异形关键部位；真空辅助灌浆的过程是一个连续而迅速的过程，缩短了灌浆时间。

真空辅助灌浆技术已在我国逐步推广应用，尤其对超长孔道、大曲率孔道、扁管孔道、腐蚀环境的孔道等的灌浆有利。真空辅助灌浆的孔道应具有良好的密封性，宜采用塑料波纹管成孔；灌浆用水泥浆应优化配置，以充分发挥真空辅助灌浆的作用。

4）封锚。张拉后应切除多余预应力筋，其露出锚具的长度应不小于1.5倍预应力筋直径和30mm，宜采用机械切割。灌浆后，按照设计要求进行封端处理。对凹入式锚固区，常用微胀混凝土或低收缩防水砂浆密封。对凸出式锚固区，可采用外包钢筋混凝土圈梁封闭。锚具的保护层厚度不得小于50mm，预应力筋的保护层厚度，正常环境下不小于20mm，易受腐蚀的环境下不小于50mm。

（6）预应力筋专项施工与普通钢筋混凝土有关工序的配合要求　预应力结构工程作为混凝土结构分部工程中的一个分项工程，在施工中须与钢筋分项工程、模板分项工程、混凝土分项工程等密切配合。

1）模板安装与拆除。

① 在确定预应力混凝土梁、板底模起拱值时，应考虑张拉后产生的反拱，起拱高度宜为全跨长度的0.5%~1%。

② 现浇预应力梁的一侧模板可在金属波纹管铺设前安装，另一侧模板应在金属波纹管铺设后安装。梁的端模应在端部预埋件安装后封闭。

③ 现浇预应力梁的侧模宜在预应力筋张拉前拆除。底模支架的拆除应按施工技术方案执行。当无具体要求时，应在预应力筋张拉及灌浆强度达到15MPa后拆除。

2）钢筋安装。

① 普通钢筋安装时应避让预应力筋孔道；梁腰筋间的拉筋应在金属波纹管安装后绑扎。

② 金属波纹管或无黏结预应力筋铺设后，其附近不得进行电焊作业；如有必要，则应采取防护措施。

3）混凝土浇筑。

① 混凝土浇筑时，应防止振动器触碰金属波纹管、无黏结预应力筋和端部预埋件等。

② 混凝土浇筑时，不得踏压或撞碰无黏结预应力筋、支撑架等。

③ 预应力梁板混凝土浇筑时，应多留置1~2组混凝土试块，并与梁板同条件养护，用以测定预应力筋张拉时混凝土的实际强度值。

④ 施加预应力时临时断开的部位，在预应力筋张拉后，即可浇筑混凝土。

2. 无黏结后张法预应力施工

无黏结后张法预应力是后张法预应力技术的一个重要分支。无黏结预应力混凝土是指预应力筋不与混凝土接触，而通过锚具传递预应力。施工时，先把无黏结预应力筋安装固定在模板内，然后再浇筑混凝土，待混凝土达到要求的强度后，进行预应力张拉和锚固。与有黏结后张法预应力施工相比：占用空间小，施工简单，无须预留孔道和孔道灌浆；在受力方面，当荷载作用于结构构件不同位置时，预应力筋可自行调整使各部位的应力基本相同；但构件整体性略差，预应力完全依靠锚具传递，因此对锚具要求高。该法在现浇楼板中应用最为广泛。

（1）无黏结预应力筋制作　无黏结预应力筋由芯部的预应力钢材、涂层以及外包层组成，施加预应力后沿全长与周围混凝土不黏结。其预应力筋一般采用钢绞线、钢丝等柔性较好的钢材制作，常用ϕ^{P}12.70和ϕ^{P}15.20钢绞线。涂层主要起润滑、防腐蚀作用，且有较好的耐高低温和耐久性，常采用防腐润滑油脂、环氧树脂等。外包层应具有足够的刚度、强度及韧性，且能防水、抗蚀，低温不脆化，高温化学稳定性好，宜采用高密度聚乙烯或聚丙烯套管，其厚度不得小于0.7mm。材料进场后，应成盘立放，避免挤压和暴晒。

无黏结预应力筋的制作采用一次挤塑成型工艺，其设备主要由放线索盘、给油装置、塑料挤出机、水冷装置、牵引机、收线机等组成（图4-52）。其工艺流程为：放线→涂油→包塑→冷却→收线。

涂油采用压缩空气进行，气压为0.3~0.6MPa。塑料挤出机的机头是该工艺的关键部件，在成型过程中必须保持塑料熔融物经过机头时油脂不流淌，同时还应保证成型的塑料护套与涂油的钢材有一定间隔，以便涂油的钢材能在塑料护套内任意抽动，减少张拉时孔道摩擦损失。热塑状态的塑料护套，一般采用水冷装置进行冷却。收线由牵引机与收线机同步转动完成。牵引机的牵引

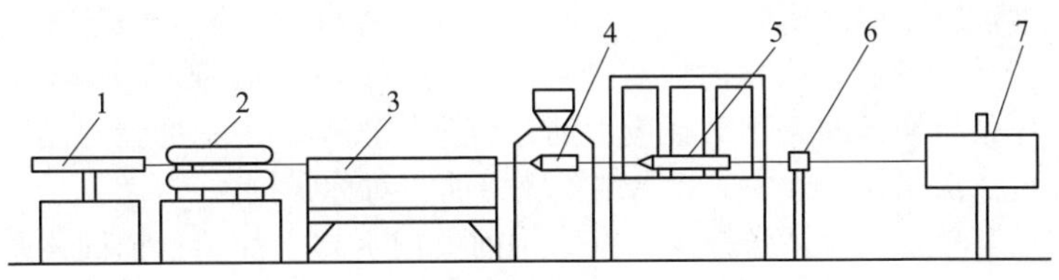

图 4-52　无黏结预应力筋工艺流程

1—收线机　2—牵引机　3—冷却槽　4—塑料挤出机机头　5—涂油装置　6—定位板　7—放线索盘

速度是一项重要的工艺参数，必须与挤塑速度匹配，以保持塑料护套厚度一致。护套厚度：在正常环境下不小于 1.0mm，在腐蚀环境下还应适当加厚。每米$\Phi^{P}15$、$\Phi^{P}20$ 无黏结钢绞线油脂的用量为 50kg。

成型后的整盘无黏结预应力筋可按工程所需长度、锚固形式下料，进行组装。不同规格的无黏结预应力筋应有明确标记；当无黏结预应力筋带有镦头锚具时，应用塑料袋包裹；无黏结预应力筋应堆放在通风干燥处，露天堆放应搁置在板架上，并加以覆盖，以免烈日暴晒造成涂层流淌。

（2）无黏结预应力筋铺设　无黏结预应力筋的铺设，通常是在底部钢筋铺设后进行。水电管线一般宜在无黏结预应力筋铺设后进行，且不得将无黏结预应力筋的竖向位置抬高或降低。支座处负弯矩钢筋通常在最后铺设。无黏结预应力筋铺设时，预应力筋在平面结构中常常为双向曲线配置，其曲线坐标宜采用钢筋支托或马凳控制，板中间距不宜大于 2m，梁中间距不宜大于 1.5m，并用钢丝与无黏结预应力筋扎牢，水平位置应保持顺直。在支座部位，无黏结预应力筋可直接绑扎在梁或墙的顶部钢筋上。双向配置的无黏结预应力筋铺设时，宜先铺设竖向坐标较低的无黏结预应力筋，后铺的无黏结预应力筋遇到部分竖向坐标低于先铺无黏结预应力筋时，应从其下方穿过。其底层普通钢筋，在跨中处宜与底面双向钢筋的上层筋平行铺设。成束配置的多根无黏结预应力筋应保持平行走向，防止相互扭绞。为了便于单根张拉，在构件端头处无黏结预应力筋应改为分散配置。无黏结预应力筋的张拉端可采用凸出式或凹入式做法（图 4-53）。端头预埋的承压板应垂直于预应力筋，螺旋筋应紧靠预埋承压板。凹口可采用塑料穴模成型。无黏结预应力筋的固定端宜采取内埋式做法（图 4-54），设置在构件端部的混凝土墙内，梁柱节点内或梁、板跨内。承压板不得重叠，锚具与承压板应贴紧。当预应力筋为曲线或折线形式时，曲线段的起始点至张拉锚固点应有不小于 300mm 的直线段，固定承压板时应保证与预应力筋末端的切线垂直。

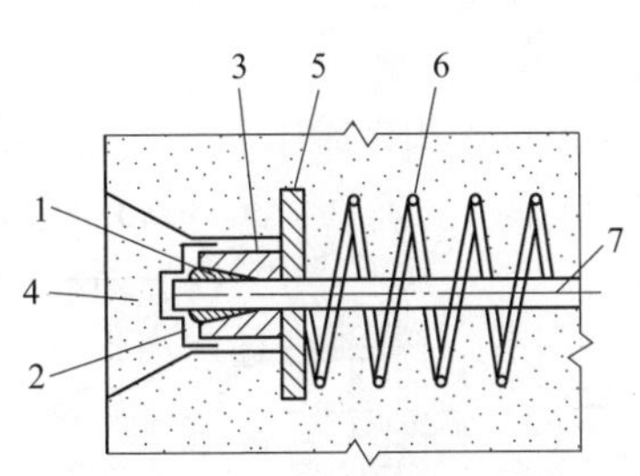

图 4-53　凹入式张拉端构造

1—防腐油脂　2—塑料盖帽　3—夹片锚具　4—微膨胀混凝土　5—承压板　6—螺旋筋　7—无黏结预应力筋

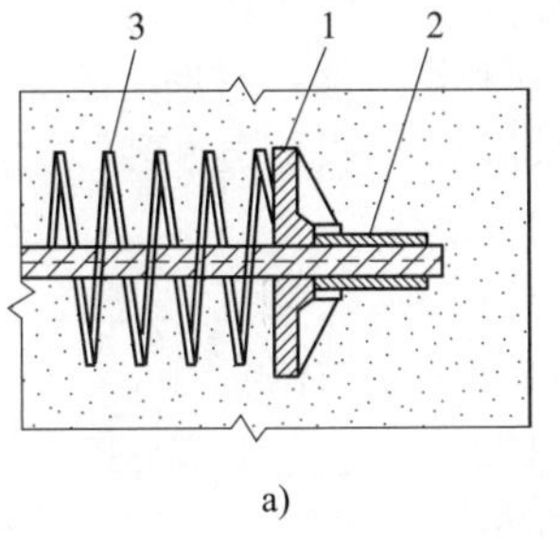

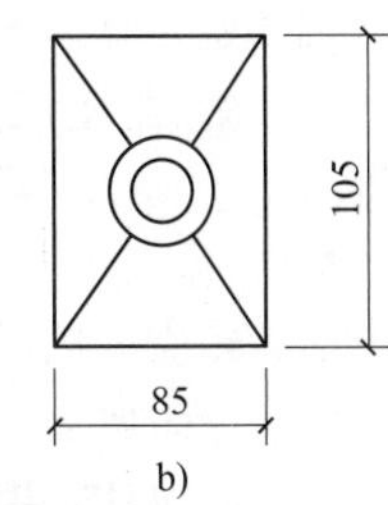

图 4-54　内埋式固定端构造

a）固定端构造　b）承压板平面

1—承压板　2—挤压后的挤压锚　3—螺旋筋

当固定端设置在混凝土梁、板跨内时，无黏结预应力筋跨过支座处不宜小于 1m，且应错开布置，其间距不宜小于 300mm。

（3）混凝土浇筑　无黏结预应力筋应经隐蔽工程验收合格后，方可浇筑混凝土。无黏结预应力筋的护套不得有破损。混凝土浇筑时，严禁踏压和碰撞无黏结预应力筋、支撑钢筋及端部预埋件。张拉端与固定端混凝土应捣实。

（4）无黏结预应力筋张拉　张拉前应清理承压板表面，并检查承压板后面的混凝土质量。混凝土楼盖结构，宜先张拉楼板的无黏结预应力筋，后张拉次梁、主梁的无黏结预应力筋。板中的无黏结预应力筋，可依次张拉。梁中的无黏结预应力筋宜对称张拉。

无黏结预应力筋宜单根张拉；张拉设备宜选用前置内卡式千斤顶；锚固体系选用单孔夹片锚具，其静载锚固性能应满足要求。

无黏结预应力筋由于孔道摩擦损失小，用于楼面结构时曲率也小，因此不论直线还是曲线形状在无黏结预应力筋长度不大于40m时均可采取一端张拉。当筋长超过40m时，宜采取分段张拉与锚固；超长预应力筋应分段布置、分段张拉与锚固。

当在梁板顶面或墙壁侧面的斜槽内张拉无黏结预应力筋时，宜采用变角张拉装置。

无黏结预应力筋一般长度大，有时又呈曲线形布置，如何减小其孔道摩擦损失是一个重要的问题。影响孔道摩擦损失的主要因素是润滑介质、包裹物和预应力筋截面形式。孔道摩擦损失可用标准测力计或传感器等测力装置进行测定。施工时，为减小孔道摩擦损失，宜采用多次重复张拉工艺。

无黏结后张法预应力筋的张拉与普通后张法带有螺母锚具的有黏结预应力钢丝束的张拉方法相似。张拉程序一般为$0 \rightarrow 1.03\sigma_{con}$。由于无黏结预应力筋多为曲线配筋，故应两端同时张拉。无黏结预应力筋的张拉顺序，应根据其铺设顺序，先铺设的先张拉，后铺设的后张拉。

无黏结预应力筋张拉伸长值校核与有黏结预应力筋的相同；超长无黏结预应力筋由于张拉初期的阻力大，所以初拉力以下的伸长值比常规推算伸长值小，应通过试验修正。

（5）端部切割与封裹　无黏结预应力筋由于一般采用镦头锚具，锚头部位的外径比较大，因此钢丝束两端应在构件上预留一定长度的孔道，其直径略大于锚具的外径。钢丝束张拉锚固以后，其端部便留下孔道，并且该部分钢丝设有涂层，为此应加以处理，以保护预应力钢丝。

1）预应力结构工程验收合格后，锚固处外露部分的预应力筋方可割除，宜采用机械方法切割，如砂轮锯或液压剪。当张拉端为凸出式时，预应力筋的外露长度不宜小于其直径的1.5倍，且不宜小于30mm。

2）锚具封裹保护应符合设计要求。当设计无要求时，凸出式锚固端锚具的保护层厚度不应小于50mm，凹入式锚固端锚具用细石混凝土封裹或填平。外露预应力筋的混凝土保护层厚度不得小于20mm，处于腐蚀环境时应加大至50mm。

3）锚具封裹前应将周围混凝土冲洗干净、凿毛，封裹后与周边混凝土之间不得有裂纹；对凸出式锚固端锚具应配置拉筋和钢筋网片，且应满足防火要求。

4）锚具封裹保护宜采用与构件同强度等级的细石混凝土，也可采用微膨胀混凝土或低收缩砂浆等。

5）无黏结预应力筋锚具封裹前，预应力筋端部和锚具夹片处可涂防腐油脂，并套上塑料盖帽，如图4-55a所示，也可在两端留设的孔道内注入环氧树脂水泥砂浆，其抗压强度不低于35MPa。灌浆时应同时将锚头封闭，以防止钢丝锈蚀，同时也起一定的锚固作用，如图4-55b所示。

6）群锚连接器内应灌浆密实，无黏结连接器内应注满

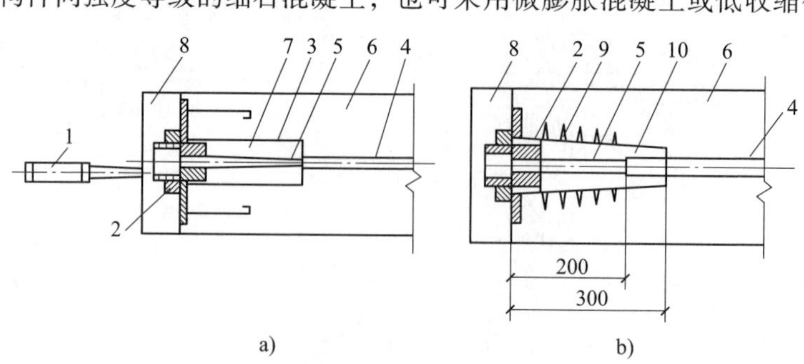

图4-55　锚头端部处理方法

a）油脂封闭　b）环氧树脂水泥砂浆封闭

1—油枪　2—锚具　3—端部孔道　4—有涂层的无黏结预应力筋　5—无涂层的端部钢丝　6—构件　7—注入孔道的油脂　8—混凝土　9—端部加固的螺旋筋　10—环氧树脂水泥砂浆

防腐油脂。

3. 缓黏结预应力施工

缓黏结预应力体系由无黏结和有黏结两种体系有机组合，其最大的特点是：在施工阶段与无黏结预应力体系一样施工方便，在使用阶段与有黏结预应力体系一样受力性能好，且耐腐蚀性优于其他预应力体系。其具有预应力筋截面小，布筋自由，使用方便，张拉阻力小，无须留设孔道和压浆，构件整体性好，锚固能力及耐腐蚀性强等优点。

缓黏结预应力筋由预应力钢材、缓黏结材料和塑料护套组成。预应力钢材宜用钢绞线，应优先选用 1×19 多股大直径的钢绞线；缓黏结材料是由树脂黏结剂和其他材料混合而成的，具有延迟凝固性能；塑料护套应带有纵横向外肋，以增强预应力筋与混凝土的黏结力（图 4-56）。缓黏结材料的黏度会随时间、温度等因素逐步变化，其摩擦系数缓慢增大。试验表明，缓黏结预应力筋前期的摩阻力较小且增加缓慢，后期的摩阻力会急剧增加形成突变（图 4-57）。因此，把握张拉时间十分重要，缓黏结预应力筋必须在摩阻力发生突变前张拉。试验表明，龄期为 6 个月的缓黏结预应力筋，合适的张拉时间应在 50d 以内。

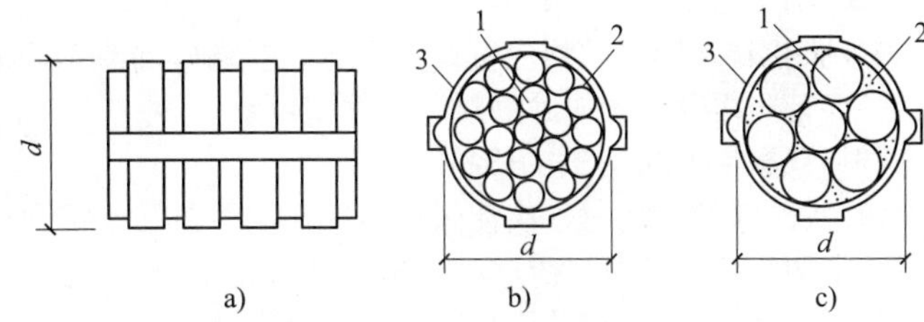

图 4-56　缓黏结预应力钢绞线

a）外形　b）19 丝钢绞线　c）7 丝钢绞线

1—钢绞线　2—缓黏结剂　3—塑料护套　*d*—缓黏结筋直径

缓黏结预应力施工工艺与无黏结预应力施工工艺基本相同。在施工准备、缓黏结预应力筋的安装、混凝土浇筑、缓黏结预应力筋的张拉方面还应注意以下内容：

（1）施工准备

1）缓黏结剂的固化时间和张拉适用期应根据施工进度和缓黏结预应力钢绞线生产时间确定，对于过后浇带的缓黏结预应力钢绞线，应考虑后浇带浇筑时间的影响。

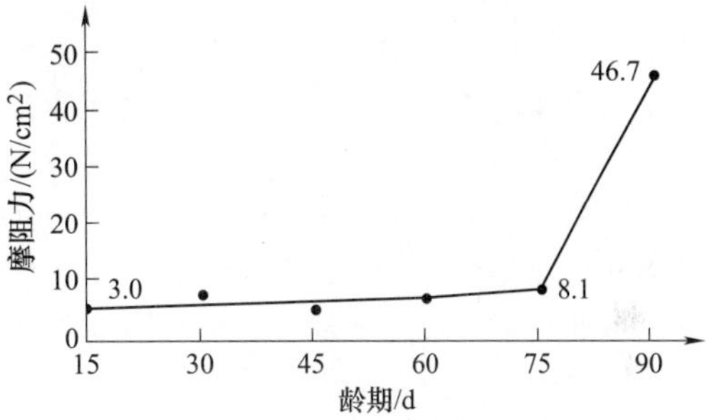

图 4-57　缓黏结预应力筋摩阻力随时间的变化

2）缓黏结预应力钢绞线应按工程所需要的长度和锚固形式进行下料和组装，并应采取措施防止缓黏结剂从端头流出。下料长度应综合考虑其曲率、锚固端保护层厚度，并应根据不同的张拉方式和锚固形式预留张拉长度。

3）缓黏结预应力钢绞线在成品堆放期间，应按不同规格分类堆放于温度变化不大、通风良好处，当露天堆放时，不得直接与地面接触，并应采取覆盖措施。存放应远离热源，严禁太阳暴晒，并应按产品说明书温度存放。

（2）缓黏结预应力筋的安装

1）缓黏结预应力钢绞线安装之前，应检查缓黏结剂标示的固化时间和张拉适用期，以及预应力钢绞线的规格、长度、数量、固定端组装件是否安装可靠、外包护套外观是否符合要求。

2）缓黏结预应力筋在铺设前应通过计算确定其位置，其竖向高度宜通过架立钢筋控制，梁内架立钢筋间距不宜大于 1m；板中单根缓黏结预应力钢绞线的架立钢筋间距不宜大于 2m；缓黏结预应力筋束形控制点的设计位置竖向偏差应符合规定。

3）缓黏结预应力筋的水平位置应保持顺直，板内缓黏结预应力筋绕过洞口铺设时，应符合规定。

4）安装板内双向缓黏结预应力筋时，应根据纵横筋交叉点的标高先铺设标高较低方向的缓黏结预应力筋。

5）各种管线的敷设不应将缓黏结预应力筋的竖向位置抬高或压低。

6）张拉端宜采用木模板，并应按施工图中预应力筋位置钻孔。张拉端承压板应采取可靠措施固定在端部模板上，且应保持张拉作用线与承压板面垂直。

7）张拉端锚具系统安装时，缓黏结预应力筋的外露长度应根据张拉机具所需要的长度确定，穴模与承压板之间不应有缝隙。

8）固定端锚具系统安装时，固定端锚具应按设计要求位置绑扎固定，内埋式固定端承压板不得重叠，锚具与承压板应贴紧。

9）张拉端和固定端均应按设计要求配置螺旋筋或钢筋网片，螺旋筋或钢筋网片均应紧靠承压板，并保证与缓黏结预应力筋对中和固定可靠。

（3）缓黏结预应力筋的张拉

1）安装张拉设备时，应使张拉力的作用线与缓黏结预应力筋末端中心线重合。因操作空间原因需要采用变角张拉时，应通过变角器平滑改变角度，张拉力作用线应与变角器末端平面垂直。

2）缓黏结预应力筋的张拉顺序应符合设计要求；当设计无要求时，可采用分批、分阶段对称张拉或依次张拉。

3）当张拉时间接近缓黏结预应力筋张拉适用期，预应力筋摩擦系数偏大时，可采用预张拉或持荷超张拉的方法消除缓黏结剂初期固化对摩擦系数的影响。

4）张拉后应采用砂轮锯或其他机械方法切割多余缓黏结预应力筋，切断后露出锚具夹片外的长度不得小于 30mm。

4.4.2 先张法施工

先张法的主要施工工序为：在台座上张拉预应力筋至预定长度后，先将预应力筋固定在台座的传力架上；然后在张拉好的预应力筋周围浇筑混凝土；最后待混凝土达到一定的强度后（约为混凝土设计强度的 75%）切断预应力筋。由于预应力筋的弹性回缩，使得与预应力筋黏结在一起的混凝土受到预压作用。因此，先张法是靠预应力筋与混凝土之间的黏结力来传递预应力的，如图 4-58 所示。先张法具有钢筋和混凝土之间黏结可靠度高、构件整体性好、生产效率高、施工工艺简单、锚具可多次重复使用、经济效益高等优点；缺点是生产占地面积大，养护要求高，必须有承载能力强且刚度大的台座。因此，该法仅适用于在构件厂生产中小型构件，多在固定的预制厂生产，也可在施工现场生产。

先张法通常适用于在长线台座（50~200m）上成批生产配直线预应力筋的混凝土构件，如屋面板、空心楼板、檩条等，也适用于在槽式台座上生产深梁、箱梁、盾构的管片等。采用流水线生产预制楼板时，也有用钢模板作为台座的。

近年来，先张法技术在应用范围、预应力钢材、张拉机具等各方面都有了开发性研究和改进，在大跨度预制预应力混凝土空心板、预制预应力混凝土薄板及预应力混凝土装配式框架等结构中逐步得到应用。

（1）台座　用台座法生产预应力混凝土构件时，预应力筋锚固在台座横梁上，台座承受预应力筋的全部张拉力。因此，台座应有足够的承载力、刚度和稳定性，以避免台座变形、倾覆和滑移。台座由台面、横梁和承力结构等组成，可分为墩式台座、槽式台座、钢模台座。

1）墩式台座。墩式台座是指以混凝土墩作为承力结构的台座，由承力台墩、台面与横梁组成，一般用以生产中小型构件。台座长度较长，其长度宜为 100~150m，张拉一次可生产多根构件，从而减少因钢筋滑动而引起的应力损失。每米宽台座的承载力应根据构件的张拉力大小设计成 200~500kN。台座的宽度主要取决于构件的布筋宽度，以及张拉和浇筑混凝土是否方便，一般不大于 2m。

当生产空心板、平板等平面布筋的小型构件时，由于张拉力不大，可利用简易墩式台座将卧梁和台座浇筑成整体，充分利用台面受力。锚固钢丝的角钢用螺栓锚固在卧梁上。生产中型构件或多层叠浇构件可用图 4-59 所示的墩式台座。台面局部加厚，以承受部分张拉力。

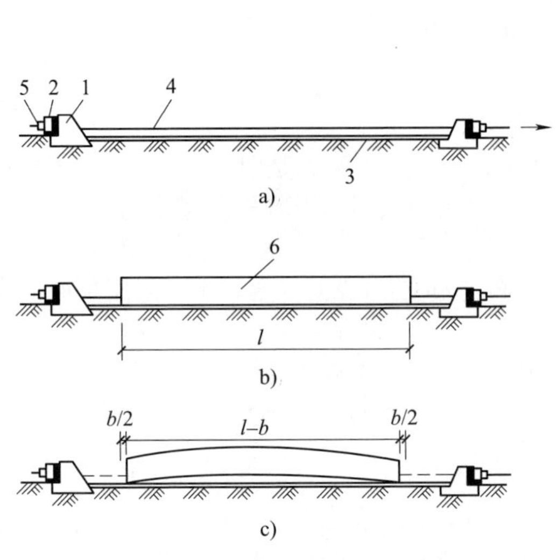

图 4-58　先张法生产示意图

a）预应力筋张拉　b）浇筑混凝土构件　c）放张预应力筋

1—台座承力结构　2—横梁　3—台面

4—预应力筋　5—夹具　6—构件

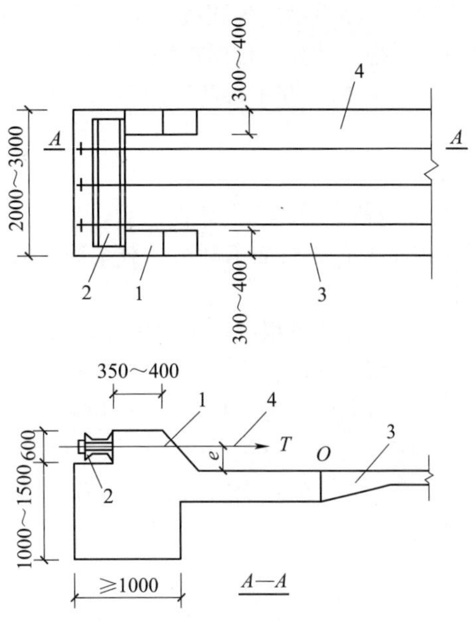

图 4-59　墩式台座

1—混凝土墩　2—钢横梁　3—局部加厚的台面

4—预应力筋

在台座的端部应留出张拉操作场地和通道，两侧要有构件运输和堆放的场地。台座的强度应根据构件张拉力的大小确定，可按每米宽台座的承载力为 200~500kN 设计台座。

① 承力台墩。承力台墩一般由现浇钢筋混凝土制成，埋置在地下。台墩应具有足够的承载力、刚度和稳定性。稳定性验算包括抗倾覆验算与抗滑移验算。台墩的抗倾覆验算可按下式进行（图 4-60）：

$$K = \frac{M_1}{M} = \frac{GL + E_P e_2}{P_j e_1} \geqslant 1.50 \qquad (4\text{-}23)$$

式中，K 是抗倾覆安全系数，应不小于 1.50；M 是倾覆力矩（N · m），由预应力筋的张拉力产生；P_j 是预应力筋的张拉力（N）；e_1 是张拉力合力作用点至倾覆点的力臂（m）；M_1 是抗倾覆力矩（N · m），由台座自重和土压力等产生；G 是台墩的自重（N）；L 是台墩重心至倾覆点的力臂（m）；E_P 是台墩后面的被动土压力合力（N），当台墩埋置深度较浅时，可忽略不计；e_2 是被动土压力合力至倾覆点的力臂（m）。

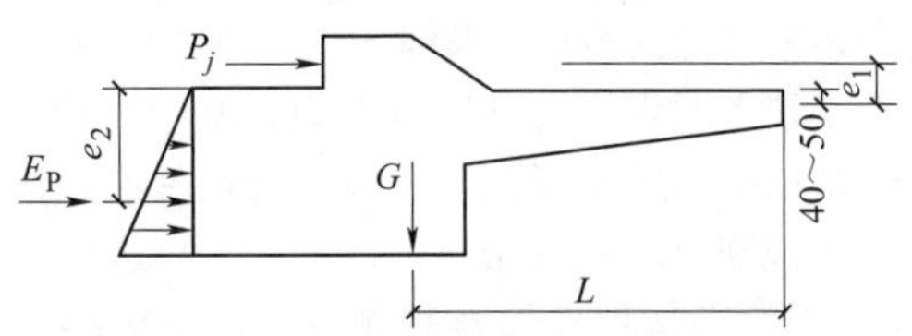

图 4-60　承力台墩的抗倾覆验算简图

台墩倾覆点的位置，对于台墩与台面共同工作的台墩，按理论计算倾覆点应在混凝土台面的表面处，但考虑到台墩的倾覆趋势使得台面端部顶点出现局部应力集中和混凝土抹面层施工质量的影响，因此倾覆点的位置宜取在混凝土台面往下 40~50mm 处。

台墩的抗滑移验算可按下式进行：

$$K_c = \frac{N_1}{P_j} \geqslant 1.30 \qquad (4\text{-}24)$$

式中，K_c 是抗滑移安全系数，应不小于 1.30；N_1 是抗滑移的力（N），对于独立的台墩，由侧壁土压力和底部摩阻力等产生。

与台面共同工作的台墩可不进行抗滑移验算，但应验算台面的承载力。

② 台面。台面一般是指在夯实的碎石垫层上浇筑一层厚度为 60~100mm 的混凝土。进行强度验算时，支撑横梁的牛腿按柱子牛腿计算方法计算其配筋；墩式台座与台面接触的外伸部分，按偏心受压构件计算；台面按轴心受压构件计算；横梁按承受均布荷载的简支梁计算。台面挠度控制在 2mm 以内，并不得产生翘曲。其水平承载力 P 可按下式计算：

$$P=\frac{\varphi A_c f_c}{K_1 K_2} \tag{4-25}$$

式中，φ 是轴心受压纵向弯曲系数，取 1；A_c 是台面截面面积（mm^2）；f_c 是混凝土轴心抗压强度设计值（MPa）；K_1 是台面承载力超载系数，取 1.2；K_2 是考虑台面截面不均匀和其他影响因素的附加安全系数，取 1.5。

台面伸缩缝可根据当地温差和经验设置，一般每隔 10m 左右设置一条，也可采用预应力混凝土滑动台面，不留施工缝。

预应力混凝土滑动台面（图 4-61）是在原有的混凝土台面或新浇的混凝土基层上刷隔离剂，张拉预应力钢丝，浇筑混凝土面层，待混凝土强度达到放张强度后切断钢丝，台面就发生了滑动。这种台面，经过多年使用实践，未出现裂缝，效果良好。

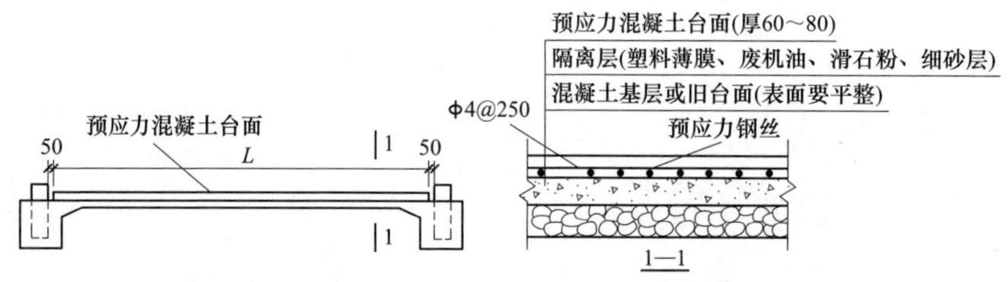

图 4-61 预应力混凝土滑动台面

③ 横梁。台座两端设置有固定预应力筋的横梁，一般用型钢制作，设计时，除应要求横梁在张拉力的作用下有一定的强度外，还应避免其变形，以减少预应力损失。

2）槽式台座。生产吊车梁、箱梁等预应力混凝土构件时，由于张拉力和倾覆力矩都较大，所以大多采用槽式台座（图 4-62）。槽式台座由通长的钢筋混凝土压杆，上、下横梁，台面等组成，可承受较大的张拉力和倾覆力矩，其上加砌砖墙等可形成槽状，加盖后又可作为蒸汽养护槽，适用于张拉梁、屋架等预应力较大的构件或双向预应力构件。

台座的长度一般不大于 76m，宽度随构件外形及制作方式而定，一般不小于 1m，承载力 1000kN 以上。为便于运送混凝土和进行蒸汽养护，槽式台座多低于地面。为便于拆迁，台座的混凝土压杆可分段浇制。在施工现场还可利用已预制好的柱、桩等构件装配成简易槽式台座。设计槽式台座时，应进行抗倾覆验算和强度验算。

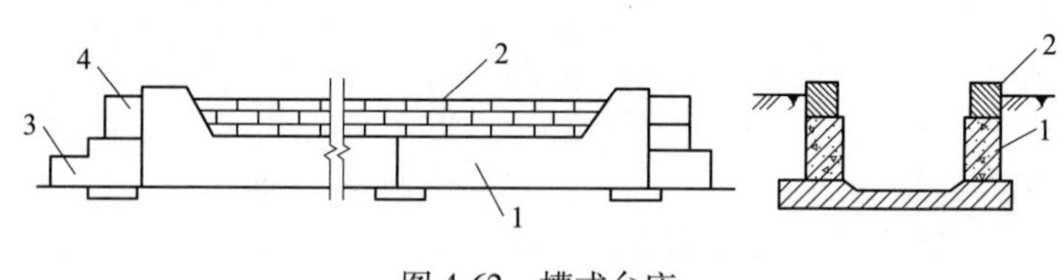

图 4-62 槽式台座

1—混凝土压杆 2—砖墙 3—下横梁 4—上横梁

3）钢模台座。钢模台座（图 4-63）是将制作构件的钢模板作为预应力筋锚固支座的一种台座。把钢模板制作成具有相当刚度的结构，将钢筋直接放置在钢模板上进行张拉。这种模板便于将混凝土移位和调运至蒸汽池养护，主要在流水线生产中应用。钢模台座主要用于楼板、管桩、轨枕等较小构件的制作。

（2）预应力筋铺设 先张法构件的预应力筋宜采用螺旋肋钢丝、刻痕钢丝、普通或刻痕 1×3 钢绞线和 1×7 钢绞线等高强度预应力钢材。在预应力钢丝表面刻痕和压波可以提高钢丝与混凝土间的黏结力。

预应力钢丝和钢绞线下料应采用砂轮锯切割，不得采用电弧切割。

长线台座的台面（或胎模）在铺设预应力筋前应涂隔离剂。隔离剂不应沾污预应力筋，以免影响预应力筋与混凝土的黏结。如果预应力筋遭受污染，应使用适宜的溶剂清洗干净。在生产过程中，应防止雨水冲刷台面上的隔离剂。

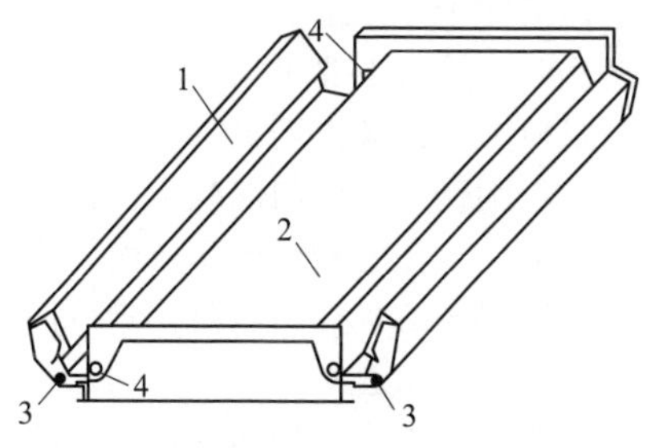

图 4-63　钢模台座

1—侧模　2—底模　3—活动铰

4—预应力筋锚固孔

预应力钢丝宜用牵引车铺设。如果钢丝需要接长，可借助于钢丝连接器或钢丝密排绑扎。刻痕钢丝的绑扎长度不应小于 $80d$，钢丝搭接长度应比绑扎长度大 $10d$（d 为钢丝直径）。

预应力钢绞线接长时，可用接长连接器。预应力钢绞线与工具式螺杆连接时，可采用套筒式连接器。

（3）预应力筋张拉

1）预应力筋的张拉程序。常温中，钢材在持续高应力的作用下，其应力会随时间的延长而降低，这种现象称为松弛。当应力与温度维持不变时，钢材的应变随时间的延长而增加的现象称为蠕变。应力松弛是预应力筋的重要力学性能，为减少松弛损失，预应力筋张拉程序一般为：$0 \rightarrow 1.05\sigma_{con}$（持荷 2min）$\rightarrow \sigma_{con}$ 或 $0 \rightarrow 1.03\sigma_{con}$。

松弛的数值与控制应力和延续时间有关：当其他条件不变时，控制应力越高，松弛越大，因此钢丝、钢绞线的松弛损失比热轧钢筋大；松弛损失还随着时间的延长而增加，但在初期发展最快，第一个小时内松弛最大。在上述张拉程序中，若先超张拉 5% σ_{con}，再持荷 2min，则可减少 40%~50%松弛损失，超张拉 3% σ_{con} 也是为了弥补松弛引起的预应力损失。前者建立的预应力值较为准确，但功效较低，且所用锚夹具允许反复拆装或调整；后者的特点则与前者相反。

2）张拉应力的控制。用应力控制张拉时，为了校核预应力值，在张拉过程中应测出预应力筋的实际伸长值。实际伸长值与计算伸长值的相对允许偏差为±6%。

张拉时的控制应力应按设计规定来确定。控制应力的数值会直接影响预应力的效果，控制应力越高，建立的预应力值越大，但控制应力过高，预应力筋会处于高应力状态，不论对施工还是结构使用均不利。此外，施工中为减少由于松弛等原因造成的预应力损失，一般要进行超张拉，如果原定的控制应力过高，再加上超张拉就可能使钢筋的应力超过允许张拉控制应力。为此，一方面，为了充分发挥预应力筋的作用，减少预应力损失，钢丝、钢绞线和热处理钢筋的最小张拉控制应力不应小于 $0.4f_{ptk}$（f_{ptk} 为预应力钢丝、钢绞线抗拉强度标准值），预应力螺纹钢筋的张拉控制应力不宜小于 $0.5f_{pyk}$（f_{pyk} 为预应力螺纹筋的屈服强度标准值）；另一方面，预应力筋的张拉控制应力应满足表 4-7 和式（4-11）的要求。

3）施工注意事项。做好材料、设备检查，并做好预应力筋张拉记录。在张拉钢筋后进行其他钢筋绑扎、预埋件安装、模板安装以及混凝土浇筑等操作时，要防止踩踏、敲击或碰撞预应力筋。

预应力筋张拉应根据设计要求进行。采用台座法张拉时，为避免台座承受过大的偏心压力，应先张拉靠近台座截面重心处的预应力筋。当进行多根预应力筋成组张拉时，应先调整各预应力筋的初应力，使其长度和松紧一致，以保证张拉后各预应力筋的应力一致，初应力值一般取 10% σ_{con}：对单根张拉程序为 0→锚固；对整体张拉程序为 0→初应力调整→锚固。

预应力钢丝在长线台座上采用电动螺杆张拉机进行单根张拉，弹簧测力计测力，夹片式或销片夹具锚固。单根钢绞线可采用小吨位液压千斤顶张拉，夹片式锚具锚固。在长线台座上，钢绞线的长度长，千斤顶的行程有限，需要多次张拉才能达到所需要的张拉力。

在预制厂用机组流水法生产预应力板类构件时，钢丝两端镦头固定，钢绞线采用夹片式锚具固定，借助于连接装置（如梳筋板、活动横梁等）用千斤顶进行成组张拉。张拉要缓慢进行；顶紧夹片时，用力不要过猛，以防钢丝折断；在拧紧螺母时，应注意压力表读数要适中以保持所需要的张拉力。预应力筋张拉时，张拉机具与预应力筋应在一条直线上；同时在台面上每隔一定距离放一根圆钢筋头或与混凝土保护层厚度相当的其他垫块，以防预应力筋因自重而下垂。先张法预应力构件，在混凝土浇筑之前发生断裂或滑脱的预应力筋必须更换。

采用先张法张拉钢丝时，张拉伸长值不作校核，钢丝张拉锚固后 1h，用钢丝测力仪检查钢丝的应力值，其偏差不得超过工程设计规定检验值的 5%。采用先张法张拉钢筋或钢绞线时，张拉伸长值校核与后张法的相同。张拉完毕锚固时，张拉端的预应力筋内缩量不得大于设计规定值；锚固后，预应力筋对设计位置的偏差不应大于 5mm，且不得大于构件截面短边边长的 4%。

预应力筋张拉时，台座两端应有安全防护设施，操作人员严禁在两端停留或穿越，也不得进入台座内。敲击锚具的锥塞或楔块时，不应用力过猛，以免损伤预应力筋而断裂伤人，但又要锚固可靠。冬季张拉预应力筋环境温度不宜低于-15℃，且应考虑预应力筋容易脆断的危险。

（4）混凝土的浇筑与养护　预应力筋张拉完成后，应及时浇筑混凝土。确定预应力混凝土的配合比时，应尽量减少混凝土的收缩和徐变，以减少预应力损失。收缩和徐变都与水泥品种、用量、水胶比、骨料孔隙率、振动成型等有关。混凝土应采用低水胶比，控制水泥用量和骨料级配以减少收缩和徐变，进而减少预应力损失。

预应力筋张拉完成后，钢筋绑扎、模板拼装和混凝土浇筑等工作应尽快跟上。混凝土的浇筑必须一次完成，不得留设施工缝，应振捣密实，注意加强端部的振捣，且振动器不得碰撞预应力筋。混凝土未达到规定强度前，不允许碰撞或踩动预应力筋。

混凝土可采用自然养护或湿热养护。但必须注意，当预应力混凝土构件在台座上进行湿热养护时，由于预应力筋张拉后锚固在台座上，温度升高会使预应力筋膨胀伸长，从而使预应力筋的应力减小。在这种情况下混凝土逐渐硬结，而预应力筋由于膨胀伸长引起的应力损失不能恢复。因此，应采取正确的养护制度以减少由于温差引起的预应力损失。一般可采用两次升温的措施：初次升温应在混凝土尚未硬结、未与预应力筋黏结时进行，初次升温的温差一般应控制在 20℃以内，以免因预应力筋与台座长度变化不一致而引起预应力损失；第二次升温则在混凝土构件具备一定强度（7.5~10MPa），即混凝土与预应力筋的黏结力足以抵抗温差变形后，再将温度升到养护温度进行养护，此时，预应力筋将和混凝土一起变形，预应力筋不再引起预应力损失。

以机组流水法或传送带法用钢模制作预应力构件，湿热养护时钢模与预应力筋同步伸缩，故不会因温差引起预应力损失。

（5）预应力筋放张　预应力筋的放张过程是预应力值的建立过程，是先张法预应力构件能否获得良好质量的重要环节，应根据放张要求，确定适宜的放张顺序、放张方法及相应的技术措施。

预应力筋放张时混凝土强度必须符合设计要求，当设计无要求时，不应低于混凝土设计强度等级的 75%。采用消除应力钢丝和钢绞线的先张法预应力构件，混凝土强度不应低于 30MPa。过早放张会由于预应力筋回缩而引起较大的预应力损失。预应力筋的放张应根据构件类型与配筋情况选择正确的顺序与方法，否则会引起构件翘曲、开裂和预应力筋断裂等现象。

1）放张顺序。预应力筋的放张顺序，当设计无要求时，应符合下列规定：

① 轴心受压的构件（如拉杆、桩等），所有预应力筋应同时放张；特别是钢丝数量较多时，如逐根放张，则最后几根钢丝会由于承受过大的拉力而突然断裂，导致构件应力传递长度骤增或使构件端部开裂。

② 对于承受偏心预压应力的构件（如梁等），应先同时放张预压应力较小区域的预应力筋，再同时放张预压应力较大区域的预应力筋。

③ 当不能按上述规定放张时，应分阶段、对称、相互交错地放张，以防止在放张过程中，构件产生翘曲、裂纹及预应力筋断裂等现象。

④放张后预应力筋的切断顺序，宜由放张端开始，逐次切向另一端。

⑤ 采用湿热养护的预应力混凝土构件，宜热态放张预应力筋，而不宜降温后再放张。

2）放张方法。放张过程中，应使预应力构件自由压缩。放张工作应缓慢进行，避免过大的冲击与偏心，防止击碎端部混凝土。当预应力筋为钢丝时，钢丝可采用砂轮锯或切断机切断；当预应力筋为钢筋时，对热处理钢筋不得用电弧切割，宜用砂轮锯或切断机切断。多根钢丝或钢筋的同时放张，可用液压千斤顶、楔块、砂箱等。常用的方法如下：

① 采用普通千斤顶放张。千斤顶拉动单根预应力筋，放松螺母，然后缓慢回油放张。放张时由于混凝土与预应力筋已黏结成整体，松开螺母的间隙只能是最前端构件外露预应力筋的伸长量，因此，所施加的应力往往超过控制应力10%，应注意安全。对成组张拉者应推动钢梁、退出夹片，再缓慢回油放松。

② 采用台座式千斤顶放张。采用两台台座式千斤顶整体缓慢放张，应力均匀，安全可靠。放张用台座式千斤顶可专用也可与张拉合用。为防止台座式千斤顶长期受力，可采用垫块顶紧。

③ 采用楔块放张。如图4-64所示，在台座与横梁间设置楔块5，放张时旋转螺母4，使螺杆6向上移动，使楔块5退出，达到同时放张预应力筋的目的。楔块放张装置适宜用于张拉力不大的情况，一般以不大于300kN为宜。当张拉力较大时，可采用砂箱放张。

④ 采用砂箱放张。如图4-65所示，砂箱由钢制套箱及活塞（套箱内径比活塞外径大2mm）等组成，内装石英砂或铁砂。当张拉钢筋时，箱内砂被压实，承担着横梁的反力。放松钢筋时，将出砂口打开，使砂缓慢流出，以达到缓慢放张的目的。砂箱放张能控制放张速度，工作可靠，施工方便。

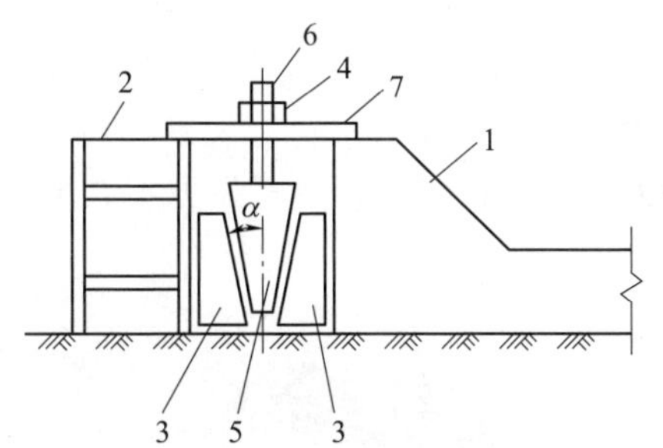

图4-64　楔块放张示意图

1—台座　2—横梁　3—钢块　4—螺母
5—楔块　6—螺杆　7—承力板

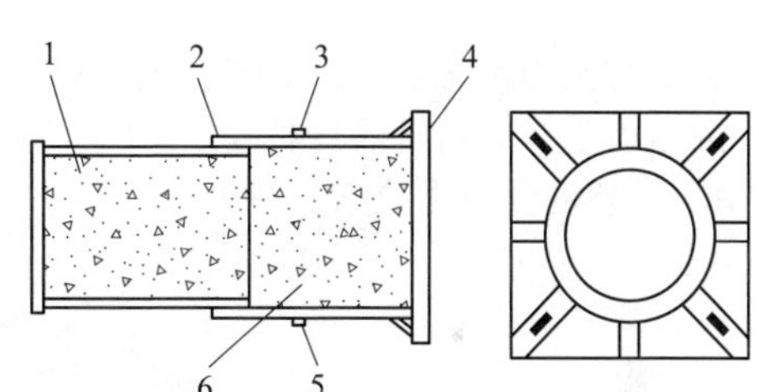

图4-65　砂箱放张示意图

1—活塞　2—套箱　3—进砂口　4—套箱底板
5—出砂口　6—砂

3）切割。对于先张法板类构件的钢丝或钢绞线，放张时可直接用砂轮锯切割。放张工作宜从生产线中间开始，以减少回弹量且有利于脱模；每块板应从外向内对称放张，以免因构件扭转而端部开裂。为了检查构件放张时钢丝与混凝土的黏结是否可靠，切断钢丝时应测定钢丝向混凝土内的回缩情况，一般不宜大于1.0mm。

4.5　预应力钢结构施工

随着计算机及计算分析软件技术、复杂空间结构设计与制造安装技术以及预应力拉索材料和生产技术的进步，预应力钢结构施工正发展成为预应力工程中的一个重要分支。与预应力混凝土结构不同，在钢结构中导入预应力的目的有：提高钢结构的承载力、刚度和稳定性；调控钢结构中杆件的应力幅度；调控钢结构关键点的变形。

1. 预应力钢结构基本分类

预应力钢结构可分为预应力构件、预应力平面结构和预应力空间结构。预应力构件包括预应力拉杆、预应力压杆和预应力实腹梁；预应力平面结构包括预应力桁架、预应力拱架、预应力框架和预应力吊挂结构；预应力空间结构是在现代大型公用建筑物中常用的一种屋盖承重结构形式，包括预应力立体桁架、预应力网架、预应力网壳、预应力幕墙钢结构和预应力索膜结构。

2. 预应力钢结构施工的基本原则

预应力钢结构施工有别于预应力混凝土结构施工，其基本原则有：

1）预应力钢结构施工更强调结构设计与施工的一体化。

2）充分重视预应力钢结构安装过程各施工工况与结构成形后的使用工况的结构受力体系转换，避免在结构中产生过大的不利次生应力。

3）预应力拉索的索力应保证在各种工况下大于零，其最大值不应大于索材极限抗拉强度的40%~55%，重要索取低值，次要索取高值。

4.5.1 预应力钢结构张拉设备

对于锚固在钢结构或混凝土支撑结构上的预应力钢索，可采用常规的单根张拉千斤顶或整束张拉千斤顶进行张拉。对于两端安装在铰支座轴销上的预应力钢索或钢拉杆（图4-66），需通过调节套筒改变其长度来施加预应力者，可据施工条件及张拉值选择如下设备：

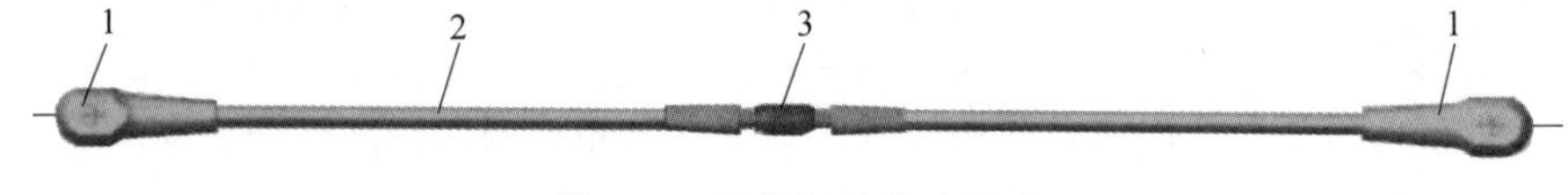

图4-66 钢拉杆的构造组成

1—钢拉杆端头 2—杆体 3—调节套筒

1）倒链与测力传感器。用于轻型钢丝束体系，拉力不大于50kN。

2）测力扳手与大扭矩液压扳手（图4-67）。前者拉力不大于40kN，后者拉力不大于100kN。它们适用于一般的预应力拉索支撑等。

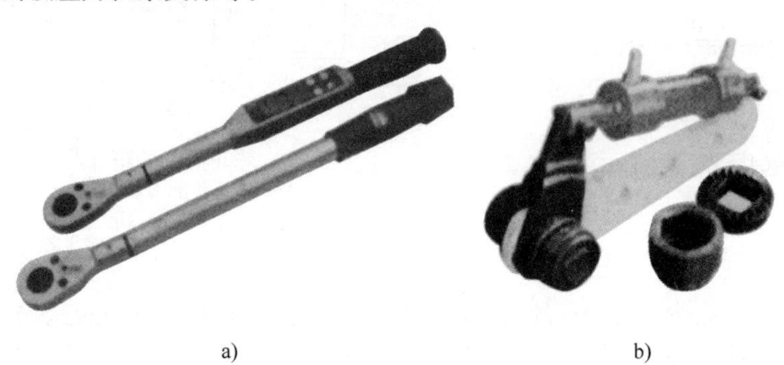

a) b)

图4-67 测力扳手与大扭矩液压扳手

a）测力扳手 b）大扭矩液压扳手

3）专用张拉装置（图4-68）。可以用带叉耳或卡具的双螺杆传力架，利用两台液压千斤顶张拉，再拧调节套筒紧固。该装置适用于拉力不大于500kN的各类斜拉索。

4）专用四缸液压千斤顶装置（图4-69）。先利用4台液压千斤顶组成的传力架卡住两根钢棒的连接部位进行张拉，然后用卡链式扳手将连接套筒锁紧。其拉力可达1000kN，适用于大吨位钢棒支撑与钢棒拉索。

4.5.2 预应力钢索与锚固体系

对于结构体内布置的预应力钢索，通常采用钢绞线束。其张拉端采用夹片式锚具，固定端采用挤压锚具。近年来，结合工程需要，开发出以下多种体外预应力拉索与锚固体系：

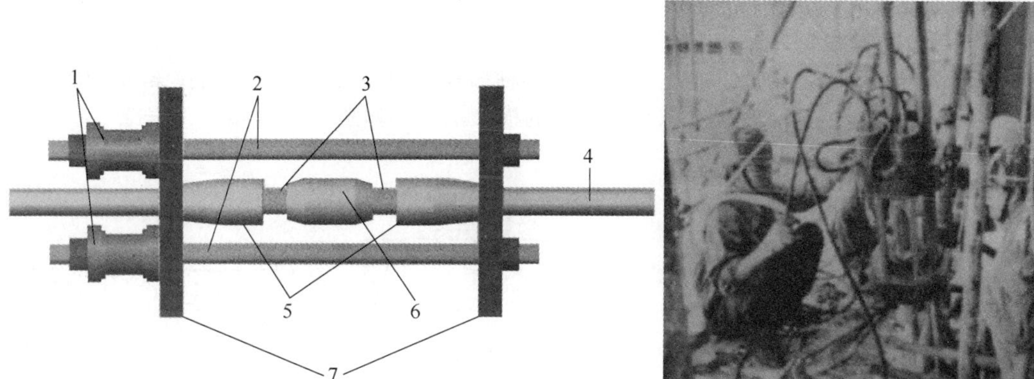

图 4-68　专用张拉装置

1—千斤顶　2—螺杆　3—杆端头螺杆　4—拉杆

5—拉杆端头螺母头　6—调节套筒　7—卡具

图 4-69　专用四缸液压千斤顶装置

1. 轻型钢丝拉索体系

轻型钢丝拉索体系由钢丝束、镦头锚具、调节螺杆、带叉耳的索帽等组成。钢丝束涂防腐油脂两次裹两道麻布，或采用镀锌钢丝，外套钢管刷防锈漆。该体系仅适用于小型工程现场自行制作。

2. 钢丝束冷铸锚具拉索体系

钢丝束冷铸锚具拉索体系由平行扭绞镀锌钢丝束和热铸锚具组成，外包高密度聚乙烯护套（内层为黑色防老化护套，外层为淡灰白色护套）。冷铸锚具主要由锚杯、锚板、锚固螺母和冷铸填料等构成（图 4-70）。冷铸填料一般由环氧树脂、钢球、矿粉、固化剂和增韧剂等组成。该体系适用于重型斜拉索，主要用于锚固平行钢丝束。

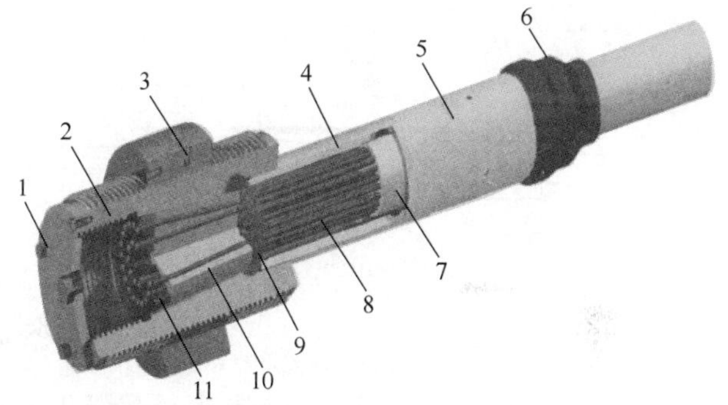

图 4-70　冷铸锚具构造示意图

1—盖板　2—锚杯　3—锚固螺母　4—延长筒　5—密封筒

6—密封环　7—HDPE 护套　8—环氧涂层钢丝　9—约束圈

10—环氧铁砂　11—锚板

3. 钢丝束热铸锚具拉索体系

钢丝束热铸锚具拉索体系组成钢丝束冷铸锚具拉索体系，但采用热铸锚具。热铸填料常采用锌铜合金，浇筑时温度不得高于 460℃。该体系应用范围广泛，适用于工厂化生产。

4. 单根钢绞线拉索体系

单根钢绞线拉索体系直接采用镀锌钢绞线，包覆厚度大于 1mm 的高密度聚乙烯套管；夹片式锚具的锚杯有外螺纹，通过螺母可调整索力。该体系也可由镀有锌-5%铝-混合稀土合金钢绞线的高钒索与冷压接或铸接螺杆锚具组成。该体系适用于索网结构等。

5. 钢绞线群锚拉索体系

钢绞线群锚拉索体系由镀锌钢绞线或无黏结钢绞线组成，在整束外套钢管或高密度聚乙烯管。为使拉索固定端与铰支座连接，配有挤压锚具的锚杯与叉耳索帽。拉索张拉端可穿过锚箱或柱头，利用低应力状态下使用的夹片式锚具锚固，并配有防松装置。该体系适用于各类斜拉索。

6. 钢棒拉索体系

钢棒拉索体系由圆钢棒与端螺杆组成，或由圆钢棒、端叉耳或耳板、锥形锁紧螺母与调节套筒组成，最大拉力可达 1000kN。该体系适用于大型铰接钢排架之间的抗风支撑或斜拉结构的拉索等。

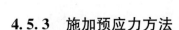

4.5.3 施加预应力方法

根据钢结构类型不同，施加预应力的方法也多种多样，如直接牵引索头的拉索法、强迫支座移动的位移法和与拉索正交横向牵拉或顶压索体的横张法等，如图 4-71 所示，工程施工中采用较多的是拉索法。

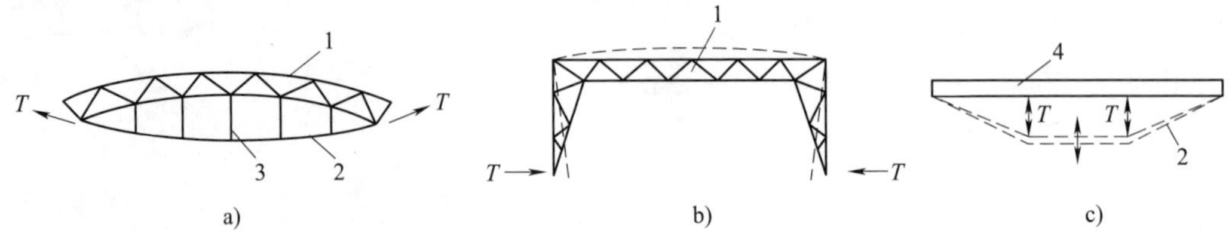

图 4-71 钢结构的三种施加预应力方法

a）直接牵引索头施加预应力 b）强迫支座位移施加预应力 c）横向牵拉索体施加预应力

1—钢桁架 2—拉索 3—撑杆 4—钢梁

采用拉索法施加预应力，其张拉装置与拉索的索头形式有关。张拉前必须根据设计所选用的索头形式、索头固定节点构造及张拉力大小等具体要求，设计特殊的张拉索头夹具及张拉钢撑脚装置。图 4-72 所示为典型的螺母承压铸锚索头和铸锚正反扣套筒可调索头的张拉装置示意。

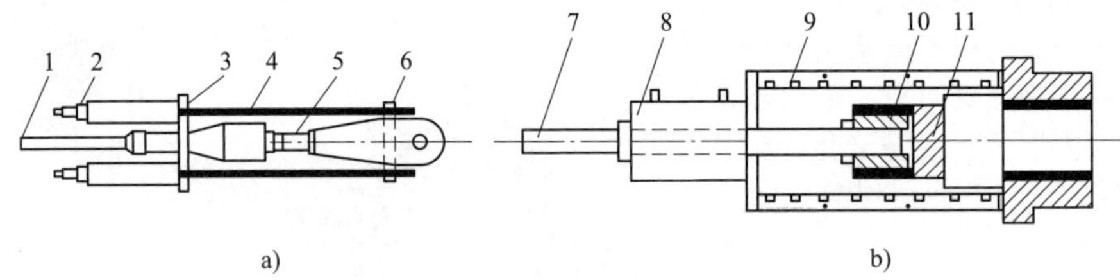

图 4-72 拉索张拉装置

a）铸锚正反扣套筒可调索头的张拉装置 b）螺母承压铸锚索头的张拉装置

1—拉索索体 2—拉杆螺母 3—后横梁 4—拉杆 5—索头调节螺杆 6—前横梁

7—穿心拉杆 8—千斤顶 9—钢撑脚 10—填芯 11—索头螺杆

拉索张拉时应计算各次张拉作业的张拉力和伸长量。在张拉操作中，应建立以张拉力控制为主或结构变形控制为主的具体规定。对于拉索的张拉，应规定张拉力和伸长量的允许偏差或结构变形的允许偏差。

拉索张拉时可直接用千斤顶与配套校验的油压表监测拉索的张拉力，必要时可用安装在索头处的拉压传感器或其他测力装置同步监控拉索的张拉力。每根拉索张拉时都应做好永久性测量记录。这些记录包括日期、时间、环境温度、张拉力、拉索伸长量和结构变形的测量值。

4.5.4 预应力钢索布置与张拉

1. 预应力钢索的布置方式

在空间钢结构中，预应力钢索布置的原则：在预应力的作用下，结构具有最多数量的卸载杆，最少数量的增载杆，以最大限度地发挥高强度钢索的承载力。

柔性空间结构（张力结构）的刚度由预应力提供。索系的布置与相应的预应力应满足结构几何形状的要求。

2. 预应力钢索的张拉力

预应力钢索的张拉力应根据钢结构特点、荷载、体形、钢索布置等确定。对于结构体内布置

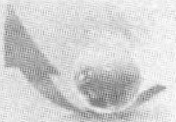

的钢索，张拉应力可取 $0.6f_{ptk}\sim0.7f_{ptk}$。对于体外索、下弦拉索、斜拉索等，张拉应力通常为 $0.2f_{ptk}\sim0.4f_{ptk}$。

对于索桁架，钢索只能承受轴向拉力。在最不利荷载作用下，索单元中不允许出现压力，一般应保留一定的拉力值，以确保索桁架正常工作。

在空间结构中，张拉力的大小与张拉顺序对结构变形很敏感，有时需要由变形限值控制。采用计算机模拟分析可合理确定张拉顺序与分批拉力。

近几年开发的多次预应力，每增加一次恒载，就施加一次预应力。这样可以将作用于基本结构的荷载引起的内力最大限度地转移到钢索上，获得最大的经济效果。

3. 预应力钢索的施工要求

1）施工前应对钢索、锚具及零配件的出厂报告、产品质量保证书、检测报告，以及索体长度、直径、品种、规格、色泽、数量等进行验收，经验收合格后再进行预应力施工。

2）预应力钢索结构施工张拉前，应进行全过程施工阶段结构分析，并应以分析结果为依据确定张拉顺序，编制预应力钢索结构的施工专项方案。

3）预应力钢索结构施工张拉前，应进行钢结构分项验收，验收合格后方可进行预应力张拉施工。

4）预应力钢索张拉应符合分阶段、分级、对称、缓慢匀速、同步加载的原则，并应根据结构和材料特点确定张拉的要求。

5）预应力钢索结构宜进行张拉力和结构变形监测，并应形成监测报告。

思　考　题

1. 试比较先张法和后张法预应力施工工艺的不同特点及其适用范围。
2. 阐述有黏结后张法预应力施工流程。
3. 在先张法预应力施工中放张的方法有哪些？
4. 钢结构施加预应力的方法有哪些？
5. 后张法预应力施工对孔道成型的基本要求是什么？
6. 什么叫无黏结预应力筋张拉？施工中应注意哪些问题？
7. 如何确定后张法的张拉顺序？
8. 孔道灌浆的作用是什么，对灌浆材料有哪些要求？
9. 有黏结预应力施工与无黏结预应力施工在施工工艺上有什么区别？

第 5 章 砌体工程

学习目标：了解主要的砌体材料；掌握砖砌体施工工艺流程；掌握中小型砌块施工工艺；了解石砌体施工工艺；熟悉砌体工程冬期施工要点。

5.1 概述

砌体工程是指用砌筑砂浆等胶凝材料将砖、石、砌块等块材砌筑成墙体、柱、基础等构件，以起到围护和承受荷载作用的施工过程。砌体工程主要涉及砖砌体、砌块砌体和石砌体等砌体类型及其对砌筑材料的要求、组砌工艺、质量要求以及质量通病的防治措施等内容。我国砌体工程历史悠久，很早便用天然石材、砖、木等材料建造宫殿、寺庙、塔、桥等。由于砖、石取材方便、价格低廉、保温隔热、耐火和耐久性较好，至今在建筑工程施工中仍然发挥着较大的作用。但是烧结黏土砖需要占用耕地，且小块砖组砌以人工作业为主，劳动强度大，因此在建筑工程施工中淘汰了黏土砖的使用。轻质、高强、空心、大块、多功能的砌体材料是墙体材料改革的方向。

5.2 砌筑材料

砌体工程所用的材料包括砖、砌块、石砌体和砂浆。这些材料应有产品合格证书、产品性能检测报告。严禁使用国家明令淘汰的材料。

5.2.1 块材

1. *砖*

砌筑用砖种类较多，按照生产工艺不同，可分为烧结砖和非烧结砖两类。

（1）烧结砖　烧结砖是以黏土、页岩、煤矸石或粉煤灰为原料，经成型和高温焙烧而制成的，常见的有烧结普通砖、烧结多孔砖、烧结空心砖。

1）烧结普通砖。烧结普通砖是指以黏土、页岩、煤矸石、粉煤灰为主要原料经高温焙烧而制成的实心砖，如图 5-1 所示。其规格尺寸为 240mm × 115mm × 53mm，强度等级为 MU30、MU25、MU20、MU15、MU10。因烧结普通砖制作时会耗用大量耕植土，而且生产过程中会污染环境、消耗能源，已被列为限制使用产品。

图 5-1　烧结普通砖

2）烧结多孔砖（图 5-2）和多孔砌块。烧结多孔砖规格尺寸为 290mm、240mm、190mm、180mm、140mm、115mm、90mm，多孔砌块规格尺寸为 490mm、440mm、390mm、340mm、290mm、240mm、190mm、180mm、140mm、115mm、90mm。其孔洞率大于或等于 33%，孔的尺寸小而数量多。根据抗压强度不同，烧结多孔砖和多孔砌块分为 MU30、MU25、MU20、MU15、MU10 五个强度等级，可用于承重部位。

图 5-2　烧结多孔砖

3）烧结空心砖（图 5-3）和空心砌块。按主要原料分为黏土空心砖和空心砌块（N）、页岩空心砖和空心砌块（Y）、煤矸石空心砖和空心砌块（M）、粉煤灰空心砖和空心砌块（F）、淤泥空心砖和空心砌块（U）、建筑渣土空心砖和空心砌块（Z）、其他固体废弃物空心砖和空心砌块（G）。烧结空心砖和空心砌块长度规格尺寸为390mm、290mm、240mm、190mm、180mm（175mm）、140mm；宽度规格尺寸为190mm、180mm（175mm）、140mm、115mm；高度规格尺寸为180mm（175mm）、140mm、115mm、90mm。按抗压强度不同，烧结空心砖和空心砌块分为MU10.0、MU7.5、MU5.0、MU3.5四个等级，强度较低，因此只能用于非承重部位。

图5-3　烧结空心砖

（2）非烧结砖　非烧结砖一般采用蒸汽养护或者蒸压养护的方式生产而成，根据主要原材料不同，分为蒸压灰砂砖、蒸压粉煤灰砖等。

1）蒸压灰砂砖。蒸压灰砂砖是以石灰和砂为主要原料，经坯料制备、压制成型、蒸压养护而制成的砖，简称灰砂砖，如图5-4所示。其长度为240mm，宽度为115mm、180mm，高度为175mm、115mm、103mm、53mm等。蒸压灰砂砖按抗压强度和抗折强度不同，分为MU25、MU20、MU15、MU10四级；根据尺寸偏差、外观质量、强度及抗冻性不同，分为优等品（A）、一等品（B），合格品（C）。蒸压灰砂砖不得用于长期受热200℃以上、急冷急热和有酸性介质侵蚀的建筑部位；MU15、MU20、MU25的蒸压灰砂砖可用于基础及其他建筑部位；MU10的蒸压灰砂砖仅可用于防潮层以上的建筑部位。蒸压灰砂砖应存放3d后出厂，产品储存、堆放应做到场地平整、分级分等、整齐稳妥。产品运输、装卸时，严禁摔、掷、翻斗卸货。

图5-4　蒸压灰砂砖

2）蒸压粉煤灰砖。蒸压粉煤灰砖是以粉煤灰、生石灰为主要原料，可掺加适量石膏等外加剂和其他集料，经坯料制备、压制成型、高压蒸汽养护而制成的，产品代号为AFB，如图5-5所示。砖的公称尺寸：长度为240mm、宽度为115mm、高度为53mm，按强度不同，分为MU10、MU15、MU20、MU25和MU30五个等级。蒸压粉煤灰砖可用于工业和民用建筑的墙体和基础，但用于基础或用于易受冻融和干湿交替作用的建筑部位时，必须使用MU15及以上强度等级的砖。蒸压粉煤灰砖不得用于长期受热（200℃以上）、急冷急热和有酸性介质侵蚀的建筑部位。

图5-5　蒸压粉煤灰砖

2. 砌块

砌块是利用混凝土、工业废料（炉渣、粉煤灰等）或地方材料制成的人造块材，外形尺寸比砖大，具有制造设备简单，砌筑速度快的优点。按有无孔洞可分为实心砌块和空心砌块：空心率小于25%或无孔洞的砌块为实心砌块；空心率大于或等于25%的砌块为空心砌块。按规格不同，分为小型砌块、中型砌块和大型砌块：砌块系列中主规格的高度为115~380mm的称为小型砌块，高度为380~980mm的称为中型砌块，高度大于980mm的称为大型砌块。使用中以中小型砌块居多。

（1）普通混凝土小型空心砌块　普通混凝土小型空心砌块是以水泥、砂、石等普通混凝土材料制成的，如图5-6所示。其空心率为25%~50%。普通混凝土小型空心砌块主规格尺寸为390mm×190mm×190mm。按抗压强度不同，分为MU5、MU7.5、MU10、MU15、MU20、MU25、MU30、MU35、MU40九个强度等级；按其尺寸偏差和外观质量不同，分为优等品（A）、一等品（B）和合格品（C）三个质量等级。其具有自重轻，热工性能和抗震性能好，砌筑方便，墙面平整度好，施工效率高等优点，不仅可以用于非承重墙，较高强度等级的砌块也可用于多层建筑的承重墙。

（2）蒸压加气混凝土砌块　蒸压加气混凝土砌块是以粉煤灰、石灰、水泥、石膏、矿渣等为主要原料，加入适量发气剂、调节剂、气泡稳定剂等，经搅拌、成型、切割、蒸养而成的，如图 5-7 所示。其规格尺寸见表 5-1。按抗压强度不同，分为 A1.5、A2.0、A2.5、A3.5、A5.0 五个级别。

表 5-1　规格尺寸　（单位：mm）

长　度	宽　度	高　度
600	100、120、125、150、180、200、240、250、300	200、240、250、300

图 5-6　普通混凝土小型空心砌块

图 5-7　蒸压加气混凝土砌块

（3）轻集料混凝土小型空心砌块　轻集料混凝土小型空心砌块是用轻粗集料、轻砂（或普通砂）、水泥和水制成的干表观密度不大于 1950kg/m^3、主规格尺寸为 390mm×190mm×190mm 的小型空心砌块。其强度有 MU2.5、MU3.5、MU5.0、MU7.5、MU10.0 五个等级。

（4）蒸压轻质砂加气混凝土砌块　蒸压轻质砂加气混凝土砌块（图 5-8）是我国推广使用的新型高效节能环保砌筑材料。它是以硅质材料（砂）和钙质材料（石灰、水泥）为主要原料，掺加发气剂（铝粉），通过配料、搅拌、浇筑、预养、切割、蒸压、养护等工艺过程制成的轻质多孔硅酸盐制品。其规格为 600mm×(200、250、300)mm×(100、150、200)mm。按密度不同，蒸压轻质砂加气混凝土砌块规格主要有 B05、B06 两个级别，其抗压强度平均值分别不小于 2.5MPa 和 3.5MPa。

图 5-8　蒸压轻质砂加气混凝土砌块

常用块材的原料、规格尺寸、强度等级见表 5-2。

表 5-2　常用块材的原料、规格尺寸和强度等级

<table>
<tr><th colspan="2">砌筑材料</th><th>原料</th><th>规格尺寸</th><th>强度等级</th></tr>
<tr><td rowspan="4">砖</td><td>烧结普通砖</td><td rowspan="2">黏土、页岩、
煤矸石、粉煤灰</td><td>240mm×115mm×53mm</td><td rowspan="2">MU30、MU25、
MU20、MU15、MU10</td></tr>
<tr><td>烧结多孔砖</td><td>190mm×190mm×90mm（M 型）
240mm×115mm×90mm（P 型）</td></tr>
<tr><td>蒸压灰砂砖</td><td>石灰、砂</td><td rowspan="2">240mm× 115mm× 53mm</td><td>MU25、MU20、MU15、MU10</td></tr>
<tr><td>蒸压粉煤灰砖</td><td>粉煤灰、生石灰、
石膏、集料</td><td>MU30、MU25、MU20、
MU15、MU10</td></tr>
</table>

（续）

砌筑材料		原料	规格尺寸	强度等级
混凝土小型砌块	普通混凝土小型空心砌块	水泥、砂、石	390mm×190mm×90mm（主规格）	MU5、MU7.5、MU10、MU15、MU20、MU25、MU30、MU35、MU40
	粉煤灰小型空心砌块	粉煤灰、水泥、各种轻重集料、水、外加剂		MU2.5、MU3.5、MU5.0、MU7.5、MU10.0、MU15.0
	轻集料混凝土小型空心砌块	轻粗集料（陶粒、浮石、煤矸石、煤渣等）、水泥、普通砂		MU2.5、MU3.5、MU5.0、MU7.5、MU10.0
轻质砌块	蒸压加气混凝土砌块	水泥、粉煤灰、石灰、石膏	长 600mm，宽 100mm、125mm、150mm、200mm、250mm、300mm 或 120mm、180mm、240mm，高 200mm、250mm、300mm	A1.0、A2.0、A2.5、A3.5、A5.0、A7.5、A10.0
	石膏砌块	水、石膏粉、轻集料、外加剂等	长 666mm，高 500mm，厚度 60mm、80mm、90mm、100mm、110mm 和 120mm	不小于 3.5MPa
	蒸压轻质砂加气混凝土砌块	硅质材料（砂）和钙质材料（石灰、水泥）、发气剂（铝粉）	600mm×（200、250、300）mm×（100、150、200）mm	B05 级别：不小于 2.5MPa B06 级别：不小于 3.5MPa

3. *石砌体*

石砌体是用石材和砂浆或用石材和混凝土砌筑成的整体材料。石材较易就地取材，在产石地区采用石砌体比较经济，应用较为广泛。在工程中石砌体主要用作受压构件，可用作一般民用房屋的承重墙、柱和基础。

石砌体一般分为料石砌体、毛石砌体和毛石混凝土砌体。料石砌体和毛石砌体用砂浆砌筑。料石砌体可用来建造某些构筑物，如石拱桥、石坝和石涵洞等。精细加工的重质岩石，如花岗石和大理石，其砌体质量好，且美观，常用于建造纪念性建筑物。毛石混凝土砌体的砌筑方法比较简便，在一般房屋和构筑物的基础工程中应用较多，也常用于建造挡土墙等构筑物。

4. 块材的适用范围及使用要求

（1）适用范围　蒸压灰砂砖不得用于长期受热 200℃以上、急热急冷和有酸性介质侵蚀的建筑部位，可用于工业与民用建筑的墙体和基础，但用于基础及其他建筑部位时，其强度必须为 MU15 及其以上，MU10 的灰砂砖可用于防潮层以上的建筑部位。

蒸压粉煤灰砖可用于工业和民用建筑的墙体和基础，但用于基础或用于易受冻融和干湿交替作用的建筑部位时，必须使用 MU15 及其以上强度等级的砖。蒸压粉煤灰砖不得用于长期受热（200℃以上）、急冷急热和有酸性介质侵蚀的建筑部位。

毛石在砌体工程中一般用于基础、挡土墙、护坡、堤坝和墙体。粗料石一般用于基础、房屋勒脚和毛石砌体的转角部位，或单独砌筑墙体。细料石可用于砌筑较高级房屋的台阶、勒脚和墙体等，也可用于高级房屋饰面的镶贴。

蒸压加气混凝土砌块不得用于建筑物 0.00m 以下部位（地下室的室内填充墙除外）；长期浸水或经常干湿交替的部位；受化学侵蚀的环境，如强酸、强碱或高浓度二氧化碳等环境。

（2）使用要求　砖的品种和强度等级必须符合设计要求，其外观应尺寸准确，无裂纹、掉角、缺棱和翘曲等严重现象。生产单位供应砌块时，必须提供产品合格证，标明砌块的强度等级和质量指标。

使用多孔砖时，孔洞应垂直于受压面砌筑。对有冻胀环境地区，地面以下或防潮层以下的砌体，不宜采用多孔砖。

烧结普通砖、烧结多孔砖、蒸压灰砂砖、蒸压粉煤灰砖在砌筑前1~2d应适度湿润，严禁采用干砖或处于吸水饱和状态的砖砌筑。烧结类块料湿润后的相对含水量宜为60%~70%。混凝土多孔砖及混凝土实心砖不需要浇水湿润，但在气候干燥炎热的情况下，宜在砌筑前对其进行喷水湿润。其他非烧结类块料湿润后的相对含水量宜为40%~50%。

多孔砖的孔洞应垂直于受压面砌筑，有利于砂浆结合层进入上下砖块的孔洞中，以提高砌体的抗剪强度和整体性。

5.2.2 砂浆

砂浆是使单块砖按一定要求铺砌成砖砌体的必不可少的胶凝材料。砂浆既与砖产生一定的黏结强度，共同参与工作，使砌体受力均匀，又减少砌体的透气性，增加密实性。砂浆由砂、石灰膏、土等拌和而成。按组成材料的不同，砂浆分为仅由水泥和砂拌和成的水泥砂浆；在水泥砂浆中掺入一定量的石灰膏或黏土膏的水泥混合砂浆；石灰、石膏、黏土砂浆等非水泥砂浆三大类。砌筑砂浆的强度等级分为M2.5、M5、M7.5、M10、M15、M20、M30七个等级。其中用于砌体结构的砂浆最低强度等级为M5。砂浆种类及等级的选择应根据设计要求确定。砂浆原材料选用及施工注意事项见表5-3。

表5-3 砂浆原材料选用及施工注意事项

原材料选用				施工注意事项		
水泥	砂	水	掺合料和外加剂	砂浆替代	施工使用时间	搅拌机搅拌时间
水泥强度等级应根据砂浆品种及强度等级的要求进行选择，M15及其以下强度等级的砌筑砂浆宜选用32.5级的通用硅酸盐水泥或砌筑水泥，M15以上强度等级的砌筑砂浆宜选用42.5级普通硅酸盐水泥	砂浆宜选用中砂，毛石砌体宜选用粗砂，最大粒径应为砂浆层厚度的1/5。砂中不得含有有害杂质，含泥量过大时会影响砂浆的质量。砌筑砂浆用砂的含泥量不超过5%	自来水或天然洁净可供饮用的水	生石灰须经熟化，严禁使用脱水硬化的石灰膏。微沫剂(由松香和氢氧化钠组成)的掺量一般为水泥质量的0.05%，可以取代砂浆中的部分石灰膏	施工中不应采用强度等级小于M5的水泥砂浆替代同强度等级的水泥混合砂浆，如需要替代，应将水泥砂浆提高一个强度等级	应随拌随用，拌制的砂浆应在3h内使用完毕。当施工期间最高气温超过30℃时，应在拌成后2h内使用完毕	拌和时间自投料完毕算起，水泥砂浆和水泥混合砂浆不得少于2min，粉煤灰砂浆及掺用外加剂的砂浆不得少于3min，掺用有机塑化剂的砂浆应为3~5min

1. 砂浆的使用要求

水泥砂浆和水泥混合砂浆可用于砌筑潮湿环境和强度要求较高的砌体，但对于基础，一般只用水泥砂浆。石灰砂浆宜用于砌筑干燥环境中以及强度要求不高的砌体，不宜用于潮湿环境中的砌体及基础，因为石灰属于气硬性胶凝材料，在潮湿环境中，石灰不但难以结硬，而且会出现溶解流散现象。制备混合砂浆和石灰砂浆用的石灰膏，应经筛网过滤，在化灰池中熟化的时间不应少于7d，严禁使用脱水硬化的石灰膏。混合砂浆由于和易性好、便于施工，被广泛用于地面以上的砌体。

砂浆应通过试配确定配合比。当砌筑砂浆的组成材料有变更时，其配合比应重新确定，$1m^3$水

泥砂浆的最小水泥用量不宜小于200kg，砂浆用砂宜采用中砂。水泥砂浆和强度等级不小于M5的水泥混合砂浆中砂的含泥量不应超过5%；对于强度等级小于M5的水泥混合砂浆，不应超过10%。用块状生石灰熟化成石膏时，其熟化时间不得少于7d。用黏土或亚黏土制备黏土膏时，应过筛，并用搅拌机加水搅拌。为了改善砂浆的和易性，可在水泥砂浆和石灰砂浆中掺用微沫剂等有机塑化剂，并应有砌体强度的试验报告。砌筑砂浆稠度、分层度、试配抗压强度必须同时符合要求。砌筑砂浆的分层度不得大于30mm。

2. *砂浆强度验收标准*

砂浆的强度等级以标准养护、龄期为28d的试块抗压试验结果为准。砌筑砂浆试块强度验收时其强度合格标准必须符合以下规定：

1）同一检验批砂浆试块强度平均值必须大于或等于设计强度等级值的1.10倍；同一检验批砂浆试块强度最小一组的平均值必须大于或等于设计强度等级值的85%。

2）每一检验批且不超过250m^3砌体中的各种类型及强度等级的砌筑砂浆，每台搅拌机应至少抽检一次，每次至少应制作一组试块。当砂浆强度等级或配合比变更时，还应制作试块重新进行检验。砂浆试块应在砂浆搅拌机出料口随机取样、制作，一组试块应在同一盘砂浆中取样制作，同盘砂浆只制作一组试块。

3. *砂浆的流动性和保水性*

砂浆应具有良好的流动性和保水性。流动性好的砂浆便于施工，易使灰缝平整、密实，从而可以提高砌筑效率、保证砌体质量。砂浆的流动性以稠度表示，稠度是用标准圆锥体，在规定时间内沉入砂浆拌合物的深度（即沉入度），以mm为单位，不同砌体对砂浆稠度的要求见表5-4。保水性不良的砂浆，使用过程中会出现泌水、流浆现象，使砂浆与基底黏结不牢，且失水会影响砂浆正常的黏结硬化，使砂浆的强度降低。砂浆的保水性用分层度表示，水泥砂浆装入分层度桶前，测定砂浆的稠度。静止一定时间并去掉分层度桶上面2/3的砂浆，再做一次稠度，两次的稠度差即为分层度。保水性差的砂浆，易因泌水和离析而降低其流动性，影响砌筑质量。砌筑砂浆的保水率要求见表5-5。

表5-4　砌筑砂浆的稠度　（单位：mm）

砌体种类	砂浆稠度
烧结普通砖砌体、粉煤灰砖砌体	70~90
混凝土砖砌体、普通混凝土小型空心砌块砌体、灰砂砖砌体	50~70
烧结多孔砖砌体、烧结空心砖砌体、轻集料混凝土小型空心砌块砌体、蒸压加气混凝土砌块砌体	60~80
石砌体	30~50

表5-5　砌筑砂浆的保水率

砂浆种类	保水率（%）
水泥砂浆	≥80
水泥混合砂浆	≥84
预拌砌筑砂浆	≥88

5.3　砖砌体施工

砌体工程常用的砖砌体有烧结普通砖、烧结多孔砖、混凝土多孔砖、混凝土实心砖、蒸压灰砂砖、蒸压粉煤灰砖等。

5.3.1　砖砌体施工的一般规定

1）用于清水墙、柱表面的砖，应边角整齐，色泽均匀。砌体砌筑时，混凝土多孔砖、混凝土实心砖、蒸压灰砂砖、蒸压粉煤灰砖等块体的产品龄期不应少于28d。

2）有冻胀环境和条件的地区，地面以下或防潮层以下的砌体，不应采用多孔砖。

3）砌筑烧结普通砖、烧结多孔砖、蒸压灰砂砖、蒸压粉煤灰砖砌体时，砖应提前1~2d适度湿润，严禁采用干砖或处于吸水饱和状态的砖砌筑，块体湿润程度宜符合下列规定：

① 烧结类块料的相对含水量宜为60%~70%。

② 混凝土多孔砖及混凝土实心砖不需要浇水湿润，但在气候干燥炎热的情况下，宜在砌筑前对其进行喷水湿润。其他非烧结类块料的相对含水量宜为40%~50%。

③ 采用铺浆法砌筑砌体，铺浆长度不得超过750mm。当施工期间气温超过30℃时，铺浆长度不得超过500mm。

4）多孔砖的孔洞应垂直于受压面砌筑。半盲孔多孔砖的封底面应朝上砌筑。

5）竖向灰缝不应出现瞎缝、透明缝和假缝。

5.3.2 砖墙砌筑工艺

1. *砖墙砌筑的组砌形式*

一块砖有三组两两相等的面，长度与宽度所形成的面为大面，垂直于大面的较长的侧面为条面，垂直于大面的较短的侧面为顶面。砖砌入墙体后，条面与墙面平行的为顺砖；顶面与墙面平行的为丁砖。根据顺砖与丁砖的不同组合，普通砖墙有一顺一丁、三顺一丁、梅花丁、全顺、两平一侧等组砌形式，如图5-9所示。

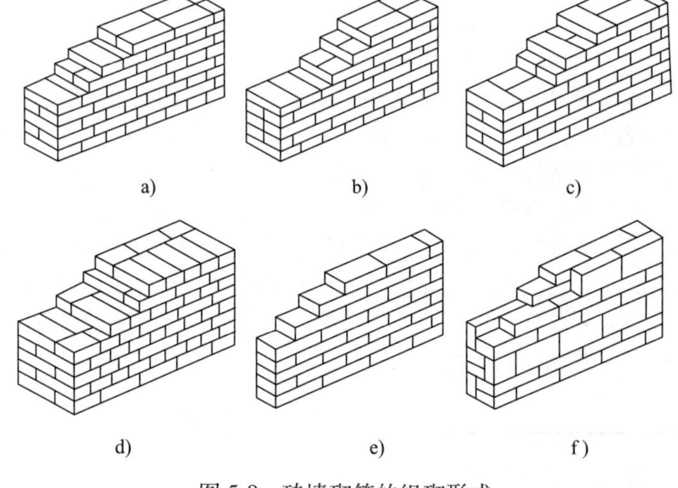

图5-9 砖墙砌筑的组砌形式

a）一顺一丁（24墙） b）三顺一丁 c）梅花丁
d）一顺一丁（37墙） e）全顺式 f）两平一侧

2. *砖墙砌筑流程*

砖墙砌筑的流程一般为：抄平→弹线→摆砖样→立皮数杆→盘角、挂线→铺灰、砌砖→清理、勾缝。如果是清水墙，还要进行勾缝。

（1）抄平　砌墙前，应先在基础顶面或楼面上按标准的水准点定出各层标高，并用水泥砂浆或细石混凝土找平，使各段砖墙底部标高符合设计要求。

（2）弹线　建筑物底层墙身可按龙门板上轴线定位钉为准拉线，沿线吊挂垂球，将墙身中心轴线放到基础面上，据此墙身中心轴线弹出纵横墙身边线，并定出门窗洞口位置。为保证各楼层墙身中心轴线的重合，并与基础定位轴线一致，可利用预先引测在外墙面上的墙身中心轴线，借助于经纬仪把墙身中心轴线引测到楼层上去，或用线锤挂线，对准外墙面上的墙身中心轴线，向上引测。轴线的引测放线是关键，必须按图样要求尺寸用钢直尺进行校核。

（3）摆砖样　在放线的基础顶面按选定的组砌方式用干砖试摆。图5-10所示是为了核对门窗洞口的位置，窗间墙、垛、构造柱的尺寸是否符合排砖的模数，以减少砍砖数量，并使砖及砖缝排列整齐、均匀，同时提高砌砖效率。

（4）立皮数杆　为了保证墙面平整、灰缝厚度一致，砌砖时应立皮数杆，如图5-11所示。

（5）盘角、挂线　盘角就是依据皮数杆先砌墙角部分，保证其垂直平整，盘角时应随砌随盘，每次盘角高度宜为3~5皮砖，随砌随靠，保证水平灰缝一致。中间部分的墙体要依靠挂线砌筑，每砌一皮或两皮，准线向上移动一次。砌筑砖墙一般采用单面挂线，砌筑一砖半墙必须采用双面

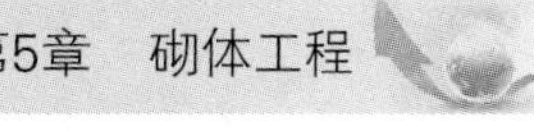

图 5-10　窗口摆砖样示意图

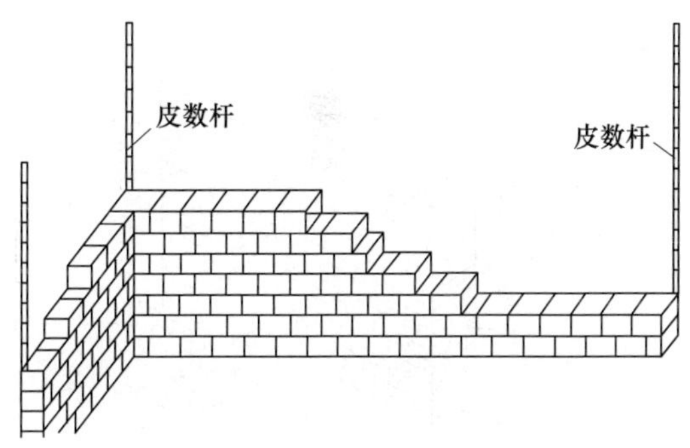

图 5-11　立皮数杆示意图

挂线。砌筑过程中应三皮一吊、五皮一靠，保证墙面垂直平整。

（6）铺灰、砌砖　铺灰砌砖的操作方法有“三一”砌砖法、摊尺砌砖法、铺灰挤浆法、“二三八一”砌砖法等。为保证砌筑质量，砌筑时宜采用“一铲灰、一块砖、一揉压”的“三一”砌筑法。当采用铺灰挤浆法砌筑时，铺灰的长度不得超过 750mm；当施工期间气温超过 30℃时，铺灰长度不得超过 500m。多孔砖因砖的规格不同组砌方式有所不同，规格为 190mm×190mm × 90mm 的承重多孔砖一般是整砖顺砌，上下皮竖缝错开 1/2 砖长；规格为 240mm×115mm×90mm 的承重多孔砖一般采用一顺一丁或梅花丁砌筑形式。

（7）清理、勾缝　在砌筑过程中，应随砌随清扫墙面，对于清水墙来说，勾缝使砖墙面美观、牢固。墙面勾缝宜采用细砂拌制的 1∶1.5 的水泥砂浆；内墙也可采用原浆勾缝，但必须随砌随勾，并使灰缝光滑、密实、深浅一致，不得有瞎缝、丢缝、裂缝等现象。

5.3.3　砖砌体施工的质量要求

砖砌体施工的质量要求是横平竖直、厚薄均匀、砂浆饱满、灰缝均匀、上下错缝、内外搭砌、接槎牢固。

1）砖的性能是抗压强度高，抗拉、抗剪强度低。为了使砖砌体均匀受压，减小水平推力，砌筑的砖砌体应横平竖直。为防止砖块折断，砖砌体水平灰缝的砂浆饱满度不得低于 80%。竖向灰缝的砂浆饱满度会影响砌体的抗风和抗渗水性能，因此不得出现透明缝、瞎缝和假缝，且砖柱水平灰缝和竖向灰缝砂浆饱满度不得低于 90%。水平灰缝厚度和竖向灰缝宽度宜为 10mm，不得小于 8mm，也不应大于 12mm。水平灰缝若过厚则容易使砖块浮滑，墙身侧倾，过薄则会影响砖块之间的黏结能力。

2）为了使砖砌体整体承受荷载及提高砖砌体稳定性，砖砌体上下两皮砖的竖向灰缝应当错开，即上下错缝，以避免出现连续的竖向通缝。清水墙面上下两皮砖的搭接长度不得小于 25mm，否则即认为出现通缝。同时内外竖向灰缝也应错开，即内外搭砌，以使同皮的里外砖块通过相邻上下皮的砖块搭砌而组砌牢固。

3）砖墙的转角处和交接处应同时砌筑，严禁将不采取可靠措施的内外墙分开施工。不能同时砌筑而又必须留设的临时间断处，应砌成斜槎，如图 5-12a 所示，斜槎长度不得小于高度的 2/3。

非抗震设防及抗震设防烈度为 6 度、7 度地区的临时间断处，当不能留斜槎时，除转角处外，可留直槎，但直槎必须做成凸槎，且应加设拉结钢筋，如图 5-12b 所示。

4）当隔墙与承重墙不同时砌筑时，可于墙中引出凸槎，并于墙的灰缝中预埋拉结钢筋，每道不少于 2 根。对于抗震设防烈度为 8 度和 9 度的地区，长度大于 5m 的后砌隔墙的墙顶，应与楼板或梁拉结。

5）在墙上留设临时施工洞口时，其侧边离交接处墙面不应小于 500mm，洞口净宽度不得大于 1m。每层承重墙最上一皮砖、梁或梁垫下面的砖应采用丁砖砌筑。砌体相邻工作段的高度差，不

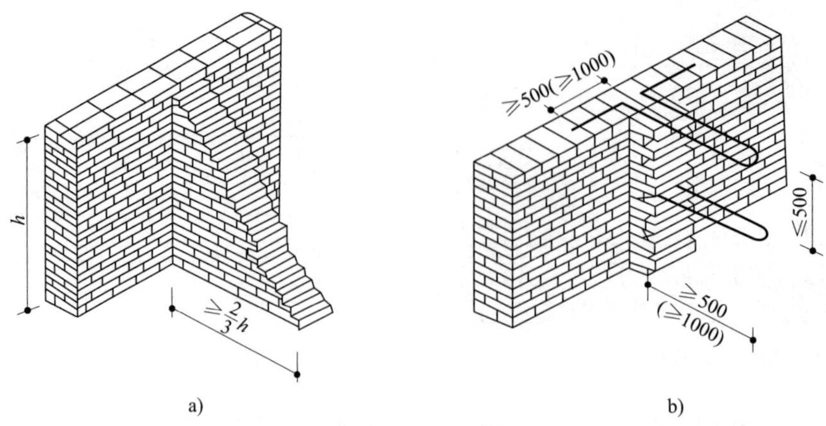

图 5-12 墙体留槎方式
a）斜槎的留设 b）直槎的留设

得超过一个楼层的高度，也不宜大于4m。尚未施工楼板或屋面的墙、柱，当可能遇到大风时，其允许自由高度不得超过表5-6的规定，砖砌体的位置及垂直度允许偏差应符合表5-7的规定。

表 5-6 墙和柱的允许自由高度

墙(柱)厚/mm	砌体密度>1600kg/m³			砌体密度为 1300~1600kg/m³		
	风载/(kN/m²)			风载/(kN/m²)		
	0.3（约7级风）	0.4（约8级风）	0.5（约9级风）	0.3（约7级风）	0.4（约8级风）	0.5（约9级风）
190	—	—	—	1.4m	1.1m	0.7m
240	2.8m	2.1m	1.4m	2.2m	1.7m	1.1m
370	5.2m	3.9m	2.6m	4.2m	3.2m	2.1m
490	8.6m	6.5m	4.3m	7.0m	5.2m	3.5m
620	14.0m	10.5m	7.0m	11.4m	8.6m	5.7m

注：1. 本表适用于施工处标高 H 在10m范围内的情况，当 $10m<H\leqslant15m$、$15m<H\leqslant20m$ 时，表内的允许自由高度值应分别乘以0.9、0.8；当 $H>20m$ 时，应通过抗倾覆验算确定其允许自由高度。
2. 当所砌筑的墙有横墙或其他结构与其连接，而且间距小于表中相应墙（柱）的允许高度的2倍时，砌筑高度可不受本表的限制。
3. 当砌体密度小于1300kg/m³时，墙和柱的允许自由高度应另行验算确定。

表 5-7 砖砌体的位置及垂直度允许偏差

项次	项目			允许偏差/mm	检验方法
1	轴线位置偏移			10	用经纬仪和尺检查或用其他测量仪器检查
2	垂直度	每层		5	用2m托线板检查
		全高	≤10m	10	用经纬仪、吊线和尺检查，或用其他测量仪器检查
			>10m	20	

6）当室外日平均气温连续5d稳定低于5℃时，砌体工程应采取冬期施工措施。砂浆宜采用普通硅酸盐水泥拌制，必要时在水泥砂浆或水泥混合砂浆中加入氯化钠，当气温在−15℃以下时，可掺氯化钠和氯化钙。氯盐掺入砂浆能降低砂浆冰点，在负温条件下有抗冻作用。冬期施工的砖砌体应按“三一”砌砖法施工，并采用一顺一丁或梅花丁的组砌形式。砂浆使用时的温度不应低于

5℃，在负温条件下，砖可不浇水，但必须适当增大砂浆的稠度，砌体的每日砌筑高度宜控制在1.5m或一步脚手架高度内。

7）为保证砌筑质量，在砌筑过程中应对砌体各项指标进行检查，其检查方法和允许偏差见表5-8。

表5-8 砌块砌体的允许偏差和外观质量标准

序号	项目			允许偏差/mm	检查方法
1	轴线位置偏移			10	用经纬仪和尺检查
2	基础、墙、柱顶面标高			±15	用水准仪和尺检查
3	墙面垂直度	每层		5	用2m托线板检查
		全高	≤10m	10	用经纬仪、吊线和尺检查
			>10m	20	
4	表面平整度	小型砌块清水墙、柱		5	用2m靠尺和楔形塞尺检查
		小型砌块混水墙、柱		8	
		中型砌块		10	
5	水平灰缝垂直度		清水墙	7	灰缝上口处用10m长的线拉直并用尺检查
			混水墙	10	
6	水平灰缝厚度		小型砌块（五皮累计）	±10	用尺检查
			中型砌块	+10、-5	
7	垂直灰缝宽度		小型砌块（五皮累计）	±15	用尺检查
			中型砌块	+10、-5 >30（用细石混凝土）	
8	门窗洞口宽度（后塞口）		小型砌块	±5	用尺检查
			中型砌块	+10、-5	
9	清水墙游丁走缝（中型砌块）			20	用吊线和尺检查

8）洞口留设及构造柱连接要求：

① 洞口留设要求。砖砌体施工时，为了方便后续装修阶段的材料运输与人员通行，常需要在墙上留设临时施工洞。其侧边离交接处墙面不应小于500mm，洞口净宽度不应超过1m。墙体中的设备管道、沟槽、脚手眼、预埋件等，应于砌筑时正确留出或预埋，未经设计同意，不得打凿墙体和在墙体上开凿水平沟槽。宽度超过300mm的洞口上部，应设置钢筋混凝土过梁。不应在长度小于500mm的承重墙体、独立柱内埋设管线。为了保证质量和安全，不得在以下墙体或部位留设单排脚手架的脚手眼：厚度小于或等于120mm的墙体、清水墙、独立柱和附墙柱；过梁上与过梁成60°角的三角形范围及过梁净跨度1/2的高度范围内；宽度小于1m的窗间墙；门窗洞口两侧石砌体300mm，其他砌体200mm范围内，转角处石砌体600mm，其他砌体450mm范围内；梁或梁垫下及其左右500mm范围内；设计不允许设置脚手眼的部位；轻质墙体；夹心复合墙外叶墙等。

② 构造柱连接要求。设有钢筋混凝土构造柱的抗震多层砖房，应先绑扎钢筋，而后砌砖墙，最后浇筑混凝土。构造柱与墙体的连接处应砌成马牙槎，如图5-13所示。马牙槎应先退后进，对称砌筑；沿高度方向不超过300mm，凹凸尺寸不宜小于60mm。砌筑时，沿墙高每隔500mm设置2ϕ6拉结钢筋，每边伸入墙内不宜小于0.6m，埋入灰缝砂浆层中，如图5-14所示。另外，通常在实际施工中构造柱马牙槎凸出部分下口一般会做倒角，以保证浇筑构造柱混凝土密实。

构造柱混凝土应在砌墙后浇筑。支模前，应清除落地灰、砖渣等杂物，浇水湿润砌体槎口。浇筑时，先在底部注入20~30mm厚与构造柱混凝土浆液成分相同的砂浆，再分层浇筑混凝土并振捣密实，振捣时应避免触碰砖墙。

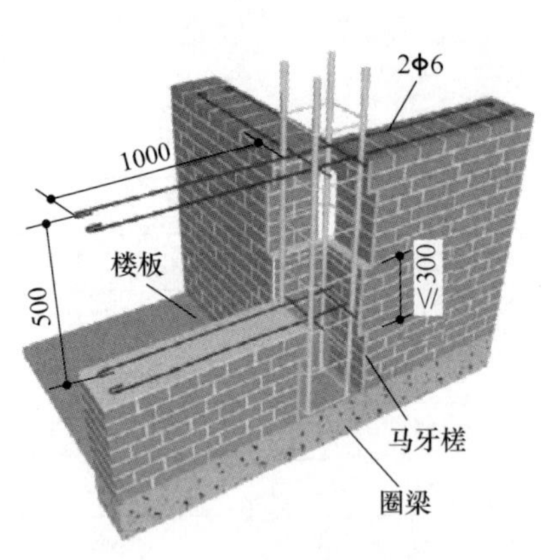

图 5-13　构造柱、马牙槎及拉结筋布置

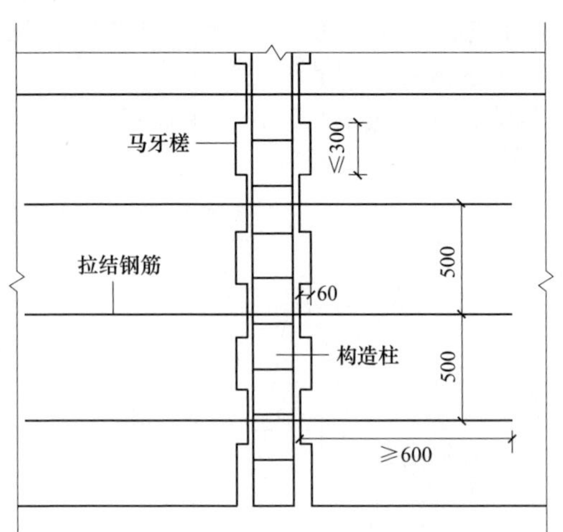

图 5-14　构造柱与墙体的连接构造

构造柱浇筑混凝土前，应清理其拉结钢筋、箍筋及马牙槎上残留的砂浆，并彻底清理干净构造柱的底部，且应对留槎部位和模板浇水湿润，浇筑混凝土时，还要避免触碰墙体。

5.4　砌块砌体施工

砌块大多采用工业废料制成，节约了大量黏土和能源。中小型砌块是我国目前推广使用最多的墙体材料。小型砌块的砌筑工艺与传统的砖混结构砌筑工艺类似，都是手工砌筑，劳动强度较大。中型砌块尺寸较大、质量较大，虽不如小型砌块使用灵活，且需要机械起吊和安装，但可提高劳动生产率。

5.4.1　施工准备

砌块的强度应符合设计要求，承重墙严禁使用断裂小型砌块。至施工时，砌块的龄期不应少于 28d，以避免块体收缩引起砌体开裂。加气块的含水量应小于 30%。

砂浆强度等级不得低于 M5。砂浆宜用预拌砂浆或专用砌筑砂浆。专用砌筑砂浆的和易性好，黏结力强，易保证灰缝饱满和墙体不开裂。

砌块进场后，应按品种、规格型号、强度等级分别码放整齐，堆高不超过 2m，堆场应有防潮措施。蒸压加气混凝土砌块应防止雨淋。

采用薄灰砌筑法砌筑的蒸压加气混凝土砌块不得浇水。普通混凝土小型空心砌块及吸水率小的轻集料混凝土小型空心砌块砌筑前可不浇水，当气候炎热干燥时可提前喷水湿润。对于吸水率大的轻集料混凝土小型空心砌块应在砌筑前 1～2d 浇水湿润。采用普通砂浆或专用砂浆砌筑的蒸压加气混凝土砌块，砌筑当天对砌筑面浇水湿润。砌块的相对含水量宜为 40%～50%。雨天及砌块表面有浮水时不得施工。

砂浆和砖强度必须符合设计要求。用于清水墙的面砖，应边角整齐、色泽均匀。处于冻胀环境地面以下的工程部位不应使用多孔砖。蒸压砖的龄期不得少于 28d。

砖在砌筑前 1～2d 应洒水湿润，以免砖过多吸收砂浆中的水分而影响砂浆黏结力。烧结砖的相对含水量（含水量与吸水率的比值）宜为 60%～70%；非烧结砖的相对含水量宜为 40%～50%。现场检验含水量常采用断砖法，当砖截面四周融水深度为 15～20mm 时即符合要求。

砌筑前，必须按施工组织设计要求，组织垂直运输机械、水平运输机械、砂浆搅拌机械的进场、安装与调试等工作，同时还要准备好脚手架、砌筑工具等。

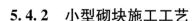

5.4.2　小型砌块施工工艺

1. *砌块排列*

用砌块代替烧结普通砖做墙体材料，是墙体材料改革的重要措施。常用的砌块有普通混凝土空心砌块、浮石及火山渣混凝土空心砌块、超轻陶粒混凝土空心砌块、煤矸石混凝土空心砌块、炉渣混凝土空心砌块、加气混凝土砌块以及粉煤灰砌块等。砌块按规格尺寸不同，分为中型砌块和小型砌块。由于中型砌块单块自重达40kg以上，砌筑时需辅以轻型起重机，所以主规格的高度大于115mm而又小于380mm的小型砌块在我国发展较快，应用较多。常用小型砌块主规格为190mm×190mm×390mm，辅助规格为190mm×190mm×290mm、190mm×190mm×190mm、190mm×190mm×90mm，小型砌块的单块质量控制在15kg以内。

小型砌块的单块体积比普通砖大得多，且砌筑时必须使用整块，不像普通砖可随意砍凿。因此，小型砌块在砌筑施工前，须根据工程平面图、立面图、门窗洞口的大小、楼层标高、构造要求等，绘制各墙的砌块排列图。绘制方法是先在立面图上用1∶50或1∶30的比例在每片墙面上绘出纵横墙，然后将过梁、平板、大梁、楼梯等在墙面上标出。由纵墙和横墙高度计算皮数，画出水平灰缝线，并保证砌体平面尺寸和高度是块体加缝尺寸的倍数。对砌块进行排列时，注意尽量以主规格为主，辅助规格为辅，并要求错缝搭砌。当使用多排孔小型砌块时，搭接长度不小于90mm。当墙体个别部位不能满足错缝搭砌要求时，应在灰缝中设置拉结钢筋或钢筋网片，但竖向通缝不得超过两皮小型砌块。

2. *一般要求*

砌块施工前，一般应根据施工图的平面尺寸、立面尺寸和小型砌块尺寸，先绘出小型砌块排列图。在排列图中要标明过梁与圈梁或连系梁的高度、芯柱或构造柱位置、预留洞大小、管线走向、开关与插座敷设部位，以便于后期墙体砌筑与管线设备安装。排列时应做到对孔错缝搭砌，并以主规格小型砌块为主，其他型号小型砌块为辅。

3. *施工流程*

小型砌块施工流程为定位放线→立皮数杆→预排砌块、砌筑→勾缝。

（1）定位放线　将基层清理干净，按设计标高进行找平，并根据施工图及砌体排列组砌图放出墙体的轴线、外边线、洞口等位置线，放线结束后应及时组织验线。

（2）立皮数杆　在房屋四角或楼梯间转角处设立皮数杆，皮数杆间距不宜超过15m。

（3）预排砌块、砌筑　尽量采用主规格砌块，砌块排列应对孔错缝搭砌，竖缝应相互错开1/2主规格小型砌块长度；当使用多排孔小型砌块砌筑墙体时，应错缝搭砌，搭砌长度不应小于主规格小型砌块长度的1/4。否则，应在此水平灰缝中设Φ4钢筋点焊网片。网片两端与竖缝的距离不得小于400mm。竖向通缝不得超过两皮小型砌块。砌体水平灰缝厚度和垂直灰缝宽度控制在8~12mm。砌体的垂直灰缝应与门窗洞口的侧边线相互错开，不得同缝，错开间距应大于150mm，且不得采用砖镶砌。隔墙顶接触梁板底的部位应采用实心小型砌块斜砌楔紧；房屋顶层的内隔墙应离该处屋面板板底15mm，缝内采用1∶3石灰砂浆或弹性腻子嵌填，如图5-15所示。搅拌砂浆，铺砂浆，从外墙转角或定位处开始每皮顺砌。砌筑时，小型砌块均应底面朝上。

（4）勾缝　砂浆应随铺随砌，灰缝应横平竖直。水平灰缝宜采用坐浆法满铺小型砌块全部壁肋或单排、多排孔小型砌块的封底面；竖向灰缝应采用满铺端面法，即将小型砌块端面朝上铺满砂浆，上墙应挤紧，并加浆插捣密实。水平灰缝和竖向灰缝的饱满度均不宜低于90%。竖缝不得出现瞎缝和透明缝。

砌筑小型砌块必须遵守“反砌”原则，即小型砌块底面朝上反砌于墙体上。小型砌块内外墙和纵横墙必须同时砌筑并相互交错搭接，如图5-16所示。如必须设置临时间断处，则间断处应砌成斜槎，斜槎水平投影长度不应小于斜槎高度，严禁留直槎。除抗震设防区及外墙转角处外，墙体临时间断处可从墙面伸出200mm砌成直槎，并沿墙高每隔600mm设2Φ6拉结筋或钢筋网片，其埋入长度从留槎处算起每边不小于600mm，如图5-17所示。

图5-15　预排砌块、砌筑

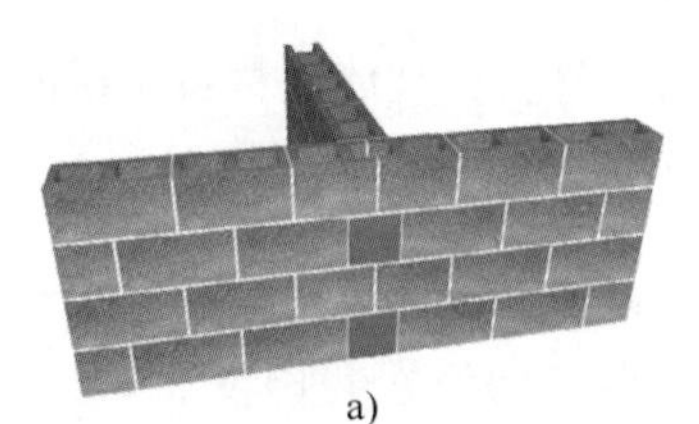

图5-16　砌块的搭接形式

a）纵横墙交接处搭接形式　b）墙转角处搭接形式

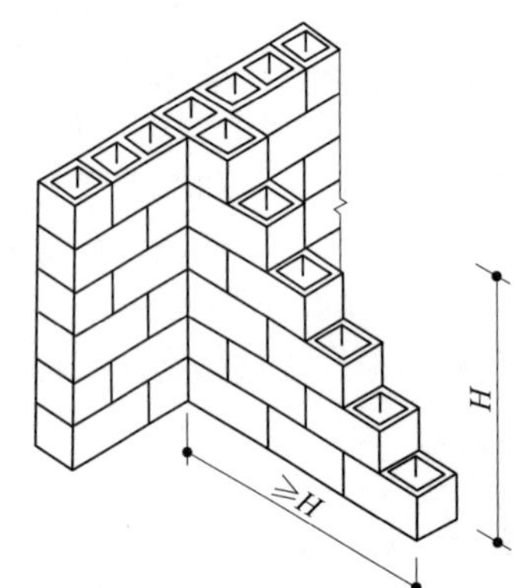

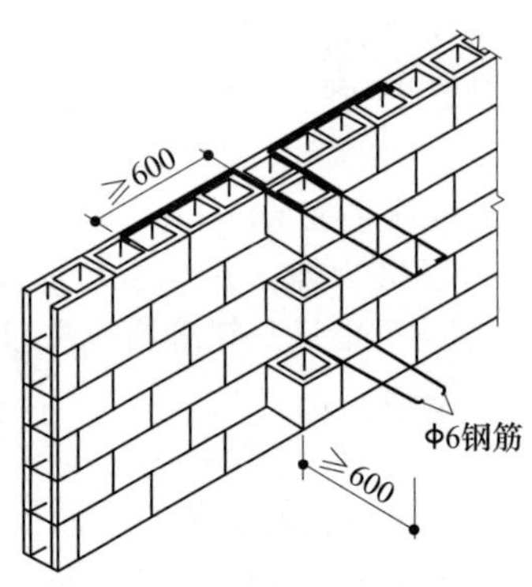

图5-17　空心砌块墙接槎构造

小型砌块墙体砌筑应采取双排外脚手架或里脚手架进行施工，严禁在砌筑的墙体上设脚手孔。在常温条件下，小型砌块墙体每日砌筑高度宜控制在1.5m或一步脚手架高度内。

5.4.3　蒸压轻质砂加气混凝土砌块施工工艺

蒸压轻质砂加气混凝土砌块具有质轻，可现场锯、刨、切割、开槽，规格尺寸标准等优点。由其砌筑的墙面可只刮腻子，故可减少抹灰工序。在高层框架等结构中，采用蒸压轻质砂加气混凝土砌块代替传统加气混凝土砌块，不仅效益可观，而且达到了保护环境、节约能源、改革墙体、提高室内环境的舒适度等目的。

蒸压轻质砂加气混凝土砌块施工流程为定位放线→调配砂浆→砌块预排→铺砂浆→砌块就位与校正→竖缝灌浆、勒缝。

1. 定位放线

墙体施工前应将基础顶面或楼层结构面按标高找平，依据图样放出第一皮砌块轴线、砌体边线及门窗洞口位置线。根据砌块和砌体标高要求立好皮数杆，皮数杆立在砌体的转角处。

2. 调配砂浆

按设计要求的砂浆品种、强度等级进行砂浆配制，配合比由实验室确定，应采用机械搅拌。

3. 砌块预排

根据工程设计施工图，结合砌块的品种规格，绘制砌块的排列图，按图进行排列。排列应从基础顶面或楼层面进行，排列时应尽量采用主规格的砌块。砌块上下皮应错缝搭砌，搭砌长度一般为砌块长度的1/3，也不应小于150mm。

在外墙转角处及纵横墙交接处，应将砌块分皮咬槎，交错搭砌，砌体砌至门窗洞口边非整块时，应用同品种的砌块加工切割砌筑，不得用其他砌块或砖镶砌。

砌体水平灰缝厚度一般为15mm，加钢筋网片的砌体水平灰缝的厚度为20~25mm，垂直灰缝厚度为20mm，大于30mm的垂直灰缝应用C20级细石混凝土灌实。

4. 铺砂浆

将搅拌好的砂浆通过吊斗或手推车运至砌筑地点，在砌块就位前用大铁锹、灰勺进行分块铺灰，较小的砌块铺灰长度不得超过1500mm。

5. 砌块就位与校正

砌块砌筑前应把表面浮尘和杂物清理干净，砌块就位应先远后近、先下后上、先外后内，应从转角处或定位砌块处开始，吊砌一皮校正一皮。

6. 竖缝灌浆、勒缝

每一皮砌块就位后，都用砂浆灌实直缝，随后进行灰缝的勒缝（原浆勾缝），深度一般为3~5mm。

5.4.4 中型砌块施工工艺

1. 一般要求

砌块堆置场地应平整夯实，有一定泄水坡度，必要时挖排水沟。砌块不宜直接堆放在地面上，应堆在草袋、煤渣垫层及其他垫层上，以免砌块底部被污染。砌块的规格、数量必须配套，不同类型分别堆放，通常采用上下皮交错堆放，堆放高度不宜超过3m，堆放1~2皮后宜堆成踏步形。现场应储存足够数量的砌块，保证施工顺利进行。砌块堆放应使场内运输路线最短。

砌块的装卸可用桅杆式起重机、汽车式起重机、履带式起重机和塔式起重机。砌块的水平运输可用专用砌块小车、普通平板车等。另外，还有安装砌块的专用夹具。

由于中型砌块的体积较大，质量较大，因此不如砖和小型空心砌块那样可以随意搬动，多用专门的设备进行吊装砌筑，砌筑时必须使用整块，不像普通砖可以随意砍凿。为了指导吊装砌筑施工，在施工前必须绘制砌块排列图，如图5-18所示。砌块排列图按每片纵横墙分别绘制，用1∶50或1∶30的比例绘出每面墙的立面图，先标出门窗洞口线、过梁、楼板、大梁、楼梯、混凝土梁垫等的位置，然后标出预埋的配电箱、室内消防栓箱及各种管道洞口等的位置边线，最后按砌块规格和灰缝厚度绘出水平和竖向灰缝线。

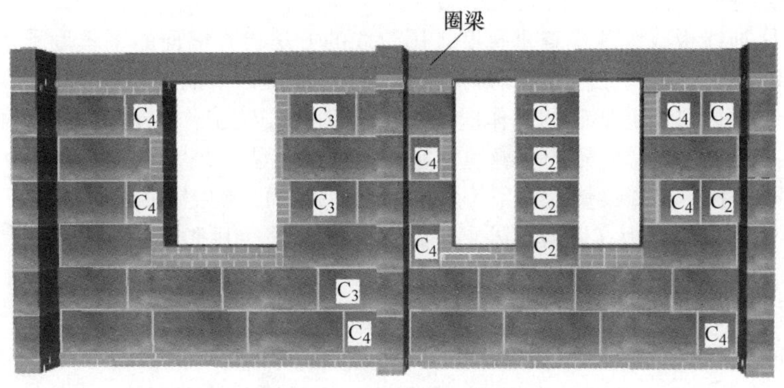

图5-18　砌块排列图

排列砌块时以主规格砌块为主、其他规格砌块为辅，需要镶砖时，尽量对称分散布置。砌块排列应上下错缝搭砌，搭砌长度一般为砌块的1/2，不得小于砌块高度的1/3，也不应小于150mm。若错缝搭接长度满足不了要求，则应采取压砌钢筋网片的措施。当设计无规定时，一般可配Φ4的钢筋网片，钢筋网片两端距该搭接处下层砌块竖缝的距离均不得小于300mm，如图5-19所示。

中型砌块砌体的水平灰缝一般为10~20mm，有配筋的水平灰缝为20~25mm。竖向灰缝宽度为15~20mm，当竖向灰缝宽度大于30mm时，应用与砌块同强度的细石混凝土填实，当竖向灰缝宽度大于 100mm 时，应用黏土砖镶砌。

砌块的组砌施工应横平竖直、砌体表面平整清洁、砂浆饱满、灌缝密实。

砌块的吊装通常有两种方案：

1）以轻型起重机进行砌块、砂浆的运输以及楼板等预制构件的吊装，由台灵架吊装砌块。台灵架在楼层上的转移由塔式起重机完成。

2）以井架进行材料的垂直运输，杠杆车进行楼板吊装，所有预制构件及材料的水平运输则用砌块车和手推车完成，台灵架负责砌块的吊装，如图 5-20 所示。

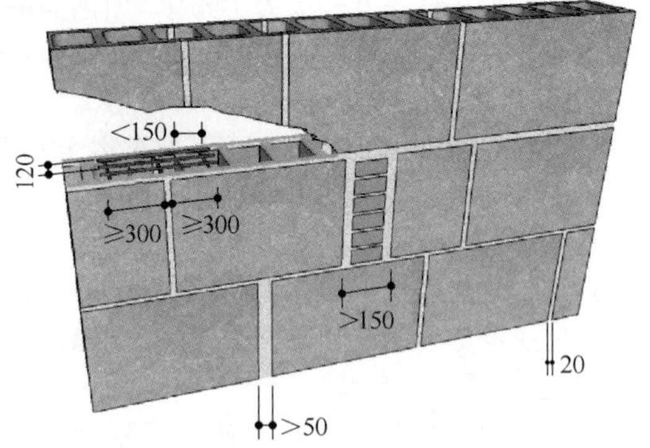

图 5-19　砌块的搭接

2. 施工流程

中型砌块的施工流程为铺灰→砌块吊装就位→校正→镶砖→灌缝。

（1）铺灰　砌块墙体所采用的砂浆应具有较好的和易性，砂浆稠度为 50~70mm，用大铲、灰勺进行分块铺灰，较小的砌块数量较大时，可通长铺设，但铺灰长度不得超过 1500mm。

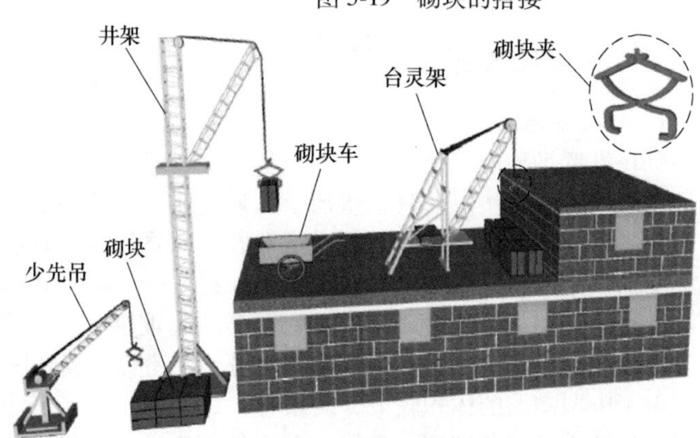

图 5-20　砌块吊装示意

（2）砌块吊装就位　砌筑前，应清除砌块表面的浮尘及黏土等污物方可吊运。砌块的吊装一般按施工段依次进行，应先远后近、先下后上、先外后内，在相邻施工段之间留阶梯形斜槎。吊装应从转角处或砌块定位处开始。吊装砌块时应采用摩擦式夹具，夹持点应在砌块重心垂直线的上方，避免砌块偏心倾斜，然后对准墙身的中心线徐徐下落至铺好的砂浆层上，待砌块安稳后放开夹具。

（3）校正　用拖线板或锤球检查垂直度，用拉线的方法检查墙面的平整度和水平度。校正时，可用人力轻微推动砌块或用撬杠轻轻撬动砌块，自重在 15kg 以下的砌块可用木槌敲击偏高处。

（4）镶砖　砌块内镶嵌普通砖的工作应紧密配合砌块安装工作，并要在砌块校正后随即镶填预制的普通砖。镶砖时应注意使砖的竖缝灌密实。如果砌块墙砌筑完最上一皮砌块层后，其上还需要镶嵌普通砖，则楼板、梁、梁垫、檩条等水平承重结构下的顶层镶砖，必须用丁砖镶砌。

（5）灌缝　竖缝可用夹板在墙体内外夹住，然后灌砂浆，用竹片或铁棒插捣使其密实。灌缝后一般不准撬动，以防止破坏砂浆的黏结性。

3. 施工质量要求

1）墙体砌筑材料必须符合国家质量标准及设计要求。

2）砌块排列合理正确，留槎符合规定，接槎牢固平整，灰缝厚度符合要求。

3）预留孔洞及预埋件位置、尺寸准确。

4）不同砌筑材料应按照不同的规范、标准进行施工。

5.5　石砌体施工

石砌体选用的石材应质地坚实、无风化剥落和裂纹。用于清水墙、柱表面的石材，色泽应均匀。石材表面的泥垢、水锈等杂质，砌筑前应清理干净。石材强度等级不应低于 MU20。

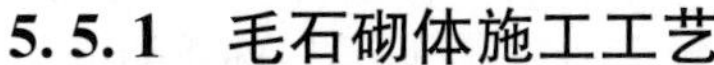

5.5.1　毛石砌体施工工艺

毛石砌体所用的石料应选择块状，其中部厚度不应小于150mm。

1）砌筑毛石基础一般采用拉线方法，如图5-21所示。

2）毛石砌体应分皮卧砌，各皮石块间应利用自然形状经敲打修整与先砌石块基本吻合，搭砌紧密；应上下错缝，内外搭砌，不得采用外面侧立石块中间填心的砌筑方法。砌体中间不得有铲口石、斧刃石和过桥石，如图5-22所示。

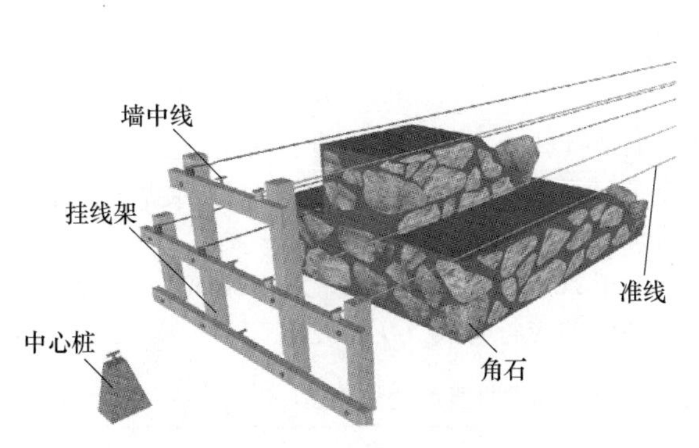

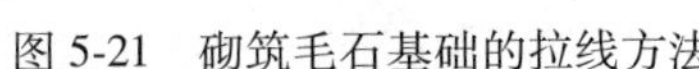

图5-21　砌筑毛石基础的拉线方法

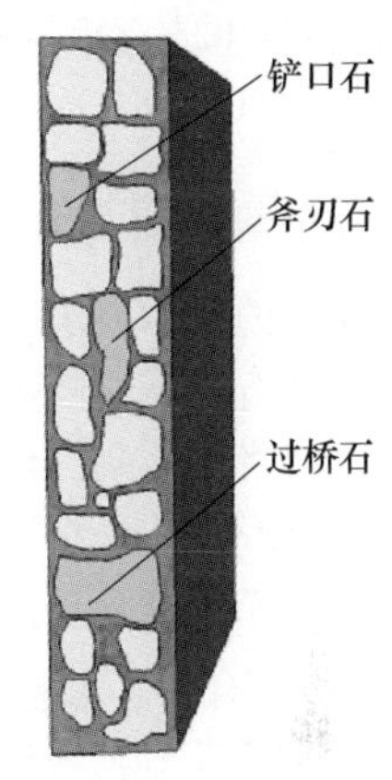

图5-22　铲口石、斧刃石和过桥石

3）砌筑毛石基础的第一皮毛石时，应先在基坑底铺设砂浆，并将石块大面向下，阶梯形毛石基础上级阶梯的石块应至少压砌下级阶梯石块1/2，相邻阶梯的毛石应相互错缝搭砌。毛石砌体的第一皮及转角处、交接处和洞口处，应用较大的平毛石砌筑，最上一皮（包括每个楼层及基础顶面）宜选用较大的毛石砌筑。毛石墙在转角处，应采用有直角边的角石砌在墙角一面，并根据长短形状纵横搭接砌入墙体内。

4）毛石砌体须设置均匀分布的、相互错开的拉结石。毛石基础同皮内每隔2m设置一块，毛石墙应每0.7m^2墙面至少设置一块，且同皮内的中距不应大于2m。

5）毛石砌体应采用铺浆法砌筑，其灰缝厚度宜为20~30mm，石块间不得有相互接触现象。石块间较大的空隙应先填塞砂浆再用碎石块嵌实，不得采用先摆石块后填塞砂浆或干填碎石的方法。砂浆的饱满度不得小于80%。

6）砌筑毛石挡土墙时，应每砌3~4皮为一个分层高度，每个分层高度应找平一次。外露面的灰缝厚度不得大于40mm，两个分层高度间分层处的错缝不得小于80mm。挡土墙的泄水孔当设计无规定时，应均匀设置，在每米高度上间隔2m左右设置一个泄水孔。泄水孔与土体间铺设长宽均为300mm、厚为200mm的卵石或碎石作为疏水层。

7）毛石砌体每日的砌筑高度不应超过1.2m，毛石墙的转角处及交接处应同时砌筑，对不能同时砌筑而又必须留设的临时间断处，应砌成踏步槎。

5.5.2　料石砌体施工工艺

各种砌筑用料石的宽度、厚度均不宜小于200m，长度不宜大于厚度的4倍。料石砌体砌筑时，应放置平稳。砂浆铺设厚度应略高于规定的灰缝厚度。

1）砌筑前，应根据灰缝及石料规格，设置皮数杆，拉准线。

2）料石砌体应上下错缝搭砌，搭砌长度不应小于料石宽度的1/2。当砌体厚度大于或等于两块料石宽度时，如同皮内全部采用顺砌，每砌两皮后，应砌一皮丁砌层，如同皮内采用丁顺组砌，丁砌石应交错设置，其中心距不应大于2m。料石砌体的第一皮和每个楼层的最上一皮应丁砌。

3）料石砌体的灰缝厚度：细料石砌体不宜大于 5mm，毛料石和粗料石砌体不宜大于 20mm。砂浆铺设厚度应略大于规定厚度，细料石宜大 3~5mm，粗料石、毛料石宜大 6~8mm。砂浆的饱满度应大于 80%。

4）料石砌体的每日砌筑高度不得超过 1.2m。料石砌体转角处及交接处也应同时砌筑，当必须留设临时间断处时，应砌成踏步槎。

5）在料石和毛石或砖的组合墙中，料石砌体和毛石砌体或砖砌体应同时砌筑，并每隔 2~3 皮料石层用丁砌层与毛石砌体或砖砌体拉结砌合。丁砌料石的长度宜与组合墙相同。

6）砌筑料石挡土墙宜采用梅花丁组砌形式，当中间部分用毛石填砌时，丁砌料石深入毛石部分的长度不应小于 200mm。

5.5.3 砌筑质量要求

石材组砌施工的基本要求是：内外搭砌，上下错缝，拉结石、丁砌石交错设置。

砌筑前，应将石材表面的泥污、水锈等杂质清除干净。砌筑中，当砂浆初凝后，如需要移动已砌筑的石块，应将原砂浆清理干净，重新铺浆砌筑。

石砌体的灰缝厚度：毛料石和粗料石不宜大于 20mm，细料石不宜大于 5mm。砂浆饱满度不应小于 80%。石砌体的轴线位置及墙面垂直度允许偏差应符合表 5-9 的规定。

表 5-9 石砌体的轴线位置及墙面垂直度允许偏差

项目		允许偏差/mm						
		毛石砌体		料石砌体				
				毛料石		粗料石		细料石
		基础	墙	基础	墙	基础	墙	墙、柱
轴线位置		20	15	20	15	15	10	10
墙面垂直度	每层	—	20	—	20	—	10	7
	全高	—	30	—	30	—	25	10

5.6 砌体常见质量通病及防治措施

砌体常见质量通病及防治措施见表 5-10。

表 5-10 砌体常见质量通病及防治措施

现象	原因	主要防治措施
砖、砂浆强度不符合设计规定	砌体强度除了和施工因素有关外，主要取决于砖和砂浆的强度，若砖和砂浆的强度降低一级，则会大大降低砌体的强度。有的工程在砖砌体施工前，对砖的强度不进行检验，砂浆不试配、不按配合比配制，或者施工时计量不准确，砂浆搅拌不均匀，甚至偷工减料少用水泥	材料进场时应严格按照抽检制度进行检验。建立材料的计量制度和计量工具校验、维修、保管制度。减少计量误差，对于塑化材料（石灰膏等）宜调成标准稠度（120mm）进行称量，再折算成标准容积。砂浆尽量采用机械搅拌，分两次投料，保证搅拌均匀，应按需搅拌，宜在当天的施工班次用完
灰缝砂浆不饱满	砌体灰缝砂浆饱满度低于 80%，竖缝脱空、透亮，出现瞎缝、透明缝。水平灰缝不饱满会降低砌体强度，竖向灰缝不饱满会降低墙体的隔热保温性能，甚至导致外墙渗漏	砌筑用砖应提前 1~2d 浇水。改善砂浆的和易性，低强度水泥砂浆尽量不用高强水泥配制，不用细砂，严格控制塑化材料的质量和掺量，不可使用初凝后的砂浆。砌砖宜采用“三一”砌筑法，若采用铺灰挤浆法，则铺灰长度不得超过 750mm

（续）

现象	原因	主要防治措施
砌体组砌方法错误	砌墙时集中使用断砖，通缝、重缝多而出现不规则裂缝，导致墙体开裂。砌体墙面出现数皮砖通缝、里外两张皮，砖柱采用包心法砌筑，里外皮砖层互不相咬，形成周围通天缝等	对工人加强技术培训，严格按规范方法组砌，缺损砖应分散使用，少用半砖，禁用碎砖。砖柱禁用包心法砌筑
墙体留槎错误	砌墙时随意留槎，甚至留阴槎。构造柱马牙槎不标准，槎口以砖渣填砌，接槎砂浆填塞不严	严格按规范要求留槎，采用18层退槎砌法；马牙槎高度：标准砖留5皮，多孔砖留3皮。对于施工洞所留槎，应加以保护和遮盖，防止运料车碰撞
游丁走缝墙面凹凸不平	砖墙面上下砖层之间竖缝错位，丁砖竖缝歪斜，宽窄不匀，丁不压中。清水墙窗台部位与窗间墙部位的上下竖缝错位，水平灰缝弯曲不平直，灰缝厚度不一致，出现“螺丝”墙	砌前应摆底，并根据砖的实际尺寸对灰缝进行调整。摆底时应将窗口位置引出，使砖的竖缝尽量与窗口边线相齐。砌砖时，要打好七分头，排匀立缝，使每皮七分头都保持在一条垂直线上。采用皮数杆拉准线砌筑，以砖的小面跟线，拉线长度超长时（15~20m），应加腰线；沿墙面每隔一定距离，在竖缝处弹墨线，墨线用线锤引测，每砌一步脚手架高度就用立线向上引测，立线、水平线与线锤应三线归一
拉结钢筋被遗漏	构造柱及接槎处的水平拉结钢筋常被遗漏，或未按规定布置；配筋砖缝砂浆不饱满，露筋年久易锈	加强检查，对所砌部位需要的配筋应一次备齐。尽量采用点焊钢筋网片，适当增加灰缝厚度（以钢筋网片厚度上下各有2mm保护层为宜）
砌块墙体裂缝	温度、地基不均匀沉降、施工行为不当容易造成墙体开裂。裂缝出现在屋盖、圈梁与砌体结合部；底层窗台中部；内外墙连接处；顶层两端角部及砌块周边等	为减少收缩，砌块出池后应有足够的静置时间（30~50d）。清除砌块表面脱模剂及粉尘等。采用黏结力强、和易性好的砂浆砌筑，控制铺灰长度和灰缝厚度。设置芯柱、圈梁、伸缩缝，在温度、收缩较敏感部位局部配制水平钢筋

5.7　砌体工程的冬、雨期施工

我国幅员辽阔，气候差异较大，在东北、西北、华北地区冬季低温时间较长，而在华南、江南地区降雨量较大，雨期持续时间较长。由于砌体工程大部分在室外，故受气候影响较大，冬、雨期常规施工将会严重影响工程质量，故须采取一定的措施，方能保证工程质量。

5.7.1　砌筑工程冬期施工

1. 施工条件

当室外日平均气温连续5d稳定低于5℃时，砌体工程应采取冬期施工措施。冬期砌体工程突出的问题是砂浆遭受冰冻，不能凝固，砌体强度降低，另外砂浆解冻时强度为零，砌体出现沉降。因此，要采取有效措施，使砂浆达到早期强度，才能保证砌体的质量。

2. 对材料的要求

（1）块材　冬期施工的块材，在砌筑前应清除表面的污物和冰霜，不得使用遭水浸冻的砖或砌块。

对于烧结砖、蒸压灰砂砖、蒸压粉煤灰砖、吸水率较大的轻集料混凝土小型空心砌块，当气温高于0℃时，应浇水湿润并即时砌筑。气温在0℃及以下时不应浇水，以避免结冰，但应增大砂浆稠度。抗震设防烈度为 9 度的建筑物，当烧结砖及蒸压粉煤灰砖无法浇水湿润时，不得砌筑。

普通混凝土小型空心砌块、混凝土多孔砖、混凝土实心砖及采用薄灰砌法的蒸压加气混凝土砌块施工时，不应浇水。当轻集料混凝土小型空心砌块的砌筑砂浆强度低于 10MPa 时，应比常温施工提高一个等级，以保证其承载能力。

（2）砂浆　冬期施工不得使用无水泥砂浆。拌制砂浆的水泥宜采用普通硅酸盐水泥；砂中不得含有冰块和大于 10mm 的冻结块；石灰膏应防止受冻，如遭冻结应融化后使用。

砂浆应具有足够的初温，以满足砌筑及前期强度增长的需求。因此常采用热拌砂浆，即在拌制前对材料预先加热。砂浆的温度要求及材料加热温度应根据热工计算确定。由于水的比热容大且便于加热，是首选加热对象，可将蒸汽直接通入水箱或用铁桶等烧水，但水温不得超过 80℃。若还不满足砂浆温度要求，则需将砂也加热。砂可用蒸汽排管、火坑加热，也可将蒸汽管插入砂内直接送汽（需要注意砂的含水率变化），砂的温度不得超过 40℃。

拌和砂浆宜采用先投放砂、水等材料，经一定搅拌后再投放水泥的两步投料法拌制，以避免水泥假凝。砂浆的稠度应较常温适当增大，搅拌时间应较常温增加 50%～100%，并在搅拌、运输、存放过程中采取减少热量散失的有效措施。砌筑时，砂浆的温度不应低于 5℃，以保证其流动性，满足饱满度要求。砂浆使用温度应符合表 5-11 的规定。

表 5-11　冬期施工砂浆使用温度

冬期施工方法			砂浆使用温度/℃
外加剂法			≥5
氯盐砂浆法			
暖棚法			
冻结法	室外空气温度/℃	0～-10	≥10
		-10～-25	≥15
		<-25	≥20

3. *施工方法*

冬期砌体工程的施工方法很多，有外加剂法、暖棚法、冻结法等。但是，目前常以外加剂法、暖棚法两种方法为主。

（1）外加剂法　在砂浆中掺入一定量的抗冻剂可降低砂浆中水的冰点，让水在 0℃ 时不结冰，保持砂浆和易性，并使其在一定的低温下不冻并能继续缓慢地增加强度。常用的抗冻剂有氯化钠、氯化钙、亚硝酸钠、碳酸钾、硝酸钙等。

掺盐砂浆法是一种在砂浆中掺入氯化物以降低冰点，使砂浆在一定负温下不受冻，水泥的水化作用能继续进行，从而使砂浆强度增加的施工方法。常用的氯化物为氯化钠和氯化钙。氯盐砂浆的稠度应满足一定要求，使用时的温度不应低于 5℃。冬期施工中，每日砌筑后应在砌体表面覆盖保温材料。当采用掺盐砂浆法施工时，宜将砂浆强度等级较常温施工时提高一级。配筋砌体不得采用掺盐砂浆法施工。当采用掺氯盐砂浆时，其掺盐量可参考表 5-12。

表 5-12　氯盐砂浆的掺盐量

氯盐及砌体材料种类			日最低气温/℃			
			≥-10	-15～-11	-20～-16	-25～-21
单掺（%）	氯化钠	砖、砌块	3	5	7	—
		石材	4	7	10	—
复掺（%）	氯化钠	砖、砌块	—	—	5	7
	氯化钙		—	—	2	3

当气温高于-15℃时，以单盐（氯化钠）的方式进行掺加；当气温低于-15℃时，以复盐（氯化钠+氯化钙）的方式掺加复合使用。采用氯盐砂浆时，砌体中配置的钢筋及钢预埋件，应预先做好防腐处理。

砌筑时砂浆温度不应低于5℃。当设计无规定，且最低气温等于或低于-15℃时，应将砂浆强度等级较常温施工时提高一级。

因掺入外加剂后砂浆的吸湿性较大，会降低砌体的保温性能，砌体表面出现盐析现象，故对装饰工程有特殊要求的建筑物、使用环境湿度大于80%的建筑物、配筋和钢埋件无可靠防腐处理措施的砌体、接近高压电线的建筑物、经常处于地下水位变化范围内及地下未设防水层的结构不得采用外加剂法。

（2）暖棚法　暖棚法施工是指冬期施工时将被砌筑的砌体置于暖棚中，内部设置散热器、排管、电热器或火炉等加热棚内空气，使砌体、混凝土构件在正常温度环境下养护的方法。采用暖棚法适用于地下工程、基础工程以及立即使用的砌体工程。采用暖棚法施工时，砌体材料和砂浆在砌筑时的温度不应低于5℃，距离所砌的结构底面0.5m处的棚内温度也不应低于5℃。

砌体在暖棚内的养护时间，根据暖棚内的温度按表5-13确定。

表5-13　暖棚法砌体的养护时间

暖棚内温度/℃	5	10	15	20
养护时间/d	≥6	≥5	≥4	≥3

（3）冻结法　冻结法是用热砂浆进行砌筑的一种施工方法，允许砂浆遭受冻结，融化的砂浆强度接近零，转入常温时强度得以逐渐增加。采用冻结法时，砂浆使用的温度应不低于10℃。如设计无要求，当日最低气温不低于-25℃时，对砌筑承重砌体的砂浆强度等级应较常温施工时提高一级；当日最低气温低于-25℃时，则应提高两级。为保证砌体解冻时的正常沉降，每日的砌筑高度和临时间断处的高度差均不得超过1.2m，水平灰缝厚度不宜大于10mm，在门窗框上均应留5mm的缝隙，解冻前，应清除房屋中剩余的建筑材料等产生的临时荷载；解冻期，应经常对砌体进行观测和检查，如发现裂缝、不均匀沉降等情况，应立即采取加固措施。对于空斗墙、毛石墙、在解冻期间可能受到振动或动力荷载的砌体以及在解冻期间不允许发生沉降的砌体等，均不得采用冻结法。

5.7.2　砌筑工程雨期施工

在雨期，砖淋雨后吸水过多，表面会形成水膜；同时，砂子含水量大，也会使砂浆稠度降低，易产生离析。砌筑时会出现砂浆坠落，砌块滑移，水平灰缝和竖向灰缝砂浆流淌，压缩变形增大，引起门、窗、转角不直和墙面不平等情况，重则会引起墙身倒塌。因此，雨期施工要做好防水措施。

砌块应集中堆放在地势高的地点，并覆盖芦席、油布等，以减少雨水的大量进入。砂子也应堆放在地势高处，周围易于排水，拌制砂浆的稠度值要小些，以适应多雨天气的砌筑。运输砂浆时要加盖防雨材料，砂浆要随拌随用，避免大量堆积。砌筑时适当减小水平灰缝的厚度，控制在8mm左右，铺砂浆不宜过长，宜采用“三一”砌筑法。每天砌筑高度限制在1.2m以内。收工时在墙顶盖一层干砖，并用草席覆盖，防止大雨把刚砌好的砌体中的砂浆冲掉。对脚手架、道路等采取防止下沉和防滑措施，确保安全施工。

蒸压灰砂砖、蒸压粉煤灰砖及混凝土小型空心砌块，雨大不宜施工。

思　考　题

1. 常用的砌筑用砖和砌块有哪些？

2. 砌筑用砂浆对原材料有哪些要求？施工时需要注意什么？
3. 不同的砌体对于砌筑砂浆稠度有什么要求？
4. 什么叫“三一”砌筑法？
5. 对于砖砌体施工的质量要求有哪些？
6. 什么叫皮数杆？有什么作用？
7. 小型砌块施工时要遵循“反砌”原则，试简述什么叫“反砌”原则？
8. 砌体工程冬、雨期施工需要注意哪些问题？

第 6 章 脚手架工程

学习目标：了解脚手架的概念及作用；熟悉脚手架的类型及搭设要点；熟悉脚手架工程的安全技术要求。

6.1 概述

脚手架是建筑施工现场重要的临时性设施，是由杆件或结构单元、配件通过可靠连接而组成，支撑于地面、建筑物上或附着于工程结构上，为建筑施工提供支撑、作业平台和安全防护的临时结构架。

在 20 世纪 50 年代，脚手架多采用木、竹材料。到了 20 世纪 60 年代，我国开始出现扣件式钢管脚手架和各种钢制工具式里脚手架。20 世纪 80 年代，门式脚手架和碗扣式脚手架引入国内。21 世纪初，我国又引进了盘扣式钢管脚手架等，并且随着土木工程的发展，国内根据自身特点对脚手架进行研究、改进和开发，使得一系列新型脚手架得到了迅速的推广和应用。

施工现场的外部施工、内部装修等都要用到脚手架，其不仅可以为施工人员提供安全、高效的作业平台和作业通道，也可以作为一定数量建筑材料的堆放、运输平台，还可为施工人员提供安全保障。

脚手架一般随工程的结束而拆除，其外观组成和搭设质量对建筑物本身的机能并无影响，其搭设质量主要影响作业安全和作业效率。因此，对脚手架的基本要求是：有适当的宽度，满足施工人员作业、材料堆放及运输的需要；装拆方便，能多次周转使用；有一定的强度、刚度及稳定性；防止对第三者产生伤害。

6.2 脚手架的分类

脚手架按材料可分为木、竹、钢和铝合金脚手架，其中竹、木脚手架已全面禁用；按其搭设位置可分为外脚手架和里脚手架，外脚手架主要用于外墙面，柱、梁外侧垂直面的作业，里脚手架主要用于顶棚、阳台等水平面的作业；按用途可分为砌筑用脚手架、装修用脚手架、混凝土工程用脚手架等；按构造形式可分为多立杆式脚手架、碗扣式/盘扣式钢管脚手架、门式钢管脚手架、吊式脚手架、挂式脚手架、悬挑式脚手架、升降式脚手架、工具式里脚手架等。

主体和外墙工程施工常用的立柱式脚手架，一般有侧面双排和侧面单排两种。在主体工程中，常用的双排脚手架有单元式脚手架（门式脚手架）和钢管脚手架，单排脚手架有单侧悬架式脚手架和楔紧式（碗扣式、盘扣式）脚手架。在外墙施工过程中，除上述脚手架外，常用的脚手架还有悬挑式单元脚手架（双排）和单面布板脚手架（单排）。

里脚手架除钢管式和门式脚手架外，还有多种小型脚手架。

6.2.1 扣件式钢管脚手架

扣件式钢管脚手架主要由钢管、扣件、脚手板、连墙件和可调托撑等组成，如果使用悬挑脚手架，还应包含型钢。图 6-1 所示为落地双排扣件式钢管外脚手架的基本组成示意图。

扣件式钢管脚手架中起不同作用的钢管，如立杆、横杆、剪刀撑以及横斜杆等，均采用螺栓

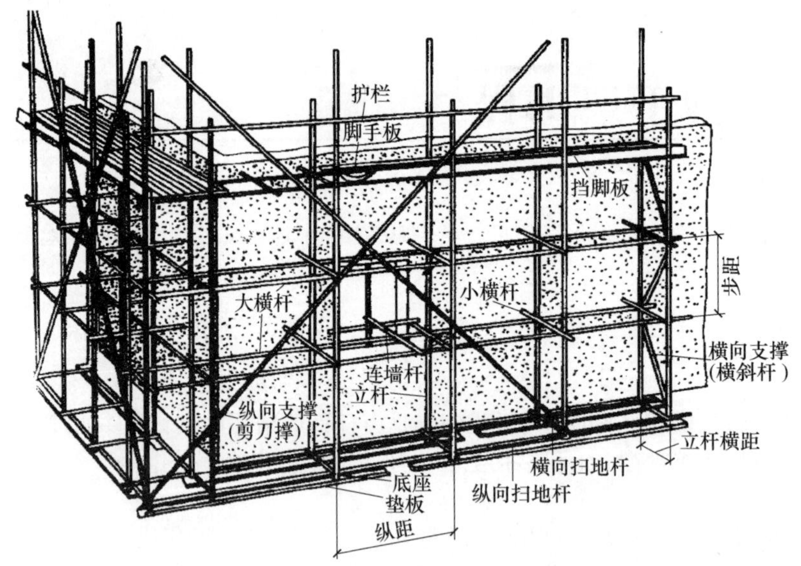

图 6-1　落地双排扣件式钢管外脚手架

紧固的扣件连接固定。其特点是通用性强、装拆灵活、搬运方便、价格便宜，因此是当前应用最普遍的一种脚手架，其使用量超过 70%。但同时也存在杆件体系靠摩擦力传递荷载和内力，搭设质量受扣件本身质量和工人操作水平影响显著等缺点。因其存在安全隐患，其设计、施工与验收应严格执行《建筑施工扣件式钢管脚手架安全技术规范》（JGJ 130）和国家现行有关强制性标准的规定。

扣件式钢管脚手架可搭设成单排或者双排，其中单排脚手架搭设高度不应超过 24m，双排脚手架搭设高度不应超过 50m，当高度超过 50m 时，应分段搭设。

1. 钢管

扣件式钢管脚手架所使用的钢管一般有两种：一种是外径为 48. 3mm、壁厚为 3. 6mm 的钢管；另一种是外径为 51mm、壁厚为 3. 1mm 的钢管。两种钢管均应采用现行国家标准《直缝电焊钢管》（GB/T 13793）或《低压流体输送用焊接钢管》（GB/T 3091）中规定的 Q235 普通钢管。其质量应符合现行国家标准《碳素结构钢》（GB/T 700）中 Q235 级钢的规定。为便于施工和搬运，一般情况下，用于脚手架横向水平杆的钢管的最大长度不应超过 2m，用于其他杆的钢管的最大长度不应超过 6. 5m，其最大质量不应大于 25kg。

2. 扣件

扣件是钢管与钢管之间的连接件，其形式有三种，即直角扣件、旋转扣件、对接扣件，如图 6-2 所示。直角扣件用于两根垂直相交钢管的连接，依靠扣件与钢管之间的摩擦力传递荷载。旋转扣件用于两根任意角度相交钢管的连接。对接扣件用于两根钢管对接接长的连接。扣件由可锻

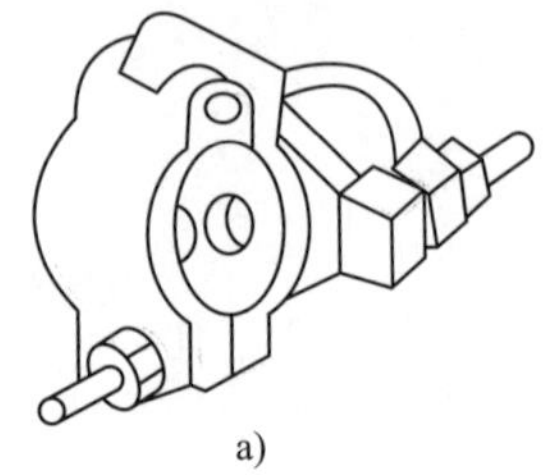
a)

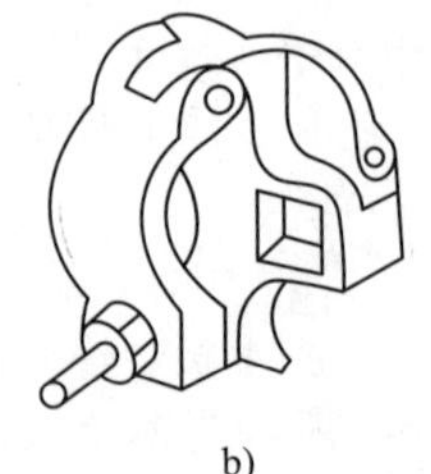
b)

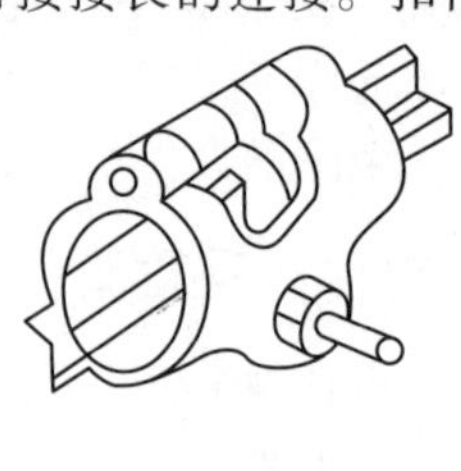
c)

图 6-2　钢管脚手架扣件形式
a）直角扣件　b）旋转扣件　c）对接扣件

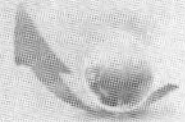

铸铁铸造或钢板冲压而成，其力学性能应符合《钢管脚手架扣件》（GB 15831）的要求。

3. 脚手板

扣件式钢管脚手架的脚手板有冲压钢脚手板、焊接钢筋脚手板、木脚手板和竹脚手板等。冲压钢脚手板一般可用厚2mm的钢板压制而成，长度为2~4m，宽度为250mm，表面应有防滑措施，钢材应符合现行国家标准《碳素结构钢》（GB/T 700）中Q235级钢的规定。木脚手板应采用厚度不小于50mm的杉木板或松木板制作，长度为3~4m，宽度为200~250mm。但无论采用哪种脚手板，为便于人工操作，每块脚手板的质量都不宜超过30kg。

4. 连墙件

当扣件式钢管脚手架作为外脚手架时，必须设置连墙件。连墙件将立杆与主体结构连接在一起，可有效地防止脚手架的失稳与倾覆，常用的连接形式有刚性连接与柔性连接两种。刚性连接一般通过连墙件、扣件和墙体的预埋件连接。这种连接方式具有较大的刚度，既能受拉，又能受压，在荷载作用下变形较小。柔性连接则通过钢丝或小直径的钢筋、木楔等与墙体的预埋件连接，其刚度小，只能用于高度24m以下的脚手架。

脚手架连墙件间距的设置除了要符合计算要求外，还要符合表6-1的规定。

表6-1　连墙件布置的最大间距

脚手架高度/m		竖向间距	水平间距	每根连墙件覆盖面积/m^2
双排	≤50	$3h$	$3l_a$	≤40
	>50	$2h$	$3l_a$	≤27
单排	≤24	$3h$	$3l_a$	≤40

注：h 为步距；l_a 为纵距。

5. 可调托撑

可调托撑也称顶托，图6-3所示为内插式可调托撑，属于可调托撑的一种。对于上托，使用时其下部插入脚手架钢管中，上部直接与模板外楞接触。而下托一般用于钢管底部。二者均可对支撑长度进行微调，以保证支撑有效。下托底座一般采用厚8mm、边长150~200mm的钢板作为底板，上焊150mm高的钢管。底座形式除内插式外，还有外套式。

需要注意的是，下托式可调托撑并非垫板，一般应置于垫板之上。

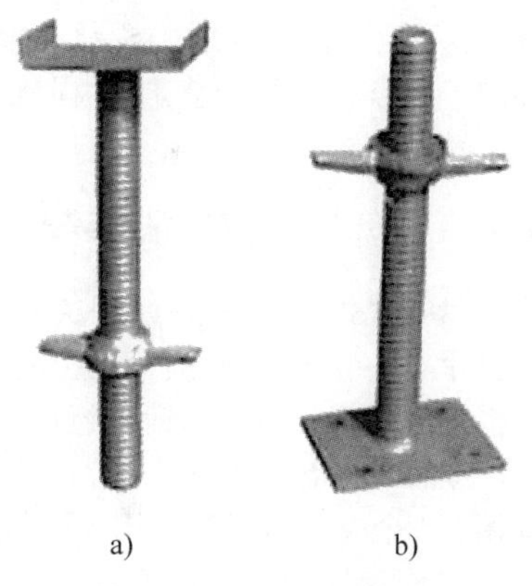

图6-3　内插式可调托撑

a）上托　b）下托

6. 悬挑脚手架用型钢

悬挑脚手架用型钢所采用的材质应符合现行国家标准《碳素结构钢》（GB/T 700）或《低合金高强度结构钢》（GB/T 1591）的规定。用于固定型钢悬挑梁的U形钢筋拉环或锚固螺栓材质也应符合现行国家标准的相关规定。

6.2.2　碗扣式钢管脚手架

不同于扣件式钢管脚手架，碗扣式钢管脚手架不再需要另外的扣件连接，而是使用带有连接功能的立杆和横杆。

碗扣式钢管脚手架节点如图6-4所示，其组成包括焊有下碗扣和上碗扣的限位销的立杆、焊有插头的横杆，以及可上下自由滑动的上碗扣。组装时，只需要将横杆插头插入下碗扣内，将上碗扣沿限位销扣下，并压紧和旋转上碗扣，即可将横杆和立杆牢固地连接在一起。碗扣处可同时连接四根横杆插头，可以互相垂直，也可

以偏转一定角度。

碗扣式钢管脚手架的基本构件包括立杆、横杆、底座等，辅助构件有脚手板、斜道板、挑梁架梯、托撑等，专用构件有支撑柱的各种垫座、提升滑轮、爬升挑梁（图 6-5）等。碗扣式钢管脚手架可以通过构件的多种组合以适应不同工程的需要，如在脚手架上安装提升滑轮以运输零星材料、工具等，利用爬升挑梁使得脚手架沿结构墙体爬升，从而组成爬升式脚手架等。

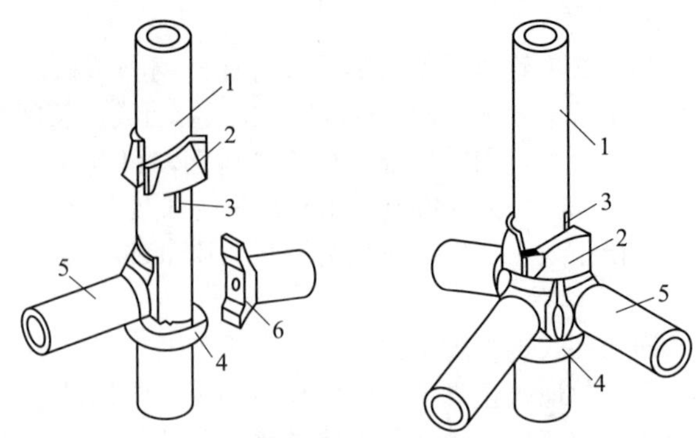

图 6-4　碗扣式钢管脚手架节点
1—立杆　2—上碗扣　3—限位销　4—下碗扣
5—横杆　6—横杆插头

因碗扣式钢管脚手架构造的限制，其杆件尺寸固定。立杆长度有 1200mm、1800mm、2400mm、3000mm，其上每隔 600mm 安装一套碗扣接头。横杆长度有 300mm、600mm、900mm、1200mm、1500mm、1800mm，专用斜杆长度有 1270mm、1750mm、1500mm、1920mm。因此，可用碗扣式钢管脚手架搭设横距 1.2m，步距 1.8m，纵距 0.9m、1.2m、1.5m、1.8m、2.4m 等固定尺寸的双排外脚手架。

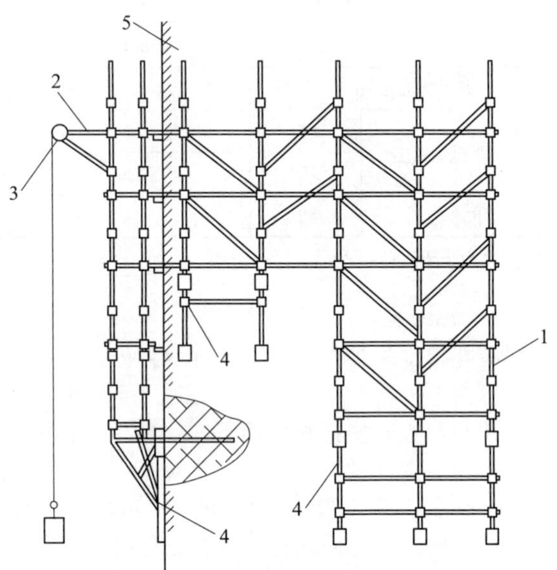

图 6-5　提升滑轮和爬升挑梁的布置
1—脚手架立杆　2—挑梁　3—提升滑轮
4—爬升挑梁　5—结构墙体

碗扣式钢管脚手架具有通用性强、承载力大、安全可靠、效率较高等特点，因此，目前广泛应用于房屋、桥梁、涵洞、隧道、烟囱、水塔、大坝等多种工程施工中，并取得了较好的经济效益。

6.2.3　盘扣式钢管脚手架

盘扣式钢管脚手架原理类似于碗扣式钢管脚手架，由焊有连接盘的立杆、焊有接头的横杆和斜杆，以及插销等组成，如图 6-6 所示。立杆的圆盘上有 8 个孔，4 个小孔为横杆专用，4 个大孔为斜杆专用。横杆、斜杆的连接方式均为插销式，可确保杆件与立杆牢固连接。横杆、斜杆通过接头与立杆钢管呈整面接触，敲紧插销后，可形成结构几何不变体系的钢管脚手架体系。斜杆头为可转动接头，用插销将斜杆头与钢管固定。

盘扣式钢管脚手架各杆件尺寸也是固定的。立杆长度有 500mm、1000mm、1500mm、2000mm、2500mm、3000mm 和 4000mm，其上每隔 500mm 焊接一个连接盘。横杆长度有 600mm、900mm、1200mm、1500mm、1800mm、2100mm、2400mm、2700mm、3000mm，斜杆长度与立杆布距、横杆横距及纵距匹配，可搭设横距 0.9m，步距 2.0m，纵距 0.9m、1.2m、1.5m 和 1.8m 等多种固定尺寸的双排外脚手架。

盘扣式脚手架主体采用钢管加工而成，表面一般镀锌处理，主要部件均采用内、外热镀锌防腐工艺，既可延长产品寿命，又能进一步保障安全，同时做到美观。因此，盘扣式钢管脚手架具有技术成熟、连接牢固、结构稳定等特点，相对于传统脚手架，其承载力大、用量较少、组装快捷、使用方便、节省费用。

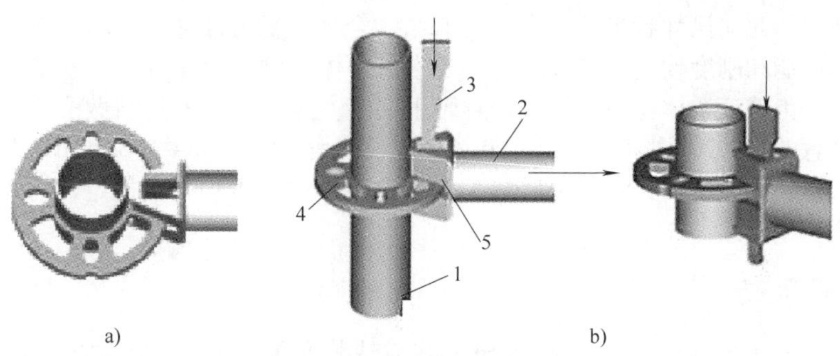

图 6-6 盘扣式钢管脚手架节点
a）连接盘 b）横杆与立杆连接方式
1—立杆 2—横杆 3—插销 4—连接盘 5—横杆杆端扣接头

盘扣式钢管脚手架属于一种新型脚手架，在实际施工中优势明显，目前在我国已得到广泛推广和应用。盘扣式钢管脚手架主要应用于一般高架桥及其他桥梁工程、隧道工程、厂房、高架水塔、电厂、炼油厂及特殊厂房的支撑设计，也可应用于过街桥、跨梁、仓储货架、大型舞台、背景架等工程。

盘扣式脚手架的结构设计、安装及拆除、检验和验收、各组成构件的强度检验等还应符合《建筑施工承插型盘扣式钢管脚手架安全技术标准》（JGJ/T 231—2021）以及《承插型盘扣式钢管支架构件》（JG/T 503—2016）的规定。

6.2.4 轮扣式钢管脚手架

轮扣式钢管脚手架在架体形式上与盘扣式钢管脚手架类似，主要构件为立杆和横杆。轮扣式钢管脚手架具有拼拆迅速，省力，结构简单，稳定可靠，通用性强，承载力较大，安全高效，不易丢失，便于管理，易于运输等优点，但不宜在基层不硬实、不平整和不能进行混凝土硬化、土质差的软土层以及易塌陷的地面上搭设。2022 年 11 月住房和城乡建设部办公厅关于《房屋市政工程禁止和限制使用技术目录（2022 年版）（征求意见稿）》公开征求意见的通知中已将轮扣式脚手架、支撑架作为限制使用施工设备，不得用于高度大于 5m（含 5m）的房屋市政工程；不得用于搭设满堂支撑架；不得用于危险性较大的分部分项工程。

6.2.5 门式钢管脚手架

门式钢管脚手架是由门架、交叉支撑、连接棒、水平架或挂扣式脚手板、锁臂等构成基本单元，再以水平加固杆、剪刀撑、扫地杆加固，并通过连墙件与建筑物主体结构相连的一种标准化钢管脚手架。因其主架呈“门”字形，因此称门式钢管脚手架，也称鹰架或龙门架。其基本单元如图 6-7 所示，将基本单元连接起来即可构成整片脚手架。

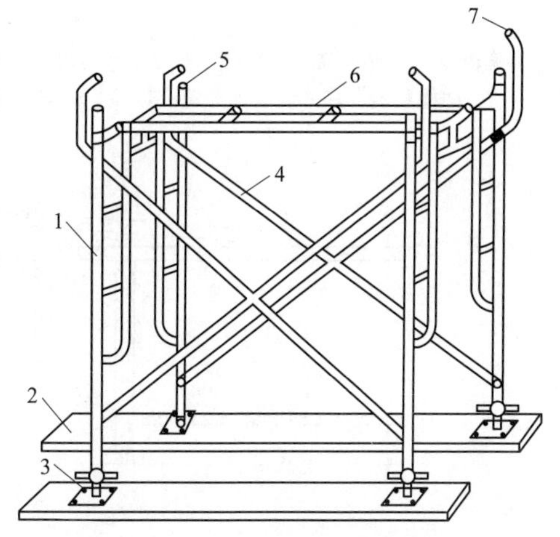

图 6-7 门式钢管脚手架基本单元
1—门架 2—垫木 3—可调底座 4—交叉支撑
5—连接棒 6—水平加固杆 7—锁臂

常用门式钢管脚手架的门架宽度为 1200mm，高度有 1700mm 和 1900mm 两种。用门式钢管脚手架可搭设横距 1.2m，纵距 1.8m，步距 1.7m、1.9m 的各种外脚手架。通常门式钢管脚手架搭设高度限制在 45m 以内，采取一定措施后可达到 80m 左右。

门式钢管脚手架不仅可作为外脚手架，也可作为里脚手架或满堂脚手架，还可作为垂直运输的井架。

门式钢管脚手架因其几何尺寸标准化，所以具有结构合理，受力性能好，施工速度快，拆装方便等优点，但整体性能和刚度较差。施工中应按要求沿架体外侧四周连续设置水平加固杆，并做到交圈闭合。另外，为保证架体稳定，门式钢管脚手架应参照外脚手架拉结做法，做好架体与结构的拉结。需要注意的是，2021 年 12 月住房和城乡建设部发布的《房屋建筑和市政基础设施工程危及生产安全施工工艺、设备和材料淘汰目录（第一批）》的公告中明确规定，门式钢管支撑架不得用于搭设满堂承重支撑架体系。

6. 2. 6　吊式脚手架

吊式脚手架是利用吊索悬吊吊架或吊篮进行砌筑或装饰的一种脚手架，如图 6-8 所示。其悬吊方法是在主体结构上设置支撑点。其主要组成部分为吊架（包括桁架式工作台和吊篮）、支承装置（包括支承挑梁和挑架）、吊索（包括钢丝绳、铁链、钢筋）及升降装置等。吊式脚手架悬吊方法如图 6-9 所示。

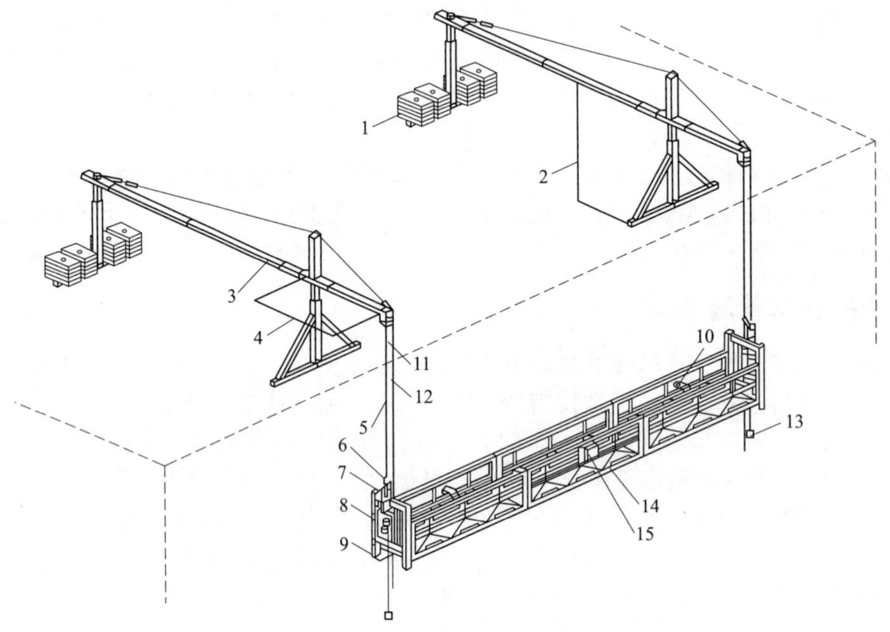

图 6-8　吊式脚手架示意图

1—平衡配重　2—吊篮高度调节系统　3—悬吊机构　4—前梁悬垂　5—安全绳　6—限位开关　7—安全锁　8—升降装置　9—防撞装置　10—墙面支撑轮　11—上限限位器　12—工作钢索　13—重锤　14—操作台　15—电气控制盒

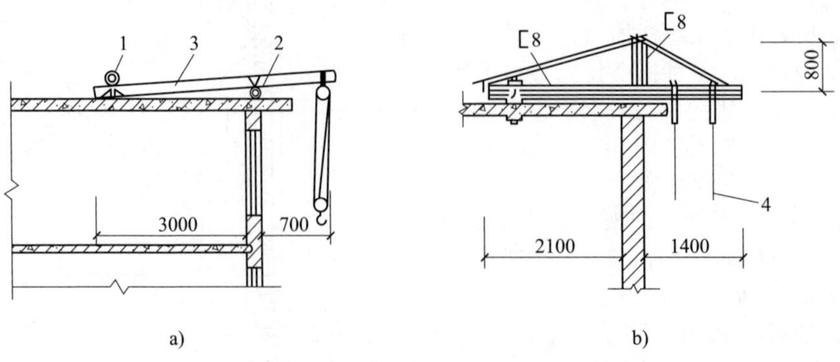

图 6-9　吊式脚手架的悬吊方法

a）屋顶挑梁　b）屋顶挑架

1—压木　2—垫木　3—挑梁　4—下挂吊篮

6.2.7 悬挑式脚手架

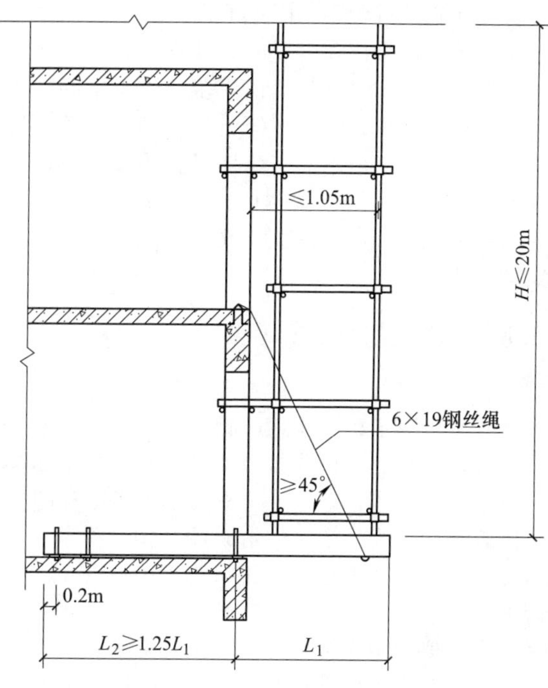

图 6-10　悬挑式脚手架示意图

悬挑式脚手架（图 6-10）利用建筑结构边缘向外伸出的悬挑结构来支承外脚手架，将脚手架的荷载全部或部分传递给建筑结构，用于钢筋混凝土结构、钢结构高层或超高层，建筑施工中的主体或装修工程的作业及安全防护。悬挑式脚手架架体可用扣件式钢管脚手架、盘扣式钢管脚手架或门式钢管脚手架搭设，一般为双排脚手架。架体高度可依据施工要求、结构承载力和塔式起重机的提升能力确定，最高可搭设至 12 步架，约 20m 高，可同时进行 2~3 层的施工。

悬挑式脚手架的挑梁形式一般分为三种，即悬挂式挑梁、下撑式挑梁、桁架式挑梁。悬挂式挑梁一般为型钢挑梁，其一端固定在结构上，另一端用拉杆或拉绳拉结到结构的可靠部位上，拉杆或拉绳应有收紧措施，以便在收紧以后承担脚手架荷载。桁架式挑梁一般采用型钢制作支撑三角桁架，通过螺栓与结构连接，螺栓穿在刚性墙体或柱的预留孔洞或预埋套管中，从而方便拆除和重复使用。

悬挑架或型钢挑梁依附的建筑结构应是钢筋混凝土结构或钢结构，不得依附在砖混结构或石结构上。悬挑架的支承结构应为用型钢制作的悬挑梁或悬挑桁架等，不得采用钢管；其节点应用螺栓连接或焊接，不得采用扣件连接；与建筑结构的固定方式应经设计计算确定。悬挑式脚手架的悬挑支承结构，必须有足够的强度、稳定性和刚度，并能将脚手架的荷载传递给建筑结构。

型钢挑梁锚固段长度应不小于悬挑段长度的 1.25 倍，悬挑支承点应设置在建筑结构的梁板上，不得设置在外伸阳台或悬挑楼板上（有加固措施的除外）。穿墙悬挑钢梁和楼面悬挑钢梁构造如图 6-11 和图 6-12 所示。

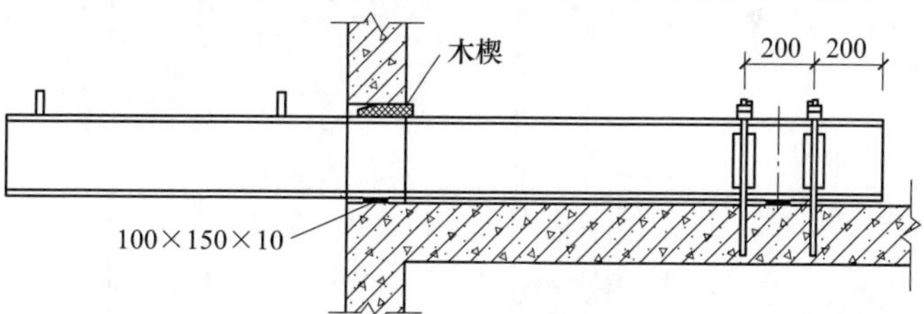

图 6-11　穿墙悬挑钢梁构造

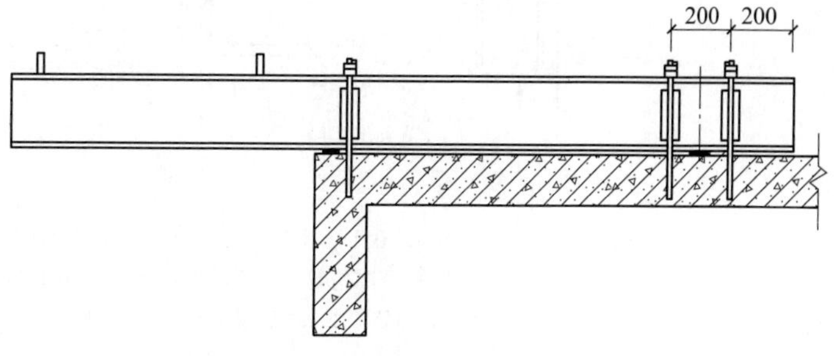

图 6-12　楼面悬挑钢梁构造

悬挑式脚手架一般有两种：一种是每层一挑，将立杆底部顶在楼板、梁或墙体等建筑部位，向外倾斜固定后，在其上部搭设横杆、铺脚手板形成施工层，施工一个层高，待转入上层后，再重新搭设脚手架，供上一层施工；另一种是多层悬挑，将全高的脚手架分成若干段，每段搭设高度不超过 20m，利用悬挑梁或悬挑架作为脚手架基础分段悬挑分段搭设脚手架，利用此种方法可以搭设超过 50m 以上的脚手架，悬挑脚手架外立面须满设剪刀撑。

在实际施工过程中，因地下室回填土、地面管井施工或做保温层的需要，一般从第二层或第三层就开始搭设悬挑式脚手架。其特点有：不同于落地式脚手架要以地面作为支撑，而是以上层结构作为主要支撑，便于提供更多的施工空间；当落地式脚手架搭设高度超出规范规定高度后，悬挑式脚手架便成为较好的选择；此类脚手架施工现场更加整洁美观，利于文明施工，但成本高于落地式脚手架。目前，全国各地都在广泛推行铝合金模板工艺和“三板”装配式结构，如江苏省工程建设标准《建筑施工悬挑式钢管脚手架安全技术规程》（DGJ32/J 121—2011）中所列的上拉式悬挑脚手架优势明显，多个省份都采用了这种做法。

6.2.8 附着式升降脚手架

附着式升降脚手架俗称“爬架”，是指搭设一定高度并附着于工程结构上，依靠自身的升降设备和装置，可随工程结构逐层爬升或下降，具有防倾覆、防坠落装置的外脚手架。这种脚手架吸取了吊式脚手架和悬挑式脚手架的优点，具有成本低、使用方便和适应性强等特点，且建筑物越高，其经济效益越显著，近年来已成为高层和超高层建筑施工脚手架的主要形式。

附着式升降脚手架主要由架体结构、附着支座、防倾覆装置、防坠落装置、提升装置及控制装置等构成。其原理是：首先将脚手架和提升装置分别固定（附着）在已浇筑的混凝土结构上，升降操作前解除结构对脚手架的约束，通过提升装置将脚手架升降到指定位置，然后再利用附着支座将脚手架固定在结构上。下次升降前，解除结构对提升装置的约束，将其安装在下次升降所需位置，再对脚手架进行升降作业。其中，防倾覆和防坠落装置是安全装置。在使用状态下，脚手架依靠附着支座的固定和提升装置的连接保证安全。在升降状态下，脚手架依靠提升装置和防坠装置保证安全。图 6-13 所示为附着式升降脚手架的爬升过程。

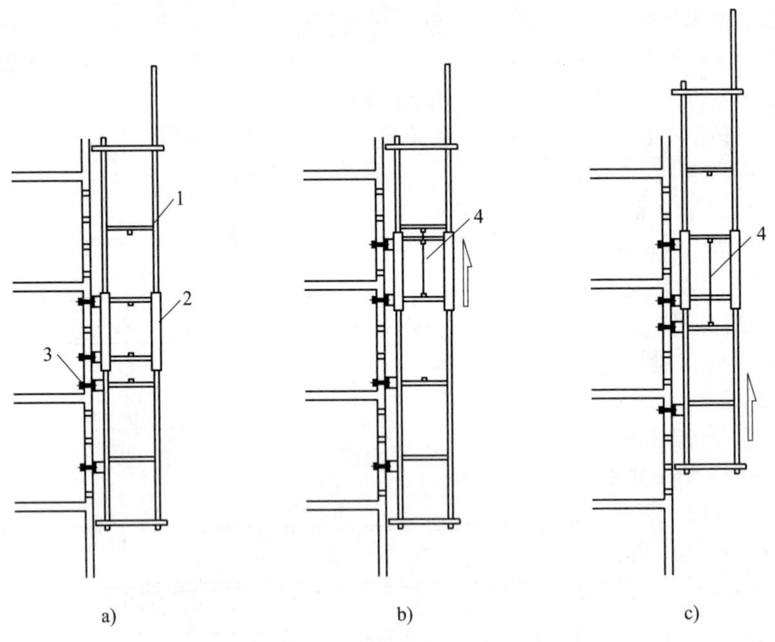

图 6-13　附着式升降脚手架爬升过程

a）爬升前位置　b）活动架爬升　c）固定架爬升

1—活动架　2—固定架　3—附墙螺栓　4—提升装置

附着式升降脚手架的种类众多：按爬升方式可分为套管式、悬挑式、互爬式和导轨式四种；按组架构造分为单片式和整体式两种；按提升动力分为电动和液压两种；按提升受力状态分为偏心和中心提升两种。附着式升降脚手架一般适用于 45m 以上的建筑物，且楼层越高经济性越显著。

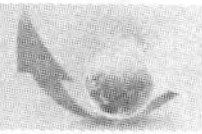

2022年11月住房和城乡建设部办公厅关于《房屋市政工程禁止和限制使用技术目录（2022年版）（征求意见稿）》公开征求意见的通知中已将钢管扣件型附着式升降脚手架作为限制使用施工设备，不得采用钢管扣件式搭接连接；不得采用斜顶撑式防坠装置。

6.3　脚手架工程的安全技术要求

6.3.1　一般要求

脚手架工程虽然是临时性工程，但却对整个施工过程的施工进度和投资有重大影响。在脚手架的搭设、使用和拆除过程中，屡有安全事故发生。因此，在施工过程中，必须严格执行《建筑施工脚手架安全技术统一标准》（GB 51210）、《钢管脚手架扣件》（GB 15831）和《建筑施工扣件式钢管脚手架安全技术规范》（JGJ 130）等，确保对脚手架安全的管理。对脚手架工程安全技术的一般要求如下：

1）实施脚手架安装与拆除的人员必须是经考核合格的专业人员，且应持证上岗。

2）必须对脚手架的基础、结构、连墙件等进行设计，复核验算其承载力，并给出完整的搭设、使用和拆除施工方案。对于符合规范要求的超高或大型复杂脚手架必须做专项方案，并通过专家论证。

3）脚手架的连接节点应可靠，连接件的安装和紧固应符合要求。

4）脚手架的基础应平整，具有足够的承载力和稳定性。

5）脚手架的连墙点、拉撑点和悬挂（吊）点必须设置在可靠的能承重的结构部位，必要时进行结构验算。

6）脚手架按规定设置斜杆、剪刀撑、连墙件，且在脚手架使用期间，严禁拆除主节点处的纵横向水平杆、扫地杆及连墙件。对通道、洞口或承受超出规定荷载的部位，必须做加强处理。

7）脚手架应有可靠的安全防护措施。作业面上的脚手板之间不应有间隙，脚手板与墙面间的间隙一般不大于200mm，脚手板间的搭接长度不得小于300mm。

8）必须对脚手架构配件质量与搭设质量进行检查验收，确认合格后方可使用，并按《建筑施工扣件式钢管脚手架安全技术规范》（JGJ 130）等规范对脚手架进行安全检查与维护。

6.3.2　脚手架的搭设、使用和拆除

1. 扣件式钢管脚手架的搭设、使用和拆除要求

（1）扣件式钢管脚手架的搭设要求

1）脚手架搭设前应清除障碍物、平整场地、夯实基土、做好排水沟，根据脚手架专项安全施工组织设计（施工方案）和安全技术措施交底的要求，基础验收合格后，放线定位。

2）脚手架应由立杆、纵向水平杆（大横杆、顺水杆）、横向水平杆（小横杆）、剪刀撑、抛撑、纵横扫地杆等组成，脚手架必须有足够的强度、刚度和稳定性，在允许施工荷载作用下，确保不变形、不倾斜、不摇晃。

3）脚手架每根立杆底部宜设置底座或垫板，且脚手架必须设置纵横向扫地杆。纵向扫地杆应采用直角扣件固定在距底座上皮不大于200mm处的立杆上。横向扫地杆也应采用直角扣件固定在紧靠纵向扫地杆下方的立杆上。立杆必须用连墙件与建筑物可靠连接，立杆接长除了顶层顶步外，其余各层各步接头必须采用对接扣件连接。

4）纵向水平杆应设置在立杆内侧，单根杆长度不应小于3跨，纵向水平杆接长时可采用对接扣件，也可采用搭接。当采用对接扣件时，对接扣件应交错布置，当采用搭接连接时，搭接长度不应小于1m，并应等间距设置3个旋转扣件加以固定。

5）在脚手架的主节点（即立杆、纵向水平杆、横向水平杆三杆紧靠的扣接点）处必须设置一

根横向水平杆，用直角扣件扣接，且主节点处两个直角扣件的中心距不大于150mm，外露不小于100mm，严禁拆除。作业层上非主节点处的横向水平杆，宜根据支承脚手板的需要等间距设置，最大间距不应大于纵距的1/2。

6）作业层脚手板应铺满、铺稳，离开墙面120～150mm；作业层端部脚手板探头长度应取150mm，其板的两端均应用镀锌钢丝固定在支承杆件上。当脚手板长度小于2m时，可采用两根横向水平杆支承，但应将脚手板两端与其可靠固定，严防倾翻。

7）连墙件的布置应靠近主节点，偏离主节点的距离不应大于300mm。连墙件应从底层第一步纵向水平杆处开始布置。对高度在24m以上的双排脚手架，应采用刚性连墙件与建筑物进行可靠连接。

8）单、双排脚手架均应设置剪刀撑，双排脚手架应加设横向斜撑。每道剪刀撑的宽度不应小于4跨，且不应小于6m，剪刀撑斜杆与地面的倾角宜在45°～60°之间。当剪刀撑斜杆与地面的倾角为45°时，每道剪刀撑跨越立杆的根数不应超过7根；当剪刀撑斜杆与地面的倾角为50°时，每道剪刀撑跨越立杆的根数不应超过6根；当剪刀撑斜杆与地面的倾角为60°时，每道剪刀撑跨越立杆的根数不应超过5根。高度在24m以下的单、双排脚手架，均必须在外侧立面的两端各设置一道剪刀撑，并应由底至顶连续设置，中间各道剪刀撑之间的净距不应大于15m。高度在24m以上的双排脚手架应在外侧立面整个长度和高度上连续设置剪刀撑。

9）高度在24m以下的封闭型双排脚手架可不设横向斜撑，高度在24m以上的封闭型脚手架除拐角处应设置横向斜撑外，中间应每隔6跨设置一道。

10）脚手架搭设时，必须设置上下通道和行人通道，通道必须保持畅通，且通道搭设必须符合规范要求。

11）安全网平网宽度不得小于3m，长度不得大于6m，立网高度不得小于1.2m，网眼按使用要求设置。安全网安装时不宜绷得过紧，安全网平面与作业平面边缘最大间隙不得超过10cm，而且在被保护区域作业结束后，方可拆除。

（2）扣件式钢管脚手架的使用要求

1）扣件进入施工现场应检查产品合格证，并应进行抽样复试，技术性能应符合现行国家标准《钢管脚手架扣件》（GB 15831）的规定。扣件在使用前应逐个挑选，有裂缝、变形、螺栓出现滑丝的严禁使用。

2）脚手架使用中，应定期检查下列内容：

① 杆件的设置和连接，连墙件、支撑、门洞桁架等的构造是否符合规范和专项施工方案的要求。

② 地基是否积水、底座是否松动、立杆是否悬空。

③ 扣件螺栓是否松动。

④ 高度在24m以上的双排、满堂脚手架、20m以上满堂支撑架，其立杆的沉降与垂直度的偏差是否符合规范规定。

⑤ 安全防护措施是否符合规范要求。

⑥ 是否超载使用。

（3）扣件式钢管脚手架的拆除要求　脚手架拆除应按专项方案施工，拆除前应做好下列准备工作：

1）应全面检查脚手架的扣件连接、连墙件、支撑体系等是否符合构造要求。

2）应根据检查结果补充完善脚手架专项方案中的拆除顺序和措施，经审批后方可实施。

3）拆除前应对施工人员进行交底。

4）应清除脚手架上的杂物及地面障碍物。

5）单、双排脚手架拆除作业必须由上而下逐层进行，严禁上下同时作业。连墙件必须随脚手架逐层拆除，严禁先将连墙件整层或数层拆除后再拆脚手架。分段拆除高差大于2步时，应增设

连墙件加固。

6）当脚手架拆至下部最后一根长立杆的高度（约6.5m）时，应先在适当位置搭设临时抛撑加固后，再拆除连墙件。

7）架体拆除作业应设专人指挥，当有多人同时操作时，应明确分工、统一行动，且应具有足够的操作面。

8）卸料时各构配件严禁抛掷至地面。

9）运至地面的构配件应按本规范的规定及时检查、整修与保养，并应按品种、规格分别存放。

2. 碗扣式钢管脚手架的搭设、使用和拆除要求

（1）碗扣式钢管脚手架的搭设要求

1）双排脚手架搭设应按立杆、水平杆、斜杆、连墙件的顺序配合施工进度逐层搭设。一次搭设高度不应超过最上层连墙件2步，且自由长度不应大于4m。

2）模板支撑架应按先立杆、后水平杆、再斜杆的顺序搭设形成基本架体单元，并应以基本架体单元逐排、逐层扩展搭设成整体支撑架体系，每层搭设高度不宜大于3m。

3）斜杆、剪刀撑等加固件应随架体同步搭设，不得滞后安装。

4）双排脚手架连墙件必须随架体升高及时在规定位置处设置。

5）当作业层高出相邻连墙件以上2步时，在上层连墙件安装完毕前，必须采取临时拉结措施。

6）碗扣节点组装时，应通过限位销将上碗扣锁紧水平杆。

7）脚手架每搭完一步架体都应校正水平杆步距、立杆间距、立杆垂直度和水平杆水平度。架体立杆在1.8m高度内的垂直度偏差不得大于5mm，架体全高的垂直度偏差应小于架体搭设高度的1/600，且不得大于35mm。相邻水平杆的高差不应大于5mm。

8）当双排脚手架内外侧加挑梁时，在一跨挑梁范围内不得超过1名施工人员操作，严禁堆放物料。

9）在多层楼板上连续搭设模板支撑架时，应分析多层楼板间荷载传递对架体和建筑结构的影响，上下层架体立杆宜对位设置。

10）模板支撑架应在架体验收合格后，方可浇筑混凝土。

（2）碗扣式钢管脚手架的使用要求

1）严禁将模板支撑架、缆风绳、混凝土输送泵管、卸料平台及大型设备的附着件等固定在双排脚手架上。

2）脚手架验收合格投入使用后，在使用过程中应定期检查，检查项目应符合下列规定：

① 基础应无积水，基础周边应有序排水，底座和可调托撑应无松动，立杆应无悬空。

② 基础应无明显沉降，架体应无明显变形。

③ 立杆、水平杆、斜杆、剪刀撑和连墙件应无缺失、松动。

④ 架体应无超载使用情况。

⑤ 模板支撑架监测点应完好。

⑥ 安全防护设施应齐全有效，无损坏缺失。

3）脚手架使用期间，严禁擅自拆除架体主节点处的纵向水平杆、横向水平杆、纵向扫地杆、横向扫地杆和连墙件。

（3）碗扣式钢管脚手架的拆除要求

1）脚手架拆除前，应清理作业层上的施工机具及多余的材料和杂物。

2）脚手架拆除作业应设专人指挥，当有多人同时操作时，应明确分工、统一行动，且应具有足够的操作面。

3）拆除的脚手架构配件应采用起重设备吊运或人工运到地面，严禁抛掷。

4）拆除的脚手架构配件应分类堆放，并应便于运输、维护和保管。

5）双排脚手架的拆除作业必须符合下列规定：

① 架体拆除应自上而下逐层进行，严禁上下层同时拆除。

② 连墙件应随脚手架逐层拆除，严禁先将连墙件整层或数层拆除后再拆除脚手架。

③ 拆除作业过程中，当架体的自由端高度大于 2 步时，必须增设临时拉结件。

3. 门式钢管脚手架的搭设、使用及拆除要求

（1）门式钢管脚手架的搭设要求　门式钢管脚手架一般可根据产品目录所列的使用荷载以及搭设规定进行施工，不必进行结构验算，但施工前必须进行施工设计。

1）门式钢管脚手架的跨距应符合有关规定，并与交叉支撑规格配合。

2）门架立杆离墙面净距不宜大于 150mm，当大于 150mm 时应采取内挑架板或其他安全措施。

3）门架的内外两侧均应设置交叉支撑，并应与门架立杆上的锁销锁牢。

4）当脚手架的搭设高度不超过 45m 时，沿脚手架高度，水平架应至少 2 步一设；当脚手架的搭设高度超过 45m 时，水平架应每步一设；水平架在脚手架的转角处、端部及间断处的一个跨距范围内均应每步一设，且在其设置层面内应连续设置。

5）当脚手架的搭设高度超过 20m 时，应在脚手架外侧每隔 4 步设置一道水平加固杆，并宜在有连墙件的水平层设置，且水平加固杆应采用扣件与门架立杆扣牢。

6）脚手架的底步门架下端应加封口杆，门架的内外两侧应设通长扫地杆。

7）施工中不配套的门架和配件不得混合使用在同一脚手架中。门架安装时应自一端向另一端延伸，并逐层改变搭设方向，不得相对进行。搭完一步架后，应检查并调整其水平度与垂直度。脚手架应沿建筑物周围连续、同步搭设升高，在建筑物周围形成封闭结构。如不能封闭，应在脚手架两端增设连墙件。

（2）门式钢管脚手架的使用要求

1）不同型号的门架与配件严禁混合使用。

2）在施工现场每使用一个安装拆除周期后，应对门架和配件采用目测、尺量的方法检查一次，当锈蚀深度超过规定值时不得使用。

3）架体构造应完整，无人为拆除，加固杆、连墙件应无松动，架体应无明显变形。

4）锁臂、挂扣件、扣件螺栓应无松动。

5）杆件、构配件应无锈蚀、无泥浆等污染。

6）安全网、防护栏杆应无缺失、损坏。

7）架体上或架体附近不得长期堆放可燃和易燃物料。

8）不可超载使用。

（3）门式钢管脚手架的拆除要求

1）架体的拆除应从上而下逐层进行。

2）同层杆件和构配件应按先外后内的顺序拆除，剪刀撑、斜杆等加固杆件应在拆卸至该部位杆件时再拆除。

3）连墙件应随脚手架逐层拆除，不得先将连墙件整层或数层拆除后再拆脚手架。拆除作业过程中，当架体的自由端高度大于 2 步时，应加设临时拉结件。

4）当拆卸连接部件时，应先将止退装置旋转至开启位置，然后拆除，不得硬拉、敲击。拆除作业中，不应使用手锤等硬物击打、撬别。

5）当脚手架分段拆除时，应先对不拆除部分架体的两端加固后再进行拆除作业。

6）门架与配件应通过机械或人工运至地面，严禁抛掷。

7）拆卸的门架与配件、加固杆等不得集中堆放在未拆架体上，并应及时检查、整修和保养，宜按品种、规格分别存放。

4. 吊式脚手架的搭设、使用和拆除要求

（1）吊式脚手架的搭设要求

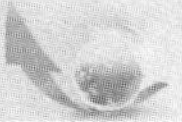

1）吊式脚手架主要用于外墙装修施工。吊篮与外墙的净距宜在200~300mm，两吊篮之间的距离不得小于300mm，每个吊篮的最大长度为7.5m，悬挂高度在60~100m时，不得超过5.5m。

2）吊篮安装时，支架应放置稳定，伸缩梁宜调至最长，前端高出后端50~100mm。

3）配重件应稳定可靠地安放在配重架上，并应有防止脚手架随意移动的措施。严禁使用破损的配重件或其他替代物。配重件的质量应符合设计规定。

4）安装时钢丝绳应沿建筑物立面缓慢下放至地面，不得抛掷。

5）当使用两个以上的悬吊机构时，悬吊机构吊点水平间距与吊篮平台的吊点间距应相等，其误差不应大于50mm。

（2）吊式脚手架的使用要求

1）吊篮作业人员必须经过专门培训，考试合格后方可上岗，吊篮内作业人员不应超过2人，严禁超载运行，且保持荷载均衡。

2）吊篮下方应设置安全隔离区及安全警告标志，遇雨、雪、大雾、风沙及5级以上大风等恶劣天气时，应停止作业，并将吊篮停放至地面。

3）高处作业时，吊篮应设置作业人员专用的挂设安全带的安全绳及安全锁扣。安全绳应固定在建筑物可靠位置上不得与吊篮上任何部位有连接，并应符合相关要求。

4）吊篮悬挂高度在60m及以下的，宜选用长边不大于7.5m的吊篮平台；悬挂高度在60~100m的，宜选用长边不大于5.5m的吊篮平台；悬挂高度100m以上的，宜选用长边不大于2.5m的吊篮平台。

（3）吊式脚手架的拆除要求

1）高处作业吊篮拆除时应按照专项施工方案，并应在专业人员的指挥下实施。

2）拆除前应将吊篮平台下落至地面，并应将钢丝绳从升降装置、安全锁中退出，切断总电源。

3）拆除支承装置时，应对作业人员和设备采取相应的安全措施。

4）拆卸分解后的零部件不得放置在建筑物边缘，应采取防坠落的措施。

5）零散物品应放置在容器中，不得将吊篮任何部件从屋顶处抛下。

5. 悬挑式脚手架的搭设、使用和拆除要求

（1）悬挑式脚手架的搭设要求

1）悬挑式脚手架一次搭设高度不宜超过20m。

2）型钢挑梁宜采用双轴对称截面的型钢。型钢挑梁型号及锚固件应按设计确定，型钢挑梁截面高度不应小于160mm。型钢挑梁尾端应在2处及以上固定于钢筋混凝土梁板结构上。锚固型钢挑梁的U型钢筋拉环或锚固螺栓直径不宜小于16mm。

3）型钢挑梁悬挑端应设置能使脚手架立杆与钢梁可靠固定的定位点，定位点离挑梁端部不应小于100mm。

4）当锚固位置设置在楼板上时，楼板的厚度不宜小于120mm。如果楼板的厚度小于120mm，则应采取加固措施。

5）挑梁间距应按悬挑架架体立杆纵距设置，每一纵距设置一根。

（2）悬挑式脚手架的使用要求

1）脚手架外侧满挂密目式安全立网。

2）严禁随意扩大悬挑式脚手架的使用范围。

3）在使用过程中，严禁利用架体吊运物料以及在架体上推车。

4）悬挑式脚手架在使用过程中，不得任意拆除架体结构或连接件，也不得任意拆除或者移动架体上的安全防护设施。

5）在脚手架上进行电、气焊作业时，必须有防火措施和安全监护。

（3）悬挑式脚手架的拆除要求

1）拆除脚手架前应全面检查脚手架的扣件、连墙件、支撑体系等是否符合构造要求，同时应清除脚手架上的杂物及影响拆卸作业的障碍物。

2）拆卸作业时，应设置警戒区，严禁无关人员进入施工现场。施工现场应当有负责统一指挥的人员和专职监护的人员。作业人员应严格执行施工方案及有关安全技术规定。

3）拆卸时应有可靠的防止人员与物料坠落的措施。拆除杆件及构配件均应逐层向下传递，严禁抛掷物料。

4）拆除作业必须由上而下逐层拆除，严禁上下同时作业。

5）拆除脚手架时连墙件必须随脚手架逐层拆除，严禁先将连墙件整层或数层拆除后再拆脚手架。

6）当脚手架采取分段、分立面拆除时，事先应确定技术方案，对不拆除的脚手架两端，事先必须采取必要的加固措施。

6. 附着式升降脚手架的搭设、使用和拆除要求

（1）附着式升降脚手架的搭设要求

1）架体外侧必须挂密目式安全立网，每 $100cm^2$ 密目式安全立网的网目数不应低于 2000 目，且应可靠固定在架体上。

2）作业层外侧应设置 1.2m 高的防护栏杆和 180mm 高的挡脚板。

3）作业层应设置固定牢靠的脚手板，其与结构之间的间距应满足现行行业标准《建筑施工扣件式钢管脚手架安全技术规范》（JGJ 130）的相关规定。

4）附着式升降脚手架必须具有防倾覆、防坠落和同步升降控制的安全装置。

（2）附着式升降脚手架的使用要求

1）附着式升降脚手架应按设计性能指标进行使用，不得随意扩大使用范围。架体上的施工荷载应符合设计规定，不得超载，不得有影响局部杆件安全的集中荷载。

2）架体内的建筑垃圾和杂物应及时清理干净。

3）附着式升降脚手架在使用过程中不得进行下列作业：

① 利用架体吊运物料。

② 在架体上拉结吊装缆绳（或缆索）。

③ 在架体上推车。

④ 任意拆除构件或松动连接件。

⑤ 拆除或移动架体上的安全防护设施。

⑥ 利用架体支撑模板或卸料平台。

⑦ 其他影响架体安全的作业。

4）当附着式升降脚手架停用超过 3 个月时，使用时应提前采取加固措施。

5）当附着式升降脚手架停用超过 1 个月或遇 6 级及以上大风后复工时，应进行检查，确认合格后方可使用。

（3）附着式升降脚手架的拆除要求

1）附着式升降脚手架的拆除工作应按专项施工方案及安全操作规程的有关要求进行。

2）应对拆除作业人员进行安全技术交底。

3）拆除时应有可靠的防止人员与物料坠落的措施，拆除的材料及设备不得抛扔。

4）拆除作业应在白天进行，遇 5 级及以上大风、大雨、大雪、浓雾和雷雨等恶劣天气时，不得进行拆除作业。

6.3.3 防电与避雷

在带电设备附近搭设、拆除脚手架时，宜停电作业，在外电架空线路附近作业时，脚手架周边与外电架空线路边线间的最小安全操作距离见表 6-2。当达不到表 6-2 中的安全操作距离时，必

须采取绝缘隔离防护措施，并应悬挂醒目的警告标志。当防护措施无法实现时，必须与有关部门协商，采取停电、迁移外电架空线路或改变工程位置等措施，未采取上述措施的严禁施工。

表 6-2　脚手架周边与外电架空线路边线间的最小安全操作距离

外电架空线路电压等级/kV	<1	1~10	35~110	220	330~500
最小安全操作距离/m	4	6	8	10	15

施工照明通过钢脚手架时，应使用 12V 以下的低压电源。电动机具必须与钢脚手架接触时，要有良好的绝缘性能。

脚手架应安装良好的防电避雷装置。防雷装置的冲击接地电阻值应控制在 4Ω 以内。脚手架立杆顶端需要做避雷针，可用镀锌钢管或镀锌钢筋制作，并焊于立杆顶端，其高度不小于 1m。同时，将脚手架所有最上层的大横杆全部接通，形成避雷网络。

钢管脚手架、钢塔架应有可靠的接地装置，每 50m 长应设一处，经过钢脚手架的电线要严格检查，谨防破皮漏电。

接地装置安装完要测定其电阻是否符合要求。接地板的位置应选择人不易走到的地方，以避免和减少跨步电压的危害，并防止接地线遭到机械损伤。同时，应注意与其他金属物或电缆之间保持一定距离（一般不小于 3m），以免发生击穿危害。

在施工期间遇有雷雨时，脚手架上的操作人员应立即撤离到安全的地方。

思　考　题

1. 脚手架有哪些分类方式?
2. 扣件式钢管脚手架由哪些部分组成?
3. 盘扣式、门式、碗扣式钢管脚手架搭设有什么要求?
4. 扣件式脚手架拆除有哪些要求?
5. 悬挑式脚手架和吊式脚手架的适用情况有哪些?
6. 附着式升降脚手架有哪些优点和缺点?
7. 脚手架在搭设时需要采取哪些防电避雷措施?

第 7 章 装配式结构安装工程

学习目标：熟悉常见的起重机具；熟悉常见的起重机械；掌握单层工业厂房结构吊装的方法和工艺；掌握民用装配式混凝土结构吊装的方法和工艺；熟悉装配式钢筋混凝土结构安装质量控制和安全技术措施；掌握装配式钢筋混凝土结构各类构件的吊装工艺流程。

7.1 概述

装配式结构安装工程不同于现场现浇工法，它是将许多构件首先分别在预制厂或现场预制成型，然后用起重机械按照设计要求进行拼装，以构成完整建筑物或构筑物的整个施工过程。装配式结构安装工程是装配式结构工程施工的主导工种工程，其施工特点主要包括：

1）受预制构件的类型和质量影响大。预制构件的外形尺寸、埋件位置是否正确，强度是否达到要求以及预制构件类型的多少，都直接影响吊装进度和工程质量。

2）正确选用起重机械是完成吊装任务的主导因素。构件的吊装方法与所采用的起重机械密切相关。构件的应力状态变化多。构件在运输和吊装时，因吊点或支点位置的不同其应力状态也会不一致，甚至完全相反，必要时应对构件进行吊装验算，并采取相应措施。

3）高空作业多，容易发生事故，必须加强安全教育，并采取安全保障措施。

装配式结构主要包括预制装配式混凝土结构、钢结构和现代木结构等。装配式结构的优势在于建筑设计标准化、产品工厂化、安装机械化、管理信息化，在施工过程中可以大大提高工人的劳动生产率、降低劳动强度、加快施工进度。住房和城乡建设部在《“十四五”建筑业发展规划》中进一步明确到 2035 年装配式建筑占新建建筑的比例达到 30%以上的目标。随着我国建筑工业化的快速推进，装配式结构安装工程的施工机具、机械与工法应受到充分重视。

7.2 起重机具

7.2.1 卷扬机

卷扬机又称绞车，是通过卷筒卷绕钢丝绳产生牵引力的起重设备。按驱动方式可分为手动卷扬机和电动卷扬机（图 7-1）。用于结构吊装的卷扬机多为电动卷扬机，主要由电动机、卷筒、电磁制动器和减速机构等组成。卷扬机分快速和慢速两种。常用快速卷扬机的卷筒牵引力为 4.0~50kN，主要用于垂直、水平运输；慢速卷扬机的卷筒牵引力为 30~200kN，主要用于结构吊装。

卷扬机的主要技术参数包括卷筒牵引力、钢丝绳的速度和卷筒容绳量。

卷扬机在使用时应注意以下问题：

1）钢丝绳放出最大长度后，要保证在卷筒上的缠绕量不少于 5 圈，以免固定端脱落。

2）为使钢丝绳能自动在卷筒上往复缠绕，应使卷扬机的安装位置与第一个导向滑轮的距离为卷筒长度的 15 倍，即当钢丝绳在卷筒边时，与卷筒中垂线的夹角不大于 2°，如图 7-2 所示。

3）卷扬机安装位置距吊装作业区的安全距离不得小于 15m；操作员的仰视角度应小于 30°。

4）钢丝绳引入卷筒时应接近水平，并应从卷筒的下面引入，以减小卷扬机的倾覆力矩。

5）电气线路要勤加检查，电磁抱闸要有效，全机要接地且无漏电现象；传动机要啮合正确，加油润滑，无噪声。

6）卷扬机在使用时必须做可靠的固定，如做基础固定、压重物固定、设锚碇固定或利用树

木、构筑物等固定。

图 7-1　电动卷扬机

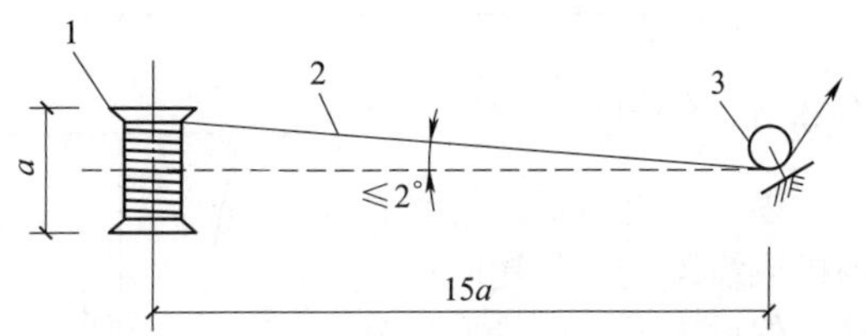

图 7-2　卷扬机与第一个导向滑轮的位置
1—卷筒　2—钢丝绳　3—第一个导向滑轮

7.2.2　钢丝绳

钢丝绳是起重机械中用于悬吊、牵引或捆缚重物的挠性件。钢丝绳由若干根直径为0.4~2mm、抗拉强度为1200~2200MPa的钢丝捻成一股，再由若干股围绕绳芯捻制而成。钢丝绳按照捻制方向分为同向绕、交叉绕和混合绕三种，如图7-3所示。同向绕是钢丝捻成股的方向与股捻成绳的方向相同，这种绳的韧性好、表面光滑、磨损小，但易松散和扭转，不宜用来悬吊重物。交叉绕是指钢丝捻成股的方向与股捻成绳的方向相反，这种绳不易松散和扭转，宜作为起吊绳，但挠性差。混合绕指相邻的两股绳绕向相反，性能介于前两者之间，制造复杂，用得较少。

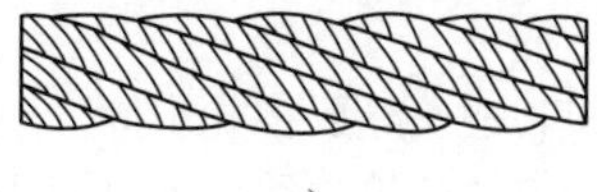

a)

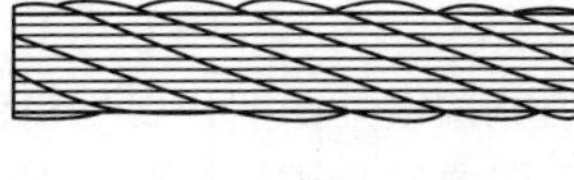

b)

c)

图 7-3　钢丝绳捻制方向
a）同向绕　b）交叉绕　c）混合绕

钢丝绳的规格通常是以“股数×每股丝数”表示的，例如，施工中常见的6×19、6×37、6×61。在绳的直径相同的情况下，6×19钢丝绳钢丝粗，比较耐磨，但较硬，不易弯曲，一般用作缆风绳；6×37钢丝绳比较柔软，可用于穿滑车组和吊索；6×61钢丝绳质地软，主要用于重型起重机械。

钢丝绳的容许拉力 S 应满足下式要求：

$$S \leqslant \frac{aP}{K} \tag{7-1}$$

式中，P 是钢丝绳内钢丝破断拉力总和（N）；a 是钢丝绳破断拉力换算系数（或受力不均匀系数），见表7-1；K 是安全系数，见表7-2。

表 7-1　钢丝绳破断拉力换算系数

钢丝绳结构	换算系数
6×19	0.85
6×37	0.82
6×61	0.80

表 7-2　钢丝绳的安全系数

用途	安全系数	用途	安全系数
作为缆风绳	3.5	作为吊索（无弯曲）	6~7
用于手动起重设备	4.5	作为捆绑吊索	8~10
用于电动起重设备	5~6	用于载人的升降机	14

7.2.3　锚碇

锚碇又叫地锚，是将卷扬机或缆风绳等与地面进行锚定的设施。按设置形式分为桩式锚碇和水平锚碇两种。桩式锚碇是用木桩或型钢打入土中而成，适用于固定受力不大的缆风绳。水平锚碇可承受较大荷载，分为无板栅水平锚碇和有板栅水平锚碇两种，如图 7-4 所示。它是先将 1~4 根直径 240mm 以上的圆木（方木或型钢）用钢丝绳捆绑在一起，横放在地锚坑底，钢丝绳一端从坑前端槽中引出，然后用土石回填夯实。横木深埋及数量应根据地锚受力的大小和土质而定，一般埋入深度为 1.7~2.5m，横木的长度为 2.5~3.5m 时，可受力 30~150kN。当拉力超过 75kN 时，横木上应增加压板；当拉力大于 150kN 时，应用挡板和立柱加强。受力很大的地锚应采用钢筋混凝土制作。

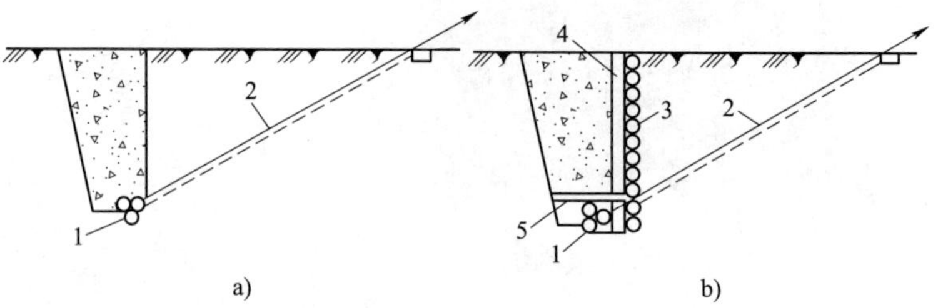

图 7-4　水平锚碇

a）无板栅水平锚碇　b）有板栅水平锚碇

1—横木　2—拉索　3—圆木挡板　4—立柱　5—圆木压板

地锚在埋设和使用时应注意以下问题：

1）应埋在土质坚硬处，地面不积水。

2）所用材料应做防腐处理，横木绑扎拉索处的四角要用角钢加固。钢丝绳要绑扎牢固。

3）重要的锚碇应经过计算，埋设后需要进行试拉检验，旧锚碇必须经试拉检验后才可使用。

4）锚碇不得反向受拉，使用时要有专人负责检查看守。

7.2.4　滑轮组

滑轮组是由一定数量的定滑轮和动滑轮以及穿绕的钢丝绳所组成的，具有省力和改变力的方向的功能，是起重机械的重要组成部分。滑轮组中共同负担吊重的绳索根数称为工作线数，即在动滑轮上穿绕的绳索根数。滑轮组的省力系数主要取决于工作线数的多少。滑轮组的名称以组成滑轮组的定滑轮与动滑轮的数目表示，如由 4 个定滑轮和 4 个动滑轮所组成的滑轮组称四四滑轮组，5 个定滑轮和 4 个动滑轮所组成的滑轮组称五四滑轮组。

滑轮组钢丝绳跑头的拉力 S 可按下式计算：

$$S = kq \tag{7-2}$$

式中，q 是计算荷载（N）；k 是滑轮组省力系数。

当钢丝绳从定滑轮绕出：

$$k = \frac{f^n(f-1)}{f^n - 1} \tag{7-3}$$

当钢丝绳从动滑轮绕出：

$$k = \frac{f^{n-1}(f-1)}{f^n - 1} \tag{7-4}$$

式中，f 是单个滑轮的阻力系数，对于青铜轴套轴承，f=1.04，对于滚珠轴承，f=1.02，对于无轴套轴承，f=1.06；n 是工作线数。

7.2.5　横吊梁

横吊梁也称铁扁担，在吊装中可减小起重高度，满足吊索水平夹角的要求，使构件保持垂直、平衡，便于安装。横吊梁的形式有滑轮横吊梁、钢板横吊梁、钢管横吊梁。滑轮横吊梁（图 7-5）一般用于吊小于 8t 重的柱；钢板横吊梁（图 7-6）用于吊 10t 以下的柱；钢管横吊梁（图 7-7）长 6~12m，一般用于吊屋架。对于大型构件，可使用工字钢或钢桁架吊梁。制作时，应采用 Q235 或 Q345 钢材，并经设计计算。

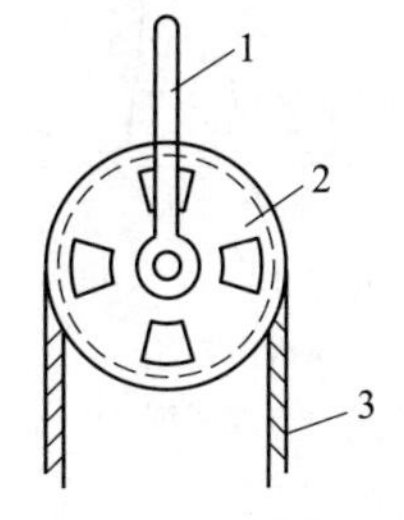

图 7-5　滑轮横吊梁

1—吊环　2—滑轮　3—吊索

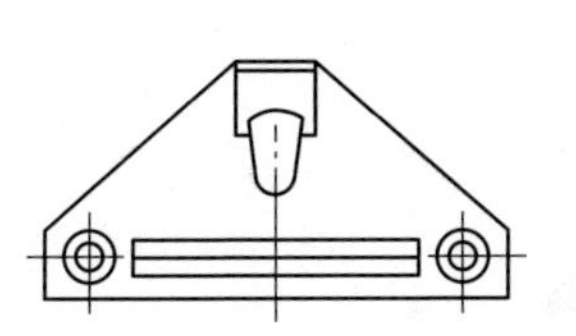

图 7-6　钢板横吊梁

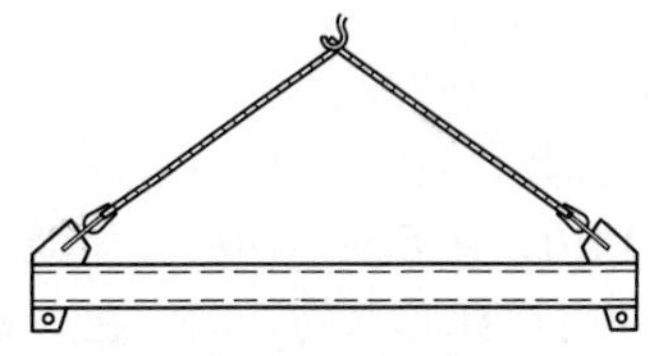

图 7-7　钢管横吊梁

7.3　起重机械

结构安装工程中常用的起重机械有桅杆式起重机、自行杆式起重机和塔式起重机。

7.3.1　桅杆式起重机

桅杆式起重机是用金属材料和木材制作的起重设备，主要由拔杆、滑轮组、卷扬机、缆风绳及锚碇等组成。桅杆式起重机的特点是制作简单、装拆方便、起重量大（可达 1000kN 以上）、受施工场地限制小；能解决缺少其他大型起重机械或不能安装其他起重机械的特殊工程和重大结构的困难；当无电源时可用人工绞磨起吊。但该机具服务半径小，不便移动，而且需要拉设较多缆风绳，故一般只用于施工场地狭小、大型起重设备不能进入、工程量比较集中的工程。

桅杆式起重机按构造不同，又分为独脚扒杆、人字扒杆、悬臂式扒杆和牵缆式桅杆起重机等。

1. 独脚扒杆

独脚扒杆又称独角桅杆，是由扒杆、起重滑轮组、卷扬机、缆风绳及锚碇等组成，如图 7-8 所示。

起重时扒杆的倾角不大于 10°，以便吊装的构件不致碰撞扒杆。独脚扒杆的底部要设置拖橇以便移动。扒杆的稳定主要依靠缆风绳，绳的一端固定在扒杆顶端，另一端固定在锚碇上。缆风绳数量根据起重量、起重高度和绳索的强度而定，一般为 6~12 根，最少不得少于 4 根，缆风绳与地面的夹角 α 一般为 30°~45°。

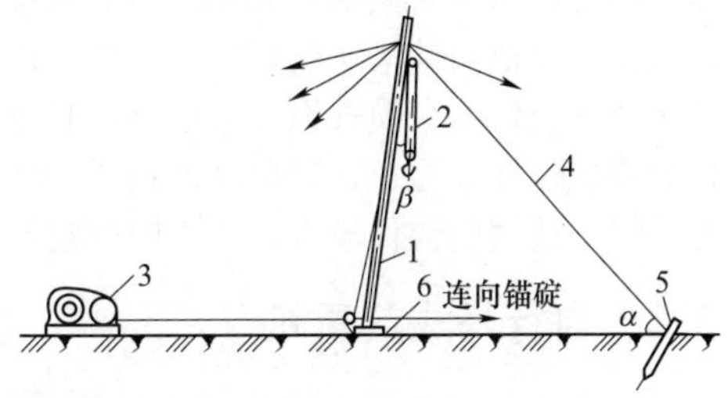

图 7-8　独脚扒杆

1—扒杆　2—起重滑轮组　3—卷扬机
4—缆风绳　5—锚碇　6—拖橇

独脚扒杆按制作的材料分为木独脚扒杆、钢管独脚扒杆和格构式独脚扒杆。木独脚扒杆常用独根圆木制作，圆木梢径 20~32cm，起重量为 30~100kN，起重高度一般为 8~15m；钢管独脚扒杆常用钢管直径 200~400mm，壁厚 8~12mm，起重量在 300kN 以内，起重高度在 30m 以内；格构式独脚扒杆一般用 4 个角钢作为主肢，并由横向和斜向缀条连接而成，截面多呈正方形，常用截面为（450mm×450mm）~（1200mm×1200mm）不等，整个扒杆由多段拼成，起重量可达1000kN以上，起重高度可达70~80m。

2. 人字扒杆

人字扒杆又称人字桅杆，一般由两根圆木或钢管用钢丝绳绑扎或铁件铰接而成，下设起重滑轮组，如图7-9所示。

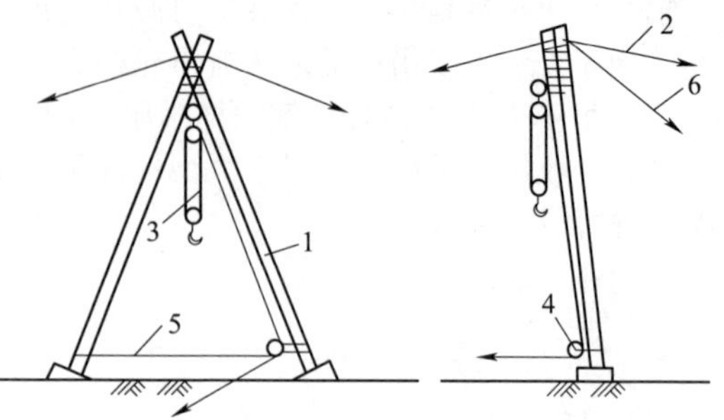

图7-9 人字扒杆

1—扒杆 2—缆风绳 3—起重滑轮组 4—导向滑轮 5—拉索 6—主缆风绳

人字扒杆的优点是侧向稳定性比木独脚扒杆好，所用缆风绳数量少（一般不少于5根）。缺点是构件起吊后活动范围小，一般仅用于安装重型柱或其他重型构件。人字扒杆顶部两杆夹角一般在30°左右，底部有拉杆或拉绳以平衡水平推力。人字扒杆起重时扒杆向前倾斜，但倾斜度不宜超过1/10，在后面用两根缆风绳维持稳定。为保证起重时扒杆底部的稳固，在一根扒杆底部装一个导向滑轮，起重索通过该滑轮连到卷扬机上，再用另一根钢丝绳连接到锚碇上。

人字扒杆分为圆木人字扒杆、钢管人字扒杆。圆木人字扒杆起重量为30~100kN，扒杆长6~15m，圆木小头直径160~350mm；钢管人字扒杆，一般起重量为100kN，扒杆长20m，钢管外径273mm，壁厚10mm。

3. 悬臂式扒杆

悬臂式扒杆又称悬臂桅杆，是指在独脚扒杆中部或2/3高度处装一根超重臂，如图7-10所示。

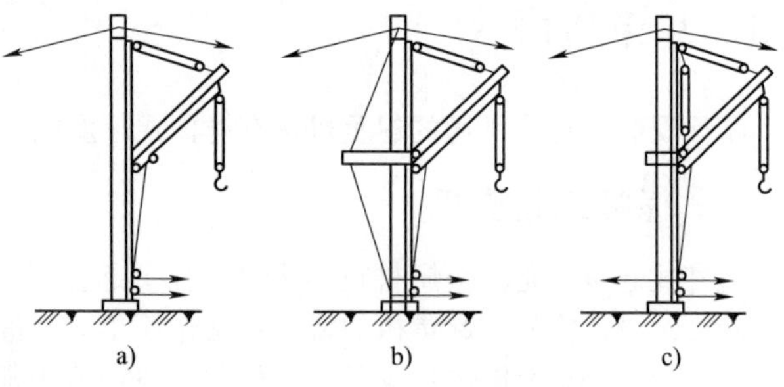

图7-10 悬臂式扒杆

a）一般形式 b）带加劲杆 c）起重臂可沿扒杆升降

悬臂式扒杆的特点是具有较大起重高度和起重半径，起重臂可左右摆动120°~270°，但起重量较小，多用于起重高度较高的轻型构件吊装。

4. 牵缆式桅杆起重机

牵缆式桅杆起重机是指在独脚扒杆下端装一根可以360°回转和起伏的吊杆，如图7-11所示。其特点是具有较大的起重半径，且起重臂可以起伏，能把构件吊送到有效工作幅度范围内的任何空间位置。

用圆木制作的牵缆式桅杆起重机，起重高度可达25m，起重量为50kN左右；用角钢组成的格构式牵缆式桅杆起重机，起重高度可达80m，起重量为100kN左右。牵缆式桅杆起重机要设较多的缆风绳，适用于构件较多且较集中的建筑物结构安装工程。

7.3.2 自行杆式起重机

自行杆式起重机包括履带式起重机、汽车式起重机和轮胎式起重机三种。

1. 履带式起重机

（1）履带式起重机的构造与特点 履带式起重机通常由单斗挖土机更换装置后改装而成，也有的根据使用部门的需要专门制造。履带式起重机由动力装置、回转机构、行走机构、卷扬机构、操作系统、起重杆等组成，如图7-12所示。

履带式起重机的特点是操纵灵活，使用方便，自身能回转360°，可以负荷行驶，在一般的道路上即可行驶和工作。目前，在装配式结构施工中，特别是在单层工业厂房结构安装中，履带式起重机得到广泛应用。履带式起重机的缺点是稳定性差，不宜超负荷吊装，当超负荷吊装或加长

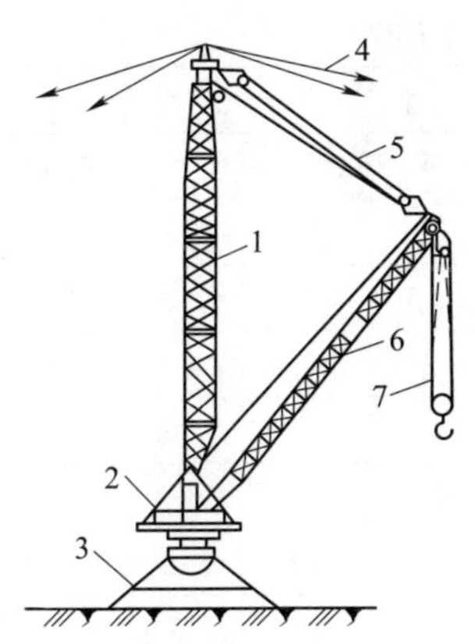

图 7-11　牵缆式桅杆起重机

1—扒杆　2—转盘　3—底座　4—缆风绳　5—起伏滑轮组　6—吊杆　7—起重滑轮组

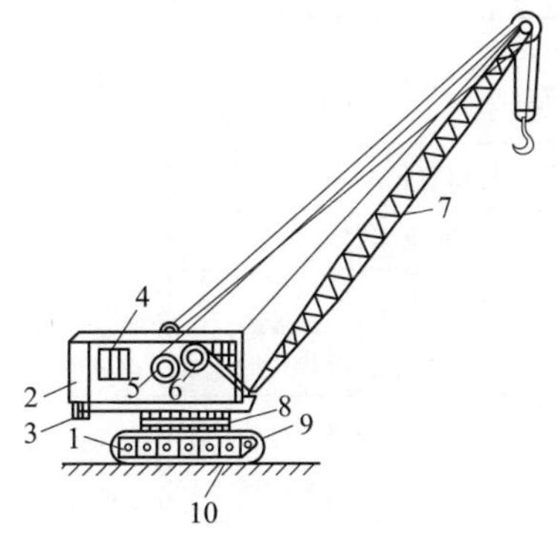

图 7-12　履带式起重机构造示意图

1—钢轮　2—车身　3—平衡重　4—发动机　5—吊杆卷扬机　6—起重卷扬机　7—起重杆　8—回转轮　9—履带　10—下部支架

起重杆时，必须进行稳定性验算。此外，履带式起重机行驶速度慢，易损坏路面。因而，转移时多用平板拖车装运。目前，在结构安装工程中常用的国产履带式起重机主要有以下几种型号：W_1-50 型、W_1-100 型、W_1-200 型等。此外，还有一些进口机型。常用履带式起重机的外形尺寸见表 7-3。

表 7-3　常用履带式起重机外形尺寸

参数	外形尺寸/mm		
	W_1-50 型	W_1-100 型	W_1-200 型
机棚尾部距回转中心距离	2900	3300	4500
机棚宽度	2700	3120	3200
机棚顶距地面高度	3220	3675	4125
机棚尾部底面距地面高度	1000	1095	1190
吊杆枢轴中心距地面高度	1555	1700	2100
吊杆枢轴中心距回转中心距离	1000	1300	1600
履带长度	3420	4005	4950
履带架宽度	2850	3200	4050
履带板宽度	550	675	800
行走底架距地面高度	300	275	390
机身上部支架距地面高度	3800	4170	6300

（2）履带式起重机的技术性能　履带式起重机主要技术性能包括 3 个主要参数，即起重量 Q、起重半径 R、起重高度 H。其中，起重量 Q 是指起重机安全工作所允许的最大起重物的质量；起重半径 R 是指起重机回转中心至吊钩的水平距离；起重高度 H 是指起重吊钩中心至停机面的垂直距离。

常用履带式起重机的主要技术性能和 W_1-100 型履带式起重机工作性能曲线分别见表 7-4 和图 7-13。在实际工作中，对所使用的起重机，可根据不同的起重臂长度，做出详细的性能表，以便查用。

表 7-4　常用履带式起重机的主要技术性能

参数		单位	型号							
			W_1-50 型			W_1-100 型		W_1-200 型		
起重臂长度		m	10	18	18+2	13	23	15	30	40
最大起重半径		m	10	17	10	12.5	17	15.5	22.5	30
最小起重半径		m	3.7	4.5	6	4.23	6.5	4.5	8	10
起重量	最小起重半径时	t	10	7.5	2	15	8	50	20	8
	最大起重半径时	t	2.6	1	1	3.5	1.7	8.2	4.3	1.5
起重高度	最小起重半径时	m	9.2	17.2	17.2	11	19	12	26.8	36
	最大起重半径时	m	3.7	7.6	14	5.8	16	3	19	25

由表 7-4 可看出，起重量 Q、起重高度 H 和起重半径 R 的大小取决于起重杆长度及其仰角。当起重杆长度一定时，随着仰角的增大，起重量和起重高度增加，而起重半径减小。当起重杆长度增加时，起重半径和起重高度增加，而起重量减小。

常用的履带式起重机除了 W 型履带式起重机还有 KH 系列液压履带式起重机。KH 系列液压履带式起重机主要有 KH70、KH100、KH125、KH150 等型号，这类履带式起重机的各机构均采用液压操纵，起重臂可通过加装不同长度的中间节组成不同长度的起重臂，起重主臂上还可安装鹅头臂，以扩大起重机的工作范围。

（3）履带式起重机的稳定性验算　履带式起重机进行超负荷吊装和接长吊杆时，必须进行稳定性验算，以保证起重机在吊装过程中不发生倾覆事故。履带式起重机稳定性最不利的情况如图 7-14 所示。

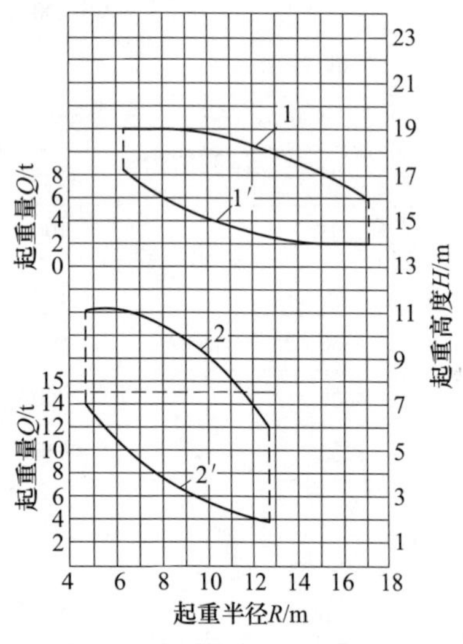

图 7-13　W_1-100 型履带式起重机工作性能曲线

1—R-H 曲线（起重杆长度 = 23m）

1′—Q-R 曲线（起重杆长度 = 23m）

2—R-H 曲线（起重杆长度 = 13m）

2′—Q-R 曲线（起重杆长度 = 13m）

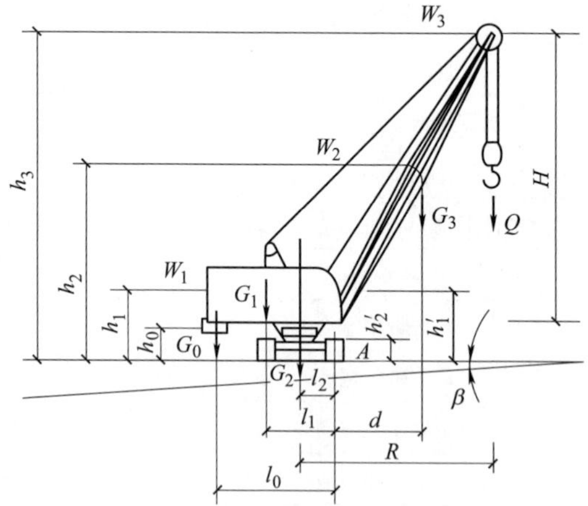

图 7-14　履带式起重机稳定性验算图

此时，以履带的轨链中心 A 为倾覆中心，为保证机身稳定，必须使稳定力矩大于倾覆力矩。

当考虑吊车荷载及附加荷载（风荷载、制动惯性力和回转离心力等）时，稳定性安全系数 K 应满足下式：

$$K=\frac{稳定力矩}{倾覆力矩}\geqslant 1.15$$

当仅考虑吊车荷载时，稳定性安全系数 K 应满足下式：

$$K\geqslant\frac{稳定力矩}{倾覆力矩}\geqslant 1.4$$

（4）使用注意事项　为了保证履带式起重机的安全工作，在使用时要符合以下要求：在安装时需保证起重吊钩中心与臂架顶部定滑轮之间有一定的最小安全距离，一般为2.5~3.5m。起重机工作时的地面允许最大坡度不应超过3°，臂杆的最大仰角一般不得超过78°。起重机不宜同时进行起重和旋转操作，也不宜边起重边改变臂架的幅度。起重机如必须负载行驶，则载荷不得超过允许起重量的70%，且道路应坚实平整，施工场地应满足履带对地面的压强要求（当空车停置时为80~100kPa，空车行驶时为100~190kPa，起重时为170~300kPa）。若起重机在松软土壤上工作，宜采用枕木或钢板焊成的路基箱垫好道路，以加快施工速度。起重机负载行驶时重物应在行驶的正前方向，离地面不得超过50cm，并拴好拉绳。

2. 汽车式起重机

汽车式起重机是把起重机构安装在通用或专用汽车底盘上的一种起重机械，如图7-15所示。汽车式起重机的优点是机动性强，行驶速度快，转移迅速，对地面破坏小，是一种用途广泛、适应性强的通用型起重机。其缺点是吊装作业时稳定性差，为增强其稳定性，起重时必须使用可伸缩的支腿，起重时支腿落地，因而这种起重机不能负荷行驶。轻型汽车式起重机主要适用于装卸作业，大型汽车式起重机可用于一般单层或多层房屋的结构吊装。

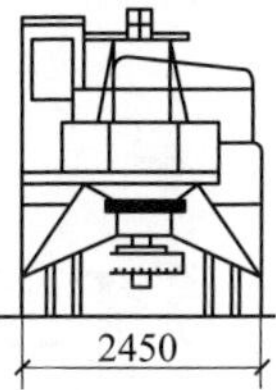

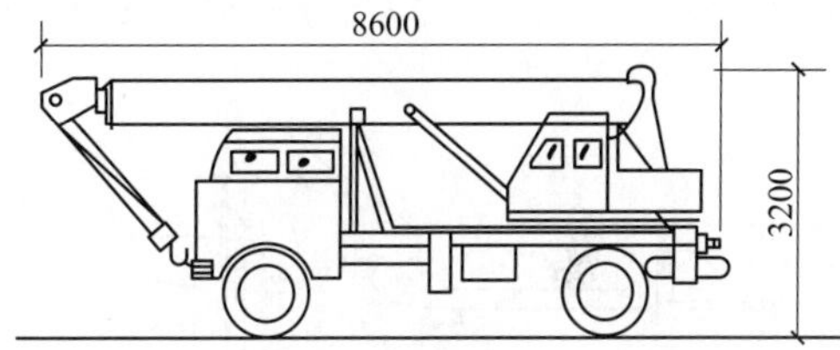

图7-15　汽车式起重机构造示意图

汽车式起重机按起重量的大小分为轻型（200kN以内）、中型（200~500kN）和重型（500kN以上）3种；按传动方式分为机械式、电力式和液压式；按起重臂形式分为桁架臂和箱形臂两种。

使用汽车式起重机时，因其自重较大，对工作场地要求较高，因此起吊前必须将场地平整、压实，以保证操作平稳、安全。此外，起重机工作时的稳定性主要依靠支腿，故支腿落地必须严格按操作规程进行。

汽车式起重机的主要技术性能参数有最大起重量、整机质量、吊臂全伸长度、吊臂全缩长度、最大起重高度、最小工作半径、起升速度、最大行驶速度等。

3. 轮胎式起重机

轮胎式起重机是把起重机构安装在由加重型轮胎和轮轴组成的特制底盘上的一种全回转式起重机，轮胎式起重机的构造与履带式起重机基本相同，但其行驶装置采用轮胎，轮胎的多少随起重量的大小而定，一般配备4~10个或更多。为保证安装作业时机身的稳定性，起重机设有4个可伸缩的支腿，起重时可用撑脚支地，以增强机身的稳定性和保护轮胎，如图7-16所示。

轮胎式起重机的优点是由于底盘为专门设计、制造的，轮距和轴距配合适当，横向尺寸较大，故横向稳定性好，并能360°全回转作业，行驶时对路面的破坏性小。其缺点是起重量和起重高度较履带式起重机小，行驶速度慢，吊装时一般需要打开撑脚，所以不适合在松软和泥泞的场地上工作。

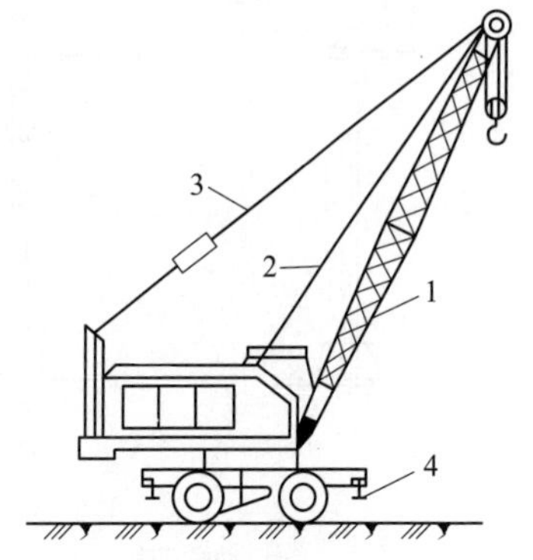

图7-16　轮胎式起重机构造示意图

1—起重杆　2—起重绳　3—变幅绳

4—撑脚

轮胎式起重机按传动方式分为机械式、电动式和液压式等，早期机械式已被淘汰，液压式也逐渐取代电动式。电动式起重机的型号主要有 QLD16 型、QLD20 型、QLD25 型、QLD40 型等，液压式起重机的型号主要有 QLY16 型、QLY25 型等。如 QLD20 型起重机，起重量最大可达 200kN，起重臂长度在 12~24m，最大起重高度可达 22.4m；QLY16 型起重机，起重量最大可达 160kN，起重臂长度在 8~19m，带副臂可达 24.5m，最大起重高度可达 24.4m。

7.3.3 塔式起重机

塔式起重机具有竖直的塔身，起重臂安装在塔身顶部，是一种全回转臂式起重机。塔式起重机主要由起升、变幅、回转、顶升机构及动力、安全、操作装置等组成。其结构主要包括底座或行走台车、塔身、塔头、起重臂、平衡臂等。塔式起重机具有较大的工作空间，起重高度大，广泛应用于多高层建筑结构工程施工。

塔式起重机按其架设形式分为固定式、附着式、轨道式和爬升式等（图 7-17）；按其起重能力分为轻型塔式起重机（起重量 5~50kN）、中型塔式起重机（起重量 50~150kN）、重型塔式起重机（150~400kN）等；按变幅方式分为小车变幅（又分为塔头式和平头式）、动臂变幅和折臂变幅（图 7-18）。

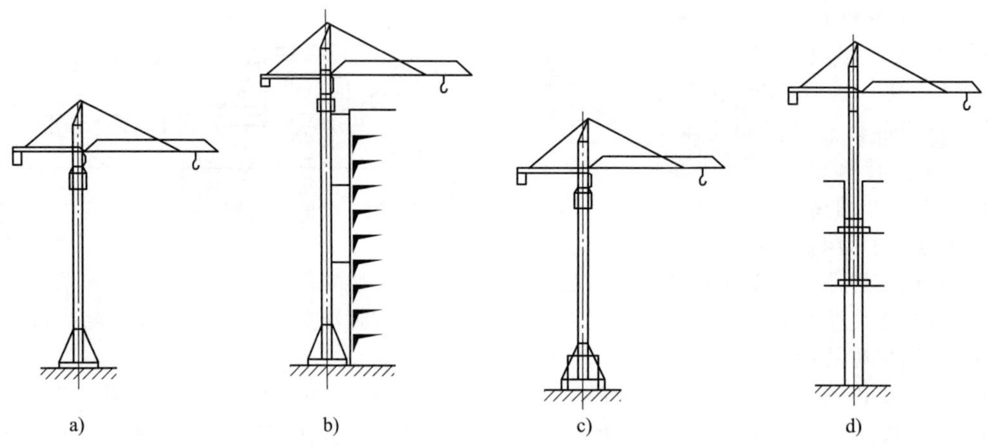

图 7-17　塔式起重机的架设形式

a）固定式　b）附着式　c）轨道式　d）爬升式

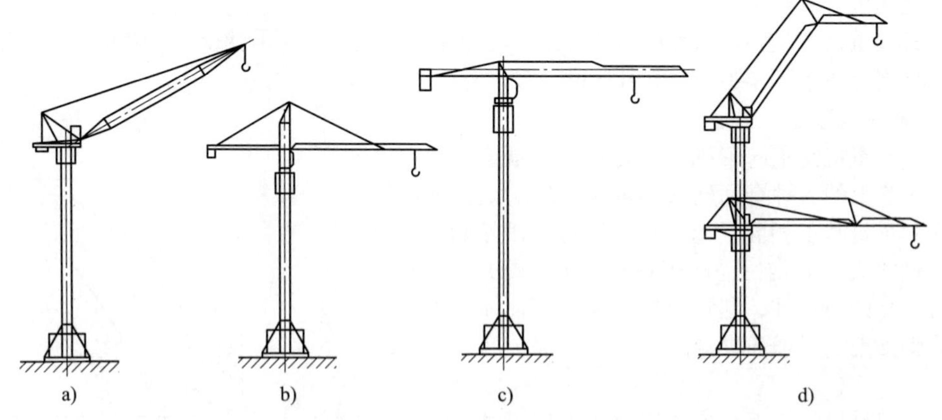

图 7-18　塔式起重机的变幅方式

a）动臂变幅　b）小车变幅（塔头式）　c）小车变幅（平头式）　d）折臂变幅

1. 轨道式塔式起重机

轨道式塔式起重机是一种在轨道上行驶的自行式塔式起重机。轨道式塔式起重机能负荷行走，能

同时完成水平运输和垂直运输，且能在直线和曲线轨道上运行，使用安全，生产效率高，起重高度可通过增减塔身、互换节架实现。但因需要铺设轨道，所以装拆及转移耗费工时多，台班费较高。

常用的轨道式塔式起重机有 QT_1-2 型、QT_1-6 型、QT_1-60/80 型、QT_1-15 型、QT_1-25 型等多种。轨道式塔式起重机主要技术性能参数有吊臂长度、起重幅度、起重量、起升速度及行走速度等。

2. 附着式塔式起重机

附着式塔式起重机直接固定在建筑物附近的专门基础上，沿着建筑物升高，并每隔 20m 左右用锚固装置将塔身与建筑物连接牢固。附着式塔式起重机上部设有套架和液压顶升装置，施工时可借助顶升系统随着建筑施工进度而自行向上升高，每次顶升高度 2.5m，最大起重高度可达 160m。附着式塔式起重机的顶升过程可分为以下 5 个步骤，如图 7-19 所示：

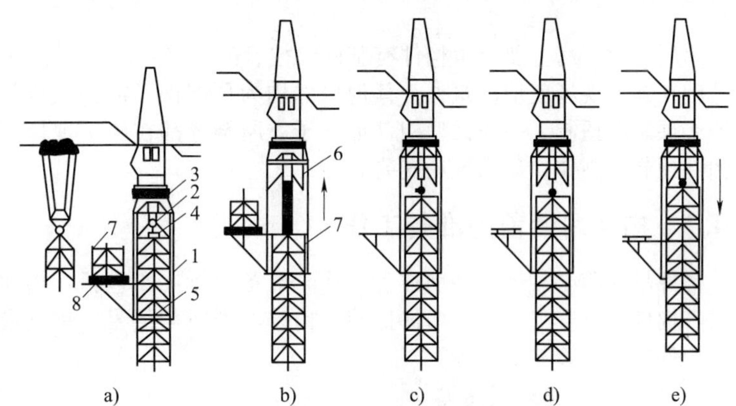

图 7-19　附着式塔式起重机的顶升接高过程图
a）准备状态　b）顶升塔顶　c）推入塔身标准节
d）安装塔身标准节　e）塔顶和塔身连成整体
1—顶升套架　2—液压千斤顶　3—承座　4—顶升横梁
5—定位销　6—过渡节　7—标准节　8—摆渡小车

1）将标准节起吊到摆渡小车上，并将过渡节与塔身标准节相连的螺栓松开，准备顶升。

2）启动液压千斤顶，将塔吊上部结构包括顶升套架向上顶升到超过一个标准节的高度，然后用定位销将套架固定。塔吊上部结构的重力通过定位销传递到塔身上。

3）液压千斤顶回缩，形成引进空间，此时将装有标准节的摆渡小车开到引进空间内。

4）用千斤顶顶起接高的标准节，退出摆渡小车，将待接的标准节平稳地落到下面的塔身上，用螺栓拧紧。

5）拔出定位销，下降过渡节，使之与已接高的塔身连成整体。

附着式塔式起重机的主要技术性能参数有吊臂长度、工作半径、最大起重量、最大起重高度、起升速度、爬升机构顶升速度及附着间距等。

3. 爬升式塔式起重机

爬升式塔式起重机是一种安装在建筑物内部（电梯井、特设房间）的结构上，借助于套架托架和爬升机构自爬升的一种自升式塔式起重机，由底座、套架、塔身、塔顶、行车式起重臂、平衡臂等组成。爬升式塔式起重机随建筑物升高而向上爬升，一般每隔 1~2 层楼爬升一次。该类起重机的优点是机身体积小、质量轻、不需要铺设轨道、不占用施工场地，适用于施工现场狭窄的高层建筑施工工程。缺点是司机作业时往往不能看到起吊全过程，需依靠信号指挥，施工结束后拆卸复杂，一般需设辅助起重机拆卸。

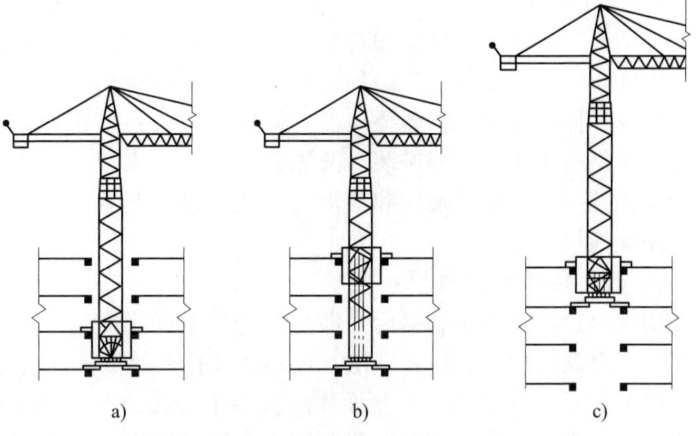

图 7-20　爬升式塔式起重机的爬升过程

爬升式塔式起重机的爬升过程如图 7-20 所示，先用起重钩将套架提升到一个塔位处予以固定（图 7-20b），然后松开塔身底座梁与建筑物骨架连接螺栓，收回支腿，将塔身提至需要位置（图 7-20c），最后旋出支腿，扭紧连接螺栓，即可再次进行安装作业。

7.4 单层工业厂房结构安装

单层工业厂房主要承重构件有基础、柱、吊车梁、连系梁、屋架、天窗架、屋面板、地基梁。除基础在施工现场就地浇筑外，其他构件均为预制钢筋混凝土构件，按构件的大小和质量在施工现场或预制厂预制。一般大型构件如柱子、屋架等都在施工现场就地制作，其他小型构件多集中在构件预制厂制作，运到现场安装。

7.4.1 构件吊装前的准备工作

构件吊装前必须做好各项准备工作，准备工作主要包括：场地清理与铺设道路、构件运输与堆放、构件的检查与清理、构件拼装、构件的弹线与编号、钢筋混凝土杯形、基础准备、吊具准备、构件应力验算与加固等。

1. 清理场地与铺设道路

起重机进场之前，按照现场施工平面布置图标出起重机的开行路线，清理道路上的杂物和平整压实道路。雨期施工时，要准备好排水设施，以便及时排水。

2. 构件运输与堆放

要按照进度计划和平面布置图将构件运至现场并准备就位，避免二次搬运。构件运输时，混凝土强度不应低于设计强度的 75%。要合理选择运输工具，支承合理，固定牢靠，避免构件开裂、变形。堆放场地要坚实平整、排水良好，垫点及堆高应符合设计要求，垫木要在同一条垂直线上。

3. 构件的检查与清理

为保证工程质量，对所有预制构件要进行全面检查。检查的内容包括：

1）构件的强度。构件在安装时，混凝土强度应不低于设计对安装所规定的强度，也不低于设计强度等级的 70%。预应力混凝土构件中，孔道灌浆的砂浆强度不低于 $15N/mm^2$。

2）构件的外形尺寸。检查构件外形尺寸，接头钢筋、预埋件的位置和尺寸是否正确，吊环的规格、位置是否正确。

3）构件表面。检查构件表面有无损伤、缺陷、变形，预埋件上有无污物，若有黏结的污物均应加以清除，以免影响拼装及焊接。

4. 构件拼装

为了便于运输，天窗架和有些工程的屋架在预制厂分块预制，运至现场后进行拼装。

构件拼装有平装和立装两种方法。平装是指将构件平卧于地面或操作台上进行拼装，拼装后进行翻身，操作方便，不需要支撑，但在翻身时容易损坏或变形，因此，仅限于天窗架等小型构件。立装是指将块体立着拼装，两侧必须有夹木支撑，可直接拼装于起吊时的最佳位置，以减少翻身扶直的工序，降低损坏和变形的风险。拼装时要保证构件的外形和尺寸准确，不断裂，无旁弯，保证连接质量。

5. 构件的弹线与编号

构件经过检查质量合格后，即可在构件上弹出安装中心线，作为构件安装、对位、校正的依据。外形复杂的构件，还要标出其重心及绑扎点的位置。具体要求如下：

（1）柱子　在柱身 3 个侧面弹出安装中心线、基础顶面线和地坪标高线。矩形截面柱安装中心线为几何中心弹线；工字形截面柱除在矩形截面部分弹出安装中心线外，为便于观测以及避免视差，还应在工字形截面的翼缘部位弹一条与安装中心线平行的线。所弹安装中心线的位置应与柱基杯口面上的安装中心线相吻合。此外，在柱顶与牛腿面上还要弹出屋架及吊车梁的安装中心线，如图7-21所示。

(2) 屋架　屋架上弦顶面应弹出几何中心线，并从跨度中央向两端分别弹出天窗架、屋面板的安装中心线，端头弹出安装中心线。

(3) 梁两端及顶面　梁两端及顶面应弹出安装中心线。在对构件弹线的同时，应按图样将构件进行编号，以免搞错。不易辨别上、下、左、右的构件，应在构件上用记号标明，以便于安装。

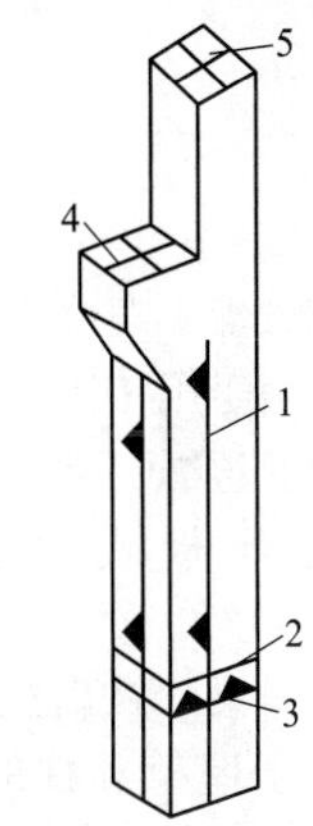

图7-21　柱子弹线图
1—柱安装中心线　2—地坪标高线
3—基础顶面线　4—吊车梁对位线
5—柱顶安装中心线

6. 钢筋混凝土杯形基础准备

先检查杯口的尺寸，在柱吊装之前进行杯底抄平和杯底顶面弹线。杯底顶面弹线应弹出十字交叉的安装中心线，其对定位轴线的允许偏差为±10mm。

测量杯底标高时，先在杯口内弹出比杯口顶面设计标高低10cm的水平线，随后用尺对杯底标高进行测量，小柱测中间一点，大柱测四个角点，得出杯底实际标高。杯底抄平的具体方法如下：

(1) 方法1

1) 用水准仪在杯口内壁测设一条标高线。假定杯口顶面标高为-0.05m，则在杯口内测设一条-0.06m的标高线。

2) 用钢直尺沿柱子牛腿面在柱身上量出-0.06m标高的位置，并画出标记。

3) 量出杯口内-0.06m标高线至杯底距离，设为a。

4) 量出柱身上-0.06m标高线至柱脚的距离，设为b。

5) 比较a、b大小，若$a=b$，则正好；若$a>b$，则杯底低了；若$a<b$，则杯底高了。

(2) 方法2

1) 测出杯底原有标高（小柱测中间一点，大柱测四个角点）。

2) 量出柱脚底面至牛腿面的实际标高，结合柱脚底面制作误差进行调整。

例如，测出杯底原有标高为-1.2m，牛腿面设计标高为7.8m，而柱脚底面至牛腿面实际标高为8.95m。则杯底标高调整值为$h=[(7.80+1.20)-8.95]\text{m}=0.05\text{m}$。因此杯底应加高50mm，用水泥砂浆抄平。杯底高或低超过10mm，应结合柱底面的平整程度，用水泥砂浆或细石混凝土将杯底抹平，垫至所需标高。标高允许偏差为±5mm。杯底抄平后，应将杯口盖上，以防止杂物落入。回填土时。基础周围的土面最好低于杯口，以免泥土及地面水流入杯中。

7. 吊具的准备

结构安装之前，要准备好吊装时使用的辅助工具，如吊钩、吊索、钢丝绳夹头、横吊梁等。为临时固定柱子和调整构件的标高，应准备好各种规格的铁垫片、木楔、钢楔以及构件最后固定焊接所需要的电焊机和电焊条等。

(1) 吊钩　吊钩一般分为单钩、双钩和吊索三种，一般均附于起重机上。单钩用于起吊150kN以下的构件，双钩用于起吊500kN以上的构件，吊索用于起吊1000kN以上的构件。吊钩用优质碳素钢锻成，并经退火处理，要求使用时表面光滑、无裂纹和剥落。

(2) 吊索　吊索又称千斤绳，主要用于构件的绑扎，以便于起吊。吊装用的吊索要求质地柔软，容易弯曲，一般要求直径大于11mm。吊索根据形式不同，分为环形吊索和开口吊索（8股）。

为保证吊装安全，吊装过程中吊索承受的拉力不允许超过钢丝绳的允许拉力。吊索承受的拉力取决于所吊构件质量及吊索水平夹角α，α越小，吊索受力越大，在条件允许的情况下应尽量加大夹角α。每根吊索所受的拉力可按下式计算（图7-22）：

两支吊索时：

$$P = \frac{Q}{2\sin\alpha} \tag{7-5}$$

四支吊索时：

$$P = \frac{Q}{2(\sin\alpha + \sin\beta)} \tag{7-6}$$

（3）钢丝绳夹头（卡扣） 钢丝绳夹头主要用于固定钢丝绳端部和连接钢丝绳，常用的形式有骑马式、压板式和拳握式三种。

（4）横吊梁（铁扁担） 横吊梁主要用于屋架和柱的吊装，主要作用是降低起重高度，减少吊索的拉力和吊索的水平分力对构件的压力。常用的横吊梁有滑轮横吊梁、钢板横吊梁和钢管横吊梁等。

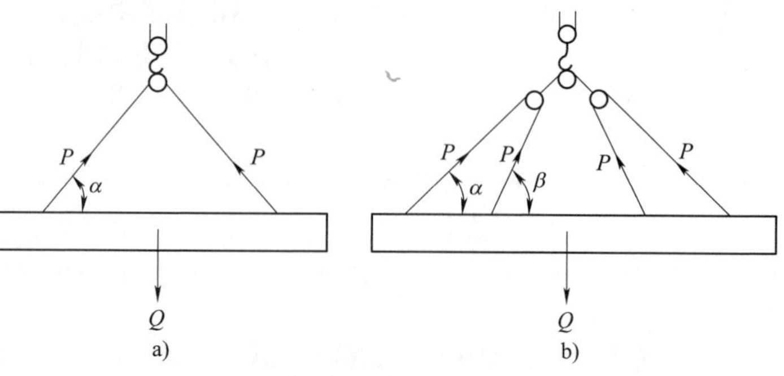

图 7-22 吊索拉力计算简图
a）两支吊索 b）四支吊索

8. 构件应力验算与加固

构件在起吊、安装过程中，受力点或支撑形式往往与设计不同，造成内力及变形与设计工况有较大差异。因此，吊装前必须进行适当的验算或模拟，必要时采取加固措施。

7.4.2 构件吊装工艺

单层工业厂房由于面积大，构件类型少、数量多，因此一般多采用装配式钢筋混凝土结构，以促进建筑工业化，加快建设速度。单层工业厂房预制构件的吊装过程包括绑扎、起吊、对位、临时固定、校正和最后固定等工序，一般应根据结构的类型，构件质量、长度选用不同的吊装方法。

1. 柱的吊装

（1）柱的绑扎 柱的绑扎方法、绑扎点数目和位置，要根据柱的形状、断面、长度、质量、配筋、起吊方法和起重机性能等因素确定。一般中小型柱（质量 130kN 以下）只需要一点绑扎，绑扎点在牛腿下 200mm 处；重型柱或配筋少而细长的柱（如抗风柱），为防止起吊过程中柱身断裂，故采用两点绑扎；工字形截面和双肢柱绑扎点应选在实心处，否则，应在绑扎位置用方木加固翼缘，以免翼缘在起吊时被损坏。

柱子常用的绑扎方法有斜吊绑扎法、直吊绑扎法、两点绑扎法等。

1）斜吊绑扎法。平放起吊，绑扎点在牛腿一侧，柱起吊后呈倾斜状态，当柱平卧起吊的抗弯能力满足要求时采用。该方法的优点是起吊时柱不需要翻身，吊钩可低于柱顶（但吊索高度不小于 2m），可降低起重高度。缺点是因柱身倾斜，就位时对中较困难，如图 7-23 所示。

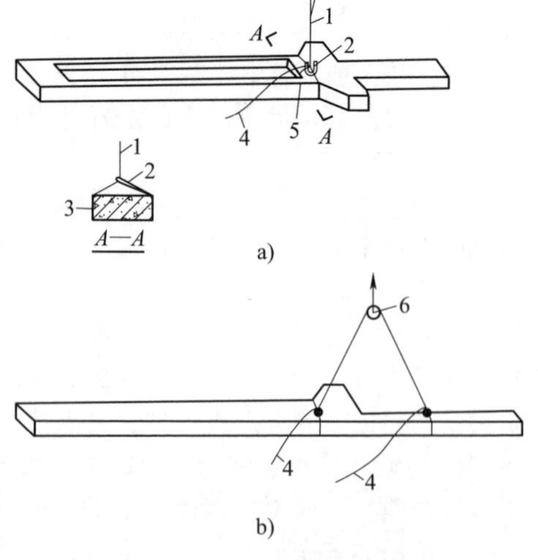

图 7-23 斜吊绑扎法示意图
a）一点绑扎 b）两点绑扎
1—吊索 2—活络卡环 3—柱
4—棕绳 5—铅丝 6—滑轮

2）直吊绑扎法。当柱平放起吊抗弯强度不足时，先将柱翻身后再绑扎起吊，绑扎点在牛腿两侧，吊索从柱的两侧分别卡住卡环，上端通过卡环或滑轮挂在横吊梁上，柱起吊时横吊梁位于柱顶，柱身呈直立状态，便于垂直插入杯口。该方法的优点是便于柱的对中、校正。缺点是横吊梁必须高过柱顶，因此，需要较大的起重高度，如图 7-24 所示。

3）两点绑扎法。当柱身较长，一点绑扎不能满足要求时，采用两点绑扎起吊，绑扎点位置应使两根吊索合力作用线高于柱重心，这样柱在起吊过程中，可自行转为直立状态，如图 7-25 所示。

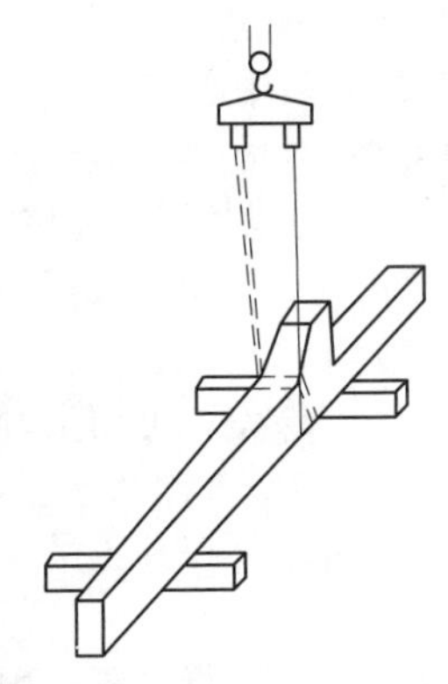

图 7-24　直吊绑扎法示意图

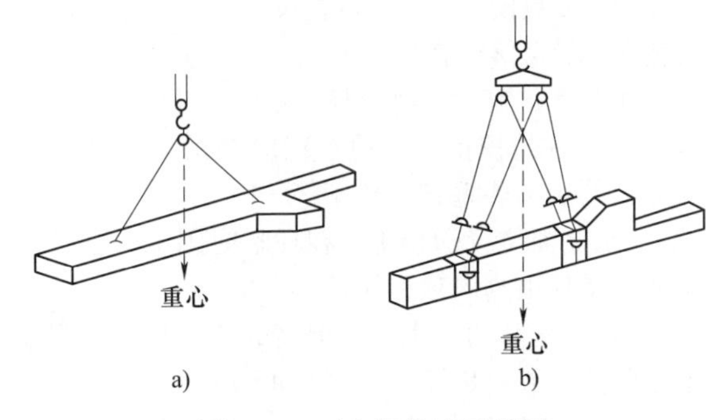

图 7-25　两点绑扎法示意图

a）斜吊绑扎　b）直吊绑扎

（2）柱的吊升　柱的吊升方法根据柱的质量、现场预制构件情况和起重机性能而定。按起重机的数量分为单机吊装和双机抬吊。按吊装方法可分为旋转法和滑行法。单机吊装时既可采用旋转法又可采用滑行法。

1）旋转法。采用旋转法吊装柱时，柱的平面布置要做到杯口中心、柱脚中心和绑扎点中心三点共弧。起重机起吊时，起重半径不变，边升钩边回转起重臂，使柱绕柱脚旋转而转为直立状态后，吊离地面插入杯口。此法要求起重机应具有一定回转半径和机动性，故一般适用于自行杆式起重机吊装。采用旋转法吊装柱时，在吊装过程中柱所受振动小，工作效率较高，但对起重机的机动性能要求高，如图 7-26 所示。

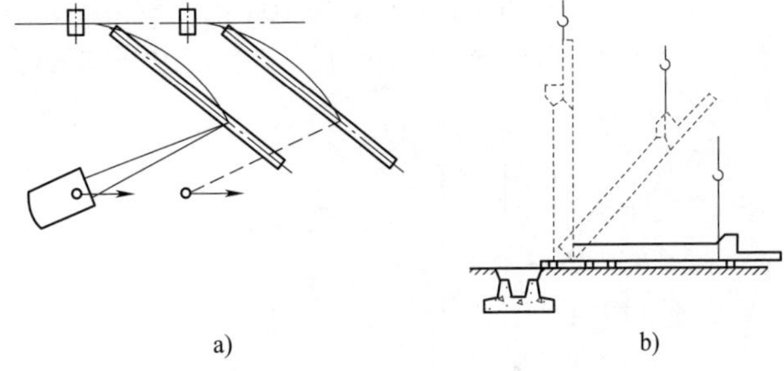

图 7-26　旋转法吊柱示意图

a）平面布置　b）旋转过程

2）滑行法。采用滑行法吊装柱时，柱的平面布置要做到绑扎点中心与杯口中心共弧。起吊时起重机不旋转，只升起重钩，使柱脚随着吊钩上升而逐渐向前滑升，直到柱身直立。滑行法适用于在柱较重、较长，柱无法按旋转法布置时采用，为减少柱脚与地面的摩擦力，需要在柱脚下设置托板、滚筒，并铺设滑行道。滑行法与旋转法相比，柱身受振动较大，需耗费一定的滑行料，如图 7-27 所示。

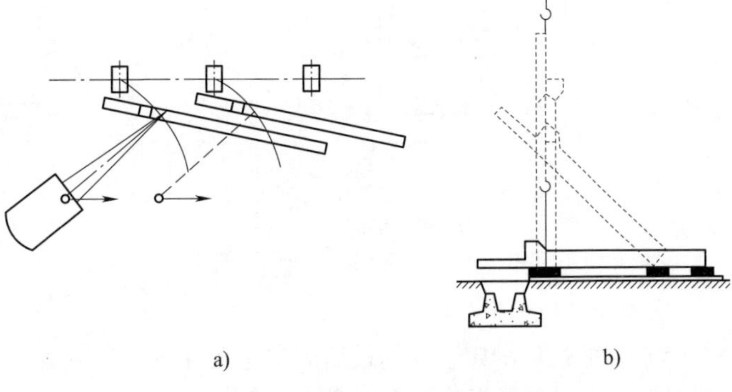

图 7-27　滑行法吊柱示意图

a）平面布置　b）旋转过程

旋转法和滑行法是柱吊装的两种基本方法，施工中应尽量按这两种基本方法来布置构件和吊装构件。但施工现场情况复杂，应根据实际情况布置构件和灵活采用吊装方法。当用旋转法吊装时，由于各种条件限制，不可能将柱的绑扎点中心、柱脚中心和杯口中心三者同时布置在起重机的同一工作幅度圆弧上，此时也可以灵活处理，采用绑扎点与杯口或柱脚与杯口两点共弧的方法来布置构件。

（3）柱的就位和临时固定　柱脚插入基础杯口后，应悬离杯底 3~5cm 进行对位，对位时先沿柱四周放入 8 只楔块，并用撬棍拨动柱脚使柱的安装中心线对准杯口的安装中心线，保持柱基本垂直，对位完成后可落钩将柱脚放入杯底，并复查对线，符合要求后即可将楔块打紧，使之临时固定，如图 7-28 所示。高大重型且杯口较浅的柱除采用以上措施临时固定外，还应设置缆风绳拉锚。

（4）柱的校正　柱的校正应在吊车梁、屋架等构件安装之前进行，主要包括平面位置校正、柱标高校正和柱垂直度校正等。

1）平面位置的校正。在柱临时固定时已对准安装中心线，若还有误差，可用钢纤打入杯口校正或用千斤顶侧向顶移纠正。

2）柱标高的校正。柱标高的纠正在杯口调整时已做好，若还有误差可在校正吊车梁时通过调整砂浆垫层或垫板厚度予以纠正。

3）柱垂直度的校正。柱吊装后主要是校正垂直度，用经纬仪和垂球进行校正。用经纬仪校正时，要用 2 台经纬仪在相互垂直方向对准柱正面和侧面中心，经纬仪的设置点至所测柱的距离为柱高的 1.5 倍，当观测中间柱时不能沿 2 个垂直方向同时观测，此时顺柱纵轴线经纬仪的设置点与柱横轴线的夹角 α 要大于 75°。

校正柱垂直度时，要使柱的上、下中线与经纬仪中的竖线相吻合，校正变截面柱的垂直度时，经纬仪要架在柱的设计轴线上，以免产生较大误差。其偏差允许值为：当柱高 $H\leqslant5$m 时，为 5mm；当 10m$\geqslant$柱高 $H>5$mm 时，为 10mm；当柱高 $H>10$m 时，为 $H/1000$，且不大于 20mm。柱垂直度的调整可采用敲打楔块、千斤顶斜撑、撑杆校正等方法，工地用得最多的是撑杆校正法，如图 7-29 所示。

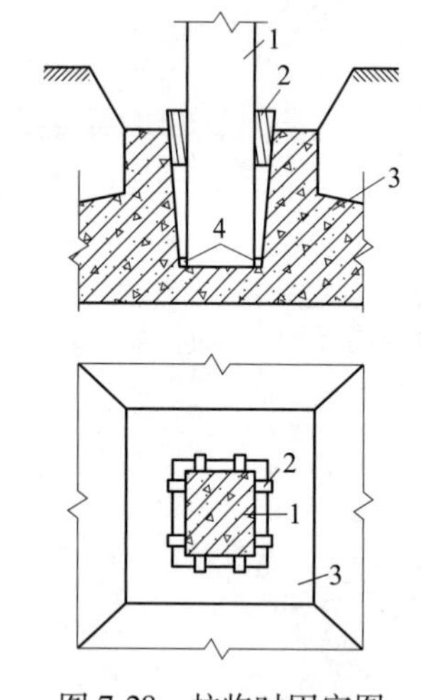

图 7-28　柱临时固定图

1—柱　2—楔子　3—杯形基础　4—石子

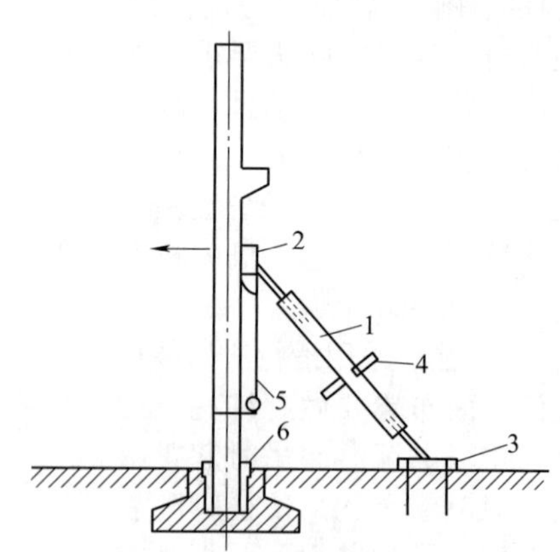

图 7-29　撑杆校正法

1—钢管　2—头部摩擦板　3—底板　4—转动手柄　5—钢丝绳　6—楔块

（5）柱的最后固定　柱的最后固定应在柱校正后立即进行。柱的最后固定就是用细石混凝土将柱与杯口之间缝隙浇筑密实，使柱完全嵌固在基础内。

浇筑前首先将杯口内垃圾清理干净，并用水湿润，接头处配置比柱混凝土高一等级的细石混凝土。混凝土浇筑分两次进行，第一次灌至楔子底面，混凝土达到 25%强度后，把楔子拔出，再

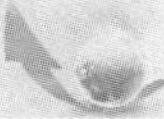

灌至杯口顶面。第一次浇筑混凝土后，应立即检查垂直度，若有偏差立即纠正。

2. 吊车梁吊装

吊车梁的吊装必须在柱最后固定好、接头的二次浇筑混凝土强度达到70%以上再进行。吊车梁吊装过程包括绑扎、起吊、就位、校正、最后固定等。

（1）绑扎、起吊、就位　吊车梁采用两点绑扎，对称布置，两根吊索等长，起吊时吊钩对准吊车梁重心，使构件起吊后保持水平。在梁的两端应绑扎溜绳，以控制梁的转动，避免悬空时碰撞柱。当梁吊至离牛腿面10cm时，用人工扶正，使吊车梁的安装中心线对准牛腿面安装中心线，然后缓慢落钩，进行对位。当吊车梁高度与宽度之比大于4时，脱钩前应用22号钢丝将梁与柱绑在一起或梁与柱之间焊拉结钢板防止倾倒。若对位不准，吊起重新进行对位，不允许用撬棍撬动吊车梁，因为柱纵向刚度较差，撬动会使柱身弯曲，产生水平位移。

（2）校正、最后固定　吊车梁的校正应在屋面构件安装、校正和最后固定后进行。校正内容主要包括标高、垂直度和平面位置校正。

1）吊车梁的标高校正在杯底调正时已做好，不会有很大出入，若仍有误差可在铺轨前抹一层砂浆予以解决。

2）吊车梁垂直度的校正可用靠尺和线锤进行，并在吊车梁与牛腿之间垫入斜铁垫来纠正，每层斜铁垫不得超过3块，如图7-30所示。

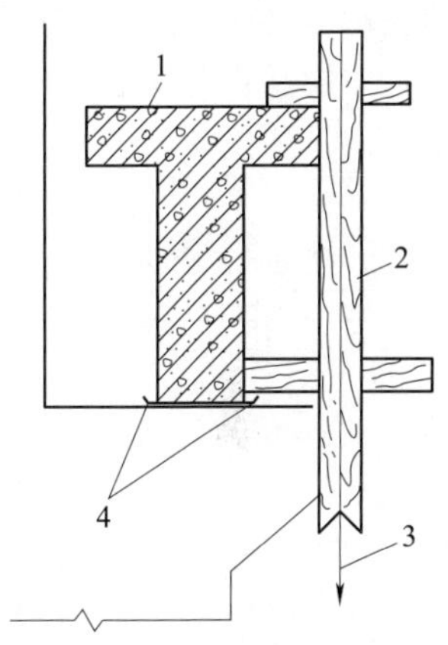

图7-30　吊车梁垂直度的校正
1—吊车梁　2—靠尺
3—线锤　4—斜铁垫

3）吊车梁平面位置校正包括直线度（同一纵轴线上各梁的中线在一条直线上）和跨距两项。一般6m长、50kN以内的吊车梁可采用拉钢丝法和仪器放线法校正；12m长、50kN以上吊车梁，因吊车梁较重，脱钩后校正比较困难，常采用边吊边校法。

① 拉钢丝法（通线法）。通过两端柱安装中心线量出吊车梁中心线，并打上木桩，将经纬仪架在两端吊车梁安装中心线处将两端4根吊车梁位置校正准确，并检查跨距是否符合要求，然后在吊车梁两端设置支架或垫块（约高200mm），拉上16~18号钢丝，钢丝两端各悬重物将钢丝拉紧，并以此线为准，校正中间各吊车梁的轴线，使每个吊车梁的安装中心线均在钢丝这条直线上，如图7-31所示。

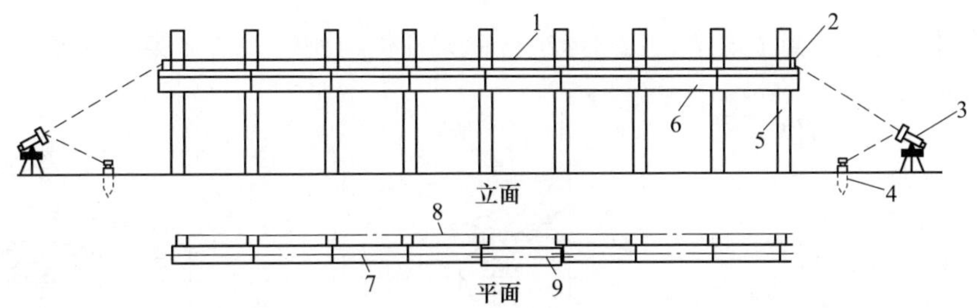

图7-31　拉钢丝法校正吊车梁
1—钢丝通线　2—支架　3—经纬仪　4—木桩　5—柱　6—吊车梁
7—吊车梁设计中线　8—柱设计轴线　9—偏位的吊车梁

② 边吊边校法。在厂房跨度一端，距吊车梁纵轴线400~600mm的地面上架设经纬仪，使经纬仪的视线与吊车梁的安装中心线平行，然后在一木尺上画上两条短线 B、C，其距离必须和仪器视线至吊车梁安装中心线相等。校正时将 B 线与吊车梁纵轴线重合，用经纬仪观测木尺 C 线，同时指挥移动吊车梁，使 C 线与经纬仪内丝线重合为止，如图7-32所示。

吊车梁安装的垂直度及标高的允许误差均在±5mm以内，安装中心线允许误差不得超过±3mm。

吊车梁校正完毕即进行最后固定，将吊车梁与牛腿上的预埋件焊接，在梁接头处支侧模，浇筑细石混凝土。但预应力鱼腹式吊车梁最后固定一般在安装半年以后进行，过早固定，将会由于混凝土收缩、徐变等使梁端产生裂缝。

3. 屋架的吊装

单层工业厂房钢筋混凝土屋架由于受场地限制，一般采用现场平卧叠浇的方法。屋架的吊装顺序为绑扎、扶直、就位、吊装、对位、临时固定、校正、最后固定。

（1）屋架的绑扎　屋架的绑扎点应选在上弦节点处，左右对称，并高于屋架中心，吊点的数目由设计单位确定。如无规定，则应事先对吊装应力进行验算，满足要求方可起吊，否则应采取加固措施。屋架绑扎时，吊索与水平线的夹角不宜小于45°，以免屋架承受过大的横向压力。若增大夹角，则吊索过长，为降低起重高度和减小吊索对屋架上弦的轴向压力，可采用横吊梁。

屋架的绑扎方法是：当屋架跨度小于或等于18m时，采用两点绑扎；当跨度为18～30m时，采用四点绑扎；当跨度大于或等于30m时，为降低起吊高度，借助横吊梁四点绑扎，如图7-33所示。

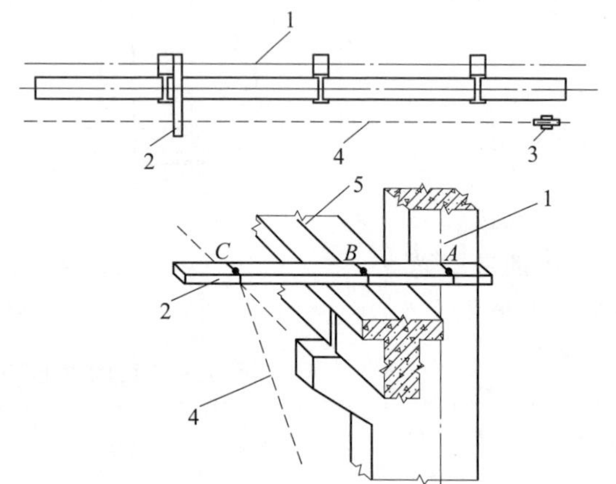

图7-32　边吊边校法校正吊车梁

1—柱侧校正基准线　2—木尺　3—经纬仪　4—经纬仪视线　5—吊车梁安装中心线

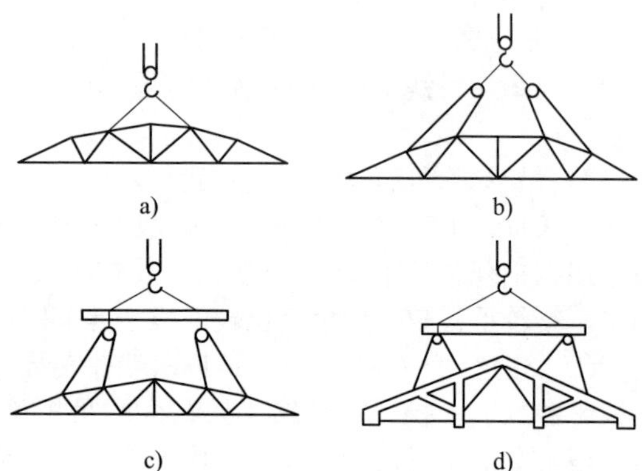

图7-33　屋架绑扎法

a）跨度≤18m时　b）跨度为18～30m时　c）跨度大于等于30m时　d）三角形组合屋架

屋架吊装时，钢筋混凝土屋架、三角形组合屋架和侧向刚度差的屋架，应绑两道以上杉槁，作为临时加固。

（2）屋架的扶直、就位

1）屋架的扶直。由于屋架在现场平卧预制，安装前先要翻身扶直，并将其吊运到预定地点。根据起重机与屋架的相对位置不同，屋架的扶直分为正向扶直和反向扶直，如图7-34所示。

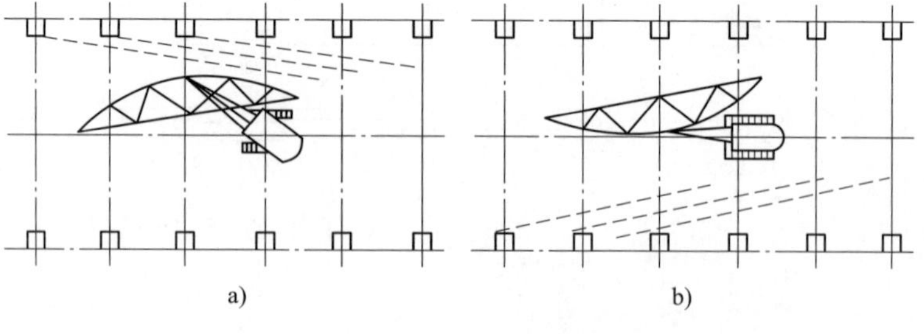

图7-34　屋架的扶直

a）屋架的正向扶直（同侧就位）　b）屋架的反向扶直（异侧就位）

屋架扶直时由于受自重的影响，改变了杆件的受力性质（平面外受力），特别是上弦杆极易弯曲，造成屋架损伤。因此，屋架扶直时必须采取一定措施，严格遵守操作规程，保证施工安全。

① 正向扶直：起重机位于屋架下弦一侧，吊钩首先对准屋架上弦中点，然后收钩、起臂，使

屋架脱模，接着再升钩、起臂，使屋架以下弦为轴，慢慢转为直立状态。

② 反向扶直：起重机位于上弦一侧，吊钩首先对准屋架上弦中点，收钩、降臂使屋架脱模，然后再收钩、降臂，使屋架以下弦为轴，慢慢转为直立状态。

正向扶直和反向扶直最大的区别是，在扶直过程中，正向扶直为升臂，反向扶直为降臂，起重机操作过程中升臂比降臂易于操作，且容易保证构件安全，一般尽可能采用正向扶直。

另外，屋架在扶直过程中，为避免屋架突然悬空，屋架的下弦部位必须垫以方木（方木可搭成井字形，高度与下一榀屋架面一般高），以作为屋架扶直时的支点（图 7-35）。

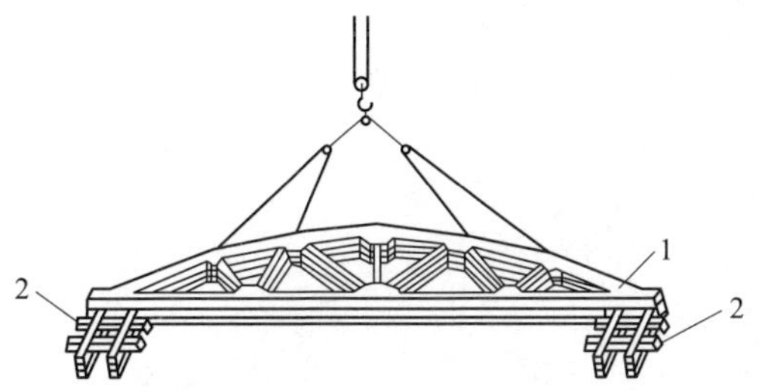

图 7-35　重叠浇筑的屋架扶直示意图
1—屋架　2—方木

2）屋架的就位。屋架扶直后应立即就位，就位位置与起重机的性能、场地大小和安装方法等有关，应少占地，便于吊装，且应考虑屋架安装顺序、两端朝向等问题。一般靠柱边斜放就位或 3~5 榀为一组平行柱边纵向就位。按就位方式分为同侧就位和异侧就位，如图 7-34 所示。

屋架就位后，应用支撑和 8 号钢丝等与已安装好的柱和屋架拉牢，以保证屋架的稳定。

（3）屋架的吊装、对位和临时固定　按构件的质量屋架吊装分为单机吊装和双机抬吊，一般应尽量采用单机吊装，若构件质量较大，单机吊装不能满足要求，则可采用双机抬吊。采用双机抬吊时要详细制定吊装方案，避免起重机在双机抬吊过程中不同步，使构件在空中扭断。

采用单机吊装时，先将屋架从就位位置吊离地面 300mm 左右，然后转到吊装位置下方，接着再将屋架吊到距柱顶 300mm 左右，用两段溜绳旋转屋架的方向，使其基本对准安装中心线，随后缓慢落钩进行对位。屋架对位后，应立即进行临时固定。

第一榀屋架为单片结构，侧向稳定性差，同时还是第二榀的支撑，所以必须做好第一榀屋架的临时固定，一般用四根缆风绳从屋架两边拉牢，或将屋架与抗风柱连接。第二榀屋架以及其余各榀屋架，都通过工具式支撑支撑在前一榀屋架上，工具式支撑由 $\phi50$ 的钢管制作而成，两端各有两个支撑脚，支撑脚上有可调节的螺栓，使用时旋紧支撑脚上的螺栓，即可将屋架可靠固定，如图 7-36 所示。

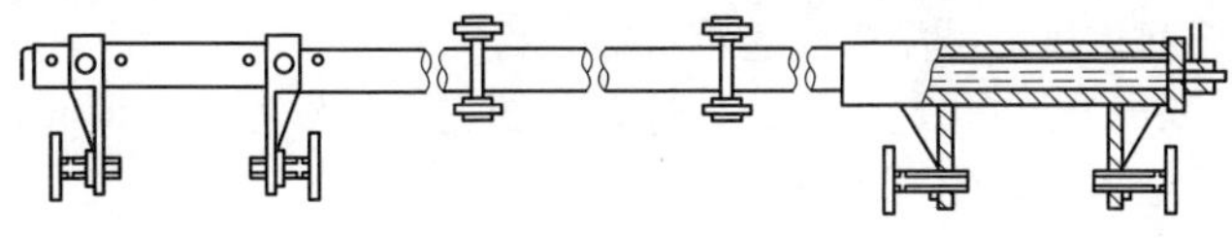
图 7-36　工具式支撑

每榀屋架至少要用两个工具式支撑才能使屋架稳定。屋架经校正并安装若干屋面板后，才可将支撑取下。

（4）屋架的校正、最后固定　屋架校正主要校正垂直偏差，垂直偏差的校正可采用经纬仪和线锤。

用经纬仪检查屋架垂直偏差的方法是，在屋架上弦中央和两端各安装一个卡尺，将经纬仪放在被检查屋架的跨外，距屋架中线 500mm 左右，观测屋架两端和中间所挑出的卡尺上的标记是否在同一垂直面上，若有偏差，转动工具式螺栓进行调整，如图 7-37 所示。用线锤检查时，卡尺设置的方法与经纬仪检查方法相同，卡尺的标记距屋架安装中心线的距离为 300mm，观测时在屋架两端的卡尺标记处拉一条通线，从屋架顶端中间卡尺标记处向下垂球，以观测卡尺的三个标记是否在同一个平面上，若有偏差，转动工具式支撑进行调整。随着测量技术的进步，也可采用全站仪直接计算空间三维安装参数进行定位。屋架校正无误后，立即用电焊焊牢，焊接时应对角施焊，避免预埋件铁板受热变形。

4. 天窗架与屋面板的吊装

天窗架常单独吊装，也可与屋架拼装成整体再吊装，以减少高空作业，但对起重机的起重量和起重高度要求较高。天窗架单独吊装时，应在天窗架两侧的屋面板吊装后进行，并用工具式夹具绑扎圆木进行临时加固，如图 7-38 所示。

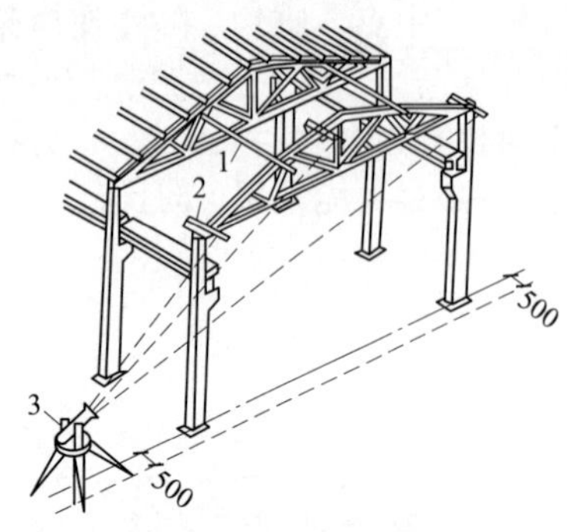

图 7-37　屋架的校正

1—工具式支撑　2—卡尺　3—经纬仪

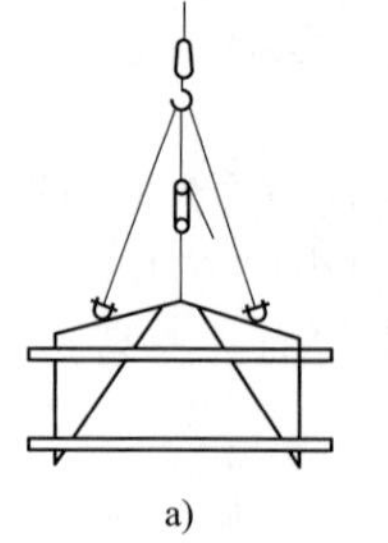

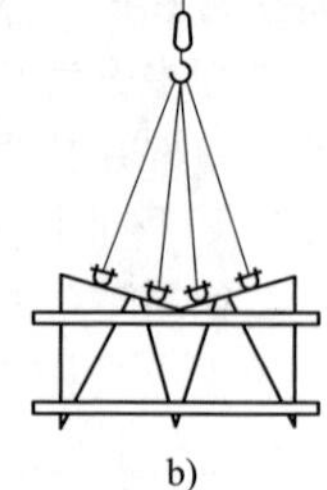

图 7-38　天窗架的绑扎

a）两点绑扎　b）四点绑扎

屋面板一般埋有吊环，用吊钩钩住吊环即可吊装。为加快吊装进度，屋面板的吊装一般采用一钩多吊，如图 7-39 所示。安装顺序从两侧檐头板开始左右对称铺向屋脊，对位后立即与屋架上弦焊牢，屋面板一般要施焊三点。

7.4.3　结构吊装方案

单层工业厂房结构吊装方案包括起重机型号的选择、起重机台数的确定、结构吊装方法、起重机开行路线、现场预制构件的平面布置、安装阶段构件的就位和堆放等。

1. 起重机型号的选择

起重机的型号应根据厂房跨度、所吊装构件的尺寸和质量、吊装位置、施工现场条件和当地现有起重设备等确定。一般中小型厂房结构吊装多采用自行杆式起重机；当厂房的高度和跨度较大时，可选用塔式起重机吊装屋盖结构。在缺乏自行杆式起重机或受地形限制自行杆式起重机难以到达的地方，可采用扒杆吊装。对于大跨度的单层工业厂房，可选用自行杆式起重机、牵缆式桅杆起重机、重型塔式起重机等进行吊装。

对于履带式起重机，所选型号的三个工作参数，即起重量 Q、起重高度 H 和起重半径 R，均应满足结构吊装的要求。

（1）起重量　起重机的起重量必须大于或等于所吊装构件的质量与索具质量之和，即

$$Q \geqslant Q_1 + Q_2 \tag{7-7}$$

式中，Q 是起重机的起重量（kN）；Q_1 是构件的质量（kN）；Q_2 是索具的质量（kN）。

（2）起重高度　起重机的起重高度必须满足所吊构件的吊装高度要求（图 7-40）。

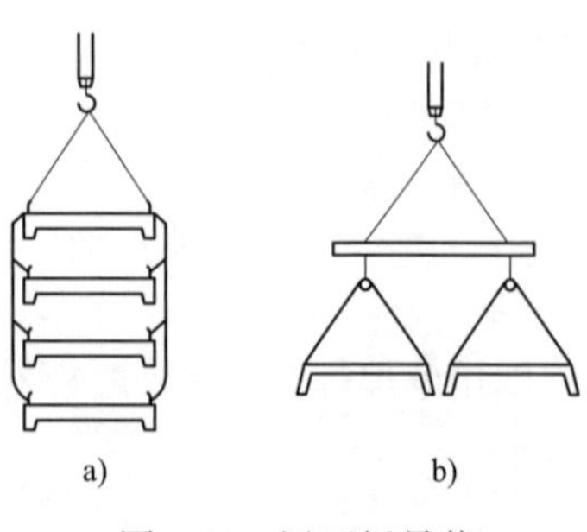

图 7-39　屋面板吊装

a）多块叠吊　b）多块平吊

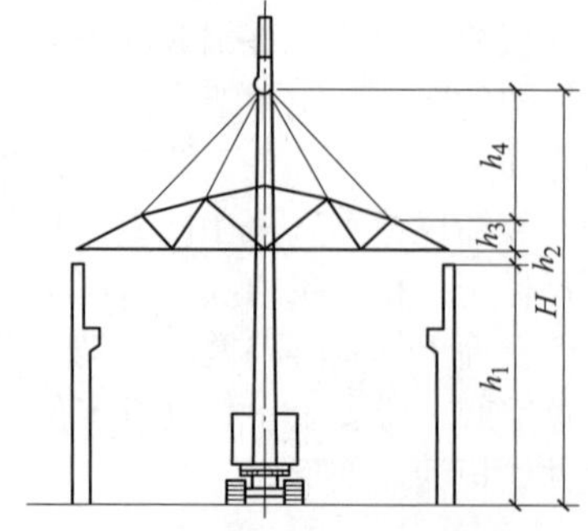

图 7-40　起重机的起吊高度计算

对于吊装单层工业厂房，应满足下式：

$$H \geqslant h_1 + h_2 + h_3 + h_4 \tag{7-8}$$

式中，H 是起重机的起重高度（m），从停机面算起至吊钩之间的距离；h_1 是安装支座表面高度（m），从停机面算起；h_2 是安装空隙（m），一般不小于 0.3m；h_3 是绑扎点至所吊构件底面的距离（m）；h_4 是索具高度（m），自绑扎点至吊钩中心之间的距离，视具体情况而定。

（3）起重半径　当起重机可以不受限制地开到所吊装构件附近去吊装构件时，可不验算起重半径。但当起重机受限制不能靠近吊装位置去吊装构件时，则应验算当起重机的起重半径为一个定值时的起重量与起重高度能否满足吊装构件的要求。

（4）起重机最小起重臂长度　当起重机的起重臂必须跨过已安装好的屋架去安装屋面板时，为了不与屋架相碰，必须求出起重机的最小起重臂长度。求最小起重臂长度可采用数解法和图解法。

1）数解法计算如下（图 7-41）：

$$L \geqslant \frac{h}{\sin\alpha} + \frac{f+g}{\cos\alpha} \tag{7-9}$$

式中，L 是起重臂的长度（m）；h 是起重臂底铰至构件吊装支座的高度（m），$h=h_1-E$，其中，E 为起重臂底铰至停机面的距离（m）；f 是起重钩需跨过已吊装结构的距离（m）；g 是起重臂轴线与已吊装屋架间的水平距离（m），至少取 1m；α 是起重臂的仰角（°）。

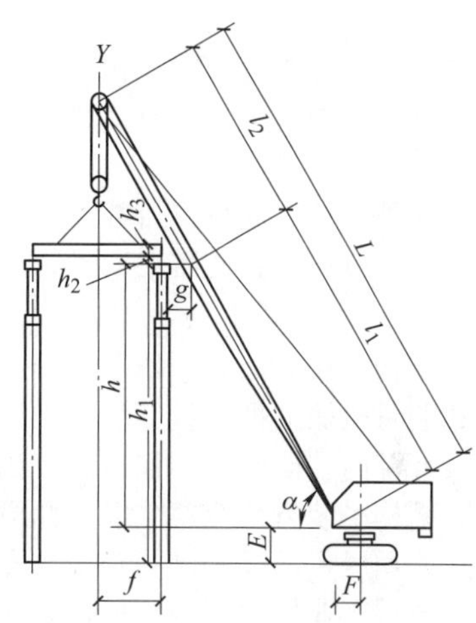

图 7-41　数解法求最小起重臂长度

为了求得最小起重臂长度，可对式（7-9）进行微分，并令 $\frac{dL}{d\alpha}=0$，得

$$\frac{dL}{d\alpha} = \frac{-h\cos\alpha}{\sin^2\alpha} + \frac{(f+g)\sin\alpha}{\cos^2\alpha} = 0 \tag{7-10}$$

$$\frac{(f+g)\sin\alpha}{\cos^2\alpha} = \frac{h\cos\alpha}{\sin^2\alpha}, \text{即} \frac{\sin^3\alpha}{\cos^3\alpha} = \frac{h}{f+g} \tag{7-11}$$

故 $\alpha = \arctan\sqrt[3]{\frac{h}{f+g}}$

将值代入式（7-9），即可得出所需起重臂的最小长度。据此，选用适当的起重臂长，然后根据实际选用的起重臂长度，计算出起重半径 R：

$$R = F + L\cos\alpha \tag{7-12}$$

式中，F 是起重机吊杆枢轴中心距回转中心的距离（m）。

根据起重半径 R 和起重臂长 L，查阅起重机性能表或曲线，复核起重量 Q 及起重高度 H，即可根据 R 值确定起重机吊装屋面板时的停机位置。

2）图解法作图方法及步骤如下（图 7-42）：

① 按比例（不小于 1∶200）绘出构件的安装标高、柱距中心线和停机地面线。

② 根据（0.3m+n+h+b）在柱距中心线上定出 P_1 的位置。

③ 根据 g=1m，定出 P_2 的位置。

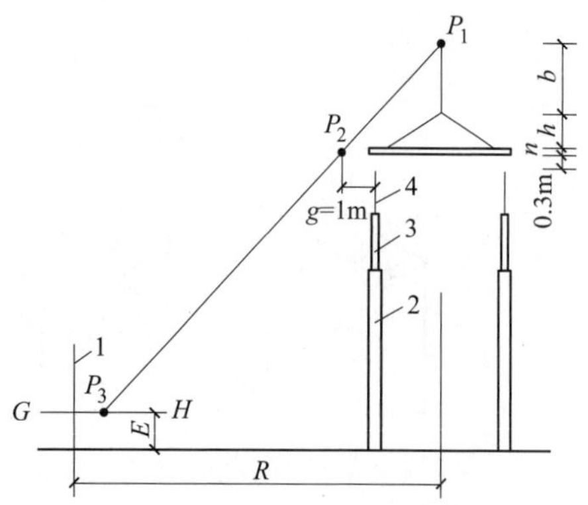

图 7-42　用图解法求最小起重臂长度
1—起重机回转中心线　2—柱子
3—屋架　4—天窗架

④ 根据起重机的 E 值绘出平行于停机面的水平线 GH。

⑤ 连接 P_1P_2，并延长使之与 GH 相交于 P_3，(此点即为起重臂下端的铰点)。

⑥ 量出 P_1P_2 的长度，即为所求的最小起重臂长度。

在确定起重臂长度时，不但需要考虑屋架中间一块板的验算，还应考虑屋架两端边缘一块屋面板的要求。

2. 起重机台数的确定

起重机台数应根据厂房的工程量、工期长短和起重机的台班产量，按下式计算确定：

$$N = \frac{1}{TCK}\sum \frac{Q_i}{P_i} \tag{7-13}$$

式中，N 是起重机台数（台）；T 是工期（d）；C 是每天工作班数（班）；K 是时间利用系数，一般取 0.8~0.9；Q_i 是每种构件的安装工程量（件或 t）；P_i 是起重机相应的产量定额（件/台班或 t/台班）。

此外，计算起重机台数时，还应考虑构件装卸、拼装和就位的需要。当起重机数量已定，可用式（7-13）计算所需工期或每天应工作的班数。

3. 结构吊装方法

结构吊装方法必须根据工程结构的特点、构造形式、施工现场环境、施工单位熟悉掌握的方法和起重机械的拥有量等因素来确定。对于与结构设计有密切关系的大型结构或新型结构，还应与设计部门共同确定结构吊装方法。

结构吊装方法应遵循以下原则：能快速、优质、安全地完成全部吊装工作；尽量减少高空作业；采用成熟而又先进的施工技术。

单层工业厂房结构的吊装方法有以下两种：分件吊装法和综合吊装法。

（1）分件吊装法　起重机每开行一次，仅吊装一种或几种构件。通常分三次开行吊装完所有构件。第一次开行，吊装全部柱子，经校正及最后固定；第二次开行，吊装全部吊车梁、连系梁及柱间支撑（第二次开行接头混凝土强度须达到70%设计强度后方可进行）；第三次开行，依次按节间吊装屋架、屋面支撑、屋面构件（屋面板、天窗架、天沟等），如图 7-43 所示。

分件吊装法的优点是：每次吊装同类构件，构件可分批进场，索具不需经常更换，吊装速度快，能充分提高起重机效率，也能为构件校正、接头焊接、浇筑接头混凝土以及养护等提供充分的时间。因此，目前装配式钢筋混凝土单层工业厂房多采用分件吊装法。缺点是：不能为后续工序尽早提供工作面，起重机的开行路线较长。

（2）综合吊装法　以节间为单位，起重机每移动一次便可吊装完节间所有构件。吊装的顺序如图 7-44 所示，即先吊装四根柱子，并加以校正和最后固定；随后吊装这个节间内的吊车梁、连

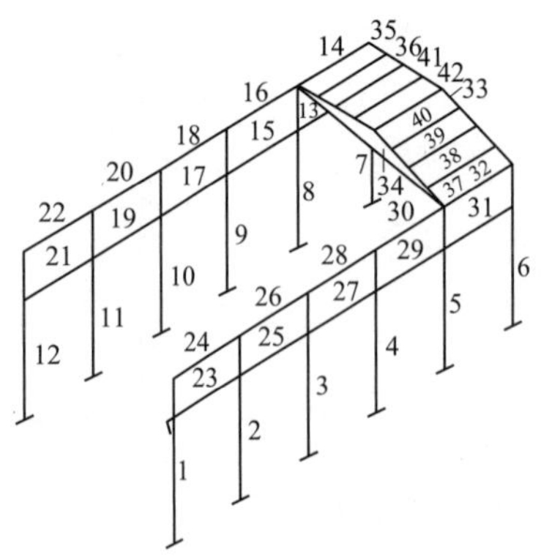

图 7-43　分件吊装时的构件吊装顺序
（图中数字代表吊装顺序）

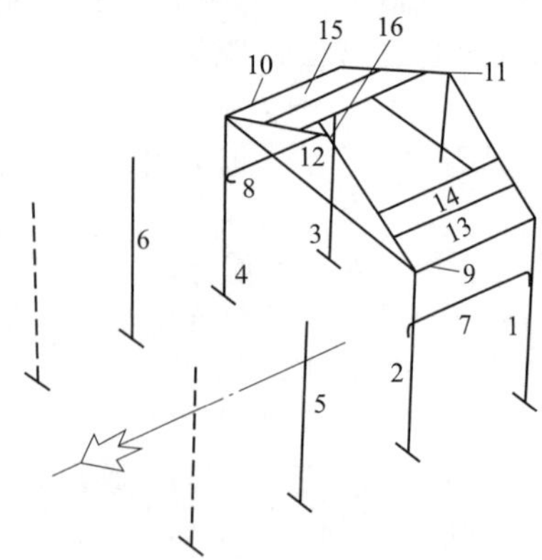

图 7-44　综合吊装时的构件吊装顺序
（图中数字代表吊装顺序）

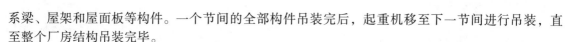

系梁、屋架和屋面板等构件。一个节间的全部构件吊装完后，起重机移至下一节间进行吊装，直至整个厂房结构吊装完毕。

综合吊装法的优点是：开行路线短，停机次数少，为后续工种提早让开工作面，加快了施工进度，缩短了工期。缺点是：由于同时吊装不同类型的构件，索具更换频繁，吊装速度慢，使构件供应紧张和平面布置复杂，构件的校正困难等。因此目前该方法很少采用。但对于某些特殊结构（如门式框架结构）或采用桅杆式起重机，因移动比较困难，可采用综合吊装法。

4. 起重机开行路线及现场预制构件的平面布置

起重机开行路线和停机位置与起重机的性能、构件质量、现场预制构件布置方式以及结构安装方法等有关。单层工业厂房除柱、屋架、吊车梁等较重构件在施工现场预制外，其余构件都在预制厂预制。

布置现场预制构件时应遵循以下原则：

① 各跨构件尽量布置在本跨内。

② 在满足吊装要求前提下构件布置应尽量紧凑，并保证起重作业及构件运输道路畅通，起重机回转时不与建筑物或构件相碰。

③ 后张法预应力构件的布置应有抽管、穿筋、张拉等所需操作场地。

对非现场预制的构件，最好随运随吊，否则也应事先按上述原则进行布置。

（1）吊柱起重机开行路线和柱的预制位置

1）吊柱起重机开行路线。吊柱起重机开行路线根据厂房跨度 L、起重机性能、柱的平面布置方式等，分为跨中开行和跨边开行。

① 当起重半径 $R \geqslant L/2$ 时，起重机沿跨中开行，每个停机点吊装 2 根柱（图 7-45a）。

② 当起重半径 $R \geqslant \sqrt{(L/2)^2 + (b/2)^2}$（$b$ 为柱间距）时，起重机沿跨中开行，每个停机点吊装 4 根柱（图 7-45b）。

③ 当起重半径 $R < L/2$ 时，起重机沿跨边开行，每个停机点吊装 1 根柱（图 7-45c）。

④ 当起重半径 $R \geqslant \sqrt{a^2 + (b/2)^2}$（$a$ 为起重机开行路线至跨边的距离）时，起重机沿跨边开行，每个停机点可吊装 2 根柱（图 7-45d）。

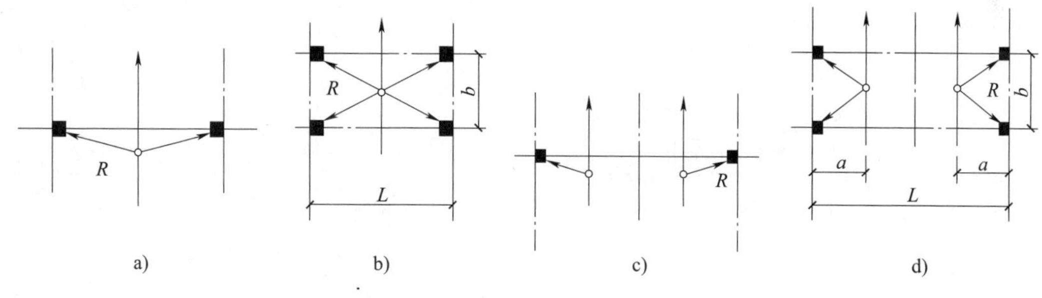

图 7-45　吊柱起重机开行路线图

a）$R \geqslant L/2$ 时　b）$R \geqslant \sqrt{(L/2)^2 + (b/2)^2}$ 时　c）$R < L/2$ 时　d）$R \geqslant \sqrt{a^2 + (b/2)^2}$ 时

若柱跨外布置，则起重机开行路线可按跨边开行计算，每个停机点可吊装 1 根或 2 根柱。

2）柱的预制位置。柱的布置方式与场地大小、安装方法等有关，柱的预制位置即为吊装阶段的就位位置，一般有两种：柱的斜向布置和纵向布置。

① 柱的斜向布置（图 7-46）。柱若采用旋转法起吊，场地空旷时，可按三点共弧布置，即杯口中心、柱脚中心和绑扎点中心共弧。具体布置方法如下：

确定起重机开行路线到柱基杯口的中线距离 L。

L 值与起重机性能、构件尺寸和质量、吊柱时的起重半径 R 有关，一般要求 $R_{min} < L < R_{max}$（计算值）。

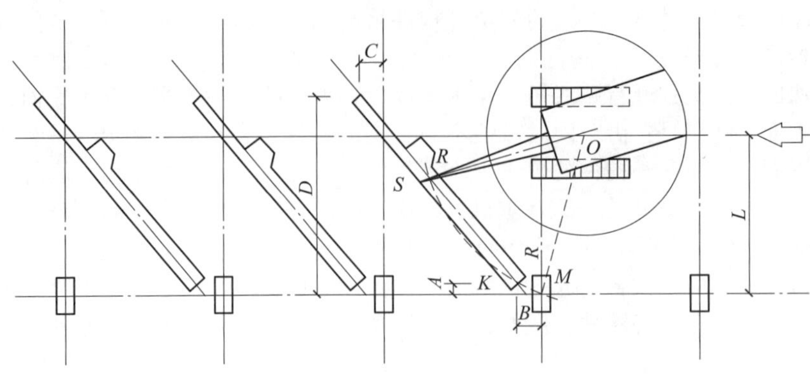

图 7-46　柱的斜向布置图

起重机开行路线不要通过回填土地段和过于靠近构件，防止起重机回转时尾部与构件相碰。

停机点确定的方法是，以要安装的柱基杯口为中心，以吊该柱所确定的起重半径画弧，弧交于开行路线于 O 点，O 点即为安装这根柱子的停机点。

确定柱的预制位置。以停机点 O 为圆心，OM 为半径画弧，在弧上靠近柱基选一点 K（K 点为柱基中心），以 K 点为中心，以柱脚到绑扎点的距离为半径画弧，两弧相交于 S 点，连接 KS，得出柱预制时的中心线，按中心线可画出柱的模板位置图。量出柱顶、柱脚中心点到纵横轴线的距离 A、B、C、D 作为支模时的参考。

布置柱时，由于场地限制或柱身过长无法按三点共弧布置，可采用两点共弧布置。其方法有以下两种：

一种是将柱脚中心与柱基杯口中心安排在起重机起重半径 R 的同一圆弧上，而将吊点放在起重半径 R 之外（图 7-47a）。吊装时先用较大的起重半径 R' 吊起柱子，并升起重臂。当起重臂半径由 R' 变为 R 后，停升起重臂，再按旋转法吊装柱。

另一种是将绑扎点中心与柱基杯口中心安排在起重机起重半径 R 的同一圆弧上，两柱脚可斜向任意方向（图 7-47b）。吊装时，柱可用旋转法或滑行法吊升。按这种布置方式起重机起吊时，需要改变起重半径，工作效率低，也不安全。

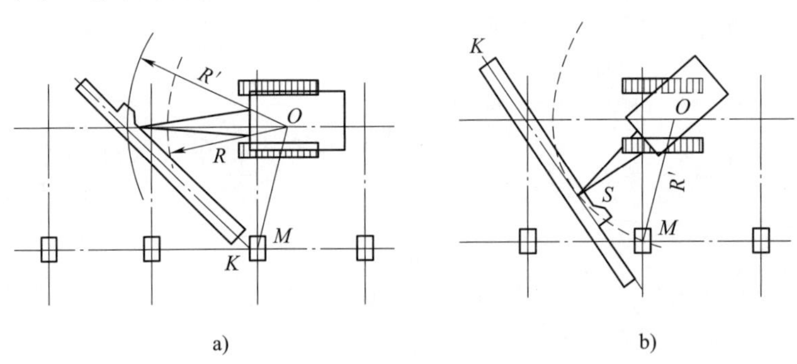

图 7-47　柱子的两点绑扎示意图

a）杯口中心、柱脚中心共弧　b）绑扎点中心、杯口中心共弧

②柱的纵向布置（图 7-48）。如果场地限制或柱质量较轻，为节约场地和方便构件制作，可考虑顺柱轴线纵向布置。

柱纵向布置时，起重机的停机点可布置在两柱基的中点，使 $OM_1 = OM_2$，这样每一个停机点可吊 2 根柱。

为节约模板，减少用地，柱子斜向布置和纵向布置时，均可采用两柱叠浇预制，两柱叠浇预制时刷隔离剂，浇筑上层柱时要等下层混凝土强度达到 $5.0\mathrm{N/mm^2}$ 方可进行。当采用纵向布置时，若柱长大于 12m，则两柱叠浇排成两行；若柱长小于或等于 12m，则两柱叠浇排成一行。

布置柱时还需要注意牛腿的方向，柱吊装后，应使其牛腿的方向符合设计要求。因此，当柱在跨内预制或就位时，牛腿应面向起重机；当柱在跨外预制或就位时，牛腿应背向起重机。

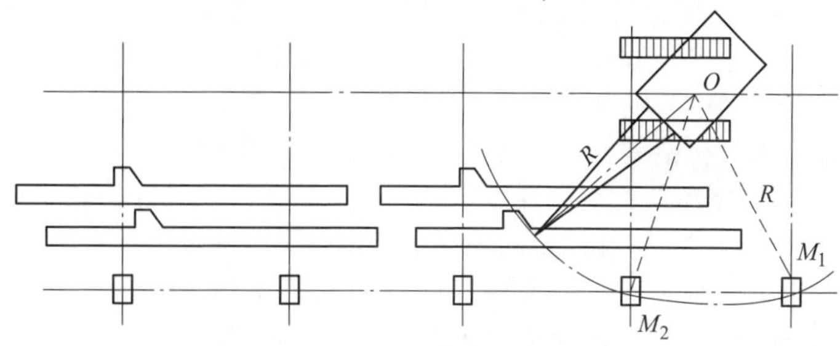

图 7-48　柱的纵向布置图

（2）吊屋架及屋盖系统起重机开行路线和屋架预制构件平面布置

1）吊屋架及屋盖系统起重机沿跨中开行或稍偏于跨中一点开行，屋架扶直时起重机沿跨内开行。

2）为便于吊装，屋架一般在跨内叠层预制，每叠 3~4 榀。布置的方式有正面斜向布置、正反斜向布置、正反纵向布置等，如图 7-49 所示。

在上述三种布置形式中，应优先考虑采用正面斜向布置方式，因为它便于屋架的扶直就位。只有当场地限制时，才考虑采用其他两种形式。

屋架采用正面斜向布置时，下弦与厂房纵轴线的夹角 α 一般为 10°~20°。对于预应力混凝土屋架，当采用钢管抽芯法两端抽管时，屋架两端应留出 $l/2+3\mathrm{m}$（l 为屋架的跨度）的一段距离作为抽管穿筋的场地；当一端抽管时，应留出 $l+3\mathrm{m}$ 的距离。另外，每两垛屋架之间应留 1m 空隙，以便支模和浇筑混凝土施工。屋架之间互相搭接的长度视场地大小和需要而定。

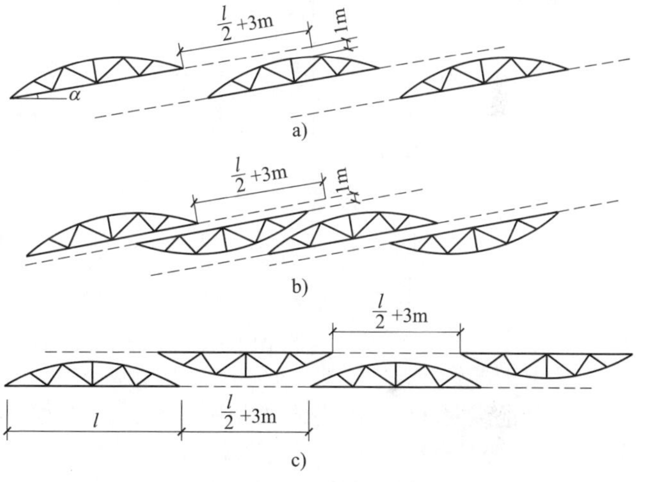

图 7-49　屋架的布置图

a）正面斜向布置　b）正反斜向布置　c）正反纵向布置

在屋架布置时，还应考虑屋架扶直就位要求及扶直的先后顺序，应将先扶直后吊装的放在上层。同时也要考虑屋架两端的朝向，要符合吊装时对朝向的要求。对屋架上预埋件的位置也要特别注意，以免影响结构吊装工作。

（3）吊车梁布置　吊车梁现场预制时可靠柱基纵轴线或略倾斜布置，也可插在柱子空档中预制，如具有运输条件，也可另行在场外集中布置预制。

5. 安装阶段构件的就位和堆放

安装阶段构件的就位和堆放主要指柱已安装完毕，其他构件的就位位置，包括屋架的扶直就位，吊车梁、连系梁、屋面板的运输和堆放等。

（1）屋架的扶直就位　按就位方式可分为柱边斜向就位和柱边纵向就位。

1）屋架的斜向就位。

① 确定起重机的开行路线与停机点。开行路线：吊屋架沿跨中开行，也可稍偏于跨中一点开行，在图上画出开行路线。停机点：以吊装某轴线（如②轴线）的屋架中点 M_2 为圆心，以吊该屋架的起重半径画弧，交开行路线于 O_2 点，O_2 点即为吊②轴线屋架的停机点。

② 确定屋架的就位范围。屋架一般靠柱边就位，离柱边不小于200mm，柱可作为屋架的临时支撑，确定 *P-P* 线；吊屋架与屋面板的起重机在回转时不要与已就位的屋架相碰，设起重机尾部至机身回转中心的距离为 *A*，则距开行路线 *A*+0.5m 范围内不宜布置构件，确定出 *Q-Q* 线。以此得出屋架的就位范围，但屋架就位宽度不一定需要这样大，应根据实际需要定出屋架的就位宽度。

③ 确定屋架的就位位置。确定屋架的就位范围后，取 *P-Q* 的中线作为屋架就位的中点，定为 *H-H* 线。具体每一榀屋架的就位中点按以下方法确定：

以②轴线为例，停机点为 O_2，以安装屋架时的起重半径为半径，画弧交 *H-H* 线于 *G* 点，*G* 点就是安装第二榀屋架的停机点；再以 *G* 点为中心，以屋架跨度的一半为半径画弧分别交于 *P-P*、*Q-Q* 两线于 *E*、*F* 两点，连接点 *E*、*F* 就得到了②号屋架的就位位置，其他屋架的就位位置均按此方法确定，但①号屋架的就位位置由于抗风柱的阻挡，可退到②号屋架的附近就位，如图 7-50 所示。

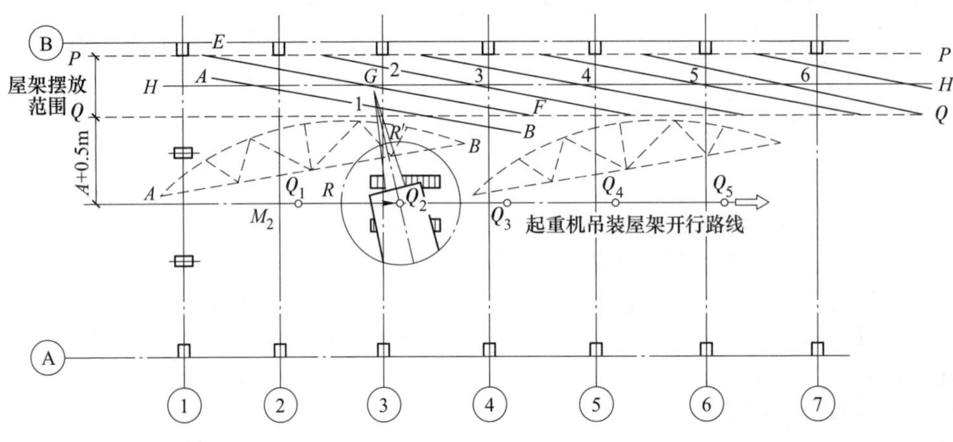

图 7-50　屋架的斜向就位示意图

2）屋架的纵向就位。屋架纵向就位比斜向就位方便，支点所用道木比斜向就位少，但起重机在吊装部分屋架时要负荷行驶一段距离，故吊装费时，且要求道路平整。由于场地窄小，屋架无法斜向就位，可以4~5榀屋架为一组靠柱边纵轴线就位。就位时屋架与屋架之间、柱与屋架之间净距离不小于200mm，相互之间用8号钢丝及支撑拉紧撑牢。每组屋架之间应留3m左右的间距作为横向通道，每组屋架的就位中心大致安排在该组屋架倒数第二榀安装轴线之后2m处。屋架绑扎和吊装时不要在已安装好的屋架下面进行，以免和已安装好的屋架相碰，如图 7-51 所示。

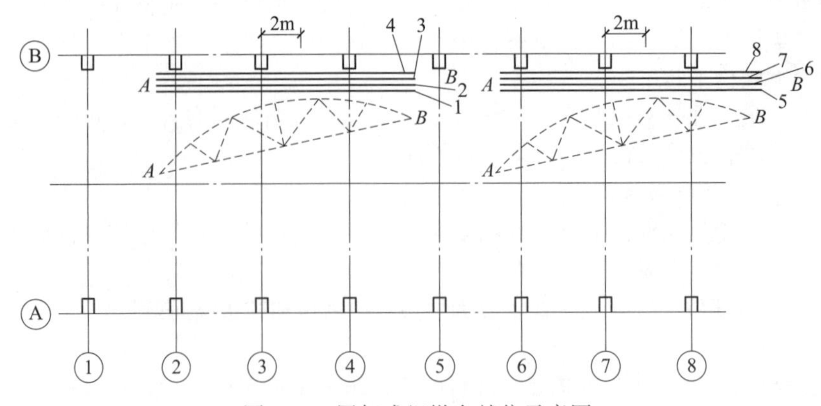

图 7-51　屋架成组纵向就位示意图

（2）吊车梁、连系梁、屋面板的运输和堆放　单层工业厂房的吊车梁、连系梁、屋面板在预制厂预制，吊装之前要运到工地，为保证工程质量，构件运输和堆放时必须满足运输和堆放的要求。

1）运输要求。

① 运输时混凝土构件应有足够的强度，梁、板类构件强度不低于设计强度的75%。

② 构件在车上的支承位置应尽可能接近设计受力状态，支承要牢固。

③ 运输道路应平坦，要有足够的转弯半径和路面宽度：对于载重汽车，其转弯半径不小于10m；对于半拖式拖车，其转弯半径不小于15m；对于全拖式拖车，其转弯半径不小于20m。

2）堆放要求。

① 吊车梁、连系梁在柱列附近堆放，跨内、跨外均可，堆垛高度2~3层，有时也可不就位，直接从运输车上吊到设计位置。

② 屋面板堆放，在跨内、跨外均可（图7-52）。按起重半径在跨内就位时，约后退3~4个节间开始堆放；在跨外就位时，后退1~2个节间。堆垛高度6~8层。

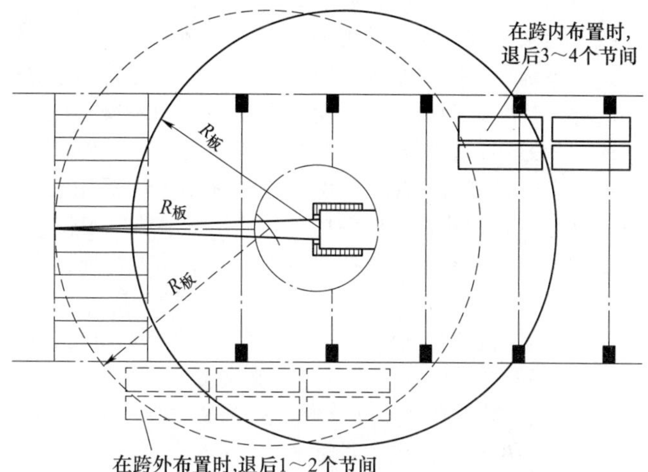

图7-52　屋面板的堆放

构件堆放时，要按接近于设计状态放在垫木上，重叠构件之间也要加垫木，而且上下层垫木应在同一垂直线上。另外，构件之间应留20cm的空隙，以免构件吊装时相碰。

图7-53所示为某车间预制构件布置图。柱的屋架均采用叠层预制，Ⓐ轴线柱跨外预制，Ⓑ轴线柱跨内预制，屋架跨内靠Ⓐ轴线一侧预制，采用分件吊装方式，柱子吊升采用旋转法。起重机自Ⓐ轴线跨外进场，自①~⑩先吊Ⓐ轴线柱，然后转至Ⓑ轴线，自⑩~①吊装，再吊装两根抗风柱。起重机自①~⑩吊装Ⓐ轴线吊车梁、连系梁、柱间支撑等，然后自⑩~①吊装屋架、屋面支撑、天沟和屋面板，最后退场。

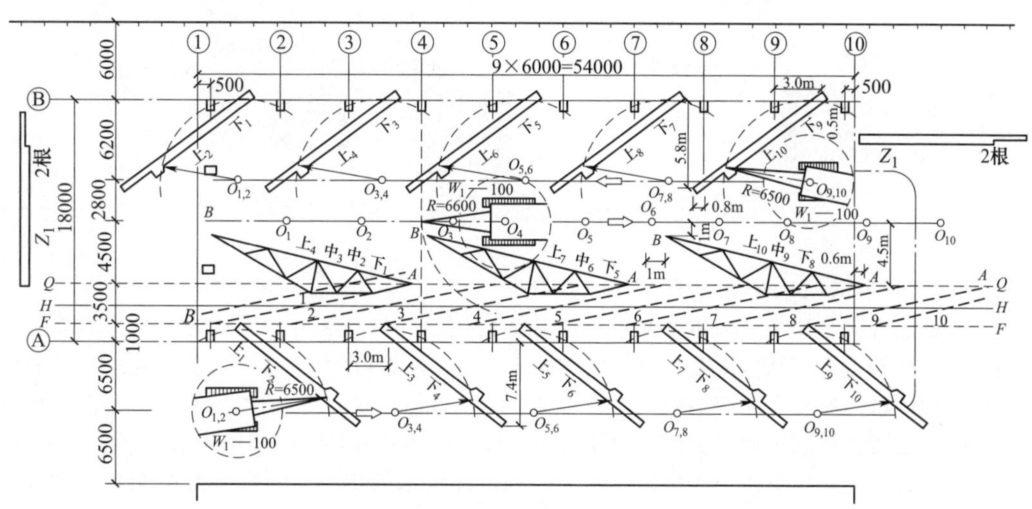

图7-53　某车间预制构件平面布置图

7.5 民用装配式钢筋混凝土结构安装

7.5.1 装配式钢筋混凝土建筑概述

1. 装配式钢筋混凝土建筑概念

按照国家标准《装配式混凝土建筑技术标准》（GB/T 51231）的定义，装配式钢筋混凝土建筑是结构系统、外围护系统、内装系统、设备与管线系统的主要部分采用预制部品部件集成的建筑，因此，装配式钢筋混凝土建筑不仅是结构系统，还是由4个系统的主要部分采用预制部品部件集成的。另外，装配式钢筋混凝土建筑是一个系统工程，是将预制构件和部品部件通过模数协调、模块组合、接口连接、节点构造和施工工法等用装配式的集成方法，在工地高效、可靠地装配，并且能够做到建筑的外围护、主体结构、机电装修一体化的建筑。

装配式钢筋混凝土建筑主要表现出以下几项特征：

1）以完整的建筑产品为对象，以系统集成为方法，体现加工和装配需要的标准化设计。

2）以工厂精益化生产为主的预制构件及部品部件。

3）以装配和干作业为主的现场施工。

4）以提升建筑工程质量水平，提高劳动生产效率，节约能源，减少对环境造成的污染，以及全生命周期的可持续使用为目标。

5）基于BIM技术的产业链的信息化管理，实现设计、生产、施工、装修，以及后期的运维一体化。

2. 我国装配式钢筋混凝土建筑发展历程

我国的建筑工业化发展始于20世纪50年代，在我国发展国民经济的第一个五年计划中就提出借鉴苏联和东欧各国的经验，在国内推行标准化、工厂化、机械化的预制构件和装配式建筑。我国装配式建筑的发展历程大致可以分为4个阶段，如图7-54所示。

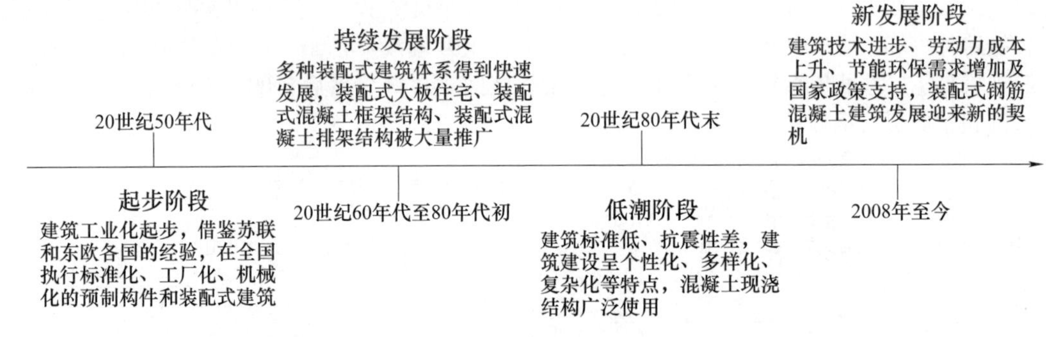

图7-54 我国装配式钢筋混凝土建筑发展的四个阶段

3. 装配式钢筋混凝土建筑分类

装配式钢筋混凝土建筑结构体系一般可以分为通用结构体系和专用结构体系两个大类。常见的通用结构体系涵盖框架结构体系、剪力墙结构体系以及框架-剪力墙结构体系三类，如图7-55所示。专用结构体系一般是在通用结构体系的基础上结合具体建筑功能和性能要求发展完善而来的，我国的装配式混凝土单层工业厂房体系和住宅用大板建筑体系就是专用结构体系的具体表现形式。

另外，随着社会对建筑使用效率、绿色节能等性能要求的提高，诸多具有鲜明特点的新型结构体系相继出现，为强调此类结构体系的创新点，本节将其定义为新型装配式体系。以下分别对装配式钢筋混凝土建筑通用结构体系进行简单的介绍。

装配式钢筋混凝土建筑通用结构体系主要包括装配式框架结构体系、装配式剪力墙结构体系。

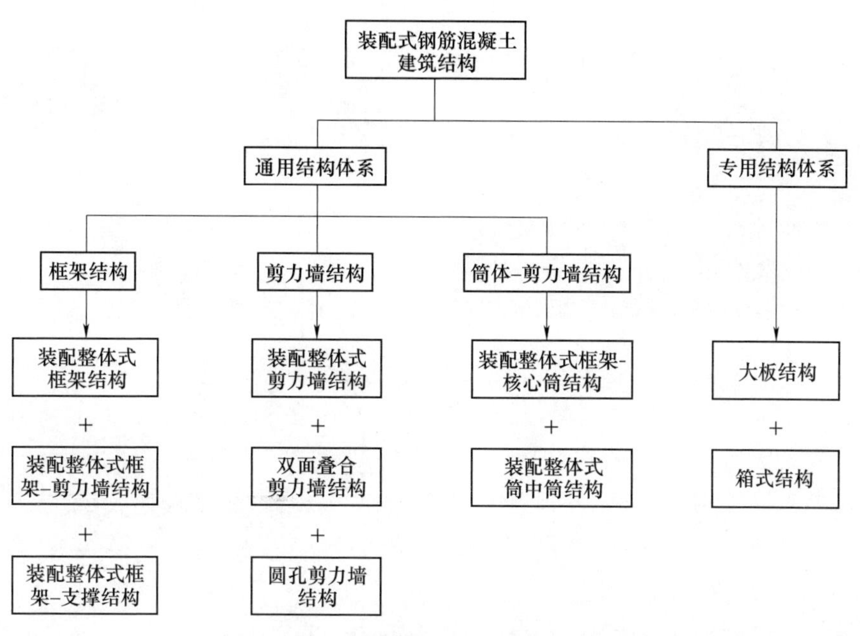

图 7-55　装配式钢筋混凝土建筑结构分类

(1) 装配式框架结构体系　装配式框架结构体系是指主要受力构件——柱、梁、板全部或部分由预制构件（预制柱、叠合梁、叠合板）组成的装配式混凝土结构。该结构体系是按标准化设计，根据结构、建筑特点将柱、梁、板、楼梯、阳台、外墙等构件拆分，在工厂进行标准化预制生产，现场采用塔式起重机等大型设备安装，形成房屋建筑。常见的装配式框架结构体系主要有预制全装配式框架体系（图 7-56）、世构体系（图 7-57）等。

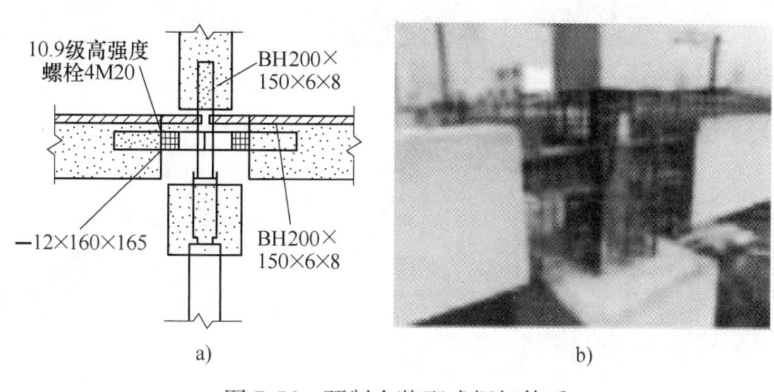

图 7-56　预制全装配式框架体系
a）大样　b）效果

(2) 装配式剪力墙结构体系　装配式剪力墙结构体系是广泛应用于住宅建筑的体系之一，剪力墙是承担竖向荷载和抗侧向力的主要结构构件。装配式剪力墙结构体系是通过预制装配形成的工法体系，主要受力构件为部分或者全部预制的混凝土构件（预制墙板、叠合梁、叠合板等)。该体系的优点是在满足住宅功能的前提下能够自由布局和灵活布置，减少宽柱对建筑功能的影响，同时兼备施工速度快、建造质量高、成本低、可持续发展、安全性高。按照竖向构件的现浇部位和程度，可以大致分为全预制剪力墙体系、双面叠合剪力墙体系、EVE 预制圆孔板剪力墙体系三类。

1）全预制剪力墙结构体系（图 7-58）指的是全部墙片均为预制，连接节点部位为现浇的剪力墙结构体系。因此，现浇节点部位的连接方式对结构整体性能会产生很大影响。目前，工程中较为成熟的连接形式主要有套筒灌浆连接、浆锚搭接连接、底部预留后浇区等。其中，浆锚搭接连接包括螺旋箍筋约束浆锚搭接连接、金属波纹管浆锚搭接连接和其他采用预留孔洞插筋后灌浆的间接搭接连接方式。

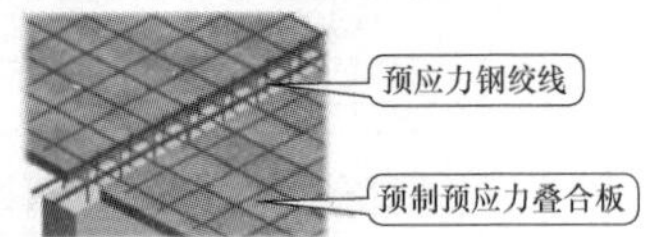

图 7-57 世构体系

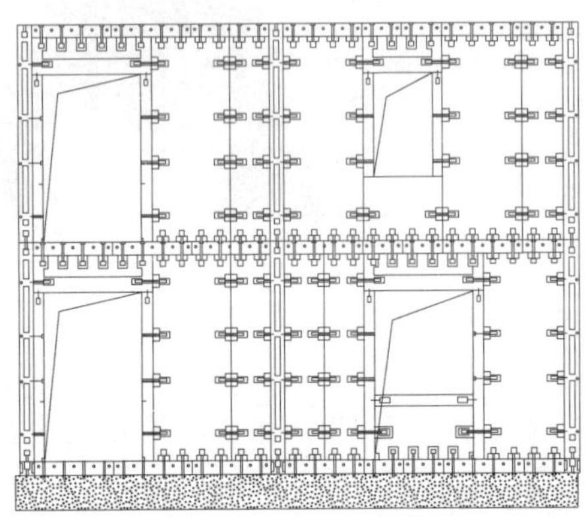

图 7-58 全预制剪力墙体系

2）双面叠合剪力墙最早源于德国，具有预制构件自重轻、便于运输与吊装、综合经济成本较低等特点，应用前景良好。目前，有关双面叠合剪力墙体系（图 7-59）的研究主要集中在我国。双面叠合剪力墙具有与现浇剪力墙相近的平面内和平面外抗震性能，一字型边缘构件采用双面叠合构造对剪力墙的抗震性能影响较小，双面叠合剪力墙技术以 SPCS 结构体系为代表，空腔后浇剪力墙是由成型钢筋笼及两侧预制墙板组成的。待预制构件现场安装就位后，在空腔内浇筑混凝土，并通过连接构造措施，使现浇混土与预制构件形成整体，共同承受竖向和水平作用的墙体。空腔后浇剪力墙的钢筋笼采用机械焊接钢筋网片构造，配套钢筋自动化焊接生产装备，可满足大规模工业化、自动化生产需要，节省人工，降低综合生产成本，生产效率高，构件外表面光滑、平整免抹灰。SPCS 空腔预制墙构件具有质量轻、板块大、拼缝少、施工快等优势。

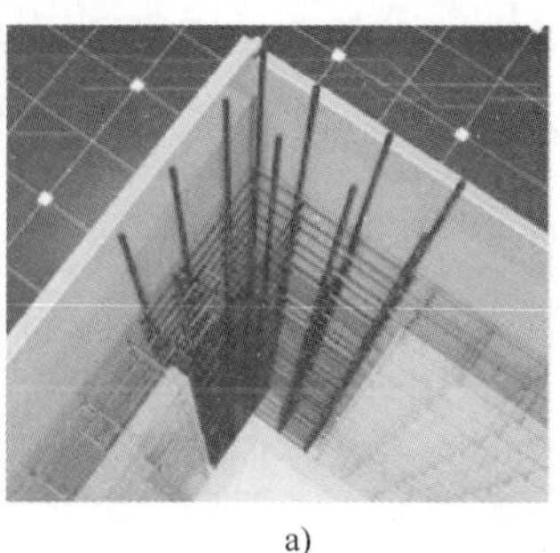
a)

b)

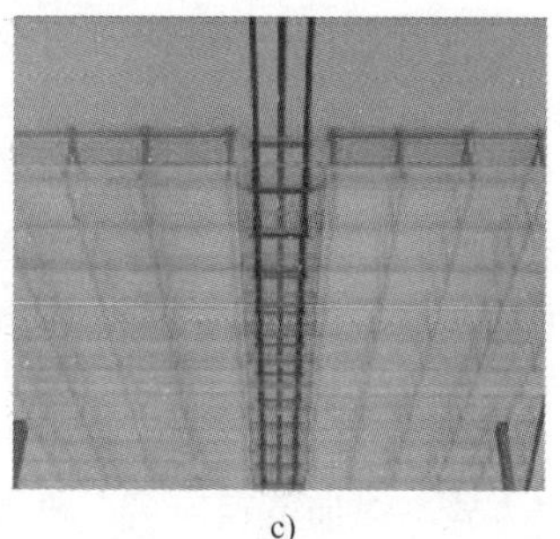
c)

图 7-59　双面叠合剪力墙体系

a）空心墙 L 型连接　b）空心墙 T 型连接　c）空心墙一字型连接

3）EVE 预制圆孔板剪力墙体系（图 7-60）是指上下层剪力墙通过在预制剪力墙板的预成圆孔中设置连接钢筋并后浇混凝土而连接成型的预制剪力墙体系。墙板内含有标准钢筋网片，经在标准的模具内进行混凝土浇筑而成。

图 7-60　EVE 预制圆孔板剪力墙

7.5.2　装配式钢筋混凝土建筑预制混凝土构件生产

1. 常见预制构件种类

（1）预制混凝土叠合板　预制混凝土叠合板主要分为普通钢筋桁架混凝土叠合板和预应力混凝土叠合板。普通钢筋桁架混凝土叠合板，如图 7-61 所示，一般可分为单向板和双向板，其结构平面形式简单，厚度一般不得小于 6cm，在完成叠合层浇筑前属于半成品，处于不稳定状态，所以出现裂缝是预制混凝土叠合板最常见的质量通病之一。预应力混凝土叠合板结合了现浇板和普通预制板的双重优点，预应力混凝土叠合板与普通钢筋桁架混凝土叠合板相比较具有抗裂性能高很多、施工安装方便、节约工期、板底平整性好、可不需要粉刷、尺寸可不受模数限制、节约材料等特点，如图 7-62 所示。

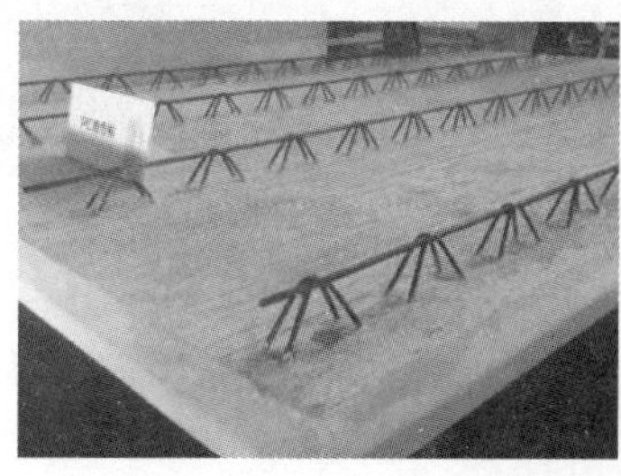

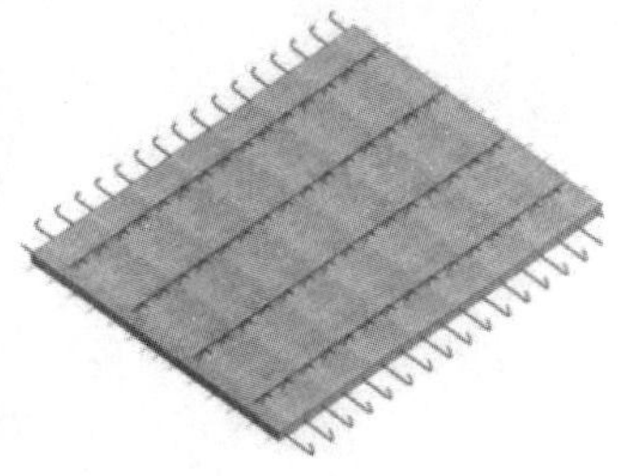

图 7-61　普通钢筋桁架混凝土叠合板

图 7-62　预应力混凝土叠合板

（2）预制墙板　预制墙板主要分为预制内墙板、预制外墙板、预制轻质条板、预制外挂墙板等，其中外墙板一般为夹芯保温墙板，在生产工艺上略显复杂。以下对预制内墙板、预制外墙板，以及预制轻质条板进行简单的介绍。

1）预制内墙板。预制内墙板通常用于剪力墙结构，如图 7-63 所示，根据《装配式混凝土建筑技术标准》（GB/T 51231）的相关规定，抗震烈度为 7 度的地区，当预制剪力墙构件底部承担的总剪力大于该层总剪力的 80%时，其建筑高度不得超过 100m。因此，相对于现浇结构，装配整体式剪力墙结构的高度在一定程度上受到限制。预制内墙板在实际施工过程中横向节点一般采用支模现浇方式，纵向节点连接一般采用灌浆套筒灌浆或浆锚连接的方式。

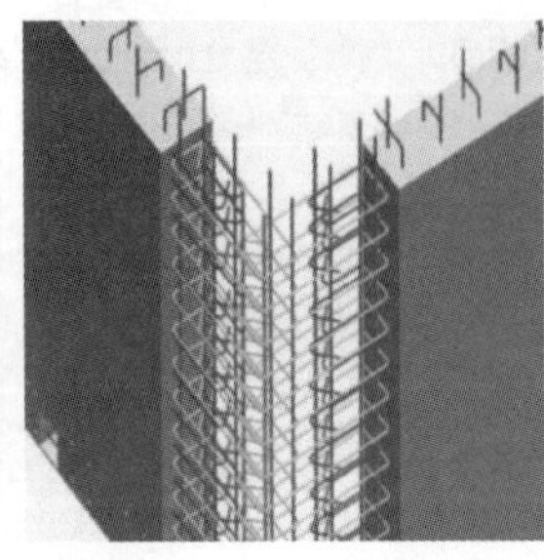

图 7-63　预制内墙板

2）预制外墙板。与预制内墙板类似，预制外墙板（图 7-64）在实际的施工过程中，横向节点连接通常采用后浇的方式，纵向节点主要采用灌浆套筒灌浆或浆锚连接，不同的是预制夹芯外墙板在拼缝处理上要求较高，处理不当则可能出现渗漏等质量问题。目前，外墙板的拼缝通常采用构造防水和防水材料封堵处理。

图 7-64　预制外墙板

3）预制轻质条板。预制轻质条板（图 7-65）的种类较多，轻质条板是《建筑用轻质隔墙条板》（GB/T 23451）中建筑用轻质隔墙条板的简称，指采用轻质材料或轻型构造制作，两侧面设有

图 7-65　预制轻质条板

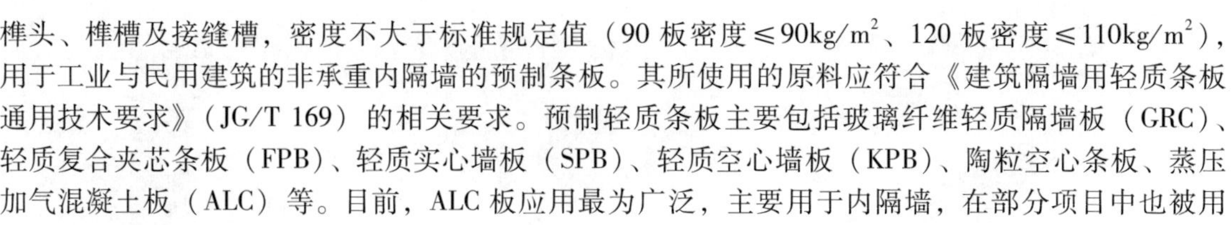

榫头、榫槽及接缝槽，密度不大于标准规定值（90 板密度≤90kg/m²、120 板密度≤110kg/m²），用于工业与民用建筑的非承重内隔墙的预制条板。其所使用的原料应符合《建筑隔墙用轻质条板通用技术要求》（JG/T 169）的相关要求。预制轻质条板主要包括玻璃纤维轻质隔墙板（GRC）、轻质复合夹芯条板（FPB）、轻质实心墙板（SPB）、轻质空心墙板（KPB）、陶粒空心条板、蒸压加气混凝土板（ALC）等。目前，ALC 板应用最为广泛，主要用于内隔墙，在部分项目中也被用作外挂墙板。

（3）预制叠合梁、柱

1）预制叠合梁。预制叠合梁（图 7-66）主要应用于装配整体式框架结构。预制叠合梁的横截面一般为矩形或 T 形，当楼盖结构为预制板装配式楼盖时，为减小结构所占的高度，增加建筑净空，框架梁截面常为十字形或花篮形，在装配整体式框架结构中，常将预制梁做成矩形截面，在预制板安装就位后，再现浇部分混凝土。

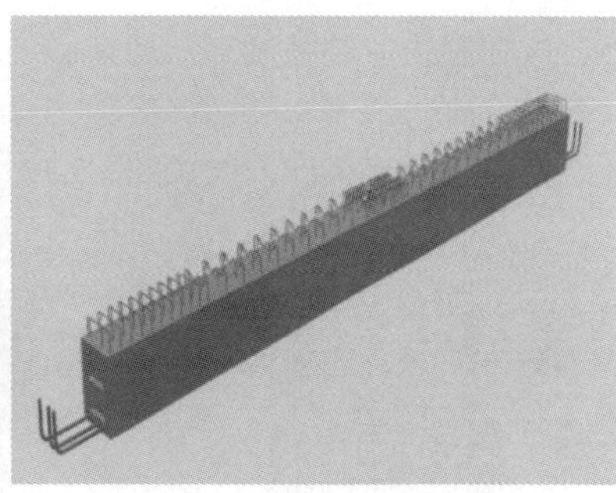

图 7-66　预制叠合梁

2）预制柱。预制柱（图 7-67）主要应用于装配整体式框架结构。纵向节点采用灌浆套筒灌浆连接，通常与叠合板、叠合梁组合使用，节点处采用现浇混凝土的方式。预制柱作为竖向主要承重构件，其制作须严格按照图样要求进行。

图 7-67　预制柱

（4）预制异形构件　装配式钢筋混凝土建筑用预制混凝土异形构件，一方面，在形状上相较于一字形构件来说，外观不规则；另一方面，在生产工艺上，异型构件的生产工艺更为复杂，在生产流水节奏的控制上难度较大。常见的预制异形构件主要包括预制阳台、预制飘窗等。

1）预制阳台。预制阳台（图 7-68）目前在异形构件中使用频次较高，主要为全预制阳台，在部分项目中，也出现了部分叠合阳台（半预制）。全预制阳台表面的平整度可以和模具的表面一样平，也可做成凹陷的效果，地面坡度和排水口也在工厂预制完成。传统阳台结构一般为挑梁式，或挑板式现浇钢筋混凝土结构，现场工作量大，且工期长。采用预制生产方式能更好地实现阳台所需要的功能属性，能够更简单快速地实现阳台的造型艺术，大大降低了现场施工作业的难度，减少了不必要的作业量。

图 7-68　预制阳台

2）预制飘窗。飘窗也被称为凸窗，如图 7-69 所示，是凸出在建筑墙面之外的一种外窗，可起到扩展室内空间、开阔视野、丰富建筑立面的作用。在传统的施工方式中，飘窗构件主要采用现浇法。这种方法劳动强度高、周期长，构件质量大，对建筑基础承重要求高，难以降低建筑的建造成本。目前，预制飘窗能够将窗户集成在内，避免在后期窗户塞缝抹灰过程中，出现空鼓开裂的现象，在装配式钢筋混凝土建筑项目中得到了广泛应用，主要应注意生产过程中对成品窗户的保护，以及窗户在构件内的垂直度需要满足相关要求。

图 7-69　预制飘窗

2. 预制混凝土构件生产工艺

预制混凝土构件的生产工艺与其类型有关，从成型方式来分主要有一次成型构件和多次成型构件，下面通过图表的形式分别介绍一次成型构件和“三明治”墙板类的两次成型构件。

（1）一次成型构件生产工艺　一次成型构件生产工艺流程如图 7-70 所示。

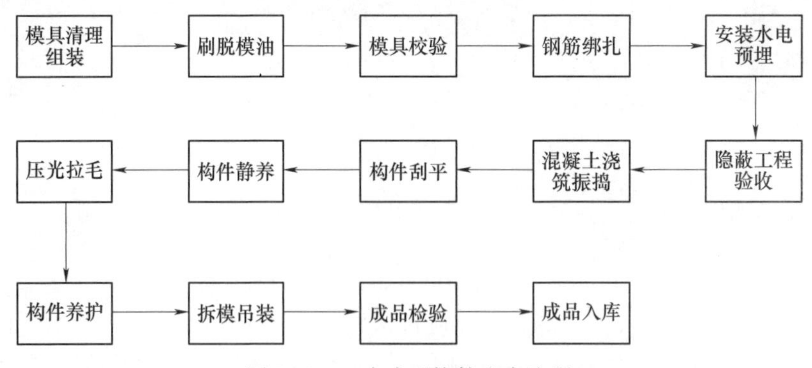

图 7-70　一次成型构件生产流程

一次成型构件中预制混凝土叠合板的生产工艺相对比较简单，更容易理解，下面以预制混凝土叠合板的生产工艺为例，如图 7-71 所示，介绍一次成型构件的具体工艺流程。

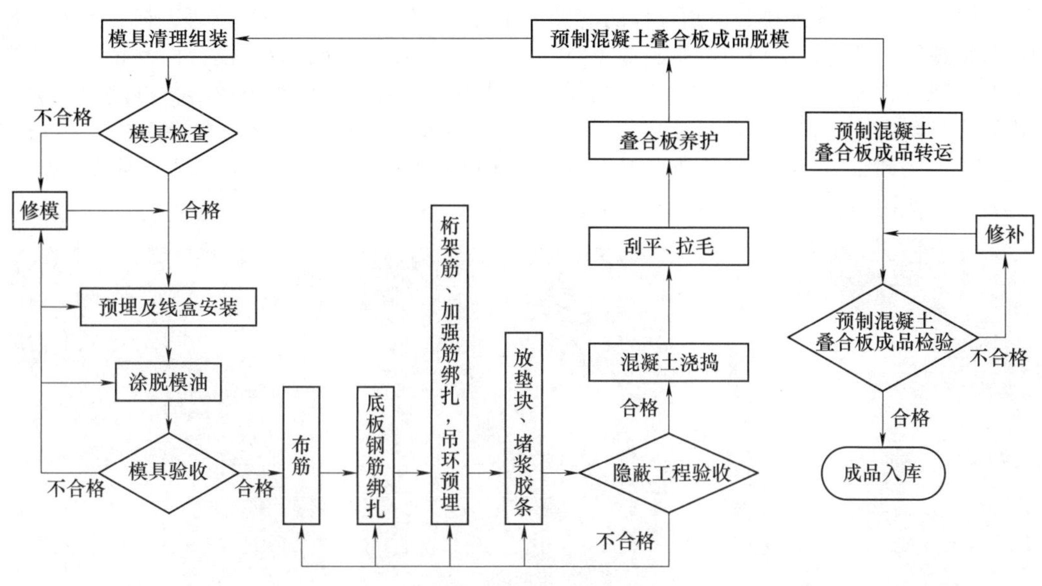

图 7-71　预制混凝土叠合板的生产工艺流程

1）模具清理。图 7-72 所示为预制混凝土叠合板的模具清理。

图 7-72　模具清理

2）预埋件清理。叠合板用预埋件主要有线盒定位器、孔洞定位器等，此类预埋件的材质一般为橡胶材质，在清理时应使用小灰刀对预埋件表面的混凝土残渣进行清理，检查预埋件表面无残留后，将清理完毕的预埋件进行整理，放置于模台的指定位置，便于下道工序的使用，如图 7-73 所示。

图 7-73　叠合板预埋件固定器清理

3）模台面清理。完成模具及预埋件的清理工作后，开始对模台面进行清理，模台面的清理主要使用长柄铁铲、角磨机、扫把、簸箕等工具。使用铁铲沿顺时针方向在模台面刮铲，保证模台面上混凝土残留物被一次性铲掉。对于无法铲掉的残留物，可先使用锤子凿落，再使用打磨机对模台面及模具侧边进行打磨，最后使用笤帚、簸箕对混凝土残渣进行清扫、收集，并将残渣收集至指定区域，清理完毕后应进行检查，保证模台面无混凝土渣残留，无多余模具、钢筋及焊渣等，将模具及循环使用的工装整齐摆放在模台上，如图 7-74 所示。

图 7-74　模台面清理

4）模具组装及验收。完成模具及模台面清理工作后，开始进行模具组装工作，如图 7-75 所示。模具组装工作主要使用的工具有电动扳手、开口扳手、棘轮扳手等。模具组装及验收的具体步骤如下：

图 7-75　模具组装及验收

① 安装模具前再次确认模台面光洁平整。

② 仔细察看图样中构件的平面尺寸，确认模具的安装成型尺寸，并使用石笔进行画线（对于一些标准化程度较高的构件，可使用画线机进行画线，以提高画线的精度，减少人工工作量）。

③ 为了防止后期在混凝土振捣过程中出现漏浆，应使用玻璃胶或双面胶对模具的底口进行涂抹或粘贴。

④ 按照②中的画线位置，使用螺栓螺母固定叠合板模具，模具组装完成后使用卷尺对模具进行验收，确保模具的组装尺寸与图样的尺寸一致。

⑤ 对角铁挡边模具进行内侧焊接固定，或使用八角螺母在外侧对模具进行固定，并使用磁盒或压铁进行加固。

⑥ 模具的组装验收应符合表 7-5 的要求。

表 7-5 模具的组装验收标准

序号	验收项目及内容		允许偏差/mm	检验方法
1	长度	≤6m	1，-2	用钢直尺测量平行构件高度方向，取其中偏差绝对值较大处
		>6m 且≤12m	2，-4	
		>12m	3，-5	
2	截面尺寸	墙板	1，-2	用钢直尺测量两端或中部，取其中偏差绝对值较大处
		其他构件	2，-4	
3	对角线差		3	用钢直尺测量纵、横两个方向对角线
4	侧向弯曲		L/1500 且≤5	拉线，用钢直尺测量侧向弯曲最大处
5	翘曲		L/1500	对角拉线测量交点间距离值的两倍
6	底模表面平整度		2	用 2m 靠尺和塞尺检查
7	组装缝隙		1	用塞片或塞尺测量
8	端模与侧模高低差		1	用钢直尺测量

注：L 为构件长度。

5）预埋置筋工序。预埋置筋工序包括孔洞预埋件安装、线盒工装件预埋安装（图 7-76）、钢筋绑扎、钢筋绑扎验收等工序。预埋置筋工序的重点是预埋件的布置、底板钢筋的布置、桁架筋的布置，以及钢筋的绑扎。叠合板线盒工装件预埋详细工序如下：

① 按图样需求领取正确规格的加高型 86 线盒、JDG 铁盒、普通八角线盒等，放置在模台预埋点。

② 检查定位橡胶块，若有开裂等现象，则考虑更换新橡胶块；若有混凝土浆渗入，导致歪斜，则卸下橡胶块；若无上述现象，则用扎钩和油灰刀清理混凝土残渣。

③ 用扳手拧松固定定位橡胶块的螺母，将其卸下；然后用油灰刀铲开橡胶块底部耐候胶，取出橡胶块；用油灰刀清理定位螺杆周边混凝土残渣、废胶。

④ 用油灰刀铲去定位橡胶块底部四周的耐候胶，用玻璃胶枪呈“⊠”打胶；然后将定位橡胶块穿入定位螺杆，调整方位后，用扳手拧紧螺母固定。

⑤ 用扎钩敲碎定位橡胶块上固结的混凝土料；用油灰刀刮净定位橡胶块上的混凝土残渣；用玻璃胶枪在橡胶块底部四周打上耐候胶，用油灰刀抹平。

⑥ 将安装或清理完毕的定位橡胶块涂上脱模油，再将加高型 86 线盒紧扣在定位橡胶块上。

图 7-76 线盒工装件预埋安装

6）布置钢筋。钢筋布置如图 7-77 所示。具体步骤如下：

① 钢筋物料准备。根据计划指令单，在原材料库存区选择相应的材料，加工至对应尺寸后用行车或转运车，将对应尺寸、标号的原材料转运至相应生产线处。

② 检查模具内状况。确认模具内干净、无杂物，确认脱模油的涂抹无遗漏、均匀、无积液。

③ 根据图样的模具尺寸，结合钢筋配置方案，对照数量、尺寸要求依次选择本模具需要的直条筋、钢筋网片、加强筋、桁架钢筋、锚筋、斜支撑钢筋等。

④ 将选好的钢筋搬运至模台上相应模具旁边，钢筋网片则用行车和吊具或通过人工搬运直接转移至相对应的模具内。

⑤ 根据图样的模具尺寸，结合钢筋配置方案，明确钢筋构成、布局及层次。

⑥ 放置底层加强筋至相应位置，使伸出的直条筋至相应边模槽口内，按照图样间距要求摆放二层底筋。

图 7-77　布置钢筋

7）底板钢筋绑扎。底板钢筋绑扎如图 7-78 所示。具体步骤如下：

① 依据图样，确定底板钢筋摆放间距、伸出筋伸出长度，选用相应钢筋伸出长度挡板。

② 就近选择一侧角钢边模，然后按顺时针方向从右至左将挡板挂在角钢上，并依次调整钢筋伸出长度直至钢筋接触挡板。

③ 调整第一根二层底板钢筋至距离角钢挡边 5cm 处，然后按伸出筋调整次序依次用扎丝和扎钩绑扎每一个底板钢筋外围交汇点。

④ 按顺时针方向至第二边挡板模侧，调整二层底板钢筋间距至符合图样要求后，用扎丝和扎钩开始逐一绑扎每一个底板钢筋外围交汇点。

⑤ 按顺时针方向，依次完成模具另外两侧每一个底板钢筋外围交汇点的绑扎。

⑥ 按设计要求将预埋件孔洞的四周放置加强筋做补强。

⑦ 手扎钢筋网片确认四周绑扎固定后，用扎丝和扎钩以梅花状绑扎方式（对角斜向连续，水平横向间隔 1~2 格），对底板钢筋依单一方向行进完成整体绑扎。

⑧ 调整好各加强筋位置直至符合图样要求，用扎丝和扎钩绑扎各加强筋并与钢筋网片结合。预留孔洞或预埋件周围加强筋与钢筋网片交汇点要全部绑扎。

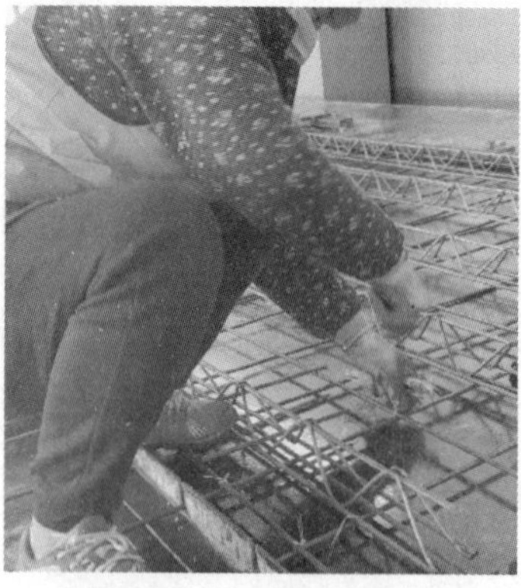

图 7-78　底板钢筋绑扎

8）桁架筋绑扎、垫块放置。桁架筋绑扎、垫块放置如图 7-79 所示。具体步骤如下：

① 根据图样要求，将模台上的桁架筋对应模具上的桁架位置标记点放置在底板钢筋网片上。

② 调整桁架两端头距离模具挡板均匀后，以桁架筋端头连续 3 组绑扎点绑扎、中间间隔式绑扎的方式，用扎丝绑扎固定在钢筋网片上。

③ 根据图样要求，将准备在模台上的斜支撑钢筋，对应模具上的斜支撑位置、方向标记点放置在钢筋网片上。

④ 用撬铁将钢筋网片撬起后，按每平方米 4 个的标准，在钢筋网片下放置 15mm 的垫块，型材挡边侧边缘需要均匀放置支撑垫块。

图 7-79　桁架筋绑扎、垫块放置

9）工序自检。完成预埋置筋工序的所有工作后，在进行下一道工序之前，需要由作业人员对其工作进行自检，自检的要点如下（图 7-80）：

① 仔细察看图样确认钢筋的规格、型号、外观质量。

② 检查钢筋的布置间距、出筋长度、保护层厚度。

③ 检查保护层垫块的放置方式是否满足相关要求。

④ 确认钢筋绑扎到位、无漏扎现象，且绑扎牢固。

⑤ 模具内无扎丝等异物残留。

以上为工序自检的相关内容，具体的检验标准在下面的工序控制要点中进行详细说明。

图 7-80　预埋置筋工序自检

钢筋骨架绑扎应符合表 7-6 的要求。

表 7-6　钢筋骨架绑扎标准

项目			允许偏差/mm	检验方法
钢筋网片	长、宽		±5	钢直尺检查
	网眼尺寸		±5；±10	钢直尺量连续三档，取最大值
	对角线		5	钢直尺检查
	端头不齐		5	钢直尺检查
钢筋骨架	长		±5	钢直尺检查
	宽、高（厚）		±5	钢直尺检查
	端头不齐		5	钢直尺检查
受力钢筋的钢筋骨架	间距		±5；±10	钢直尺量两端、中间各一点，取最大值
	排距		±5	
	保护层	柱、梁	±5	钢直尺检查
		板、墙	±3	钢直尺检查
钢筋、横向钢筋间距、钢筋骨架箍筋			±5	钢直尺量连续三档，取最大值
钢筋弯起点位置			15	钢直尺检查

10）布、振、养工序。布、振、养工序包括混凝土浇筑、混凝土振捣、叠合板刮平、拉毛清理、养护等工作。布料前的准备工作如图 7-81 所示。具体步骤如下：

① 对叠合板四周的出筋孔，使用堵浆条进行封堵，防止混凝土浇筑过程中出现漏浆现象。

② 对桁架筋使用角铁进行覆盖保护，防止桁架筋被混凝土污染。

③ 控制验收完毕之后的模台流转至振动台位置，按顺序按下“液压启动”“下降启动”“夹紧启动”按钮，使模台锁紧，最后按下“液压停止”按钮。

④ 核对构件的型号，根据计划单确认构件的数量、强度等级等信息。

⑤ 使用对讲机或其他通信设备与搅拌站确认要料，混凝土搅拌完毕之后，操控接料小车至搅拌机下端后，搅拌站操作人员进行放料，放料完毕后通知布料机操作人员。

⑥ 布料机操作人员持遥控器控制接料小车至布料机上部，待布料机与接料小车位置对应后进行混凝土放料，放料完毕后及时通知搅拌站操作人员，控制接料小车至搅拌站下部等待下次接料。

⑦ 按“布料螺旋”和“摊料螺旋”按钮，确认布料机运转正常。

图 7-81　布料前的准备工作

11）布料。布料工作如图 7-82 所示，具体步骤如下：

① 确定预制混凝土叠合板浇捣位置后，通过布料机调整大、小车位置，以设备最大使用范围、最短运行距离、一次布料成功为原则，开启相应浇口阀门开关并调节大车速度，按下“手动运行”按钮，开始布料。

② 布料过程中应仔细观察混凝土摊铺的均匀度，防止出现混凝土过于集中的现象。

③ 对于局部混凝土过于集中的现象应由工人使用铁锹对混凝土进行辅助摊铺，由于操作失误，落到模台面上的混凝土应及时进行清理。

④ 布料完毕后将保护桁架筋的角铁及相关辅助生产工具清理出模台面，以免下道工序振动过程中从模台面滑落。

图 7-82　布料

12）混凝土振捣。混凝土振捣如图 7-83 所示，具体步骤如下：

① 观察混凝土表面的平整度，确认没有局部过多或者局部过少的现象。

② 根据混凝土的状态及实验室的数据，设置好振动平台的振动频率和振动时间。

③ 布料、刮平到位后，按“振动”按钮，模台开始振动，再次按“振动”按钮，振动停止。

④ 一次一般振动 5~10s，直至混凝土分布均匀、平整、表面无气泡冒出，振动结束。

⑤ 观察确认叠合板的浇筑情况，经振动后的叠合板构件表面应平整，无凹陷情况。完成混凝土振捣后，依次按“液压启动”“松开启动”“上升启动”按钮，让模台流转至下一工位。重复之前的程序浇筑剩余的叠合板，直至所有的模台全部完成浇筑。

图 7-83　混凝土振捣

13）静养、拉毛。静养、拉毛工作如图 7-84 所示，具体步骤如下：

① 目视检查预埋件是否移位和倾斜，若移位或倾斜则将其校正到正确的位置。

② 用铁铲清理模台、模具、预埋件上布料时散落的混凝土，将其置于模具内。

③ 用抹子将清理的混凝土适当抹平，保持构件表面的平整。

④ 浇筑完成的混凝土叠合板不可立即进行拉毛，需要进行静养，防止拉毛深度不够。

⑤ 使用专用刷子将表面拉毛，深度不宜小于 4mm，要求方向一致。

⑥ 浇捣后 20~40min 内取出堵浆条，放入物料篮内。

⑦ 取完所有堵浆条后立即清洗干净，然后送至放堵浆条的工位。

⑧ 对模台上的混凝土残渣进行分类收集，以便于后期的重复使用。

图 7-84　静养、拉毛

14）构件养护。构件养护如图 7-85 所示，具体步骤如下：

① 确认模台编号、模具型号、入窑时间并在指定入窑位置后做好记录。

② 检查模台周围及窑内提升机周围有无障碍物。

③ 首先打开提升机开关，再在操控屏上选定养护位置，此时提升机发出嗡鸣声，提升机开始入窑。将流水线启动开关旋转到“开”，等待提升机归位将模台送进窑内指定的位置。

④ 养护时要按规定的时间周期检查养护系统测试的窑内温度、湿度，并做好检查记录。

⑤ 模台出窑前确认周围无障碍物，按生产指令要求选定相应模台、确定库位后，进行出窑操作。

⑥ 在“养护登记表”中确认模台编号、模具型号、出窑时间等。

图 7-85　构件养护

15）脱模起吊。脱模起吊工作如图 7-86 所示，具体步骤如下：

① 确认吊钩安装到位，启动行车吊钩缓慢上行。

② 用橡胶锤适当地敲击挡边模具，使构件与边模松动。

③ 脱模后，将楼板抬升至距离模台面 20cm 高度，用铁锤敲击各预埋件使其落至模台上。

④ 然后用锤子轻敲楼板各轮廓去除飞边，用扫帚将构件上混凝土残渣全部清扫至模台上。

16）成品检查。

① 目视逐一检查预制混凝土叠合板成品的每一个棱角，确认预制混凝土叠合板成品状态，对破损处要进行标记。

② 确认叠合板无明显的质量缺陷后，贴对应编号的“合格证”或者加盖相应的合格章。

③ 对成品叠合板进行检查，应符合相应的成品构件检查要求。

图 7-86　脱模起吊

17）装车堆放。叠合板装车工作如图 7-87 所示，具体步骤如下：

① 启动行车，按叠合板转移路线将叠合板移至转运车上。

② 叠合板堆码时，两板之间用木方垫块，放置木方时上下层保持在同一垂直线上，且最高不能超过 8 层。

③ 楼板放置时保持地面与叠合板、叠合板与叠合板的平行。

图 7-87　装车堆放

（2）两次成型构件生产流程　两次成型生产工艺主要用于带保温系统的预制构件，常见的构件为预制保温外墙板，即“三明治”墙板，此类构件在生产过程中有正打与反打两种工艺。反打工艺一般指的是装修一体化中的预制外墙施工工艺（如反打瓷砖、面砖外墙），图 7-88 所示为反打工艺两次成型构件生产工艺流程。

3. 预制混凝土构件堆放及运输控制要点

预制混凝土构件生产完成并经成品检查合格后，需要调入成品库进行储存，对于预制混凝土构件的堆放，需要严格按照相关要求进行，若堆放不当则容易导致构件出现质量问题，或者出现安全隐患以及安全事故。预制混凝土构件的堆放主要包括预制叠合楼板堆放、预制楼梯堆放、预制墙板堆放等。

（1）预制混凝土构件堆放一般要求

1）车间临时堆放。堆放区内主要堆放出窑后需要检查、修复和临时堆放的构件，特别是蒸养构件出窑，应静置一段时间，方可转移到室外进行堆放。车间堆放区内根据立式、平式堆放构件，

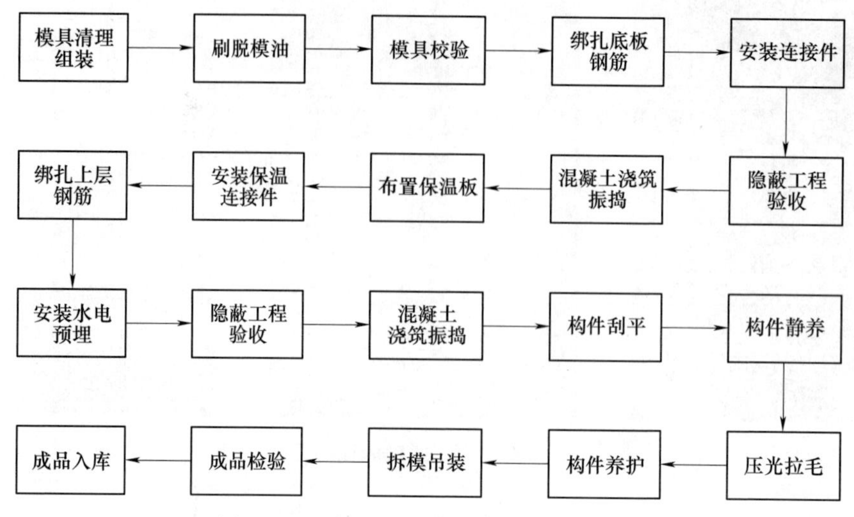

图 7-88　反打工艺两次成型构件生产流程

划分出不同的堆放区域。堆放区内设置构件堆放专用支架、专用托架，车间内构件临时堆放区与生产区之间要标明明显的分隔界限。

2）构件堆场堆放。在车间内检查合格后，采用专用构件转运车、随车起重运输车、改装的平板车运至室外堆场进行分类堆放，在堆场的每条堆放单元内划分出不同的堆放区，用于堆放不同的预制混凝土构件。根据堆场每跨宽度，在堆场内呈线形设置预制混凝土构件专用钢结构堆放架，每跨可设 2~3 排堆放架，堆放架距离门式起重机轨道 4~5m。在钢结构堆放架上，每隔 40cm 设置一个可穿过钢管的孔道，上下两排，错开布置。根据墙板厚度选择上下邻近孔道，插入无缝钢管卡住墙板。另外，墙板立式堆放时重心较高，故堆放时必须考虑紧固措施（一般采用楔形木加固），防止在堆放过程中因外力造成墙板倾倒而使预制混凝土构件破坏，造成重大的损失。构件堆场堆放如图 7-89 所示。

图 7-89　构件堆场堆放

3）分类堆放。构件在车间内选择不同的堆放方式时，首先保证构件的结构安全，其次考虑运输的方便和构件堆放、吊装时的便捷。在车间堆放同类型构件时，应按照不同工程项目、楼号、楼层进行分类堆放，构件底部应放置两根通长方木，以防止构件与硬化地面接触造成构件缺棱掉角，同时两个相邻构件之间也应设置木方，防止构件起吊时对相邻构件造成损坏，如图 7-90 所示。

（2）预制叠合板堆放　预制叠合板作为目前应用最多的预制混凝土构件，其合理堆放一直是困扰构件厂的问题。由于叠合板的厚度通常只有 60mm 左右，因此在堆放过程中极易因堆放不当导

图 7-90　分类堆放

致裂缝。

1）叠合板落地堆放。叠合板落地堆放如图 7-91 所示。

① 叠合板落地堆放的一般要求。叠合板当采用落地堆放时，其地面的平整度应满足要求，应对地面进行硬化处理，防止堆放过程中由于基础不均匀下沉，导致构件下沉开裂。叠合板采用落地堆放的形式，成本较低，无须增加对货架的采购，但是落地堆放占用场地，不利于提高预制混凝土构件堆场的利用率，在预制混凝土构件装车发货时效率较低。

图 7-91　叠合板落地堆放

② 叠合板落地堆放的技术要求。

a. 叠合板落地堆放时，底层叠合板与地面之间应有一定的空隙。

b. 垫木放置在桁架侧边，板两端（至板端 200mm）及跨中位置均应设置垫木且间距不大于 1.6m。

c. 不同板号应分别堆放，堆放高度不宜大于 6 层。堆放时间不宜超过两个月。

d. 垫木摆放如图 7-92 所示，垫木的长、宽、高均不宜小于 100mm。

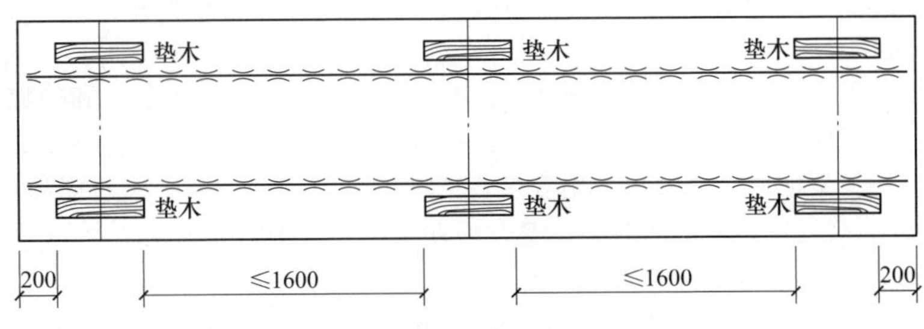

图 7-92　垫木摆放

2）单梁工字钢堆放。单梁工字钢成本较低，装车效率较高，可解决叠合板落地堆放时存在的装车效率低的问题，通常可采用整垛堆放的形式，装车时同样是整垛起吊。采用单梁工字钢堆放时，应注意以下要点：

① 所堆放楼板的长度不应超过单梁长度 500mm。

② 楼板居中放置在单梁托盘上。

③ 楼板堆码严格按照堆码原则执行。

④ 楼板长度≤4m，使用 2 根单梁托盘，楼板两端悬挑长度≤650mm；楼板长度>4m，使用 3 根单梁托盘，位置为两端悬挑长度≤650mm 处各放 1 根，然后在两根中间居中放一根。

⑤ 保证枕垫单梁托盘顶面在同一平面，中间增加单梁顶部可适当稍微低于两端单梁顶面。

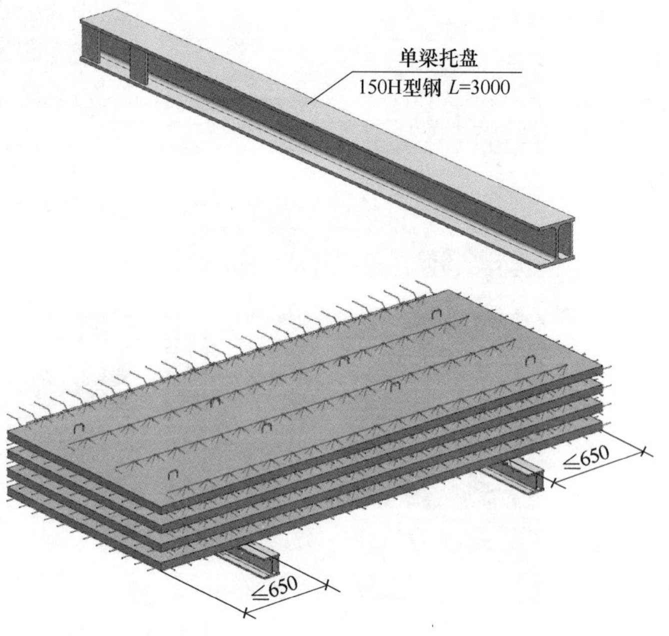

图 7-93　单梁工字钢堆放

采用工字钢堆放的技术要求，如图 7-93 所示。

3）叠合板井字架堆放。叠合板井字架用钢成本较高，装车效率较高，可解决叠合板落地堆放时存在的装车效率低的问题，通常采用整垛堆放的形式，装车时同样是整垛起吊。叠合板井字架如图 7-94 所示。

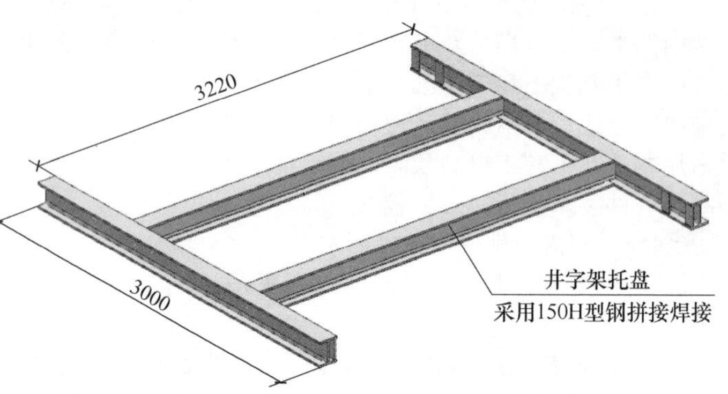

图 7-94　叠合板井字架

叠合板井字架堆放技术要求如下：

① 堆放楼板宽度不超过井字架宽度，长度不超过井字架长度 1300mm。

② 楼板居中放置在井字架托盘上。

③ 楼板堆码严格按照堆码原则执行。

④ 井字架托盘堆放楼板时尺寸受限制，如尺寸超出范围，则使用单梁托盘堆放，或在井字架托盘基础上加长托盘。

⑤ 保证枕垫井字架托盘顶面在同一平面，要求地面水平、干净、无砂石和碎粒。

叠合板井字架堆放如图 7-95 所示。

4）叠合板双层货架堆放。叠合板采用双层货架堆放的形式，可以极大地提高构件装车发货的效率，减少构件在装车发货过程中的时间。叠合板双层货架如图 7-96 所示。

叠合板双层货架堆放技术要求如下：

① 存放楼板宽度不超过双层架内空宽度，长度不超过双层架长度 1300mm。

② 楼板居中放置在井字架托盘上。

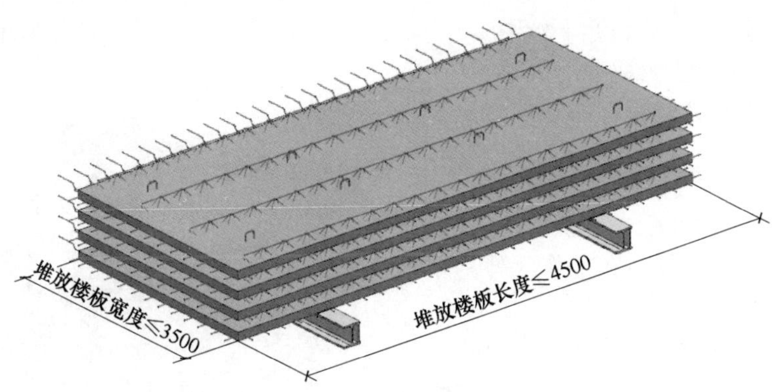

图 7-95 叠合板井字架堆放

③ 叠合板堆码严格按照堆码原则执行。
④ 双层货架托盘堆放叠合板时尺寸受限制，如尺寸超出范围，则使用单梁托盘堆放。
⑤ 保证双层货架放置地面在同一平面，要求地面水平、干净、无砂石和碎粒。
叠合板双层货架堆放如图 7-97 所示。

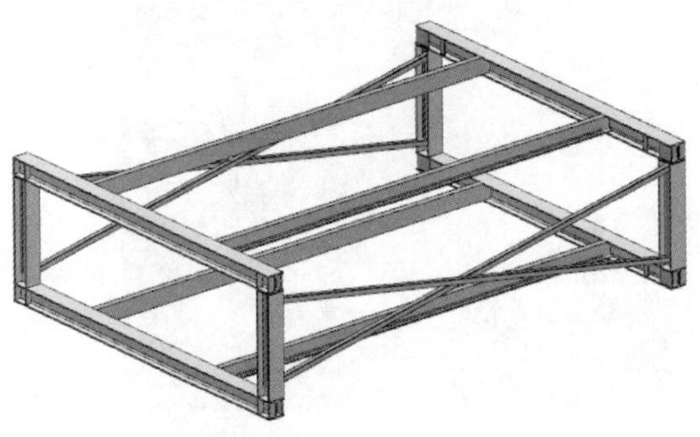

图 7-96 叠合板双层货架
（4300mm×3200mm×1190mm）

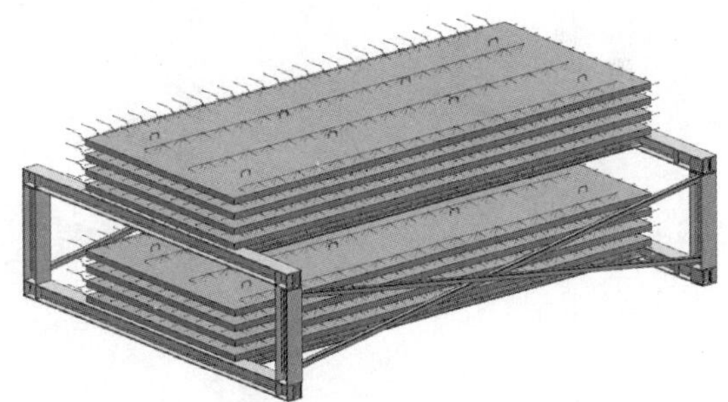

图 7-97 双层货架堆放

5）叠合板吊框堆放。除叠合板落地堆放外，所有采用工装架堆放叠合板的形式，都需要使用吊框（图 7-98）进行配套起吊作业。为防止在起吊的过程中出现不平衡的现象，提高工装架吊装的稳定性，吊框的形式可根据工装架的尺寸进行定制，且宜采用可调节的形式，保证能够满足多数叠合板工装架的使用要求。

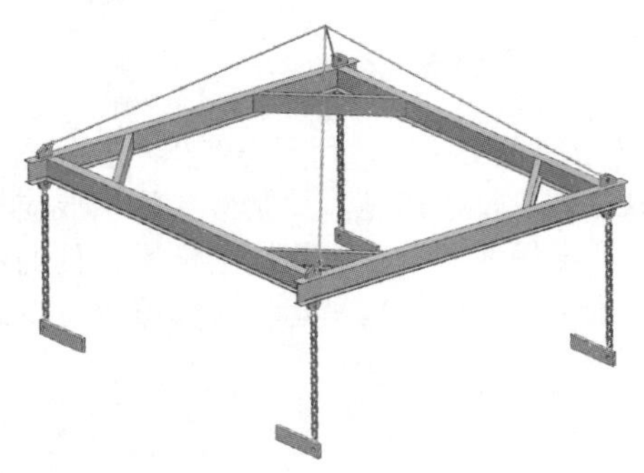

图 7-98 叠合板吊框

叠合板吊框使用技术要点：
① 叠合板吊框作为楼板堆码整垛吊运吊具，属于专用吊具。

② 堆码垛堆放置在叠合板井字架托盘上，楼板居中放置，如超长，建议改制托盘。

③ 楼板堆码严格按照堆码原则执行。

④ 吊具插销件与铁链用卸扣连接，插入托盘两端 H 型钢内侧，保证铁链正常垂落，如有与楼板干涉，调整楼板堆放位置。

⑤ 保证所有连接紧扣螺栓处于紧固状态。

⑥ 吊运时，工作人员站在工作区外，并戴安全帽，注意现场安全。

叠合板吊框使用如图 7-99 所示。

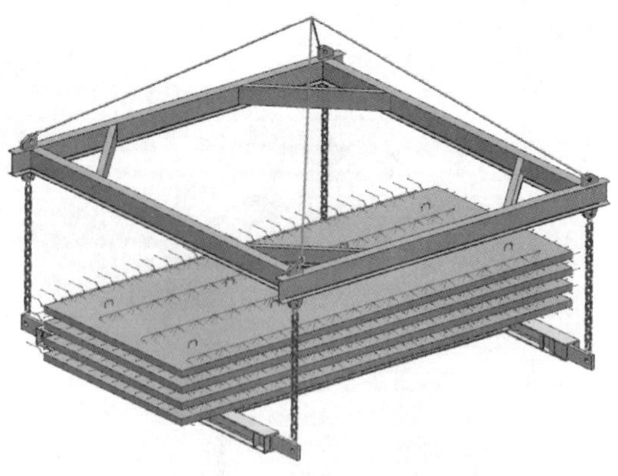

图 7-99　叠合板吊框使用

（3）预制楼梯堆放　目前常用的预制钢筋混凝土板式楼梯主要有双跑楼梯、剪刀梯两种。对于预制楼梯的吊装可以根据需要选择适当的提升配件，可以用吊钩、吊钉或者提升管件等，不同方式具有不同的特点。预制楼梯一般采用落地叠放的形式，如图 7-100 所示。在进行楼梯修补时需要配合使用工装架，如图 7-101 所示。

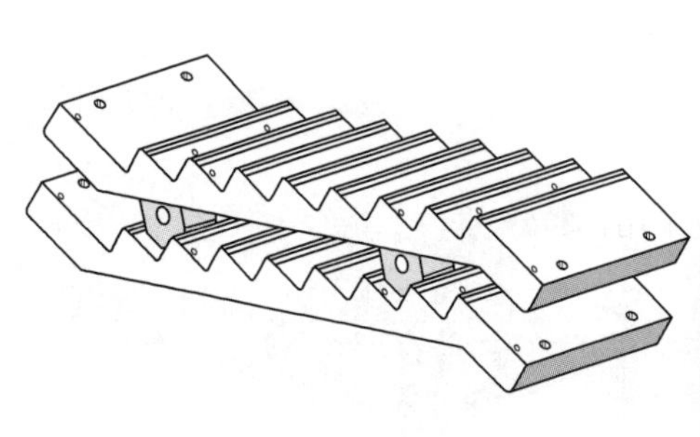

图 7-100　预制楼梯落地叠放

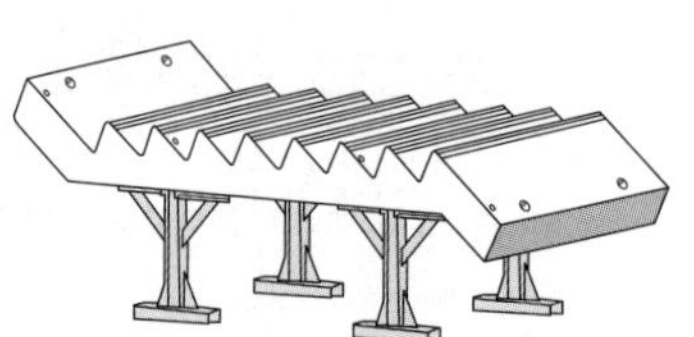

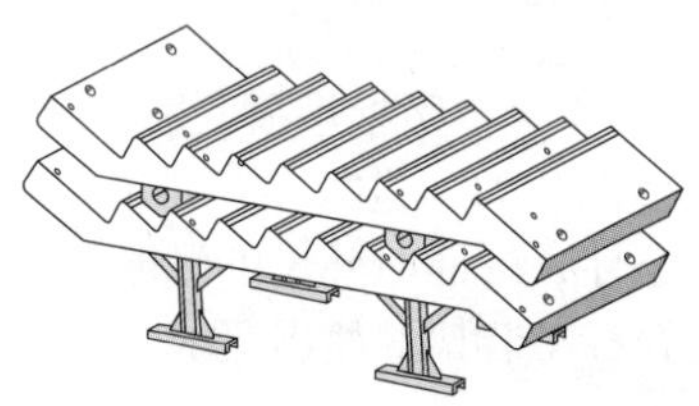

图 7-101　预制楼梯工装架堆放

1）预制楼梯堆放的一般要求。预制楼梯堆放区域应平整压实，且不得有积水，宜提前进行硬化处理。若未经过硬化处理，则应该在场地上采取可靠的排水措施。预制楼梯的堆放应根据其规格、类型、所使用部位和吊装顺序进行单独设置。堆垛场地的布置应能满足堆垛构件的数量和行车的吊装能力，以避免吊装过程中构件相互影响，避免构件的二次吊运，楼梯堆放位置之间宜设置通道。

2）预制楼梯堆放注意事项。

① 楼梯脱模后须在工厂将产品翻转堆放。

② 垫块应放置在楼梯长度及宽度方向 2/3 处，堆放时保证堆放点的受力方向在同一垂直方向上。

③ 垫块的高度应保持一致，处于同一水平面。

④ 楼梯堆放时台阶部分应朝下。

⑤ 楼梯台阶的转角部分与垫块接触。

⑥ 楼梯的重叠数量不超过6层。

(4) 预制墙板堆放　相对于预制叠合板来说，预制墙板在生产及堆放过程中出现裂缝的情况较少，但为了防止构件在堆放过程中产生裂缝等损伤，墙板堆放时的受力状态应尽量与其组成结构后的最终受力状态相一致。预制墙板的种类较多，常见的预制墙板主要有预制外墙板、预制内墙板、预制轻质隔墙板等形式。对于预制内墙板、预制外墙板这类竖向构件，通常采用立式堆放的方式，如图7-102所示，以充分利用堆场的空间。

图7-102　预制墙板堆放

1) 预制墙板堆放的一般要求。竖向板预制混凝土构件一般需要竖直堆放，一般来说，预制墙板的倾角偏差要控制在10°以内，且在实际使用时，架体均需要锚固在地面上，以保证堆放安全。

常见的预制墙板堆放架主要有单榀墙板插放架、单边式墙板插放架、双边式墙板插放架、双边式墙板靠放架等形式，如图7-103所示。但无论采用何种堆放方式，预制墙板的堆放都应该满足构件的质量要求及安全生产的需要。

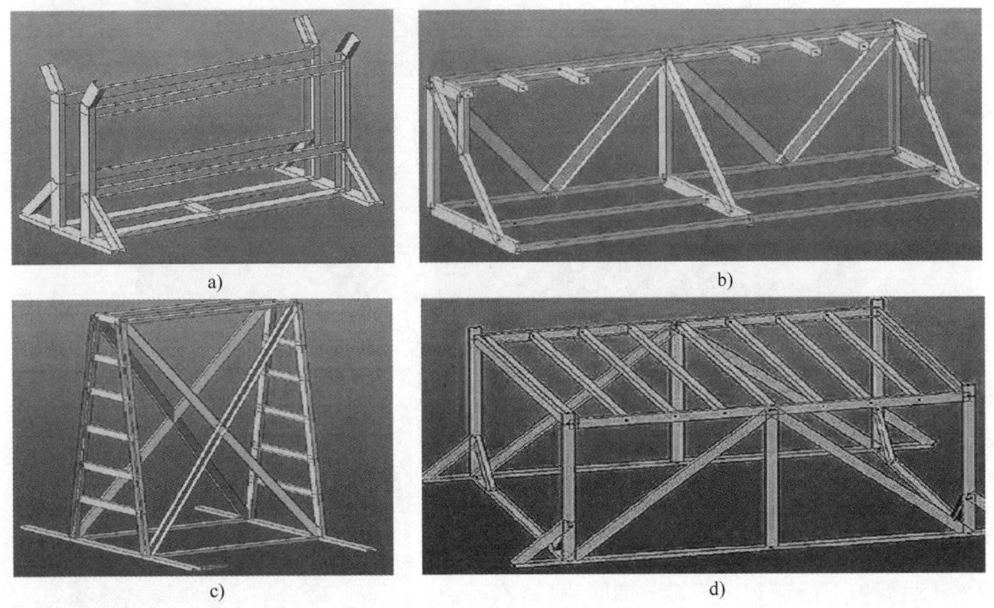

图7-103　墙板堆放架种类

a) 单榀墙板插放架　b) 单边式墙板插放架　c) 双边式墙板插放架　d) 双边式墙板靠放架

2) 预制墙板堆放要点。

① 放置外墙板前，先在地上铺两根通长的40mm×90mm的木方，两根间距1.5m。

② 放置时先放一根固定销，墙板必须垂直于地面并紧靠固定销，完成后再插上另一边的固定销，并打上三角小木方固定墙板。

③ 放置外墙板时，必须先锁紧固定销，然后再拆除吊具锁扣。

④ 检查固定销和三角小木方是否锁紧，若放置时未锁紧，则可能造成外墙板歪倒损坏。

⑤ 保证外墙板无悬空、左右平衡、无扭曲。

（5）其他预制构件堆放　除了上面提到的常见构件外，预制混凝土构件厂还会生产一些异形构件，包括预制阳台板、预制空调板。这类构件的形状各异，在堆放时应把握以下重点：

1）预制阳台板堆放。预制阳台板堆放时，位于底部的第一块阳台板下应使用长方木通长铺垫，阳台板底部中间部位也需要垫长方木。预制阳台板的叠放层数不宜超过两层，在阳台的三边放置垫木，垫木采用的是 50mm×100mm 或 50mm×50mm 的方木，如图 7-104 所示。

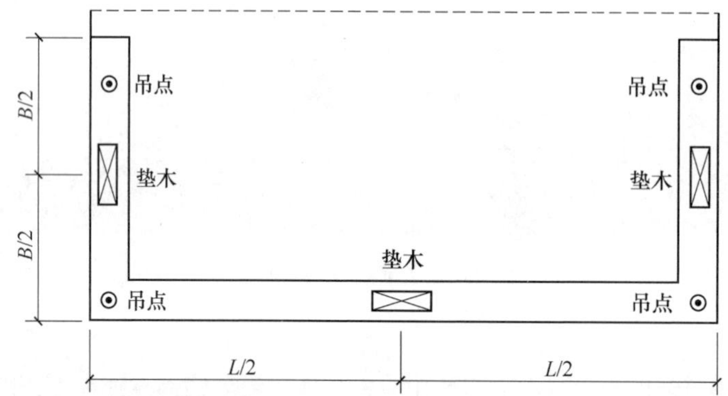

图 7-104　预制阳台板堆放

2）预制空调板堆放。因为预制空调板尺寸不大，因此可按照叠合板的堆放要求执行。

3）预制 PCF 板（预制外墙模板）堆放。预制 PCF 板属于异型构件，所以堆架要经过特殊的设计，按照各种尺寸设计成不同形式。安装及堆放过程中要注意做好构件成品保护。预制 PCF 板堆放如图 7-105 所示。

图 7-105　预制 PCF 板堆放

预制 PCF 板堆放安全注意事项如下：

① 作业前必须检查机械设备、作业环境、照明设施等，并试运行符合安全要求。作业人员必须经安全培训考试合格后方可上岗就业。

② 用门式起重机或桁吊起吊时，一定要由专人操作，持证上岗，遵循“八不吊”原则。

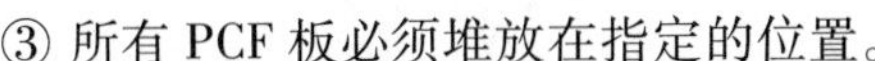

③ 所有 PCF 板必须堆放在指定的位置。

7.5.3　装配式钢筋混凝土建筑施工工艺

1. 预制柱吊装施工工艺

（1）预制柱一般吊装工艺流程　图 7-106 所示的吊装工艺流程仅为预制柱的一般吊装工艺流程，只考虑工序作业之间的一般逻辑关系，不考虑各工序之间交叉施工的情况。

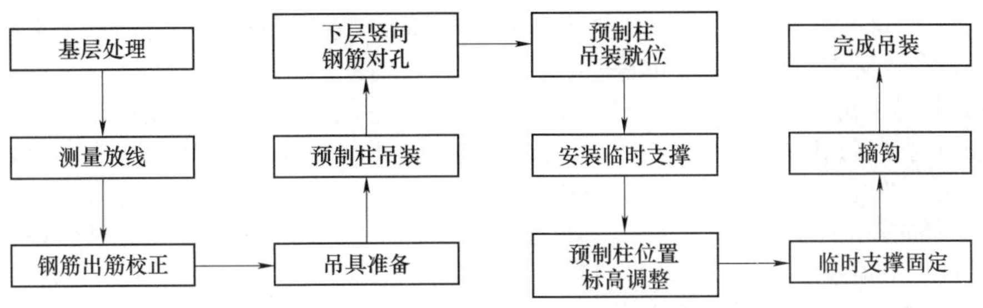

图 7-106　预制柱一般吊装工艺流程

（2）预制柱吊装前准备

1）清理。在预制柱正式吊装前，应对构件进行清理，除去预制柱表面的混凝土残渣及浮灰，重点对灌浆套筒内的混凝土浮灰及残渣进行清理，检查灌浆孔及出浆孔的状态，如图 7-107 所示。

图 7-107　清理灌浆套筒

2）弹设控制线、测量标高。吊装预制柱前，应将连接平面清理干净，在作业层混凝土顶板上，弹设控制线以便预制柱安装就位。控制线的弹设主要根据预制构件施工图及轴线控制点。定位测量完成后，进行柱底标高测量，将现浇部位顶标高与设计标高比对后，在柱底部安置垫片，调整垫片以 10mm、5mm、3mm、2mm 四种基本规格进行组合。高程调整垫片如图 7-108。

图 7-108　高程调整垫片

3）柱筋校正。使用柱筋定位钢板控制柱筋的位置，确保在预制柱的吊装过程中，不会因为钢筋定位偏差导致预制柱无法吊装就位。

4）准备工具、确认构件。吊装前应备妥安装所需要的设备及配件，如斜撑、斜撑固定铁件、螺栓、预制柱底部软性垫片、柱底高程调整垫片（10mm、5mm、3mm、2mm 四种基本规格进行组合）、起吊工具、垂直度测定杆、铝梯或木梯、氧气或乙炔等。

5）标注架梁搁置线。在柱头标注架梁搁置线（图 7-109），并放置柱头第一根箍筋（放置架梁后由于梁主筋影响无法放置箍筋）。

6）检查、确认。再次检查、确认预制柱的安装方向、构件编号、水电预埋管、吊点与构件质量，防止在吊装过程中出现错误起吊或超出吊具承载极限的现象。

（3）吊装过程

1）试吊。根据预制柱的质量及吊点类型选择适宜的吊具，在正式吊装之前进行试吊。试吊高度不得大于 1m，试吊过程中检测吊钩与构件、吊钩与钢丝绳、钢丝绳与吊梁和吊架之间连接是否可靠，确认各项连接满足要求后方可正式起吊。

2）正式起吊。构件吊装至施工操作层时，操作人员应站在楼层内，佩戴穿芯自锁保险带（保险带应与楼面内预埋钢筋环扣牢），用专用钩子将构件上系扣的缆风绳钩至楼层内。吊运构件时，下方严禁站人，必须待吊物降落离地 lm 以内，方准靠近，在距离楼面约 0.5m 高时停止降落。

3）下层竖向钢筋对孔。预制柱吊装高度接近安装部位约 0.5m 处，安装人员手扶预制柱引导就位，就位过程中预制柱须慢慢下落平稳就位，预制柱的套筒（或浆锚孔）对准下部伸出钢筋。

4）起吊、翻转。柱起吊、翻转过程中应做好柱底混凝土保护工作，可采用垫黄沙或橡胶软垫的办法，如图 7-110 所示。

图 7-109　架梁搁置线

图 7-110　预制柱起吊

5）就位。预制柱就位前应预先设置柱底抄平，弹出相关安装控制线，控制预制柱的安装尺寸。通常，预制柱就位控制线为轴线和外轮廓线，对于边柱和角柱应以外轮廓线控制为准，如图 7-111 所示。

6）安装临时支撑。预制柱安装就位后应在两个方向设置可调斜撑作为临时支撑，如图 7-112 所示。根据深化设计图，*X*、*Y* 方向各安装一根斜撑，连接锁紧后方能卸除塔式起重机卸扣。

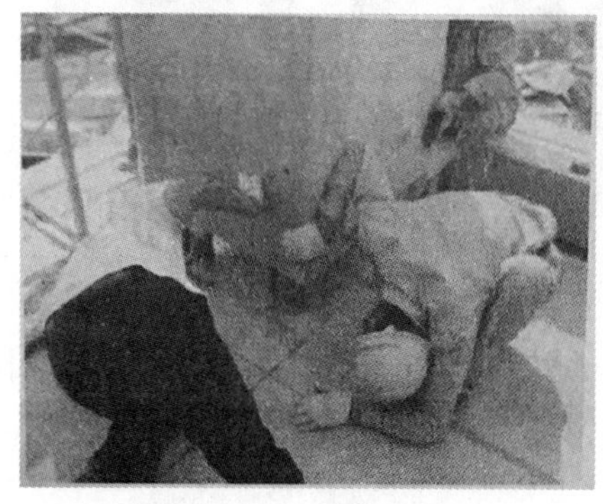

图 7-111　预制柱就位

图 7-112　安装柱斜撑

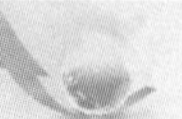

（4）吊装后工作

1）调整。预制柱吊装就位后，利用撬棍进行标高、扭转情况等进行调整和控制，调整过程中应注意保护预制柱。如图 7-113 所示。

2）临时支撑固定、调整垂直度。预制柱吊装到位后及时将斜撑固定在柱及楼板预埋件上，至少应在柱子的两面设置斜撑，然后对柱子的垂直度进行复核，同时通过可调节长度的斜撑进行垂直度调整，直至垂直度满足要求，如图 7-114 所示。

图 7-113　预制柱调整

图 7-114　垂直度调整

3）摘钩、灌浆。预制柱吊装就位、支撑固定牢固后，吊装吊具需要摘除。在保证构件的稳定安全之后进行封堵灌浆作业。

2. 灌浆施工工艺

（1）装配式钢筋混凝土建筑套筒灌浆施工基础知识

1）灌浆套筒分类。灌浆套筒主要用于预制构件与主体预留钢筋之间的连接，是目前装配整体式建筑最常见的结构连接方式。按照材质和制造方式的不同，灌浆套筒分为铸造灌浆套筒和机械加工灌浆套筒。铸造灌浆套筒宜选用球墨铸铁，机械加工灌浆套筒宜选用优质碳素结构钢、低合金高强度结构钢、合金结构钢或其他经过接头型式检验确定符合要求的钢材。按照连接方式的不同，灌浆套筒分为半灌浆套筒和全灌浆套筒，其中根据机械连接一端钢筋螺纹加工方式的不同，半灌浆套筒分为镦粗直螺纹灌浆套筒、剥肋滚轧直螺纹灌浆套筒、直接滚轧直螺纹灌浆套筒。灌浆套筒的具体信息如图 7-115 所示。

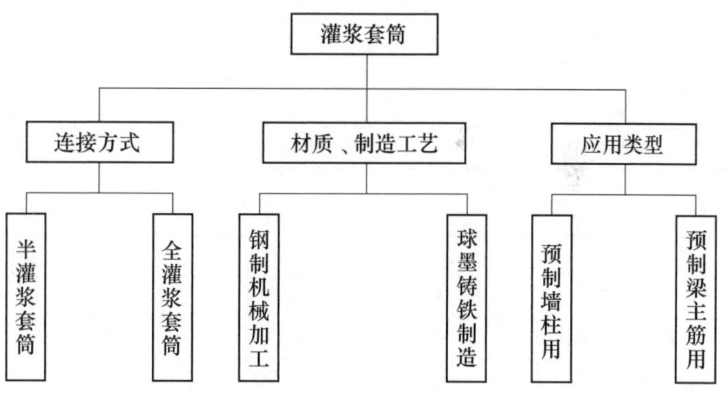

图 7-115　灌浆套筒的具体信息

另外，在每个灌浆套筒表面都有一串字母与数字组合的编号，表示套筒的种类与规格，如图 7-116 所示，其含义如图 7-117 所示。

图 7-116　灌浆套筒的编号

2）灌浆套筒材料要求。铸造灌浆套筒宜选用球墨铸铁，机械加工灌浆套筒宜选用优质碳素结构钢、低合金高强度结构钢、合金结构钢或其他经过接头型式检验确定符合要求的钢材。表 7-7 和表 7-8 分别给出了球墨铸铁的材料性能要求与结构钢的材料性能要求。

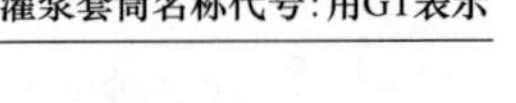
灌浆套筒名称代号:用GT表示

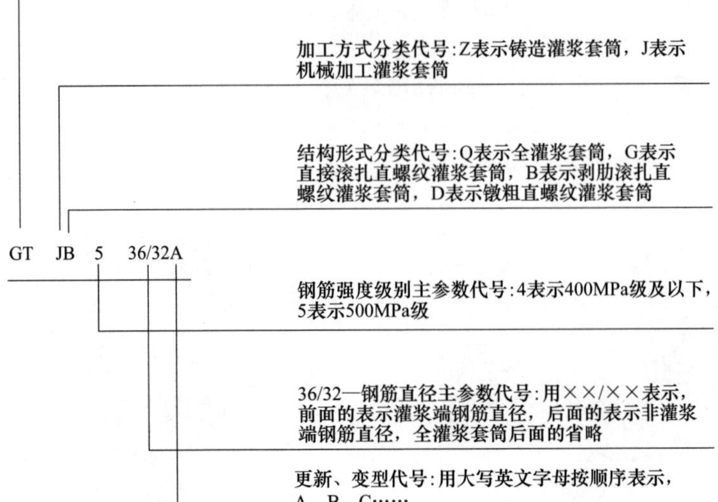
加工方式分类代号:Z表示铸造灌浆套筒，J表示机械加工灌浆套筒
结构形式分类代号:Q表示全灌浆套筒，G表示直接滚扎直螺纹灌浆套筒，B表示剥肋滚扎直螺纹灌浆套筒，D表示镦粗直螺纹灌浆套筒
GT JB 5 36/32A
钢筋强度级别主参数代号:4表示400MPa级及以下，5表示500MPa级
36/32—钢筋直径主参数代号:用××/××表示，前面的表示灌浆端钢筋直径，后面的表示非灌浆端钢筋直径，全灌浆套筒后面的省略
更新、变型代号:用大写英文字母按顺序表示，A、B、C……

图 7-117　灌浆套筒编号的含义

表 7-7　球墨铸铁材料性能

项目	性能指标		
	QT500	QT550	QT600
抗拉强度/MPa	≥500	≥550	≥600
断后伸长率（%）	≥7	≥5	≥3
球化率	≥85		
硬度（HBW）	170~230	180~250	190~270

表 7-8　结构钢材料性能

项目	性能指标					
	45 号圆钢	45 号圆管	Q390	Q345	Q235	40Cr
屈服强度/MPa	≥355	≥335	≥355	≥390	≥235	≥785
抗拉强度/MPa	≥600	≥590	≥490	≥470	≥375	≥980
断后伸长率（%）	≥16	≥14	≥18	≥20	≥25	≥9

3）灌浆料。灌浆料性能要求。钢筋连接用套筒灌浆料（图 7-118）是指用水泥、级配砂、掺合料、膨胀剂、外加剂等混合而成的专用的水泥基无收缩灌浆料。《钢筋连接用套筒灌浆料》（JG/T 408）详细规定了套筒灌浆料的物理性能要求和试验方法。

高强无收缩灌浆料
型　号: CGM
批　号: 见出厂合格证
净　重: 50kg±1kg
生产日期: 见出厂合格证
储存期: 六个月

图 7-118　钢筋连接用套筒灌浆料

表 7-9 比较了普通灌浆料与套筒灌浆料的物理性能要求，从中可看出相比于普通灌浆料，套筒灌浆料具有高流动性、早强高强、微膨胀性能。

4）检验检测。根据《钢筋套筒灌浆连接应用技术规程》（JGJ 355）第 7.0.5 条规定：灌浆套筒埋入预制构件时，工艺检验应在预制构件生产前进行；当现场灌浆施工单位与工艺检验时的灌浆单位不同，灌浆前应再次进行工艺检验。这表明，

表 7-9 普通灌浆料与套筒灌浆料的物理性能要求

物理性能要求	时间	普通灌浆料	套筒灌浆料
流动度	0min	≥290mm	≥300mm
	30min	≥260mm	≥260mm
抗压强度	1d	≥20MPa	≥35MPa
	3d	≥40MPa	≥60MPa
	28d	≥60MPa	≥85MPa
竖向膨胀率	3h	0.1%~3.5%	≥0.02%
	3~24h	0.02%~0.5%	0.02%~0.5%

如果现场灌浆施工单位与工艺检验时的灌浆单位不同，则需要进行重复的工艺试验。另外，应对不同钢筋生产企业的进厂钢筋进行接头工艺检验。

① 接头型式检验。根据《钢筋套筒灌浆连接应用技术规程》(JGJ 355) 第 7.0.6 条规定：灌浆套筒进厂（场）时，应抽取灌浆套筒并采用与之匹配的灌浆料制作对中连接接头试件，并进行抗拉强度检验。检查数量为同一批号、同一类型、同一规格的灌浆套筒，不超过 1000 个为一批，每批随机抽取 3 个灌浆套筒制作对中连接接头试件。另外需要注意的是，灌浆料最终强度周期为 28d，故工艺检验应该在构件生产前提前进行，当然，为减少试验周期，在 28d 内，只要同步灌浆料试块强度达到 85MPa 即可送检。

② 工艺检验。灌浆施工前，应对不同钢筋生产企业的进场钢筋进行接头工艺检验。施工过程中，当更换钢筋生产企业，或同生产企业生产的钢筋外形尺寸与已完成工艺检验的钢筋有较大差异时，应再次进行工艺检验。接头工艺检验应符合下列规定：

a. 灌浆套筒埋入预制构件时，工艺检验应在预制构件生产前进行；当现场灌浆施工单位与工艺检验时的灌浆单位不同，灌浆前应再次进行工艺检验。

b. 工艺检验应模拟施工条件制作接头试件，并应按接头提供单位提供的施工操作要求进行。

c. 每种规格钢筋应制作 3 个对中套筒灌浆连接接头，并应检查灌浆质量。

d. 采用灌浆料拌合物制作的 40mm×40mm×160mm 试件不应少于 1 组。

e. 接头试件及灌浆料试件应在标准养护条件下养护 28d。

f. 每个接头试件的抗拉强度、屈服强度应符合《钢筋套筒灌浆连接应用技术规程》(JGJ 355) 第 3.2.2 条和第 3.2.3 条的相关规定，3 个接头试件残余变形的平均值应符合《钢筋套筒灌浆连接应用技术规程》(JGJ 355) 表 3.2.6 的规定；灌浆料抗压强度应符合《钢筋套筒灌浆连接应用技术规程》(JGJ 355) 第 3.1.3 条规定的 28d 强度要求。

g. 接头试件在量测残余变形后可在进行抗拉强度试验，并应按现行行业标准《钢筋机械连接技术规程》(JGJ 107) 规定的钢筋机械连接型式检验单向拉伸加载制度进行试验。

h. 第一次工艺检验中 1 个试件抗拉强度或 3 个试件的残余变形平均值不合格时，可再抽 3 个试件进行复检，复检仍不合格判为工艺检验不合格。

i. 工艺检验应由专业检测机构进行，并应按《钢筋套筒灌浆连接应用技术规程》(JGJ 355) 附录 A 第 A.0.2 条规定的格式出具检验报告，报告样式如表 7-10 所示。

(2) 灌浆设备与工具

1) 灌浆料的制作工具。灌浆料的制作工具主要包括温湿度计、电子秤、电动搅拌机、量杯、铁皮桶等，表 7-11 详细列出了灌浆料的制备工具名称、规格参数及对应的图片信息。

表 7-10　钢筋套筒灌浆连接接头试件工艺检验报告

<table>
<tr><td>接头名称</td><td colspan="3"></td><td colspan="3">送检日期</td><td colspan="2"></td></tr>
<tr><td>送检单位</td><td colspan="3"></td><td colspan="3">试件制作地点</td><td colspan="2"></td></tr>
<tr><td>钢筋生产企业</td><td colspan="3"></td><td colspan="3">钢筋牌号</td><td colspan="2"></td></tr>
<tr><td>钢筋公称直径</td><td colspan="3"></td><td colspan="3">钢筋套筒类型</td><td colspan="2"></td></tr>
<tr><td>灌浆套筒品牌、型号</td><td colspan="3"></td><td colspan="3">灌浆料品牌、型号</td><td colspan="2"></td></tr>
<tr><td>灌浆施工人及所属单位</td><td colspan="8"></td></tr>
<tr><td rowspan="6">对中单向拉伸试验结果</td><td colspan="3">试件编号</td><td>NO. 1</td><td>NO. 2</td><td>NO. 3</td><td colspan="2">要求指标</td></tr>
<tr><td colspan="3">屈服强度/(N/mm^2)</td><td></td><td></td><td></td><td colspan="2"></td></tr>
<tr><td colspan="3">抗拉强度/(N/mm^2)</td><td></td><td></td><td></td><td colspan="2"></td></tr>
<tr><td colspan="3">残余变形/mm</td><td></td><td></td><td></td><td colspan="2"></td></tr>
<tr><td colspan="3">最大力下总伸长率（%）</td><td></td><td></td><td></td><td colspan="2"></td></tr>
<tr><td colspan="3">破坏形式</td><td></td><td></td><td></td><td colspan="2">钢筋拉断</td></tr>
<tr><td rowspan="3">灌浆料抗压强度试验结果</td><td colspan="7">试件抗压强度量测值/（N/mm^2）</td><td rowspan="2">28d 合格指标/(N/mm^2)</td></tr>
<tr><td>1</td><td>2</td><td>3</td><td>4</td><td>5</td><td>6</td><td>取值</td></tr>
<tr><td></td><td></td><td></td><td></td><td></td><td></td><td></td><td></td></tr>
<tr><td>评定结论</td><td colspan="8"></td></tr>
<tr><td>检验单位</td><td colspan="8"></td></tr>
<tr><td>试验员</td><td colspan="4"></td><td colspan="2">校核</td><td colspan="2"></td></tr>
<tr><td>负责人</td><td colspan="4"></td><td colspan="2">试验日期</td><td colspan="2"></td></tr>
</table>

表 7-11　灌浆料制备工具

工具名称	规格参数	照片
温湿度计	—	
电子秤	30~50kg	

（续）

工具名称	规格参数	照片
量杯	3L	
铁皮桶（最好为不锈钢制）	ϕ300mm，高 400mm，30L	
电动搅拌机	功率：1200～1400W 转速：0～800rpm； 电压：单相 220V/50H； 搅拌头：片状或圆形花篮式	

2）灌浆料的检测工具。对于灌浆料的检测主要分为两个方面：一方面需要对其流动度进行检测，以保证在灌浆的过程中，不会发生因流动度不足而导致灌浆不密实的情况；另一方面需要对灌浆料的强度进行检测，确保其能够满足结构施工要求。以下从流动度检测和强度检测两个方面对灌浆料的检测工具进行介绍。

灌浆料的流动度检测工具见表 7-12。

表 7-12 灌浆料流动度检测工具

工具名称	规格参数	照片
圆锥试模	上口×下口×高 ϕ70mm×ϕ100mm×60mm	
钢化玻璃板	长×宽×高 500mm×500mm×6mm	

灌浆料的强度检测工具主要有试块试模（图 7-119）、机油、毛刷、钢丝刷及勺子等用具，其中试块试模为 40mm×40mm×160mm 三联模。

图 7-119　试块试模

3）灌浆设备。

① 电动灌浆设备。电动灌浆设备主要指灌浆机械，以下主要介绍目前应用较为广泛的两种灌浆泵：GJB 型灌浆泵和螺杆灌浆泵优缺点对比见表 7-13。

表 7-13　GJB 型灌浆泵和螺杆灌浆泵优缺点对比

产品	GJB 型灌浆泵	螺杆灌浆泵
工作原理	泵管挤压式	螺杆挤压式
示意图		
优点	流量稳定，速度可调，适合泵送不同黏度灌浆料。故障率低，泵送可靠，可设定泵送极限压力。使用后需要清洗，防止浆料固结堵塞设备	适用于低黏度、骨料较粗的灌浆料灌浆。体积小，质量轻，便于运输。螺旋泵胶套寿命有限，骨料对其磨损较大，需要定期更换。扭矩偏低，泵送力量不足，不易清洗

② 手动灌浆设备。手动灌浆设备（图 7-120）适用于单仓套筒灌浆（如梁接头或者制作灌浆接头试件），以及水平缝连通腔不超过 30cm 的少量接头灌浆、补浆施工。

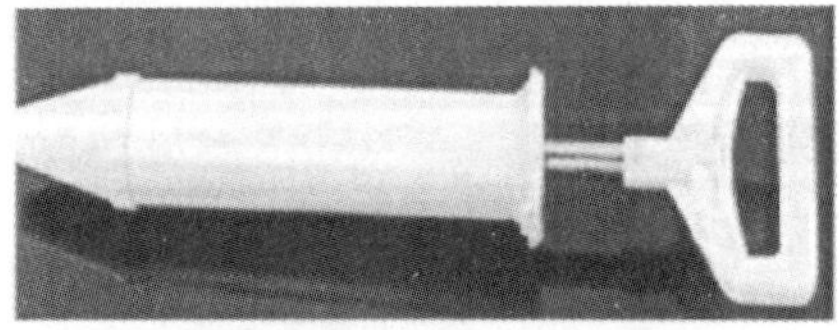

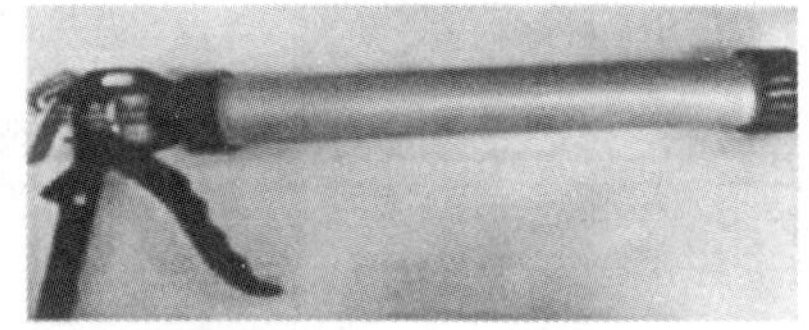

图 7-120　单仓灌浆用手动灌浆枪

（3）灌浆设备和工具的清洗、存放及保养　灌浆设备的正常运转，对灌浆施工作业来说意义重大，可以为灌浆施工质量提供保障，因此灌浆设备使用完毕之后应及时清理，且应按照要求进行存放，并定期做好维护保养工作。

1）灌浆设备和工具的清洗要求：灌浆设备和工具的清洗应由专人负责；搅拌设备、灌浆机、手动灌浆器及其他设备和工具在使用完毕后应及时清除残余的灌浆料拌合物等；灌浆作业的试验用具应及时清理，试模应及时刷油保养；清理设备应采用柔软干净的抹布，防止对搅拌桶及设备造成损伤和污染；设备和工具清理干净后应把表面残留的水分擦干净，防止设备生锈；清洗完的设备和工具应及时进行覆盖，防止其他作业工序对设备和工具造成污染；螺杆灌浆泵宜将螺杆卸掉，单独对螺杆进行清洗；GJB 型灌浆泵应把软管清洗干净，可以采用与软管直径相同的海绵球来清洗。

2）灌浆设备和工具的存放要求：灌浆设备和工具的存放应由专人负责；灌浆设备和工具应存

放在固定的场所或位置；灌浆设备和工具应摆放整齐，设备工具上严禁放置其他物品；灌浆设备和工具存放时应防止其他作业或因天气原因对其造成损坏和污染；存放设备场所的道路应畅通，方便设备进出；应建立设备、工具存放和使用台账。

3）灌浆设备和工具的保养要求：灌浆设备和工具应由专人负责管理和保养；应建立灌浆设备和工具保养制度；灌浆设备和工具日常管理应以预防为主，发现问题及时维修；对于灌浆设备易损坏的部件及易损坏的工具应有一定数量的备品备件；建立灌浆设备保养台账，按照说明书的要求对设备及时进行保养；灌浆的计量设备须进行定期校验；对于灌浆设备所有螺栓、螺母和螺钉应经常检查是否松动，发现松动应及时拧紧；带有减速机的设备应3~4个月更换一次减速机齿轮。

3. 装配式外墙防水施工工艺

（1）装配式外墙防水基础知识　装配式外墙存在大量的拼接缝，很容易发生拼接缝渗漏。同时，复合保温外墙板的不易修复性大大增加了装配式外墙渗漏治理的难度。因此，装配式外墙防水的关键是外墙拼接缝的密封防水。装配式建筑外墙接缝的防水一般采取构造防水和材料防水相结合的双重防水措施，而防水密封胶是外墙板缝防水的第一道防线，其性能直接关系到工程防水效果，因此需要选择专业的、具有针对性的防水密封胶。

（2）密封胶简介

1）密封胶基础知识。常用的建筑密封胶主要有硅酮类、硅烷改性聚醚类、聚硫类、聚氨酯类等，基于加速老化试验结果得出，聚氨酯胶与聚硫胶耐候性较差，在老化过程中容易出现因胶硬化、弹性下降而导致密封失效的情况。硅酮胶与硅烷改性聚醚胶耐候性较好，老化试验过程中能保持优异的性能，都能很好满足装配式外墙长久密封要求。硅烷改性聚醚胶相比硅酮胶具有优异的涂饰性能，满足装配式外墙涂饰性的要求。因此，对于装配式外墙用密封胶，若无涂饰性要求，可选用硅酮胶或聚醚胶，都能很好满足接缝密封的要求，而对于有涂饰性要求的胶缝，应选用硅烷改性聚醚胶。同时，出于对装配式外墙自身结构特点的考量，不管选用哪种密封胶，都应保证所选密封胶具有低模量及抗位移能力的特性。密封胶类型及性能对比见表7-14。

表7-14　密封胶类型及性能对比表

密封胶性能	硅酮类	聚氨酯类	改性硅酮类	
	SR	PU	STP-E	NS
与混凝土的黏结性	差	良	优	良
耐候性	优	中	良	良
可涂刷性	差	优	优	优
耐污性	差	良	良	良
储存稳定性	优	差	良	良
施工性能	优	中	优	优
最高抗位移能力	50级	25级	25级	25级

2）装配式外墙用密封胶的性能要求。

① 良好的抗位移能力和蠕变性能。预制构件在服役的过程中，由于热胀冷缩作用，接缝尺寸会发生周期变化，一些非结构预制外墙（如填充外墙），为了抵抗地震力的作用，往往要求设计成可在一定范围内活动的预制外墙板，所以密封胶必须具有良好的抗位移能力和蠕变性能。

② 黏结性。对于密封胶来说，与基材的黏结性始终是最重要的性能之一，对于装配式建筑所用的基材也是如此。市场上所用的预应力混凝土板需要接缝密封材料对混凝土基材有很好的黏结性能。对于混凝土材料本身而言，普通的密封胶在其表面的黏结性是不易实现的。混凝土是一种多孔性材料，孔洞的大小和分布不均匀不利于密封胶的黏结，为了保障接缝密封胶对预制板块的

黏结性，首先在施胶之前需要将黏结表面的灰尘处理干净，且保持材料干燥。同时在选择接缝密封胶时，需要将以上影响黏结的因素考虑在内，选择一款适合混凝土基材的密封胶。

③ 力学性能。混凝土板随着温度的变化所发生的热胀冷缩，以及建筑物的轻微震动等都会使混凝土接缝随之产生运动和位移。因此装配式外墙接缝宽度设计应满足在热胀冷缩、风荷载、地震作用等外界环境的影响下，其尺寸变形不会导致密封胶的破裂或剥离破坏的要求。在设计时应考虑接缝的位移，确定接缝宽度，使其满足密封胶最大容许变形率的要求。

④ 耐候性。《装配式混凝土结构技术规程》（JGJ 1）中明确指出，外墙板接缝所用的防水密封材料应选用耐候性密封胶，密封胶应与混凝土具有兼容性，并具有低温柔性、防霉性及耐水性等性能。密封材料选用不当，会影响装配式建筑的使用寿命和使用安全。

⑤ 耐污性。密封胶中含有一定量未参与反应的小分子物质，随着服役时间的增加，未反应的小分子物质极易游离渗透到混凝土中。由于静电作用，一些灰尘也会黏附在混凝土板缝的周边，产生黑色带状的污染，严重影响建筑外表面的美观。

⑥ 低温柔性。由于我国幅员辽阔，纬度跨度较大，从海南到黑龙江的温差也较大。因此预制建筑板片接缝用密封材料也要具备温度适应性及低温柔性。

（3）主要施工方法及要求

1）材料、工具：聚氨酯胶、防水砂浆、聚乙烯棒、美纹纸、底涂、打胶枪、角磨机、钢丝刷、羊毛刷、刮刀。

2）外墙拼缝防水打胶施工工艺流程：基层清理→基层修复→填塞背衬材料→贴美纹纸→涂刷底涂→施胶→胶面修整→清理美纹纸。

3）外墙拼缝打胶施工节点。

① 接缝基层清理：用角磨机清理水泥浮浆；用钢丝刷清理杂质及不利于黏结的异物；用羊毛刷清理残留灰尘。

② 接缝处修复：清除破损松散的混凝土，剔除突出的鼓包，采用防水砂浆分层修补，抹压防水砂浆时，应压实、压光使其与基层紧密结合；接缝宽度大于 40mm 时应进行修补。

③ 填塞背衬：背衬材料的主要作用是控制密封胶的施胶深度（接缝宽度小于 10mm 时，宽深比为 1∶1；接缝宽度大于或等于 10mm 时，宽深比为 2∶1）以及避免密封胶三面黏结；背衬材料厚度应大于接缝宽度的 25%，一般采用柔软闭孔的圆形聚乙烯泡沫棒。

④ 粘贴美纹纸：美纹纸胶带应遮盖住边缘，要注意美纹纸胶带本身的顺直美观。

⑤ 涂刷底涂：应先根据密封胶提供商提供的材料性能对基层的要求确定是否需要涂刷；底涂涂刷应一涂刷好，避免漏刷以及来回反复涂刷；底涂应晾置完全干燥后才能施胶（具体时间以材料性能为准）。

⑥ 施胶：施胶前应确保基层干净、干燥，并确保宽深比 $A∶B$ 为 2∶1 或 1∶1；施胶时胶嘴探到接缝底部，保持匀速连续打足够的密封胶并有少许外溢，避免胶体和胶条下产生空腔。当接缝宽度大于 30mm 时，应分两部分施工，即打一半之后用刮刀或刮片下压密封胶，然后再打另一半。

⑦ 胶面修整：密封胶施工完成后用压舌棒、刮片或其他工具将密封胶刮平压实，用抹刀修饰出平整的凹型边缘，加强密封胶效果，禁止来回反复刮胶，保持刮胶工具干净。

⑧ 清理：密封胶修整完后清理美纹纸胶带，美纹纸胶带必须在密封胶表干之前揭下。

（4）施工要点及质量要求　墙板接缝外侧打胶要严格按照设计流程进行，基底层和预留空腔内必须使用高压空气清理干净。打胶前背衬深度要进行检查，打胶厚度必须符合设计要求，打胶部位的墙板要用底涂处理，以增强胶与混凝土墙板之间的黏结力，打胶中断时要留好施工缝，施工缝内高外低，互相搭接不能少于 5cm。

使用打胶枪或打胶机以连续操作的方式打胶时，应通过足够的正压力使胶注满整个接口空隙，可以用枪嘴推压密封胶来完成。施打竖缝时，建议从下往上施工，以保证密封胶填满缝隙。

现场施打施打密封胶的周围环境有温度、湿度等要求。温度过低，会使密封胶的表面润湿性

降低，基材表面会形成霜和薄冰，降低密封胶的黏结性；温度过高，抗下垂性会变差，固化时间加快，修整的时间会缩短。若环境湿度过低，则密封胶的固化速度变慢；若湿度过高，则在基材表面容易形成冷凝水膜，影响黏结性。所以，一般打胶温度为5~40℃、环境湿度为40%~80%为宜。建议在黄昏或傍晚施打密封胶，这时昼夜温差会相对较小。

墙板防水施工完毕后应及时进行淋水试验以检验防水的有效性，淋水的重点是墙板十字接缝处、预制墙板与现浇结构连接处以及窗框部位。淋水时宜使用消防水龙带对试验部位进行喷淋。外部检查打胶部位是否有脱胶现象，排水管是否排水顺畅；内侧观察是否有水印、水迹。发现有局部渗漏部位必须做好记录查找原因及时处理，必要时可在墙板内侧加设一道聚氨酯防水提高防渗漏安全系数。

思　考　题

1. 试述桅杆式起重机的组成、分类和各自的适用情况。
2. 自行杆式起重机有哪几种类型？各有什么特点？
3. 塔式起重机分为几类？主要的技术参数有哪些？
4. 柱的吊装方法有哪几种？各有什么优缺点？
5. 屋架绑扎过程中需要注意哪些问题？
6. 单层工业厂房结构吊装方案包括哪些内容？
7. 预制混凝土构件堆放及运输控制要点有哪些？
8. 装配式外墙用密封胶的性能要求有哪些？
9. 灌浆套筒分为哪几类？对材料有哪些要求？

第 8 章　防水工程

学习目标：了解屋面防水等级和设防要求、卷材防水屋面的构造及各层作用；掌握卷材防水屋面、涂膜防水屋面和刚性防水屋面的施工要点及质量标准；了解地下工程防水方案及材料选用，熟悉防水混凝土的配制要求；掌握卷材防水层、水泥砂浆防水层和防水混凝土防水层的构造及施工要点；了解止水堵漏技术及方法，初步具备编制一般工程防水施工方案的能力。

8.1　概述

防水工程施工是防止结构体受到水的渗入、侵蚀，使结构和内部空间免受水的危害而采取的一系列专门措施，在土木工程施工中占有重要地位。工程实践表明，防水工程施工质量的好坏，不仅关系到结构的使用寿命，还直接影响人们生产环境、生活环境和卫生条件。影响防水工程质量的因素有设计的合理性、防水材料的选择、施工工艺及施工质量、保养与维修管理等。因此，防水工程的施工必须严格遵守有关操作规程，切实保证工程质量。

根据使用的部位不同，防水工程可分为屋面防水和地下防水两部分。屋面防水工程主要是防止雨雪对屋面或生活用水对楼地面的间歇性浸透作用；地下防水工程主要是防止地下水对建筑物的经常性浸透作用。按构造做法不同，防水工程又可分为结构构件自防水和防水层防水两大类。结构构件自防水主要是利用混凝土的密实度或采取合适的构造形式，阻断水的通路，以达到防水的目的，如止水带和空腔构造等；防水层防水是靠建筑材料阻断水的通路，以达到防水的目的或增加抗渗漏的能力。其中防水层又可分为柔性防水层（如各种防水卷材）和刚性防水层（如防水砂浆等）。柔性防水一般包括卷材防水和涂膜防水，具有质量轻、施工方便、延展性好、防水效果好等特点；刚性防水一般包括砂浆防水和混凝土刚性层防水，具有良好的耐久性。刚性防水可以和柔性防水共同使用，也可作为柔性防水层的保护层。

在传统防水技术的基础上，我国已研究、开发和应用了很多新型防水材料，具体如下：

（1）沥青类防水材料　以天然沥青、石油沥青和煤沥青为主要原材料制成的沥青油毡，纸胎沥青油毡，溶剂型和水乳型沥青类或沥青橡胶类涂料、油膏，具有良好的黏结性、塑性、抗水性、防腐性和耐久性。

（2）橡胶塑料类防水材料　以氯丁橡胶、丁基橡胶、三元乙丙橡胶、聚氯乙烯、聚异丁烯和聚氨酯等为原材料制成的弹性无胎防水卷材、防水薄膜、防水涂料、防水涂膜、油膏、胶泥、止水带等密封材料，具有抗拉强度高，弹性和延伸率大，黏结性、抗水性和耐候性好等特点，可以冷用，使用年限较长。

（3）水泥类防水材料　对水泥有促凝密实作用的外加剂，如防水剂、加气剂和膨胀剂等，可增强水泥砂浆和混凝土的憎水性和抗渗性。以水泥和硅酸钠为基料配置的促凝灰浆，可用于地下工程的堵漏防水。

（4）金属类防水材料　薄钢板、镀锌钢板、压型钢板、涂层钢板等可直接作为屋面板，用以防水。薄钢板是用于地下室或地下构筑物的金属防水层。薄铜板、薄铝板、不锈钢板可制成建筑物变形缝的止水带。金属防水层的连接处要焊接，并涂刷防锈保护漆。

根据建筑物的类别、重要程度、使用功能要求等，我国将建筑物的地下工程防水分为四个等级（表 8-1），将屋面防水分为两个等级（表 8-2）。根据防水等级、防水层耐用年限来选用防水材料和进行构造设计。

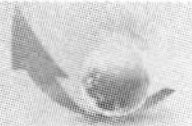

表 8-1　地下工程防水要求

防水等级	防水标准	适用范围
Ⅰ级	不允许渗水，结构表面无湿渍	人员长期停留的场所，极重要的战备工程、地铁车站等
Ⅱ级	不允许漏水，结构表面可有少量湿渍 房屋建筑地下工程：湿渍总面积不大于总防水面积的 1/1000，任意 $100m^2$ 防水面积湿渍不超过 2 处，单个湿渍面积不大于 $0.1m^2$ 其他地下工程：湿渍总面积不大于防水面积的 2/1000，任意 $100m^2$ 防水面积湿渍不超过 3 处，单个湿渍面积不大于 $0.2m^2$	人员经常活动的场所、重要的战备工程等
Ⅲ级	有少量漏水点，不得有线流和漏泥沙 任意 $100m^2$ 防水面积上的漏水或湿渍点数不超过 7 处，单个漏水点的最大漏水量不大于 2.5L/d，单个湿渍面积不大于 $0.3m^2$	人员临时活动的场所、一般战备工程
Ⅳ级	有漏水点，不得有线流和漏泥沙 整个工程平均漏水量不大于 $2L/(m^2 \cdot d)$，任意 $100m^2$ 防水面积的平均漏水量不大于 $4L/(m^2 \cdot d)$	对渗漏水无严格要求的工程

表 8-2　屋面防水要求

防水等级	建筑类别	设防要求
Ⅰ级	重要建筑和高层建筑	两道防水设防
Ⅱ级	一般建筑	一道防水设防

目前主要使用的防水工程规范及技术规程包括：《地下工程防水技术规范》（GB 50108）、《地下防水工程质量验收规范》（GB 50208）、《屋面工程技术规范》（GB 50345）、《屋面工程质量验收规范》（GB 50207）、《种植屋面工程技术规程》（JGJ 155）、《住宅室内防水工程技术规程》（JGJ 298）、《建筑外墙防水工程技术规程》（JGJ/T 235）、《房屋渗漏修缮技术规程》（JGJ/T 53）、《地下工程渗漏治理技术规程》（JGJ/T 212）等。

8.2　屋面防水施工

屋面防水是防止雨水、雪水对屋面的间歇性渗透，保证建筑物的寿命及使用功能正常发挥的一项重要工程。屋面根据排水坡度的不同分为平屋面和坡屋面两类；根据屋面防水材料的不同又可分为卷材和涂膜防水层屋面（柔性防水屋面）、现浇钢筋混凝土防水屋面（刚性防水屋面）等。除临时建筑外，普通建筑屋面防水一般采用两道防水设防，多采用柔性防水层和刚性防水层结合的方式。

防水屋面由结构层、找坡层、隔气层、保温层、找平层、防水层和保护层等组成，其中隔气层和保温层在一定的气温和使用条件下可以不设。按防水层与保温层设置位置不同，屋面可分为正置式和倒置式屋面，其构造如图 8-1 所示。其中，找坡层及保温层应根据设计要求的材料做法，在结构完成后及时进行施工，以保护结构。

1. 施工条件

屋面防水层应在找平层干燥后进行施工。其找平层干燥程度根据所选防水卷材或涂料的特性确定，一般含水量应低于 9%，可用干铺法检验。

防水工程应由有相应资质的专业队伍进行施工，作业人员应持证上岗。施工单位应编制专项施工方案或技术措施，并进行现场技术、安全交底。所用材料的品种、规格、性能等应符合设计和标准要求，并经抽样复试合格。根据工程特点及相关要求，制定安全、防火措施，并做好准备工作。严禁在雨雪天和五级风及以上天气施工。在屋面周边及预留孔部位设置安全护栏和安全网。当屋面坡度大于30%时，应采取防滑措施。

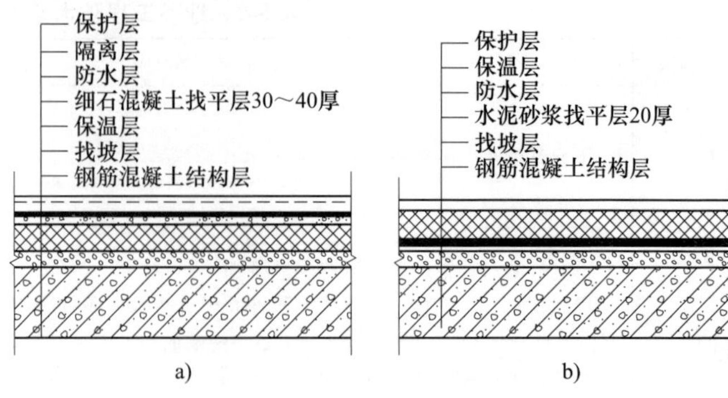

图 8-1　卷材、涂膜防水屋面构造

a）正置式屋面　b）倒置式屋面

2. 屋面工程的质量要求

屋面工程进行分部工程验收时，其质量应符合下列要求：

1）防水层不得有渗漏或积水现象。

2）屋面工程所使用的材料应符合设计要求和质量标准的规定。

3）找平层表面平整，不得有酥松、起砂、起皮现象。

4）保温层的厚度、含水量和表观密度应符合设计要求。

5）天沟、檐沟、泛水和变形缝等构造应符合设计要求。

6）卷材铺贴方法和搭接顺序应符合设计要求，搭接宽度正确，接缝严密，不得有皱折、鼓泡和翘边现象。

7）涂膜防水层的厚度应符合设计要求，涂层无裂纹、皱折、流淌、鼓泡和露胎现象。

8）嵌缝密封材料应与两侧基层黏结牢固，密封部位光滑、平直，不得有开裂、鼓泡、下塌现象。

3. 屋面防水层的渗漏检查

检查屋面有无渗漏、积水，排水系统是否畅通，应在雨后或持续淋水2h后进行。对于能蓄水的屋面，也可进行蓄水检验，其蓄水时间不得少于24h。检查时应对顶层房间的顶棚，逐间进行检查。如有渗漏现象，应记录渗漏的状态，查明原因，及时进行修补，直至无渗漏为止。

8.2.1　屋面找平层

屋面卷材、涂膜防水层在保温层上基层应设找平层。找平层按所用材料不同，可分为水泥砂浆找平层、细石混凝土找平层和混凝土随浇随抹找平层。找平层是防水层的基层，其性能与质量直接影响到防水层的质量和防水效果。

找平层表面应压实平整，排水坡度应符合设计要求。找平层宜留20mm宽的分格缝，其最大间距不宜大于6m，主要是为避免因温度变形开裂而影响防水层。装配式结构的分格缝宜留设在屋面板板端处。分格缝内嵌填密封材料。

水泥砂浆找平层和细石混凝土找平层的施工工艺为基层清理验收→管根封堵→拉坡度线→做标准灰饼→嵌分格条→铺填砂浆或细石混凝土→刮平抹压→养护。

找平层的适用基层、厚度和技术要求见表8-3。

卷材屋面的找平层与突出屋面结构（如女儿墙、立墙、风道口等）的连接处、管根处及基层的转角处（檐口、天沟、屋脊、雨水口等），均应做成圆弧，以防卷材折裂。铺高聚物改性沥青防水卷材时，圆弧半径为50mm，铺合成高分子防水卷材时，圆弧半径为20mm。

找平层施工前应对基层洒水湿润，并在铺浆前1h刷素水泥浆一度。找平层铺设按由远到近、

表 8-3　找平层的适用基层、厚度和技术要求

类别	适用基层	厚度/mm	技术要求
水泥砂浆找平层	整体现浇混凝土	10~20	(1∶3)~(1∶2.5)（水泥∶砂）体积比，宜掺抗裂纤维
	整体或板状材料保温层	20~25	
	装配式混凝土板	20~30	
细石混凝土找平层	松散材料保温层	30~35	混凝土强度等级 C20
混凝土随浇随抹找平层	整体现浇混凝土	—	原浆表面抹平、压光

由高到低的顺序进行。在铺设时、初凝时和终凝前，均应抹平、压实，并检查平整度。找平层表面应密实，平整度偏差不大于5mm，排水坡度符合设计要求，不得有酥松、起砂、起皮现象。

8.2.2　保温隔热层

保温隔热屋面适用于具有保温隔热要求的屋面工程。保温层可采用松散材料保温层、板状保温层和整体现浇（喷）保温层；隔热层可采用蓄水隔热层（防水等级为Ⅰ、Ⅱ级时不宜用）、架空隔热层、种植隔热层等。

1. 保温层施工

当保温层设在防水层上面时应做保护层，当设在防水层下面时应做找平层。当屋面坡度较大时，保温层应采取防滑措施。保温层的基层应平整、干燥和干净。

在铺设保温层时，应根据标准铺筑，准确控制保温层的设计厚度。松散保温材料应分层铺设，并压实，每层虚铺厚度不宜大于150mm，压实的程度与厚度应根据设计和试验确定。干铺的板状保温层应铺平垫稳，分层铺设的板块上下层接缝应相互错开，板间缝隙应采用同类材料嵌填密实。采用与防水层材性相容的胶黏剂粘贴时，板状保温材料应贴严、黏牢。整体现喷硬质聚氨酯泡沫塑料保温层施工时，基层应平整，配比应准确计量，发泡厚度应一致，施工气温宜为10~30℃，风速不宜大于三级，湿度宜小于85%。

保温层设在防水层上面时称倒置式保温屋面，构造如图8-2所示。其基层应采用结构找坡（≥3%），必须使用憎水性且长期浸水不腐烂的保温材料，保温层可干铺，也可粘贴。

保温层上面应做保护层。保护层分为整体保护层、板块保护层和卵石保护层等，前两种均应分格。整体保护层为厚35~40mm、C20以上的细石混凝土或25~35mm厚的1∶2水泥砂浆；板块保护层可采用C20细石混凝土预制块；卵石保护层与保温层之间应铺一层无纺聚酯纤维布做隔离层，卵石应覆盖均匀，不留空隙。

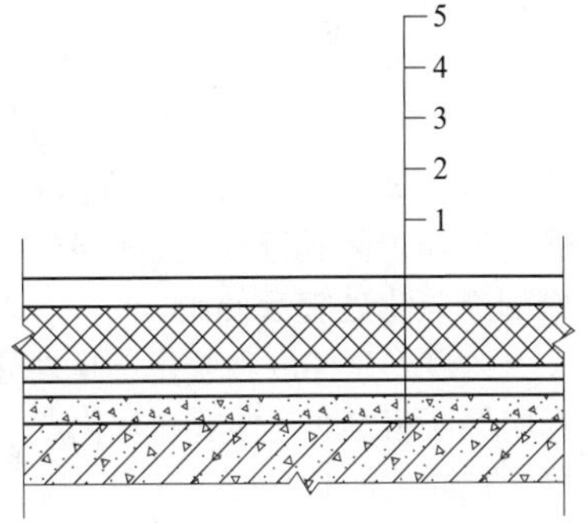

图 8-2　倒置式保温屋面构造
1—结构基层　2—找平层　3—防水层
4—保温层　5— 保护层

2. 隔热层施工

（1）架空隔热层施工　架空隔热层高度按屋面宽度和坡度大小确定，一般以100~300mm为宜，当屋面坡长大于5m时，应设置通风屋脊。施工时先将屋面清扫干净，弹出支座中线，再砌筑支座，砖墩支座宜用M5砂浆砌筑，也可用空心砖或C10混凝土砌筑。当在卷材或涂膜防水层上砌筑支座时，应先干铺略大于支座的卷材块。架空板应坐浆刮平、垫稳，板缝整齐一致，随时清除落地灰，保证架空隔热层气流畅通。架空板与山墙及女儿墙间距离应大于或等于250mm。

（2）蓄水屋面施工　蓄水屋面应划分为若干边长不大于10m的蓄水区，蓄水深度宜为150~200mm，屋面泛水的防水层高度应高出溢水口100mm，蓄水区的分仓墙宜用M10砂浆砌筑，墙顶

应设钢筋混凝土压顶或钢筋砖（2ϕ6 或 2ϕ8）压顶。蓄水屋面的所有孔洞均应预留，不得后凿，每个蓄水区的防水混凝土都应一次浇筑完不留施工缝，浇水养护不得少于 14h，蓄水后不得断水。立面与平面的防水层应同时做好，所有给水管、排水管和溢水管等，应在防水层施工前安装完毕。蓄水屋面应设置人行通道。

（3）种植屋面施工　种植屋面四周应设围护墙及泄水管、排水管，当屋面为柔性防水层时，上部应设刚性保护层。种植覆盖层施工时不得损坏防水层并不得堵塞泄水孔。

8.2.3　卷材防水屋面

卷材防水屋面适用于防水等级为Ⅰ、Ⅱ级的屋面防水，属于柔性防水。卷材防水屋面是指用胶结材料粘贴卷材进行防水的屋面，卷材经粘贴后形成整片的屋面覆盖层起到防水作用。卷材防水层应采用高聚物（如 SBS、APP 等）改性沥青防水卷材、合成高分子防水卷材或沥青防水卷材，胶黏剂、基层处理剂、嵌缝膏等材料的选用取决于卷材的种类和性能。若采用沥青防水卷材，则以沥青胶结材料做粘贴层，一般为热铺；若采用高聚物改性沥青防水卷材或合成高分子防水卷材，则以特制的胶黏剂做粘贴层，一般为冷铺。

卷材防水屋面具有质量轻、防水性能好的优点，其防水层（卷材）的柔韧性好，能适应一定程度的结构振动和胀缩变形。缺点是造价高，特别是沥青防水卷材易老化、起鼓，耐久性差，施工工序多，功效低，维修工作量大，产生渗漏时修补找漏困难等。

对卷材防水屋面的防水功能要求如下：

1）在日光、温度、臭氧影响下，卷材有较好的抗老化性能，即耐久性或大气稳定性。

2）卷材应具有防止高温软化、低温硬化的稳定性，即耐热性或温度稳定性。

3）在温差作用下，屋面基层会反复伸缩与龟裂，卷材应有足够的抗拉强度和极限延伸率，即耐重复伸缩性。

4）保持卷材防水层的整体性，还应注意卷材接缝的黏结，使一层层的卷材黏结成整体防水层。

5）保持卷材与基层的黏结，防止卷材防水层起鼓或剥离。

1. 材料要求

（1）沥青　沥青是一种有机胶凝材料。在土木工程中常用的是石油沥青。石油沥青按其用途可分为建筑石油沥青、道路石油沥青和普通石油沥青三种。建筑石油沥青黏性较高，多用于建筑物的屋面及地下工程防水；道路石油沥青则用于拌制沥青混凝土和沥青砂浆，主要用于道路工程；普通石油沥青因其温度稳定性差，黏性较低，在建筑工程中一般不单独使用，而是与建筑石油沥青掺配经氧化处理后使用。

针入度、延伸度和软化点是划分沥青牌号的依据。工程上通常根据针入度指标确定牌号，每个牌号都应保证相应的延伸度和软化点。例如，建筑石油沥青按针入度指标划分为 10 号、30 号乙、30 号甲等。在同品种的石油沥青中，牌号越大，则针入度和延伸度越大，而软化点则越小。沥青牌号的选用应根据当地的气温及屋面坡度情况综合考虑，气温高、坡度大，则选用小牌号，以防止流淌；气温低、坡度小，则选用大牌号，以减轻脆裂。石油沥青牌号及主要技术标准见表 8-4。

表 8-4　石油沥青牌号及主要技术标准

石油沥青牌号	针入度（25℃）/mm	延伸度（25℃）/mm	软化点（不小于）/℃
60 甲	41~80	600	45
60 乙	41~80	400	45
30 甲	21~80	30	70
30 乙	21~40	30	30
10	10	10	10

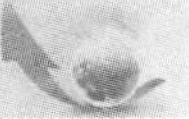

沥青贮存时，应按不同品种、牌号分别存放，避免雨水、阳光直接淋晒，并要远离火源。

（2）基层处理剂　基层处理剂的选择应与所用卷材的材性相容。常用的基层处理剂有用于沥青防水卷材屋面的冷底子油，用于高聚物改性沥青防水卷材屋面的氯丁胶沥青乳胶、橡胶改性沥青溶液、沥青溶液（即冷底子油），用于合成高分子防水卷材屋面的聚氨酯煤焦油系的二甲苯溶液、氯丁胶乳溶液、氯丁胶沥青乳胶等。施工前应查明产品的使用要求，合理选用。以下主要对冷底子油进行简单介绍。

冷底子油一般用作石油沥青防水卷材屋面基层处理剂，是用10号或30号石油沥青加入挥发性溶剂配制而成的溶液，石油沥青与轻柴油或煤油以4：6的配合比调制而成的冷底子油为慢挥发性冷底子油，喷涂后12~48h干燥；石油沥青与汽油或苯以3：7的配合比调制而成的冷底子油为快挥发性冷底子油，喷涂后5~10h干燥。调制时先将熬好的沥青倒入料桶中，再加入溶剂，并不停地搅拌至沥青全部熔化为止。

冷底子油具有较强的渗透性和憎水性，并使沥青胶结材料与找平层之间的黏结力增强。喷涂冷底子油的时间，一般应待找平层干燥后进行。若需要在潮湿的找平层上喷涂冷底子油，则应待找平层水泥砂浆略具强度能够踩在其上进行施工时，方可进行。冷底子油可喷涂或涂刷，涂刷应薄而均匀，不得有空白、麻点或气泡。待冷底子油油层干燥后，即可铺贴卷材。

（3）沥青胶结材料　沥青胶结材料（又称玛蹄脂）是用石油沥青按一定配合量掺入填充料（粉状或纤维状矿物质）混合熬制而成的，用于粘贴油毡作为防水层或作为沥青防水涂层，也可用于接头填缝。

在沥青胶结材料中加入填充料的作用是：提高耐热度、增加韧性、增强抗老化能力。填充料的掺量：采用粉状填充料（滑石粉等）时，掺入量为沥青质量的10%~25%；采用纤维状填充料（石棉粉等）时，掺入量为沥青质量的5%~10%。填充料的含水量不宜大于3%。

沥青胶结材料的主要技术性能指标是耐热度、柔韧性和黏结力。其标号用耐热度表示，标号为（S-60）~（S-85）。使用时，当屋面坡度大且当地历年室外最高极端温度高时，应选用标号较高的胶结材料，反之，则应选用标号较低的胶结材料。其标号的具体选用见表8-5。

表8-5　沥青胶结材料标号选用表

屋面坡度（%）	历年室外最高极端温度/℃	沥青标号
1~3	小于38	S-60
	38~41	S-65
	41~45	S-70
3~5	小于38	S-65
	38~41	S-70
	41~45	S-75
15~25	小于38	S-75
	38~41	S-80
	41~45	S-85

（4）胶黏剂　胶黏剂是高聚物改性沥青防水卷材和合成高分子防水卷材的粘贴材料。高聚物改性沥青防水卷材的胶黏剂主要有氯丁橡胶改性沥青胶黏剂、CCTP抗腐耐水冷胶料等。前者由氯丁橡胶加入沥青、助剂及溶剂等配制而成，外观为黑色液体，主要用于卷材与基层、卷材与卷材的黏结，其黏结剪切强度大于或等于$5N/cm^2$，黏结剥离强度大于或等于$8N/cm^2$；后者是由煤沥青经氯化聚烯烃改性而制成的一种溶剂型胶黏剂，具有良好的耐腐蚀、耐酸碱、防水和耐低温等性能。合成高分子防水卷材的胶黏剂主要有氯丁系胶黏剂（404胶）、丁基胶黏剂、BX-12胶黏剂、XY-409胶等。

（5）卷材

1）沥青防水卷材。沥青防水卷材按制造方法的不同可分为浸渍（有胎）和辊压（无胎）两种。石油沥青防水卷材又称油毡和油纸。油毡是用高软化点的石油沥青涂盖油纸的两面，再撒上一层滑石粉或云母片而制成的。油纸是用低软化点的石油沥青浸渍原纸而制成的。建筑工程中常用的有石油沥青油毡和石油沥青油纸两种，宽度通常为915mm，每卷长（20±0.3）m。根据1m^2原纸质量（克），石油沥青油毡有200号、350号和500号三种标号，石油沥青油纸有200号和350号两种标号。防水卷材屋面工程用油毡一般应采用标号不低于350号的石油沥青油毡。油毡和油纸在运输、堆放时应竖直搁置，高度不超过两层；应储存在阴凉通风的室内，避免日晒雨淋及高温高热。

由于石油沥青防水卷材存在性能差、强度低、延伸率小等缺点，所以使用量也在逐年减少。现已广泛使用高聚物改性沥青防水卷材和合成高分子防水卷材，尤其是合成高分子防水卷材，具有强度高、延伸率大、耐热性好、低温柔性好、耐腐蚀、耐老化、可冷施工等优点性，更是今后防水卷材发展的方向。

2）高聚物改性沥青防水卷材。高聚物改性沥青防水卷材是以合成高分子聚合物改性沥青为涂盖层，纤维织物或纤维毡为胎体，粉状、粒状、片状或薄膜材料为覆盖材料制成的可卷曲的片状材料。我国常用的有SBS改性沥青柔性卷材、APP改性沥青卷材、铝箔塑胶卷材、化纤胎改性沥青卷材、废胶粉改性沥青耐低温卷材等。高聚物改性沥青防水卷材的规格见表8-6，其物理性能见表8-7。

表8-6　高聚物改性沥青防水卷材规格

厚度/mm	宽度/mm	每卷长度/m
2.0	≥1000	15.0~20.0
3.0	≥1000	10.0
4.0	≥1000	7.5
5.0	≥1000	5.0

表8-7　高聚物改性沥青防水卷材的物理性能

项目		性能要求			
		Ⅰ类	Ⅱ类	Ⅲ类	Ⅳ类
拉伸性能	拉力/N	400	400	50	200
	延伸率（%）	30	5	200	3
耐热度（85℃±2℃，2h）		不流淌，无集中性气泡			
柔性（-5~-25℃）		绕规定直径圆棒无裂纹			
不透水性	压力	≥0.2MPa			
	保持时间	30min			

注：1. Ⅰ类是指聚酯毡胎体，Ⅱ类是指麻布胎体，Ⅲ类是指聚乙烯膜胎体，Ⅳ类是指玻纤毡胎体。
2. 表中柔性的温度范围是指不同档次产品的低温性能。

3）合成高分子防水卷材。合成高分子防水卷材是以合成橡胶、合成树脂或二者的共混体为基料，加入适量的化学助剂和填充料等，经不同工序加工而成可卷曲的片状防水材料；或把上述材料与合成纤维等复合形成两层或两层以上的可卷曲的片状防水材料。常用的合成高分子防水卷材有三元乙丙橡胶防水卷材、氯化聚乙烯防水卷材、氯化聚乙烯-橡胶共混防水卷材、氯磺化聚乙烯防水卷材等。合成高分子防水卷材具体分类见表8-8。

表 8-8　合成高分子防水卷材分类表

类别	防水卷材名称
硫化型橡胶或橡塑共混防水卷材	三元乙丙橡胶防水卷材、氯磺化聚乙烯防水卷材、丁基橡胶防水卷材、氯丁橡胶防水卷材 、氯化聚乙烯-橡胶共混防水卷材等
非硫化型橡胶或橡塑共混防水卷材	丁基橡胶防水卷材、氯丁橡胶防水卷材、氯化聚乙烯-橡胶共混防水卷材等
合成树脂系防水卷材	氯化聚乙烯防水卷材、PVC 防水卷材等

合成高分子防水卷材外观质量必须满足以下要求：折痕每卷不超过 2 处，总长度不超过 20mm；不允许出现粒径大于 0.5mm 的杂质颗粒；胶块每卷不超过 6 处，每处面积不大于 $4mm^2$；缺胶每卷不超过 6 处，每处不大于 7mm，深度不超过本身厚度的 30%。合成高分子防水卷材规格见表 8-9，物理性能见表 8-10。

表 8-9　合成高分子防水卷材规格

厚度/mm	宽度/mm	每卷长度/m
1.0	1000	20
1.2	1000	20
1.5	1000	20
2.0	1000	20

表 8-10　合成高分子防水卷材的物理性能

项目		性能要求		
		Ⅰ类	Ⅱ类	Ⅲ类
拉伸能力/MPa		7	2	9
断裂伸长率（%）		450	100	10
低温弯折率		-40℃	-20℃	-20℃
		无裂缝		
不透水性	压力/MPa	0.3	0.2	0.3
	保持时间/min	30		
热老化保持率（80℃±2℃，168h）	拉伸强度（%）	80		
	断裂伸长率（%）	70		

注：Ⅰ类是指弹性体卷材，Ⅱ类是指塑性体卷材，Ⅲ类是指合成纤维卷材。

各种防水卷材及制品均应符合设计要求，具有质量合格证明，进场前应按规范要求进行抽样复检，严禁使用不合格产品。进场后，不同品种、标号、规格的卷材，应分别竖直堆放，其高度不得超过两层；应储存在阴凉通风的室内，避免日晒雨淋和受潮；严禁接近火源和热源；避免与化学介质及有机溶剂等有害物质接触。

2. 卷材防水层施工的一般要求

（1）基层与找平层　基层处理得好坏，直接影响屋面的施工质量。基层应满足干净、平整，且无孔隙、起砂和裂缝的要求，同时要有足够的强度，承受荷载时不产生显著变形，一般采用水泥砂浆、沥青砂浆和细石混凝土找平层作为基层。水泥砂浆配合比（体积比）为(1∶3)~(1∶2.5)，水泥强度等级不低于 32.5 级，找平层厚度为 15~30mm；沥青砂浆配合比（质量比）为 1∶8，找平层厚度为 15~25mm；细石混凝土强度等级为 C20，找平层厚度为 30~35mm。

基层、找平层应做好嵌缝（预制板）、找平、转角和基层处理等工作。采用水泥砂浆找平层时，水泥砂浆抹平收水后应二次压光，充分养护，不得有酥松、起砂、起皮及起壳现象，否则，必须进行修补。

为防止由于温差及混凝土构件收缩而使卷材防水层开裂，找平层宜设分格缝，缝宽为20mm，并嵌填密封材料。分格缝应留设在板端缝处，其纵横缝的最大间距：水泥砂浆或细石混凝土找平层不宜大于6m，沥青砂浆找平层不宜大于4m。并于缝口上加铺200~300mm宽的油毡条，用沥青胶结材料单边点贴，以防结构变形将防水层拉裂。屋面基层与女儿墙、立墙、天窗壁、烟囱、变形缝等突出屋面结构的连接处，以及基层的转角处（各雨水口、天沟、檐沟、屋脊等），均应做成圆弧。圆弧半径参见表8-11。

表8-11　转角处圆弧半径

卷材种类	圆弧半径/mm
沥青防水卷材	100~150
高聚物改性沥青防水卷材	50
合成高分子防水卷材	20

铺设防水层（或隔气层）前，找平层必须干燥、洁净，并涂刷基层处理剂，以增强卷材与基层的黏结力。基层处理剂的选用应与卷材的材性相容。涂刷基层处理剂前，应用毛刷对屋面节点、周边、拐角等处先行涂刷。基层处理剂可采用喷涂、刷涂等方式施工。喷涂应均匀，待第一遍干燥后再进行第二遍喷涂，待最后一遍干燥后方可铺设卷材。

卷材铺设前还应先熬制好沥青胶结材料，清除卷材表面的撒布料。沥青胶结材料中的沥青成分应与卷材中的沥青成分相同。卷材铺贴层数一般为2~3层，沥青胶结材料铺贴厚度一般为1~1.5mm，最厚不得超过2mm。

（2）施工顺序及铺贴方向　卷材铺贴在整个工程中应采取“先高后低、先远后近”的施工顺序，即高低跨屋面，先铺高跨后铺低跨；等高的大面积屋面，先铺离上料地点较远的部位，后铺较近部位。这样可以避免已铺屋面因材料运输遭人员踩踏和破坏。

卷材大面积铺贴前，还应先做好节点密封处理，附加层和屋面排水较集中部位（屋面与雨水口连接处、檐口、天沟等）的细节处理，分格缝的空铺条处理等，然后按顺序铺贴大屋面的卷材，以保证顺水搭接。施工段的划分宜设在屋脊、檐口、天沟、变形缝等处。

卷材铺贴方向应根据屋面坡度和周围是否有振动来确定。在坡度大于25%的屋面上采用卷材做防水层时，应采取固定措施，卷材应满铺并在短边搭接处用钉子钉入找平层内固定，以防卷材下滑。同时卷材铺贴方向应符合下列规定：当屋面坡度小于3%时，卷材宜平行于屋脊铺贴；当屋面坡度在3%~15%时，卷材可平行或垂直屋脊铺贴；当屋面坡度大于15%或屋面受振动时，沥青防水卷材应垂直屋脊铺贴，高聚物改性沥青防水卷材和合成高分子防水卷材可平行或垂直屋脊铺贴。上下层卷材不得相互垂直铺贴。檐口、天沟卷材应顺其长度方向铺贴，以减少搭接。

平行于屋脊铺贴时，由檐口开始，各层卷材的排列如图8-3a所示。两幅卷材的长边搭接（又称压边），应顺水流方向；短边搭接（又称接头），应顺主导风向。平行于屋脊铺贴效率高，材料损耗少，此外，由于卷材的横向抗拉强度远比纵向抗拉强度高，因此，此方法可以防止卷材因基层变形而产生裂缝。

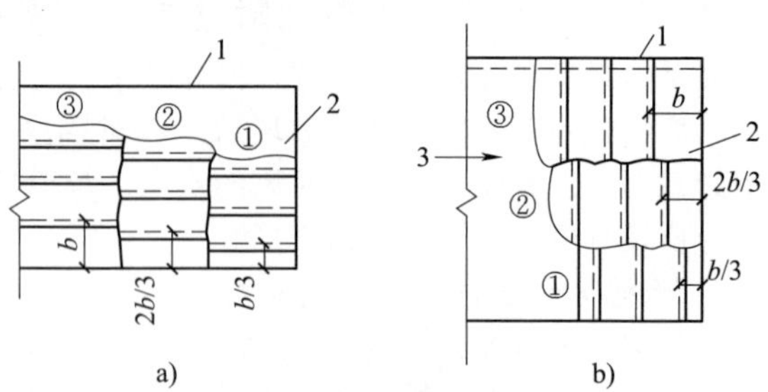

图8-3　卷材铺贴方向

a）平行于屋脊铺贴　b）垂直于屋脊铺贴

1—屋脊　2—山墙　3—主导风向

①②③—卷材层次　b—卷材幅宽

垂直于屋脊铺贴时，应从屋脊开始向檐口进行，以免出现因沥青胶结材料过厚而铺贴不平等现象。各层卷材的排列如图8-3b所示。压边应顺主导风向，接头应顺水流方向。同时，屋脊处不能留设搭接缝，必须使卷材相互越过屋脊交错搭接以增强屋脊的防水性和耐久性。

（3）粘贴形式　卷材防水层的粘贴形式按其底层卷材是否与基层全部黏结，分为满粘法、空铺法、条粘法或点粘法（图 8-4）。各层卷材之间应满粘。

立面或大坡面铺贴卷材时，必须采用满粘法，并宜减少短边搭接。

当卷材防水层上有重物覆盖或基层变形较大时，应优先采用空铺法、点粘法或条粘法，以避免结构变形拉裂防水层；当保温层或找平层含水量较大，且干燥有困难时，也应采用空铺法、点粘法或条粘法铺贴，并在屋脊设置排气孔形成排气屋面，以防止水分蒸发造成卷材起鼓。

采用空铺法、点粘法或条粘法时，在屋脊、檐口和屋面的转角处应满粘卷材，其宽度不小于800mm，卷材搭接处也必须满粘。采用条粘法铺贴时，每幅卷材与基层黏结面不少于 2 条，每条宽度不小于 150mm；采用点粘法铺贴时，卷材与基层的粘结点，每平方米不少于 5 个，每点面积为100mm×100mm。

（4）搭接方法、宽度和要求　为防止卷材接缝处漏水，卷材间应具有一定的搭接宽度，通常各层卷材的搭接宽度，长边不应小于 70mm，短边不应小于 100mm。相邻两幅卷材搭接缝应相互错开 300mm 以上，搭接缝处必须用沥青胶结材料封严，以免接头处因多层卷材相重叠而黏结不实。叠层铺贴时，上下层两幅卷材的搭接缝也应错开 1/3 幅宽（图 8-5）。

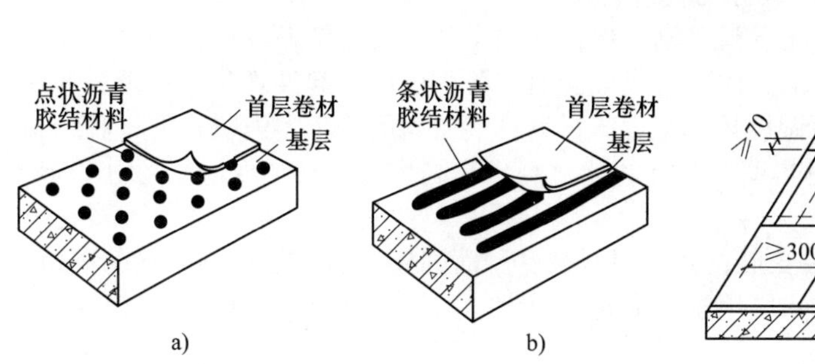

图 8-4　点粘法、条粘法示意图
a）点粘法　b）条粘法

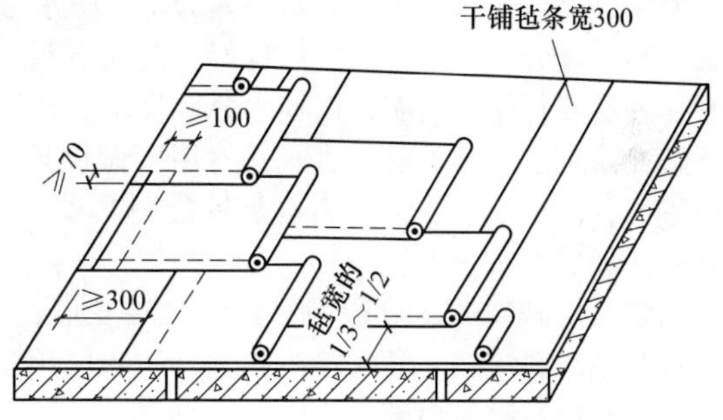

图 8-5　卷材水平铺贴搭接要求

当采用高聚物改性沥青防水卷材点粘或空铺时，两头部分必须全粘 500mm 以上。平行于屋脊的搭接缝应顺水流方向搭接；垂直于屋脊的搭接缝应顺主导风向搭接。叠层铺设的各层卷材，在天沟与屋面的连接处应采用叉接法搭接，搭接缝应错开；接缝宜留在屋面或天沟侧面，不宜留在沟底。各种卷材的搭接宽度应符合表 8-12 的要求。

表 8-12　卷材搭接宽度　（单位：mm）

搭接方向			短边搭接宽度		长边搭接宽度	
铺贴方法			满粘法	空铺法、点粘法、条粘法	满粘法	空铺法、点粘法、条粘法
卷材种类	沥青防水卷材		100	150	70	100
	高聚物改性沥青防水卷材		80	100	80	100
	自黏高聚物改性沥青防水卷材		60	—	60	—
	合成高分子防水卷材	胶黏剂	80	100	80	100
		胶黏带	50	60	50	60
		单缝焊	60，有效焊接宽度不小于 25			
		双缝焊	80，有效焊接宽度 = 10×2+空腔宽 80，有效焊接宽度 = 10×2+空腔宽			

3. 沥青卷材防水层的施工

(1) 施工工艺流程　检查验收基层→涂刷基层处理剂→测量放线→铺贴附加层→铺贴卷材防水层→淋（蓄）水试验→铺设保护层。

铺贴卷材前，应根据屋面特征及面积大小，合理划分施工流水段并在屋面基层上画出每幅卷材的铺贴位置，弹上标记。卷材在铺贴前应保持干燥，表面的撒布料应预先清扫干净。对容易渗漏水的薄弱部位（如天沟、檐口、泛水、雨水口处等）均应加铺 1~2 层卷材附加层。

卷材的铺贴方法有浇油法、刷油法、刮油法和撒油法等四种。浇油法是将沥青胶结材料浇到基层上，然后推着卷材向前滚动使卷材与基层粘贴紧密；刷油法是用毛刷将沥青胶结材料刷于基层上，刷油长度以 300~500mm 为宜，出油边不应大于 50mm，然后快速铺压卷材，卷材要展平压实，使之与下层紧密黏结；刮油法是将沥青胶结材料浇到基层上后，用 5~10mm 的胶皮刮板刮开沥青胶结材料进行铺贴；撒油法是在铺第一层卷材时，先在卷材周边涂满沥青，中间用蛇形花洒的方法撒油铺贴，其余各层则仍按浇油、刷油、刮油的方法进行铺贴，此法多用于基层不太干燥需要做排气屋面的情况。

(2) 注意事项　沥青卷材防水层最容易产生的质量问题有：防水层起鼓、开裂，沥青胶结材料流淌，沥青老化，屋面漏水等。为防止防水层起鼓，要求基层干燥，其含水量在 6% 以内，避免雨、雾、霜天气施工，隔气层良好；防止卷材受潮；保证基层平整，卷材铺贴涂油均匀、封闭严密，各层卷材粘贴密实，以免水分蒸发空气残留形成气囊而使防水层产生起鼓现象。在潮湿环境下解决防水层起鼓的有效方式是将屋面做成排气屋面，详见排气屋面的施工。为防止沥青胶结材料流淌，要求沥青胶结材料有足够的耐热度，较高的软化点，涂刷均匀，其厚度不得超过 2mm，且屋面坡度不宜过大。

防水层破裂的主要原因有：结构层变形、找平层开裂；屋面刚度不够，建筑物不均匀下沉；沥青胶结材料流淌，卷材接头错动；防水层因温度变化而收缩，沥青胶结材料变硬、变脆而被拉裂；防水层起鼓后内部气体受热膨胀等。

此外，沥青在热能、阳光、空气等的长期作用下，内部成分将逐渐老化，为延长防水层的使用寿命，通常设置保护层，保护层材料有绿豆砂、云母、蛭石、水泥砂浆、细石混凝土和块体材料等。

(3) 排气屋面的施工　排气屋面是指在铺贴第一层卷材（各种卷材）时，采用空铺、条粘、点粘等方法使卷材与基层之间留有纵横相互贯通的空隙作为排气道（图 8-6）。对于有保温层的屋面，也可在保温层上的找平层中留槽作为排气道，并在屋面或屋脊上设置一定的排气孔（每 $36m^2$ 左右一个）与大气相通，这样就能使潮湿基层中的水分蒸发排出，防止卷材起鼓。排气屋面适用于气候潮湿，雨量充沛，夏季阵雨多，保温层或找平层含水量较大，且干燥有困难地区。

由于排气屋面的底层卷材有一部分不与基层粘贴，可避免卷材拉裂，但其防水能力有所降低，且在使用时要考虑整个屋面抵抗风吸力的能力。

在铺贴第一层卷材时，为了保证有足够的黏结力，在檐口、屋脊和屋面的转角处及突出屋面的连接处，至少应有 800mm 宽的卷材涂满胶黏剂。

(4) 保护层施工　用绿豆砂作为保护层时，其粒径宜为 3~5mm，且清洁干燥。待各层卷材铺贴完后，在其面层上浇一层 2~4mm 厚的沥青胶结材料，趁热撒上一层粒径为 3~ 5mm 的绿豆砂，并加以压实，使绿豆砂和沥青胶结材料黏结牢固，未黏结的绿豆砂随即清扫干净。用水泥砂浆、块体材料或细石混凝土作为保护层时，应设置隔离层将其与防水层分开，保护层宜留设分格缝。对于水泥砂浆保护层分格面积宜为 $1m^2$，对于块体材料保护层分格面积宜小于 $100m^2$，对于细石混凝土保护层分格面积不宜大于 $36m^2$。

4. 高聚物改性沥青防水卷材施工

(1) 基层处理　高聚物改性沥青防水卷材的基层处理与普通沥青卷材防水层相同，可用水泥砂浆、沥青砂浆和细石混凝土找平层作为基层，并抹平压光，不允许有起砂、掉灰和凹凸不平等

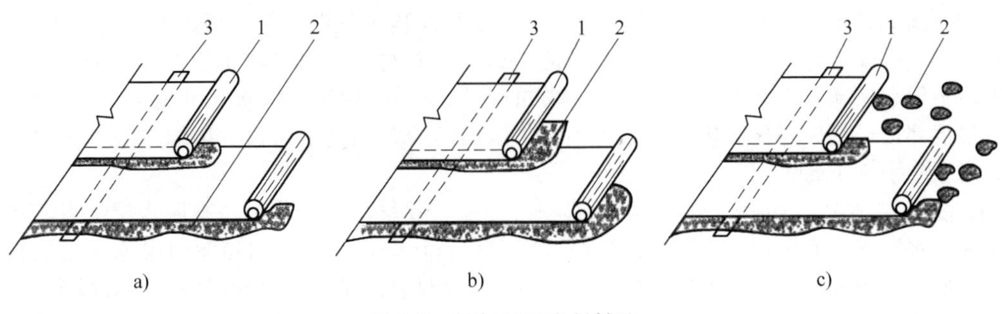

图 8-6 排气屋面卷材铺法

a）空铺法 b）条粘法 c）点粘法

1—卷材 2—玛蹄脂 3—附加卷材条

缺陷存在，其含水量一般不宜大于9%。找平层与突起物（如女儿墙、烟囱、通气孔、变形缝等）相连接的阴角，应做成均匀光滑的小圆角；找平层与檐口、排水口、沟脊等相连接的转角，应抹成光滑一致的圆弧形。

（2）施工要点 高聚物改性沥青防水卷材施工方法有冷粘法、自粘法和热熔法三种。立面或大坡面铺贴高聚物改性沥青防水卷材时，应采用满粘法，并宜减少短边搭接。

1）冷粘法铺贴卷材施工。冷粘法施工的卷材主要是指 APP 改性沥青卷材、铝箔面改性沥青卷材等。施工前应清除基层表面的突起物，并将尘土、杂物等扫除干净，随后用基层处理剂进行基层处理，基层处理剂由汽油等溶剂稀释胶黏剂制成，涂刷时要均匀一致。待基层处理剂干燥后，可先对排水口、管根等容易发生渗漏的薄弱部位，以其为中心，在半径 200mm 范围内，均匀涂刷一层胶黏剂，涂刷厚度以 1mm 左右为宜。胶黏剂涂刷应均匀、不漏底、不堆积。空铺法、条粘法、点粘法应按规定的位置与面积涂刷胶黏剂。干燥后即可形成一层无接缝和具有弹塑性的整体增强层。根据胶黏剂的性能，应控制好胶黏剂涂刷与卷材铺贴的间隔时间。

铺贴卷材时，应平整顺直，选定合适的卷材配置方案（一般坡度小于 3%时，卷材应平行于屋脊配置；坡度大于 15%时，卷材应垂直于屋脊配置；坡度为 3%～15%时，可据现场条件自由选定），搭接尺寸准确，不得扭曲、褶皱。在流水坡度的下坡开始弹出基准线，边涂刷胶黏剂边向前滚铺卷材，不要卷入空气和异物，并及时辊压压实。卷材的搭接缝溢出的胶黏剂应随即刮平封口，并用材性相容的密封材料进一步封严。

毛刷涂刷时，蘸胶液应饱满，涂刷要均匀。平面与立面相连接的卷材，应由下向上压缝铺贴，并使卷材紧贴阴角，不允许有明显的空鼓现象存在。当立面卷材超过 300mm 时，应用氯丁系胶黏剂（404 胶）进行粘贴或用木砖钉木压条与粘贴并用的方法处理，以达到粘贴牢固和封闭严密的目的。

卷材纵横搭接宽度为 100mm，一般接缝用胶黏剂黏合，也可采用汽油喷灯进行加热熔接，其中，后者效果更为理想。对卷材搭接缝的边缘以及末端收头部位，应刮抹膏状胶黏剂进行封闭处理，其宽度不应小于 10mm。必要时，也可在经过密封处理的末端收头处，再用掺入水泥质量为 20%的 107 胶水泥砂浆进行压缝处理。

2）自粘法铺贴卷材施工。自黏高聚物改性沥青防水卷材主要有 PET 自黏聚合物改性沥青防水卷材等。待基层处理剂干燥后及时铺贴。先将自胶黏剂底面隔离纸完全撕净，铺贴时应排尽卷材下面的空气，并辊压黏结牢固。搭接尺寸应准确，不得扭曲、褶皱。低温施工时，立面、大坡面及搭接部位宜采用热风机加热后随即粘贴牢固，溢出的胶黏剂随即刮平封口，接缝口用不小于 10mm 宽的密封材料封严。

3）热熔法铺贴卷材施工。采用热熔法施工的卷材主要以 SBS 和 APP 改性沥青卷材较为适宜。采用热熔法施工可节省冷黏剂，降低防水工程造价，特别是当气温较低时或屋面基层略有湿气时尤为适合。基层处理时，必须待涂刷基层处理剂 8h 以上方能进行施工作业。火焰加热器的喷嘴距卷材面的距离应适中，一般为 0.5m 左右，幅宽内加热应均匀。以卷材表面熔融至光亮黑色为度，不得过分加热或烧穿卷材。卷材表面热熔后应立即滚铺卷材，滚铺时应排除卷材下面的空气，使之平展，不得有褶皱，并辊压粘贴牢固。铺贴的卷材应平整顺直，搭接尺寸应准确，不得扭曲、皱折。搭接部位经热风焊枪加热后粘贴牢固，将溢出的胶黏剂刮平封口。接缝口应用密封材料封严，宽度不应小于 10mm。

（3）保护层施工　为屏蔽或反射阳光的辐射和延长卷材的使用寿命，在防水层铺设工作完成后，可在防水层的表面采用边涂刷冷胶黏剂边铺撒蛭石粉保护层，或均匀涂刷银色（绿色）涂料作为保护层。采用浅色材料作为保护层时，涂层应与卷材黏结牢固，厚薄均匀，不得漏涂。

高聚物改性沥青防水卷材严禁在雨雪天施工，五级风及以上时不得施工，气温低于 0℃时不宜施工。

5. 合成高分子防水卷材施工

合成高分子防水卷材屋面施工的主体材料，常用的有三元乙丙橡胶（EPDM）防水卷材、氯化聚乙烯-橡胶共混防水卷材、氯磺化聚乙烯防水卷材、氯化聚乙烯防水卷材、聚氯乙烯（PVC）防水卷材以及热塑性聚烯烃（TPO）防水卷材等。合成高分子防水卷材还配有基层处理剂、基层胶黏剂、接缝胶黏剂、表面着色剂等。其施工分为基层处理和防水卷材的铺贴。图 8-7 所示为合成高分子防水卷材防水层构造图。

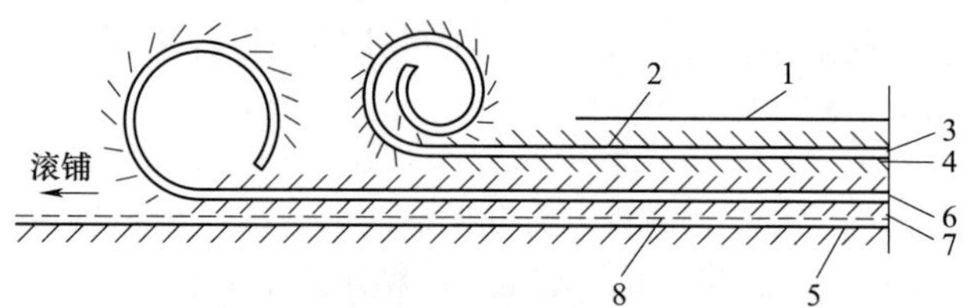

图 8-7　合成高分子防水卷材防水层构造图

1—着色剂　2—上层胶黏剂　3—上层卷材　4—中层胶黏剂　5—层面基层　6—下层卷材　7—下层胶黏剂　8—底胶

（1）基层处理　合成高分子防水卷材防水屋面应以水泥砂浆找平层作为基层，其配合比为 1∶3（体积比），厚度为 15~30mm，其平整度用 2m 长直尺检查，最大空隙不应超过 5mm，空隙仅允许平缓变化。当预制构件（无保温层）接头部位高低不齐或凹坑较大时，可用掺和 108 胶（占水泥质量 15%）的（1∶3）~（1∶2.5）水泥砂浆找平，基层与突出屋面结构相连的阴角，应抹成均匀、平整、光滑的圆角，而基层与檐口、天沟、排水口等相连的转角则应做成半径为 100~200mm 的光滑圆弧。基层必须干燥，其含水量一般不应大于 9%。

待基层表面清理干净后，即可涂布基层处理剂，一般是先将聚氨酯涂膜防水材料的甲料、乙料、二甲苯按 1∶1.5∶3 的配合比搅拌均匀，然后将其均匀涂布在基层表面上，干燥 4h 以上，即可进行后续工序的施工。胶黏剂涂刷应均匀，不露底，不堆积。在铺贴卷材前，将聚氨酯涂膜防水材料的甲料和乙料按 1∶1.5 的配合比搅拌均匀后，涂刷在阴角、排水口和通气孔根部周围做增强处理。其涂刷宽度为距离中心 200mm 以上，厚度以 1.5mm 左右为宜，固化时间应大于 24h。

（2）施工要点　合成高分子防水卷材施工可采用冷粘法、热风焊接法、机械固定法等。

1）冷粘法施工。

① 卷材上胶。先把卷材在干净、平整的基层上展开，用长滚刷蘸满搅拌均匀的胶黏剂（404 胶等），涂刷在卷材的表面，涂胶的厚度要均匀且无漏涂，沿搭接部位留出 100mm 宽的无胶带；静置 10~20min，当胶膜干燥且手指触摸基本不黏手时，用纸筒芯重新卷好带胶的卷材；再将胶黏剂均匀涂布在基层处理剂已基本干燥的洁净基层上，经过 10~20min 干燥，接触时不黏手，即可铺贴卷材。

② 滚铺。卷材的铺贴应从排水口下坡开始。先弹出基准线，然后将已涂刷胶黏剂的卷材一端先粘贴固定在预定部位，再逐渐沿基线滚动展开卷材，将卷材粘贴在基层上。卷材不得有褶皱，也不得被用力拉伸，应排尽卷材下面的空气，辊压粘贴牢固。卷材铺好后，应将搭接部位的结合面清扫干净，采用与卷材配套的接缝专用胶黏剂（如氯丁系胶黏剂），在搭接缝接合面上均匀涂刷，待其干燥不黏手后，辊压黏牢。此外，接缝口应采用密封材料封严，其宽度不应小于 10mm。

③ 上胶。在铺贴完的卷材表面再均匀地涂刷一层胶黏剂。

④ 复铺卷材。根据设计要求可再重复上述施工方法，再铺贴一层或数层的合成高分子防水卷材，达到屋面防水的效果。

⑤ 着色剂。在合成高分子防水卷材铺贴完成、质量验收合格后，可在卷材表面涂刷着色剂，起到保护卷材和美化环境的作用。

2）热风焊接法施工。采用热风焊接法施工时应将焊接缝的结合面清扫干净。先焊长边搭接缝，后焊短边搭接缝。

3）机械固定法。

① PVC、TPO 防水卷材机械固定法施工。机械固定法即采用专用固定件，如金属垫片、螺钉、金属压条等，将 PVC 或 TPO 防水卷材以及其他屋面层次的材料机械固定在屋面基层或结构层上，是推荐使用的新技术之一。机械固定方式包括点式固定方式和线性固定方式。固定件的布置与承载能力应根据试验结果和相关规定严格设计。PVC 或 TPO 防水卷材是通过热风焊接形成的连续的、整体的防水层。由于焊接缝中的分子链通过互相渗透、缠绕形成新的内聚焊接链，因此强度高于卷材且与卷材同寿命。点式固定指使用专用垫片或套筒对卷材进行固定，卷材搭接时覆盖住固定件，如图 8-8 所示。线性固定指使用专用压条和螺钉对卷材进行固定，使用防水卷材覆盖条对压条进行覆盖，如图 8-9 所示。PVC 或 TPO 防水卷材机械固定技术的应用范围广泛，可以在低坡度、大跨度或坡屋面的新屋面及翻新屋面中使用，特别是在大跨度屋面中，该技术的经济性和施工速度都有明显优势。该技术主要应用于厂房、仓库和体育场馆等屋面防水工程。

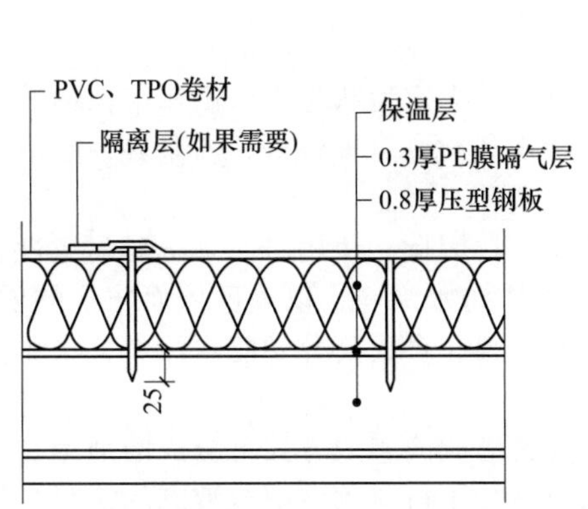

图 8-8 点式固定示意图

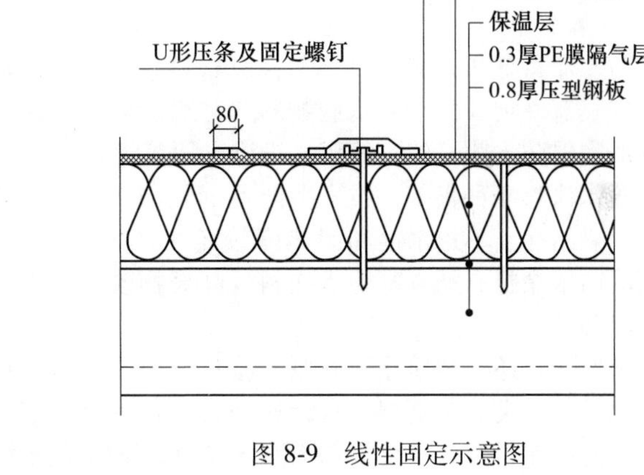

图 8-9 线性固定示意图

② EPDM 防水层无穿孔机械固定法施工。无穿孔增强型机械固定系统采用的是轻型、无穿孔的 EPDM 防水层机械固定施工技术。该系统将增强型机械固定条带（RMA）先用压条或垫片机械固定在轻钢结构屋面或混凝土结构屋面基面上，然后将宽幅 EPDM 防水卷材粘贴到 RMA 上，相邻的卷材用自黏结缝搭接带黏结而形成连续的防水层，构造如图 8-10 所示。

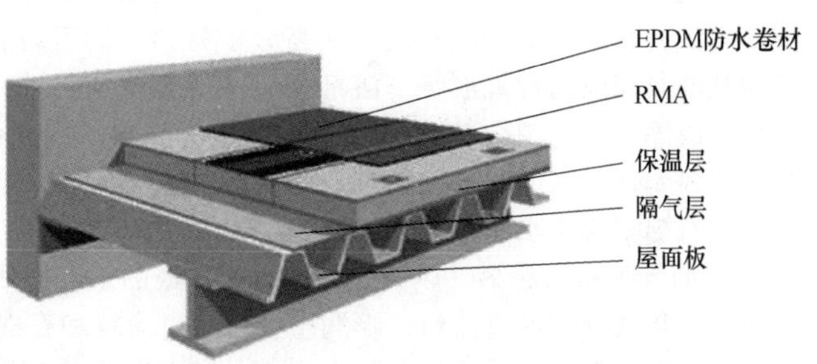

图 8-10 无穿孔增强型机械固定系统构造图

在安装和固定完保温层与隔气层之后，按照风荷载设计的要求固定 RMA。固定 RMA 的间距要先根据屋面不同分区、不同的风荷载确定，然后将 EPDM 防水卷材黏结到预制了搭接带的 RMA 上。在节点以及女儿墙转角处做机械固定，以减小结构变形对这些部位的影响；轻钢屋面可直接固定，混凝土屋面须预钻孔。

EPDM 防水卷材耐候性、抗紫外线性能优异，使用寿命长，回收利用简单并且不含任何增塑剂，可有效减少屋面防水层的更新频率，解决了回收和再生产带来的环境污染问题，环保节能。在达到使用寿命年限后可简单地回收利用，对资源保护有积极的影响。

4）保护层。保护层施工同前。

8.2.4 涂膜防水屋面

涂膜防水屋面是在屋面基层上涂刷以高分子合成材料为主体的防水涂料，经固化后形成一层有一定厚度和弹性的整体涂膜，从而达到防水目的的一种防水屋面形式。涂料按其稠度有厚质涂料和薄质涂料之分，施工时有加胎体增强材料和不加胎体增强材料之别，具体做法视屋面构造和涂料本身性能要求而定。涂膜防水屋面典型的构造如图 8-11 所示，具体施工层次，根据设计要求确定。

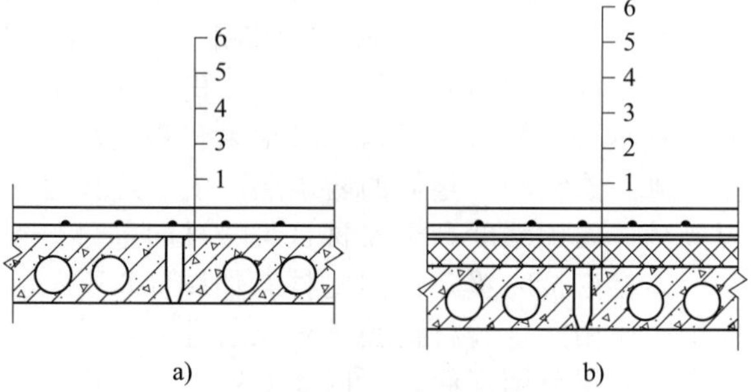

图 8-11　涂膜防水屋面构造示意图

a）无保温层涂膜防水屋面　b）有保温层涂膜防水屋面

1—结构层　2—保温层　3—水泥砂浆找平层

4—基层处理剂　5—涂膜防水层　6—保护层

1. 防水涂料

防水涂料是指以液体高分子合成材料为主体，在常温下呈无定型状态，涂刷在结构物的表面能形成具有一定弹性的防水膜物料。防水涂料具有防止板面风化，延伸性好，质量轻，能形成无接缝的完整防水膜，施工简单，维修方便等优点。

防水涂料品种很多，技术性能不尽相同，质量相差悬殊，因此，使用时必须选择耐久性、延伸性、黏结性、不透水性和耐热度较高的且便于施工的优质防水涂料，以确保屋面防水的质量。常用的防水涂料有沥青基防水涂料、高聚物改性沥青防水涂料、合成高分子防水涂料、水泥基防水涂料等。

防水涂料还有薄质涂料和厚质涂料之分。薄质涂料按其形成液态的方式可分成溶剂型、反应型和水乳型三类。溶剂型防水涂料是通过各种有机溶剂使高分子材料等溶解成液态的涂料，如氯丁橡胶防水涂料及氯磺化聚乙烯防水涂料；反应型防水涂料是由一个或两个液态组分构成的涂料，涂刷后经化学反应形成固态涂膜，如聚氨基甲酸酯橡胶类防水涂料、环氧树脂和聚硫化合物；水乳型防水涂料是以水为分散介质，使高分子材料及沥青材料等形成乳状液，水分蒸发后成膜，如丙烯酸乳液及橡胶沥青乳液等。溶剂型防水涂料成膜迅速，但易燃、有毒；反应型防水涂料成膜时体积不收缩，但配制须精确，否则不易保证质量；水乳型防水涂料可在较潮湿的基面上施工，但黏结力较差，且低温时成膜困难。厚质涂料主要有石灰乳化沥青防水涂料、膨润土乳化沥青防水涂料、石棉沥青防水涂料等。

（1）沥青基防水涂料　以沥青为基料配置成的水乳型或溶剂型防水涂料称为沥青基防水涂料，常见的有石灰膏乳化沥青涂料、膨润土乳化沥青涂料和石棉乳化沥青涂料等乳化沥青涂料。

乳化沥青涂料是一种冷施工防水涂料，指石油沥青在乳化剂（肥皂、松香、石灰膏、石棉等）水溶液作用下，经过乳化机的强烈搅拌分散，分散成 1~6μm 的细颗粒，被乳化剂包裹起来所形成的乳化液。将其涂刷在板面上，水分蒸发后，沥青颗粒聚成膜，形成均匀稳定、黏结良好的防水层。其石灰膏乳化沥青配合比见表 8-13。

表 8-13 石灰膏乳化沥青配合比

石油沥青	石灰膏（干石灰质量）	石棉绒	水
30~35	14~18	3~5	45~50

（2）高聚物改性沥青防水涂料　高聚物改性沥青防水涂料又称橡胶沥青类防水涂料，其成膜物质中的胶黏材料是沥青和橡胶（再生橡胶或合成橡胶）。该类涂料有水乳型和溶剂型两种，是以橡胶对沥青进行改性为基础。用再生橡胶进行改性，可以减少沥青的感温性，增加弹性，改善低温下的脆性和抗裂性；用氯丁橡胶进行改性，可以使沥青的气密性、耐化学腐蚀性、耐光性等显著改善。我国使用较多的溶剂型橡胶沥青防水涂料有氯丁橡胶沥青防水涂料（表 8-14）、再生橡胶沥青防水涂料、丁基橡胶沥青防水涂料等；水乳型橡胶沥青防水涂料有水乳型再生橡胶沥青防水涂料、水乳型氯丁橡胶沥青防水涂料等。溶剂型橡胶沥青涂料具有如下特点：能在各种复杂表面形成无接缝的防水膜，具有较好的柔韧性和耐久性，涂料成膜较快，同时具备良好的耐水性和耐腐蚀性，能在常温或较低温度下冷施工。但一次成膜较薄，以汽油或苯为溶剂，在生产储运和使用过程中有燃爆危险，氯丁橡胶价格较贵，生产成本较高。水乳型橡胶沥青涂料具有如下特点：能在复杂表面形成无接缝的防水膜，具有一定的柔韧性和耐久性，无毒、无味、不燃，安全可靠，可在常温下冷施工，不污染环境，操作简单，维修方便，可在稍潮湿但无积水的表面施工。但需要多次涂刷才能达到厚度要求，稳定性较差，气温低于 5℃时不宜施工。

表 8-14 溶剂型氯丁橡胶沥青防水涂料技术性能

项目	性能指标
外观	黑色黏稠液体
耐热性（85℃，5h）	无变化
黏结力	>0.25N/mm
低温柔韧性（-40℃，1h，绕直径为 5mm 的圆棒弯曲）	无裂纹
不透水性（动水压力为 0.2MPa，3h）	不透水
耐裂性（基层裂缝≤0.8mm）	涂膜不裂

（3）合成高分子防水涂料　以合成橡胶或合成树脂为主要成膜物质，配制成的水乳型或溶剂型防水涂料称为合成高分子防水涂料。由于合成高分子材料本身的优异性能，以此为原料制成的合成高分子防水涂料具有高弹性、防水性、耐久性和优良的耐高低温性能。常用的品种有聚氨酯防水涂料、丙烯酸酯防水涂料等。

聚氨酯防水涂料是双组分化学反应固化型的高弹性防水涂料，涂刷在基层表面上，经过常温交联固化，能形成一层橡胶状的整体弹性涂膜，可以阻挡水对基层的渗透，从而起到防水作用。聚氨酯防水涂膜具有弹性好、延伸能力强，对基层的伸缩或开裂适应性强，温度适应性好，耐油、耐化学药品腐蚀性能好，涂膜无接缝，适用于高层建筑屋面结构复杂的设有刚性保护层的上人屋面，施工方便，应用广泛。

丙烯酸酯防水涂料是以丙烯酸酯类共聚树脂乳液为主体配制而成的水乳型防水涂料，可与水乳型氯丁橡胶沥青防水涂料和水乳型再生橡胶沥青防水涂料等配合使用，使防水层具有浅色外观。该涂料形成的涂膜成橡胶状，柔韧性、弹性好，能抵抗基层龟裂时产生的应力。可以冷施工，可涂刷、刮涂或喷涂，施工方便，该涂料以水为稀释剂，无溶剂污染，不燃、无毒，施工安全。除此之外，还可调制成各种色彩，使屋面具有良好的装饰效果。

（4）水泥基防水涂料　新型聚合物水泥基防水材料分为通用型 GS 防水材料和柔韧型 JS 防水材料两种。

通用型 GS 防水材料是由丙烯酸乳液和助剂组成的液料与由特种水泥、级配砂及矿物质粉末组成的粉料按特定比例组合而成的双组分防水材料。两种材料混合后发生化学反应，既能形成表面涂层防水，又能渗透到底材内部形成结晶体阻遏水的通过，达到双重防水效果。产品黏结性能突出，适用于室内地面、墙面的防水。

柔韧型 JS 防水材料是由丙烯酸乳液、助剂（液料）与水泥、级配砂、胶粉（粉料）按比例组成的双组分、强韧塑胶改性聚合物水泥基防水浆料。将粉料和液料混合后涂刷，形成一层坚韧的高弹性防水膜，该膜对混凝土和水泥砂浆有良好的黏附性，与基面结合牢固，从而达到防水效果。产品柔韧性能突出，能够抵御轻微的振动及一定程度的位移，主要适用于土建工程施工环境。

水泥基防水涂料适用范围：

1）室内外水泥混凝土结构，砂浆砖石结构的墙面、地面。

2）卫生间、浴室、厨房、楼地面、阳台、水池的地面和墙面防水。

3）用于铺贴石材、瓷砖、木地板、墙纸、石膏板之前的抹底处理，可达到防止潮气和盐分污染的效果。

2. 密封材料

土木工程用密封材料（又称嵌缝油膏和胶泥），是指充填于建筑物及构筑物的接缝、门窗框四周、玻璃镶嵌部位以及裂缝处，能起到水密、气密性作用的材料。目前，我国常用的屋面密封材料包括改性沥青密封材料和合成高分子密封材料两大类。

（1）改性沥青密封材料　改性沥青密封材料是以沥青为基料，用合成高分子聚合物进行改性，加入填充料和其他化学助剂配制而成的膏状密封材料，主要有改性沥青基嵌缝油膏等。改性沥青基嵌缝油膏是以石油沥青为基料，掺以少量废橡胶粉、树脂（或油脂）类材料以及填充料和助剂制成的膏状体，适于钢筋混凝土屋面板板缝嵌填。它具有炎夏不流淌，寒冬不脆裂，黏结力强，延伸性、耐久性、弹塑性好，常温下可冷施工等特点。

（2）合成高分子密封材料　合成高分子密封材料是以合成高分子材料为主体，加入适量的化学助剂、填充料和着色剂，经过特定的生产工艺加工而成的膏状密封材料，主要有聚氯乙烯胶泥、水乳型丙烯酸酯密封膏、聚氨酯弹性密封膏等。聚氯乙烯胶泥是以聚氯乙烯树脂和煤焦油为基料，按一定比例加入改性材料及填充料，在 130~140℃ 温度下塑化而成的热灌嵌缝防水材料。这种材料具有良好的耐热性、黏结性、弹塑性、防水性，以及较好的耐寒、耐腐蚀性和抗老化能力，价格适中。不仅可用于屋面嵌缝，还可用于屋面满涂。聚氯乙烯胶泥的技术指标和配合比分别见表 8-15、表8-16。聚氯乙烯胶泥适用于各种坡度的屋面防水工程，并适用于有硫酸、盐酸、硝酸和氢氧化钠等腐蚀介质的屋面工程。水乳型丙烯酸酯密封膏是以丙烯酸酯乳液为胶黏剂，掺以少量的表面活性剂、增塑剂、改性剂、填充科、颜料配制而成的。其特点为：无溶剂污染，无毒、不燃，储运安全可靠；良好的黏结性、延伸性、耐低温性、耐热性及抗大气老化性；可提供多种色彩与密封层配色；可在潮湿基层上施工，操作方便等。聚氨酯弹性密封膏是以异氰酸基为基料，加入活性氢化物的固化剂组成的一种常温固化型弹性密封材料。该材料是一种新型密封材料，比

表 8-15　聚氯乙烯胶泥技术指标

名称	抗拉强度（20±3）℃	黏结强度（20±3）℃	延伸度（20±3）℃	耐热度（20±3）℃
指标	>0.05MPa	>0.1MPa	>200%	-20~80℃

表 8-16　聚氯乙烯胶泥配合比

成分	名称	单位	含量
主剂	煤焦油	份	100
	聚氯乙烯树脂	份	10~15
增塑剂	苯二甲酸二辛酯或苯二甲酸二丁酯	份	8~15
稳定剂	三盐基硫酸铅或硬脂酸钙、硬脂酸盐类	份	0.2~1
填充剂	滑石粉、粉煤灰、石英粉	份	10~30

其他溶剂型和水乳型密封膏的性能优良，具有模量低、延伸率大、弹性高、黏结性好、耐低温、耐水、耐油、耐酸碱、抗疲劳及使用年限长，并且价格适中等特点，可用于防水要求中等或偏高的工程。

3. 涂膜防水屋面施工

特别需要指出的是，涂膜防水层紧密地依附于基层（找平层）形成具有一定厚度和弹性的整体防水膜，从而起到防水作用。与卷材防水屋面相比，找平层的平整度对涂膜防水层质量影响更大，平整度要求更严格，否则涂膜防水层的厚度得不到保证，必将造成涂膜防水层的防水可靠性、耐久性降低。涂膜防水层是满粘于找平层的，按剥离区理论，找平层开裂（强度不足）易引起防水层的开裂，因此涂膜防水层的找平层应有足够的强度，尽可能避免裂缝的产生，出现裂缝应进行修补，涂膜防水层的找平层宜采用掺膨胀剂的细石混凝土，强度等级不低于 C15，厚度不小于 30mm，宜为 40mm。涂膜防水屋面的施工过程为板缝嵌缝施工和板面防水涂膜施工。

（1）板缝嵌缝施工　当屋面结构层为装配式钢筋混凝土板时，板缝上口的宽度应调整为 20~40mm。当板缝上口宽度大于 40mm 或上窄下宽时，板缝应设构造钢筋，以防止因灌缝混凝土脱落开裂而导致嵌缝材料流坠。板缝下部应用不低于 C20 的细石混凝土浇筑并捣固密实，且预留一定的嵌缝深度，可取接缝深度的 1/2~7/10 倍。表面增设 250~350mm 宽的带胎体增强材料的加固保护层。胎体增强材料（也称加筋材料、加筋布、胎体）是指在涂膜防水层中用于增加强度的化纤无纺布、玻璃纤维网格布等材料。

板缝在浇混凝土之前，应充分浇水湿润，冲洗干净。在浇筑混凝土时，必须随浇随清除接缝处构件表面的水泥浆。混凝土养护要充分，接触嵌缝材料的混凝土表面必须平整、密实，不得有蜂窝、露筋、起皮、起砂和松动现象。板缝必须干燥。

在嵌缝前，必须先用刷缝机或钢丝刷清除板缝两侧表面浮灰、杂物并吹净。随即用基层处理剂涂刷，涂刷宜在铺放背衬材料后进行，涂刷应均匀，不得漏涂。待其干燥后，及时热灌或冷嵌密封材料。当采用改性沥青密封材料热灌施工时，应由下向上进行，尽量减少接头数量，一般应先灌垂直于屋脊的板缝，后灌平行于屋脊的板缝，同时，在纵横交叉处宜沿平行于屋脊的两侧板缝各延伸浇灌 150mm，并留成斜槎。密封材料的覆盖宽度，应超出板缝且每边不少于 20mm，如图 8-12 所示。

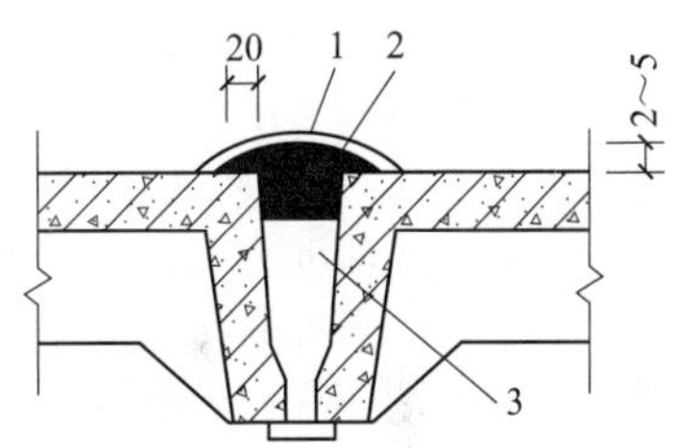

图 8-12　板缝嵌缝施工

1—保护层　2—油膏　3—背衬材料

密封材料嵌缝后，应沿缝做好保护层，保护层的做法主要有：沥青胶粘贴油毡条；用稀释油膏粘贴玻璃丝布，表面再涂刷稀释油膏；涂刷防水涂料；涂刷稀释油膏；加铺绿豆砂、中砂等。

（2）板面防水涂膜施工　板面防水涂膜施工应在嵌缝完毕后进行，一般采用手工抹压、涂刷或喷涂等方法。防水涂膜应分层多遍涂布。待先涂的涂层干燥成膜后，方可涂布后一层涂料。当采用涂刷方法时，上下层应交错涂刷，接槎宜在板缝处，每层涂刷厚度应均匀一致。涂膜防水层的厚度：沥青基防水涂膜在Ⅱ级防水屋面单独使用时不应小于 8mm，在Ⅳ防水屋面或复合使用时不小于 4mm；高聚物改性沥青防水涂膜应不小于 3mm，在Ⅱ级防水屋面上复合使用时不小于 1.5mm；合成高分子防水涂膜不小于 2mm，在Ⅱ级防水屋面上复合使用时不小于 1mm。一道涂刷完毕，必须待其干燥结膜后，方可进行下道涂层施工。在涂刷最后一道涂层时可掺入 2%的云母粉或铝粉，以防涂层老化。在涂层结膜硬化前，不得在其上行走或堆放物品，以免破坏薄膜。

为加强涂料对基层开裂、房屋伸缩变形和结构沉陷的抵抗能力，防水涂膜施工需铺设胎体增强材料。胎体增强材料的铺贴方向应根据屋面坡度或屋面是否受振动荷载而确定，具体要求同卷材防水屋面施工。胎体长边搭接宽度不得小于 50mm；短边搭接宽度不得小于 70mm。当采用两层胎体增强材料时，上下层不得互相垂直铺设，搭接缝应错开，其间距不应小于幅宽的 1/3。在天沟、檐口、檐沟、泛水等部位，均加铺有胎体增强材料的附加层。雨水口周围与屋面交接处，应做密封处理，并加铺两层有胎体增强材料的附加层。

雨天或在涂层干燥结膜前可能下雨刮风时，均不得施工。不宜在气温高于35℃及日均气温在5℃以下时施工。

涂膜防水屋面应设置保护层，保护层材料可采用细砂、云母、蛭石、浅色涂料、水泥砂浆或块体材料等。当采用细砂、云母、蛭石时，应在最后一遍涂料涂刷后随即撒上，并用扫帚轻扫均匀、轻拍黏牢。浅色涂料施工与涂膜防水相同。

（3）沥青基涂料施工

1）涂布前的准备工作。

① 基层表面必须坚实、平整、清洁、干燥、无浮浆、无水珠、不渗水。混凝土基础垫层表面应抹20mm厚1∶3水泥砂浆或无机铝盐防水砂浆（无机铝盐防水剂掺量为水泥用量的5%～10%）等，要抹平压光，不得有空鼓、开裂、起砂、掉灰等缺陷。基层表面的气孔、凹凸不平、蜂窝、缝隙、起砂等，应用掺膨胀剂的水泥砂浆或乳胶水泥腻子（乳胶掺量为水泥用量的15%）填充刮平。

② 涂料施工前，基层阴阳角应做成圆弧形，阴角直径宜大于50mm，阳角直径宜大于10mm。

③ 涂料施工前，还应对阴阳角、预埋件、穿墙管等部位进行密封或加强处理。

④ 涂料使用前应搅拌均匀，因为沥青基涂料大都属于厚质涂料，含有较多填充料。如搅拌不匀，不仅涂刮困难，而且未拌匀的杂质颗粒残留在涂层中会成为隐患。

⑤ 涂层厚度控制试验采用预先在刮板上固定钢丝或木条的办法，也可在屋面上做好标志控制。

2）涂刷基层处理剂。基层处理剂一般采用冷底子油，涂刷时应做到均匀一致，覆盖完全。夏季可将石灰乳化沥青稀释后作为冷底子油涂刷一道；春秋季宜采用汽油沥青冷底子油涂刷一道。膨润土、石棉乳化沥青防水涂料涂布前可不涂刷基层处理剂。

3）涂布。施工顺序为先做节点、附加层，再进行大面积涂布。涂布时，一般先将涂料直接分散倒在屋面基层上，用胶皮刮板来回刮涂，使它厚薄均匀一致，不露底、无气泡、表面平整，然后待其干燥。涂布间隔时间控制以涂层涂布后干燥并能上人操作为准，当脚踩不黏脚、不下陷时即可进行后一涂层的施工，一般干燥时间不少于12h。

自流平性能差的涂料刮平待表面收水尚未结膜时，用铁抹子进行压实抹光。抹压时间应适当，过早抹压起不到作用；过晚抹压会使涂料黏住抹子，出现月牙形抹痕。因此，为了便于抹压，加快施工进度，可以分条间隔施工，分条宽度一般为0.8～1.0m，并与胎体增强材料宽度相一致，以便抹压操作。

涂膜应分层多遍涂布。待前一遍涂层干燥成膜后，并检查表面是否有气泡、皱折不平、凹坑、刮痕等弊病，合格后才能进行后一遍涂层的涂布，否则应进行修补。第二遍的涂刮方向应与前一遍相垂直。

立面部位涂层应在平面涂刮前进行，视涂料自流平性能好坏而确定涂布次数。自流平性能好的涂料应薄而多次涂布，否则会产生流坠现象，使上部涂层变薄，下部涂层变厚，影响防水性能。

4）胎体增强材料的铺设。胎体增强材料的铺设可采用湿铺法或干铺法进行，但宜用湿铺法。胎体增强材料铺贴应平整。采用湿铺法时，在头遍涂层表面刮平后应边涂边铺胎体增强材料，铺贴后用刮板或抹子轻轻压紧。

5）保护层。用细砂、云母、蛭石等撒布材料作为保护层时，应筛去粉砂，在涂刷最后一遍涂料时，边涂边撒布均匀，不得露底。待涂料干燥后，清除多余的撒布材料，施工气温宜为5～35℃。

（4）高聚物改性沥青防水涂料及合成高分子防水涂料施工

1）涂刷前的准备工作。

① 基层干燥程度要求。基层的检查、清理、修整应符合要求。基层的干燥程度应视涂料特性而定。对于高聚物改性沥青防水涂料，为水乳型时，基层干燥程度可适当放宽，为溶剂型时，基层必须干燥。对于合成高分子防水涂料，基层必须干燥。

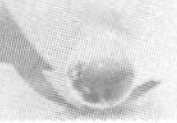

② 配料和搅拌。采用双组分涂料时，每组分涂料在配料前必须先搅匀。配料应根据材料的配合比配制，严禁任意改变配合比。配料时要求计量准确（过秤），主剂和固化剂的混合偏差不得大于5%。

涂料混合时，应先将主剂放入搅拌容器或电动搅拌器内，然后放入固化剂，并立即开始搅拌均匀，搅拌时间一般在3~5min。搅拌的混合料以颜色均匀一致为标准。当涂料稠度太大涂布困难时，可掺加稀释剂，切忌任意使用稀释剂稀释，否则会影响涂料性能。

双组分涂料应按配合比准确计量，搅拌均匀，每次配制量应根据每次涂刷面积计算确定，混合后的材料存放时间不得超过规定的可使用时间。不应一次搅拌过多以免因涂料发生凝聚或固化而无法使用，夏天施工时尤其需要注意此问题。配料时也可加入适量缓凝剂和促凝剂来调节固化时间。缓凝剂有磷酸、苯磺酸氨等；促凝剂有二丁基烯等。

单组分涂料一般由铁桶或塑料桶密闭包装，打开桶盖后即可施工，但由于涂料桶容量大（一般为200kg），易沉淀而产生不匀质现象，故使用前还应进行搅拌。

③ 涂层厚度控制试验。涂层厚度是影响涂膜防水质量的一个关键因素，但人工准确控制涂层厚度是比较困难的。涂刷时每个涂层要涂刷多遍才能完成，而每遍涂膜不能太厚，如果涂膜过厚，会出现涂膜表面已干燥成膜，而内部涂料的水分或溶剂却不能蒸发或挥发的现象。但涂膜也不宜过薄，否则就要增加涂刷遍数，既增加了劳动力又拖延了施工工期。因此，涂膜防水施工前，必须根据设计要求的每平方米涂料用量、涂膜厚度及涂料材性事先试验确定每道涂料涂刷的厚度以及每个涂层需要涂刷的遍数。

④ 涂刷间隔时间试验。在进行涂刷厚度及用量试验的同时，可测定每遍涂层涂刷的间隔时间。不同防水涂料都有不同的干燥时间（表干和实干），因此涂刷前必须根据气候条件经试验确定每遍涂刷的涂料用量和间隔时间。薄质涂料施工时，后一遍涂刷必须待前一遍涂膜实干后才能进行。薄质涂料每遍涂层表干时实际上已基本达到了实干。因此，可用表干时间来控制涂刷间隔时间。涂膜干燥得快慢与气候有较大关系，气温高，干燥就快，空气干燥、湿度小，且有风时，干燥也快。

2）涂刷基层处理剂。基层处理剂应与上部涂膜的材性相容，常采用防水涂料的稀释液或专用基层处理剂，如以下三种：

① 若使用水乳型防水涂料，可用掺0.2%~0.5%乳化剂的水溶液或软化水将涂料稀释，其用量比例一般为：防水涂料∶乳化剂水溶液（或软水）=（1∶0.5）~（1∶1）。如无软水，则可用冷开水代替，切忌加入一般水（天然水或自来水）。

② 若使用溶剂型防水涂料，由于其渗透能力比水乳型防水涂料强，可直接用涂料薄涂做基层处理，如溶剂型氯丁胶沥青防水涂料或溶剂型再生橡胶沥青防水涂料等。若涂料较稠，则可用相应的溶剂稀释后使用。

③ 高聚物改性沥青防水涂料也可用沥青溶液（即冷底子油）作为基层处理剂，或在现场以煤油∶30号石油沥青=3∶2的比例配制而成的溶液作为基层处理剂。

基层处理剂应充分搅拌，涂刷均匀，覆盖完整，以隔断基层潮气。基层处理剂涂刷时，应用刷子用力薄涂，使涂料尽量刷进基层表面的毛细孔中，并将基层可能留下来的少量灰尘等无机杂质，像填充料一样混入基层处理剂中，使之与基层牢固黏结。这样即使屋面上的灰尘不能完全清理干净，也不会影响涂层与基层的牢固黏结。特别是在较为干燥的屋面上涂刷溶剂型涂料时，使用基层处理剂打底后再进行防水涂料的涂刷，效果相当明显。基层处理剂厚度不得小于1mm，不得过厚或过薄，不允许见底。对于合成高分子防水涂料，在底胶涂布后干燥固化24h以上，才能进行防水涂膜施工。

3）涂刷防水涂料。涂料涂刷可采用棕刷、长柄刷、胶皮板、圆滚刷等进行人工涂布，也可采用机械喷涂。

用刷子涂刷一般采用蘸刷法，也可边倒涂料边用刷子刷匀。涂布时应先涂立面，后涂平面，涂布立面最好采用蘸涂法，涂刷应均匀一致。倒料时要注意控制涂料的均匀倒洒，不可在一处倒得过多，否则涂料难以刷开，会造成厚薄不匀的现象。涂刷时不能将气泡裹进涂层中，如遇气泡应立即消除。涂刷遍数必须按事先试验确定的遍数进行。同时，前一遍涂层干燥后应将涂层上的灰尘、杂质清理干净后再进行后一遍涂层的涂刷。

涂料涂布应分条或按顺序进行。分条进行时，每条宽度应与胎体增强材料宽度相一致，以避免操作人员踩踏刚涂好的涂层。每次涂布前，应严格检查前一遍涂层是否有缺陷，如气泡，露底，漏刷，胎体增强材料皱折、翘边，杂物混入等现象，如发现上述问题，应先进行修补再涂布后一遍涂层。

应当注意，涂料涂布时，涂刷致密是保证质量的关键。刷基层处理剂时要用力薄涂，涂刷后续涂料时则应按规定的涂层厚度（控制材料用量）均匀涂刷，涂刷间隔时间应根据前一遍涂膜干燥的时间来确定，如聚氨酯涂膜宜为24~72h。各道涂层之间的涂刷方向相互垂直，以提高防水层的整体性和均匀性。涂层间的接槎，在每遍涂刷时应退槎50~100mm，接槎时也应超过50~100mm，避免在搭接处发生渗漏。

4）铺设胎体增强材料。在涂刷第二遍涂料时，或涂刷第三遍涂料前，即可加铺胎体增强材料。位于胎体下面的涂层厚度不宜小于1mm，最上面的涂层涂刷不应少于两遍。

由于涂料与基层黏结力较强，涂层又较薄，胎体增强材料不容易滑移，因此，胎体增强材料应尽量顺屋脊方向铺贴，以方便施工、提高劳动效率。

胎体增强材料可采用湿铺法或干铺法铺贴。湿铺法就是边倒料、边涂刷、边铺贴的操作方法。施工时，先在已干燥的涂层上，用刷子将涂料刷匀，然后将成卷的胎体增强材料平放在屋面上，逐渐推滚铺贴于刚刷上涂料的屋面上，用滚刷滚压一遍，务必使全部布眼浸满涂料，使上下两层涂料能良好结合，确保其防水效果。由于胎体增强材料质地柔软、容易变形，因此铺贴时不易展开，经常出现皱折、翘边或空鼓等现象，影响防水涂层的质量。为了避免这些现象，有的施工单位在无大风情况下，采用干铺法施工取得较好的效果。干铺法就是在上一遍涂层干燥后，边干铺胎体增强材料，边在已展平的胎体增强材料表面上用胶皮刮板均匀满刮一道涂料，也可将胎体增强材料按要求在已干燥的涂层上展平后，先在边缘部位用涂料点黏固定，然后再在上面满刮一道涂料，使涂料浸入网眼渗透到已固化的涂膜上。当渗透性较差的涂料与比较密实的胎体增强材料配套使用时不宜采用干铺法。

胎体增强材料铺设后，应严格检查表面是否有缺陷或搭接不足等现象。如发现上述情况，应及时修补完整，使它形成一个完整的防水层后才能在其上继续涂刷涂料。面层涂料应至少涂刷两遍，以增加涂膜的耐久性。如面层做粒料保护层，则可在涂刷最后一遍涂料时，随时撒布覆盖粒料。

5）收头处理。为防止收头部位出现翘边现象，所有收头均应用密封材料压边，压边宽度不得小于10mm。收头处的胎体增强材料应裁剪整齐，当有凹槽时，应压入凹槽内，不得出现翘边、皱折、露白等现象，否则应先进行处理再涂封密封材料。

6）保护层。若用水乳型防水涂料，以撒布料作为保护层，则在撒布后进行辊压黏牢。溶剂型防水涂料施工气温宜为-5~35℃，水乳型防水涂料施工气温宜为5~35℃。严禁在雨天、雪天施工，五级风及以上时或预计涂膜固化前有雨时也不得施工。当保护层为撒布材料（细砂、云母或蛭石）时，应在涂刷最后一遍涂层后，在涂层尚未固化前，再将撒布材料撒在涂层上；当保护层为块体材料（马赛克、饰面砖等）时，应在涂膜完全固化后，再进行块体材料铺贴，并按规范要求留设分格缝，分格面积不宜大于10m^2，分格缝宽度不宜小于20mm。

（5）水泥基防水涂料施工

1）搅拌。将液料倒入容器中，再将粉料慢慢加入，同时充分搅拌3~5min至形成无生粉团和颗粒的均匀浆料即可使用（最好使用搅拌器）。

2）涂刷。用毛刷或滚刷直接涂刷在基层上，力度应均匀，不可漏刷。一般需要涂刷2遍（根

据使用要求而定)，每次涂刷厚度不超过1mm。前一遍略微干固后再进行后一遍涂刷（刚好不黏手，一般间隔1~2h)，前后垂直十字交叉涂刷，涂刷总厚度一般为1~2mm。如果涂层已经固化，则涂刷另一层时先用清水湿润，然后养护。施工24h后建议用湿布覆盖涂层或喷雾洒水对涂层进行养护。

3）检查（闭水试验)。卫生间、水池等部位在防水层干固后（夏天至少24h，冬天至少48h）储满水48h以检查防水施工是否合格。轻质墙体须做淋水试验。

8.2.5　刚性防水屋面

根据防水层所用材料的不同，刚性防水屋面可分为普通细石混凝土防水屋面、补偿收缩混凝土防水屋面及块体刚性防水屋面。刚性防水屋面的结构宜为整体现浇的钢筋混凝土或装配式钢筋混凝土板。刚性防水屋面主要适用于防水等级为Ⅲ级的屋面防水，也可用作Ⅰ、Ⅱ级屋面多道防水设防中的一道防水层，不适用于设有松散材料保温层的屋面以及承受较大冲击或振动的建筑屋面。

1. 屋面构造

刚性防水层一般是在屋面上现浇一层厚度不小于40mm的细石混凝土，作为屋面防水层，内配直径4~6mm的双向钢筋网片，间距为100~200mm，且钢筋网片在分格缝处应断开，保护层厚度不小于10mm，其构造如图8-13所示。刚性防水层的坡度宜为2%~3%，并应采用结构找坡，其混凝土强度等级不得低于C20，水胶比不大于0.55，每立方米水泥最小用量不应小于330kg，灰砂比为(1∶2.5)~(1∶2)。

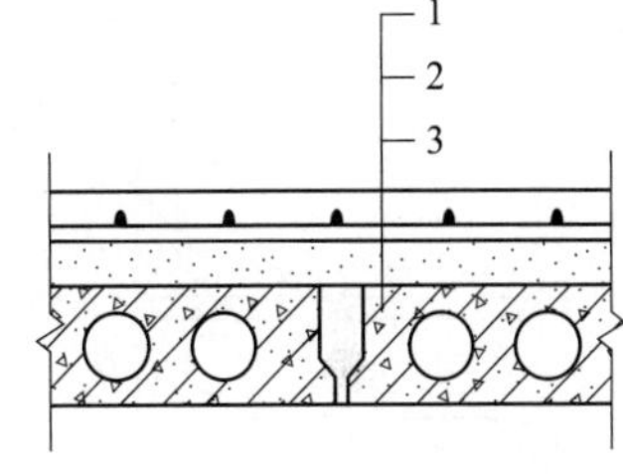

图8-13　刚性防水层构造
1—预制板　2—隔离层
3—细石混凝土防水层

细石混凝土防水层宜用普通硅酸盐水泥，当采用矿渣硅酸盐水泥时应采取减小泌水性的措施。水泥强度等级不低于42.5级，在防水层的细石混凝土和砂浆中，粗骨料的最大粒径不宜大于15mm，含泥量不应大于1%。细骨料应采用中砂或粗砂，含泥量不应大于2%，拌和水应采用不含有害物质的洁净水。

2. 施工工艺

（1）分格缝设置　为了防止大面积的细石混凝土防水层由于温度变化等的影响而产生裂缝，对防水层必须设置分格缝。分格缝的位置应按设计要求确定，一般应留设在结构应力变化较大的部位，如设置在装配式屋面结构的支承端、屋面转折处、防水层与突出屋面板的交接处，并应与板缝对齐，其纵横间距不宜大于6m。一般情况下，屋面板支承端每个开间应留设横向缝，屋脊应留设纵向缝，分格的面积以20m^{2}左右为宜。

（2）细石混凝土防水层施工　在浇筑防水层细石混凝土前，为减少结构变形对防水层产生的不利影响，宜在防水层与基层间设置隔离层。隔离层可采用纸筋灰或麻刀灰、低强度等级砂浆、干铺卷材等。隔离层做好后，便在其上定好分格缝位置，再用分格木条隔开作为分格缝。混凝土浇筑应按先远后近、先高后低的原则进行，一个分格缝范围内的混凝土必须一次浇筑完毕，不得留施工缝。浇筑混凝土时应保证双向钢筋网片设置于防水层中部，防水层混凝土虚铺厚度为1.2倍压实厚度，先用平板振动器振实，然后用滚筒滚压至表面泛浆后抹平，收水后再次压光。待混凝土初凝后，将分格木条取出，分格缝处必须有防水措施，通常采用油膏嵌缝，有的在缝口上再做覆盖保护层。

细石混凝土防水层施工时，屋面泛水与屋面防水层应一次做成，否则会因混凝土或砂浆收缩程度不同和结合不良造成渗漏水，泛水高度不应低于250mm（图8-14)，以防止雨水倒灌或爬水现象引起渗漏水。

细石混凝土防水层，由于其收缩弹性很小，对地基不均匀沉降、外荷载等引起的位移和变形，对温差和混凝土收缩、徐变引起的应力变形等敏感性大，容易产生开裂，因此，这种屋面多用于结构刚度好、无保温层的钢筋混凝土屋盖上。只要设计合理、施工措施得当，防水效果就可以得到保证。此外，在施工中还应注意：防水层细石混凝土所用水泥的品种、最小用量、水胶比以及粗细骨料规格和级配等应符合规范的要求；细石混凝土防水层的施工气温宜为5~35℃，不得在负温和烈日暴晒下施工；防水层混凝土浇筑后，应及时养护，并保持湿润，补偿收缩混凝土防水层宜采用水养护，养护时间不得少于14d。

8.2.6 细部处理

防水屋面的接缝、收头、雨水口、变形缝、伸出屋面管道等处是防水薄弱部位。施工中应按设计及规范要求做好这些细部的处理，并进行全数检查验收。

1. 防水层接缝处理

防水层接缝处理在工程中是极为重要的一个环节，应封闭严密。如采用热熔法铺贴高聚物改性沥青防水卷材，其缝口必须溢出沥青热熔胶，并形成8mm宽的均匀沥青条，如图8-15所示。

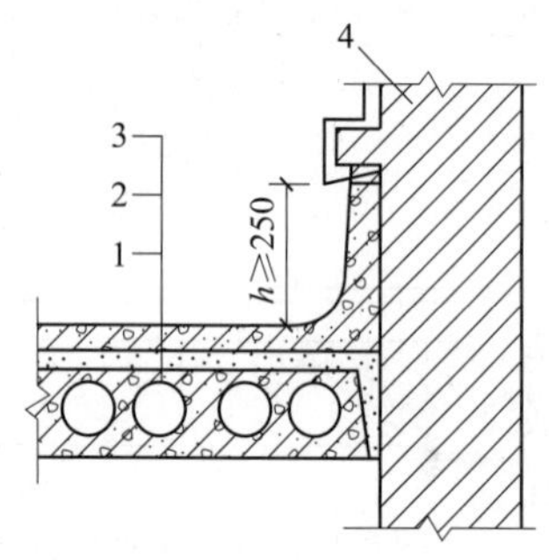

图8-14 泛水施工
1—结构层 2—隔离层
3—细石混凝土防水层 4—砖墙

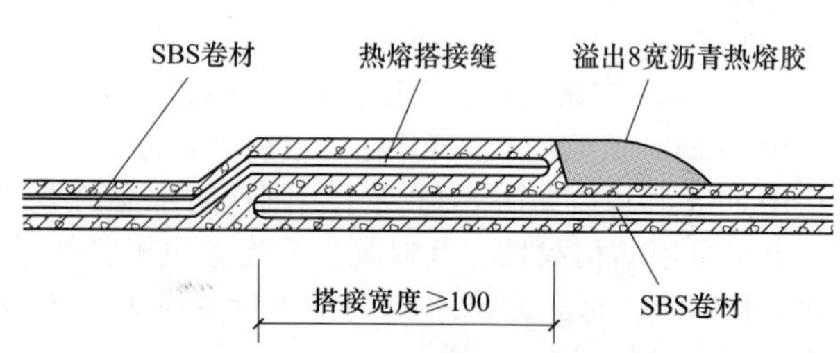

图8-15 热熔法铺贴高聚物改性沥青防水卷材的搭接缝

2. 易变形、开裂处局部空铺处理

在屋面平面与立墙交接处、找平层分格缝、无保温层的装配式屋面板板端缝等处，易因结构、温差等变形将防水层拉裂而导致渗漏，故均应空铺（或单边点粘）宽度不小于100mm的卷材条，以适应变形的需要。

3. 防水层收头处理

檐口、女儿墙、突出屋面的通风口和出入口等部位，均应做好防水层的收头处理。常采取增设附加层、金属压条固定、密封材料封口等措施，立面处还需要设置金属盖板。低、高女儿墙处的卷材收头分别如图8-16和图8-17所示。

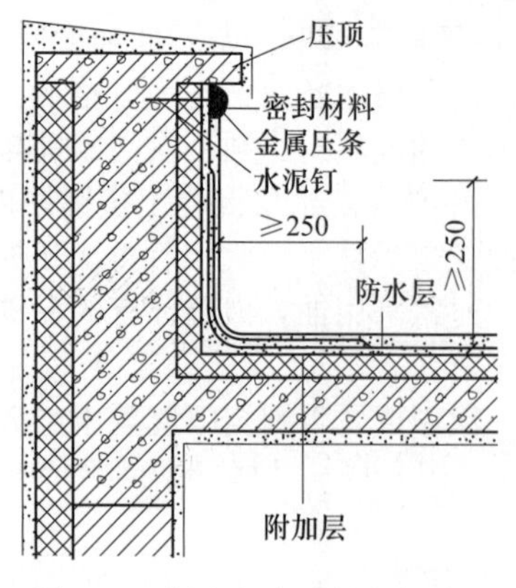

图8-16 低女儿墙处的卷材收头

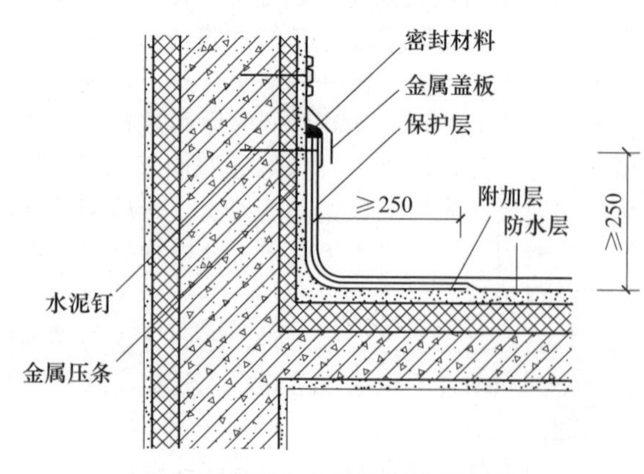

图8-17 高女儿墙处的卷材收头

4. 雨水口处理

雨水口是最易渗漏的部位。应注意以下问题：

1）在雨水口管与基层混凝土交接处留置凹槽（20mm×20mm），嵌填密封材料。

2）应根据沟底坡度、雨水口周围500mm范围内5%的排水坡度及附加层厚度，计算出雨水口杯口的标高，并确保其在沟底最低处。

3）施工的层次顺序依次为增设的涂膜层、附加层及设计防水层。防水层及附加层均应伸入排水口中不少于50mm，并黏结牢固，封口处用密封材料嵌严，如图8-18和图8-19所示。

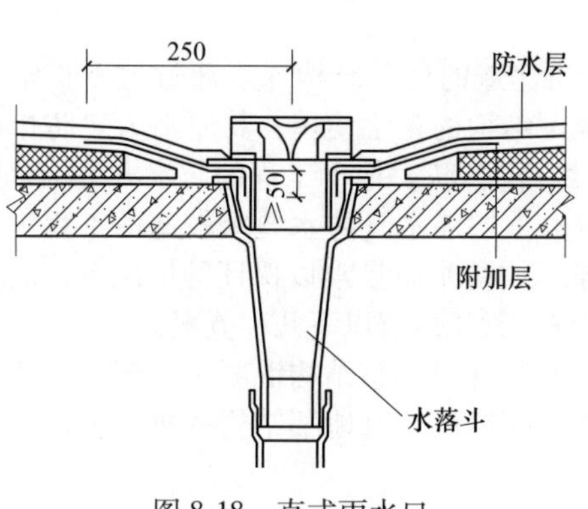

图8-18　直式雨水口

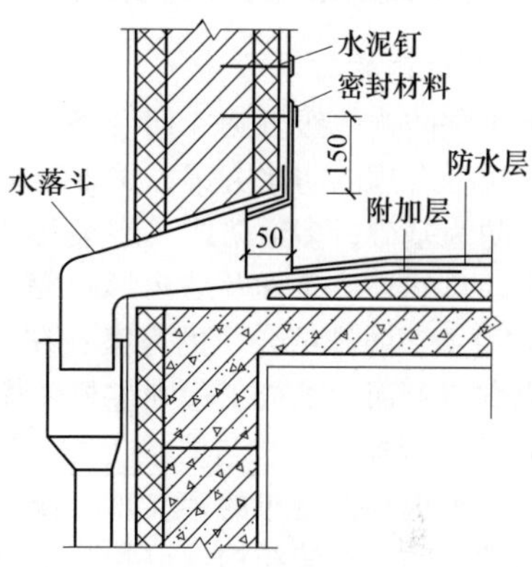

图8-19　横式雨水口

5. 伸出屋面管道的处理

伸出屋面管道周围的找平层应抹成圆锥台，高出屋面找平层30mm，以防止根部积水，如图8-20所示。管道泛水处的防水层下应增设附加层，附加层在平面和立面的宽度均不小于250mm。卷材收头应用金属箍箍紧，并用密封材料封严。涂膜收头应用防水涂料多遍涂刷。

8.2.7　保护层施工

卷材屋面应有保护层，以减少雨水、冰雹冲刷或其他外力造成的卷材机械性损伤，并可折射阳光、降低温度，减缓卷材老化，从而增加防水层的寿命。当卷材本身无保护层而又非架空隔热屋面或倒置式屋面时，均应另做保护层。

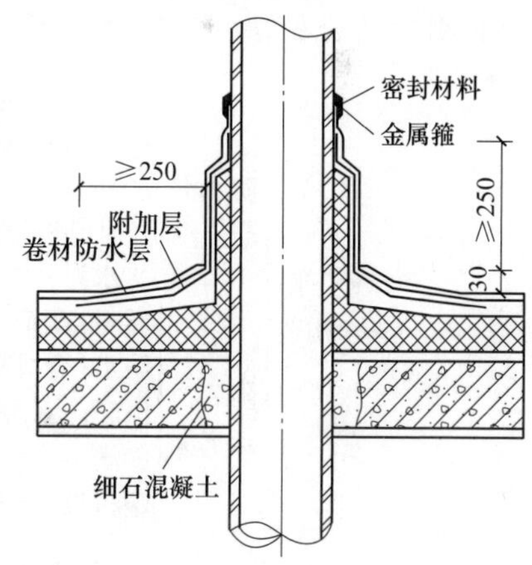

图8-20　伸出屋面管道的处理

保护层施工应在防水层经过验收合格，并将其表面清扫干净后进行。用水泥砂浆、细石混凝土或块体材料等刚性材料作为保护层时，应在保护层与防水层之间抹纸筋灰或铺细砂等作为隔离层，以防止保护层因温度变形而拉裂防水层。为防止刚性保护层开裂，施工时应设置分格缝，其要求为：水泥砂浆表面分格面积宜为1m^2；细石混凝土纵横间距不大于6m，缝宽宜为10~20mm；块体材料保护层纵横分格缝间距不大于10m，缝宽20mm；刚性保护层与女儿墙之间需要预留30mm宽的空隙。施工时，块体材料应铺平铺稳，块体间用水泥砂浆勾缝；所留缝隙应用防水密封膏嵌填密实。

8.3　地下结构防水施工

地下结构埋置在土中，皆不同程度地受到地下水或土体中水分的长期作用。一方面地下水对地下结构有着渗透作用，而且地下结构埋置越深，渗透水压就越大；另一方面地下水中的化学成分复杂，有时会对地下结构造成一定的腐蚀和破坏作用。而结构又存在变形缝、施工缝等众多薄弱部位，地下防水施工的环境较差、敞露及施工时间长、受气候及水文条件影响大、成品保护难，加大了技术和保证质量的难度。因此地下结构应选择合理有效的防水措施，以确保地下结构的安全耐久和正常使用。其施工的原则为：杜绝防水层对水的吸附和毛细渗透；接缝严密，形成封闭的整体；消除所留孔洞、缝隙造成的渗漏；防止因不均匀沉降而拉裂防水层；防水层做至可能渗漏范围以外。

8.3.1 地下结构的防水方案与施工排水

1. 地下结构的防水方案

地下工程防水等级分为4级，各级标准见表8-1。当建造的地下结构深度超过地下正常水位时，必须选择合理的防水方案，采取有效措施以确保地下结构的正常使用，其原则为“防排截堵相结合，防为基础；多道防线，刚柔并举；因地制宜，综合治理”。地下工程的防水方案，常根据使用要求、自然环境条件及结构形式等因素确定。对仅有上层滞水且防水要求较高的工程，应采用“以防为主、防排结合”的方案；在有较好的排水条件或防水质量难以保证的情况下，应优先考虑排水方案；而大部分工程则主要考虑防水方案。目前，常用的有以下几种方案：

(1) 防水混凝土结构自防水　防水混凝土结构自防水是通过调整结构混凝土的配合比或掺外加剂的方法来提高混凝土的密实度、抗渗性、耐蚀性，以满足设计对地下结构的抗渗要求，从而达到防水的目的，并使结构承重和防水合为一体。

(2) 表面防水层防水　表面防水层防水是在地下结构外表面加设防水层以达到防水的目的，常用的有砂浆防水层、卷材防水层、涂膜防水层等。

(3) 防排结合防水　防排结合防水即采取防水加排水措施，排水方案可采用盲沟排水、渗排水、内排法排水等 。

2. 常用地下工程防水构造及材料

常用地下工程防水构造及材料如图8-21所示，目前多采用混凝土结构防水+卷材或涂膜柔性防水层的刚柔结合做法。建筑物地下室多为Ⅰ、Ⅱ级防水，常采用两道或多道设防的防水构造(图8-22)。

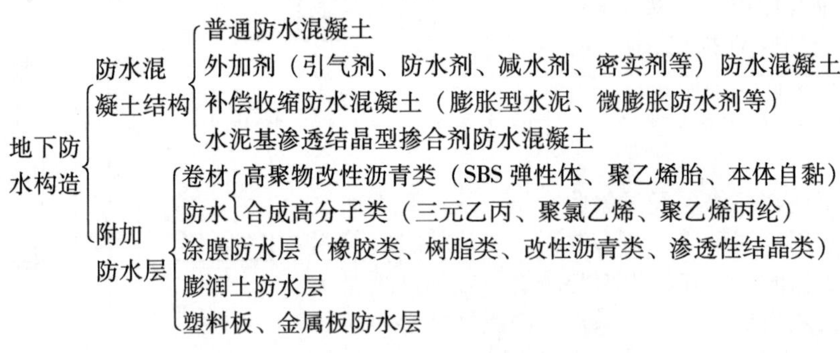

图8-21　常用地下工程防水构造及材料

3. 地下防水工程施工期间的排水与降水

地下防水工程施工期间应保持基坑内土体干燥，严禁带水或带泥浆进行防水施工，因此，地下水位应降至防水工程底部最低标高以下至少300mm处，并防止地表水流入基坑内。基坑内的地面水应及时排出，不得破坏基底受力范围内的土层构造，防止基土流失。

8.3.2 防水混凝土结构自防水

1. 防水混凝土的特点及应用

防水混凝土通过控制材料选择，混凝土拌制、浇筑、振捣的施工质量，以减少混凝土内部的

空隙和消除空隙间的连通，最后达到防水要求。防水混凝土兼有承重、围护和防水等功能，也是其他防水层的刚性依托，防水混凝土结构的厚度不得小于250mm，裂缝宽度应控制在0.2mm以内且不贯通，迎水面钢筋的保护层厚度不应小于50mm。防水混凝土结构具有材料来源丰富、施工简便、工期短、造价低、耐久性好等优点，是我国地下结构防水的一种主要形式，适用于防水等级为Ⅰ~Ⅳ级的地下整体式混凝土结构。常用的防水混凝土有普通防水混凝土、外加剂防水混凝土（如掺三乙醇胺、加气剂或减水剂的防水混凝土）和膨胀（或减缩）水泥防水混凝土。

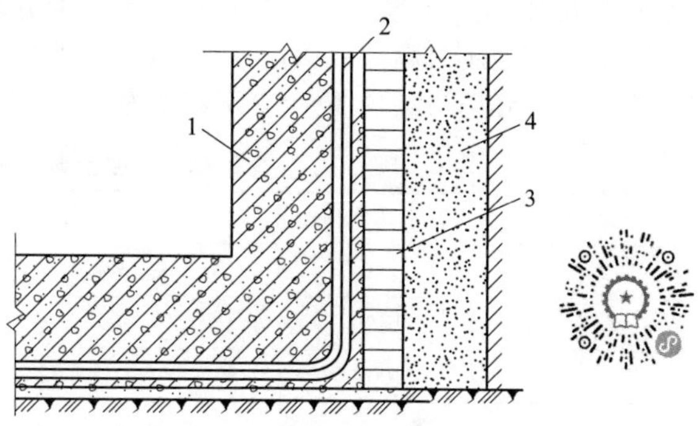

图8-22　地下室多道防水示例
1—防水混凝土底板与墙体　2—卷材或涂膜防水层
3—保护层　4—灰土减压层

防水混凝土的抗渗能力用抗渗等级表示，它反映了混凝土在不渗漏时的允许水压值。其设计抗渗等级依据工程埋置深度而定（表8-17），最低为P6（抗渗压力0.6MPa）。

表8-17　防水混凝土的设计抗渗等级

工程埋置深度 H/m	H<10	10≤H<20	20≤H<30	H≥30
设计抗渗等级	P6	P8	P10	P12

用于制备防水混凝土的原材料应符合以下要求：水泥品种应按设计要求选用，其强度等级不应低于42.5级，不得使用过期或受潮结块的水泥。要求水泥抗水性好、泌水小、水化热低，并具有一定的耐腐蚀性。在不受侵蚀和冻融作用时，宜采用普通硅酸盐水泥、火山灰质硅酸盐水泥和粉煤灰硅酸盐水泥。如掺外加剂，也可采用矿渣硅酸盐水泥。在受冻融作用时，宜采用普通硅酸盐水泥；在受硫酸盐侵蚀作用时，可采用火山灰质硅酸盐水泥、粉煤灰硅酸盐水泥。防水混凝土的骨料级配要好，不得使用碱活性骨料，一般可采用碎石、卵石和碎矿渣。细骨料要求颗粒均匀、圆滑、质地坚实，宜采用含泥量不大于3%的中、粗砂，砂的粗细颗粒级配适宜，平均粒径0.4mm左右。粗骨料要求组织密实、形状整齐，石子含泥量不大于1%，颗粒的自然级配适宜，粒径宜为5~40mm且不大于输送管径的1/4，针状、片状颗粒不大于15%，且吸水率不得大于1.5%。防水混凝土所用的水应为不含有害物质的洁净水。

（1）普通防水混凝土　普通防水混凝土不仅要满足结构的强度要求，还要满足结构的抗渗要求。普通防水混凝土是在普通混凝土骨料级配的基础上，通过调整和控制配合比，如降低水胶比，增加水泥用量和砂率，减小石子粒径等，从而减少毛细孔的数量并减小其直径，减少混凝土内部的缝隙和空隙，提高自身密实度和抗渗性的一种混凝土。

在普通防水混凝土的成分中，砂石级配、含砂率、灰砂比、水泥用量与水胶比之间存在着相互制约的关系。普通防水混凝土配制的最优方案，应根据这些相互制约的因素确定。除此之外，还应考虑设计对抗渗的要求，通过初步配合比计算、试配和调整，最后确定出施工配合比。该配合比既要满足地下防水工程抗渗等级等各项技术的要求，又要符合经济的原则。普通防水混凝土一般采用绝对体积法进行配合比设计，并且考虑实验室条件与实际施工条件的差别，普通防水混凝土配合比设计选定时，试配混凝土的抗渗强度应比设计要求的提高0.2MPa。普通防水混凝土抗渗性能则应采用标准条件下养护混凝土抗渗试件的试验结果评定。试件应在浇筑地点制作。

在保证振捣密实的前提下，普通防水混凝土的水胶比要尽可能小，不得大于0.6。坍落度以30~50mm为宜；泵送时混凝土入泵坍落度为120~160mm，坍落度每小时损失值不应大于20mm，坍落度总损失值不应大于40mm。混凝土坍落度的设计值的允许偏差见表8-18。水泥用量在一定水胶比范围内，每立方米混凝土不得少于320kg，掺用活性掺合料时，每立方米混凝土水泥用量不得少于280kg，但也不宜超过400kg。粗骨料选用卵石时砂率宜为35%，粗骨料选用碎石时砂率宜为35%~40%，泵送时可增至45%，灰砂比为(1∶2.5)~(1∶1.5)。

表 8-18　混凝土设计坍落度允许偏差

设计坍落度/mm	允许偏差/mm
≤40	±10
50~90	15
100	±20

普通防水混凝土适用于一般房屋结构及公共建筑的地下工程防水。膨胀水泥防水混凝土因密实性和抗裂性均较好而适用于地下工程防水和地上防水构筑物的后浇缝。虽然实验室可以配制出满足各种抗渗要求的防水混凝土，但在实际工程中由于各种因素的制约往往难以做到，所以更多的是采用掺外加剂的方法来满足防水的要求。

（2）外加剂防水混凝土　外加剂防水混凝土是在混凝土中掺入一定的有机或无机的外加剂，包括加气剂、减水剂、密实剂、防水剂等材料，改善混凝土的性能和结构组成，进一步堵塞、减小混凝土的毛细孔道，提高混凝土的密实性和抗渗性，从而达到防水目的。由于外加剂种类较多，各自的性能、效果及适用条件不尽相同，故应根据地下建筑防水结构的要求和施工条件，选择合理、有效的防水外加剂。常用的外加剂防水混凝土有三乙醇胺防水混凝土、加气剂防水混凝土、减水剂防水混凝土等，可根据地下防水结构的要求及具体条件选用。

1）三乙醇胺防水混凝土。三乙醇胺防水混凝土是在混凝土中随拌和水掺入一定量的三乙醇胺防水剂配制而成的。三乙醇胺加入混凝土后，能增强水泥颗粒的吸附分散与化学分散作用，加速水泥的水化反应，水化生成物增多，水泥石结晶变细，结构密实，因此能提高混凝土的抗渗性。在冬期施工时，除了掺入占水泥质量0.05%的三乙醇胺以外，再加入0.5%的氯化钠及1%的亚硝酸钠，其防水效果会更好。三乙醇胺防水混凝土抗渗性好，质量稳定，施工简便，特别适用于工期紧，要求早强及抗渗的地下防水工程。

2）加气剂防水混凝土。加气剂防水混凝土是在普通防水混凝土中掺入微量的加气剂配制而成的。目前常用的加气剂有松香酸钠、松香热聚物、烷基磺酸钠和烷基苯磺酸钠等。在混凝土中加入加气剂后，会产生大量微小而均匀的气泡，使混凝土黏滞性增大，不易松散离析，能显著改善混凝土的和易性，同时抑制沉降离析和泌水作用，减少混凝土的结构缺陷。大量气泡使毛细管性质改变，提高了混凝土的抗渗性。我国对加气剂防水混凝土要求含气量为3%~5%；松香酸钠掺量为水泥质量的0.03%；松香热聚物掺量为水泥质量的0.005%~0.015%；水胶比宜为0.5~0.6；每立方米混凝土水泥用量为250~300kg，砂率为28%~35%。砂石级配、坍落度与普通防水混凝土要求相同。

3）减水剂防水混凝土。减水剂防水混凝土是在混凝土中掺入适量的减水剂配制而成的。减水剂的种类很多，目前常用的有木质素磺酸钙、MF（次甲基萘磺酸钠）、NNO（亚甲基二萘磺酸钠）、糖蜜等。减水剂具有强烈的分散作用，能使水泥成为细小的单个粒子，均匀分散于水中。同时，还能使水泥微粒表面形成一层稳定的水膜，借助于水的润滑作用，水泥颗粒之间只要有少量的水即可将其拌和均匀而使混凝土的和易性显著增加。因此，混凝土掺入减水剂后，在满足施工和易性的条件下，可大大降低拌和用水量，使混凝土硬化后的毛细孔减少，从而提高了混凝土的抗渗性。采用木质素磺酸钙时，其掺量为水泥质量的0.15%~0.3%；采用MF、NNO时，其掺量为水泥质量的0.5%~1.0%；采用糖蜜时，其掺量为水泥质量的0.2%~0.35%。减水剂防水混凝土在保持混凝土和易性不变的情况下，可使混凝土用水量减少10%~20%，混凝土强度等级提高10%~30%，抗渗性可提高一倍以上。减水剂防水混凝土适用于一般防水工程及对施工工艺有特殊要求的防水工程。

2. 防水混凝土的施工

防水混凝土工程质量的优劣，除了取决于设计材料及配合成分等因素以外，还取决于施工质量。大量的地下工程渗漏水事故分析表明，施工质量差是造成防水工程渗漏水的主要原因之一。因此，对施工中的各主要环节，如混凝土的搅拌、运输、浇筑、振捣、养护等，均应严格遵循施工验收规范和操作规程的规定进行施工，以保证防水混凝土工程质量。

（1）防水混凝土在施工中应注意的问题

1）关于模板。模板应表面平整，拼缝严密不漏浆，吸水性小，有足够的承载力和刚度。通常固定模板的螺栓或钢丝不宜穿过防水混凝土结构，以免水沿缝隙渗入。当墙较高需要采用对拉螺栓固定模板时，为防止在混凝土内造成引水通路，应在对拉螺栓或套管中部加焊（满焊）直径为70~80mm的止水环或方形止水片，如图8-23所示。如模板上钉有预埋小方木，则拆模后将螺栓贴底割去，再抹膨胀水泥砂浆封堵，效果更好。

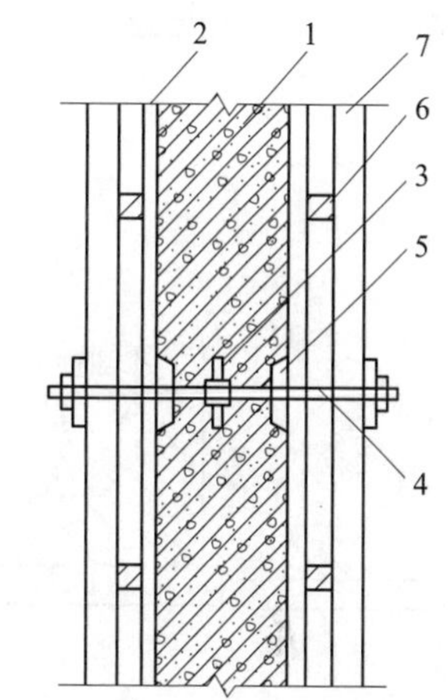

图8-23　对拉螺栓加焊止水环
1—防水混凝土　2—模板
3—止水环　4—螺栓
5—预埋方木　6—横楞　7—竖楞

2）关于保护层。绑扎钢筋时，应按设计要求留足保护层，不得有负误差，不得触碰模板。为阻止钢筋的引水作用，迎水面防水混凝土的钢筋保护层厚度不得小于30mm，底板钢筋均不能接触混凝土垫层。留设保护层应以相同配合比的细石混凝土或水泥砂浆制成垫块，严禁钢筋垫钢筋或将钢筋用钢钉、铅丝直接固定在模板上，以防止水沿钢筋侵入。

3）关于混凝土制备。混凝土配合比应准确，为了增强均匀性，应采用机械搅拌，搅拌时间至少2min，运输时防止漏浆和离析。对掺外加剂的混凝土，应根据外加剂的技术要求确定搅拌时间，如加气剂防水混凝土搅拌时间为2~3min。防水混凝土浇筑前应无泌水、离析现象，否则应进行二次搅拌。当坍落度损失致使不能满足浇筑要求时，应加入原水胶比的水泥浆或掺加同品种的减水剂进行搅拌，严禁直接加水。

4）关于混凝土浇筑。混凝土浇筑时应分层连续浇筑，每层厚度不宜超过40cm，相邻两层浇筑时间间隔不应超过2h，夏季可适当缩短。其自由倾落高度应控制在1.5m内，必要时采用溜槽或串筒浇筑。应采用机械振捣，严格控制振捣时间（以10~30s为宜），不得漏振、欠振和超振。当掺有外加剂时，应采用高频插入振捣器振捣，以保证防水混凝土的抗渗性。

5）关于养护。防水混凝土的养护条件对其抗渗性影响很大，终凝后4~6h即应覆盖草进行保湿养护，养护温度不得低于5℃，12h后浇水养护，3d内浇水4~6次/d，3d后2~3次/d，养护时间不少于14d。防水混凝土不宜采用电热养护和蒸汽养护，冬期施工时应采取保温、保湿措施。

6）关于拆模。防水混凝土不能过早拆模，一般在混凝土浇筑3d后，将侧模板松开，在其上口浇水养护14d后方可拆除。拆模时混凝土必须达到70%的设计强度，应控制混凝土表面温度与环境温度之差不应超过15~20℃。

（2）防水混凝土结构的细部处理　混凝土施工缝、结构变形缝、后浇带、穿墙管道、预埋件、预留孔及穿墙螺栓等是防水薄弱部位。施工中，应按设计及规范要求做好这些细部的处理，并进行全数检查验收，以保证整个防水工程的质量。

1）混凝土施工缝处理。混凝土施工缝是防水混凝土的薄弱环节，施工时应尽量不留或少留。顶板及底板混凝土必须连续浇筑，不得留施工缝；墙体一般不留垂直施工缝，如必须留设，应留在变形缝处，其位置应避开地下水和缝隙水多的地段。墙体水平施工缝不应留在剪力或弯矩最大处，也不宜留在底板与墙体交接处，最低水平施工缝距底板面不少于300mm，距穿墙孔洞边缘不少于300mm。为了避免施工缝处渗漏，常用防水构造形式及做法如图8-24和图8-25所示。在继续

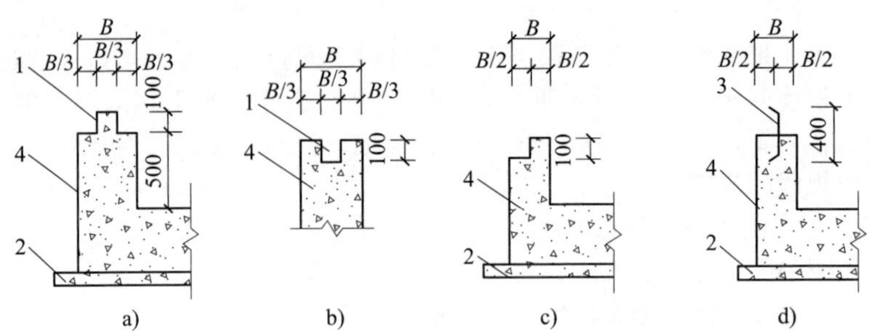

图 8-24　防水混凝土的施工缝类型

a）凸缝　b）凹缝　c）踏步式　d）钢板止水带

1—施工缝　2—垫层　3—防水钢板　4—构筑物

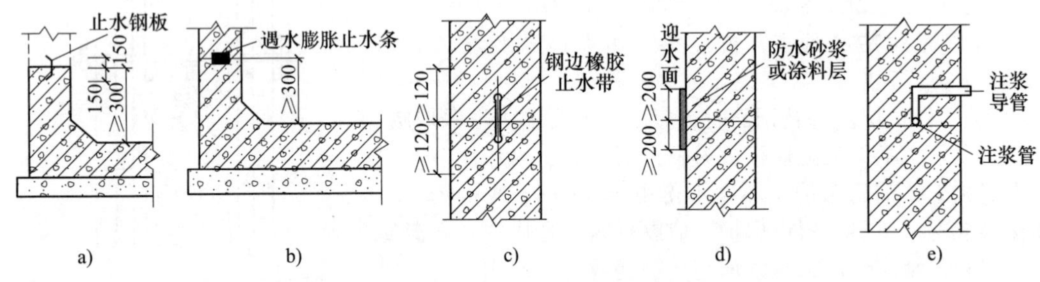

图 8-25　防水混凝土施工缝的留设位置及防水措施

a）加止水钢板　b）、c）加止水带　d）贴防水层　e）预埋注浆管

浇筑混凝土前，应将施工缝处松散的混凝土凿去，清理浮浆和杂物，用水冲净并保持湿润，先铺一层 30~50mm 厚与混凝土中砂浆配合比相同的水泥砂浆或涂刷混凝土界面处理剂、水泥基渗透结晶型防水涂料等材料后再浇混凝土。

2）贯穿铁件处理。地下结构施工中墙体模板的穿墙螺栓、穿过底板的基坑立柱桩等，均是贯穿防水混凝土的铁件。由于材质差异，地下水较易沿铁件与混凝土的界面向地下结构内渗透。为满足地下结构的防水要求，可在铁件上加焊一道或数道止水铁片，延长渗水路径、减小渗水压力，以达到防水目的，如图 8-26、图 8-27 所示。止水铁片厚度不宜小于 3mm，直径（或边长）应比螺栓直径大 50mm 以上，并与螺栓满焊，以免出现渗水通道。拆模后应将留下的凹坑封堵密实，并宜在迎水面涂刷防水涂料。

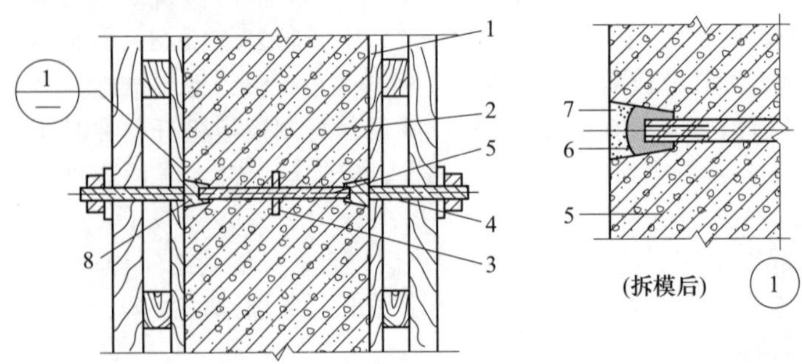

图 8-26　工具式止水对拉螺栓

1—模板　2—结构混凝土　3—止水环　4—工具式螺栓

5—止水螺栓　6—嵌缝材料　7—防水砂浆　8—圆台形对接螺母

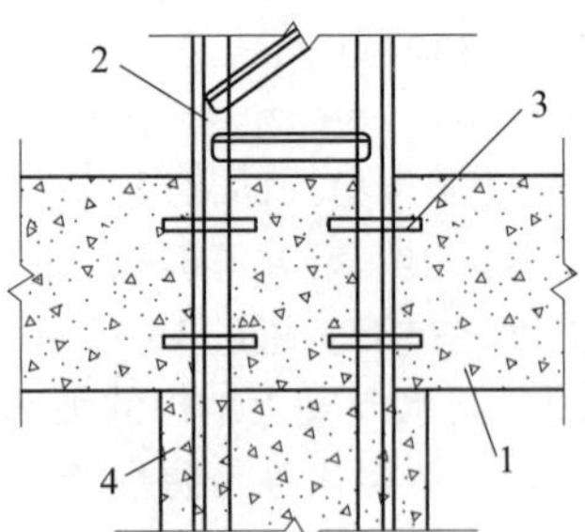

图 8-27　竖向钢支撑加止水片

1—防水混凝土底板　2—竖向支撑

3—止水片　4—竖向支撑灌注桩

3）结构变形缝处理。结构变形缝一般包括伸缩缝和沉降缝。为满足变形要求且能密封防水，

常采用埋入橡胶、塑料、金属止水带的方法，其构造如图 8-28 所示。安装止水带时，其圆环中心必须对准变形缝中央，转弯处应做成直径不小于 150mm 的圆角，接头应在水压最小且平直处。现场拼接时，应采用热压或热熔焊接形式，不得叠接。止水带安装时，宜采用专用钢筋套或扁钢固定（图 8-29），以保证位置准确。底板、顶板内止水带宜安装成盆状，以利于混凝土浇筑密实。浇筑混凝土时，要避免结合处粗骨料集中，要细致捣实且振捣棒不触碰止水带。

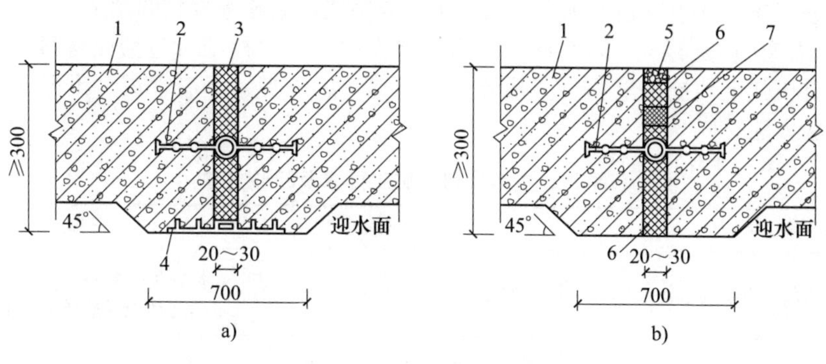

图 8-28 变形缝防水构造

a）中埋式止水带与防水层复合 b）中埋式止水带与止水条复合

1—混凝土结构 2—止水带 3—填缝材料 4—外贴防水层 5—嵌缝材料 6—背衬材料 7—遇水膨胀止水条

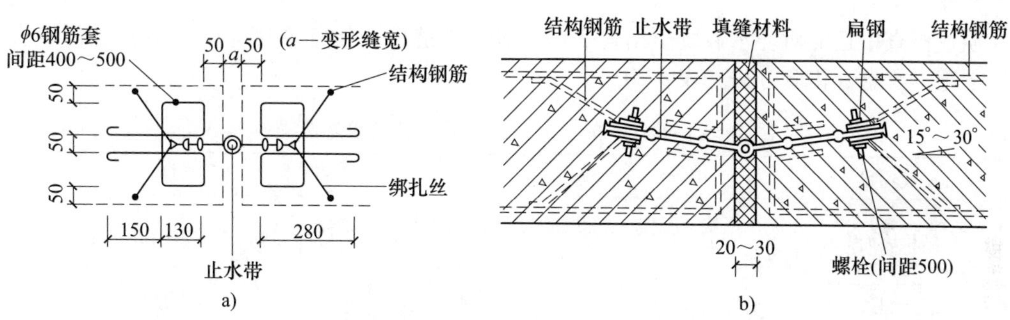

图 8-29 止水带固定方法示意图

a）钢筋套固定 b）扁钢拉筋固定

4）后浇带处理。后浇带是大面积混凝土结构的刚性接缝，用于不允许设置变形缝且后期变形趋于稳定的结构。后浇带包括收缩后浇带和沉降后浇带。防水混凝土后浇带的构造形式包括平接式、台阶式和企口式，如图 8-30 所示。后浇带留设的位置、宽度、形式、构造应符合设计要求。留置时应采取支模或固定快易收口网等措施，保证留缝位置准确、端口垂直、边缘密实。留缝后

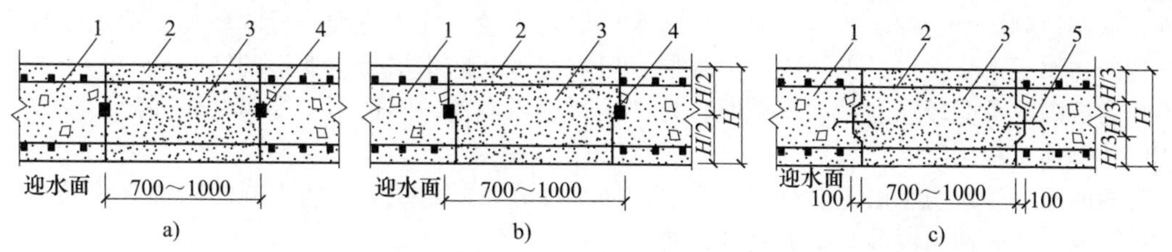

图 8-30 防水混凝土后浇带的构造形式

a）平接式 b）台阶式 c）企口式

1—先浇混凝土 2—结构主筋 3—后浇补偿收缩混凝土 4—遇水膨胀止水条 5—止水钢板

应做封挡、遮盖保护，防止边缘损坏或缝内进水、垃圾和杂物，以减少钢筋锈蚀和清理工作量。补缝施工应待结构变形基本完成，且与原浇混凝土间隔不少于42d，施工宜在气温较低时进行。补缝时，应先做好缝内杂物清除和钢筋除锈工作，涂刷界面处理剂或水泥基渗透结晶型防水涂料后，浇筑较两侧混凝土高一个等级的微膨胀混凝土，并细致捣实。浇后应及时养护，时间不少于28d。

5）穿墙管道处理。当有管道穿过防水混凝土结构时，由于二者的变形、黏结力等不同，其结合处易产生渗漏，应在穿墙管道上满焊钢板止水环或缠绕遇水膨胀橡胶圈两道。

（3）防水混凝土质量检查　防水混凝土质量检查项目中主控项目包括原材料、配合比、坍落度、混凝土的抗压强度和抗渗能力、变形缝、施工缝、后浇带、穿墙管道、预埋件和构造等。其施工要求和检验方法见表8-19。

表8-19　主控项目、施工要求及检验方法

序号	主控项目	施工要求	检验方法
1	原材料、配合比、坍落度	必须符合设计要求	检验出厂合格证、质量检验报告、计量措施和现场抽样试验报告
2	抗压强度、抗渗能力	必须符合设计要求	检查混凝土抗压、抗渗试验报告
3	变形缝、施工缝、后浇带、穿墙管道、预埋件和构造等	符合设计和施工验收规范要求，严禁有渗漏	观察检查、检查隐蔽工程验收记录

在质量检查中还应对防水混凝土结构表面、表面裂缝以及构件厚度等一般项目进行检查，一般项目的施工要求及检验方法见表8-20。

表8-20　一般项目、施工要求及检验方法

序号	一般项目	施工要求	检验方法
1	结构表面	应平整、坚实，不得有露筋、蜂窝等缺陷，预埋件位置应准确	观察和尺量检查
2	表面裂缝	裂缝宽度不应大于0.2mm，且不得贯通	用刻度放大镜检查
3	构件厚度	不应小于250mm，其允许偏差为-10~15mm	尺量检查和检查隐蔽工程验收记录

8.3.3　表面防水层防水

表面防水层有水泥砂浆防水层（刚性防水层）和卷材防水层（柔性防水层）两种。

1. 水泥砂浆防水层

水泥砂浆防水层主要依靠特定的施工工艺或掺加防水剂来提高水泥砂浆的密实度或改善其抗裂性，从而达到防水、抗渗的目的。这种防水层取材容易，施工方便，成本较低，适用于地下砖石结构的防水层或防水混凝土结构的加强层。但水泥砂浆防水层抵抗变形的能力较差，当结构产生不均匀沉降或承受较强烈振动荷载时，易产生裂缝或剥落，不适用于受腐蚀、高温及反复冻融作用的砖砌体工程。

常用的水泥砂浆防水层主要有刚性多层抹面水泥砂浆防水层、掺防水剂的防水砂浆防水层和膨胀水泥或无收缩性水泥砂浆防水层等类型。

（1）水泥砂浆防水层的分类及特点

1）刚性多层抹面水泥砂浆防水层。刚性多层抹面水泥砂浆防水层，是利用不同配合比的水泥浆（素灰）和水泥砂浆分层交叉抹压密实而形成的具有多层防线的整体防水层，本身具有较高的抗渗能力，如图8-31所示。这种防水层，做在迎水面时，宜采用五层交叉抹面；做在背水面时，宜采用四层交叉抹面，即将第四层表面抹平压光即可。

由于素灰层与砂浆层相互交替施工，各层粘贴紧密，密实性好，因此当外界温度变化时，每一层的收缩变形均受到其他层的约束，不易产生裂缝；同时各层配合比、厚度及施工时间均不同，毛细孔形成也不一致，后一层施工能对前一层的毛细孔起堵塞作用，所以具有较高抗渗能力，能达到良好的防水效果。每层防水层施工要连续进行，不留施工缝。当必须留施工缝时，应留成阶梯坡形槎（图 8-32），接槎要依照层次顺序操作，层层搭接紧密。接槎一般宜留在地面上，也可留在墙面上，但均需要距离阴阳角处 200mm。

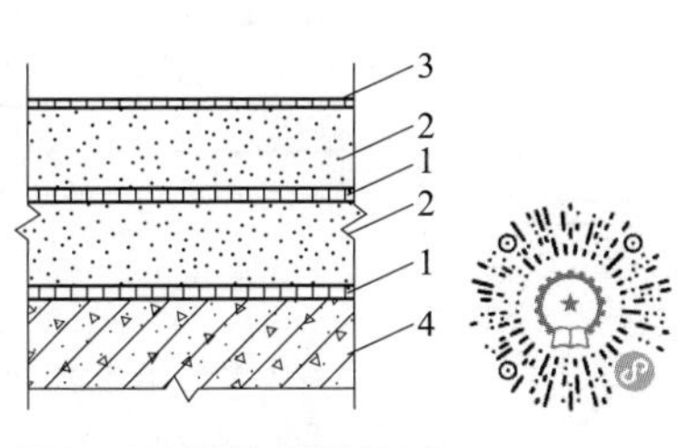

图 8-31　刚性多层抹面水泥砂浆防水层

1—2mm 素灰层　2—45mm 砂浆层

3—1mm 水泥浆层　4—结构基层

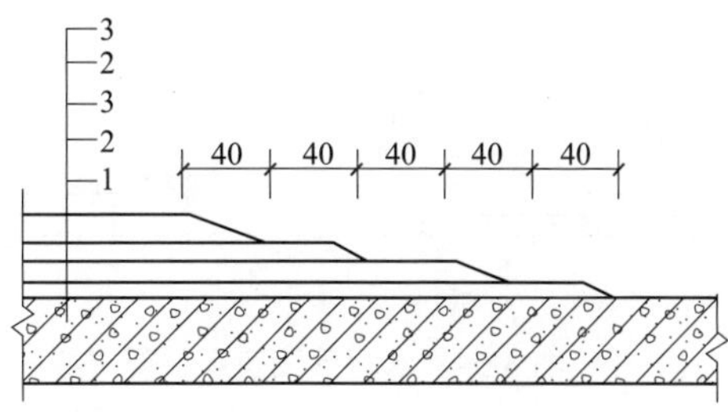

图 8-32　阶梯坡形槎

1—素灰层　2—砂浆层　3—结构基层

2）掺防水剂的防水砂浆防水层。在普通水泥砂浆中掺入防水剂形成防水砂浆。防水剂与水泥水化作用形成不溶性物质或憎水性薄膜，可填充、胀实、堵塞水泥砂浆内的毛细孔，从而获得较高的密实度，提高抗渗能力，如图 8-33 所示。防水剂的品种繁多，常用的防水剂有防水浆、避水浆、防水粉、氯化铁防水剂、硅酸钠防水剂、铝粉膨胀剂、减水剂等。如含无机盐防水剂的水泥砂浆防水层，是在水泥砂浆中掺入占水泥质量 3% ~ 5% 的防水剂（如氯化铁等），其抗渗性较低（≤0.4MPa）。聚合物水泥砂浆防水层是掺入各种树脂乳液（如有机硅、氯丁胶乳液、丙烯酸酯乳液等）的防水砂浆，其抗渗能力较强，可单独用于防水工程 。

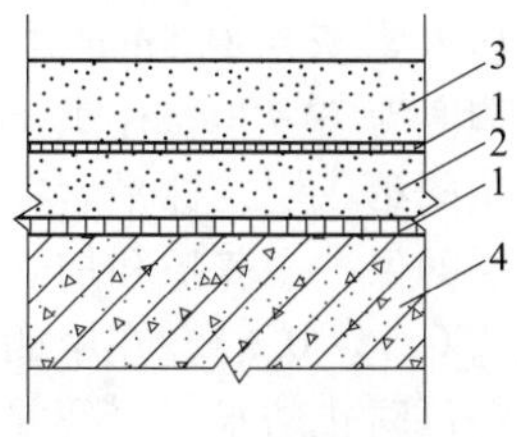

图 8-33　掺防水剂的防水砂浆防水层

1—水泥浆一道

2—掺防水剂的防水砂浆垫层

3—防水砂浆面层　4—结构基层

3）膨胀水泥或无收缩性水泥砂浆防水层。这种防水层主要利用水泥膨胀和无收缩的特性来提高砂浆的密实性和抗渗性，其砂浆的配合比为 1∶2.5（水泥∶砂），水胶比为 0.4~0.5。涂抹方法与防水砂浆相同，但由于砂浆凝结快，故在常温下配制的砂浆必须在 1h 内使用完毕。

在配制防水砂浆时，宜采用强度等级不低于 32.5 级的普通硅酸盐水泥或膨胀水泥，也可采用矿渣硅酸盐水泥，宜采用中砂或粗砂。

（2）水泥砂浆防水层施工一般要求

1）基层处理。表面防水层施工之前，必须对基层表面进行严格细致的处理，包括清理、浇水、凿槽和补平等工作，并检查基层是否符合下列要求：基层混凝土和砌筑砂浆强度应不低于设计值的 80%；基层表面应坚实、平整、粗糙、洁净；表面的孔洞、缝隙应用与防水层相同的砂浆填塞抹平。基层的处理满足上述要求后方能进行防水层的施工。

2）分层铺抹。水泥砂浆防水层施工应分层铺抹，铺抹时应压实、抹平、压光；各层之间应紧密贴合，无空鼓现象，每层宜连续施工，必须留施工缝时，应采用阶梯坡形槎，层次要清楚，可留在地面或墙面上，且此缝距离阴阳角处不得小于 200mm（图 8-34）；防水层的阴阳角处应做成圆弧形。接缝时，先在阶梯处均匀涂刷水泥浆一层，然后依次层层搭接。

3）养护。防水层的水泥砂浆终凝后应及时洒水进行养护，养护温度不宜低于5℃，养护时间不得少于14d。

（3）刚性多层抹面水泥砂浆防水层施工做法

五层抹面做法（图8-35）主要用于防水工程的迎水面，背水面用四层抹面做法（少一道水泥浆）。

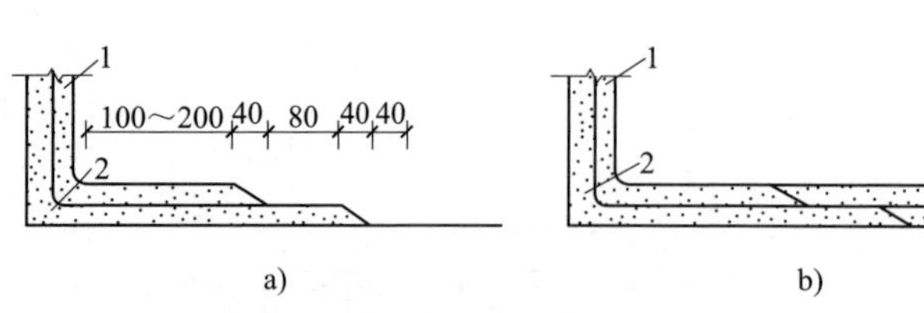

图8-34　水泥砂浆防水层施工缝的处理
a）留头方法　b）接头方法
1—砂浆层　2—素灰层

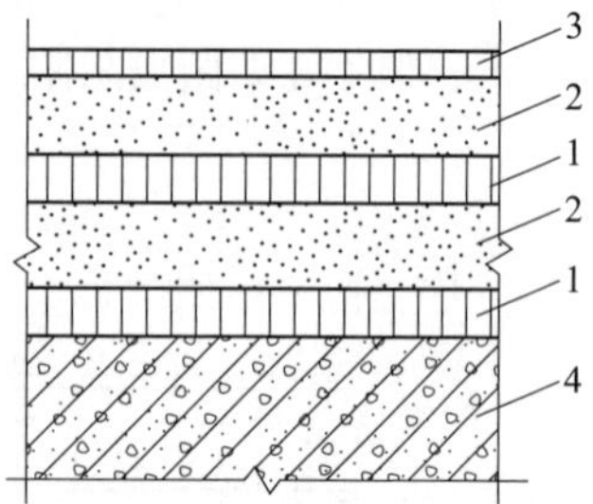

图8-35　五层抹面做法构造
1—2mm素灰层　2—4～5mm砂浆层
3—1mm水泥浆层　4—结构基层

施工应连续进行，尽可能不留施工缝，一般顺序为先平面后立面。分层做法如下：第一层，在浇水湿润的基层上先抹1mm厚素灰（水胶比为0.37～0.4、稠度为70mm的水泥浆，用铁板用力刮抹5～6遍），再抹1mm素灰找平，主要起到防水作用；第二层，在素灰层初凝后终凝前进行，使砂浆压入素灰层0.5mm并扫出横纹，砂浆配合比为1∶2.5（水泥∶砂浆），水灰比为0.6～0.65，稠度为70～80mm，厚度为4～5mm；第三层，在第二层凝固后进行，做法同第一层；第四层，做法同第二层，抹平后在表面用铁板抹压5～6遍，最后压光。第二、第四层水泥砂浆主要起对素灰层的保护、养护和加固作用，同时也起一定的防水作用。第五层为水泥浆层（厚度为1mm，水胶比为0.55～0.6），在第四层抹压两遍后用毛刷均匀涂刷水泥浆一遍，随第四层压光。

养护可防止防水层开裂并提高其不透水性。一般在终凝后8～12h盖湿草包浇水养护，养护温度不宜低于5℃，并保持湿润，养护14d。

（4）氯化铁防水砂浆防水层施工做法　氯化铁防水砂浆防水层施工时，在清理好的基层上，先刷水泥浆一道，然后分两次抹垫层的防水砂浆，其配合比为1∶2.5∶0.3（水泥∶砂∶防水剂），水胶比为0.45～0.5，其厚度为12mm，抹垫层防水砂浆后，一般隔12h左右，再刷一道水泥浆，并随刷随抹面层防水砂浆，其配合比为1∶3∶0.3（水泥∶砂∶防水剂），水胶比为0.5～0.55，其厚度为13mm，也分两次抹。面层防水砂浆抹完后，在终凝前应反复多次抹压密实并压光。氯化铁防水砂浆可在潮湿条件下使用，防水剂价格较便宜，但防水层抗裂性较差。

（5）膨胀水泥或无收缩性水泥砂浆防水层施工做法　涂刷前基层应洒水湿润，以增强基层与防水层的黏结力。各种水泥砂浆防水层的阴阳角均应做成圆弧或钝角。圆弧半径一般为：阳角10mm，阴角50mm。水泥砂浆防水层无论迎水面还是背水面其高度均应至少超出室外地坪150mm。水泥砂浆防水层施工时，气温不应低于5℃，且基层表面应保持正温，掺用氯化物金属盐类防水剂及膨胀剂的防水砂浆，不应在35℃以上或烈日照射下施工。防水层做完后，应立即进行浇水养护，养护时的环境温度不宜低于5℃，并保持防水层湿润，当使用普通硅酸盐水泥时，养护时间不应少于14d，在此期间不得受静水压力作用。

2. 卷材防水层

（1）防水卷材　地下结构卷材防水层属于柔性防水层，是将防水卷材粘贴在地下结构基层的表面上而形成的防水层，具有较好的韧性和延伸性，可以适应一定的结构振动和微小变形，并能抵抗酸、碱、盐溶液的侵蚀，防水效果较好，往往作为整个地下工程防水的第一道屏障。卷材防水层应选用高聚物改性沥青防水卷材和合成高分子防水卷材，卷材类型与基本要求与屋面卷材防水层相同。卷材防水层施工时所选用的基层处理剂、胶泥剂、密封材料等配套材料，均应与铺贴的卷材材性相容。卷材防水层的缺点是吸水量大，机械强度低，耐久性差，发生渗漏后修补较为困难。防水卷材施工方法同样包括冷粘法、自粘法和热熔法等。需要注意的是，2021年12月住房和城乡建设部发布的《房屋建筑和市政基础设施工程危及生产安全施工工艺、设备和材料淘汰目录（第一批）》中明确规定，沥青类防水卷材热熔工艺（明火施工）不得用于地下密闭空间、通风不畅空间、易燃材料附近的防水工程。

（2）卷材的铺贴方案　将卷材防水层铺贴在地下结构的外侧（迎水面）称为外防水。此种施工方法可以借助土压力压紧卷材，并可与承重结构一起抵抗有压地下水的渗透和侵蚀作用，防水效果好。按与地下结构施工的先后顺序，外防水卷材防水层的铺贴方法分为外防外贴法（简称外贴法）和外防内贴法（简称内贴法）两种。

1）外贴法。外贴法是在垫层上先铺贴好底板卷材防水层，进行地下防水结构的混凝土底板与墙体施工，待地下构筑物墙体做好并拆除侧模后，把卷材防水层直接铺贴在墙面上，然后砌筑保护墙，如图8-36所示，其施工顺序如下：

先在混凝土底板垫层上做1：3的水泥砂浆找平层，待底板垫层上的水泥砂浆找平层干燥后，铺贴底板卷材防水层并在四周伸出与立面卷材搭接的接头。在此之前，为避免伸出的卷材搭接接头受损，先在垫层周围砌保护墙，并将伸出的卷材搭接接头贴在临时保护墙上。保护墙分为两部分，其下部为永久性的（高度≥B+（200～500）mm，B为底板厚），上部为临时性的（高度为360mm），在墙上抹石灰砂浆或细石混凝土，在立面卷材上抹M5砂浆作为保护层。然后进行底板和墙身施工，在做墙身防水层前，拆临时保护墙，在墙面上抹水泥砂浆找平层、刷基层处理剂，将搭接接头清理干净后逐层铺贴墙面防水层。此处卷材应错槎接缝（图8-37），依次逐层铺贴。

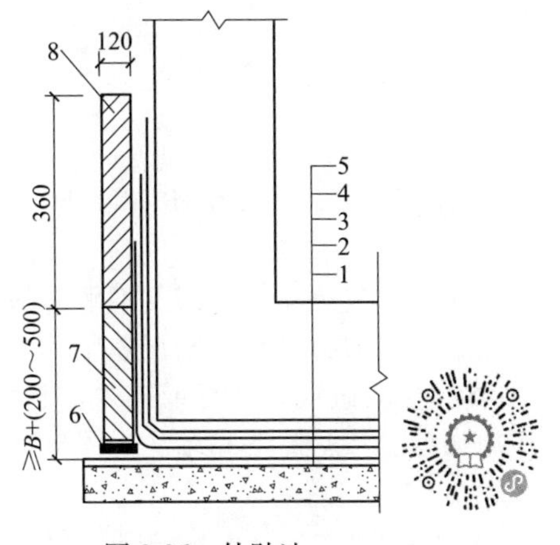

图8-36　外贴法

1—垫层　2—找平层　3—卷材防水层
4—保护层　5—构筑物　6—卷材
7—永久性保护墙　8—临时性保护墙　B—底板厚

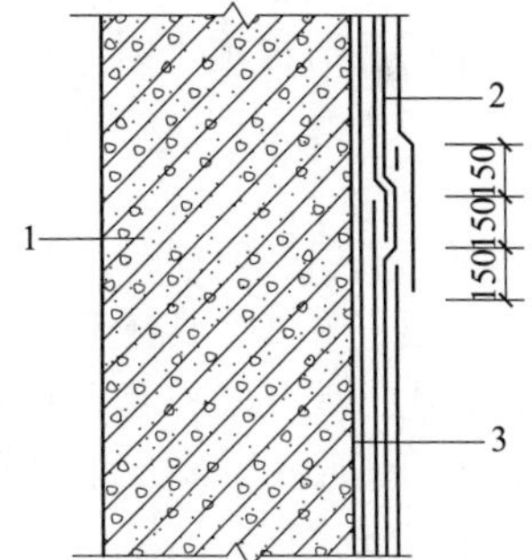

图8-37　防水错槎接缝

1—需做防水的结构　2—防水层　3—找平层

综上，外贴法的施工工艺为：浇筑基础混凝土垫层并抹平→垫层边缘上干铺卷材隔离层→砌永久保护墙和临时保护墙→在保护墙内侧抹水泥砂浆找平层→养护干燥后，在垫层及墙面的找平层上涂布基层处理剂、分层铺贴防水卷材→检查验收→做卷材的保护层→底板和墙身结构施工→拆除临时保护墙→在墙面上抹水泥砂浆找平层→铺贴墙面防水层→验收→保护层和回填土施工。

外贴法的优点是构筑物与保护墙的不均匀沉降对防水层影响较小，防水层做好后即可进行漏水试验，修补也方便。缺点是工期较长，占地面积大，底板与墙身接头处卷材易受损。在施工现场条件允许时一般采用此法施工。

2）内贴法。内贴法是墙体未施工前，先砌筑保护墙，然后将卷材防水层铺贴在保护墙上，再进行墙体施工（图 8-38）。在地下室墙外侧施工空间很小时，多采用内贴法，其施工顺序如下：

先做底板垫层，砌永久保护墙，然后在垫层和保护墙上抹 1∶3 水泥砂浆找平层，干燥后涂刷基层处理剂，再铺贴卷材防水层。铺贴卷材顺序为：先贴立面，后贴平面；铺贴立面时，先贴转角，后贴大面。铺贴完毕后做保护层（在立面上，应在涂刷防水层最后一道沥青胶结材料时，趁热黏上干净的热砂或散麻丝，待其冷却后，立即抹一层 9~20mm 厚的 1∶3 水泥砂浆保护层；在平面上铺设一层 30~50mm 厚的 1∶3 水泥砂浆或细石混凝土保护层），最后进行构筑物底板和墙体施工。

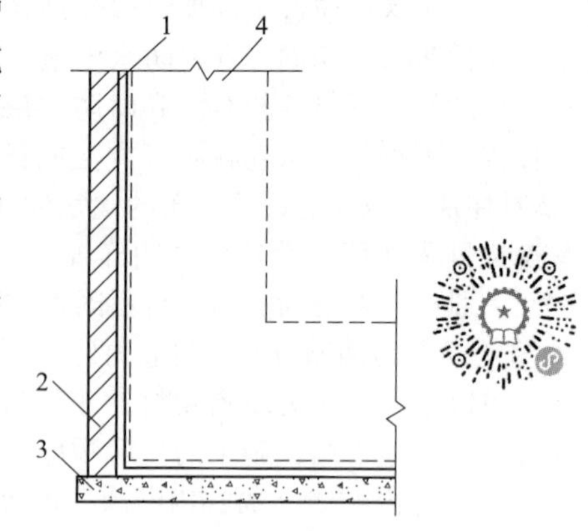

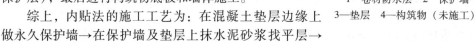

图 8-38　内贴法

1—卷材防水层　2—保护墙

3—垫层　4—构筑物（未施工）

综上，内贴法的施工工艺为：在混凝土垫层边缘上做永久保护墙→在保护墙及垫层上抹水泥砂浆找平层→立面及平面防水层施工→检查验收→平面及立面保护层施工→底板和墙体结构施工。

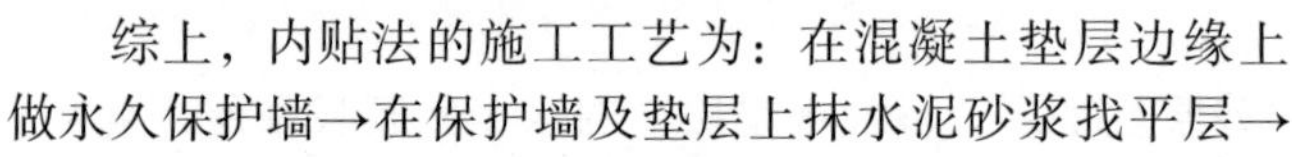

内贴法的优点是防水层的施工比较方便，底板与墙体防水层可一次铺贴完，不必留接头，施工占地面积小。缺点是构筑物与保护墙的不均匀沉降对防水层影响较大，易出现渗漏水现象，保护墙稳定性差，竣工后如发现漏水较难修补。这种方法只有当施工场地受限制，无法采用外贴法时才不得不用。

保护墙每隔 5~6m 及转角处必须留缝，在缝内用卷材条或沥青麻丝填塞，以免保护墙伸缩时拉裂防水层。

（3）卷材防水层的施工要点　卷材防水层的施工工艺流程为：基层清理→涂布基层处理剂→细部增强处理→铺贴卷材→保护层施工。

地下防水层及结构施工时，地下水位要降至结构底部最低标高至少 300mm 以下，并防止地面水流入。卷材防水层施工时，气温不宜低于 5℃，最好在 10~25℃时进行。

铺贴卷材的基层必须牢固，无松动现象，基层表面应平整洁净。对凹凸不平的基体表面应抹水泥砂浆找平层；平整的混凝土表面若有气孔、麻面，可用加膨胀剂的水泥砂浆填平。找平层应做好养护，防止出现空鼓和起砂现象。各部位阴阳角处均应做成圆弧形或钝角，避免卷材折裂。铺贴防水卷材前，应在基面上涂布基层处理剂，以加强卷材与基体的黏结。所用材料要与卷材及其黏结材料的材性相容。

卷材铺贴前，宜使基层表面干燥，其基层含水量一般应低于 9%。检查时可在基层表面铺设 1m×1m 的防水卷材，静置 3~4h 后掀开，若基层表面及卷材内表面均无水印，即可视为含水量达到要求。在平面上铺贴卷材时，若基层表面干燥有困难，则第一层卷材可用沥青胶结材料铺贴在潮湿的基层上，但应使卷材与基层贴紧。必要时卷材层数应比设计的层数增加一层。在立面上铺贴卷材时，为增强卷材与基层的黏结，基层表面应涂满冷底子油，待冷底子油干燥后再铺贴。

铺贴卷材时，每层沥青胶结材料涂刷应均匀，其厚度一般为 1.5~2.5mm。外贴法铺贴卷材应先铺平面，后铺立面，平立面交接处应交叉搭接；内贴法宜先铺立面，后铺平面。铺贴立面卷材时，应先铺转角，后铺大面。卷材的搭接长度要求：长边不应小于 100mm，短边不应小于 150mm。上下两层和相邻两幅卷材的接缝应相互错开 1/3 幅宽，并不得相互垂直铺贴。在平面与立面的转角处，卷材的接缝应留在平面上距离立面不小于 600mm 处。所有转角、变形缝、施工缝、管根等部位均应铺贴附加层，其宽度不小于 500mm。附加层可采用两层同样的卷材或一层抗拉强度较高的卷材。附加层应按加固处的形状仔细粘贴紧密，卷材与基层、卷材与卷材必须粘贴紧密，多余

的沥青胶结材料应挤出，搭接缝必须用沥青胶结材料封严。最后一层卷材铺贴好后，应在其表面上均匀地涂刷一层厚为1~1.5mm的热沥青胶结材料。

8.3.4 涂料防水层防水

涂料防水是在常温下涂布防水涂料，经溶剂挥发、水分蒸发或反应固化后，在基层表面形成的具有一定坚韧性的涂膜的防水方法。性能较好的防水涂料层可单独作为防水层，但对重要的工程，往往作为防水混凝土或防水砂浆的附加层。

防水涂料适用于受侵蚀性介质或受振动作用的地下混凝土结构或砌体结构的迎水面或背水面涂刷。防水涂料宜选用外防外涂或外防内涂法施工。由于其施工简便，成本较低，防水效果较好，因而在防水工程中被广泛使用。

防水涂料包括无机防水涂料和有机防水涂料，其性能指标见表8-21、表8-22。无机防水涂料宜用于结构主体的背水面；有机防水涂料宜用于结构主体的迎水面。无机防水涂料通常采用水泥基防水涂料和水泥基渗透结晶型防水涂料；有机防水涂料通常采用反应型、水乳型、聚合物水泥防水涂料。当采用有机防水涂料时，应在阴阳角及底板增加一层胎体增强材料并增涂2~4遍防水涂料。

掺外加剂、掺合料的水泥基防水涂料厚度不得小于3.0mm；每平方米基层水泥基渗透结晶型防水涂料的用量不应小于1.5kg，且厚度不应小于1.0mm；有机防水涂料的厚度不得小于1.2mm。

表8-21 无机防水涂料的性能指标

涂料种类	抗折强度/MPa	黏结强度/MPa	一次抗渗性/MPa	二次抗渗性/MPa	冻融循环/次
掺外加剂、掺合料的水泥基防水涂料	>4	>1.0	>0.8	—	>50
水泥基渗透结晶型防水涂料	≥4	≥1.0	>1.0	>0.8	>50

表8-22 有机防水涂料的性能指标

涂料种类	可操作时间/min	潮湿基面黏结强度/MPa	抗渗性/MPa			浸水168h后拉伸强度/MPa	浸水168h后断裂伸长率（%）	耐水性（%）	表干时间/h	实干时间/h
			涂膜（120min）	砂浆迎水面	砂浆背水面					
反应型	≥20	≥0.5	≥0.3	≥0.8	≥0.3	≥1.7	≥400	≥80	≤12	≤24
水乳型	≥50	≥0.2	≥0.3	≥0.8	≥0.3	≥0.5	≥350	≥80	≤4	≤12
聚合物水泥	≥30	≥1.0	≥0.3	≥0.8	≥0.6	≥0.6	≥80	≥80	≤4	≤12

（1）涂料防水层施工要求　涂料防水层也宜采用外包防水做法，按地下结构与防水层的施工顺序不同，分为外涂法和内涂法，其施工顺序与前述卷材防水层施工顺序相似，具体构造如图8-39、图8-40所示。

涂料防水层施工应注意以下几点：

1）基层表面应洁净、平整、干燥，各阴阳角处应做成半径为10~20mm的圆弧形，基层处理与屋面防水施工的涂膜防水屋面相同。

2）涂料涂刷前应先在基层表面涂刷一层与涂料相容的基层处理剂。

3）涂膜应多遍涂刷完成，涂刷或喷涂应待前一遍涂层干燥成膜后进行，每遍涂刷时应交替改变涂层的涂刷方向，同层涂膜的先后搭压宽度宜为30~50mm。涂刷顺序：先做转角处、穿墙管道、变形缝等部位的涂料加强层，后进行大面积涂刷。

4）应注意保护涂料防水层的施工缝（甩搓）。搭接缝宽度应大于100mm，接涂前应将其甩在表面处理干净。

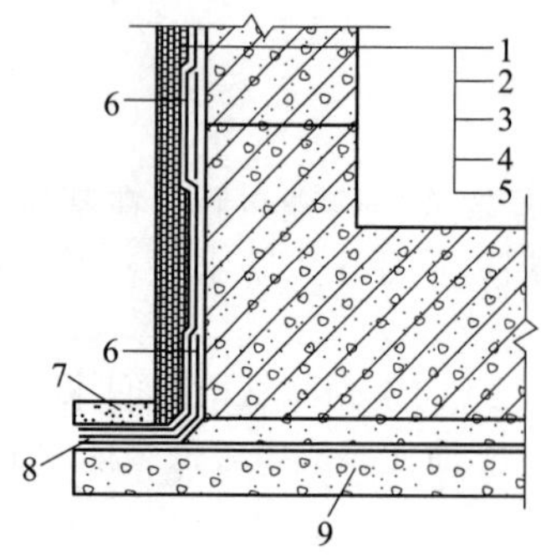

图 8-39　外防外涂构造

1—保护墙　2—砂浆保护层　3—涂料防水层　4—砂浆找平层　5—结构墙体　6—加强层　7—搭接部位保护层　8—防水层搭接部位　9—混凝土垫层

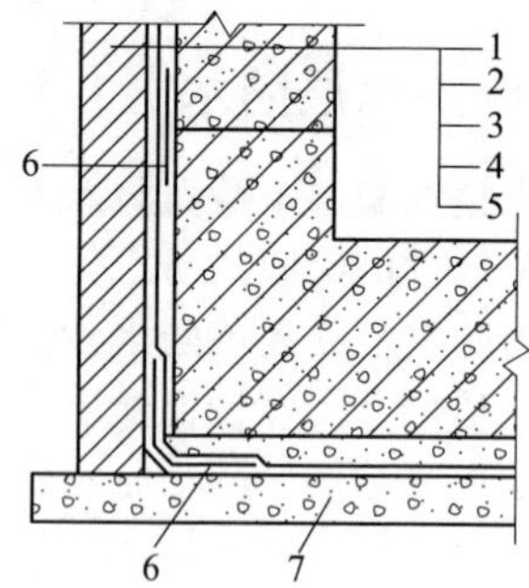

图 8-40　外防内涂构造

1—保护墙　2—砂浆找平层　3—涂料防水层　4—砂浆保护层　5—结构墙体　6—加强层　7—混凝土垫层

5）防水涂料施工完后应及时施工保护层。底板、顶板应采用 20mm 厚的 1∶2.5 水泥砂浆层和 40~50mm 厚的细石混凝土保护层，且防水层与保护层之间宜设置隔离层。侧墙背水保护层应采用 20mm 厚的 1∶2.5 水泥砂浆；侧墙迎水面宜采用软质保护材料或 20mm 厚的 1∶2.5 水泥砂浆保护层。

6）涂料防水层严禁在雨雾天或五级以上大风时施工；不得在环境温度低于 5℃、高于 35℃或烈日暴晒时施工；涂膜固化前如有降雨可能，则应及时覆盖保护。材料多为易燃品且有一定毒性，应做好防火、通风和劳动保护工作。

（2）水乳型再生橡胶沥青防水涂料（JG-2 防水冷胶料）　水乳型再生橡胶沥青防水涂料是以沥青、橡胶和水为主要材料，掺入适量的增塑剂及抗老化剂，采用乳化工艺制成。其黏结性、柔韧性、耐寒性、耐热性、防水性、抗老化能力等均优于纯沥青和沥青胶，并具有质量轻、无毒、无味、不易燃烧、可冷施工等特点，而且操作简便，不污染环境，经济效益好，与一般卷材防水层相比可节约造价的 30%，还可在较潮湿的基层上施工。

水乳型再生橡胶沥青防水涂料由水乳型 A 液和 B 液组成。A 液为再生胶乳液，呈漆黑色，细腻均匀，稠度大，黏性强，密度约 $1.1g/cm^3$；B 液为液化沥青，呈浅黑黄色，水分较多，黏性较差，密度约 $1.04g/cm^3$。当两种溶液按不同配合比（质量比）混合时，其混合料的性能各不相同。若混合料中沥青成分居多，则可减少橡胶与沥青之间的内聚力，其黏结性、涂刷性和浸透性能良好，此时施工配合比可按 A 液∶B 液=1∶2；若混合料中橡胶成分居多，则具有较强的抗裂性和抗老化能力，此时施工配合比可按 A 液∶B 液=1∶1。所以在配料时，应根据防水层的不同要求，采用不同的施工配合比。

水乳型再生橡胶沥青防水涂料既可单独涂布形成防水层，也可衬贴玻璃丝布作为防水层。当地下水压不大时做防水层，或地下水压较大时做加强层，可采用二布三油一砂做法；当在地下水位以上做防水层或防潮层时，可采用一布二油一砂做法。铺贴顺序为：先铺附加层和立面，再铺平面；先铺贴细部，再铺贴大面。其施工方法与卷材防水层相类似。

水乳型再生橡胶沥青防水涂料应随配随用，当天用完。两层涂料的施工间隔时间不宜少于 12h，最好 24h，以利结膜和各项性能加强。雨天、雾天、大风天，以及负温条件下不得施工。施工的适宜温度以 10~30 ℃为宜。水乳型再生橡胶沥青防水涂料应与基层黏结牢固，涂刷均匀，不得流淌、鼓包、露槎，适用于屋面、墙体、地面、地下室等部位及设备管道防水防潮、嵌缝补漏、防渗防腐工程。

8.3.5 堵漏技术

渗漏水主要是由于结构层存在孔洞、裂缝和毛细孔造成的。堵漏前，必须查明其原因，确定其位置，弄清水压大小，根据不同情况，采取不同措施。堵漏的原则是：先把大漏变小漏，缝漏变点漏，片漏变孔漏，然后堵住漏水。堵漏材料较多，如水泥胶浆、环氧树脂、丙凝浆液、甲凝浆液、氰凝浆液等。

1. 快硬水泥胶浆（简称胶浆）堵漏

这种胶浆直接以水泥和促凝剂（代替水）按(1∶1)~(1∶0.5)拌和，其凝结时间很快，以达到迅速堵住渗漏水的目的。促凝剂配合比见表8-23。堵漏前先做试配，一般从开始拌和到用以1~2min为宜，当凝固过快或过慢时，适当加水或调整配合比。

表8-23 促凝剂配合比表

材料名称	分子式	配合比	颜色
五水硫酸铜（胆矾）	$CuSO_4 \cdot 5H_2O$	1	水蓝色
重铬酸钾（红矾）	$K_2Cr_2O_7 \cdot 2H_2O$	1	橙红色
硫酸亚铁（绿矾）	$FeSO_4 \cdot 7H_2O$	1	蓝绿色
硫酸铬钾（蓝矾）	$KCr(SO_4)_2 \cdot 12H_2O$	1	紫红色
硫酸铝钾（明矾）	$KAl(SO_4)_2$	1	白色
硅酸钠（水玻璃）	Na_2SiO_3	400	无色
水	H_2O	60	无色

（1）孔洞漏水堵漏方法　孔洞和水压较小时，可直接采用堵塞法处理。堵漏时，将漏点剔成10~30mm、深20~50mm的小洞，用水清洗干净，当配好的胶浆待开始凝固时，将其迅速压入小洞内，挤压密实，不再渗漏后，在其表面抹素灰和砂浆各一层并扫毛。待具有一定强度后，与结构层一起做防水层。

如孔洞和水压较大，可采用下管堵漏法处理，如图8-41所示。此法按以大变小原则，先剔洞并冲洗干净，按图示插入胶管引流，用胶浆将洞堵住，不渗漏水后，抹素灰和砂浆各一道，待砂浆具有一定强度后拔出胶管。再用下述直接堵塞法将胶管洞堵死。

（2）裂缝漏水堵漏方法　水压较小的裂缝，可采用直接堵塞法，如图8-42所示。堵漏时，先剔槽，再在缝中堵塞胶浆，最后做防水层。如缝较长，则可分段进行，接缝成斜槎。

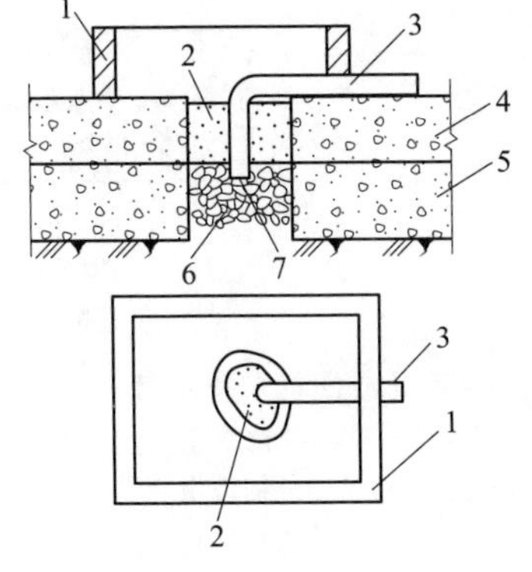

图8-41　下管堵漏法

1—挡水墙　2—胶浆　3—胶皮管　4—混凝土基层
5—垫层　6—碎石　7—油毡一层

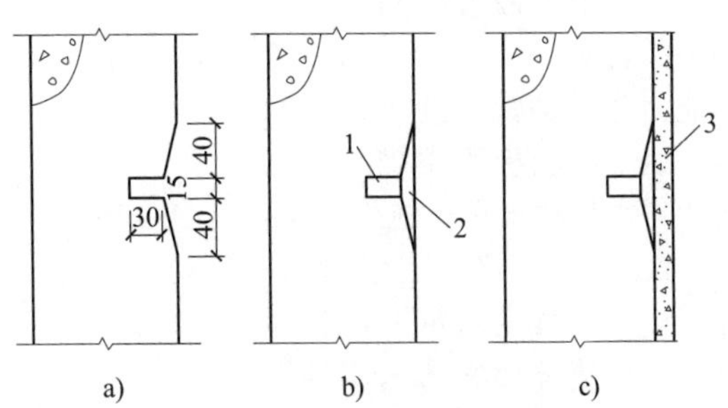

图8-42　裂缝漏水直接堵塞法

a）剔槽　b）堵漏　c）抹防水层
1—胶浆　2—素灰、砂浆　3—防水层

如果是水压较大的裂缝漏水，则采用下线堵塞法进行堵塞。剔槽洗净后。在槽内底部沿裂缝放置一根合适的小绳，绳长可分段，段间留20mm空隙。操作时，每段用胶浆压紧，抽出小绳后，使水从绳孔中流出，段间空隙用下钉法缩小孔洞。如图8-43所示，用胶浆包住钉子塞进空隙，待胶浆快凝固时拔出钉子，钉孔洞漏水采用直接堵塞法堵住。

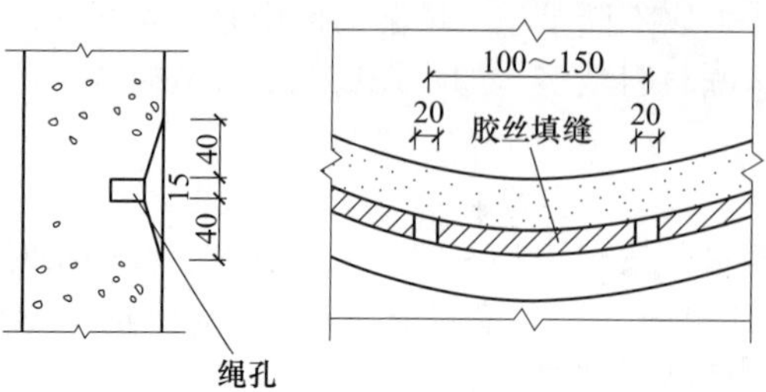

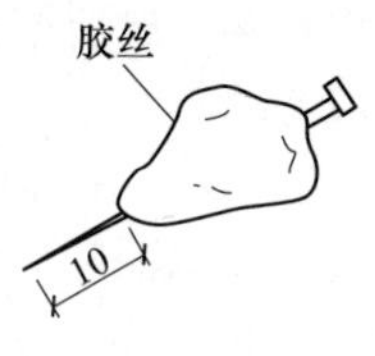

图8-43 下线堵漏法与下钉法

2. 氰凝浆液堵漏

氰凝又名聚异氰酸脂。氰凝浆液是由多种化学原料按一定比例、一定顺序配制而成的。氰凝浆液的特点是：浆液没有遇到水之前，不发生化学反应，是稳定的，故要密闭储存；浆液遇水后立即反应，黏度逐渐增加，生成不溶于水又不透水的凝固体，且具有较高的抗压强度。由于水是化学反应的组成部分，因此浆液不会被水冲淡或流失；浆液遇水反应时，放出二氧化碳，使浆液发生膨胀，向四周渗透扩散，直到反应结束时才停止膨胀和渗透。

堵漏时，施工操作可分为基层处理、布置灌浆孔、埋设注浆嘴、封闭漏水孔（除注浆嘴外，其他漏水部位均用快硬胶浆堵住，以免氰凝浆液漏出）、试灌、灌浆、封口等七个工序。

灌注浆液时，动力设备可用空气压缩机、电动泵、手抬泵等机具。

8.3.6 止水带防水

为适应建筑结构沉降、温度伸缩等因素产生的变形，在地下结构的变形缝（沉降缝或伸缩缝）、后浇带、施工缝和地下通道的连接口等处，两侧的基础结构之间留一定宽度的空隙，两侧的基础是分别浇筑的，这是防水结构的薄弱环节，如果这些部位产生渗漏，则抗渗堵漏较难实施。为防止变形缝等处出现渗漏水现象，除在构造设计中考虑结构防水的能力外，通常还采用止水带防水。

目前，常见的止水带材料有橡胶止水带、塑料止水带、氯丁橡胶板止水带和金属止水带等。其中橡胶及塑料止水带均为柔性材料，抗渗、适应变形能力强，是常用的止水带材料；氯丁橡胶板止水带是一种新的止水材料，具有施工简便、防水效果好、造价低且易修补等特点；金属止水带一般仅用于高温环境下而无法采用橡胶止水带或塑料止水带时。

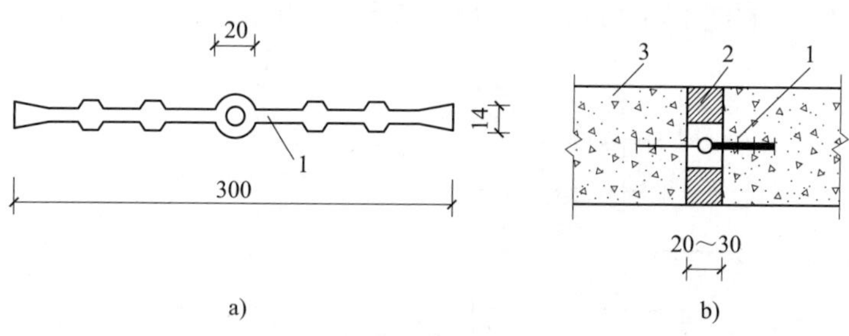

图8-44 埋入式橡胶（或塑料）止水带

a）橡胶止水带 b）变形缝构造

1—止水带 2—沥青麻丝 3—构筑物

止水带构造形式有粘贴式、可卸式、埋入式等。目前较多采用的是埋入式。根据防水设计的要求，有时在同一变形缝处，可采用数层、数种止水带的构造形式。图8-44是埋入式橡胶（或塑料）止水带的构造图，图8-45、图8-46分别是可卸式橡胶止水带和粘贴式氯丁橡胶板止水带构造图。

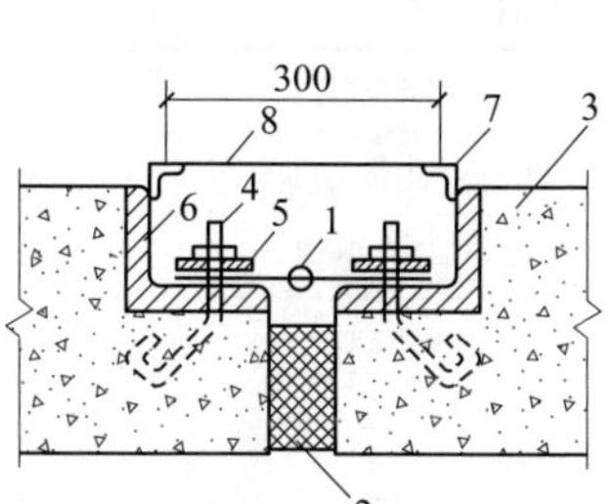

图 8-45　可卸式橡胶止水带变形缝构造

1—橡胶止水带　2—沥青麻丝　3—构筑物　4—螺栓
5—钢压条　6—角钢　7—支撑角钢　8—钢盖板

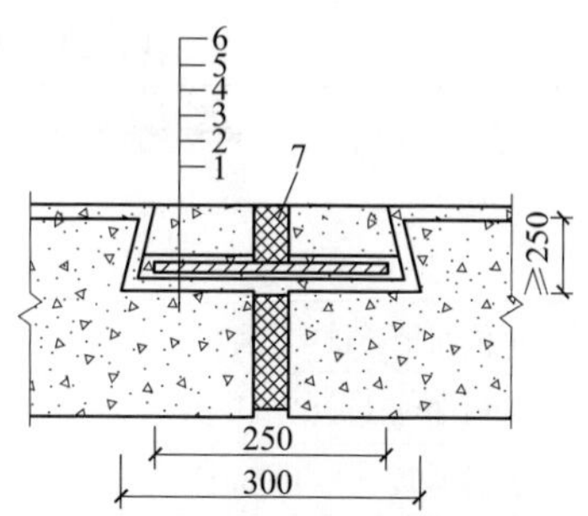

图 8-46　粘贴式氯丁橡胶板止水带变形缝构造

1—构筑物　2—刚性防水层　3—胶黏剂　4—氯丁胶板
5—素灰层　6—细石混凝土覆盖层　7—沥青麻丝

止水带施工质量好坏直接影响地下工程的防水效果，因此，施工时应予以充分重视，并应符合有关规定。对于变形缝止水带应注意以下几方面：

1）止水带宽度和材质的物理性能均应符合设计要求，且无裂缝和气泡，接头应采用热接，不得叠接，接缝平整、牢固，不得有裂口和脱胶现象。

2）采用埋入式止水带，其中心线应和变形缝中心线重合，止水带不得穿孔或用钢钉固定。

3）变形缝处增设的卷材或涂料防水层，应按设计要求施工。对于施工缝止水带则应注意：当施工缝采用遇水膨胀橡胶腻子止水带时，应将止水带牢固地安装在缝表面预留槽内；当采用埋入式止水带时，应确保止水带位置准确、固定牢靠。

8.3.7　膨润土防水毯防水

膨润土防水材料是利用天然钠基膨润土或人工钠化膨润土制成的地下防水材料，具有遇水止水的特性。其防水机理是：与水接触后逐渐发生水化膨胀，在一定的限制条件下，形成渗透性极低的凝胶体而达到阻水抗渗的目的。它具有良好的不透水性、耐久性、耐腐蚀性和耐菌性，广泛应用于河、湖、渠道防渗及隧道、地下工程和大型建筑的地下防水。

膨润土防水材料包括膨润土防水毯及膨润土密封膏、膨润土粉等配套材料。目前国内的膨润土防水毯主要有三种产品：一是由两层土工布包裹钠基膨润土颗粒针刺而成的毯状材料，二是覆有高密度聚乙烯膜的针刺毯，三是用胶黏剂把膨润土颗粒黏结到高密度聚乙烯板上的膨润土防水毯。膨润土防水毯的种类与构造如图 8-47 所示，性能要求见表 8-24。膨润土防水层采用机械固定法铺设，用于地下结构的迎水面。

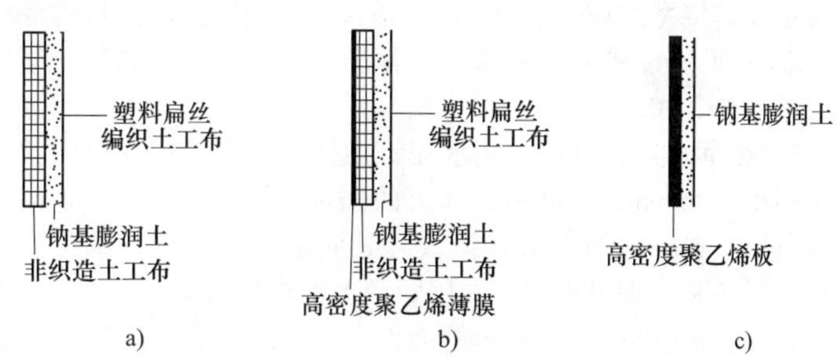

图 8-47　膨润土防水毯的种类与构造

a）针刺法钠基膨润土防水毯　b）针刺覆膜法钠基膨润土防水毯
c）胶黏法钠基膨润土防水毯

1. 施工工艺流程

膨润土防水毯主要施工工艺流程为：基面处理→加强层设置→铺防水毯（或挂防水板）→搭接缝封闭→甩头收边、保护→破损部位修补。

2. 基层及细部处理

铺设膨润土防水毯的基层混凝土强度等级不得小于 C15，水泥砂浆强度等级不得低于 M7.5。基层应平整、坚实、清洁，不得有明水和积水。阴阳角部位可采用膨润土颗粒、膨润土棒材、水

表 8-24　膨润土防水毯物理力学性能指标

项目		性能指标		
		针刺法钠基膨润土防水毯	针刺覆膜法钠基膨润土防水毯	胶黏法钠基膨润土防水毯
单位面积质量（干重）/g		≥4000		
膨润土膨胀指数/(mL/2g)		≥24		
拉伸强度/(N/100mm)		≥600	≥700	≥600
最大负荷下伸长率(%)		≥10	≥10	≥8
剥离强度/(N/100mm)	非织造布与编织布	≥40	≥40	—
	聚乙烯膜与非织造布	—	≥30	—
渗透系数/(m/s)		$\leqslant 5.0\times10^{-11}$	$\leqslant 5.0\times10^{-12}$	$\leqslant 1.0\times10^{-12}$
耐静水压		0.4MPa，1h，无渗漏	0.6MPa，1h，无渗漏	0.6MPa，1h，无渗漏
滤失量/mL		≤18		
膨润土耐久性/(mL/2g)		≥20		

泥砂浆进行倒角处理，做成直径不小于 30mm 的圆弧或坡角。变形缝、后浇带等接缝部位应设置宽度不小于 500mm 的加强层，加强层应设置在防水层与结构外表面之间。穿墙管件部位宜采用膨润土橡胶止水条、膨润土密封膏或膨润土粉进行加强处理。

3. 施工要点

1）膨润土防水毯的织布面或防水板的膨润土面应与结构外表面或底板垫层混凝土密贴。立面和斜面铺设膨润土防水材料时，应上层压着下层，并应贴合紧密，平整无褶皱。

2）甩槎与下幅防水材料连接时，应将收口压板、临时保护膜等去掉，将搭接部位清理干净，涂抹膨润土密封膏后搭接固定。搭接宽度应大于 100mm，搭接处的固定点距搭接边缘宜为 25～30mm。平面搭接缝可干撒膨润土颗粒进行封闭，每米用量为 0.3～0.5kg。

3）膨润土防水毯应采用水泥钉加垫片固定。水泥钉的长度应不小于 40mm，立面和斜面上的固定间距为 400～500mm，呈梅花形布置。平面上应在搭接缝处固定；永久收口部位应用收口压条和水泥钉固定，并用膨润土密封膏覆盖。

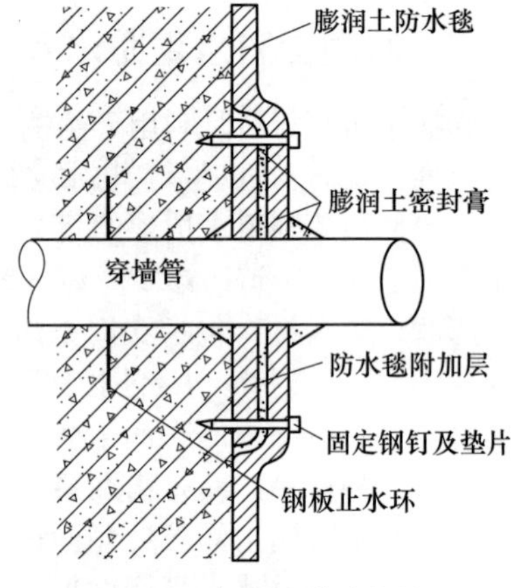

图 8-48　穿墙管道处的处理

4）对于需要长时间甩槎的部位应采取遮挡措施，避免阳光直射造成材料老化变脆。

5）破损部位应采用与防水层相同的材料进行修补，补丁边缘与破损部位边缘距离不应小于 100mm。

6）穿墙管道处应设置附加层，并用膨润土密封膏封严，如图 8-48 所示。

思　考　题

1. 屋面防水分几级？分类标准是什么？
2. 地下工程防水分为几级？防水标准是什么？
3. 屋面防水工程的质量要求有哪些？
4. 找平层施工要点有哪些？

5. 卷材铺贴顺序及铺贴方向应遵循什么原则？
6. 刚性防水屋面分隔缝设置需要注意什么？
7. 地下结构防水原则是什么？
8. 地下防水混凝土施工缝如何处理？
9. 外贴法和内贴法的区别是什么？

第9章 装饰工程

学习目标：了解装饰工程的内容、作用和施工特点；熟悉抹灰工程的工艺流程；掌握饰面工程的工艺流程；熟悉涂饰工程的工艺流程；了解建筑幕墙工程的工艺流程；了解吊顶工程施工工艺流程。

9.1 概述

装饰工程是指房屋建筑施工中的抹灰工程、饰面工程、楼地面工程、门窗工程、幕墙工程、轻质隔墙工程、吊顶工程、涂饰工程、裱糊与软包工程、细木制品花饰工程等，是房屋建筑施工的最后一个施工过程，具体内容包括内外墙面和顶棚的抹灰、内外墙饰面和镶面、楼地面饰面、房屋立面花饰的安装、轻质隔墙安装、吊顶及门窗安装、木制品和金属品的油漆刷浆等。

装饰工程工程量大，施工工期长，耗用人工多，所以工程造价相对较高，有的甚至超过主体结构施工费用。因此，为了加快工程进度，降低工程成本，满足装饰功能，增强装饰效果，装饰工程必须不断地提高装饰工程工业化、施工专业化水平；实现结构与装饰合一；大力发展使用工厂化生产的构件与材料，用干作业代替湿作业；提高机械化施工程度，实行专业化施工等。

装饰工程在施工前应进行设计，设计应符合城市规划、消防、环保、节能等有关规定；所用材料应符合国家有关装饰材料有害物质限量标准的规定，其品种、规格和质量应符合国家现行标准的规定；施工应确保工程质量和施工安全，应遵守有关防水、防毒和环境保护的法律法规，严格控制对周围环境的影响。

1. 装饰工程的作用

1）满足使用功能的要求。任何空间的最终目的都是用来完成一定的功能。装饰工程的作用之一是根据功能的要求对现有的建筑空间进行适当的调整和分隔，以便更好地为功能服务。

2）满足人们对审美的要求。人除了对空间有功能的要求外，还对空间的美有要求，这种要求随着社会的发展而迅速提高。这就要求装饰工程不但要满足使用功能的要求，还要满足使用者的审美要求，起到美化环境、增加美感、体现艺术性的作用。

3）保护建筑结构。装饰工程不但不能破坏既有建筑的结构，而且还要对建筑过程中没有进行很好保护的部位进行补充处理。自然因素（如水泥制品会因大气作用变得疏松，钢材会因氧化而锈蚀，竹木会受微生物的侵蚀而腐朽）和人为因素（如在使用过程中碰撞、磨损以及受到水、火、酸、碱的作用）都会使建筑结构受到破坏。装饰工程采用现代装饰材料及科学合理的施工工艺，对建筑结构进行有效的包覆施工，使其免受风吹雨打、湿气侵袭、有害介质的腐蚀以及机械作用的伤害等，从而起到保护建筑结构，增强耐久性，延长建筑物使用寿命的作用。

4）改善卫生清洁条件。对于卫生间、厨房等部位，墙砖、地砖的铺贴除了可以抵御潮湿的侵蚀，保护墙壁的防水层外，同时还可以保持墙面、地面的整洁、卫生与美观，方便清理。

2. 装饰工程的发展方向

随着社会的发展以及人们生活水平的提高，人们对装饰的要求越来越精细，装饰工程发展也日趋多元化，未来装饰工程的发展方向主要有：

1）结构和饰面合一。发展清水混凝土，利用模板的不同造型，采用正打、反打工艺，对结构混凝土表面进行饰面处理，使外墙板表面形成有装饰性的凸肋、漏花、线角、图案或浮雕等质感，使结构的功能、耐久性与装饰相互统一。

2）大力发展新型装饰材料和制品。大力发展符合建筑节能和环保要求的新型装饰材料、制品以及配套的施工技术和施工机具。

3）发展裱糊墙纸或墙布，发展采用喷涂、滚涂、弹涂工艺施工的涂料，采用胶黏剂粘贴面砖，石材采用干挂法施工。

4）装饰工程要满足环保、防火、节能、绿色施工要求。

9.2　抹灰工程

抹灰工程是用砂浆或灰浆涂抹在房屋建筑的墙、地、顶棚、表面上的一种传统做法的装饰工程，部分地区也叫作粉饰或粉刷。抹灰工程具有两大功能：一是防护功能，保护墙体不受风、雨、雪的侵蚀，增强墙面防潮、防风化、隔热的能力，提高墙身的耐久性能、热工性能；二是美化功能，改善室内卫生条件，净化空气，美化环境，提高居住舒适度。

9.2.1　抹灰工程的分类和组成

1. 按施工工艺分类

按施工工艺不同，抹灰工程分为一般抹灰、装饰抹灰和清水砌体勾缝三大类。

1）一般抹灰是指在建筑物墙面（包括混凝土、砌筑体、加气混凝土砌块等墙体立面）涂抹石灰砂浆、水泥砂浆、水泥混合砂浆、聚合物水泥砂浆、麻刀灰、纸筋灰、石膏灰等。按部位不同，抹灰工程分为墙面抹灰、顶棚抹灰和地面抹灰等。

2）装饰抹灰是指在建筑物墙面涂抹拉毛灰、甩毛灰、搓毛灰、扫毛灰、拉条抹灰、装饰线条毛灰，贴假面砖、人造大理石以及外墙喷涂、滚涂、弹涂和机喷石屑等装饰抹灰。根据使用材料、施工方法、装饰效果不同，石渣装饰抹灰分为刷石、假石、磨石、黏石和机喷石粒等。受耐久性的影响，装饰抹灰的应用范围比较局限。

3）清水砌体勾缝也叫清水墙（砌体）勾缝，是指墙体砌筑好后，墙面不做任何粉饰只做勾缝处理的施工工艺。勾缝一般有两种：一种是原浆勾缝，即砌体砌筑好后用勾缝工具在砌体结合部位（砌缝）勾勒出缝纹，目的是让砌缝美观密实；另一种是二次灌浆勾缝，就是砌体完成后，用水泥砂浆在清水墙的砌缝处进行勾勒封闭，可以更加美观且能增加强度。此工艺在旧建筑中多见，在园林建筑、艺术砌体或砌石挡土墙工程中也较为常见。

2. 按施工方法分类

按施工方法不同，抹灰工程分为普通抹灰和高级抹灰两个等级。抹灰等级应由设计单位按照国家有关规定，根据技术经济条件和装饰美观的需要来确定，并在施工图中注明，当无设计要求时，按普通抹灰施工。

3. 按施工空间位置分类

按施工空间位置不同，抹灰工程分为内抹灰和外抹灰。位于室内各部位的抹灰为内抹灰，如楼地面、内墙面、阴阳角护角、顶棚、墙裙、踢脚线、内楼梯等。内抹灰主要是保护墙体和改善室内卫生条件，增强光线反射，美化环境，在易受潮湿或酸碱腐蚀的房间里，主要起保护墙身、顶棚和楼地面的作用。位于室外各部位的抹灰为外抹灰，如外墙、雨篷、阳台、屋面等。外抹灰主要是保护墙身、顶棚、屋面等部位不受风、雨、雪的侵蚀，提高墙面防潮、防风化、隔热的能力，增强墙身的耐久性，也是对各种建筑表面进行艺术处理的有效措施。

9.2.2　一般抹灰工程施工工艺

1. 抹灰的一般规定

1）抹灰用水泥应进行凝结时间和安定性复检。

2）抹灰用石灰膏的熟化时间不少于15d，罩面用的磨细生石灰粉的熟化时间不少于3d。

3）外墙抹灰施工前应安装门窗框、护栏，并将墙上的施工孔洞堵塞密实。

4）室内墙面、柱面和门窗洞口的阴阳角做法设计无规定时，应采用1∶2水泥砂浆做成暗护角，高度不低于2m，每侧宽度不小于50mm。

5）当抹灰层具有防水、防潮功能时，应采用防水砂浆。

6）在不同结构基层的交接处应采取加强措施（铺钉一层钢丝网水泥砂浆或用水泥掺胶铺贴玻璃纤维网格布，与各相交基层搭接宽度不小于100mm）。

7）当抹灰总厚度大于或等于35mm时应采取加强措施（水泥砂浆打底、细石混凝土找平、铺设钢丝网）。

8）抹灰层在凝结前应防止快干、水冲、撞击、振动和受冻，在凝结后应防止沾污和损坏。水泥砂浆应在湿润条件下养护。

2. 抹灰的材料和工具

（1）砂浆的种类及用途

1）石灰砂浆由石灰和中砂按比例配制，仅用于建设标准低的建筑或临时建筑中干燥环境下的墙面打底和找平层。

2）水泥混合砂浆由水泥、石灰和中砂按比例配制，常用于干燥环境下墙面一般抹灰的打底和找平层。

3）水泥砂浆由水泥和中砂按比例配制，用于地面抹灰、装饰抹灰的基层和潮湿环境下墙面的一般抹灰。

4）纸筋灰是在砂浆中掺入纸筋形成的，水泥纸筋灰用于顶棚打底，石灰纸筋灰用于顶棚及墙面抹灰的罩面，现在已被腻子粉所取代。

5）麻刀灰是在砂浆中掺入剁碎的麻绳类纤维，用于灰板条、麻眼网上的抹灰打底，作用是防裂，现在已很少使用。

6）预拌砂浆是指由专业生产厂家生产、用于建设工程中的各种砂浆拌合物。按性能不同，预拌砂浆分为普通预拌砂浆（砌筑砂浆、抹灰砂浆、地面砂浆）和特种砂浆（保温砂浆、装饰砂浆、自流平砂浆、防水砂浆等）。按生产方式不同，预拌砂浆又分为湿拌砂浆和干混砂浆两大类。预拌砂浆的优点：计量精确，由专业厂家生产，因此生产质量有保证；可根据特定设计配合比添加多种外加剂进行改性，具有优异的施工性能和品质，可满足保温、抗渗、灌浆、修补、装饰等多种功能性要求；在工地加水搅拌均匀即可使用，具有高质、环保的社会效益。

目前大中城市已禁止现场搅拌砂浆，由预拌砂浆代替现场拌和砂浆。

（2）抹灰常用工具

抹灰常用工具有铁抹子、木抹子、压子、分格器、阴角抹子、阳角抹子等，具体如图9-1所示。

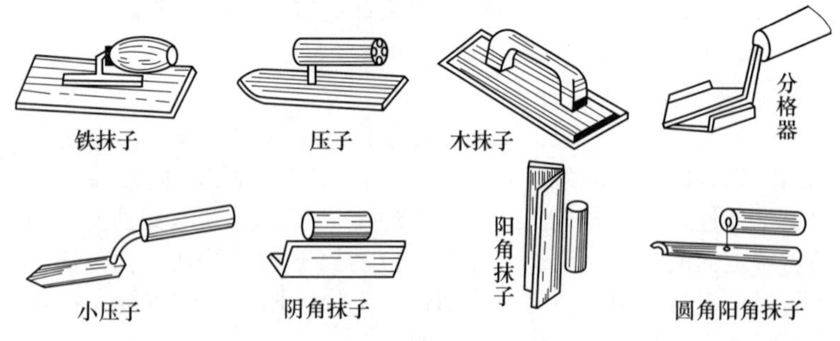

图9-1　抹灰常用工具

3. 抹灰施工流程

普通抹灰为两遍成活（一遍底层、一遍面层）或三遍成活（一遍底层、一遍中层、一遍面层），需做标筋，分层赶平、修整，表面压光；高级抹灰为多遍成活（一遍底层，几遍中层、一遍面层），需做标筋，角棱找方，分层赶平、修整，表面压光。抹灰层的构造如图9-2所示。

抹灰的主要施工流程为：基层处理→浇水湿润→规方→做灰饼→墙面充筋→分层抹灰→设置

分格缝→保护成品。

（1）基层处理

1）基层清理。抹灰前应清除干净基层表面的尘土、污垢、油渍等，并应洒水湿润。

2）非常规抹灰的加强措施。当抹灰总厚度≥35mm 时，应采取加强措施。不同结构基层交接处表面的抹灰，应采取防止开裂的加强措施。当采用钢丝网时，钢丝网与各基层的搭接宽度不小于 100mm。钢丝网应绷紧、钉牢。

3）细部处理。外墙抹灰工程施工前应先安装门窗框、护栏等，并应将墙上的施工孔洞堵塞密实。室内墙面、柱面和门洞口的阴阳角做法应符合设计要求。设计无要求时，应采用 1∶2 水泥砂浆做暗护角，其高度不低于 2m，每侧宽度不小于 50mm。

（2）浇水湿润　一般在抹灰的前一天，用水管或喷壶顺墙自上而下浇水湿润，不同的墙体、不同的环境需要不同的浇水量。浇水分次进行，以墙体既湿润又不泌水为宜。

（3）规方　小房间以一面墙为基线，用方尺规方；较大的房间要在地面弹出十字线，依据十字线在墙角 10cm 吊线规方。

（4）做灰饼、墙面充筋　根据墙面的平整度和垂直度，决定抹灰厚度（最薄处不小于 7mm）。首先在墙的上角用与抹灰层相同的砂浆各做一个标准灰饼（直径约 5cm），然后用托线板吊线做墙下角的灰饼，再挂线每隔 1.2～1.5m 加做若干标准灰饼，上下灰饼之间抹宽度约 10cm 的砂浆冲筋，木杠刮平。灰饼和冲筋构造如图 9-3 所示。

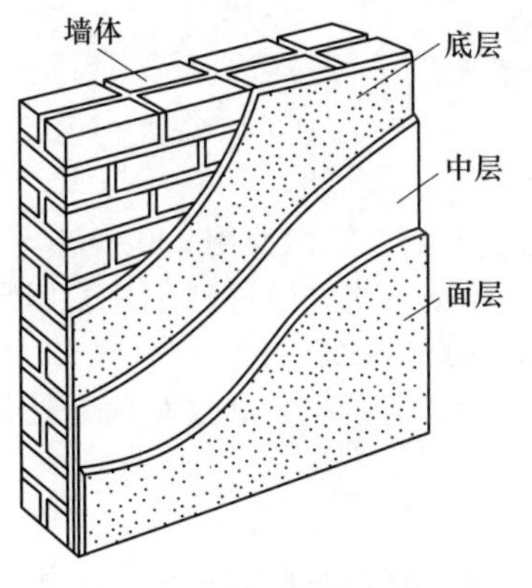

图 9-2　抹灰层的构造

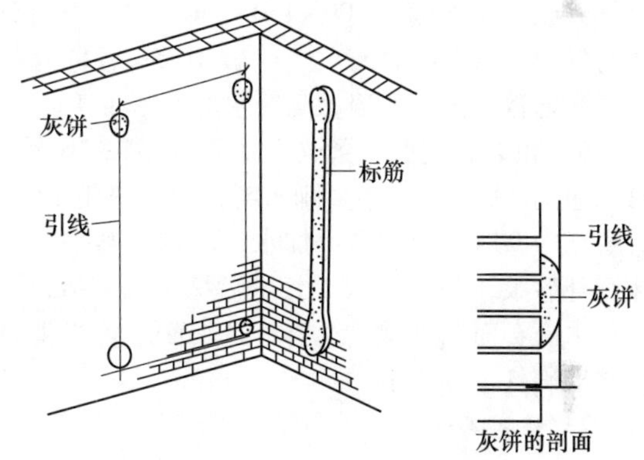

图 9-3　灰饼和冲筋的构造

（5）分层抹灰　底层抹灰厚度一般为 5～9mm，作用是使抹灰层与基层牢固结合，并对基层初步找平，底层抹灰后应间隔一定时间，让其水分蒸发后再涂抹中间层和面层。中间层起找平作用，可一次或分次抹灰，厚度为 5～12mm，在灰浆凝结前应交叉刻痕，以增强其与面层的黏结。面层厚度一般为 2～5mm，应确保表面平整、光滑、无裂纹。

（6）设置分格缝　为了防止抹灰层收缩开裂，一般需要设置分隔缝，每格要一次抹完。

（7）保护成品　一般在抹灰 24h 后进行养护。

4. 一般抹灰的质量控制

普通抹灰表面应光滑、洁净、接槎平整、分格缝清晰；高级抹灰表面应光滑、洁净、颜色均匀、无抹痕，分格缝和灰线应清晰美观。护角、孔洞、槽、盒周围的抹灰表面应整齐、光滑；管道后面的抹灰表面应平整。一般抹灰的检验项目有立面垂直度、表面平整度、阴阳角方正、分格条（缝）直线度，以及墙裙、勒脚上口直线度 5 个项目。其允许偏差：普通抹灰均为 4mm，高级抹灰均为 3mm。

9.2.3　装饰抹灰工程施工工艺

装饰抹灰面层做在已硬化、粗糙而平整的中层砂浆上。其面层的厚度、颜色、图案等应符合

设计要求。面层有分格要求时，分格条应宽窄厚薄一致，粘贴在中层砂浆面上应横平竖直，交接严密，完工后应适时全部取出。装饰抹灰种类很多，其底层多为1∶3水泥砂浆打底，面层主要有水磨石、水刷石、干粘石、斩假石等。装饰抹灰的底层与一般抹灰要求相同，只是面层根据材料及施工方法的不同而具有不同的形式。下面介绍几种常见的面层。

1. 水磨石面层

水磨石面层分为普通水磨石面层和高级（彩色）水磨石面层。石子浆用石粒以水泥为胶结材料加水按（1∶2.5）~（1∶1.5）（水泥∶石子）体积比拌制而成。面层厚度宜为12~18mm，视石子粒径而定。具体施工工艺流程如下：

1）抹找平层。抹12mm厚1∶3水泥砂浆找平层，养护1~2d。

2）镶嵌分格条。弹分格线，分格条安设时两侧用素水泥浆黏结固定。玻璃条用素水泥浆抹“八”字条固定；铜条每米4眼，穿22号铅丝卧牢。分格条构造如图9-4所示。

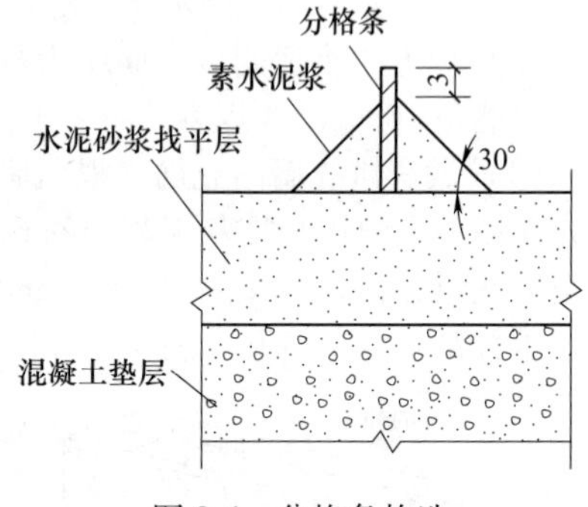

图9-4　分格条构造

3）铺石子浆。在底层刮素水泥浆，随后将不同色彩的水泥石浆填入分格中，厚约8mm（比嵌条高约1mm），收水后用滚筒滚压，浇水养护。

4）试磨。开磨前应先试磨，当表面石粒不松动、不脱落、砂浆抗压强度为100~130N/mm^{2}时，方可开磨，开磨时间与气温、水泥品种有关，一般1~5d后可开磨。普通水磨石磨光遍数不少于3遍，高级水磨石不少于4遍。

5）粗磨、细磨、磨光。头遍用54~70号粗金刚石磨，第二遍用90~120号中金刚石磨，第三遍用180~240号细金刚石磨，第四遍用240~300号油石磨。头磨和中磨时要求边磨边加水，磨匀、磨平，使分格条外露，磨后将泥浆冲洗干净，用同色浆涂抹修补砂眼，并养护2d。细磨后擦草酸一道，干燥后打蜡即可光亮如镜。

水磨石面层外观质量要求是表面平整光滑，石子显露均匀，无砂眼、磨纹和漏磨处，分格条位置准确且全部露出。

2. 水刷石面层

水刷石是指用水泥、石屑、小石子或颜料等加水拌和，抹在建筑物的表面，半凝固后，用硬毛刷蘸水刷去表面的水泥浆而使石屑或小石子半露。具体施工工艺流程如下：

1）弹线、安分格条。分格弹线，嵌贴木分格条。

2）抹水泥石渣浆。薄刮1mm厚素水泥浆，抹8~12mm厚水泥石渣浆面层（高于分格条1~2mm），石渣浆体积配比为(1∶1.5)~(1∶1.25)，稠度为5~7cm。水分稍干，拍平压实2~3遍。

3）喷刷。压无陷痕时，用棕刷蘸水自上而下刷掉面层水泥浆，至石子表面完全外露为止，也可用喷雾器自上而下喷水冲洗。

4）勾缝。起出分格条，局部修理、勾缝。

水刷石面层外观质量要求是石粒清晰、分布均匀、色泽一致、平整密实，不得有吊粒和接槎的痕迹。

3. 干粘石面层

干粘石俗称甩石子，是在抹好找平层后，随抹黏结层随用拍子或喷枪把石渣往黏结层上甩，随甩随拍平压实，应黏结牢固但不能拍出或压出水泥浆，从而获得石渣排列致密、平整的饰面效果。具体施工工艺流程如下：

1）弹线、安分格条。做找平层，隔日嵌贴分格条。

2）抹黏结层、甩石渣。先抹一层6mm厚的(1∶2.5)~(1∶2)水泥砂浆中层，再抹一层厚度为1mm的聚合水泥浆（水泥∶108胶=1∶0.3）黏结层，随即将4~6mm的石渣用人工或喷枪

黏（或甩、喷）在黏结层上，要求石子分布均匀不露底，黏石后及时用干净抹子轻轻将石渣压入黏结层内，要求压入2/3，外露1/3，以不露浆且黏牢为原则。

3）勾缝。初凝前起出分格条，修补、勾缝。

干粘石面层外观质量要求是色泽一致、不漏浆、不漏黏，石粒应黏结牢固、分布均匀，阳角处应无明显黑边。

4. 斩假石面层

斩假石又称剁斧石。斩假石面层是指用人工在水泥面上剁出石纹，以获得有纹路的石面样式，其施工工艺流程如下：

1）弹线、安分格条。在找平层上按设计的分格弹线嵌分格条。

2）抹面层。基层上洒水湿润，刮一层1mm厚素水泥浆，随即铺抹10mm厚1：1.25水泥石渣浆（石渣掺量30%）面层，用铁抹子赶平压实，用软毛刷蘸水把表面水泥浆刷掉，露出的石渣应均匀一致。

3）剁石。洒水养护2~5d即可开始试剁，试剁石子不脱落便可正式剁。剁斧由上往下将面层剁成平行齐直剁纹（分格缝周围或边缘留出15~40mm宽区域不剁），剁石深度以石渣剁掉1/3为宜。

4）勾缝。起出分格条，清除残渣，素水泥浆勾缝。

斩假石面层外观质量要求是表面剁纹应均匀顺直、深浅一致，应无漏剁处，阳角处应横剁并留出宽窄一致的不剁边条，棱角应无损坏。

9.3　饰面工程

饰面工程是将天然的或人造的饰面板（砖）镶贴到墙面、柱面和地面等部位，形成装饰面层的一种施工过程。饰面材料块料的种类很多，但基本上可分为饰面砖和饰面板两类：饰面砖包括釉面砖、外墙面砖、陶瓷锦砖；天然石饰面板包括大理石、花岗石等，人造石饰面板包括预制水磨石、水刷石、人造大理石、玻璃幕墙等。由于饰面砖（板）具备不同的色彩和光泽，装饰功能强，因此多用于高级建筑物的装饰和一般建筑的局部装饰。

9.3.1　饰面材料的类型

1. 天然石饰面板

天然石饰面板主要有大理石、花岗石、青石板、蘑菇石等，要求棱角方正、表面平整、石质细密、光泽度好，不得有裂纹、色斑、风化等隐伤。选材时应使饰面色调和谐，纹理自然、对称、均匀，做到浑然一体，且要把纹理、色彩最好的饰面板用于主要部位，以提高装饰效果。

2. 人造石饰面板

人造石饰面板主要有预制水磨石板、人造大理石板、人造石英石板，要求几何尺寸准确、表面平整光滑、石粒均匀、色彩协调，无气孔、裂纹、刻痕和露筋等现象。

人造大理石板是以不饱和聚酯为黏结剂，与石英砂、大理石、方解石粉等搅拌混合、浇铸成型，经脱模、烘干、抛光等工序而制成的。

人造石英石板是由90%的天然石英与10%的矿物颜料、树脂、其他添加剂经高温、高压、高振方法加工而成的，广泛用于地面、墙面、厨房、实验室、窗台及吧台的台面。

3. 金属饰面板

金属饰面板主要有彩色铝合金饰面板、彩色涂层镀锌钢饰面板和不锈钢饰面板三大类，具有自重轻、安装简便、耐候性好的特点，可使建筑物的外观色彩鲜艳、线条清晰、庄重典雅。铝合金饰面板是一种高档次的建筑装饰，装饰效果别具一格，应用较广。

4. 塑料饰面板

塑料饰面板主要有聚氯乙烯塑料板、三聚氰胺塑料板、塑料贴面复合板、有机玻璃饰面板，其特点是板面光滑、色彩鲜艳、硬度大、耐磨、耐腐蚀、防水、吸水率低，应用范围广。

5. 饰面砖

饰面砖是以黏土、石英砂等材料，经研磨、混合、压制、施釉、烧结而形成的瓷质或石质装饰材料，统称为瓷砖；按品种不同可分为釉面砖、通体砖、抛光砖、玻化砖、陶瓷锦砖（马赛克）等；要求表面光洁、色彩一致，不得有暗痕和裂纹，吸水率不大于10%。

瓷制釉面砖由瓷土烧制而成，背面呈灰白色，强度较高，吸水率较低。陶制釉面砖由陶土烧制而成，背面呈暗红色，强度较低，吸水率较高。抛光砖是通体砖的表面经打磨、抛光的一种光亮的砖，坚硬耐磨，适合在除洗手间、厨房以外的多数室内空间中使用。玻化砖是通体砖经打磨但不抛光，表面如镜面一样光滑透亮的砖，其吸水率、边直度、弯曲强度、耐酸碱性等方面都优于普通釉面砖、抛光砖及大理石，其缺点是灰尘、油污等容易渗入，适用于客厅、卧室的地面及走道等。

9.3.2 饰面工程的一般规定及注意事项

1. 一般规定

1）粘贴用水泥应进行凝结时间、安定性和抗压强度复检。

2）用于室内的天然石材应进行放射性指标的检验。

3）应对陶瓷面砖的吸水率和抗冻性指标进行检验。

4）饰面板（砖）的预埋件（或后置埋件）、连接节点、防水层应进行隐蔽工程验收。

5）外墙饰面砖粘贴前和施工中，均应在相同基层上做样板件，并对样板件的饰面砖黏结强度进行检验。

6）施工前应进行选板、预拼、排号工作，分类竖向堆放待用。

7）采用湿作业法施工的饰面板工程，石材应进行防碱背涂处理。饰面板与基层之间的灌注材料应饱满密实。

2. 注意事项

1）对于浅色石材，黏结水泥浆应采用白水泥调制，以保证装饰效果。

2）板材铺贴后应及时用湿布擦净表面，避免污染。

3）对于浅色或高档石材，在擦缝清理后，应先铺盖塑料薄膜，再铺盖地垫等保护，并防止水泡串色。

9.3.3 饰面砖镶贴施工工艺

饰面砖工程是指内墙饰面砖工程和高度不大于100m、抗震设防烈度不大于8度、采用满粘法施工的外墙饰面砖工程。饰面砖墙面安装可采用镶贴法、胶黏法。胶黏法起步较晚，但发展很快。饰面砖地面安装则采用铺贴法。2021年12月住房和城乡建设部发布的《房屋建筑和市政基础设施工程危及生产安全施工工艺、设备和材料淘汰目录（第一批）》中，已明确淘汰饰面砖水泥砂浆粘贴工艺，可采用的替代工艺为水泥基粘接材料粘贴工艺等。

1. 工艺流程

清理基层→抄平放线→设标志（做灰饼）→基层抹灰→面砖检验、排砖、做样板件→样板件黏结强度检验→孔洞整砖套割→瓷砖胶拉毛→饰面砖粘贴→养护（保护成品）→饰面砖缝填嵌。

2. 施工方法

饰面砖粘贴排列方式主要有对缝排列和错缝排列两种。

（1）饰面砖样板件的黏结强度检测　外墙饰面砖粘贴前和施工过程中，均应在相同基层上做样板件，并对样板件的饰面砖黏结强度进行检验，其检验方法和结果判定应符合《建筑工程饰面砖粘结强度检验标准》（JGJ/T 110）规定。

（2）墙、柱面砖粘贴

1）墙、柱面砖粘贴前应进行挑选，并应浸水2h以上，然后晾干表面水分。

2）粘贴前应进行放线定位和排砖，非整砖应排放在次要部位或阴角处。每面墙不宜有两列（行）以上非整砖，非整砖宽度不宜小于整砖的1/3。

3）粘贴前应确定水平及竖向标志，垫好底尺，挂线粘贴。墙面砖表面应平整，接缝应平直，缝宽应均匀一致。阴角砖应压向正确，阳角线宜做成45°角对接。在墙、柱面突出物处，应整砖套割吻合，不得用非整砖拼凑粘贴。

4）饰面砖铺贴宜采用水泥基类专用瓷砖胶黏剂粘贴，粘贴时用抹刀在墙面及砖背面均匀刮抹胶黏剂，用专用带齿的抹子沿水平方向进行拉毛，然后将砖排放在合适的铺装位置，垂直于胶黏剂齿槽方向轻轻揉压，确保全面黏着、胶黏剂饱满。在粘贴时挤入缝中的胶黏剂应随手刮净。

3. *饰面砖镶贴质量要求*

饰面砖表面应平整、洁净、色泽一致，无裂缝和缺损。饰面砖镶贴必须牢固，无歪斜、缺棱角和裂缝等缺陷。接缝应填嵌密实、平直，宽窄均匀，颜色一致。阴阳角的砖搭接方向正确，非整砖使用部位适宜。采用胶黏法施工的饰面砖应无空鼓、裂缝。墙面突出物周围的饰面砖应整砖套割吻合，边缘应整齐。

9.3.4 饰面板安装施工工艺

饰面板安装工程是指内墙饰面板安装工程和高度不大于24m、抗震设防烈度不大于7度的外墙饰面板安装工程。饰面板墙面安装可采用安装法和镶贴法。大规格的天然石或人造石（边长大于400mm）一般采用安装法施工，小规格的饰面板（边长小于400mm）一般采用镶贴法施工。

1. *石材饰面板的安装*

石材饰面板安装方法有湿作业法和干挂法。

（1）湿作业法

1）薄型小规格板材（厚度10mm以下、边长小于400mm）湿作业法的工艺流程：检查并清理基层→吊垂直、套方、找规矩、做灰饼、抹底层砂浆→分格弹线→石材刷防护剂→排板→镶贴石板→表面勾（擦）缝。

2）普通大规格板材（边长大于等于400mm）湿作业法的工艺流程：施工准备（饰面板钻孔、剔槽）→预留孔洞套割→板材浸湿、晾干→穿铜丝与板块固定→固定钢筋网→吊垂直、套方、找规矩、弹线→石材刷防护剂→分层安装板材→分层灌浆→饰面板擦（嵌）缝。

按设计要求在基层表面绑扎好钢筋网，钢筋网应与预埋铁环（或冲击电钻打孔预埋短钢筋）绑扎或焊接，具体构造如图9-5所示。

用台钻在板的上下两个面打眼，孔位距板宽两端1/4处，孔径为5mm、深18mm，并用金刚錾子在孔壁上轻剔一道槽，将20cm左右的铜丝一端用木楔黏环氧树脂楔进孔内固定，另一端顺孔槽卧入槽内。

安装一般从中间或一端开始，用铜丝把板材与钢筋骨架绑扎固定，板材与基层间的缝隙（灌浆厚度）一般为20~50mm，上下口的四角用石膏临时固定，板与板的接缝为干接，交接处应四角平整，用托线板靠直靠平，方尺阴阳角找正。

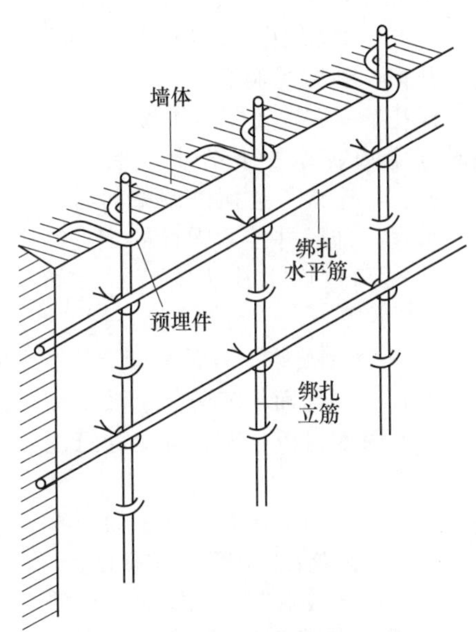

图9-5 饰面板墙湿作业法钢筋网构造

用 1∶2 水泥砂浆调成粥状分层灌浆，第一次灌 15cm 左右，间隔 1～2h，待砂浆初凝后再灌第二层 20～30cm，待初凝后再灌第三层，第三层灌浆应低于板材上口 5cm。饰面板湿作业法安装构造如图 9-6 所示。

全部石板安装完后，清除所有石膏和余浆痕迹，按石板颜色调制色浆进行嵌缝，边嵌边擦干净，然后打蜡出光。

（2）干挂法　首先在板材上打孔，然后用不锈钢连接器与埋在混凝土墙体内的膨胀螺栓相连，板与墙体间形成 80～90mm 空气层。饰面板干挂法节点构造如图 9-7 所示。该工艺多用于 30m 以下的钢筋混凝土结构，造价较高，不适用于砖墙或加气混凝土基层。

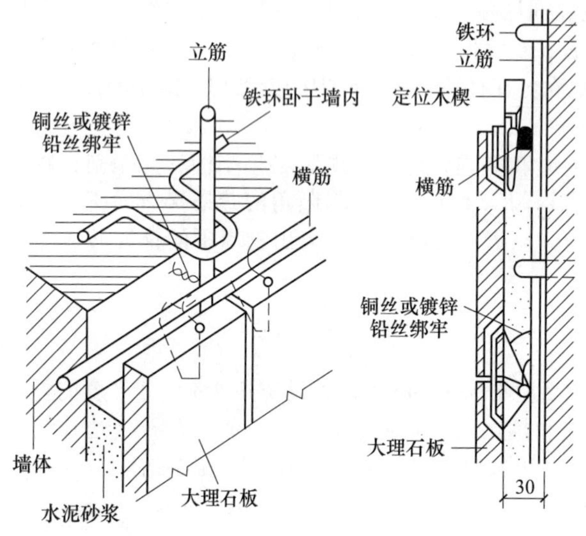

图 9-6　饰面板湿作业法安装构造

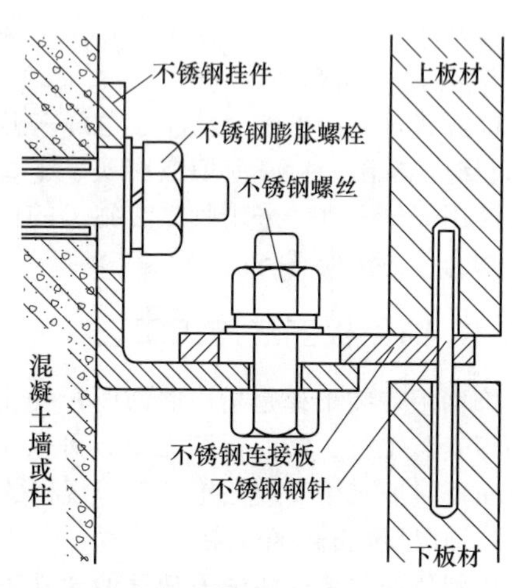

图 9-7　饰面板干挂法节点构造

干挂法施工工艺为结构尺寸检验→清理结构表面→在结构上弹线→水平龙骨开孔→固定骨架→检查水平龙骨及开孔→骨架及焊接部位防腐→饰面板开槽、预留孔洞套割→排板、支底层板托架→放置底层板并调节位置、临时固定→在水平龙骨上安装连接件→石材与连接件连接→调整前后左右并垂直→加胶并拧紧螺栓固定。饰面板墙面和柱面干挂法安装示意如图 9-8 所示。

2. 其他材质饰面板的安装

（1）金属饰面板安装　金属饰面板安装采用木衬板粘贴、有龙骨钉固两种方法。

（2）木饰面板安装　木饰面板安装一般采用有龙骨钉固法、粘接法。

（3）镜面玻璃饰面板安装　按照固定原理可分为有（木）龙骨安装法、无龙骨安装法。其中，有龙骨安

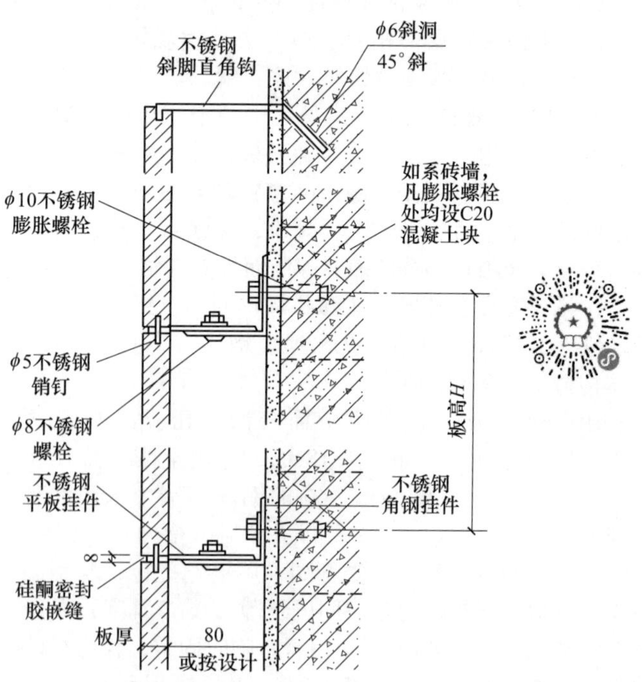

图 9-8　饰面板墙面和柱面干挂法安装示意

装法有紧固件镶钉法和大力胶粘贴法两种方式。

3. 饰面板（砖）工程的质量和验收规定

饰面板的品种、规格、颜色和性能均应符合要求。饰面板孔、槽的数量、位置和尺寸应符合设计要求。饰面板安装工程的预埋件、连接件的数量、规格、位置、连接方法和防腐处理必须符合设计要求。

饰面板（砖）工程应对下列材料及其性能指标进行复验：室内用花岗石的放射性；粘贴用水泥的凝结时间、安定性和抗压强度；外墙陶瓷面砖的吸水率；寒冷地区外墙陶瓷面砖的抗冻性。

饰面板（砖）工程应对下列隐蔽工程项目进行验收：预埋件（或后置埋件）、连接节点、防水层。

4. 饰面板（砖）工程检验批的划分和抽检数量

1）相同材料、工艺和施工条件的室内饰面板（砖）工程每50间（大面积房间和走廊按施工面积30m^2为一间）应划分为一个检验批，不足50间也应划分为一个检验批。

2）相同材料、工艺和施工条件的室外饰面板（砖）工程每500~1000m^2应划分为一个检验批，不足500m^2也应划分为一个检验批。

3）室内每个检验批应至少抽查10%，并不得少于3间；不足3间时应全数检查。

4）室外每个检验批每100m^2应至少抽查一处，每处不得小于10m^2。

9.4　涂饰与裱糊工程

9.4.1　涂饰工程施工工艺

涂饰工程是将胶体的溶液涂敷在物体表面，使之与基层黏结，并形成一层完整而坚韧的薄膜，借以达到装饰、美观和保护基层免受外界侵蚀的目的。涂饰工程包括水性涂料涂饰工程、溶剂型涂料涂饰工程、美术涂饰工程。

1. 涂饰施工前的准备工作

1）涂饰工程应在抹灰、吊顶、细部、地面及电气工程等已完成并验收合格后进行。

2）水性涂料涂饰工程施工的环境温度应为5~35℃，并注意通风换气和防尘。

3）基层处理要求：

① 新建筑物的混凝土或抹灰基层在涂饰涂料前应涂刷抗碱封闭底漆。对泛碱、析盐的基层应先用3%的草酸溶液清洗，然后用清水冲刷干净或在基层上满刷一遍抗碱封闭底漆，待其干后刮腻子，再涂刷面层涂料。

② 旧墙面在涂饰涂料前应清除疏松的旧装修层并涂刷界面剂。

③ 基层腻子应平整、坚实、牢固，无粉化、起皮和裂缝；内墙腻子的黏结强度应符合《建筑室内用腻子》（JG/T 298）的规定。厨房、卫生间墙面必须使用耐水腻子。

④ 混凝土或抹灰基层涂刷溶剂型涂料时，含水量不得大于8%；涂刷乳液型涂料时，含水量不得大于10%。木材基层的含水量不得大于12%。

2. 涂饰方法

（1）混凝土及抹灰面涂饰方法　一般采用喷涂、滚涂、刷涂、抹涂和弹涂等方法，以取得不同的表面质感。

（2）木质基层涂刷方法

1）木质基层涂刷清漆。基层上的节疤、松脂部位应用虫胶漆封闭，钉眼处应用油性腻子嵌补。在刮腻子、上色前，应先涂刷一遍封闭底漆，然后反复对局部进行拼色和修色，每修完一次，刷一遍中层漆，干后打磨，直至色调协调统一，最后做饰面漆。

2）木质基层涂刷色漆。先满刷清油一遍，待其干后用油腻子将钉孔、裂缝、残缺处嵌刮平整，干后打磨光滑，再刷中层和面层油漆。

9.4.2 裱糊工程施工工艺

裱糊工程就是将壁纸、墙布用胶黏剂裱糊在结构基层的表面上。由于壁纸和墙布的图案、花纹丰富，色彩鲜艳，故更显得室内装饰豪华、美观、艺术、雅致。

裱糊工程中常用的材料有普通壁纸、塑料壁纸、玻璃纤维墙布、无纺墙布及胶黏剂。

1. 基层处理

裱糊前，应将基层表面的灰砂、污垢、灰疙瘩和尘土清除干净，有磕碰、麻面和缝隙的部位用腻子抹平压光，再用胶皮刮板在墙面上刮满腻子一遍，干燥后用砂纸磨平磨光，并将灰尘清扫干净。涂刷后的腻子要坚实牢固，不得粉化、起皮和有裂缝。石膏板基层的接缝处和不同材料基层相接处应糊条盖缝。

基层处理要求如下：

1）新建筑物的混凝土或抹灰基层墙面在刮腻子前应涂刷抗碱封闭底漆。

2）旧墙面在裱糊前应清除疏松的旧装修层并涂刷界面剂。

3）混凝土或抹灰基层含水量不得大于8%；木材基层的含水量不得大于12%。

4）基层腻子应平整、坚实、牢固，无粉化、起皮和裂缝，腻子的黏结强度应符合《建筑室内用腻子》（JG/T 298）的规定。

5）基层表面平整度、立面垂直度及阴阳角方正应达到高级抹灰的要求。

6）基层表面颜色应一致。

7）裱糊前应用封闭底胶涂刷基层。

2. 裱糊方法

墙、柱面裱糊常用的方法有搭接法裱糊、拼接法裱糊。顶棚裱糊一般采用推贴法裱糊。

3. 裱糊施工技术流程

墙纸（布）裱糊工艺流程：清扫基层、填补缝隙→墙面接缝处贴接缝带、补腻子、磨砂纸→满刮腻子、磨平→涂刷防潮剂→涂刷底胶→墙面弹线→壁纸浸水→壁纸、基层涂刷黏结剂→墙纸裁剪、刷胶→上墙裱贴、拼缝、搭接、对花→赶压胶黏剂气泡→擦净胶水→修整。

4. 裱糊施工技术要求

1）裱糊前，应按壁纸、墙布的品种、花色、规格进行选配、拼花、裁切、编号，裱糊时应按编号顺序粘贴。壁纸、墙布的品种、规格、图案、颜色和燃烧性能等级必须符合设计要求及国家现行标准的有关规定。

2）裱糊使用的胶黏剂应按壁纸或墙布的品种选配，应具备防霉、耐久等性能。如有防火要求，则应有耐高温、不起层性能。

3）各幅拼接应横平竖直，拼接处花纹、图案应吻合，不离缝，不搭接，不显拼缝。

4）裱糊时，阳角处应无接缝，应包角压实，阴角处应断开，并应顺光搭接。

5）壁纸、墙布应粘贴牢固，不得有漏贴、补贴、脱层、空鼓和翘边等现象。

6）裱糊后的壁纸、墙布表面应平整，色彩应一致，不得有波纹起伏、气泡、裂缝、皱折及斑污，斜视无胶痕。

9.5 建筑幕墙工程

9.5.1 建筑幕墙的类型

建筑幕墙是一种由支承结构体系与面板组成的、可相对主体结构有一定位移能力、却不分担主体结构荷载与作用的建筑外围护结构或装饰性结构。建筑幕墙工程施工应符合《玻璃幕墙工程

技术规范》(JGJ 102)、《金属与石材幕墙工程技术规范》(JGJ 133) 等相关规范的规定。

1. 按建筑幕墙的面板材料分类

(1) 玻璃幕墙

1) 框支承玻璃幕墙：玻璃面板周边由金属框架支承的玻璃幕墙。

2) 全玻璃幕墙：由玻璃肋和玻璃面板构成的玻璃幕墙。

3) 点支承玻璃幕墙：由玻璃面板、点支承装置和支承结构构成的玻璃幕墙。

(2) 金属幕墙　金属幕墙是指面板为金属板材的建筑幕墙，主要包括单层铝板幕墙、铝塑复合板幕墙、蜂窝铝板幕墙、不锈钢板幕墙、搪瓷板幕墙等。

(3) 石材幕墙　石材幕墙是指面板为建筑石板材的建筑幕墙。

2. 按建筑幕墙的施工方法分类

(1) 单元式幕墙　将面板与金属框架（横梁、立柱）在工厂组装为幕墙单元，以幕墙单元形式在现场完成安装施工的框支承建筑幕墙（通常单元板块高度为一个楼层的层高）。

(2) 构件式幕墙　在现场依次安装立柱、横梁和面板的框支承建筑幕墙。

9.5.2　玻璃幕墙施工工艺

玻璃幕墙是以玻璃板片作为墙面材料，与金属构件组成的悬挂在建筑物主体结构上的非承重连续外围墙体，具有防水、隔热、保温、气密、防火、抗震和避雷等性能。玻璃幕墙应按维护结构设计，应具有足够的承载能力、刚度、稳定性和相对于主体结构的位移能力。采用螺栓连接的幕墙构件，应有可靠的放松、防滑措施；采用挂接或插接的幕墙构件应有可靠的防脱、防滑措施。

1. 玻璃幕墙施工流程

玻璃幕墙施工流程如下：放样定位→安装支座→安装立柱→安装横梁→安装玻璃→打胶→清理。

(1) 放样定位、安装支座　根据幕墙的造型、尺寸和图样要求，进行幕墙的放样、弹线。各种埋件的数量、规格、位置及防腐处理须符合设计要求。在幕墙骨架与建筑结构之间设置连接固定支座，上下支座须在一条垂直线上。

(2) 安装立柱　在两个固定支座间，用不锈钢螺栓将立柱按安装标高要求固定，立柱安装轴线偏差不大于2mm，相邻两立柱安装标高偏差不大于3mm。支座与立柱接触处用柔性垫片隔离。立柱安装调整后应及时紧固。

(3) 安装横梁　确定各横梁在立柱上的标高，用铝角将横梁与立柱连接起来，横梁与立柱的接触处设置弹性橡胶垫。相邻两横梁水平标高偏差不大于1mm。同层横梁的标高偏差：当幕墙宽度≤35m时，标高偏差不大于5mm；当幕墙宽度>35m时，标高偏差不大于7mm，同层横梁安装应由下而上进行。

(4) 安装玻璃

1) 明框幕墙。明框幕墙是用压板和橡皮将玻璃固定在横梁和立柱上。固定玻璃时，在横梁上设置定位垫块，垫块的搁置点离玻璃垂直边缘的距离宜为玻璃宽度的1/4，且不宜小于150mm，垫块的宽度应不小于所支撑玻璃的厚度，长度不宜小于25mm。

2) 隐框幕墙玻璃。隐框幕墙的玻璃是用结构硅酮胶黏结在铝合金框格上，从而形成的玻璃单元块。玻璃单元块在工厂用专用打胶机制作完成。玻璃单元块制成后，将单元块中铝框格的上边挂在横梁上，再用专用固定片将铝框格的其余三条边钩夹在立柱和横梁上，框格每边的固定片数不少于两片。

3) 半隐框幕墙。半隐框幕墙在一个方向上隐框，在另一方面上则为明框。在隐框方向上的玻璃边缘用结构硅酮胶固定，在明框方向上的玻璃边缘用压板和连接螺栓固定，隐框边和明框边的具体施工方法可分别参照隐框幕墙和明框幕墙的玻璃安装方法。

4）玻璃与构件不得直接接触，玻璃四周与构件凹槽底部应保持一定的空隙。每块玻璃下应至少放置两块宽度与槽口宽度相同、长度不小于100mm的弹性定位垫块。玻璃四周镶嵌的橡胶条材质应符合设计要求，镶嵌应平整，橡胶条比边框内槽长1.5%~2%，橡胶条在转角处应斜面断开，并用胶黏剂黏结牢固后嵌入槽内。

5）高度超过4m的无骨架玻璃（全玻）幕墙应吊挂在主体结构上，吊夹具应符合设计要求，玻璃与玻璃、玻璃与玻璃肋之间的缝隙应用结构硅酮胶填嵌密实。

6）挂架式（点支承）玻璃幕墙安装应采用带万向头的活动不锈钢爪，其钢爪间的中心距离应大于250mm。

（5）打胶　打胶的温度和湿度应符合相关规范的要求。注胶后应在温度20℃、湿度50%以上的干净室内养护，待完全固化后进入下一道工序施工。

（6）清理　玻璃幕墙的玻璃安装完后，应用中性清洁剂和水对有污染的玻璃和铝型材进行清洗。

2. 玻璃幕墙安装规定

玻璃幕墙安装施工应符合现行行业标准的有关规定。安装施工机具在使用前，应进行严格检查。电动工具应进行绝缘电压试验。手持玻璃吸盘及玻璃吸盘机应进行吸附质量和吸附持续时间试验。现场焊接作业时，应采取防火措施。采用吊篮施工时，对吊篮应进行设计，使用前应进行安全检查。吊篮不应作为竖向运输工具，并不得超载，不应在空中进行吊篮检修；吊篮上的施工人员必须配系安全带。采用外脚手架施工时，脚手架应经过设计，并应与主体结构可靠连接。采用落地式钢管脚手架时，应双排布置。当高层建筑的玻璃幕墙安装与主体结构施工交叉作业时，在主体结构的施工层下方应设置防护网，在距离地面约3m高度处，应设置挑出高度不小于6m的水平防护网。

9.5.3　石材幕墙施工工艺

面板材料为石板材的建筑幕墙称为石材幕墙。它利用金属挂件将石板材钩挂在钢骨架或结构上。石材幕墙主要由石材板、固定支座、骨架结构、各种连接件及固定件、密封材料等组成。石材幕墙不仅能够承受自重荷载、风荷载、地震荷载和温度应力的作用，还应满足保温、隔热、防火、防水和隔声等方面的要求。

石材幕墙施工工艺流程为：定位、测量、放线→清理预埋件→测定预埋件中心线位置→各中心线间距的全面校准并定位→如果没有预埋件或预埋件位置未发生偏移，定位及安装后置锚板→底端基准水平线的测定与校准→顶端基准水平线的测定与校准→拉通线顺直各支持点的垂线→焊接镀锌角钢，固定立柱→拉通线校准立柱，测定、安装横梁→安装干挂件，用胶固定石材，定位、核准→板缝填塞泡沫棒，缝隙两边粘贴纸胶带→打注耐候密封胶→检查所有打胶是否顺直，是否有气泡→清除所有多余的胶料→检查验收→清洗

1. 施工及材料准备

（1）施工队伍及设备准备　板材安装是整个石材幕墙安装中最后的成品环节，在施工前要做好充分的准备工作。准备好所有工具，如电源、锯机及锯片等，并根据工程实际情况及进度计划要求分组安排好人员。

（2）基层准备　对石材幕墙作业面进行一次全面的清理检查及调整加固，清理预做饰面石材的结构表面，确保挂石施工有足够的施工空间并确保施工安全。使用经纬仪进行放线定位，进行吊直、套方、找规矩，弹出垂直线和水平线。并根据设计图和实际需要弹出安装石材的位置线和分块线。

（3）挂线　按设计图要求，石材安装前要事先用经纬仪打出大角两个面的竖向控制线，弹在离大角20cm的位置上，以便随时检查垂直挂线的准确性，保证顺利安装。垂直挂线上端挂在专用的挂线角钢架上，角钢架用膨胀螺栓固定在建筑物大角的顶端，一定要挂在牢固、准确、不易碰

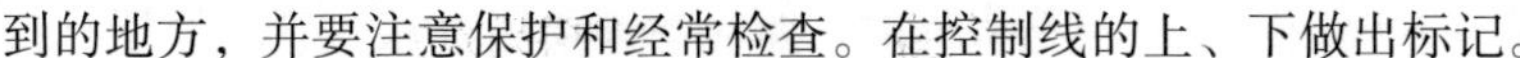

到的地方，并要注意保护和经常检查。在控制线的上、下做出标记。

2. 安装底层饰面板钢支承托架

（1）挂石传力路径　挂石自重、所受风力及振动力→不锈钢支架→镀锌角钢→不锈钢膨胀螺栓→主体结构。

（2）钢支承托架结构　外墙荷载由水准布设角钢支承，建筑主体上布设节点，各个节点共同支承主架传来的荷载。节点沿竖直方向每隔 2m 布设一个。混凝土结构用不锈钢膨胀螺栓连接，砖墙用不锈钢穿墙螺栓连接。

（3）钢支承托架施工　钢支承托架是影响干挂石外墙饰面工程品质及安全的关键。因此，必须严格按照施工规范及施工工艺流程进行钢支承托架施工，必须确保所用材料皆经检验合格。

1）节点固定。按设计图及石板材钻孔位置，先准确地在围护结构墙上弹水平线并做好标记，然后按点打孔。打孔使用冲击钻，打孔时先用尖凿子在预先弹好的点上凿一个洞，然后用冲击钻打孔。当打孔遇结构里的钢筋时，可以将孔位向水准方向移动或往上抬高。当要连接不锈钢挂件时利用可调余量再调回。成孔要求与结构表面垂直，成孔后把孔内的灰粉用小勾勺掏出，安放膨胀螺栓，宜将本层所需要的膨胀螺栓全部安装就位。各个节点完成后，报监理验收。

2）主架安装。在节点完成后，复核分缝格线，并在节点上标明轴线标记，依标记按设计要求在两个节点竖直方向相同的一边定出受力镀锌角钢位置，并用两个点焊固定，安放镀锌槽钢就位，临时点焊固定，检查水准及竖直方向是否有偏差，若有偏差则重新调整并点焊固定直至校验轴线准确，槽钢水准、竖直方向偏差满足要求为止。槽钢就位后再焊接另一边的受力镀锌角钢，按设计要求对节点进行全满焊。其他部分槽钢施工同上，完成后报监理复核验收。安装时先将镀锌角钢焊接在主槽钢上，焊接高度要比水平线低 5mm，确保长段镀锌角钢搭接后保持在同一水平线上，由于干挂石饰面板在竖直方向上可调节位移空间非常小，所以控制整体水平度十分重要。用不锈钢螺栓将长段镀锌角钢与短段镀锌角钢临时固定，复核调整确保位置正确后满焊再上紧不锈钢螺栓。

主次架安装完成后，按设计图安装防雷带，经自检合格后报监理办理验收手续，然后对所有焊缝进行防锈防腐处理，再报监理进行隐蔽验收。

3. 挂石板材安装

（1）不锈钢挂件安装　用设计规定的不锈钢螺栓将不锈钢挂件固定在镀锌角钢上，调整不锈钢挂件的位置。

（2）板材安挂　先进行板材试安装，调整不锈钢挂件于准确的水准、竖直位置，取下板材，将已预先准备好的石材专用胶黏剂用力压入底槽内，将板材挂上压入不锈钢挂件中，调整位置确保板材平面水准、竖直，分格缝平直，固定不锈钢挂件，用力矩扳手拧紧，将多余的胶黏剂抹掉。按同样的方法安挂其他板材，待同层面板全部就位后，检查各板水准是否在一条线上，如有高低不平的要进行调整。低的可用木楔垫平；高的可轻轻适当退出点木楔，退到面板上口在一条水平线上为止。先调整好面板的水准与垂直度，再检查板缝，板缝宽应符合设计 6mm 的要求。

（3）底层封口板材安挂　把侧面的不锈钢挂件安好，便可让底层面板靠角上的一块板材就位，安装方法与普通板材安挂相同。板材安装后用 1∶3（水泥∶砂）的砂浆（砂浆需要加入添加剂以增加其黏度）灌于底层面板内 20cm 高，砂浆表面上设排水管。

（4）顶部面板安挂　顶部最后一层面板按一般石板材安装要求安挂，安装调整后，在结构与石板材的缝隙里吊一通长厚木条，木条吊好后，即在石板材与墙面之间的空隙里塞放聚苯板条，聚苯板条要略宽于空隙，以便填塞严实，防止灌浆时漏浆，造成蜂窝、孔洞等，灌浆至石板材口下 20mm 作为压顶盖板之用。

4. 贴防污条、嵌缝

全部板材均挂设完成并经自检合格后报监理办理验收手续。验收完成后沿面板边缘贴防污条，应选用 4cm 左右的纸带型不干胶带，边缘要贴齐、贴严，在石板材间缝隙处嵌弹性背衬条，最后在背衬条外用嵌缝枪把中性硅胶打入缝内。嵌底层石板缝时，要注意不要堵塞流水管。根据石板材颜色可在胶中加适量矿物质颜料。

5. 清理石板材表面，刷罩面剂

把石板材表面的防污条掀掉，用棉丝将石板材擦净，若有胶或其他黏接牢固的杂物，可用开刀轻轻铲除，用棉丝蘸丙酮擦至干净。在刷罩面剂前，应了解天气变化，阴雨天和 4 级以上风天不得施工，防止污染漆膜。罩面剂按配合比在刷前半小时兑好，注意区别底漆和面漆，最好分阶段操作。罩面剂要搅匀，防止成膜时不均匀。涂刷要用羊毛刷，蘸漆不宜过多，防止流挂，尽量少回刷，以免有刷痕，要求无气泡、不漏刷，刷得平整且要有光泽。

对石材幕墙进行全面检查，未完善的要及时跟进处理，自检合格后报监理办理验收手续。

9.5.4 铝板幕墙施工工艺

1. 测量放线

1）首先确定好基准轴线和水准点，然后用经纬仪放出控制线。

2）对基准中心线、水平线进行复测，无误后放钢线，并定出幕墙安装基准线。为保证不受其他因素影响，放线完毕后，用水平仪检测、调准。

2. 结构及预埋件检查

根据测量放线结果检查结构是否符合幕墙的安装精度要求，并汇总分析测量数据，如安装精度超出允许偏差范围则应通知总包单位进行处理，直至符合要求。检查预埋件是否符合设计要求，当偏差较大时，需要制订修正方案。

3. 墙面防水层安装

根据外立面梁、柱及窗洞口尺寸对防水铁皮进行定尺加工，并将防水铁皮固定在预埋件上。在预埋件条形孔的位置开槽时，应将预埋件条形孔露出铁皮表面。防水铁皮应叠压施工，并做好收口及连接处的打胶防水处理工作。

4. 转接件的安装

1）将转接件用 M12 螺栓固定在预埋件上，并用防腐胶垫隔开，避免双重腐蚀。

2）连接角码与铝板龙骨用不锈钢螺钉先连接好，再与转接件用 M8 螺栓连接。预埋件可以横向调节铝板位置，转接件可以竖向调节铝板位置，转接件和连接角码可以共同调节铝板进出位，这就满足了铝板的三维可调。

3）安装完成并经自检合格后填写隐蔽工程施工单，经监理验收合格后进行下道工序施工。

5. 层间防火层安装

1）防火层必须外包 1.5mm 厚镀锌钢板，内填 180mm 防火岩棉。

2）楼层竖向应形成连续防火分区，有特殊要求的平面也应设置防火隔断。

3）楼板处要形成防火实体，玻璃幕墙宜设上下两道防火层。

4）防火层和幕墙与主体之间的缝隙采用防火胶密封。

6. 铝板的安装施工

1）在铝板龙骨安装完毕后，可依据编号图的位置进行铝板的安装。安装铝板要拉横向、竖向控制线，保证铝板的位置。

2）铝板龙骨框已经在工厂组装完毕，现场施工可将其挂接到转接件上即完成铝板安装。这样就把大量的工作时间转移到工厂，缩短了现场施工工期。

3）铝板在搬运、吊装过程中，应竖直搬运，不宜将铝板平行搬运，以避免铝板的挠曲变形。

4）铝板的安装采用连接螺钉固定，不打胶、不折边。螺钉选用不锈钢沉头螺钉。

5）在铝板安装过程中，应依据设计规定的螺钉数量进行安装，不得有少装现象。安装过程中，不但要考虑平整度，而且要考虑分格缝的大小及各项指标，将误差控制在允许范围内，且应按铝板保护膜上箭头方向进行安装，防止铝板折光产生误差。

9.5.5 建筑幕墙防火、防雷、保护及清洗

1. 建筑幕墙防火构造要求

1）幕墙与各层楼板、隔墙外沿间的缝隙，应采用不燃材料或难燃材料封堵，填充材料可采用岩棉或矿棉，其厚度不应小于100mm，并应满足设计的耐火极限要求，在楼层间和房间之间形成防火烟带。防火层应采用厚度不小于1.5mm的镀锌钢板承托。承托板与主体结构、幕墙结构及承托板之间的缝隙应采用防火密封胶密封。防火密封胶应有法定检测机构出具的防火检验报告。

2）无窗槛墙的幕墙，应在每层楼板的外沿设置耐火极限不低于1.0h、高度不低于0.8m的不燃烧实体裙墙或防火玻璃墙。在计算裙墙高度时可计入钢筋混凝土楼板厚度或边梁高度。

3）当建筑设计要求防火分区分隔有通透效果时，可采用单片防火玻璃或采用由其加工成的中空、夹层防火玻璃。

4）防火层不应与幕墙玻璃直接接触，防火材料朝玻璃面处宜采用装饰材料覆盖。

5）同一幕墙玻璃单元不应跨越两个防火分区。

2. 建筑幕墙防雷构造要求

1）幕墙的防雷设计应符合国家现行标准《建筑物防雷设计规范》（GB 50057）的有关规定。

2）幕墙的金属框架应与主体结构的防雷体系可靠连接，连接部位应清除非导电保护层。

3）幕墙的铝合金立柱，在不大于10m范围内宜有一根立柱采用柔性导线把每个上柱与下柱的连接处连通。导线截面面积：铜质不宜小于$25mm^2$，铝质不宜小于$30mm^2$。

4）主体结构有水平均压环的楼层，对应导电通路的立柱预埋件或固定件应用圆钢或扁钢与均压环焊接连通，形成防雷通路。镀锌圆钢直径不宜小于12mm，镀锌扁钢截面不宜小于5mm×40mm。避雷接地一般每三层与均压环连接。

5）兼有防雷功能的幕墙压顶板宜采用厚度不小于3mm的铝合金板制造，与主体结构屋顶的防雷系统应有效连通。

6）在有镀膜层的构件上进行防雷连接时，应除去其镀膜层。

7）使用不同材料的防雷连接应避免产生双金属腐蚀。

8）防雷连接的钢构件在完成后都应进行防锈油漆处理。

3. 建筑幕墙的保护和清洗

1）幕墙框架安装后，不得作为操作人员和物料进出的通道。操作人员不得踩在框架上操作。

2）在玻璃面板安装后，易撞、易碎部位都应设有醒目的警示标识或安全装置。

3）对于有保护膜的铝合金型材和面板，在不妨碍下道工序施工的前提下，不应提前撕除保护膜，待竣工验收前撕去。

4）对幕墙的框架、面板等应采取措施进行保护，使其不发生变形，不被污染和刻画等。幕墙施工中表面的黏附物，都应清除。

5）幕墙工程安装完成后，应制定清洁方案，应选择无腐蚀性的清洁剂进行清洗。在清洗时，应检查幕墙排水系统是否畅通，发现堵塞应及时疏通。

6）幕墙外表面的检查、清洗作业不得在4级以上风力和大雨（雪）天气下进行。作业机具设备（提升机、擦窗机、吊篮等）应安全可靠，每次检查合格后方能使用。高空作业应符合《建筑施工高处作业安全技术规范》（JGJ 80）的有关规定。

9.6 吊顶工程

吊顶工程是围成室内空间除墙体、地面以外的另一主要部分，属于室内空间顶部装饰，具有保温、隔热、吸声等功能，也是顶棚安装照明、暖卫、通风空调、通信、防火、报警管线设备等的遮盖层。吊顶工程分为直接式和悬吊式两种，其中悬吊式按构造特点分为活动式、固定式、开敞式及扣板式吊顶，按照面层结构特点分为整体式、板块式和格栅式吊顶。

9.6.1 吊顶的构造组成

吊顶主要由吊杆（吊筋）、龙骨、饰面板（罩面板）三个部分组成。固定式吊顶构造组成如图 9-9 所示。

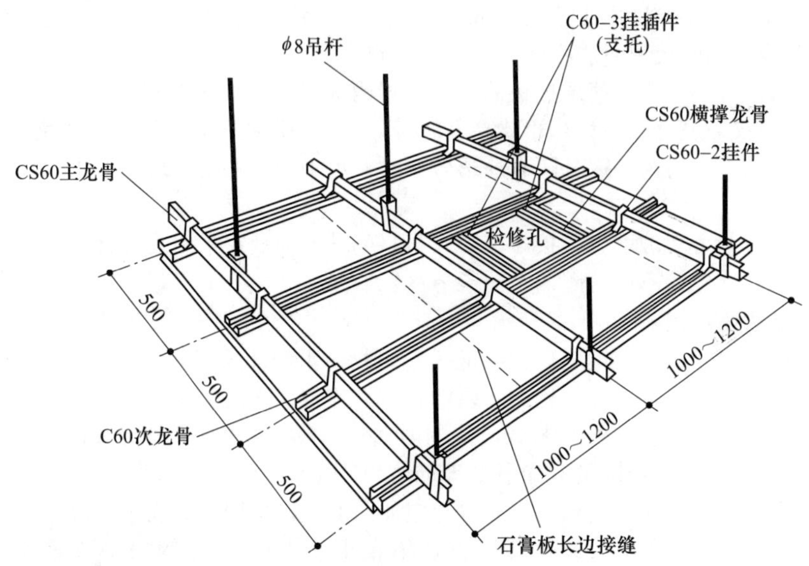

图 9-9 常用固定式吊顶构造组成

1. 吊杆

吊杆是龙骨与基层连接的构件，承载龙骨结构与饰面板的全部重力，一般可用钢筋或镀锌钢丝制作。吊杆距主龙骨端部距离不得大于 300mm，当吊杆长度大于 1500mm 时，应设置反支撑。当吊杆与设备相遇时，应调整并增设吊杆或采用型钢支架。

2. 龙骨

龙骨是固定饰面板的空间格构，有主次之分，承载着饰面板的重力，并将重力传递给吊杆。龙骨的种类较多，常用的有金属龙骨（包括轻钢龙骨、铝合金龙骨）、木龙骨两大类，木龙骨应做防火处理。

3. 饰面板

饰面板是连在龙骨下面的轻质材料，是顶棚的装饰层，需要满足各种功能要求，如吸声、隔热、保温、防火、装饰等。饰面板按材质不同可分为纸面石膏板、矿棉板、纤维板、PVC 板、金属扣板等。

9.6.2 吊顶工程施工

吊顶工程施工前应确保吊顶内管道、设备的安装，水管试压，风管严密性等检验合格。

1. 吊顶工艺流程

（1）弹线 从墙上的水准线（50 线）量至吊顶设计高度加上一层饰面板的厚度，用墨线沿墙（柱）弹出水准线，即为吊顶次龙骨的下皮线。同时，在混凝土顶板弹出主龙骨的位置，并标出吊杆的固定点。

（2）固定吊杆 按图 9-10 所示的方法固定吊杆，区分上人吊顶吊杆和不上人吊顶吊杆。上人吊顶的吊杆直径不得小于 8mm，不上人吊顶的吊杆直径可为 4~6mm，吊顶灯具、风口及检修口等处应设附加吊杆。

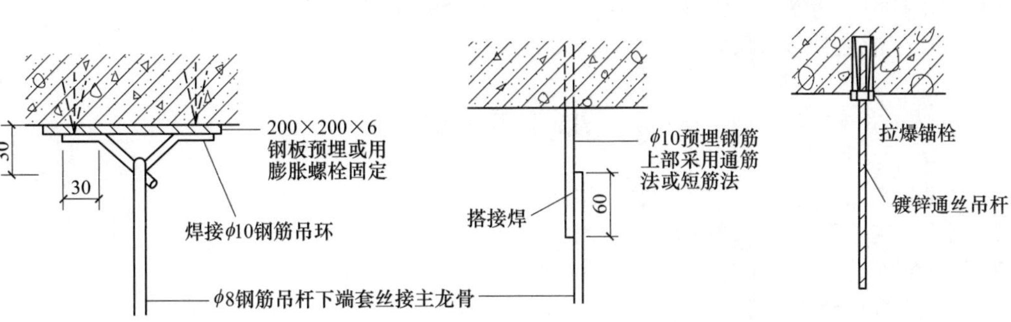

图 9-10　吊杆与结构固定方式

a）上人吊顶吊杆　b）不上人吊顶吊杆

（3）安装边龙骨　边龙骨的安装应按设计要求弹线，沿墙（柱）上的水平龙骨线把 L 形镀锌轻钢条用自攻螺钉固定在预埋木砖上，若为混凝土墙（柱），可用射钉固定，射钉间距应不大于吊顶次龙骨的间距。

（4）安装主龙骨　主龙骨应吊挂在吊杆上，平行房间长向安装。对于较大房间，主龙骨还应按照短跨长度的 1/300~1/200 起拱。主龙骨的接长应采取对接，相邻龙骨的对接接头要相互错开。主龙骨挂好后应及时调整其位置标高。

（5）安装次龙骨　次龙骨应紧贴主龙骨安装，当用 T 形镀锌铁片连接件把次龙骨固定在主龙骨上时，次龙骨的两端应搭在 L 形边龙骨的水平翼缘上。

（6）安装饰面板　根据吊顶的类型和饰面板材质不同，饰面板的安装方法有搁置法、嵌入法、粘贴法、钉固法和卡固法。

1）搁置法是将饰面板直接放在 T 形龙骨组成的格框内。有些轻质饰面板，考虑刮风时会被掀起（如空调口、通风口附近），可用卡子固定。矿棉板、金属饰面板的安装可采用此法。

2）嵌入法是将饰面板事先加工成企口暗缝，安装时将 T 形龙骨两肢插入企口缝内。金属饰面板的安装可采用此法。

3）粘贴法是将饰面板用胶黏剂直接粘贴在龙骨上。石膏板、钙塑泡沫板、矿棉板的安装可采用此法。

4）钉固法是将饰面板用钉、螺栓、自攻螺钉等固定在龙骨上。石膏板、钙塑泡沫板、胶合板、纤维板、矿棉板、PVC 板、金属扣板等的安装可采用此法。

5）卡固法多用于铝合金吊顶，板材与龙骨直接卡接固定，如图 9-11 所示。

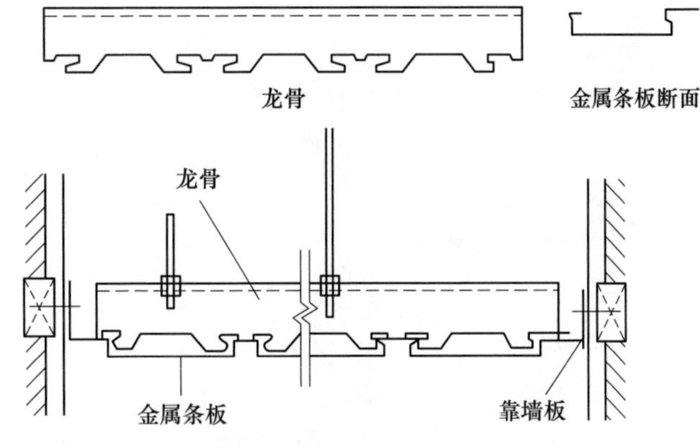

图 9-11　铝合金卡固法固定

2. 吊顶工程质量控制要点

1）吊顶工程中的预埋件、钢筋吊杆和型钢吊杆应进行防腐处理。

2）安装饰面板前应完成吊顶内管道和设备的调试及验收。

3）重型设备和承受振动荷载的设备严禁安装在吊顶工程的龙骨上。

4）吊顶预埋件与吊杆的连接、吊杆与龙骨的连接、龙骨与饰面板的连接应安全可靠。

5）当吊杆上部为网架、钢屋架或吊杆长度大于2500mm时，应设有钢结构转换层。

6）大面积或狭长形吊顶面层的伸缩缝及分格缝应符合设计要求。

思 考 题

1. 简述装饰工程的作用、特点及发展方向。
2. 简述抹灰工程的分类及施工工艺。
3. 简述饰面砖的施工工艺。
4. 简述建筑幕墙的分类。
5. 简述玻璃幕墙的施工工艺。
6. 简述石材幕墙的施工工艺。
7. 简述幕墙的防火和防雷构造要求。
8. 简述壁纸的裱糊工艺及技术要求。
9. 简述吊顶工程质量控制要点。

第2篇 施工组织与管理

第10章 施工组织概论

学习目标：了解建设工程项目的构成、基本建设程序和施工程序；熟悉施工组织的概念、分类和编制要点；掌握施工组织总设计的内容和要点；掌握单位工程施工组织设计的内容和要点。

10.1 概述

建筑工程建设是国家基本建设的一个重要组成部分，而工程的施工组织与管理又是实现工程建设的重要环节。建筑工程项目的施工是一项多工种、多专业、复杂的系统工程，要使施工全过程顺利进行，达到预定的目标，就必须用科学的方法进行施工组织与管理，做到确保工程质量、合理控制工期、降低工程成本、实现安全文明施工。这样做也能够提高施工企业的竞争力。

10.1.1 建设工程项目及其分类

1. 建设工程项目的概念

为完成依法立项的新建、扩建、改建工程而进行的、有起止日期的、达到规定要求的一组相互关联的受控活动，包括策划、勘察、设计、采购、施工、试运行、竣工验收和考核评价等阶段，简称为建设工程项目。

2. 建设工程项目的分类

为了计划管理和统计分析研究的需要，建设工程项目可以从不同的角度进行分类：

1）按建设阶段分类，建设工程项目一般可以分为预备项目、筹建项目、施工项目、建成投产项目等。

2）按建设性质分类，建设工程项目一般可以分为新建项目、扩建项目、改建项目、迁建项目和恢复项目等。

3）按土建工程性质分类，建设工程项目一般可以分为房屋建筑工程项目、土木建筑工程项目（如公路、桥梁、铁道、机场、港口、水利工程等）、工业建筑工程项目（如化工厂、纺织厂、汽车制造厂等）。

4）按使用性质分类，建设工程项目一般可以分为公共建设工程项目（如公路、通信、城市给水排水、医疗保健设施、市政建设工程等）、生产性建设工程项目（如各类工厂）、服务性建设工程项目（如宾馆、商场、饭店等）和生活设施建设工程项目。

5）按分解管理需要分类，建设工程项目一般可以分为单项工程、单位（子单位）工程、分部（子分部）工程、分项工程。

① 单项工程是指具有独立的设计文件，建成后能够独立发挥生产功能或使用功能的工程项目。单项工程是建设工程项目的组成部分，一个建设工程项目可以包含一个或者多个单项工程，如一个新校区建设工程项目，包含教学楼、办公楼、图书馆、学生宿舍、实验楼等多个单项工程。

② 单位工程是指具有独立的设计文件，能够独立组织施工，但不能独立发挥生产功能或使用功能的工程项目。单位工程是单项工程的组成部分，其最大特征是具有独立的设计文件和能够独立组织施工。单位工程可以是一个建筑工程或者设备与安装工程，如主体建筑工程、精装修工程、设备安装工程、窑炉安装工程、电气安装工程等。

③ 分部工程是单位工程的组成部分，是指按结构部位、施工特点或施工任务将单位工程划分为若干个项目单元。当分部工程过大或过于复杂时，可按材料种类、施工特点、施工程序、专业系统及类别等划分为若干子分部工程。如一般工业与民用建筑工程的分部工程包括地基与基础工程、主体结构工程、装饰装修工程、屋面工程、给水排水及供暖工程、电气工程、智能建筑工程、通风与空调工程、电梯工程等。

④ 分项工程是分部工程的组成部分，是指按不同施工方法、材料、工序、工种、设备类别等将分部工程划分成的若干个项目单元，如钢筋混凝土分部工程可划分为模板、钢筋、混凝土等分项工程。

10.1.2 建筑产品的施工特点

建筑产品的特点决定了建筑产品施工的特点，主要体现在以下几个方面：

（1）施工的流动性　建筑产品地点的固定性决定了建筑产品施工的流动性。一般的工业产品是在固定的工厂、车间内进行生产的，而建筑产品的施工是在不同的地区，或同一地区的不同现场，或同现场的不同单位工程，或同一单位工程的不同部位，组织人工、材料、机械围绕着同一建筑产品进行生产。

（2）施工的单件性　建筑产品地点的固定性和类型的多样性决定了建筑产品施工的单件性。一般的工业产品是在一定的时期里用统一的工艺流程进行批量生产，而一个具体的建筑产品则是在国家或地区的统一规划内的选定地点，根据其使用功能单独设计和单独施工。由于建筑产品所在地区的自然、技术、经济条件的不同，也使建筑产品的材料、施工组织和施工方法等要因地制宜，从而使各建筑产品施工具有单件性。

（3）施工周期长，露天和高空作业多　由于建筑产品形体庞大、结构复杂，使其建设必然耗费大量的人力、物力和财力；建筑产品的施工全过程还要受到工艺流程和生产程序的制约，使各专业、工种间必须按照合理的施工顺序进行配合和衔接；建筑产品地点的固定性使施工活动的空间具有局限性。这些因素导致建筑产品施工周期长、占用流动资金大。此外，由于形体庞大的建筑产品不可能在工厂、车间内直接进行施工，即使建筑产品生产达到高度工业化水平，也只能在工厂内生产建筑构件或配件，仍然需要在施工现场进行总装配以形成最终的建筑产品。因此，建筑产品的施工具有露天和高空作业多的特点。

（4）施工组织协作的综合复杂性　建筑产品生产涉及面广。它既涉及工程力学、构造、地基基础、水暖电、机械设备、材料和施工技术等学科的专业知识，要在不同时期、不同地点和不同产品上组织多专业、多工种的综合作业，又涉及不同种类的专业施工企业、城市规划、征用土地、勘察设计、消防、“四通一平”（通路、通水、通电、通通信及场地平整）、公用事业、环境保护等工作。因此，建筑产品施工的组织协作关系综合复杂。

10.1.3 基本建设程序

基本建设程序是指工程从计划决策到竣工验收并交付使用的全过程中各项工作开展所必须遵循的先后顺序。

我国现行的基本建设程序包括项目建议书、可行性研究报告、设计工作、建设准备（包括招

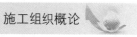

标、投标）、建设实施、生产准备、竣工验收、项目后评价等八个阶段。建设程序还可归纳为投资决策阶段、勘察设计阶段、项目施工阶段、竣工验收并交付使用阶段四个阶段。同时还可进一步将其概括为以三个大的阶段：

1）项目决策阶段。它以可行性研究为中心，还包括调查研究、提出设想、确定建设地点、编制设计任务书等内容。

2）工程准备阶段。它以勘测设计工作为中心，还包括设立项目法人、安排年度计划、进行工程发包、准备设备材料、做好施工准备等内容。

3）工程实施阶段。它以工程的建筑安装活动为中心，还包括工程施工、生产准备、试车运行、竣工验收、交付使用等内容。前两阶段统称为前期工作。现行基本建设程序如图 10-1 所示。

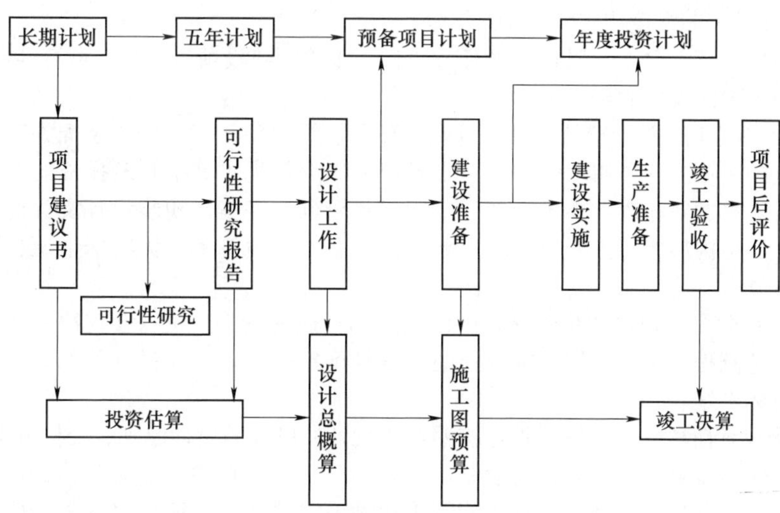

图 10-1　现行基本建设程序

1. 项目建议书阶段

项目建议书是项目建设筹建单位或项目法人，根据国民经济的发展、国家和地方中长期规划、产业政策、生产力布局、国内外市场、所在地的内外部条件，提出的某一具体项目的建议文件，是对拟建项目提出的框架性的总体设想。编制项目建议书是在全面论述的基础上，重点回答项目建设的必要性、建设条件的可能性、获利的预期三个方面问题，结论要明确客观。项目建议书是初步选择项目，属于定性性质，并非最终决策。

项目建议书的作用主要有：项目建议书是国家挑选项目的依据，项目建议书经批准后，项目才能列入国家计划；经批准的项目建议书是编制可行性研究报告和作为拟建项目立项的依据；涉及利用外资的项目，在项目建议书批准后，方可对外开展工作。

项目建议书可由项目建设筹建单位或项目法人委托有资质的设计单位和咨询公司进行编制。

2. 可行性研究报告阶段

项目建议书得到批准后方可进行可行性研究工作。可行性研究的任务是针对建设项目在技术、工程和经济上的合理性进行全面分析论证和多种方案比较，提出科学的评价意见，推荐最佳方案，形成可行性研究报告。可行性研究为投资决策提供科学依据。

可行性研究报告的作用主要有：可作为建设项目论证、审查、决策的依据；可作为编制设计任务书和初步设计的依据；可作为筹集资金、向银行申请贷款的重要依据；可作为与项目有关的部门签订合作、协作合同或协议的依据；可作为引进技术、进口设备和对外谈判的依据；可作为环境部门审查项目对环境影响的依据。

政府投资项目在进行投资决策前需要按要求编制可行性研究报告并报相应级别的发展和改革

委员会审批。该类可行性研究报告编制要求高，需要有相应资质的工程咨询单位来编制，报告编制完成后，要经过专家评审会评审，评审结论是发展和改革委员会做出审批与否的重要依据。对于不动用政府资金或者不属于具有重大影响的企业投资项目，通常采用备案制，企业直接通过投资项目在线审批平台填表申报即可，不需要另行编制可行性研究报告。

3. 设计工作阶段

项目的可行性研究报告获得批准后，可由项目法人通过委托或以招标、投标方式确定有资质的设计单位进行设计。根据不同的行业特点和项目要求，设计文件是按阶段进行的，一般的工程项目可进行初步设计和施工图设计两阶段设计，一些技术复杂、特大、重大项目则一般分为初步设计、技术设计和施工图设计三个阶段。设计文件的编制深度可执行住房和城乡建设部印发的《建筑工程设计文件编制深度规定》（2016 年版）。

（1）初步设计阶段　初步设计阶段的任务是进一步论证建设项目的技术可行性和经济合理性，解决工程建设中重要的技术和经济问题，确定建筑物形式、主要尺寸、施工方法、总体布置，编制施工组织设计和设计概算。若涉及建筑节能、环保、绿色建筑、人防、装配式建筑等，则其设计说明应有相应的专项内容。初步设计由主要投资方组织审批，其中政府投资的大中型和限额以上项目，需要报国家发展和改革委员会及行业归口主管部门备案。初步设计文件经批准后，总体布置、建筑面积、结构形式、主要设备、主要工艺过程、总概算等，无特殊情况，均不得随意修改、变更。

（2）技术设计阶段　根据初步设计和更详细的调查研究资料，进一步解决初步设计中的重大技术问题，如工艺流程、建筑结构、设备选型及数量确定等，以使建设项目的设计更具体、更完善，技术经济指标更好。

（3）施工图设计阶段　施工图设计是按照初步设计所确定的设计原则、结构方案和控制尺寸，根据建筑安装工作的需要，分期分批地绘制出工程施工图，提供给施工单位，据以施工。施工图设计的主要内容包括进行细部结构设计，绘制出正确、完整和尽可能详尽的工程施工图样，编制施工方案和施工图预算。对于涉及建筑节能设计的专业，其设计说明应有建筑节能设计的专项内容；对于涉及装配式建筑设计的专业，其设计说明及图样应有装配式建筑专项设计内容。施工图设计的深度应满足材料和设备订货，非标准设备的制作、加工和安装，编制具体施工措施和施工预算等的要求。

4. 建设准备阶段

建设准备阶段的目的是为工程施工创造一切有利条件。建设准备阶段的主要工作内容有征地、拆迁、施工现场的“四通一平”工作，组织落实设备和材料的供应，准备必要的施工图。根据《工程建设项目施工招标投标办法》组织施工招标投标，选择优秀的施工单位。待施工准备工作基本完成时，应由施工单位提交开工报告，获得批准后，建设项目方可开工建设。

5. 建设实施阶段

项目开工报告得到审批后方可进行开工建设，此时建设单位要按照批准的建设文件，精心组织工程建设全过程，保证项目建设目标的实现，要抓好施工阶段的全面管理；施工单位应做好图样会审工作，严格按照施工图施工，如需变动，应取得建设单位、监理单位及设计单位的同意，严格遵守规范、质量标准和安全操作规程，确保工程进度、质量和安全，要按照实施性施工组织设计的计划合理组织施工，特别是隐蔽工程等关键部位，一定要经过监理单位、建设单位、施工单位三方会签确认验收合格，方可进行下一道工序的施工，严把质量关，深入落实全面质量管理的思想，做到全方位、全过程、全员参与建立健全质量保证体系，确保工程质量。

6. 生产准备阶段

生产组织准备，建立生产经营的管理机构及相应的管理制度；招收培训人员；生产技术准备，主要包括技术咨询的汇总，运营技术方案和岗位操作规程的制定，新技术的培训；生产物资准备，主要是落实投产运营所需要的原材料、协作产品、工器具、备品备件和其他协作配合条件的准备；

及时签订产品销售合同协议，提高生产经营效益，为偿还债务和资产的保值增值创造条件。

7. 竣工验收阶段

当建设项目的建设内容全部完成，并经过单位工程验收符合设计要求，工程档案资料按规定整理齐全，竣工报告、竣工决算等必需的文件编制后，建设单位应按照规定向验收主管部门提出申请，根据国家或行业颁布的验收规程组织验收。一般来说，竣工验收应按下列程序进行：竣工验收准备→编制竣工验收计划→组织现场验收→进行竣工结算→移交竣工资料→办理交工手续。

如在验收过程中发现不合格的工程将不予验收，有遗留问题的项目，必须提出具体处理意见，落实责任人，限期整改。

8. 项目后评价阶段

项目后评价的目的是总结经验，提高决策水平和投资效果，评价的内容主要包括项目的技术效果评价、财务和经济效益评价、环境影响评价、社会影响评价、管理效果评价。一般项目后评价在项目投入使用或生产运营 1~2 年后进行，分为建设单位的自我评价、项目行业的评价、计划部门（或主要投资方）的评价三个层次。

10.2　我国施工组织设计的发展历程

在新中国成立初期，我国推行计划经济体制下的国家基本建设管理模式，建设项目从立项到实施完成投入生产或使用，实行全面计划管理制度，施工组织设计制度就是这种计划管理制度的重要组成内容。从本质上说，在计划经济体制年代所形成的工程建设施工组织设计制度，是运用行政手段和计划管理方法来进行工程项目施工生产要素配置和管理的一种手段。在建设项目初步设计阶段，除了要求按深度完成工程本身的初步设计内容外，还要求设计主持单位提出配套的“项目施工条件”设计。例如，为满足建设项目施工需要，提出开辟新的砂石开采基地建设计划；建立施工机械修配厂的计划；建筑材料运输装卸码头的修建计划等。在工程技术设计或扩大初步设计阶段，要求设计部门对整个建设项目的建设工期和施工总体部署提出规划，即完成“建设项目施工组织总设计”文件，为组织施工技术物资供应和调集施工队伍提供指导和依据。当施工任务用行政指令分配到有关施工单位之后，被调集承担施工任务的单位，还需要根据建设项目施工组织总设计的要求和目标，结合本单位的特点和具体条件，编制由本单位负责施工的全部工程项目或单项工程施工组织总设计，再根据工程的进一步分解和展开程序，编制直接用于指导现场施工的单位工程施工组织设计、主要分部或分项工程的施工组织设计等。

随着我国建设领域体制改革和对外开放的深入，市场经济体系逐步走向完善，工程建设管理普遍实行项目法人责任制、招标投标制和多种合同形式的承发包模式，法律法规不断加强。施工组织设计的内涵已经发生了深刻的变化，从过去行政手段的计划管理方式逐步向以满足工程建设市场需求的方向转变，最主要的是通过市场引入竞争机制来实现施工生产要素的配置和现场的生产布局，引入了大量现代化的管理理论和方法，并成为投标文件中技术标的主要组成部分。不论是编制内容的深度和广度，还是实施的作用和效果，都取得了明显的进步，成为我国当前市场经济条件下工程建设的一项重要的、不可替代的法定技术制度。

施工组织设计文件包含了施工组织构架、施工总体部署或具体方案、施工生产进度计划、施工平面布置和各项技术组织措施等内容，是一个既有施工技术含量又有施工组织安排和控制措施的综合性技术和管理文件。在大型工程施工开始前，施工组织设计落实施工总体规划和现场部署，分析设计文件的可施工性；在工程招投标过程中，施工组织设计是编制投标报价和技术标书评定的重要依据，中标后还作为签订合同的组成部分；在施工准备工作阶段，施工组织设计又是指导物资采购、安排现场平面布置的蓝图；在工程施工阶段和竣工验收阶段，施工组织设计提供人力和物力、时间和空间、技术和组织方面的统筹安排，成为必不可少的生产组织和目标控制的专业手段。

10.3 组织施工的原则

1. 贯彻国家建设法规和制度，遵循工程建设程序

我国关于基本建设的制度有：审批制度、施工许可制度、从业资格管理制度、招标投标制度、总承包制度、承包合同制度、工程监理制度、建筑安全生产管理制度、工程质量责任制度、竣工验收制度等。这些制度为建立和完善建筑市场的运行机制、加强建筑活动的实施与管理，提供了重要的法律依据，必须认真贯彻执行。建设程序各个阶段有着不可分割的联系，但不同的阶段又有不同的内容，既不能相互代替，也不可颠倒或跳跃。实践证明，凡是坚持建设程序，基本建设就能顺利进行，就能充分发挥投资的经济效益；反之，违背了建设程序，就会造成施工混乱，影响质量、进度，浪费成本，甚至给建设工作带来严重的危害。因此，坚持建设程序是工程建设顺利进行的有力保证。

2. 符合施工合同或招标文件中有关要求

严格遵守国家政策和合同规定的工程竣工和交付使用期限。工期较长的大型建设项目应根据生产的需要，分期分批安排建设，配套投产或交付使用，尽早发挥建设投资的经济效益。施工组织设计必须针对工程的实际情况，按照工程质量验收规范和技术标准的要求，制定行之有效的保证施工质量和施工安全等技术措施。对主要分部分项工程的施工方法和主导施工机械的选择应进行多方案的技术经济比较，选择经济合理、技术先进、符合施工现场实际情况、可行的方案。尽量利用当地资源合理安排施工活动，精心规划布置施工现场，降低施工成本并做到安全和文明施工。施工过程中应当遵守有关环境保护和安全生产的法律、法规的规定，施工组织设计中应编制具体且行之有效的环境保护措施，以控制和处理施工现场的各种粉尘、废气、废水、固体废弃物以及噪声、振动对环境的污染和危害。

3. 积极开发、使用新技术和新工艺，推广应用新材料和新设备

“四新技术”是提高劳动生产率、改善工程质量、加快施工进度、降低工程成本的重要途径。在目前市场经济条件下，企业应当积极利用工程特点，组织开发、创新施工技术和施工工艺，在选择施工方案时，要积极采用新材料、新设备、新工艺和新技术，努力为新结构的推行创造条件。要注意结合工程特点和现场条件，使技术的先进适用性和经济合理性相结合，还要符合施工验收规范、操作规程的要求和遵守有关防火、保安及环卫等规定，确保工程质量和施工安全。

4. 坚持科学的施工程序和合理的施工顺序

采用流水施工和网络计划技术等方法，科学配置资源，合理布置现场，采取季节性施工措施，实现均衡施工，达到合理的经济技术指标。

建筑产品的特点之一是产品的固定性，使得建筑施工各阶段工作始终在同一场地上进行。前一段工作未完成，后一段就不可能进行，交叉搭接施工必须严格遵守一定的程序和顺序。施工程序和顺序除了符合客观规律外，还应符合施工工艺及技术要求，利于组织立体交叉、流水作业，利于为后续工程施工创造良好的条件，利于充分利用空间，争取时间。

在编制施工进度计划时，应从实际出发，采用流水施工方法组织均衡施工，以达到合理使用资源、充分利用空间、争取时间的目的。网络计划技术是当代计划管理的有效方法，采用网络计划技术编制施工进度计划，可使计划逻辑严密、层次清晰、关键问题明确，同时便于对计划方案进行优化、控制和调整，并有利于计算机在计划管理中的应用。

在编制施工组织设计及现场组织施工时，应精心规划施工总平面图，合理部署施工现场，节约施工用地；尽量利用正式工程、既有建筑物及已有设施，以减少各种临时设施；尽量利用当地资源，合理安排运输、装卸与储存作业，减少物资运输量，避免二次搬运。

为了确保全年连续施工，减少季节性施工的技术措施费用，在组织施工时，应充分了解当地的气象条件和水文地质条件；尽量避免把土方工程、地下工程、水下工程安排在雨期和洪水期，

避免把混凝土现浇结构安排在冬期施工；高空作业、结构吊装则应避免在风季施工。必须在冬雨期施工的项目应采取相应的技术措施，既要确保全年连续施工、均衡施工，又要确保工程质量和施工安全。

5. 采取技术和管理措施，推广建筑节能和绿色施工

《“十四五”建筑节能与绿色建筑发展规划》中指出“十四五”时期是落实2030年前碳达峰、2060年前碳中和目标的关键时期，建筑节能与绿色建筑发展面临更大挑战，同时也迎来重要发展机遇。加快绿色建筑建设，转变建造方式，积极推广绿色建材，推动建筑运行管理高效低碳。在编制施工组织设计时，采取有效技术和管理措施降低工程质量通病发生率，提高绿色建筑工程质量；完善钢结构建筑防火、防腐等性能与技术措施；加大高性能混凝土、高强钢筋和消能减震、预应力技术的集成应用；使用成熟可靠的新型绿色建造技术、推广新型功能环保建材产品与配套应用技术等。

6. 与质量、环境和职业健康安全三个管理体系有效结合

施工组织设计中应编制规范的质量、环境、职业健康安全的方案，在提高工程质量、降低工程返工率的同时，预防污染，保护环境，以人为本，防范风险，杜绝、减少安全事故的发生。

10.4　施工准备工作

10.4.1　施工准备工作的重要性

现代企业管理理论认为，企业管理的重点是生产经营，而生产经营的核心是决策。施工准备工作是生产经营管理的重要组成部分，是指施工前为了保证整个工程能够按计划顺序施工，对拟建工程目标、资源供应、施工方案空间布置和时间排列等诸方面进行的施工决策。施工准备工作的基本任务是为拟建工程的施工建立必要的技术和物质条件，统筹安排施工力量和施工现场。

施工准备工作也是施工企业做好目标管理、推行技术经济承包的重要依据，同时还是土建施工和设备安装顺利进行的根本保证。因此，认真做好施工准备工作，对于发挥企业优势、合理供应资源、加快施工速度、提高工程质量、降低工程成本、增加企业经济效益、赢得企业社会信誉、实现企业管理现代化等具有重要意义。

10.4.2　施工准备工作的分类

1. 按工作范围分类

（1）全场性施工准备　全场性施工准备是以一个建设项目为对象而进行的各项施工准备，其目的和内容都是为全场性施工服务的，它不仅要为全场性的施工活动创造有利条件，还要兼顾单项工程施工条件的准备。

（2）单项（单位）工程施工条件准备　单项（单位）工程施工条件准备是以一个建筑物或构筑物为对象而进行的施工准备。其目的和内容都是为该单项（单位）工程服务的，它既要为单项（单位）工程做好开工前的一切准备，又要为其分部（分项）工程作业条件做准备。

（3）分部（分项）工程作业条件准备　分部（分项）工程作业条件准备是以一个分部（分项）工程或冬雨期施工工程为对象而进行的作业条件准备。

2. 按施工阶段分类

（1）开工前的施工准备工作　开工前的施工准备工作是在拟建工程正式开工前所进行的一切施工准备。其目的是为工程正式开工创造必要的施工条件。它既包括全场性的施工准备，又包括单项工程施工条件的准备。

（2）开工后的施工准备工作　开工后的施工准备工作是在拟建工程开工后，每个施工阶段正式开始之前所进行的施工准备。例如，钢筋混凝土结构住宅的施工，通常由地下工程、主体结构

工程和装饰装修工程等各个分部工程组成，每个阶段的施工内容、环境不同，所需要的资源条件、技术条件、组织条件和现场平面布置等也不同。

10.4.3 施工准备工作的内容

工程项目施工准备工作按其性质和内容，通常包括技术准备、物资准备、劳动组织准备、施工现场准备和施工场外准备。其中，技术准备是施工准备工作的核心。

1. 技术准备

（1）认真做好扩大初步设计方案的审查工作　建设项目确定后，建设单位应组织设计单位，掌握扩大初步设计方案编制情况，使方案的设计在质量、功能、工艺技术等方面均能适应建材、建工的发展水平，为施工扫除障碍。

（2）熟悉和审查施工图

1）熟悉和审查施工图的依据。建设单位和设计单位提供的初步设计或扩大初步设计（技术设计）、施工图设计、建筑总平面图、土方竖向设计和城市规划等资料文件；调查搜集的原始资料；设计、施工验收规范和有关技术规定。

2）熟悉和审查施工图的内容。

① 审查拟建工程的地点、建筑总平面图同国家、城市或地区规划是否一致，以及建筑物或构筑物的设计功能与使用要求是否符合卫生、防火及美化城市方面的要求。

② 审查施工图是否完整、齐全，以及施工图和资料是否符合国家有关工程建设在设计、施工方面的方针和政策。

③ 审查施工图与说明书在内容上是否一致，以及施工图与其各组成部分之间有无矛盾和错误。

④ 审查建筑总平面图与其他结构图在几何尺寸、坐标、标高、说明等方面是否一致，技术要求是否正确。

⑤ 审查工业项目的生产工艺流程和技术要求，掌握配套投产的先后次序和相互关系，以及设备安装图与其相配合的土建施工图在坐标、标高上是否一致，审查土建施工质量是否满足设备安装的要求。

⑥ 审查地基处理与基础设计同拟建工程地点的工程水文、地质等条件是否一致，以及建筑物或构筑物与地下建筑物或构筑物、管线之间的关系。

⑦ 明确拟建工程的结构形式和特点，复核主要承重结构的强度、刚度和稳定性是否满足要求，审查设计图中工程复杂、施工难度大和技术要求高的分部分项工程或新结构、新材料、新工艺，检查现有施工技术水平和管理水平能否满足工期和质量要求，是否采取可行的技术措施加以保证。

⑧ 明确建设期限、分期分批投产或交付使用的顺序和时间，以及工程所需主要材料和设备的数量、规格、来源和供货日期。

⑨ 明确建设单位、设计单位和施工单位等单位之间的协作、配合关系，以及建设单位可以提供的施工条件。

3）熟悉和审查施工图的程序。熟悉和审查施工图的程序通常分为自审阶段、会审阶段和现场签证三个阶段。

① 施工图的自审阶段。施工图自审由施工单位主持，主要内容是对施工图的疑问和对施工图的有关建议等，并填写施工图自审记录。

② 施工图的会审阶段。施工图会审一般由建设单位主持，设计单位、施工单位和监理单位参加。施工图会审时，首先由设计单位的工程主审人向与会者说明拟建工程的设计依据、意图、功能及对特殊结构、新材料、新工艺、新技术的应用和要求；然后施工单位根据自审记录以及对设计意图的理解，提出对施工图的疑问和建议；最后在统一认识的基础上，对所探讨的问题逐一地做好记录，形成施工图会审纪要，由建设单位正式行文，参加单位共同会签、盖章，作为与设计文件同时使用的技术文件和指导施工的依据，以及建设单位与施工单位进行工程结算的依据。

③ 施工图的现场签证阶段。在拟建工程施工的过程中，当发现施工的条件与设计图的条件不符，或者发现图样中有错误，或者因为材料的规格、质量不能满足设计要求，或者因为施工单位提出了合理化建议，需要对设计图进行及时修订时，应遵循技术核定和设计变更的签证制度，进行图样的施工现场签证。如果设计变更的内容对拟建工程的规模、投资影响较大，则要报请项目的原批准单位批准。在施工现场的图样修改、技术核定和设计变更资料，都要有正式的文字记录，归入拟建工程施工档案，作为指导施工、工程结算和竣工验收的依据。

（3）原始资料调查分析

1）自然条件调查分析：施工场地所在地区的气象、地形、地质和水文，施工现场地上和地下障碍物状况，周围民宅的坚固程度及其居民的健康状况调查等。自然条件调查分析为编制施工现场的“四通一平”计划提供依据。

2）技术经济条件调查分析：地方建筑生产企业情况，地方资源情况，交通运输条件，水、电和其他动力条件，主要设备、材料和特殊物资，参加施工的各单位（含分包）生产能力情况调查等。

（4）编制施工预算　施工预算是根据中标后的合同价、施工图、施工组织设计、施工方案、施工定额等文件进行编制的，它直接受中标后合同价的控制。它是施工企业内部控制各项成本支出、考核用工、“两价”对比、签发施工任务单、限额领料、基层进行经济核算的依据。

（5）编制中标后的施工组织设计　中标后，施工企业必须根据拟建工程的规模、结构特点以及建设单位要求，编制能切实指导该工程施工全过程的实施性施工组织设计。

2. 物资准备

（1）物资准备工作内容

1）建筑材料准备。根据施工预算的材料分析和施工进度计划的要求，编制建筑材料需要量计划，为施工备料、确定仓库和堆场面积以及组织运输提供依据。

2）构配件和制品加工准备。根据施工预算所提供的构配件和制品加工要求，编制相应计划，为组织运输和确定堆场面积提供依据。

3）施工机械准备。根据施工方案和进度计划的要求，编制施工机械需要量计划，为组织运输和确定施工机械停放场地提供依据。

4）生产工艺设备准备。按照生产工艺流程及其工艺流程图的要求，编制工艺设备需要量计划，为组织运输和确定堆场面积提供依据。

（2）物资准备工作程序

1）根据施工预算、分部（分项）工程施工方法和施工进度的安排，拟订国拨材料、统配材料、地方材料构配件及制品，施工机具和工艺设备等物资的需要量计划。

2）根据各种物资需要量计划，组织资源，确定加工地点、供应地点和供应方式，签订物资供应合同。

3）根据各种物资的需要量计划和合同，拟订运输计划和运输方案。

4）按照施工总平面图的要求，组织物资按计划时间进场，在指定地点，按规定方式进行储存或堆放。

3. 劳动组织准备

（1）组建领导机构　根据工程规模结构特点和复杂程度，确定施工项目领导机构的人选和名额；遵循合理分工与密切协作、因事设职与因职选人的原则，建立有施工经验、有开拓精神和工作效率高的施工项目领导机构。

（2）确定施工班组　根据施工组织方式、劳动力需求量计划、劳动组合要求等情况，确定合理的劳动组织，建立基本的专业施工班组或混合施工班组。

（3）组织工人进场　按照开工日期、施工进度计划和劳动力需要量计划，组织工人进场，安排好工人生活，并做好劳动纪律、施工安全、施工质量、防火和文明施工等教育工作。

（4）做好技术交底　为落实施工计划和技术责任制，应按管理系统逐级进行交底。交底内容通常包括工程施工进度计划和月、旬作业计划，各项安全技术措施、降低成本措施和质量保证措施，质量标准和验收规范要求，以及设计变更和技术核定事项等，必要时可进行现场示范。

（5）建立健全规章制度　规章制度是现场工作能够井然有序进行的重要保证。各项规章制度包括项目管理人员岗位责任制度，项目技术管理制度，项目质量管理制度，项目安全管理制度，项目计划、统计与进度管理制度，项目成本核算制度，项目材料和机械设备管理制度，项目现场管理制度，项目分配与奖励制度，项目例会及施工日志制度，项目分包及劳务管理制度，项目组织协调制度，项目信息管理制度等。

4. 施工现场准备

（1）施工场地控制网测量　根据给定的永久性坐标和高程，按照建筑总平面图要求，进行施工场地控制网测量，设置场区永久性控制测量标桩。

（2）做好“四通一平”　确保施工现场通水、通电、通路、通信及其他能源的供应，并尽可能将永久性设施与临时性设施结合起来。拆除场地上妨碍施工的建筑物或构筑物，并根据建筑总平面图规定的标高和土方竖向设计图进行场地平整。

（3）建造临时设施　按照施工总平面图的布置，建造临时设施，为正式开工准备好生产、办公、生活、居住和储存等临时用房。

（4）组织施工机具进场　根据施工机具需要量计划，按施工总平面图布置的要求，组织施工机械、设备和工具进场，按规定地点和方式存放，并应进行相应的保养和试运转等工作。

（5）组织建筑材料进场　根据建筑材料、构配件和制品需要量计划，组织其进场，按规定地点和方式储存或堆放。

（6）拟订有关试验、试制项目计划　建筑材料进场后，应进行各项材料的试验和检验。对于新技术项目，应拟订相应试制和试验计划，并均应在开工前实施。

（7）做好季节性施工准备　按照施工组织设计要求，认真落实冬期施工、雨期施工和高温季节施工项目的施工措施和技术组织措施。

（8）布置消防、保安设施　按照施工组织设计的要求，根据施工总平面图的布置，建立消防、保安等组织机构并制定有关的规章制度，布置安排好消防、保安等设施。

5. 施工场外准备

（1）材料加工和订货　根据各项资源需要量计划，同建材加工和设备制造部门或单位取得联系，签订供货合同，保证按时供货。

（2）施工机械租赁或订购　对于缺少且需用的施工机械，应根据资源需求量计划，同相关单位签订租赁合同或订购合同。

（3）安排好分包或劳务　通过经济效益分析，适合分包、委托劳务或本单位难以承担的专业工程，如大型土石方工程、结构安装工程和设备安装工程，应尽早做好分包或劳务安排，应采用招标或委托方式，同相应承担单位签订分包或劳务合同，以保证合同实施。

10.4.4　对施工准备工作的要求

1. 有组织、有计划、分阶段、有步骤地进行施工准备工作

1）建立施工准备工作的组织机构，确定相应管理人员。

2）编制施工准备工作计划表，保证施工准备工作按计划落实。

3）将施工准备工作按工程的具体情况划分为开工前、地基基础工程、主体工程、屋面与装饰装修工程等时间区段，分期、分阶段有步骤地进行。

2. 建立严格的施工准备工作责任制

施工准备工作项目多、范围广，因此必须建立严格的工作责任制，按计划将责任落实到有关部门及个人，明确各级技术负责人在施工准备工作中应负的责任以便按计划要求的内容和时间进

行工作。现场施工准备工作应由项目经理部全职负责。

3. 建立相应的检查制度

在施工准备工作实施过程中，应定期进行检查，可按周、半月、月度进行检查。主要检查施工准备工作计划与实际进度相符的情况。检查的目的在于督促发现薄弱环节，不断改进工作。如果没有完成计划，则应分析并找出原因，排除障碍，协调施工准备工作进度或调整施工准备工作计划。检查的方法可采用实际与计划对比法，或采用相应单位人员分组对应制，检查施工准备工作情况，分析产生问题的原因，提出解决问题的方法。

4. 按基本建设程序办事，严格执行开工报告制度

当施工准备工作完成到具备开工条件后项目经理部应申请开工报告，报企业领导审查通过后方可开工。对于实行建设监理的工程，企业还应该将开工报告送监理工程师审批，由监理工程师签发开工通知书，在限定时间内开工，不得拖延。

5. 施工准备工作必须贯穿施工全过程

工程开工后，要随时做好作业条件的施工准备工作。施工顺利与否，与施工准备工作的及时性和完善程度密切相关。因此，企业各职能部门要面向施工现场，重视施工准备工作，及时解决施工准备工作中的技术、机械设备、材料、人力、资金、管理等各种问题，以提供工程施工的保证条件。项目经理应十分重视施工准备工作，加强施工准备工作的计划性，及时做好协调、平衡工作。

6. 取得各协作单位的友好支持和配合

由于施工准备工作涉及面广，因此除了施工单位本身的努力外，还应取得建设单位、监理单位、供应单位、银行及其他协作单位的大力支持，分工负责，统一步调，共同做好施工准备工作，以缩短施工准备工作的时间，争取早日开工，并在施工中密切配合、关系融洽，才能保证整个施工过程的顺利进行。

10.4.5　施工准备工作计划

为了落实施工准备的各项工作，加强对其检查和监督，根据各项施工准备工作的内容、时间和人员，编制出施工准备工作计划，见表10-1。

表10-1　施工准备工作计划

序号	施工准备项目	简要内容	负责单位	负责人	起止时间	备注

思　考　题

1. 建筑产品施工有哪些特点？
2. 基本建设程序分为哪几个阶段？
3. 施工组织编制需要遵循哪些原则？
4. 施工准备工作具体有哪些内容？
5. 建设工程项目划分为哪几部分？

第 11 章　流水施工原理

学习目标：了解流水施工的概念及表达方式；掌握流水施工的基本参数；掌握主要参数的确定方法；掌握各类流水施工组织方法的选用、相关参数的计算、进度计划表的绘制，并能够组织一般工程的流水施工。

11.1　概述

流水施工是指由固定组织的工人在若干个工作性质相同的施工环境中依次连续地工作的一种组织方法。它能使生产过程连续、均衡并有节奏地进行，是一种科学有效的生产组织方法，因而在国民经济各个生产领域得到了广泛应用。实践证明，在建筑工程领域采用流水施工是项目施工最有效的科学组织方法之一。它能够合理地使用资源，充分利用工作时间以及操作空间，减少非生产性的劳动消耗，并通过合理的劳动分工与协作提高劳动生产率，保持生产过程的连续和均衡，对缩短工期、降低造价、提高产品质量和实现文明施工都有非常显著的效果。因此在资源条件、工作场地允许的情况下，施工企业应尽可能采用流水施工这种施工组织形式。

11.1.1　常见的施工组织方式

在建筑工程施工中，根据工程项目的施工特点、工艺流程、资源供应状况、平面或空间布置要求等因素，可采用依次施工、平行施工、流水施工等不同的施工组织形式。为了说明三种施工组织形式的概念及其各自的特点，此处举例进行分析和对比。

假设某住宅区拟建三幢结构相同的建筑物，工程量也基本相等。其编号分别为Ⅰ、Ⅱ、Ⅲ，各建筑物的基础工程均可分解为挖土方、做垫层、浇基础和回填土四个施工过程，分别由相应的专业队按施工工艺要求依次完成，每个专业队在每幢建筑物的施工时间均为5d，各专业队的人数分别为10人、8人、16人和7人。三幢建筑物基础工程施工的不同施工组织方式如图11-1所示。

1. 依次施工

依次施工也称顺序施工，是指将工程项目的某一个施工对象分解成若干个互相联系并且遵循一定施工顺序的施工过程或者工艺流程，并按照工艺要求顺次完成一个施工对象；当一个施工对象完成后，再按照同样的顺序完成下一个，以此类推。

依次施工是最简单、最基本的组织形式，任何一种施工组织形式中均包含依次施工，这是由建筑产品生产活动内部规律所决定的。在这种组织形式下，施工进度编排、总工期及劳动力资源需求折线如图11-1中“依次施工”所在列。

由图11-1可以看出，依次施工形式具有如下特点：

1）不能充分利用工作面组织施工，导致工期过长。

2）采用专业队施工时，各专业队不能连续作业而造成窝工现象，使劳动力和施工机具等资源也不能得到充分利用。

3）如果由一个专业队完成全部任务，则不能实现专业化施工，不利于劳动效率的提高及工程质量的提升。

4）单位时间内投入的劳动力、材料和施工机具等资源量较少且单一，方便资源的供应。

5）施工现场的组织、管理比较简单。

依次施工适用于施工场地小、资源供应不足、工期要求不紧的情况，适合组织由所需要的各

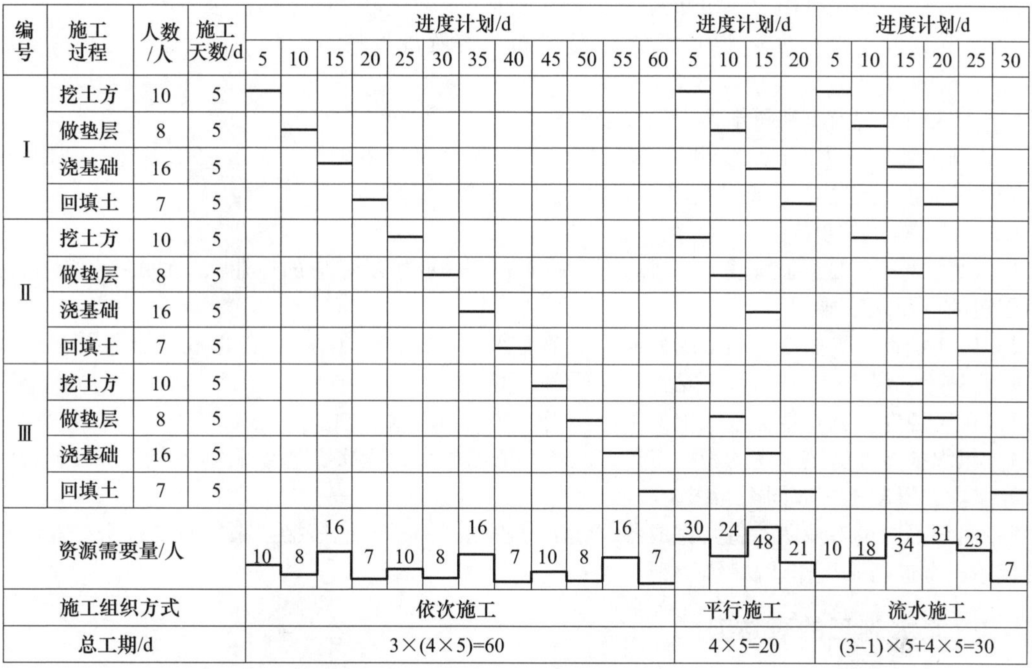

编号	施工过程	人数/人	施工天数/d	进度计划/d												进度计划/d				进度计划/d					
				5	10	15	20	25	30	35	40	45	50	55	60	5	10	15	20	5	10	15	20	25	30
Ⅰ	挖土方	10	5	—												—				—					
	做垫层	8	5		—												—				—				
	浇基础	16	5			—												—				—			
	回填土	7	5				—												—				—		
Ⅱ	挖土方	10	5					—								—					—				
	做垫层	8	5						—								—					—			
	浇基础	16	5							—								—					—		
	回填土	7	5								—								—					—	
Ⅲ	挖土方	10	5									—				—						—			
	做垫层	8	5										—				—						—		
	浇基础	16	5											—				—						—	
	回填土	7	5												—				—						—
资源需要量/人				10	8	16	7	10	8	16	7	10	8	16	7	30	24	48	21	10	18	34	31	23	7
施工组织方式				依次施工												平行施工				流水施工					
总工期/d				3×(4×5)=60												4×5=20				(3−1)×5+4×5=30					

图 11-1　三种施工组织形式比较图

个专业工种构成的混合工作队施工。

2. 平行施工

平行施工是指在同一时间、不同空间，同时组织几个专业队完成同样类型的工程任务的一种施工组织形式。在这种组织形式下，施工进度编排、总工期及劳动力资源需求折线如图 11-1 中“平行施工”所在列。

由图 11-1 可以看出，平行施工形式具有如下特点：

1）较大限度地利用工作面进行施工，工期短。

2）如果由一个专业队完成一个施工对象的全部施工任务，则不能实现专业化施工，也不利于提高劳动生产率及工程质量的提升。

3）如果每一个施工对象均按专业成立工作队，则劳动力及施工机具等资源无法实现均衡使用。

4）单位时间内投入的资源量成倍增加，不利于资源供应的组织工作，且造成生产、生活等临时设施大量增加，费用高，场地紧张。

5）施工现场的组织、管理工作较复杂。

平行施工适用于工期要求紧、资源供应充足、工作面及工作场地较为宽裕、不计较成本的抢工工程。

3. 流水施工

流水施工是指将工程在竖向上划分成若干个施工层，在平面上划分成若干个劳动量大致相等的施工段；按照施工过程成立相应的专业队，各专业队在完成一个施工段上的施工任务后，依次、连续地投入到下一个施工段，完成同样的施工任务。在这种组织形式下，施工进度编排、总工期及劳动力资源需求折线如图 11-1 中“流水施工”所在列。

（1）流水施工的特点

1）科学地利用了工作面和人员，总工期较合理。

2）各专业队实现了专业化生产，有利于提高劳动生产率及工程质量。

3）专业队能够连续作业，相邻两个专业队之间，实现了最大限度的搭接。

4）单位时间内投入的劳动力、材料、施工机具等资源量较为均衡，有利于资源供应的组织工作。

5）为现场文明施工和科学管理创造了有利条件。

流水施工综合了依次施工及平行施工的优点，摒弃了二者的缺点，其实质是充分利用时间、空间和资源，实现连续、均衡地生产，因而应用范围较广。

（2）流水施工的步骤

1）将整个工程按施工阶段分解成若干个施工过程，并组织相应的专业队，使每个施工过程分别由固定的专业队完成。

2）将建筑物在平面或空间上划分成若干个流水段（或称施工段），以形成“批量”的假定产品，而每一流水段就是一个假定产品。

3）确定各专业队在各流水段上的工作持续时间，即流水节拍。

4）组织各专业队按一定的施工工艺，配备必要的机具，依次、连续地由一个流水段转移到另一个流水段，反复地完成同类工作。

5）组织不同的专业队，将其完成各自施工过程的时间适当地搭接起来，使得各个专业队在不同的流水段上进行平行作业。

11.1.2 流水施工的表达方式

流水施工的表达方式（图 11-2）有线条图和网络图两种。线条图包括横道图和垂直图，网络图包括单代号网络图和双代号网络图。本章主要介绍横道图和垂直图，网络图表达形式详见第 13 章。

1. 横道图

横道图是表达流水施工最常用的方式。在横道图中，左侧一列按照施工的先后顺序自上而下列出各施工过程名称、专业队的名称、编号和数目，右侧为各项施工过程的开始及结束时间点，横道线的长度表示施工过程的持续时间，横坐标表示流水施工的持续时间，如图 11-3 所示。

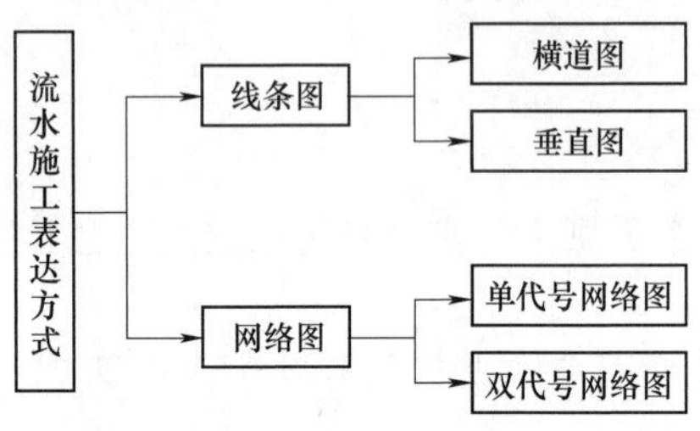

图 11-2 流水施工表达方式

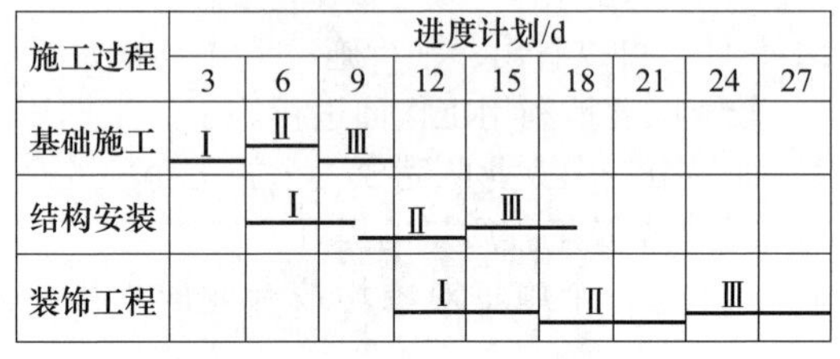

图 11-3 横道图表达方式

2. 垂直图

垂直图是将横道图中表示施工过程持续时间的横道线改为斜线段，横坐标表示流水施工的持续时间，纵坐标表示施工对象或流水段的编号。因此垂直图也称斜线图。图中每一条斜线段表示一个施工过程或专业队分别投入各施工段工作的时间和先后顺序，其斜率可以反映各施工过程的施工速度，如图 11-4 所示。

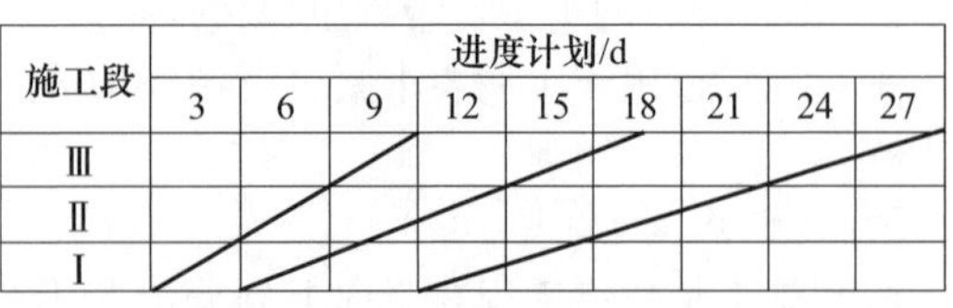

图 11-4 垂直图表达方式

11.2 流水施工的基本参数

组织流水施工是在研究生产对象特点和施工条件的基础上，通过确定一系列流水参数来实现的。流水施工参数是影响流水施工组织节奏和效果的重要因素，是用以表示流水施工在工艺流程、时间安排及空间布局方面开展状态的参数。在施工组织设计中，一般把流水施工参数分为三类，即工艺参数、空间参数、时间参数，如图 11-5 所示。

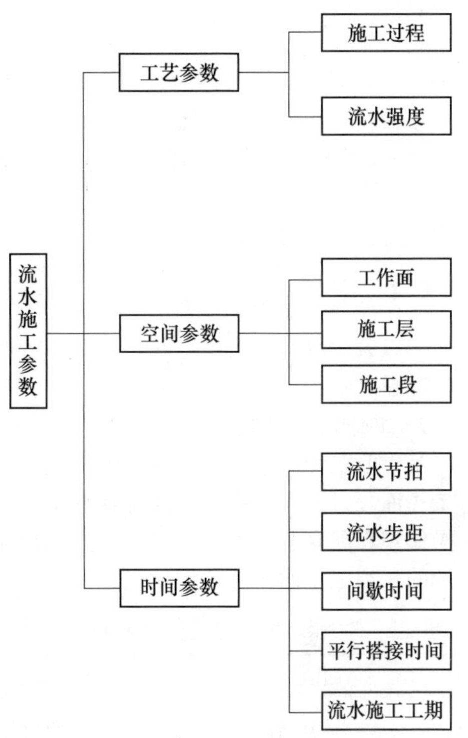

图 11-5　流水施工参数分类

11.2.1　工艺参数

在组织流水施工时，用以表达流水施工在施工工艺上开展顺序及其特征的参数称为工艺参数。通常，工艺参数包括施工过程和流水强度两种。

1. 施工过程

施工过程是指一定范围的施工活动从开始到结束的全过程。所以施工过程的内容和范围可大可小，可以是工序、分项工程、分部工程，也可以是单位工程，甚至可以是单项工程。

施工过程数（用 n 表示）是流水施工的主要参数之一。施工过程数的大小，应依据工程性质与复杂程度、进度计划的类型、施工方案、施工队的组织形式等确定。只有那些对工程项目施工的空间、工期具有直接影响的施工内容，如挖土、做垫层、支模板、扎钢筋等分项工程，或基础工程、主体工程、屋面工程等分部工程，才能作为施工过程列入流水作业中；而那些不占用施工项目的空间，也不影响工期的施工过程，如砂浆的制备、混凝土的制备及运输等过程，则在流水施工组织中不予考虑。施工过程数要适量，不宜太多、太细，以免使流水施工组织复杂化、造成主次不分，但也不能太粗、太少，以免计划过于笼统，失去指导施工的作用。

根据性质和特点不同，施工过程一般可分为以下三类：

（1）建造类施工过程　该类施工过程是指在施工对象的空间上直接进行作业，最终形成建筑产品的施工过程，其在建设工程施工中占有主导地位，如建筑物或构筑物的地下工程、主体结构工程、装饰工程等。这类施工过程占用施工对象的空间，对工期长短有直接的影响，因此必须列入施工进度计划中。

（2）运输类施工过程　该类施工过程是指将建筑材料、构配件、成品、制品和设备等运到工地仓库或施工现场使用地点的施工过程。此类施工过程不占用专业队的工作面，在组织合理的情况下也不会影响工程的总工期，因此不必列入施工进度计划中。

（3）制备类施工过程　该类施工过程是指为了提高建筑产品生产的装配化程度、机械化程度和生产能力而形成的施工过程，如预制构件、砂浆、混凝土、各类制品、门窗等的制备过程。此类施工过程与运输类施工过程一样，一般也不必列入施工进度计划中，但在占用施工对象的空间并且影响工期的情况下，如装配式混凝土预制构件进行现场预制，以及安装时构件的调运等，要列入施工进度计划中。

2. 流水强度

流水强度是指某施工过程或专业队在单位时间内所完成的工程量，也称为流水能力或生产能力，一般用字母 V 表示。例如，混凝土浇筑过程的流水强度是指每工作班浇筑的混凝土立方数。流水强度可分为机械施工过程的流水强度和人工操作过程的流水强度两种。

1）机械施工过程的流水强度可按下式计算：

$$V = \sum_{i=1}^{x} R_i S_i \tag{11-1}$$

式中，R_i 是某种施工机械的台数；S_i 是该种施工机械台班生产率；x 是用于同一施工过程的主导施工机械数。

2）人工操作过程的流水强度可按下式计算：

$$V = R_i S_i \tag{11-2}$$

式中，R_i 是每一施工过程投入的工人人数；S_i 是每一工人每班产量。

11.2.2　空间参数

用以表达流水施工在空间布置上所处状态的参数称为空间参数，主要包括工作面、施工段以及施工层。

1. 工作面

某专业工种的工人或某种施工机械在进行建筑产品生产加工过程中，必须具备的活动空间称为工作面。每个作业的工人或每台施工机械的工作面需要满足相应工种或者机械的产量定额、工程操作规程和安全施工等要求。工作面确定的合理与否，直接影响工人或机械的生产效率。主要工种的最小工作面参考数据见表 11-1。

表 11-1　主要工种的最小工作面参考数据

工作项目	每个技工的工作面	说　明
砖基础	7.6m/人	以 $1\frac{1}{2}$ 砖计，2 砖乘以 0.8，3 砖乘以 0.5
砌砖墙	8.5m/人	以 $1\frac{1}{2}$ 砖计，2 砖乘以 0.71，3 砖乘以 0.57
毛石墙基	3m/人	以 60cm 计
毛石墙	3.3m/人	以 40cm 计
混凝土柱、墙基础	$8m^3$/人	机拌、机捣
混凝土设备基础	$7m^3$/人	机拌、机捣
现浇钢筋混凝土柱	$2.5m^3$/人	机拌、机捣
现浇钢筋混凝土梁	$3.2m^3$/人	机拌、机捣
现浇钢筋混凝土墙	$5m^3$/人	机拌、机捣
现浇钢筋混凝土楼板	$5.3m^3$/人	机拌、机捣
预制钢筋混凝土柱	$3.6m^3$/人	机拌、机捣
预制钢筋混凝土梁	$3.6m^3$/人	机拌、机捣
预制钢筋混凝土屋架	$2.7m^3$/人	机拌、机捣
预制钢筋混凝土平板、空心板	$1.91m^3$/人	机拌、机捣
预制钢筋混凝土大型屋面板	$2.62m^3$/人	机拌、机捣
混凝土地坪及面层	$40m^3$/人	机拌、机捣
外墙抹灰	$16m^2$/人	
内墙抹灰	$18.5m^2$/人	
卷材屋面	$18.5m^2$/人	
防水水泥砂浆屋面	$16m^2$/人	
门窗安装	$11m^2$/人	

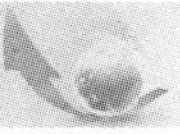

2. 施工层

在组织流水施工时，为了满足专业工种对操作高度和施工工艺的要求，将施工对象在竖向上划分为若干个操作层，这些操作层称为施工层。施工层的划分要根据施工项目的具体情况，如建筑物的楼层及层高来确定。一般按楼层自然层划分施工层，但当主体结构为砌体结构时，砌筑工程的施工层高度一般为1.2m（一步架高），而层高过高的现浇钢筋混凝土框架或排架，其施工层高度一般不超过4m。施工层一般以j表示。

3. 施工段

将施工对象在平面或空间上划分为若干个劳动量大致相等的施工段落，称为施工段或流水段。施工段数用m表示，是流水施工的主要参数之一。

（1）划分施工段的目的　一般情况下，一个施工段内只能组织一个施工过程的专业队进行施工。施工段的划分为组织流水施工提供足够的空间。一个专业队完成一个施工段的任务后，按照施工顺序可以进入下一个施工段作业，同时前一个施工段又可以为下一个施工过程的专业队提供工作面，以达到缩短工期的目的。因此，划分施工段的目的是为了更好地组织流水施工。

（2）划分施工段的原则

1）施工段数适当原则。施工段数过多会减少工人人数，工作面不能得到合理利用，会降低施工速度，从而延长工期；施工段数过少不利于充分利用工作面，可能造成窝工，此外，会造成资源供应过分集中，不利于流水施工的组织。

2）同一专业队所在的各施工段劳动量大致相等原则。工作量大致相等能够保证各专业队连续、均衡、有节奏地施工，一般相差幅度在15%以内为宜。

3）保证足够的工作面原则。以使每个施工段所容纳的劳动力人数或机械台数满足劳动组织的需要。

4）保证建筑整体性原则。施工段的分界线应尽可能与结构界限吻合，如设置在沉降缝、伸缩缝等处，或设置在对建筑整体性影响较小的部位。

5）当建筑物为多层或需要分层施工时，既要划分施工段，又要划分施工层，以满足专业队连续施工的要求，即某施工过程的专业队组完成第一施工层各施工段的任务后，再转入第二层完成各施工段的任务，以此类推。

（3）施工段数（m）和施工过程数（n）之间的关系　当有层间关系或有施工层时，施工段与施工过程应符合一定的关系才能保证专业队连续施工，且工人无窝工。当无层间关系或无施工层时，施工段与施工过程没有特定的关系。下面通过例11-1来分析施工段数与施工过程数之间的关系。

例11-1　某2层现浇混凝土工程，分为模板安装、钢筋绑扎、混凝土浇筑3个施工过程，每个施工过程在每个施工段上所需要的时间假设均为3d，试分析每层施工段数与施工过程数之间的关系。

解：1）当$m=n$时，即每层划分为3个施工段组织流水施工，进度计划安排如图11-6所示。

施工过程	施工进度/d							
	3	6	9	12	15	18	21	24
模板安装	Ⅰ-①	Ⅰ-②	Ⅰ-③	Ⅱ-①	Ⅱ-②	Ⅱ-③		
钢筋绑扎		Ⅰ-①	Ⅰ-②	Ⅰ-③	Ⅱ-①	Ⅱ-②	Ⅱ-③	
混凝土浇筑			Ⅰ-①	Ⅰ-②	Ⅰ-③	Ⅱ-①	Ⅱ-②	Ⅱ-③

图11-6　$m=n$时流水施工进度计划安排

从图11-6中可以看出，当$m=n$时，各专业队能够连续施工，不会出现窝工现象；同一个施工段上始终有专业队进行施工，工作面能够得到充分利用，是比较理想的情况。

2）当$m>n$时，假设$m=4$，即每层安排4个施工段组织流水施工，进度计划如图11-7所示。

从图 11-7 中可以看出，各专业队均能连续施工，但是从第一层第一施工段完成所有施工过程到第二层第一施工段开始之间存在空闲时间，其他施工段也是如此。此种情况并非只是缺点，在实际工程中可以用来安排技术间歇或者组织间歇，如可以利用这段时间养护混凝土、准备材料等。但是当施工段数过多于施工过程数时，必然会导致工作面的闲置，不利于缩短工期。

施工过程	施工进度/d									
	3	6	9	12	15	18	21	24	27	30
模板安装	Ⅰ-①	Ⅰ-②	Ⅰ-③	Ⅰ-④	Ⅱ-①	Ⅱ-②	Ⅱ-③	Ⅱ-④		
钢筋绑扎		Ⅰ-①	Ⅰ-②	Ⅰ-③	Ⅰ-④	Ⅱ-①	Ⅱ-②	Ⅱ-③	Ⅱ-④	
混凝土浇筑			Ⅰ-①	Ⅰ-②	Ⅰ-③	Ⅰ-④	Ⅱ-①	Ⅱ-②	Ⅱ-③	Ⅱ-④

图 11-7　$m>n$ 时流水施工进度计划安排

3）当 $m<n$ 时，假设 $m=2$，即每层安排 2 个施工段组织流水施工，进度计划如图 11-8 所示。

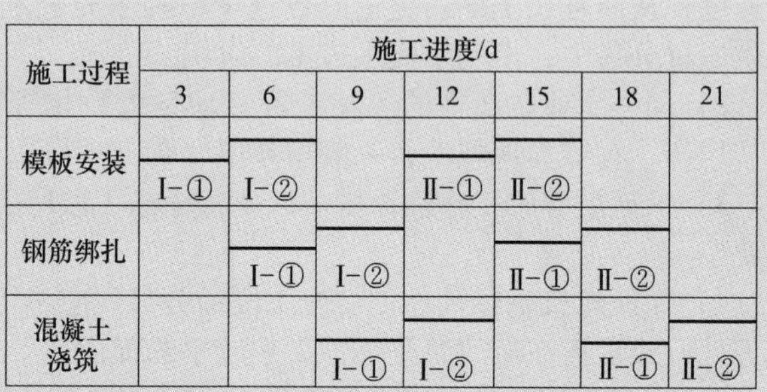

施工过程	施工进度/d						
	3	6	9	12	15	18	21
模板安装	Ⅰ-①	Ⅰ-②		Ⅱ-①	Ⅱ-②		
钢筋绑扎		Ⅰ-①	Ⅰ-②		Ⅱ-①	Ⅱ-②	
混凝土浇筑			Ⅰ-①	Ⅰ-②		Ⅱ-①	Ⅱ-②

图 11-8　$m<n$ 时流水施工进度计划安排

从图 11-8 中可以看出，各专业队在完成第一层第二施工段工作后不能连续进入第二层施工段继续施工，这是因为一个施工段只能给一个专业队提供工作面，所以当施工段数小于施工过程数时，各专业队就会产生窝工现象。

综上，合理的施工段数直接影响工期的长短，为了保证专业队能够连续施工，必须满足以下公式：

$$m \geqslant n \tag{11-3}$$

另外，当无层间关系时，施工段数不受式（11-3）限制。

11.2.3　时间参数

在组织流水施工时，用以表达流水施工在时间排列上所处状态的参数，称为时间参数。时间参数包括流水节拍、流水步距、间歇时间、平行搭接时间、流水施工工期。

1. 流水节拍

流水节拍是指每个专业队在各个施工段上完成各自的施工过程所持续的时间，用 t_i（$i=1$、2、3…）表示。流水节拍是流水施工的主要参数之一，表明流水施工的节奏性、速度及资源供应量。流水节拍小，则流水节奏感强、施工速度快、资源供应量大；反之则相反。

流水节拍的大小关系着施工人数、机械、材料等资源的投入强度，也决定了工程流水施工速度的大小、节奏感的强弱和工期的长短。流水节拍值的特征将决定流水组织方式，当节拍值相等或有倍数关系时，可以组织有节奏的流水施工；当节拍值不等也无倍数关系时，只能组织非节奏流水施工。影响流水节拍值大小的因素主要有项目施工时所采取的施工方案、各流水段投入的劳动力人数或施工机械数量、工作班次，以及该流水段的工程量。

流水节拍的确定有以下三种方式：

（1）定额计算法　当已有定额标准时，可根据施工段工作量及投入的资源量按下式计算：

$$t_i = \frac{Q_i}{S_i R_i N_i} = \frac{P_i}{R_i N_i} \tag{11-4}$$

或

$$t_i = \frac{Q_i H_i}{R_i N_i} = \frac{P_i}{R_i N_i} \tag{11-5}$$

式中，t_i 是某专业队在第 i 施工段的流水节拍；Q_i 是某专业队在第 i 施工段要完成的工程量；S_i 是某专业队的计划产量定额；H_i 是某专业队的计划时间定额；P_i 是某专业队在第 i 施工段需要的劳动量或机械台班数；R_i 是某专业队投入的工作人数或机械台班数；N_i 是某专业队的工作班次。

（2）经验估算法　对于采用新结构、新工艺、新方法和新材料等没有定额可循的工程项目，可以根据以往的施工经验估算流水节拍。通常先估算出该流水节拍的最长时间 a、最短 b、最可能时间 c，然后求出期望的时间 t_i，作为某专业队在某施工段上的流水节拍。这种方法也叫三时估算法，一般按下式计算：

$$t_i = \frac{a + 4c + b}{6} \tag{11-6}$$

式中，t_i 是某施工过程在某施工段上的流水节拍；a 是某施工过程在某施工段上的最短估算时间；b 是某施工过程在某施工段上的最长估算时间；c 是某施工过程在某施工段上的最可能估算时间。

（3）倒排进度法　对某些施工任务有工期限制条件的时候，往往采用倒排进度法来确定流水节拍。应用式（11-4）、式（11-5）反求出所需要的专业队人数或机械台班数。在这种情况下，要确保劳动力和机械供应与之相适应。具体步骤如下：

1）根据工期倒排进度，确定某施工过程的工作延续时间。

2）确定某施工过程在某施工段上的流水节拍。若同一施工过程的流水节拍不等，则用经验估算法；若流水节拍相等，则按下式计算：

$$t_i = \frac{T_i}{m} \tag{11-7}$$

式中，t_i 是某施工过程的流水节拍；T_i 是某施工过程的持续时间；m 是施工段数。

2. 流水步距

流水步距是指相邻两个专业队投入同一施工段开始工作的时间间隔。当施工段确定后，流水步距的大小同流水节拍一样，均直接影响流水施工的工期。流水步距大，则工期长；流水步距小，则工期短。流水步距的数目取决于流水施工的施工过程数或专业队数。如施工过程数为 n，则流水步距的总数为 $n-1$。

确定流水步距的原则如下：

1）满足主要专业队组连续施工的要求。流水步距的最小长度，必须使主要专业队组进场以后，不发生停工、窝工现象。

2）满足施工工艺的要求。保证每个施工段的正常作业程序，不发生前一个施工过程尚未全部完成，而后一施工过程提前介入的现象。

3）满足最大限度搭接的要求。流水步距要保证相邻两个专业队在开工时间上最大限度地、合理地搭接。

4）要保证工程质量，满足安全生产、成品保护的要求。

关于流水步距的确定方法将在下节对应的流水组织形式中具体介绍。

3. 间歇时间

流水施工往往由于工艺要求或组织因素要求，在两个相邻的施工过程之间增加一定的流水间歇时间，这种间歇时间是必要的，分为技术间歇时间和组织间歇时间。

（1）技术间歇时间　在组织流水施工时，有些施工过程完成后，后续施工过程不能立即投入施工，需要考虑合理的工艺等待时间，这种由建筑材料或现浇构件工艺性质所决定的间歇时间称为技术间歇时间，如现浇混凝土构件的养护时间、抹灰层的干燥时间和油漆层的干燥时间等。

（2）组织间歇时间　在组织流水施工时，由施工组织原因造成的流水步距以外的间歇时间称为组织间歇时间，如回填土前地下管道检查验收、施工机械转移、砌筑墙体前的墙身位置弹线，以及其他作业前的准备工作等。对于同一个施工层，相邻两个施工过程之间的技术间歇时间或者组织间歇时间统称为施工过程间歇时间，用 Z_1 表示；相邻两个施工层间，在前一个施工层的最后一个施工过程与后一个施工层相应流水段上的第一个施工过程之间也会存在技术间歇时间或者组织间歇时间，用 Z_2 表示。

4. 平行搭接时间

在组织流水施工时，为了缩短工期，在工作面允许的情况下，如果前一个专业队完成部分施工任务后，能够提前为后一个专业队提供足够的工作面，使后者能够提前进入下一个施工段，两者在同一施工段上能够实现平行搭接施工，这个搭接的时间称为平行搭接时间，用 C 表示。

5. 流水施工工期

流水施工工期是指从第一个专业队投入流水施工开始，到最后一个专业队完成流水施工为止的持续时间。流水施工工期用 T 表示。由于一项建设工程往往包含许多流水组，故流水施工工期一般不是整个工程的总工期。对于全部采用流水施工的工程，流水施工工期等于施工总工期；对于局部采用流水施工的工程，流水施工工期小于施工总工期。流水施工工期一般按下式计算：

$$T = \sum K + T_n + \sum Z_1 + \sum Z_2 - \sum C \tag{11-8}$$

式中，T 是流水施工工期；$\sum K$ 是流水施工中各流水步距之和；T_n 是最后一个施工过程的持续时间；$\sum Z_1$ 是同一层相邻施工过程间的间歇时间之和；$\sum Z_2$ 是层间间歇时间之和；$\sum C$ 是各相邻施工过程间的平行搭接时间之和。

11.3　流水施工的分类与组织方法

11.3.1　流水施工的分类

根据流水施工的范围不同，将其分为以下几类：

（1）分项工程流水施工　分项工程流水施工是针对分项工程组织的流水施工方式，也称细部流水施工，如浇筑混凝土的专业队依次连续地在各施工段内完成浇筑混凝土的工作。

（2）分部工程流水施工　分部工程流水施工是针对分部工程组织的流水施工方式，也称专业流水施工。例如，某办公楼的基础工程有基槽开挖、做基础垫层、砌砖基础和回填土等 4 个工艺流程，施工时可将该办公楼的基础在平面上划分为几个施工段，组织 4 个专业队，依次连续地在各施工段内完成同一施工过程。此基础工程施工为分部工程流水施工。

（3）单位工程流水施工　单位工程流水施工是将一个单位工程所含的各分部工程流水，按施工工艺顺序有机组合，共同完成该单位工程的施工任务，也称综合流水施工。

（4）建筑群流水施工　建筑群流水施工是在若干单位工程之间组织的全场性的流水施工，也称大流水施工。

前两种流水施工是流水作业的基本形式。在现场施工中，分项工程流水施工的效果是不明显的，只有把若干个分项工程流水施工组织成分部工程流水施工，才能得到良好的效果。后两种流水施工实际上是分部工程流水施工的延伸。

11.3.2　流水施工的组织方法

流水施工要有一定的节奏性，步调和谐，这样各施工过程之间才能配合得当。这种节奏性是由流水节拍所决定的。由于建筑工程的多样性，各分部分项工程的工程量差异较大，要使所有的流水施工具有一致的流水节拍是不太现实的，所以在大多数的情况下，各施工过程的流水节拍不一定相等，甚至一个施工过程在各施工段上的流水节拍也不一定完全相等，因此形成了不同节奏

特征的流水施工形式。由于节奏不同，所以流水步距、流水施工工期等的计算方法也不同。

根据流水施工节奏特征的不同，将流水施工进行分类，如图 11-9 所示。

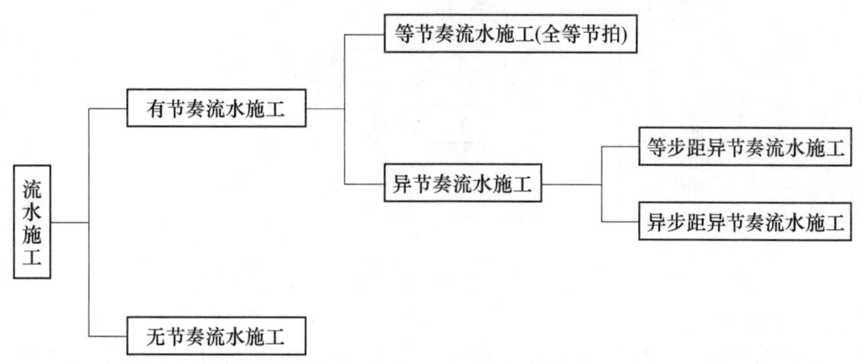

图 11-9　流水施工的分类

1. 等节奏流水施工

等节奏流水施工是指同一施工过程在各施工段上的流水节拍都相等，并且不同施工过程之间的流水节拍也相等的一种流水施工方式，即各施工过程的流水节拍均为常数，故也称为全等节拍或固定节拍流水施工。它是流水施工中最简单、最有规律的一种形式。等节奏流水施工进度计划示例如图 11-10 所示。

（1）等节奏流水施工的基本特点

1）各施工过程在各施工段上的流水节拍彼此相等，即 $t_i=t$（t 为常数）。

2）流水步距彼此相等，而且等于流水节拍数，即 $K_{i,i+1}=K=t$。

3）各专业队能够持续施工，施工段没有间歇时间。

4）专业队数目等于施工过程数，假设专业队数为 b，则 $b=n$。

施工过程	施工进度/d						
	2	4	6	8	10	12	14
Ⅰ	①	②	③	④			
Ⅱ		①	②	③	④		
Ⅲ			①	②	③	④	
Ⅳ				①	②	③	④

图 11-10　等节奏流水施工进度计划示例

（2）等节奏流水施工工期的计算

1）当不分施工层时，流水施工的工期按下式计算：

$$T=(m+n-1)K+\sum Z_1-\sum C \tag{11-9}$$

式中符号含义同前。

2）当分施工层时，为了保证各专业队连续施工，每一层应当满足 $m \geqslant n$。流水施工工期按下式计算：

$$T=(mr+n-1)K+\sum Z_1-\sum C \tag{11-10}$$

式中　r 是施工层数。

（3）等节奏流水施工案例

例 11-2　某分部工程划分成Ⅰ、Ⅱ、Ⅲ、Ⅳ 4 个施工过程，每个施工过程分为 3 个施工段，每个施工过程在各施工段上的流水节拍均为 3d，施工过程Ⅰ和Ⅱ之间搭接时间为 1d，Ⅲ和Ⅳ之间组织间歇时间为 2d，试组织等节奏流水施工。

解： 1）确定流水步距。由等节奏流水施工的特点知 $K=t=3\text{d}$

2）计算工期：$T=(m+n-1)t+Z_{Ⅲ,Ⅳ}-C_{Ⅰ,Ⅱ}=[(3+4-1)\times 3+2-1]\text{d}=19\text{d}$

3）用横道图绘制流水进度计划，如图 11-11 所示。

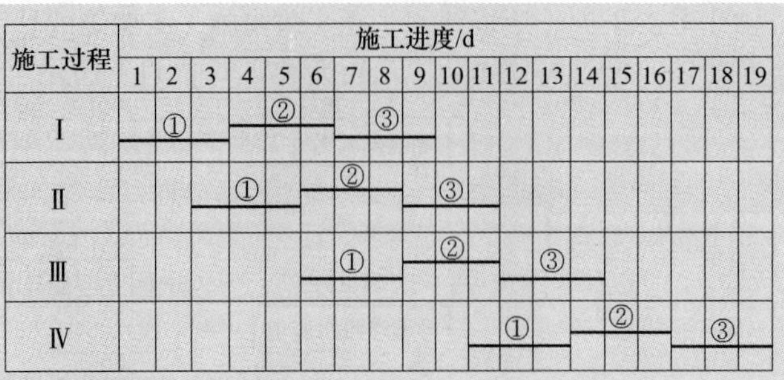

施工过程
施工进度/d
1 2 3 4 5 6 7 8 9 10 11 12 13 14 15 16 17 18 19
Ⅰ
Ⅱ
Ⅲ
Ⅳ
① ② ③

图 11-11　某分部工程等节奏流水施工进度计划

2. 异节奏流水施工

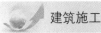

异节奏流水施工是指同一施工过程在各施工段上的流水节拍都相等，不同施工过程之间的流水节拍不全相等的流水施工组织形式。异节奏流水施工又进一步划分为等步距异节奏流水施工和异步距异节奏流水施工两种形式。本节以等步距异节拍流水施工为例来介绍异节奏流水施工形式。

（1）等步距异节奏流水施工概念　等步距异节奏流水施工也称为成倍节拍流水施工，是指同一施工过程在各施工段上的流水节拍相等，不同施工过程之间的流水节拍不完全相等，但存在一个最大公约数。因此，对于此种形式的流水施工，为了加快流水施工速度，可按最大公约数的倍数来组织专业队，以类似于等节奏流水施工的形式安排施工。

（2）等步距异节奏流水施工的特征

1）同一施工过程的流水节拍相等，不同的施工过程流水节拍之间存在倍数或者公约数关系。

2）相邻施工过程的流水步距彼此相等，且等于流水节拍的最大公约数。

3）各专业队能够保证连续施工，施工段之间没有空闲。

4）专业队数 b 大于施工过程数 n，即 $b>n$。

（3）等步距异节奏流水施工参数确定

1）流水步距的确定

$$K = \text{各施工段上流水节拍的最大公约数} \tag{11-11}$$

2）各施工过程专业队数的确定

$$b_i = \frac{t_i}{K}$$

$$b = \sum b_i \tag{11-12}$$

式中，t_i 是某施工过程在某施工段上的流水节拍；b_i 是某施工过程所需的专业施工队数；b 是专业施工队总数。

3）施工段数的确定

① 当无层间关系时，可取 $m=b$，得

$$T = (m + b - 1)K + \sum Z_1 - \sum C \tag{11-13}$$

② 当有层间关系时，每层施工段数最少为

$$m = b + \frac{\sum Z_1}{K} + \frac{\sum Z_2}{K} - \frac{\sum C}{K} \tag{11-14}$$

此时，

$$T = (mr + b - 1)K + \sum Z_1 - \sum C \tag{11-15}$$

（4）等步距异节奏流水施工组织案例

例 11-3　某工程项目由 4 栋结构类型及规模相同的楼房组成，每栋楼为一个施工段，划分成基础工程、结构安装工程、室内装修工程和室外工程 4 项，各施工过程在各施工段上的流水节拍分别为 5 周、10 周、10 周、5 周，试组织等步距异节奏流水施工方案。

解： 1）确定流水步距。5、10、10、5 的最大公约数为 5，因此流水步距为 5 周。

2）确定各专业队数。

$$b_1 = \frac{t_1}{K} = \frac{5}{5}\text{个} = 1\text{个}$$

$$b_2 = \frac{t_2}{K} = \frac{10}{5}\text{个} = 2\text{个}$$

$$b_3 = \frac{t_3}{K} = \frac{10}{5}\text{个} = 2\text{个}$$

$$b_4 = \frac{t_4}{K} = \frac{5}{5}\text{个} = 1\text{个}$$

$$b = \sum b_i = 6\text{个}$$

3）计算工期并绘制流水施工进度计划表（图 11-12）。

$$T = (m + b - 1)K = (4 + 6 - 1) \times 5\text{周} = 45\text{周}$$

施工过程	专业队编号	施工进度/周								
		5	10	15	20	25	30	35	40	45
基础工程	Ⅰ									
结构安装工程	Ⅱ									
	Ⅱ									
室内装修工程	Ⅲ									
	Ⅲ									
室外工程	Ⅳ									

图 11-12　某工程等步距异节奏流水施工进度计划

3. 无节奏流水施工

无节奏流水施工是指同一施工过程在各施工段上的流水节拍不完全相等的一种流水施工形式。无节奏流水施工形式是建设工程项目流水施工最普遍的形式，虽然此时流水节拍无规律可循，但是仍可以利用流水施工原理组织流水施工，尽可能在满足专业队连续施工的条件下，实现最大搭接。

（1）无节奏流水施工的特点

1）各施工过程在各施工段的流水节拍不全相等。

2）相邻施工过程的流水步距不尽相等。

3）专业队数（b）等于施工过程数（n）。

4）各专业队能够在施工段上连续作业，但有的施工段之间可能有空闲时间。

（2）无节奏流水施工主要参数的确定

1）流水步距的确定。无节奏流水步距通常采用累加数列错位相减取最大差法来确定，具体步骤如下：

① 对每一个施工过程在各施工段上的流水节拍依次累加，求得各施工过程流水节拍的累加数列。

② 将相邻两个施工过程流水节拍的累加数列中的后者向后错一位，相减求得一个差数列。

③ 在差数列中取最大值作为这两个相邻施工过程的流水步距。

2）流水施工工期的确定。

$$T = \sum K + \sum t_n + \sum Z_1 - \sum C \qquad (11\text{-}16)$$

式中，$\sum K$ 是流水步距之和；$\sum t_n$ 是最后一个施工过程的流水节拍数之和。

（3）无节奏流水施工案例

例 11-4 某分部工程由 3 个施工过程组成，分为 4 个施工段施工，其流水节拍见表 11-2，施工过程 B 和 C 之间有一天的平行搭接时间，试编制流水施工方案。

表 11-2 某分部工程流水节拍

施工过程	施工段			
	Ⅰ	Ⅱ	Ⅲ	Ⅳ
A	2	3	2	2
B	3	2	4	1
C	3	4	2	3

解：

1）求各施工过程流水节拍的累加数列。

A：2，5，7，9。

B：3，5，9，10。

C：3，7，9，12。

2）确定流水步距。

① $K_{A,B}$

$$\begin{array}{rrrrrr} & 2 & 5 & 7 & 9 & \\ - & & 3 & 5 & 9 & 10 \\ \hline & 2 & 2 & 2 & 0 & -10 \end{array}$$

因此，$K_{A,B}=\max\{2,2,2,0,-10\}\text{d}=2\text{d}$。

② $K_{B,C}$

$$\begin{array}{rrrrrr} & 3 & 5 & 9 & 10 & \\ - & & 3 & 7 & 9 & 12 \\ \hline & 3 & 2 & 2 & 1 & -12 \end{array}$$

因此，$K_{B,C}=\max\{3,2,2,1,-12\}\text{d}=3\text{d}$。

3）确定工期。

$$T=\sum K+\sum t_n+\sum Z_1-\sum C$$
$$=[(2+3)+(3+4+2+3)-1]\text{d}=16\text{d}$$

4）绘制流水施工进度表（图 11-13）。

施工过程	施工进度/周															
	1	2	3	4	5	6	7	8	9	10	11	12	13	14	15	16
A																
B																
C																

图 11-13 某分部工程无节奏流水施工进度计划

思　考　题

1. 施工组织有哪三种形式？各自有何优缺点？
2. 流水施工有哪些基本参数？
3. 流水施工分为哪几类？
4. 试述流水节拍、流水步距的概念，并说明不同的流水施工形式中，如何确定这两个参数？
5. 等节奏流水施工的基本特点是什么？组织施工的步骤是什么？
6. 试述无节奏流水施工组织步骤。

第 12 章 网络计划技术

学习目标：了解网络计划技术的概念、原理及类型；掌握双代号、单代号网络计划的绘制；掌握双代号网络计划中时间参数的计算方法；了解双代号时标网络计划的编制方法；掌握网络计划的优化原理及方法。

12.1 概述

网络计划技术起源于 20 世纪 50 年代，美国杜邦公司为企业不同业务部门进行系统规划时，制订了第一套网络计划。此后，网络计划技术在实践中不断发展，形成了以关键路径法（CPM）与计划评审法（PERT）为核心的一种重要的管理技术，目前已被广泛应用于工业、农业、国防和科学研究等领域。网络计划技术在工程建设领域也得到了非常广泛的应用，在保证和缩短工程工期、降低工程成本、提高建设效率等方面取得了显著成效。

我国从 20 世纪 60 年代初在华罗庚教授的倡导下，开始在生产管理中推行网络计划技术。1992 年以来我国颁布并不断修订与网络计划技术有关的标准，使工程网络计划技术在计划编制与控制管理的实际应用中，有了一个可以遵循的、统一的技术标准。为使网络计划的应用规范化和法制化，建设部于 1999 年颁布了修订后的《工程网络计划技术规程》（JGJ/T 121），1992 年国家技术监督局颁布了《网络计划技术 常用术语》（GB/T 13400.1）和《网络计划技术 在项目计划管理中应用的一般程序》（GB/T 13400.3）等规范及标准。随着计算机应用的普及，此方法在土木工程施工中的应用正在不断提高到新的水平。2015 年 3 月 13 日住房和城乡建设部发布了行业标准《工程网络计划技术规程》（JGJ/T 121），并于 2015 年 11 月 1 日起施行。

12.1.1 网络计划技术的概念及原理

网络计划技术的基本模型是网络图。网络图是用节点和箭线组成的，用来表示工作流程有向、有序的网状图形。用网络图表达任务构成、工作顺序，并加注时间参数的进度计划称之为网络计划。

网络计划技术的基本原理：应用网络图来表达一项计划（或工程）中各项工作的开展顺序及其相互之间的关系；通过时间参数计算，找出计划中的关键工作及关键线路；通过不断改进网络计划，寻求最优方案，并付诸实施；在执行过程中进行有效的控制和监督，保证以最小的消耗取得最大的经济效益。

12.1.2 网络计划的类型

网络计划有多种类型。按照工作之间逻辑关系和持续时间的确定程度，可以分为肯定型网络计划和非肯定型网络计划等；按照网络计划的基本元素节点和箭线所表示的含义不同，可以分为双代号网络计划、单代号网络计划、双代号时标网络计划和单代号搭接网络计划等；按照计划目标的数量不同，可以分为单目标网络计划和多目标网络计划等。在建筑工程领域中使用较多的网络计划形式为双代号网络计划、单代号网络计划和双代号时标网络计划。

12.2 双代号网络计划

12.2.1 双代号网络图的基本构成

双代号网络图是由箭线、节点和线路三个基本要素构成的。双代号网络图由若干表示工作的箭线和节点所组成，其中每一道工作都用一根箭线和箭线两端的两个节点来表示，每个节点都编以号码，箭线两端两节点的号码即代表该箭线所表示的工作，“双代号”的名称即由此而来。

1. 箭线和节点

在双代号网络图中，每一条箭线表示一项工作（工序、作业或活动等），如图 12-1 所示。箭线的箭尾节点表示该工作的开始，箭线的箭头节点表示该工作的结束，箭线下面标注该项工作的持续时间。箭线的长度不反映工作持续时间的长短。

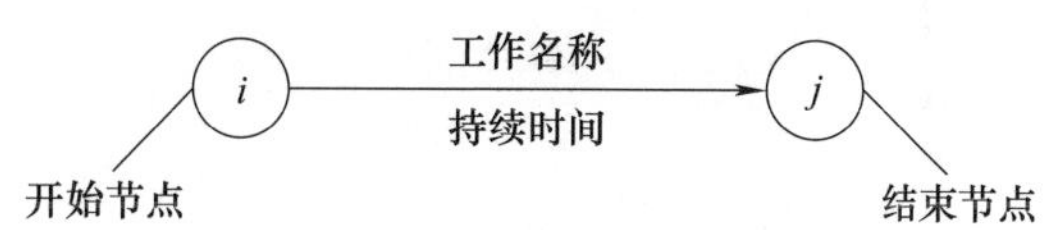

图 12-1　双代号网络图工作的表示

箭线尾部的节点称箭尾节点又称开始节点，箭线头部的节点称箭头节点又称完成节点。网络图中的第一个节点叫起点节点，它意味着一项工程或任务的开始；网络图中的最后一个节点叫终点节点，它意味着一项工程或任务的完成。除网络计划的起点节点和终点节点以外，其余任何一个节点都有双重含义，既是前道工作的完成节点，又是后道工作的开始节点，这类节点称为中间节点。

在网络图中，对一个节点来讲，可能有许多箭线指向该节点，这些箭线就称为内向箭线或内向工作；同样也可能有许多箭线由该节点发出，这些箭线就称为外向箭线或外向工作。

2. 线路

在双代号网络图中，线路即为从起点节点开始，沿箭线方向连续通过一系列箭线与节点，最后到达终点节点的通路。每个网络图中一般都存在着若干条线路，每条线路包含若干项工作。一条线路上所有工作的持续时间之和就是该线路总的工作持续时间。总的工作持续时间最长的线路称为关键线路，其余线路称为非关键线路，在同一网络图中关键线路可能不止一条。网络图中位于关键线路上的工作称为关键工作，除关键工作以外的工作称为非关键工作。

关键线路、非关键线路、关键工作和非关键工作都不是一成不变的，在一定条件下，关键线路和非关键线路，关键工作和非关键工作可以相互转化。当采用了一定的技术组织措施，缩短了关键线路上有关工作的持续时间，就有可能使关键线路发生转移，使原来的关键线路变成非关键线路，而原来的非关键线路却变成关键线路。

12. 2. 2　双代号网络图的绘制

1. 工作之间的逻辑关系

逻辑关系是由工艺流程和施工组织所决定的，它反映了工作之间的先后顺序关系。绘制网络图前，首先要明确各工作之间的逻辑关系，即必须解决以下三个问题：该工作必须在哪些工作之后进行；该工作必须在哪些工作之前进行；该工作可以与哪些工作平行进行。工作之间的逻辑关系主要包括工艺关系和组织关系两方面。

（1）工艺关系　工艺关系就是生产工艺决定的各过程或工序之间内在的先后关系，或者在同一施工段或施工层上各施工过程的先后顺序。例如，某一现浇混凝土基础的施工，必须在开挖基坑后浇筑混凝土垫层，在垫层完成之后再进行混凝土基础施工。这种逻辑关系通常是不能够改变的。

（2）组织关系　组织关系是网络计划在施工方案的基础上，根据工程对象所处的时间、空间以及资源供应等客观条件所确定的工作展开顺序。例如，屋面结构板完成之后，对于屋面防水工程与门窗工程这两项，先施工其中一项还是两项同时进行，要根据施工的工期要求、现场资源（劳动力、材料和机械等）的供应条件等来确定。

各工作之间的逻辑关系是变化多样的，表 12-1 给出了双代号网络图常用逻辑关系及其表示方法。

表 12-1　双代号网络图常用逻辑关系及表示方法

序号	逻辑关系	双代号网络图表示方法
1	A 完成后进行 B，B 完成后进行 C	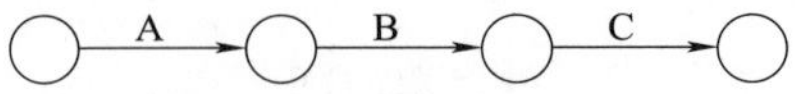
2	A 完成后进行 B 和 C	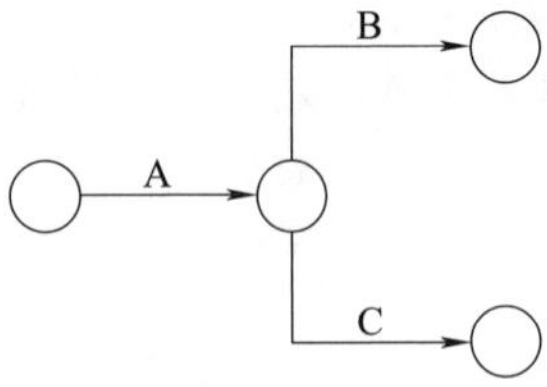
3	A、B 完成后进行 C	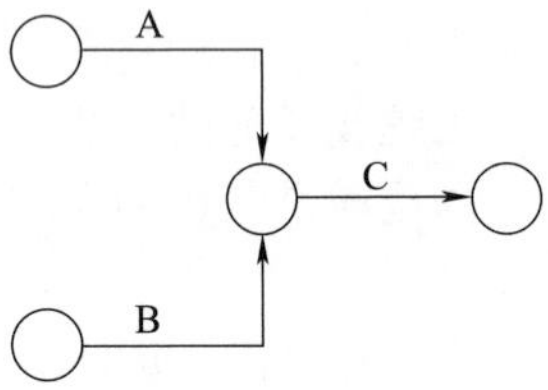
4	A、B 完成后进行 C、D	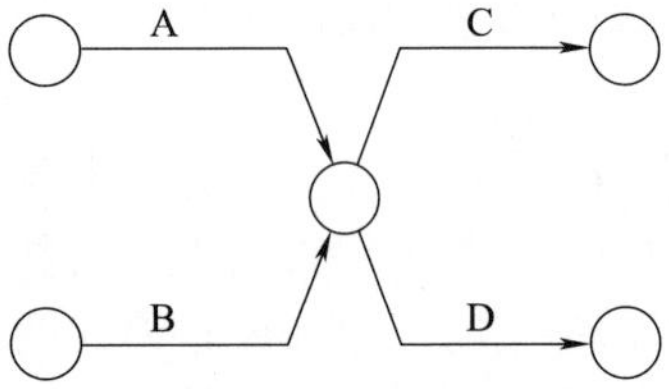
5	A 完成后将进行 C，A 、B 完成后进行 D	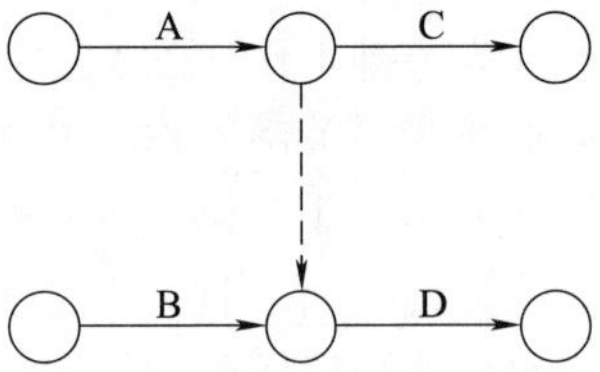
6	A、B 完成后进行 D，A、B、C 均完成后进行 E，D、E 完成后进行 F	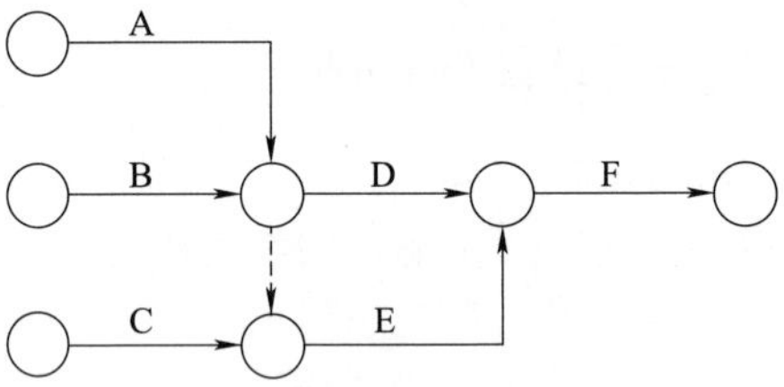
7	A、B 完成后进行 C，B、D 完成后进行 E	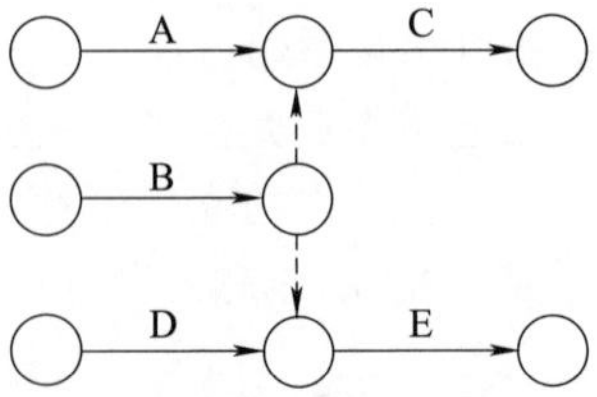
8	A 完成后进行 C、D，B 完成后进行 D、E	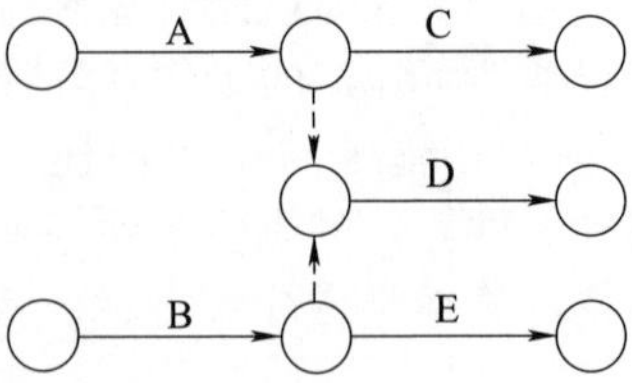

（续）

序号	逻辑关系	双代号网络图表示方法
9	A、B、C 三项工作，分三个流水段施工	工艺顺序按水平方向排列 A1 B1 C1 A2 B2 C2 A3 B3 C3 施工段按水平方向排列 A1 A2 A3 B1 B2 B3 C1 C2 C3

2. 双代号网络图绘制的基本规则

双代号网络图的绘制除了要正确表达工作之间的逻辑关系外，还必须遵守以下基本规则：

1）严禁出现循环回路。在双代号网络图中，循环回路是指从一个节点出发，沿箭线方向又回到原出发点的循环线路，如图 12-2 所示。

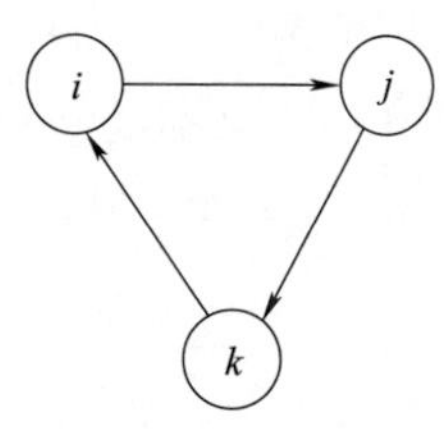

图 12-2　循环回路示意图

2）严禁出现有双向箭头或无箭头的连线。双代号网络图是一种有向图，每条箭线只能有一个箭头，不允许出现双向箭头或者无箭头的线段，如图 12-3 所示。

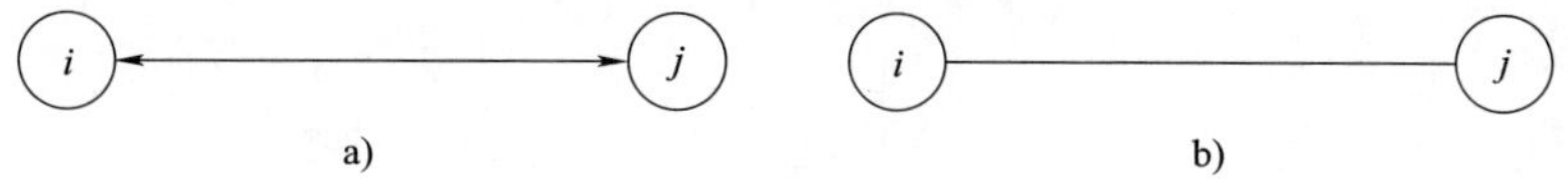

图 12-3　错误的箭线画法 1

a）双向箭头线段　b）无箭头线段

3）网络图中严禁出现没有箭尾节点的箭线或没有箭头节点的箭线，如图 12-4 所示。

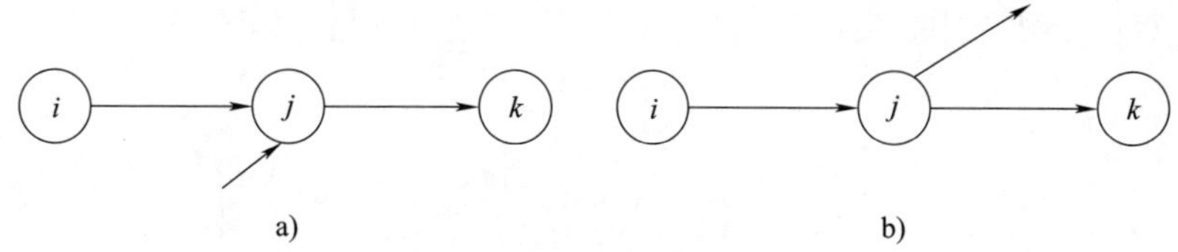

图 12-4　错误的箭线画法 2

a）无箭尾节点　b）无箭头节点

4）当网络图的起点节点有多条外向箭线或终点节点有多条内向箭线时，为使图形整洁，可应用母法线绘图。使多条箭线经一条共用的母线线段，从起点节点引出，或使多条箭线经一条共用的母线线段引入终点节点，如图 12-5 所示。

5）绘制网络图时，应避免箭线交叉。当交叉不可避免时，可采用过桥法、指向法等表示，如图 12-6 所示。

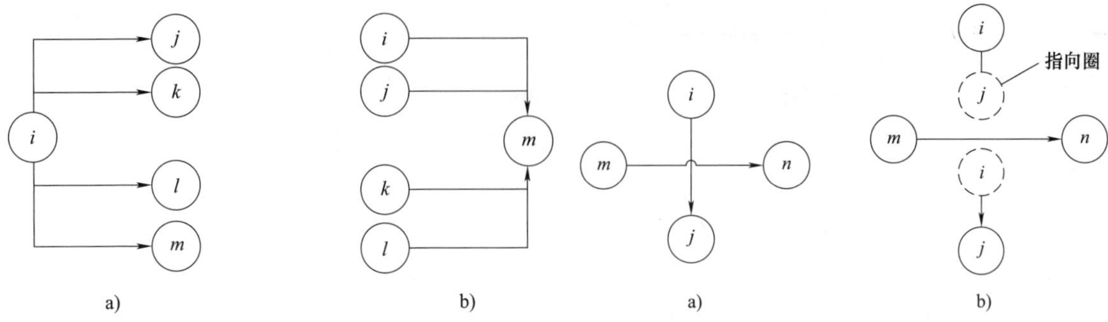

图 12-5　母线法示意图

a）起点节点母线法　b）终点节点母线法

图 12-6　过桥法与指向法示意图

a）过桥法　b）指向法

6）网络图应只有一个起点节点和一个终点节点（多目标网络计划除外），不应出现其他没有内向箭线和外向箭线的节点。

7）网络图按逻辑关系绘制完成之后应从起点节点开始编号，以方便识别，当采用计算机处理时，编号尤为重要。编号应遵循一定的规则：

① 一项工作的开始节点编号小于完成节点编号，即 $i<j$。

② 网络图中，不允许出现重复编号，可不连续编号。

例 12-1　某别墅项目各工作的持续时间和工作之间的逻辑关系见表 12-2，试以双代号网络图编制该工程施工进度计划。

表 12-2　某别墅项目各工作持续时间与紧前工作表

工作名称	持续时间/d	紧前工作
土方工程	15	—
地下工程	20	土方工程
水电安装	95	土方工程
主体结构	45	地下工程
屋面工程	25	主体结构
室内装修	50	主体结构
外墙装修	25	主体结构
室外工程	30	屋面工程、室内装修、外墙装修
扫尾竣工	5	水电安装、室外工程

解：按照双代号网络图的绘图规则编制该工程施工进度计划，如图 12-7 所示。

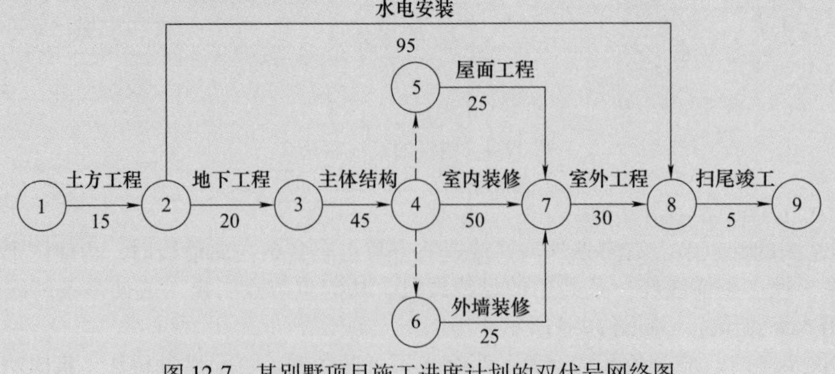

图 12-7　某别墅项目施工进度计划的双代号网络图

12.2.3 双代号网络图时间参数的计算

在网络计划的使用过程中，除了要正确表达工作之间的逻辑关系外，还要进行时间参数的计算，计算时间参数的目的主要有以下三个：确定关键线路和关键工作，便于在工程实施过程中抓住进度控制的重点；明确非关键工作及其机动时间的多少，便于挖掘工作潜力，优化网络计划；确定总工期，从全局监控整个进度计划。

时间参数的计算方法很多，可通过人工计算，也可通过计算机计算。人工计算网络图时间参数的方法有多种，常用的有表上计算法、图上计算法和标号计算法等。在双代号网络计划时间参数的计算方法中，应用比较广泛的是图上计算法，具体又分为工作计算法和节点计算法。节点计算法包括一般节点时间计算法和节点标号法。

1. 时间参数

（1）工作的时间参数　网络计划中工作的时间参数主要包括最早开始时间、工作持续时间、最早完成时间、最迟开始时间、最迟完成时间、总时差和自由时差。

1）最早开始时间（$ES_{i\text{-}j}$）：各紧前工作全部完成后，工作 i-j 可能开始的最早时刻。

2）工作持续时间（$D_{i\text{-}j}$）：一项工作从开始到完成的时间。在网络计划中，应先计算工作的持续时间，然后再计算其他几项工作时间参数。

3）最早完成时间（$EF_{i\text{-}j}$）：工作 i-j 可能完成的最早时刻。

4）最迟开始时间（$LS_{i\text{-}j}$）：工作 i-j 必须开始的最迟时刻。

5）最迟完成时间（$LF_{i\text{-}j}$）：在不影响整个任务按期完成的前提下，工作 i-j 必须完成的最迟时刻。

6）总时差（$TF_{i\text{-}j}$）：在不影响其紧后工作最迟开始时间的前提下，工作 i-j 所具有的机动时间，也是在不影响总工期的前提下所具有的机动时间。

7）自由时差（$FF_{i\text{-}j}$）：在不影响其紧后工作最早开始时间的前提下，工作 i-j 所具有的机动时间。

（2）工期

1）计算工期（T_c）：根据网络计划时间参数计算所得到的工期。

2）要求工期（T_r）：任务委托人所要求的工期。

3）计划工期（T_P）：根据要求工期和计算工期所确定的作为实施目标的计划工期。

网络计划的计划工期 T_P 应按下列情况分别确定：

当已规定要求工期时：

$$T_P \leqslant T_r \tag{12-1}$$

当未规定要求工期时，可令计划工期等于计算工期，即

$$T_P = T_c \tag{12-2}$$

2. 工作计算法

按工作计算法计算网络计划中各时间参数，其计算结果应标注在箭线之上，时间参数的表示常采用六时标注法（图 12-8）。

ES_{i-j}	LS_{i-j}	TF_{i-j}
EF_{i-j}	LF_{i-j}	FF_{i-j}

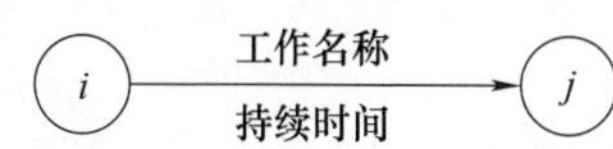

图 12-8　时间参数六时标注法

工作的持续时间应根据工程实际情况计算。虚工作必须视同工作进行计算，其持续时间为零。按工作计算法在网络图上计算六个工作时间参数，首先应明确计算顺序和计算步骤，然后根据公式计算各项工作的时间参数并标注在双代号网络图上。时间参数的计算步骤如下：

（1）最早开始时间和最早完成时间的计算　因为最早时间受紧前工作约束，所以其计算必须在各紧前工作都计算后才能进行。最早时间的计算顺序为从网络图的起点节点开始，顺箭线方向依次逐项进行，直到终点节点为止。凡与起点节点相连的工作都是计划的起始工作，当未规定其

最早开始时间时，该工作最早开始时间应为零。如网络计划起点节点的编号为 1，则

$$ES_{i\text{-}j} = 0(i = 1) \tag{12-3}$$

工作的最早完成时间等于最早开始时间加上其持续时间，即

$$EF_{i\text{-}j} = ES_{i\text{-}j} + D_{i\text{-}j} \tag{12-4}$$

所有其他工作的最早开始时间的计算方法是：将其所有紧前工作（h-i）的最早开始时间（$ES_{h\text{-}i}$）分别与各工作的持续时间（$D_{h\text{-}i}$）相加，取和值中的最大值。当采用六时标注法计算时，可取各紧前工作最早完成时间的最大值，即

$$ES_{i\text{-}j} = \max\{EF_{h\text{-}i}\} \text{ 或 } ES_{i\text{-}j}\max\{ES_{h\text{-}i} + D_{h\text{-}i}\} \tag{12-5}$$

式中　$EF_{h\text{-}i}$——工作（i-j）的紧前工作（h-i）的最早完成时间。

（2）最迟开始时间与最迟完成时间的计算　工作最迟时间受紧后工作制约，应从网络计划的终点节点开始，逆着箭线的方向依次进行，因此工作的最迟时间应先计算最迟完成时间。

1）与网络计划终点 n 相连的工作的最迟完成时间。与网络计划终点 n 相连的工作的最迟完成时间，如果已规定要求工期，应按照 $T_p \leqslant T_r$ 计算，如果未规定要求工期应该按照 $T_p = T_c$ 计算，即

$$LF_{i\text{-}n} = T_p(i < n) \tag{12-6}$$

计算工期 T_c 等于一个网络计划关键线路所花的时间，也就是网络计划结束工作最早完成时间的最大值，即

$$T_c = \max\{EF_{i\text{-}n}\}$$

2）其他工作的最迟完成时间。其他工作的最迟完成时间应等于其紧后工作最迟完成时间与其紧后工作持续时间差的最小值，即

$$LF_{i\text{-}j} = \min\{LS_{j\text{-}k}\} = \min\{LF_{j\text{-}k} - D_{j\text{-}k}\}\ (i < j < k) \tag{12-7}$$

工作的最迟开始时间等于该工作的最迟完成时间与该工作持续时间的差值，即

$$LS_{i\text{-}j} = LF_{i\text{-}j} - D_{i\text{-}j} \tag{12-8}$$

（3）总时差的计算　根据总时差的概念可知，工作的总时差等于该工作最迟完成时间与最早完成时间之差，或该工作最迟开始时间与最早开始时间之差，即

$$TF_{i\text{-}j} = LF_{i\text{-}j} - EF_{i\text{-}j} = LS_{i\text{-}j} - ES_{i\text{-}j} \tag{12-9}$$

（4）自由时差的计算　工作自由时差 FF 的计算应按以下两种情况分别考虑：

1）当工作 i-j 有紧后工作 j-k 时，工作 i-j 的自由时差等于其紧后工作最早开始时间与该工作最早完成时间之差的最小值，即

$$FF_{i\text{-}j} = \min\{ES_{j\text{-}k} - EF_{i\text{-}j}\} = \min\{ES_{j\text{-}k} - ES_{i\text{-}j} - D_{i\text{-}j}\}\quad (i < j < k) \tag{12-10}$$

2）当工作没有紧后工作，即该工作以网络计划的终点节点 n 为完成节点，其自由时差等于计划工期与该工作最早完成时间之差，即

$$FF_{i\text{-}n} = T_p - EF_{i\text{-}n} \tag{12-11}$$

（5）关键工作和关键线路的确定　当计算出网络图中各工作的时间参数后，就很容易确定网络计划的关键工作及关键线路。

1）关键工作。在网络计划中，总时差最小的工作是关键工作。

2）关键线路。自始至终全部由关键工作组成的线路为关键线路，或线路上总的工作持续时间最长的线路为关键线路。网络图上的关键线路可用双线、粗线或彩色线标注。

例 12-2　根据例 12-1 所编制的双代号网络计划，计算各项工作的六个时间参数，并计算总工期，找出关键线路。

解：（1）计算各项工作的最早开始时间和最早完成时间

从起点节点（①节点）开始顺着箭线方向依次逐项计算到终点节点（⑨节点）。

1）以网络计划起点节点为开始节点的工作的最早开始时间为零。

因未规定其工作 1-2 的最早开始时间 ES_{1-2}，故按式（12-3）确定 $ES_{1-2}=0$，按式（12-4）可得 $EF_{1-2}=ES_{1-2}+D_{1-2}=0d+15d=15d$。

2）计算各项工作的最早开始时间和最早完成时间。

从网络计划的起点节点开始，顺着箭线方向，按式（12-4）和式（12-5）依次逐项计算 ES_{i-j} 和 EF_{i-j}，从而可得

$ES_{2-3}=\max\{EF_{1-2}\}=15d$；　$EF_{2-3}=ES_{2-3}+D_{2-3}=15d+20d=35d$；

$ES_{2-8}=\max\{EF_{1-2}\}=15d$；　$EF_{2-8}=ES_{2-8}+D_{2-8}=15d+95d=110d$；

$ES_{3-4}=\max\{EF_{2-3}\}=35d$；　$EF_{3-4}=ES_{3-4}+D_{3-4}=35d+45d=80d$；

$ES_{4-5}=\max\{EF_{3-4}\}=80d$；　$EF_{4-5}=ES_{4-5}+D_{4-5}=80d+0d=80d$；

$ES_{4-6}=\max\{EF_{3-4}\}=80d$；　$EF_{4-6}=ES_{4-6}+D_{4-6}=80d+0d=80d$；

$ES_{4-7}=\max\{EF_{3-4}\}=80d$；　$EF_{4-7}=ES_{4-7}+D_{4-7}=80d+50d=130d$；

$ES_{5-7}=\max\{EF_{4-5}\}=80d$；　$EF_{5-7}=ES_{5-7}+D_{5-7}=80d+25d=105d$；

$ES_{6-7}=\max\{EF_{4-6}\}=80d$；　$EF_{6-7}=ES_{6-7}+D_{6-7}=80d+25d=105d$；

$ES_{7-8}=\max\{EF_{4-7},EF_{5-7},EF_{6-7}\}=130d$；　$EF_{7-8}=ES_{7-8}+D_{7-8}=130d+30d=160d$；

$ES_{8-9}=\max\{EF_{2-8},EF_{7-8}\}=160d$；　$EF_{8-9}=ES_{8-9}+D_{8-9}=160d+5d=165d$。

由此可得，该网络计划的计算工期 $T_c=165d$。

（2）计算各项工作的最迟开始时间和最迟完成时间

从终点节点（⑨节点）开始逆着箭线方向依次逐项计算到起点节点（①节点）。

1）以网络计划终点节点为完成节点的工作的最迟完成时间等于网络计划的计划工期。

因未规定要求工期，故该网络计划的计划工期等于计算工期，按式（12-6）确定，$LF_{8-9}=165d$，按式（12-8）可得，$LS_{8-9}=LF_{8-9}-D_{8-9}=165d-5d=160d$。

2）计算各项工作的最迟开始时间和最迟完成时间。

从网络计划的终点节点开始，逆着箭线方向，按式（12-7）和式（12-8）依次逐项计算 LF_{i-j} 和 LS_{i-j}，从而可得

$LF_{7-8}=\min\{LS_{8-9}\}=160d$；　$LS_{7-8}=LF_{7-8}-D_{7-8}=160d-30d=130d$；

$LF_{2-8}=\min\{LS_{8-9}\}=160d$；　$LS_{2-8}=LF_{2-8}-D_{2-8}=160d-95d=65d$；

$LF_{5-7}=\min\{LS_{7-8}\}=130d$；　$LS_{5-7}=LF_{5-7}-D_{5-7}=130d-25d=105d$；

$LF_{4-7}=\min\{LS_{7-8}\}=130d$；　$LS_{4-7}=LF_{4-7}-D_{4-7}=130d-50d=80d$；

$LF_{6-7}=\min\{LS_{7-8}\}=130d$；　$LS_{6-7}=LF_{6-7}-D_{6-7}=130d-25d=105d$；

$LF_{4-5}=\min\{LS_{5-7}\}=105d$；　$LS_{4-5}=LF_{4-5}-D_{4-5}=105d-0d=105d$；

$LF_{4-6}=\min\{LS_{6-7}\}=105d$；　$LS_{4-6}=LF_{4-6}-D_{4-6}=105d-0d=105d$；

$LF_{3-4}=\min\{LS_{4-5},LS_{4-6},LS_{4-7}\}=80d$；　$LS_{3-4}=LF_{3-4}-D_{3-4}=80d-45d=35d$；

$LF_{2-3}=\min\{LS_{3-4}\}=35d$；　$LS_{2-3}=LF_{2-3}-D_{2-3}=35d-20d=15d$；

$LF_{1-2}=\min\{LS_{2-3},LS_{2-8}\}=15d$；　$LS_{1-2}=LF_{1-2}-D_{1-2}=15d-15d=0d$。

（3）计算各项工作的总时差和自由时差

1）计算总时差。工作的总时差等于该工作最迟完成时间与最早完成时间之差，或该工作最迟开始时间与最早开始时间之差，按式（12-9）可得 $TF_{1-2}=LS_{1-2}-ES_{1-2}=0d$，$TF_{2-8}=LS_{2-8}-ES_{2-8}=65d-15d=50d$。同理可得 $TF_{2-3}=0d$，$TF_{3-4}=0d$，$TF_{4-7}=0d$；$TF_{4-5}=25d$，$TF_{4-6}=25d$，$TF_{5-7}=25d$，$TF_{6-7}=25d$，$TF_{7-8}=0d$，$TF_{8-9}=0d$。

2）计算自由时差。

以网络计划的终点节点为完成节点的工作的自由时差等于计划工期与该工作最早完成时间之差，按式（12-11）可得 $FF_{8-9} = T_p - EF_{8-9} = 165d - 165d = 0d$。

当工作有紧后工作时，该工作的自由时差等于其紧后工作最早开始时间与该工作最早完成时间之差的最小值，按式（12-10）可得 $FF_{7-8} = \min\{ES_{8-9} - EF_{7-8}\} = 160d - 160d = 0d$，$FF_{2-8} = \min\{ES_{8-9} - EF_{2-8}\} = 160d - 110d = 50d$。同理可得 $FF_{2-3} = 0d$，$FF_{3-4} = 0d$，$FF_{4-7} = 0d$；$FF_{4-5} = 0d$，$FF_{4-6} = 0d$，$FF_{5-7} = 25d$，$FF_{6-7} = 25d$，$FF_{7-8} = 0d$，$FF_{8-9} = 0d$。

将以上计算所得六个时间参数标注在双代号网路计划图上，如图 12-9 所示。

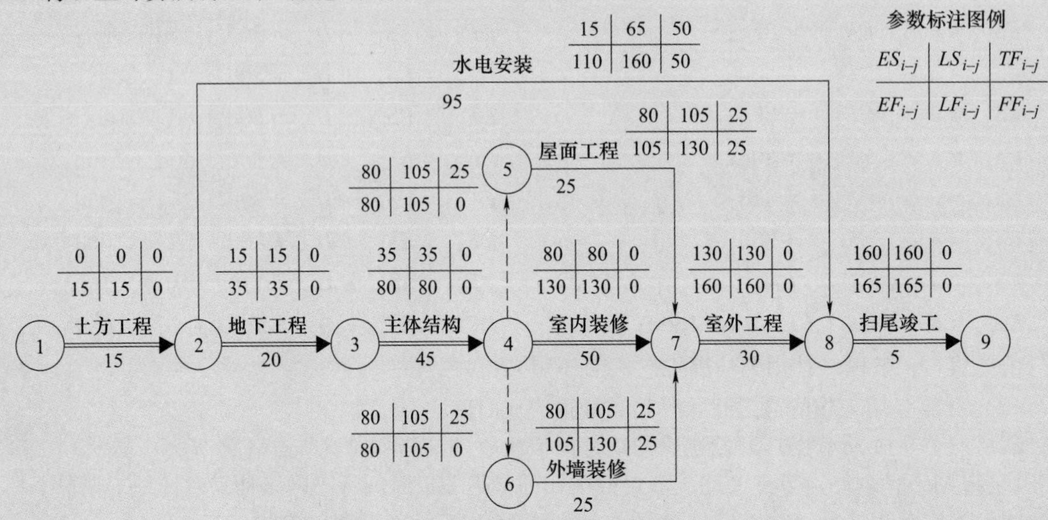

图 12-9　某别墅项目时间参数计算示意图

（4）确定总工期和关键线路　该网络计划的计划工期等于计算工期，即为 165d。总时差最小的工作是关键工作，由关键工作逐项依次连接组成的线路为关键线路，即①-②-③-④-⑦-⑧-⑨。

3. 节点标号法的计算

节点标号法是节点计算法的一种，其计算时间参数的内容有限，适用于快速确定网络计划的关键线路与计划工期。下面根据例 12-1 所编制的双代号网络计划，介绍如何利用节点标号法进行计算。

（1）确定节点标号　节点的标号宜用双标号法，即用源节点（计算出标号值 b_i 的节点）编号作为第一标号；用标号值 b_i 作为第二标号，顺箭线方向逐个计算节点的第二标号值并记录第一标号。

① 网络计划起点节点的第二标号值（b_1）为零，并且无第一标号。

② 其他节点的第二标号值等于以该节点为完成节点的各工作的开始节点标号值与相应工作持续时间之和的最大值。其计算公式为

$$b_j = \max\{b_i + D_{i\text{-}j}\} \tag{12-12}$$

式中，b_j 是工作 i-j 的完成节点 j 标号值；b_i 是工作 i-j 的开始节点 i 的标号值。

③ 将第一标号和第二标号值标注在节点上方，如图 12-10 所示。

（2）确定计算工期　计算工期 T_c 等于网络计划终点节点的标号值。本例中，计算工期为终点节点⑨的标号值，即 165d。

（3）确定关键线路　自终点节点开始，逆着箭线方向跟踪源节点即可确定。本例中，从终点节点⑨开始逆着箭线跟踪源节点，分别为⑧、⑦、④、③、②、①，即得关键线路①-②-③-

④-⑦-⑧-⑨。

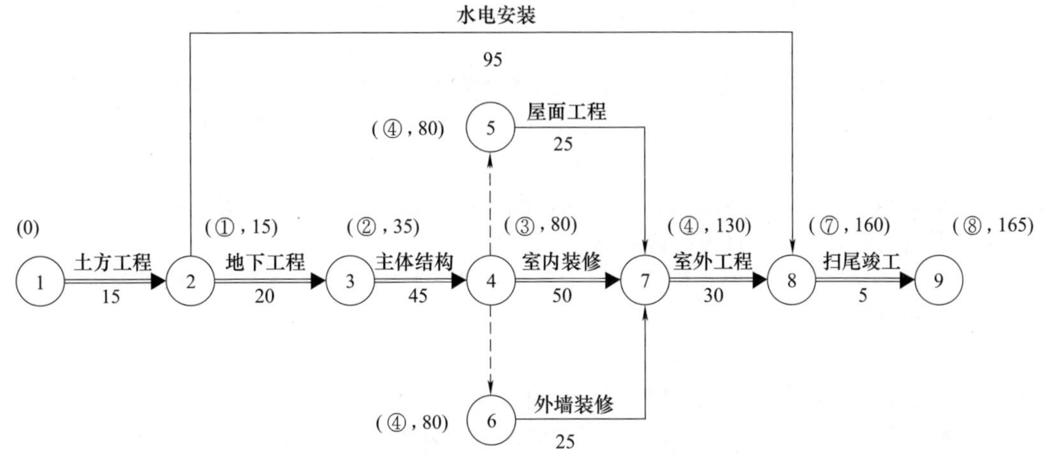

图 12-10　某别墅项目节点标号法计算示意图

12.3　双代号时标网络计划

12.3.1　双代号时标网络计划的概念与特点

1. 双代号时标网络计划的基本概念

双代号时标网络图（简称时标网络图）是以时间坐标为尺度编制的网络图。双代号时标网络计划（简称时标网络计划）必须以水平时间坐标为尺度表示工作时间，时标的时间单位应根据需要在编制时间网络计划之前确定，一般是天、周、月或季等。

在时标网络图中，实箭线表示工作，虚箭线表示虚工作，波形线表示的是该工作与紧后工作之间的时间间隔。时标网络图中的箭线和节点在时间坐标上的水平投影位置都必须与其时间参数相对应，节点中心必须对准相应的时标位置。虚工作必须以垂直方向的虚箭线表示，时间间隔大于零时加波形线表示。

2. 时标网络计划的特点

与无时标网络计划相比，时标网络计划的主要特点有：

1）时标网络计划兼有网络计划与横道计划的优点，它能够清楚地表明计划的时间进程，使用方便。

2）时标网络计划能在图上直接显示出各项工作的开始、完成时间、工作的自由时差及关键线路。

3）在时标网络计划中可以统计每一个单位时间对资源的需求量，以便进行资源优化和调整。

4）由于箭线受到时间坐标的限制，当情况发生变化时，对网络计划的修改比较麻烦，往往要重新绘图。但在使用计算机以后，这一问题已较容易解决。

12.3.2　双代号时标网络计划的绘制

1. 时标网络计划的绘制方法

时标网络计划绘制前，必须先绘制无时标网络计划，然后按先算后绘法进行绘制。时标网络计划宜按各个工作的最早开始时间编制，绘制方法具体可分为直接绘制法和间接绘制法两种。

（1）间接绘制法　间接绘制法是先绘制出双代号网络计划，计算网络计划的最早时间参数，再在标有时间刻度的表格上标出最早开始节点的一种绘制方法。绘制的要点主要有：

1）绘制双代号网络计划，计算最早时间参数。

2）绘制时标表，时间坐标标注于时标表的顶部或底部，或顶部、底部都标注，其单位根据实际需要确定为天、周、旬、月等。

3）将每项工作的箭尾节点按最早开始时间定位于时标表刻度线上，各项工作在时标网络图中的布局参照无时标网络计划，其绘制的关键是将各节点准确定位在时标表的刻度线上。

4）节点间的箭线。绘图时，一般先绘制关键工作再绘制非关键工作。实工作用实箭线表示，水平箭线的长度即为工作的持续时间，当箭线长度不足以达到该工作的完成节点时，用波形线补足。虚工作不占用时间，用垂直虚箭线表示。

（2）直接绘制法　根据无时标网络计划中各项工作之间的逻辑关系及工作的持续时间，直接在时标表上绘制时标网络计划。

其绘制要点如下：

1）画出无时标网络计划草图，并按线路时间参数确定出关键线路。

2）绘制时标表，将起点节点定位于时标表的起始零刻度线上，并按工作的持续时间绘制起点节点外向箭线及工作的箭头节点。

3）其他工作的开始节点必须在其所有紧前工作都绘出以后，定位在其所有紧前工作最早完成时间最大值的时间刻度上。当某些工作的箭线长度不足以达到该工作的完成节点时，用波形线补足，箭头画在波形线与节点连接处。虚工作必须以垂直虚箭线表示，有时差时加波形线表示，波形线的长度为该虚工作的自由时差。

4）用上述方法自左至右依次确定其他节点的位置，直至网络计划终点节点定位，绘图完成。

例 12-3　已知某分部工程包括土方开挖、回填压实土和混凝土基础 3 个工序（以下简称挖土、回压和混凝土），分两段组织流水施工，各工作之间的逻辑关系和持续时间见表 12-3，试绘制以时标网络图表示的进度计划。

表 12-3　某分部工程各工作持续时间与紧前工作表

工作名称	持续时间/d	紧前工作
挖土 1	4	—
回压 1	2	挖土 1
挖土 2	4	挖土 1
回压 2	2	回压 1，挖土 2
混凝土 1	6	回压 1
混凝土 2	6	回压 2，混凝土 1

解：（1）绘制施工进度计划

按照时标网络图的绘图规则绘制该分部工程施工进度计划，如图 12-11 所示。

（2）时标网络计划关键线路和计算工期的确定

1）关键线路的确定。自终点节点至起始节点逆箭线方向观察，自始至终不出现波形线的线路为关键线路。因为不出现波形线，就说明在这条线路上，工作的总时差和自由时差全部为零。关键线路的表达与无时标网络计划相同，即用粗线、双线或彩色线标注均可。例如，图 12-11 中关键线路为①-②-③-⑤-⑥。

2）计算工期的确定。时标网络计划的计算工期应是终点节点与起点节点所对应时标刻度值的差值。例如，图 12-11 中的计算工期 $T_c = 18d - 0d = 18d$。

（3）时标网络计划时间参数的确定

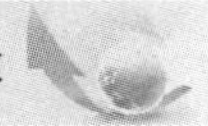

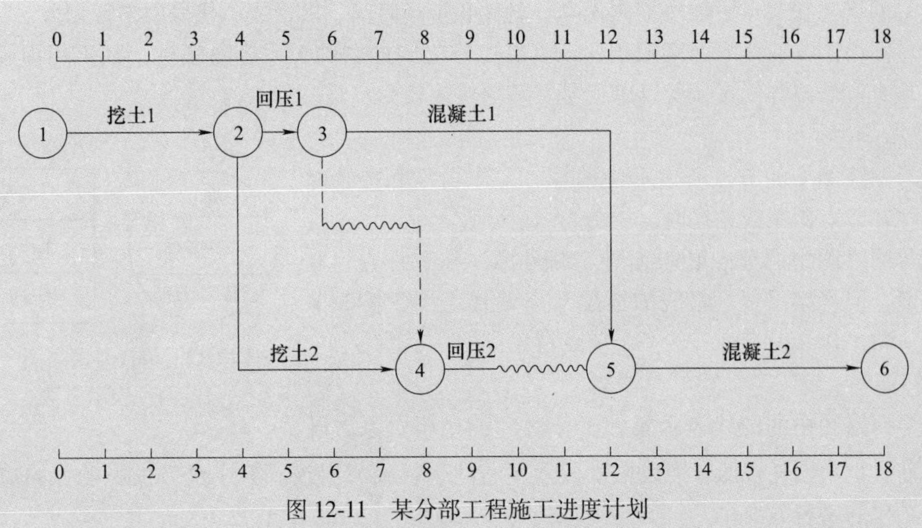

图 12-11　某分部工程施工进度计划

1）工作最早时间的确定。按最早时间绘制的时标网络计划，每条箭线箭尾所对应的时标值应为该工作的最早开始时间；当工作箭线中不存在波形线时，其右端节点所对应的时标值为该工作的最早完成时间；当工作箭线中存在波形线时，工作箭线实线部分右端节点所对应的时标值为该工作的最早完成时间。

2）工作自由时差的确定。时标网络计划中工作的自由时差值应为表示该工作的箭线中波形线部分在坐标轴上的水平投影长度。

3）工作总时差的计算。工作总时差不能从图上直接判定，需要进行计算。计算应自右向左进行，且符合下列规定：

① 以终点节点为箭头节点的工作的总时差（$TF_{i\text{-}n}$）等于计划工期（T_{p}）减该工作的最早完成时间（$EF_{i\text{-}n}$），即

$$TF_{i\text{-}n} = T_{\mathrm{p}} - EF_{i\text{-}n} \tag{12-13}$$

② 其他工作的总时差（$TF_{i\text{-}j}$）应为其紧后工作总时差（$TF_{j\text{-}k}$）与该工作自由时差（$FF_{i\text{-}j}$）之和的最小值，即

$$TF_{i\text{-}j} = \min\{TF_{j\text{-}k} + FF_{i\text{-}j}\} = FF_{i\text{-}j} + \min\{TF_{j\text{-}k}\} \tag{12-14}$$

4）工作最迟时间的计算。工作最迟开始时间和最迟完成时间按下式计算：

$$LS_{i\text{-}j} = ES_{i\text{-}j} + FF_{i\text{-}j} \tag{12-15}$$

$$LF_{i\text{-}j} = EF_{i\text{-}j} + FF_{i\text{-}j} \tag{12-16}$$

12.4　单代号网络计划

12.4.1　单代号网络图的基本构成

单代号网络图也称为节点网络图，是用节点表示项目的活动。单代号网络图也是由许多节点和箭线组成的，但构成单代号网络图的基本符号的含义却与双代号网络图的不相同。单代号网络的节点及其编号代表工作，而箭线仅表示各项工作之间的逻辑关系。每一个活动都用一个节点表示。节点可采用许多形式，常用圆圈或方框表示节点，方框里的标注可以用来识别活动和详细说明该项活动的情况。活动之间的依赖关系通过箭线表示。箭线表示活动是如何相关的，箭线的长度和倾斜角度可以是任意的，有利于画出网络图即可。

单代号网络图在节点中加注工作代号、名称和持续时间，以形成单代号网络计划。

单代号网络图与双代号网络图相比，具有工作之间的逻辑关系容易表达，且不用虚箭线，网络图便于检查、修改等优点，所以单代号网络图应用较为广泛。

1. 节点

单代号网络图中的节点所表示的编号、工作名称和持续时间等应标注在节点圆圈或方框内，如图 12-12 所示。

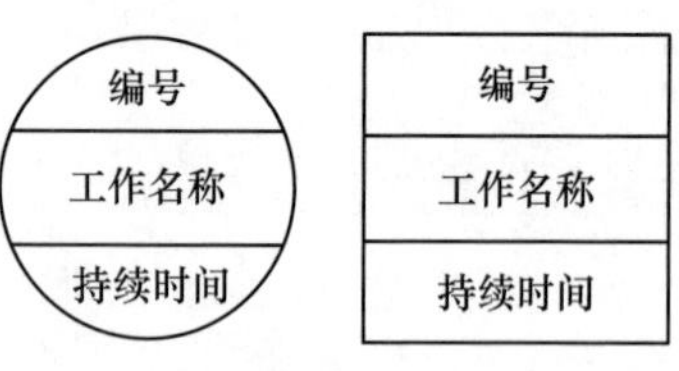

图 12-12　单代号网络图节点的两种表示方法

单代号网络图中的节点必须编号。编号标注在节点内，其号码可间断，但严禁重复。箭线的箭尾节点编号应小于箭头节点编号。一项工作必须有唯一的一个节点及相应的一个编号。

2. 箭线

单代号网络图中的箭线表示紧邻工作之间的逻辑关系，既不占用时间，也不消耗资源。箭线应画成水平直线、折线或斜线。箭线水平投影的方向应自左向右，表示工作的进行方向。

3. 线路

单代号网络图中，各条线路应用该线路上的节点编号从小到大依次表述。

12.4.2　单代号网络图的绘制原则

1）单代号网络图必须正确表达已定的逻辑关系。单代号网络图跟双代号网络图一样，各工作之间的逻辑关系也有很多种类，表 12-4 给出了单代号网络图常用逻辑关系及其表示方法。

表 12-4　单代号网络图常用逻辑关系及其表示方法

序号	逻辑关系	表示方法
1	A 完成后进行 B	A → B
2	A、B、C 同时为起始工作	St → A；St → B；St → C
3	A、B、C 同时为结束工作	A → Fin；B → Fin；C → Fin
4	A 完成后进行 B、C	A → B；A → C

（续）

序号	逻辑关系	表示方法
5	A、B完成后进行C	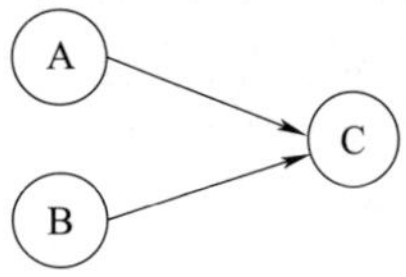
6	A完成后进行C，A、B完成后进行D	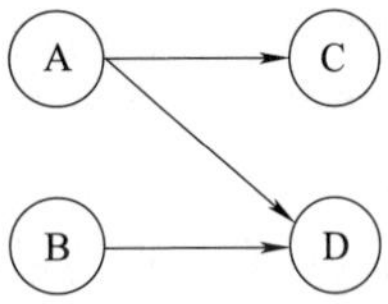
7	A、B完成后进行C、D	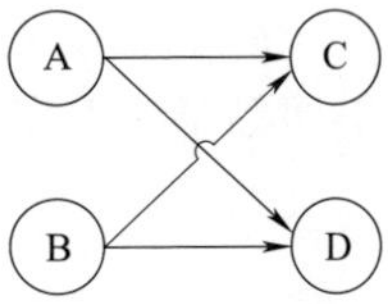
8	A、B完成后进行C，B、D完成后进行E	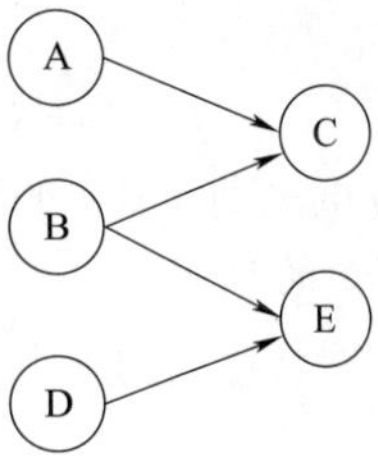
9	A、B、C完成后进行D，B、C完成后进行E	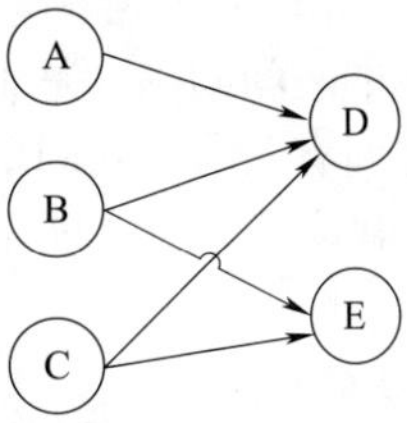
10	A、B两项工作分三个流水段，平行搭接流水施工	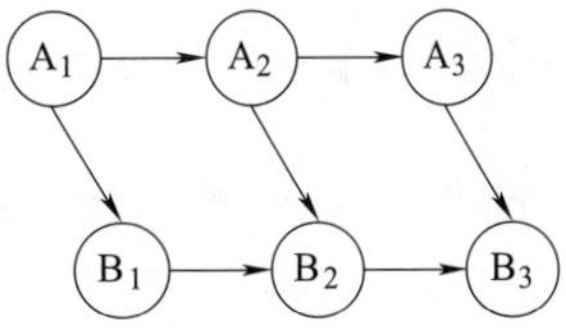

2）单代号网络图中，严禁出现循环回路。

3）单代号网络图中，严禁出现双向箭头或无箭头的连线。

4）单代号网络图中，严禁出现没有箭尾节点的箭线和没有箭头节点的箭线。

5）绘制单代号网络图时，箭线不宜交叉，当交叉不可避免时，可采用过桥法或指向法绘制。

6）单代号网络图中只应有一个起点节点和一个终点节点。当网络图中出现多个开始工作或多个结束工作时，应在网络图开始或结束设置一项虚工作，作为该网络图的起点节点（St）或终点节点（Fin）。

7）单代号网络图中，不允许出现重复编码的工作。

12.4.3 单代号网络图时间参数的计算

单代号网络图时间参数的计算应在确定各项工作的持续时间之后进行。时间参数的计算顺序和计算方法基本上与双代号网络图时间参数的计算相同。单代号网络图时间参数的标注形式如图 12-13 所示。

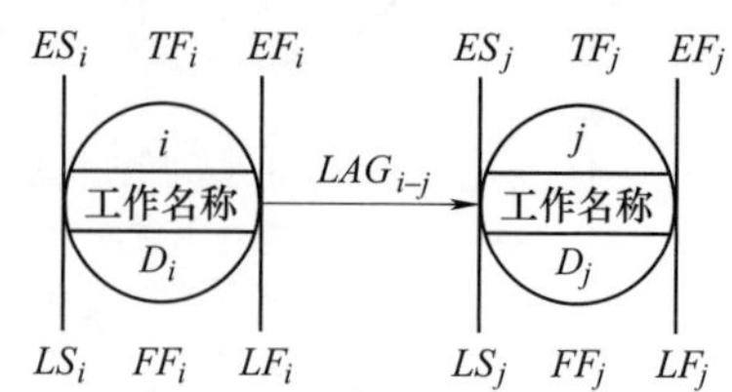

节点编号	工作名称	持续时间
ES_i	EF_i	TF_i
LS_i	LF_i	FF_i

图 12-13 单代号网络图时间参数标注的两种方法

1. 最早开始时间和最早完成时间的计算

单代号网络图中各项工作的最早开始时间和最早完成时间的计算应从网络图的起点节点开始，顺着箭线方向依次逐项计算。

单代号网络图的起点节点的最早开始时间为零。如起点节点的编号为 1，则

$$ES_i = 0(i = 1) \tag{12-17}$$

工作最早完成时间等于该工作最早开始时间加上其持续时间，即

$$EF_i = ES_i + D_i \tag{12-18}$$

工作最早开始时间等于该工作的各个紧前工作的最早完成时间的最大值，如工作 j 的紧前工作的代号为 i，则

$$ES_j = \max\{EF_i\} = \max\{ES_i + D_i\} \tag{12-19}$$

式中，ES_i 是工作 j 的紧前工作 i 的最早开始时间。

2. 计算工期 T_c 的确定

T_c 等于单代号网络计划的终点节点 n 的最早完成时间 EF_n，即

$$T_c = EF_n \tag{12-20}$$

3. 相邻两项工作的时间间隔的计算

相邻两项工作的时间间隔，是工作的最早开始时间与其紧前工作的最早完成时间的差值，表示相邻两项工作之间有一段时间间歇。相邻两项工作 i 和 j 之间的时间间隔 $LAG_{i\text{-}j}$ 等于紧后工作 j 的最早开始时间 ES_j 和该工作的最早完成时间 EF_i 之差，即

$$LAG_{i\text{-}j} = ES_j - EF_i \tag{12-21}$$

4. 工作总时差的计算

工作 i 的总时差 TF_i 应从单代号网络图的终点节点开始，逆着箭线方向依次逐项计算。

单代号网络图终点节点的总时差 TF_n，当计划工期等于计算工期时，其值为零，即

$$TF_n = 0 \tag{12-22}$$

其他工作 i 的总时差 TF_i 等于该工作的各个紧后工作 j 的总时差 TF_j 加该工作与其紧后工作的时间间隔 $LAG_{i\text{-}j}$ 之和的最小值，即

$$TF_i = \min\{TF_j + LAG_{i\text{-}j}\} \tag{12-23}$$

5. 工作自由时差的计算

当工作 i 无紧后工作时，其自由时差 FF_n 等于计划工期 T_p 减该工作的最早完成时间 EF_n，即

$$FF_n = T_p - EF_n \tag{12-24}$$

当工作 i 有紧后工作 j 时，其自由时差 FF_i 等于该工作与其紧后工作 j 的时间间隔 $LAG_{i\text{-}j}$ 的最小值，即

$$FF_i = \min\{LAG_{i\text{-}j}\} \tag{12-25}$$

6. 最迟开始时间和最迟完成时间的计算

工作 i 的最迟开始时间 LS_i 等于该工作的最早开始时间 ES_i 与其总时差 TF_i 之和，即

$$LS_i = ES_i + TF_i \tag{12-26}$$

工作 i 的最迟完成时间 LF_i 等于该工作的最早完成时间 EF_i 与其总时差 TF_i 之和，即

$$LF_i = EF_i + TF_i \tag{12-27}$$

7. 关键工作和关键线路的确定

1）关键工作：总时差最小的工作是关键工作。

2）关键线路：从起点节点开始到终点节点所经历的工作均为关键工作，且所有工作的时间间隔为零的线路为关键线路。

例 12-4　各工作逻辑关系和持续时间见表 12-5，试绘制以单代号网络图表示的进度计划。若计划工期等于计算工期，试计算该单代号网络计划的时间参数，将其标注在图上，并用双箭线标示出关键线路。

表 12-5　各工作逻辑关系和持续时间

工作名称	持续时间/d	紧前工作
A	3	B、C
B	5	D、E
C	7	E
D	4	—
E	6	—

解：（1）绘制单代号网络图

按照单代号网络图的绘制规则，绘制单代号网络图，如图 12-14 所示。

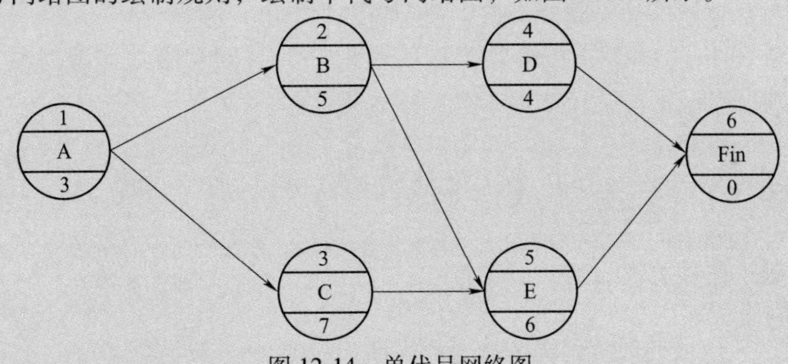

图 12-14　单代号网络图

（2）计算工作的最早开始时间和最早完成时间

1）起点节点的最早开始时间和最早完成时间。由式（12-17）可知，A 工作对应的节点为唯一起点节点，其最早开始时间为零，即 $ES_1=0\text{d}$，由式（12-18）可知，最早完成时间 $EF_1=ES_1+D_1=0\text{d}+3\text{d}=3\text{d}$。

2）其他各节点的最早开始时间和最早完成时间。各项工作的最早开始时间应顺着箭线方向依次逐项计算。由式（12-19）和式（12-18）可得

$ES_2=\max\{EF_1\}=3\text{d}$；　　$EF_2=ES_2+D_2=3\text{d}+5\text{d}=8\text{d}$；

$ES_3=\max\{EF_1\}=3\text{d}$；　　$EF_3=ES_3+D_3=3\text{d}+7\text{d}=10\text{d}$；

$ES_4=\max\{EF_2\}=8\text{d}$；　　$EF_4=ES_4+D_4=8\text{d}+4\text{d}=12\text{d}$；

$ES_5=\max\{EF_2, EF_3\}=10\text{d}$；　　$EF_5=ES_5+D_5=10\text{d}+6\text{d}=16\text{d}$；

$ES_6=\max\{EF_4, EF_5\}=16\text{d}$；　　$EF_6=ES_6+D_6=16\text{d}+0\text{d}=16\text{d}$。

（3）计算工期

该网络图的终点节点为 6 节点，根据式（12-20），其计算工期 $T_c = EF_6 = 16\text{d}$。

（4）计算相邻工作的时间间隔

相邻两项工作的时间间隔等于紧后工作的最早开始时间和该工作的最早完成时间之差，按式（12-21）可得 $LAG_{1\text{-}2} = ES_2 - EF_1 = 3\text{d} - 3\text{d} = 0\text{d}$；$LAG_{1\text{-}3} = ES_3 - EF_1 = 3\text{d} - 3\text{d} = 0\text{d}$；$LAG_{2\text{-}4} = ES_4 - EF_2 = 8\text{d} - 8\text{d} = 0\text{d}$；$LAG_{2\text{-}5} = ES_5 - EF_2 = 10\text{d} - 8\text{d} = 2\text{d}$；$LAG_{3\text{-}5} = ES_5 - EF_3 = 10\text{d} - 10\text{d} = 0\text{d}$；$LAG_{4\text{-}6} = ES_6 - EF_4 = 16\text{d} - 12\text{d} = 4\text{d}$；$LAG_{5\text{-}6} = ES_6 - EF_5 = 16\text{d} - 16\text{d} = 0\text{d}$。

（5）计算工作总时差

1）终点节点的总时差。该单代号网络图的终点节点为 6 节点，由式（12-22）可知，其总时差 $TF_6 = 0\text{d}$。

2）其他各节点的总时差。其他各节点的总时差应从网络图的终点节点开始，逆着箭线方向依次逐项计算。由式（12-23）可得 $TF_5 = \min\{TF_6 + LAG_{5\text{-}6}\} = \min\{0\text{d} + 0\text{d}\} = 0\text{d}$；$TF_4 = \min\{TF_6 + LAG_{4\text{-}6}\} = \min\{0\text{d} + 4\text{d}\} = 4\text{d}$；$TF_3 = \min\{TF_5 + LAG_{3\text{-}5}\} = \min\{0\text{d} + 0\text{d}\} = 0\text{d}$；$TF_2 = \min\{TF_4 + LAG_{2\text{-}4},\ TF_5 + LAG_{2\text{-}5}\} = 2\text{d}$；$TF_1 = \min\{TF_2 + LAG_{1\text{-}2},\ TF_3 + LAG_{1\text{-}3}\} = \min\{2\text{d} + 0\text{d},\ 0\text{d} + 0\text{d}\} = 0\text{d}$。

（6）计算工作的自由时差

1）终点节点的自由时差。由于单代号网络图无要求工期，故计划工期 T_p 等于计算工期 T_c，为 16d。由式（12-24）可得终点节点的自由时差为 $FF_6 = T_p - EF_6 = 16\text{d} - 16\text{d} = 0\text{d}$。

2）起点节点的自由时差。由式（12-25）可得其他节点的自由时差为 $FF_5 = \min\{LAG_{5\text{-}6}\} = 0\text{d}$；$FF_4 = \min\{LAG_{4\text{-}6}\} = 4\text{d}$；$FF_3 = \min\{LAG_{3\text{-}5}\} = 0\text{d}$；$FF_2 = \min\{LAG_{2\text{-}4},\ LAG_{2\text{-}5}\} = \min\{0,\ 2\} = 0\text{d}$；$FF_1 = \min\{LAG_{1\text{-}2},\ LAG_{1\text{-}3}\} = \min\{0,\ 0\} = 0\text{d}$。

（7）计算工作的最迟开始时间和最迟完成时间

由式（12-26）和式（12-27）可得各工作的最迟开始时间和最迟完成时间为 $LS_1 = ES_1 + TF_1 = 0\text{d} + 0\text{d} = 0\text{d}$；$LF_1 = EF_1 + TF_1 = 3\text{d} + 0\text{d} = 3\text{d}$；$LS_2 = ES_2 + TF_2 = 3\text{d} + 2\text{d} = 5\text{d}$；$LF_2 = EF_2 + TF_2 = 8\text{d} + 2\text{d} = 10\text{d}$。

同理可得，$LS_3 = 3\text{d}$；$LF_3 = 10\text{d}$；$LS_4 = 12\text{d}$；$LF_4 = 16\text{d}$；$LS_5 = 10\text{d}$；$LF_5 = 16\text{d}$；$LS_6 = 16\text{d}$；$LF_6 = 16\text{d}$。

（8）确定关键工作和关键线路

在该单代号网络图中，总时差最小（等于零）的工作是 A、C、E，即为关键工作。

由工作 A、C、E 组成的线路即为关键线路，所以关键线路为①-③-⑤-⑥。将计算出的时间参数和关键线路标注在网络图中，如图 12-15 所示。

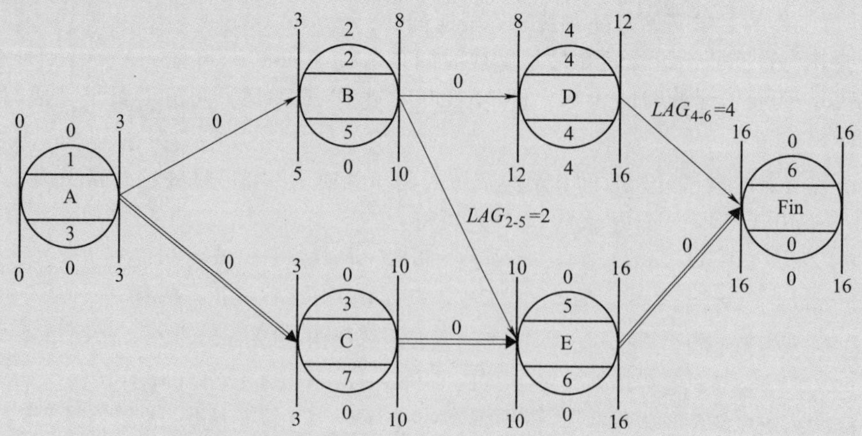

图 12-15　单代号网络图时间参数计算图

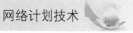

12.5　网络计划优化

12.5.1　工期优化

在建筑工程施工中，初始网络计划虽然以工作顺序关系确定了施工组织的合理关系、各时间参数以及工期，但这仅是网络计划的一个最初方案，一般还需要优化网络计划中的各项参数使之能符合工期要求、资源供应和工程成本最低等约束条件。这不仅取决于各工作在时间上的协调，还取决于劳动力、资源能否合理分配。要做到这些，必须对初始网络计划进行优化。

工期优化也称为时间优化，指的是当初始网络计划的计算工期大于要求工期时，通过压缩关键工作的持续时间或调整工作之间的逻辑关系，以满足要求工期的过程。压缩关键工作的持续时间，即通过对网络计划的某些关键工作采取一定的施工技术和施工组织措施，增加这些工作的资源（如劳动力、材料、机械等）投入，使其工作持续时间缩短，从而压缩关键线路长度，达到缩短计划工期的目的。采用这种方法时，关键工作持续时间缩短后，可能会引起关键线路的变动。因此，每进行一次压缩都应重新计算关键线路，再次进行压缩时，压缩对象应为新的关键线路上的关键工作。另外，调整某些工作间的逻辑关系，把原网络计划中某些前后依次进行的工作调整为平行进行，也可以达到压缩计算工期的目的。

网络计划优化的原理：利用时差，即可以适当改变具有总时差工作的最早开始时间来调整资源参数；利用关键线路，即对关键工作适当增加资源来缩短该关键工作的持续时间，从而达到缩短工期的目的。

采用压缩关键工作持续时间的方法进行工期优化时，可按照以下步骤进行计算：

1）计算并找出初始网络计划的计算工期、关键线路及关键工作。

2）按要求工期计算应缩短的时间。

3）确定各关键工作能缩短的持续时间。

4）选择关键工作，压缩其持续时间，并重新计算网络计划的计算工期。

当计算工期仍超过要求工期时，则重复以上步骤，直到满足工期要求或工期已不能再缩短为止。当所有关键工作的持续时间都达到其能缩短的极限而工期仍不能满足要求时，须对计划的原技术方案、组织方案进行调整或对要求工期重新审定。

选择应缩短持续时间的关键工作宜考虑下列因素：缩短持续时间对质量和安全影响不大的工作，有充足备用资源的工作，缩短持续时间所须增加的费用最少的工作。

12.5.2　资源优化

资源优化是指调整网络计划初始方案的单位资源需求量，使其不超过单位资源或者使之尽可能均衡。根据优化目标的不同，资源优化又分为以下两类：在工期不变的情况下，使单位资源的需求量尽可能均衡；当单位资源有上限时，使单位资源需求量不超过限制的单位资源限量，由此造成的工期延长值尽可能最小。

1.“工期不变，资源均衡”的优化

“工期不变，资源均衡”的优化主要是利用工作的时差，调整工作的开始时间和结束时间，以达到减少高峰期的资源需求量，增加低谷期的资源需求量，使日资源需求量趋于均衡。调整的方法主要有两种：一种是使方差值为最小的方法；另一种是使极差值为最小的方法，也称为削高峰法。下面以削高峰法为例介绍资源均衡的优化方法。

削高峰法是利用时差将高峰的某些工序后移以逐步降低峰值，每次削去高峰的一个资源计量单位，反复进行直到不能再削为止，具体步骤如下：

1）按最早开始时间绘制时标网络计划，计算网络计划每时间单位的资源需求量。

2）确定削峰目标，其值等于每时间单位资源需求量的最大值减一个单位量。找出高峰时段对应的最末时间坐标值 T_h 及有关工作的最早开始时间 ES_{i-j}（或 ES_i）和总时差 TF_{i-j}（或 TF_i）。

3）按以下公式计算有关工作的时间差值：

① 对双代号网络计划：

$$\Delta T_{i-j} = TF_{i-j} - (T_h - ES_{i-j}) \tag{12-28}$$

② 对单代号网络计划：

$$\Delta T_i = TF_i - (T_h - ES_i) \tag{12-29}$$

优先取时间差值最大的工作 i'-j' 为调整对象，令

$$ES_{i'-j'} = T_h \tag{12-30}$$

或

$$ES_{i'} = T_h \tag{12-31}$$

4）当峰值不能再减少时，得到优化方案。否则，重复以上步骤直到符合要求。

2.“资源有限，工期最短”的优化

“资源有限，工期最短”优化的目标是使单位资源需求量小于、接近于或等于单位资源供应量，充分使用限量资源，使总工期尽可能最短。资源限量优化与资源均衡优化的不同之处在于，资源限量优化不仅要调整非关键工序，有时还需要调整关键工序才能实现。

“资源有限，工期最短”优化可以先将进度计划按照时间单位进行分段，然后逐段进行资源检查，当时间单位出现资源需求量 R_t 大于资源限量 R_a 时，应进行计划调整，具体可按下列步骤进行：

1）计算网络计划每个时间单位的资源需求量。

2）从计划开始日期起，逐个检查每个时间单位资源需求量是否超过资源限量，如果在整个工期内所有时间单位均能满足资源限量的要求，则方案编制完成。否则必须进行计划调整，调整的方法如下：

① 分析超过资源限量的时段，按式（12-33）计算 $\Delta D_{m'-n',i'-j'}$ 或按式（12-35）计算 $\Delta D_{m',i'}$，依据计算结果重新安排工作之间的逻辑顺序。

a. 对双代号网络计划：

$$\Delta D_{m-n,i-j} = EF_{m-n} - LS_{i-j} \tag{12-32}$$

$$\Delta D_{m'-n',i'-j'} = \min\{\Delta D_{m-n,i-j}\} \tag{12-33}$$

式中，$\Delta D_{m-n,i-j}$ 是在双代号网络计划资源冲突的各工作中，工作 i-j 安排在工作 m-n 之后进行，工期所延长的时间；$\Delta D_{m'-n',i'-j'}$ 是在双代号网络计划各种拟调整后工作的顺序安排中，最佳顺序安排所对应的工期延长时间的最小值。

b. 对单代号网络计划：

$$\Delta D_{m,i} = EF_m - LS_i \tag{12-34}$$

$$\Delta D_{m',i'} = \min\{\Delta D_{m,i}\} \tag{12-35}$$

式中，$\Delta D_{m,i}$ 是在单代号网络计划资源冲突的各工作中，工作 i-j 安排在工作 m-n 之后进行，工期所延长的时间；$\Delta D_{m',i'}$ 是在单代号网络计划各种拟调整后工作的顺序安排中，最佳顺序安排所对应的工期延长时间的最小值。

② 当最早完成时间 $EF_{m'-n'}$（或 $EF_{m'}$）的最小值和最迟开始时间 $LS_{i'-j'}$（或 $LS_{i'}$）的最大值同属一个工作时，应找出最早完成时间 $EF_{m'-n'}$（或 $EF_{m'}$）值为次小、最迟开始时间 $LS_{i'-j'}$（或 $LS_{i'}$）为次大的工作，分别组成两个顺序方案，再从中选取 $\Delta D_{m'-n',i'-j'}$（或 $\Delta D_{m',i'}$）较小者进行调整。

③ 绘制调整后网络计划，重复上述步骤，直到满足要求。

12.5.3 费用优化

工程网络计划一经确定（工期确定），其所包含的总费用也就确定下来。网络计划所涉及的总费用是由直接费和间接费两部分组成。直接费随工期的缩短而增加；间接费属于管理费范畴，随

工期的缩短而减少。由于直接费随工期缩短而增加，间接费随工期缩短而减少，两者进行叠加，必有一个总费用最少的工期，这就是费用优化所要寻求的目标，如图 12-16 所示。

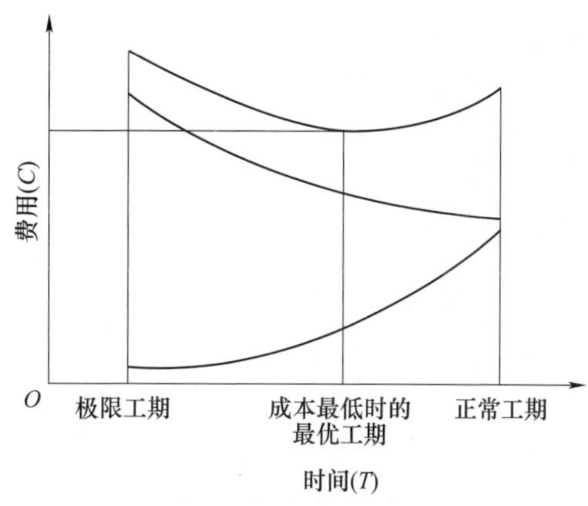

图 12-16　费用-时间曲线

费用优化的基本思想就是不断地从工作的时间和费用关系中找出既能使工期缩短又能使直接费增加最少的工作，缩短其持续时间，同时，还要考虑间接费随工期缩短而减少的情况。把不同工期的直接费与间接费分别叠加，从而求出工程费用最低时相应的最优工期或工期指定时相应的最低工程费用。费用优化的具体步骤如下：

1）按工作正常持续时间找出关键工作及关键线路。

2）按以下公式计算各项工作的费用率。

① 对双代号网络计划：

$$\Delta C_{i\text{-}j} = \frac{CC_{i\text{-}j} - CN_{i\text{-}j}}{DN_{i\text{-}j} - DC_{i\text{-}j}} \tag{12-36}$$

式中，$\Delta C_{i\text{-}j}$是工作 i-j 的费用率；$DN_{i\text{-}j}$是工作 i-j 的正常持续时间；$DC_{i\text{-}j}$是工作 i-j 的最短持续时间；$CN_{i\text{-}j}$是工作 i-j 在正常持续时间下所需要的直接费；$CC_{i\text{-}j}$是工作 i-j 在最短持续时间下所需要的直接费。

② 对单代号网络计划：

$$\Delta C_i = \frac{CC_i - CN_i}{DN_i - DC_i} \tag{12-37}$$

式中，ΔC_i 是工作 i 的费用率；DN_i 是工作 i 的正常持续时间；DC_i 是工作 i 的最短持续时间；CN_i 是工作 i 在正常持续时间下所需要的直接费；CC_i 是工作 i 在最短持续时间下所需要的直接费。

3）在网络计划中找出费用率（或组合费用率）最低的一项关键工作或一组关键工作，作为缩短持续时间的对象。

4）缩短找出的一项关键工作或一组关键工作的持续时间，其缩短值必须符合以下两个原则：不能将缩短的工作压缩成非关键工作；缩短后其持续时间不小于最短持续时间。

5）计算相应增加的总费用 C_i。

6）考虑工期变化带来的间接费及其他损益，在此基础上计算总费用。

7）重复上述 3)~6）步骤，一直计算到总费用最低为止。

例 12-5　某双代号网络图如图 12-17 所示，箭线上方括号外为正常持续时间下的直接费，括号内为最短时间下所需要的直接费（单位：千元），箭线下方括号外为工作正常持续时间，括号内为工作最短时间（单位：d）。试对其进行费用优化。间接费用率为 0.130 千元/d。

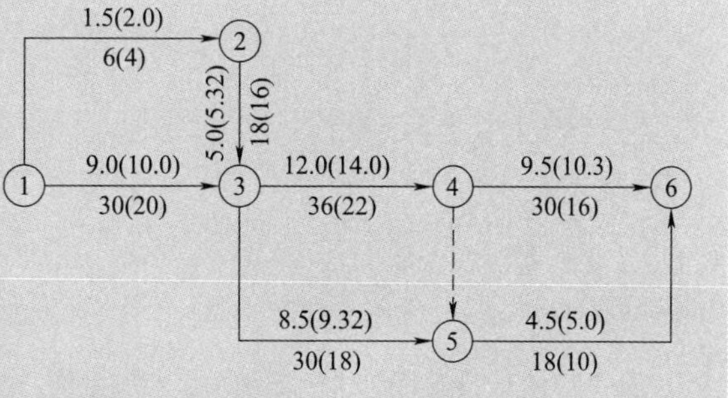

图 12-17　某双代号网络图

解：（1）计算网络计划总直接费

$\sum C = (1.5 + 9.0 + 5.0 + 12.0 + 8.5 + 9.5 + 4.5)$ 千元 $= 50$ 千元

（2）计算各工作的直接费用率（表 12-6）

表 12-6　各工作的直接费用率

工作代号	$(CC_{i\text{-}j}-CN_{i\text{-}j})$/千元	$(DN_{i\text{-}j}-DC_{i\text{-}j})$/d	$\Delta C_{i\text{-}j}$/(千元/d)
1-2	2.0−1.5	6−4	0.250
1-3	10.0−9.0	30−20	0.100
2-3	5.25−5.0	18−16	0.125
3-4	14.0−12.0	36−22	0.143
3-5	9.32−8.5	30−18	0.068
4-6	10.3−9.5	30−16	0.057
5-6	5.0−4.5	18−10	0.062

（3）找关键线路并计算出计算工期

利用节点标号法确定网络图的关键线路并计算出计算工期，如图 12-18 所示。从图 12-18 中可知调整之前关键线路为①-③-④-⑥，计算工期为 96 天。

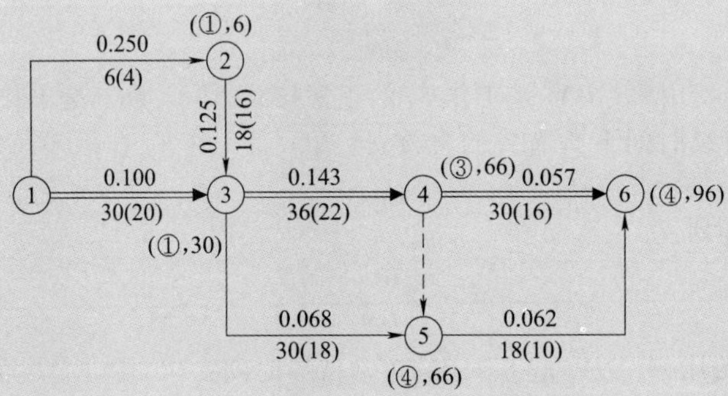

图 12-18　节点标号法确定关键线路

（4）第一次压缩

在关键线路上，工作 4-6 的直接费用率最小，故将其压缩到最短持续时间 16d，压缩后再用标号法找出关键线路为①-③-④-⑤-⑥，如图 12-19 所示。

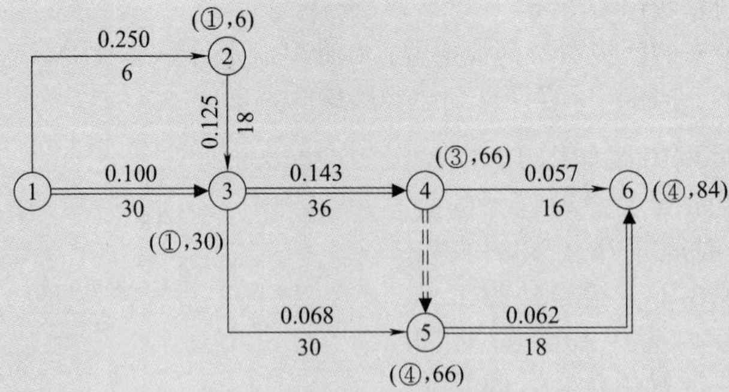

图 12-19　第一次压缩

原关键工作 4-6 变为非关键工作，所以通过试算，将工作 4-6 的工作历时延长到 18d，保证工作 4-6 仍为关键工作，此时关键线路为①-③-④-⑤-⑥和①-③-④-⑥两条，如图 12-20 所示。

在第一次压缩中，压缩后的工期为 84d，压缩工期 12d。直接费用率为 0.057 千元/d，费用率差为（0.057−0.130）千元/d=−0.073 千元/d（负值代表总费用减少）。

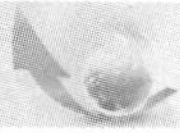

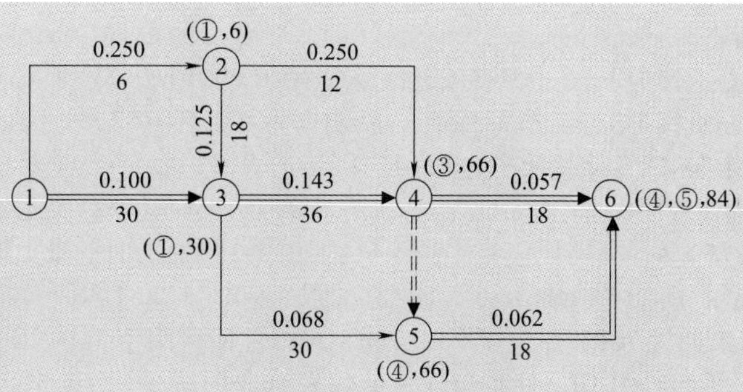

图 12-20　第一次压缩后的调整

（5）第二次压缩

方案 1：压缩工作 1-3，直接费用率为 0. 10 千元/d。

方案 2：压缩工作 3-4，直接费用率为 0. 143 千元/d。

方案 3：同时压缩工作 4-6 和 5-6，组合直接费用率为（0. 057+0. 062）千元/d=0. 119 千元/d。

故选择压缩工作 1-3，将其也压缩到最短历时 20d，此时关键线路为①-②-③-④-⑥和①-②-③-④-⑤-⑥，如图 12-21 所示。

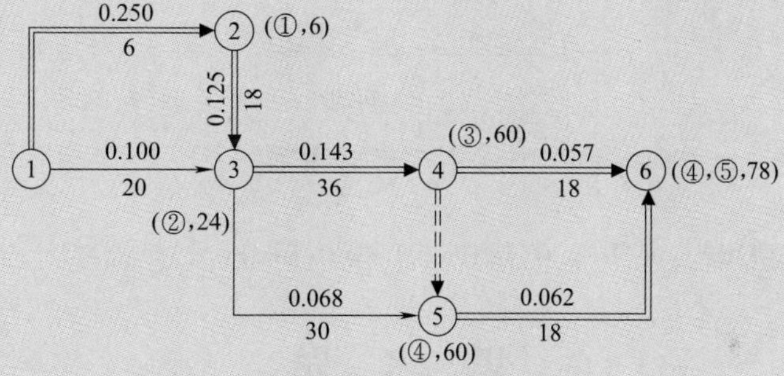

图 12-21　第二次压缩

从图 12-21 中可以看出，工作 1-3 变为非关键工作，通过试算，将工作 1-3 持续时间延长为 24d，保证工作 1-3 仍为关键工作，则关键线路为①-②-③-④-⑥、①-②-③-④-⑤-⑥、①-③-④-⑤-⑥和①-③-④-⑥，如图 12-22 所示。

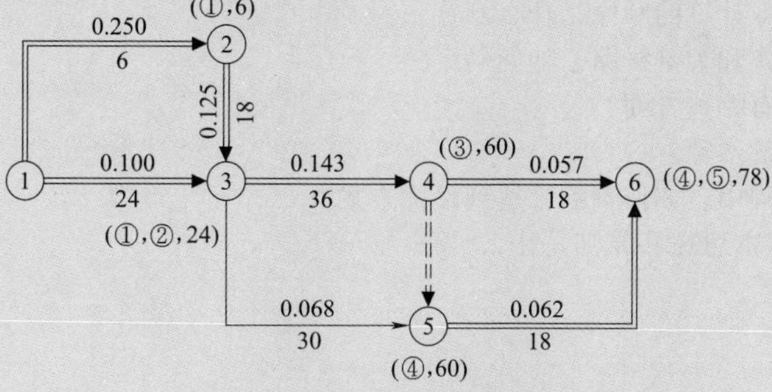

图 12-22　第二次压缩后的调整

第二次压缩后，工期为 78d，压缩了 84d−78d=6d，直接费用率为 0. 100 千元/d，费用率差为（0. 100−0. 130）千元/d=−0. 030 千元/d(负值代表总费用减少)。

（6）第三次压缩

方案 1：同时压缩工作 1-2、工作 1-3，组合费用率为（0. 10+0. 25）千元/d=0. 35 千元/d。

方案 2：同时压缩工作 1-3、工作 2-3，组合费用率为（0. 10+0. 125）千元/d=0. 225 千元/d。

方案 3：压缩工作 3-4，直接费用率为 0. 143 千元/d。

方案 4：同时压缩工作 4-6、工作 5-6，组合费用率为（0. 057+0. 062）千元/d=0. 119 千元/d。

经比较，应采取方案 4，只能压缩到工作 4-6、工作 5-6 最短历时的最大值，即 16d，关键线路仍为①-②-③-④-⑥、①-②-③-④-⑤-⑥、①-③-④-⑤-⑥和①-③-④-⑥，如图 12-23 所示。

第三次压缩后，工期为 76d，压缩了 78d-76d=2d，直接费用率为 0. 119 千元/d，费用率差为（0. 119-0. 130）千元/d=-0. 011 千元/d（负值代表总费用减少）。至此，如果继续压缩，上述方案 1、方案 2 和方案 3 直接费用率均高于间接费用率，费用率差为正值，总费用增加，因此费用最低的优化工期为 76d。

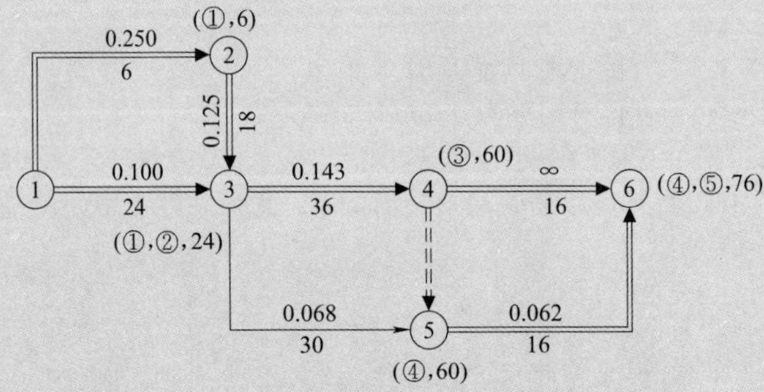

图 12-23　第三次压缩

压缩后的总费用为：（50-0. 073×12-0. 030×6-0. 011×2）千元=48. 922 千元。

思　考　题

1. 简述网络计划技术的优缺点。
2. 双代号网络计划有哪些绘制规则？
3. 单代号网络计划有哪些绘制规则？
4. 网络计划的时间参数有哪些？概念是什么？如何计算？
5. 双代号时间参数计算的顺序是什么？
6. 什么是关键工作和关键线路？如何确定？
7. 网络计划优化有哪些方面？
8. 简述工期优化的步骤。
9. 在费用优化过程中，如何判断已达到最优方案？
10. 费用优化的基本思想和原则是什么？

第 13 章 施工组织设计

学习目标：了解施工组织设计的概念、作用、基本规定和主要内容；掌握施工组织总设计、施工、总体部署和施工总进度计划的主要内容；掌握施工总进度计划、施工总平面图的编制方法；了解单位工程施工组织设计编制的相关内容及方法。

13.1 概述

13.1.1 施工组织设计的概念和作用

施工组织设计是以施工项目为对象编制的，用以指导施工的技术、经济和管理的综合性文件。它主要根据国家或建设单位对拟建工程的要求、施工图和编制施工组织设计的基本原则等方面进行编制，从拟建工程施工全过程中的人力、物力和空间等三个要素着手，在人力与物力、主体与辅助、供应与消耗、生产与储存、专业与协作、使用与维修、空间布置与时间排列等方面进行科学的、合理的部署，为建筑产品生产的节奏性、均衡性和连续性提供最优方案。施工组织设计的作用是对拟建工程施工的全过程实行科学的管理。通过施工组织设计的编制可以做到以下几方面：

1）全面考虑拟建工程的各种具体施工条件，扬长避短，拟订合理的施工方案，确定施工顺序、施工方法、劳动组织和技术经济的组织措施，合理地统筹安排施工进度计划，保证拟建工程按期投产或交付使用。

2）为施工企业实施施工准备工作计划提供依据。

3）为拟建工程的设计方案在经济上的合理性、在技术上的科学性和在实施工程上的可能性进行论证提供依据。

4）为加强建设项目管理，履行合同，保证进度、质量、成本三大控制目标的实现提供依据。

5）为建设单位编制基本建设计划、施工企业编制施工预算和施工计划提供依据。

13.1.2 施工组织设计的分类

1. 按编制时间不同分类

施工组织设计文件的编制时间，是由工程建设程序来决定的。建设项目或单项工程的施工组织总设计是在建设工程前期工作阶段编制的，一般与初步设计或技术设计同步，用于指导建设项目或单项工程的施工总体部署，为工程项目施工招标的组织、发包方式和合同结构的选择等工作提供依据。单位工程和主要分部分项工程的施工组织设计，一般是在施工图设计及审查完成后、工程开工前的施工准备期间进行编制的。从工程施工承包单位的角度，以中标并签订承包合同为界，按照编制时间可将施工组织设计分为投标前的施工组织设计（或技术标书）和中标后的施工组织设计（深化设计）。

（1）投标前的施工组织设计　投标前的施工组织设计（或技术标书）是投标单位在总工程师的主持下，根据招标文件的要求和所提供的工程背景资料，结合本企业的技术与管理特点，考虑投标竞争因素，对工程施工组织与管理提出的具体构想。投标前的施工组织设计的重点内容是技术方案、资源配置、施工程序，以及质量保证和工期进度目标的控制措施等。

（2）中标后的施工组织设计　中标后的施工组织设计一般由施工项目经理主持，组织施工项目经理部技术、质量、预算部门的有关人员，在施工合同评审的基础上，根据施工企业所确定的施工指导方针和项目责任目标要求，编制详细的施工组织设计文件，并按企业内部规定的程序和权限进行审查，批准后报监理工程师审核确认，作为现场施工的组织与计划管理文件，予以贯彻落实。由于施工合同界定的施工任务和范围不同，中标后的施工组织设计的范围应以施工合同为依据，必须在充分理解工程特点、施工内容、合同条件、现场条件和法规条文的基础上进行编制。

2. 按编制对象范围不同分类

按编制对象范围不同，施工组织设计可分为施工组织总设计、单位工程施工组织设计和施工方案三种。

（1）施工组织总设计　施工组织总设计是以若干单位工程组成的群体工程或特大型项目为主要对象编制的施工组织设计，对整个项目的施工过程起统筹规划、重点控制的作用。施工组织总设计一般在初步设计或扩大初步设计被批准之后，由总承包单位的总工程师负责，会同建设、设计和分包单位的工程师共同编制。它也是施工单位编制年度施工计划和单位工程施工组织设计的依据。

（2）单位工程施工组织设计　单位工程施工组织设计是以单位（子单位）工程为主要对象编制的施工组织设计，对单位（子单位）工程的施工过程起指导和制约作用。它是施工单位年度施工计划和施工组织总设计的具体化，内容应详细。单位工程施工组织设计是在施工图设计完成后，由工程项目主管工程师负责编制，可作为编制季度、月度计划和分部分项工程施工组织设计的依据。

（3）施工方案　施工方案是以分部分项工程或专项工程为主要对象编制的施工技术与组织方案，用以具体指导其施工过程。它结合施工单位的月、旬作业计划，把单位工程施工组织设计进一步具体化。一般由单位工程的技术人员负责编制。重点、难点分部分项工程和专项工程施工方案应由施工单位技术部门组织专家评审，施工单位技术负责人批准。

3. 按使用时间长短不同分类

施工组织设计按使用时间长短不同分为长期施工组织设计、年度施工组织设计和季度施工组织设计等三种。

13.1.3　施工组织设计的基本规定

1. 施工组织设计的编制原则

1）符合施工合同或招标文件中有关工程进度、质量、安全、环境保护、造价等方面的要求。

2）积极开发使用新技术和新工艺，推广应用新材料和新设备。

3）坚持科学的施工程序和合理的施工顺序，采取流水施工和网络计划等方法，科学配置资源，合理布置现场，采取季节性施工措施，实现均衡施工，达到合理的经济技术指标。

4）采取技术和管理措施，推广建筑节能和绿色施工。

5）与质量、环境和职业健康安全三个管理体系有效结合。

此外，在施工组织设计时，还应注意做到：充分利用时间和空间、工艺与设备配套优选、最佳技术经济决策、专业化分工与紧密协作相结合、供应与消耗协调、合理安排季节性施工等。

2. 施工组织设计的编制依据

1）与工程建设有关的法律、法规和文件。

2）国家现行有关标准和技术经济指标。

3）工程所在地区行政主管部门批准的文件、建设单位对施工的要求。

4）工程合同或招标投标文件。

5）工程设计文件。

6）工程施工范围内的现场条件，工程地质、水文地质及气象等自然条件。

7）与工程有关的资源供应情况。

8）施工企业的生产能力、机具设备状况、技术水平等。

3. 施工组织设计的内容

施工组织总设计和单位工程施工组织设计的具体内容见 13.1.5 节。

4. 施工组织设计的编制和审批规定

1）施工组织设计应由项目负责人主持编制，可根据需要分阶段编制和审批。

2）施工组织总设计应由总承包单位技术负责人审批；单位工程施工组织设计应由施工单位技术负责人或技术负责人授权的技术人员审批，施工方案应由项目技术负责人审批；重点、难点分部（分项）工程和专项工程的施工方案应由施工单位技术部门组织相关专家评审，施工单位技术负责人批准。

3）由专业承包单位施工的分部（分项）工程或专项工程的施工方案，应由专业承包单位技术负责人或技术负责人授权的技术人员审批；当有总承包单位时，应由总承包单位项目技术负责人核准备案。

4）规模较大的分部（分项）工程和专项工程的施工方案应按单位工程施工组织设计进行编制和审批。

5. 施工组织设计实行动态管理所应符合的规定

1）项目施工过程中，发生以下情况之一时，施工组织设计应及时进行修改或补充：工程设计有重大修改；有关法律、法规、规范和标准实施、修订和废止；主要施工方法有重大调整；主要施工资源配置有重大调整；施工环境有重大改变。

2）经修改或补充的施工组织设计应重新审批后再实施。

3）项目施工前，应进行施工组织设计逐级交底；项目施工过程中，应对施工组织设计的执行情况进行检查、分析并适时调整。

6. 施工组织设计归档

施工组织设计是一份十分重要的工程资料，应该在工程竣工验收后归档。

13.1.4　施工组织设计的检查、执行要点与调整

施工组织设计的编制，为实施拟建工程项目的生产提供了一个可行的方案。这个方案的经济效果必须通过实践去验证。施工组织设计贯彻的实质，就是把一个静态平衡方案，放到不断变化的施工过程中，考核其效果和检查其优劣的过程，以达到预定的目标。所以施工组织设计的意义是深远的。

1. 施工组织设计的检查

在不同施工阶段执行施工组织设计之前需要对主要指标完成情况、施工总平面图的合理性等内容进行检查。

（1）主要指标完成情况的检查　施工组织设计主要指标的检查一般采用比较法，即把各项主要指标的完成情况同计划规定的指标的完成情况相对比。检查的内容包括工程进度、工程质量、材料消耗、机械使用和成本费用等。把主要指标数额检查同其相应的施工内容、施工方法和施工进度的检查结合起来，以便发现问题，为进一步分析原因提供依据。

（2）施工总平面图合理性的检查　施工总平面图合理性包括：按规定建造临时设施，敷设管网和运输道路，合理地存放机具，堆放材料；施工现场要符合文明施工的要求；施工现场的局部断电、断水、断路等，必须事先得到有关部门批准；施工的每个阶段都要有相应的施工总平面图；施工总平面图的任何改变都必须得到有关部门批准。如果发现施工总平面图存在不合理之处，要及时制订改进方案，报请有关部门批准，不断地满足施工进展的需要。

2. 施工组织设计的执行要点

为了保证施工组织设计的顺利实施，施工组织设计执行中应做好以下几个方面的工作：

（1）做好施工组织设计交底　在开工前要召开各级生产、技术会议，对经过审批的施工组织设计逐级进行交底；详细地讲解其内容、要求、施工的关键与保证措施，组织群众广泛讨论；拟

定完成任务的技术组织措施，责成计划部门制订出切实可行的和严密的施工计划；责成技术部门制定科学合理的、具体的技术实施细则，保证施工组织设计的贯彻执行。

（2）制定各项管理制度　施工组织设计贯彻的顺利与否，主要取决于施工企业的管理素质、技术素质及经营管理水平，而体现企业素质和水平的标志在于企业各项管理制度的健全与否。实践经验证明，只有施工企业有了科学的、健全的管理制度，企业的正常生产秩序才能维持，才能保证施工组织设计的顺利实施。

（3）推行技术经济承包制度　推行技术经济承包制度，开展劳动竞赛，把施工过程中的技术经济责任同职工的物质利益结合起来。例如，开展全优工程竞赛，推行全优工程综合奖、节约材料奖和技术进步奖等。这些对于全面贯彻施工组织设计是十分必要的。

（4）统筹安排及综合平衡　施工过程中的任何平衡都是暂时的和相对的，平衡中必然存在不平衡的因素，要及时分析和研究这些不平衡因素，不断地进行施工条件的综合平衡和各专业工种的综合平衡，进一步完善施工组织设计，保证施工的节奏性、均衡性和连续性。

（5）切实做好施工准备工作　施工准备工作是保证施工均衡性和连续性的重要前提，也是顺利地贯彻施工组织设计的重要保证。拟建工程项目不仅在开工之前要做好施工准备工作，在施工过程中的不同阶段也要做好相应的准备工作，这对于施工组织设计的贯彻执行是非常重要的。

3. 施工组织设计的调整

根据施工组织设计的执行情况、检查中发现的问题及其产生的原因，拟订改进措施或方案，对施工组织设计的有关部分或指标逐项进行调整，对施工总平面图进行修改，使施工组织设计在新的基础上实现新的平衡。

在项目管理的过程中，施工组织设计的贯彻、检查和调整是一项经常性的工作，必须随施工的进展情况，根据反馈信息及时地进行，并贯穿拟建工程项目施工过程的始终。

施工组织设计的贯彻、检查、调整的程序如图 13-1 所示。

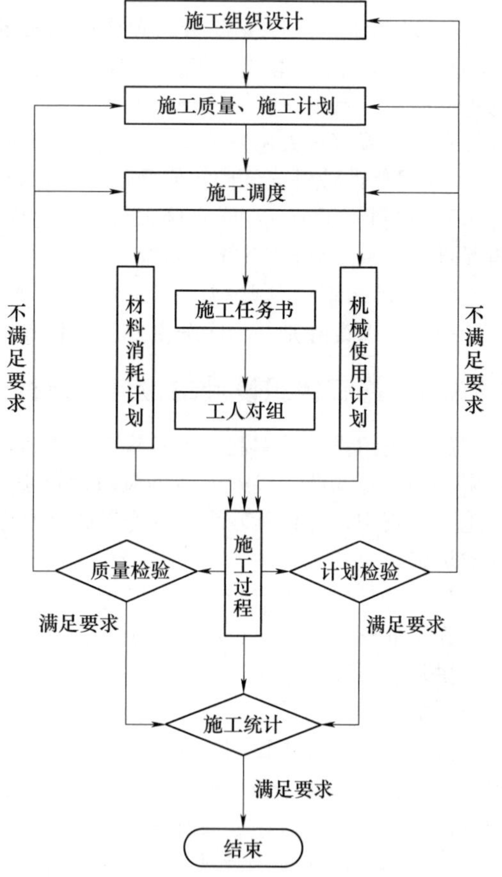

图 13-1　施工组织设计的贯彻、检查、调整的程序

13.1.5　施工组织设计的主要内容

施工组织设计编制的主要内容应根据具体工程的施工范围、复杂程度和管理要求进行确定。施工组织设计文件应起到指导施工部署和各项作业技术活动的作用，对施工过程可能遇到的问题和难点有缜密的分析和对策措施，具有针对性、可行性、实用性和经济合理性。

1. 施工组织总设计的内容

（1）工程概况及施工条件分析

1）工程概况包括以下内容：工程的性质、规模；建设单位、设计单位、监理单位；功能和用途、生产工艺概要（工业项目）；项目的系统构成；建设概算总投资、主要建筑安装工程量、建设工期目标；规划建筑设计特点；主要工程结构类型；设备系统的配置与性能等。

2）施工条件分析主要包括以下内容：

① 施工合同条件，如开、竣工时间目标，工程质量标准及验收办法，工程款支付与结算方式，工期及质量责任的承担与奖罚办法等。

② 现场条件，如水文地质及气象条件，周围地上和地下建筑物、构筑物、道路管线等情况及保护要求与措施，场外道路交通、物料运输条件，施工期间可临时利用的建筑物、构筑物及设施，需要拆除和搬迁的障碍物和树木，施工临时供电、供水、排水、排污条件等。

③ 法规条件，如施工噪声控制、渣土运输与堆放的限制、交通管制、消防保安要求、环境保护与建设公害防治的法律规定等。

（2）施工总体部署　施工总体部署是一种战略性的施工程序及施工展开方式的总体构想。它包括：工程项目分期分批实施的系统划分，各期施工项目的组成；施工区段的划分和流向顺序的安排；施工管理组织系统、合同结构和施工队伍相互关系与协调方式；施工阶段的划分和各阶段的任务目标；开工前的施工准备工作；施工交叉、穿插和衔接关系及其工作界面的划分要求；配合主要施工项目所需要的技术攻关、技术论证，试验分析的相关工作的安排；施工技术物资，包括特种施工机械设备、装置及主要材料、构配件、工程用品等的采购、加工和运输工具的落实等。总之，通过施工总体部署的描述，阐明施工条件的创造和施工展开的战略运筹思路，使之成为全部施工活动的基本纲领。

（3）施工总进度计划　施工总进度计划是指施工组织设计范围内全部施工项目的施工顺序及其进程的时间计划，包括工程交工或动用的计划日期，各主要单位工程的先后施工顺序及其相互交叉搭接关系，建设总工期，主要单位工程施工工期，是指导各项分进度计划和物资供应计划的依据。

（4）主要施工机械设备及设施配置计划　在施工组织总设计中，要根据工程的特点、实物工程量和施工进度的要求，做好主要施工机械设备及各类设施配置的计划安排，包括各阶段施工机械设备的类型、需要数量的确定，施工现场供电、供水、供热等需要量的测算及配置方案，工地材料物资堆场及仓库面积的确定与安排，现场办公、生活等所需要临时房屋的数量及配置、搭设方案，还包括施工现场临时道路及围墙的修建等，集中统一解决全场性施工设施的配置问题。

（5）施工总平面图　工程施工对象用地范围内的现场平面布置图，称为施工总平面图。在施工总平面图上，用规定比例和专用图例，标志出一切地上、地下已有和拟建的建筑物、构筑物及其他设施的位置和尺寸；标志出施工临时道路，临时供水、供电、供热、供气管线；仓库堆场、现场行政办公及生产和生活服务设施；永久性测量放线标桩等的位置。

2. 单位工程施工组织设计的内容

单位工程施工组织设计是指导具体施工作业活动，实施质量、工期、成本和安全目标控制的直接依据。在工程实践中，其基本内容概括为工程概况及施工条件分析、施工方案、施工进度计划、施工平面图、施工预算、施工措施。单位工程施工组织设计的内容如图13-2所示。

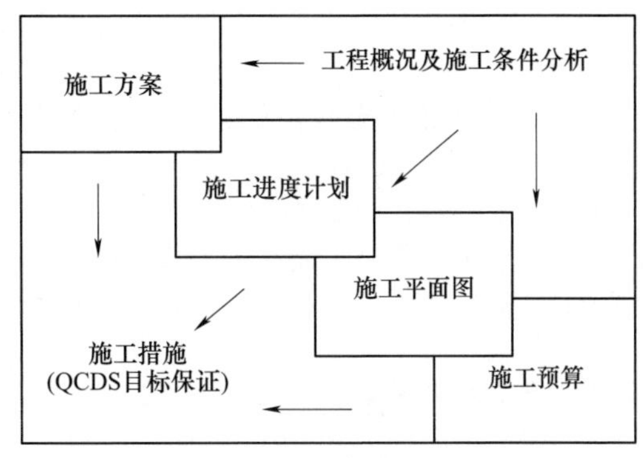

图13-2　单位工程施工组织设计的内容

（1）工程概况及施工条件分析　工程概况是对单位工程的建筑、结构、装修、设备系统的设计规格、特点、性质、用途等进行简明描述，主要包括施工项目的名称、性质、规模、结构类型、建筑特点、参与单位等信息。施工条件分析除了具体描述单位工程的施工合同条件、现场条件和相关法规条件外，还要进一步分析履行合同风险，实施目标控制的重点和难点、有利和不利因素等。

（2）施工方案　施工方案是单位工程施工组织设计的核心，对于施工工艺的选择、机械设备的布局、施工流向和顺序等的确定、劳动力的组织安排和施工目标的控制起决定性作用。施工方案包括施工技术方案和施工组织方案两个方面。

1）施工技术方案。它着重解决施工工艺、方法、手段。例如，高层建筑施工常用的大模板、滑升模板、爬升模板施工工艺等，大型深基础施工常用的轻型井点、喷射井点等降低地下水的方法，深层水泥搅拌桩、连续墙、拉伸钢板桩等进行基坑围护的方法，土石方施工机械、泵送混凝土设备、垂直运输机械、工具式钢管脚手架等施工手段的配置问题等，均要通过施工技术方案的系统研究做出选择决定。

2）施工组织方案。它是为有效提高技术方案的具体实施效率和应用效果而进行的施工区段划分，作业流程和流向的设计，劳动力的组织安排及其工作方式的确定等。

一个完整的施工方案应该将技术方案和组织方案很好地结合起来，达到技术先进合理，经济适用，安全可靠。施工方案除了用文字做出说明外，通常还根据需要使用一些工作原理简图、施工顺序框图、作业要领示意图等来直观明确地表达。

（3）施工进度计划　单位工程施工进度计划包括时间计划，劳动力、主要建筑材料、构配件、施工机械设备、模板、脚手架等资源计划，主要内容有计划工期目标的确定、施工作业活动顺序和流向的安排、工艺逻辑和组织逻辑的优化选择、各项施工作业持续时间、资源配置等。归纳起来说，关键有两点：一是计划工期必须符合施工组织总设计规定的目标或施工合同规定的工期；二是进度计划必须建立在物质保证的基础上，满足施工人、财、物的供应要求。

（4）施工平面图　单位工程施工平面图大致可以分为以下两部分内容：一是在整个施工期间为生产服务、相对位置固定、不宜多次搬移的设施，如施工临时道路、供水和供电管线、仓库加工棚、临时办公房屋等；二是随着各阶段施工内容的不同采取相应动态变化的布置方案，如基础阶段、结构阶段、装修阶段，各有侧重点。因此，单位工程施工平面图往往也习惯分为单位工程施工总平面图和单位工程阶段性施工平面图。前者着重解决一次固定后不再搬移的设施布置问题，并对各阶段性施工平面图的空间规划提供指导；后者则主要突出阶段性施工材料、物资、机械设备、工器具的布置。当然，随着主体结构施工的进展，逐步形成多层次的立体平面空间，为后期建筑装修和设备安装创造了立体空间条件。

（5）施工预算　施工预算是根据经济合理的施工方案及施工单位自己的施工定额编制的现场施工计划成本文件，为施工资源的配置和消耗提供依据。一旦施工预算按工程部位和成本要素划分明确，则单位工程在施工中的材料采购、机械设备租赁、劳务分包等，均可按照施工预算的标准，利用市场竞争机制进行询价和采购，择优而用，并应按照施工预算进行限额领料、签发作业任务单、核算消耗和效率。在实际施工过程中，大多将施工预算单独编制，独立于单位工程施工组织设计文件。

（6）施工措施　施工措施是指为贯彻落实施工方案、进度计划、施工平面图和预算成本目标，从技术、安全、质量、经济、组织、管理、合约（分包及采购等施工所必需的合同）等方面提出有针对性的、可操作的要求，用文字和必要的图表进行描述，以便于现场管理者和作业人员理解和掌握要领，使得质量、成本、工期、安全目标处于预控和过程受控状态，故也称之为 QCDS 目标保证措施。除此以外，还有针对专项工程的冬雨期施工措施。

13.2　施工组织总设计

施工组织总设计是以整个建设项目或建筑群体为编制对象，根据初步设计或扩大初步设计图、其他相关资料、现场条件来编制，用以指导整个施工现场各项施工准备和组织施工活动的技术经济文件。施工组织总设计为整个项目的施工做出全面的战略部署，进行全场性的施工准备工作，并为整个工程的施工建立必要的施工条件、组织施工力量和技术、保证物资资源供应、进行现场生产与临时生活设施规划，同时为建设单位编制工程建设计划、施工企业编制施工计划和单位工

程施工组织设计提供依据。它对整个建设项目实现科学管理、文明施工和取得良好的综合经济效益具有决定性的影响。

13.2.1　施工组织总设计概述

1. 施工组织总设计的编制依据

为保证施工组织总设计的编制工作顺利进行并提高工程质量，使设计文件更能结合工程实际情况，更好地发挥施工组织总设计的作用，在编制施工组织总设计时，应具备以下资料：

1）计划文件及相关合同，包括政府批准的建设计划、可行性研究报告、工程项目一览表、分期分批施工项目、投资计划、政府批文、招标投标文件及签订的工程承包合同、材料和设备的订货合同等。

2）设计文件及有关规定，包括初步设计、扩大初步设计或技术设计的相关图样、说明书，建筑总平面图，建筑竖向设计，总概算或修正概算等。

3）工程勘察和原始资料。

4）现行规范规程和有关技术标准。

5）类似工程的施工组织总设计和有关参考资料。

2. 施工组织总设计的编制内容

施工组织总设计的编制内容包括工程概况、施工总体部署、施工总进度计划、总体施工准备与主要资源配置、主要施工方法、施工总平面图。

3. 施工组织总设计的编制程序

施工组织总设计的编制程序如图 13-3 所示。

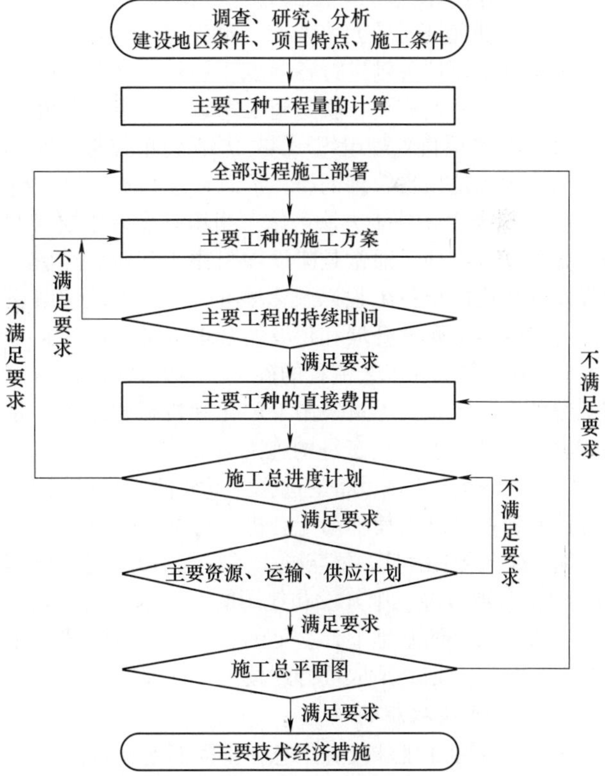

图 13-3　施工组织总设计的编制程序

13.2.2　工程概况

工程概况应包括项目主要情况和项目主要施工条件等。

1. 项目主要情况

项目主要情况应包括下列内容：

1）项目名称、性质、地理位置和建设规模。

2）项目的建设、勘察、设计和监理等相关单位的情况。

3）项目设计概况。

4）项目承包范围及主要分包工程范围。

5）施工合同或招标文件对项目施工的重点要求。

6）其他应说明的情况。

2. 项目主要施工条件

项目主要施工条件应包括下列内容。

1）项目建设地点气象状况。

2）项目施工区域地形和工程水文地质状况。

3）项目施工区域地上、地下管线及相邻的地上、地下建（构）筑物情况。

4）与项目施工有关的道路、河流等状况。

5）当地建筑材料、设备供应和交通运输等服务能力状况。

6）当地供电、供水、供热和通信能力状况。

7）其他与施工有关的主要因素。

13.2.3 施工总体部署

施工总体部署是对项目实施过程做出的统筹规划和全面安排，包括项目施工主要目标、施工顺序及空间组织、施工组织安排等。它主要解决工程施工中的重大战略问题，是施工组织总设计的核心，也是编制施工总进度计划、设计施工总平面图以及各种供应计划的基础。施工部署正确与否，是建设项目进度、质量和成本三大目标能否实现的关键。

1. 施工总体部署的主要内容

（1）确定施工总目标　施工总目标应根据合同目标或施工组织纲要确定的目标确定，并根据单项工程或单位工程进行分解以具体确定，做到积极可靠。

（2）确定项目分阶段交付的计划　分阶段就是把工程项目划分为可以相对独立交付使用或投产的子系统，在保证施工总目标的前提下，实行分期分批建设，既可以使各子项目迅速建成，尽早投入使用，又可以在全局上实现施工的连续性和均衡性，减少暂设工程数量，降低工程成本。例如，大型工业项目可以划分为主体生产系统、辅助生产系统、附属生产系统；住宅小区可以划分为居住建筑、服务性建筑、附属性建筑。

（3）确定项目分阶段（期）施工的合理顺序及空间组织　根据项目分阶段交付的计划，合理地确定每个单位工程的开竣工时间，划分各参与施工单位的工作任务，明确各单位之间的分工与协作关系，确定综合的和专业的施工组织，保证先后投产或交付使用的系统都能正常运行。

（4）分析施工的重点和难点　确定施工的合理顺序及空间组织以后，要具体分析施工的重点和难点，以便抓住关键进行各项施工组织总体设计。所谓重点，就是对总目标的实现起重要作用的施工对象；所谓难点，就是施工实施技术难度和组织难度大的、消耗时间和资源多的施工对象。

（5）明确项目管理组织形式　总承包单位根据项目的规模、复杂程度、专业特点、人员特点和地域范围确定项目管理的组织形式，绘制施工组织结构体系框图。

（6）确定主要施工方法　施工组织总设计中要拟订一些主要工程项目和特殊分项工程项目的施工方案。这些项目通常是建设项目中工程量大、施工难度大、工期长，在整个建设项目中起关键控制性作用的单位工程以及影响全局的特殊分项工程。其目的是进行技术和资源的准备工作，同时也确保施工顺利开展和现场的合理布置。其主要内容包括以下几个方面：

1）施工方法和工艺流程的确定，要兼顾技术上的先进性和经济上的合理性，兼顾各工种和各施工段的合理搭接，尽量采用工厂化和机械化施工，重点解决单项工程中的关键分部工程（如深基坑支护工程）和主要工种的施工方法。

2）主要施工机械设备的选择，既要使主导机械满足工程需要，发挥效能，在各个工程上实现综合流水作业，又要使辅助配套机械与主导机械相适应。

3）划分施工段时，要兼顾工程量与资源的合理安排，以利于连续施工。

（7）对项目施工中开发和使用的新技术、新工艺做出部署　开发和使用新技术应在现有技术水平和管理水平的基础上，立足创新，以住房和城乡建设部（或其他相关行业）推行的各项新技术为纲要进行策划，采取可行的技术、管理措施，满足工期和质量等要求。

2. 工程开展程序的确定

工程开展程序既涉及施工总体部署问题，也涉及施工方法，应确立以下指导思想：

1）在满足合同工期要求的前提下，分期分批施工。合同工期是施工的时间总目标，不能随意改变。有些工程在编制施工组织总设计时没有签订合同，则其应保证总工期控制在定额工期之内。在这个大前提下，再进行合理的分期分批施工及合理搭接。例如，施工工期长的、技术复杂的、施工困难多的工程，应提前安排施工；急需使用的和关键的工程应先期施工和交工；应提前施工

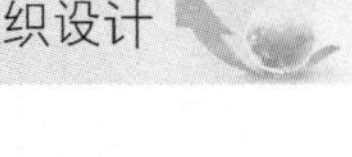

和交工可供施工使用的永久性工程和公用基础设施工程（包括：水源及供水设施、排水干线、铁路专用线、卸货台、输电线路、配电变压所、交通道路等）；按生产工艺要求起主导作用或须先期投入生产的工程应优先安排；在生产上应先期使用的机修、车库、办公楼及家属宿舍等工程应提前施工和交工。

2）一般应按先地下、后地上，先深、后浅，先干线、后支线的原则进行安排；路下的管线先施工，然后筑路。

3）安排施工程序时要注意工程的配套交工，使建成的工程能迅速投入生产或交付使用，尽早发挥该部分的投资效益。这点对于工业建设项目尤其重要。

4）在安排施工程序时还应注意使已完工程的生产或使用与在建工程的施工互不妨碍，使生产、施工两方便。

5）施工程序应当与各类物资及技术条件供应相协调，与合理利用这些资源相协调，以促进均衡施工。

6）施工程序必须注意季节的影响，应把不利于某季节施工的工程，提前到该季节来临之前或推迟到该季节终了之后施工，但应注意这样安排以后能保证质量、不延长工期。大规模土方工程和深基础土方施工，一般要避开雨期；寒冷地区的房屋施工尽量在入冬前封闭，以便在冬季可进行室内作业和设备安装。

7）选择大型机械时应注意其可行性、适用性及经济合理性，即可以得到的机械，技术性能满足使用要求并能充分发挥效能，节省使用费用。大型机械应能进行综合流水作业，在同一个项目中应减少其装、拆、运的次数。辅机的选择应与主机配套。

8）主要工种的施工应尽量采用预制化和机械化方法，即能在工厂或现场预制，或在市场上可以采购到成品的，不在现场制造。能采用机械施工的应尽量不进行人工作业。

3. 明确施工任务划分与组织安排

施工准备工作是顺利完成项目建设任务的保证和前提。必须从思想、组织、技术和物资供应等方面做好充分准备，并做好全场性的施工准备工作计划。其主要内容包括以下几个方面：

1）安排好场内外运输、施工用主干道、水电来源及其引入方案。

2）安排好场地平整方案和全场性的排水、防洪措施。

3）安排好生产、生活基地，在充分掌握该地区情况和施工单位情况的基础上，规划混凝土构件预制，钢、木结构制品及其他构配件的加工基地及职工生活基地等。

4）安排好各种材料堆场、库房用地、材料货源供应及运输。

5）安排好冬雨期施工的准备工作。

6）安排好场区内的宣传标志，为测量放线做准备。

7）编制新工艺、新结构、新技术与新材料的试制试验计划和培训计划。

4. 拟订主要项目的施工方案

施工组织总设计中要拟订一些主要工程项目和特殊分项工程项目的施工方案。这些项目通常是建设项目中工程量大、施工难度大、工期长，在整个建设项目中起关键控制性作用的单位工程以及影响全局的特殊分项工程。拟订主要项目的施工方案的目的是进行技术和资源的准备工作，同时也确保施工顺利开展和现场的合理布置。其主要内容包括以下几个方面：

1）施工方法和工艺流程的确定，要兼顾技术上的先进性和经济上的合理性，兼顾各工种和各施工段的合理搭接，尽量采用工厂化和机械化施工，重点解决单项工程中的关键分部工程（如深基坑支护工程）和主要工种的施工方法。

2）主要施工机械设备的选择，既要使主导机械满足工程需要，发挥其效能，在各个工程上实现综合流水作业，又要使辅助配套机械与主导机械相适应。

3）划分施工段时，要兼顾工程量与资源的合理安排，以利于连续施工。

13.2.4 施工总进度计划

施工总进度计划是以拟建工程项目交付使用的时间为目标而确定的控制性施工进度计划，是施工组织总设计的中心工作，也是施工部署在时间上的体现，是控制整个建设项目的施工工期及其各单位工程期限和相互搭接关系的依据。正确编制施工总进度计划是保证各个系统以及整个建设项目如期交付使用、充分发挥投资效益、降低建筑工程成本的重要条件。施工总进度计划一般按下述步骤进行编制：

1. 列出工程项目一览表并计算工程量

施工总进度计划主要起控制总工期的作用，因此在列工程项目一览表时，项目划分不宜过细。通常按分期分批投产顺序和工程开展程序列出工程项目，并突出每个交工系统中的主要工程项目。一些附属项目、辅助工程及临时设施可以合并列出。

根据批准的总承建工程项目一览表，按工程的开展程序和单位工程计算主要实物工程量。此时，计算工程量的目的是选择施工方案和主要的施工运输机械，初步规划主要施工过程的流水施工，估算各项目的完成时间，计算人工及技术物资的需要量。因此，这些工程量只需粗略地计算即可。

可按初步（或扩大初步）设计图样并根据各种定额手册进行计算工程量，计算内容如下：

1）万元、十万元投资工程量的人工及材料消耗扩大指标。这种定额规定了某一种结构类型建筑每一万元或每十万元投资中人工和主要材料消耗量。根据图样中的结构类型，即可估算出拟建工程项目需要的人工和主要材料消耗量。

2）概算指标或扩大结构定额。这两种定额都是预算定额的进一步扩大（概算指标以建筑物的每 100m^3 体积为单位，扩大结构定额以建筑物的每 100m^2 建筑面积为单位）。查定额时，分别按建筑物的结构类型、跨度、高度等信息，查出该建筑物按拟定单位所需要的人工和各项主要材料消耗量，从而推算出拟建工程项目所需要的人工和材料消耗量。

3）已建房屋、构筑物的资料。在缺少定额手册的情况下，可通过已建类似工程的实际材料、人工消耗量，按比例估算。但是由于和拟建工程完全相同的已建工程毕竟是少见的，因此在利用已建工程的资料时，一般都应进行必要的调整。

除建设项目本身外，还必须计算主要的全工地性工程的工程量，如地下管线长度、场地平整面积等，这些数据可以从建筑总平面图上求得。

将按上述方法计算出的工程量填入统一的工程项目一览表中（表 13-1）。

表 13-1 工程项目一览表

工程分类	工程项目名称	结构类型	建筑面积	幢数	概算投资	主要实物工程量									
						场地平整	土方工程	铁路铺设	道路	地下管线敷设	……	砖石工程	……	装饰工程	……
全工地性工程															
主体项目															
辅助项目															
临时建筑															
……															
合计															

2. 确定各单位工程的施工期限

影响单位工程施工期限的因素很多，如施工技术、施工方法、建筑类型、结构特征、施工管理水平、机械化程度、人工和材料供应情况、现场地形地质条件、气候条件等。各施工单位应根据具体条件对各影响因素进行综合考虑，确定工期的长短。此外，也可参考有关的工期定额来确定各单位工程的施工期限。

3. 确定各单位工程的开工时间、竣工时间和相互搭接关系

在确定了施工期限、施工程序和各系统的控制期限后，就需要具体确定每一个单位工程的开工时间、竣工时间了。在对各单位工程的工期进行分析之后，应考虑下列因素以确定开工时间、竣工时间以及相互搭接关系。

1）保证重点，兼顾一般。在安排进度时，要分清主次，抓住重点，同一时期进行的项目不宜过多，以免分散有限的人力、物力。

2）满足连续性、均衡性施工的要求。尽量使人工、材料和施工机械的消耗量在施工全过程中均衡，减少高峰或低谷期的出现，以利于人工的调度和材料供应，同时组织好流水作业，尽量保证各施工段能同时进行作业，达到施工的连续性，以避免施工段的闲置。

3）要满足生产工艺要求，合理安排各个建筑物的施工顺序，以缩短建设周期，尽快发挥投资效益。

4）分期分批建设，发挥最大效益。在第一期工程投产的同时，安排好第二期以及后期工程的施工，在有限条件下，保证第一期工程早投产，加快后期工程的施工进度。

5）认真考虑施工总平面图的空间关系。应在满足有关规范要求的前提下，使各拟建临时设施布置尽量紧凑，节省占地面积。

6）认真考虑各种条件限制。在考虑各单位工程开工时间、竣工时间和相互搭接关系时，还应考虑现场条件、施工力量、物资供应、机械化程度、设计单位提供图样等资料的时间、投资等的情况，以及季节、环境的影响。总之，全面考虑各种因素，对各单位工程的开工时间和施工顺序进行合理调整。

4. 安排施工进度

施工总进度计划可用横道图或网络图表达。由于施工总进度计划只是起控制性作用，且施工条件复杂，因此项目划分不必过细。常用的施工总进度计划表见表 13-2。

表 13-2　常用的施工总进度计划表

序号	工程项目名称	结构类型	工程量	建筑面积	总劳动力量	施工进度											
						第一年				第二年				第三年			
						1	2	3	4	1	2	3	4	1	2	3	4

施工总进度计划完成后，把各项工程的工作量加在一起，即可确定某段时间建设项目总工作量的大小。

5. 施工总进度计划的调整和修正

施工总进度计划表绘制完成后，将同一时期各项工程的工作量加在一起，用一定的比例画在施工总进度计划的底部，即可得到建设项目工作量的动态曲线。若曲线上存在较大的高峰或低谷，则表明在该时间段各种资源的需要量变化较大，需要调整一些单位工程的施工速度、开工时间、竣工时间，以便消除高峰或低谷，使各个时期的工作量尽可能达到均衡。

在编制了各个单位工程的施工进度后，有时也需要对施工总进度计划进行必要的调整；在实施过程中，也应随着施工的进展及时进行必要的调整；对于跨年度的建设项目，还应根据年度国家基本建设投资情况，对施工进度计划予以调整。

13.2.5　总体施工准备与主要资源配置计划

1. 总体施工准备的内容

总体施工准备包括技术准备、现场准备和资金准备。各项准备应当满足项目分阶段（分期）施工的需要，因此要根据施工开展顺序和主要施工项目施工方法编制总体施工准备工作计划。

1）技术准备包括施工过程所需要技术资料的准备、施工组织总设计编制、施工方案编制计划、试验检验及设备调试工作计划。

2）现场准备包括现场生产、生活等临时设施准备，如临时生产用房、临时生活用房、临时道路规划、材料堆放场规划、临时供水计划、临时供电计划、临时供热与供气计划。

3）资金准备主要指根据施工总进度计划编制资金使用计划。

4）编制主要资源配置计划。

2. 主要资源配置计划的内容

主要资源配置计划包括劳动力配置计划和物资配置计划。

（1）劳动力配置计划　劳动力配置计划包括确定各施工阶段（施工期）的总用工量、根据施工总进度确定各施工阶段（施工期）的劳动力配置计划。劳动力配置计划应按照各工程项目的工程量和总进度计划，参考有关资料［如概（预）算定额］编制。该计划可减少劳务作业人员不必要的进场、退场，避免窝工。

（2）物资配置计划　物资配置计划包括根据施工总进度计划确定主要工程材料和设备的配置计划、根据施工总体部署和施工总进度计划确定主要施工周转材料和施工机具的配置计划。物资配置计划根据施工总体部署和施工总进度计划确定主要物资的计划总量及进场、退场时间，作为物资进场、退场的依据，保证施工顺利进行并降低工程成本。

3. 主要资源配置计划的编制

（1）综合劳动力和主要工种劳动力计划　劳动力需要量计划是规划临时设施和组织劳动力进场的依据。编制时首先根据工程项目一览表中分别列出的各个建筑物的主要实物工程量，查预算定额或有关资料，得到各个建筑物主要工种的劳动量，再根据施工总进度计划表各单位工程分工种的持续时间，得到某单位工程在某段时间内的平均劳动力数。按同样方法可计算出各个建筑物各主要工种在各个时期的平均劳动力数。将各单位工程所需要的主要劳动力汇总，即可得到整个建设项目劳动力需要量计划，填入指定的劳动力需要量汇总表中（表13-3）。

表13-3　建设项目施工劳动力需要量汇总表

<table>
<tr><th rowspan="3">序号</th><th rowspan="3">工程名称</th><th rowspan="3">劳动量/工日</th><th colspan="5">全工地性工程</th><th colspan="3">生活设施</th><th rowspan="3">暂设工程</th><th colspan="8">用工时间</th></tr>
<tr><th rowspan="2">主厂房</th><th rowspan="2">辅助车间</th><th rowspan="2">道路</th><th rowspan="2">铁路</th><th rowspan="2">给水排水管道</th><th rowspan="2">电气工程</th><th rowspan="2">永久性住宅</th><th rowspan="2">临时性住宅</th><th colspan="4">××××年</th><th colspan="4">××××年</th></tr>
<tr><th>1</th><th>2</th><th>3</th><th>4</th><th>1</th><th>2</th><th>3</th><th>4</th></tr>
<tr><td>1</td><td>木工</td><td></td><td></td><td></td><td></td><td></td><td></td><td></td><td></td><td></td><td></td><td></td><td></td><td></td><td></td><td></td><td></td><td></td><td></td></tr>
<tr><td>2</td><td>钢筋工</td><td></td><td></td><td></td><td></td><td></td><td></td><td></td><td></td><td></td><td></td><td></td><td></td><td></td><td></td><td></td><td></td><td></td><td></td></tr>
<tr><td>3</td><td>水泥工</td><td></td><td></td><td></td><td></td><td></td><td></td><td></td><td></td><td></td><td></td><td></td><td></td><td></td><td></td><td></td><td></td><td></td><td></td></tr>
<tr><td>……</td><td>……</td><td></td><td></td><td></td><td></td><td></td><td></td><td></td><td></td><td></td><td></td><td></td><td></td><td></td><td></td><td></td><td></td><td></td><td></td></tr>
</table>

（2）材料、构件和半成品需要量计划　根据工程项目一览表所列各建筑物的工程量，首先查定额或有关资料，得出各建筑物对建筑材料、构件和半成品的需要量；然后根据施工总进度计划，大致算出某些建筑材料在某一时间内的需要量，从而编制出建筑材料、构件和半成品的需要量计划，见表13-4。

表 13-4 建设项目各种物资需要量计划

序号	工程名称	材料、构件和半成品名称								
		水泥	砂	砖	钢筋	砂浆	混凝土	木结构	预制钢构件	……

（3）施工机械需要量计划 根据施工总进度计划、主要建筑物施工方案和工程量，并套用机械产量定额求得施工机械需要量。辅助施工机械需要量可根据建筑安装工程概算指标求得，从而编制出施工机械需要量计划，见表 13-5。

表 13-5 施工机械需要量计划

序号	机械名称	规格型号	数量	电动机功率	需要量计划		
					××××年	××××年	××××年

（4）施工准备工作计划 为了落实各项施工准备工作，加强检查和监督，必须根据各项施工准备工作的内容、时间和人员，编制出施工准备工作计划，见表 13-6。

表 13-6 施工准备工作计划

序号	施工准备项目	内容	负责单位	负责人	起止时间		备注
					××月	××月	

13. 2. 6 施工总平面图

施工总平面图是拟建工程项目施工现场的总体平面布置图。它是按照施工方案和施工总进度计划的要求，对施工现场的交通道路、材料仓库、附属企业、临时房屋、临时水电管线等提出合理的规划布置，从而正确处理全工地施工期间所需要的各项临时设施、永久性建筑以及拟建工程项目之间的空间关系。编制施工总平面图的关键是如何从建设项目的全局出发，科学、合理地解决好施工组织的空间问题和施工成本问题。

1. 施工总平面图概述

（1）施工总平面图的设计依据

1）设计资料，包括建筑总平面图、竖向设计图、地貌图、区域规划图、工程项目范围内有关的一切既有的和拟建的地下管网位置图等。

2）已调查收集到的地区资料，包括建筑市场情况，材料和设备情况，交通运输条件，水、电、蒸汽等条件，社会劳动力和生活设施情况。

3）施工部署和主要工程的施工方案。

4）施工总进度计划。

5）各种材料、构件、加工品、施工机械和运输工具需要量一览表。

6）构件加工厂、仓库等临时建筑一览表。

7）工地业务量计算结果及施工组织设计参考资料。

（2）施工总平面图的布置原则

1）平面布置科学合理，施工场地占用面积少。

2）合理组织运输，减少二次搬运。

3）施工区域的划分和场地的临时占用应符合施工总体部署和施工流程的要求，减少相互干扰。

4）充分利用建筑市场的条件、既有建筑物（构筑物）和既有设施为施工服务，减少临时设施的建造费用和占地。

5）临时设施要方便生产与生活，办公区、生产区和生活区宜分离设置。

6）符合节能、环保、安全和消防的要求。

7）遵守当地主管部门和建设单位关于施工现场安全文明施工的相关规定。

（3）施工总平面图的布置要求

1）根据施工总体部署绘制不同施工阶段（期）的施工总平面图。

2）对于一些特殊内容，如临时用电、临时用水布置等，当施工总平面图不能清晰表示时，也可单独绘制施工平面图。

3）所有设施及用房，由施工总平面图表示，避免采用文字叙述的方法。

4）施工总平面图应有比例关系，各种临时设施应标注外围尺寸，并有文字说明。

5）施工总平面图应符合国家相关标准和法规。

6）要对施工总平面图进行必要的说明。

（4）施工总平面图的内容

1）项目施工用地范围内的地形状况。

2）全部拟建的建筑物、构筑物和其他基础设施的位置。

3）项目施工用地范围内的加工设施、运输设施、存储设施、供电设施、供水设施、供热设施、排水排污设施、临时施工道路、办公和生活用房等。

4）施工现场必备的安全消防、保卫和环境保护等设施。

5）相邻的地上、地下既有建筑物、构筑物及相关环境。

2. 施工总平面图的设计步骤

（1）场外交通的引入　当设计全工地性施工总平面图时，应先从大宗材料、成品、半成品、设备等进入工地的运输方式入手。当大批材料由铁路运来时，应首先解决铁路的引入问题；当大批材料由水路运来时，应首先考虑既有码头的运输能力和是否增设专用码头的问题；当大批材料由公路运入工地时，由于汽车线路可以灵活布置，因此应先布置场内仓库和加工厂，然后再考虑场外交通的引入。

（2）仓库与材料堆场的布置　通常考虑将仓库与材料堆场设置在运输方便、位置适中、运距较短且安全防火的地方，并应区别不同材料、设备和运输方式。

1）仓库与材料堆场的布置应考虑以下因素：尽量利用永久性仓库，以便节约成本；仓库和堆场位置距使用地尽量近，以便减少二次搬运；当有铁路时，尽量布置在铁路线旁边，并且留够装卸前线，而且应设在靠工地一侧，避免内部运输跨越铁路；根据材料用途布置仓库和堆场：砂、石、水泥等布置在搅拌站附近，钢筋、木材、金属结构等布置在加工厂附近，油库、氧气库等布置在僻静、安全处，设备尤其是笨重设备应尽量布置在车间附近，砖、瓦和预制构件等直接使用材料应布置在施工现场起重机起重半径范围之内。

2）仓库或材料堆场面积的确定。仓库或材料堆场的面积按下式计算：

$$F=\frac{Q'}{P} \tag{13-1}$$

式中，F 是仓库或材料堆场的面积（m^2），含通道面积；P 是每平方米仓库或材料堆场能存放的材料数量，按表 13-7 取用；Q'是材料储备量（用于全工地时为 Q'_1，用于单位工程时为 Q'_2）。

全工地（建筑群）的材料总储备量，主要用于备料计划，一般按年（季）组织储备，按下式计算：

$$Q'_1=q'_1K'_1 \tag{13-2}$$

式中，Q'_1是材料总储备量；q'_1是该项材料最高年（季）需要量；K'_1是储备系数，对型钢、木材、砂、石及用量小、不经常使用的材料取0.3~0.4，对水泥、砖瓦、块石、管材、散热器、玻璃、油漆、卷材、沥青取0.2~0.3，特殊条件下根据具体情况确定。

单位工程材料储备量应保证工程连续施工的需要，同时应与全工地材料储备量综合考虑，其储备量按下式计算：

$$Q'_2=\frac{nq'_2}{T'}K'_2 \tag{13-3}$$

式中，Q'_2是单位工程材料储备量；n是储备天数（d），按表13-7取用；q'_2是计划期内需用的材料数量；T'是需用该项材料的施工天数（d），且不大于n；K'_2是材料消耗量不均匀系数（日最大消耗量/平均消耗量）。

表13-7　仓库或材料堆场面积计算数据参考指标

材料名称	单位	储备天数 n/d	每平方米储存量 P	堆置高度/m	仓库面积利用系数 K_3	仓库类型、保管方法
槽钢、工字钢	t	40~50	0.8~0.9	0.5	0.32~0.54	露天、堆垛
扁钢、角钢	t	40~50	1.2~1.8	1.2	0.45	露天、堆垛
钢筋（直筋）	t	40~50	1.8~2.4	1.2	0.11	露天、堆垛
钢筋（盘筋）	t	40~50	0.8~1.2	1.0	0.11	仓库或棚、堆垛
钢管 ϕ200以上	t	40~50	0.5~0.6	1.2	0.11	露天、堆垛
钢管 ϕ200以下	t	40~50	0.7~1.0	2.0	0.11	露天、堆垛
薄、中、厚钢板	t	40~50	4.0~4.5	1.0	0.57	仓库、堆垛
五金	t	20~30	1.0	2.2	0.35~0.40	仓库或棚、堆垛
钢丝绳	t	40~50	0.7	1.0	0.11	仓库、堆垛
电线、电缆	t	40~50	0.3	2.0	0.35~0.40	仓库、堆垛
木材、原木	m^3	40~50	0.8~0.9	2.0	0.40~0.50	露天、堆垛
成材	m^3	30~40	0.7	3.0	0.40~0.50	露天、堆垛
胶合板	张	20~30	200~300	1.5	0.40~0.50	仓库、堆垛
木门窗	m^2	3~7	30	2.0	0.40~0.50	仓库或棚、堆垛
水泥	t	30~40	1.3~1.5	1.5	0.40~0.50	仓库、堆垛
砂、石子（人工堆）	m^3	10~30	1.2	1.5	—	露天、堆垛
砂、石子（机械堆）	m^3	10~30	2.4	3.0	—	露天、堆垛
块石	m^3	10~30	1.0	1.2	—	露天、堆垛
红砖	千块	10~30	0.5	1.5	—	露天、堆垛
玻璃	箱	20~30	6~10	0.8	0.45~0.60	仓库、堆垛
卷材	卷	20~30	15~24	2.0	0.35~0.45	仓库、堆垛
沥青	t	20~30	0.8	1.2	0.50~0.60	露天、堆垛
电石	t	20~30	0.3	1.2	0.35~0.40	仓库

（3）加工厂的布置　加工厂类型一般包括混凝土搅拌站、构件预制厂、钢筋加工厂、木材加工厂、金属结构加工厂等。当布置这些加工厂时，应主要考虑来料加工和成品、半成品运往需要地点的总运输费用最小，且加工厂的生产和工程项目施工互不干扰。

1）搅拌站布置。根据工程的具体情况可采用集中、分散或集中与分散相结合的三种方式布置搅拌站。当现浇混凝土量大时，宜在工地设置混凝土搅拌站；当运输条件好时，采用集中搅拌最有利；当运输条件较差时，宜采用分散搅拌。

2）预制构件厂布置。一般建在空闲地带，既能安全生产，又不影响现场施工。

3）钢筋加工厂布置。根据不同情况，可采用集中或分散布置。对于冷加工、对焊、点焊的钢筋网等宜集中布置，设置中心加工厂，其位置应靠近构件加工厂；对于小型加工件，利用简单机具即可加工的钢筋，可在靠近使用地分散设置加工棚。

4）木材加工厂布置。根据木材加工的性质、数量，选择集中或分散布置。对于加工量大的原木加工、批量生产产品的加工等，应集中布置在铁路、公路附近；对于简单的小型加工件，可分散布置在施工现场，搭设几个临时加工棚。

5）金属结构加工厂布置。由于相互之间在生产上联系密切，金属结构焊接、机修等车间应尽量集中布置在一起。

（4）内部运输道路的布置　根据各加工厂、仓库及各施工对象的相对位置，对货物周转运行图进行反复研究，区分主要道路和次要道路，进行道路的整体规划，以保证运输畅通，车辆行驶安全，节省造价。在内部运输道路布置时应考虑以下几点：

1）尽量利用拟建的永久性道路。将它们提前修建，或先修路基，铺设简易路面，项目完成后再铺最终路面。

2）保证运输畅通。应设两个以上的进出口，避免与铁路交叉。一般厂内主干道应设成环状，其主干道应为双车道，宽度不小于6m；次要道路为单车道，宽度不小于3.5m。

3）合理规划拟建道路与地下管网的施工顺序。在修建拟建永久性道路时，应考虑道路下的地下管网施工，避免将来重复开挖，尽量做到一次性到位，节约成本。

（5）临时性房屋的布置

1）临时性房屋一般有办公室、汽车库、职工休息室、开水房、浴室、食堂、商店、俱乐部等。布置时应考虑以下几方面：全工地性管理用房（办公室、门卫等）应设在工地入口处；工人生活福利设施（商店、俱乐部、浴室等）应设在工人较集中的地方；食堂可布置在工地内部或工地与生活区之间；职工住房应布置在工地以外的生活区，一般以距工地500~1000m为宜。

2）临时性房屋面积计算。办公、生活及福利设施等临时性房屋建筑面积的计算，可按照经验或面积指数来计算，具体可参考下式计算：

$$S = NP' \tag{13-4}$$

式中，S是临时性房屋建筑面积（m^2）；N是人数（人）；P'是建筑面积指标，见表13-8。

表13-8　办工、生活及福利设施等建筑面积参考指标

<table>
<tr><th colspan="2">临时性房屋名称</th><th>参考指标/(m²/人)</th><th>指标使用方法</th></tr>
<tr><td colspan="2">办公室</td><td>3.0~4.0</td><td>按全部计算</td></tr>
<tr><td rowspan="3">宿舍</td><td>单层通铺</td><td>2.5~3.0</td><td rowspan="3">按高峰年（季）平均职工人数计算（扣除不在工地住宿人数）</td></tr>
<tr><td>双人床</td><td>2.0~2.5</td></tr>
<tr><td>单人床</td><td>3.5~4.0</td></tr>
<tr><td colspan="2">食堂</td><td>0.5~0.8</td><td rowspan="9">按高峰年平均职工人数计算</td></tr>
<tr><td colspan="2">医务室</td><td>0.05~0.07</td></tr>
<tr><td colspan="2">浴室</td><td>0.07~0.10</td></tr>
<tr><td colspan="2">理发室</td><td>0.01~0.03</td></tr>
<tr><td colspan="2">小卖部</td><td>0.03</td></tr>
<tr><td colspan="2">开水房</td><td>10~40</td></tr>
<tr><td colspan="2">厕所</td><td>0.02~0.07</td></tr>
<tr><td colspan="2">工人休息室</td><td>0.15</td></tr>
</table>

（6）临时性水电管网的布置

1）施工现场临时性用水使用应注意以下问题：临时性水电管网布置时，尽量利用可用的水源、电源，一般排水干管和输电线沿主干道布置；水池、水塔等储水设施应设在地势较高处；总变电站应设在高压电入口处；消防站应布置在工地出入口附近，消火栓沿道路布置；过冬的管网要采取保温措施。外部交通、仓库、加工厂、内部道路、临时房屋、水电管网等布置应系统考虑，进行多种方案比较，在确定之后采用标准图例绘制在施工总平面图上。

2）工地施工临时性工程用水类型主要包括施工用水、机械用水、施工现场生活用水、生活区生活用水、消防用水。

① 工地施工用水量可按下式计算：

$$q_1 = K_1 \frac{\sum Q_1 N_1}{T_1 t} \cdot \frac{K_2}{8 \times 3600} \tag{13-5}$$

式中，q_1 是施工用水量（L/s）；K_1 是未预计的施工用水系数，取 1.05～1.15；Q_1 是年（季）度工程量（以实物计量单位表示）；N_1 是施工用水定额，见表 13-9；T_1 是年（季）度有效作业日（d）；t 是每天工作班数（班）；K_2 是施工用水不均衡系数，见表 13-10。

表 13-9　施工用水参考定额

用水对象	单位	耗水量/L	用水对象	单位	耗水量/L
浇筑混凝土	m^3	1700～2400	抹灰工程	m^2	30
搅拌普通混凝土	m^3	250	砌耐火砖砌体（包括砂浆搅拌）	m^3	100～150
搅拌轻质混凝土	m^3	300～350	浇砖	千块	200～250
混凝土自然养护	m^3	200～400	浇硅酸盐砌块	m^3	300～350
混凝土蒸汽养护	m^3	500～700	抹灰（不包括调制砂浆）	m^2	4～6
模板浇水湿润	m^2	10～15	楼地面抹砂浆	m^2	190
搅拌机清洗	台班	600	搅拌砂浆	m^3	300
人工冲洗石子	m^3	1000	石灰消化	t	3000
机械冲洗石子	m^3	600	原土地坪、路基	m^2	0.2～0.3
洗砂	m^3	1000	上水管道工程	m	98
砌筑工程	m^3	150～250	下水管道工程	m	1130
砌石工程	m^3	50～80	工业管道工程	m	35

表 13-10　用水不均衡系数

符　号	用水类型	不均衡系数
K_2	现场施工用水	1.50
	附属生产企业用水	1.25
K_3	施工机械、运输机械用水	2.00
	动力设备用水	1.05～1.10
K_4	施工现场生活用水	1.30～1.50
K_5	生活区生活用水	2.00～2.50

② 施工机械用水量按下式计算：

$$q_2 = K_1 \sum Q_2 N_2 \cdot \frac{K_3}{8 \times 3600} \tag{13-6}$$

式中，q_2 是施工机械用水量（L/s）；K_1 是未预计的施工用水系数，取 1.05~1.15；Q_2 是同一种机械台数（台）；N_2 是施工机械台班用水定额，参考表 13-11 中的数据换算求得；K_3 是施工机械用水不均衡系数，见表 13-10。

表 13-11　施工机械台班用水定额

机械名称	单位	耗水量/L	机械名称	单位	耗水量/L
内燃挖掘机	m^3 · 台班	200~300	锅炉	t · h	1050
内燃起重机	t · 台班	15~18	点焊机（50 型号）	台 · h	150~200
内燃压路机	t · 台班	12~15	点焊机（75 型号）	台 · h	250~300
内燃机动力装置	kW · 台班	160~400	对焊机、冷拔机	台 · h	300
空压机	m^3/(min · 台班)	40~80	凿岩机	台 · min	8~12
拖拉机	台 · 昼夜	200~300	木工场机械	台 · 台班	20~25
汽车	台 · 昼夜	400~700	锻工场机械	炉 · 台班	40~50

③ 施工现场生活用水量按下式计算：

$$q_3 = \frac{P_1 N_3 K_4}{t \times 8 \times 3600} \tag{13-7}$$

式中，q_3 是施工现场生活用水量（L/s）；P_1 是施工现场高峰昼夜人数（人）；N_3 是施工现场生活用水定额，见表 13-12；K_4 是施工现场生活用水不均衡系数，见表 13-10；t 是每天工作班数（班）。

表 13-12　生活用水参考定额

用水名称	单位	耗水量/L	用水名称	单位	耗水量/L
盥洗、饮用用水	L/人	25~40	学校	L/学生	10~30
食堂	L/人	10~15	幼儿园、托儿所	L/幼儿	75~100
淋浴带大池	L/人	50~60	医院	L/病床	100~150
洗衣房	L/(人 · 斤)	40~60	施工现场生活用水	L/人	20~60
理发室	L/(人 · 次)	10~25	生活区全部生活用水	L/人	80~120

④生活区生活用水量按下式计算：

$$q_4 = \frac{P_2 N_4 K_5}{24 \times 3600} \tag{13-8}$$

式中，q_4 是生活区生活用水量（L/s）；P_2 是生活区居住人数（人）；N_4 是生活区昼夜全部生活用水定额，见表 13-12；K_5 是生活区生活用水不均衡系数，见表 13-10。

⑤ 消防用水量用 q_5 表示，可根据消防范围及火灾发生次数按表 13-13 取用。

表 13-13　消防用水参考定额

用水名称		火灾发生次数	单位	用水量/L
居住区消防用水	5000 人以内	一次	L/s	10
	10000 人以内	两次	L/s	10~15
	25000 人以内	两次	L/s	15~20
施工现场消防用水	施工现场在 0.25km^2 以内	两次	L/s	10~15
	每增加 0.25km^2			5

⑥用水总量 Q 可分以下情况计算：

当（$q_1+q_2+q_3+q_4$）≤ q_5 时，有

$$Q=q_5+\frac{1}{2}(q_1+q_2+q_3+q_4) \tag{13-9}$$

当（$q_1+q_2+q_3+q_4$）> q_5 时，有

$$Q=q_1+q_2+q_3+q_4 \tag{13-10}$$

当工地面积小于 5km^2，且（$q_1+q_2+q_3+q_4$）< q_5 时，有

$$Q=q_5 \tag{13-11}$$

最后计算出的总用水量还应增加10%，以补偿不可避免的水管漏水损失。

3）工地现场临时用电一般包括施工动力用电和照明用电两部分，其用电可按照下式计算：

$$P_{计}=k\left(K_1\frac{\sum P_1}{\cos\varphi}+K_2\sum P_2+K_3\sum P_3+K_4\sum P_4\right) \tag{13-12}$$

一般施工现场多采用一班制，少数采用两班制，因此综合考虑动力用电约占总用电量的90%，室内外照明用电约占总用电量的10%，则式（13-12）可简化为

$$P_{计}=1.1\left(K_1\frac{\sum P_1}{\cos\varphi}+K_2\sum P_2+0.1P_{计}\right) \tag{13-13}$$

整理得

$$P_{计}=1.24\left(K_1\frac{\sum P_1}{\cos\varphi}+K_2\sum P_2\right) \tag{13-14}$$

式中，$P_{计}$ 是计算总用电量（kW·h）；k 是用电不均衡系数，取1.05~1.1；$\sum P_1$ 是全部施工动力用电设备额定功率用电量之和；$\sum P_2$ 是电焊机额定容量（kV·A）；$\sum P_3$ 是室内照明设备额定用电量之和；$\sum P_4$ 是室外照明设备额定用电量之和；K_1 是全部施工动力用电设备同时使用系数，查表13-14取用；K_2 是电焊机同时使用系数，查表13-14取用；K_3 是室内照明设备同时使用系数，查表13-14取用；K_4 是室外照明设备同时使用系数，查表13-14取用；$\cos\varphi$ 是用电设备功率因素，施工最高为0.78，一般为0.65~0.75。

表13-14　同时使用系数

用电名称	数量	同时使用系数	
		K	数值
电动机	3~10台	K_1	0.7
	11~30台		0.6
	30台以上		0.5
加工厂动力设备	—		0.5
电焊机	3~10台	K_2	0.6
	10台以上		0.5
室内照明	—	K_3	0.8
室外照明		K_4	1.0

3. 施工总平面图设计的优化方法

在施工总平面图设计时，为使场地、仓库、管线、道路布置更为经济合理，需要采用一些优化计算方法。其方法包括场地分配优化法、区域叠合优化法、选点归邻优化法、最小树选线优化法等四种。下面介绍的是几种常用的优化计算方法。

（1）场地分配优化法　施工总平面通常要划分为几块场地，供几个专业工程施工使用。根据场地情况和专业工程施工要求，某一块场地可能会适用于一个或几个专业工程施工使用，但施工

中，一个专业工程只能使用一块场地，因此需要对场地进行合理分配，满足各自施工要求。

（2）区域叠合优化法　施工现场的生活福利设施主要是为全工地服务的，因此它的布置应力求位置适中，使用方便，节省往返时间，各服务点的受益大致均衡。确定这类临时设施的位置可采用区域叠合优化法。区域叠合优化法是一种纸面作业法，其步骤如下：

1）在施工总平面图上将各服务点的位置一一列出，按各点所在位置画出外形轮廓图。

2）将画好的外形轮廓图剪下，进行第一次折叠，折叠的要求是：折过去的部分最大限度地重合在其余面积之内。

3）将折叠的图形展开，把折过去的面积涂上一种颜色（也可用线条或阴影区分）。

4）再换一个方向，按以上方法折叠、涂色。如此重复多次（与区域凸顶点个数大致相同的次数），最后剩下的一小块未涂颜色区域，即为最优点、最适合区域。

（3）选点归邻优化法　通过选点归邻优化法确定最优设场点位置。由于现场的道路布置形式不同，可分为以下两种情况：

1）道路为无环路且呈枝状。当道路为无环路且呈枝状时，选择最优设场可以忽略距离因素，选点方法为“道路没有圈，检查两个端，小半临邻站，够半就设场”。具体步骤为：

① 计算所有服务点需求量之和的一半，$Q_b = \frac{1}{2}\sum Q_j$。

② 比较 Q_b 与 Q_j：如果 $Q_b \geqslant Q_j$，则 j 点为最佳设场点；如果 $Q_b<Q_j$，则合并到邻点 j-1 处，j-1 点需求量变为 Q_j+Q_{j-1}。以此类推一直到累加够半为止。

2）道路为环形道路。当道路为环形道路时，最优设场点在道路交叉点上。具体步骤为：

① 计算所有服务点需求量之和的一半，$Q_b=\frac{1}{2}\sum Q_j$。

② 比较各支路上的服务点 Q_b 与 Q_j：如果 $Q_j \geqslant Q_b$，则 j 点为最佳设场点；如果 $Q_j<Q_b$，则合并到邻点 j-1 处。

③ 如果支路上各点均 $Q_j<Q_b$，则比较环路上各点 Q_b 与 Q_j；如果 $Q_j \geqslant Q_b$，则 j 点为最优设场点。

④ 如果环路上无 $Q_j \geqslant Q_b$，则计算环路上各服务点与道路交叉点的运输量与里程的乘积之和：$S_i = \sum Q_j D_{ij}$。S_i 的最小值即为最优设场点。

以上介绍的几种简便优化方法当运用在施工总平面图的设计中时，尚应根据现场的实际情况，对优化结果加以修正和调整，使之更符合实际要求。

13.3　单位工程施工组织设计

单位工程施工组织设计是以单位工程为对象编制的，用以规划和指导单位工程从施工准备到竣工验收全过程施工活动的技术经济文件，对施工企业实现科学的生产管理、保证工程质量、节约资源及降低工程成本等起着十分重要的作用。

13.3.1　单位工程施工组织设计编制概述

1. 单位工程施工组织设计的编制内容

单位工程施工组织设计的编制内容应根据工程性质、规模、结构特点、技术复杂程度、施工现场情况、工期要求、是否采用新技术及施工企业自身技术力量等因素确定。因此，不同的单位工程、不同的施工方法，其内容、深度和广度要求也不同，但内容必须要具体、实用、简明扼要、有针对性，使其真正能起到指导现场施工的作用。单位工程施工组织设计的编制内容一般包括以下几方面：

（1）工程概况　工程概况是编制单位工程施工组织设计的依据，主要包括拟建工程的性质、规模，建筑、结构设计的特点，建设地点特征，施工条件，建设单位及上级的要求等。

（2）施工部署　施工部署是对建设项目全局做出的统筹规划和全面安排，主要解决影响建设项目全局的重大战略问题。其内容包括确定项目施工主要目标、确定工程开展程序、拟订主要工程项目的施工方案、明确施工任务划分与组织安排等。

（3）施工进度计划　施工进度计划是单位工程施工组织设计的重要组成内容之一，是工程进度的依据，它反映了施工方案在时间上的安排。其内容包括划分施工过程，计算工程量、劳动量（或机械台班量），确定工作持续时间及相应的作业人数（或机械台班数），编制进度计划表及检查与调整等。通常通过横道图或网络计划图表达。

（4）施工准备与各种资源需要量计划　施工准备主要是明确施工前应完成的施工准备工作的内容、起止期限、质量要求等。各种资源需要量计划主要包括资金、劳动力、施工机具、主要材料、半成品的需要量及加工供应计划。

（5）主要施工方案　主要施工方案是施工单位在工程概况及特点分析的基础上，结合自身的人力、材料、机械、资金和可采用的施工方法等生产因素进行相应的优化组合，全面、具体地布置施工任务，同时对拟建工程可能采用的几个方案进行技术、经济的对比分析，经过比较选择的最优方案。其内容包括确定施工流向和施工顺序，确定施工方法和施工机械，制订保证成本、质量、安全的技术组织措施等。

（6）施工平面图　施工平面图是施工方案和施工进度计划在空间上的全面安排。其主要包括各种主要材料、构件、半成品堆放安排，施工机具布置，各种必需的临时设施布置，道路、水电管线布置等。

如果工程规模较小，可以编制简单的施工组织设计，其内容包括施工方案、施工进度计划表、施工平面图，简称“一案一表一图”。

2. 单位工程施工组织设计的编制依据

（1）招标文件或施工合同　招标文件或施工合同包括对工程的造价、进度、质量等方面的要求，双方认可的协作事项和违约责任等。

（2）设计文件　对于已进行施工图会审的，应有会审记录，包括本工程的全部施工图及设计说明、采用的标准图和各类勘察资料等。

（3）施工组织总设计　当该工程为群体工程的组成部分时，其单位工程施工组织设计必须按照总设计的要求进行编制。

（4）工程预算文件及有关定额　工程预算文件及有关定额应有详细的分部分项工程量，最好有分层、分段、分部位的工程量以及相应的定额。

（5）建设单位可提供的条件　建设单位可提供的条件包括可配备的人力、水电、临时房屋、机械设备、职工食堂、浴室、宿舍等情况。

（6）施工现场条件　施工现场条件包括场地的地形、地貌、水文、地质、气温和气象等条件，现场交通运输道路条件，场地面积及生活设施条件等。

（7）本工程的资源配备情况　本工程的资源配备情况包括施工中需要的人力情况，材料、预制构件的来源和供应情况，施工机具和设备的配备及其生产能力情况。

（8）有关的国家规定和标准　符合国家及建设地区现行的有关建设法律、法规、技术标准、质量标准、操作规程、施工验收规范等文件。

3. 单位工程施工组织设计的编制程序

单位工程施工组织设计的编制程序如图13-4所示。

13.3.2　工程概况

1. 工程主要情况

工程主要情况包括：工程名称、性质和地理位置；工程的建设、勘察、设计、监理和总承包等相关单位的情况；工程承包范围和分包工程范围；施工合同、招标文件或总承包单位对工程施工的重点要求；其他应说明的情况。

2. 各专业设计简介

1）建筑设计简介应依据建设单位提供的建筑设计文件进行描述，包括建筑规模，建筑功能，建筑特点，建筑耐火、防水及节能要求等，并应简单描述工程的主要装修做法。

2）结构设计简介应依据建设单位提供的结构设计文件进行描述，包括结构形式、地基基础形式、结构安全等级、抗震设防类别、主要结构构件类型及要求等。

3）机电及设备安装专业设计简介应依据建设单位提供的各相关专业设计文件进行描述，包括给水、排水及供暖系统，通风与空调系统，电气系统，智能化系统，电梯系统等各个专业系统的做法要求。

3. 工程施工条件

当单位工程施工组织设计是施工组织总设计的一部分时，工程施工条件可包括"七通一平"情况，此外还应包括材料及预制加工品的供应情况，施工单位的机械、运输、劳动力和企业管理情况等。当单位工程施工组织设计不是施工组织总设计的一部分时，工程施工条件还应包括施工组织总设计的七项施工条件的主要相关内容。

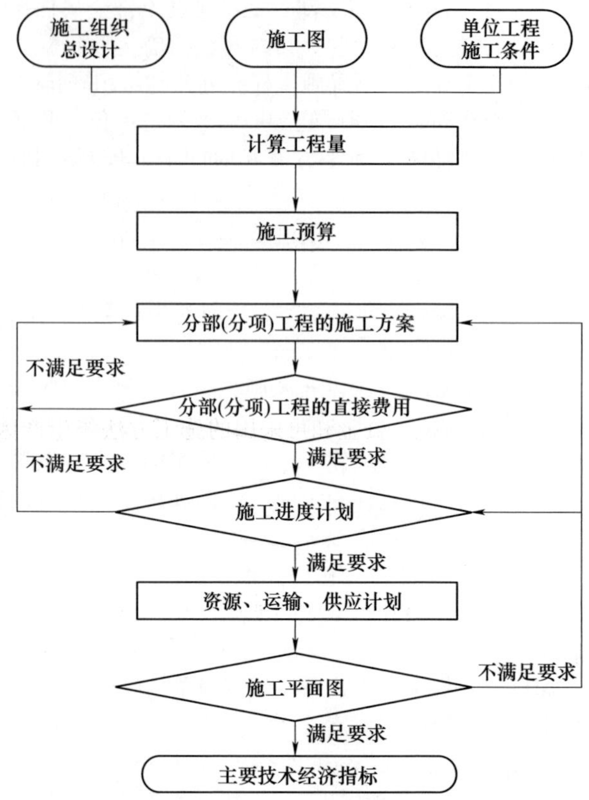

图 13-4　单位工程施工组织设计的编制程序

13.3.3　施工部署

施工部署是在综合分析内外部环境的基础上对整个单位工程的施工工作进行策划和安排。施工部署应该根据单位工程的规模、工程的性质以及施工的客观条件等实际情况，从投产需要出发，统筹安排所有工程的施工、交工的顺序，明确各个施工阶段的任务、目标以及主攻方向，组织好均衡施工，尽可能做到不间断、不突击赶工、不窝工，克服季节带来的施工困难，充分发挥人的主观能动性，提高技术装备的使用效率，树立质量第一的观点，切实注意施工安全，以期用较短的工期、较低的工程成本完成施工任务，提高施工效益。施工部署的主要内容如下：

1. 工程施工目标

工程施工目标应根据施工合同、招标文件以及单位工程管理目标的要求确定，包括进度、质量、安全管理、环境管理和成本等目标。如果是施工组织总设计中的补充内容，则各目标应满足施工组织总设计中确定的总体目标。

2. 进度安排和空间组织

施工部署中的进度安排和空间组织应符合下列规定：

1）工程主要施工内容及其进度安排应明确说明，施工顺序应符合工序逻辑关系。

2）施工流水段结合工程具体情况分阶段进行划分，一般应包括地基基础、主体结构、装饰装修和机电设备安装四个阶段。要根据工程特点及工程量进行科学合理划分，说明划分依据、流水方向，确保均衡流水施工。

3. 施工的重点和难点分析

施工的重点和难点分析应包括组织管理和施工技术两个方面。工程的重点和难点对不同的工

程和不同的企业具有相对性。某些重点和难点工程的施工方法和管理方法可能已经通过专家论证成为企业工法或企业施工工艺标准，此时企业可直接引用。选择重点和难点工程的施工方法时，应着重考虑影响整个单位工程的分部（分项）工程，如工程量大、施工技术复杂或对工程质量起关键作用的分部（分项）工程。

4. 施工管理的组织机构形式

单位工程施工管理的组织机构形式用系统图（或称组织结构图）表达出来，确定项目经理部的部门设置、工作岗位设置及相应的职责划分，作为建立组织机构的科学依据。

5.“四新”方面的要求

对于工程施工中计划开发或选用的新技术和新工艺，都要认真做出部署，确定选题、计划和实施要点。对新材料、新设备的使用应提出明确的对象和技术及管理要求。

6. 分包单位的选择与管理

对主要分包工程施工单位的选择要求及管理方式应进行简要说明，明确分包工程范围、招标要点、合同模式和管理方式。

13.3.4　施工进度计划

单位工程施工进度计划指的是控制工程施工进度和工程竣工期限等各项施工活动的实施计划，是在确定了施工方案的基础上，根据规定工期和各种技术物质的供应条件，按照施工过程的合理施工顺序及组织施工的原则，用图表形式表示各分部（分项）工程搭接关系及工程开工、竣工时间的一种计划安排。

1. 单位工程施工进度计划的作用

单位工程施工进度计划是施工组织设计的重要组成内容，是控制各分部（分项）工程施工进度的主要依据，也是编制月、季度、年施工作业计划及各项资源需要量计划的依据。它的主要作用如下：

1）确定各主要分部（分项）工程的施工时间以及互相衔接、穿插、平行搭接、协作配合等关系。

2）指导现场施工安排，确保施工进度和施工任务如期完成。

3）确定为完成任务所必需的人工、材料、机械等资源的需要量，为编制相关的施工计划做好准备、提供依据。

4）为编制年、季度、月施工作业计划提供依据。

2. 单位工程施工进度计划的分类

单位工程施工进度计划根据施工项目划分的粗细程度可分为控制性施工进度计划和指导性施工进度计划两类。

（1）单位工程控制性施工进度计划　单位工程控制性施工进度计划是以分部工程作为施工项目划分对象，控制各分部工程的施工时间及它们之间互相配合、搭接关系的一种进度计划。它主要适用于工程结构比较复杂、规模较大、工期较长且需要跨年度施工的工程，如大型工业厂房、大型公共建筑，还适用于规模不是很大或者结构不算复杂，但由于施工各种资源（人工、材料、机械等）不落实，或者由于工程建筑、结构等可能发生变化以及其他各种情况。

（2）单位工程指导性施工进度计划　单位工程指导性施工进度计划是以分项工程或施工过程为施工项目划分对象，具体确定各个主要施工过程施工所需要的时间以及相互之间搭接、配合关系的一种进度计划。它适用于任务具体而明确、施工条件具备、各项资源供应正常、施工工期较短的工程。对于编制了控制性施工进度计划的单位工程，当各分部工程或施工条件基本落实以后，在施工之前也应编制指导性施工计划。

3. 单位工程施工进度计划的编制依据

1）经过审批的建筑总平面图，单位工程全套施工图、地形图、采用的各种标准图集，以及水文、地质、气象等资料。

2）施工组织总设计对本单位工程的有关规定。

3）建设单位或上级规定的开工、竣工日期及工期要求。

4）单位工程的施工方案，包括施工顺序、施工段划分、施工方法和技术组织措施等。

5）工程预算文件，可提供工程量数据、现行的人工定额及机械台班定额。

6）施工企业现有的劳动资源能力。

7）其他有关的要求和资料，如工程合同等。

4. 单位工程施工进度计划的表示方法

单位工程施工进度计划的表示方法有多种，最常用的为横道图和网络图两种。网络图表示方法详见本书第12章，这里主要介绍横道图表示方法。横道图由两大部分组成：左侧部分是以分部（分项）工程为主的表格，包括相应分部（分项）工程内容及其工程量定额（劳动效率）、劳动量或机械台班数量等计算数据；右侧部分是以左侧表格计划数据设计出来的指示图表，它用线条形象地表现了各分部（分项）工程的施工进度、各个工程阶段的工期和总工期，并且综合反映了各个分部（分项）工程相互之间的关系。

5. 单位工程施工进度计划的编制步骤

（1）划分施工过程　编制单位工程施工进度计划时，首先应根据图样和施工顺序将报建单位工程的各个施工过程［各分部（分项）工程］列出，结合施工方法、施工条件、劳动组织等因素加以适当调整，使其成为编制单位工程施工进度计划所需要的施工过程。施工项目的划分是包括一定工作内容的施工过程，是组成施工进度计划的基本单元。在划分施工过程时，应注意以下几个问题：

1）施工过程划分的粗细程度，应根据进度计划的需要来决定。控制性施工进度计划的施工过程应划分得粗一些，通常只列出分部工程。例如，混合结构居住房屋的控制性施工进度计划可以只列出基础工程、主体工程、屋面工程和装饰工程四个施工过程。指导性施工进度计划的施工过程应划分得细一些，应明确到分项工程或更具体，以满足指导施工作业的要求。例如，屋面工程应划分为找平层、隔气层、保温层、防水层等分项工程。

2）施工过程的划分要结合所选择的施工方案。例如，结构安装工程若采用分件吊装法，则施工过程的名称、数量、内容及其吊装顺序应按构件确定；若采用综合吊装法，则应按施工单元（节间、区段）来确定。

3）适当简化施工进度计划的内容，避免施工项目划分过细、重点不突出。因此，可考虑将某些穿插性的分项工程合并到主要分项工程中去，如安装门窗框可并入砌筑工程；对于在同一时间段内由同一施工班组施工的过程可以合并，如工业厂房中的钢窗油漆、钢门油漆、钢支撑油漆、钢梯油漆等可合并为钢构件油漆一个施工过程；对于次要的、零星的分项工程，可合并为其他工程一项列入。

4）水、暖、电、卫，设备安装和智能系统等专业工程，常由各专业队自行编制计划并负责组织施工，因此在单位工程施工进度计划中可不必划分具体内容，体现这些工程与土建工程的配合关系即可。

5）所有施工项目应大致按施工顺序列成表格，编排序号，避免遗漏或重复，其名称可参考现行的施工定额手册上的项目名称。

（2）计算工程量　计算工程量是一项十分烦琐的工作，应根据施工图有关计算规则及相应的施工方法进行，而且往往是重复劳动。例如，设计概算、施工图预算、施工预算等文件中均需要计算工程量，故在单位工程施工进度计划中不必再重复计算，只需直接套用施工预算的工程量，或根据施工预算中的工程量总数，按各施工层和施工段在施工图中所占的比例加以划分即可，因为施工进度计划中的工程量仅用来计算各种资源需要量，不作为计算工资或工程结算的依据，故不必精确计算。计算工程量应注意以下几个问题：

1）各分部（分项）工程的工程量计算单位应与现行施工定额中所规定的单位一致，以便计算劳动量及材料需要量时可直接套用定额，不必再进行换算。

2）工程量计算应结合选定的施工方法和安全技术要求，使计算所得工程量与施工实际情况相符合。例如，挖土时是否放坡，是否增加工作面，坡度大小与工作面尺寸是多少，是否使用支撑加固，开挖方式是单独开挖、条形开挖还是满堂开挖都会直接影响到基础土方工程量的计算。

3）结合施工组织要求，分区、分段、分层计算工程量，以便组织流水作业，同时可避免漏项。

4）如已编制预算文件，应合理利用预算文件中的工程量，以免重复计算。施工进度计划中的施工过程大多可直接采用预算文件中的工程量，可按施工过程的划分情况将预算文件中有关项目的工程量汇总。例如，砌筑砖墙的工程量要将预算中按内外墙、不同墙厚、不同砌筑砂浆及强度计算的工程量汇总。

（3）套用施工定额　根据所划分的施工项目和施工方法，套用施工定额（当地实际采用的人工定额及机械台班定额或当地生产工人实际劳动生产效率）以确定劳动量和机械台班量。施工定额主要有时间定额和产量定额两种形式。时间定额是指某种专业、某种技术等级的工人小组或个人在合理的技术组织条件下，完成单位合格的建筑产品所需要的工作时间，一般用符号 H 表示。产量定额是指在合理的技术组织条件下，某种专业、某种技术等级的工人小组或个人在单位时间内所应完成合格建筑产品的数量，一般用符号 S 表示。时间定额和产量定额是互为倒数的关系，即

$$H=\frac{1}{S}\text{ 或 }S=\frac{1}{H} \tag{13-15}$$

套用国家或地方颁布的定额，必须注意结合本单位工人的技术等级、实际施工操作水平、施工机械情况和施工现场条件等因素，确定完成定额的实际水平，使计算出来的劳动量、机械台班量符合实际需要，为准确编制施工进度计划打下基础。

有些采用新技术、新材料、新工艺或特殊施工方法的项目，施工定额中尚未编入的，这时可参考类似项目的定额、经验资料或实际情况确定。

（4）确定劳动量与机械台班数量　劳动量与机械台班数量应根据各分部（分项）工程的工程量、施工方法和现行的施工定额，结合当时当地的实际情况加以确定（施工单位可在现行定额的基础上，结合本单位的实际情况，制定扩大施工定额，作为计算生产资源需要量的依据）。一般按下式计算：

$$P=\frac{Q}{S}(\text{或 }P=QH) \tag{13-16}$$

式中，P 是完成施工过程所需要的劳动量（工日）或机械台班数量（台班）；Q 是完成某施工过程所需要的工程量（m^3、m^2、t 等）；S 是某施工过程采用的产量定额（m^3/工日、m^3/台班、m^2/工日、m^2/台班、t/工日、t/台班等）；H 是某施工过程采用的时间定额（工日/m^3、台班/m^3、工日/m^2、台班/m^2、工日/t、台班/t 等）。

例如，某多层框架结构民用住宅的基槽挖方量为 875m^3，用人工挖土时，产量定额为 3.5m^3/工日，由式（13-16）得所需劳动量为

$$P=\frac{Q}{S}=\frac{875}{3.5}\text{工日}=250\text{ 工日}$$

若用单斗挖土机开挖，其台班产量为 120m^3/台班，则机械台班需要量为

$$P=\frac{Q}{S}=\frac{875}{120}\text{工日}=7.29\text{ 工日}=8\text{ 工日}$$

在定额使用过程中，常常会遇到以下几种情况：

1）计划中的一个项目包括了定额中同一性质的不同类型的几个分项工程。这在用定额时，定

额对同一工种不一样（如外墙砌砖的产量定额是 0.85m³/工日，内墙则是 0.94m³/工日），要用其综合定额。

当同一工种不同类型分项工程的工程量相等时，综合定额可用其绝对平均值，计算公式为

$$S = \frac{S_1 + S_2 + \cdots + S_n}{n} \tag{13-17}$$

当同一工种不同类型分项工程的工程量不相等时，综合定额为其加权平均值，计算公式为

$$S = \frac{\sum_{i=1}^{n} Q_i}{\sum_{i=1}^{n} P_i} = \frac{\sum_{i=1}^{n} Q_i}{\sum_{i=1}^{n} \frac{Q_i}{S_i}} = \frac{Q_1 + Q_2 + \cdots + Q_n}{\frac{Q_1}{S_1} + \frac{Q_2}{S_2} + \cdots + \frac{Q_n}{S_n}} \tag{13-18}$$

式中，S 是综合产量定额；Q_1，Q_2，…，Q_n 是同一工种不同类型分项工程工程量；S_1，S_2，…，S_n 是同一工种不同类型分项工程的产量定额。

或者首先用其所包括的各分项工程的工程量与其对应的分项工程的产量定额（或时间定额）算出各自的劳动量，然后求和，即为计划中项目的综合劳动量。

2）当施工计划中的新技术或特殊施工方法的工程项目无定额可查用时，可参考类似项目的定额或经过实际测算，确定其补充定额，然后套用。

3）施工计划中“其他项目”所需劳动量，可视其内容和现场情况进行套用，按总劳动量的10%~20%确定。

（5）计算施工过程的持续时间 t　各分部（分项）工程的作业时间应根据劳动量、机械台班数量、各工序每天可能出勤人数等，并考虑工作面的大小来确定。可按下式计算：

$$t = \frac{P}{Rb} \tag{13-19}$$

式中，t 是某分部（分项）工程的施工天数（d）；P 是某分部（分项）工程所需的机械台班数量（台班）或劳动量（工日）；R 是每班安排在某分部（分项）工程上的施工机械台数（台）或劳动人数（人）；b 是每天工作班数。

当某些主要施工过程由于工作面限制，工人人数不能太多，而一班制又将影响工期时，可以采用两班制，尽量不采用三班制；对于大型机械施工，为了充分发挥机械效能，有必要采用两班制，一般不采用三班制。

在利用式（13-17）计算时，应注意下列问题：

1）对于人工完成的施工过程，可先根据工作可能容纳的人数并参照现有劳动组织的情况来确定每天出勤的工人人数，从而求出工作的持续时间。当工作的持续时间太长或太短时，可增加或减少出勤人数，从而调整工作持续时间。

2）机械施工可先凭经验假设主导机械的台班数 n，然后从充分利用机械的生产能力出发求出工作的持续天数，最后再做调整。

3）对于新工艺、新技术的项目，其产量定额和作业时间难以准确计算，可根据过去的经验并按照实际的施工条件来进行估算。为提高其准确程度，可采用三时估算法。

（6）编制施工进度计划的初始方案　流水施工是组织施工、编制施工进度计划的主要方式。编制单位工程施工进度计划时，必须考虑各分部（分项）工程的施工顺序，尽可能组织流水施工，力求主要工种的施工班组连续施工，其编制方法如下：

1）对主要施工阶段（分部工程）组织流水施工。主导施工过程的施工进度应尽可能连续施工，其他穿插施工过程尽可能与主导施工过程配合、穿插、搭接。例如，砖混结构房屋中的主体结构工程的主导施工过程为砌筑砖墙和浇筑钢筋混凝土楼板；现浇钢筋混凝土框架结构房屋中的主体结构工程的主导施工过程为支模板、绑扎钢筋和浇筑混凝土。

2）配合主要施工阶段，安排其他施工阶段的施工进度。

3）按照工艺的合理性和施工过程相互配合、穿插、搭接的原则，将各施工阶段（分部工程）的流水作业图表搭接起来，即得到单位工程施工进度计划的初始方案。

（7）施工进度计划的检查与调整　检查与调整的目的在于使初始方案满足规定的目标，确定理想的施工进度计划。一般从以下几方面进行检查与调整：

1）各施工过程的施工顺序是否正确，流水施工组织方法的应用是否得当，技术间歇是否合理。

2）初始方案的总工期是否满足合同规定工期。

3）主要工种工人是否连续施工，劳动力消耗是否均衡。

4）物资方面，主要机械、设备、材料等利用是否均衡，施工机械是否充分利用。

初始方案经过检查，对不符合要求的部分进行调整。调整方法一般有：增加或缩短某些施工过程的施工持续时间；在符合工艺要求的条件下，将某些施工过程的施工时间向前或向后移动。必要时，还可以改变施工方法或施工组织措施。

应当指出，上述编制施工进度计划的步骤不是孤立的，而是互相依赖、互相联系的，有的可以同时进行。由于建筑施工是一个复杂的生产过程，受周围客观条件影响的因素很多，如在施工过程中，由于资金、人工、机械、材料等物资的供应及自然条件等因素的影响，使其经常不符合原计划的要求，因此在实际施工中应不断进行修改和调整。

13.3.5　施工准备工作和资源配置计划

1. 施工准备工作

施工准备工作既是单位工程开工的条件，也是施工中的一项重要内容。开工之前必须为开工创造条件，开工后必须为施工创造条件，它贯穿于施工过程的始终。所以在施工组织设计中应进行规划，实行责任制，且宜在施工进度计划编制完成后进行。单位工程施工组织设计的施工准备比施工组织总设计的施工准备应相对具体，包括技术准备、现场准备和资金准备。

（1）技术准备　技术准备包括施工所需要资料的准备、施工方案编制计划、试验检验及设备调试工作计划、样板制作计划等。要求如下：

1）主要分部（分项）工程和专项工程在施工前应单独编制施工方案，施工方案可根据工程进展情况，分阶段编制完成。对需要编制的主要施工方案应制订编制计划。

2）试验检验及设备调试工作计划应根据现行规范、标准中的有关要求，工程规模，进度等实际情况制订。

3）样板制作计划应根据施工合同或招标文件的要求并结合工程特点制订。

（2）现场准备　现场准备应根据现场施工条件和工程实际需要进行，包括绘制施工现场平面图，准备生产临时设施、生活临时设施。

（3）资金准备　应根据施工进度计划编制资金使用计划。施工准备工作计划表见表13-15。

表13-15　单位工程施工准备工作计划

序号	准备工作项目	简要内容	负责单位	负责人	起止日期		备注
					××月××日	××月××日	

2. 资源配置计划

（1）资源配置计划的种类

1）劳动力配置计划，应包括确定施工阶段用工量和根据施工进度计划确定各施工阶段劳动力配置计划。

2）物资配置计划。物资配置计划包括以下两类：主要材料和设备的配置计划：应根据施工进度计划确定，包括施工阶段所需要主要材料、设备的种类和数量。主要周转材料和施工机具的配置计划：应根据施工部署和施工进度计划确定，包括各施工阶段所需要主要周转材料、施工机具的种类和数量。

(2) 单位工程劳动力需要量计划　单位工程劳动力需要量计划是根据单位工程施工进度计划编制的，可用于调配劳动力，安排生活福利设施，优化劳动组合。将单位工程施工进度计划表内所列的各施工过程每天（每旬、每月）所需的工人人数按工种进行汇总即可得出每天（每旬、每月）所需要的各工种人数，见表 13-16。

表 13-16　单位工程劳动力需要量计划

序号	工种名称	人数	时间																		
			1	2	3	4	5	6	7	8	9	10	11	12	13	14	15	16	17	18	19

(3) 单位工程主要材料需要量进度计划　单位工程主要材料需要量进度计划可用以备料、组织运输和建库（堆场）。可将进度表中的工程量与消耗定额相乘，加以汇总并考虑储备定额计算求出，也可根据施工预算和进度计划进行计算，见表 13-17。

表 13-17　单位工程主要材料需要量进度计划

序号	材料名称	规格	需要量		供应时间	备注
			单位	数量		

(4) 单位工程构件需要量计划　单位工程构件需要量计划用以与加工单位签订合同，组织运输，设置堆场位置和面积。应根据施工图和施工进度计划编制，见表 13-18。

表 13-18　单位工程构件需要量计划

序号	品名	规格	图号	需要量		使用部位	加工单位	备注
				单位	数量			

(5) 单位工程施工机械需要量计划　单位工程施工机械需要量计划用以供应施工机械，安排机械进场、工作和退场日期，可根据施工方案和施工进度计划进行编制，见表 13-19。

表 13-19　单位工程施工机械需要量计划

序号	机械名称	类型型号	需要量		使用起止时间	备注
			单位	数量		

13.3.6　主要施工方案

施工方案是施工组织设计的核心，直接影响工程的质量、工期、造价、施工效率等方面。工程施工应选择技术先进、经济合理且符合施工现场和施工单位实际情况的方案。单位工程应按照《建筑工程施工质量验收统一标准》（GB 50300）中分部、分项工程的划分原则，对主要分部、分项工程制订施工方案，并应对脚手架工程、起重吊装工程、临时用水用电工程、季节性施工等专项工程所采用的施工方案进行必要的验算和说明。施工方案一般包括确定施工程序；划分施工段，确定施工流向；确定施工顺序；选择施工方法和施工机械等内容。

1. 确定施工程序

施工程序是指单位工程各分部分项工程或工序之间施工的先后次序及其相互关系。单位工程施工程序一般为中标并接受施工任务→开工前准备工作→全面施工→交工前验收。考虑施工程序时应注意以下几点：

1）先准备后施工，严格执行开工报告制度。单位工程开工前必须做好一系列准备工作，在具备开工条件后，施工单位还应提出开工报告，并经上级主管部门审查批准后才能开工。项目开工前，应完成全场性的准备工作，如水通、电通、路通和平整场地等，同样各分部分项工程开工前相应的准备工作必须完成。开工后应能够连续施工，以免造成混乱和浪费。施工准备工作实际上贯穿施工全过程。

2）遵守“先地下后地上”“先主体后围护”“先结构后装修”“先土建后设备”的基本要求。“先地下后地上”是指在地上工程开始之前，尽量把管道线路等地下设施和土方工程做好或基本完成，以免对地上工程施工产生干扰或带来不便。若采用逆筑法施工，则工程的地下部分会与地上部分同时施工。“先主体后围护”主要适用于框架结构，应注意在总的程序上有合理的搭接。“先结构后装修”，一般来说，多层民用建筑工程与装修以不搭接为宜，而高层建筑则应尽量搭接施工，以有效地节约时间。“先土建后设备”，不论是工业建筑还是民用建筑，应协调好土建与给水排水、供暖、通风、强弱电、智能建筑等工程的关系，统一考虑，合理穿插，尤其是在装修阶段，要从保质量、讲节约的角度，处理好两者的关系。

3）合理安排工艺设备安装与土建施工的程序。工业厂房施工比较复杂，除要完成土建工程施工外，还要同时完成工艺设备和电器、管道等安装工作。为了早日竣工投产，不仅要加快土建施工速度，尽早为设备安装提供工作面，还要根据设备性质、安装方法、用途等因素，合理安排土建施工与设备安装之间的施工程序。一般有以下三种施工程序。

① 封闭式施工。封闭式施工是在土建主体结构完成之后才可进行设备安装的施工程序，如一般机械工业厂房。这种施工方式适用于设备基础较小、埋深小，设备基础施工不影响桩基的情况。封闭式施工的优点是：有利于预制构件的现场预制、拼装就位，适合各种类型的起重机械吊装和开行，从而加快主体结构的施工进度；围护结构能尽早完成，从而使设备基础施工可以在室内进行，不受气候变化和风雨的影响，减少设备基础施工时的防雨、防寒等设施费用；可以利用厂房内的桥式起重机为设备基础施工服务。封闭式施工的缺点是：出现某些重复性的工作，如部分柱基础回填土的重复挖填和运输道路的重新铺设等；设备基础施工条件较差，场地拥挤，其基坑开挖不便于采用挖土机施工；不能提前为设备安装提供工作面，工期较长。

② 敞开式施工。敞开式施工是先施工设备基础、安装工艺设备，后建厂房的施工程序，如某些重型工业厂房、冶金车间、发电厂等。敞开式施工的优缺点与封闭式施工相反。

③ 平行式施工。当土建为工艺设备安装创造了必要条件，同时又可采取措施保护工艺设备时，便可同时进行土建与安装施工，可以加快施工进度，如建造水泥厂时，经济上最适宜的施工是平行式施工。

2. 划分施工段，确定施工流向

施工段是指组织流水作业时把施工对象划分为劳动量相等或相近的若干施工区段。划分施工段时应考虑如下因素：使其分界同施工对象的结构界限（温度缝、沉降缝、单元分界线）相一致；各施工段上的劳动量尽可能相近；划分的施工段数不宜过多，以免造成人数少、工期长；各施工段要有足够的工作面以方便施工；要使各施工队能够连续施工。

施工流向是指单位工程在平面或空间上施工的开始部位及其展开方向。对于单层的建筑物，应分区分段地确定出平面上的施工流向；对于多层建筑物除确定出每层平面上的施工流向外，还要确定竖向的施工流向。确定单位工程施工起点流向时，一般应考虑以下几个因素：

（1）施工方法　施工方法是确定施工流向的关键因素。例如，一幢建筑物的基础部分，采用顺作法施工地下两层结构，其施工流向为测量定位放线→地下室土方开挖→底板施工→换拆第二道支撑→地下二层结构施工→换拆第一道支撑→±0.000 顶板施工→上部结构施工。若为了缩短工期采用逆作法，其施工流向为测量定位放线→地下连续墙施工→进行钻孔灌注桩施工→±0.000 标高结构层施工→地下室土方开挖→地下二层结构施工，同时进行地上一层结构施工→底板施工并做各层柱，完成地下室施工→完成上部结构。再如，在结构吊装工程中，采用分件吊装法时，其施工流向不同于综合吊装法的施工流向。

（2）生产工艺流程　对于工业厂房或车间，其生产工艺流程往往是确定施工流向的主要因素。从工艺上考虑，要先试生产的工段先施工，或生产工艺上先于其他工段试车投产的应当先施工。

（3）生产使用要求　根据建设单位的要求，生产或使用上要求急的工段或部位先施工。对于高层民用建筑，如饭店、宾馆等，可以在主体结构施工到一定层数后，即进行地面上若干层的设备安装与室内外装饰。

（4）施工的繁简程度　对于技术复杂、施工进度较慢、工期长的工段或部位，应先施工，如高层建筑，主楼应先于裙楼施工。

（5）考虑高低层或高低跨　当房屋有高低层或高低跨并列时，应从高低层或高低跨并列处开始施工，如柱的吊装应先从并列处开始；当柱基设备基础有深浅时，一般应按先深后浅的施工方向；屋面防水层的施工应按先高后低的方向施工；同一屋面则由檐口到屋脊方向施工。

（6）施工场地条件及选用的施工机械　施工场地的大小、道路布置和施工方案中选用的施工机械也是确定施工流向的重要因素。根据工程条件，选用施工机械（挖土机械和吊装机械），这些机械开行路线或布置位置决定了基础挖土及结构吊装的施工流向。例如，土方工程在边开挖边将余土外运时，施工流向起点应确定在离道路远的部位，并应按由远及近的方向进行。

（7）合理划分施工层、施工段　划分施工层、施工段时，伸缩缝、沉降缝、施工缝等也可决定施工流向。

（8）分部工程或施工阶段的特点　多层砖混结构工程主体结构施工的起点流向，必须从下而上，平面上从哪边先开始都可以。对装饰抹灰来说，外装饰要求从上而下，内装修则有从上而下和从下而上两种流向，如图 13-5 和图 13-6 所示。若施工工期短，则内装修宜从下而上进行施工。

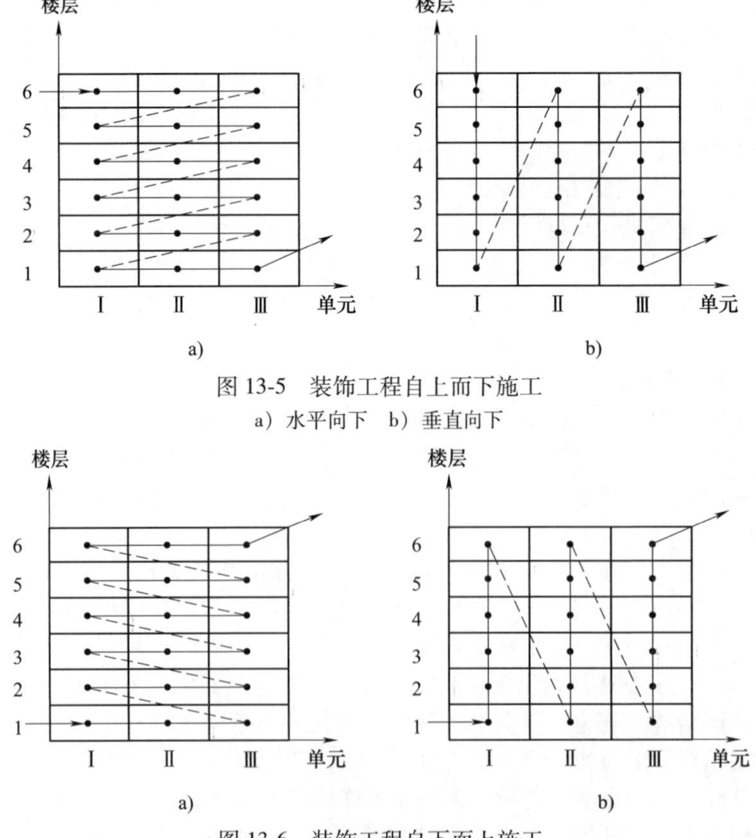

图 13-5　装饰工程自上而下施工

a）水平向下　b）垂直向下

图 13-6　装饰工程自下而上施工

a）水平向上　b）垂直向上

3. 确定施工顺序

施工顺序是指单位工程内部各个分部分项工程之间的先后施工次序。施工顺序合理与否，将直接影响工种间配合、工程质量、施工安全、工程成本和施工速度，因此必须科学合理地确定单位工程施工顺序。确定施工顺序的基本原则如下：

1）符合施工工艺及构造的要求。施工工艺存在的客观规律和相互间的制约关系一般是不可违背的，如钢筋混凝土工程的施工顺序为支模板→绑扎钢筋→浇筑混凝土→养护→拆模。

2）与施工方法及采用的机械协调一致。例如，装饰装修工程里外贴法与内贴法的顺序，尽量发挥主导施工机械效能的顺序。

3）符合施工组织的要求。当有多项施工方案时，应从施工组织的角度，对工期、人员和机械进行综合分析比较，选出最经济合理，有利于施工和工作开展的施工顺序。

4）有利于保证施工质量和成品保护。例如，门扇、窗玻璃的安装就位可在全部顶棚、墙面抹灰完成之后，自上而下一次完成。

5）考虑当地气候条件。室外露天作业尽量安排在雨期来临前施工完毕；地基基础工程尽量安排在雨期前完成±0.000以下的施工；冬期室内施工时，可先安装门扇和窗玻璃，后做其他装饰工程；夏季高温施工，可以通过合理调整作息时间，调整劳动组织，采取勤倒班，轮换作业的方法缩短一次性连续作业时间。

（1）多层混合结构住宅楼的施工顺序　多层混合结构住宅楼的施工，一般可分为基础工程，主体结构工程，屋面工程，装饰工程，水、电、暖、卫工程施工阶段。其中，水、电、暖、卫等工程与土建密切配合，交叉施工。某砖混结构四层住宅楼施工顺序如图13-7所示。

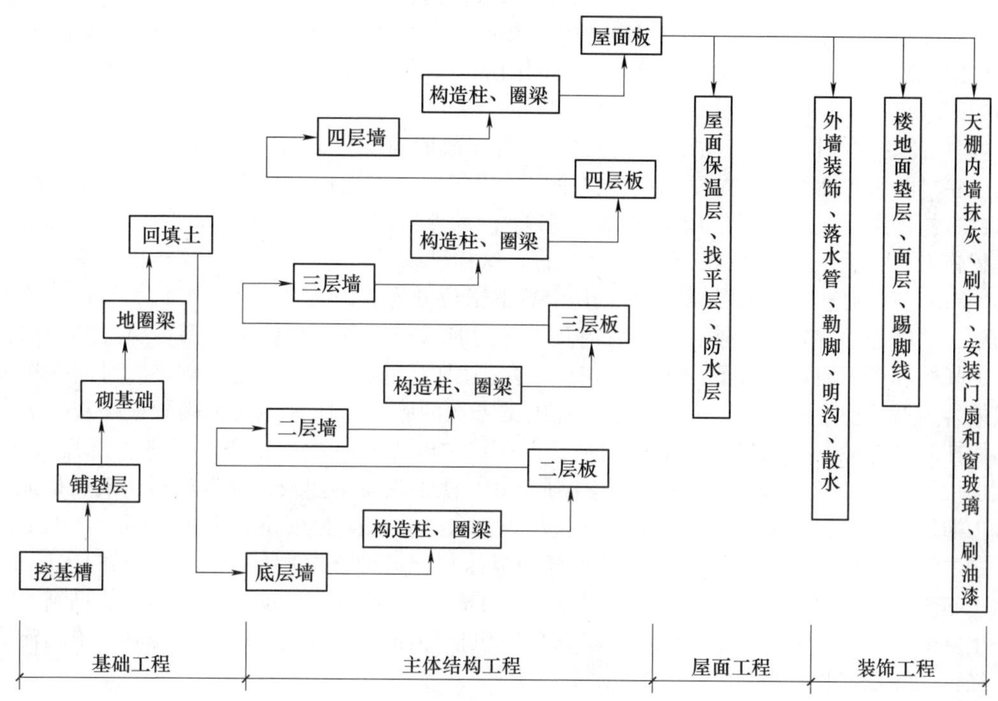

图13-7　某砖混结构四层住宅楼施工顺序

1）基础工程的施工顺序。基础工程是指室内地坪（±0.000）以下的所有工程，其施工顺序一般为挖基槽→铺垫层→砌基础→地圈梁→回填土。若遇到地下障碍物、墓穴、防空洞、软弱地基等不良地质时，则需要事先处理；有地下室时，应在基础完成后，先砌地下室墙，然后做防潮层，最后浇筑地下室顶板及回填土。施工注意事项主要有：

① 挖土与铺垫层之间的施工要搭接紧凑，以防雨后积水或暴晒，影响地基的承载能力。

② 垫层施工后应留有一定的技术间歇时间，使其达到一定的强度后才能进行下一道工序的施工。

③ 对于各种管沟的施工，应尽可能与基础同时进行，平行施工，在基础工程施工时，应注意预留孔洞。

④ 基础工程回填土，原则上应一次分层夯填完毕，为主体结构施工创造良好的条件。在回填土量大或工期紧迫的情况下，也可以与砌墙平行施工，但必须有保证回填土质量与施工安全的措施。

2）主体结构工程的施工顺序。主体结构工程施工阶段的工作内容较多。若主体结构的楼板、圈梁、楼梯、构造柱等为现浇，其施工顺序一般可归纳为立构造柱钢筋→砌墙→支构造柱模板→浇筑构造柱混凝土→支梁、板、楼梯模板→绑扎梁、板、楼梯钢筋→浇筑梁、板、楼梯混凝土；若楼板为预制构件，则施工顺序一般为立构造柱钢筋→砌墙→支柱模板→浇筑柱混凝土→圈梁施工→吊装楼板→灌缝（隔层）。在主体结构工程施工阶段，应当重视楼梯间、厨房、厕所、盥洗室的施工。楼梯间是楼层之间的交通要道，厨房、盥洗室的工序多于其他房间，而且面积较小，如施工期间不紧密配合，不能及时为后续工序创造工作面，则会影响施工进度，延误工期。砌墙与现浇楼板（或铺板）是主导施工过程，要注意这两者在流水施工中的连续性，避免不必要的窝工现象发生。在组织砌墙工程流水施工时，不仅要在平面上划分施工段，而且在垂直方向上要划分施工层，以一个可砌高度为一个施工层，每完成一个施工段的一个施工层的砌筑，再转到下一个施工段砌筑同一施工层，就是按水平流向在同一施工层逐段流水作业。也可以在同一结构层内，由下向上依次完成各砌筑施工层后再转入下一施工段，这就是在一个结构层内采用垂直向上流向的砌墙组织方法。还可以在同一结构层内各施工段间，采用对角线流向的阶段式的砌墙组织方法。砌墙组织的流向不同，安装楼板投入施工的时间间隔也不同。设计时，可根据可能条件，作业不同流向的砌墙组织，分析比较后确定。

3）屋面工程的施工顺序。由于南北方区域差异，故屋面工程选用的材料不同，其施工顺序也不相同。卷材防水屋面的施工顺序一般为找平层→隔气层→保温层→找平层→刷冷底子油结合层→防水层→保护层。施工注意事项主要是：刷冷底子油结合层一定要等到找平层干燥以后进行。屋面工程施工应尽量在主体结构工程完工后进行，这样可以尽快为室内外的装修创造条件。

4）装饰工程的施工顺序。装饰工程按所装饰的部位分为室内装饰和室外装饰。室内装饰和室外装饰施工顺序通常有先内后外、先外后内及内外同时进行三种。具体采用哪种施工顺序应视施工条件、气候和工期而定。为了加快施工速度，多采用内外同时进行的施工顺序。对同一单元层来说室内装饰有两种不同的施工方案。第一种施工方案的施工顺序为地面和踢脚板抹灰→天棚抹灰→墙面抹灰。这种方案的优点是适应性强，可在结构施工时将地面工程穿插进去（用人不多，但大大加快了工程进度），地面和踢脚板施工质量好，便于收集落地灰，节省材料；缺点是地面要养护，工期较长，但如果是在结构施工时先做的地面，这一缺点也就不存在了。第二种施工方案的施工顺序为天棚抹灰→墙面抹灰→地面和踢脚板抹灰。这种方案的优点是每单元的工序集中，便于组织施工，但地面清扫费工费时，一旦清理不干净，影响楼面与预制楼板之间的黏结，地面容易发生空鼓。室外装饰的施工顺序为外墙抹灰（包括饰面）→做散水→砌筑台阶。施工流向自上而下进行，并在安装雨水管的同时拆除外脚手架。

5）水、暖、电、卫等工程的施工安排。由于水、暖、电、卫等工程不是分为几个阶段进行单独施工，而是与土建工程进行交叉施工的，所以必须与土建施工密切配合，尤其是要事先做好预埋管线工作。具体做法如下：

① 在基础工程施工前，先将相应的管道沟的垫层、地沟墙做好，然后回填土。

② 在主体结构施工时，应在砌砖墙和现浇钢筋混凝土楼板的同时，预留出上下水管和暖气立管的孔洞、电线孔槽，此外还应预埋木砖和其他预埋料。

③ 在装修工程施工前，应安设相应的下水管道、暖气立管、电气照明用的附墙暗管、接线盒等，但明线应在室内装修完成后安装。

（2）多（高）层全现浇钢筋混凝土框架结构建筑的施工顺序　多（高）层全现浇钢筋混凝土框架结构建筑的施工顺序，一般可分为±0.000 以下基础工程、主体结构工程、屋面工程和装饰工程四个施工阶段。多（高）层全现浇钢筋混凝土框架结构建筑的施工顺序如图 13-8 所示。

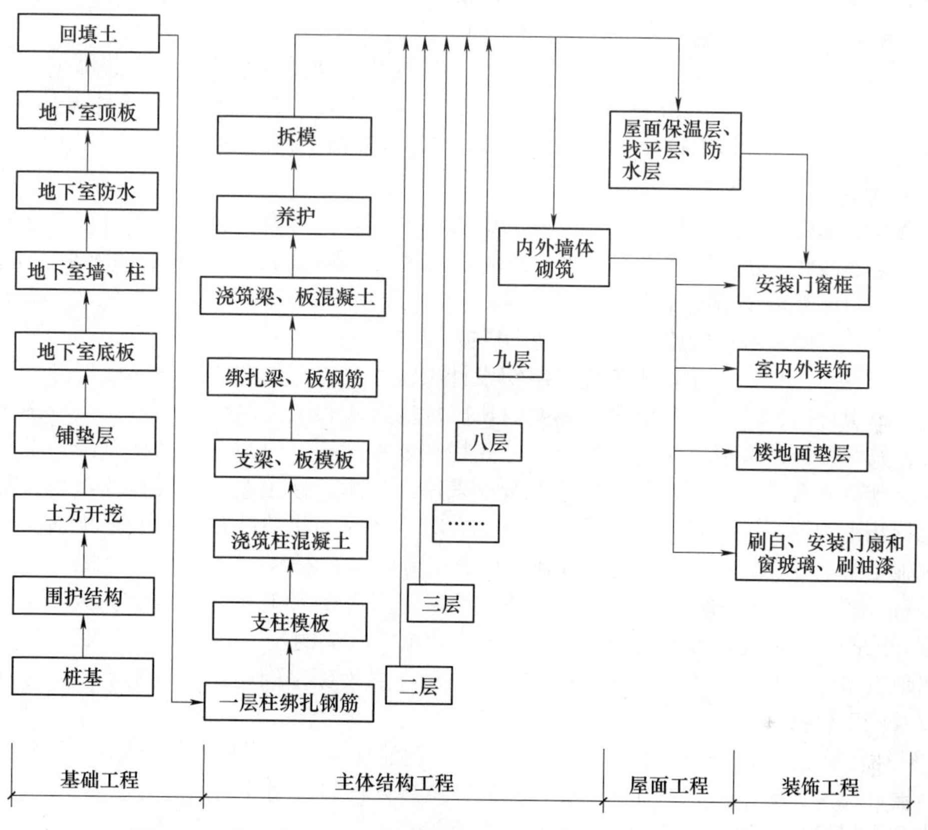

图 13-8　多（高）层全现浇钢筋混凝土框架结构建筑的施工顺序

1）基础工程的施工顺序。多（高）层全现浇钢筋混凝土框架结构建筑的基础工程（±0.000 以下的工程）一般可分为有地下室基础工程和无地下室基础工程。若有一层地下室且又建在软土地基上，其施工顺序为桩基施工（包括围护桩）→土方开挖→砍桩头及铺垫层→做防水层和保护层→做基础及地下室底板→做地下室墙、柱（含外墙防水）→做地下室顶板→回填土。若无地下室且又建在软土地基上，其施工顺序为桩基施工→土方开挖→铺垫层→钢筋混凝土基础施工→回填土。若无地下室且建在承载力较好的地基上，其施工顺序一般为土方开挖→铺垫层→钢筋混凝土基础施工→回填土。与多层混合结构住宅楼类似，在基础工程施工前要处理好地下障碍、软弱地基等问题，要加强垫层、基础混凝土的养护，及时进行拆模，以尽早回填土，为上部结构施工创造条件。

2）主体结构工程的施工顺序。主体结构的施工主要包括柱、梁（主梁、次梁）、楼板及砌体工程的施工。由于柱、梁、板的施工工程量很大，所需要的材料、劳动力很多，而且对工程质量和工期起决定性作用，故需要采用多层框架在竖向上分层、在平面上分段的流水施工方法。按楼层混凝土浇筑的方式不同，可分为分别浇筑和整体浇筑两种方式。若采用分别浇筑，其施工顺序为绑扎柱钢筋→支柱、梁、板模板→浇筑柱混凝土→绑扎梁、板钢筋→浇筑梁、板混凝土。若采用整体浇筑，其施工顺序为绑扎柱钢筋→支柱、梁、板模板→绑扎梁、板钢筋→浇筑柱、梁、板混凝土。墙体工程包括砌筑用脚手架的搭拆，内、外墙砌筑等分项工程。不同的分项工程之间可组织平行、搭接、立体交叉流水施工。脚手架应配合砌筑工程搭设，在室外装饰之后、做散水坡之前拆除。内墙的砌筑则应根据内墙的基础形式而定，有的需在地面工程完成后进行，有的则可在地面工程之前与外墙同时进行。

3）屋面工程的施工顺序。屋面工程的施工顺序与多层混合结构住宅楼屋面工程的施工顺序相同。屋面工程和墙体工程应密切配合，如在主体结构工程结束之后，先进行屋面保温层、找平层施工，外墙砌筑到顶后，再进行屋面防水层的施工。

4）装饰工程的施工顺序。装饰工程的施工分为室内装饰和室外装饰。室内装饰包括天棚、墙面、楼地面、楼梯等抹灰，门窗安装，门窗油漆，玻璃安装等；室外装饰包括外墙抹灰、勒脚、散水、台阶、明沟等。其施工顺序与多层混合结构住宅楼装饰工程的施工顺序基本相同。

4. *选择施工方法和施工机械*

正确选择施工方法和施工机械是施工方案中的关键问题，其直接影响施工进度、质量、成本以及施工安全。因此，在编制施工方案时，必须根据建筑结构的特点、工程量的大小、工期长短、资源供应情况、施工现场情况和周围环境等因素，制订出可行的施工方案，并在此基础上进行技术经济分析比较，确定最优的施工方案和施工机械。

（1）选择施工方法　在单位工程施工组织设计中，主要项目的施工方法是根据工程特点在具体施工条件下拟订的，其内容要求简明扼要。凡按常规做法和工人熟练的项目，可不必详细拟订施工方案，只要提出这些项目在本工程上的一些特殊要求就行。但是对于结构复杂、工程量大且比较重要的分部（分项）工程，施工技术复杂或采用新技术、新工艺、新材料的项目，有专业资质要求的特殊工种等，应编制详细而具体的施工方案，并提出相关的技术和安全措施，必要时可单独编制施工组织设计。施工方法的选择通常应着重考虑以下内容：

1）基础工程。各类基槽（坑）开挖方法、顺序，所需要人工数，所需要机械的型号、数量等；土方开挖的技术措施，如与场地降排水、冬雨期施工有关的技术与组织措施等；若有地下室，则应提出地下室施工的技术要求；浅基础的垫层、钢筋混凝土基础施工的技术要求；深基础施工的方法以及施工机械的选择。

2）钢筋混凝土工程。模板的类型和支模方法；钢筋加工、运输和安装方法；混凝土的配料、搅拌、运输、浇筑、振捣、养护方法及要求，外加剂掺合料的使用等；预应力混凝土的施工方法、控制应力和张拉机具设备。

3）砌筑工程。砌墙的组砌方法和质量要求；砌筑工艺要求，如找平、弹线、摆砖样、立皮数杆、挂线砌筑等；确定脚手架搭设方法及安全网的接设要求；选择垂直和水平运输机械的型号、数量等。

4）结构吊装工程。建筑物及所吊装构件的外形尺寸、位置、质量和吊装高度；吊装方法、顺序，机械位置、行驶路线，构件拼装方法及场地；构件的运输、装卸、堆放方法；起重运输机行走路线的要求。

5）装修工程。确定室内外抹灰工程的施工方法和要求；确定工艺流程、施工组织和组织流水施工；装饰装修材料场地内的运输，减少临时搬运、二次搬运的措施。

6）特殊工种。对四新（新结构、新工艺、新材料、新技术）项目，高耸、大跨、重型构件，水下、深基础、软弱地基，冬雨期施工项目均应单独编制施工方案；对大型土方、打桩构件吊装等项目，无论内分包还是外分包，均应由分包单位提出单项施工方法与技术组织措施。

（2）选择施工机械　机械化施工是改变建筑工业生产落后面貌、实现建筑工业化的基础。因此，施工机械的选择是施工方法选择的中心环节。选择施工机械时应着重考虑以下几方面：

1）选择施工机械时，应结合工程特点，选择最适合主导工程的施工机械。例如，在选择装配式单层工业厂房结构安装用的起重机类型时，当工程量较大且集中时，可以采用生产效率较高的塔式起重机；当工程量较小或工程量虽大却相当分散时，采用无轨自行式起重机较为经济。在选择起重机型号时，应使起重机在起重臂外伸长度一定的条件下，能适应起重量及安装高度的要求。

2）各种辅助机械或运输工具应与主导机械的生产能力协调配套，以充分发挥主导机械的效能。例如，在土方工程施工中采用汽车运土时，汽车的载重量应为挖土机斗容量的整数倍，汽车的数量应保证挖土机的连续工作。

3）在同一建筑工地上，应力求建筑机械的种类和型号尽可能少些，以利于机械管理。因此，工程量大且分散时，宜采用多用途机械施工，如挖土机既可用于挖土，又能用于装卸、起重和打桩。

4）施工机械的选择还应考虑充分发挥施工单位现有机械的能力。当本单位的机械能力不能满足工程需要时，应购置或租赁所需要的新型机械或多用途机械。综合考虑使用机械的各项费用（如运输费、折旧费、租赁费、对工期的延误而造成的损失等）后进行成本的分析和比较，从而决定是租赁机械还是采用本单位的机械，有时采用租赁成本更低。

（3）施工方案的技术经济评价　施工方案的技术经济评价是选择最优施工方案的重要环节之一。施工方案的技术经济评价常用方法主要有定性分析法和定量分析法两种。

1）定性分析法。定性分析法是结合工程施工实际经验，对每一个施工方案的优缺点进行分析比较。例如，施工操作上的难易程度和安全可靠性如何；施工机械设备的获得是否符合经济合理性的要求；方案是否能为后续工序提供有利条件；施工组织是否合理，是否能体现文明施工等。

2）定量分析法。定量分析法是通过对各个施工方案的主要技术经济指标，如工期指标、单位产品的劳动消耗量、单位面积建造造价指标、主要材料消耗指标、降低成本指标、施工机械化程度、安全指标、质量指标等一系列单个经济指标进行计算对比，从而得到最优施工方案的方法。

① 工期指标。建筑产品的施工工期是指从开工到竣工所需要的时间，一般以施工天数（日历天）计。当要求工程尽快完成以便尽早投入生产或使用时，选择施工方案就要在确保工程质量、安全和成本较低的条件下，优先考虑工期较短的方案。例如，在钢筋混凝土工程主体施工时，往往采用增加模板的套数来缩短主体工程的施工工期。

② 施工机械化程度指标。在考虑施工方案时应尽量提高施工机械化程度，降低工人的劳动强度。积极扩大机械化施工的范围，把机械化施工程度的高低，作为衡量施工方案优劣的重要指标。施工机械化程度计算公式为

$$施工机械化程度=\frac{机械化施工完成的工作量}{总工作量}\times 100\% \tag{13-20}$$

③ 主要材料消耗指标。主要材料消耗指标反映各施工方案主要材料消耗和节约情况，这里主要材料是指钢材、木材、水泥、化学建材等。

④ 降低成本指标。降低成本指标是工程经济中的重要指标之一，综合反映了工程项目或分部工程因采用施工方案不同而产生的不同经济效果。降低成本指标可以采用降低成本额或降低成本率来表示。

⑤单位产品的劳动消耗量。单位产品的劳动消耗量是指完成单位产品所需要消耗的劳动工日数，反映施工机械化程度和劳动生产率水平。通常方案中劳动量消耗越少，施工机械化程度和劳动生产率水平越高。

⑥ 单位面积建筑造价指标。单位面积建筑造价指标是建筑产品的一次性的综合货币指标，包括人工费、材料费、机械费和施工管理费等。在计算单位面积建筑造价时，应采用实际的施工造价。

13.3.7　施工平面图

单位工程施工平面图设计是指对施工现场进行平面布置和对施工过程进行空间组织，是在施工现场布置生活设施、仓库、施工机械设备、原材料堆放场地和临时设施等的依据，也是单位工程施工组织设计的重要组成部分。合理的施工平面图设计有利于有组织、按计划地进行安全文明

施工，节约并合理利用场地，减少临时设施费用，加快施工进度，提高工程质量等。单位工程施工平面图绘制的比例一般为（1∶500）~（1∶200）。

1. 单位工程施工平面图设计的依据、内容和原则

（1）单位工程施工平面图设计的依据　在进行施工平面图设计前，应认真研究施工方案，对施工现场进行深入调查和分析，对施工平面设计所需要的资料进行收集、整理、汇总，使设计与施工现场的实际情况相符，从而能够起到对施工现场平面和空间布置的指导作用。单位工程施工平面图设计所依据的主要资料有：自然条件资料：包括地形、地质、水文及气象资料等；技术经济条件资料：包括交通运输、供水、供电、物资资源、生产及生活基本情况等；建筑总平面图，现场地形图，地下和地上管道位置、标高、尺寸，建筑区域的竖向设计和土方调配图；施工组织总设计文件；各种原材料、半成品、构配件等的需要量计划；各种临时设施和加工场地数量、形状、尺寸；单位工程施工进度计划和施工方案。

（2）单位工程施工平面图设计的内容　设计内容包括：工程施工场地状况；拟建建（构）筑物的位置、轮廓尺寸、层数等；工程施工现场的加工设施、储存设施、办公用房和生活用房等的位置和面积；布置在工程施工现场的垂直运输设施、供电设施、供水供热设施、排水排污设施和临时施工道路等；施工现场必备的安全、消防、保卫和环境保护等设施；相邻的地上、地下既有建（构）筑物及相关环境。

（3）单位工程施工平面图设计的原则

1）在保证施工顺利进行的前提下，施工现场布置要紧凑，尽可能地减少施工用地，尽量不占或少占农田。

2）合理布置施工现场的运输道路、加工场、搅拌站、仓库等的位置，最大限度地减小场内材料运输距离，减少各工种之间的相互干扰，避免二次搬运。

3）力争减少临时设施的工程量，降低临时设施费用。尽可能利用施工现场附近的既有建筑物作为施工临时设施。

4）便于工人生产和生活，符合施工安全、消防、环境保护、劳动保护和防火要求。

2. 单位工程施工平面图设计的步骤

单位工程施工平面图设计的步骤如图 13-9 所示。

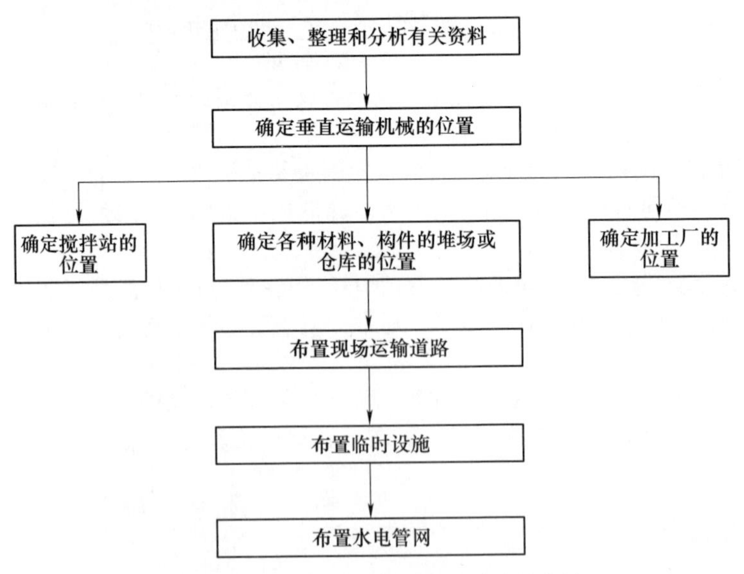

图 13-9　单位工程施工平面图设计的步骤

（1）收集、整理和分析有关资料　熟悉和了解设计图、施工方案和施工进度计划的要求，通

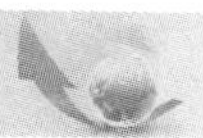

过对有关资料的调查、研究及分析，掌握现场四周地形、工程地质、水文地质等实际情况。

（2）确定垂直运输机械的位置　垂直运输机械的位置直接影响着仓库、材料和构件堆场、砂浆和混凝土搅拌站的位置，场内道路、水电管网的布置等。因此，垂直运输机械的位置必须首先予以考虑。由于各种起重机械的性能不同，其机械布置的位置也不同。

1）固定式垂直运输机械设备的位置。布置固定式垂直运输机械设备（如井架、龙门架、固定式起重机等）的位置时，应根据建筑物的形状和尺寸、施工段的划分、建筑高度、构件的质量，来考虑机械的起重能力和服务半径。做到便于运输材料，便于组织分层分段流水施工，使运距最小。布置时应考虑以下几个方面：

① 各施工段高度相近时，应布置在施工段的分界线附近；高度相差较大时，应布置在高低分界线较高部位一侧。

② 井架或龙门架的位置宜布置在有窗口处，以避免砌墙留槎和减少井架拆除后的修补工作。应设置在外脚手架之外，并有 5~6m 距离为宜。井架或龙门架的数量要根据施工进度、垂直提升机构和材料的数量、台班工作效率等因素综合考虑，其服务范围一般为 50~60m。

③ 固定式垂直运输机械设备中卷扬机的位置不应距起重机过近，以便司机的视线能看到整个升降过程。一般要求此距离大于建筑物的高度，距外脚手架 3m 以上。

塔式起重机是集起重、垂直提升、水平输送三种功能为一体的机械设备。按其架设的要求不同可分为固定式、轨行式、附着式和内爬式四种。

塔式起重机的布置位置主要根据建筑物的平面形状、尺寸，施工场地的条件及安装工艺来定。要考虑起重机能有最大的服务半径，使材料和构件获得最大的堆放场地并能直接运至任何施工地点，避免出现死角。当在塔式起重机的起重臂操作范围内有架空电线等通过时，应特别注意采取安全措施，并应尽可能避免交叉。

2）有轨式起重机的位置。有轨式起重机的轨道一般沿建筑物的长度方向布置，其位置尺寸取决于建筑物的平面形状和尺寸、构件自重、起重机的性能及四周施工场地的条件。通常轨道布置方式有跨外单侧布置、跨外双侧布置（或环形布置）、跨内单行布置和跨内环形布置四种方案，其中前两种布置方案较为常用。当塔式起重机轨道路基在排水坡下边时，应在其上游设置挡水堤或截水沟将水排走以免雨水冲坏轨道及路基。

① 跨外单侧布置。当建筑物宽度较小、构件质量不大时，可采用跨外单侧布置。其优点是轨道长度较短，节省施工成本、材料，构件堆放场地比较宽敞。当采用跨外单侧布置时，塔式起重机的最大回转半径 R 应满足下式要求：

$$R \geqslant b + a \tag{13-21}$$

式中，R 是塔式起重机的最大回转半径（m）；b 是建筑物平面的最大宽度（m）；a 是建筑物外墙至轨道中心线的距离（m），一般为 3m 左右。

② 跨外双侧布置（或环形布置）。当建筑物的宽度较大、构件质量也较大时，应采用跨外双侧布置（或环形布置）。此时，R 应满足下式要求：

$$R \geqslant \frac{b}{2} + a \tag{13-22}$$

塔式起重机的位置和型号确定后，应当校核起重量、回转半径、起重高度三项工作参数，看其是否能满足建筑物吊装技术要求。若校核不能满足要求，则需调整式（13-22）中 a 的大小。若 a 已是最小距离，则需采取其他技术措施，最后绘制出塔式起重机的服务范围，如图 13-10 所示。

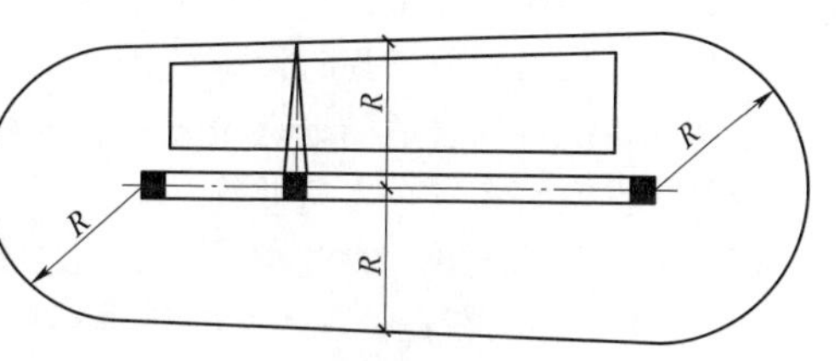

图 13-10　塔式起重机服务范围示意图

3）自行无轨式起重机的开行路线。自行无轨式起重机分为履带式、轮胎式和汽车式三种，主要用于构件的起吊和装卸，适用于装配式单层工业厂房主体结构的吊装，也可用于混合结构大梁及楼板的吊装。其开行路线及停机位置主要取决于建筑物的平面布置、构件质量、吊装高度和方法等，其开行方式有跨中运行和跨边运行两种。

4）外用施工电梯。外用施工电梯又称人货两用电梯，是一种安装在建筑物外部，施工期间用于运送施工人员及建筑材料的垂直提升机械，是高层建筑施工中不可缺少的重要设备。其布置的位置应方便人员上下、物料集散，便于安装附墙装置，满足电梯口至各施工处的平均距离最短要求等。

（3）确定搅拌站、加工厂、各种材料和构件的堆场或仓库的位置　搅拌站的位置应尽量靠近使用地点或靠近垂直运输设备，力争热料由搅拌站到工作地点运距最短。有时在浇筑大型混凝土基础时，为了减少混凝土运输，可将混凝土搅拌站直接设在基础边缘，待基础混凝土浇完后再转移。砂、石堆场及水泥仓库应紧靠搅拌站布置。同时，搅拌站的位置还应考虑使大宗材料的运输和装卸较为方便。当前利用大型搅拌站集中生产混凝土，用罐车运至现场，可节约施工用地，提高机械利用率，是今后的发展方向。各种材料和构件的堆放应尽量靠近使用地点，并考虑到运输及卸料方便，底层以下用料可堆放在基础四周，但不宜离基坑槽边太近，以防塌方。当采用固定式垂直运输设备时，材料、构件堆场应尽量靠近垂直运输设备，以缩短地面水平运距；当采用有轨式起重机时，材料、构件堆场以及搅拌站出料口等均应布置在塔式起重机有效起吊服务范围之内；当采用自行式无轨起重机时，材料、构件堆场及搅拌站的位置应沿着起重机的开行路线布置，且应在起重臂的最大起重半径范围之内。构件的堆放位置应考虑安装顺序。先吊的放在上面，后吊的放在下面。构件进场时间应与安装进度密切配合，力求直接就位，避免二次搬运。加工厂（如木工棚、钢筋加工棚），宜布置在建筑物四周稍远位置，且应有一定的材料、成品的堆放场地；石灰仓库、淋灰池的位置应靠近搅拌站，并设在下风向；沥青堆放场地及熬制锅的位置应远离易燃物品，也应设在下风向。

（4）布置现场运输道路　现场运输道路的布置，主要是满足材料构件的运输和消防的要求。应使道路连通到各材料及构件堆放场地，并离它越近越好，以便装卸。消防对道路的要求：除消防车能直接开到消火栓处外，还应使道路靠近建筑物、木料场，以便消防车能直接进行灭火抢救。

布置道路时还应注意以下几方面要求：

1）尽量使道路布置成直线，以提高运输车辆的行车速度，并应使道路形成循环，以提高车辆的通行能力。

2）应考虑下一期开工的建筑物位置和地下管线的布置。道路的布置要与后期施工结合起来考虑，以免临时改道或道路被切断影响运输。

3）布置道路应尽量把临时道路与永久性道路相结合，即可先修永久性道路的路基，作为临时道路使用，尤其是当需要修建场外临时道路时，要着重考虑这一点，可节约大量投资。在有条件的地方，可以把永久性道路事先修建好，以利于运输。

（5）布置临时设施　现场的临时设施目的是服务于建筑工程的施工，可分为生产性临时设施（如钢筋加工棚、木工加工棚、水泵房器具维修站等）和非生产性临时设施（如行政办公用房、宿舍、食堂、开水房、卫生间等）两大类。非生产性与生产性临时设施应有明显的划分，不要互相干扰。生产性临时设施宜布置在建筑物四周稍远位置，且有一定的材料、成品堆放场地，并考虑使用方便，不妨碍施工，符合安全、卫生、防火的要求。尽量利用既有设施或已建工程，合理确定面积，努力做到节省临时设施费用。通常办公室应靠近施工现场，设于工地入口处，也可根据现场实际情况选择合适的地点设置；工人休息室应设在工人作业区；宿舍应布置在安全的上风向一侧；收发室宜布置在入口处等。

（6）布置水电管网　水电管网的布置主要包括供水管网的布置和供电线网的布置。

1）供水管网的布置。现场临时供水包括生产、生活、消防等用水。施工现场临时用水应尽量利用工程的永久性供水系统，减少临时供水费用。供水管道一般从建设单位的干管或自行布置的干管接到用水地点，同时应保证管网总长度最短。管径的大小和出水龙头的数目及设置，应视工程规模的大小通过计算确定。管道可埋于地下，也可铺于路上，根据当地的气候条件和使用期限

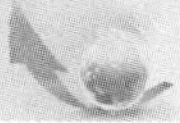

的长短而定。

临时水管最好埋设在地面以下，以防汽车及其他机械在上面行走时压坏。严寒地区应埋设在冰冻线以下，明管部分应做保温处理。工地临时管线不要布置在后期拟建建筑物或管线的位置以上，以免开工时水源被切断，影响施工。临时施工用水管网在布置时，除要满足生产、生活用水要求外，还要满足消防用水的要求，并设法使管道铺设越短越好。施工现场应设消防水池、水桶、灭火器等消防设施。单位工程施工中的防火，一般用建设单位的永久性消防设备。若为新建企业，则根据全工地的施工总平面图考虑。

布置供水管网时还应考虑室外消火栓的布置要求：

① 室外消火栓应沿道路设置，间距不应超过120m，距房屋外墙为1.5~5m，距道路应不大于2m。现场每座消火栓的消防半径，以水龙带铺设长度计算，最大为50m。

② 现场消火栓周围要设有明显标志，配备足够的水龙带，周围3m以内，不准存放任何物品。室外消火栓给水管的直径不小于100mm。

③ 高层建筑施工应设置专用高压泵和消防竖管。消防高压泵应用非易燃材料建造，设在安全位置。

2）供电线网的布置。建设项目中的单位工程施工用电应按施工总平面图进行布置，一般可不设变压器。对于独立的单位工程，应当根据计算出的施工用电总量选择适宜的变压器。变压器应在远离交通要道口、距高压线最近的施工现场边缘处接入，且四周应做好围护。现场架空线必须采用绝缘铜线或绝缘铝线。架空线必须设在专用电杆上，并布置在道路一侧，严禁架设在树木、脚手架上。现场正式的架空线（工期超过半年的现场，须按正式线架设）与施工建筑物的水平距离不小于10m，与地面的垂直距离不小于6m，跨越建筑物或临时设施时，与其顶部的垂直距离不小于2.5m，距树木不应小于1m。架空线与杆间距一般为25~40m，分支线及引入线均应从杆上横担处连接。

以上是单位工程施工平面图设计的主要内容及要求。设计中，还应参考国家及各地区有关安全消防等方面的规定，如各类建筑物、材料堆放的安全防火间距等。此外，对较复杂的单位工程，应按不同的施工阶段分别设计施工平面图。

思 考 题

1. 试述施工组织设计的作用。
2. 施工组织设计编制需要遵循哪些原则？
3. 施工组织设计包含哪些内容？
4. 施工总体部署的主要内容有哪些？
5. 施工总进度计划编制的步骤是什么？
6. 主要资源配置计划的内容有哪些？
7. 施工总平面图编制的原则是什么？编制的内容有哪些？
8. 施工组织设计编制时需要考虑哪些临时设施？
9. 单位工程施工组织设计的内容有哪些？
10. 单位工程施工进度计划分为哪几类？
11. 划分施工过程时，应注意哪些问题？
12. 安排施工程序应注意哪些问题？
13. 封闭式施工和敞开式施工有什么区别？各自有哪些优缺点？
14. 单位工程施工起点流向确认应考虑哪些因素？
15. 基础工程施工方法的选择应该考虑哪些内容？
16. 现场临时水电管线应如何布置？

第3篇

智能化施工

第14章 智能化施工技术与管理

学习目标：了解智能化施工的概念和相关技术；熟悉BIM、物联网、大数据与云平台、区块链、3D打印等技术在智能化施工中的应用情况；熟悉机械管理、人员管理、物料管理、现场安全管理、施工场地布置、智慧工地管理等智能化施工管理的情况。

14.1 概述

建筑业作为国民经济支柱产业，为促进经济增长、缓解社会就业压力、推进新型城镇化建设、保障和改善人民生活、决胜全面建成小康社会做出了重要贡献。在取得成绩的同时，建筑业依然存在发展质量和效益不高的问题，集中表现为发展方式粗放、劳动生产率低、高耗能高排放、市场秩序不规范、建筑品质总体不高、工程质量安全事故时有发生等。建筑市场作为我国超大规模市场的重要组成部分，是构建新发展格局的重要阵地，在与先进制造业、新一代信息技术深度融合发展方面有着巨大的潜力和发展空间。随着我国经济发展进入新常态，传统建筑业生产过程所存在的上述问题使得建筑业难以维持之前的高速增长状态。近年来，以装配式建筑模式为代表的新型建筑工业化模式作为一种新的生产方式受到越来越多的关注、支持和推广。在BIM、大数据与云平台、物联网、3D打印、区块链的先进技术的支持下，建筑业开始以新型建筑工业化为核心，以信息化手段为有效支撑，进行全产业链更新、改造和升级，技术创新和管理创新实现了企业和人员能力的提升，推动建筑业全过程、全要素、全参与方的升级。特别是在施工阶段，智能化设备的大量应用、虚拟化的全过程建造仿真模拟、精细化的全要素管理为传统施工向智能施工转变提供了有效手段。

智能化施工是指在工程建造中运用信息化技术来最大限度地实现项目自动化和智慧化的工程活动。它是一种新兴的工程建造模式，是建立在高度的信息化、工业化和社会化基础上的一种信息融合、全面物联、协同运作的工程建造模式。智能施工实现了高质量施工、安全施工和高效施工，先进科学技术的运用减少了现场资源消耗量，保证了施工人员安全，提高了施工质量，改善了现场环境，对现场的“人、机、料、法、环”五大要素实现全面的智能化管理，如基于物联网技术、大数据和云计算的施工机械智能化管理、基于BIM技术和物联网技术的智能化施工场地布置、基于智能传感器和无线射频识别技术等的智慧工地管理系统等。

另外，工业4.0背景使建筑业面临数字转型升级的历史机遇，新兴的信息技术融合能够实现智能化施工，这种集规划、设计、施工、运营和维护为一体的高效协调建造模式是未来建筑业必然的发展趋势，具有数字化和信息化特点。

14.2　智能化施工技术

14.2.1　BIM 技术

《建筑信息模型应用统一标准》（GB/T 51212）将建筑信息模型（Building Information Modeling，BIM）定义为在建设工程及设施全生命周期中，对其物理和功能特性进行数字化表达，并依次设计、施工、运营的过程和结果的总称。BIM 技术是一种应用于工程设计、建造、管理的数据化工具和多维模型信息集成技术，通过对建筑的数据化、信息化模型整合，在项目全生命周期过程中进行共享和传递，为各方建设主体（包括政府主管部门、业主、设计、施工、监理、咨询、物业管理等）提供协同工作的基础，以提高生产效率、节约成本和缩短工期，可以从根本上改变项目参与人员依靠图样和文字进行项目建设和运营管理的工作方式。

BIM 相关软件主要包括 BIM 方案设计软件、BIM 结构分析软件、BIM 可视化软件、BIM 模型综合碰撞检查软件、BIM 造价管理软件、BIM 运营软件等。目前国内主流的 BIM 建模软件主要包括 Revit 系列软件、Bentley 系列软件、图软的 ArchiCAD 系列软件、天宝的 Tekla 系列软件、达索的 CATIA 系列软件、广联达的 MagiCAD 系列软件和 Rhino 系列软件等。

BIM 技术可以被广泛应用到施工管理过程中，涉及质量管理、进度管理、成本管理、安全管理以及信息管理等诸多方面。

1. 施工质量管理

BIM 技术能够给不同专业人员提供协同设计的平台，例如，在设计阶段即建模前期，建筑专业和结构专业设计人员可大致确定吊顶及结构梁高度。如果空间受限，可以提前告知机电人员，在空间狭小、管线复杂的区域，协调设计二维局部剖面图。这种协同设计能在前期建模中解决部分管线碰撞问题，避免后期出现质量问题。

BIM 技术提供可视化的操作平台，使施工设计人员在正式施工前对项目进行碰撞检查，彻底消除硬碰撞、软碰撞，优化工程施工设计，减少施工阶段出现的错误和返工，优化净空和管线布置方案。图 14-1 所示是使用 BIM 技术修改前后的风管和消防管，施工设计人员可以使用优化后的施工方案进行施工交底、施工模拟，确保施工设计的合理性。在工序管理中，BIM 技术有助于快速确定工序质量、控制工作计划。例如，对于钢筋布设、混凝土浇筑、模板安拆等重点工序施工，BIM 技术有助于设置质量控制点，主动控制重点工序的活动质量，及时检查这些工序的施工效果。

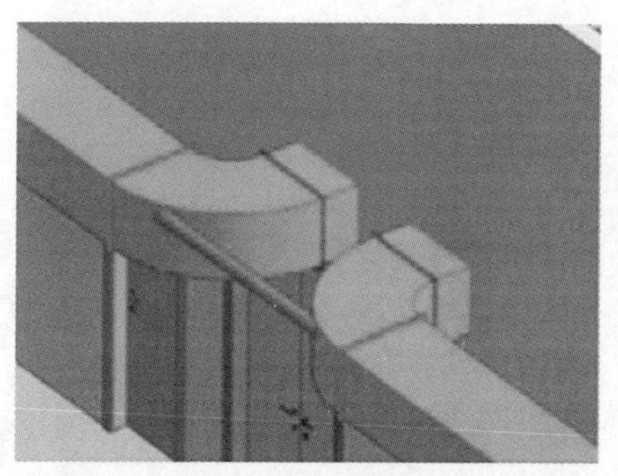
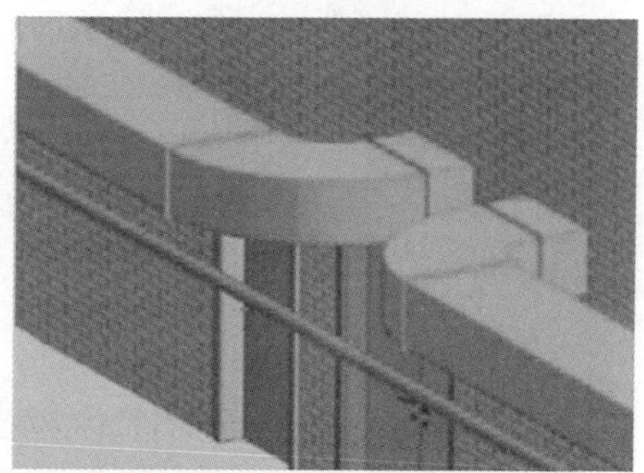

图 14-1　BIM 技术修改前后的风管和消防管

2. 施工进度管理

传统施工采用二维 CAD 设计图进行各参与方的协调沟通，抽象的网络进度计划难以理解执行。BIM 技术能够突破二维限制，加快施工进度，如减少变更和返工带来的进度损失、加快生产计划及材料计划编制、加快竣工交付资料准备等，提高施工阶段的工作效率。

利用BIM技术和离散事件模拟的施工优化方法可以通过对各项工序的模拟计算，得出工序工期、人力、机械、场地等资源占用情况，以通过优化资源配置、场地布置、工序安排最大限度地加快施工进度。该技术与施工进度计划相结合，能将三维图形和时间信息整合在一个可视的4D模型中（3D+时间）。BIM4D的进度管理流程如图14-2所示，它不仅能直观、精确地反映整个建筑施工过程，实现基于过程优化的4D施工可视化模拟，还可以实时追踪当前进度状态，分析进度影响因素，协调各专业，制订应对措施，从而缩短工期、降低成本、提高质量。BIM4D能自动生成结构分析模型，在施工期间实时计算结构与支撑体系的力学参数，评估安全性能。

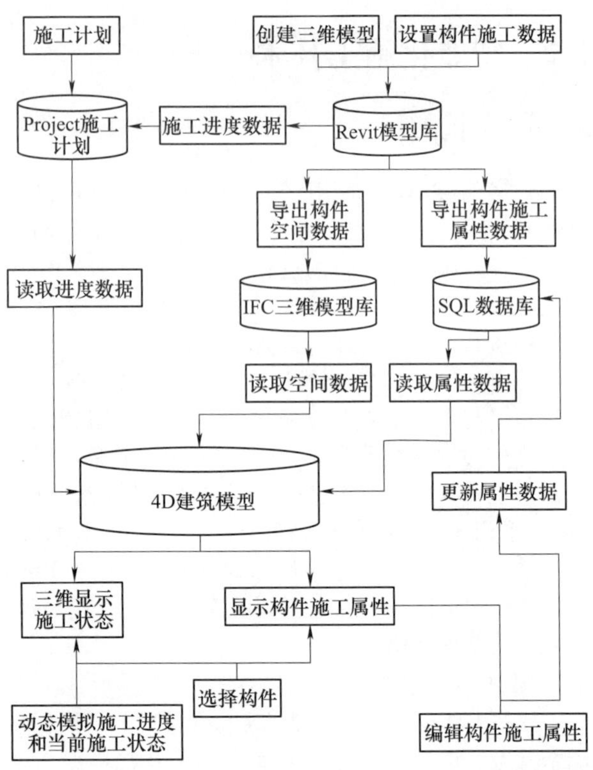

图14-2 BIM4D进度管理流程

3. 施工成本管理

基于BIM技术能建立成本的5D（3D实体+时间+成本）关系数据库，以各WBS（工程分解结构）单位工程量人料机单价导入BIM5D模型中，能快速实行多维度成本分析，对项目成本进行动态控制。BIM是一个强大的工程信息数据库，建模完成后能提供构件位置、尺寸、材料等信息，计算机通过识别构件的几何物理信息，汇总统计构件的数量。相较于传统的人工算量，BIM能快速准确地统计各类构件数量，大幅度简化了算量工作，节约了人力资源和算量时间。施工过程中，BIM能动态计算任意WBS节点每日计划工程量、计划工程量累计、每日实际工程量、实际工程量累计，帮助管理人员实时掌握工程量的计划和实际完工情况。已完工程量预算成本是工程款结算的重要依据，系统动态计算实际工程量可以为价款结算提供支持。

4. 施工安全管理

在施工准备阶段，BIM能够模拟并计算安全管理参数，建立虚拟环境，划分施工空间，排除安全隐患。基于BIM技术的安全规划能够在施工前的虚拟环境中发现潜在的安全问题并予以排除。图14-3所示是使用BIM技术进行动画模拟，可实现塔式起重机与脚手架碰撞检查，合理安排塔式起重机的顶升时间，提前与脚手架的作业班组交流沟通，避免事故发生。同时BIM技术的有限元分析平台可以进行力学计算和分析，以保证施工安全。

图14-3 塔式起重机与脚手架碰撞检查

施工过程中，BIM模型能为现

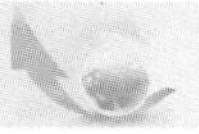

场施工提供三维可视化动态监测平台，通过三维虚拟环境下的漫游来直观、精确地发现现场各种潜在危险源，及时了解施工过程中结构的受力和运行状态。同时 BIM 能够模拟灾害发生过程，分析灾害发生原因，制订避免灾害的对策，以及灾害发生后人员疏散路径，救援支持的应急预案，尽可能地减少灾害带来的人员伤亡和财产损失。

5. 施工信息管理

BIM 技术能够通过开发、使用、传递和保存项目模型信息来提高项目施工管理的效率和质量。如基于 BIM 技术的施工信息管理平台可支持信息的交换、共享、可视化施工模拟，消除信息孤岛的问题；利用 BIM 模型数据库可建立材料的全部属性信息，专业建模人员可以对施工使用的材料按照用量大小、占用资金及重要程度等进行分类管理，以方便相关单位对任意构件进行信息查询和统计分析。在主体结构施工中，BIM 技术能够优化钢筋断料组合加工表，将钢筋损耗降至最低，能够严格控制混凝土浇筑位置、尺寸、材料强度，提高作业效率，保证工作质量。

14.2.2　物联网技术

物联网是通过信息传感设备，按照约定的协议，把物品与互联网连接起来，进行信息交换和通信，以实现智能化识别、定位、跟踪、监控和管理的一种网络。它具有普通对象设备化、自治终端互联化和普适服务智能化三个特征。在智能施工中，物联网技术的应用价值主要包括以下三个方面：

1. 资源调度

物联网技术能够对施工现场进行实时管控，实时定位人员、材料、设备等，能够更好地调度资源，提高工作效率。二维码技术能使施工人员通过智能设备扫描，获得详细的工艺说明，使工程质量具有可追溯性。原材料的二维码标签也能使管理人员实时监测材料库存，及时补充材料，防止因材料短缺造成的工期延误。

2. 施工质量

物联网技术能够把各种机械、材料、建筑体通过传感器和局域网进行系统管理，同步监控土建施工的各个分项工程，严格保证施工质量。如传统施工的定位放线主要使用一些光学仪器和简单的测量设备，精度较低，容易产生累加误差。而物联网定位技术能够快速测得定位点附近事物的局域坐标，并以此定位。同时，射频识别技术突破了条形码必须近距离直视才能识别的缺点，无须打开商品包装或隔着建筑物就能够识别，施工材料进入射频识别的有效区域，就能立即被识别并转化成数字信息。物联网技术实现了建筑原材料供应链全过程的实时监控和透明管理，使施工人员随时可以了解材料信息，提高自动化程度。射频识别标签安装在构件上后，施工人员能实时监控各构件的内部应力、变形、裂缝等变化，一旦出现异常，可以及时修复和补救，最大限度地保证施工质量。

3. 作业安全

安全问题贯穿在整个施工过程中，物联网技术能对人员和车辆出入进行管理，保证人员和车辆出入安全。对人员和机械的网络管理，也能使他们各就其位、各尽其用，防止事故的发生。无线传感网络可以在节点内设置不同传感器，对当前状态进行识别，把非电量信号转化成电信号，向外传递，特别是在塔式起重机、电梯、脚手架等机械设备中。如图 14-4 所示，通过对其内部应力、振动频率、温度、变形等参量变化的测量和传导，实时监控设备，以保证操作人员和其他相关人员的安全。

14.2.3　大数据与云计算

1. 大数据技术

大数据是指在获取、存储、管理、分析方面大大超出传统数据库软件工具能力范围，无法在一定时间内用传统数据库软件工具对其内容进行采集、存储、管理和分析，需要采用新技术手段

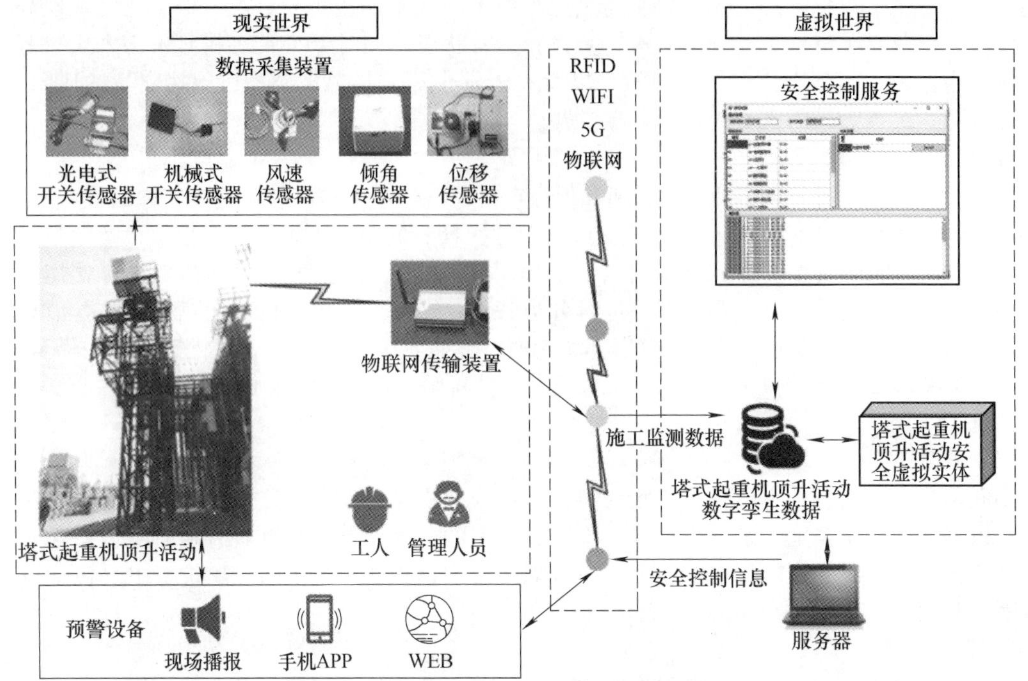

图 14-4　塔式起重机顶升活动物联网监控系统

处理的海量、高增长率和多样化的信息资产。大数据除了包括结构化和半结构化的交易数据外，还包括非结构化数据和交互数据，这导致其规模和复杂程度超出了传统数据，因此对庞大的数据信息进行专业化处理是大数据技术的关键。

大数据的特点体现在“4V”上，即容量（Volume）、速度（Velocity）、种类（Varity）和价值（Value）。容量是指数据数量的庞大，大数据指的是10TB以上的数据量。数据是快速动态变化的，数据流动的速度快到难以用传统系统进行处理。大数据种类多样，除了传统的关系数据类型，还有网页、视频、音频、E-mail、文档等未加工的、半结构化的和非结构化的数据。海量数据导致数据价值密度降低，数据量呈指数增长的同时，隐藏在海量数据中的有用信息却没有相应增长，使我们获取有用信息的难度增大。

大数据为人们提供了一种认识复杂系统的新思维和新手段，在拥有充足的计算能力和高效的数据分析方法的前提下，对现实世界的数字虚拟映像进行深度分析，将有可能理解和发现复杂系统的运行行为、状态和规律。这能改变人们过去的经验思维，建立起数据思维，掌握客观规律；同时大数据技术能将人们从繁重的工作中解脱出来，节省更多的时间，使人类生活更加智能化。

2. 云计算技术

云计算就是在大数据背景下提出的新兴技术，是指先将庞大的数据计算处理程序利用网络自动拆分成无数个小程序，然后通过多部服务器组成的系统进行分析和处理并将结果返回给用户。云计算技术是一种计算模式，它可以把IT资源、数据和应用以服务的方式通过网络提供给用户。该技术最大的特点是把数据通过互联网进行传输分配，将数据、应用和服务存储在云端，通过网络来利用各个设备的计算能力，从而实现数据中心强大的计算能力，实现用户业务系统的自适应性。

“云”具有相当的规模，服务器数量从上千台到百万台不等，强大的计算能力使用户在任意位置都可以使用各种终端获取应用服务。该技术保障了数据服务的可靠性、应用运行的通用性和用户数量的可扩展性。“云”的自动化集中式管理使大量企业无须负担高昂的数据中心管理成本，“云”的通用性使资源的利用率较传统系统大幅提升，因此用户能充分享受“云”的低成本优势。

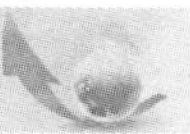

3. 应用价值

在实际施工中，大数据和云计算技术能对施工中出现的大量数据进行处理和计算，庞大的检测数据计算处理程序通过网络拆分成无数个小程序，多部服务器组成的系统能够分析和处理这些小程序并将结果返回给管理人员，实现了施工质量的实时监测，保障源数据的精准可靠，有效地杜绝监测数据造假。

大数据和云计算技术能够与 BIM 技术充分结合，通过分析传统建筑安全问题的特点，然后识别危险源，将动态建筑仿真、安全检查、安全教育和培训等方面收集的因素导入 BIM 模型中，施工安全管理人员可以从人、机械的活动等方面采集施工安全大数据，链接 BIM 技术软件，按照文本图像数据、传感数据、模拟施工数据等分别储存，为同类型的施工安全管理提供数据参考，如图 14-5 所示。同时基于云计算技术强大的计算能力，BIM 技术中计算量大且复杂的工作可以转移到云端，提高软件运行效率。云服务使 BIM 模型及相关业务数据同步到云端，管理人员在施工现场可以通过移动设备随时连接云端，及时地获得所需要的 BIM 数据和服务。

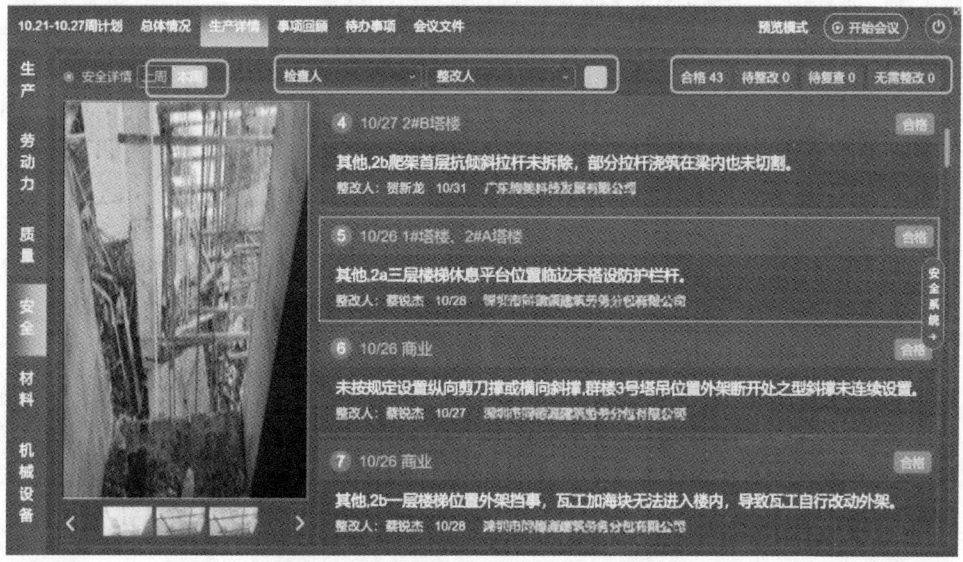

图 14-5　基于大数据的施工安全监测系统

14.2.4　区块链技术

区块链是一种由多方共同维护，采用密码学保证传输和访问安全，能够实现数据一致存储、难以篡改、防止抵赖的记账技术。区块链以块-链结构存储数据，各参与方按照事先约定的规则共同存储信息并达成共识，系统以区块为单位存储数据，区块之间按照时间顺序、结合密码学算法构成链式数据结构，通过共识机制选出记录节点，由该节点决定最新区块的数据，其他节点共同参与最新区块数据的验证、存储和维护，数据一经确认，难以删除和更改，只能进行授权查询操作。

因此区块链技术是一种去中心化、无须信任积累的信用建立范式，互不了解的个体通过一定的合约机制可以加入任何一个公开透明的数据库，通过点对点的记账、数据传输、认证或是合约，而不需要借助任何一个中间方达成信用共识。该技术按照时间顺序将数据区块以顺序相连的方式形成链式数据结构，将全新加密认证技术与互联网分布技术相结合，实现互联网从“信息”向“价值”的转变，如图 14-6 所示。区块链技术的核心价值是实现了去中心化，各节点的计算机地位平等，每个节点有相同的网络权利，不存在中心化的服务器。所有节点间通过特定的软件协议共享部分计算资源、软件或者信息内容。

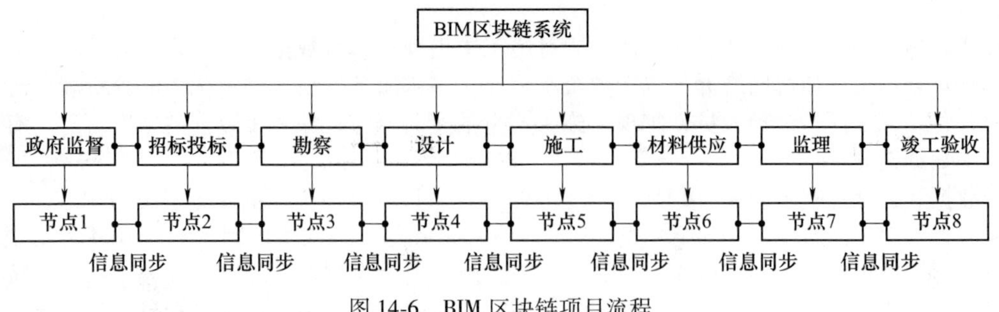

图 14-6　BIM 区块链项目流程

区块链在智能施工中的应用价值体现在以下几个方面：

1. 工程资料存证

在智能施工过程中，会产生大量无纸化资料，包括电子图样、签证变更单、隐蔽工程验收单、现场计量单等，但是电子资料版本迭代便利、易于修改，因此在确认变更索赔、竣工结算中都会引起业主和施工单位的争议。区块链技术能够为存证的电子资料盖上时间戳，施工过程中出现的各类合同、协议书、技术交底资料记录、质量验收记录、各种报告和各单位来往信件可以通过收集移动认证应用，利用区块链不可篡改特性，形成具有法律公信力的基础电子资料，有效解决项目施工过程中的信任问题，实现文件的防伪和永久储存。

2. 工人人数和机械台班计量

由于施工过程中无法实现全程盯人、盯机械数量，故工人人数和机械台班数量最终都是凭借签证单的签字进行确认的。区块链和物联网技术的结合能有效地解决此问题，通过携带区块链装置，将行动轨迹的 GPS 数据、功率输出等数据完成上链统计，确保现场数据不可篡改，便于委托方的现场人员确认现场工作量和后续审查。土方运输需要使用大量施工车辆，该环节机械台班数量的准确性对节约成本起到重要作用，通过给载重车辆安装区块链装置，能够保证车辆时间、地点、载重、运动轨迹不被篡改，管理人员也能清楚了解土方车辆的装卸载时间、行驶路线。

3. 工程现场数据存证

PS 技术和相关修图软件的成熟，使施工现场拍摄的照片可信度越来越低。但是将相机与区块链技术结合，即把拍摄的照片通过无线通信技术上传至区块链网络，就可以根据上链照片的时间戳和坐标信息等内容充分证明照片的真实性，使照片为竣工结算、重大事件回溯、隐蔽工程完成情况、索赔和反索赔提供依据。

14.2.5　智能传感器

智能传感器具有信息处理的功能，它带有微处理器能够实现信息采集、处理和交换，是传感器集成化与微处理器相结合的产物。智能传感器是通过模拟人的感官和大脑来协调动作，结合长期测试技术研究和实际经验提出来的，是一个相对独立的智能单元，借助相关软件可大幅度提高传感器性能。

智能传感器能同时测量多种物理量和化学量，全面反映物体运动规律，全智能集散控制系统实现了智能传感器的通信功能，用通信网络以数字形式进行双向通信，使传感器通过测试数据传输或接收指令实现各项功能。数字式通信接口使设备与计算机能进行通信联络和信息交换，微处理器和基本传感器之间构成闭环，微处理器不但能接受、处理传感器的数据，还可以将信息反馈至传感器，对测量过程进行调节和控制。此外，智能传感器的自诊断功能可以在电源接通时进行自检，诊断检测以保证组件正常运行，设备也可以依据使用时间在线校正，保证传感器在使用中拥有足够的准确度。此外，智能传感器还拥有自补偿和计算功能，设备微处理器能通过软件计算测试信号，获得精确的测量结果。

传统传感器的数据处理能力有限，无法满足很多场景下的高数据、高运算要求，智能传感器实现了信息采集的高精度，具有较高的可靠性和稳定性。多传感器和多参数综合测量使智能传感器收集的信息具有高信噪比和高分辨率。智能传感器在施工中具有一定的应用价值，如施工人员在项目重要部位施工或在设备安装过程中遇到困难时，智能传感器能够传输现场画面，请求后方专家的远程支持和指导。智能安全帽（图 14-7）作为一种智能传感器，施工时能实时采集施工人员的位置信息，一旦接近危险区域，能自动播报安全警示语，保障现场安全作业，减少安全事故的发生。智能安全帽也保证了现场同步摄录保存的灵活性，施工人员不需要借助其他设备拍摄施工部位，现场影像文件就可以作为档案留存，实现了作业资料的可复盘和可追溯性。在施工验收中，智能安全帽能将验收部位的视听信息清晰地回传给相关专家和技术人员，经过远程提问和交流以完成远程验收。

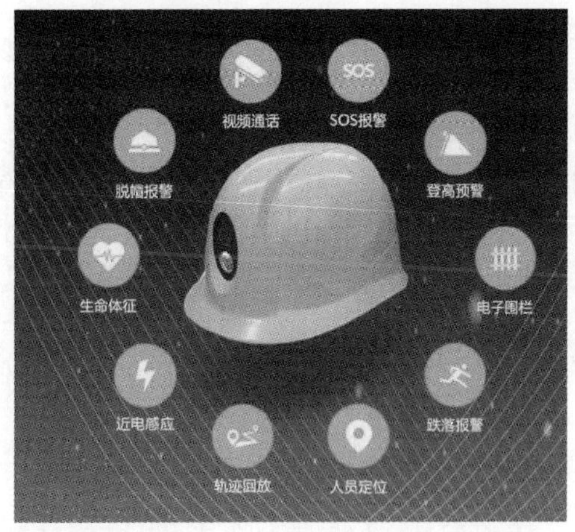

图 14-7　智能安全帽

14. 2. 6　三维激光扫描技术

三维激光扫描技术是近年来发展起来的一项新技术，是集合光、机、电和计算机技术于一体的新型测绘技术，以高效率、高精度、无接触测量方式获取被测对象的三维空间点位信息。三维激光扫描技术真正实现了从实物中进行快速的逆向三维数据采集及模型重构，无须进行任何实物表面处理，其激光点云中每个数据都是直接采集目标的真实数据，这保证了后期数据的真实可靠。

三维激光扫描仪（图 14-8）能够侦测并分析现实世界中物体或环境的形状与外观数据，能创建物体几何表面的点云，这些点可用来插补成物体的表面形状，越密集的点云创建的模型越精确。如果三维激光扫描仪能够获取表面颜色，则能在重建的模型表面上张贴材质贴图，完成材质映射。相较于传统的测量仪，三维激光扫描仪能测得物体表面点的三维空间坐标，完成复杂形体的点、线、面的三维测量，而且测量结果能直接与多种软件接口，因此其应用领域较广。

图 14-8　三维激光扫描仪

1. 偏差修正

三维激光扫描技术和 BIM 技术的结合，能用于检测施工的面状形体并与建筑设计模型进行三维空间对比，这种“点-面-体”的高效测量和综合分析，实现了高精度点位检测和整体面状检测的相互结合。在装配式建筑施工过程中，首先对目标建筑物进行现场勘测，确定三维激光扫描仪站点布置位置并设置相关参数，然后对分站式扫描获取的点云数据进行去噪、拼接、稀释、采样处理；最后将点云数据模型和原有 BIM 模型纳入统一的坐标系进行偏差对比，快速地得到预制构件安装偏差数据。偏差修正保证了装配式建筑的施工质量。

2. 竣工测量

竣工测量是建筑工程项目规划核实的必要环节，其成果质量是施工验收的重要依据。图 14-9 所示为三维激光扫描技术的竣工测量流程图，相比传统的全站仪或 GNSS RTK 竣工测量，三维激光扫描仪缩短了外业测量时间，实现了数据采集的自动化。点云数据通过 EPS、CAD 等软件处理能够得到地形图、建筑平面图和立面图，丰富的三维数据成果和高精度的测量仪器提高了竣工测量的效率，满足了相关规范的要求。

14.2.7 3D 打印技术

3D 打印技术是利用光固化和纸层叠方式实现快速成型的技术。它的原理是利用 CAD 等软件绘制的三维模型，按照某一坐标轴进行逐层分解，再通过特定设备，采用金属、陶瓷、砂、塑料、树脂等材料进行逐层打印，并将打印的每一层进行堆积，直至成为一个与三维模型一致的实体构件。这种技术也叫增材制造，美国材料试验协会将其定义为以逐层堆叠累积的方式将材料连接起来构造成物体的过程，通过数字化信息与实体建筑的相互结合，实现“所见即所得”的过程。

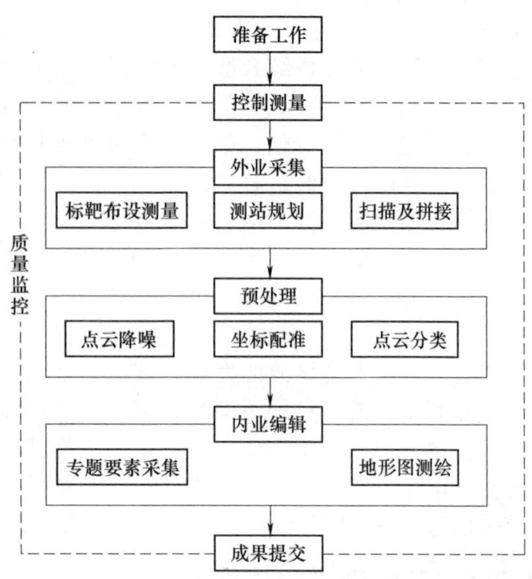

图 14-9 三维激光扫描技术的竣工测量流程

3D 打印是一种先进制造技术，它为材料和结构提供了一种新的制造方法，是传统制造技术体系的重要补充。该技术符合建筑产业现代化的发展理念及目标，解决了资源浪费、施工精度低、人员作业安全等问题。首先，3D 打印技术能够节约施工资源，降低生产活动产生的噪声。其次，3D 打印技术保障了模型制作的精细化和设计自由化，可视化的建筑视图打破了传统模具的制造方式。最后，3D 打印技术能提高施工环节的安全性，即通过工业化生产和现场吊装减少了现场作业环节，降低了事故发生的概率。

1. 现场混凝土施工

3D 打印混凝土技术能够改变传统建筑施工形式，助力建筑业转型升级。相比于传统的混凝土施工技术，3D 打印混凝土技术明显缩短了施工周期，降低了人工成本，提高了施工安全性，减少了建筑废物和对周边环境的影响。3D 打印混凝土技术的原材料是以水泥为主要胶凝材料，纤维为主要增强材料，通过添加粗骨料、细骨料和外加剂制成的，图 14-10 所示为 3D 打印的混凝土模型。3D 打印混凝土技术是以无模板、逐层挤出并堆叠的方式建造模型的，所以 3D 打印技术的原材料要满足流动性、可挤出性、可建造性及开放时间要求，确保在打印过程中混凝土不会产生屈曲变形，同时不会对施工人员和周边环境产生不良影响。

2. 预制构件生产

在装配式建筑施工阶段，BIM 技术和 3D 打印技术能够实现信息共享和精准装配，通过 BIM 技术提供的建筑模型信息，3D 打印机可以按照相应路径进行打印。按照 BIM 模型图输入打印代码，泵送装置就会通过机械臂带动喷嘴工作，将混凝土拌合物等建筑材料逐层叠加打印，形成预制构件，如图 14-11 所示。预制构件可以是承重结构部件或者任意异形结构部件，其内部可以包含给水

图 14-10 3D 打印的混凝土模型

图 14-11 3D 打印预制构件

排水管道、电气管线等安装材料，保证了预制构件功能的多样化。同时控制系统运行过程中会将实时数据传输到BIM管理平台中，实现了3D打印预制构件生产过程中的质量、安全和进度的动态化和可视化管理。

14.2.8 无人机测绘技术

无人机测绘是将无人机技术运用于测绘领域。该技术高度集成了无人飞行器、遥感传感器、遥测遥控、通信、导航定位和图像处理等技术，通过搭载在无人机上的相机等传感器，实时获取目标区域的地理空间信息，利用后处理软件快速完成遥感影像数据处理，如图14-12所示。

图14-12 无人机测绘

无人机结构简单，操作灵活，作业准备时间短，起降方便。同时可以根据任务需要随时起降，不受重访周期的限制，飞行优势使其能在危险区域和人员无法到达区域中获取影像。无人机测绘也需要根据任务要求对测区进行航线规划，按照预设的航线和拍摄方式控制相机拍摄，并将摄取的影像自动写入存储器。相较于传统的航空摄影测量，无人机测绘是一种小像幅航空摄影，获取的影像数据幅宽较小、整体数据量较大、重叠度不规则，往往会导致内业数据处理工作量增加，而且搭载相机是非量测型数码相机，存在较大的畸变，因此需要严格检校才能进行摄影测量处理。

1. 倾斜摄影技术

倾斜摄影技术作为无人机测绘技术中的一部分，可以从垂直、左视、右视、前视和后视五个方向获取影像，如图14-13所示。它能真实地展现地物实际情况，利用定位系统和影像分析等技术形成数字模型，直接得到施工便道尺寸和临时场地工程量等数据，避免了二次人工测量，降低了施工成本。无人机倾斜摄影在测绘中产生元数据，基于元数据能直接提取出DEM、DSM和DOM等各种辅助数据。同时倾斜摄影数据在加工处理中可以导出与原始斜向摄影相匹配的点云和高密度图像作为辅助测绘成果，帮助人们了解施工现场的复杂地形。

图14-13 无人机倾斜摄影

2. 测绘遥感系统

现有的普通航空摄影缺乏搅动灵活性，很难在云端下获得图像，卫星遥感的时间效率和分辨率都比较低，不能满足现场施工的重复测绘和监测工作要求。通过无人机建立的遥感飞行平台，即在机身上装载数据遥感设备，以遥感数据处理系统为技术支撑，结合“3S”技术，可对目标区域进行实时观测和数据处理。

该技术建立的测绘遥感系统具有获取高分辨率图像和快速处理的能力，通过前期的检查和测试，可以根据施工需要得到大比例尺的航空影像数据。同时无人机测绘遥感系统的建立能够完成数字线路规划图、数字高程模型和数字正射影像图的制作，为工程施工提供了准确的信息，提高了施工的质量和效率。

14.2.9 建筑机器人

建筑机器人是指自动或半自动执行建筑工作的机器装置，其可通过运行预先编制的程序或人工智能技术制定的原则纲领进行运动，替代或协助建筑人员完成如焊接、砌墙、搬运、顶棚安装、喷漆等建筑施工工序，能有效提高施工效率和施工质量，保障工作人员安全，降低工程建设成本。

建筑机器人的发展和类型的形成受建筑工程施工需要的影响，理论上建筑工程施工中所有复杂工序都可以由相应的建筑机器人进行替代辅助施工，这也是未来建筑机器人的开发方向。在建筑工程施工中，分项工程和施工工序的繁多使建筑机器人在施工中可以开发的种类非常丰富。然而现有的建筑机器人种类非常有限，其性能具有很大的局限性，因此未来建筑机器人具有很大的开发潜力。根据目前的建筑机器人使用功能，可分为墙体施工机器人、混凝土施工机器人、装修机器人、3D 打印建筑机器人、维护建筑机器人、救援建筑机器人等。

1. 墙体施工机器人

随着墙体施工质量提升，砖体规格尺寸扩大，砌体工程的作业难度不断增加，墙体施工机器人应运而生。图 14-14 所示的墙体施工机器人由运载装置、6 轴工业机械臂和机械手组成，根据预设的房屋 3D 模型进行砖块铺设和黏合剂注射等固定工作，高自由度的机械臂能实现各个方向的砖块安装。相较于传统墙体施工，墙体施工机器人使用建筑胶黏合砖块，显著提高了墙体施工的速度和墙体强度，减少了砌筑工人的工作量，节约了施工成本，保证了现场作业安全。

图 14-14 墙体施工机器人

2. 装修机器人

装修施工时，顶棚和墙面区域需要精细打磨，传统的墙面打磨依靠人工作业，因此施工质量无法得到保障，而且恶劣的施工环境使工人容易出现呼吸系统疾病和听觉损伤。装修机器人的开发正是用于解决上述问题，它能自动完成墙地面的打磨作业，图 14-15 所示的装修机器人由机械臂、移动底盘、打磨头、墙面高度检测设备和导航装置组成，能够完成墙面粗打磨、墙面细打磨等工作，提高了装修工作效率，无人化的装修施工也能保障施工人员的健康。

3. 3D 打印建筑机器人

3D 打印建筑机器人首先由美国于 20 世纪 90 年代提出，基于轮廓施工技术设计了一款打印机器人，包含大型三维挤出装置和磨刀喷嘴组合结构，如图 14-16 所示。该机器人作业时，打印机构悬挂在建筑物上方，通过轨道装置和伸缩臂控制喷嘴的移动，从而实现精确的打印定位。3D 打印建筑机器人提高了工作效率，大幅度减少了材料消耗量和工人数量，使建筑物的构形更加灵活，形状不再受传统直线形的限制，特别是能够自由打印各种曲线和异形构件，提升了建筑物的美观度和空间利用率。

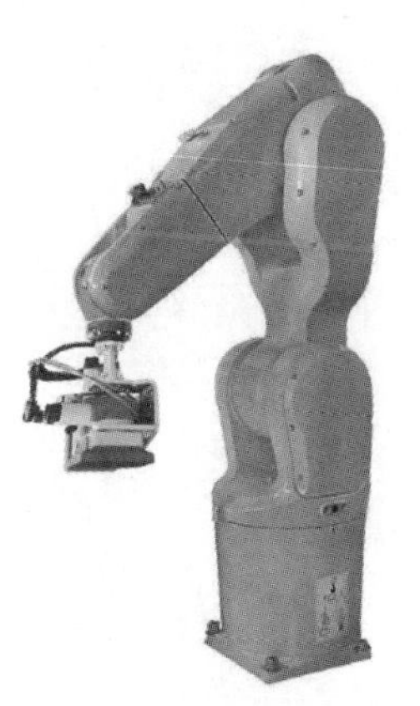

图 14-15　装修机器人

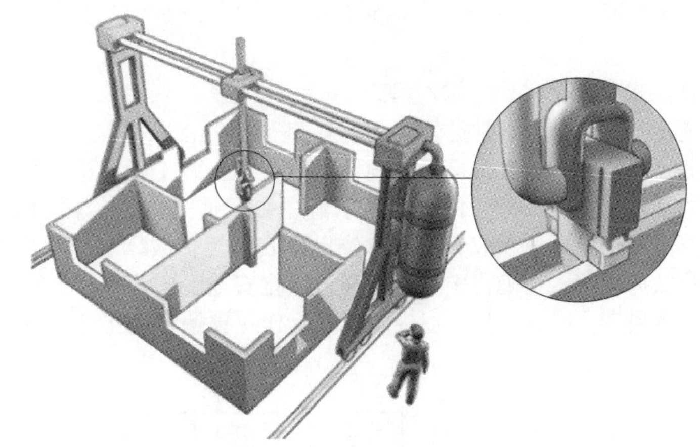

图 14-16　3D 打印建筑机器人

14.3　智能化施工管理

14.3.1　施工机械智能化管理

施工机械智能化管理是在对施工机械现场管理中，引入智能化管理技术，如 BIM、物联网、大数据与云计算等先进技术，实现施工机械现场管理的智能转型升级。传统的施工机械管理依靠操作人员的经验能力进行人为管理，消耗较大的人力资源，不利于施工安全和作业质量。但是施工机械智能化管理能够提高施工效率，减少人力和材料消耗，同时智能技术的精确性减少了施工误差，确保了工程质量。

1. 塔式起重机吊装盲区可视化系统

塔式起重机具有能够垂直吊装、效率高、吊装无死角、安装顶升技术成熟等优点，在现代建筑行业中应用广泛，但是塔式起重机容易出现安全隐患，因此它的安全防护是近年来的热点问题。物联网技术、无线通信技术和大数据云计算技术的应用实现了塔式起重机监测智能化和实时化。塔式起重机运行的载重量、角度、高度、风速等安全指标，传输至平台并储存在云数据库，现场管理人员使用移动设备能够实时监测塔式起重机起吊质量、大臂摆动角度、小车行走位置和操作维护人员情况，及时消除施工隐患。在传统的塔式起重机作业中，司机无法独立判断周边环境情况且存在视觉盲区，需要根据信号工的指挥信号吊装材料。塔式起重机吊装盲区可视化系统向司机清晰地展示吊钩周围的视频图像，如图 14-17 所示，高清球形摄像机、液晶显示器、供电系统、硬盘录像机等设备组成了塔式起重机吊装盲区可视化系统。其实现了对塔式起重机吊钩可视化的实时监控和数据保存，使塔式起重机司机能够快速准确地做出

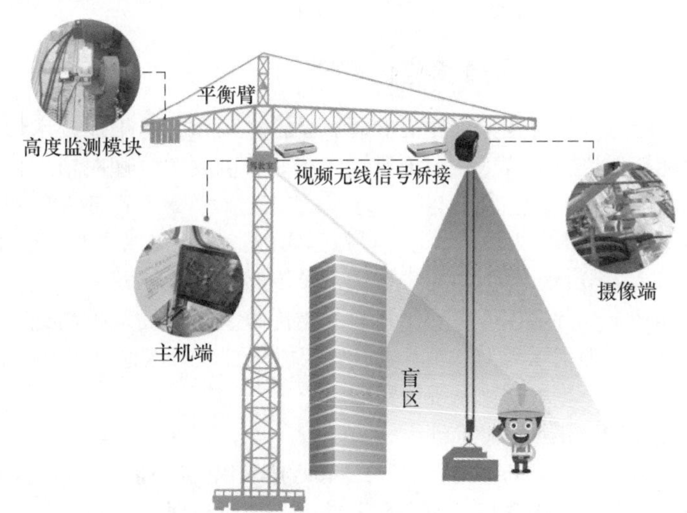

图 14-17　塔式起重机吊装盲区可视化系统

判断，有效解决了视觉死角、远距离视觉模糊、语音导航错误等问题，提高了吊装效率和安全水平。

2. 施工升降机安全监控管理系统

施工升降机是现场常见的载重运输机械之一，但是施工现场复杂的环境、装置结构简易、缺乏保养等问题使施工升降机事故频发。通过建立施工升降机物联网安全监控系统（图 14-18），物联网能动态采集施工升降机的运行状态，数据通过网络传输到安全监管平台，最终向施工单位、监管单位、检验单位和应急救援单位提供安全评估数据和应急报警信号。这实现了施工升降机的集中化数据汇总、精确化应急管理和智能化安全服务，有利于管理人员掌握升降机安全状况信息，针对性开展安全检查工作，促进施工升降作业预警管理新机制的形成。

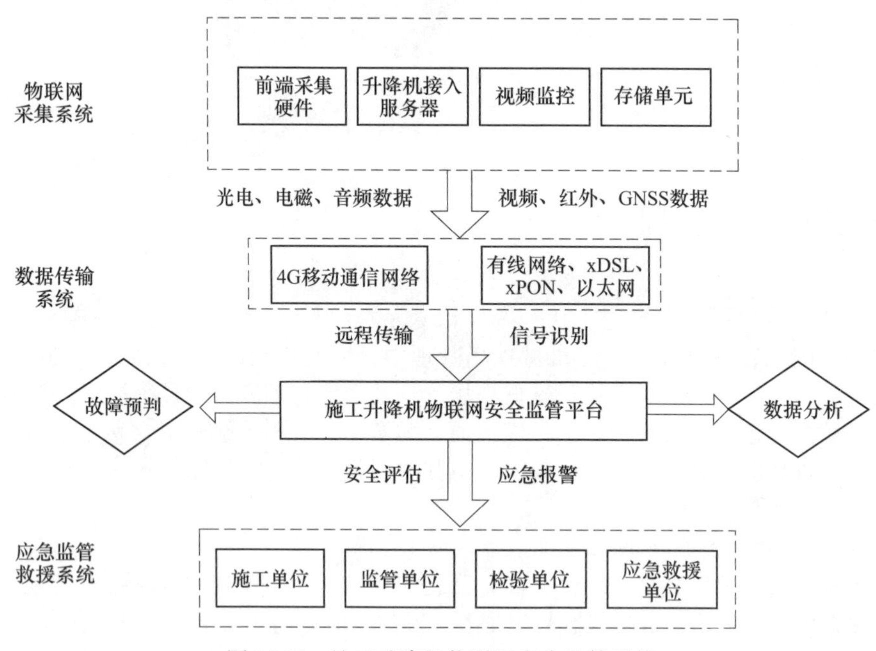

图 14-18　施工升降机物联网安全监控系统

14.3.2　施工人员智能化管理

施工人员智能化管理是指基于智能施工和智慧工地技术形成的人员管理方式。智能化管理理念能够促进施工信息化，实现传统施工从粗放型管理向精细化管理的重要转型。施工管理的数字化和智能化实现了人员与施工现场的交互，提高了管理人员和施工人员沟通交流的明确性和灵活性。BIM 技术和 VR 技术通过模拟真实施工场景实现了人员培训和技术交底，工程物联网技术建立了施工人员与智慧工地的联系，无线传感系统能够及时地将现场隐患信息传达给施工人员。这种管理理念充分发挥了自动化和智能化优势，大幅度地提高施工现场的管理效率和管理水平，实现了智能化和现场施工的相互融合。智能化管理可以通过 VR 安全培训系统、劳务实名制管理系统和技术交底三维可视化系统等实现。

1. VR 安全培训系统

虚拟现实（Virtual Reality，VR）技术以三维动态的方式对现场施工场景进行模拟，使施工人员加深对安全的理解，增强安全意识，进而从根本上减少安全事故的发生，保证施工作业的规范性和科学性。VR 安全培训体验馆（图 14-19）通过 VR 等先进技术让施工人员充分地熟悉和了解施工流程，特别是对安全事故发生场景的模拟使有关人员能够有效采取应急措施，避免在危险区域作业，提高其安全意识。

2. 劳务实名制管理系统

建筑业是人口密集型产业，因此人员管理较为困难。劳务实名制管理系统的建立，即对所有进场的劳务人员采取实名制登记，对其年龄、专业资质和技能水平进行汇总，建立人员信息数据库，进而有效监管所有人员，如图 14-20 所示。人脸识别、门禁闸机、指纹识别以及 IC 卡等技术的应用，能核定进场人员的工种、身份以及所在班组信息，在施工过程中避免了任何外来无关人员的进场，实现了现场的封闭式管理。其中人脸识别管理系统基于精准、快捷和深度学习的人工智能技术，结合人脸识别终端和劳务实名制系统，在劳务通道出入口处实现了快捷精准的人员信息和考勤管理，同时智能化统计分析和远程数据平台也能够实现人员数据的实时更新，提升了现场人员的管理效率。

图 14-19　VR 安全培训体验馆

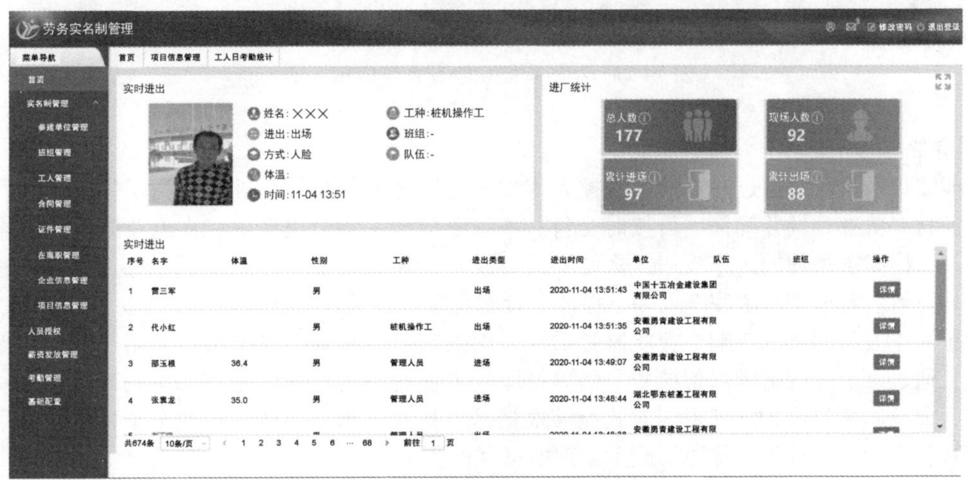

图 14-20　劳务实名制管理系统

3. 技术交底三维可视化系统

Revit 建模和 Navisworks 三维动画模拟技术能向施工人员呈现节点的施工方案和工艺细节，在技术交底环节实现了施工重点难点的可视化，从而形成技术交底的三维可视化系统。这提前解决了一线施工人员对施工操作合理性和难易性反馈的问题，促进了技术人员和施工人员的有效沟通，实现了设计人员、管理人员、技术人员和施工人员的多边交接。与传统施工作业技术交底相比，采用三维可视化系统交底直观易懂，具有视觉和听觉冲击感，可以使参加交底人员更快、更好地理解设计意图、技术标准和施工控制要点，是提高施工质量的一种管理手段和方法。

在施工企业进场后，技术人员使用 Revit 软件对拟建项目进行建模。模型建好后，使用 Navisworks 软件对土建结构、幕墙、安装及装饰装修进行检查，及时发现图样中的错误并对错误所在位置进行记录输出。同时在三维动画模拟过程中，技术人员能够更加深入地理解施工方案，发现并解决实际施工中可能出现的问题，再以动画演示方式向现场施工人员进行交底，以达到更好的理解效果。

14.3.3　物料智能化管理

物料智能化管理是指在物料采购、验收、供应、保管、发放和使用等阶段中，通过智能化的技术手段对施工物料进行计划、组织和控制等管理活动。物料智能化管理系统可以降低物料的进场损失，提高结算和处置精度，同时通过周边硬件智能监控作弊行为，自动采集一手精准数据并完成物料清单的自动打印，形成相应报表以提高施工效益，如图 14-21 所示。物料智能化管理系统的核心功能包括智能监管和智能分析。

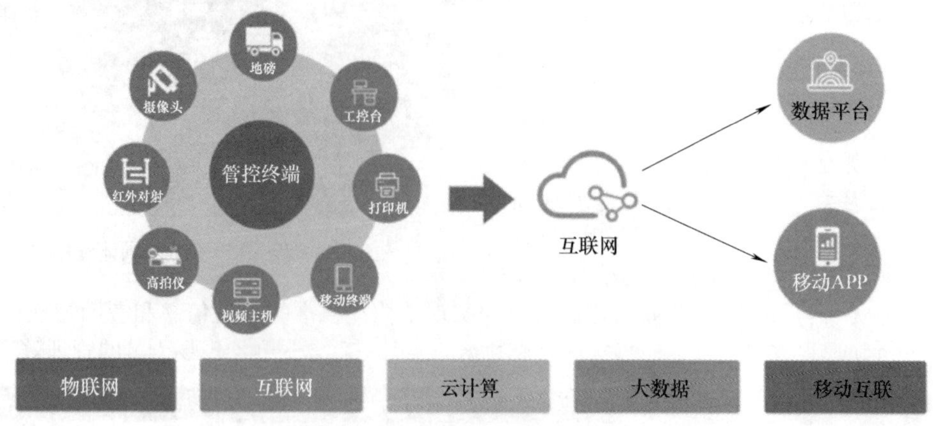

图 14-21　物料智能化管理系统应用场景

1. 智能监管

智能监管系统是指通过对终端的管控完成货车运输称重的校核，极大提高了货车运输称重效率，保证材料精准到场并确保项目按时交付。该系统包含一键生成账单、皮重监测和偏差自动计算等功能，提高了整体的工作效率，降低了人力成本。移动收发方式能实现非称重材料的移动点验，红外对射装置能使车辆完全上磅，保证了货车称重数据的真实有效。

为了防止人为因素的影响，智能监管系统采用视频监控和高拍仪拍摄技术用于留存影像的原始信息，通过有依据的追溯以备核查。磅单打印技术使每辆货车都会生成二维码磅单，且磅单不会出错、混淆和被修改，车牌识别方式能够根据磅单核查进出场车辆，避免了车辆混淆，可视化监管模式杜绝了重复称重，保障了施工管理的可靠性。

2. 智能分析

智能分析是指基于数据分析平台实现施工数据的统计、计算和更新。进出场统计分析能及时汇总统计材料的收发情况，保证采购、用料安排和工程进度按照计划严格执行。智能分析也能线上核查材料供应商的信誉，分析供应商的材料质量，提高施工材料的质量。该分析平台还能实现智能对账结算，数据中心通过数据分析能够发现并解决问题，排除无效单据，避免多算和错算造成的额外成本。远程视频监控技术能够远程直播现场验收情况，这种全方位的监控实现了施工管理的规范化，动态影像回顾能对先前施工追溯核查。同时基于智能分析建立的风险预警平台可以及时发现和预警施工风险，快速实现风险原因分析，动态跟踪控制风险处理情况，最终解决风险事件。

14.3.4　现场安全智能化管理

建筑施工现场安全管理是各项施工作业有序开展的前提，是保障施工人员生命财产安全的重要环节。近年来，互联网、信息化和智能化技术的发展为现场安全管理工作提供了新的思路。现场安全智能化管理是基于智能安全巡检技术发展起来的新型安全管理技术。它通过 BIM、智慧工地和物联网等智能技术对现场的人员、机器、物料和周围环境进行安全管理。

1. 基于 BIM 技术的智能化安全管理

BIM 技术作为工程设计、建造和管理的数据化工具，可以实现现场安全管理的智能化，并通

过构建施工现场安全管理指标、优化施工现场安全管理措施、落实施工现场安全管理保障措施形成安全管理。BIM 技术在现场安全管理的应用如图 14-22 所示。

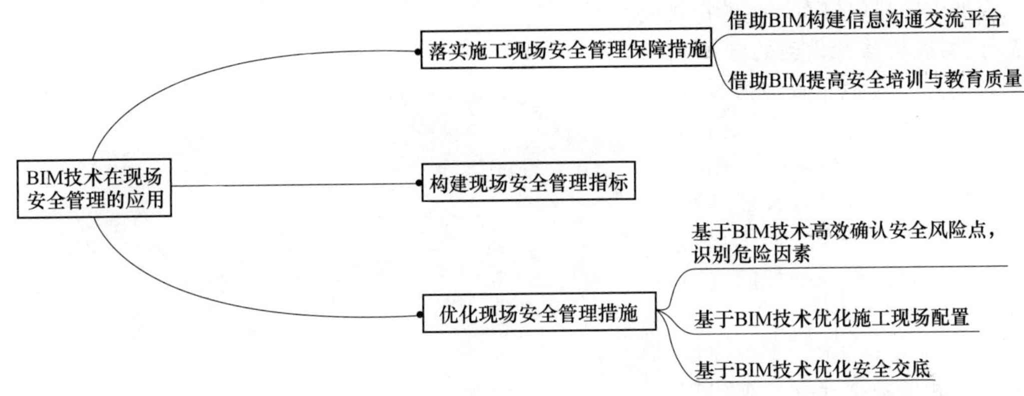

图 14-22 BIM 技术在现场安全管理的应用

首先，BIM 技术能对施工各环节进行模拟，及时发现安全问题并采取措施加以解决。其次，BIM 技术的协同性优势能够增强现场施工各专业队的联系沟通，保证各环节施工作业的安全性。最后，BIM 技术的可视化特点能够演示施工安全事故，实现安全风险可视化，进而增强施工人员安全意识，保障其作业安全。

2. 基于智慧工地和物联网的智能化安全管理

智能识别终端技术的发展使得物联网技术得以在施工安全管理工作中应用实施，以此减少劳动力，提高安全风险辨识度，有效减少安全事故的发生。物联网技术主要包括自动识别技术、定位跟踪技术、图像采集技术、传感器和传感网络技术等，上述技术引入施工现场能够实时监控各对象的安全状态，有效预防安全事故的发生。

智慧工地和物联网技术的智能化管理系统保障了现场施工人员的安全。首先，智能传感器能够感知监控现场风速、湿度和温度，保障了施工作业环境的适宜性。此外，还能根据对现场烟雾、粉尘和噪声的监控情况，通过超限报警和喷淋设备的联动使用来降低环境危险源对施工人员身体健康的损害。其次，计算机视觉技术能够高效判别施工人员位置，追踪他们的工作状态，一旦出现违规行为，如在工作区域吸烟、未佩戴安全帽、未系安全带等，便会自动识别并报警。此外，该技术能够监控场地内塔式起重机和挖掘机等大型机械设备的位置，自动辨识机械异常状态，及时解决相关隐患。最后，该系统能够录入特殊施工人员的信息，详细记录他们在建筑施工中的参与情况和工作表现，智能化安全管理系统能实现特种施工人员从业资质的透明化，确保施工人员持证上岗，进而保证特种作业的规范和安全。

14.3.5 智能化施工场地布置

智能化施工场地布置是指应用 BIM 技术和施工过程模拟技术制作三维场地布置模型和动画，将各功能区场地范围精确地布设在 BIM 模型中，根据不同施工阶段的场地需求和场外环境变化，综合统筹合理布置，充分利用现场空间，减少后期施工过程不必要的拆改。智能化施工场地布置图往往美观且有真实感，同时将构件放入三维施工场地，能直接观察到其与周围临时设施是否存在位置冲突，能有效降低管理人员的工作难度，节省人员和材料资源。

1. 施工现场材料设备的智能化管理

建筑现场复杂的环境和有限的作业空间，使材料和施工设备管理比较困难。通过智能化管理理念，即物联网、BIM 等智能化技术手段，对施工现场的主要原材料、机械设备等物料的存储、供应、加工、借还及调度等环节进行智能化管理。建立智能化物料管理平台，实现原材料入库、出库信息的快速准确录入。同时物联网技术的应用实现了施工现场原材料的运输定位、部位识别、责任人交接等功能，有利于管理人员根据当前的施工进展，合理地确定材料采购数量和设备租赁数量，降低因物料堆放而产生的保管成本。

2. 施工现场临时设施的智能化布置

传统的施工场地布置因为没有具体的三维模型信息，技术人员都是根据自身经验结合现场平面图进行大致布置，一般难以发现场地布置存在的问题，无法合理地优化场地布置方案。临时设施的智能化布置能够有效地弥补传统布置的不足，它是利用 BIM 技术以工程建设项目的各项相关数据建立三维建筑模型，并在三维建筑模型中模拟场地布置，如图 14-23 所示。

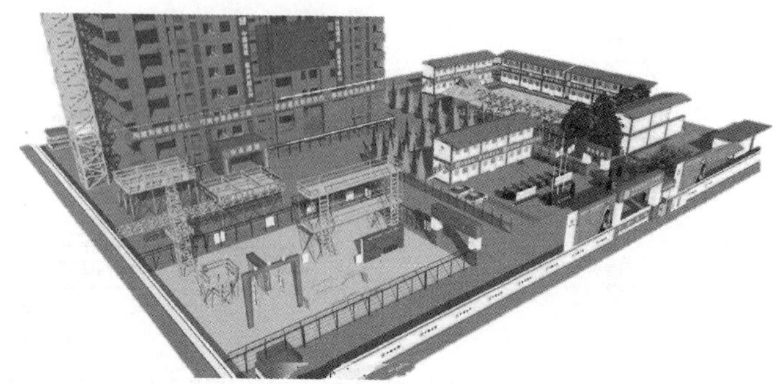

图 14-23　基于 BIM 技术的智能化施工场地布置

BIM 技术实现了施工现场全部临时设施的 1∶1 建模，能够结合现场施工实际情况，对现场临时建筑、施工道路、材料加工区等进行场地布置。整合软件能将整个场地生成漫游动画，通过漫游动画能直观地发现临时建筑物的布置、施工道路的宽度等是否存在空间冲突，保证了施工现场临时设施布置的科学化和准确化。施工现场临时设施的智能化布置提高了场地和设备利用率，保证了现场的安全、消防和环保能够符合规范要求，降低了施工成本。同时临时设施的布置是企业形象的重要载体，通过 BIM 技术实现临时设施的标准化建设，能够更好地展示企业形象。

14. 3. 6　智慧工地管理系统

智慧工地作为传统施工管理方式的转型升级，是指依托各种先进的信息化管理手段，对施工现场的数据信息进行收集、分析和处理，实现作业现场的协同高效管理。智慧工地是建立在高度信息化基础上的一种信息感知、互联互通、全面智能和协同共享的新型信息化手段，是 BIM 技术、物联网技术等与先进的建造技术深度融合的产物，能够实现工地现场管理的转型升级。

智慧工地纵向涉及施工单位与现场项目部的数据贯通，横向涉及施工现场各应用子系统的数据融合，智慧工地管理系统架构如图 14-24 所示。管理平台包括 6 个层级。感知层由物联网感知终端构成，通过监控摄像机、传感器、无线射频识别、激光扫描等智能传感设备对施工人员、机械设备和施工过程进行智能感知和数据采集。传输层通过 4G、5G、有线和无线网络融合现场智能传感设备并形成物联网，实现了前端感知信息传送。数据层应建立专门的共享数据库用于数据的储存、交换。支撑层提供应用需要的各种服务和共享资源。应用层实现了项目信息可视化、人员管理、设备管理等功能，保证了用户层能够向项目部、施工单位和政府部门提供多功能的智慧工地平台服务。

智慧工地管理系统为项目管理者提供了多样化的功能服务，实现了项目的数字化、系统化和智能化，提高了施工生产效率、决策管理水平和工程质量。在智慧工地管理系统中，远程视频监控系统（图 14-25）使管理者可以了解到施工现场的进度状况，远距离监控现场生产操作过程和材料安全，识别现场的危险源、人的不安全行为和物的不安全状态，随时将上述各类不安全信息提供给监督单位，及时消除现场的安全隐患。塔式起重机传感器、高清摄像头、超载传感器的设置能够实时监测施工机械状态，传感器可以将数据传输到 BIM 中，及时反映现场大型机械设备的运行指标和模型中的具体位置，保障作业安全。同时，环境管理系统通过传感器对现场风速、噪声、PM2. 5 浓度进行检测，快速查找现场污染源。环境管理系统能够监测项目施工现场环境，通过降尘喷淋减少现场扬尘，实时气象数据的采集能够获取近期的天气数据，有利于施工管理人员合理安排施工。

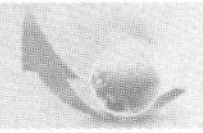

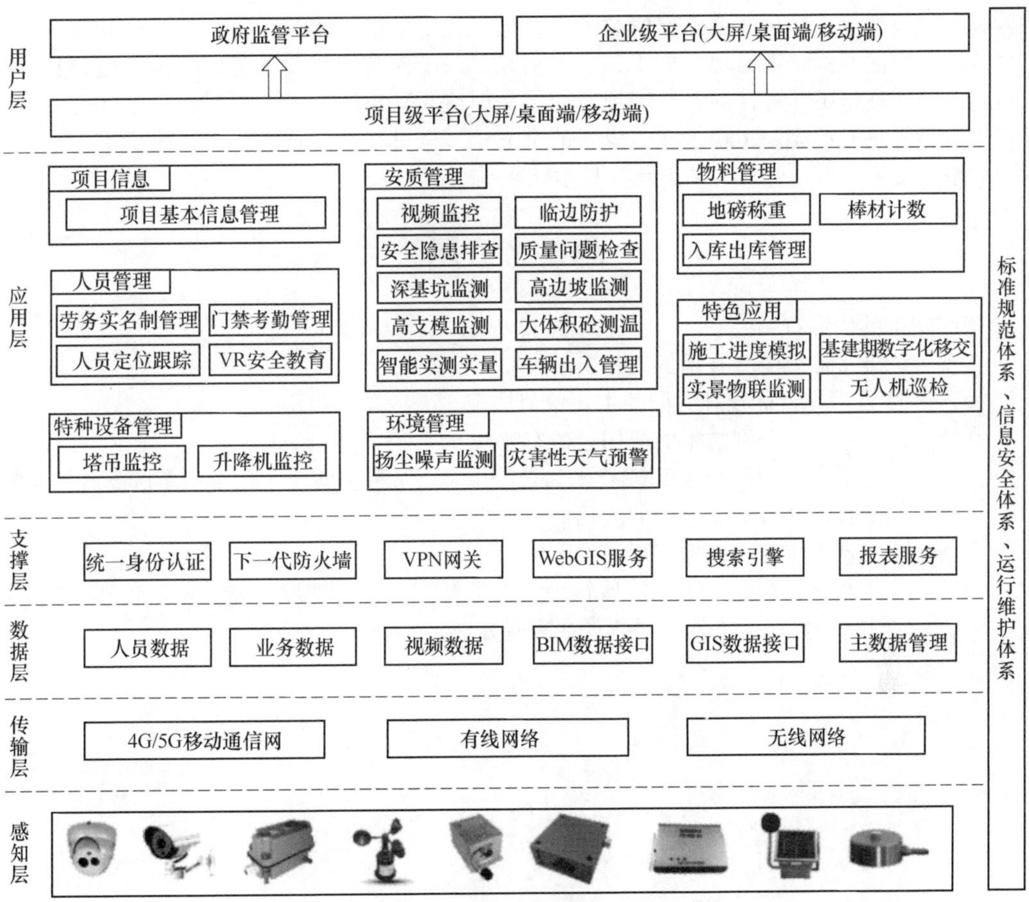

用户层
政府监管平台
企业级平台(大屏/桌面端/移动端)
项目级平台(大屏/桌面端/移动端)
应用层
项目信息
项目基本信息管理
人员管理
劳务实名制管理
门禁考勤管理
人员定位跟踪
VR安全教育
特种设备管理
塔吊监控
升降机监控
安质管理
视频监控
临边防护
安全隐患排查
质量问题检查
深基坑监测
高边坡监测
高支模监测
大体积砼测温
智能实测实量
车辆出入管理
环境管理
扬尘噪声监测
灾害性天气预警
物料管理
地磅称重
棒材计数
入库出库管理
特色应用
施工进度模拟
基建期数字化移交
实景物联监测
无人机巡检
支撑层
统一身份认证
下一代防火墙
VPN网关
WebGIS服务
搜索引擎
报表服务
数据层
人员数据
业务数据
视频数据
BIM数据接口
GIS数据接口
主数据管理
传输层
4G/5G移动通信网
有线网络
无线网络
感知层
标准规范体系、信息安全体系、运行维护体系

图 14-24　智慧工地管理系统架构

5G/4G
AI云端服务器
云端消息服务器
AI报警事件
AI报警联动
智慧工地控制模组
事件反馈
事件反馈
NVR
交换机
AI视频一体机
管理者
审核意见
APP/微信/
短信推送
结果反馈
显示结果
整改负责人
工地现场

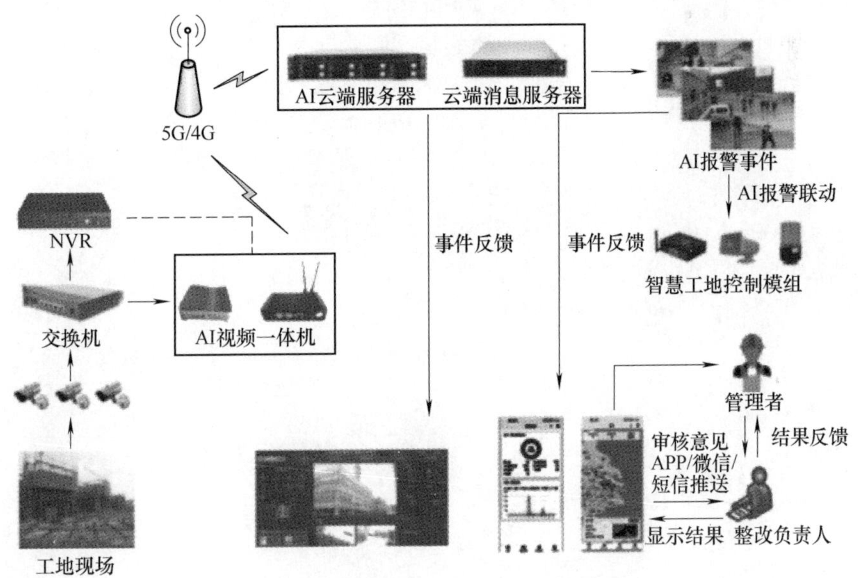

图 14-25　远程视频监控系统

在质量管理系统中，APP 与 BIM 技术的结合使质量技术人员将工序验收中的质量问题录入智慧工地管理系统，关联实体质量信息并在 BIM 模型中定位质量问题，这让监理单位能够及时了解

质量验收和整改情况，针对性地提出修改意见，保证施工质量。相较于传统的进度管理方式，智慧工地管理系统能够实时掌握现场施工的进度信息，清晰完整地呈现进度管理的关键数据，管理人员可以及时调整施工部署，确保工程项目能够按时交付。BIM 技术、大数据技术等推动了智慧工地成本管理系统的形成，实现了施工成本的全方位、全过程动态管控，保证了成本信息的及时传递与共享，提高了成本管理的精细化和科学化水平。

思考题

1. 智能施工的优点有哪些？
2. 实现智能施工需要哪些技术的支持？
3. 简述 BIM 技术在目标管理方面的主要价值体现。
4. 在智能施工中，物联网技术的应用价值有哪些？
5. 大数据和云平台是如何结合 BIM 技术为智能施工服务的？解决了传统施工的哪些问题？
6. 试述区块链技术在智能施工中的应用。
7. 目前施工机器人主要承担施工现场的哪些工作？
8. 与传统施工相比，智能施工在机械管理、人员管理、物料管理、现场安全管理、施工场地布置、智慧工地管理等领域的价值主要体现在哪些方面？

参考文献

[1] 郭学明．装配式建筑概论［M］．北京：机械工业出版社，2018.
[2] 郭正兴．土木工程施工［M］．南京：东南大学出版社，2012.
[3] 毛鹤琴．土木工程施工［M］．4版．武汉：武汉理工大学出版社，2012.
[4] 吴刚，冯健，刘明．装配整体式混凝土结构［M］．南京：东南大学出版社，2020.
[5] 曹吉鸣．工程施工组织与管理［M］.2版．上海：同济大学出版社，2016.
[6] 陈金洪，杜春梅，陈华菊．现代土木工程施工［M］.2版．武汉：武汉理工大学出版社，2017.
[7] 丁烈云．数字建造导论［M］．北京：中国建筑工业出版社，2020.
[8] 杜修力，刘占省，赵研．智能建造概论［M］．北京：中国建筑工业出版社，2021.
[9] 关瑞，任媛．装配式混凝土结构［M］．武汉：武汉大学出版社，2018.
[10] 江正荣．建筑施工计算手册［M］.4版．北京：中国建筑工业出版社，2018.
[11] 李继业，黄延麟．脚手架基础知识与施工技术［M］．北京：中国建材工业出版社，2012.
[12] 李建峰．建筑工程施工［M］．北京：中国建筑工业出版社，2016.
[13] 刘文锋，廖维张，胡昌斌．智能建造概论［M］．北京：北京大学出版社，2021.
[14] 穆静波．土木工程施工：含移动端助学视频［M］．北京：机械工业出版社，2018.
[15] 王利文．土木工程施工技术［M］．北京：中国建筑工业出版社，2018.
[16] 吴伟民，郑睿，胡慨．建筑工程施工组织与管理［M］.2版．郑州：黄河水利出版社，2017.
[17] 徐猛勇，何立志，蒋琳．建筑施工组织与管理［M］.2版．南京：南京大学出版社，2017.
[18] 殷为民，杨建中．土木工程施工［M］.2版．武汉：武汉理工大学出版社，2019.
[19] 应惠清．土木工程施工：上册［M］.2版．上海：同济大学出版社，2007.
[20] 中国建设监理协会．建设工程进度控制［M］．北京．中国建筑工业出版社，2019.
[21] 中华人民共和国住房和城乡建设部．建筑施工组织设计规范：GB/T 50502—2009［S］．北京：中国建筑工业出版社，2009.
[22] 重庆大学，同济大学，哈尔滨工业大学．土木工程施工［M］.3版．北京：中国建筑工业出版社，2016.